实战从入门到精通 人邮云课堂

AutoCAD 2021 中文版 实战从入门到精通

龙马高新教育 施文超 主编

人民邮电出版社
北京

图书在版编目（CIP）数据

AutoCAD 2021中文版实战从入门到精通 / 龙马高新教育，施文超主编. -- 北京 : 人民邮电出版社，2021.1

ISBN 978-7-115-54765-1

Ⅰ. ①A… Ⅱ. ①龙… ②施… Ⅲ. ①AutoCAD软件 Ⅳ. ①TP391.72

中国版本图书馆CIP数据核字(2020)第164928号

内容提要

本书以服务零基础读者为特色，用实例引导读者学习，深入浅出地介绍了 AutoCAD 2021 中文版的相关知识和应用方法。

全书分为 5 篇，共 22 章。第 1 篇【新手入门】主要介绍 AutoCAD 2021 的入门知识和基本设置，第 2 篇【二维绘图】主要介绍图层、绘制基本二维图形、编辑二维图形对象、绘制和编辑复杂二维对象、图块、尺寸标注、智能标注和编辑标注、文字和表格、查询与参数化设置等，第 3 篇【三维绘图】主要介绍三维建模基础、三维建模、编辑三维模型、渲染、中望 CAD 2020 等，第 4 篇【高手秘籍】主要介绍 AutoCAD 2021 与 Photoshop 的配合使用、3D 打印概述、3D 打印耳机模型等，第 5 篇【综合案例】主要介绍建筑设计案例、机械设计案例、家具设计案例等。

本书附赠与图书内容同步的视频教程及所有案例的配套素材和结果文件。此外，还赠送相关内容的视频教程和电子书，便于读者扩展学习。

本书不仅适合 AutoCAD 2021 的初、中级用户学习，而且可以作为各类院校相关专业学生和辅助设计培训班学员的教材或辅导用书。

◆ 主　　编　龙马高新教育　施文超
　责任编辑　李永涛
　责任印制　马振武

◆ 人民邮电出版社出版发行　　北京市丰台区成寿寺路 11 号
　邮编　100164　　电子邮件　315@ptpress.com.cn
　网址　https://www.ptpress.com.cn
　山东华立印务有限公司印刷

◆ 开本：787×1092　1/16
　印张：36.25
　字数：928 千字　　　　2021 年 1 月第 1 版
　印数：1 – 2 500 册　　2021 年 1 月山东第 1 次印刷

定价：108.00 元

读者服务热线：(010) 81055410　印装质量热线：(010) 81055316

反盗版热线：(010) 81055315

广告经营许可证：京东市监广登字 20170147 号

计算机是社会进入信息时代的重要标志，掌握丰富的计算机知识、正确熟练地操作计算机已成为信息时代对每个人的要求。为满足广大读者对计算机辅助设计相关知识的学习需要，我们针对不同学习对象的接受能力，总结了多位计算机辅助设计高手、高级设计师及计算机教育专家的经验，精心编写了本书。

本书特色

零基础、入门级的讲解

即便读者未曾从事辅助设计相关行业，不了解 AutoCAD 2021，也能从本书中找到合适的起点。本书细致的讲解可以帮助读者快速地从新手迈入高手行列。

精选内容，实用至上

全书内容经过精心选取编排，在贴近实际应用的同时，突出重点、难点，帮助读者深化理解所学知识，触类旁通。

实例为主，图文并茂

在讲解过程中，每个知识点均配有实例辅助讲解，每个操作步骤均配有对应的插图以加深认识。这种图文并茂的方法能够使读者在学习过程中直观、清晰地看到操作过程和效果，有利于读者理解和掌握。

高手指导，扩展学习

本书以“疑难解答”的形式为读者提供各种操作难题的解决思路，总结了大量系统且实用的操作方法，以便读者学习更多内容。

单双栏混合排版，超大容量

本书采用单双栏排版相结合的形式，大大扩充了信息容量，在 500 多页的篇幅中容纳了传统图书 800 多页的内容，为读者奉送了更多的知识和实战案例。

视频教程，互动教学

本书配套的视频教程与书中知识紧密结合并相互补充，可以帮助读者体验实际工作环境，掌握日常所需的知识和技能，以及处理各种问题的方法，达到学以致用。

学习资源

全程同步视频教程

视频教程涵盖全书所有知识点，详细讲解每个实战案例的操作过程和关键要点，可以帮助读者轻松地掌握书中的知识和技巧。

超多、超值资源大放送

随书奉送 AutoCAD 2021 软件安装视频教程、AutoCAD 2021 常用命令速查手册、AutoCAD

2021 快捷键查询手册、AutoCAD 官方认证考试大纲和样题、1200 个 AutoCAD 常用图块集、110 套 AutoCAD 行业图纸、100 套 AutoCAD 设计源文件、3 小时 AutoCAD 建筑设计视频教程、6 小时 AutoCAD 机械设计视频教程、7 小时 AutoCAD 室内装潢设计视频教程、7 小时 3ds Max 视频教程、50 套精选 3ds Max 设计源文件、5 小时 Photoshop CC 视频教程等超值资源，以方便读者扩展学习。

视频教程学习方法

为了方便读者学习，本书提供有视频教程的二维码。读者使用手机上的微信、QQ 等聊天工具的“扫一扫”功能扫描二维码，即可通过手机观看视频教程。

扩展学习资源下载方法

读者可以使用微信扫描封底二维码，关注“职场精进指南”公众号，发送“54765”后，将获得资源下载链接和提取码。将下载链接复制到任何浏览器中并访问下载页面，即可通过提取码下载本书的扩展学习资源。

创作团队

本书由龙马高新教育策划，施文超主编，参与本书编写、资料整理、多媒体开发及程序调试的人员还有孔万里、周奎奎、张任、张田田、尚梦娟、李彩红、尹宗都、王果、陈小杰、邓艳丽、崔姝怡、侯蕾、左花苹、刘锦源、普宁、王常吉、师鸣若、钟宏伟、陈川、刘子威、徐永俊、朱涛和张允等。

在编写过程中，我们竭尽所能地将优秀的讲解呈现给读者，但也难免有疏漏和不妥之处，敬请广大读者不吝指正。若读者在阅读本书过程中产生疑问或有任何建议，均可发送电子邮件至 liyongtao@ptpress.com.cn。

龙马高新教育

2020 年 7 月

目录

第 1 篇　新手入门

第 4 篇 高手秘籍

第5篇 综合案例

赠送资源

- 赠送资源 1　AutoCAD 2021 软件安装视频教程
- 赠送资源 2　AutoCAD 2021 常用命令速查手册
- 赠送资源 3　AutoCAD 2021 快捷键查询手册
- 赠送资源 4　AutoCAD 官方认证考试大纲和样题
- 赠送资源 5　1200 个 AutoCAD 常用图块集
- 赠送资源 6　110 套 AutoCAD 行业图纸
- 赠送资源 7　100 套 AutoCAD 设计源文件
- 赠送资源 8　3 小时 AutoCAD 建筑设计视频教程
- 赠送资源 9　6 小时 AutoCAD 机械设计视频教程
- 赠送资源 10　7 小时 AutoCAD 室内装潢设计视频教程
- 赠送资源 11　7 小时 3ds Max 视频教程
- 赠送资源 12　50 套精选 3ds Max 设计源文件
- 赠送资源 13　5 小时 Photoshop CC 视频教程

第1篇

新手入门

第1章

AutoCAD 2021入门

学习目标

要学好AutoCAD 2021，首先需要对AutoCAD 2021的安装、启动与退出、工作界面、图形文件管理、命令的调用、坐标的输入以及新增功能等基本知识有充分的了解。

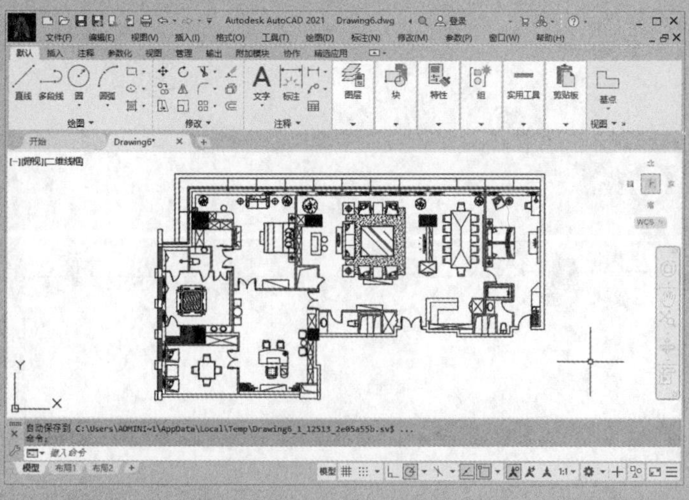

1.1 初识AutoCAD

AutoCAD是Autodesk公司出品的一款自动计算机辅助设计软件。该软件首次开发于1982年，主要用于二维绘图和基本三维设计，通过它无须懂得编程，即可自动制图，因此它在全球广泛使用，现已经成为国际上广为流行的绘图工具。

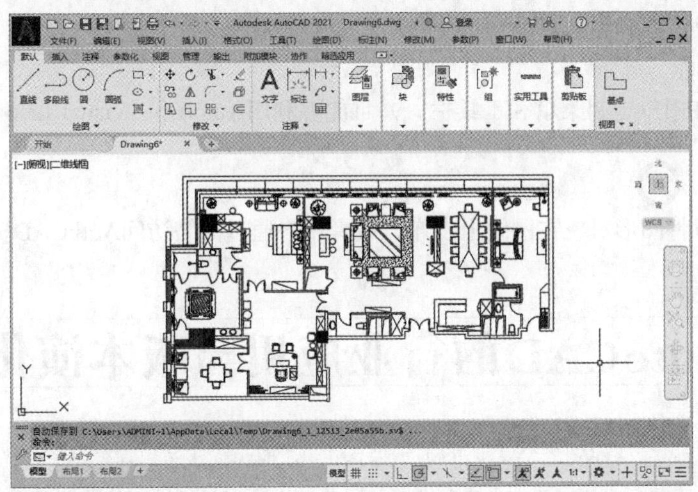

1. AutoCAD的基本特点

● 具有完善的图形绘制功能，可以根据需要绘制平面图、立面图、剖面图、大样图、地材图、水电图等各种相关图形。

● 具有强大的图形编辑功能，不但可以对二／三维图形进行直接编辑操作，从AutoCAD 2013版本之后，还可以将三维图形编辑转换为二维工程图形。

● 支持多种操作平台（各种操作系统支持的微型计算机和工作站）。

● 支持多种硬件设备。

● 可以进行多种图形格式的转换，具有较强的数据交换能力。

● 具有通用性、易用性，适合各类用户使用。

● 可以采用多种方式进行二次开发或用户定制。

2. AutoCAD的基本功能

● 二维图形绘制功能。

AutoCAD能够以多种方式创建点、直线、多段线、样条曲线、正多边形、圆、圆弧、椭圆等基本图形对象。AutoCAD提供了对象捕捉及追踪功能，可以让用户很方便地进行特殊点的捕捉以及沿不同方向进行相关点的定位。另外，AutoCAD还提供了正交功能，使用户可以很容易进行水平及垂直方向的控制。

● 二维图形编辑功能。

AutoCAD具有强大的二维图形对象编辑功能，可以对二维图形对象执行移动、缩放、阵列、旋转、拉伸、修剪、延伸、打断、合并等多种编辑操作。

AutoCAD具有尺寸标注功能，可以创建多种类型的尺寸标注对象，标注外观可以由用户根据需要自行设定。

AutoCAD具有文字书写功能，能够轻易地在图形的任何位置创建相关文字对象，并且能够控制文字对象的字体、字号、倾斜角度、宽度缩放比例、方向等相关属性。

AutoCAD具有图形管理功能，使同类型的图形对象都位于同一个图层上，每一个图层上的图形对象都具有相同的颜色、线型、线宽等图层特性。

- 三维图形绘制及编辑功能。

AutoCAD可以创建三维实体及表面模型，并且能够进行编辑操作。

- 数据交换功能。

AutoCAD提供了多种图形对象数据交换格式及相应命令。

- 二次开发功能。

AutoCAD允许用户定制菜单和工具栏，并且能够利用Autolisp、Visual Lisp等内嵌语言进行二次开发。

- 网络功能。

AutoCAD可以将图形对象在网络上发布，或者用户通过网络访问AutoCAD资源。

1.2 AutoCAD的行业应用与版本演化

AutoCAD在多个行业得到广泛应用，在取得广大设计爱好者认可的同时，本身也在不断地完善和强化，每一次版本的更新都代表着原有功能的完善和新增功能的诞生，这也进一步保证了AutoCAD能够在各大行业中成为广大设计师的首选。

1.2.1 AutoCAD的行业应用

随着计算机技术的飞速发展，CAD软件在工程中的应用层次也在不断地提高，一个集成的、智能化的CAD软件系统已经成为当今工程设计人员的首选。AutoCAD使用方便，易于掌握，体系结构开放，因此被广泛应用于机械、建筑、电子、纺织、土木工程、造船、航天、轻工、石油化工、地质、气象、冶金和商业等领域。

1. AutoCAD在机械行业中的应用

CAD在机械制造行业的应用是最早的，也是最为广泛的。采用CAD技术进行产品设计，不但可以使设计人员放弃繁琐的手工绘制方法，更新传统的设计思想，实现设计自动化，降低产品的成本，提高企业及其产品在市场上的竞争能力，而且可以使企业由原来的串行作业转变为并行作业，建立一种全新的设计和生产技术管理体系，缩短产品的开发周期，提高劳动生产率。

2. AutoCAD在电子电气行业中的应用

CAD在电子电气领域的应用称为电子电气CAD。它主要包括电气原理图的编辑、电路功能仿真、工作环境模拟及印制板设计（自动布局、自动布线）与检测等。使用电子电气CAD软件还能迅速形成各种各样的报表文件（如元件清单报表），为元件的采购及工程预算和决算等提供方便。

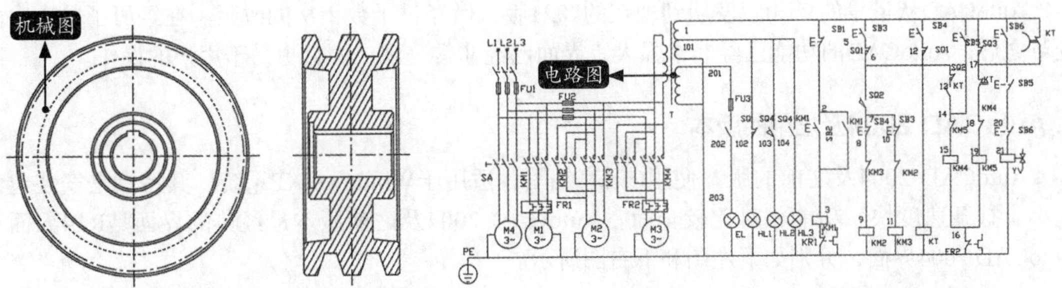

3. AutoCAD在建筑行业中的应用

计算机辅助建筑设计（Computer Aided Architecture Design，简称CAAD）是CAD在建筑方面的应用，它为建筑设计带来了一场真正的革命。随着CAAD软件从最初的二维通用绘图软件发展到如今的三维建筑模型软件，CAAD技术现已被广为采用。这不但可以提高设计质量，缩短工程周期，而且可以节约很大一部分建筑投资。

4. AutoCAD在轻工纺织行业中的应用

以前，我国纺织品及服装的花样设计、图案协调、色彩变化、图案分色、描稿及配色等均由人工完成，速度慢且效率低。而目前国际市场上对纺织品及服装的要求是批量小、花色多、质量高、交货迅速，这使我国纺织产品在国际市场上的竞争力显得尤为落后。CAD技术的使用，大大加快了我国轻工纺织及服装企业走向国际市场的步伐。

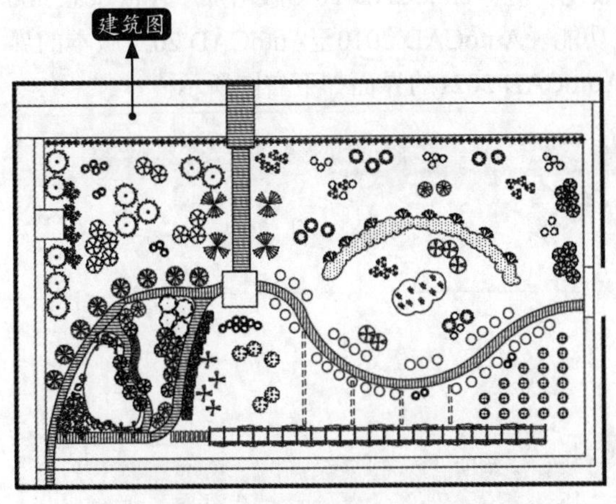

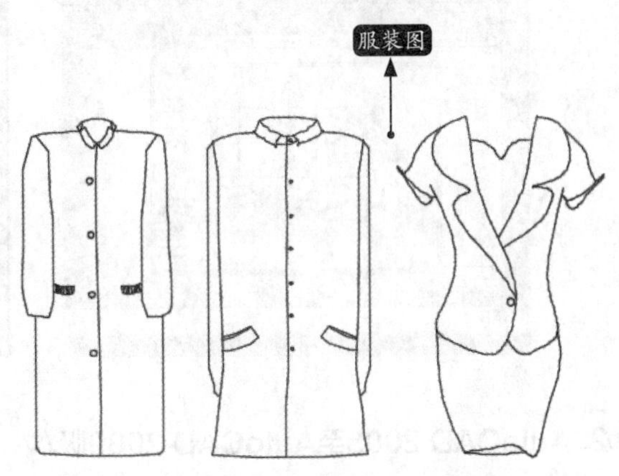

5. CAD在娱乐行业中的应用

时至今日，CAD技术已进入人们日常娱乐的方方面面，在电影、动画和广告等领域大显身手。例如，电影公司主要借助CAD技术构造布景，利用虚拟现实的手法设计出人工难以实现的景观，这不仅可以节省大量的人力、物力，降低电影的拍摄成本，而且可以给观众营造一种新奇、古怪和难以想象的视觉效果，获得丰厚的票房收入。

1.2.2 AutoCAD的版本演化

AutoCAD从最早的V1.0版发展到现在的2021版，已经过了数十次的改版。在经历了数十次的变革之后，AutoCAD的功能已经非常强大，界面已经非常美观，而且更易于用户的操作。

1. AutoCAD 2004及之前的版本

AutoCAD 2004及之前的版本使用C语言编写，适用于Windows XP系统，其特点是安装包体积小、打开速度快、功能相对比较全面。AutoCAD 2004及之前版本最经典的界面是R14界面和AutoCAD 2004界面，分别如下左图和下右图所示。

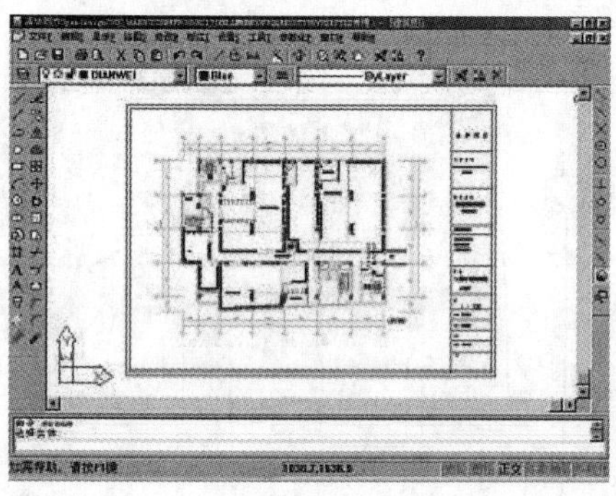

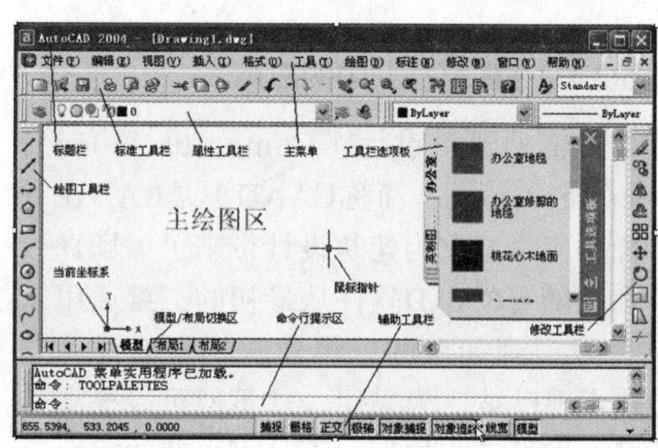

2. AutoCAD 2005至AutoCAD 2009版本

AutoCAD 2005至AutoCAD 2009版本使用C#编写，安装包都要附带.net运行库，而且是强制安装，安装体积很大。在相同计算机配置的条件下，启动速度比AutoCAD 2004及之前版本慢了很多，其中从AutoCAD 2008开始有64位系统专用版本（但只有英文版）。AutoCAD 2005至AutoCAD 2009增强了三维绘图功能，但二维绘图功能没有什么质的变化。

AutoCAD 2004至AutoCAD 2008版本的界面和之前的界面没有什么本质变化，但Autodesk公司对AutoCAD 2009的界面做了很大改变，原来工具条和菜单栏的结构变成为菜单栏和选项卡的结构，如下左图所示。

3. AutoCAD 2010至AutoCAD 2021版本

从AutoCAD 2010版开始，AutoCAD加入了参数化功能。AutoCAD 2013版增加了Autodesk 360和BIM360功能，AutoCAD 2016版增加了智能标注功能。AutoCAD 2010至AutoCAD 2021版本的界面没有太大变化，与AutoCAD 2009的界面相似。AutoCAD 2021的界面如下右图所示。

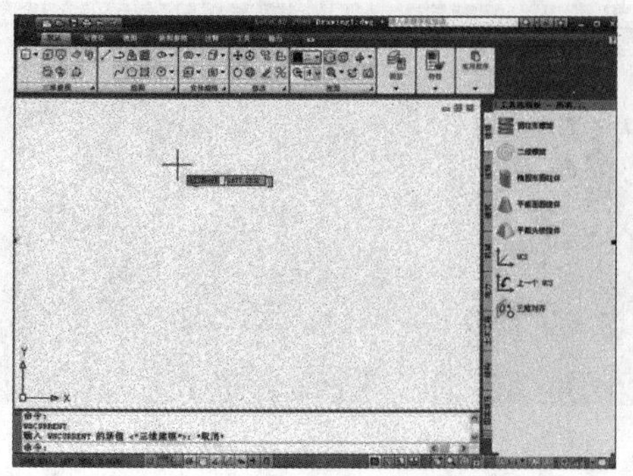

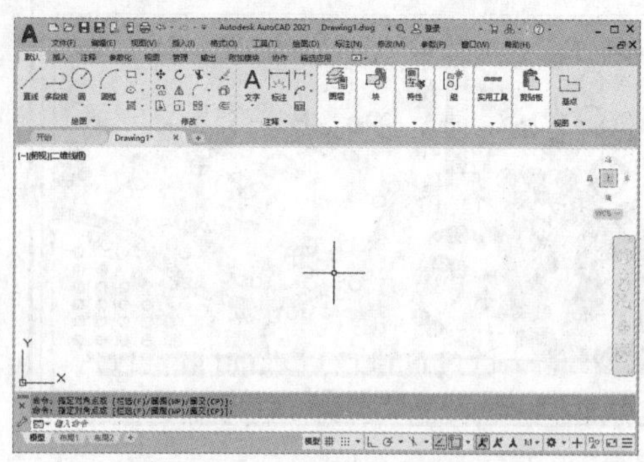

1.3 安装与启动AutoCAD 2021

要在计算机上应用AutoCAD 2021软件，首先要正确地完成安装工作。本节介绍如何安装、卸载、启动以及退出AutoCAD 2021。

1.3.1 安装AutoCAD 2021的软、硬件要求

AutoCAD 2021对计算机的软、硬件有一定的要求。对于Windows操作系统的用户来讲，安装AutoCAD 2021的要求如下表所示。

说明	计算机需求
操作系统	带有更新的Microsoft Windows 7 SP1 KB4019990（仅限64位） Microsoft Windows 8.1 （含更新 KB2919355）（仅限64位） Microsoft Windows 10（仅限64位）（版本1903或更高版本）
处理器	2.5~2.9 GHz 处理器（推荐3GHz以上的处理器）
内存	8GB RAM（建议使用 16 GB）
显示器分辨率	常规显示器：1920×1080 真彩色 高分辨率和4K显示：Windows 10，64位系统支持高达3840×2160的分辨率（配支持的显示卡）
显卡	基本要求：1GB GPU，具有29GB/S带宽，与DirectX 11兼容 建议：4GB GPU，具有106GB/s带宽，与DirectX 11兼容
磁盘空间	7.0 GB 安装空间
定点设备	MS-Mouse 兼容设备
浏览器	Google ChromeTM （适用于AutoCAD网络应用）
.NET Framework	.NET Framework 4.8或更高版本 *支持的操作系统推荐使用DirectX 11
网络	通过部署向导进行部署 许可服务器以及运行依赖网络许可的应用程序的所有工作站都必须运行TCP/IP协议 可以接受 Microsoft或Novell TCP/IP 协议堆栈。工作站上的主登录可以是 Netware 或 Windows 除了应用程序支持的操作系统外，许可服务器还将在 Windows Server 2012 R2、Windows Server 2016 和 Windows Server 2019 各版本上运行

1.3.2 安装AutoCAD 2021

安装AutoCAD 2021的具体操作步骤如下。

步骤 01 把安装光盘放入光驱后，系统会自动弹出【安装初始化】进度窗口。如果没有自动弹出，可以双击【此电脑】中的光盘图标，也可以双击安装光盘内的setup.exe文件。

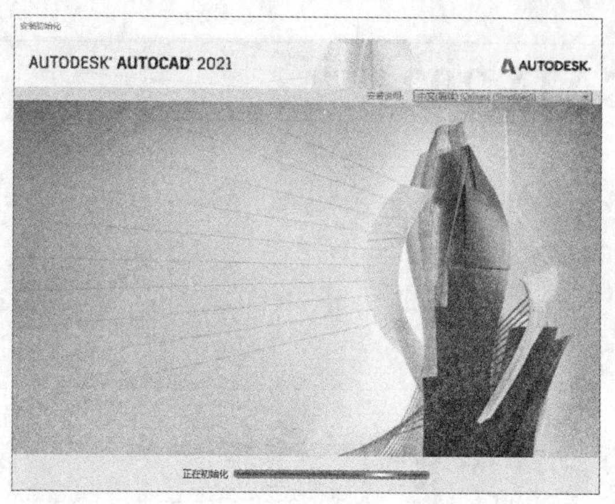

步骤 02 安装初始化完成后，系统会弹出安装向导主界面，选择安装语言后单击【安装在此计算机上安装】选项按钮。

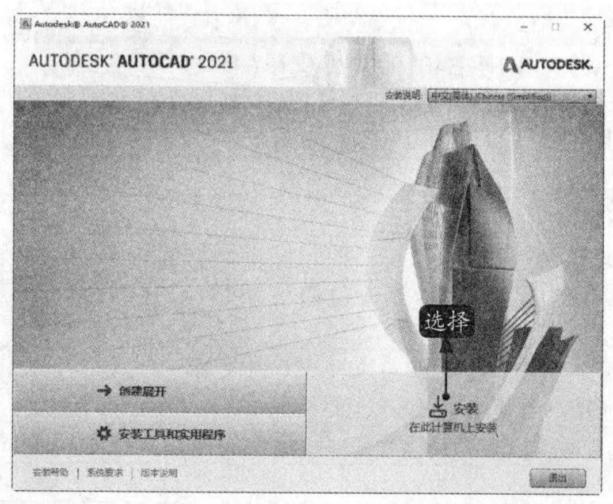

步骤 03 确定安装要求后，会弹出【许可协议】界面，选中【我接受】前的单选按钮后，单击【下一步】按钮。

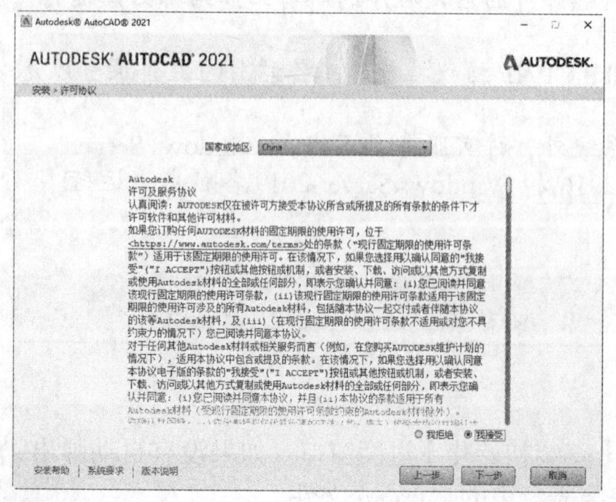

步骤 04 在【配置安装】界面中，选择要安装的组件以及软件的安装位置后单击【安装】按钮。

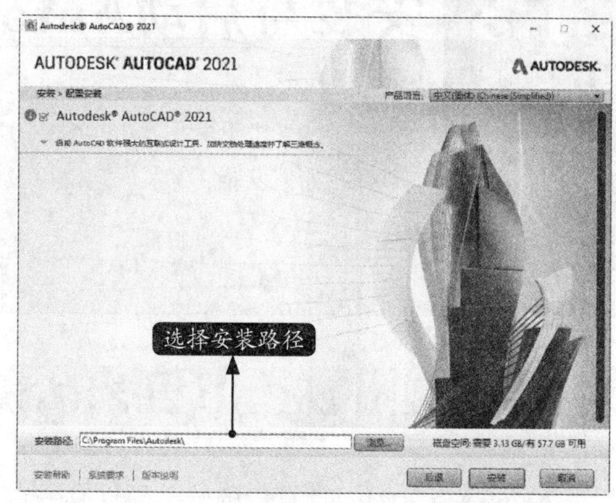

步骤 05 在【安装进度】界面中，会显示各个组件的安装进度。

步骤 06 AutoCAD 2021安装完成后，在【安装完成】界面中单击【立即启动】按钮，退出安装向导界面。

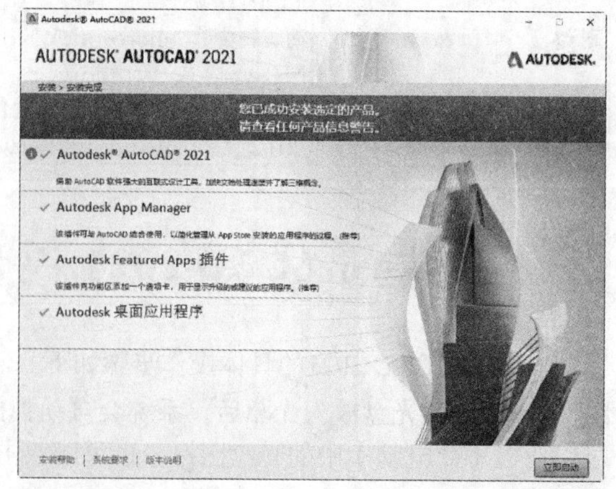

小提示

（1）如果计算机上要同时安装多个版本的Auto CAD，一定要先安装低版本的，再安装高版本的。

（2）在安装过程中，AutoCAD软件会根据用户当前的计算机系统来自行安装相应的组件，该过程会耗时15~30分钟。

（3）成功安装AutoCAD 2021后，还应进行产品注册。

（4）这里介绍的是光盘安装，如果读者采用的是硬盘安装，则在安装前首先要把压缩程序解压到一个不含中文字符的文件夹中，然后再进行安装。安装过程与光盘安装相同。

（5）AutoCAD 2021的卸载方法与其他软件相同。以Windows 10系统为例，单击【开始】➤【Windows系统】➤【控制面板】➤【卸载程序】，选中AutoCAD 2021后单击【卸载】选项，根据提示操作即可卸载AutoCAD 2021。

1.3.3 启动与退出AutoCAD 2021

AutoCAD 2021的启动方法通常有以下两种。

（1）在【开始】菜单中选择【AutoCAD 2021-简体中文（Simplified Chinese）】➤【AutoCAD 2021-简体中文（Simplified Chinese）】命令。

（2）双击桌面的快捷图标A或直接打开已经保存过的AutoCAD文件。

步骤01 启动AutoCAD 2021，弹出【开始】选项卡界面。如下图所示。

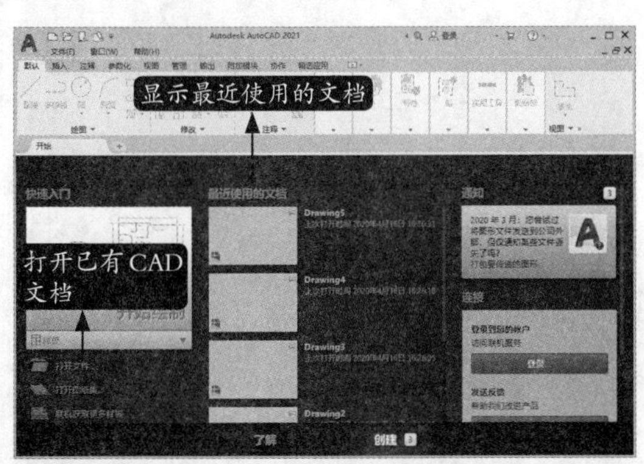

步骤02 单击【了解】按钮，观看“新增功能”和“快速入门视频”等，如下图所示。

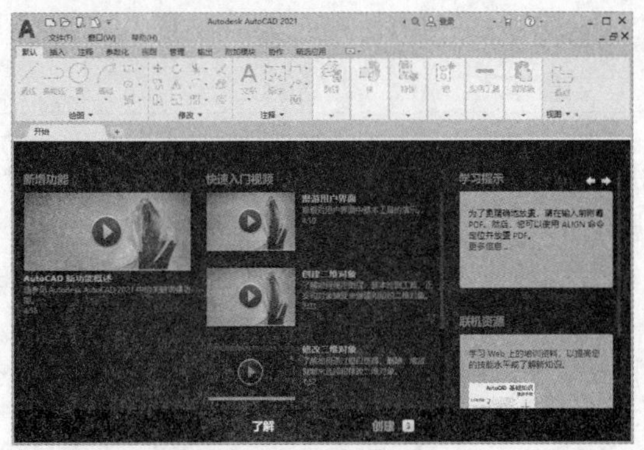

步骤03 单击【创建】按钮，然后单击【快速入门】选项下的“开始绘制”，进入AutoCAD 2021工作界面，如下图所示。

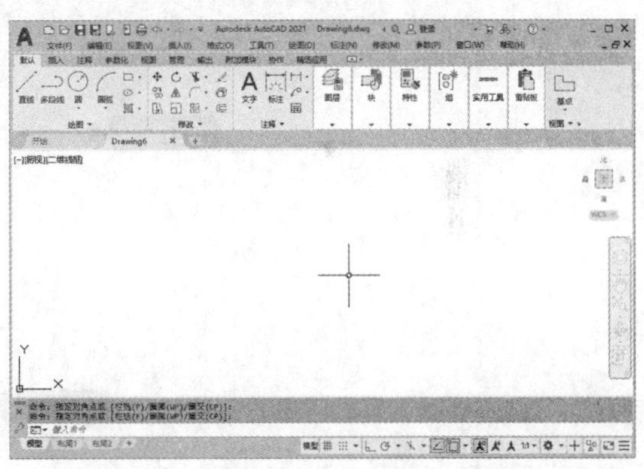

如果需要退出AutoCAD 2021，可以使用以下5种方法中的任意一种。

- 在命令行中输入“QUIT”，按【Enter】键确定。
- 单击标题栏中的【关闭】按钮，或在标题栏空白位置处单击鼠标右键，在弹出的下拉菜单中选择【关闭】✕选项。
- 使用组合键【Alt+F4】。
- 双击【应用程序菜单】按钮A。
- 单击【应用程序菜单】按钮，在弹出的菜单中单击【退出Autodesk AutoCAD 2021】按钮。

小提示

组合键【Alt+F4】表示同时按下键盘上的【Alt】键和【F4】键。全书在介绍组合键时均如此表示。

1.4 AutoCAD 2021的工作界面

AutoCAD 2021的工作界面由应用程序菜单、标题栏、菜单栏、快速访问工具栏、功能区、命令窗口、绘图窗口和状态栏等组成，如下图所示。

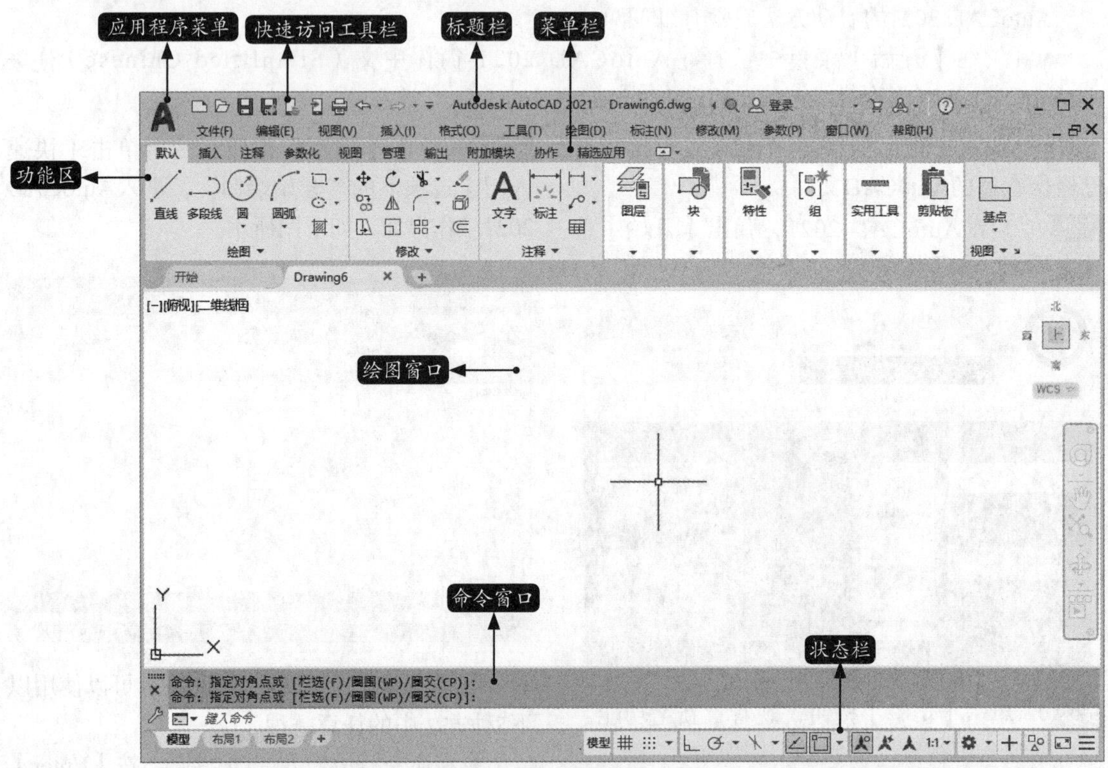

1.4.1 应用程序菜单

在应用程序菜单中，可以搜索命令、访问常用工具并浏览文件。在AutoCAD 2021界面左上方，单击【应用程序菜单】按钮A，会弹出应用程序菜单。

用户在应用程序菜单中可以快速创建、打开、保存、核查、修复和清除文件，打印或发布图形，还可以单击右下方的【选项】按钮打开【选项】对话框或退出AutoCAD，如下页左图所示。

在应用程序菜单上方的搜索框中，输入搜索字段，下方将显示搜索到的命令，如下页右图所示。

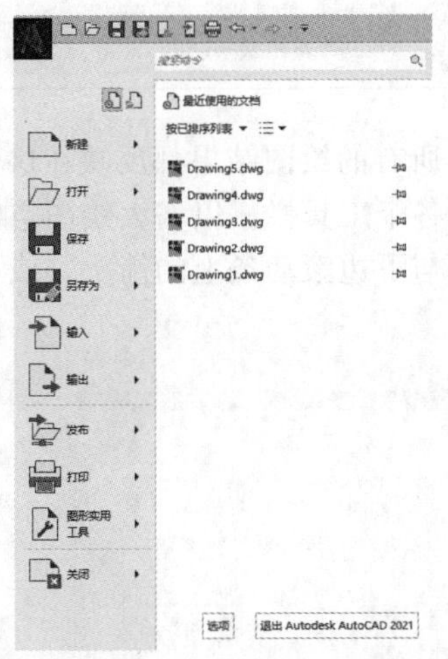

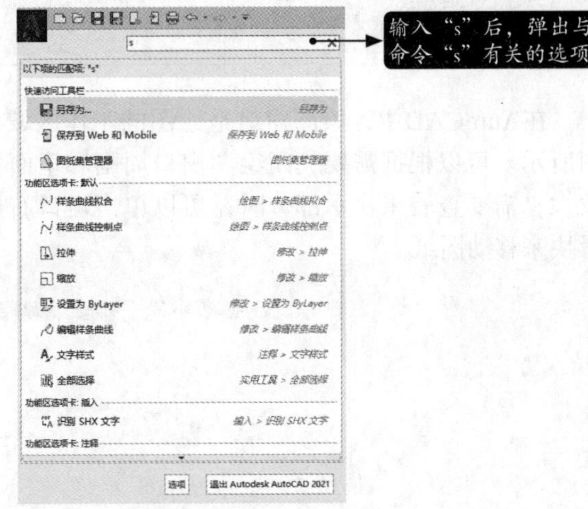

1.4.2 菜单栏

菜单栏默认为隐藏状态，可以将其显示出来，如下左图所示。菜单栏显示在绘图区域的顶部，AutoCAD 2021默认有12个菜单选项（部分可能会与用户安装的插件有关，如Express），每个菜单选项下都有各类不同的菜单命令，是AutoCAD中常用的调用命令方式，如下右图所示。

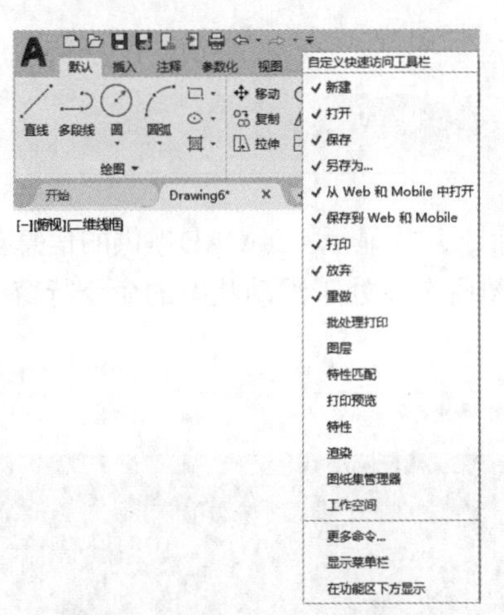

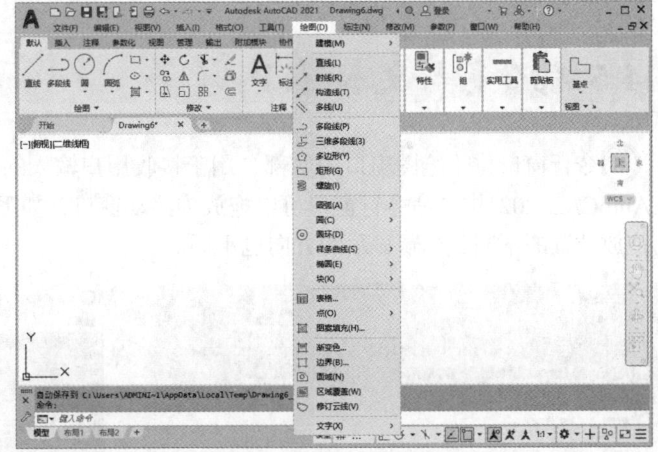

1.4.3 选项卡与面板

AutoCAD 2021根据任务标记将许多面板集中到某个选项卡中，面板包含的工具和控件与工具栏和对话框中的相同，如【注释】选项卡中的【文字】面板如下图所示。

1.4.4 绘图窗口

在AutoCAD中，绘图窗口是绘图的工作区域，所有的绘图结果都反映在这个窗口中，如下图所示。可以根据需要关闭绘图窗口周围和里面的各个工具栏，以增大绘图空间。如果图纸比较大，需要查看未显示部分时，可以单击窗口右边与下边滚动条上的箭头，或拖曳滚动条上的滑块来移动图纸。

在绘图窗口中除显示了当前的绘图结果外，还显示了当前使用的坐标系类型和坐标原点，以及*x*轴、*y*轴、*z*轴的方向等。默认情况下，坐标系为世界坐标系。

绘图窗口的下方有【模型】和【布局】选项卡，单击相应选项卡可以在模型空间与布局空间之间切换。

1.4.5 命令行与文本窗口

命令行窗口位于绘图窗口的底部，用于接收用户输入的命令，并显示AutoCAD提供的信息。在AutoCAD 2021中，命令行窗口可以拖放为浮动窗口，如下图所示。处于浮动状态的命令行窗口随拖放位置的不同，标题显示的方向也不同。

AutoCAD文本窗口是记录AutoCAD命令的窗口，是放大的命令行窗口，记录了已执行的命令，也可以用来输入新命令。在AutoCAD 2021中，可以通过执行【视图】➢【显示】➢【文本窗口】菜单命令，或在命令行中输入【Textscr】命令或按【F2】键打开AutoCAD文本窗口，如下图所示。

```
AutoCAD 文本窗口 - Drawing6.dwg
编辑(E)
命令: 指定对角点或 [栏选(F)/圈围(WP)/圈交(CP)]:
命令:
自动保存到 C:\Users\ADMINI~1\AppData\Local\Temp\Drawing6_1_4247_c39cb62f.sv$

命令:
命令:
命令:
命令: _options
命令:
命令:
命令: _options
命令:
命令: 指定对角点或 [栏选(F)/圈围(WP)/圈交(CP)]:
命令: 指定对角点或 [栏选(F)/圈围(WP)/圈交(CP)]:
命令:
命令:
命令: _options
命令:
命令:
自动保存到 C:\Users\ADMINI~1\AppData\Local\Temp\Drawing6_1_4247_c39cb62f.sv$

命令:
命令:
命令:
```

小提示

在AutoCAD 2021中，用户可以根据需要隐藏/打开命令行。隐藏/打开的方法为选择【工具】➤【命令行】命令或按【Ctrl+9】组合键，AutoCAD会弹出【命令行–关闭窗口】对话框，如下图所示。

命令行 – 关闭窗口
是否关闭命令行窗口?
要再次显示命令行窗口，请按 CTRL+9 组合键。
始终关闭命令行窗口
是(Y)
否(N)

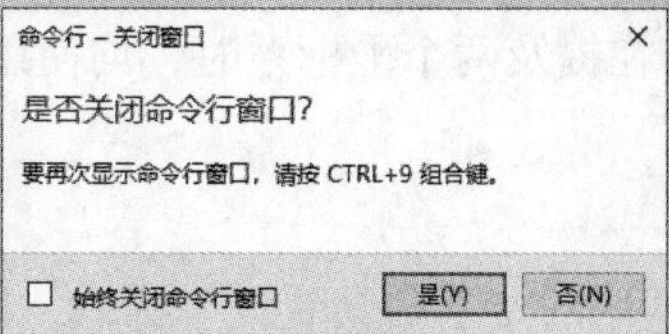

1.4.6 状态栏

状态栏位于AutoCAD界面的底部，用来显示AutoCAD当前的状态，如是否使用栅格、是否使用正交模式、是否显示线宽等，如下图所示。

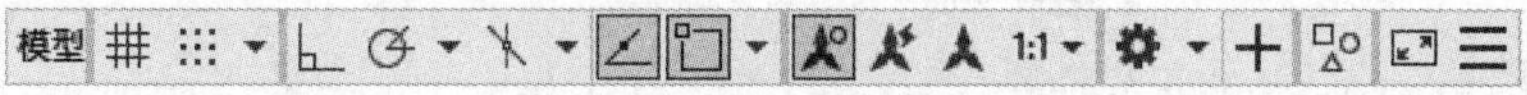

模型
1:1

小提示

单击状态栏最右端的【自定义】按钮☰，在弹出的选项菜单上，可以选择显示或关闭状态栏的选项，如下图所示。

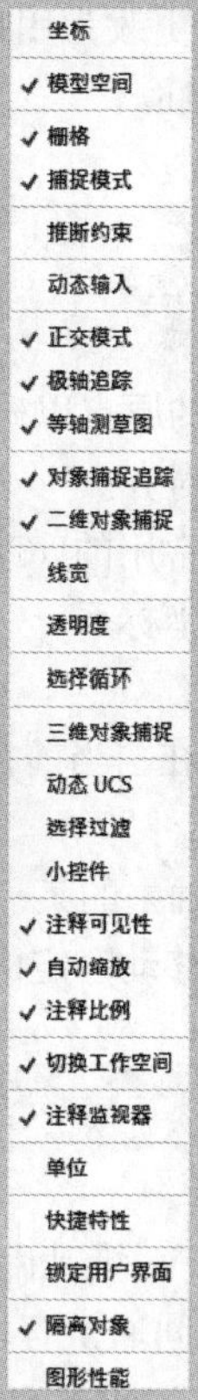

坐标
✓ 模型空间
✓ 栅格
✓ 捕捉模式
推断约束
动态输入
✓ 正交模式
✓ 极轴追踪
✓ 等轴测草图
✓ 对象捕捉追踪
✓ 二维对象捕捉
线宽
透明度
选择循环
三维对象捕捉
动态 UCS
选择过滤
小控件
✓ 注释可见性
✓ 自动缩放
✓ 注释比例
✓ 切换工作空间
✓ 注释监视器
单位
快捷特性
锁定用户界面
✓ 隔离对象
图形性能

1.4.7 坐标系

AutoCAD中有两个坐标系，一个是世界坐标系（World Coordinate System，WCS），另一个是用户坐标系（User Coordinate System，UCS）。掌握这两种坐标系的使用方法，对于精确绘图是十分重要的。为便于讲解，本书在提及两个坐标系时，均使用其英文缩写形式。

1. 世界坐标系

启动AutoCAD 2021后，在绘图区的左下角会看到坐标系，即默认的世界坐标系（WCS），包含*x*轴和*y*轴，如下左图所示。如果是在三维空间中则还有*z*轴，并且沿*x*、*y*、*z*轴的方向规定为正方向，如下右图所示。

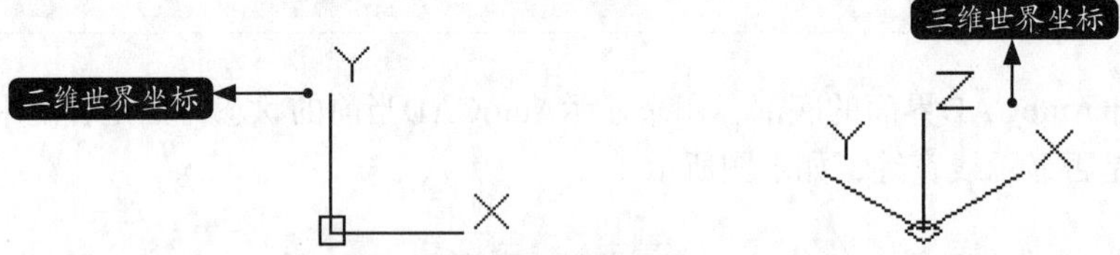

通常在二维视图中，世界坐标系（WCS）的*x*轴水平，*y*轴垂直。原点为*x*轴和*y*轴的交点（0，0）。

2. 用户坐标系

有时为了更方便地使用AutoCAD进行辅助设计，需要对坐标系的原点和方向进行相关设置和修改，即将世界坐标系更改为用户坐标系。更改为用户坐标系后的*x*、*y*、*z*轴仍然互相垂直，但是方向和位置可以任意指定，有了很大的灵活性。

单击【工具】➢【新建UCS】➢【三点】。

```
指定 UCS 的原点或 [ 面 (F)/ 命名 (NA)/ 对象 (OB)/ 上一个 (P)/ 视图 (V)/ 世界 (W)/X/Y/Z/Z 轴 (ZA)] < 世界 >: _3
指定新原点 <0,0,0>:
```

- 【指定UCS的原点】：重新指定UCS的原点以确定新的UCS。
- 【面】：将UCS与三维实体的选定面对齐。
- 【命名】：按名称保存、恢复或删除常用的UCS。
- 【对象】：指定一个实体以定义新的坐标系。
- 【上一个】：恢复上一个UCS。
- 【视图】：将新的UCS的*xy*平面设置在与当前视图平行的平面上。
- 【世界】：将当前的UCS设置成WCS。
- 【X/Y/Z】：确定当前UCS绕*x*、*y*和*z*轴中的某一轴旋转一定角度以形成新的UCS。
- 【Z轴】：将当前UCS沿*z*轴的正方向移动一定的距离。

1.4.8 切换工作空间

AutoCAD 2021软件有“草图与注释”“三维基础”和“三维建模”等三种工作空间类型，用户可以根据需要切换工作空间。切换工作空间通常有以下两种方法。

方法1：启动AutoCAD 2021，然后单击工作界面右下角中的【切换工作空间】按钮⚙ ▾，在弹出的菜单中选择需要的工作空间，如下图所示。

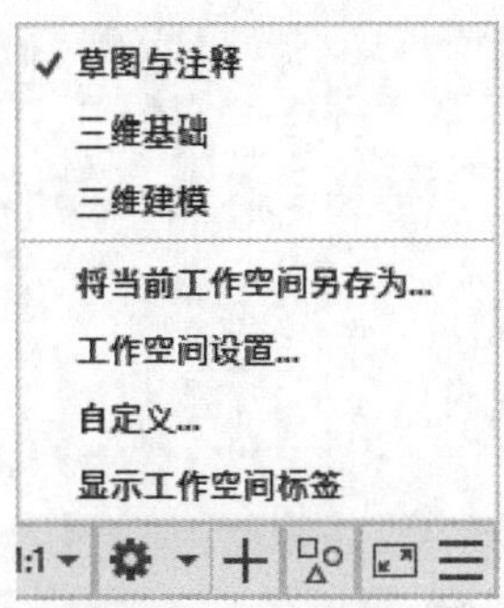

方法2：在快速访问工具栏中选择相应的工作空间，如下图所示。

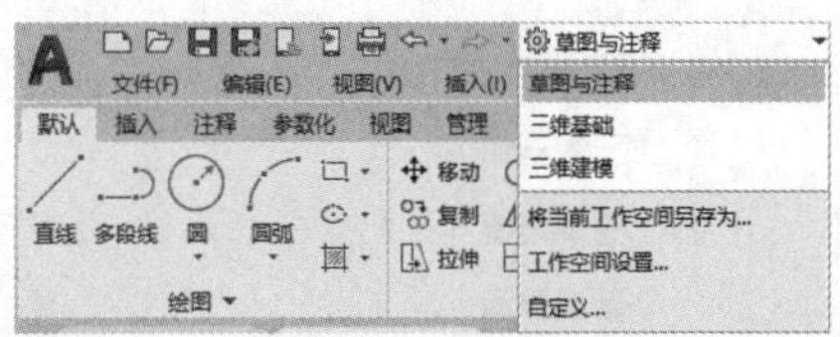

小提示

在切换工作空间后，AutoCAD会默认将菜单栏隐藏。此时，单击快速访问工具栏右侧的下拉按钮，在弹出的下拉列表中选择“显示菜单栏”选项即可显示菜单栏。

1.4.9 实战演练——自定义用户界面

使用自定义用户界面 (CUI) 编辑器可以创建、编辑或删除命令，还可以将新命令添加到下拉菜单、工具栏和功能区面板，或复制它们以便将其显示在多个位置。自定义用户界面的具体操作步骤如下。

步骤 01 启动AutoCAD 2021并新建一个DWG文件，如下图所示。

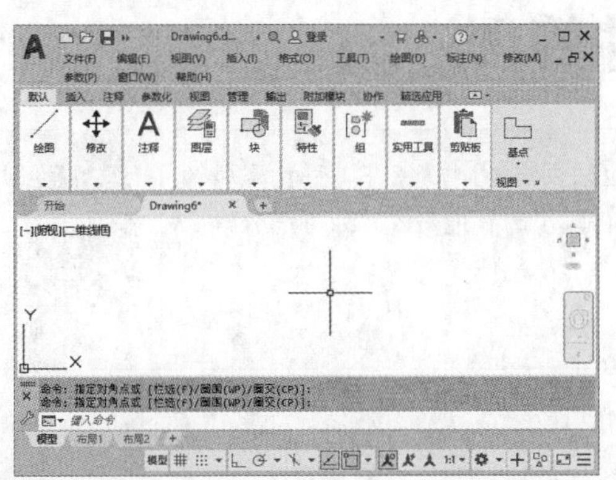

步骤 02 在命令行输入“CUI”并按空格键，弹出【用户自定义界面】对话框。

步骤 03 在左侧窗口选中【工作空间】选项并单击鼠标右键。

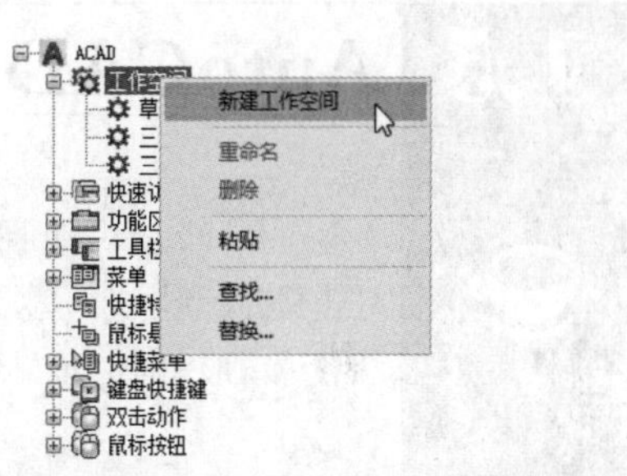

步骤 04 在弹出的快捷菜单上选择【新建工作空间】选项，将新建的工作空间命名为“精简界面”，如下图所示。

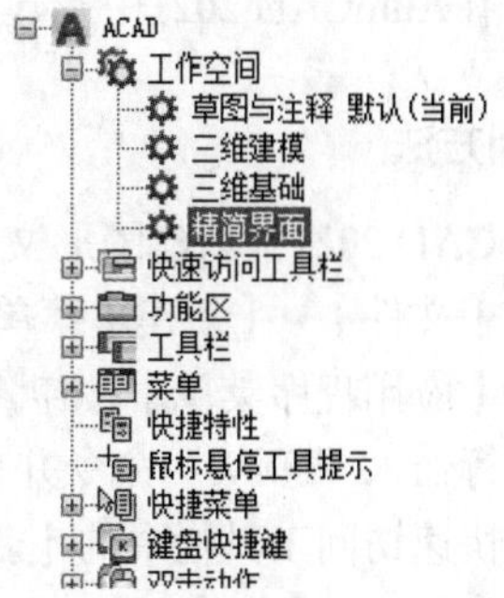

步骤 05 单击【确定】按钮关闭【自定义用户界面】对话框，回到CAD绘图界面后，单击状态栏的【切换工作空间】按钮⚙，在弹出的快捷菜单上可以看到【精简界面】选项的增加。

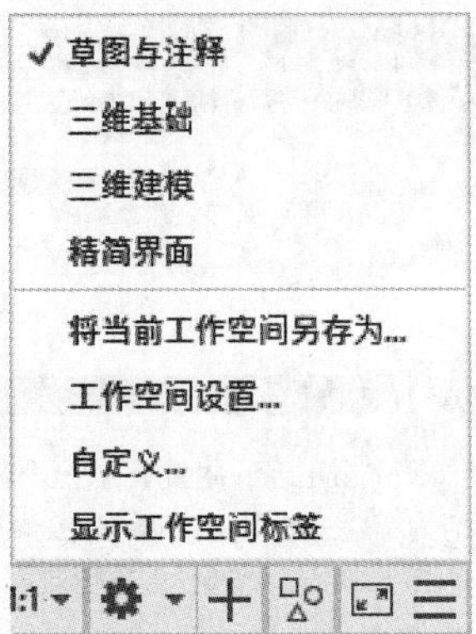

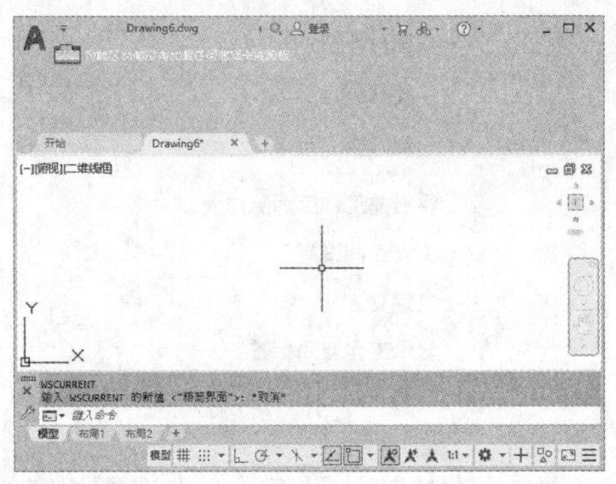

步骤06 选择【精简界面】选项，切换到精简界面，如右图所示。

小提示

这里只介绍了自定义用户界面的方法，如果用户希望在创建的工作空间中出现菜单栏、工具栏等，则还需要继续自定义这些功能。

用户如果对创建的自定义界面不满意，可以在用户自定义界面选中创建的内容，单击鼠标右键，在弹出的快捷菜单中选择删除或替换。

1.5 AutoCAD图形文件管理

在AutoCAD中，图形文件管理一般包括创建新图形文件、打开图形文件、保存图形文件、关闭图形文件及将文件输出为其他格式等。下面分别介绍各种图形文件管理操作。

1.5.1 新建图形文件

下面对在AutoCAD 2021中新建图形文件的方法进行介绍。

1. 命令调用方法

在AutoCAD 2021中新建图形文件的方法通常有以下5种。

- 选择【文件】➤【新建】菜单命令。
- 单击【应用程序菜单】按钮A，然后选择【新建】➤【图形】菜单命令。
- 命令行输入“NEW”命令并按空格键。
- 单击快速访问工具栏中的【新建】按钮。
- 使用【Ctrl+N】组合键。

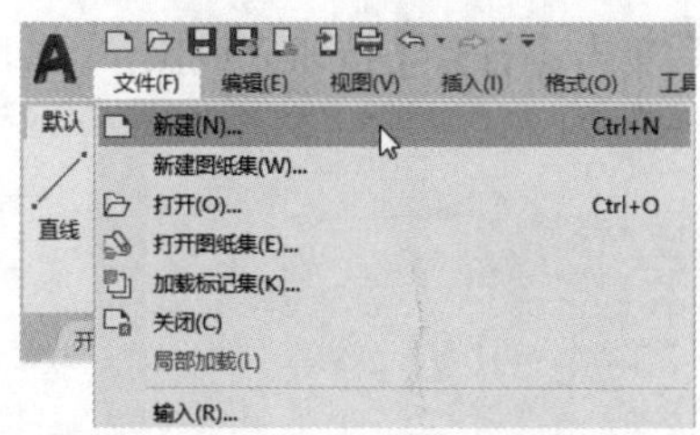

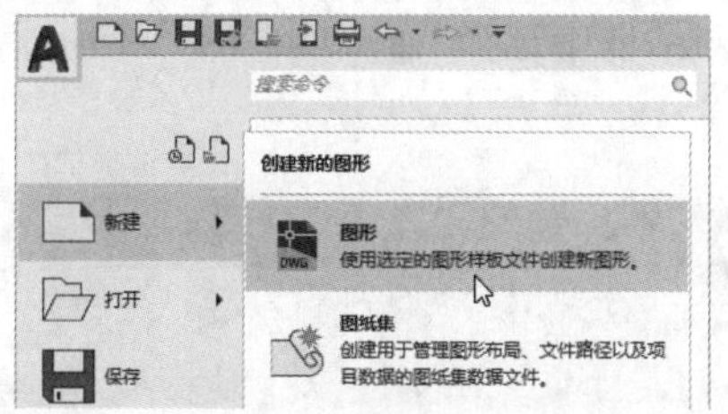

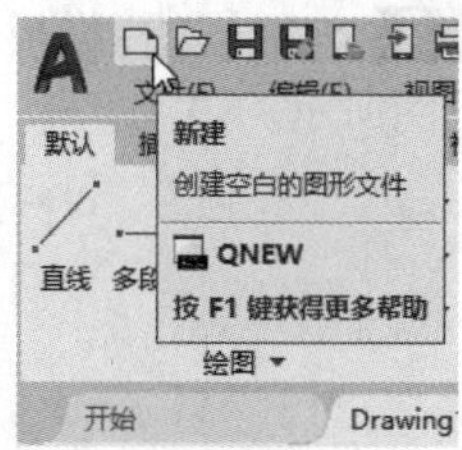

2. 命令提示

调用新建图形命令之后，系统会弹出【选择样板】对话框，如下图所示。

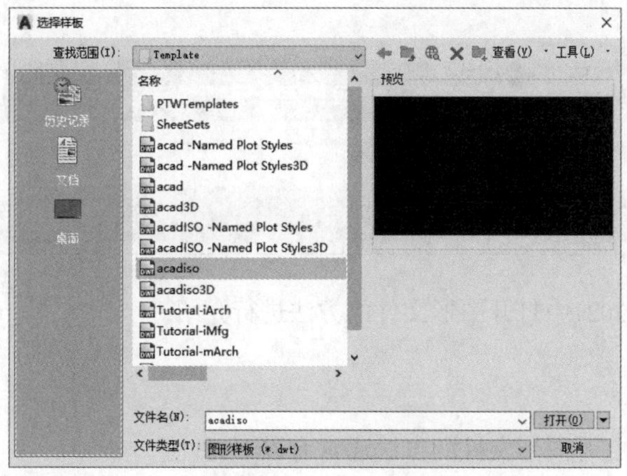

3. 知识点扩展

在【选择样板】对话框中选择对应的样板后（初学者一般选择样板文件acadiso.dwt即可），单击【打开】按钮，即会以对应的样板为模板建立新图形文件。

1.5.2 实战演练——新建一个样板为“acadiso.dwt”的图形文件

下面创建一个样板为“acadiso.dwt”的图形文件，具体操作步骤如下。

步骤 01 启动AutoCAD 2021，调用新建图形文件命令，系统弹出【选择样板】对话框，如下图所示。

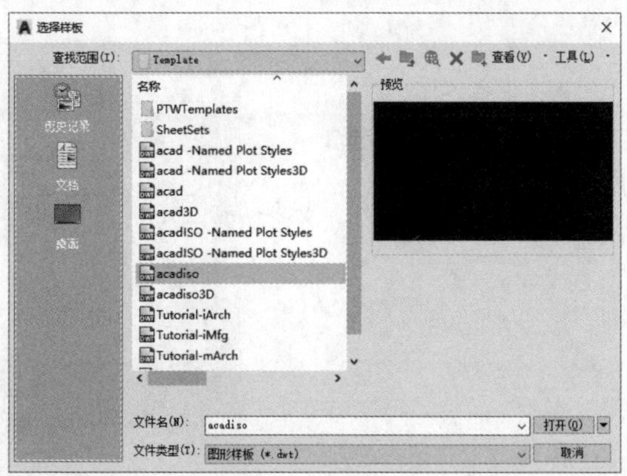

步骤 02 在【选择样板】对话框中选择“acadiso.dwt”样板，然后单击【打开】按钮完成操作，如下图所示。

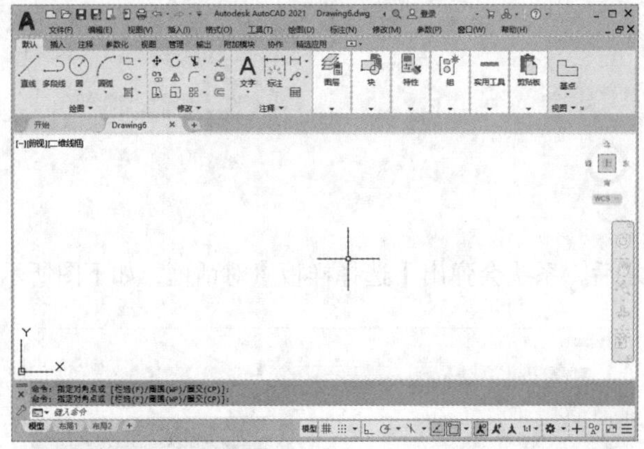

1.5.3 打开图形文件

下面对在AutoCAD 2021中打开图形文件的方法进行介绍。

1. 命令调用方法

在AutoCAD 2021中打开图形文件的方法通常有以下5种。

- 选择【文件】➤【打开】菜单命令。
- 单击【应用程序菜单】按钮A，然后选择【打开】➤【图形】菜单命令。
- 命令行输入“OPEN”命令并按空格键。
- 单击快速访问工具栏中的【打开】按钮。
- 使用【Ctrl+O】组合键。

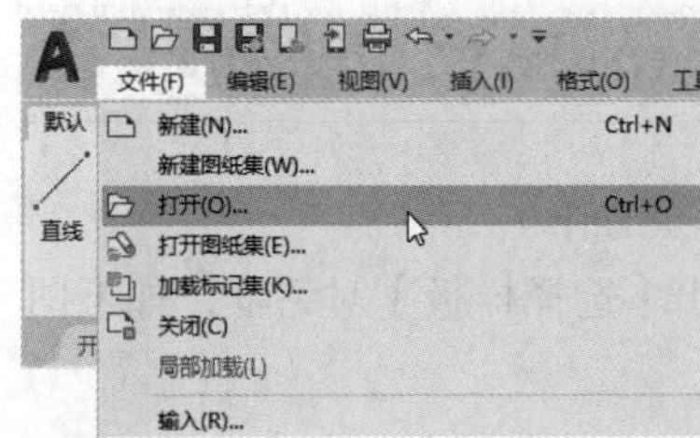

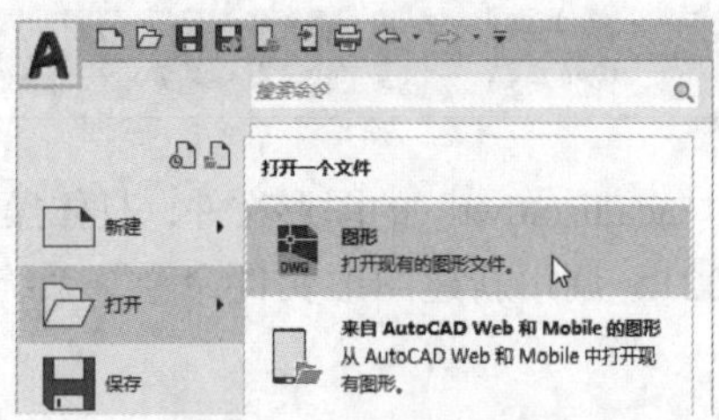

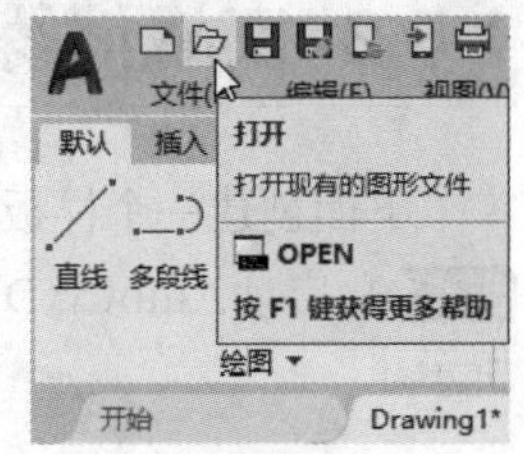

2. 命令提示

调用打开图形命令之后，系统会弹出【选择文件】对话框，如右图所示。

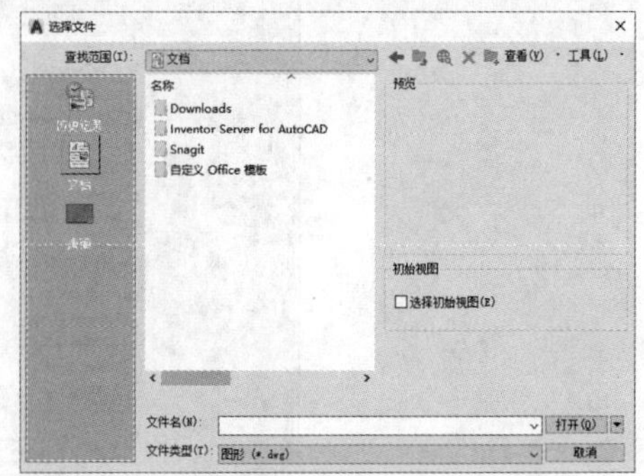

3. 知识点扩展

选择要打开的图形文件，单击【打开】按钮即可打开该图形文件。

另外，利用【打开】命令可以打开和加载局部图形，包括特定视图或图层中的几何图形。在【选择文件】对话框中单击【打开】旁边的箭头，可以选择【局部打开】或【以只读方式局部打开】，如下图所示。

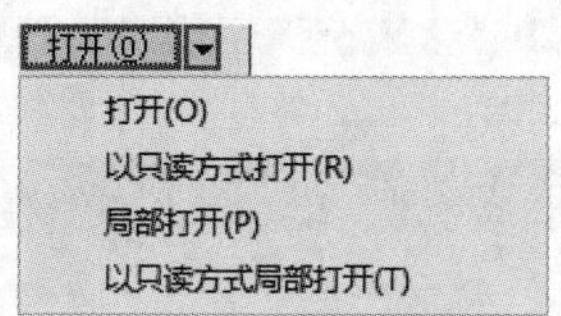

选择【局部打开】选项，将显示【局部打开】对话框，如下图所示。

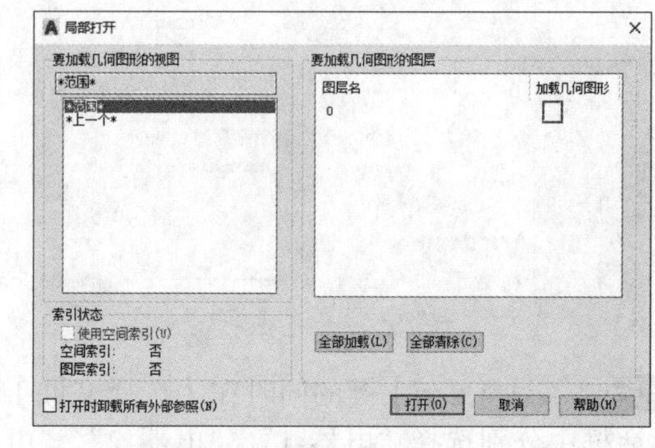

1.5.4 实战演练——打开“地面铺装图”图形文件

下面在AutoCAD 2021中打开“地面铺装图”图形文件，具体操作步骤如下。

步骤01 启动AutoCAD 2021，调用打开图形文件命令，系统弹出【选择文件】对话框，如下图所示。

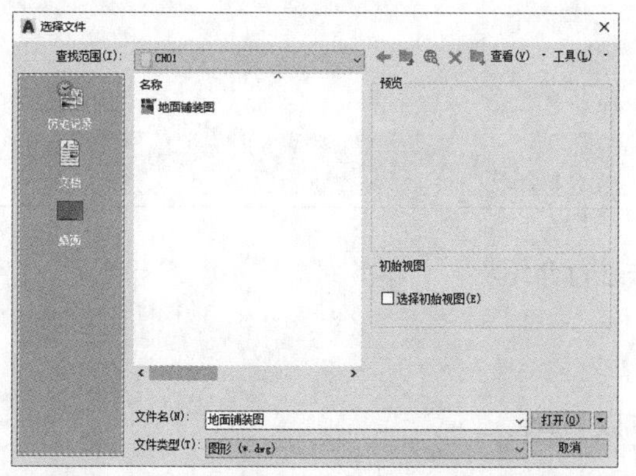

步骤02 在【选择文件】对话框中选择“地面铺装图”文件，然后单击【打开】按钮完成操作，如下图所示。

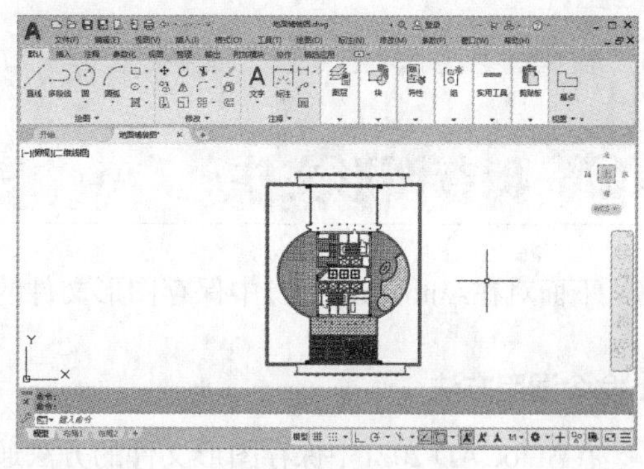

1.5.5 实战演练——打开多个图形文件

下面在AutoCAD 2021中同时打开多个电器图形文件，具体操作步骤如下。

步骤01 启动AutoCAD 2021，调用打开图形文件命令，系统弹出【选择文件】对话框，如下图所示。

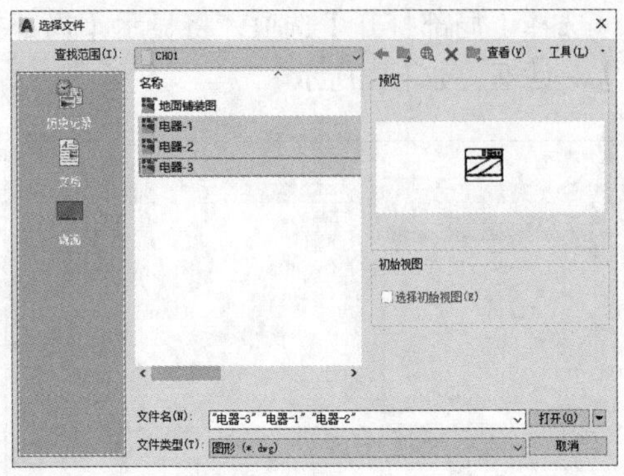

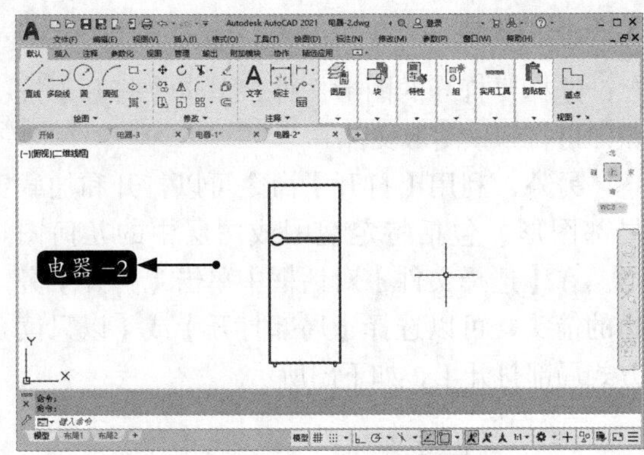

步骤 02 按住【Ctrl】键的同时在【选择文件】对话框中分别选择"电器-1""电器-2""电器-3"文件，然后单击【打开】按钮完成操作，如下图所示。

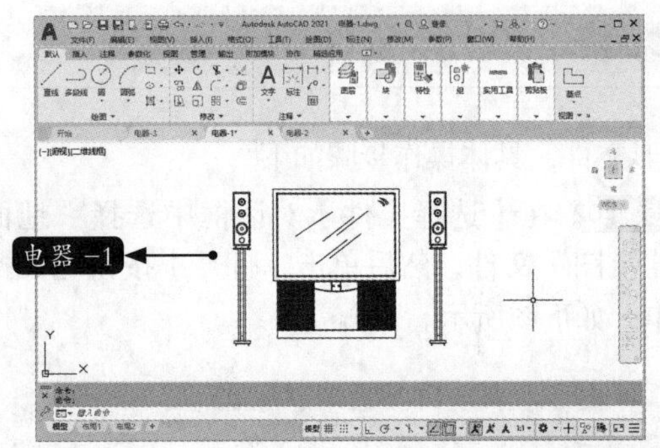

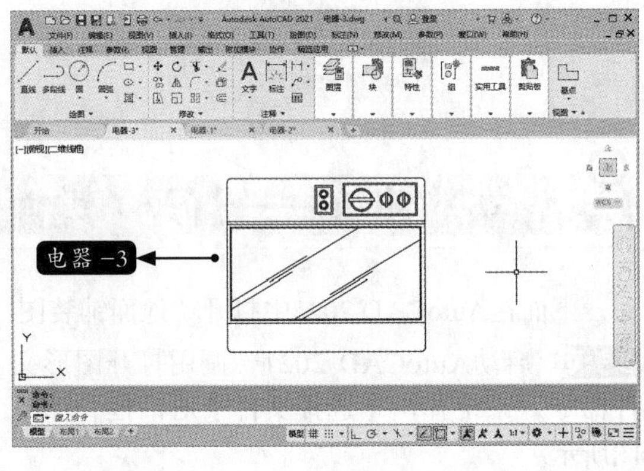

1.5.6 保存图形文件

下面对在AutoCAD 2021中保存图形文件的方法进行介绍。

1. 命令调用方法

在AutoCAD 2021中保存图形文件的方法通常有以下5种。

- 选择【文件】➢【保存】菜单命令。
- 单击【应用程序菜单】按钮A，然后选择【保存】菜单命令。
- 命令行输入"QSAVE"命令并按空格键。
- 单击快速访问工具栏中的【保存】按钮。
- 使用【Ctrl+S】组合键。

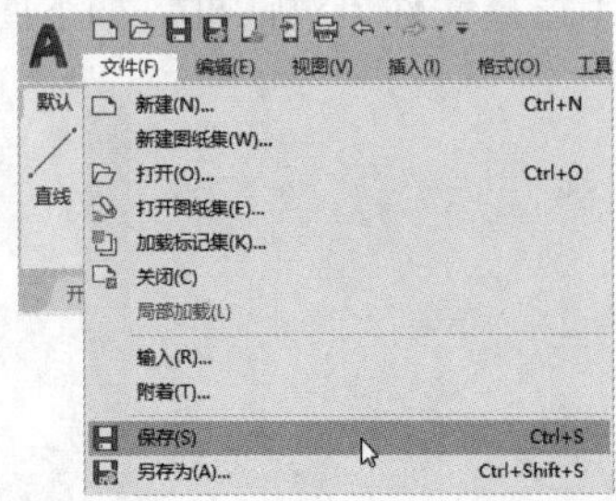

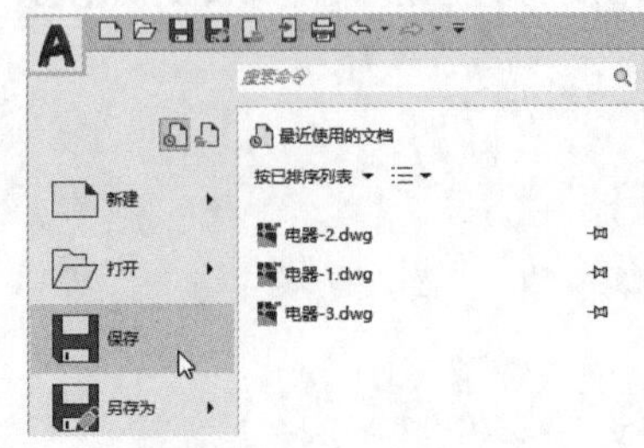

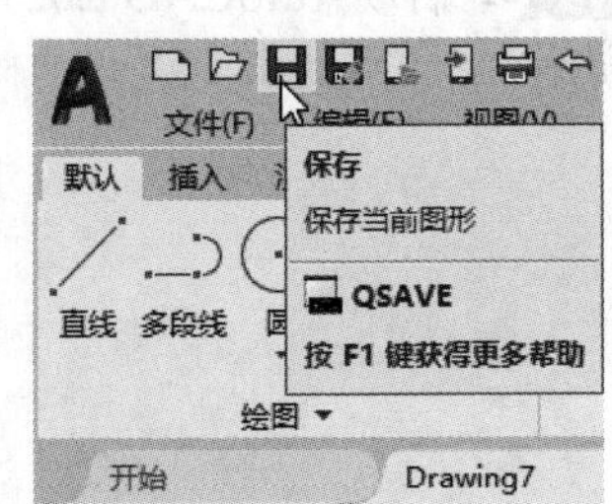

2. 命令提示

在图形第一次被保存时会弹出【图形另存为】对话框，如下图所示，需要用户确定文件的保存位置及文件名。如果图形已经保存过，只是在原有图形基础上重新对图形进行保存，则直接保存而不会弹出【图形另存为】对话框。

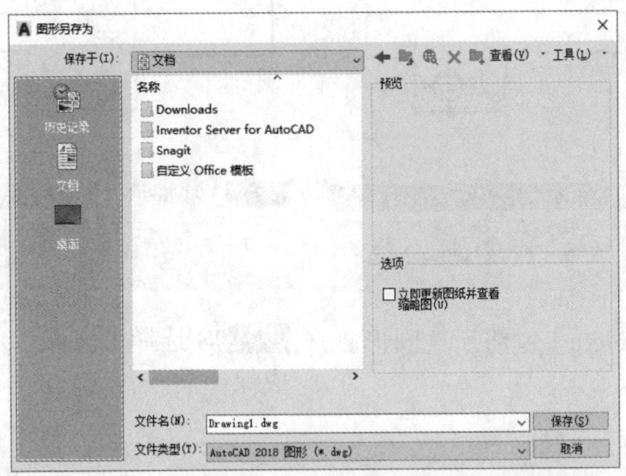

小提示

如果需要将已经命名的图形以新名称进行命名保存，可以执行【另存为】命令。AutoCAD 2021调用【另存为】命令的方法有以下4种：

- 选择【文件】➤【另存为】菜单命令。
- 单击快速访问工具栏中的【另存为】按钮。
- 命令行中输入“SAVEAS”命令并按空格键确认。
- 单击【应用程序菜单】按钮，然后选择【另存为】命令。

1.5.7 实战演练——保存“升降架”图形文件

下面对“升降架”图形文件进行保存，具体操作步骤如下。

步骤01 打开“素材\CH01\升降架.dwg”文件，如下图所示。

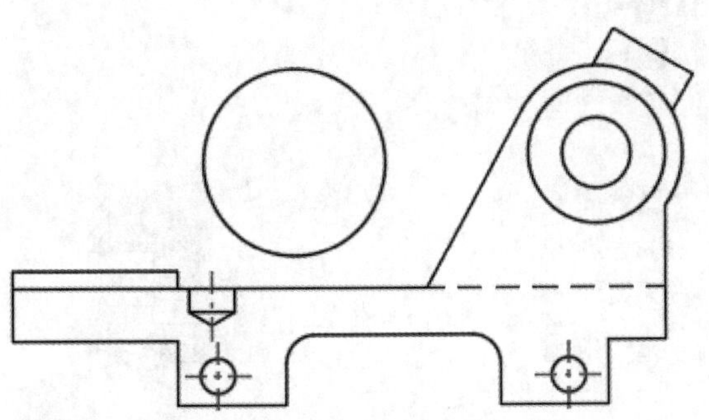

步骤02 在绘图区域将十字光标移至右图所示的圆形上面。

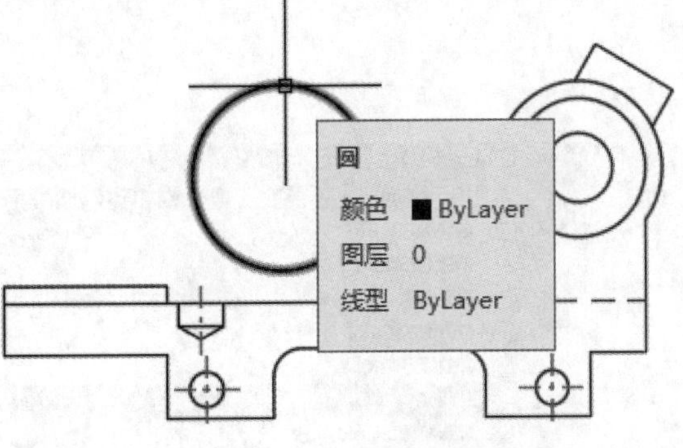

步骤03 单击圆形，将该圆形选中，如下页图所示。

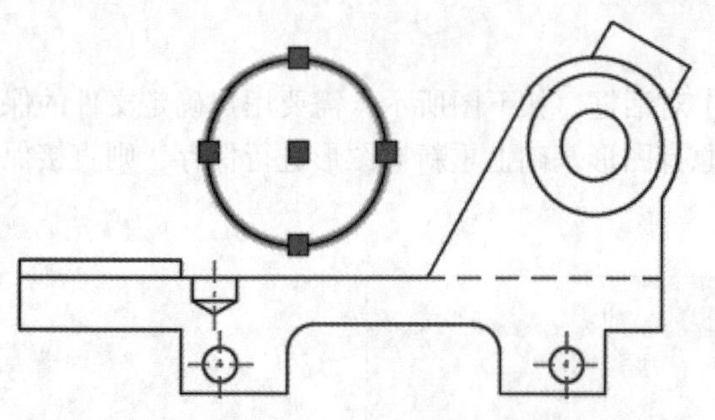

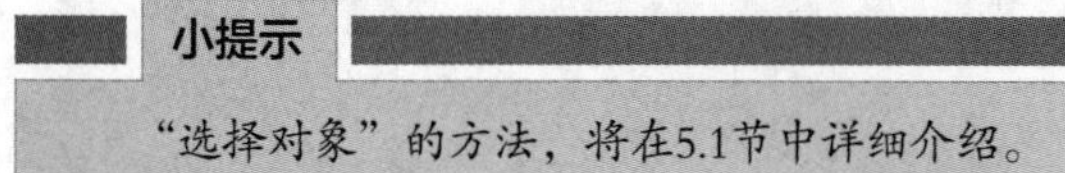

小提示

“选择对象”的方法，将在5.1节中详细介绍。

步骤 04 按键盘上的【Delete】键将所选圆形删除，结果如右图所示。

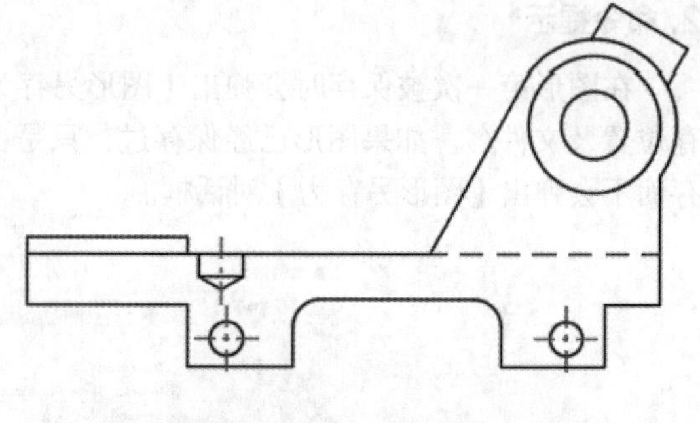

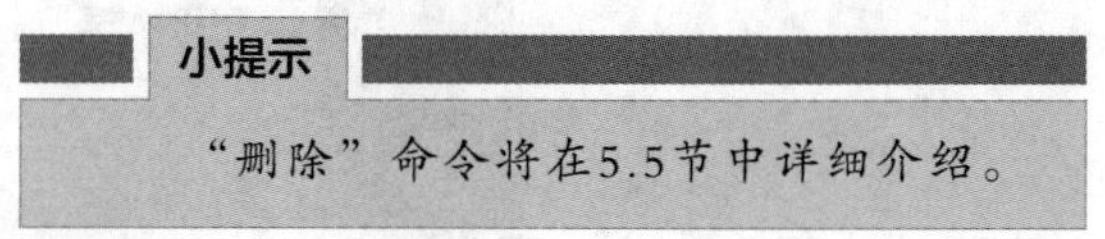

小提示

“删除”命令将在5.5节中详细介绍。

步骤 05 选择【文件】➢【保存】菜单命令，完成保存操作。

1.5.8 关闭图形文件

下面对在AutoCAD 2021中关闭图形文件的方法进行介绍。

1. 命令调用方法

在AutoCAD 2021中调用【关闭】命令的方法通常有以下4种。

- 选择【文件】➢【关闭】菜单命令。
- 单击【应用程序菜单】按钮A，然后选择【关闭】➢【当前图形】菜单命令。
- 命令行输入“CLOSE”命令并按空格键。
- 在绘图窗口中单击【关闭】按钮×。

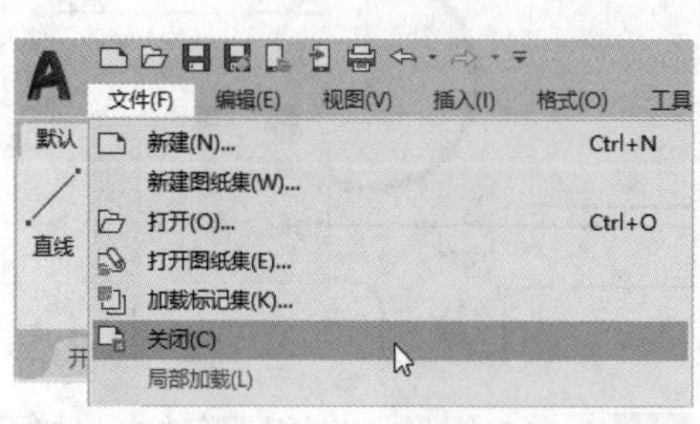

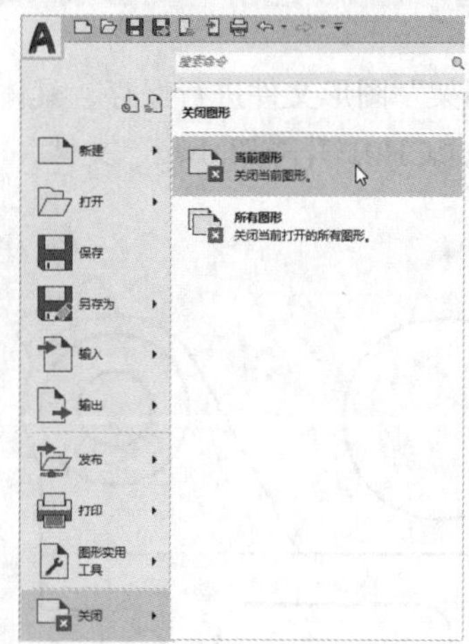

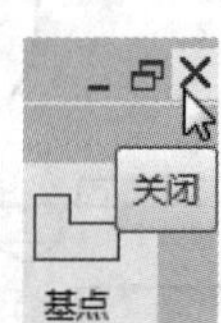

2. 命令提示

在绘图窗口中单击【关闭】按钮×，系统弹出【AutoCAD】提示窗口，如下页图所示。

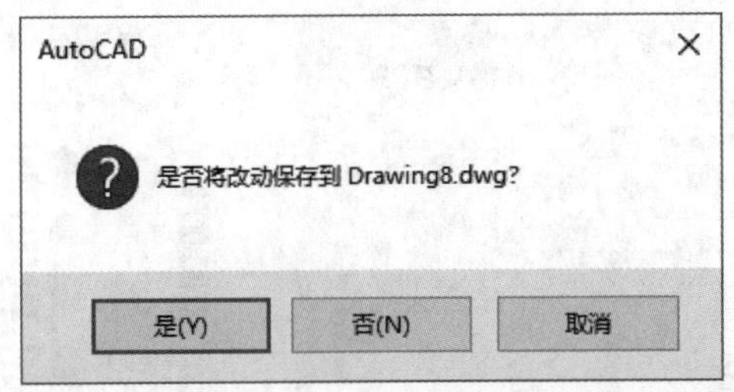

3. 知识点扩展

在【AutoCAD】提示窗口中，单击【是】按钮，AutoCAD会保存并关闭该图形文件；单击【否】按钮，将不保存图形文件并关闭该图形文件；单击【取消】按钮，将放弃当前操作。

1.5.9 实战演练——关闭“电梯厅平面图”图形文件

下面对“电梯厅平面图”进行查看，查看完成后将该文件关闭，具体操作步骤如下。

步骤 01 打开“素材\CH01\电梯厅平面图.dwg”文件，如下图所示。

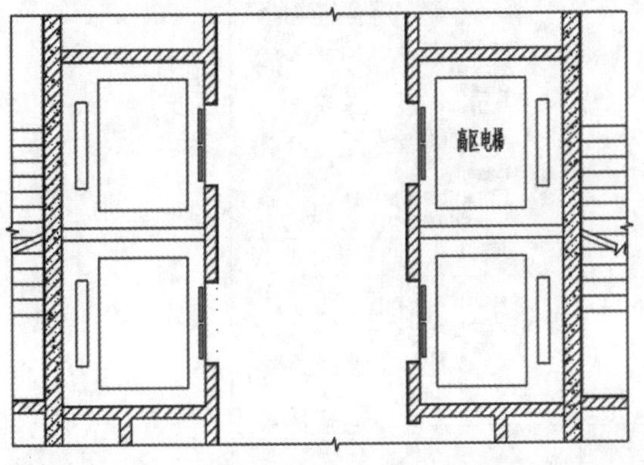

步骤 02 滚动鼠标滚轮，将“高区电梯”放大查看，如下图所示。

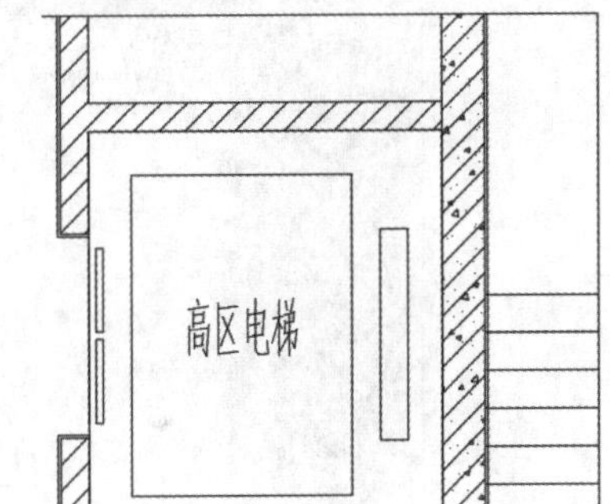

步骤 03 在绘图窗口中单击【关闭】按钮，然后在系统弹出的【AutoCAD】提示窗口中单击【否】，完成操作。

1.5.10 将文件输出保存为其他格式

AutoCAD中的文件除可以保存为“.dwg”格式文件外，还可以通过【输出】命令保存为其他格式文件。

1. 命令调用方法

在AutoCAD 2021中调用【输出】命令的方法通常有以下三种。

- 选择【文件】➢【输出】菜单命令。
- 单击【应用程序菜单】按钮 A，然后单击【输出】，选择其中一种格式。
- 命令行输入“EXPORT”命令并按空格键。

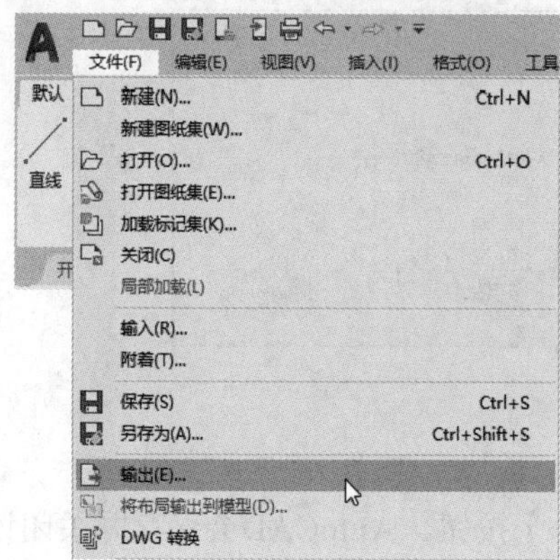

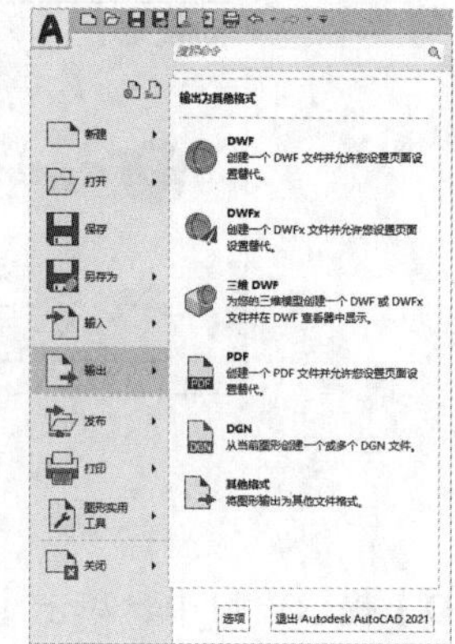

2. 命令提示

单击【应用程序菜单】按钮 A >【输出】，选择其中的任意一种输出格式，弹出【另存为】对话框，指定保存路径和文件名即可。

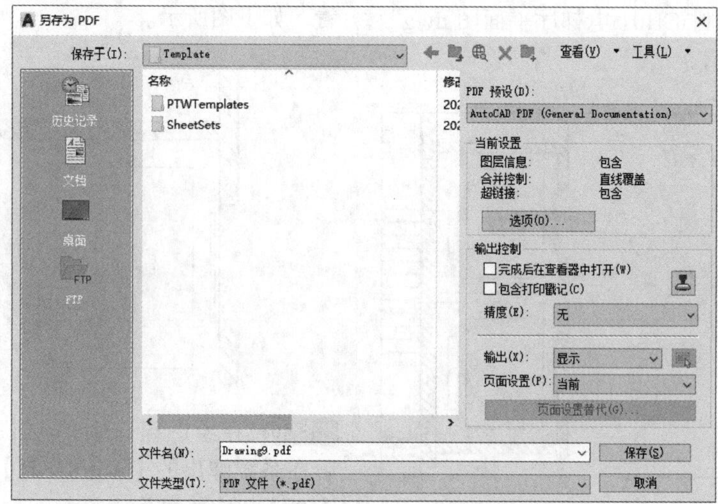

3. 知识点扩展

在AutoCAD中可以使用的输出类型如下表所示。

格式	说明	相关命令
三维 DWF (*.dwf) 3D DWFx (*.dwfx)	Autodesk Web 图形格式	3DDWF
ACIS (*.sat)	ACIS 实体对象文件	ACISOUT
位图 (*.bmp)	与设备无关的位图文件	BMPOUT
块 (*.dwg)	图形文件	WBLOCK
DXX 提取 (*.dxx)	属性提取 DXF文件	ATTEXT
封装 PS (*.eps)	封装的 PostScript 文件	PSOUT
IGES (*.iges; *.igs)	IGES 文件	IGESEXPORT
平版印刷 (*.stl)	实体对象光固化快速成型文件	STLOUT
图元文件 (*.wmf)	Microsoft Windows图元文件	WMFOUT
V7 DGN (*.dgn)	MicroStation DGN 文件	DGNEXPORT
V8 DGN (*.dgn)	MicroStation DGN 文件	DGNEXPORT

1.5.11 实战演练——将文件输出保存为PDF格式

下面将“床立面图”文件输出保存为PDF格式，具体操作步骤如下。

步骤01 打开“素材\CH01\床立面图.dwg”文件，如下图所示。

步骤02 单击【应用程序菜单】按钮A，然后选择【输出】➤【PDF】选项，系统弹出【另存为PDF】对话框，如右图所示。

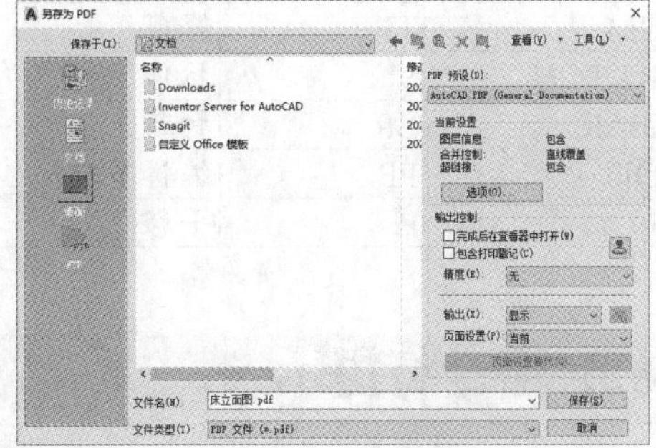

步骤03 指定当前文件的保存路径及名称，然后单击【保存】按钮完成操作。

1.6 命令的调用方法

通常，命令的基本调用方法可分为通过菜单栏调用、通过功能区选项板调用、通过工具栏调用、通过命令行调用4种。其中，前三种调用方法基本相同，找到相应按钮或选项后单击即可。通过命令行调用命令则需要在命令行输入相应指令，并配合空格（或【Enter】）键执行。本节具体讲解AutoCAD 2021中命令的调用、退出、透明命令以及命令重复执行的使用方法。

1.6.1 输入命令

在命令行中输入命令即输入相关图形的指令，如直线的指令为“LINE”（或L），圆弧的指令为“ARC”（或A）等。输入完相应指令后按【Enter】键或空格键即可执行指令。下表提供了部分较为常用的图形指令及其缩写。

命令全名	简写	对应操作	命令全名	简写	对应操作
POINT	PO	绘制点	LINE	L	绘制直线
XLINE	XL	绘制构造线	PLINE	PL	绘制多段线
MLINE	ML	绘制多线	SPLINE	SPL	绘制样条曲线
POLYGON	POL	绘制正多边形	RECTANGLE	REC	绘制矩形
CIRCLE	C	绘制圆	ARC	A	绘制圆弧
DONUT	DO	绘制圆环	ELLIPSE	EL	绘制椭圆
REGION	REG	面域	MTEXT	MT/T	多行文本
BLOCK	B	块定义	INSERT	I	插入块
WBLOCK	W	定义块文件	DIVIDE	DIV	定数等分
BHATCH	H	填充	COPY	CO/CP	复制
MIRROR	MI	镜像	ARRAY	AR	阵列

续表

命令全名	简写	对应操作	命令全名	简写	对应操作
OFFSET	O	偏移	ROTATE	RO	旋转
MOVE	M	移动	EXPLODE	X	分解
TRIM	TR	修剪	EXTEND	EX	延伸
STRETCH	S	拉伸	SCALE	SC	比例缩放
BREAK	BR	打断	CHAMFER	CHA	倒角
PEDIT	PE	编辑多段线	DDEDIT	ED	修改文本
PAN	P	平移	ZOOM	Z	视图缩放

1.6.2 命令行提示

不论采用哪一种方法调用CAD命令，最终的结果都是相同的。下面以执行构造线命令为例进行详细介绍。

1. 命令调用方法

在AutoCAD 2021中采用菜单栏的方式调用【构造线】命令的方法如下。

- 选择【绘图】➤【构造线】菜单命令。

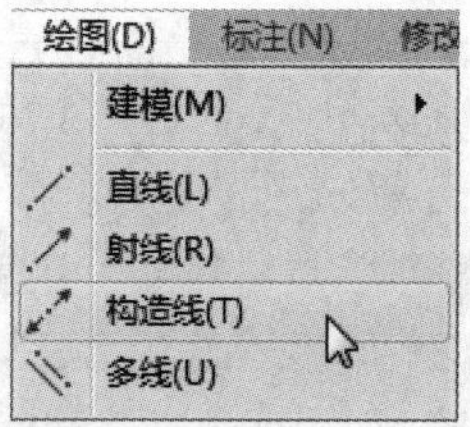

2. 命令提示

采用菜单栏的方式调用【构造线】命令后，命令行会进行如下提示。

```
命令 : _xline
指定点或 [ 水平 (H)/ 垂直 (V)/ 角度 (A)/ 二等分 (B)/ 偏移 (O)]:
```

小提示

命令行提示指定构造线中点，并附有相应选项“水平(H)/垂直(V)/角度(A)/二等分(B)/偏移(O)”。指定相应坐标点即可指定构造线中点。在命令行中输入相应选项代码如“角度”选项代码“A” 后按【Enter】键确认，即可执行角度设置。

3. 命令调用方法

在AutoCAD 2021中采用单击按钮的方式调用【构造线】命令的方法如下。

- 单击【默认】选项卡➤【绘图】面板➤【构造线】按钮。

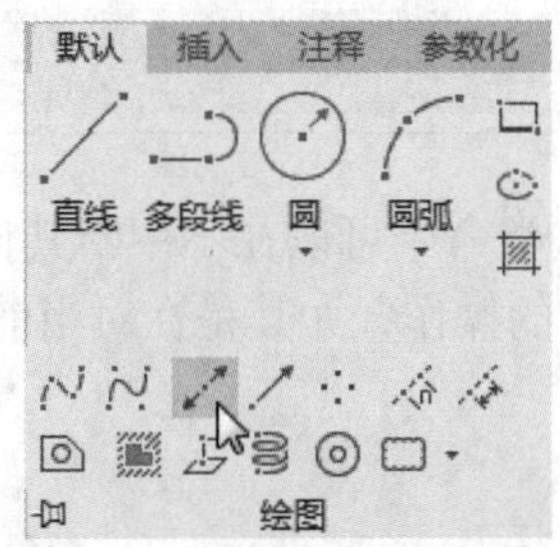

4. 命令提示

采用单击按钮的方式调用【构造线】命令后，命令行会进行如下提示。

```
命令：_xline
指定点或 [ 水平 (H)/ 垂直 (V)/ 角度 (A)/ 二等分 (B)/ 偏移 (O)]:
```

5. 命令调用方法

在AutoCAD 2021中采用命令行输入缩写指令的方式调用【构造线】命令的方法如下。

- 命令行输入【XL】命令并按空格键。

6. 命令提示

采用命令行输入缩写指令的方式调用【构造线】命令后，命令行会进行如下提示。

```
命令：XL
XLINE
指定点或 [ 水平 (H)/ 垂直 (V)/ 角度 (A)/ 二等分 (B)/ 偏移 (O)]:
```

1.6.3 退出命令执行状态

退出命令执行状态通常分为两种情况：一种是命令执行完成后退出，另一种是调用命令后不执行就退出（即直接退出命令）。第一种情况可通过按空格键、【Enter】键或【Esc】键来完成退出命令操作，第二种情况通常通过按【Esc】键来完成。用户可以根据实际情况选择退出方式。

1.6.4 重复执行命令

如果重复执行的是刚结束的上个命令，直接按【Enter】键或空格键即可完成此操作。

单击鼠标右键，通过【重复】或【最近的输入】选项可以重复执行最近执行的命令，如下左图所示。此外，单击命令行【最近使用命令】的下拉按钮，在弹出的快捷菜单中也可以选择最近执行的命令，如下右图所示。

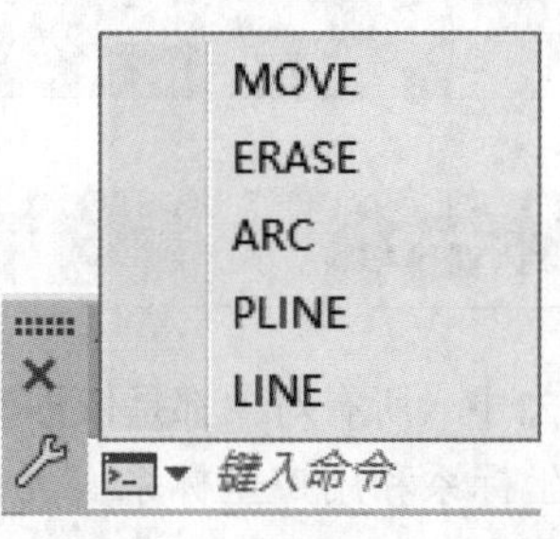

1.6.5 透明命令

透明命令是一类命令的统称，这类命令可以在不中断其他当前正在执行的命令的状态下进行调用。透明命令可以极大地方便用户的操作，尤其是在对当前所绘制图形的即时观察方面。

1. 命令调用方法

在AutoCAD 2021中执行透明命令的方法通常有以下三种。

- 选择相应的菜单命令。
- 单击工具栏相应按钮。
- 通过命令行。

2. 知识点扩展

为了便于操作管理，AutoCAD将许多命令赋予了“透明”的功能。下表所示是AutoCAD 2021中的部分透明命令。需要注意的是，所有透明命令前面都带有符号“'”。

透明命令	对应操作	透明命令	对应操作	透明命令	对应操作
'Color	设置当前对象颜色	'Dist	查询距离	'Layer	管理图层
'Linetype	设置当前对象线型	'ID	点坐标	'PAN	实时平移
'Lweight	设置当前对象线宽	'Time	时间查询	'Redraw	重画
'Style	文字样式	'Status	状态查询	'Redrawall	全部重画
'Dimstyle	样注样式	'Setvar	设置变量	'Zoom	缩放
'Ddptype	点样式	'Textscr	文本窗口	'Units	单位控制
'Base	基点设置	'Thickness	厚度	'Limits	模型空间界限
'Adcenter	CAD设计中心	'Matchprop	特性匹配	'Help或'？	CAD帮助
'Adcclose	CAD设计中心关闭	'Filter	过滤器	'About	关于CAD
'Script	执行脚本	'Cal	计算器	'Osnap	对象捕捉
'Attdisp	属性显示	'Dsettlngs	草图设置	'Plinewid	多段线变量设置
'Snapang	十字光标角度	'Textsize	文字高度	'Cursorsize	十字光标大小
'Filletrad	倒圆角半径	'Osmode	对象捕捉模式	'Clayer	设置当前层

1.7 AutoCAD 2021的坐标系统

本节对AutoCAD 2021的坐标系统及坐标值的几种输入方式进行详细介绍。

1.7.1 了解坐标系统

在AutoCAD 2021中，所有对象都是依据坐标系进行准确定位的。为了满足用户的不同需求，坐标系又分为世界坐标系和用户坐标系。无论是世界坐标系还是用户坐标系，坐标值的输入方式是相同的，都可以采用绝对直角坐标、绝对极坐标、相对直角坐标、相对极坐标中的任意一种方式输入坐标值。另外需要注意的是，无论是采用世界坐标系还是采用用户坐标系，坐标值的大小都是依据坐标系的原点确定的，坐标系的原点为（0，0），坐标轴的正方向取正值，反方向取负值。

1.7.2 坐标值的几种输入方式

下面对AutoCAD 2021中的各种坐标值输入方式进行详细介绍。

1. 绝对直角坐标的输入

步骤01 新建一个图形文件，然后在命令行输入“L”并按空格键调用直线命令，在命令行输入“-1300, 400”，命令行提示如下：

```
命令：_line
指定第一个点：-1300,400
```

步骤02 按空格键确认，如下图所示。

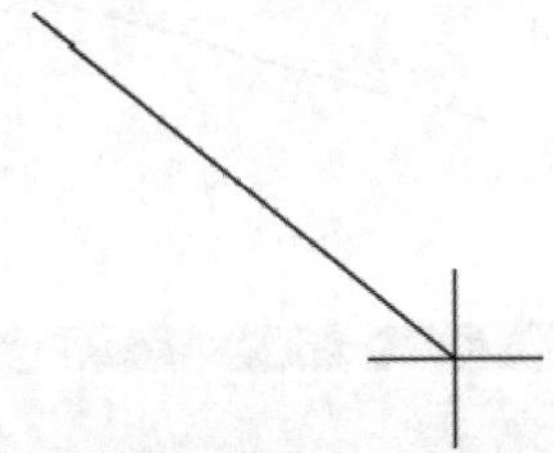

步骤03 在命令行输入“1900,-1700”，命令行提示如下：

```
指定下一点或 [ 放弃 (U)]: 1900,-1700
```

步骤04 连续按两次空格键确认后，结果如下图所示。

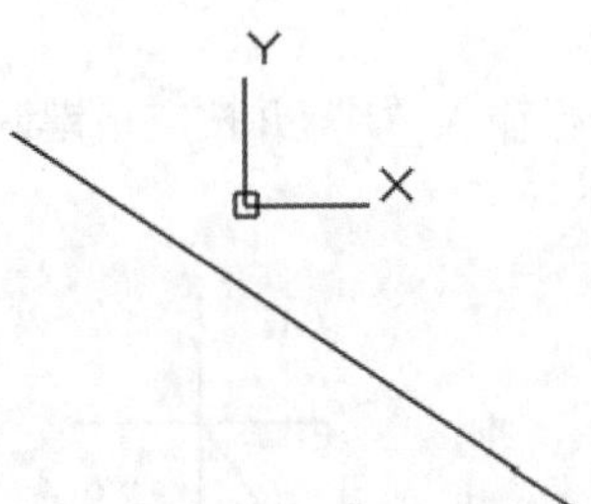

小提示

绝对直角坐标是从原点出发的位移，表示方式为（x, y），其中x、y分别对应坐标轴上的数值。“直线”命令将在4.2.1小节中详细介绍。

2. 绝对极坐标的输入

步骤01 新建一个图形文件，在命令行中输入“L”并按空格键调用直线命令，在命令行输入“0,0”，即原点位置。命令行提示如下：

```
命令：_line
```

```
指定第一个点：0,0
```

步骤 02 按空格键确认，结果如下图所示。

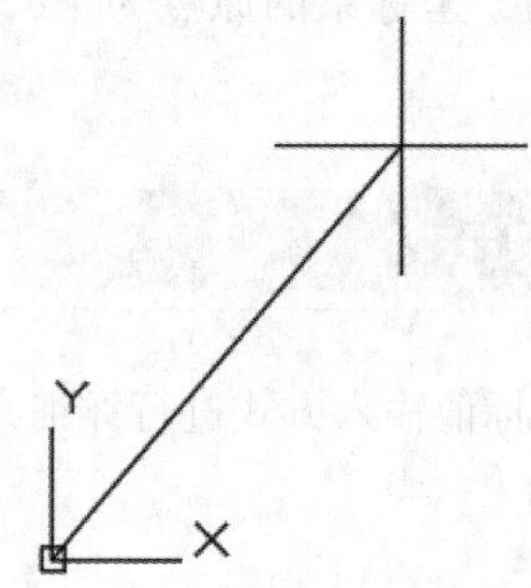

步骤 03 在命令行输入“700<15”。其中，700确定直线的长度，15确定直线和x轴正方向的角度。命令行提示如下：

```
指定下一点或 [ 放弃 (U)]: 700<15
```

步骤 04 连续按两次空格键确认后，结果如下图所示。

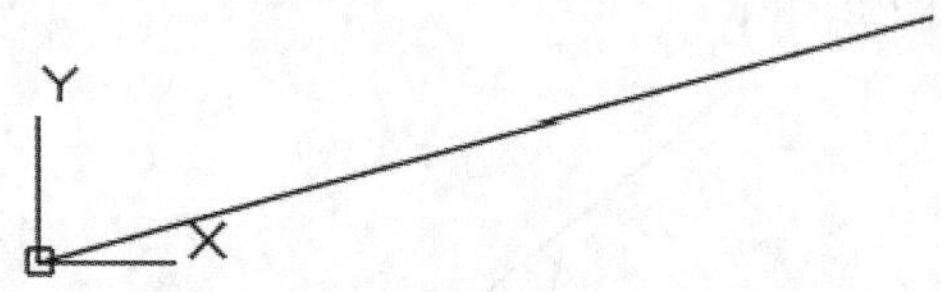

小提示

绝对极坐标也是从原点出发的位移，但绝对极坐标的参数是距离和角度，距离和角度之间用“<”分开。角度值是表示距离的线段与x轴正方向之间的夹角。

3. 相对直角坐标的输入

步骤 01 新建一个图形文件，在命令行输入“L”并按空格键调用直线命令，并在绘图区域任意单击一点作为直线的起点，如下图所示。

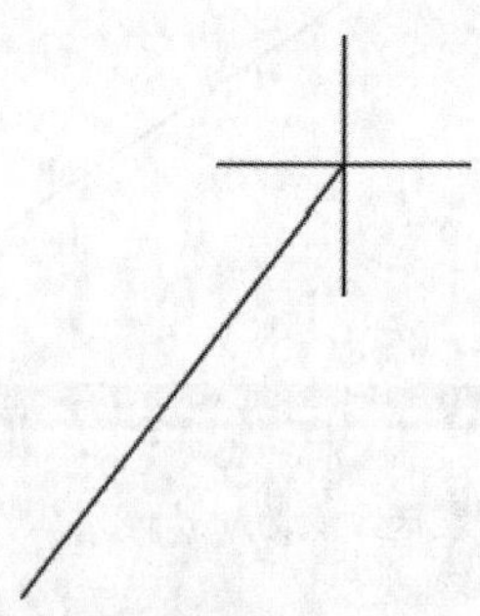

步骤 02 在命令行输入“@0,300”，命令行提示如下：

```
指定下一点或 [ 放弃 (U)]: @0,300
```

步骤 03 连续按两次空格键确认后，结果如下页图所示。

小提示

相对直角坐标是指相对于某一点的x轴和y轴的距离，具体表示方式是在绝对坐标表达式的前面加上“@”符号。

4. 相对极坐标的输入

步骤 01 新建一个图形文件，在命令行输入“L”并按空格键调用直线命令，并在绘图区域任意单击一点作为直线的起点，如下图所示。

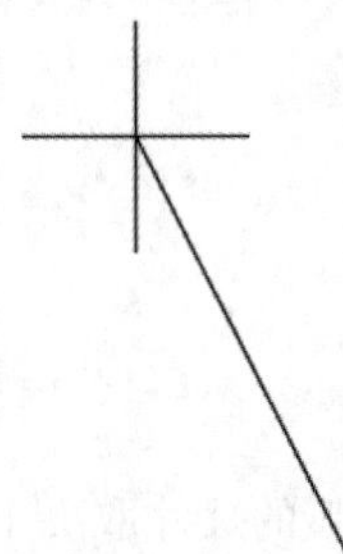

步骤 02 在命令行输入“@300<225”，命令行提示如下：

指定下一点或 [放弃 (U)]: @500<135

步骤 03 连续按两次空格键确认后，结果如下图所示。

小提示

相对极坐标是指相对于某一点的距离和角度，具体表示方式是在绝对极坐标表达式的前面加上“@”符号。

1.8 AutoCAD 2021的新增功能

AutoCAD 2021对许多功能进行了改进，例如修订云线增强功能、外部参照比较和块选项板增强功能等。

1.8.1 修订云线增强功能

修订云线包括其近似弧弦长的单个值，如下左图所示。可以在“特性”选项板中更改选定修订云线对象的弧弦长，如下右图所示。

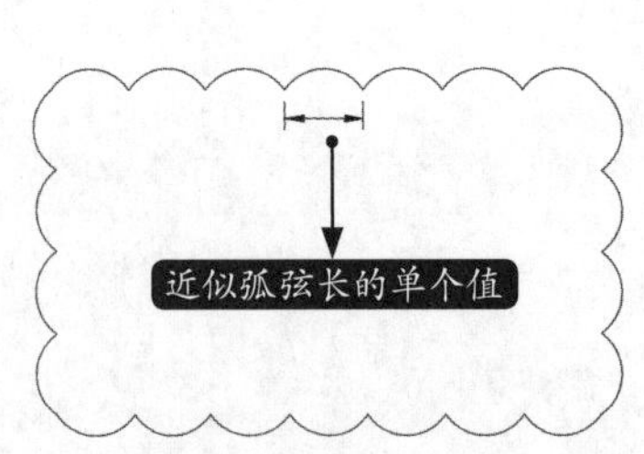

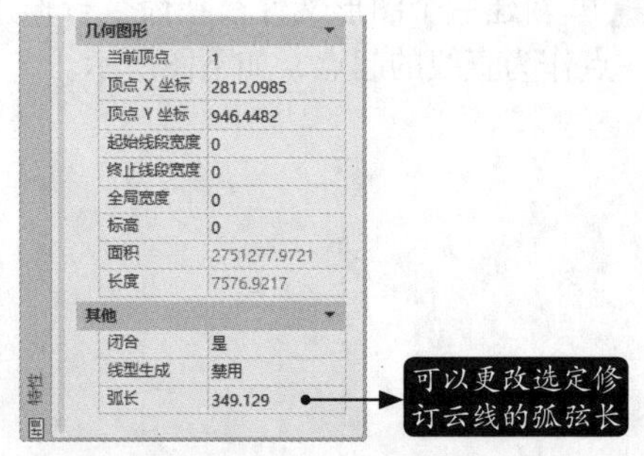

第一次在图形中创建修订云线时，圆弧的尺寸取决于当前视图的对角线长度的百分比。可以使用 REVCLOUDARCVARIANCE系统变量控制圆弧的弦长是具有更大变化还是更均匀，将该系统变量设置为“OFF”可以恢复之前创建修订云线的方式，设置为“ON”将偏向手绘外观。命令行提示如下。

```
命令：REVCLOUDARCVARIANCE
输入 REVCLOUDARCVARIANCE 的新值 <开(ON)>:
```

在AutoCAD 2021之前的版本中，“特性”选项板将选择的修订云线对象显示为多段线，如下左图所示。在AutoCAD 2021中则显示为对象类型，如下右图所示。修订云线现在仍然具有多段线的基本属性，同时具有附加圆弧的特性和用于在夹点样式之间切换的选项。

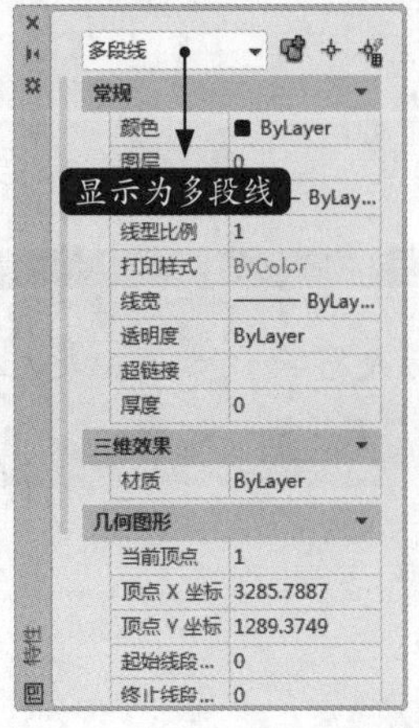

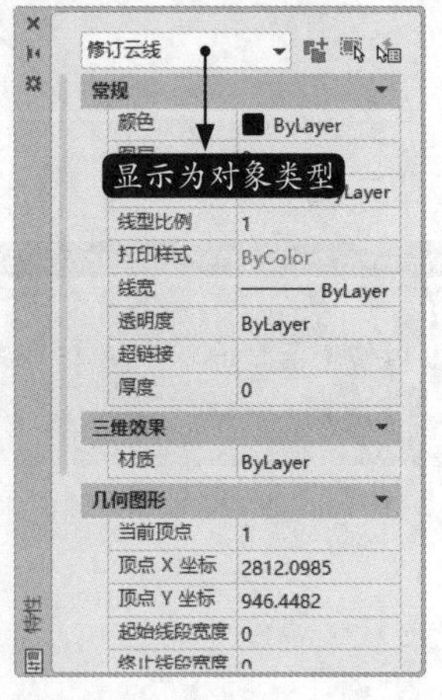

1.8.2 实战演练——绘制云朵图形

下面利用修订云线功能绘制云朵图形，具体操作步骤如下。

步骤 01 打开“素材\CH01\云朵.dwg”文件，如下图所示。

步骤 02 选择【绘图】➤【修订云线】菜单命令，在绘图区域单击指定修订云线的第一个点，如下图所示。

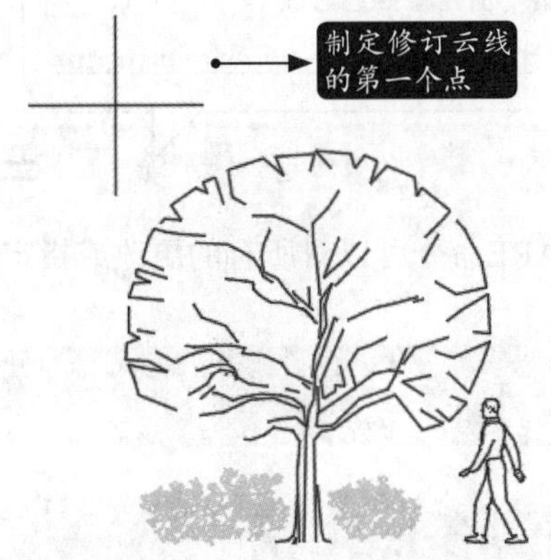

步骤 03 在绘图区域拖动光标指定修订云线的路径，绘制一条闭合的修订云线，结果如右上图左上部分所示。

步骤 04 重复步骤 02 ~ 步骤 03的操作，继续进行闭合修订云线的绘制，结果如下图所示。

1.8.3 外部参照比较

AutoCAD 2021外部参照比较功能是在AutoCAD 2020 DWG比较功能基础上增加的，可以帮助用户跟踪DWG参照的改变并在主图中将变化高亮显示，如下图所示。在比较状态中可以利用顶部的工具栏和展开的设置面板更好地理解比较结果，红色代表老版参照中的内容，绿色代表新版参照中的内容，灰色代表没有变化的内容，略暗显示的部分表示没有被比较，每部分内容都可以开关并修改显示颜色。比较结束后可以点击顶部工具栏中的✔按钮返回正常编辑状态。

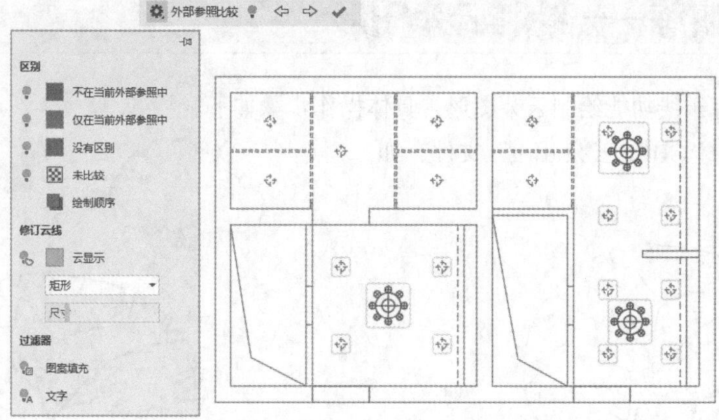

AutoCAD 2021主图打开的情况下，外部参照被更新后通知如下左图所示，在重载的下面增加了“比较更改”的选项。在“比较更改”选项选择的情况下单击重载，可以进入外部参照比较的状态。

AutoCAD 2021主图没有打开的情况下，外部参照被更新后通知会在主图下次被打开时显示，如下右图所示。单击通知中的链接，可以进入外部参照比较的状态。

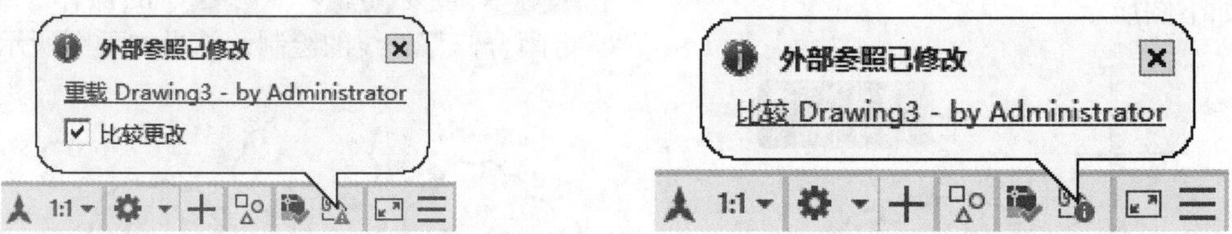

外部参照比较提供了命令行进入的方式，用XCOMPARE命令可以对所有的更改或指定的一个参照进行比较，命令行提示如下。

```
REVCLOUDARCVARIANCE 命令：XCOMPARE
输入要比较的外部参照的名称或 [?] < 最近所做的所有更改 >:
```

1.8.4 实战演练——对建筑图形进行外部参照比较

下面利用外部参照比较功能对建筑图形进行比较，具体操作步骤如下。

步骤 01 打开“素材\CH01\外部参照比较1.dwg”文件，如下图所示。

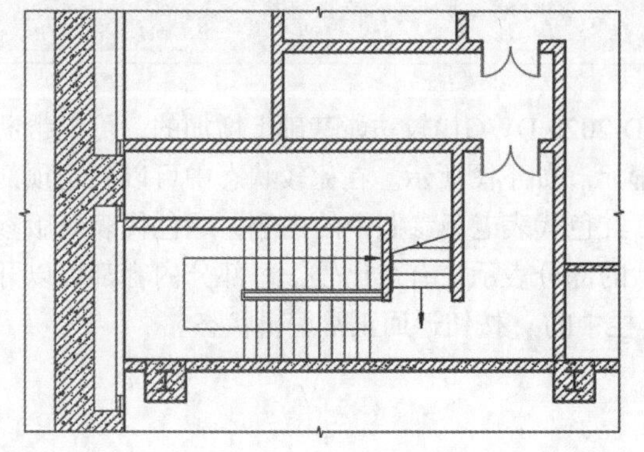

步骤 02 选择【修改】➤【镜像】菜单命令，选择如下图所示的图形作为需要镜像的对象，并按【Enter】键确认。

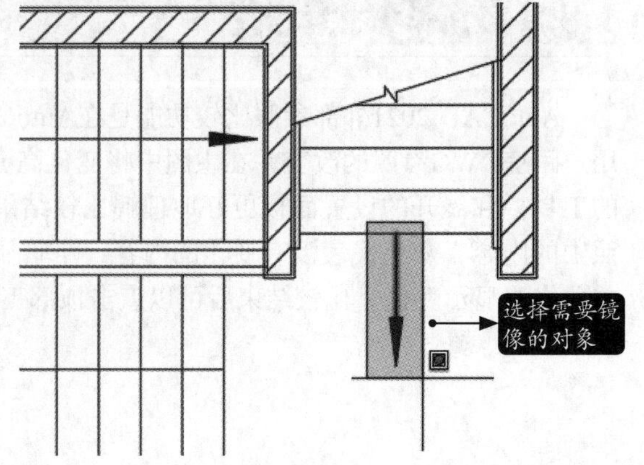

步骤 03 捕捉如下图所示的端点作为镜像线的第一个点。

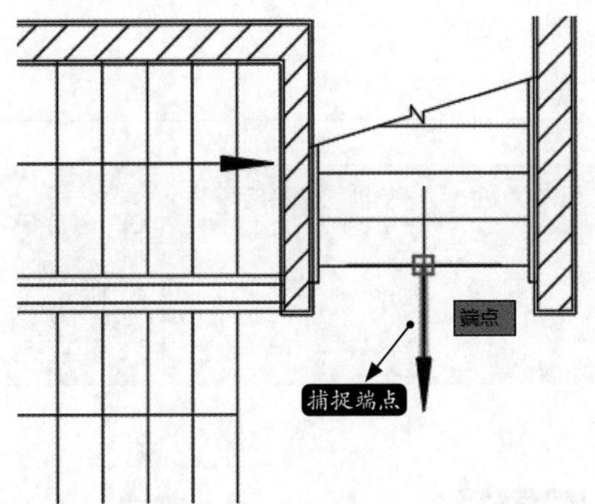

步骤 04 在绘图区域水平拖动光标，在适当的位置单击指定镜像线的第二个点，如下图所示。

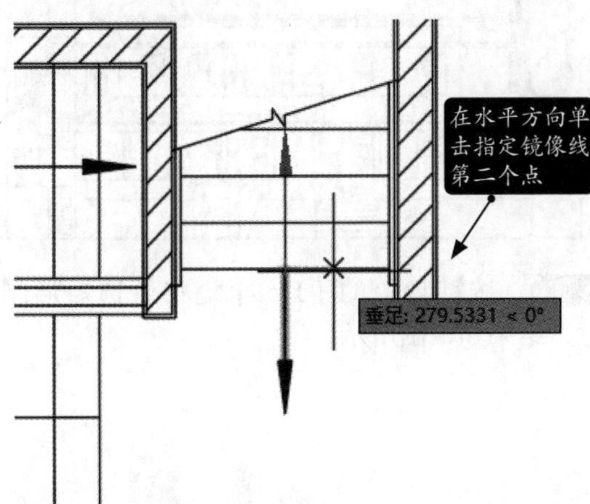

步骤 05 在命令行提示下输入“Y”后按【Enter】键确认，结果如下图所示。

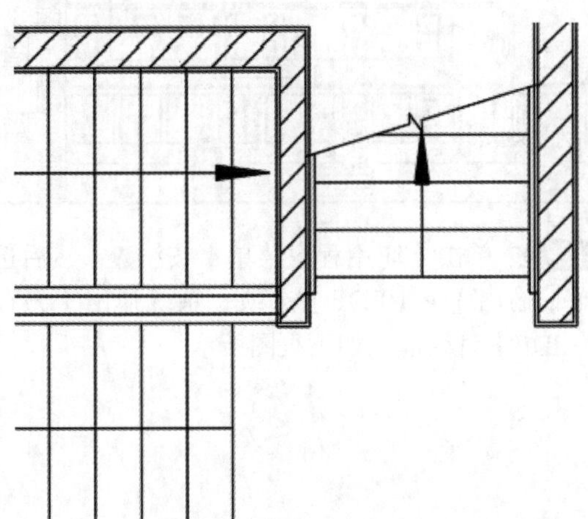

小提示

“镜像”命令将在5.2.7节中详细介绍。

步骤 06 选择【文件】➤【保存】菜单命令，关闭“外部参照比较1.dwg”文件，然后打开“素材\CH01\外部参照比较2.dwg”文件，如下图所示。

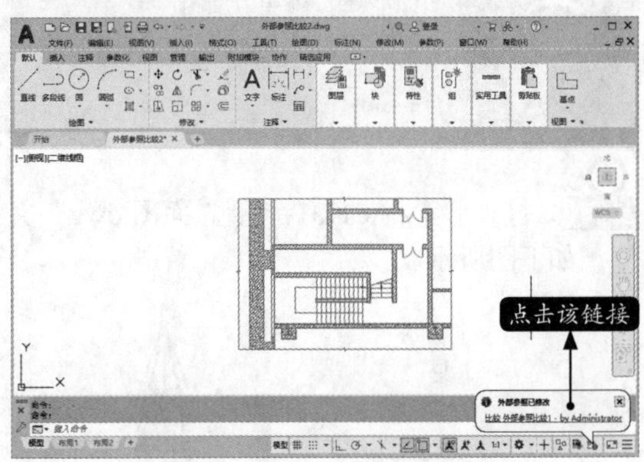

步骤 07 单击外部参照被更新后的通知链接，进入外部参照比较状态，如下图所示。

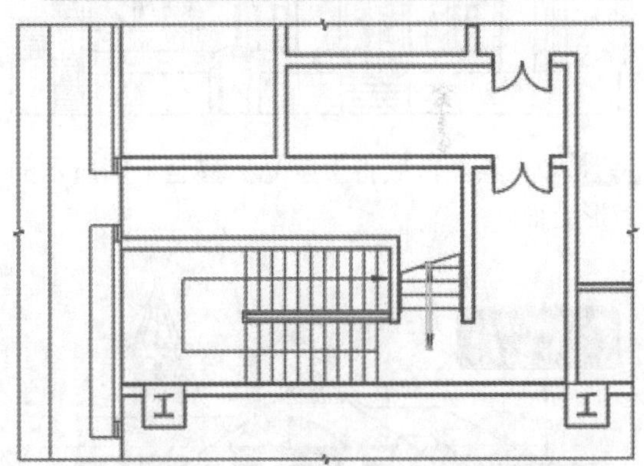

小提示

AutoCAD 2021还对修剪、延伸、打断于点、插入图块和快速测量等功能进行了改进或扩展。这些功能在相应章节将有详细介绍，这里不再赘述。

1.9 综合应用——编辑别墅立面图形并将其输出保存为PDF文件

本节综合利用AutoCAD 2021的打开、保存、输出、关闭等功能对别墅立面图形进行编辑并输出。

步骤01 打开“素材\CH01\别墅立面图.dwg”文件，如下图所示。

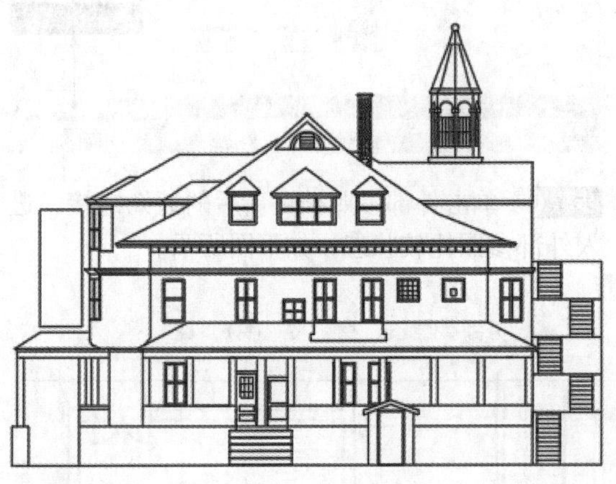

步骤02 在绘图区域将十字光标移至下图所示的矩形上面。

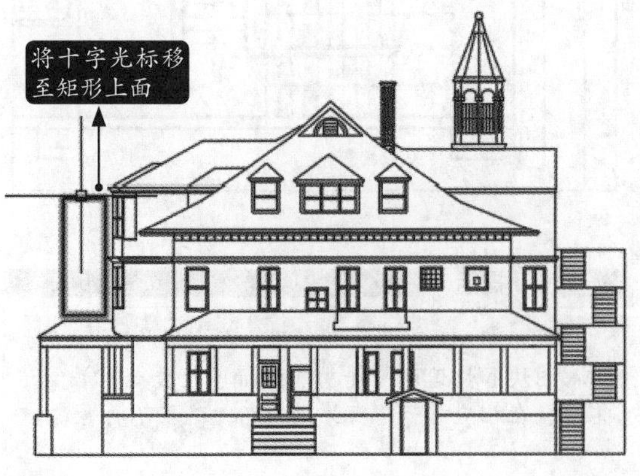

步骤03 单击矩形，将该矩形选中，如右上图所示。

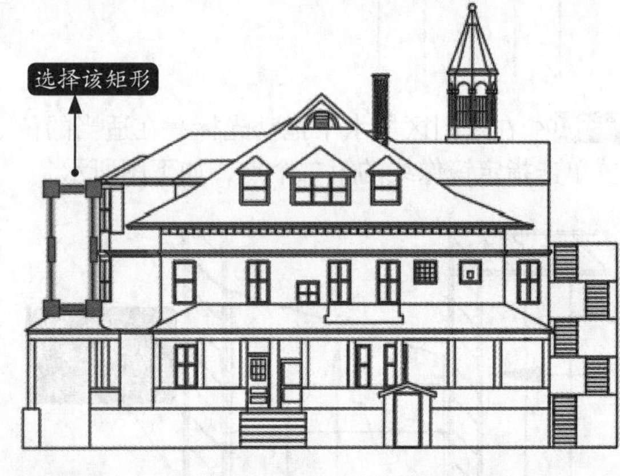

步骤04 按键盘上的【Del】键将所选矩形删除，结果如下图所示。

步骤05 单击【应用程序菜单】按钮A，然后选择【输出】>【PDF】选项，系统弹出【另存为PDF】对话框，如下页图所示。

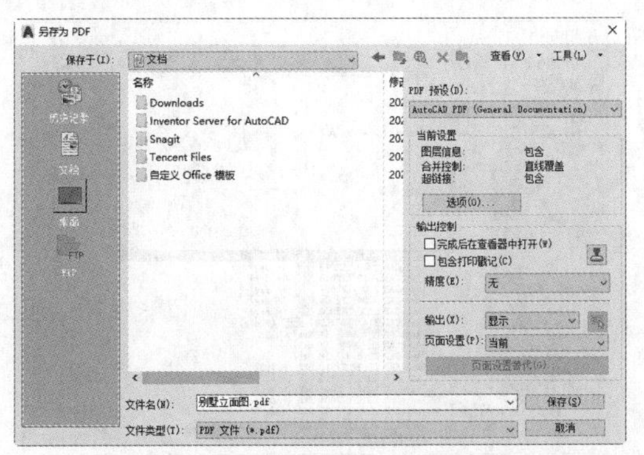

步骤06 指定当前文件的保存路径及名称，然后单击【保存】按钮完成输出操作。

步骤07 选择【文件】➢【保存】菜单命令，完成保存操作。然后在绘图窗口中单击【关闭】按钮 ×，关闭该图形。

疑难解答

1. 为什么我的命令行不能浮动

AutoCAD的命令行、选项卡、面板是可以浮动的，但当不小心选择了【固定窗口】【固定工具栏】选项时，命令行、选项卡、面板将不能浮动。

步骤01 启动AutoCAD 2021并新建一个DWG文件，如下图所示。

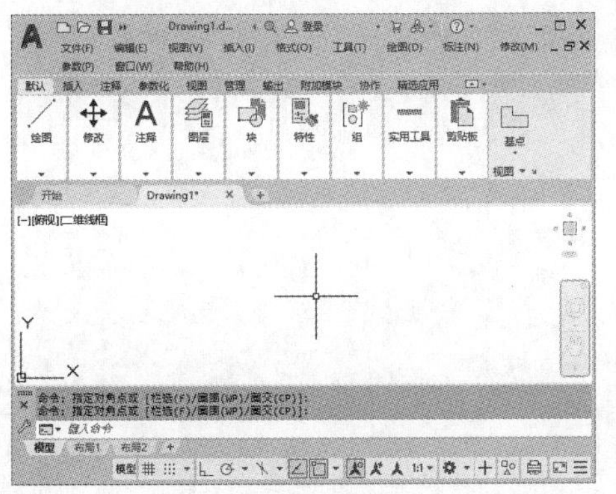

步骤02 按住鼠标左键拖曳命令窗口，如下图所示。

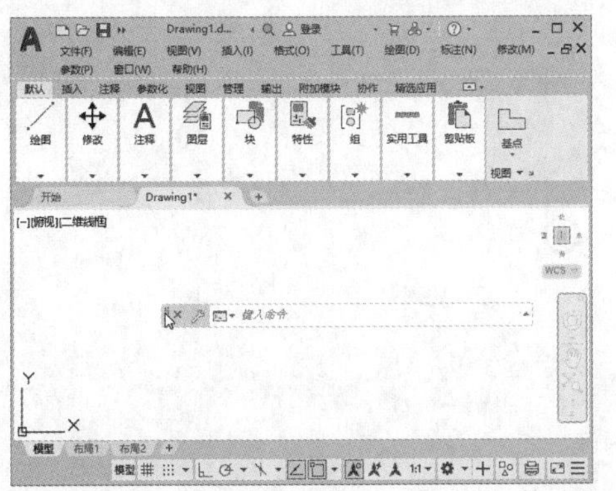

步骤03 将命令窗口拖曳至合适位置后放开鼠标左键，然后单击【窗口】，在弹出的下拉菜单中选择【锁定位置】➢【全部】➢【锁定】。

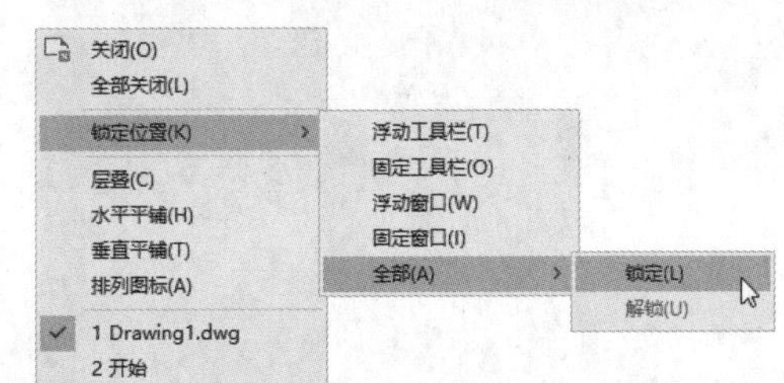

步骤04 再次按住鼠标左键拖曳命令窗口时，发现鼠标指针变成⃠形状，无法拖曳命令窗口。

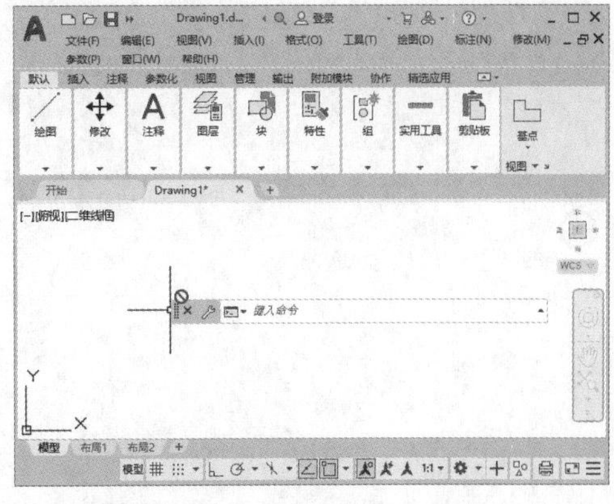

小提示

选择【解锁】后，命令行又可以重新浮动。

2. AutoCAD版本与CAD保存格式之间的关系

AutoCAD有多种保存格式，在保存文件时单击文件类型的下拉列表即可看到各种保存格式，如下图所示。

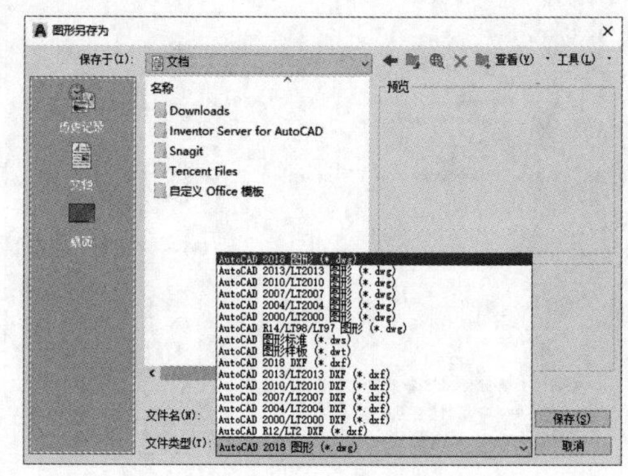

并不是每个版本都对应一个保存格式，AutoCAD保存格式与版本之间的对应关系如下表所示。

保存格式	适用版本
AutoCAD 2000	AutoCAD 2000至2002
AutoCAD 2004	AutoCAD 2004至2006
AutoCAD 2007	AutoCAD 2007至2009
AutoCAD 2010	AutoCAD 2010至2012
AutoCAD 2013	AutoCAD 2013至2017
AutoCAD 2018	AutoCAD 2018至2021

第2章

AutoCAD的基本设置

学习目标

在绘图前，需要充分了解AutoCAD的基本设置。通过这些设置，用户可以精确、方便地绘制图形。AutoCAD中的辅助绘图设置，主要包括绘图单位设置、选项设置、草图设置和打印设置等。

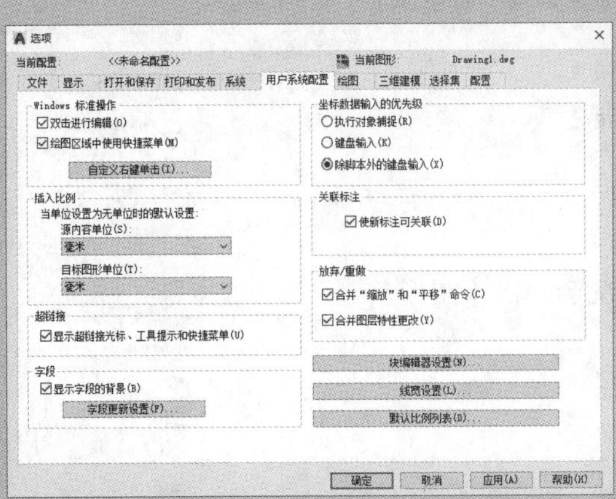

2.1 设置绘图单位

AutoCAD使用笛卡儿坐标系来确定图形中点的位置，两个点之间的距离以绘图单位来度量。所以，在绘图前，需要先确定绘图使用的单位。

用户在绘图时可以将绘图单位视为被绘制对象的实际单位，如毫米（mm）、米（m）和千米（km）等。在国内工程制图中最常用的单位是毫米（mm）。

一般情况下，在AutoCAD 中采用实际的测量单位来绘制图形。待完成图形绘制后，再按一定的缩放比例来输出图形。

1. 命令调用方法

在AutoCAD 2021中设置绘图单位的方法通常有以下三种。

- 选择【格式】➤【单位】菜单命令。
- 单击【应用程序菜单】按钮A，然后选择【图形实用工具】➤【单位】菜单命令。
- 命令行输入“UNITS/UN”命令并按空格键。

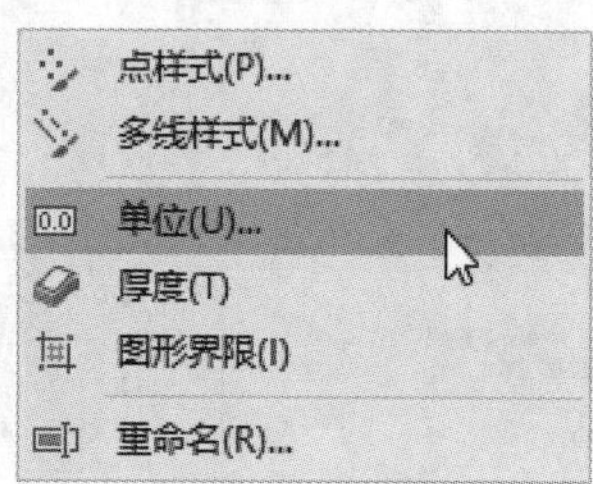

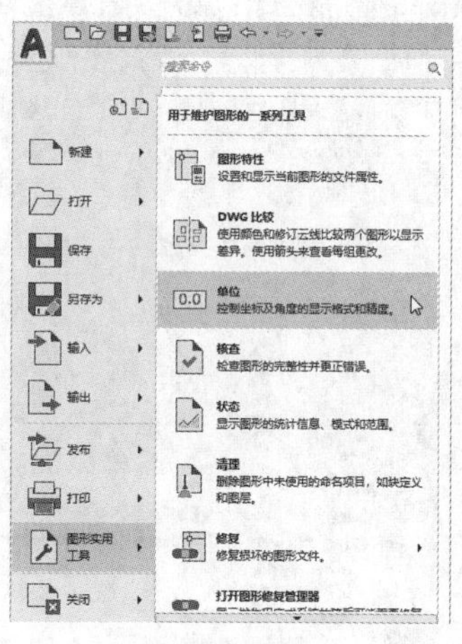

2. 命令提示

调用单位命令之后，系统会弹出【图形单位】对话框，如右图所示。

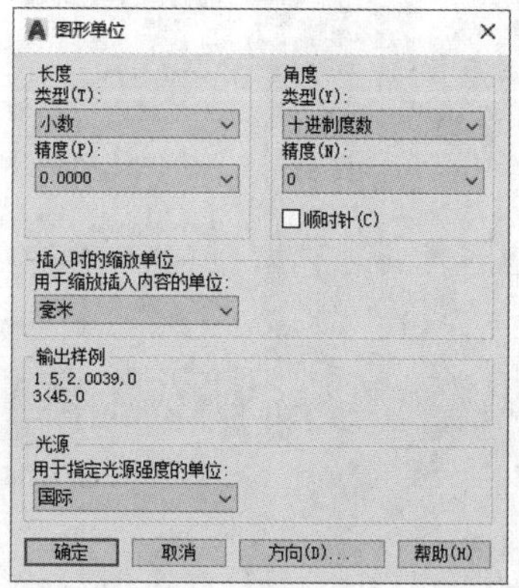

2.2 系统选项设置

系统选项用于对系统进行优化设置，包括文件设置、显示设置、打开和保存设置、打印和发布设置、系统设置、用户系统配置设置、绘图设置、三维建模设置、选择集设置、配置设置和联机等。

1. 命令调用方法

在AutoCAD 2021中调用【选项】对话框的方法通常有以下三种。

- 选择【工具】➢【选项】菜单命令。
- 单击【应用程序菜单】按钮A，然后选择【选项】命令。
- 命令行输入“OPTIONS/OP”命令并按空格键。

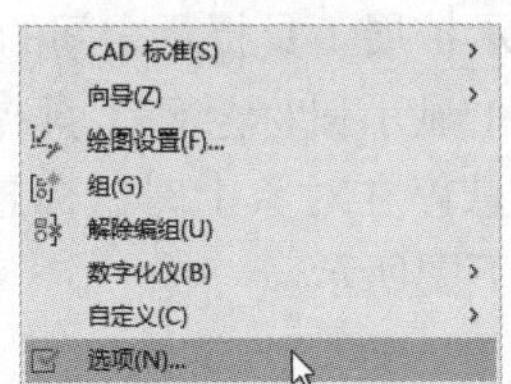

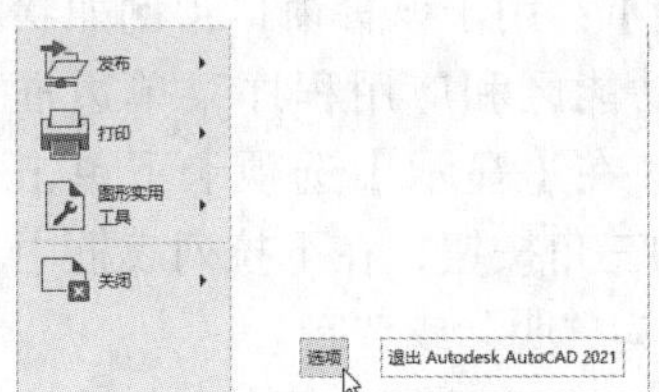

2. 命令提示

调用选项命令之后，系统会弹出【选项】对话框，如下图所示。

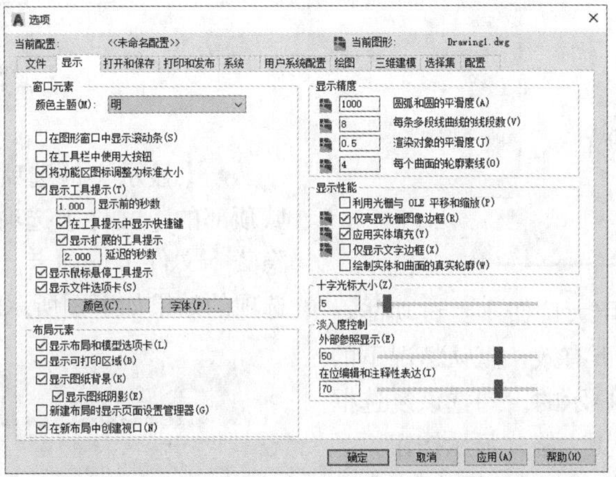

2.2.1 显示设置

1. 命令提示

显示设置用于设置窗口的明暗、背景颜色、字体样式和颜色、显示的精确度、显示性能及十字光标的大小等。在【选项】对话框的【显示】选项卡下可以进行显示设置，如下页图所示。

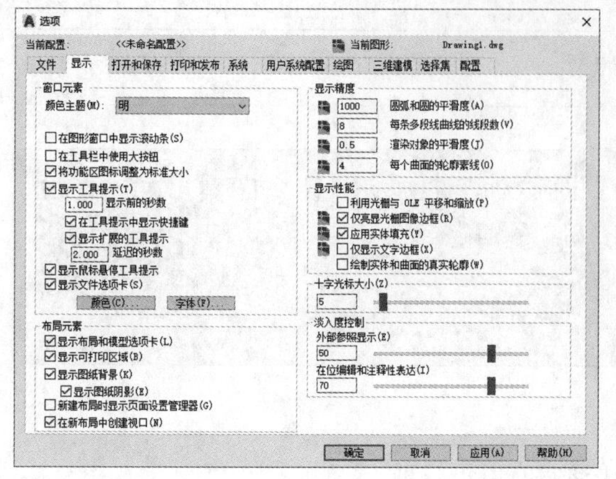

2. 知识点扩展

【窗口元素】选项区域各项的含义如下。

- 【颜色主题】：用于设置窗口（例如状态栏、标题栏、功能区和应用程序菜单边框等）的明亮程度，在【显示】选项卡下单击【颜色主题】下的三角按钮，在下拉列表框中可以设置颜色主题为“明”或“暗”。
- 【在图形窗口中显示滚动条】：勾选该复选框，将在绘图区域的底部和右侧显示滚动条，如下图所示。

- 【在工具栏中使用大按钮】：该功能在AutoCAD经典工作环境下有效，默认情况下的图标是16像素×16像素显示的，勾选该复选框将以32像素×32像素的更大格式显示按钮。
- 【将功能区图标大小调整为标准大小】：当它们不符合标准图标的大小时，将功能区小图标缩放为16像素×16像素，将功能区大图标缩放为32像素×32像素。
- 【显示工具提示】：勾选该复选框后将指针移动到功能区、菜单栏、功能面板和其他用户界面上，将出现提示信息，如右上图所示。

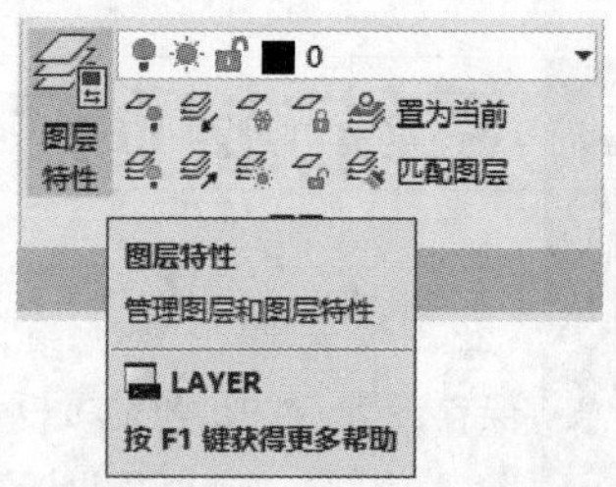

- 【显示前的秒数】：设置工具提示的初始延迟时间。
- 【在工具提示中显示快捷键】：在工具提示中显示快捷键（【Alt】+ 按键）及（【Ctrl】+ 按键）。
- 【显示扩展的工具提示】：控制扩展工具提示的显示。
- 【延迟的秒数】：设置显示基本工具提示与显示扩展工具提示之间的延迟时间。
- 【显示鼠标悬停工具提示】：控制当十字光标悬停在对象上时鼠标悬停工具提示的信息，如下图所示。

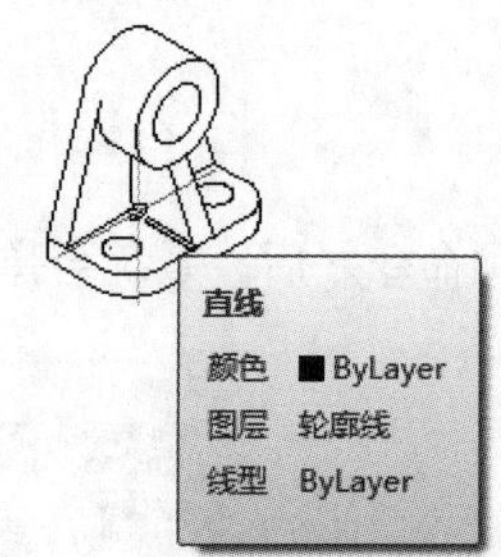

- 【显示文件选项卡】：显示位于绘图区域顶部的【文件】选项卡。清除该选项后，将隐藏【文件】选项卡。勾选该选项和不勾选该选项的效果如下图所示。

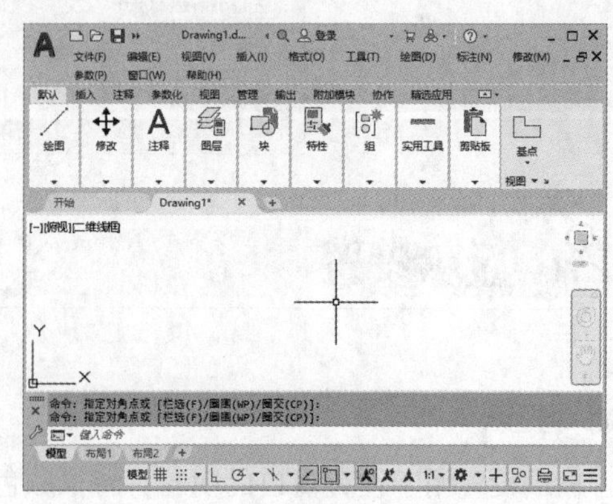

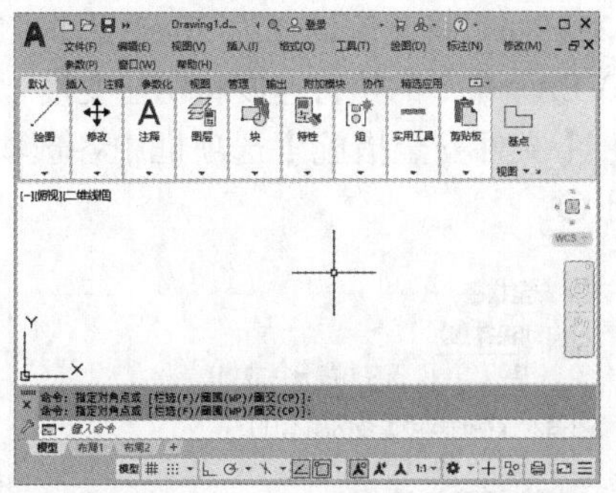

- 【颜色】：单击该按钮，弹出【图形窗口颜色】对话框，在该对话框中可以设置窗口的背景颜色、十字光标颜色、栅格颜色等。下图所示为将二维模型空间的统一背景色设置为白色。

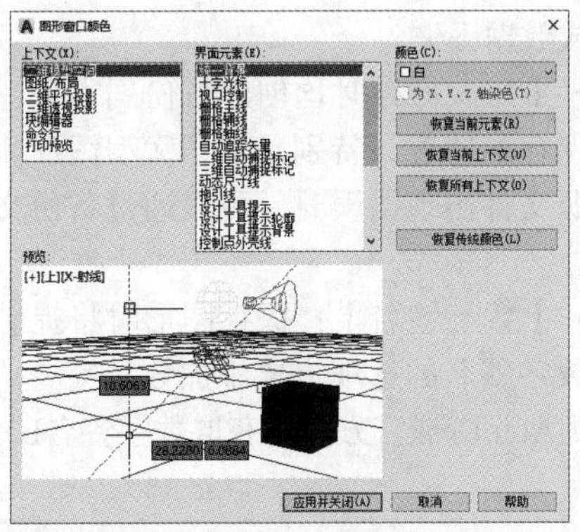

- 【字体】：单击该按钮，弹出【命令行窗口字体】对话框。使用该对话框指定命令行窗口文字字体，如下图所示。

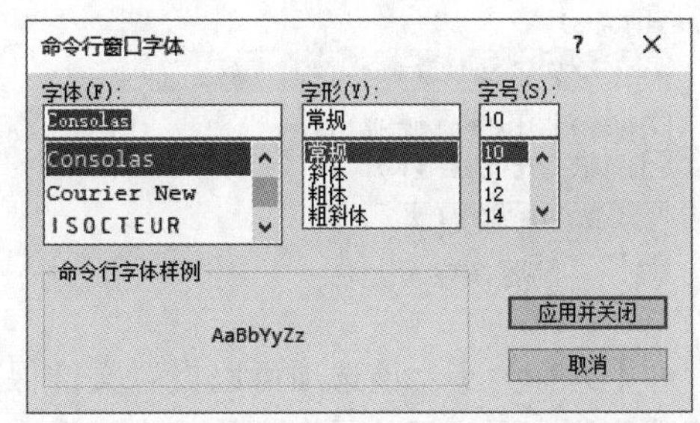

- 【十字光标大小】选项框的设置应用如下。

在【十字光标大小】选项框中可以对十字光标的大小进行设置。下图所示是“十字光标”为5%和20%的显示对比。

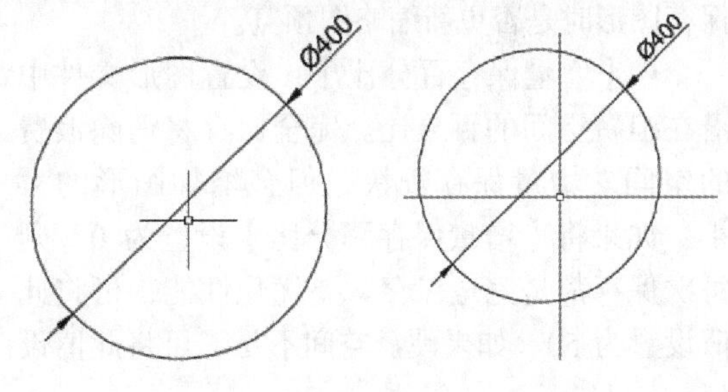

2.2.2 打开与保存设置

1. 命令提示

选择【打开和保存】选项卡，可以设置文件另存为的格式，如下图所示。

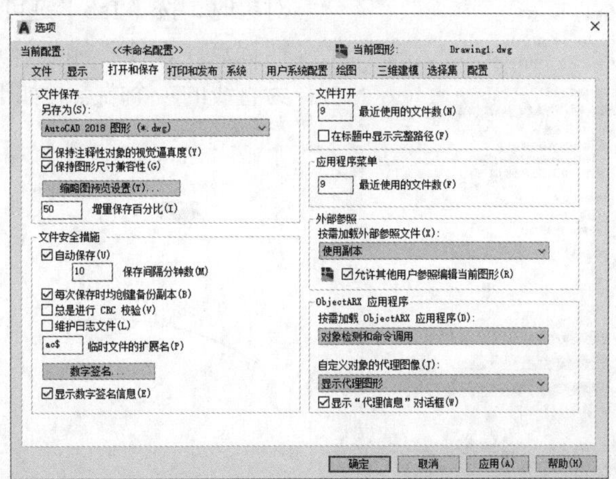

2. 知识点扩展

● 【文件保存】选项框中各选项的含义如下。

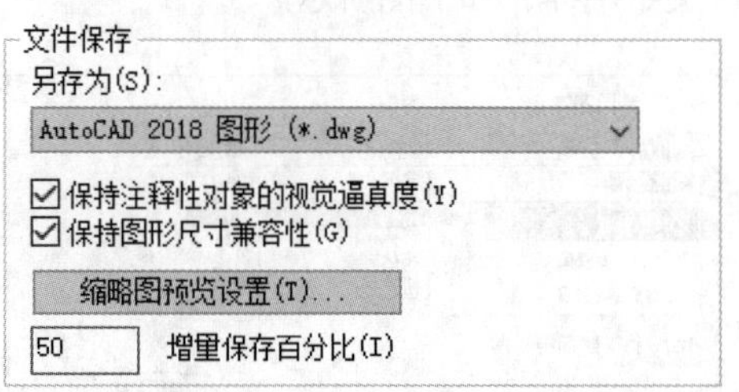

◆【另存为】：该选项可以设置文件保存的格式和版本。这里的另存为格式一旦设定，就将被作为默认保存格式一直沿用，直到被修改为止。

◆【缩略图预览设置】：单击该按钮，弹出【缩略图预览设置】对话框，该对话框控制保存图形时是否更新缩略图预览。

◆【增量保存百分比】：设置图形文件中潜在浪费空间的百分比。完全保存将消除浪费的空间。增量保存较快，但会增加图形的大小。如果将【增量保存百分比】设置为 0，则每次保存都是完全保存。要优化性能，可将此值设置为 50。如果硬盘空间不足，可将此值设置为 25。如果将此值设置为 20 或更小，SAVE 和 SAVEAS 命令的执行速度将明显变慢。

● 【文件安全措施】选项框中各选项的含义如下。

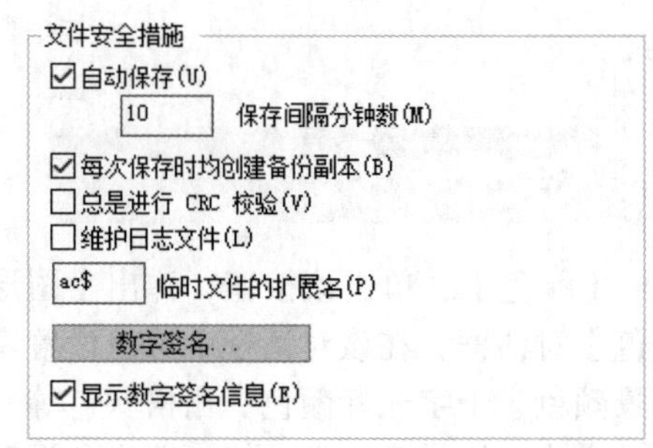

◆【自动保存】：勾选该复选框可以设置保存文件的间隔分钟数，这样可以避免由于意外造成数据丢失。

◆【每次保存时均创建备份副本】：提高增量保存的速度，特别是对于大型图形。当保存的源文件出现错误时，可以通过备份文件来恢复。

◆【数字签名】：保存图形时将提供用于附着数字签名的选项。要添加数字签名，首先需要到AutoDesk官方网站获取数字签名ID。

2.2.3 绘图设置

1. 命令提示

绘图设置可以设置绘制二维图形时的相关参数，包括自动捕捉设置、自动捕捉标记大小、对象捕捉选项以及靶框大小等。选择【绘图】选项卡，如下图所示。

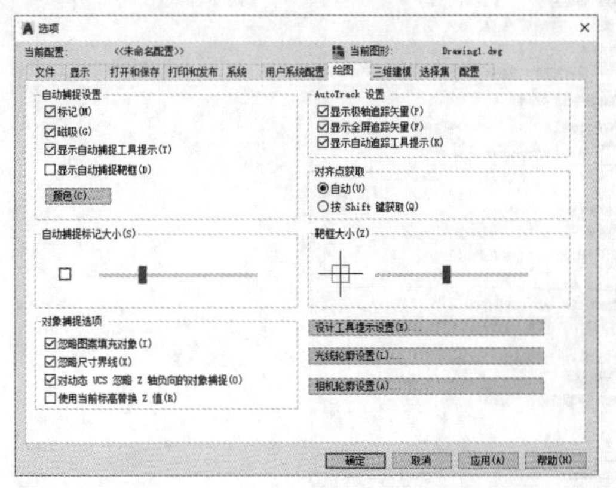

2. 知识点扩展

● 【自动捕捉设置】：可以控制自动捕捉标记、工具提示和磁吸的显示。

勾选【磁吸】复选框后，当十字光标靠近对象时，按【Tab】键可以切换对象所有可用的捕捉点，即使不靠近该点，也可以吸取该点成为直线的一个端点。如下图所示。

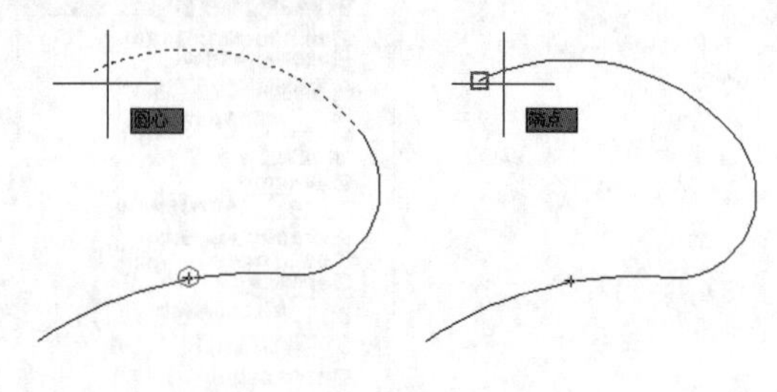

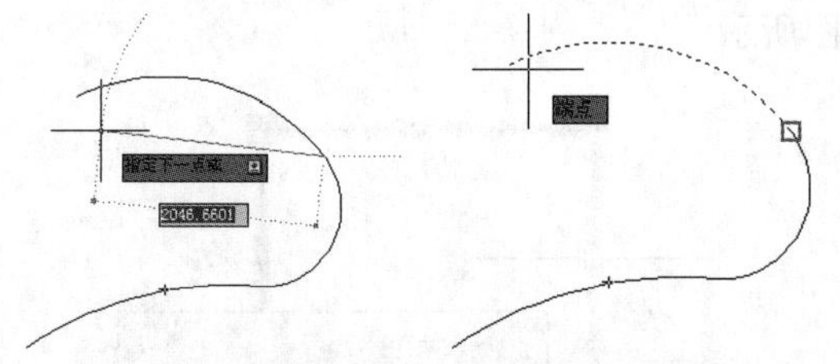

● 【对象捕捉选项】：勾选【忽略图案填充对象】可以在捕捉对象时忽略填充的图案，这样就不会捕捉到填充图案中的点，如下图所示。

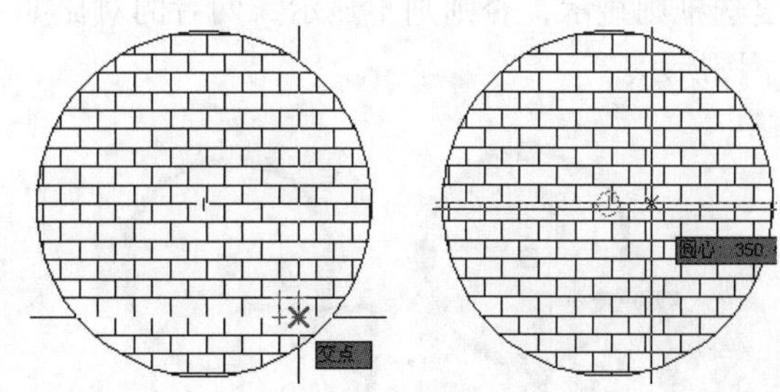

2.2.4 选择集设置

1. 命令提示

选择集设置主要包含选择模式的设置和夹点的设置。选择【选择集】选项卡，如下图所示。

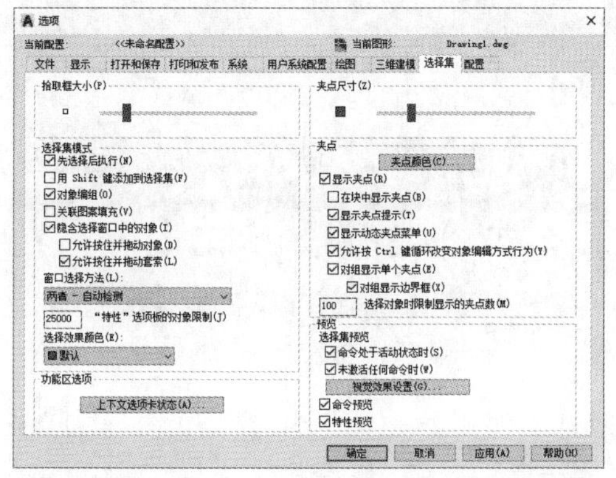

2. 知识点扩展

● 【选择集模式】选项框中各选项的含义如下。

◆ 【先选择后执行】：选中该复选框后，允许先选择对象（这时选择的对象显示有夹点），然后再调用命令。如果不勾选该命令，则只能先调用命令，然后再选择对象（这时选择的对象没有夹点，一般会以虚线或加亮形式显示）。

◆ 【用Shift键添加到选择集】：勾选该选项后，只有按住【Shift】键才能进行多项选择。

◆ 【对象编组】：该选项是针对编组对象的。勾选该复选框后，只要选择编组对象中的任意一个，则整个对象就将被选中。利用【GROUP】命令可以创建编组。

◆ 【隐含选择窗口中的对象】：在对象外选择一点后，将初始化选择对象中的图形。

◆ 【窗口选择方法】：窗口选择方法有“两次单击”“按住并拖动”和“两者——自动检测”三个选项，默认选项为“两者——自动检测”。

● 【夹点】选项框中各选项的含义如下。

◆ 【夹点颜色】：单击该按钮，弹出【夹点颜色】对话框，在该对话框中可以更改夹点显示的颜色，如下图所示。

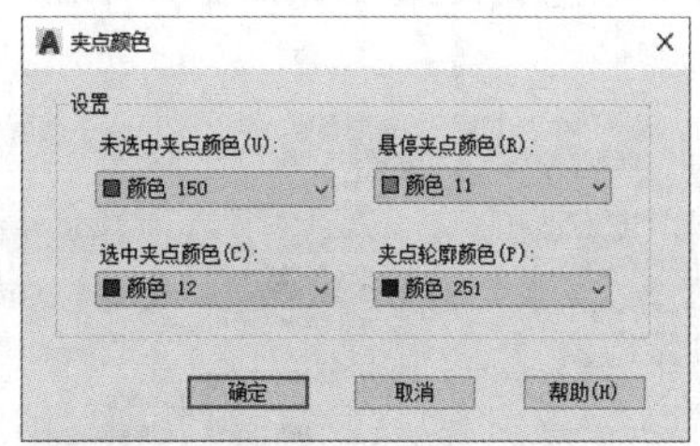

◆ 【显示夹点】：勾选该选项后，在没有任何命令执行的时候选择对象，将在对象上显示夹点，否则将不显示夹点。下图为勾选和不勾选该选项的效果对比。

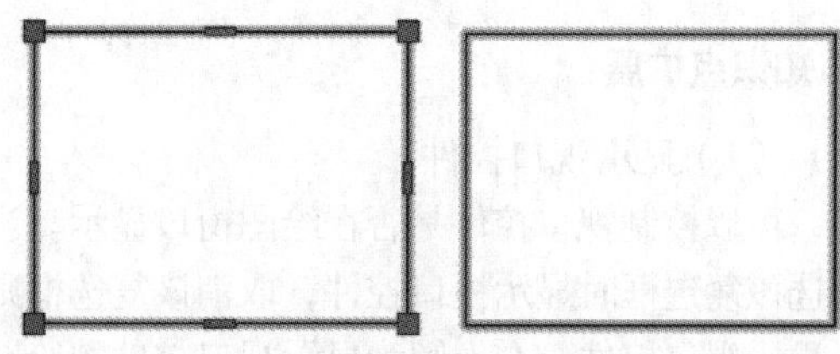

◆ 【在块中显示夹点】：该选项控制在没

有命令执行时选择图块是否显示夹点。勾选该复选框则显示，否则则不显示，两者的对比如下图所示。

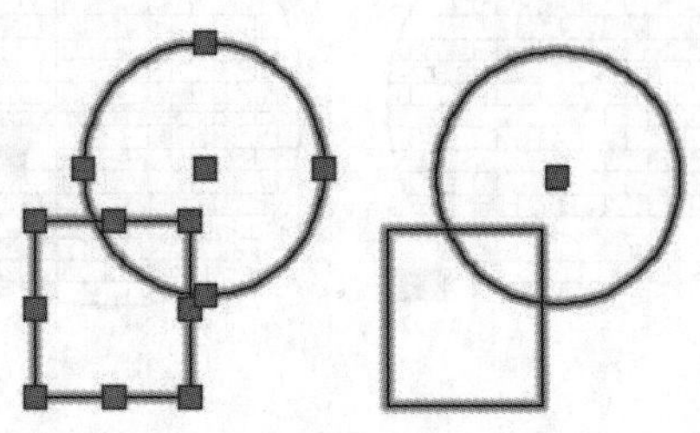

◆【显示夹点提示】：当十字光标悬停在支持夹点提示自定义对象的夹点上时，显示夹点的特定提示。

◆【显示动态夹点菜单】：控制将十字光标悬停在多功能夹点上时动态菜单显示，如右图所示。

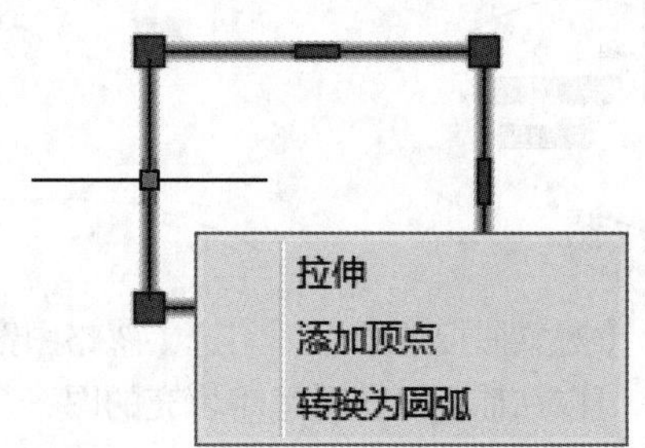

◆【允许按Ctrl键循环改变对象编辑方式行为】：允许多功能夹点按【Ctrl】键循环改变对象的编辑方式。如上图所示，单击选中该夹点，然后按【Ctrl】键，可以在“拉伸”“添加顶点”和“转换为圆弧”选项之间循环选中执行方式。

2.2.5 三维建模设置

1. 命令提示

三维建模设置主要用于设置三维绘图时的操作习惯和显示效果，其中较为常用的有视口控件的显示、曲面的素线显示和鼠标滚轮缩放方向。选择【三维建模】选项卡，如下图所示。

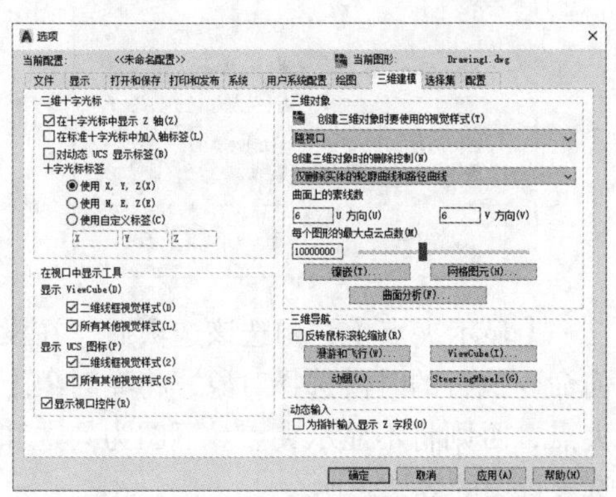

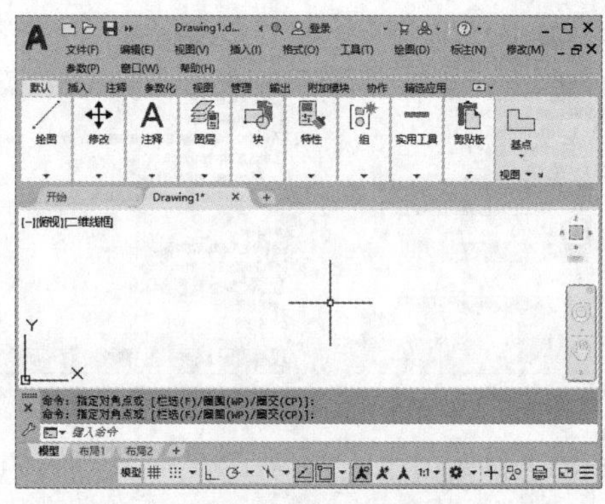

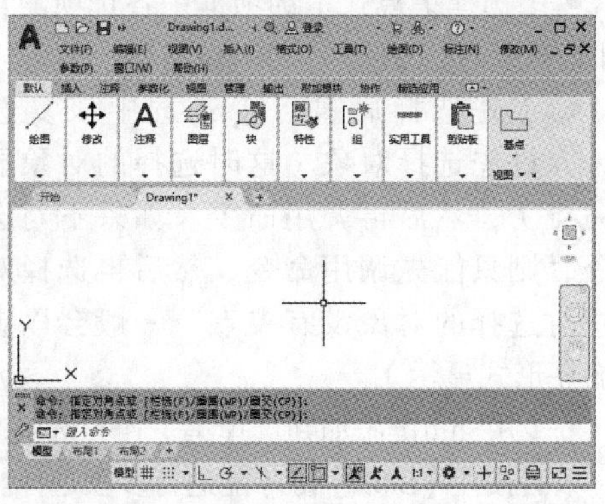

2. 知识点扩展

（1）显示视口控件

可以控制视口控件是否在绘图窗口显示。当勾选该复选框时显示视口控件，取消该复选框则不显示视口控件。右上图为显示视口控件的绘图界面，右下图为不显示视口控件的绘图界面。

（2）曲面上的素线数

曲面上的素线数主要是控制曲面的U方向和V方向的线数。下页左图的平面曲面U方向和

V方向线数都为6；下右图的平面曲面U方向的线数为3，V方向的线数为4。

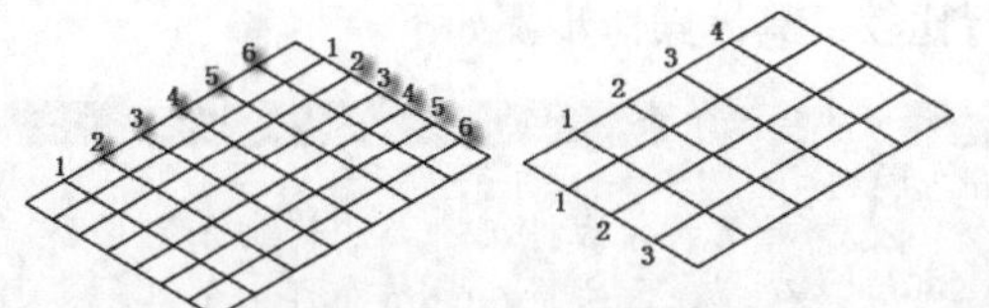

（3）鼠标滚轮缩放设置

AutoCAD默认向上滚动滚轮放大图形，向下滚动滚轮缩小图形，这可能与一些其他三维软件中的设置相反。习惯向上滚动滚轮缩小、向下滚动放大的读者，可以勾选【反转鼠标滚轮缩放】复选框，改变默认设置。

2.2.6 用户系统配置

1. 命令提示

【用户系统配置】可以设置是否采用Windows标准操作、插入比例、坐标数据输入的优先级、关联标注、块编辑器设置、线宽设置、默认比例列表等，如下图所示。

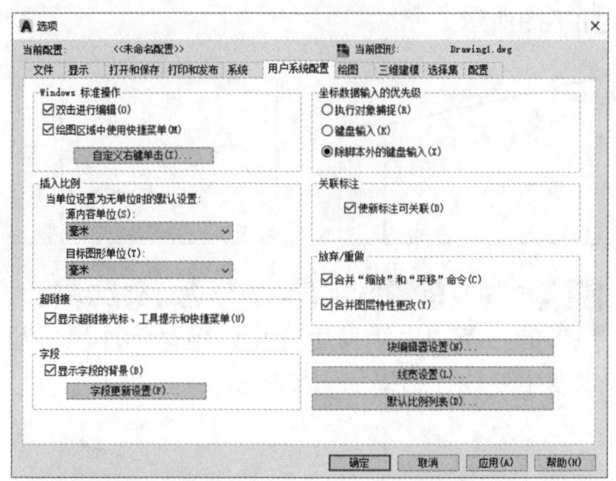

2. 知识点扩展

● 【Windows标准操作】选项框中各选项的含义如下。

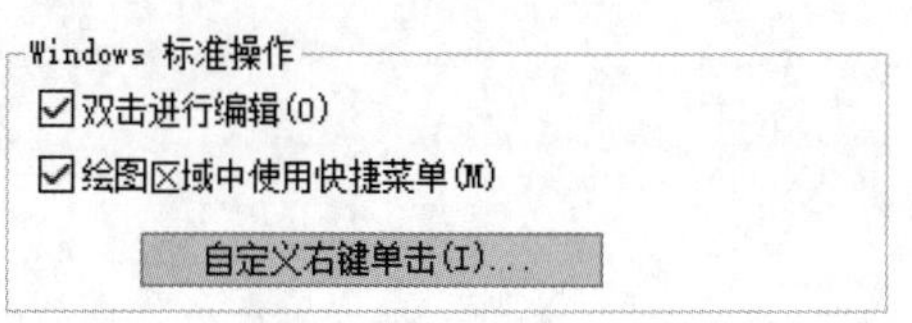

◆【双击进行编辑】：选中该选项后直接双击图形就会弹出相应的图形编辑对话框，即可对图形进行编辑操作，例如文字。

◆【绘图区域中使用快捷菜单】：勾选该选项后在绘图区域单击右键会弹出相应的快捷菜单。如果取消该选项的选择，则下面的【自定义右键单击】按钮将不可用，AutoCAD直接默认单击右键相当于重复上一次命令。

◆【自定义右键单击】：该按钮可控制在绘图区域单击鼠标右键是显示快捷菜单还是与按【Enter】键的效果相同。单击【自定义右键单击】按钮，弹出【自定义右键单击】对话框，如下图所示。

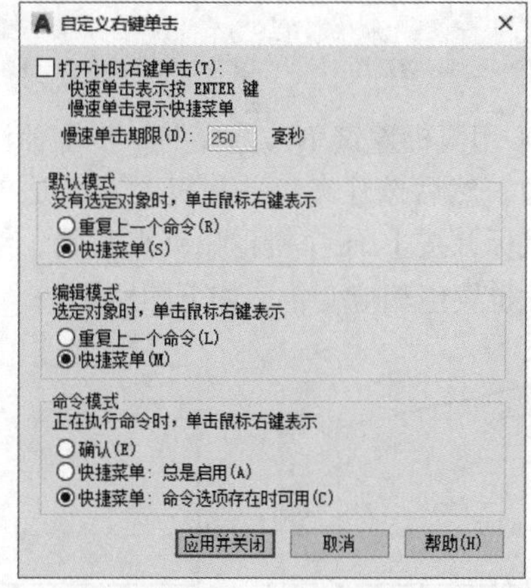

● 【关联标注】选项框中各选项的含义如下。

勾选关联标注后，当图形发生变化时，标注尺寸也随着图形的变化而变化。取消关联标注后，再进行标注的尺寸，图形修改后尺寸不再随着图形变化。关联标注选项如下图所示。

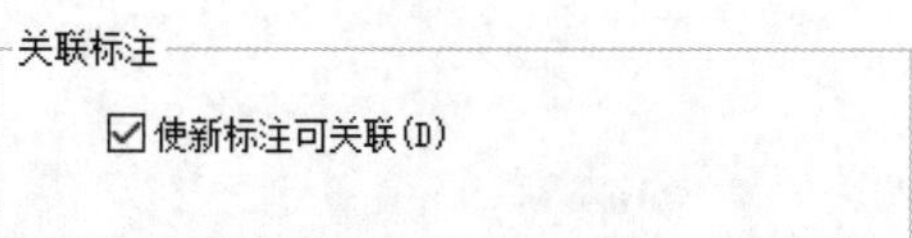

2.2.7 实战演练——关联标注

下面以实例的形式对关联标注和非关联标注进行比较，具体操作步骤如下。

步骤 01 打开“素材\CH02\关联标注.dwg”文件，如下图所示。

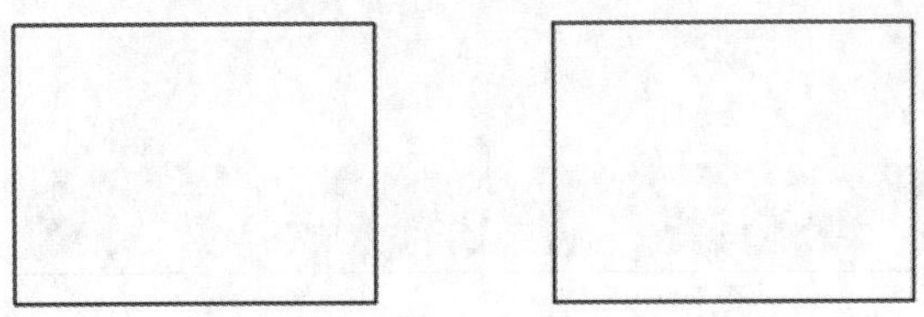

步骤 02 选择【默认】选项卡➤【注释】面板➤【线性】按钮，然后选择左侧矩形的一条边作为标注对象，结果如下图所示。

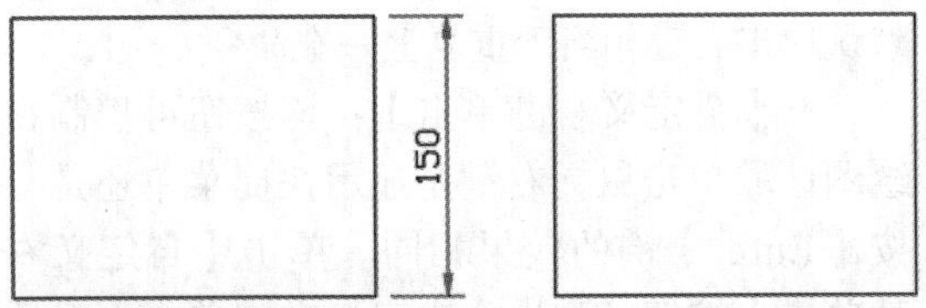

小提示

尺寸标注的方法将在8.3节中详细介绍。

步骤 03 用鼠标左键单击选择上一步骤标注的矩形的边，然后按住夹点并拖曳，在合适的位置放开鼠标，按【Esc】键退出夹点编辑，结果标注尺寸也发生相应变化，如下图所示。

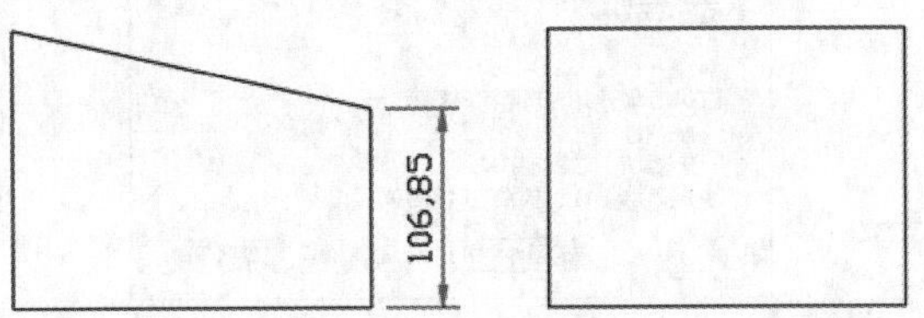

小提示

选择对象的方法将在5.1节中详细介绍。
夹点编辑的方法将在6.6节中详细介绍。

步骤 04 在命令行输入“OP”并按空格键，在弹出的【选项】对话框中选择【用户系统配置】选项卡，将【关联标注】选项区的【使新标注可关联】的对勾去掉，如下图所示。

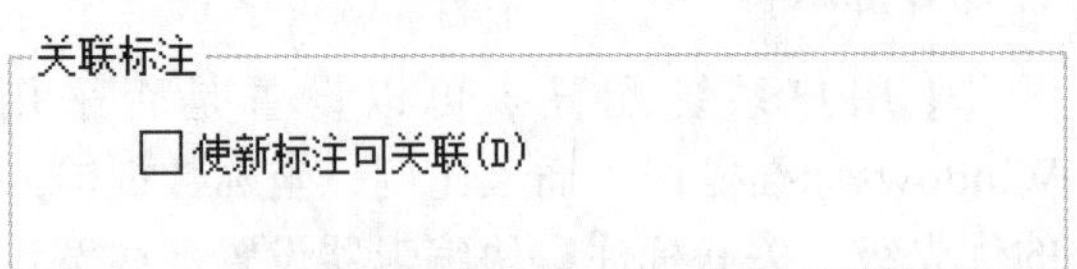

步骤 05 重复步骤 02对右侧矩形进行标注，结果如下图所示。

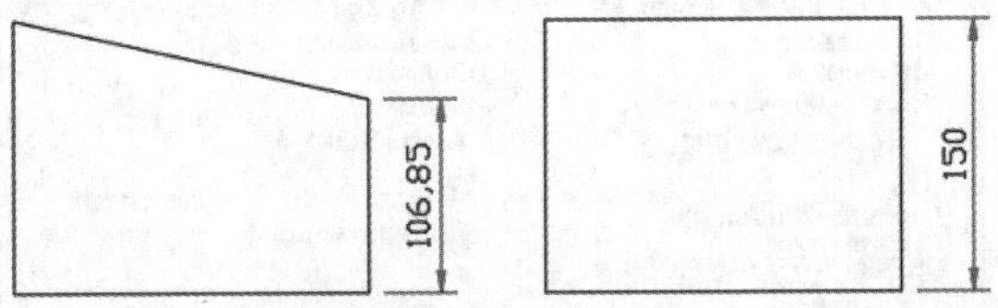

步骤 06 重复步骤 03对右侧矩形进行夹点编辑，矩形的一条边大小发生变化，但是标注尺寸却未发生变化，结果如下图所示。

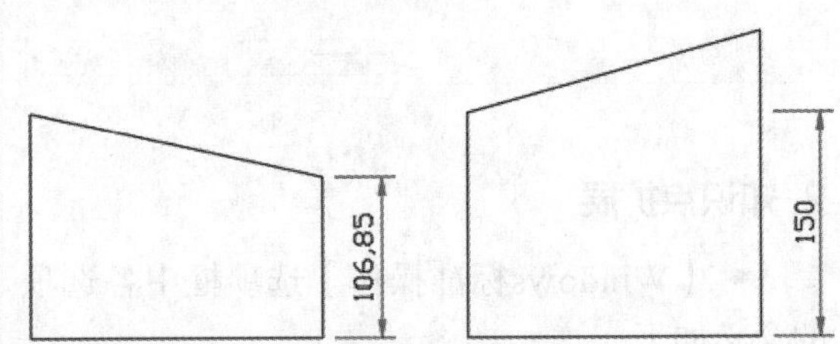

2.3 草图设置

在AutoCAD中绘制图形时，可以使用系统提供的极轴追踪、对象捕捉和正交等功能来进行精确定位，使用户在不知道坐标的情况下也能够精确定位和绘制图形。这些设置都是在【草图设置】对话框中进行的。

1. 命令调用方法

在AutoCAD 2021中调用【草图设置】对话框的方法通常有以下两种。

- 选择【工具】➤【绘图设置】菜单命令。
- 命令行输入“DSETTINGS/DS/SE/OS”命令并按空格键。

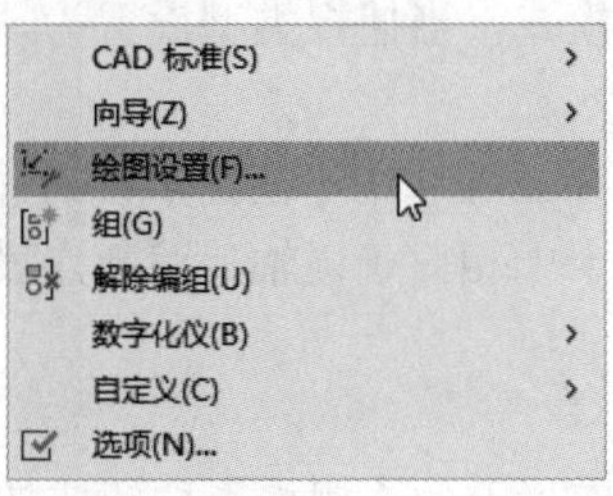

2. 命令提示

调用绘图设置命令之后，系统会弹出【草图设置】对话框，如下图所示。

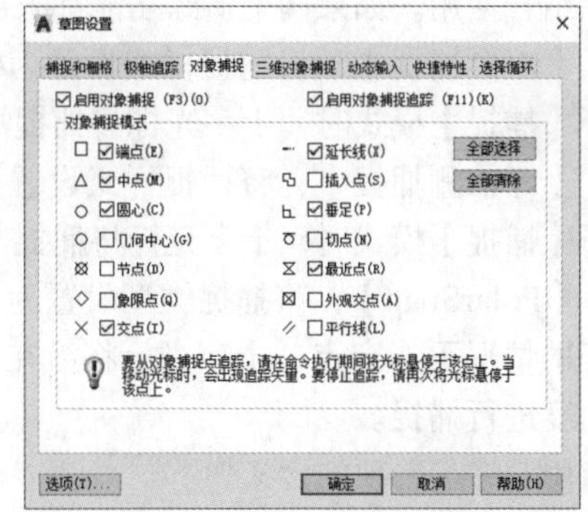

2.3.1 捕捉和栅格设置

1. 命令提示

单击【捕捉和栅格】选项卡，可以设置捕捉模式和栅格模式，如下图所示。

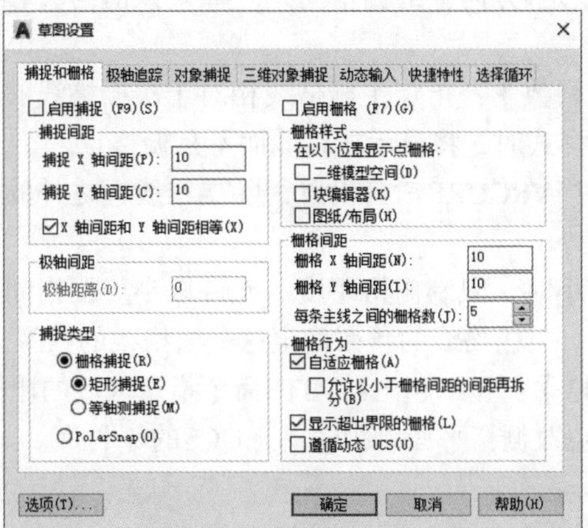

2. 知识点扩展

启用捕捉各选项的含义如下。

- 【启用捕捉】：打开或关闭捕捉模式。也可以通过单击状态栏上的【捕捉】按钮或按【F9】键来打开或关闭捕捉模式。
- 【捕捉间距】：控制捕捉位置的不可见矩形栅格，以限制十字光标仅在指定的*x*和*y*间隔内移动。
- 【捕捉x轴间距】：指定*x*方向的捕捉间距。间距值必须为正实数。
- 【捕捉y轴间距】：指定*y*方向的捕捉间距。间距值必须为正实数。
- 【x轴间距和y轴间距相等】：为捕捉间距和栅格间距强制使用同一*x*和*y*间距值。捕捉间距可以与栅格间距不同。
- 【极轴间距】：控制极轴捕捉增量的距离。
- 【极轴距离】：选定【捕捉类型】下的【PolarSnap】时，设置捕捉增量距离。如果该值为0，则PolarSnap距离采用【捕捉x轴间距】的值。【极轴距离】设置与极坐标追踪和（或）对象捕捉追踪结合使用。如果两个追踪功能都未启用，则【极轴距离】设置无效。
- 【矩形捕捉】：将捕捉样式设置为标准“矩形”捕捉模式。当捕捉类型设置为“栅格”并且打开【捕捉】模式时，十字光标将捕捉矩形捕捉栅格。
- 【等轴测捕捉】：将捕捉样式设置为“等轴测”捕捉模式。当捕捉类型设置为“栅格”并且打开【捕捉】模式时，十字光标将捕捉等轴测捕捉栅格。
- 【PolarSnap】：将捕捉类型设置为【PolarSnap】。如果已经启用【捕捉】模式并在极轴追踪打开的情况下指定点，十字光标将沿在【极轴追踪】选项卡上相对于极轴追踪起点设置的极轴对齐角度进行捕捉。

启用栅格各选项的含义如下。

- 【启用栅格】：打开或关闭栅格。也可以通过单击状态栏上的【栅格】按钮或按【F7】键或使用GRIDMODE系统变量，打开或关闭栅格模式。
- 【二维模型空间】：将二维模型空间的栅格样式设定为点栅格。
- 【块编辑器】：将块编辑器的栅格样式设定为点栅格。
- 【图纸/布局】：将图纸和布局的栅格样式设定为点栅格。
- 【栅格间距】：控制栅格的显示，有助于形象化显示距离。
- 【栅格x轴间距】：指定*x*方向上的栅格间距。如果该值为0，则栅格采用【捕捉x轴间距】的值。
- 【栅格y轴间距】：指定*y*方向上的栅格间距。如果该值为0，则栅格采用【捕捉y轴间距】的值。
- 【每条主线之间的栅格数】：指定主栅格线相对于次栅格线的频率。VSCURRENT设置为除二维线框之外的任何视觉样式时，将显示栅格线而不是栅格点。
- 【栅格行为】：控制当VSCURRENT设置为除二维线框之外的任何视觉样式时，所显示栅格线的外观。
- 【自适应栅格】：缩小时，限制栅格密度。允许以小于栅格间距的间距再拆分。放大时，生成更多间距更小的栅格线。主栅格线的频率确定这些栅格线的频率。
- 【显示超出界线的栅格】：显示超出LIMITS命令指定区域的栅格。
- 【遵循动态UCS】：更改栅格平面以跟随动态UCS的*xy*平面。

2.3.2 对象捕捉设置

1. 命令提示

在绘图过程中，经常要指定一些已有对象上的点，例如端点、圆心和两个对象的交点等。对象捕捉功能可以迅速、准确地捕捉到某些特殊点，从而精确地绘制图形。单击【对象捕捉】选项卡，如下图所示。

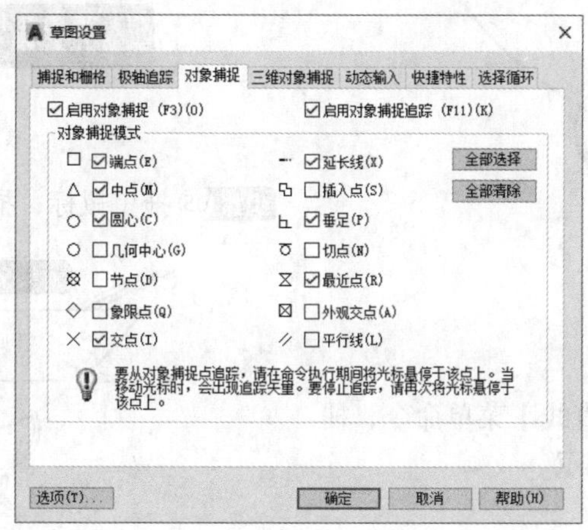

2. 知识点扩展

【对象捕捉】选项卡中各选项的含义如下。

- 【端点】：捕捉到圆弧、椭圆弧、直线、多线、多段线线段、样条曲线等的端点。
- 【中点】：捕捉到圆弧、椭圆、椭圆弧、直线、多线、多段线线段、面域、实体、样条曲线或参照线的中点。
- 【圆心】：捕捉到圆心。
- 【几何中心】：捕捉到多段线、二维多段线和二维样条曲线的几何中心点。
- 【节点】：捕捉到点对象、标注定义点或标注文字起点。
- 【象限点】：捕捉到圆弧、圆、椭圆或椭圆弧的象限点。
- 【交点】：捕捉到圆弧、圆、椭圆、椭圆弧、直线、多线、多段线、射线、面域、样条曲线或参照线的交点。
- 【延长线】：当十字光标经过对象的端点时，显示临时延长线或圆弧，方便用户在延长线或圆弧上指定点。
- 【插入点】：捕捉到属性、块、形或文字的插入点。
- 【垂足】：捕捉圆弧、圆、椭圆、椭圆弧、直线、多线、多段线、射线、面域、实体、样条曲线或参照线的垂足。
- 【切点】：捕捉到圆弧、圆、椭圆、椭圆弧或样条曲线的切点。
- 【最近点】：捕捉到圆弧、圆、椭圆、椭圆弧、直线、多线、点、多段线、射线、样条曲线或参照线的最近点。
- 【外观交点】：捕捉到不在同一平面但可能看起来在当前视图中相交的两个对象的外观交点。
- 【平行线】：将直线段、多段线线段、射线或构造线限制为与其他线性对象平行。

2.3.3 实战演练——绘制壁灯图形

下面综合利用对象捕捉和对象捕捉追踪功能绘制壁灯图形，具体操作步骤如下。

步骤 01 打开“素材\CH02\壁灯.dwg”文件，如下图所示。

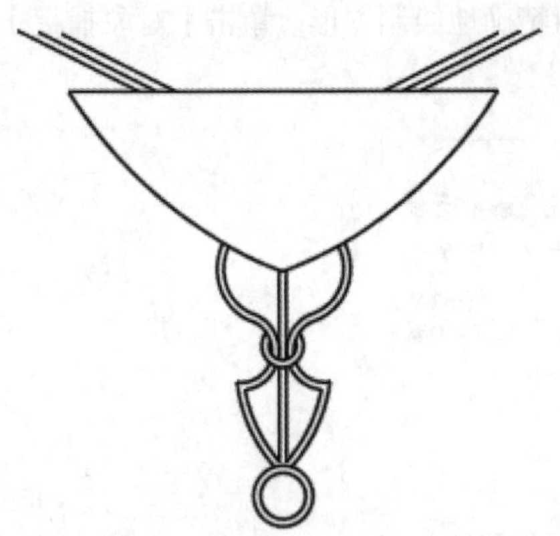

步骤 02 选择【绘图】➤【直线】菜单命令，捕捉下图所示中点作为直线起点。

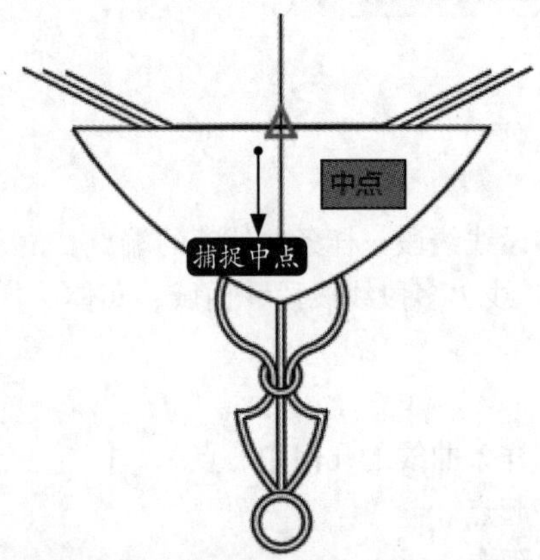

步骤 03 竖直向下拖曳十字光标（不要单击），如下图所示。

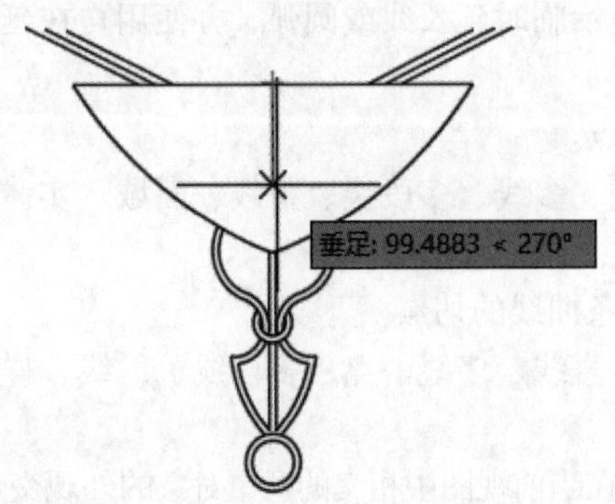

步骤 04 拖曳鼠标，捕捉（但不要单击）右上图所示中点。

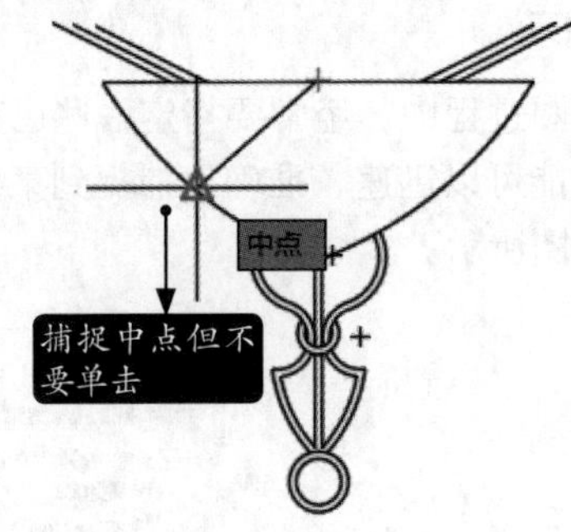

步骤 05 拖曳鼠标，捕捉下图所示交点并单击。

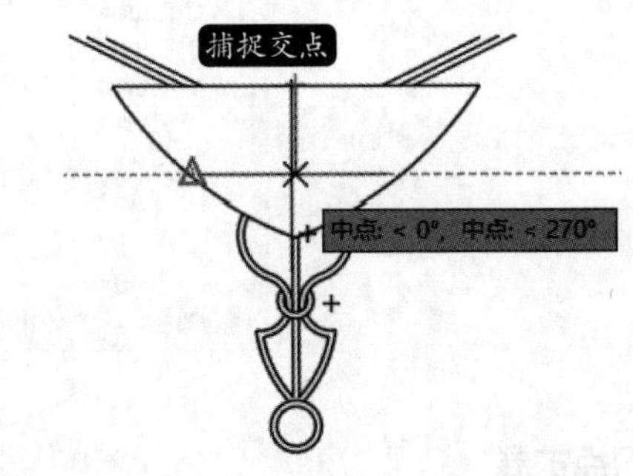

步骤 06 拖曳鼠标，捕捉下图所示端点并单击。

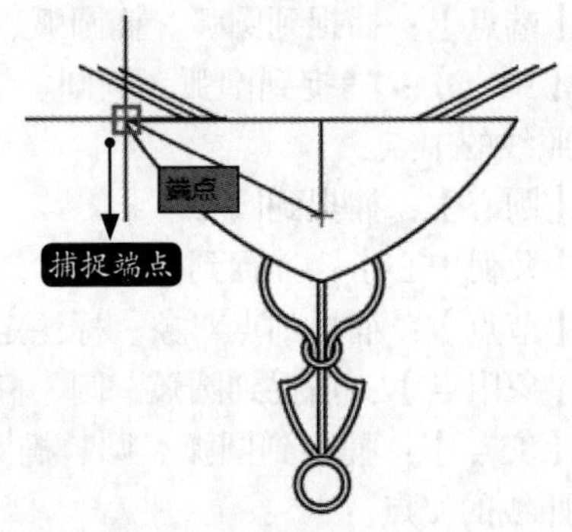

步骤 07 按【Enter】键结束直线命令，结果如下图所示。

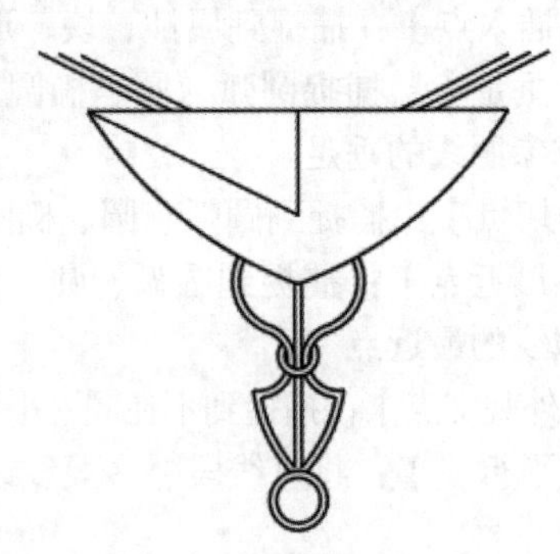

步骤 08 利用捕捉端点的方式继续进行直线的绘制，结果如下图所示。

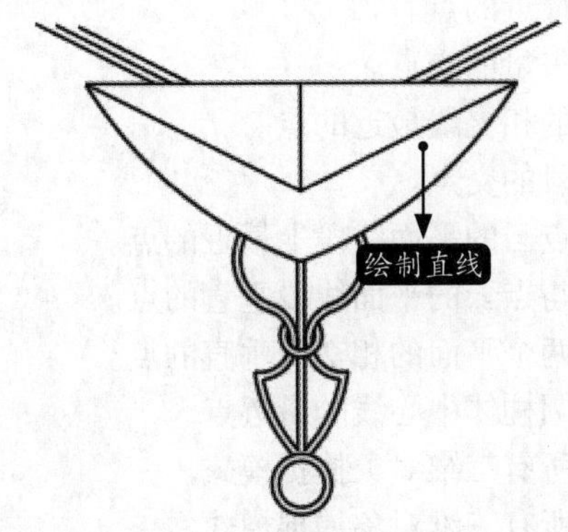

2.3.4 三维对象捕捉

1. 命令提示

使用三维对象捕捉功能，可以控制三维对象的对象捕捉设置。使用三维对象捕捉设置，可以在对象上的精确位置指定捕捉点。选择多个选项后，将应用选定的捕捉模式，以返回距离靶框中心最近的点。单击【三维对象捕捉】选项卡，如下图所示。

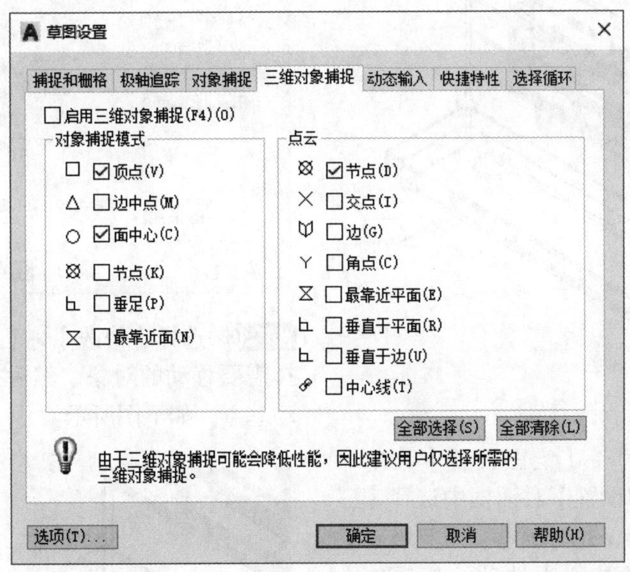

2. 知识点扩展

【三维对象捕捉】选项卡中各选项的含义如下。

- 【顶点】：捕捉到三维对象的最近顶点。
- 【边中心】：捕捉到边的中心。
- 【面中心】：捕捉到面的中心。
- 【节点】：捕捉到样条曲线上的节点。
- 【垂足】：捕捉到垂直于面的点。

- 【最靠近面】：捕捉到最靠近三维对象面的点。
- 【节点】：捕捉到点云中最近的点。
- 【交点】：捕捉到界面线矢量的交点。
- 【边】：捕捉到两个平面的相交线最近的点。
- 【角点】：捕捉到三条线段的交点。
- 【最靠近平面】：捕捉到点云的平面线段上最近的点。
- 【垂直于平面】：捕捉到与点云的平面线段垂直的点。
- 【垂直于边】：捕捉到与两个平面的相交线垂直的点。
- 【中心线】：捕捉到推断圆柱体中心线的最近点。
- 【全部选择】按钮：打开所有三维对象捕捉模式。
- 【全部清除】按钮：关闭所有三维对象捕捉模式。

2.3.5 实战演练——利用三维对象捕捉功能编辑图形对象

下面利用三维对象捕捉定位点的方式装配柜子模型，具体操作步骤如下。

步骤 01 打开“素材\CH02\三维对象捕捉.dwg”文件，如下图所示。

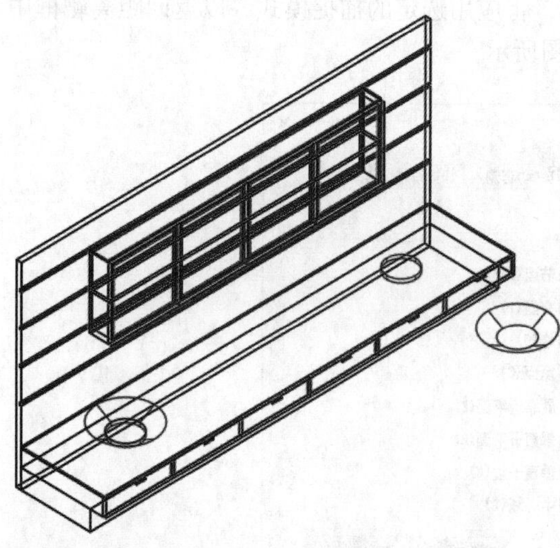

步骤 02 选择【工具】➤【绘图设置】菜单命令，在弹出的【草图设置】对话框中选择【三维对象捕捉】选项卡，并勾选【启用三维对象捕捉】复选框和【面中心】选项，然后单击【确定】按钮，如右上图所示。

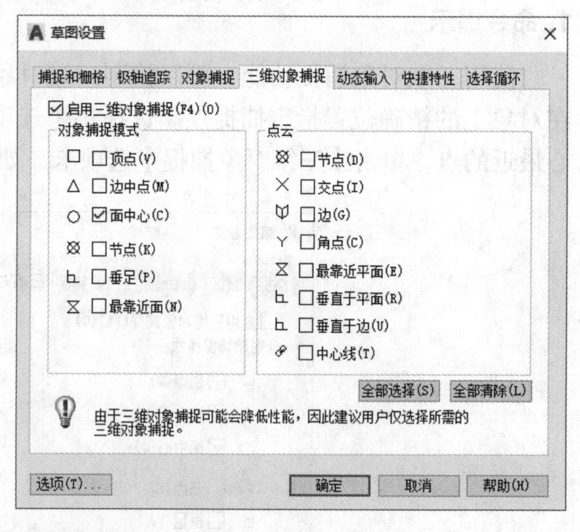

步骤 03 选择【修改】➤【移动】菜单命令，选择需要移动的对象，然后捕捉面中心点作为移动基点，如下图所示。

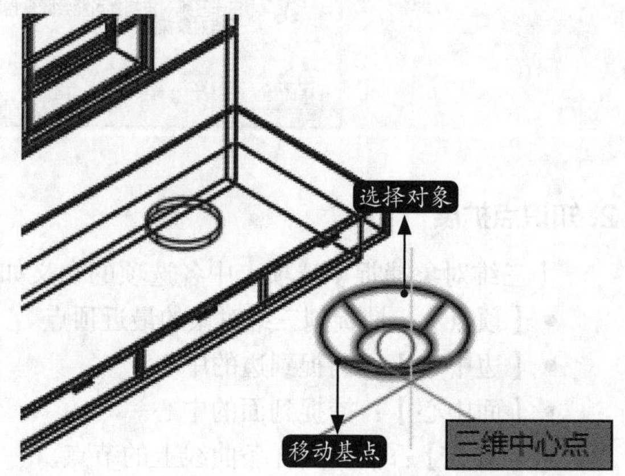

步骤04 捕捉如下图所示的面中心点作为位移第二点。

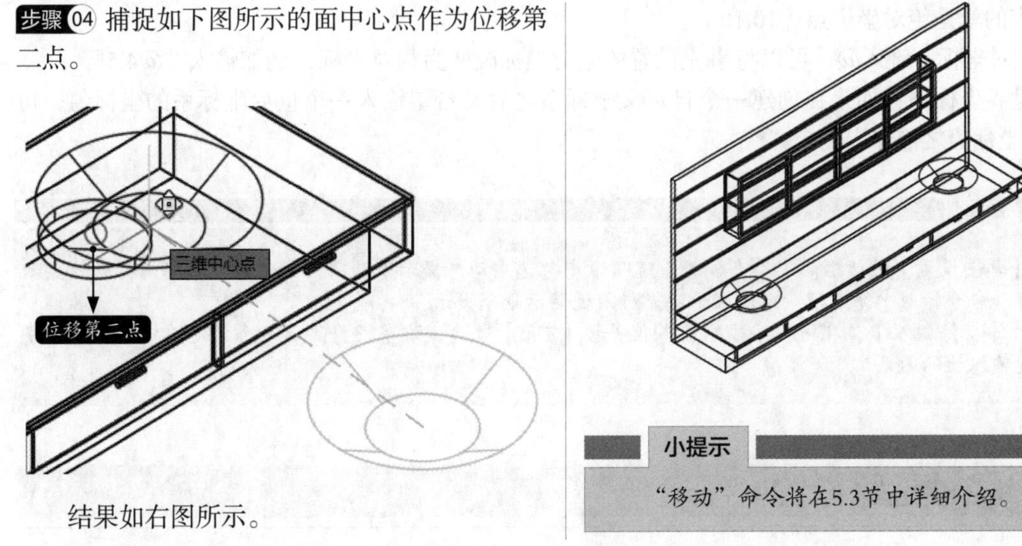

结果如右图所示。

小提示

"移动"命令将在5.3节中详细介绍。

2.3.6 动态输入设置

1. 命令提示

状态栏上的【动态输入】按钮（或按【F12】键）用于打开或关闭动态输入功能。打开动态输入功能，在输入文字时就能看到十字光标附近的动态输入提示框。动态输入适用于输入命令、对提示进行响应以及输入坐标值。单击【动态输入】选项卡，如下图所示。

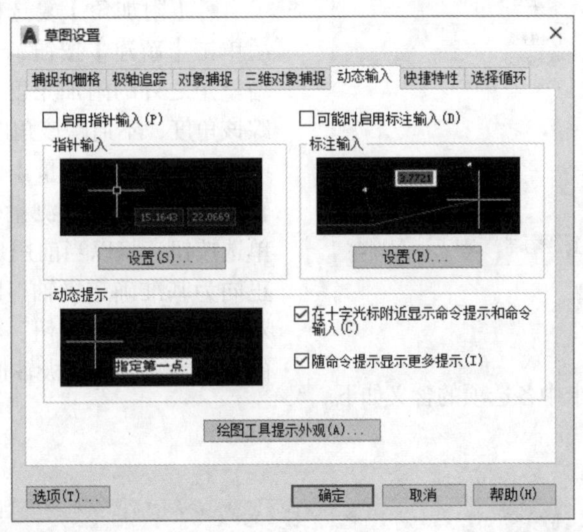

2. 知识点扩展

默认的动态输入设置能确保把工具栏提示中的输入解释为相对极轴坐标。但是，有时需要为单个坐标改变此设置。在输入时可以在x坐标前加上一个符号来改变此设置。

AutoCAD提供了三种方法来改变此设置。

- 绝对坐标：键入#，可以将默认的相对坐标设置改变为输入绝对坐标。例如，输入"#10,10"，则所指定的就是绝对坐标点（10,10）。

- 相对坐标：键入@，可以将事先设置的绝对坐标改变为相对坐标，例如输入“@4,5”。
- 世界坐标系：如果在创建一个自定义坐标系之后又希望输入一个世界坐标系的坐标值，可以在x轴坐标值之前加入一个“*”。

小提示

在【草图设置】对话框的【动态输入】选项卡中勾选【动态提示】选项区域的【在十字光标附近显示命令提示和命令输入】复选框，可以在十字光标附近显示命令提示。

对于【标注输入】，在输入字段中输入值并按【Tab】键后，该字段将显示一个锁定图标，并且十字光标会受输入值的约束。

2.3.7 极轴追踪设置

1. 命令提示

单击【极轴追踪】选项卡，可以设置极轴追踪的角度，如下图所示。

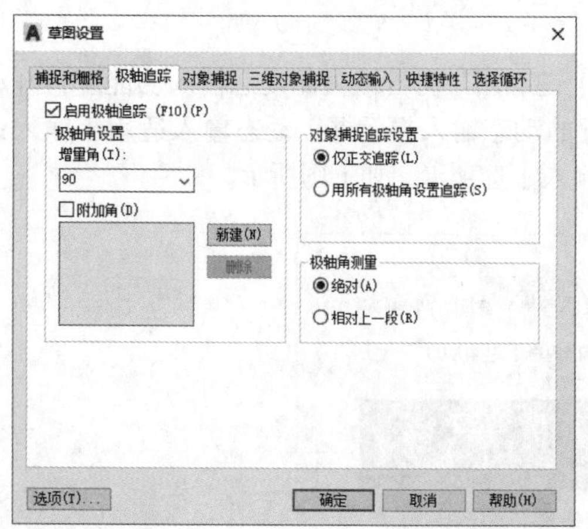

2. 知识点扩展

【极轴追踪】选项卡中各选项的含义如下。

- 【启用极轴追踪】：只有勾选前面的复选框，下面的设置才起作用。除此之外，下面两种方法也可以控制是否启用极轴追踪。
- 【增量角】下拉列表框：用于设置极轴追踪对齐路径的极轴角度增量，可以直接输入角度值，也可以从中选择90、45、30或22.5等常用角度。当启用极轴追踪功能之后，系统将自动追踪该角度整数倍的方向。
- 【附加角】复选框：勾选该复选框，然后单击【新建】按钮，可以在左侧窗口中设置增量角之外的附加角度。附加的角度系统只追踪该角度，不追踪该角度的整数倍的角度。
- 【极轴角测量】选项区域：用于选择极轴追踪对齐角度的测量基准。若选中【绝对】单选按钮，将以当前用户坐标系（UCS）的x轴正向为基准确定极轴追踪的角度；若选中【相对上一段】单选按钮，将根据上一次绘制线段的方向为基准确定极轴追踪的角度。

2.3.8 快捷特性设置

1. 命令提示

【快捷特性】选项卡指定用于显示【快捷特性】选项板的设置。单击【快捷特性】选项卡，如下页图所示。

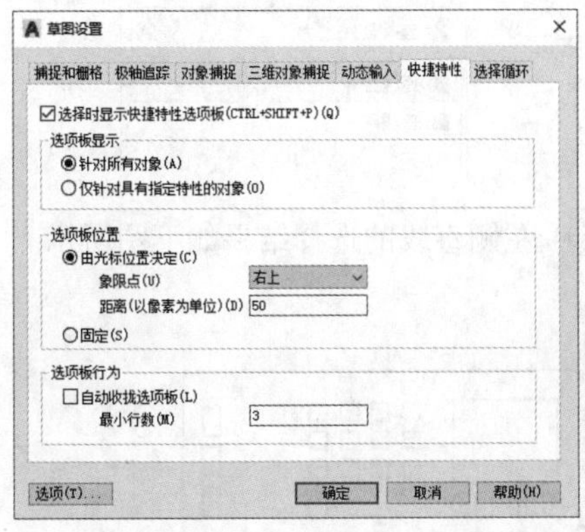

2. 知识点扩展

【选择时显示快捷特性选项板】：在选择对象时显示【快捷特性】选项板，具体取决于对象类型。勾选后选择对象，如下图所示。

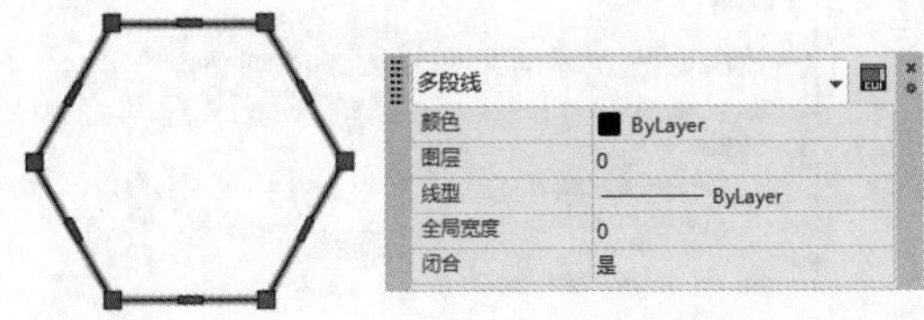

2.3.9 选择循环设置

1. 命令提示

对于重合的对象或者非常接近的对象，难以准确选择其中之一，此时选择循环就尤为有用。单击【选择循环】选项卡，如下图所示。

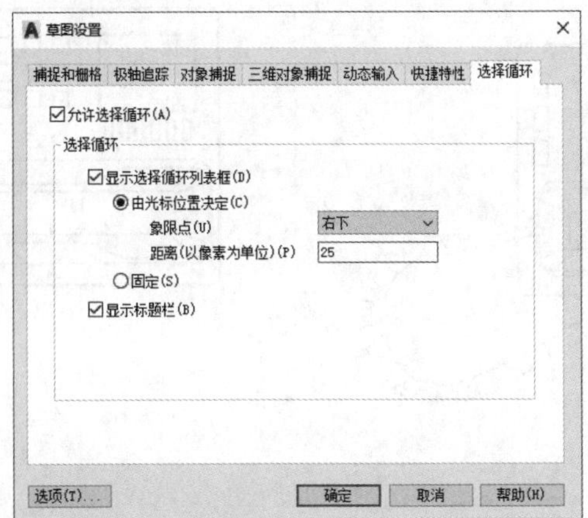

2. 知识点扩展

【显示标题栏】：如果要节省屏幕空间，可以关闭标题栏。

2.3.10 实战演练——编辑电话图形

下面利用选择循环功能编辑电话图形，具体操作步骤如下。

步骤 01 打开“素材\CH02\电话.dwg”文件，如右图所示。

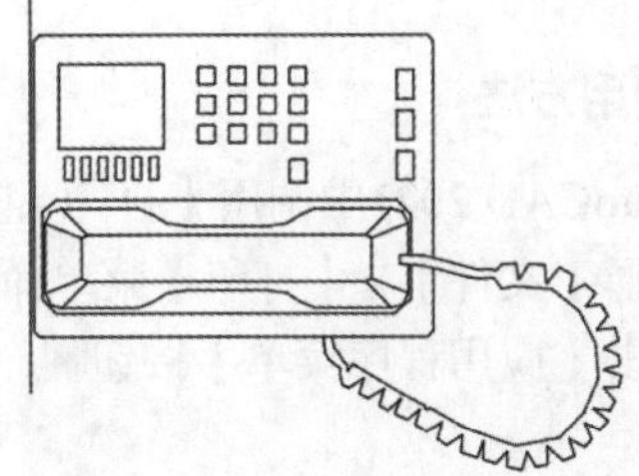

步骤02 选择【工具】➤【绘图设置】菜单命令，在【草图设置】对话框中选择【选择循环】选项卡，并勾选【允许选择循环】复选框，如下图所示。

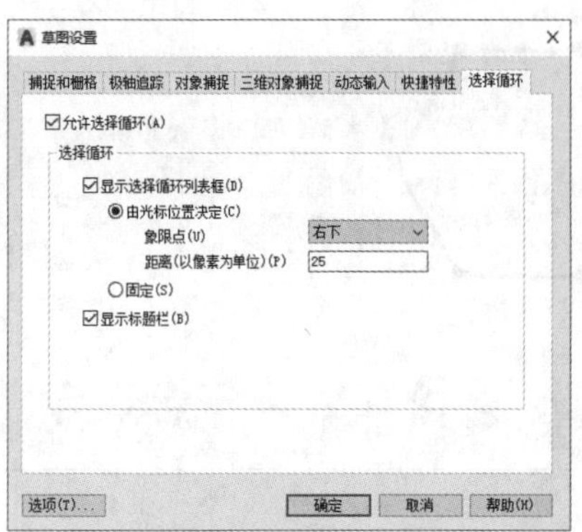

步骤03 单击【确定】按钮，然后将十字光标移至下图所示位置单击，并在【选择集】中选择适当的选项。

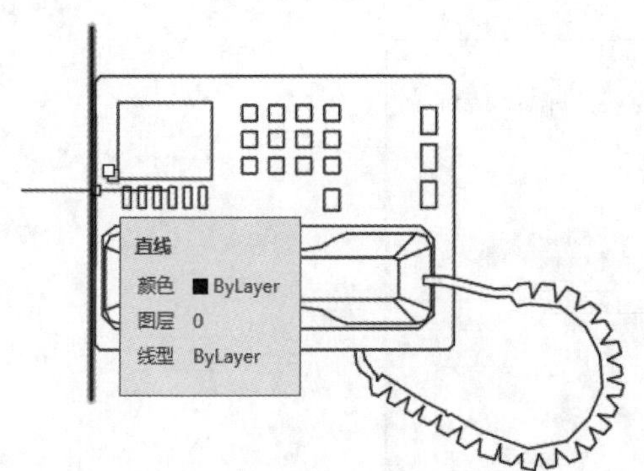

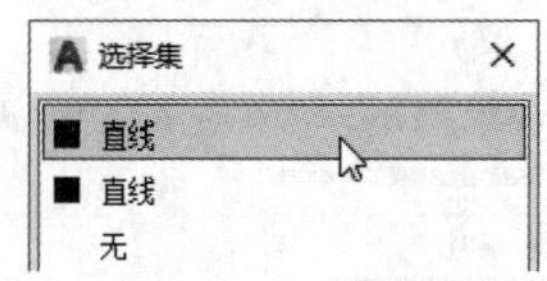

步骤04 左侧直线的选择结果如下图所示。

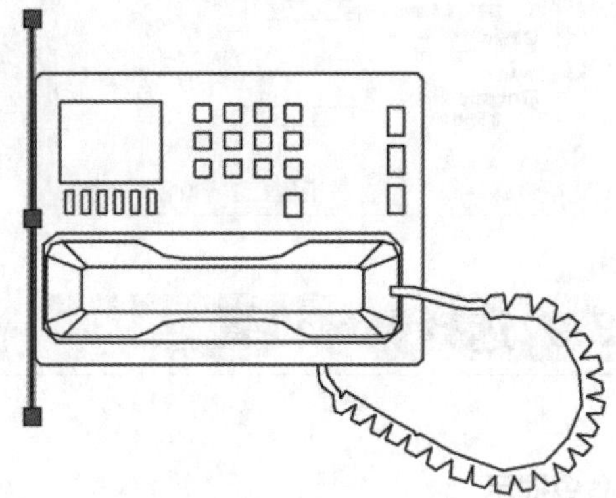

步骤05 按【Del】键将所选直线对象删除，结果如下图所示。

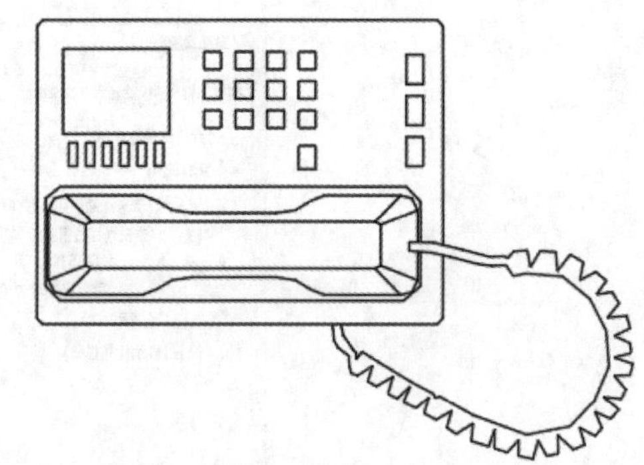

2.4 打印设置

用户在使用AutoCAD创建图形以后，通常要将其打印到图纸上。打印的图形可以是包含图形的单一视图，也可以是更为复杂的视图排列。用户要根据不同的需要来设置选项，以决定打印的内容和图形在图纸上的布置。

1. 命令调用方法

在AutoCAD 2021中调用【打印 - 模型】对话框的方法通常有以下6种。

- 选择【文件】➤【打印】菜单命令。
- 单击【应用程序菜单】按钮A，然后选择【打印】➤【打印】菜单命令。

● 命令行输入“PRINT/PLOT”命令并按空格键。

● 单击【输出】选项卡➢【打印】面板➢【打印】按钮🖶。

● 单击快速访问工具栏中的【打印】按钮🖶。

● 使用【Ctrl+P】组合键。

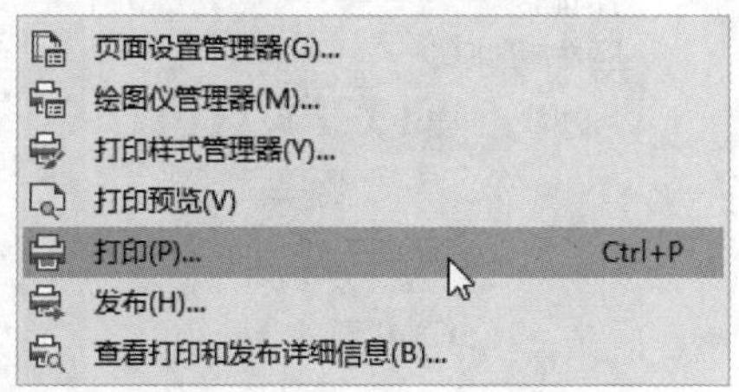

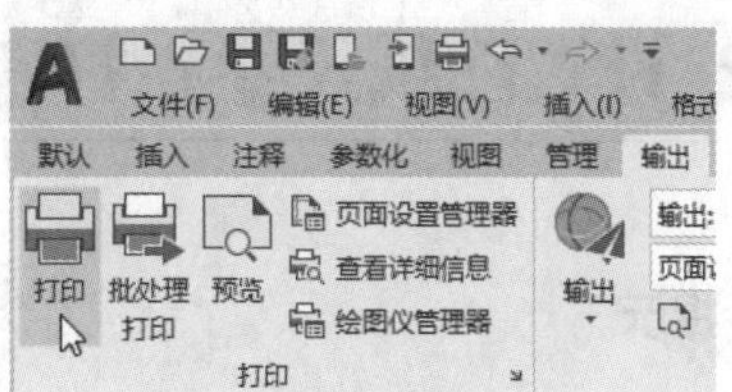

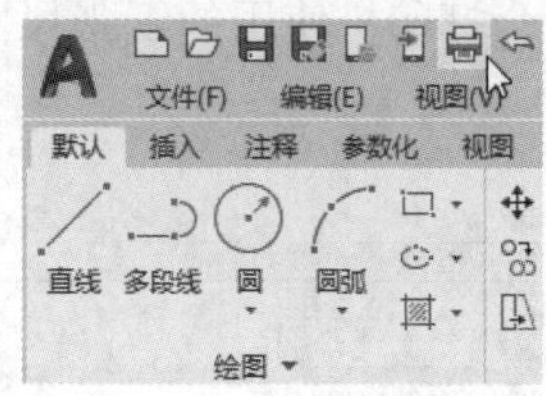

2. 命令提示

调用打印命令之后，系统会弹出【打印 - 模型】对话框，如下图所示。

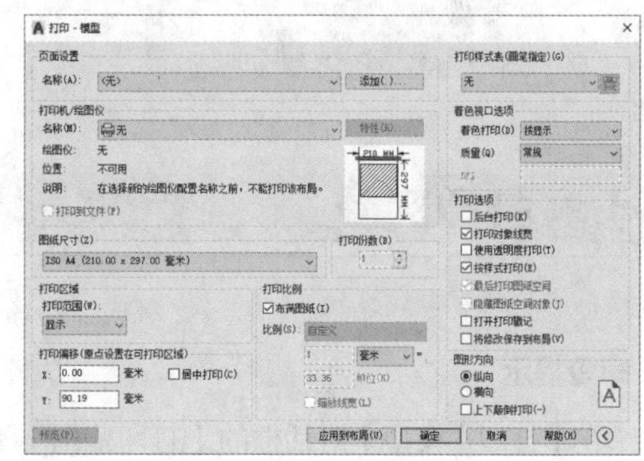

2.4.1 选择打印机

命令提示

在【打印 - 模型】对话框的【打印机/绘图仪】下面的【名称】下拉列表中，可以单击选择已安装的打印机，如下图所示。

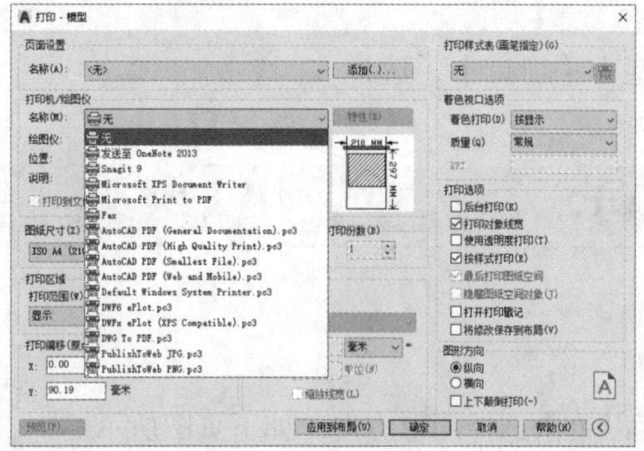

2.4.2 设置图纸尺寸和打印比例

1. 命令提示

在【图纸尺寸】区域单击下拉按钮，然后可以选择适合打印机使用的纸张尺寸，如下图所示。

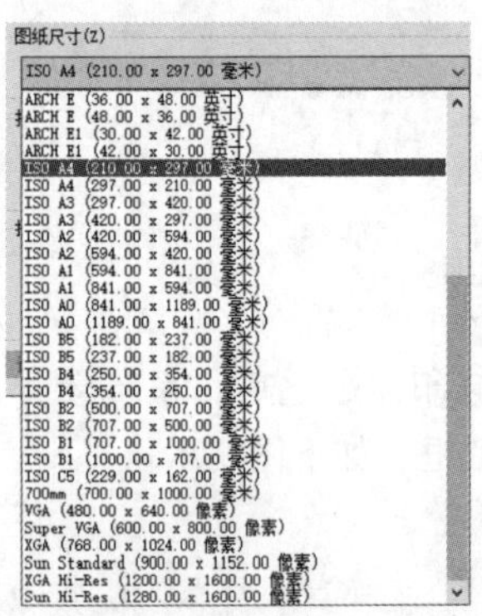

2. 知识点扩展

勾选【打印比例】区域的【布满图纸】复选框，可以将图形布满图纸打印。

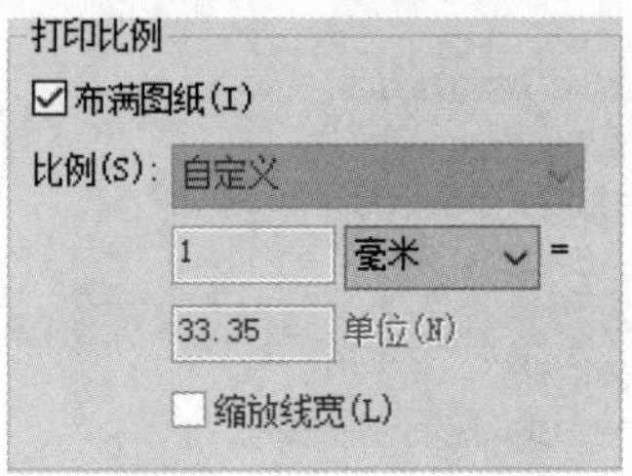

2.4.3 打印区域

1. 命令提示

在【打印 - 模型】对话框的【打印范围】下拉列表中可以选择打印区域，如下图所示。

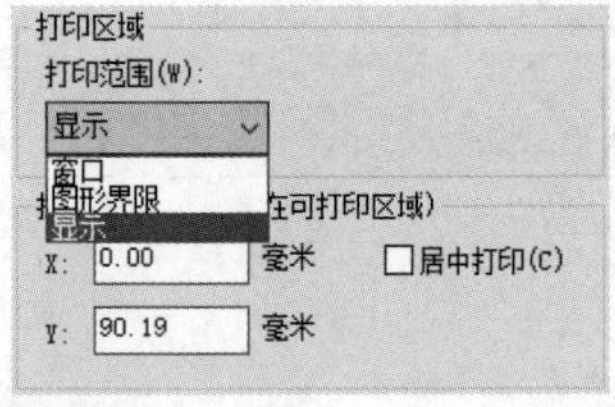

2. 知识点扩展

（1）窗口打印

最常用的打印范围类型为【窗口】，选择【窗口】类型打印时系统会提示指定打印区域的两个对角点。

（2）居中打印

在【打印偏移】区域勾选【居中打印】，可以将图形居中打印，如下图所示。

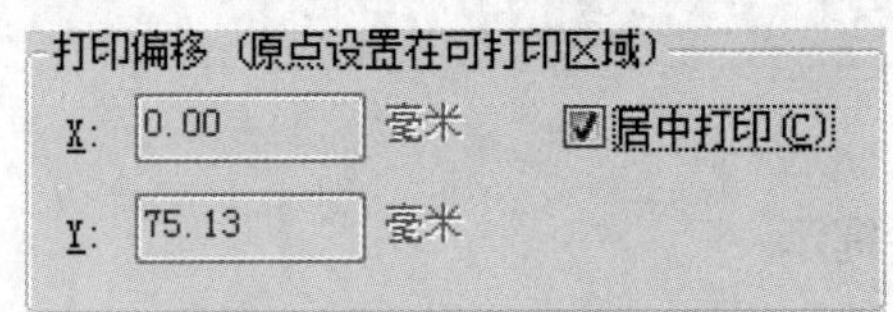

2.4.4 更改图形方向

命令提示

在【图形方向】区域可以单击选择图形方向，如下页图所示。

2.4.5 切换打印样式列表

1.命令提示

在【打印样式列表（画笔指定）】区域选择需要的打印样式，如下图所示。

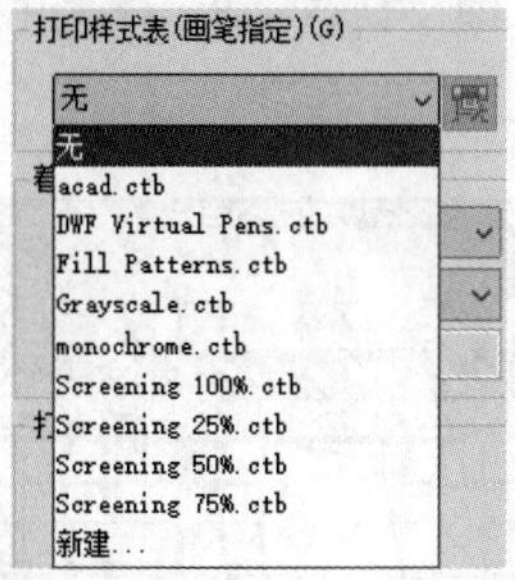

2. 知识点扩展

选择相应的打印样式表后弹出【问题】对话框，如下图所示。

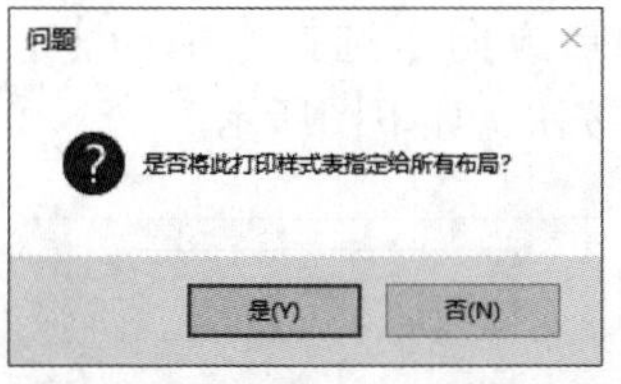

选择打印样式表后，其文本框右侧的【编辑】按钮由原来的不可用状态变为可用状态。单击此按钮，打开【打印样式编辑器】对话框，在对话框中可以编辑打印样式，如下图所示。

小提示

如果是黑白打印机，则选择【monochrome.ctb】，选择之后不需要任何改动，因为AutoCAD默认该打印样式下所有对象的颜色均为黑色。

2.4.6 打印预览

1. 命令提示

打印选项设置完成后，在【打印 - 模型】对话框中单击【预览】按钮可以对打印效果进行预览，如下图所示。

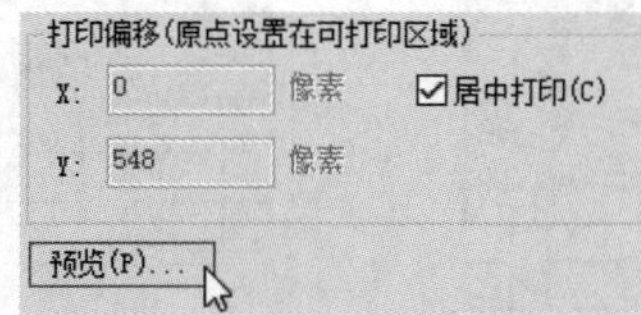

2. 知识点扩展

如果预览后没有问题，单击【打印】按钮即可打印；如果对打印设置不满意，可以单击【关闭预览】按钮回到【打印 - 模型】对话框重新设置。

小提示

按住鼠标中键，可以拖曳预览图形；上下滚动鼠标中键，可以放大或缩小预览图形。

2.4.7 实战演练——打印咖啡厅立面图纸

下面对咖啡厅立面图纸进行打印，具体操作步骤如下。

步骤01 打开“素材\CH02\咖啡厅立面图.dwg”文件，如下图所示。

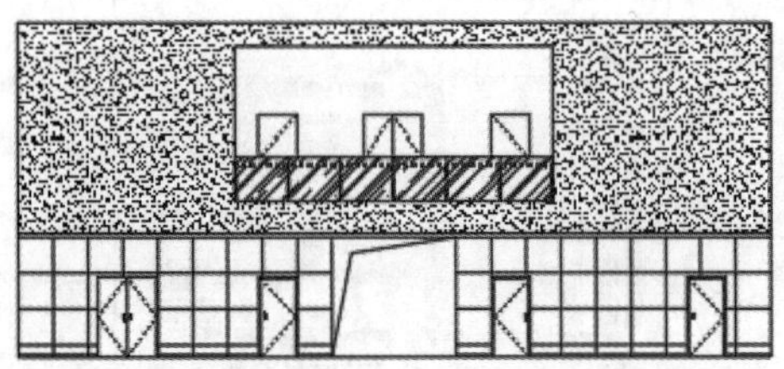

步骤02 选择【文件】➤【打印】菜单命令，在系统弹出的【打印 - 模型】对话框中选择一台适当的打印机，如下图所示。

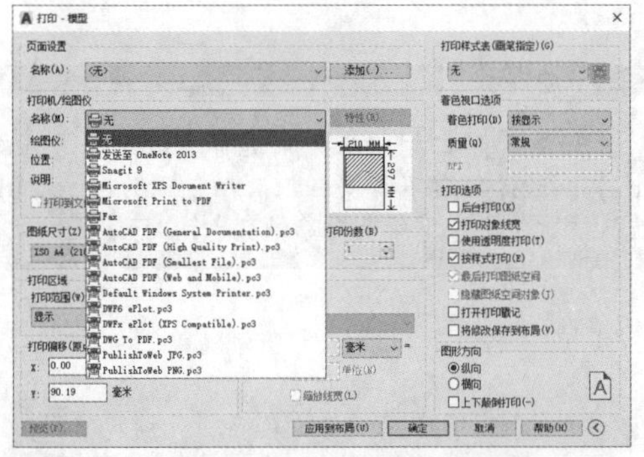

步骤03 在【打印区域】的【打印范围】选择【窗口】，并在绘图区域单击指定打印区域第一点，如下图所示。

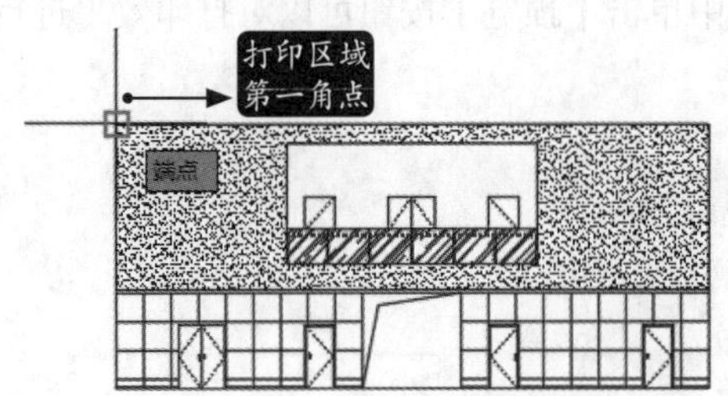

步骤04 在绘图区域单击指定打印区域第二点，如下图所示。

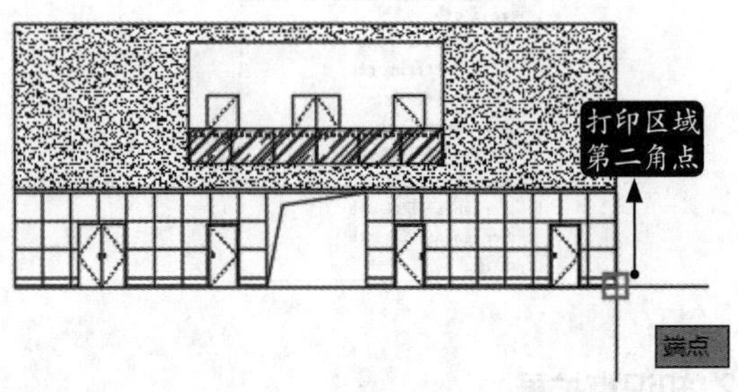

步骤05 系统返回【打印 - 模型】对话框，在【打印偏移】区域勾选【居中打印】复选框，在【打印比例】区域勾选【布满图纸】复选框，【图形方向】选择【横向】，然后单击【预览】按钮，如下图所示。

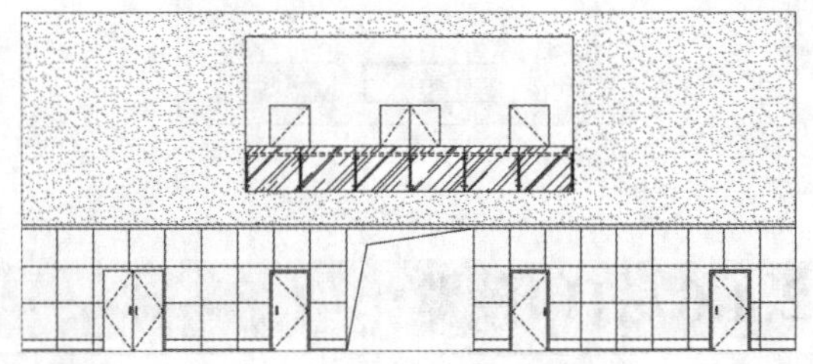

步骤06 单击鼠标右键，在弹出的快捷菜单中选择【打印】选项完成操作。

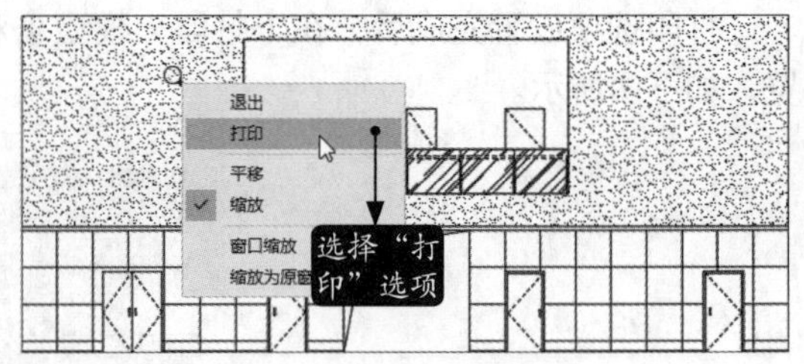

2.5 综合应用——创建样板文件

用户可以根据绘图习惯设置绘图环境，然后将完成设置的文件保存为“.dwt”文件（样板文件的格式），即可创建样板文件。

步骤 01 新建一个图形文件，然后在命令行输入【OP】并按空格键，在弹出的【选项】对话框中选择【显示】选项卡，如下图所示。

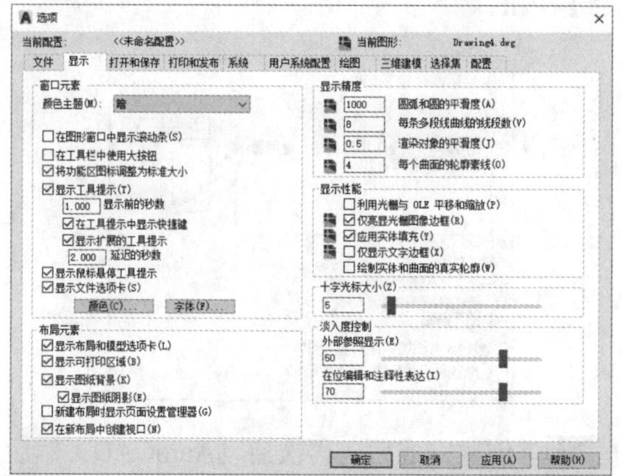

步骤 02 单击【颜色】按钮，在弹出的【图形窗口颜色】对话框中，将二维模型空间的统一背景改为白色，如下图所示。

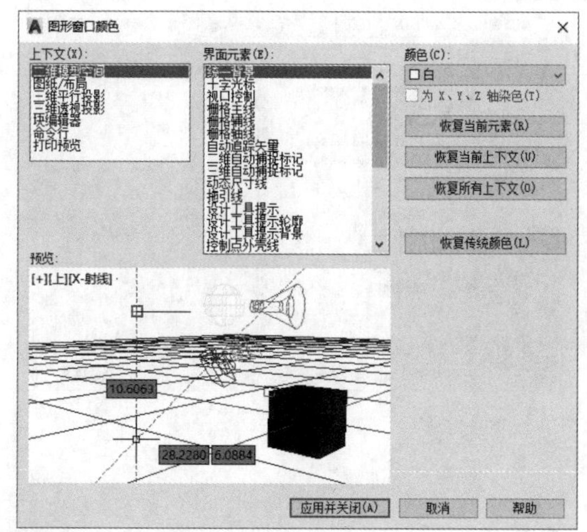

步骤 03 单击【应用并关闭】按钮，回到【选项】对话框，将【窗口元素】区域的【颜色主题】更改为【明】，如右上图所示。

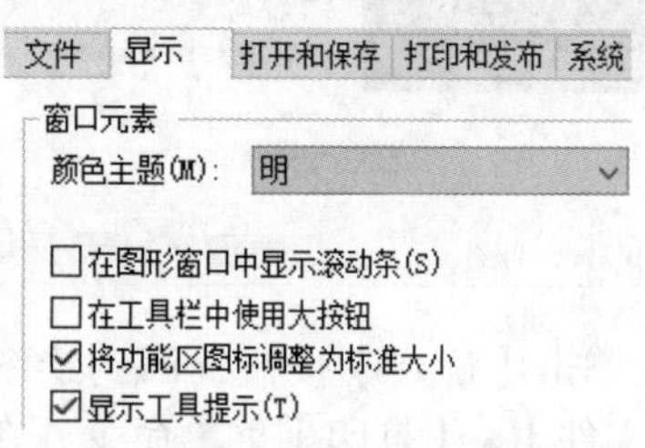

步骤 04 在【选项】对话框中单击【确定】按钮，回到绘图界面后，按【F7】键将栅格关闭，结果如下图所示。

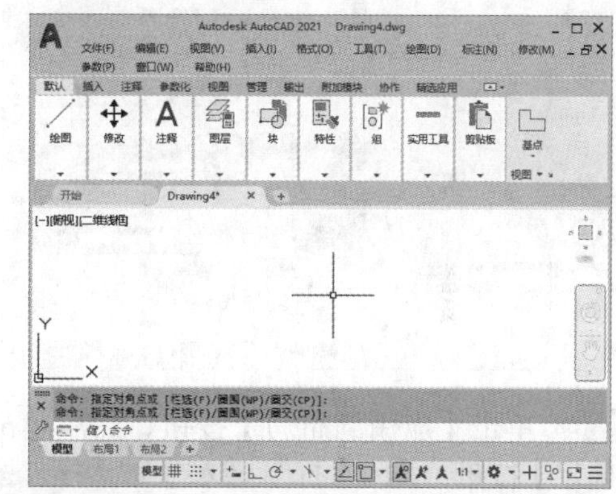

步骤 05 在命令行输入“SE”并按空格键，在弹出的【草图设置】对话框中选择【对象捕捉】选项卡，对对象捕捉模式进行如下图所示设置。

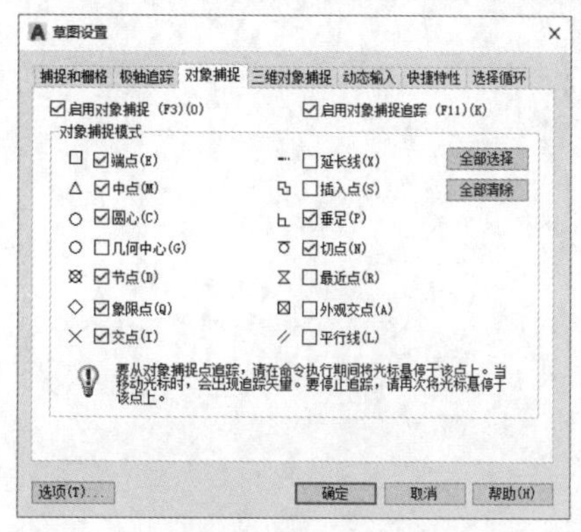

步骤06 单击【动态输入】选项卡，对动态输入进行如下图所示设置。

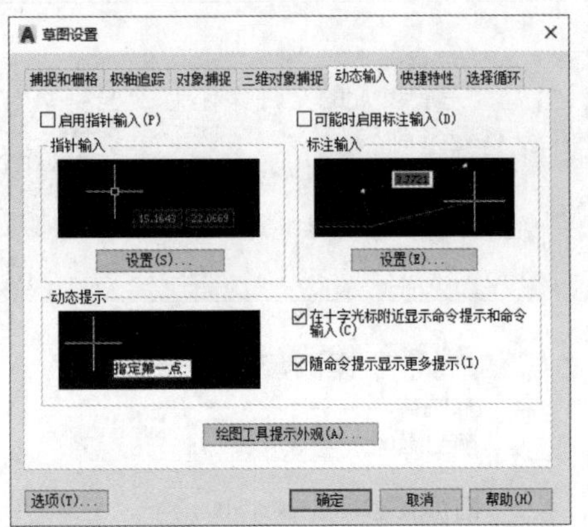

步骤07 单击【确定】按钮，回到绘图界面后选择【文件】>【打印】菜单命令，在弹出的【打印-模型】对话框中进行如下图所示设置。

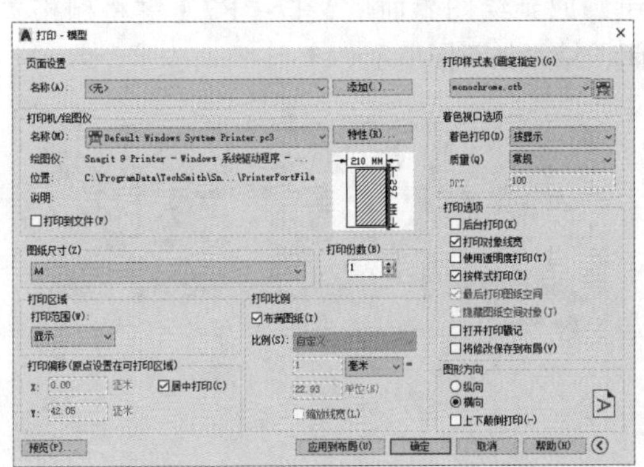

步骤08 单击【应用到布局】按钮，然后单击【确定】按钮，关闭【打印-模型】对话框。按【Ctrl+S】组合键，在弹出的【图形另存为】对话框中选择文件类型【AutoCAD 图形样板（*.dwt）】，然后输入样板的名字，单击【保存】按钮即可创建一个样板文件。

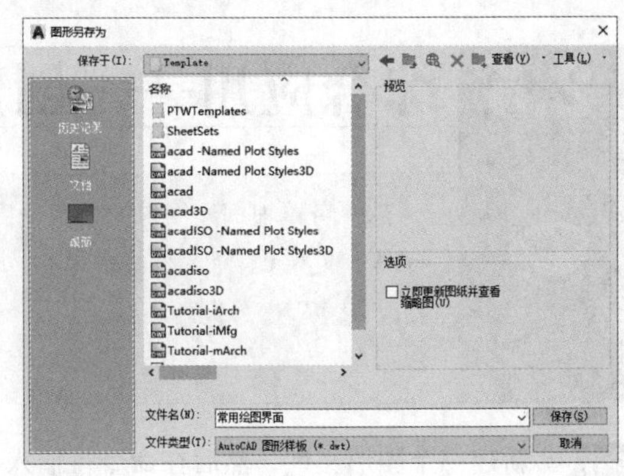

步骤09 单击【保存】按钮，在弹出的【样板选项】对话框中设置测量单位，然后单击【确定】按钮。

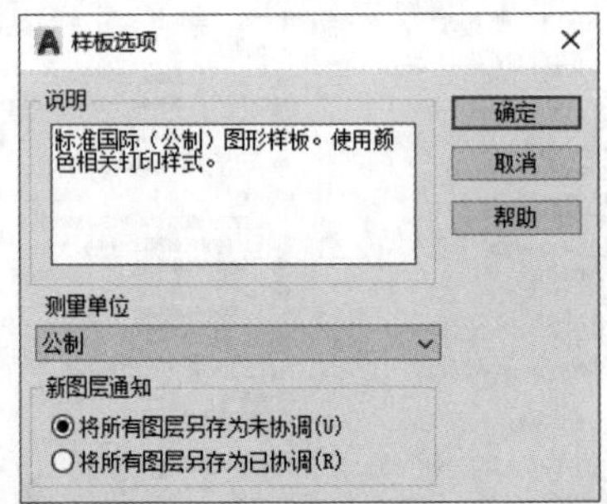

步骤10 创建完成后，再次启动AutoCAD，然后单击【新建】按钮，在弹出的【选择样板】对话框中选择刚创建的样板文件为样板建立一个新的AutoCAD文件。

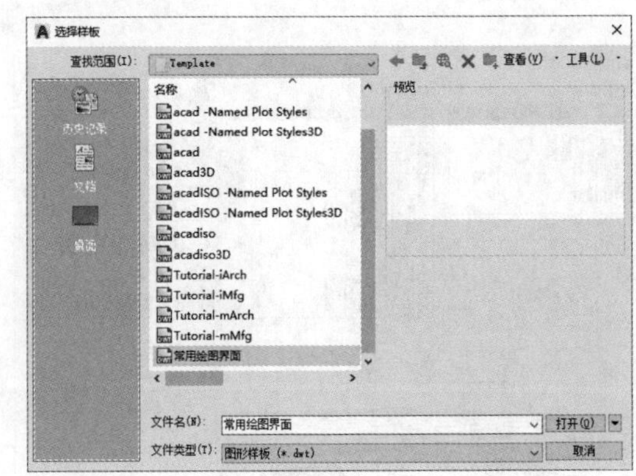

第2篇
二维绘图

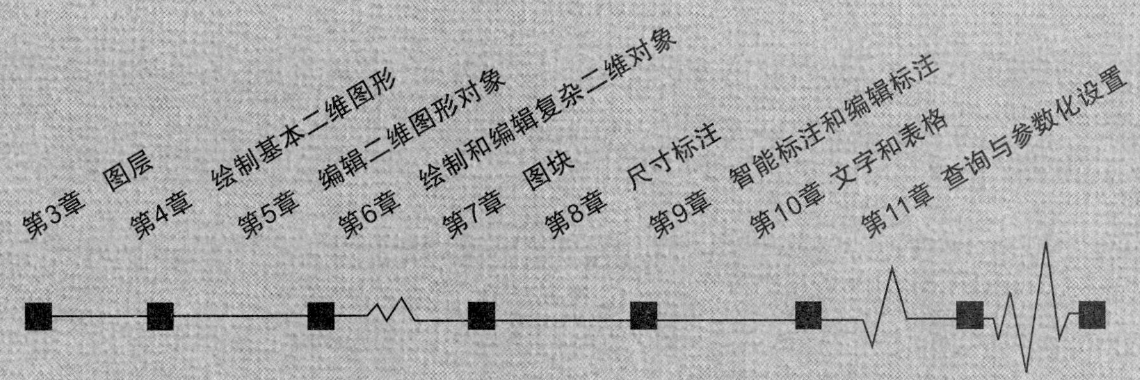
第3章 图层
第4章 绘制基本二维图形
第5章 编辑二维图形对象
第6章 绘制和编辑复杂二维对象
第7章 图块
第8章 尺寸标注
第9章 智能标注和编辑标注
第10章 文字和表格
第11章 查询与参数化设置

第3章

图层

学习目标

图层相当于重叠的透明图纸，每张图纸上面的图形都具备自己的颜色、线宽、线型等特性。将所有图纸上面的图形绘制完成后，可以根据需要对其进行相应的隐藏或显示，从而得到最终的图形需求结果。为方便对AutoCAD对象进行统一的管理和修改，用户可以把类型相同或相似的对象指定给同一图层。

学习效果

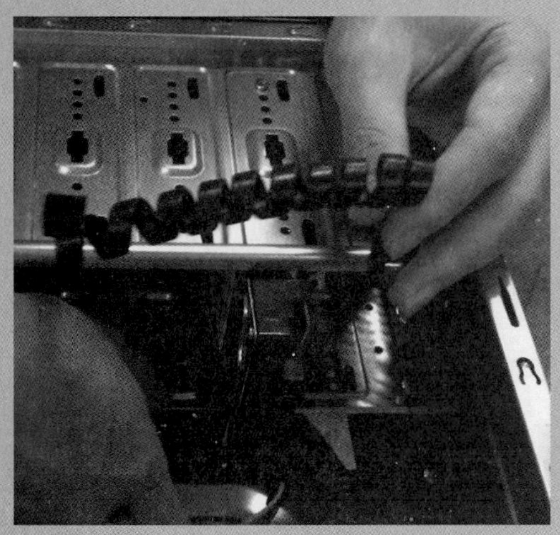

3.1 图层特性管理器

图层特性管理器可以显示图形中的图层列表及其特性，可以添加、删除或重命名图层，还可以更改图层特性、设置布局视口的特性替代或添加说明等。

1. 命令调用方法

在AutoCAD 2021中打开图层特性管理器的方法通常有以下三种。

● 选择【格式】➤【图层】菜单命令。

● 命令行输入“LAYER/LA”命令并按空格键。

● 单击【默认】选项卡➤【图层】面板➤【图层特性】按钮。

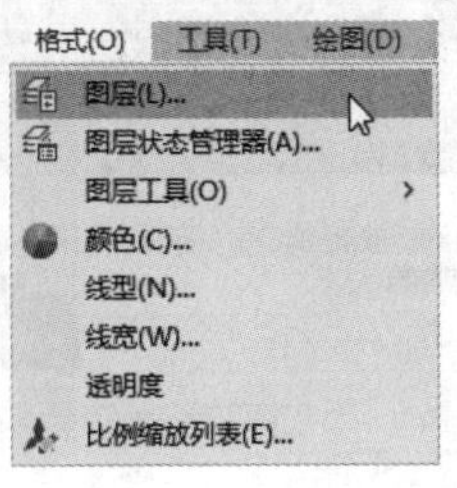

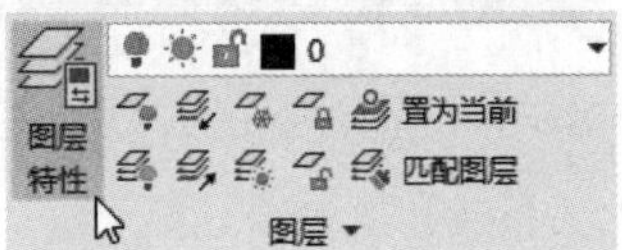

2. 命令提示

调用图层命令之后，系统会弹出【图层特性管理器】对话框，如下图所示。

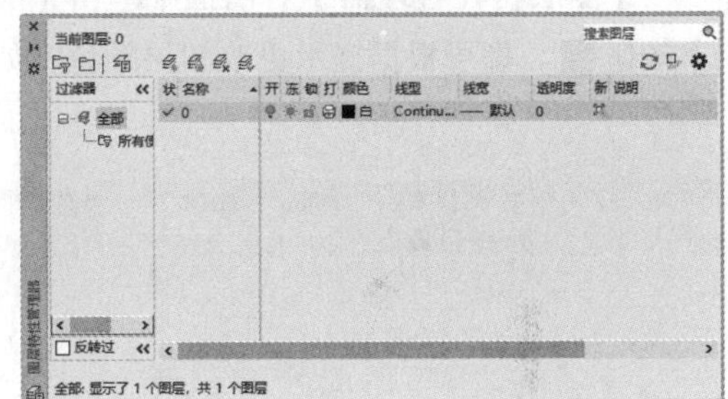

3.1.1 创建新图层

1. 命令调用方法

在【图层特性管理器】对话框中单击【新建图层】按钮，即可创建新图层，如下图所示。

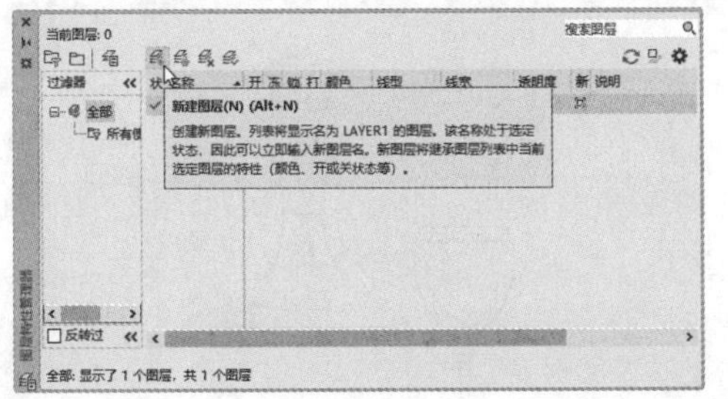

2. 命令提示

在【图层特性管理器】对话框中单击【新建图层】按钮，AutoCAD会自动创建一个名称为“图层1”的图层，如下图所示。

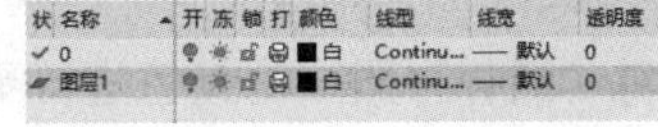

3. 知识点扩展

根据工作需要，可以在一个工程文件中创建多个图层，每个图层都可以控制相同属性的对象。新图层将继承图层列表中当前选定图层的特性，如颜色或开关状态等。

3.1.2 实战演练——新建一个名称为“中心线”的图层

下面创建一个名为“中心线”的图层，具体操作步骤如下。

步骤 01 调用【图层】命令，在弹出的【图层特性管理器】对话框中单击【新建图层】按钮，创建一个默认名称为“图层1”的新图层，如下图所示。

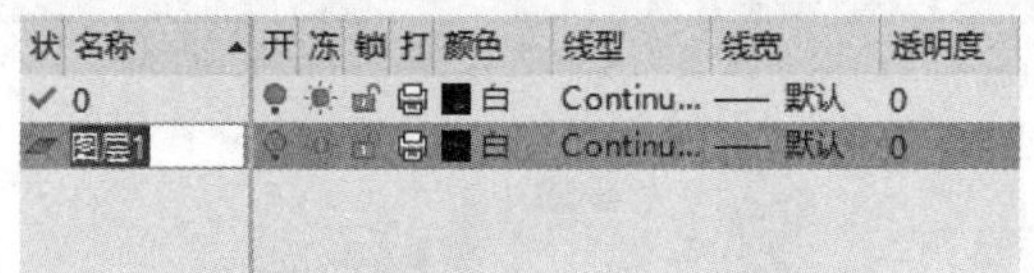

步骤 02 将“图层1”的名称更改为“中心线”，结果如下图所示。

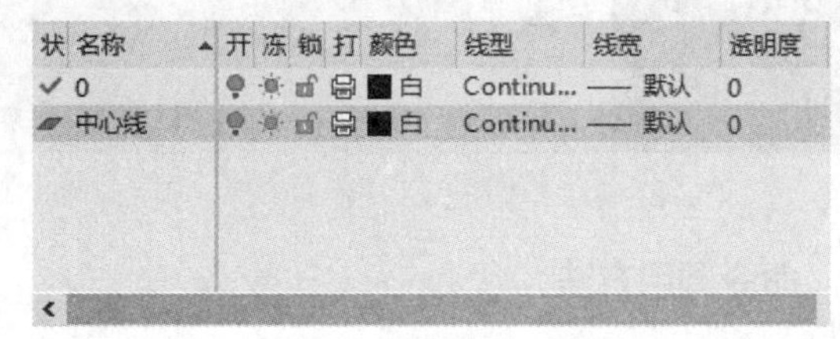

3.1.3 更改图层颜色

1. 命令调用方法

在【图层特性管理器】对话框中单击【颜色】按钮■，即可根据提示更改图层颜色，如下图所示。

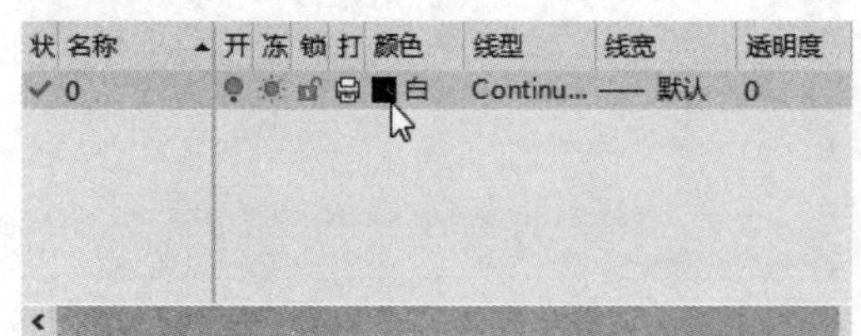

2. 命令提示

在【图层特性管理器】对话框中单击【颜色】按钮■，系统会弹出【选择颜色】对话框，如右图所示。

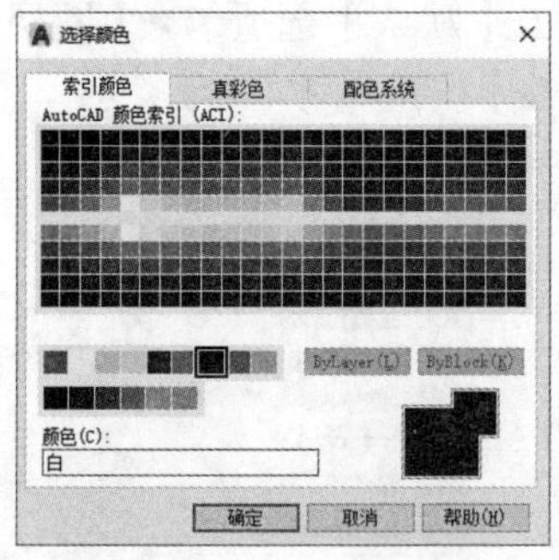

3. 知识点扩展

AutoCAD系统中提供有256种颜色。在设置图层颜色时，一般会采用红色、黄色、绿色、青色、蓝色、紫色以及白色7种标准颜色。这7种颜色区别较大又有名称，便于识别和调用。

3.1.4 实战演练——更改“酒杯”图层的颜色

下面对“酒杯”图层的颜色进行更改，具体操作步骤如下。

步骤 01 打开“素材\CH03\酒杯.dwg”文件，如右图所示。

步骤02 调用【图层】命令，在弹出的【图层特性管理器】对话框中单击“酒杯”图层的【颜色】按钮■，并在弹出的【选择颜色】对话框中选择“蓝色”，单击【确定】按钮，关闭【图层特性管理器】对话框，酒杯颜色变为蓝色，如右图所示。

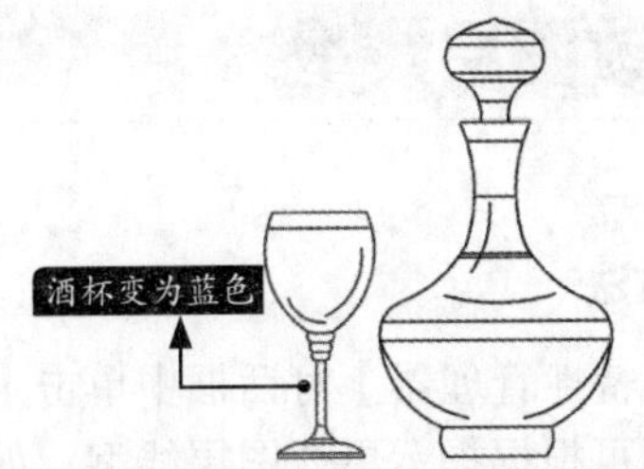

3.1.5 更改图层线宽

1. 命令调用方法

在【图层特性管理器】对话框中单击【线宽】按钮，即可根据提示更改图层线宽，如下图所示。

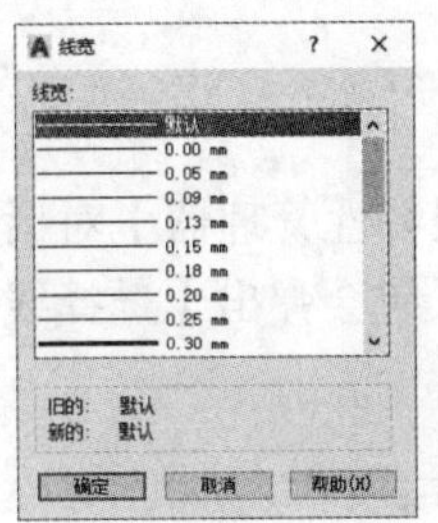

2. 命令提示

在【图层特性管理器】对话框中单击【线宽】按钮，系统会弹出【线宽】对话框，如右图所示。

3. 知识点扩展

AutoCAD中有20多种线宽可供选择。需要注意的是，TrueType 字体、光栅图像、点和实体填充（二维实体）无法显示线宽。

3.1.6 实战演练——更改“云朵”图层的线宽

下面对“云朵”图层的线宽进行更改，具体操作步骤如下。

步骤01 打开“素材\CH03\云朵.dwg”文件，如下图所示。

步骤02 调用【图层】命令，在弹出的【图层特性管理器】对话框中单击“云朵”图层的【线宽】按钮，并在弹出的【线宽】对话框中选择“0.50mm”，如右上图所示。

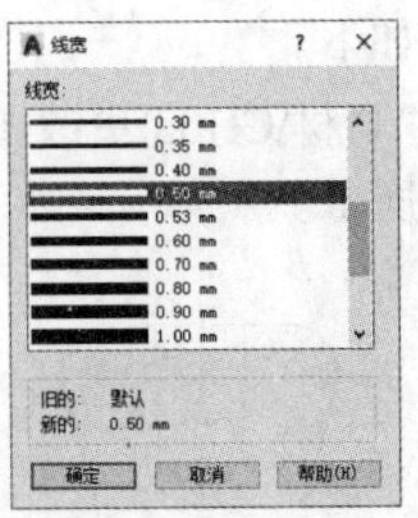

步骤03 在【线宽】对话框中单击【确定】按钮，并关闭【图层特性管理器】对话框，云朵线宽发生了相应的变化，如下图所示。

3.1.7 更改图层线型

1. 命令调用方法

在【图层特性管理器】对话框中单击【线型】按钮，即可根据提示更改图层线型，如下图所示。

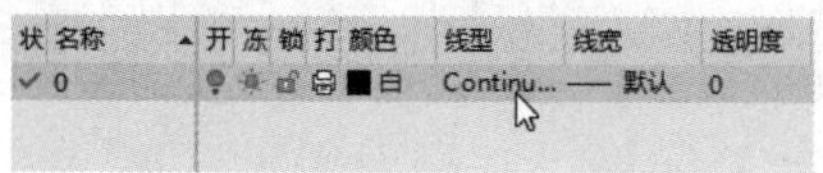

2. 命令提示

在【图层特性管理器】对话框中单击【线型】按钮，系统会弹出【选择线型】对话框，如下图所示。

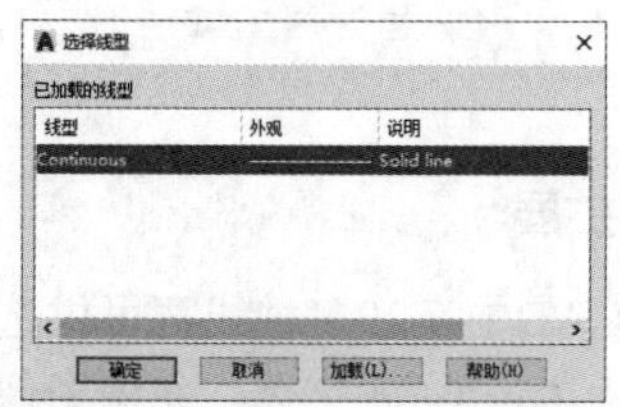

在【选择线型】对话框中单击【加载】按钮，系统会弹出【加载或重载线型】对话框，如下图所示。

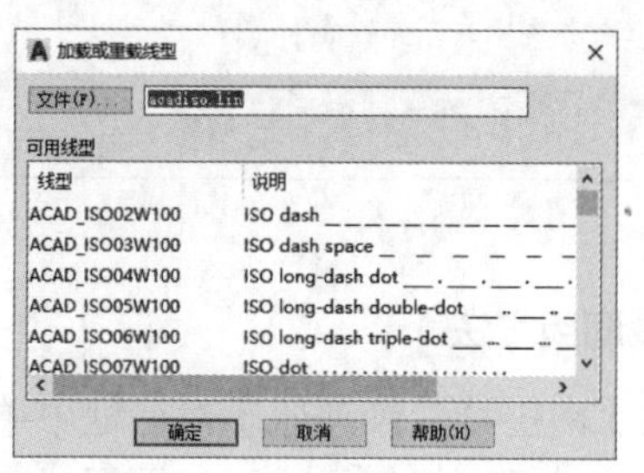

3. 知识点扩展

AutoCAD提供有实线、虚线及中心线等45种线型，默认的线型为“Continuous（连续）”。

3.1.8 实战演练——更改“中心线”图层的线型

下面对“中心线”图层的线型进行更改，具体操作步骤如下。

步骤 01 打开“素材\CH03\更改图层线型.dwg”文件，如下图所示。

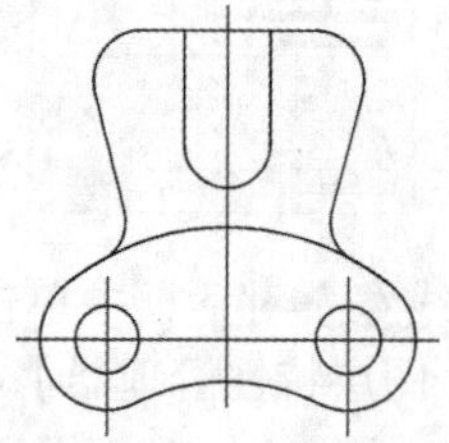

步骤 02 调用【图层】命令，在弹出的【图层特性管理器】对话框中单击“中心线”图层的【线型】按钮，并在弹出的【选择线型】对话框中单击【加载】按钮，弹出【加载或重载线型】对话框，选择“CENTER”并单击【确定】按钮，如右上图所示。

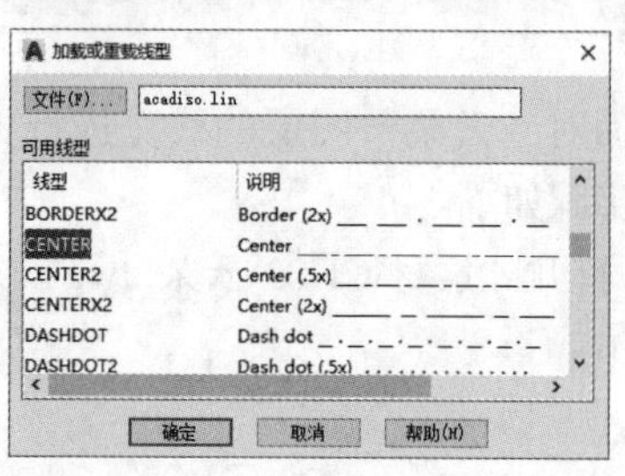

步骤 03 返回【选择线型】对话框，选择“CENTER”线型并单击【确定】按钮，然后关闭【图层特性管理器】对话框，中心线线型发生了相应的变化，如下图所示。

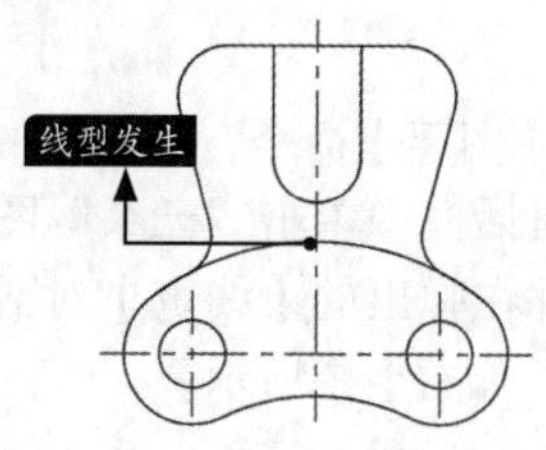

3.2 管理图层

对图层进行有效管理，不仅可以提高绘图效率，保证绘图质量，而且可以及时将无用图层删除，节省磁盘空间。

3.2.1 删除图层

1. 命令调用方法

在【图层特性管理器】对话框中选择相应图层，然后单击【删除图层】按钮，即可将相应图层删除，如右图所示。

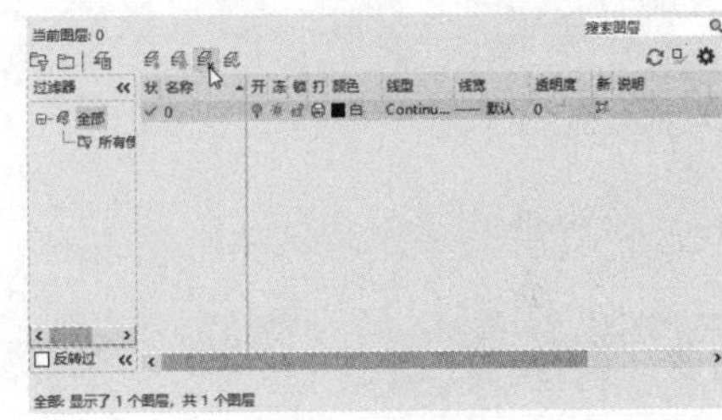

2. 知识点扩展

系统默认的图层“0”、包含图形对象的层、当前图层以及使用外部参照的图层，是不能被删除的。

3.2.2 实战演练——删除“虚线”图层

下面对“虚线”图层执行删除操作，具体操作步骤如下。

步骤 01 打开“素材\CH03\删除图层.dwg”文件，如下图所示。

步骤 02 调用【图层】命令，在弹出的【图层特性管理器】对话框中选择“虚线”图层，并单击【删除图层】按钮，如右上图所示。

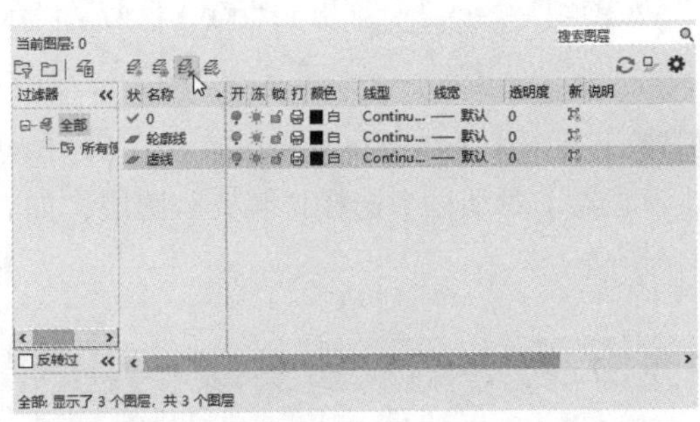

结果如下图所示。

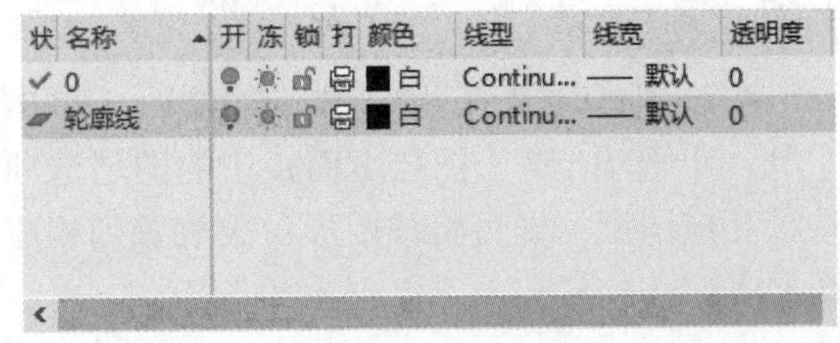

3.2.3 切换当前图层

1. 命令调用方法

在AutoCAD 2021中切换当前图层的方法通常有以下三种。

- 利用【图层特性管理器】对话框切换当前图层。
- 利用【图层】选项卡切换当前图层。
- 利用【图层工具】菜单命令切换当前图层。

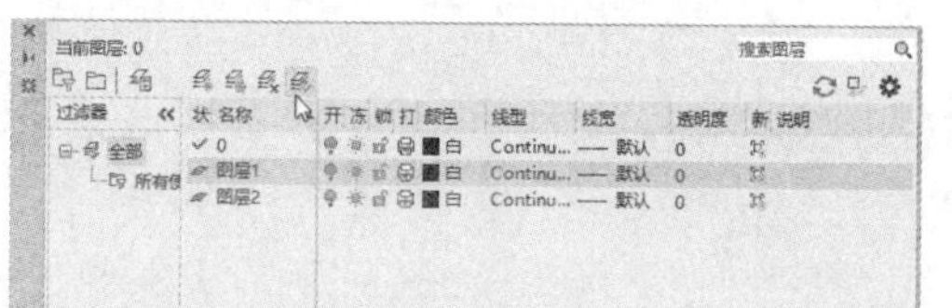

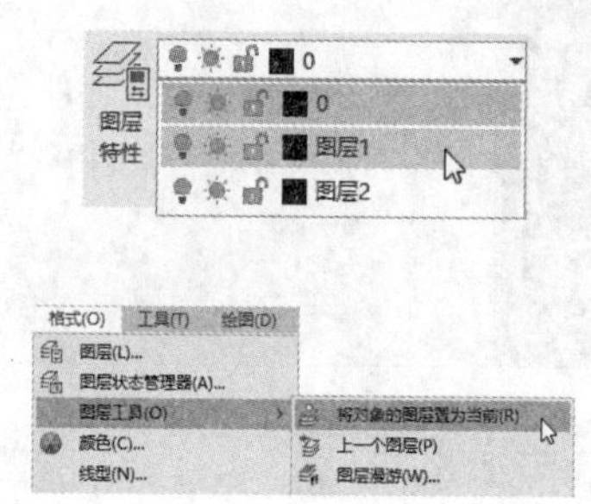

2. 知识点扩展

在【图层特性管理器】对话框中选中相应图层后双击，也可以将该图层设置为当前图层。

3.2.4 实战演练——将“躺椅”图层置为当前图层

下面将“躺椅”图层置为当前图层，具体操作步骤如下。

步骤01 打开“素材\CH03\切换当前图层.dwg”文件，如下图所示。

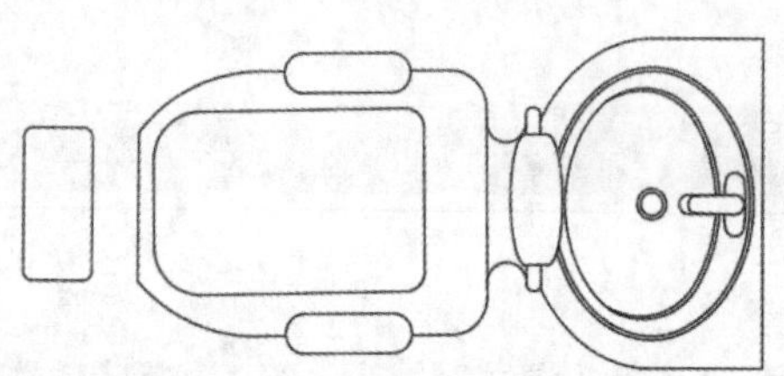

步骤02 调用【图层】命令，在弹出的【图层特性管理器】对话框中选择“躺椅”图层，如右上图所示。

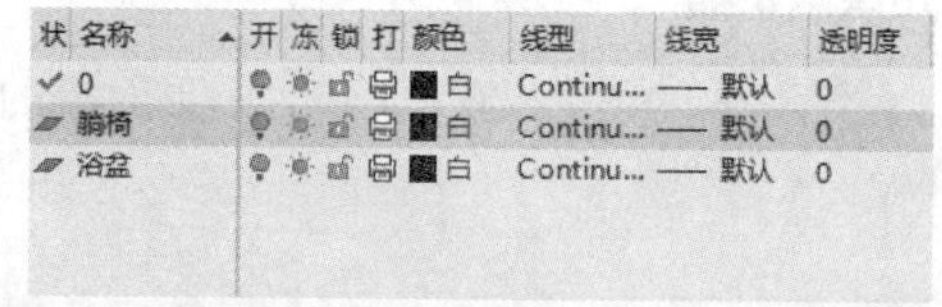

步骤03 对“躺椅”图层进行双击，将其置为当前图层，如下图所示。

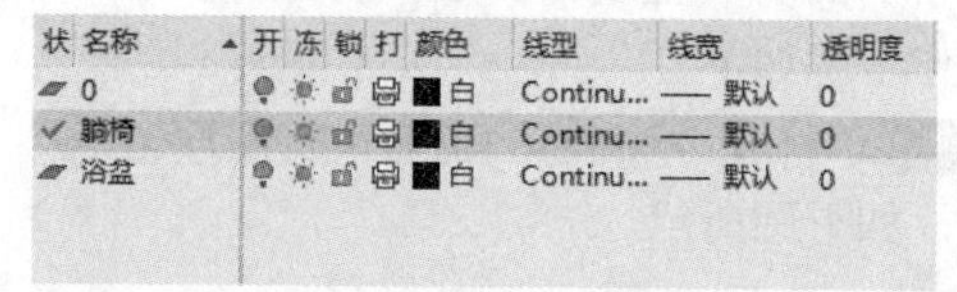

3.2.5 改变图形对象所在图层

1. 命令调用方法

在绘图区域选择相应图形对象后，单击【默认】选项卡➤【图层】面板中的图层选项选择相应图层，即可将该图形对象放置到相应图层上。

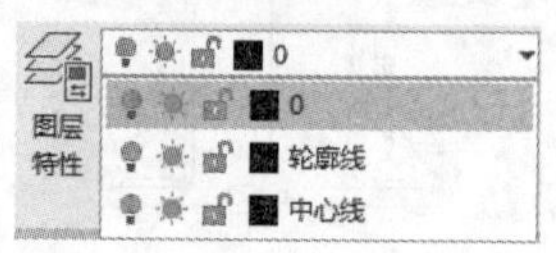

2. 知识点扩展

对于相对简单的图形而言，可以先绘制图形对象，然后利用该方法将图形对象分别放置到不同的图层上面。

3.2.6 实战演练——改变“中心线”对象所在图层

下面对“中心线”对象所在图层进行更改，具体操作步骤如下。

步骤01 打开“素材\CH03\机械零件图.dwg”文件，如下图所示。

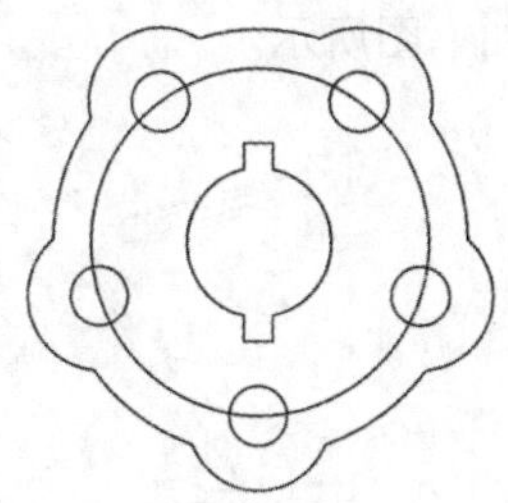

步骤02 在绘图区域选择如下图所示的圆形对象。

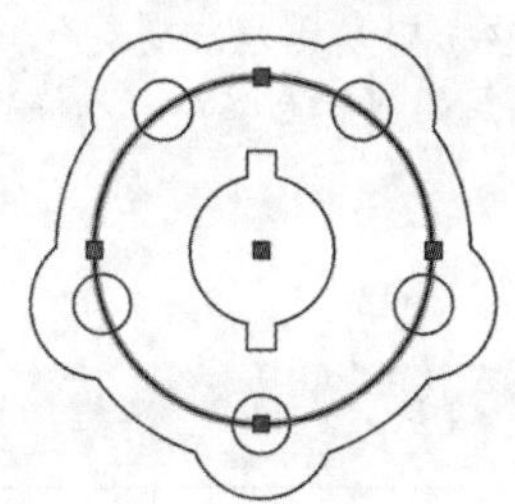

步骤03 单击【默认】选项卡➤【图层】面板中的“中心线”图层。

步骤04 按【Esc】键取消对圆形对象的选择，结果如下图所示。

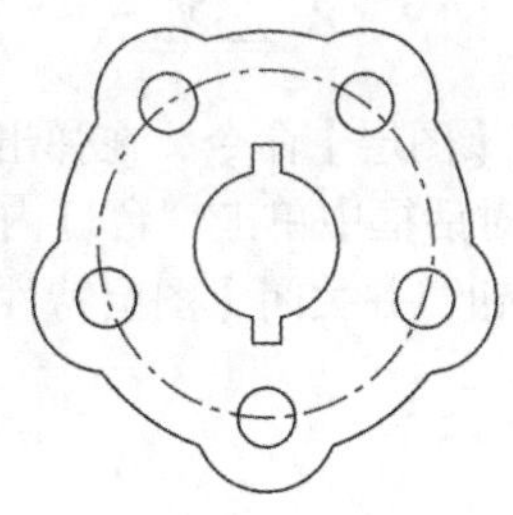

3.3 更改图层的控制状态

图层可通过图层状态进行控制，从而方便对图形进行管理和编辑。图层状态的控制是在【图层特性管理器】对话框中进行的。

3.3.1 打开/关闭图层

1. 命令调用方法

在【图层特性管理器】对话框中单击【开/关】按钮，即可将图层打开或关闭，如右图所示。

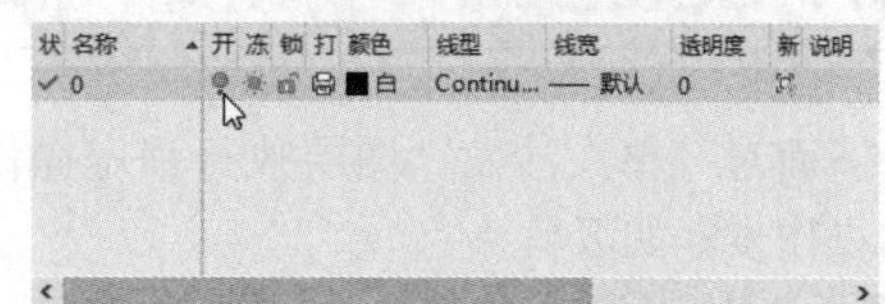

2. 知识点扩展

通过将图层打开或关闭，可以控制图形的显示或隐藏。图层处于关闭状态时，图层中的内容将被隐藏且无法编辑和打印。

3.3.2 实战演练——关闭“台灯内线”图层

下面对“台灯内线”图层执行关闭操作，具体操作步骤如下。

步骤01 打开“素材\CH03\台灯.dwg”文件，如下图所示。

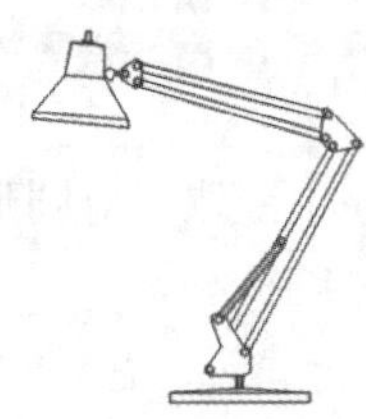

步骤02 调用【图层】命令，在弹出的【图层特性管理器】对话框中单击“台灯内线”图层的【开/关】按钮，并关闭【图层特性管理器】对话框，结果如下图所示。

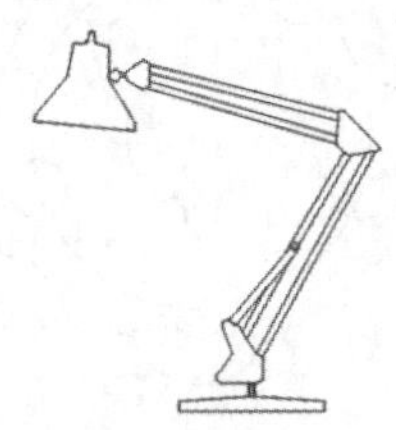

小提示

如果要显示图层中隐藏的文件，可重新单击按钮，使其呈亮显状态显示，以便打开被关闭的图层。

3.3.3 锁定/解锁图层

1. 命令调用方法

在【图层特性管理器】对话框中单击【锁定/解锁】按钮，即可将图层锁定或解锁，如下图所示。

2. 知识点扩展

图层锁定后，图层上的内容依然可见，但是不能被编辑。

除在【图层特性管理器】中控制图层的打开/关闭、冻结/解冻、锁定/解锁外，还可以通过【默认】选项卡➤【图层】面板中的图层选项来控制图层的状态，如下图所示。

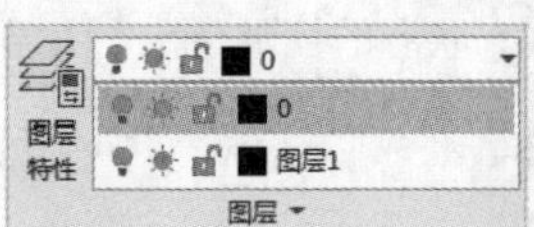

3.3.4 实战演练——锁定“单人沙发”图层

下面对“单人沙发”图层执行锁定操作，具体操作步骤如下。

步骤01 打开“素材\CH03\沙发.dwg”文件，如右图所示。

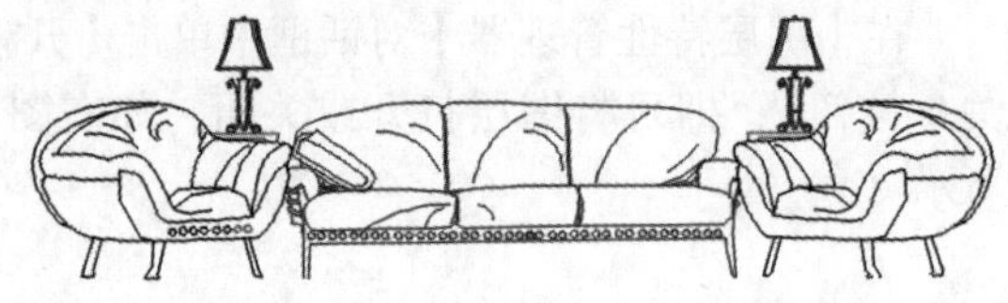

步骤 02 调用【图层】命令，在弹出的【图层特性管理器】对话框中单击“单人沙发”图层的【锁定/解锁】按钮，关闭【图层特性管理器】对话框后在绘图区域将十字光标放置到单人沙发图形上面，结果如右图所示。

小提示

如果要解锁图层中锁定的文件，可重新单击🔒按钮，解锁被锁定的图层。

3.3.5 冻结/解冻图层

1. 命令调用方法

在【图层特性管理器】对话框中单击【冻结/解冻】按钮☼，即可将图层冻结或解冻，如下图所示。

2. 知识点扩展

图层冻结时，图层中的内容被隐藏，且该图层上的内容不能被编辑和打印。将图层冻结，可以减少复杂图形的重生成时间。图层冻结时以灰色的雪花图标显示，图层解冻时以明亮的太阳图标显示。

3.3.6 实战演练——冻结“椅子”图层

下面对“椅子”图层执行冻结操作，具体操作步骤如下。

步骤 01 打开“素材\CH03\冻结或解冻图层.dwg”文件，如下图所示。

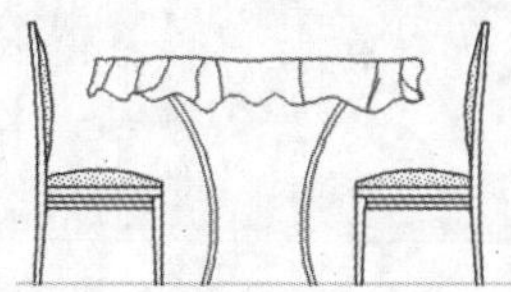

步骤 02 调用【图层】命令，在弹出的【图层特性管理器】对话框中单击“椅子”图层的【冻结/解冻】按钮，并关闭【图层特性管理器】对话框，结果如下图所示。

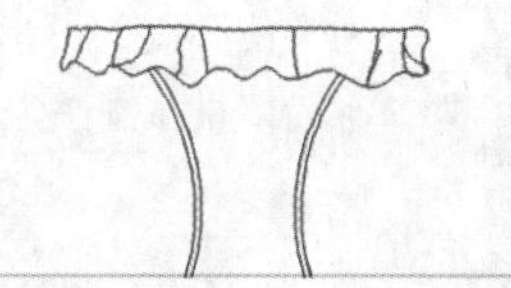

小提示

如果要解除图层中冻结的文件，可重新单击【冻结/解冻】按钮，使其呈太阳状态显示。

3.3.7 打印/不打印图层

1. 命令调用方法

在【图层特性管理器】对话框中单击【打印/不打印】按钮🖨，即可将图层置于可打印状态或不可打印状态，如下图所示。

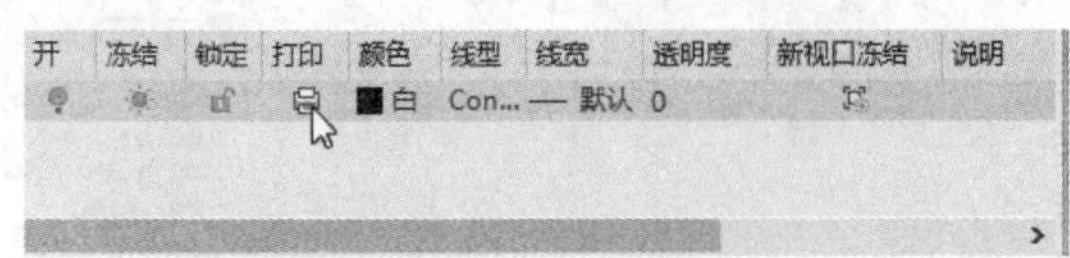

2. 知识点扩展

图层的不可打印设置只对图形中可见的图层（即图层是打开并且解冻的）有效。如果图层设为打印但该层是冻结或关闭的，此时AutoCAD将不打印该图层。

3.3.8 实战演练——使“装饰画”图层处于不可打印状态

下面使“装饰画”图层处于不可打印状态，具体操作步骤如下。

步骤01 打开“素材\CH03\打印或不打印图层.dwg”文件，如下图所示。

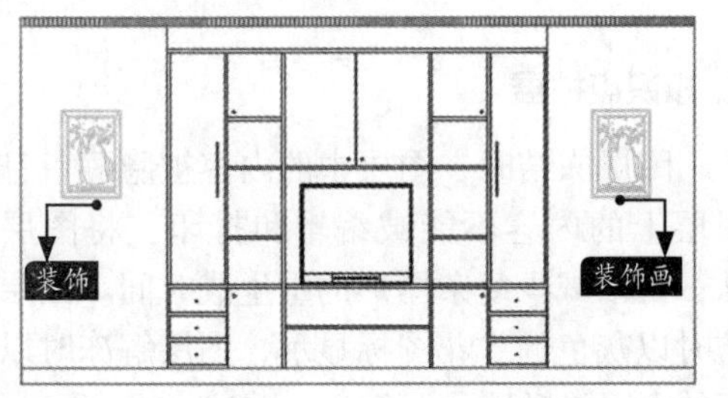

步骤02 调用【图层】命令，在弹出的【图层特性管理器】对话框中单击“装饰画”图层的【打印/不打印】按钮，并关闭【图层特性管理器】对话框，然后选择【文件】➢【打印】菜单命令，打印结果如下图所示。

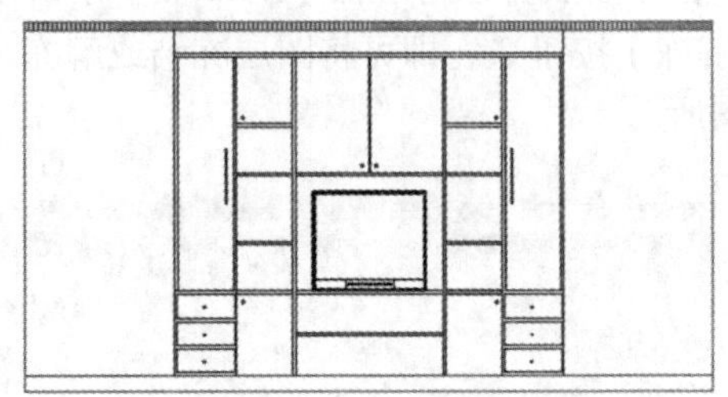

3.4 综合实战——创建机械制图图层

为了使绘制的图形有层次感，一般在绘图之前先根据需要设置若干图层。下面以机械制图为例，创建机械制图中常用到的图层。

步骤01 新建一个“.dwg”文件，单击【默认】选项卡➢【图层】面板➢【图层特性】按钮，弹出【图层特性管理器】对话框，如下图所示。

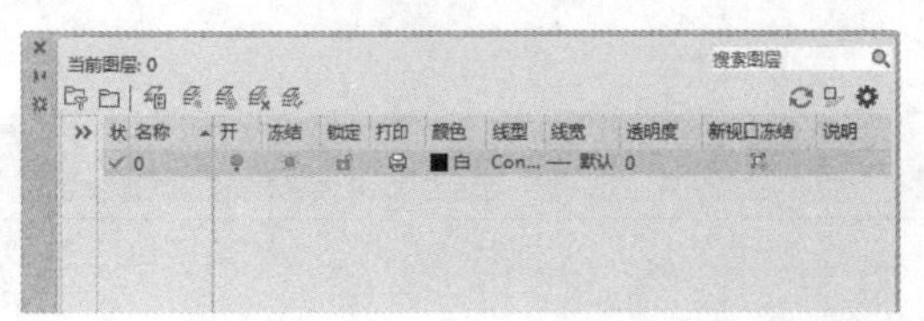

步骤02 连续单击【新建图层】按钮，除0层外再创建6个图层，如下图所示。

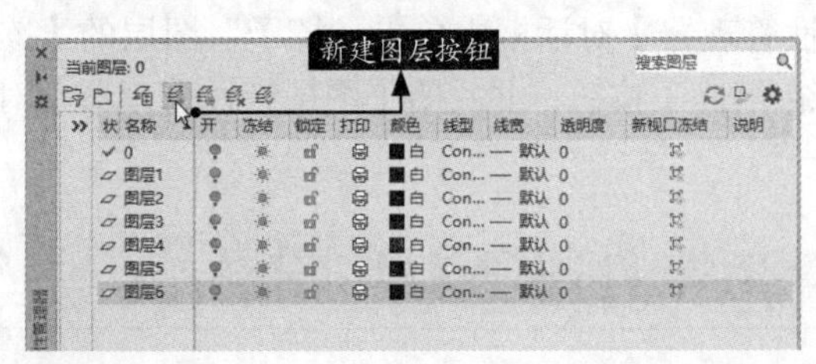

步骤03 将新建的6个图层的名字依次更改为“标注”“粗实线”“剖面线”“文字”“细实线”和“中心线”，如下页图所示。

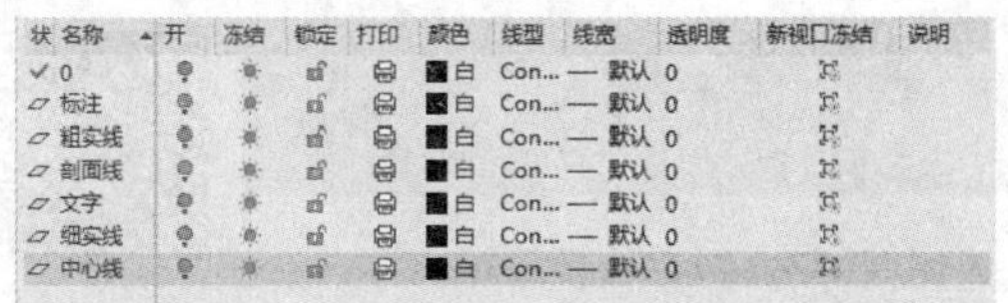

步骤04 单击“中心线”图层的线型按钮【Continuous】，弹出【选择线型】对话框。

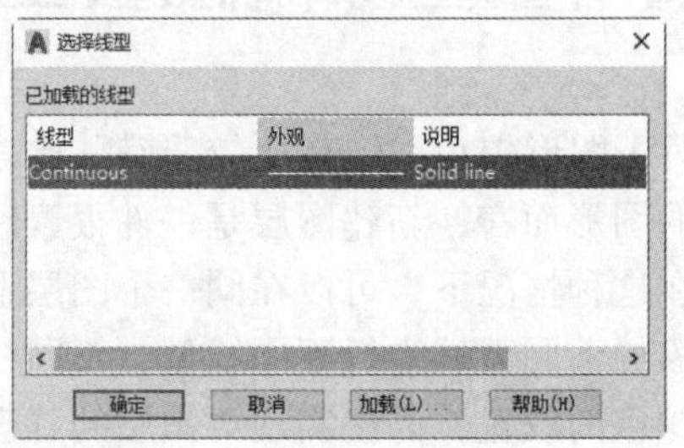

步骤05 单击【加载】按钮，弹出【加载或重载线型】对话框，选择【CENTER】线型。

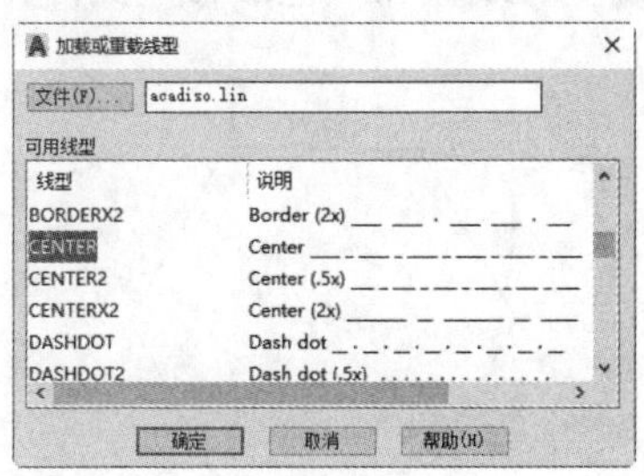

步骤06 单击【确定】按钮后返回【选择线型】对话框，选择【CENTER】线型。

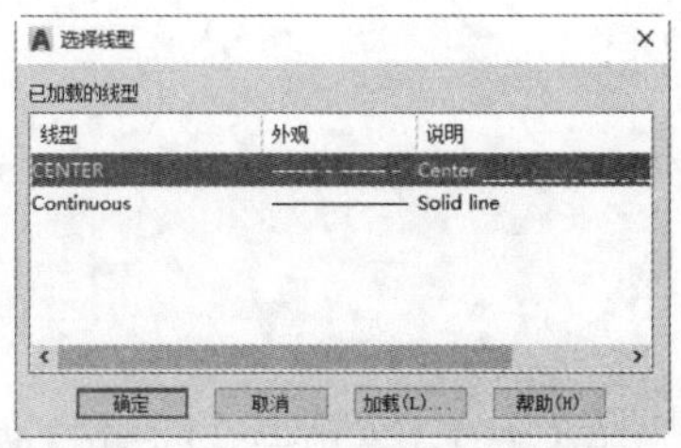

步骤07 单击【确定】按钮后返回【图层特性管理器】对话框，“中心线”图层的线型已变成【CENTER】线型，如下图所示。

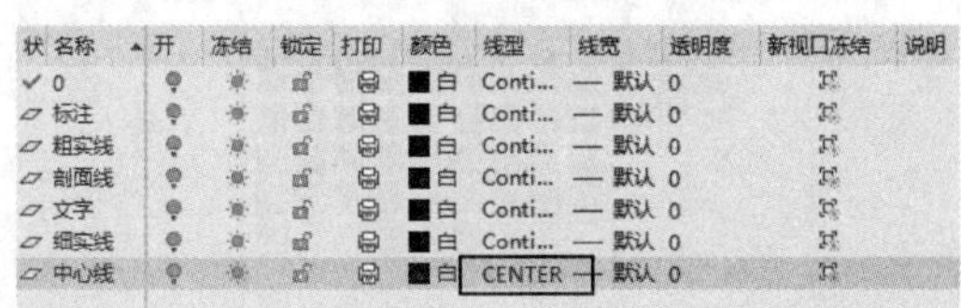

步骤08 单击颜色按钮【■白】，弹出【选择颜色】对话框，选择【红色】。

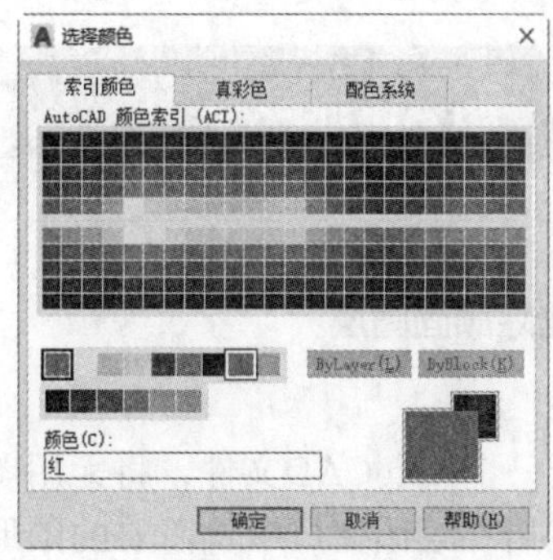

步骤09 单击【确定】按钮，返回【图层特性管理器】后，颜色变成了红色。

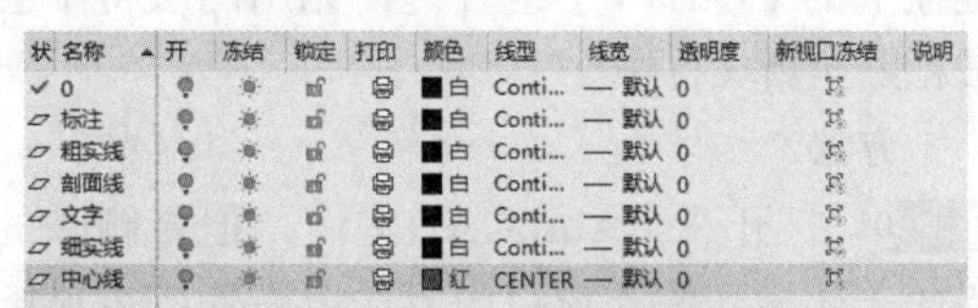

步骤10 单击线宽按钮【—— 默认】，弹出【线宽】对话框，选择线宽为0.15mm。

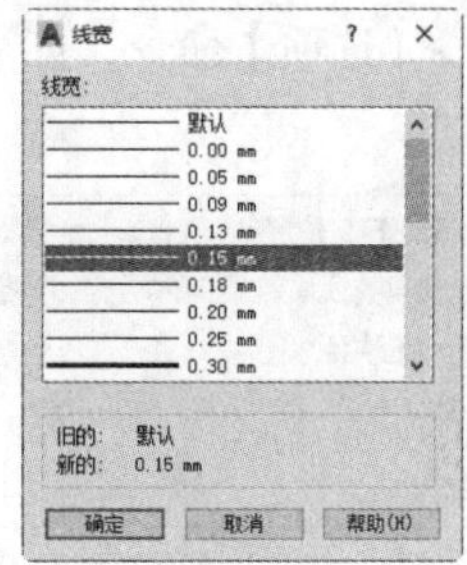

步骤11 单击【确定】按钮，返回【图层特性管理器】后，线宽变成了0.15。

状	名称	开	冻结	锁定	打印	颜色	线型	线宽	透...	新视口冻结
✓	0					白	Conti...	—— 默认	0	
	标注					白	Conti...	—— 默认	0	
	粗实线					白	Conti...	—— 默认	0	
	剖面线					白	Conti...	—— 默认	0	
	文字					白	Conti...	—— 默认	0	
	细实线					白	Conti...	—— 默认	0	
	中心线					红	CENTER	—— 0.15 毫米	0	

步骤12 重复步骤**步骤02**～**步骤11**，设置其他图层的颜色、线型和线宽，结果如下图所示。

状	名称	开	冻结	锁定	打印	颜色	线型	线宽	透...	新视口冻结
✓	0					白	Conti...	—— 默认	0	
	标注					蓝	Conti...	—— 0.15 毫米	0	
	粗实线					白	Conti...	—— 默认	0	
	剖面线					蓝	Conti...	—— 0.15 毫米	0	
	文字					白	Conti...	—— 默认	0	
	细实线					洋...	Conti...	—— 0.15 毫米	0	
	中心线					红	CENTER	—— 0.15 毫米	0	

步骤13 设置完成后关闭【图层特性管理器】对话框。

疑难解答

1. 如何删除顽固图层

方法1

打开一个AutoCAD文件，将无用图层全部关闭，然后在绘图窗口中将需要的图形全部选中，并按下键盘上的【Ctrl+C】组合键。之后新建一个图形文件，并在新建图形文件中按下键盘上的【Ctrl+V】组合键，无用图层将不会被粘贴至新文件中。

方法2

步骤01 打开一个AutoCAD文件，把要删除的图层关闭，在绘图窗口中只保留需要的可见图形，然后选择【文件】➢【另存为】命令，确定文件名及保存路径后，将文件类型指定为“*.dxf”格式，并在【图形另存为】对话框中选择【工具】➢【选项】命令，如下图所示。

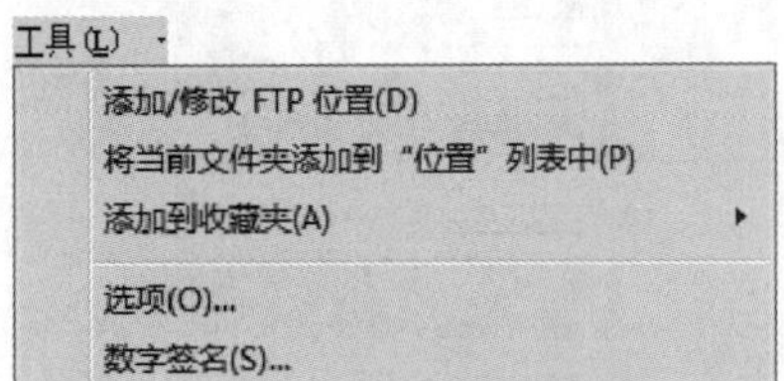

步骤02 在弹出的【另存为选项】对话框中选择【DXF选项】，并勾选【选择对象】复选框，如下图所示。

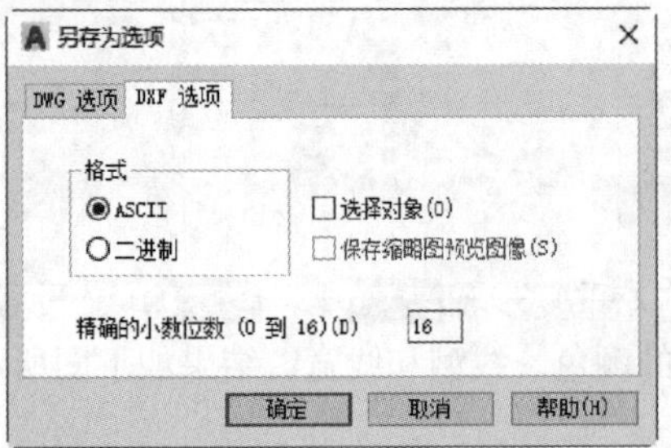

步骤03 单击【另存为选项】对话框中的【确定】按钮后，系统自动返回【图形另存为】对话框。单击【保存】按钮，系统自动进入绘图窗口，在绘图窗口中选择需要保留的图形对象，然后按【Enter】键确认并退出当前文件，即可完成相应对象的保存。在新文件中无用的图层已被删除。

2. 在同一个图层上显示不同的线型、线宽和颜色

对于图形较小、结构比较明确、比较容易绘制的图形而言，新建图层是一件很繁琐的事情。在这种情况下，可以在同一个图层上为图形对象的不同区域进行不同线型、不同线宽及不同颜色的设置，以便实现对图层的管理。其具体操作步骤如下。

步骤01 打开“素材\CH03\在同一个图层上显示不同的线型、线宽和颜色.dwg”文件，如下图所示。

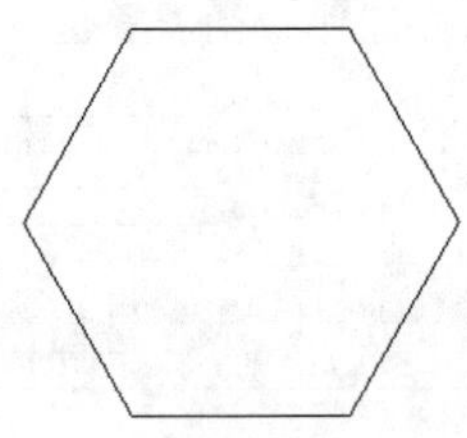

步骤02 单击选择如下图所示的线段。

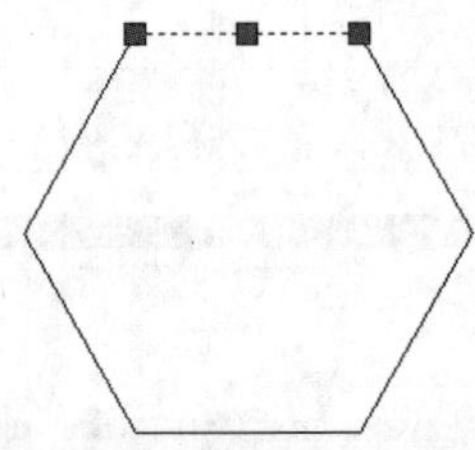

步骤03 单击【默认】选项卡➢【特性】面板中的颜色下拉按钮，选择“红色”，如下图所示。

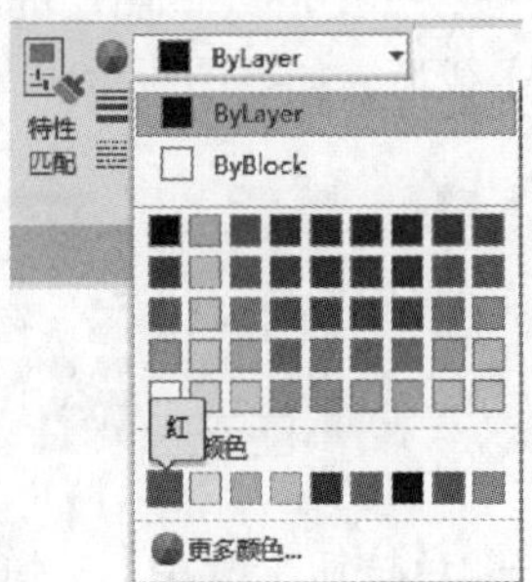

步骤04 单击【默认】选项卡➢【特性】面板中的线宽下拉按钮，选择线宽值“0.30”，如下图所示。

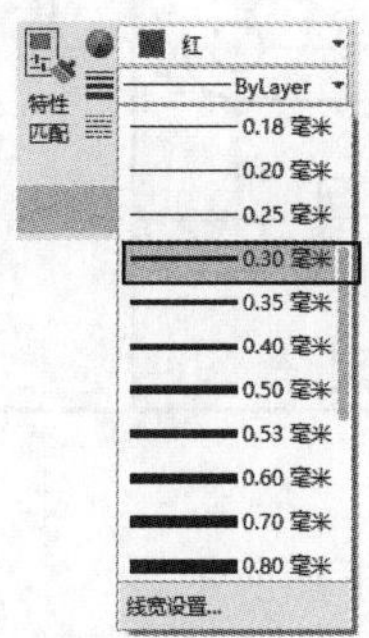

步骤05 单击【默认】选项卡➢【特性】面板中的线型下拉按钮，如下图所示。

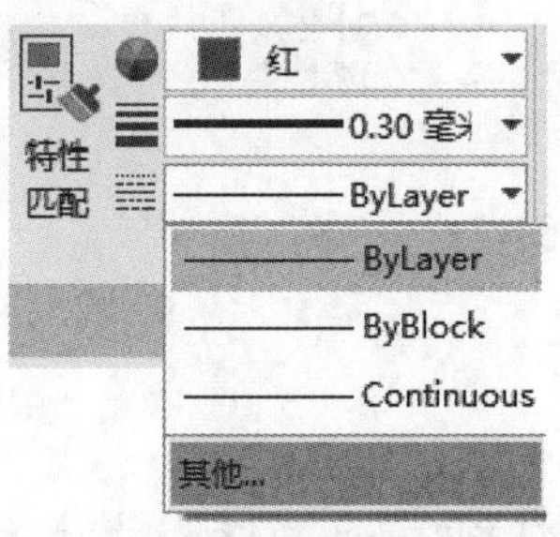

步骤06 单击【其他】按钮，弹出【线型管理器】对话框，如下图所示。

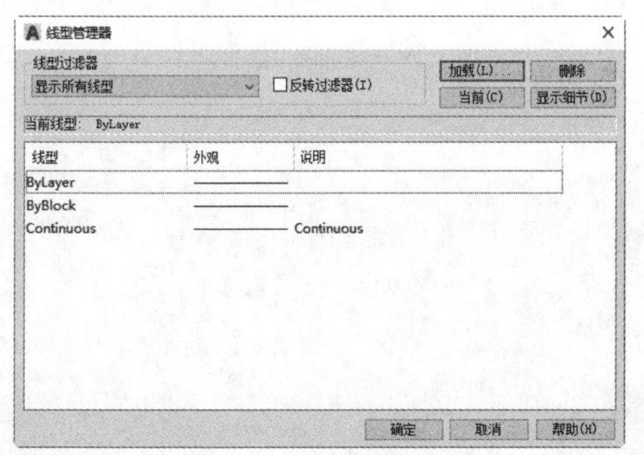

步骤07 单击【加载】按钮，弹出【加载或重载线型】对话框并选择“ACAD_ISO03W100”线型，然后单击【确定】按钮，返回【线型管理器】后，可以看到“ACAD_ISO03W100”线型已经存在，如下图所示。

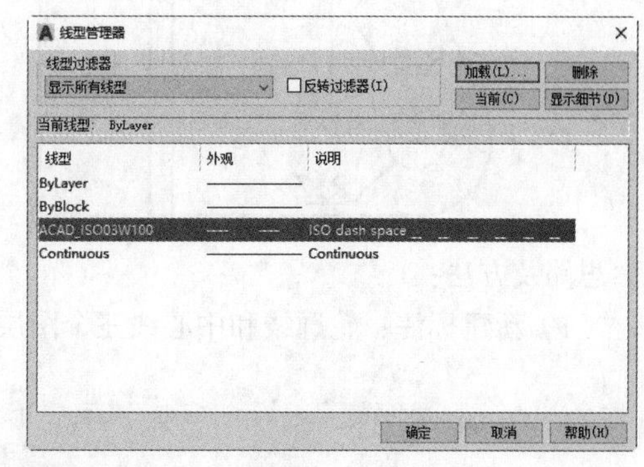

步骤08 单击【关闭】按钮，关闭【线型管理器】，然后单击【默认】选项卡➢【特性】面板中的线型下拉按钮，并选择刚加载的“ACAD_ISO03W100”线型，如下图所示。

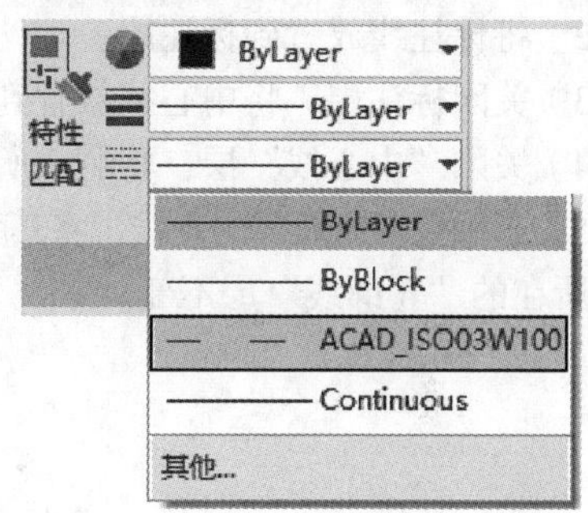

步骤09 所有设置完成后，结果如下图所示。

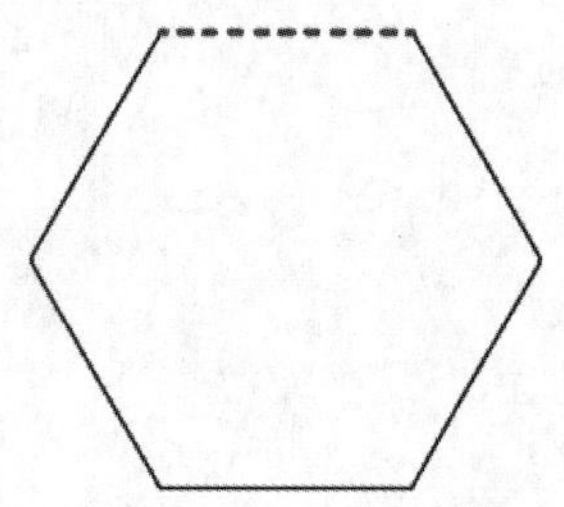

实战练习

通过创建和改变图层，将下页左图改变成右图。

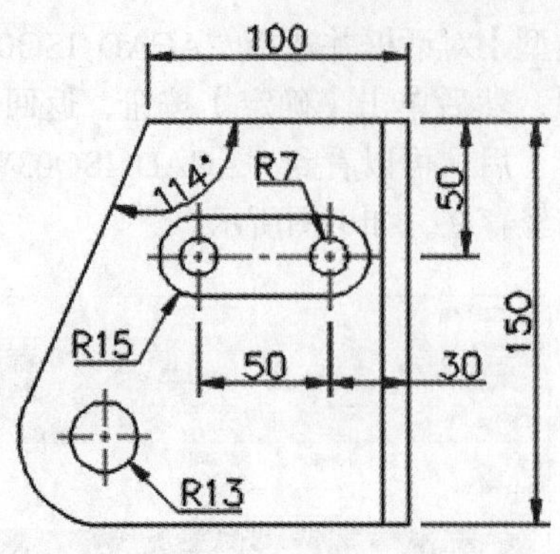

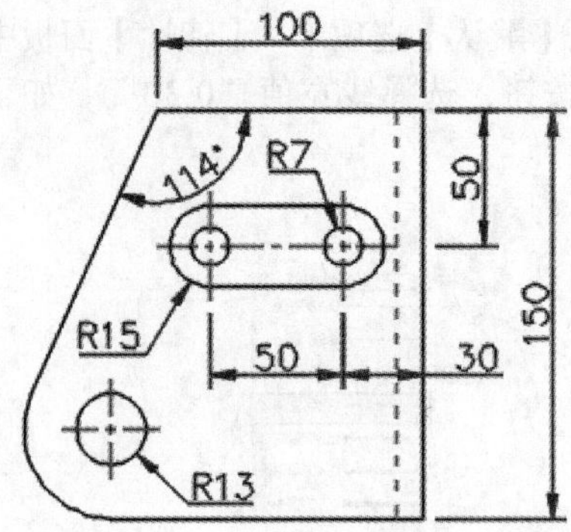

思路及方法：

（1）新建标注、轮廓线和中心线三个图层，图层具体参数如下图所示。

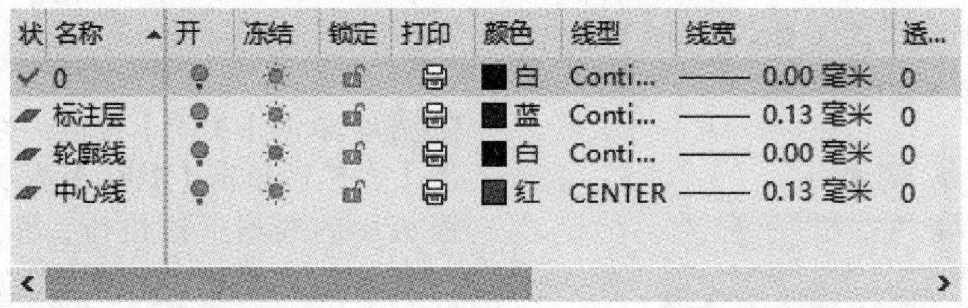

状	名称	开	冻结	锁定	打印	颜色	线型	线宽	透...
✓	0					白	Conti...	0.00 毫米	0
	标注层					蓝	Conti...	0.13 毫米	0
	轮廓线					白	Conti...	0.00 毫米	0
	中心线					红	CENTER	0.13 毫米	0

（2）将标注线放置到标注层。

（3）关闭标注层，将中心线放置到“中心线”层。

（4）关闭“中心线”层，将剩余所有线放置到“轮廓线”层。

（5）选中要变为虚线的直线，将其颜色改为“红色”，“线型”改为“ACAD_ISO03W 100”，但虚线所在的“轮廓线”层不变。

第4章

绘制基本二维图形

学习目标

绘制二维图形是AutoCAD的核心功能。任何复杂的图形，都是由点、线等基本的二维图形组合而成的。熟练掌握基本二维图形的绘制与布置，将有利于提高绘制复杂二维图形的准确度，同时提高绘图的效率。

学习效果

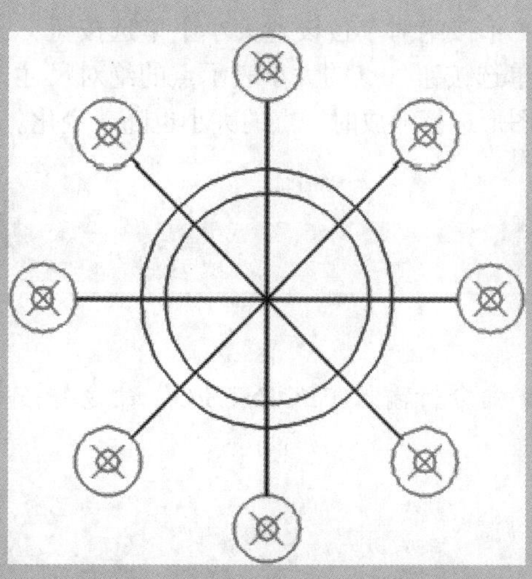

4.1 绘制点

点是绘图的基础，通常可以理解为：点构成线，线构成面，面构成体。在AutoCAD中，点可以作为绘制复杂图形的辅助点使用，也可以作为某项标识使用，还可以作为直线、圆、矩形、圆弧、椭圆的相应特征的划分点使用。

4.1.1 设置点样式

1. 命令调用方法

在AutoCAD 2021中调用【点样式】命令的方法通常有以下三种。

- 选择【格式】➢【点样式】菜单命令。
- 命令行输入“DDPTYPE/ PTYPE”命令并按空格键。
- 单击【默认】选项卡➢【实用工具】面板➢【点样式】按钮。

2. 命令提示

调用【点样式】命令之后，系统会弹出【点样式】对话框，如下图所示。

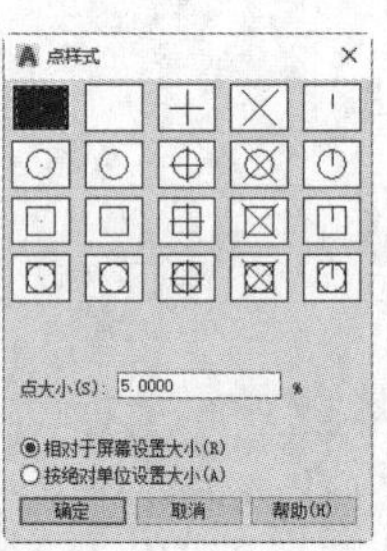

3. 知识点扩展

【点样式】对话框中各选项的含义如下。

- 【点大小】文本框：用于设置点在屏幕上显示的大小比例。
- 【相对于屏幕设置大小】单选按钮：选中此单选按钮，点的大小比例将相对于计算机屏幕，而不随图形的缩放而改变。
- 【按绝对单位设置大小】单选按钮：选中此单选按钮，点的大小表示点的绝对尺寸，当对图形进行缩放时，点的大小也随着变化。

4.1.2 单点与多点

1. 命令调用方法

在AutoCAD 2021中调用【单点】命令的方法通常有以下两种。

- 选择【绘图】➢【点】➢【单点】菜单命令。
- 命令行输入“POINT/PO”命令并按空格键。

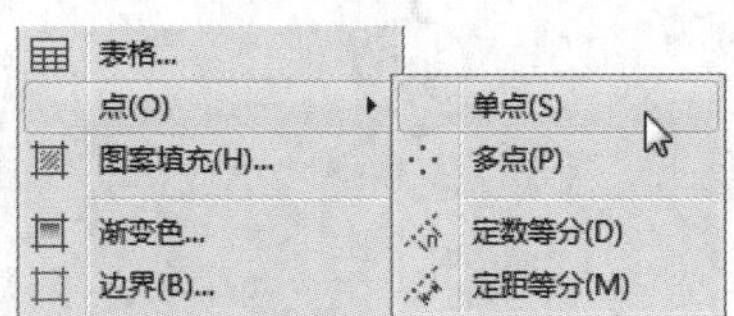

在AutoCAD 2021中调用【多点】命令的方法通常有以下两种。

- 选择【绘图】➢【点】➢【多点】菜单命令。
- 单击【默认】选项卡➢【绘图】面板➢【多点】按钮⁛。

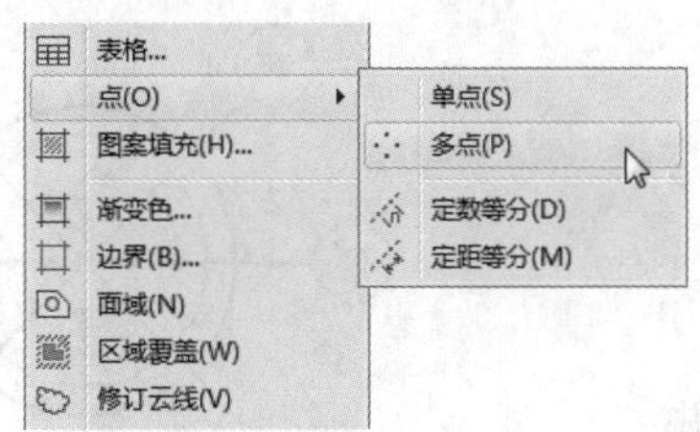

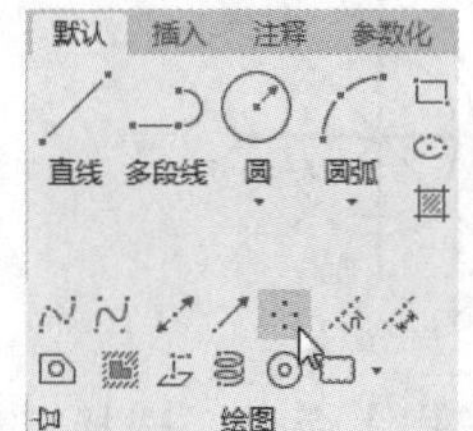

2. 命令提示

调用【单点】命令之后，命令行会进行如下提示。

```
命令：_point
当前点模式： PDMODE=0  PDSIZE=0.0000
指定点：
```

调用【多点】命令之后，命令行会进行如下提示。

```
命令：_point
当前点模式： PDMODE=0  PDSIZE=0.0000
指定点：
```

3. 知识点扩展

绘制多点时，按【Esc】键可以终止多点命令。

4.1.3 实战演练——绘制单点与多点对象

下面分别创建单点与多点对象，具体操作步骤如下。

步骤 01 调用【点样式】命令，选择点样式，如下图所示。

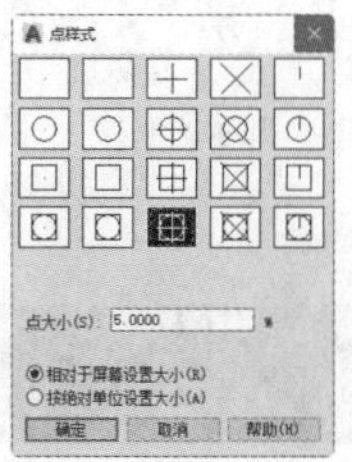

步骤 02 调用【单点】命令，在绘图区域单击指定点的位置，结果如右上图所示。

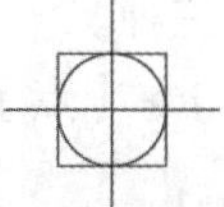

步骤 03 调用【多点】命令，在绘图区域分别单击指定点的位置，并按【Esc】键结束多点命令，结果如下图所示。

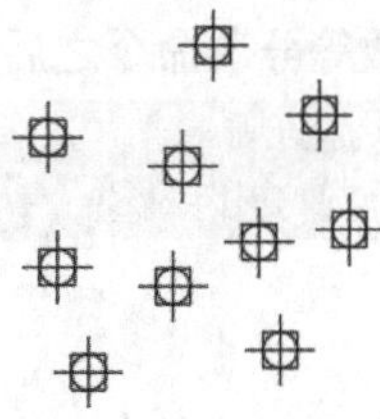

4.1.4 实战演练——绘制吊灯图形

下面利用多点命令为吊灯添加灯泡，具体操作步骤如下。

步骤01 打开"素材\CH04\吊灯.dwg"文件，如下图所示。

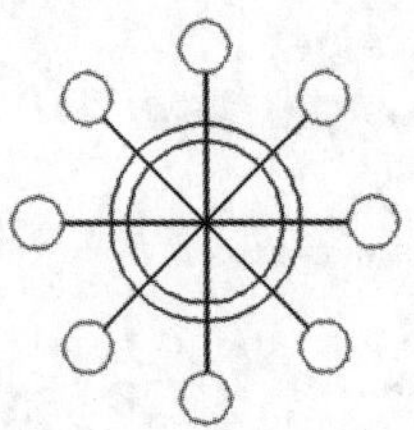

步骤02 调用【点样式】命令，选择点样式并设置点的大小，然后选中"按绝对单位设置大小"，如下图所示。

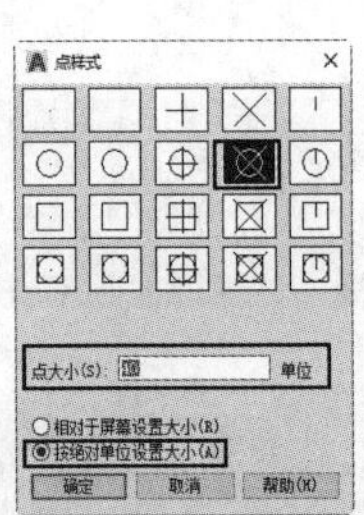

步骤03 调用【多点】命令，捕捉吊灯圆心的位置绘制点，结果如下图所示。

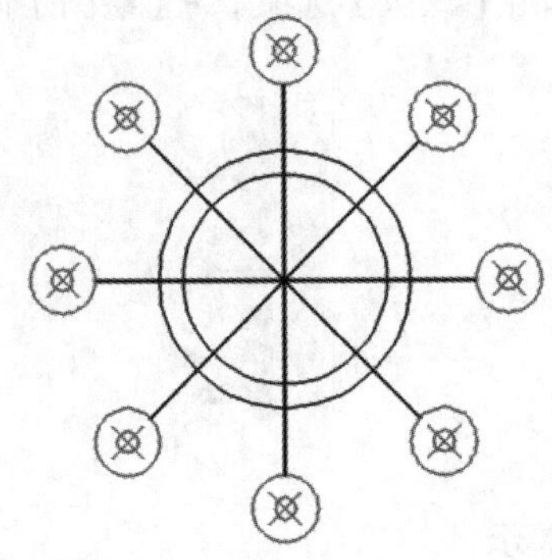

小提示

在绘图前，应先设置圆心捕捉样式。

除用绘制"多点"的方法绘制外，也可以先绘制"单点"，然后通过"阵列"的方式进行绘制。关于阵列命令的应用，参考第5章的相关内容。

4.1.5 定数等分点

1. 命令调用方法

在AutoCAD 2021中调用【定数等分】命令的方法通常有以下三种。

- 选择【绘图】➤【点】➤【定数等分】菜单命令。
- 命令行输入"DIVIDE/DIV"命令并按空格键。
- 单击【默认】选项卡➤【绘图】面板➤【定数等分】按钮。

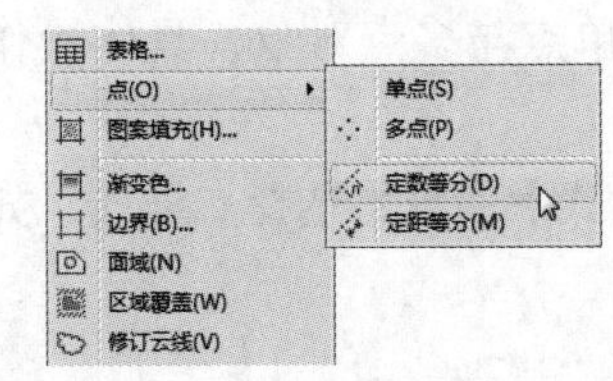

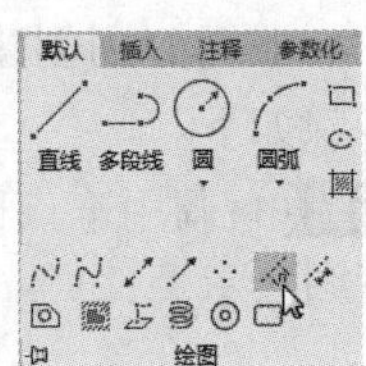

2. 命令提示

调用【定数等分】命令之后，命令行会进行如下提示。

```
命令：_divide
选择要定数等分的对象：
```

3. 知识点扩展

定数等分点可以将等分对象的长度或周长等间隔排列，所生成的点通常被用作对象捕捉点或某种标识使用的辅助点。对于闭合图形（例如圆），等分点数和等分段数相等；对于开放图形，等分点数为等分段数减1。

4.1.6 实战演练——绘制定数等分点对象

下面利用【定数等分】命令为样条曲线对象进行定数等分，具体操作步骤如下。

步骤 01 打开“素材\CH04\定数等分.dwg”文件，如下图所示。

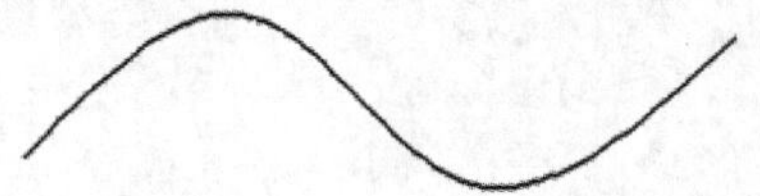

步骤 02 调用【点样式】命令，选择点样式，如右上图所示。

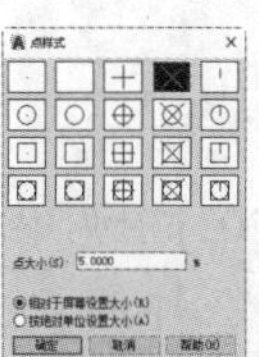

步骤 03 调用【定数等分】命令，在绘图区域选择样条曲线作为需要定数等分的对象，线段数目指定为“5”，结果如下图所示。

4.1.7 实战演练——完善地板拼花图案

下面利用【单点】命令和【定数等分】命令绘制地板拼花图案，具体操作步骤如下。

步骤 01 打开“素材\CH04\地板拼花图案.dwg”文件，如下图所示。

步骤 02 调用【单点】命令，在绘图区域捕捉中心位置的交点以定义点的位置，结果如下图所示。

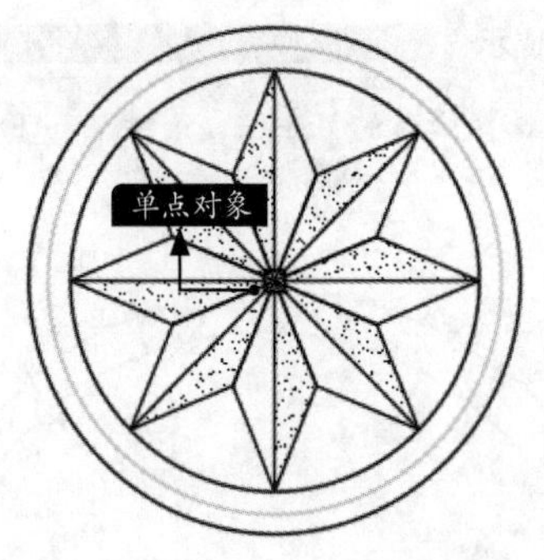

步骤 03 调用【定数等分】命令，在绘图区域选择如下图所示的圆作为需要定数等分的对象。

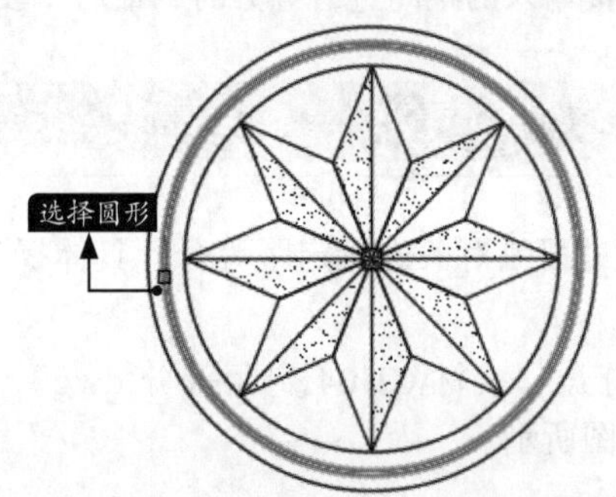

步骤 04 将线段数目设置为“10”，结果如下图所示。

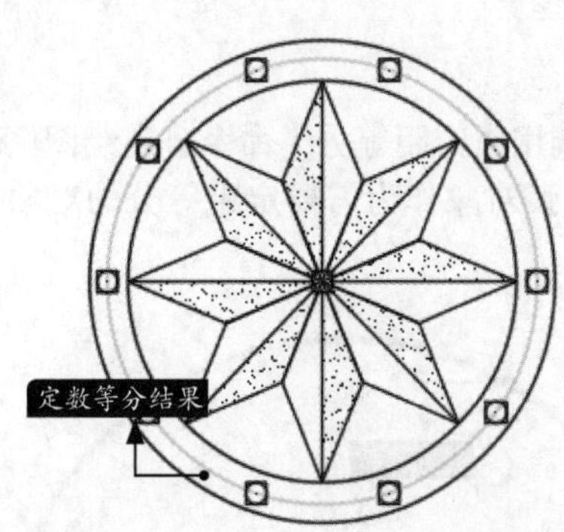

4.1.8 定距等分点

1. 命令调用方法

在AutoCAD 2021中调用【定距等分】命令的方法通常有以下三种。

- 选择【绘图】➢【点】➢【定距等分】菜单命令。
- 命令行输入“MEASURE/ME”命令并按空格键。
- 单击【默认】选项卡➢【绘图】面板➢【定距等分】按钮。

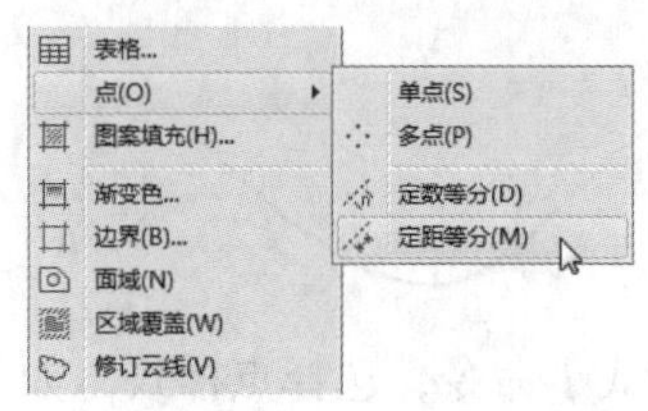

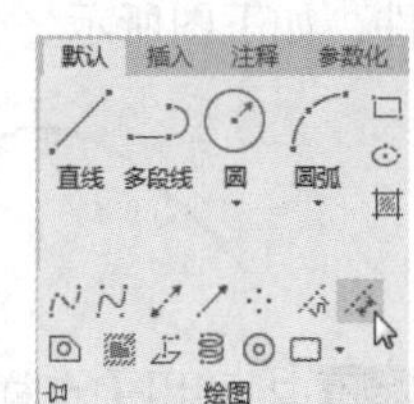

2. 命令提示

调用【定距等分】命令之后，命令行会进行如下提示。

```
命令：_measure
选择要定距等分的对象：
```

3. 知识点扩展

通过定距等分，可以从选定对象的一个端点划分出相等的长度。对直线、样条曲线等非闭合图形进行定距等分时，需要注意十字光标点选对象的位置，此位置即为定距等分的起始位置。当不能完全按输入的距离进行等分时，最后一段的距离通常会小于等分距离。

4.1.9 实战演练——绘制定距等分点对象

下面对圆弧对象进行定距等分，具体操作步骤如下。

步骤 01 打开“素材\CH04\定距等分.dwg”文件，如下图所示。

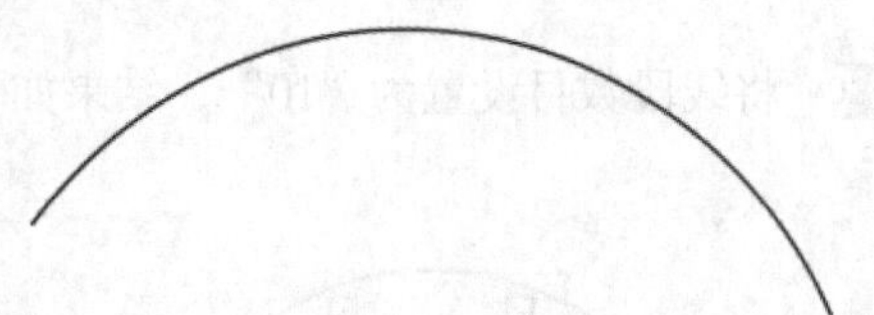

步骤 02 调用【定距等分】命令，在绘图区域单击选择圆弧对象作为需要定距等分的对象，如下图所示。

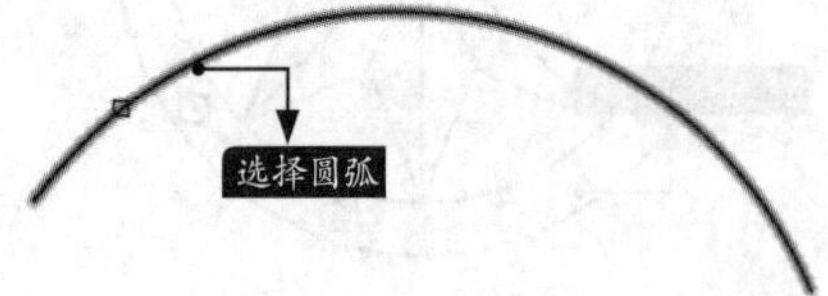

步骤 03 在命令行中指定线段长度为“320”，并按【Enter】键确认，结果如下图所示。

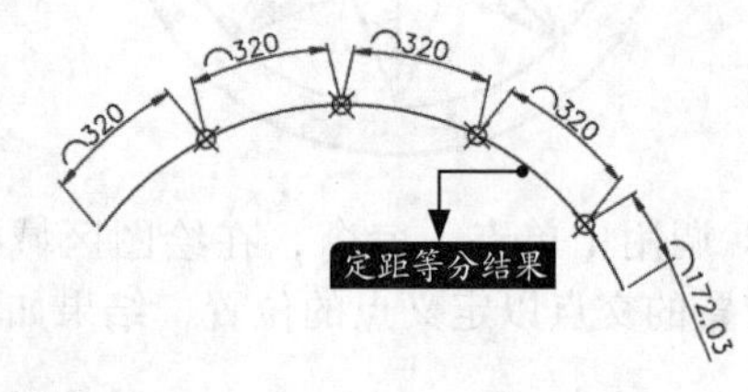

小提示

如果选择圆弧的另一端，则结果如下图所示。

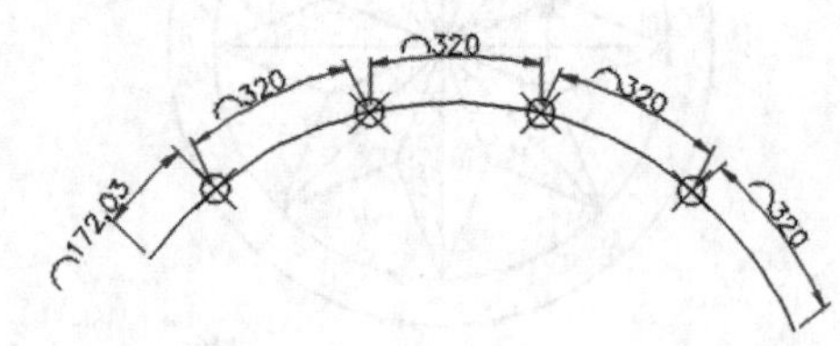

4.1.10 实战演练——绘制三人沙发座面纽扣

下面绘制三人沙发座面纽扣，主要是沿直线方向按指定距离放置已创建的图块，具体操作步骤如下。

步骤 01 打开“素材\CH04\三人沙发.dwg”文件，如下图所示。

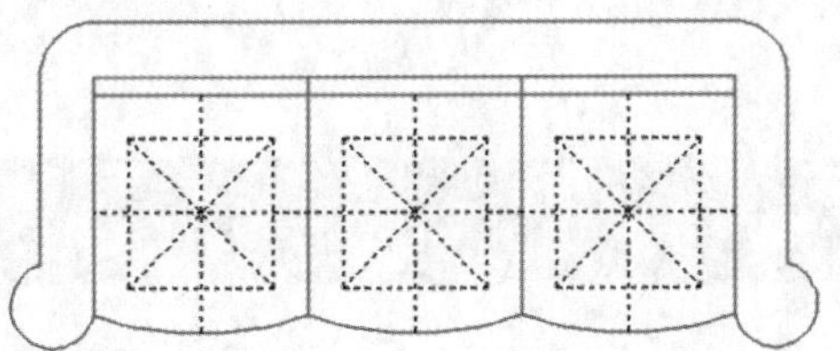

步骤 02 调用【定距等分】命令，在绘图区域选择要等分的直线，结果如下图所示。

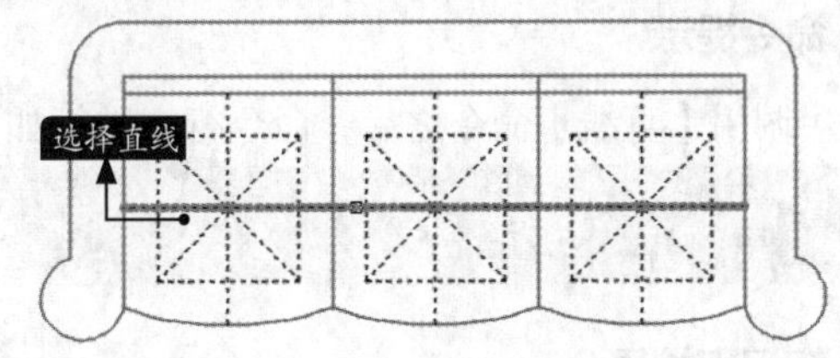

步骤 03 当命令行提示指定线段长度时，输入“b”，然后输入要插入块的名称，选择对齐块和对象，输入线段长度600。

指定线段长度或 [块 (B)]：b
输入要插入的块名：纽扣
是否对齐块和对象？ [是 (Y)/ 否 (N)] <Y>： // 按回车接受默认
指定线段长度：600

结果如下图所示。

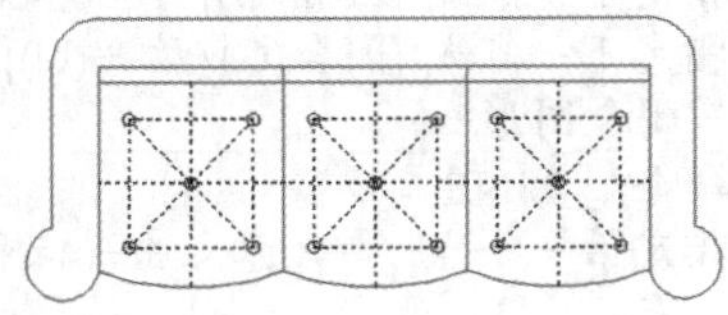

小提示

在用块等分之前，应先创建块。

4.2 绘制直线

使用【直线】命令，可以创建一系列连续的线段，在一个由多条线段连接而成的简单图形中，每条线段都是一个单独的直线对象。

4.2.1 直线

1. 命令调用方法

在AutoCAD 2021中调用【直线】命令的方法通常有以下三种。

- 选择【绘图】➢【直线】菜单命令。
- 命令行输入“LINE/L”命令并按空格键。
- 单击【默认】选项卡➢【绘图】面板➢【直线】按钮。

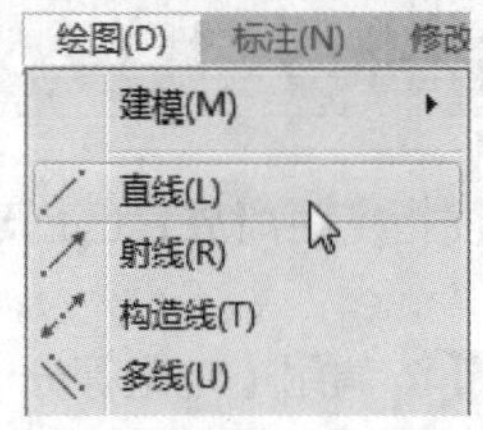

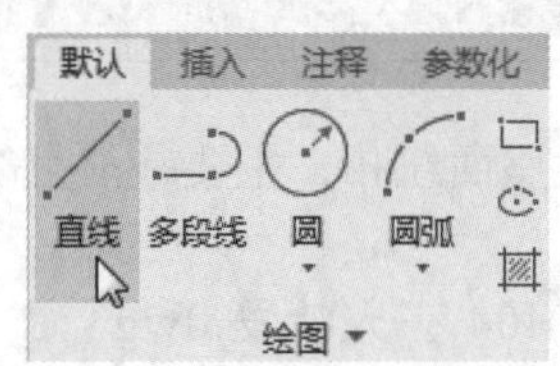

2. 命令提示

调用【直线】命令之后，命令行会进行如下提示。

```
命令：_line
指定第一个点：
```

3. 知识点扩展

AutoCAD中默认的直线绘制方法是两点绘制，即连接任意两点均可绘制一条直线。除通过连接两点绘制直线外，还可以通过绝对坐标、相对直角坐标、相对极坐标等方法来绘制直线。具体绘制方法参见下表。

绘制方法	绘制步骤	结果图形	相应命令行显示
通过输入绝对坐标绘制直线	1. 指定第一点（或输入绝对坐标确定第一点）； 2. 依次输入第二点、第三点……的绝对坐标	(500,1000) (500,500) (1000,500)	命令: _LINE 指定第一个点: 500,500 指定下一点或 [放弃(U)]: 500,1000 指定下一点或 [放弃(U)]: 1000,500 指定下一点或 [闭合(C)/放弃(U)]: c //闭合图形
通过输入相对直角坐标绘制直线	1.指定第一点（或输入绝对坐标确定第一点）； 2. 依次输入第二点、第三点……的相对前一点的直角坐标	第二点 第一点 第三点	命令: _ LINE 指定第一个点: //任意点击一点作为第一点 指定下一点或 [放弃(U)]: @0,500 指定下一点或 [放弃(U)]: @500,−500 指定下一点或 [闭合(C)/放弃(U)]: c //闭合图形
通过输入相对极坐标绘制直线	1. 指定第一点（或输入绝对坐标确定第一点）； 2. 依次输入第二点、第三点……的相对前一点的极坐标	第三点 第二点 第一点	命令:_ LINE 指定第一个点: //任意点击一点作为第一点 指定下一点或 [放弃(U)]: @500<180 指定下一点或 [放弃(U)]: @500<90 指定下一点或 [闭合(C)/放弃(U)]: c //闭合图形

小提示

在命令提示下输入u，可以放弃之前的线段；单击快速访问工具栏上的“放弃”，可以取消整个线段。

4.2.2 实战演练——完善洗衣机平面图

下面利用【直线】命令完善洗衣机平面图，具体操作步骤如下。

步骤 01 打开“素材\CH04\洗衣机.dwg”文件，如下图所示。

步骤 02 调用【直线】命令，分别捕捉矩形的端点，连接两对角点绘制两条直线，按【Enter】键确认，结果如下图所示。

小提示

对角线连接起来，表示顶面是平面。

4.2.3 实战演练——完善电子琴平面图

下面利用【直线】命令完善电子琴平面图，具体操作步骤如下。

步骤 01 打开“素材\CH04\电子琴.dwg”文件，如右图所示。

步骤 02 调用【直线】命令，命令行提示如下。

```
命令：_line
指定第一个点：fro
基点：  // 捕捉左下角端点
 <偏移>: @30,0
指定下一点或 [ 放弃 (U)]: @0,-305
指定下一点或 [ 退出 (E)/ 放弃 (U)]: @1520,0
指定下一点或 [ 关闭 (C)/ 退出 (X)/ 放弃 (U)]: @0,305
指定下一点或 [ 关闭 (C)/ 退出 (X)/ 放弃 (U)]:   // 结束直线命令
```

结果如下图所示。

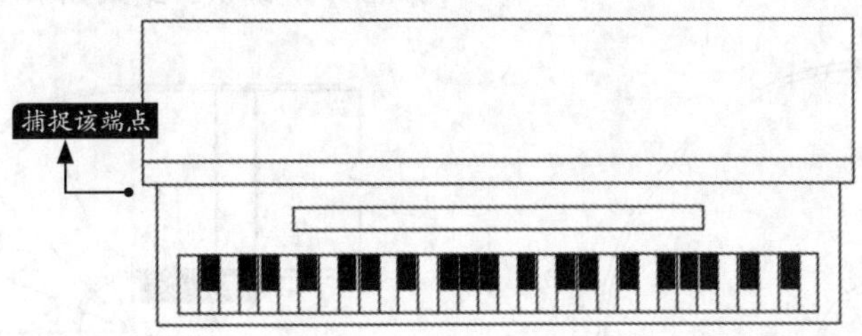

小提示

“fro”不是绘图的第一点，而是绘图第一点的参考点。

4.3 绘制射线

射线是一端固定、另一端无限延伸的线。执行一次【射线】命令，可以创建一系列始于一点并无限延伸的线。

4.3.1 射线

1. 命令调用方法

在AutoCAD 2021中调用【射线】命令的方法通常有以下三种。

- 选择【绘图】➤【射线】菜单命令。
- 命令行输入“RAY”命令并按空格键。
- 单击【默认】选项卡➤【绘图】面板➤【射线】按钮。

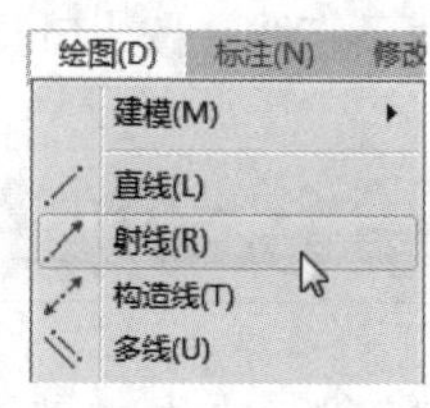

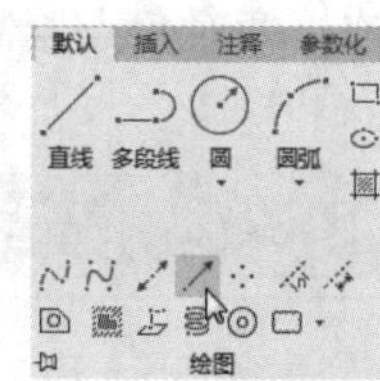

2. 命令提示

调用【射线】命令之后，命令行会进行如下提示。

命令：_ray 指定起点：

3. 知识点扩展

射线有端点，但是没有中点。绘制射线时，指定的第一点就是射线的端点。

4.3.2 实战演练——完善旋转楼梯转角

下面利用【射线】命令完善旋转楼梯转角，具体操作步骤如下。

步骤 01 打开“素材\CH04\旋转楼梯转角.dwg”文件，如下图所示。

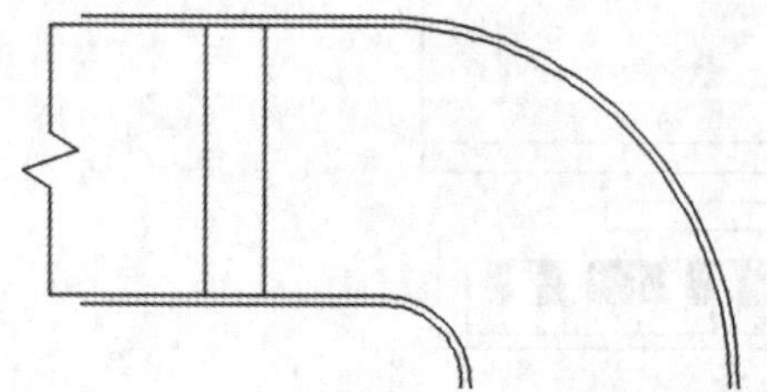

步骤 02 调用【射线】命令，捕捉圆心作为射线的起点，然后单击指定射线的通过点，按【Enter】键确认，结果如下图所示。

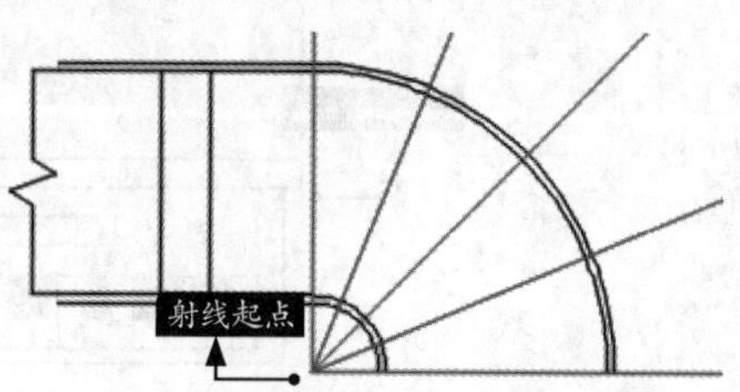

4.4 绘制构造线

构造线是两端无限延伸的直线，可以用来作为创建其他对象时的参考线。在执行一次【构造线】命令时，可以连续绘制多条通过一个公共点的构造线。

4.4.1 构造线

1. 命令调用方法

在AutoCAD 2021中调用【构造线】命令的方法通常有以下三种。

- 选择【绘图】➢【构造线】菜单命令。
- 命令行输入“XLINE/XL”命令并按空格键。
- 单击【默认】选项卡➢【绘图】面板➢【构造线】按钮。

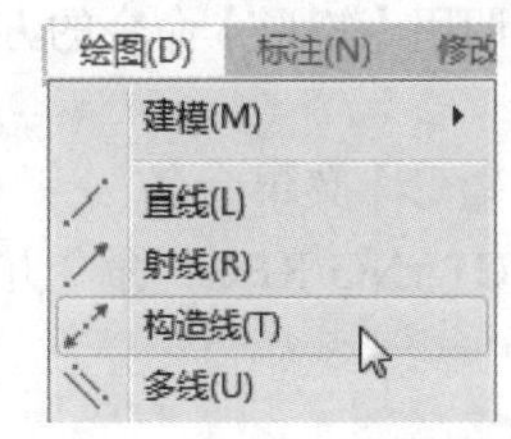

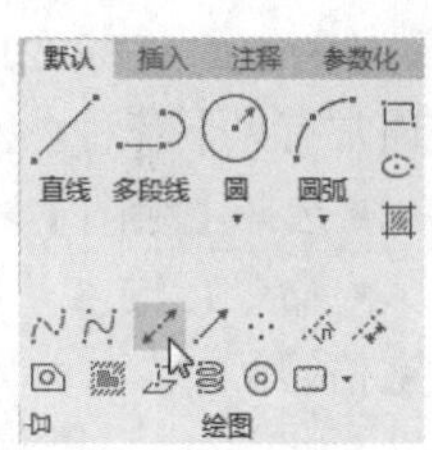

2. 命令提示

调用【构造线】命令之后，命令行会进行如下提示。

```
命令：_xline
指定点或 [ 水平 (H)/ 垂直 (V)/ 角度 (A)/ 二等分 (B)/ 偏移 (O)]:
```

3. 知识点扩展

构造线没有端点，但是有中点。绘制构造线时，指定的第一点就是构造线的中点。

4.4.2 实战演练——绘制蝶形螺母参考线

下面利用【构造线】命令绘制蝶形螺母参考线，用于确认蝶形螺母视图之间是否相互对齐，具体操作步骤如下。

步骤01 打开“素材\CH04\蝶形螺母.dwg”文件，如下图所示。

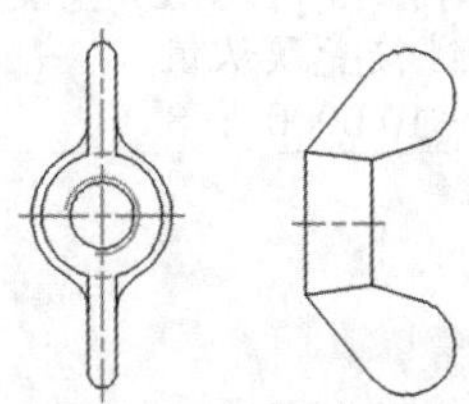

步骤02 调用【构造线】命令，捕捉右图所示中点作为构造线的中点，在水平方向上单击指定构造线的通过点，按【Enter】键确认，结果如下图所示，可见两个视图并不等高。

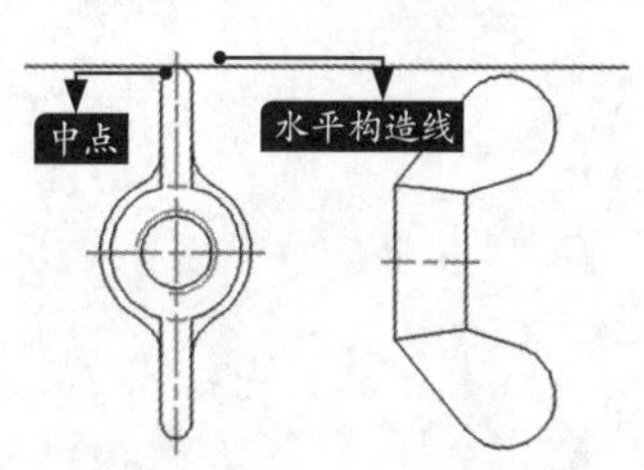

4.5 绘制矩形和多边形

矩形为4条线段首尾相接且4个角均为直角的四边形，正多边形是由至少三条线段首尾相接组合成的规则图形，正多边形的概念范围内包括矩形。

4.5.1 矩形

1. 命令调用方法

在AutoCAD 2021中调用【矩形】命令的方法通常有以下三种。

- 选择【绘图】➤【矩形】菜单命令。
- 命令行输入“RECTANG/REC”命令并按空格键。
- 单击【默认】选项卡➤【绘图】面板➤【矩形】按钮▭。

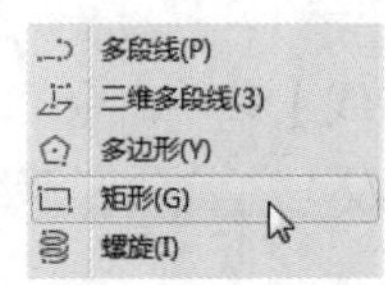

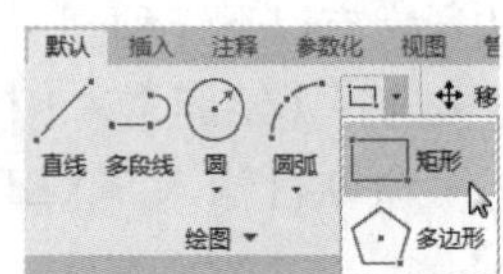

2. 命令提示

调用【矩形】命令之后，命令行会进行如下提示。

```
命令：_rectang
指定第一个角点或 [ 倒角 (C)/ 标高 (E)/ 圆角 (F)/ 厚度 (T)/ 宽度 (W)]:
```

3. 知识点扩展

默认的绘制矩形的方式为指定两点绘制矩形。除此以外，AutoCAD还提供了面积绘制、尺寸绘制和旋转绘制等绘制方法。具体的矩形绘制方法参见下表。

绘制方法	绘制步骤	结果图形	相应命令行显示
面积绘制法	1. 指定第一个角点； 2. 输入“a”选择面积绘制法； 3. 输入绘制矩形的面积值； 4. 指定矩形的长或宽	8 12.5	命令:_RECTANG 指定第一个角点或 [倒角(C)/标高(E)/圆角(F)/厚度(T)/宽度(W)]: //单击指定第一角点 指定另一个角点或 [面积(A)/尺寸(D)/旋转(R)]: a 输入以当前单位计算的矩形面积 <100.0000>: //按空格键接受默认值 计算矩形标注时依据 [长度(L)/宽度(W)] <长度>: //按空格键接受默认值 输入矩形长度 <10.0000>: 8

续表

绘制方法	绘制步骤	结果图形	相应命令行显示
尺寸绘制法	1. 指定第一个角点； 2. 输入“d”选择尺寸绘制法； 3. 指定矩形的长度和宽度； 4. 拖曳鼠标指定矩形的放置位置		命令:_RECTANG 指定第一个角点或 [倒角(C)/标高(E)/圆角(F)/厚度(T)/宽度(W)]:　//单击指定第一角点 指定另一个角点或 [面积(A)/尺寸(D)/旋转(R)]: d 指定矩形的长度 <8.0000>: 8 指定矩形的宽度 <12.5000>: 12.5 指定另一个角点或 [面积(A)/尺寸(D)/旋转(R)]: //拖曳鼠标指定矩形的放置位置
旋转绘制法	1. 指定第一个角点； 2. 输入“r”选择旋转绘制法； 3. 输入旋转的角度； 4. 拖曳鼠标指定矩形的另一角点或输入“a”“d”通过面积或尺寸确定矩形的另一个角点		命令:_RECTANG 指定第一个角点或 [倒角(C)/标高(E)/圆角(F)/厚度(T)/宽度(W)]: //单击指定第一角点 指定另一个角点或 [面积(A)/尺寸(D)/旋转(R)]: r 指定旋转角度或 [拾取点(P)] <0>: 45 指定另一个角点或 [面积(A)/尺寸(D)/旋转(R)]: //拖曳鼠标指定矩形的另一个角点

4.5.2 实战演练——完善衣柜图形

下面利用【矩形】命令完善衣柜图形，具体操作步骤如下。

步骤01 打开“素材\CH04\衣柜.dwg”文件，如下图所示。

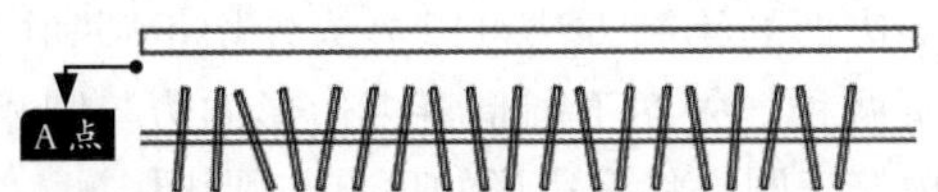

步骤02 调用【矩形】命令，命令行提示如下。

命令：_rectang

指定第一个角点或 [倒角 (C)/ 标高 (E)/ 圆角 (F)/ 厚度 (T)/ 宽度 (W)]: // 捕捉 A 点

指定另一个角点或 [面积 (A)/ 尺寸 (D)/ 旋转 (R)]: @2100,-480

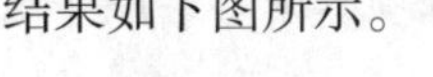

结果如下图所示。

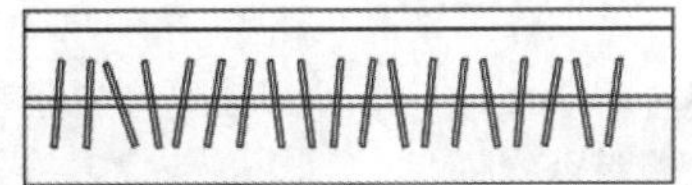

4.5.3 实战演练——绘制轴承座外形

下面利用【矩形】命令绘制轴承座外形，具体操作步骤如下。

步骤01 打开“素材\CH04\轴承座.dwg”文件，如下图所示。

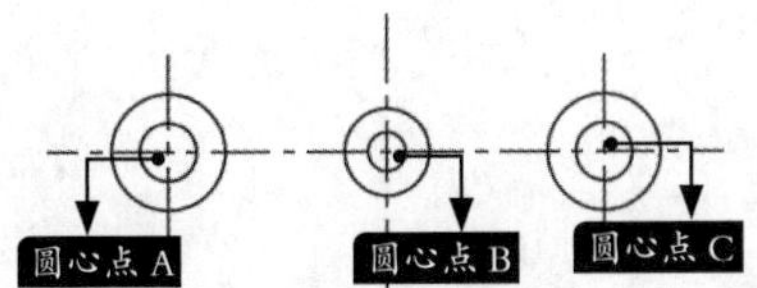

步骤02 调用【矩形】命令，命令行提示如下。

命令：_rectang

指定第一个角点或 [倒角 (C)/ 标高 (E)/ 圆角 (F)/ 厚度 (T)/ 宽度 (W)]: fro

基点： // 捕捉圆心点 A

< 偏移 >: @-9,-7.5

指定另一个角点或 [面积 (A)/ 尺寸 (D)/ 旋转 (R)]: @18,15

命令：_rectang

指定第一个角点或 [倒角 (C)/ 标高 (E)/

```
圆角(F)/ 厚度(T)/ 宽度(W)]: fro
    基点 : // 捕捉圆心点 B
    < 偏移 >: @-14,-11.5
    指定另一个角点或 [ 面积(A)/ 尺寸(D)/ 旋转(R)]: @28,23
    命令 : _rectang
    指定第一个角点或 [ 倒角(C)/ 标高(E)/ 圆角(F)/ 厚度(T)/ 宽度(W)]: fro
    基点 : // 捕捉圆心点 C
    < 偏移 >: @-9,-7.5
    指定另一个角点或 [ 面积(A)/ 尺寸(D)/ 旋转(R)]: @18,15
```

结果如下图所示。

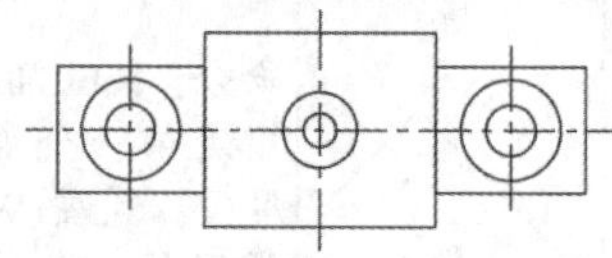

4.5.4 多边形

1. 命令调用方法

在AutoCAD 2021中调用【多边形】命令的方法通常有以下三种。

- 选择【绘图】➤【多边形】菜单命令。
- 命令行输入“POLYGON/POL”命令并按空格键。
- 单击【默认】选项卡➤【绘图】面板➤【多边形】按钮。

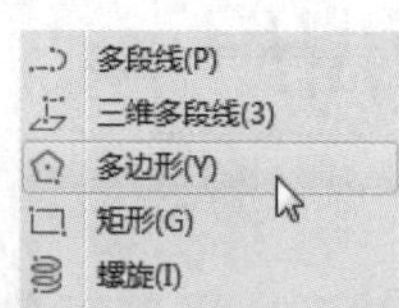

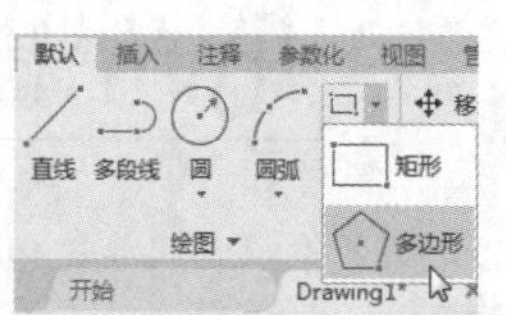

2. 命令提示

调用【多边形】命令之后，命令行会进行如下提示。

```
命令 : _polygon 输入侧面数 <4>:
```

3. 知识点扩展

多边形的绘制方法可以分为外切于圆和内接于圆两种。外切于圆是将多边形的边与圆相切，内接于圆是将多边形的顶点与圆相接。

4.5.5 实战演练——绘制多边形对象

下面分别以“内接于圆”和“外切于圆”两种方式绘制正多边形对象，具体操作步骤如下。

步骤 01 打开“素材\CH04\绘制多边形.dwg”文件，如下图所示。

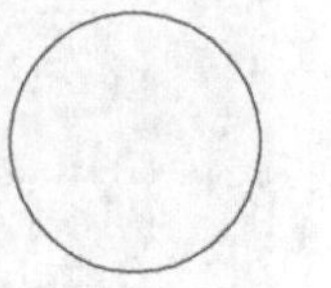

步骤 02 调用【多边形】命令，使用“内接于圆”方式绘制正多边形，命令行提示如下。

命令：_polygon 输入侧面数 <4>：6

指定正多边形的中心点或 [边 (E)]：// 捕捉左侧圆形的中心点

输入选项 [内接于圆 (I)/ 外切于圆 (C)] <I>：i

指定圆的半径：200

结果如下图所示。

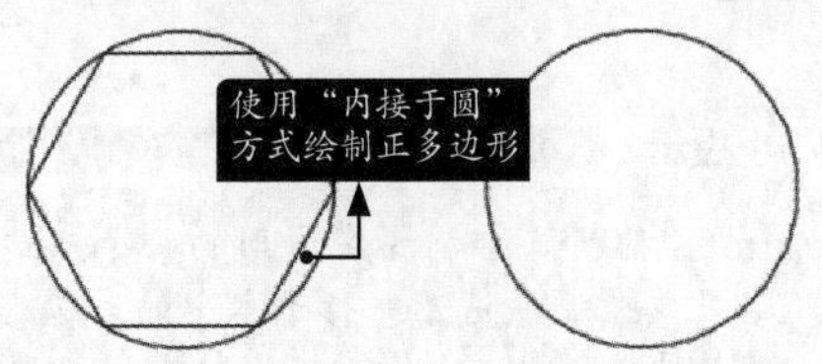

步骤 03 调用【多边形】命令，使用“外切于圆”方式绘制正多边形，命令行提示如下。

命令：_polygon 输入侧面数 <6>：6

指定正多边形的中心点或 [边 (E)]：// 捕捉右侧圆形的中心点

输入选项 [内接于圆 (I)/ 外切于圆 (C)] <I>：c

指定圆的半径：200

结果如下图所示。

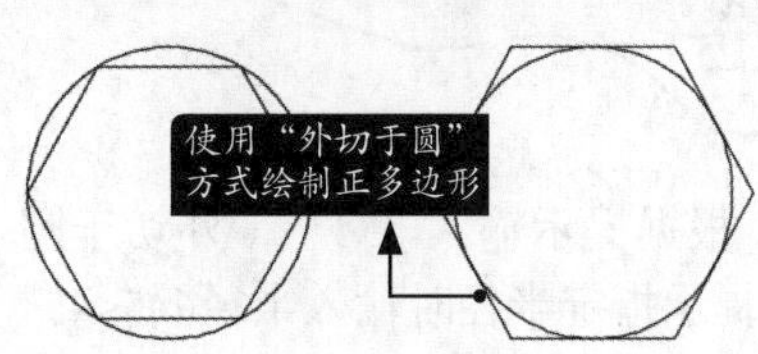

4.5.6 实战演练——完善异形扳手图形

下面利用多边形完善异形扳手图形，具体操作步骤如下。

步骤 01 打开“素材\CH04\异形扳手.dwg”文件，如下图所示。

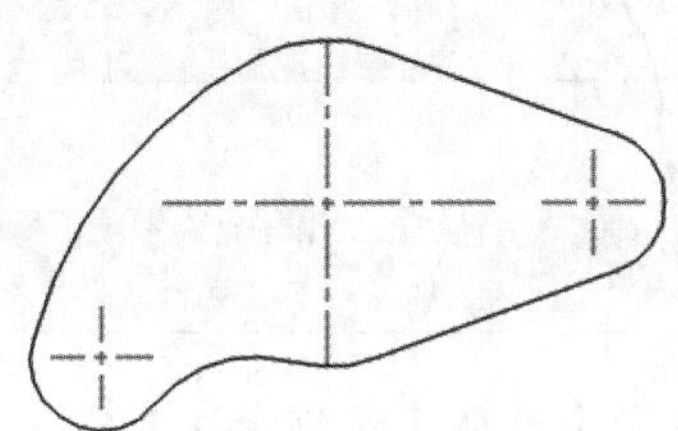

步骤 02 调用【多边形】命令，根据命令提示输入侧面数5，并捕捉中点为多边形的中心点。

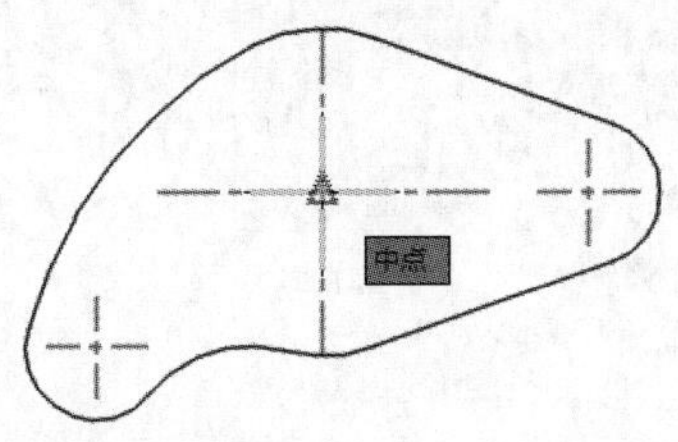

步骤 03 根据提示输入“i”（内接于圆）选项，当命令提示指定内接圆的半径时输入20。

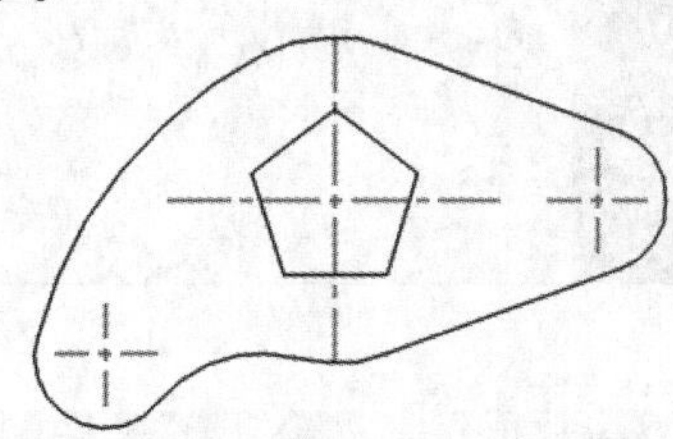

步骤 04 调用【多边形】命令，根据命令提示输入侧面数3，并捕捉中点为多边形的中心点。

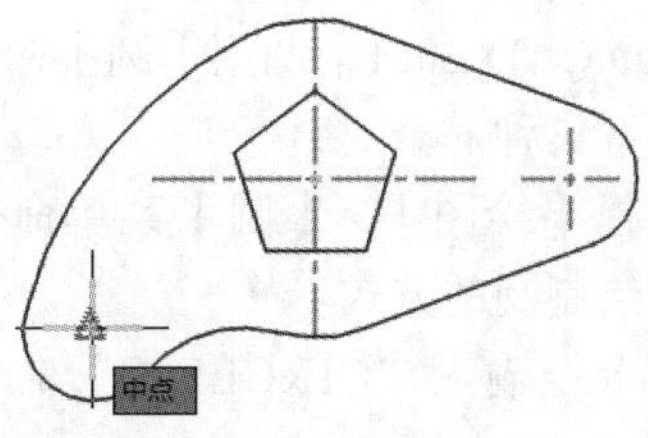

步骤 05 根据提示输入“C”（外切于圆），当命令行提示指定半径时输入半径5。

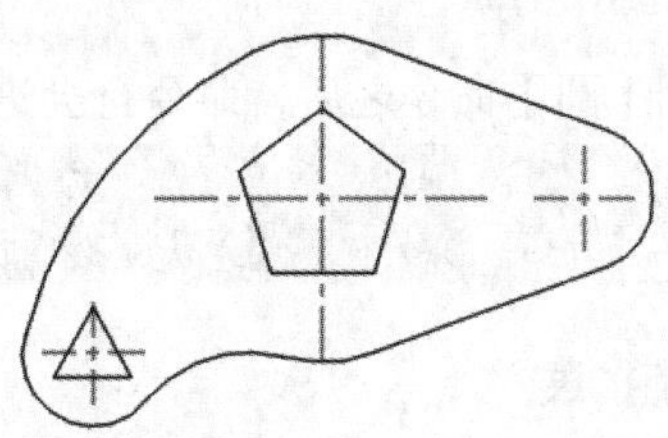

步骤 06 调用【多边形】命令，根据命令提示输入侧面数3，并捕捉中点为多边形的中心点。

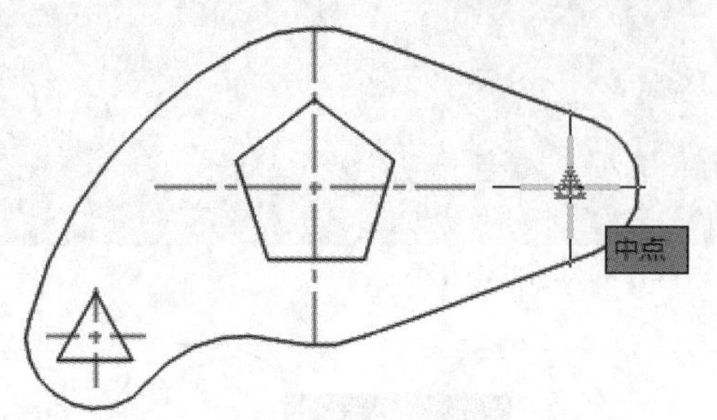

步骤 07 根据提示输入“C”（外切于圆），当命令行提示指定半径时输入半径@5<45。

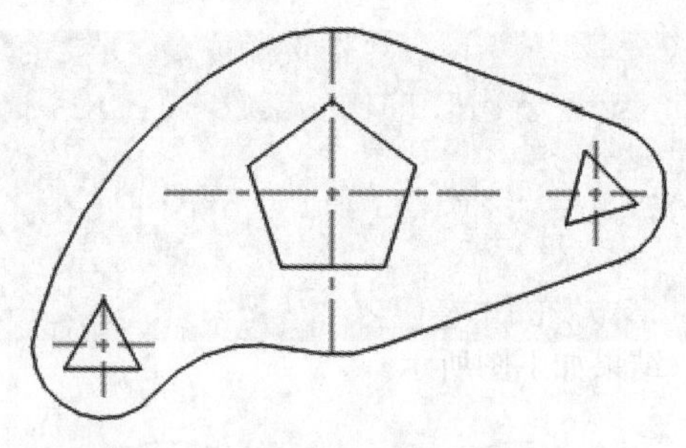

小提示

AutoCAD默认绘制的多边形的一个底边是水平的。如果要绘制底边不平行于水平的多边形，在输入长度时要输入相应的角度。

4.6 绘制圆

创建圆的方法有6种，可以通过指定圆心、半径、直径、圆周上的点或其他对象上的点等不同的方法进行结合绘制。

4.6.1 圆

1. 命令调用方法

在AutoCAD 2021中调用【圆】命令的方法通常有以下三种。

- 选择【绘图】➤【圆】菜单命令，然后选择一种绘制圆的方式。
- 命令行输入“CIRCLE/C”命令并按空格键。
- 单击【默认】选项卡➤【绘图】面板➤【圆】按钮，然后选择一种绘制圆的方式。

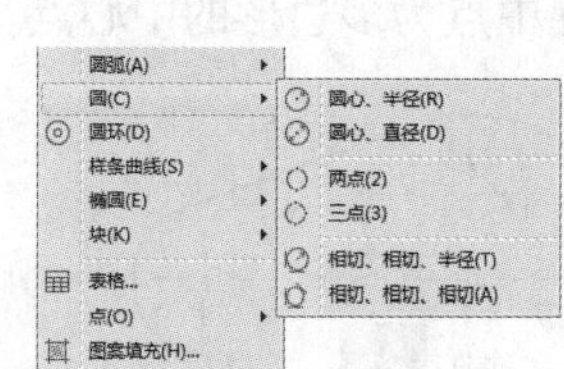

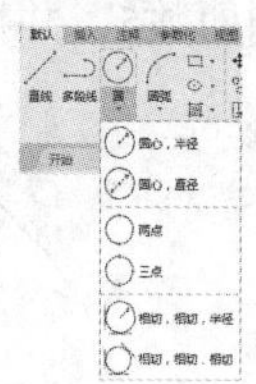

2. 命令提示

调用【圆】命令之后，命令行会进行如下提示。

```
命令：CIRCLE
指定圆的圆心或 [ 三点 (3P)/ 两点 (2P)/ 切点、切点、半径 (T)]:
```

3. 知识点扩展

圆的各种绘制方法参见下表（【相切、相切、相切】绘制圆形命令只能通过菜单命令或面板调用，命令行无这一选项）。

绘制方法	绘制步骤	结果图形	相应命令行显示
圆心、半径/直径	1. 指定圆心； 2. 输入圆的半径/直径		命令: _ CIRCLE 指定圆的圆心或 [三点(3P)/两点(2P)/切点、切点、半径(T)]: 指定圆的半径或 [直径(D)]: 45
两点绘圆	1. 调用两点绘圆命令； 2. 指定直径上的第一点； 3. 指定直径上的第二点或输入直径长度		命令: _circle 指定圆的圆心或 [三点(3P)/两点(2P)/切点、切点、半径(T)]: _2p 指定圆直径的第一个端点: //指定第一点 指定圆直径的第二个端点: 80 //输入直径长度或指定第二点
三点绘圆	1. 调用三点绘圆命令； 2. 指定圆周上第一个点； 3. 指定圆周上第二个点； 4. 指定圆周上第三个点		命令: _circle 指定圆的圆心或 [三点(3P)/两点(2P)/切点、切点、半径(T)]: _3p 指定圆上的第一个点: 指定圆上的第二个点: 指定圆上的第三个点
相切、相切、半径	1. 调用【相切、相切、半径】绘圆命令； 2. 选择与圆相切的两个对象； 3. 输入圆的半径		命令: _circle 指定圆的圆心或 [三点(3P)/两点(2P)/切点、切点、半径(T)]: _ttr 指定对象与圆的第一个切点: 指定对象与圆的第二个切点: 指定圆的半径 <35.0000>: 45
相切、相切、相切	1. 调用“相切、相切、相切”绘圆命令； 2. 选择与圆相切的三个对象		命令: _circle 指定圆的圆心或 [三点(3P)/两点(2P)/切点、切点、半径(T)]: _3p 指定圆上的第一个点: _tan 到 指定圆上的第二个点: _tan 到 指定圆上的第三个点: _tan 到

4.6.2 实战演练——绘制防雾防爆吸顶灯图例

下面利用【圆心、半径】绘制圆的方式绘防雾防爆吸顶灯图例，具体操作步骤如下。

步骤01 新建一个AutoCAD文件，并命名为“防雾防爆吸顶灯图例”，然后调用【圆心、半径】绘制圆的方式，任意位置单击鼠标，作为圆的圆心，输入半径35，结果如下图所示。

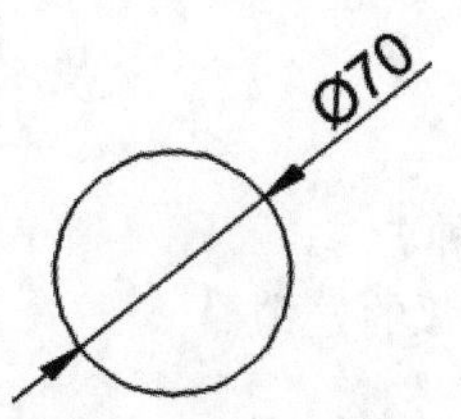

步骤02 重复【圆心、半径】命令，捕捉上步绘制的圆的圆心为新圆的圆心，并输入半径150，结果如下图所示。

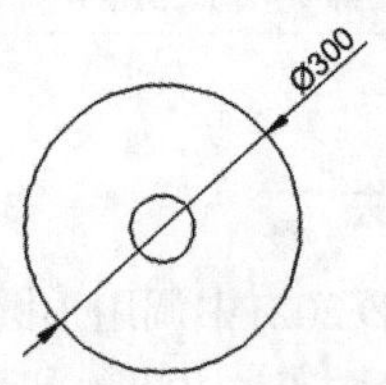

步骤03 调用【多边形】命令，根据命令行进行

如下操作。

命令：_POLYGON 输入侧面数 <4>:
// 按回车键，接受默认值
指定正多边形的中心点或 [边 (E)]:
// 捕捉圆心为多边形中心点
输入选项 [内接于圆 (I)/ 外切于圆 (C)]
<I>: c
指定圆的半径：@150<45

结果如右图所示。

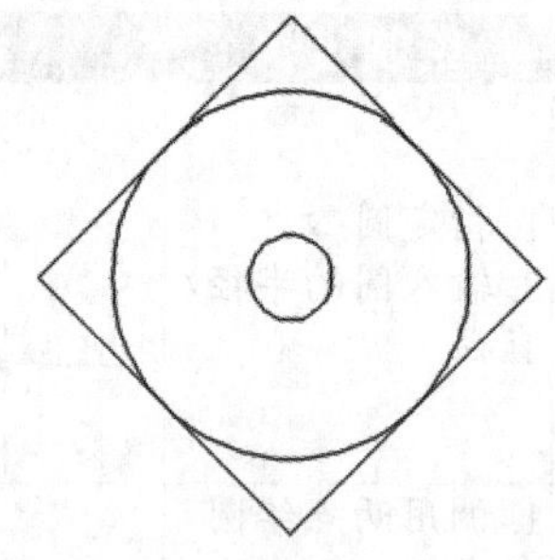

4.6.3 实战演练——完善六角螺栓左视图

下面利用【相切、相切、相切】绘制圆的方式完善六角螺栓左视图，具体操作步骤如下。

步骤 01 打开"素材\CH04\六角螺栓.dwg"文件，如下图所示。

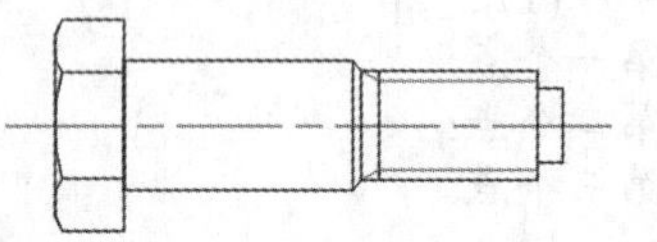

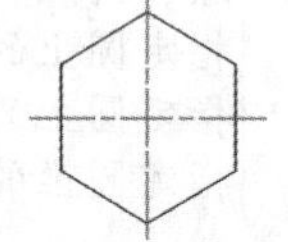

步骤 02 调用【相切、相切、相切】绘制圆的方式，分别在六边形的任意三条边上捕捉三个切点，结果如右图所示。

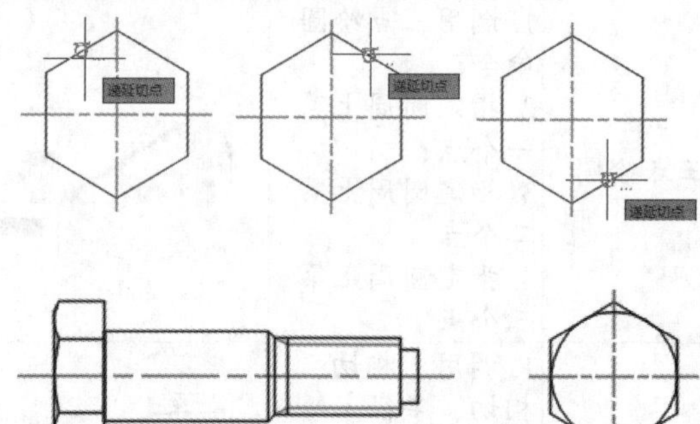

小提示

绘图前，先在【草图设置】对话框中选中【切点】捕捉模式。

4.7 绘制圆弧

绘制圆弧的默认方法是确定三点。此外，圆弧还可以通过设置起点、方向、中点、角度和弦长等参数来绘制。

4.7.1 圆弧

1. 命令调用方法

在AutoCAD 2021中调用【圆弧】命令的方法通常有以下三种。

- 选择【绘图】➢【圆弧】菜单命令，然后选择一种绘制圆弧的方式。
- 命令行输入"ARC/A"命令并按空格键。

● 单击【默认】选项卡➢【绘图】面板➢【圆弧】按钮，然后选择一种绘制圆弧的方式。

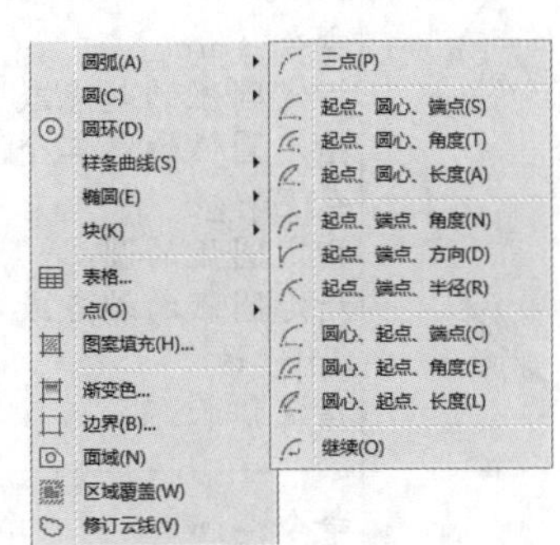

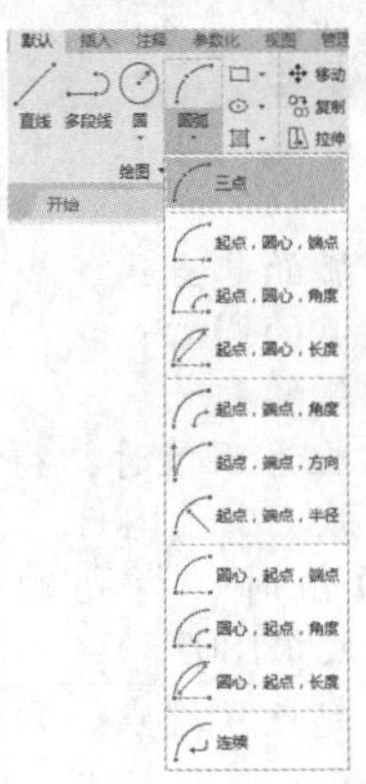

2. 命令提示

调用【圆弧】命令之后，命令行会进行如下提示。

```
命令：ARC
指定圆弧的起点或 [ 圆心 (C)]:
```

3. 知识点扩展

绘制圆弧时，输入的半径值和圆心角有正负之分。对于半径，当输入的半径值为正时，生成的圆弧是劣弧；反之，则生成的是优弧。对于圆心角，当角度为正值时，系统沿逆时针方向绘制圆弧；反之，则沿顺时针方向绘制圆弧。

绘制方法	绘制步骤	结果图形	相应命令行显示
三点	1. 调用三点画弧命令； 2. 指定不在同一条直线上的三个点即可完成圆弧的绘制	1 2 3	命令: _arc 指定圆弧的起点或 [圆心(C)]: 指定圆弧的第二个点或 [圆心(C)/端点(E)]: 指定圆弧的端点
起点、圆心、端点	1. 调用【起点、圆心、端点】画弧命令； 2. 指定圆弧的起点； 3. 指定圆弧的圆心； 4. 指定圆弧的端点	3 2 1	命令: _arc 指定圆弧的起点或 [圆心(C)]: 指定圆弧的第二个点或 [圆心(C)/端点(E)]: _c 指定圆弧的圆心: 指定圆弧的端点或 [角度(A)/弦长(L)]
起点、圆心、角度	1. 调用【起点、圆心、角度】画弧命令； 2. 指定圆弧的起点； 3. 指定圆弧的圆心； 4. 指定圆弧所包含的角度。 提示：当输入的角度为正值时，圆弧沿起点方向逆时针生成；当角度为负值时，圆弧沿起点方向顺时针生成	2 120度 3 1	命令: _arc 指定圆弧的起点或 [圆心(C)]: 指定圆弧的第二个点或 [圆心(C)/端点(E)]: _c 指定圆弧的圆心: 指定圆弧的端点或 [角度(A)/弦长(L)]: _a 指定包含角: 120

续表

绘制方法	绘制步骤	结果图形	相应命令行显示
起点、圆心、长度	1. 调用【起点、圆心、长度】画弧命令； 2. 指定圆弧的起点； 3. 指定圆弧的圆心； 4. 指定圆弧的弦长。 提示：弦长为正值时，得到的弧为“劣弧（小于180°）”；弦长为负值时，得到的弧为“优弧（大于180°）”	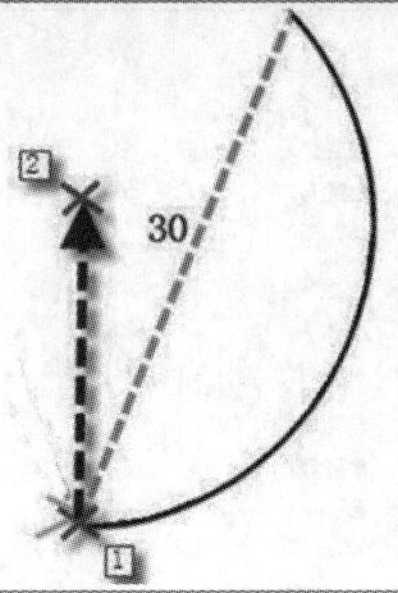 2 30 1	命令: _arc 指定圆弧的起点或 [圆心(C)]: 指定圆弧的第二个点或 [圆心(C)/端点(E)]: _c 指定圆弧的圆心: 指定圆弧的端点或 [角度(A)/弦长(L)]: _l 指定弦长: 30
起点、端点角度	1. 调用【起点、端点、角度】画弧命令； 2. 指定圆弧的起点； 3. 指定圆弧的端点； 4. 指定圆弧的角度。 提示：当输入的角度为正值时，起点和端点沿圆弧成逆时针关系；当角度为负值时，起点和端点沿圆弧成顺时针关系	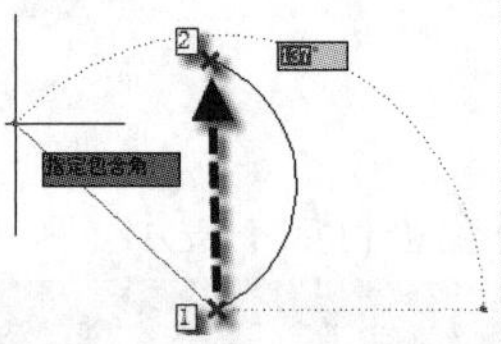 2 137° 指定包含角 1	命令: _arc 指定圆弧的起点或 [圆心(C)]: 指定圆弧的第二个点或 [圆心(C)/端点(E)]: _e 指定圆弧的端点: 指定圆弧的圆心或 [角度(A)/方向(D)/半径(R)]: _a 指定包含角: 137
起点、端点、方向	1. 调用【起点、端点、方向】画弧命令； 2. 指定圆弧的起点； 3. 指定圆弧的端点； 4. 指定圆弧的起点切向	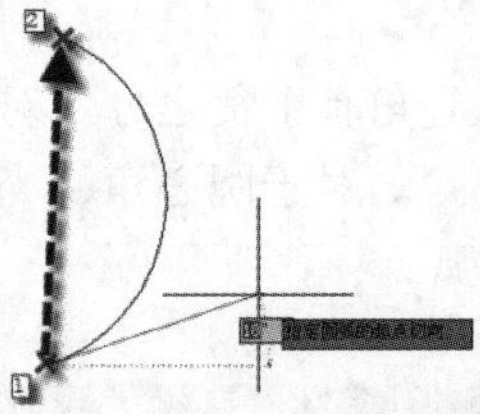 2 1	命令: _arc 指定圆弧的起点或 [圆心(C)]: 指定圆弧的第二个点或 [圆心(C)/端点(E)]: _e 指定圆弧的端点: 指定圆弧的圆心或 [角度(A)/方向(D)/半径(R)]: _d 指定圆弧的起点切向
起点、端点、半径	1. 调用【起点、端点、半径】画弧命令； 2. 指定圆弧的起点； 3. 指定圆弧的端点； 4. 指定圆弧的半径。 提示：当输入的半径值为正值时，得到的圆弧是“劣弧”；当输入的半径值为负值时，得到的圆弧为“优弧”	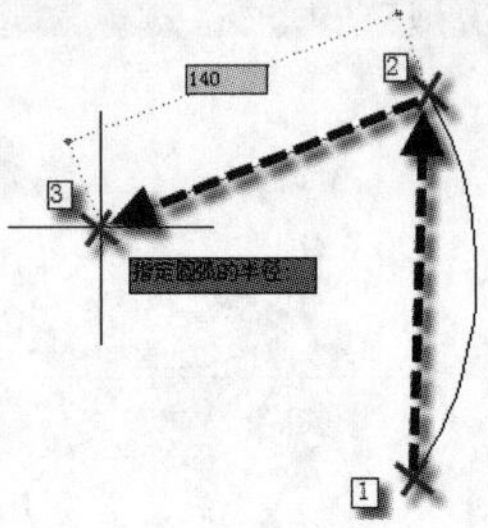 140 2 3 指定圆弧的半径: 1	命令: _arc 指定圆弧的起点或 [圆心(C)]: 指定圆弧的第二个点或 [圆心(C)/端点(E)]: _e 指定圆弧的端点: 指定圆弧的圆心或 [角度(A)/方向(D)/半径(R)]: _r 指定圆弧的半径: 140
圆心、起点、端点	1. 调用【圆心、起点、端点】画弧命令； 2. 指定圆弧的圆心； 3. 指定圆弧的起点； 4. 指定圆弧的端点	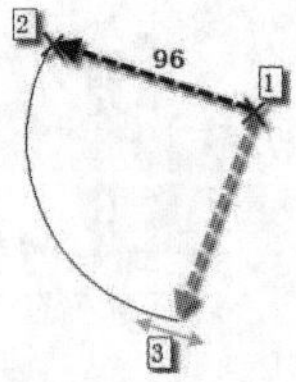 2 96 1 3	命令: _arc 指定圆弧的起点或 [圆心(C)]: _c 指定圆弧的圆心: 指定圆弧的起点: 指定圆弧的端点或 [角度(A)/弦长(L)]
圆心、起点、角度	1. 调用【圆心、起点、角度】画弧命令； 2. 指定圆弧的圆心； 3. 指定圆弧的起点； 4. 指定圆弧的角度	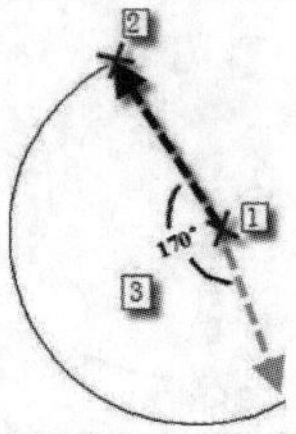 2 170° 1 3	命令: _arc 指定圆弧的起点或 [圆心(C)]: _c 指定圆弧的圆心: 指定圆弧的起点: 指定圆弧的端点或 [角度(A)/弦长(L)]: _a 指定包含角: 170

续表

绘制方法	绘制步骤	结果图形	相应命令行显示
圆心、起点、长度	1. 调用【圆心、起点、长度】画弧命令; 2. 指定圆弧的圆心; 3. 指定圆弧的起点; 4. 指定圆弧的弦长。 提示:弦长为正值时,得到的弧为“劣弧(小于180°)”;弦长为负值时,得到的弧为“优弧(大于180°)”	2 50 60 1 80 3	命令: _arc 指定圆弧的起点或 [圆心(C)]: _c 指定圆弧的圆心: 指定圆弧的起点: 指定圆弧的端点或 [角度(A)/弦长(L)]: _l 指定弦长: 60

4.7.2 实战演练——绘制螺纹孔

下面利用【圆心、起点、角度】画圆弧方式绘制螺纹孔，具体操作步骤如下。

步骤 01 打开“素材\CH04\绘制螺纹孔.dwg”文件，如下图所示。

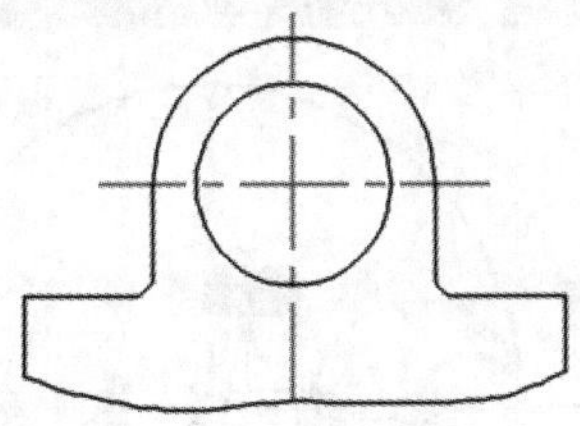

步骤 02 调用【圆心、半径】画圆方式，捕捉图中圆心为新圆的圆心，绘制一个半径为4的圆（螺纹的小径）。

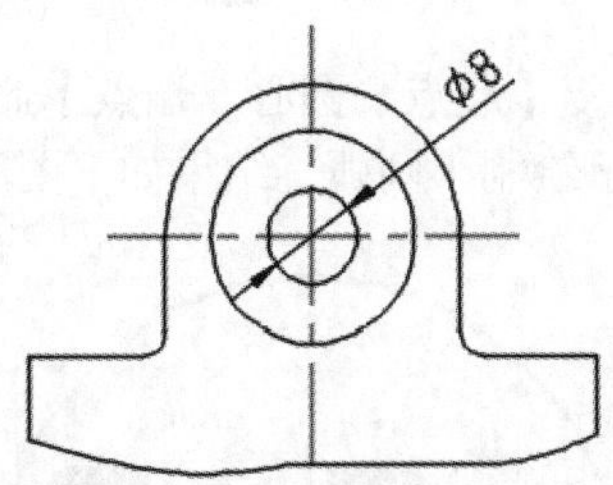

步骤 03 调用【圆心、起点、角度】画圆弧方式，命令行提示如下。

```
命令：_arc
指定圆弧的起点或 [ 圆心 (C)]: _c
指定圆弧的圆心：
指定圆弧的起点：@0,-5
指定圆弧的端点 ( 按住 Ctrl 键以切换方向 ) 或 [ 角度 (A)/ 弦长 (L)]: _a
指定夹角 ( 按住 Ctrl 键以切换方向 ): 270
```

小提示

输入角度后，如果角度方向不对，可以按住Ctrl键，方向改变后再按回车键确定，或者输入负角度改变方向。

结果如下图所示。

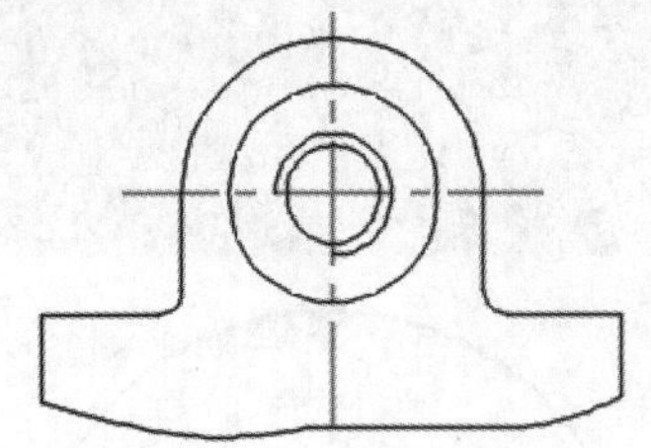

4.7.3 实战演练——绘制球面纹路

下面利用多种画圆弧方式绘制球面纹路，具体操作步骤如下。

步骤 01 打开“素材\CH04\球面纹路.dwg”文件，如下页图所示。

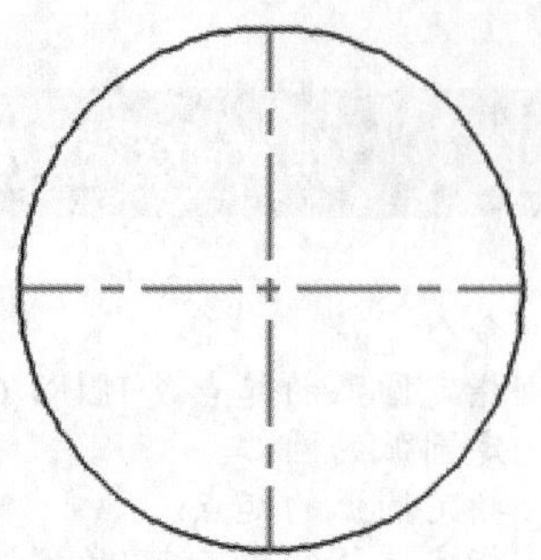

步骤 02 调用【定数等分】命令，将水平中心线六等分，结果如下图所示。

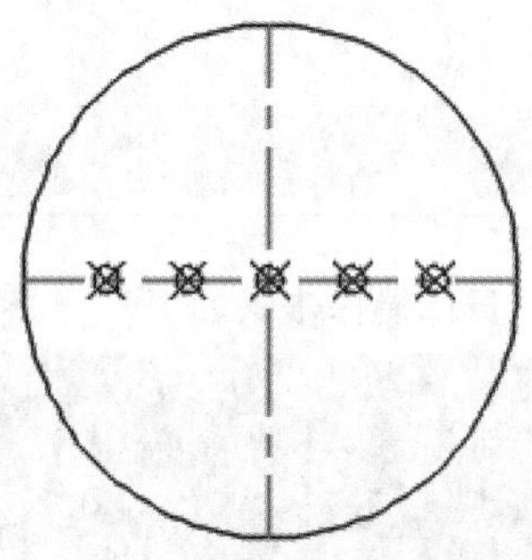

小提示

圆的直径为80，并且点样式是提前设置好的。

步骤 03 调用【起点、端点、角度】命令，根据命令行提示绘制半圆弧，结果如下图所示。

命令：_arc
指定圆弧的起点或 [圆心 (C)]:
指定圆弧的第二个点或 [圆心 (C)/ 端点 (E)]: _e
指定圆弧的端点：
指定圆弧的中心点 (按住 Ctrl 键以切换方向) 或 [角度 (A)/ 方向 (D)/ 半径 (R)]: _a
指定夹角 (按住 Ctrl 键以切换方向): 180

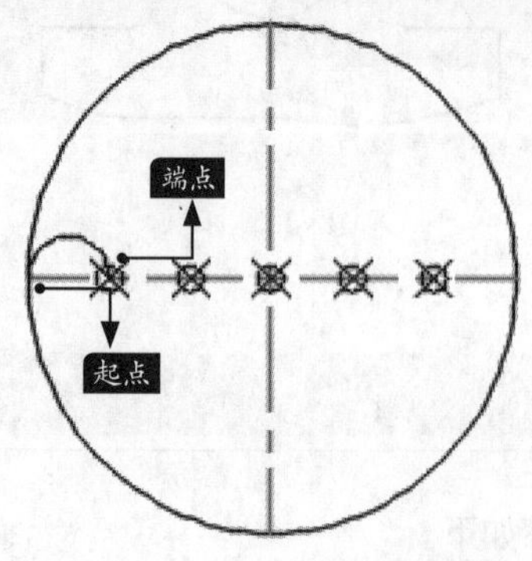

步骤 04 重复【起点、端点、角度】命令，根据命令行提示绘制半圆弧，结果如下图所示。

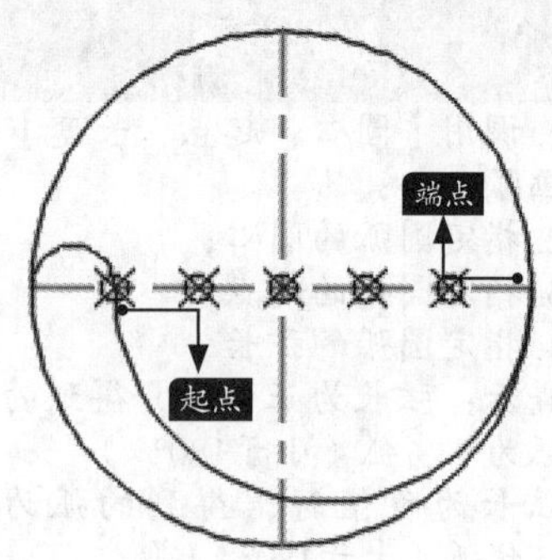

步骤 05 调用【起点、圆心、端点】命令，根据命令行提示绘制半圆弧，结果如下图所示。

命令：_arc
指定圆弧的起点或 [圆心 (C)]:
指定圆弧的第二个点或 [圆心 (C)/ 端点 (E)]: _c
指定圆弧的圆心：
指定圆弧的端点 (按住 Ctrl 键以切换方向) 或 [角度 (A)/ 弦长 (L)]:

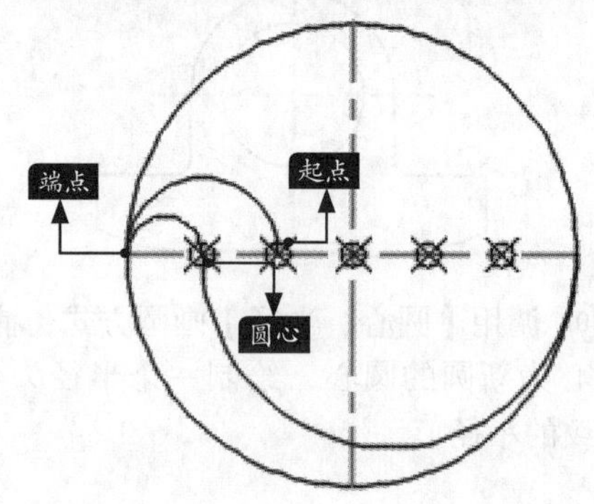

步骤 06 重复【起点、圆心、端点】命令，根据命令行提示绘制半圆弧，结果如下图所示。

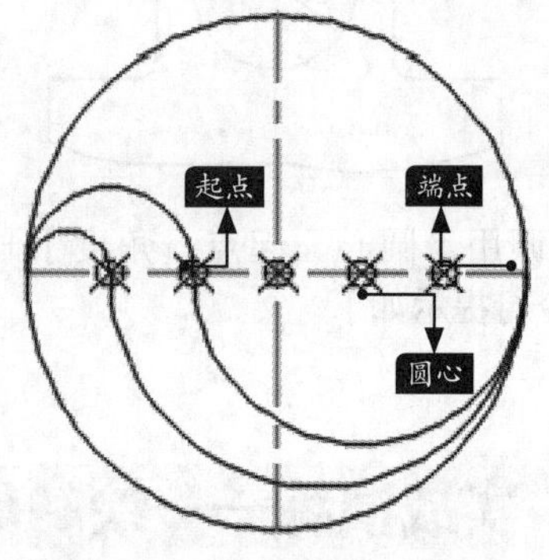

步骤 07 调用【起点、端点、半径】命令，根据命令行提示绘制半圆弧，结果如下页图所示。

命令：_arc

指定圆弧的起点或 [圆心 (C)]:
指定圆弧的第二个点或 [圆心 (C)/ 端点 (E)]: _e
指定圆弧的端点 :
指定圆弧的中心点 (按住 Ctrl 键以切换方向) 或 [角度 (A)/ 方向 (D)/ 半径 (R)]: _r
指定圆弧的半径 (按住 Ctrl 键以切换方向): 20

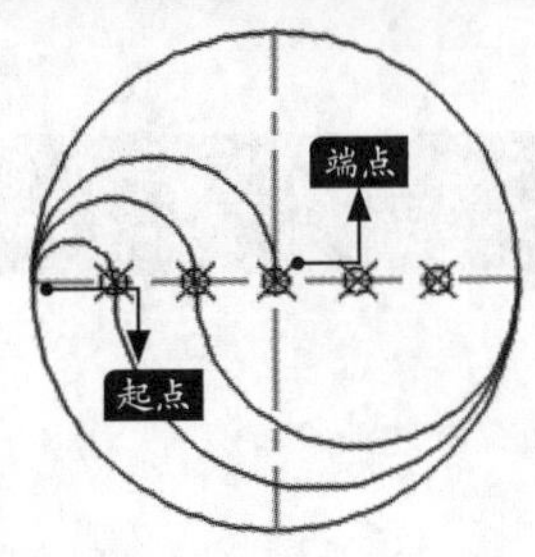

步骤08 重复【起点、端点、半径】命令，根据命令行提示绘制半圆弧，结果如下图所示。

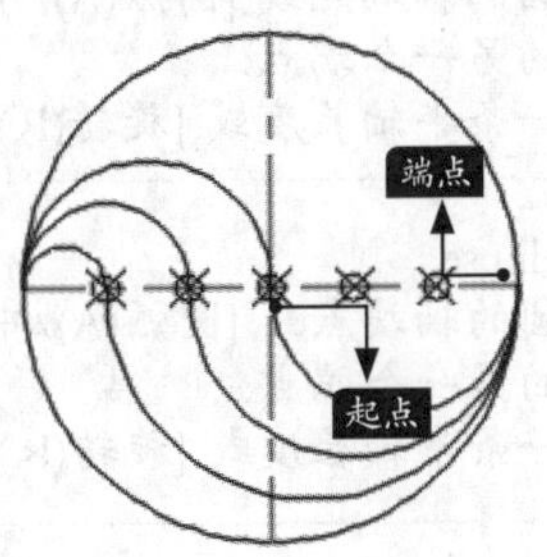

步骤09 重复绘制圆弧命令，根据命令行提示绘制其余半圆弧，结果如下图所示。

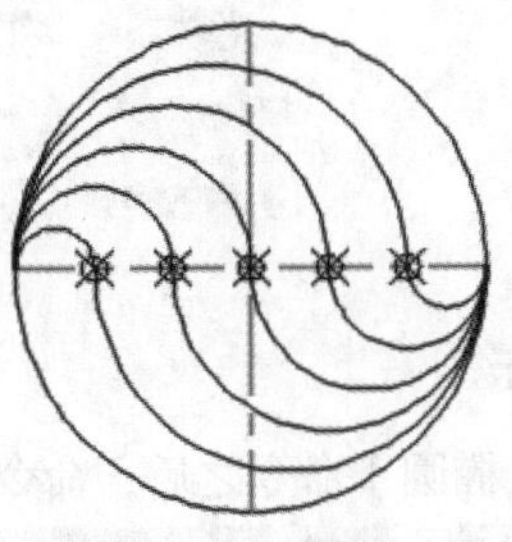

步骤10 选择定数等分点，按【Delete】键将它们全部删除，结果如下图所示。

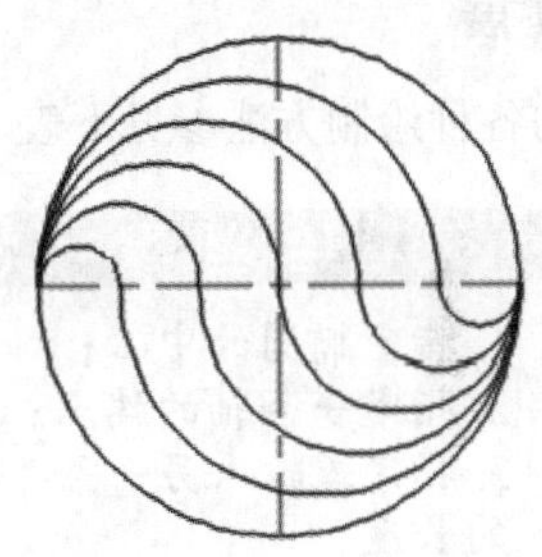

4.8 绘制椭圆和椭圆弧

椭圆与椭圆弧类似，都是由到两点的距离之和为定值的点集合而成。

4.8.1 椭圆

1. 命令调用方法

在AutoCAD 2021中调用【椭圆】命令的方法通常有以下三种。

- 选择【绘图】➢【椭圆】菜单命令，然后选择一种绘制椭圆的方式。
- 命令行输入“ELLIPSE/EL”命令并按空格键。
- 单击【默认】选项卡➢【绘图】面板➢【椭圆】按钮，然后选择一种绘制椭圆的方式。

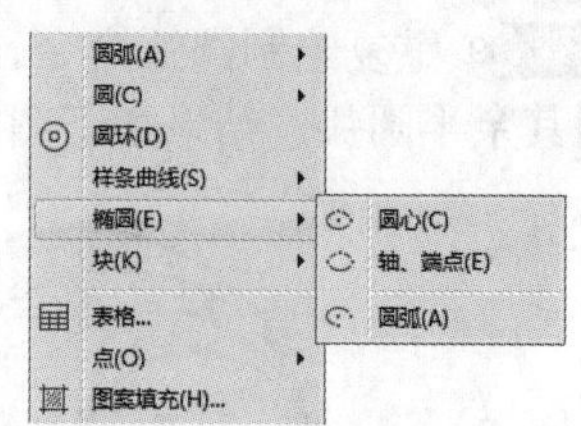

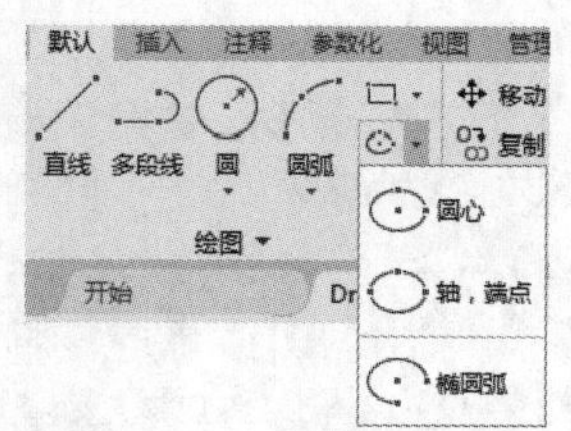

2. 命令提示

调用【椭圆】命令之后，命令行会进行如下提示。

命令：ELLIPSE
指定椭圆的轴端点或 [圆弧 (A)/ 中心点 (C)]:

3. 知识点扩展

椭圆的各种绘制方法参见下表。

绘制方法	绘制步骤	结果图形	相应命令行显示
指定圆心创建椭圆	1. 指定椭圆的中心； 2. 指定一条轴的端点； 3. 指定或输入另一条半轴的长度		命令: ELLIPSE 指定椭圆的轴端点或 [圆弧(A)/中心点(C)]: 指定轴的另一个端点: 指定另一条半轴长度或 [旋转(R)]: 65
【轴、端点】创建椭圆	1. 指定一条轴的端点； 2. 指定该条轴的另一端点； 3. 指定或输入另一条半轴的长度		命令: _ellipse 指定椭圆的轴端点或 [圆弧(A)/中心点(C)]: 指定轴的另一个端点: 指定另一条半轴长度或 [旋转(R)]: 32

4.8.2 实战演练——绘制椭圆图形

下面利用【轴、端点】和【圆心】绘制椭圆的方式绘制椭圆图形，具体操作步骤如下。

步骤 01 新建一个AutoCAD文件，如下图所示。调用【轴、端点】绘制椭圆命令绘制椭圆，任意单击一点作为椭圆第一条轴的第一个端点，然后拖动鼠标在合适的位置单击，作为第一条轴的另一个端点。

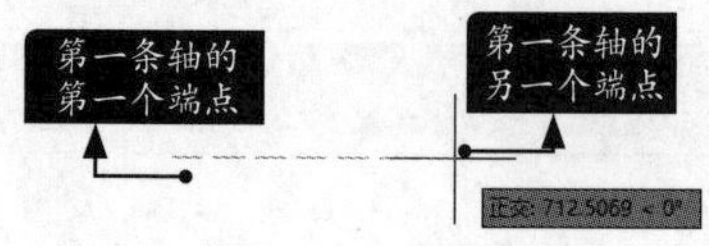

步骤 02 拖动鼠标在合适的位置单击，指定另一条半轴的长度。

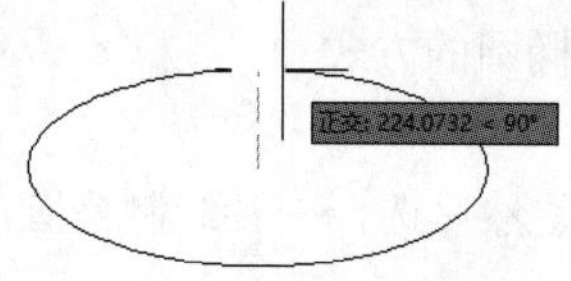

结果如下图所示。

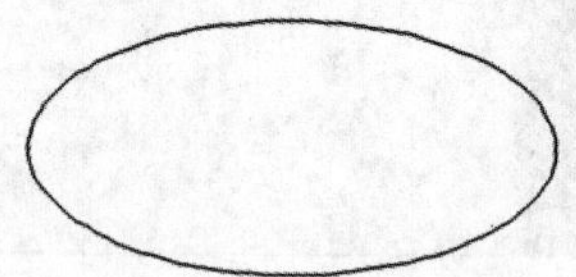

步骤 03 调用【圆心】绘制椭圆命令，根据命令行捕捉上步绘制的椭圆的圆心作为新绘制椭圆的圆心，如下图所示。

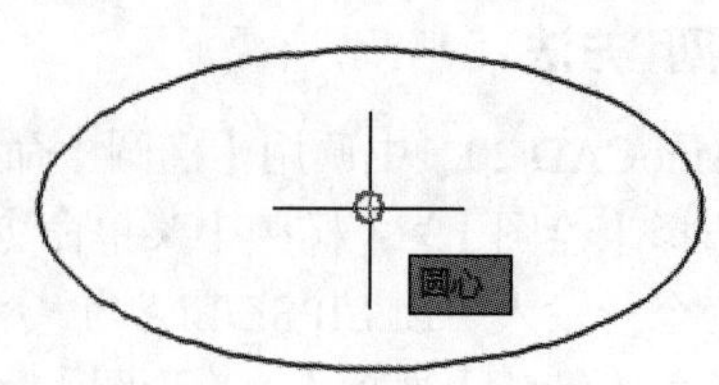

步骤04 捕捉下图所示的象限点作为一条轴的端点。

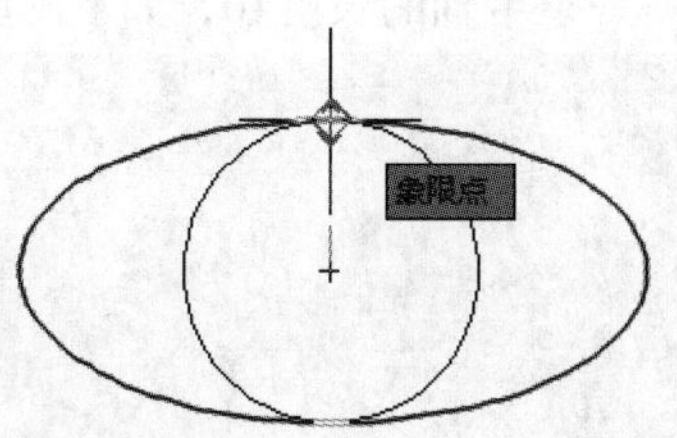

步骤05 任意单击一点指定椭圆另一条半轴的长度，结果如下图所示。

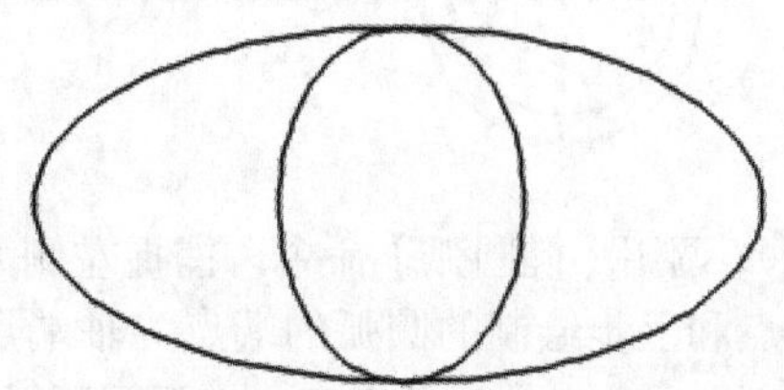

4.8.3 椭圆弧

1. 命令调用方法

在AutoCAD 2021中调用【椭圆弧】命令的方法通常有以下三种。

- 选择【绘图】➢【椭圆】➢【圆弧】菜单命令。
- 命令行输入“ELLIPSE/EL”命令并按空格键，然后输入“a”绘制圆弧。
- 单击【默认】选项卡➢【绘图】面板➢【椭圆弧】按钮。

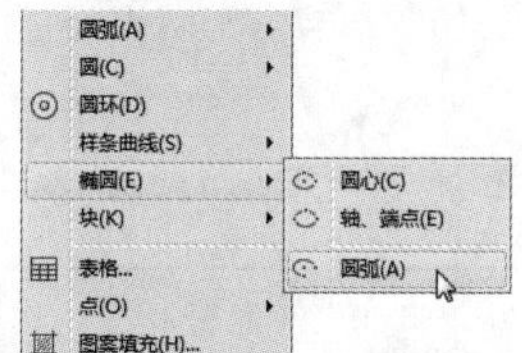

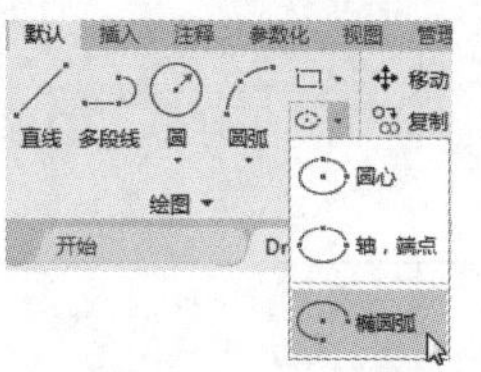

2. 命令提示

调用【椭圆】命令之后，命令行会进行如下提示。

```
命令：_ellipse
指定椭圆的轴端点或 [ 圆弧 (A)/ 中心点 (C)]: _a
指定椭圆弧的轴端点或 [ 中心点 (C)]:
```

3. 知识点扩展

椭圆弧为椭圆上某一角度到另一角度的一段，在绘制椭圆弧前必须先绘制一个椭圆。

4.8.4 实战演练——绘制椭圆弧

下面利用椭圆弧命令完善图形，具体操作步骤如下。

步骤01 打开“素材\CH04\绘制椭圆弧.dwg”文件，如下图所示。

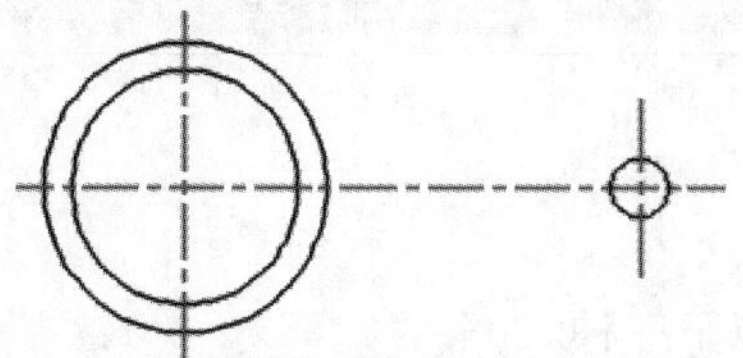

步骤02 调用【圆心、起点、端点】绘制圆弧命令，命令行提示如下。

```
命令：_arc
指定圆弧的起点或 [ 圆心 (C)]: _c
指定圆弧的圆心：                    // 捕捉右侧小圆的圆心
指定圆弧的起点：@-6,0
指定圆弧的端点 ( 按住 Ctrl 键以切换方向 ) 或 [ 角度 (A)/ 弦长 (L)]: @12,0
```

结果如下页图所示。

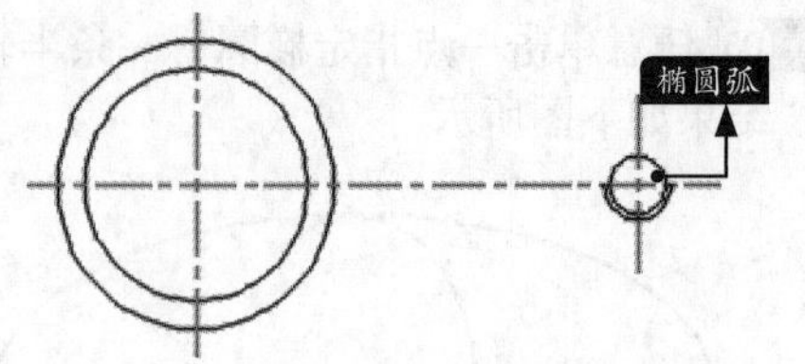

步骤03 调用【椭圆弧】命令，捕捉左侧大圆的象限点和上步绘制的圆弧的端点为轴端点，然后输入另一条半轴的长度10，如下图所示。

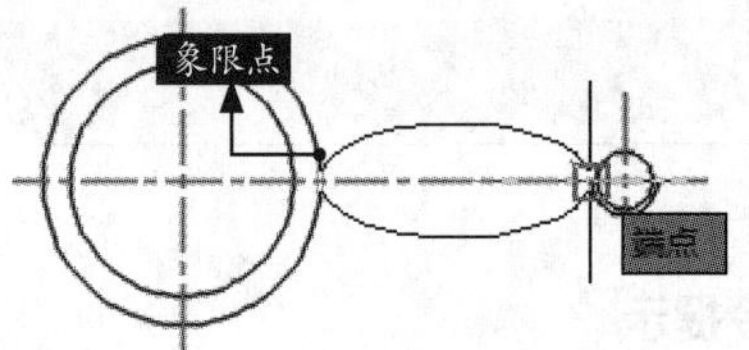

步骤04 捕捉圆弧的左侧端点为起点角度，左侧大圆的右侧象限点为端点角度，结果如下图所示。

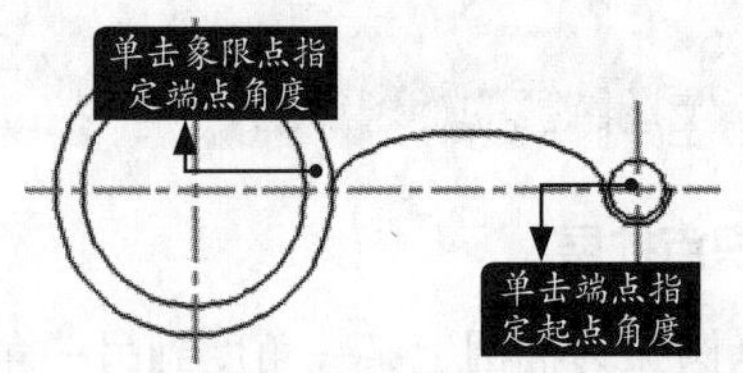

步骤05 重复【椭圆弧】命令，捕捉左侧大圆的象限点和上步绘制的圆弧的端点为轴端点，然后输入另一条半轴的长度10，如下图所示。

命令：_ellipse
指定椭圆的轴端点或 [圆弧 (A)/ 中心点 (C)]：_a
指定椭圆弧的轴端点或 [中心点 (C)]：c
指定椭圆弧的中心点： // 捕捉左侧大圆的圆心
指定轴的端点： // 捕捉圆弧的右侧端点
指定另一条半轴长度或 [旋转 (R)]： // 捕捉大圆的象限点
指定起点角度或 [参数 (P)]： // 捕捉圆弧的右侧端点
指定端点角度或 [参数 (P)/ 夹角 (I)]： // 捕捉大圆的象限点

结果如下图所示。

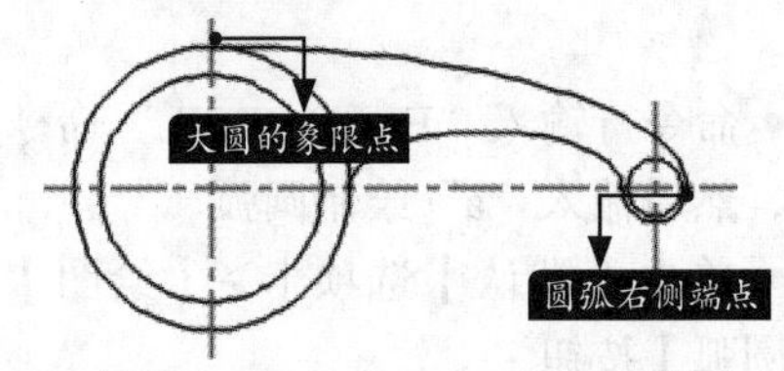

4.9 绘制圆环

圆环是填充环或实体填充圆，即带有宽度的闭合多段线。

4.9.1 圆环

1. 命令调用方法

在AutoCAD 2021中调用【圆环】命令的方法通常有以下三种。

- 选择【绘图】➤【圆环】菜单命令。
- 命令行输入“DONUT/DO”命令并按空格键。
- 单击【默认】选项卡➤【绘图】面板➤【圆环】按钮。

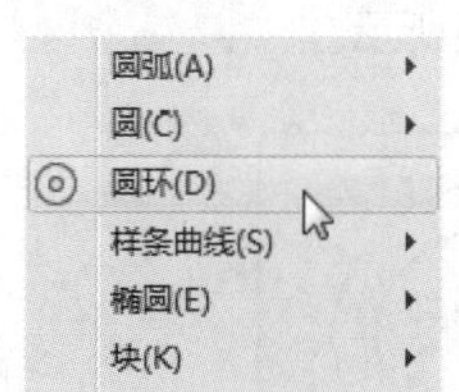

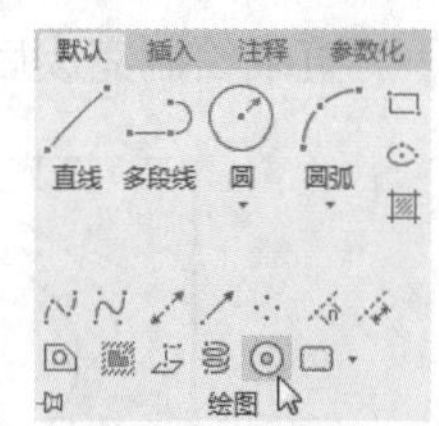

2. 命令提示

调用【圆环】命令之后，命令行会进行如下提示。

> 命令：_donut
> 指定圆环的内径 <0.5000>:

3. 知识点扩展

如果指定圆环内径为0，则可绘制实心填充圆。

4.9.2 实战演练——绘制电路符号

下面利用圆环命令绘制电路符号，具体操作步骤如下。

步骤 01 打开“素材\CH04\电路图.dwg”文件，如下图所示。

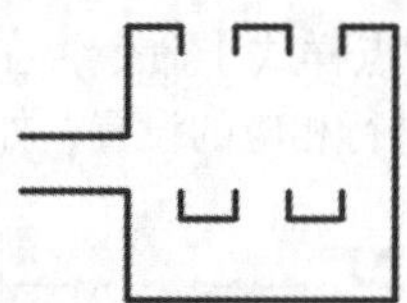

步骤 02 调用【圆环】命令，命令行提示如下。

> 命令：_donut
> 指定圆环的内径 <0.5000>: 10
> 指定圆环的外径 <1.0000>: 15
> 指定圆环的中心点或 < 退出 >: fro 基点：// 捕捉端点
> < 偏移 >: @0,-7.5
> …… // 重复指定圆环中心
> 指定圆环的中心点或 < 退出 >:
> // 按回车键退出命令

结果如下图所示。

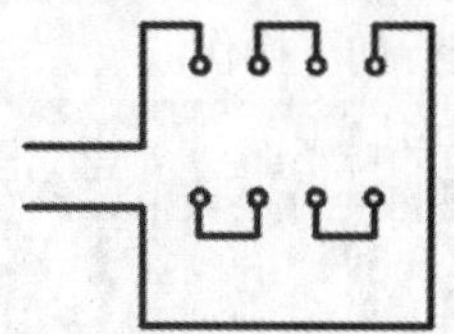

步骤 03 重复调用【圆环】命令，绘制两个内径为0、外径为20的圆环，结果如下图所示。

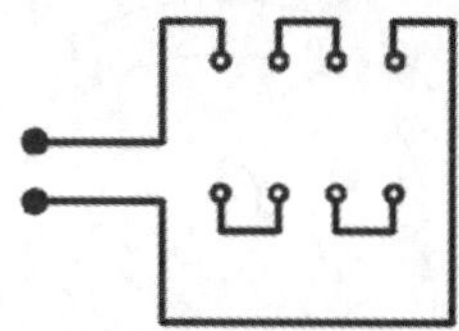

4.10 综合应用——绘制单盆洗手池

前面对“圆”“圆弧”“椭圆”和“椭圆弧”命令进行了介绍，接下来通过绘制洗手池实例来讲解“圆”“椭圆”和“椭圆弧”命令的操作。

步骤 01 新建一个AutoCAD文件，然后调用【圆心、半径】绘圆命令，以坐标系原点为圆心，绘制半径分别为15和40的两个圆。

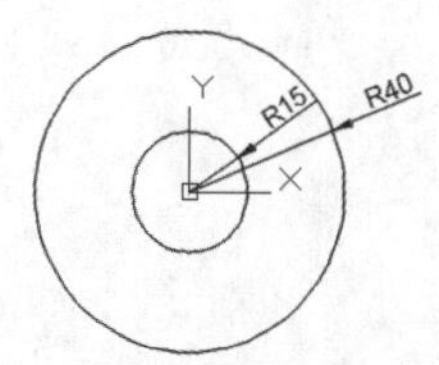

步骤02 调用【圆心】绘制椭圆命令，根据命令行提示进行如下操作。

命令：_ellipse

指定椭圆的轴端点或 [圆弧 (A)/ 中心点 (C)]：_c

指定椭圆的中心点：　（以坐标原点为中心点）

指定轴的端点：210,0

指定另一条半轴长度或 [旋转 (R)]：145

椭圆绘制完成后如下图所示。

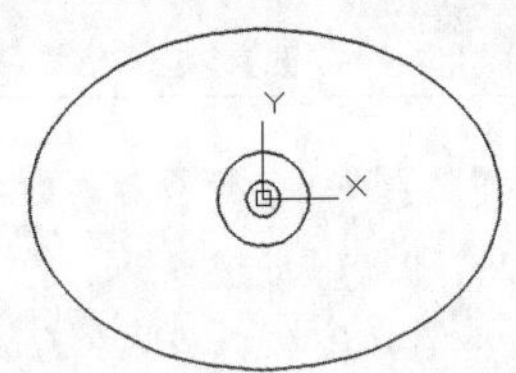

步骤03 调用【轴、端点】绘制椭圆命令，根据命令行提示进行如下操作。

命令：_ellipse

指定椭圆的轴端点或 [圆弧 (A)/ 中心点 (C)]：265,0

指定轴的另一个端点：-265,0

指定另一条半轴长度或 [旋转 (R)]：200

椭圆绘制完成后如下图所示。

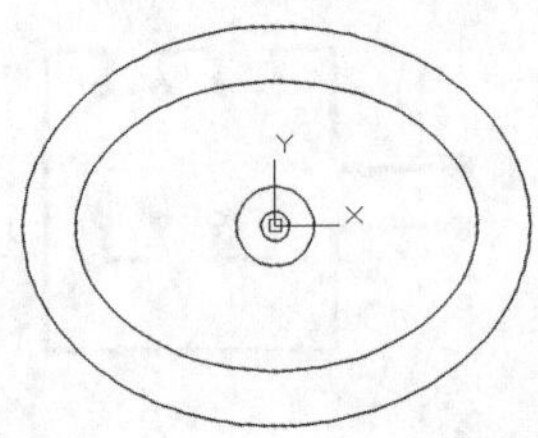

步骤04 调用【直线】命令，根据命令行提示进行如下操作。

命令：_line

指定第一点：-360,-100

指定下一点或 [放弃 (U)]：-360,250

指定下一点或 [放弃 (U)]：360,250

指定下一点或 [闭合 (C)/ 放弃 (U)]：360,-100

指定下一点或 [闭合 (C)/ 放弃 (U)]：↙

直线绘制完成后如下图所示。

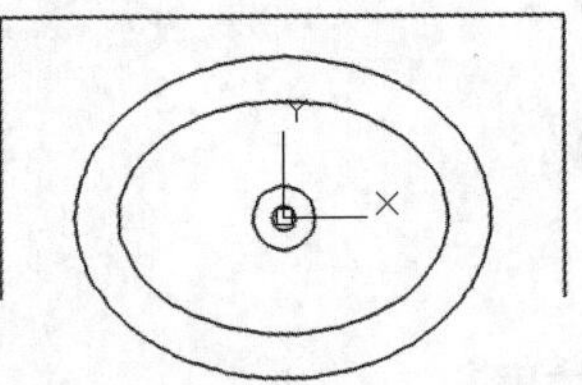

步骤05 调用【起点、端点、半径】绘制圆弧命令，分别捕捉下图所示的*A*点和*B*点作为起点和端点，然后输入半径值500，结果如下图所示。

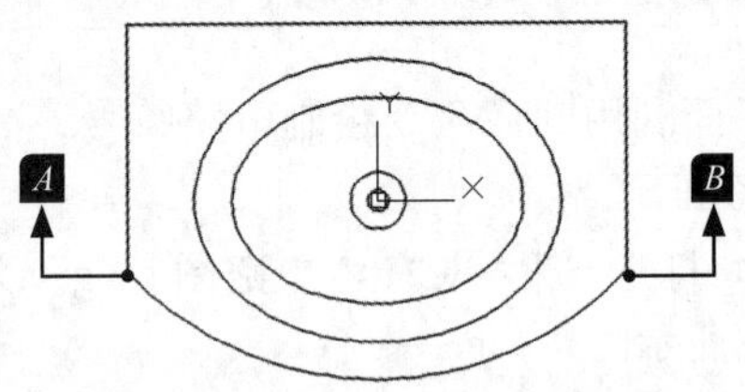

步骤06 调用【点样式】命令，在弹出的“点样式”对话框中进行相应的设置，如下图所示。

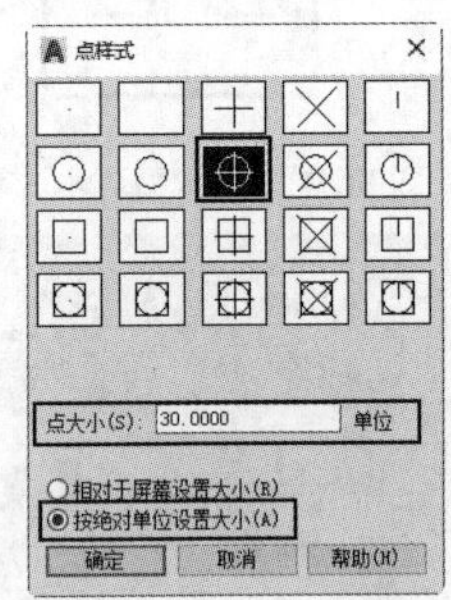

步骤07 调用【多点】命令，绘制三个点，坐标分别为（-60,160）（0,170）（60,160），结果如下图所示。

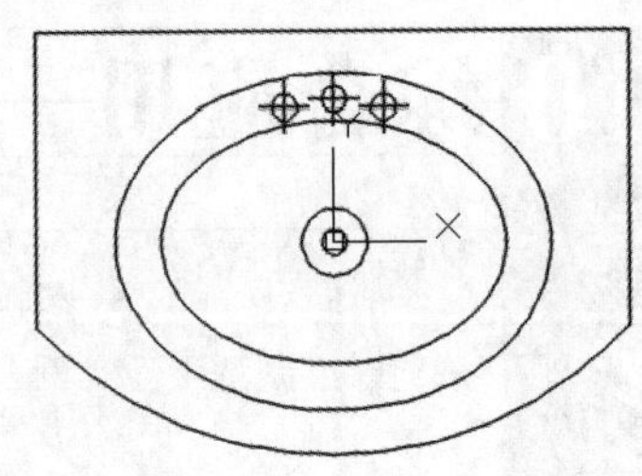

4.11 综合应用——绘制台灯罩平面图

绘制台灯罩平面图主要需用到圆、等分点和直线命令，具体操作步骤如下。

步骤 01 新建一个AutoCAD文件，然后在命令行输入“C”并按空格键，在绘图区域任意单击一点作为圆心，绘制一个半径为150的圆形，结果如下图所示。

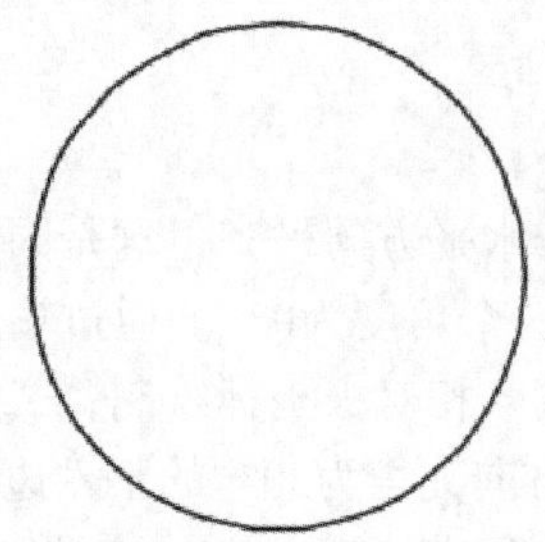

步骤 02 重复调用【圆】命令，绘制一个半径为50的圆形，命令行提示如下。

```
命令：CIRCLE
指定圆的圆心或 [ 三点 (3P)/ 两点 (2P)/ 切点、切点、半径 (T)]: fro 基点：    // 捕捉
R=150 的圆的圆心
< 偏移 >: @-20,20
指定圆的半径或 [ 直径 (D)] <150.0000>: 50
```

结果如下图所示。

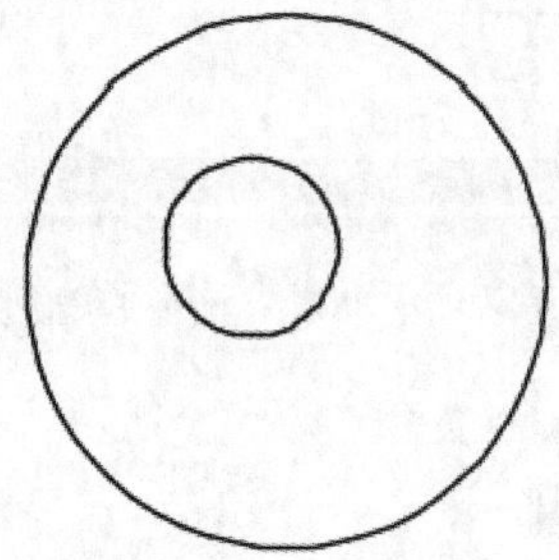

步骤 03 选择【格式】➤【点样式】菜单命令，在弹出的【点样式】对话框中选择一种适当的点样式，并进行相关设置，然后单击【确定】按钮，如右上图所示。

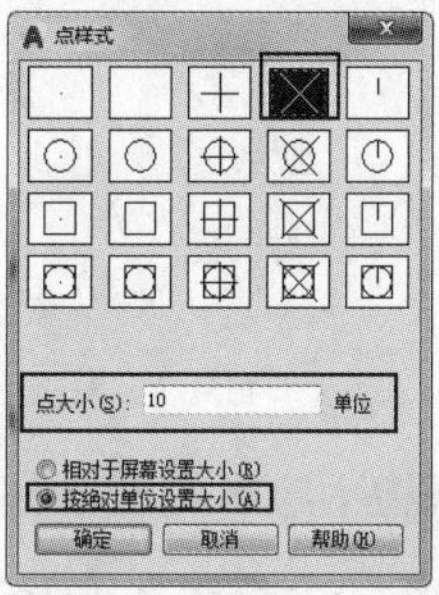

步骤 04 在命令行输入“DIV”并按空格键，将前面绘制的两个圆进行十等分，结果如下图所示。

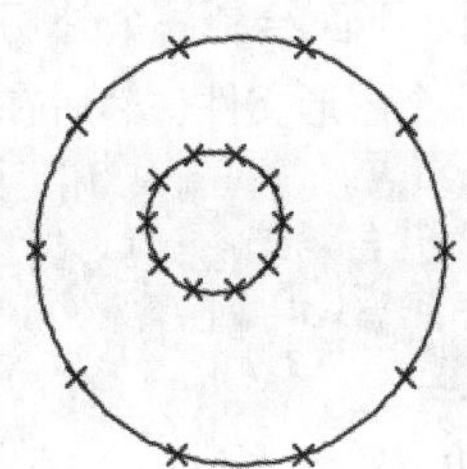

步骤 05 在命令行输入“L”并按空格键，将等分点连接起来，结果如下图所示。

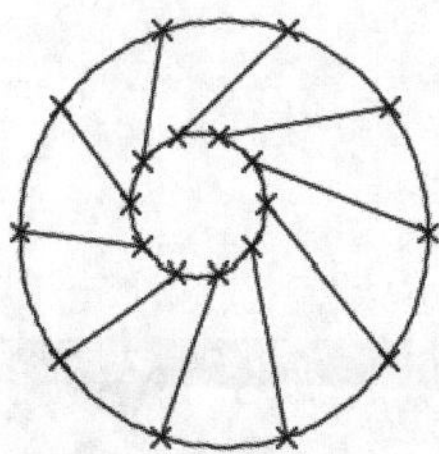

步骤 06 选择所有等分点，并按键盘【Del】键将所选的等分点删除，结果如下图所示。

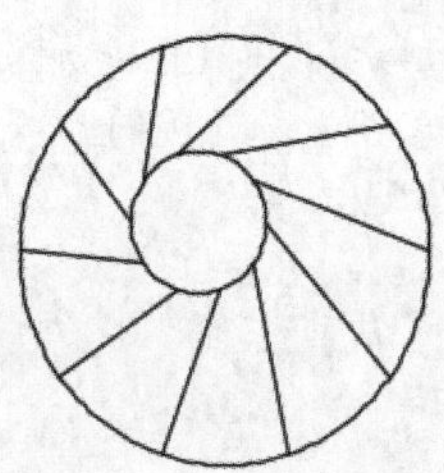

疑难解答

1. 绘制圆弧的七要素

下左图是绘制圆弧时可以使用的各种要素，下右图是绘制圆弧的流程图。

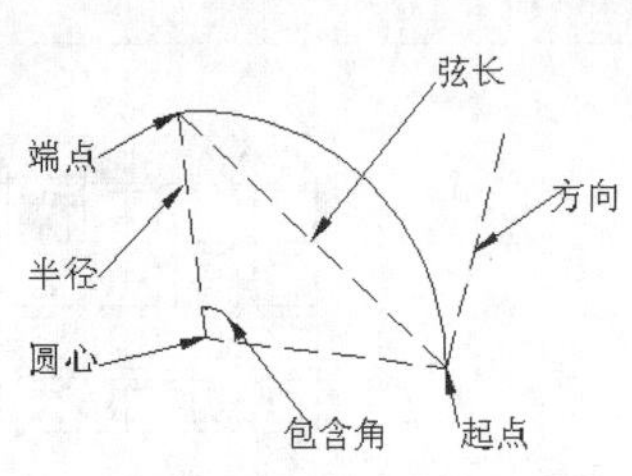

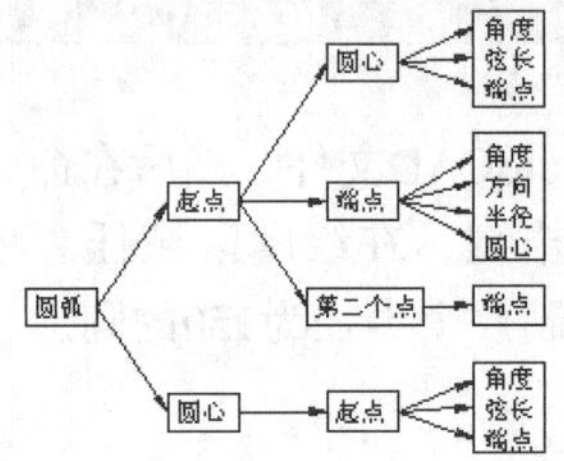

2. 如何绘制底边不与水平方向平齐的正多边形

在用输入半径值绘制多边形时，所绘制的多边形底边都与水平方向平齐，这是因为多边形底边自动与事先设定好的捕捉旋转角度对齐，而AutoCAD默认这个角度为0°。通过输入半径值绘制底边不与水平方向平齐的多边形，有两种方法：一是通过输入相对极坐标绘制，二是通过修改系统变量绘制。下面绘制一个外切圆半径为200、底边与水平方向夹角为30°的正六边形。

步骤01 新建一个图形文件，然后在命令行输入“Pol”并按空格键，根据命令行提示进行如下操作。

```
命令：POLYGON 输入侧面数 <4>：6
指定正多边形的中心点或 [ 边 (E)]:        // 任意单击一点作为圆心
输入选项 [ 内接于圆 (I)/ 外切于圆 (C)]<I>：c
指定圆的半径：@200<60
```

步骤02 正六边形绘制完成后，结果如下图所示。

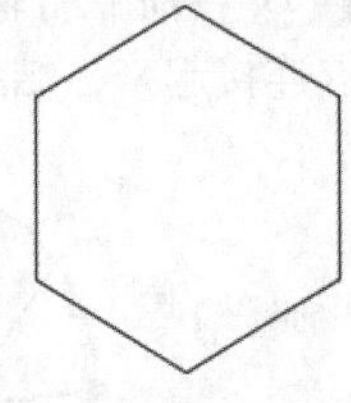

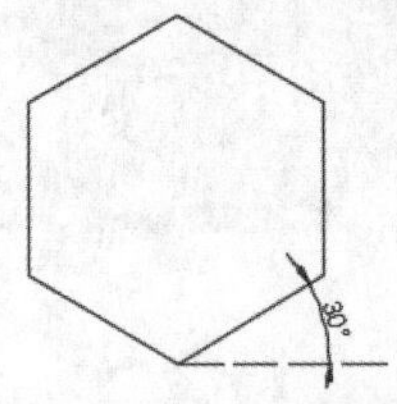

小提示

除输入极坐标的方法外，通过修改系统参数“SNAPANG”也可以完成上述多边形的绘制，操作步骤如下。

（1）在命令行输入“SANPANG”命令并按空格键，将新的系统值设置为30°。

```
命令：SANPANG
输入 SANPANG 的新值 <0>：30
```

（2）在命令行输入【Pol】命令并按空格键，AutoCAD提示如下。

```
命令：POLYGON 输入侧面数 <4>：6
指定正多边形的中心点或 [ 边 (E)]:          // 任意单击一点作为多边形的中心
输入选项 [ 内接于圆 (I)/ 外切于圆 (C)] <I>：c
指定圆的半径：200
```

实战练习

1. 绘制以下图形。

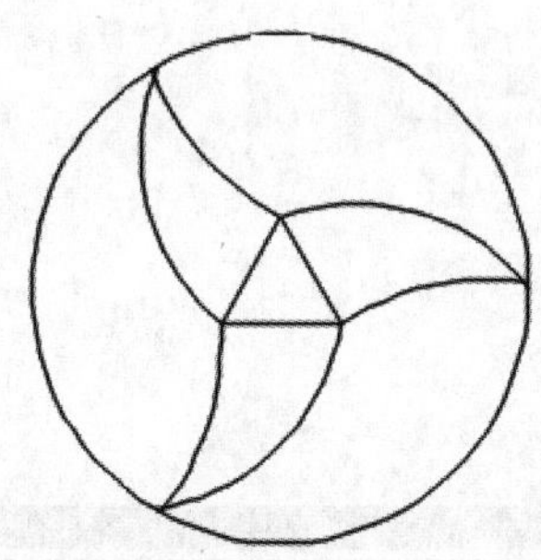

思路及方法：

（1）绘制一个半径为170的圆；

（2）利用多边形命令，绘制一个中心在圆心、内接于半径为47.5的圆的正三角形；

（3）将圆三等分，等分之前先设置点样式；

（4）通过【起点、端点、半径】绘制圆弧，圆弧的半径分别为150和185。

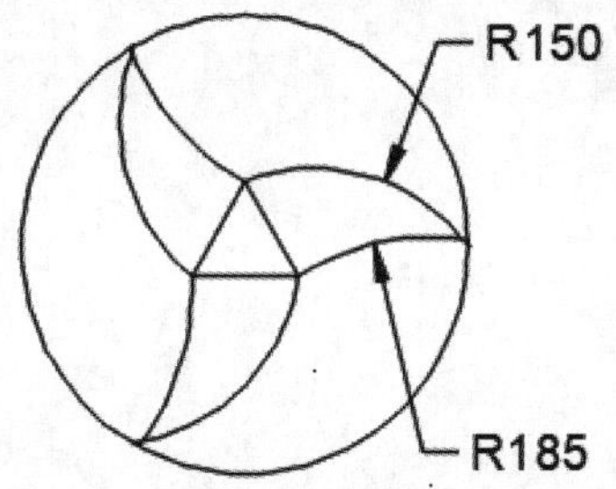

2. 绘制以下图形。

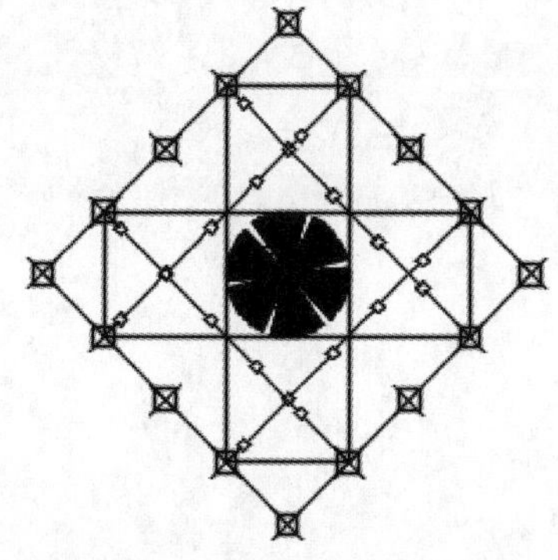

思路及方法：

（1）利用多边形命令，绘制一个外切于半径为100的圆的正方形，输入半径时输入“@100<45”。

（2）将正方形十六等分，等分之前先设置点样式。

（3）利用矩形命令，绘制两个矩形。

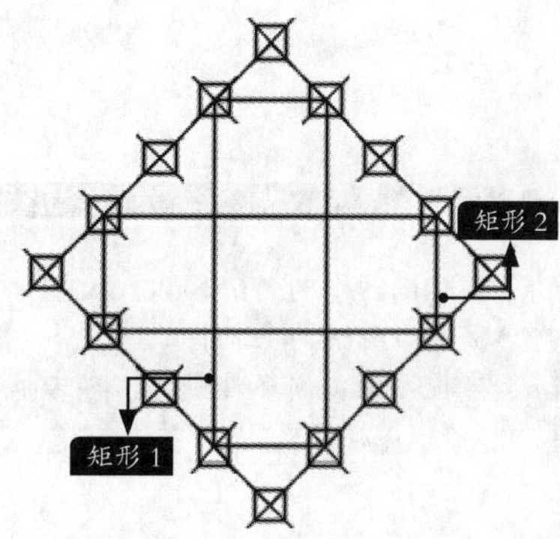

（4）通过【默认】➤【特性】面板的线型下拉列表，加载线型【FENCELINE2】并选择，将其设置为当前样式。

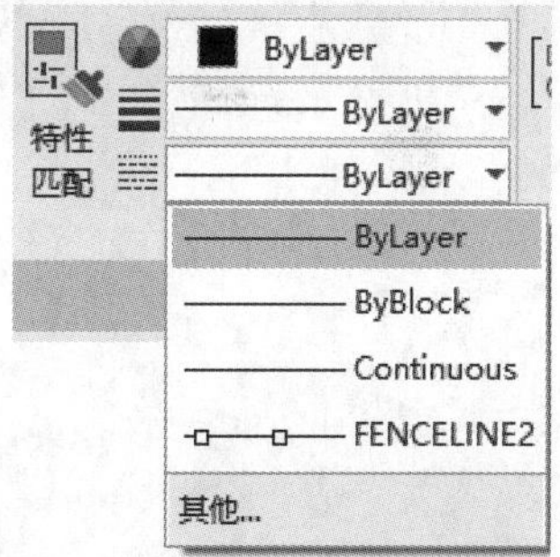

（5）通过直线命令，绘制4条直线。

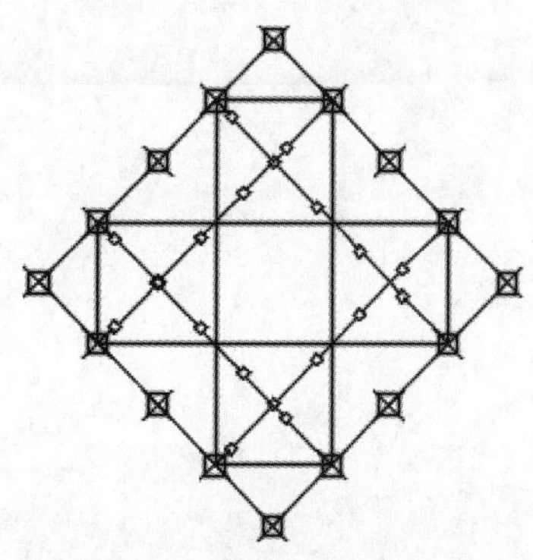

（6）通过圆环命令，绘制一个内径为0、外径长度为内部正方形边长的圆环，并将该圆

环放置在正方形的中心。

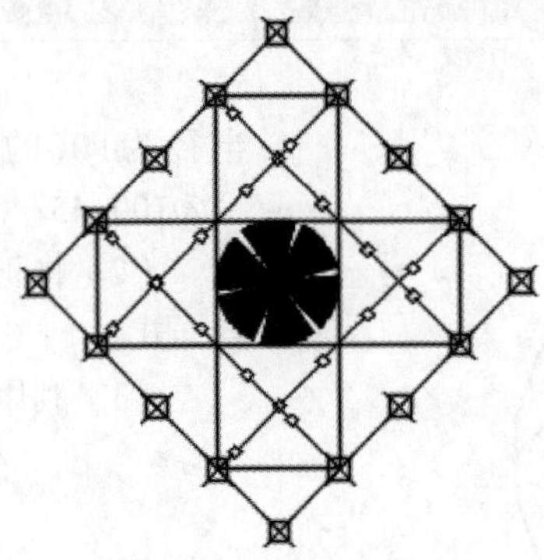

小提示

（1）圆环的线型为“FENCELINE2”。
（2）提前设置好对象捕捉。
（3）当提示指定圆环外径时，单击捕捉中间正方形的中点。

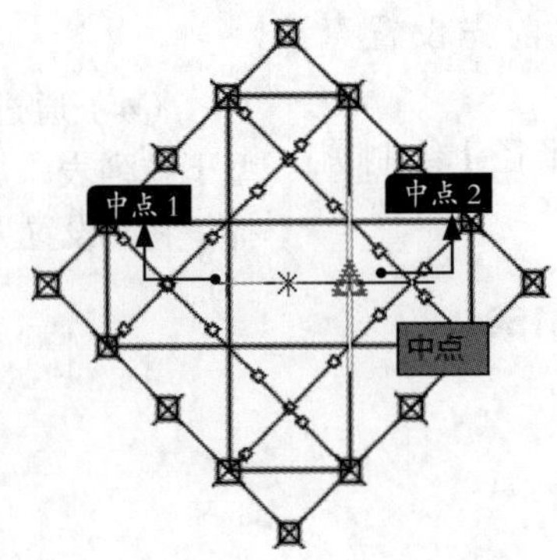

第5章

编辑二维图形对象

学习目标

单纯地使用绘图命令，只能创建一些基本的图形对象。如果要绘制复杂的图形，在很多情况下必须借助图形编辑命令。AutoCAD 2021提供了强大的图形编辑功能，可以帮助用户合理地构造和组织图形，既保证绘图的精确性，又简化绘图的操作，从而极大地提高绘图效率。

学习效果

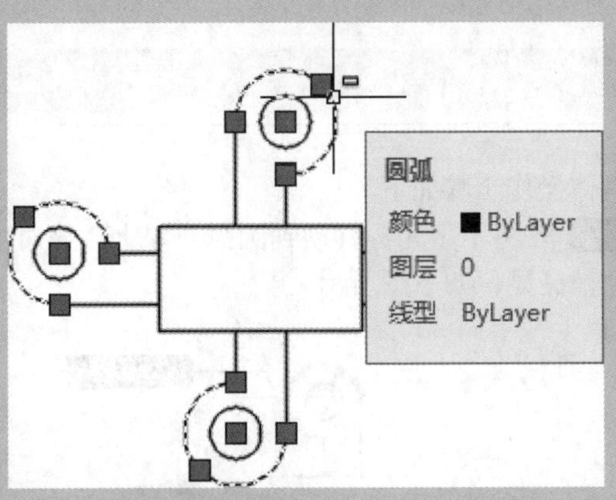

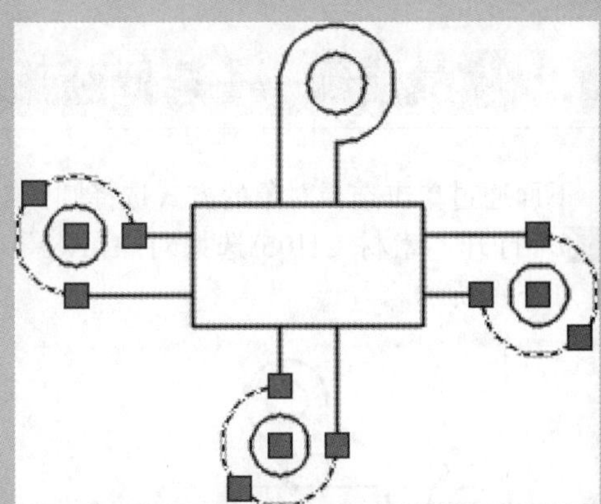

5.1 选择对象

在AutoCAD中创建的每个几何图形都是一个AutoCAD对象。AutoCAD对象具有很多形式，如直线、圆、标注、文字、多边形和矩形等都是对象。

在AutoCAD中，选择对象是一个非常重要的环节，通常在执行编辑命令前先选择对象。因此，选择命令会频繁使用。

5.1.1 单个选取对象

1. 命令调用方法

将十字光标移至需要选择的图形对象上单击即可选中该对象。

2. 知识点扩展

选择对象时可以选择单个对象，也可以通过多次选择单个对象实现对多个对象的选择。对于重叠对象可以利用【选择循环】功能进行相应对象的选择，如下图所示。

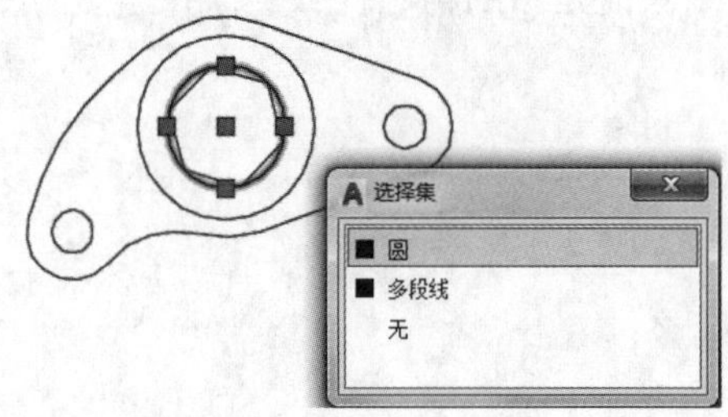

5.1.2 实战演练——选择圆弧对象

下面通过单击选择对象的方式选择圆弧对象，具体操作步骤如下。

步骤 01 打开“素材\CH05\选择对象.dwg”文件，如下图所示。

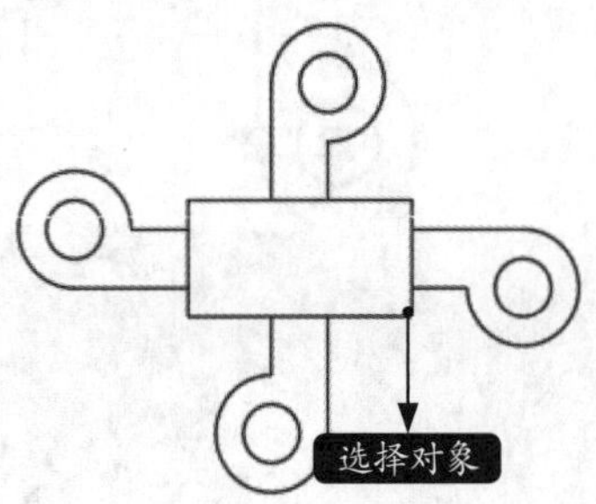

步骤 02 将十字光标移动到圆弧对象上，该对象会被亮显，如下图所示。

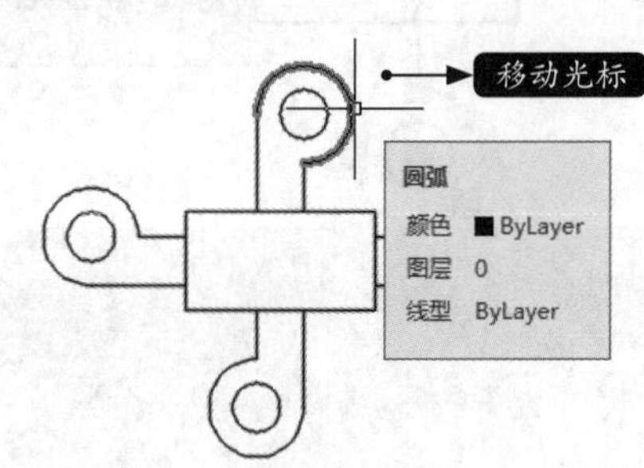

步骤 03 单击即可选择该对象，选中后对象呈夹点显示，如下图所示。

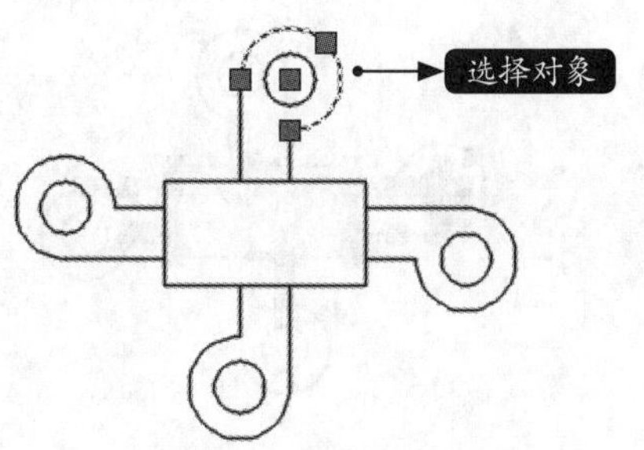

步骤 04 继续单击对象，可以重复选择，但是每次都是选取单个对象。

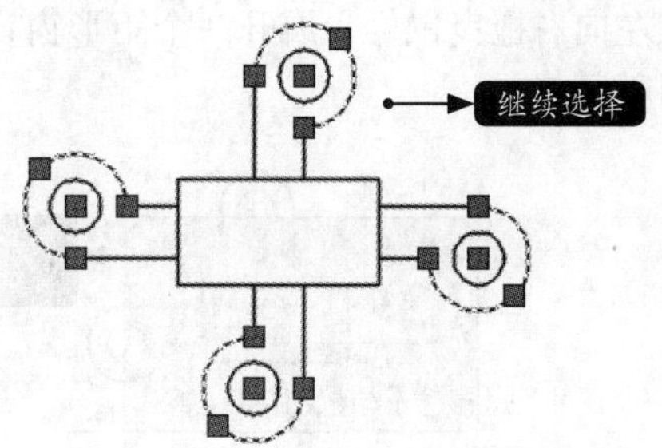

步骤 05 按【Esc】键即可取消选择该对象。

小提示

AutoCAD允许先选择对象再执行命令，也允许先执行命令再选择对象。如果是前者，选择对象时，对象周围会出现夹点（如上面的选择）；如果是先执行命令再选择对象，则选择的对象不会出现夹点。

如果先选择对象再执行命令，按住【Shift】键，将鼠标放置到选中的对象上，当出现“—”时，单击鼠标可以将选中的对象取消。

如果先执行命令再选择对象，则按住【Shift】键，直接单击选中的对象即可将其取消。

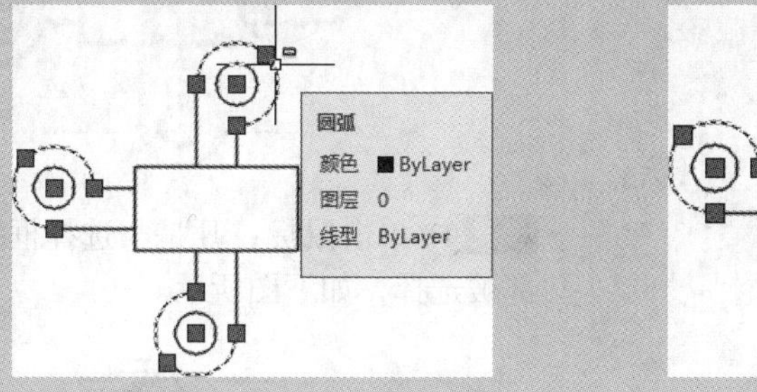

5.1.3 选取多个对象

1. 命令调用方法

可以采用窗口选择和交叉选择两种方法中的任意一种。窗口选择对象时，只有整个对象都在选择框中，对象才会被选择；交叉选择对象时，只要对象和选择框相交就会被选择。

2. 知识点扩展

如果先执行命令再选择对象，当命令行提示选择对象时输入“p”，可以选择上一个命令选择的对象，但对于上一步使用夹点进行对象编辑时（关于夹点编辑参见第6章），该方法不能用。

5.1.4 实战演练——同时选择多个图形对象

下面分别采用窗口选择和交叉选择的方式对多个图形对象同时进行选择，具体操作步骤如下。

1. 窗口选择

步骤01 在绘图区域左边空白处单击鼠标，然后从左向右拖曳鼠标，展开一个矩形窗口，如下图所示。

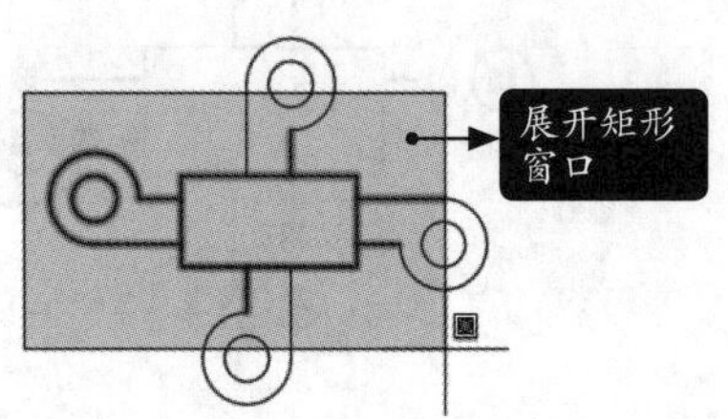

小提示

AutoCAD 2021默认选择是【允许按住并拖动锁套】，选择时如下图所示。

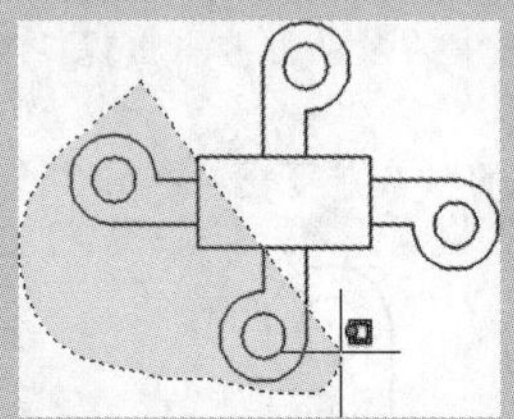

在【选项】➢【选择集】选项卡中，将【允许按住并拖动锁套】关闭，就会出现本例中的情况，选择时只出现矩形框。

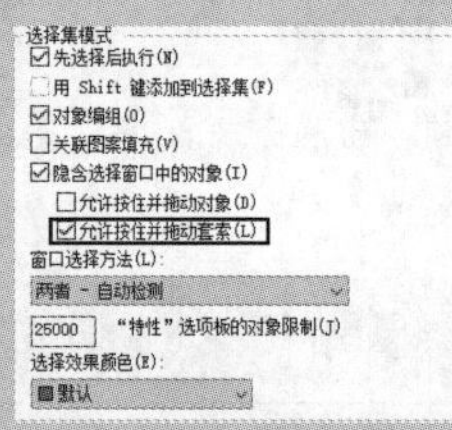

关于【选择集】调用和设置，参见第2.2.4小节。

步骤02 单击鼠标后，完全位于窗口内的对象即被选择，如下图所示。

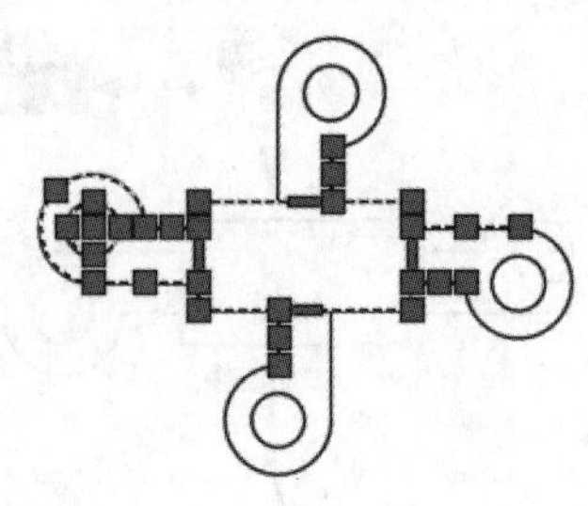

2. 交叉选择

步骤01 在绘图区右边空白处单击鼠标，然后从右向左拖曳鼠标，展开一个矩形窗口，如下图所示。

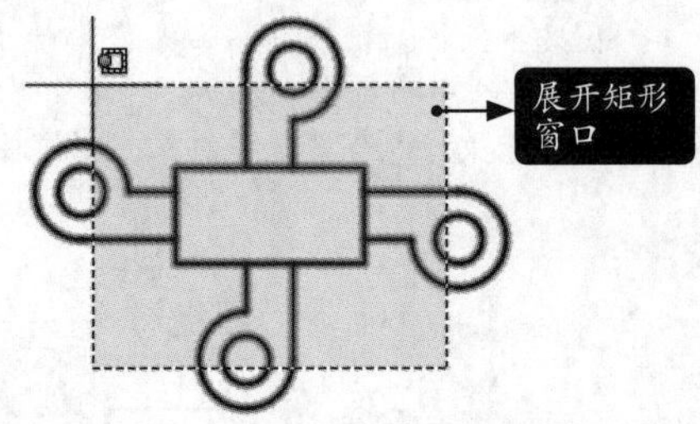

步骤02 单击鼠标，凡是与选择框接触的对象全部被选择，如下图所示。

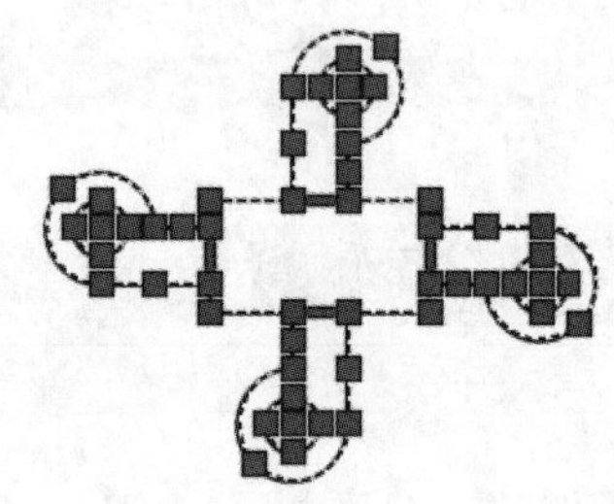

5.2 复制类编辑对象

下面对AutoCAD中复制类图形对象的编辑方法进行详细介绍，包括【复制】【镜像】【偏移】和【阵列】等。

5.2.1 复制

复制，通俗地讲就是把原对象变成多个完全一样的对象。这与现实生活当中复印身份证或求职简历是一个道理。例如，通过【复制】命令，可以很轻松地从单张餐桌复制出多张餐桌，以实现一个完整餐厅的效果。

1. 命令调用方法

在AutoCAD 2021中调用【复制】命令的常用方法有以下4种。

- 选择【修改】➤【复制】菜单命令。
- 命令行输入“COPY/CO/CP”命令并按空格键确认。
- 单击【默认】选项卡➤【修改】面板中的【复制】按钮。
- 选择对象后单击鼠标右键，在快捷菜单中选择【复制选择】命令。

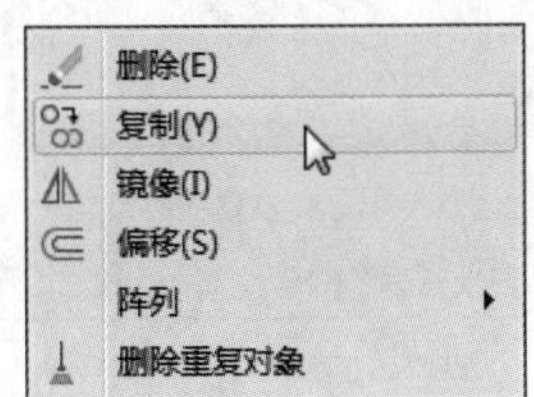

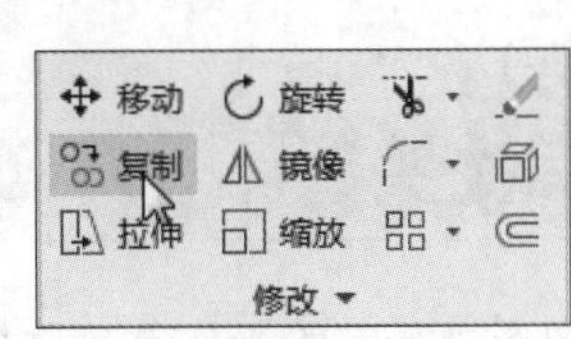

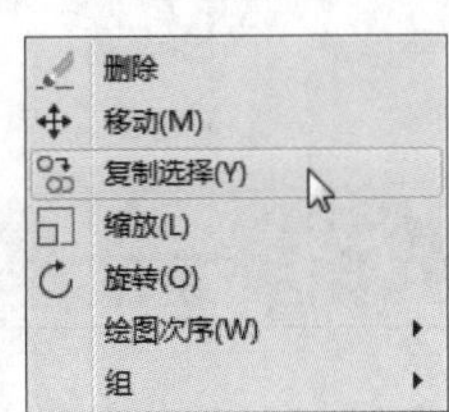

2. 命令提示

调用【复制】命令之后，命令行会进行如下提示。

```
命令：_copy
选择对象：
```

3. 知识点扩展

AutoCAD 2021默认执行一次【复制】命令，可以连续多次复制同一个对象，退出【复制】命令后终止复制操作。

AutoCAD中调用复制命令后，有两种复制方法。一种是指定基点和第二点（目标点）来复制对象，当两个点是可以捕捉得到的点时，通常用这种方法；另一种方法是位移法，该方法通过指定相对位移来进行复制。

5.2.2 实战演练——复制泵盖上的沉头螺栓孔

下面通过【复制】命令对泵盖图形进行完善操作，具体操作步骤如下。

步骤 01 打开“素材\CH05\泵盖.dwg”文件，如下图所示。

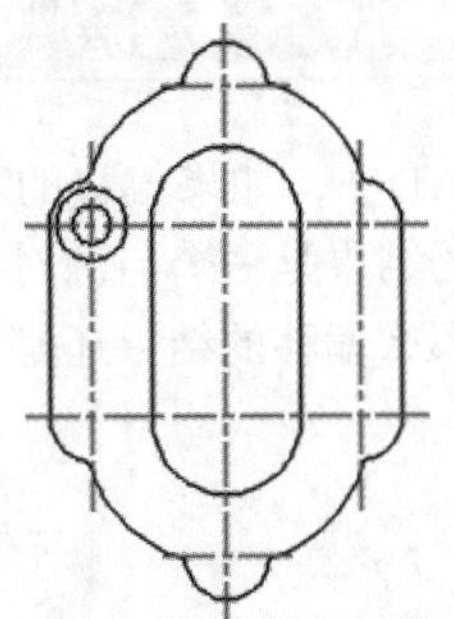

步骤 02 调用【复制】命令，在绘图区域选择需要复制的对象，按【Enter】键确认，捕捉圆心作为复制基点。

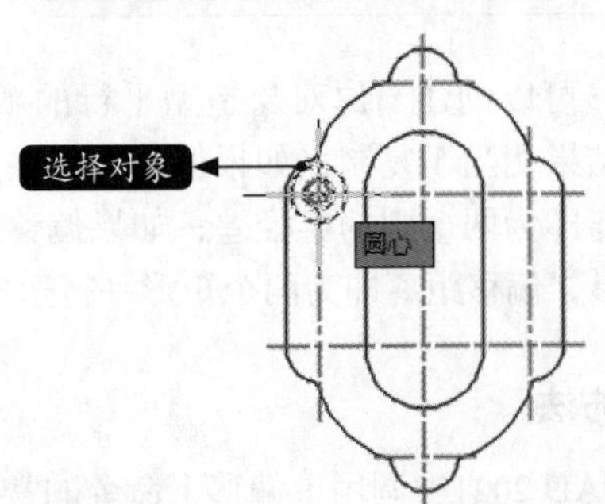

步骤03 捕捉圆弧的圆心为复制的第二个点，如下图所示。

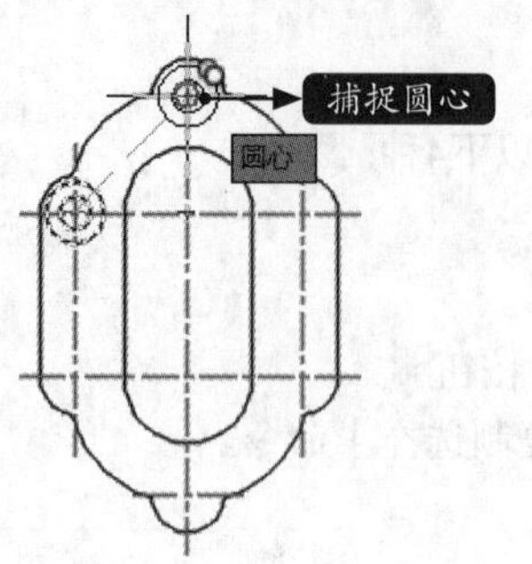

步骤04 继续捕捉复制的第二个点，结果如下图所示。

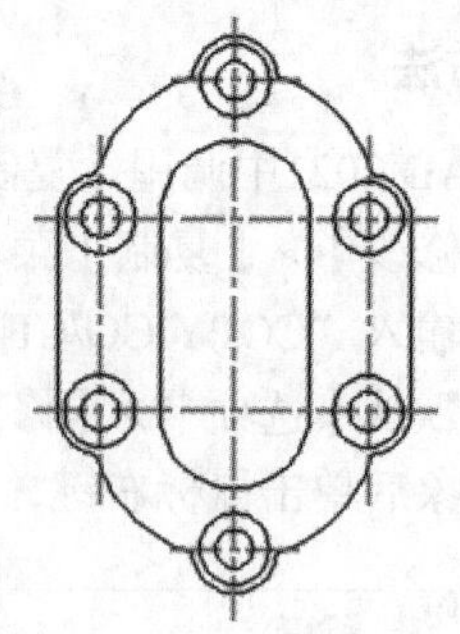

5.2.3 实战演练——复制枕头

下面通过【复制】命令对枕头图形进行完善操作，具体操作步骤如下。

步骤01 打开“素材\CH05\床.dwg”文件，如下图所示。

步骤02 调用【复制】命令，在绘图区域选择枕头作为需要复制的对象，按【Enter】键确认，任意单击一点作为复制基点。

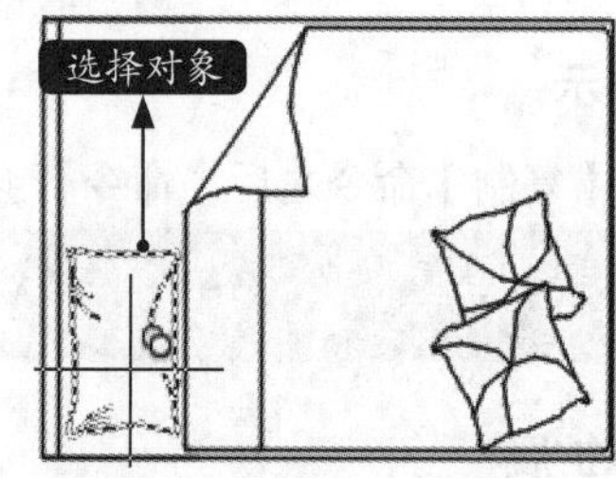

步骤03 在命令行中输入“@0,700”后按【Enter】键确认，以指定复制的第二个点，结果如下图所示。

5.2.4 偏移

通过偏移可以创建与原对象造型平行的新对象。在AutoCAD中，如果偏移的对象为直线，那么偏移的结果相当于复制；如果偏移的对象是圆，那么偏移的结果是一个与源对象同心的同心圆，偏移距离即为两个圆的半径差；如果偏移的对象是矩形，那么偏移的结果还是一个与源对象同中心的矩形，偏移距离即为两个矩形平行边之间的距离。

1. 命令调用方法

在AutoCAD 2021中调用【偏移】命令的常用方法有以下三种。

● 选择【修改】➢【偏移】菜单命令。

● 命令行输入“OFFSET/O”命令并按空格键确认。

● 单击【默认】选项卡➢【修改】面板中的【偏移】按钮。

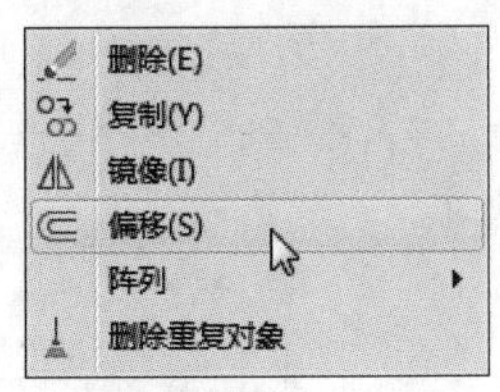

2. 命令提示

调用【偏移】命令之后，命令行会进行如下提示。

```
命令：_offset
当前设置：删除源 = 否 图层 = 源 OFFSETGAPTYPE=0
指定偏移距离或 [ 通过 (T)/ 删除 (E)/ 图层 (L)] < 通过 >:
```

3. 知识点扩展

命令行中各选项的含义如下。

● 指定偏移距离：指定需要被偏移的距离值。

● 通过(T)：可以指定一个已知点，偏移后生成的新对象将通过该点。

● 删除(E)：控制是否在执行偏移命令后将源对象删除。

● 图层(L)：确定将偏移对象创建在当前图层还是源对象所在图层上。

5.2.5 实战演练——完善花窗图形

下面通过【偏移】命令对花窗图形进行完善操作，具体操作步骤如下。

步骤 01 打开“素材\CH05\花窗.dwg”文件，如下图所示。

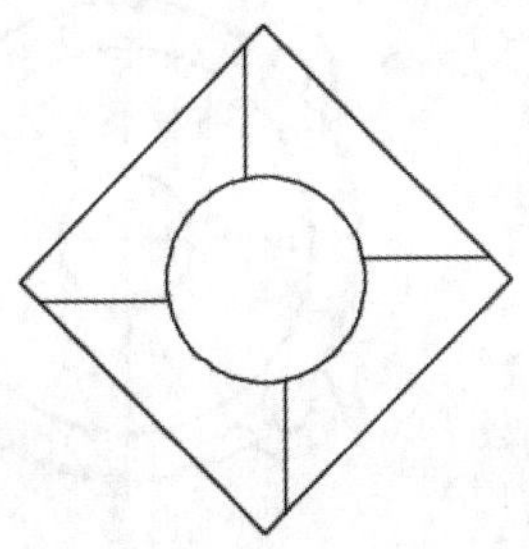

步骤 02 调用【偏移】命令，偏移距离指定为“80”，分别对绘图区域的直线段进行偏移，偏移方向参考下图所示的结果图形。

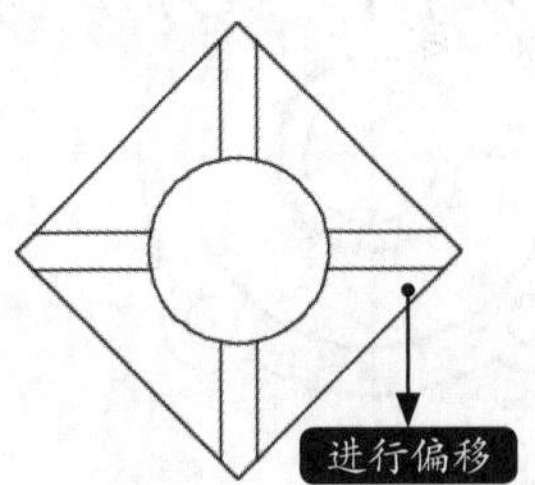

步骤 03 继续调用【偏移】命令，偏移距离指定为“100”，并在绘图区域分别选择圆形和矩形作为需要偏移的对象，将圆形向内侧偏移，矩形向外侧偏移，按【Enter】键确认，结果如下图所示。

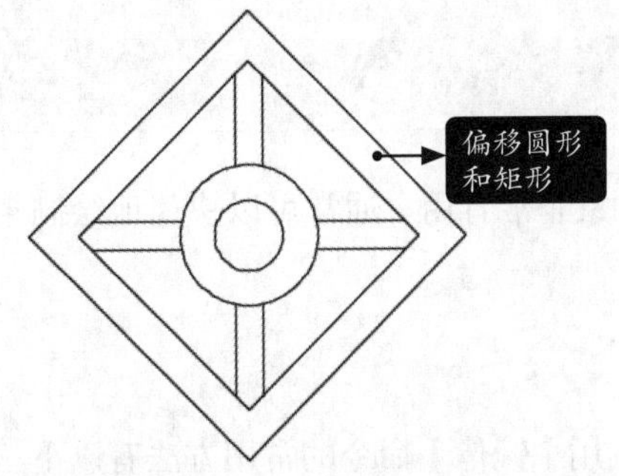

5.2.6 实战演练——修改完善端盖图形

下面通过【偏移】命令对端盖图形进行修改完善操作，具体操作步骤如下。

步骤 01 打开“素材\CH05\端盖.dwg”文件，如下图所示。

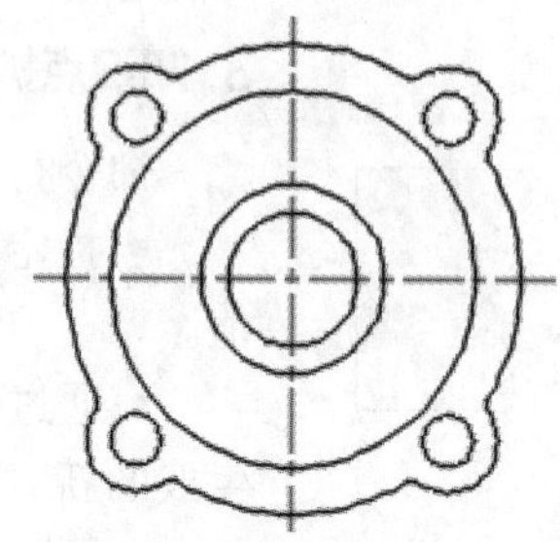

步骤 02 调用【偏移】命令，命令行提示如下：

```
命令：_offset
当前设置：删除源 = 是  图层 = 源  OFFSETGAPTYPE=0
指定偏移距离或 [ 通过 (T)/ 删除 (E)/ 图层 (L)] < 通过 >: e
要在偏移后删除源对象吗？ [ 是 (Y)/ 否 (N)] < 否 >: y
指定偏移距离或 [ 通过 (T)/ 删除 (E)/ 图层 (L)] < 通过 >: L
输入偏移对象的图层选项 [ 当前 (C)/ 源 (S)] < 源 >: c
指定偏移距离或 [ 通过 (T)/ 删除 (E)/ 图层 (L)] < 通过 >:          // 按空格键接受默认选项
选择要偏移的对象，或 [ 退出 (E)/ 放弃 (U)] < 退出 >:          // 选择下左图中要偏移的圆
指定通过点或 [ 退出 (E)/ 多个 (M)/ 放弃 (U)] < 退出 >:          // 捕捉下中图所示的圆心
选择要偏移的对象，或 [ 退出 (E)/ 放弃 (U)] < 退出 >:          // 按空格键退出命令
```

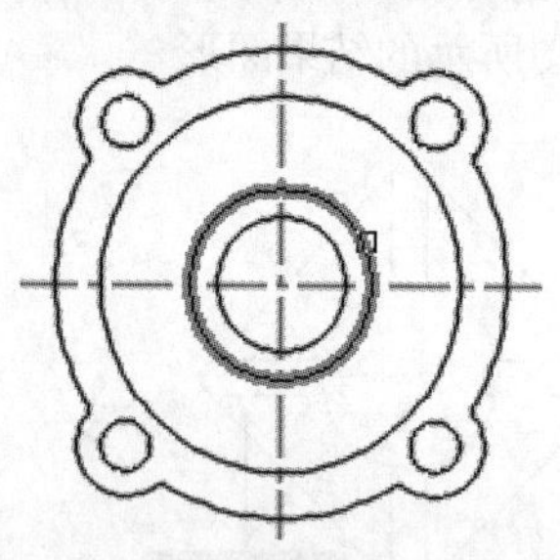

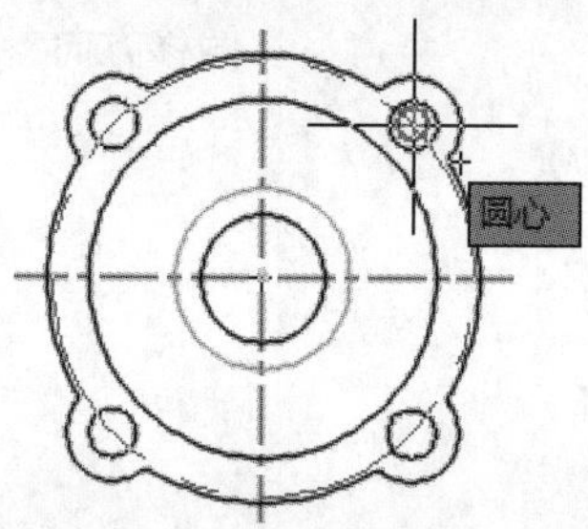

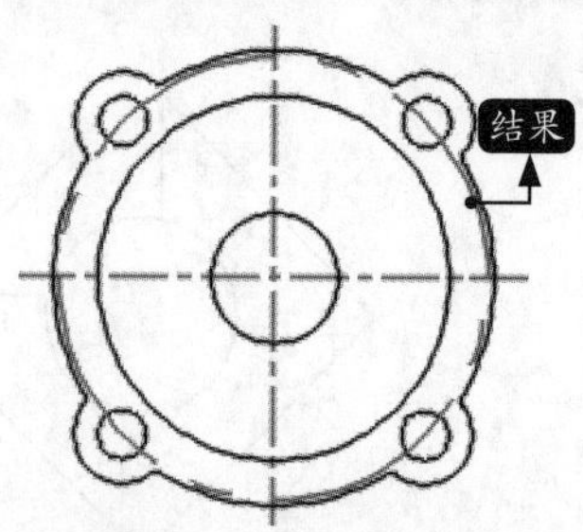

小提示

在执行偏移命令前，先将“点画线”层设置为了当前层。

5.2.7 镜像

镜像对创建对称的对象非常有用。通常可以快速地绘制半个对象，然后将其镜像，而不必绘制整个对象。

1. 命令调用方法

在AutoCAD 2021中调用【镜像】命令的常用方法有以下三种。

- 选择【修改】➢【镜像】菜单命令。
- 命令行输入“MIRROR/MI”命令并按空格键确认。
- 单击【默认】选项卡➢【修改】面板中的【镜像】按钮。

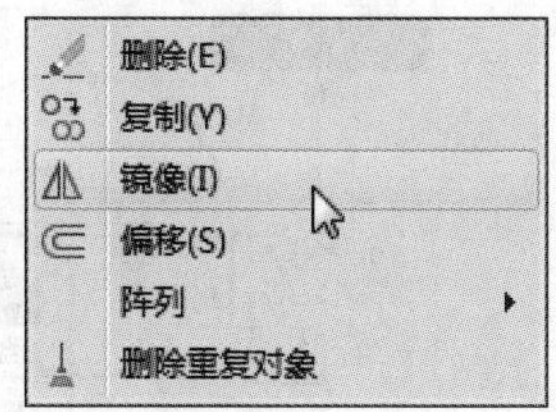

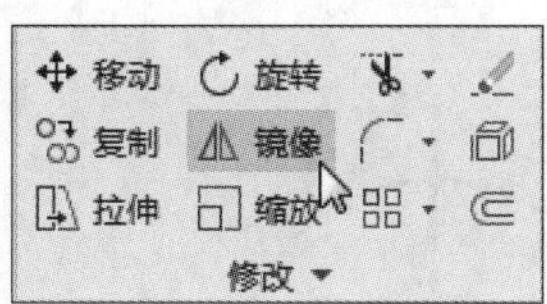

2. 命令提示

调用【镜像】命令之后，命令行会进行如下提示。

```
命令：_mirror
选择对象：
```

3. 知识点扩展

镜像后根据需要可以选择是否保留源对象。

5.2.8 实战演练——完善三通阀

下面通过【镜像】命令对三通阀进行镜像操作，具体操作步骤如下。

步骤 01 打开“素材\CH05\三通阀.dwg”文件，如下图所示。

步骤 02 调用【镜像】命令，在绘图区域选择镜像对象，并按空格键确认。然后在中心线上任意捕捉两个不同位置的点以指定镜像线，如下图所示。

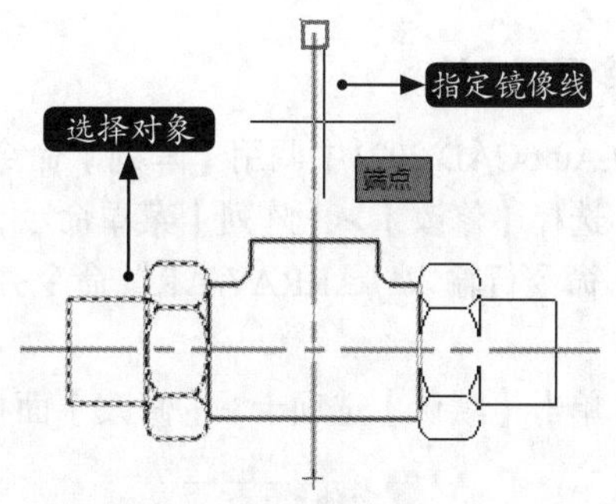

步骤 03 当命令行提示是否删除“源对象”时，输入“N”并按空格键确认，结果如下图所示。

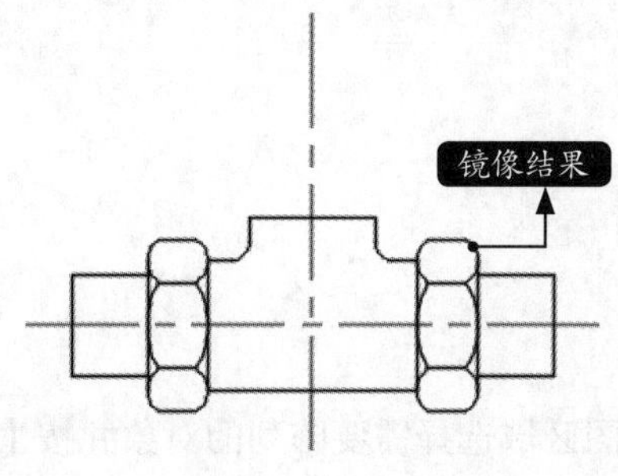

5.2.9 实战演练——修改底座螺栓孔

下面通过【镜像】命令修改底座螺栓孔，具体操作步骤如下。

步骤 01 打开“素材\CH05\底座.dwg”文件，如下图所示。

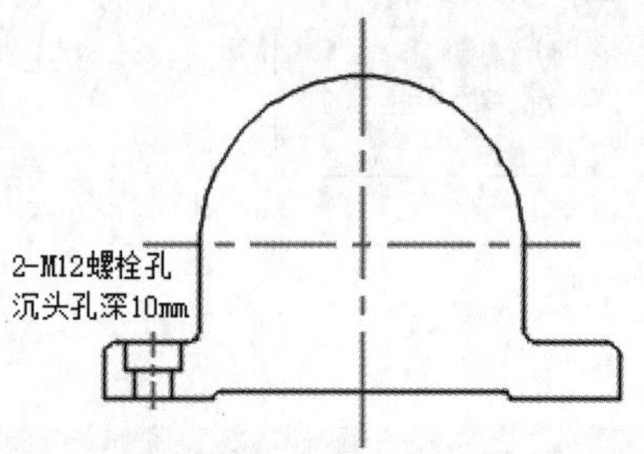

步骤 02 调用【镜像】命令，在绘图区域选择镜像对象，并按空格键确认。然后在中心线上任意捕捉两个不同位置的点以指定镜像线，如右上图所示。

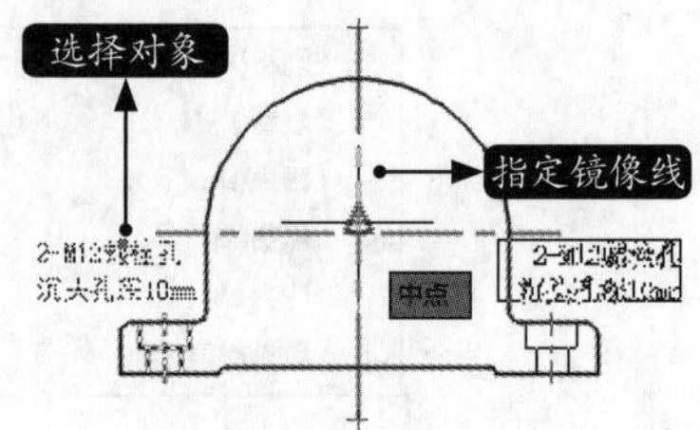

步骤 03 当命令行提示是否删除“源对象”时，输入“Y”并按空格键确认，结果如下图所示。

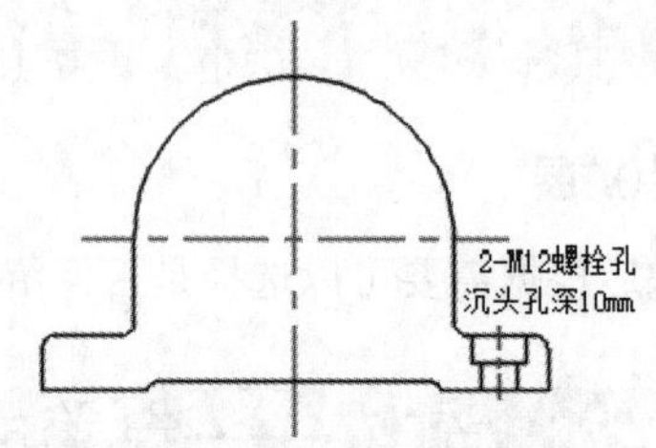

5.2.10 阵列

阵列功能可以为对象快速创建多个副本。在AutoCAD 2021中，阵列可以分为矩形阵列、路径阵列以及环形阵列（极轴阵列）。

1. 命令调用方法

在AutoCAD 2021中调用【阵列】命令的常用方法有以下三种。

- 选择【修改】➢【阵列】菜单命令，然后选择一种阵列方式。
- 命令行输入“ARRAY/AR”命令并按空格键确认，选择需要阵列的对象后再选择一种阵列方式。
- 单击【默认】选项卡➢【修改】面板中的【阵列】按钮，然后选择一种阵列方式。

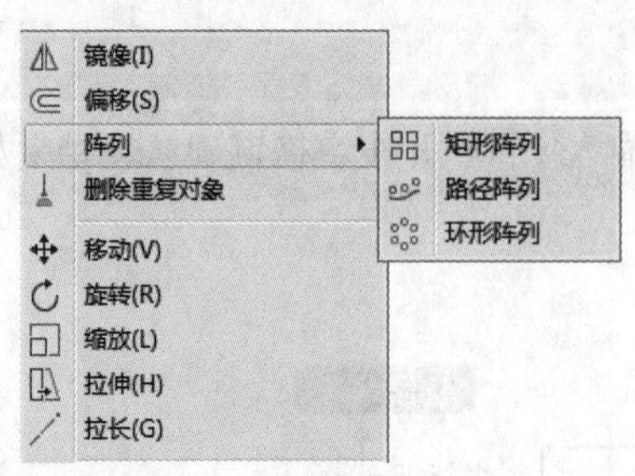

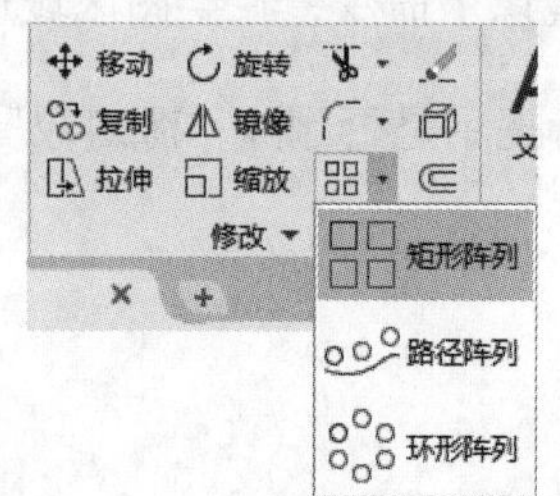

2. 命令提示

调用【AR】命令后，在绘图区域选择需要阵列的对象并按【Enter】键确认，命令行会进行如下提示。

```
命令：ARRAY
选择对象：找到 1 个
选择对象：
输入阵列类型 [ 矩形 (R)/ 路径 (PA)/ 极轴 (PO)] < 矩形 >:
```

3. 知识点扩展

阵列时，在弹出的阵列选项板中可以选择是否对阵列的结果“关联”。如果选择关联，则阵列结果为一个整体，单击结果，可以对阵列结果进行编辑；如果取消“关联”，则阵列结果为多个单体。

5.2.11 实战演练——完善键盘平面图

下面通过【矩形阵列】完善键盘平面图，具体操作步骤如下。

步骤 01 打开“素材\CH05\键盘.dwg”文件，如下图所示。

步骤 02 调用【矩形阵列】命令，在绘图区域选择如下图所示的部分图形作为需要矩形阵列的对象，按空格键确认。

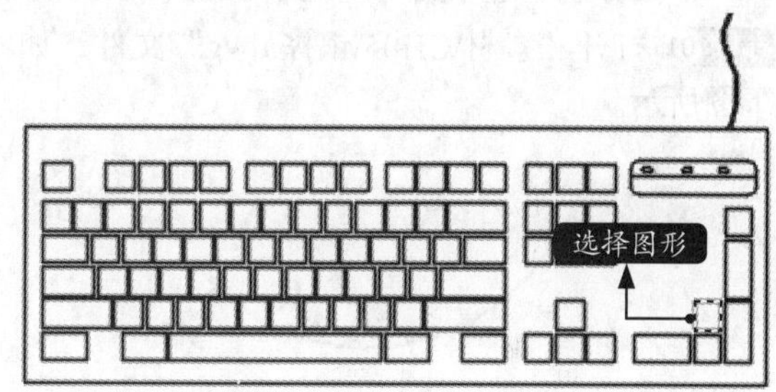

步骤 03 在系统弹出的【阵列创建】选项卡中进行相应设置，如下图所示。

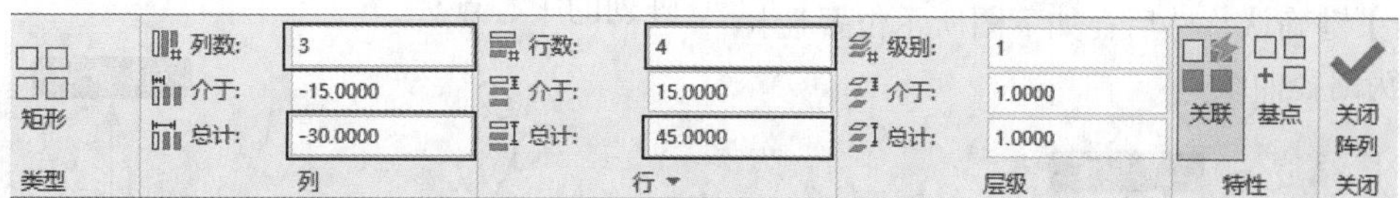

步骤 04 单击【关闭阵列】按钮，结果如下图所示。

小提示

下左图为不关联的结果，下右图为关联的结果。

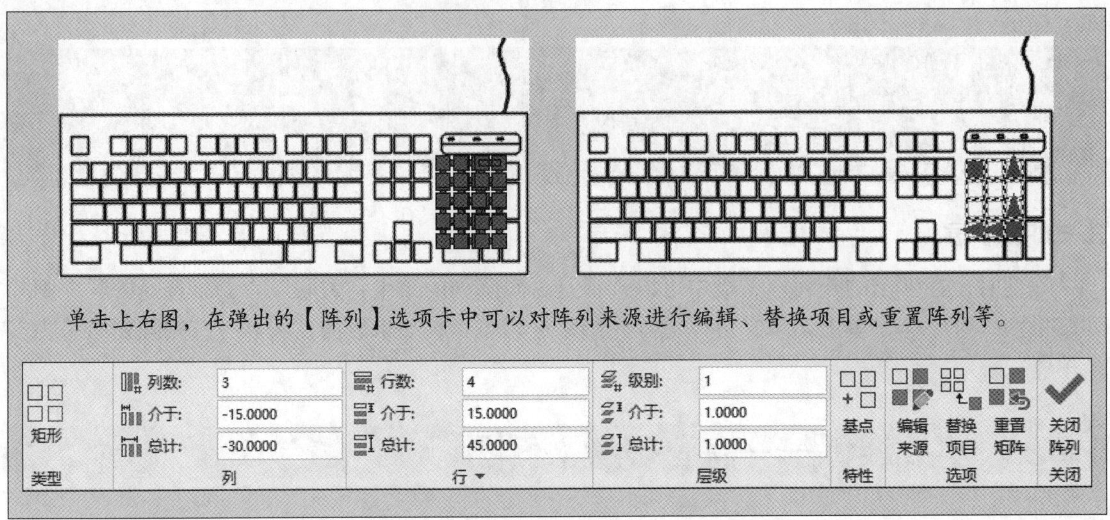

5.2.12 实战演练——绘制银桦图形

下面分别通过【路径阵列】以及【环形阵列】创建银桦图形，具体操作步骤如下。

步骤 01 打开“素材\CH05\银桦.dwg”文件，如下图所示。

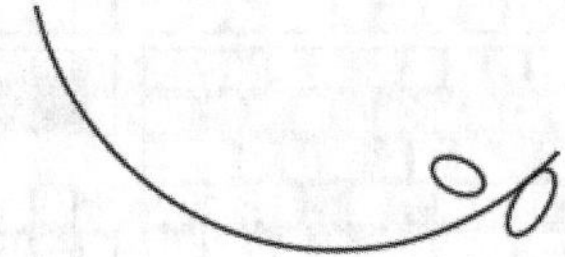

步骤 02 调用【路径阵列】命令，在绘图区域选择两个椭圆形作为需要路径阵列的对象，按【Enter】键确认，然后在如下图所示位置选择圆弧作为路径曲线。

步骤 03 在系统弹出的【阵列创建】选项卡中进行相应设置，如下图所示。

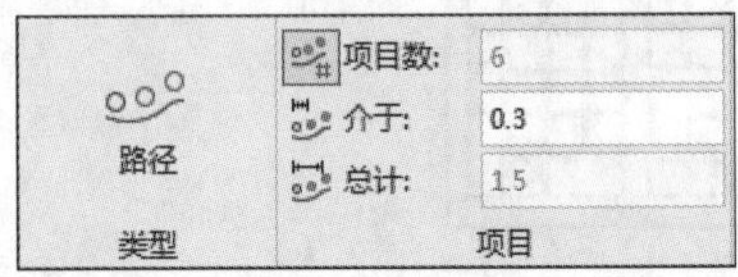

步骤 04 单击【关闭阵列】按钮，结果如右上图所示。

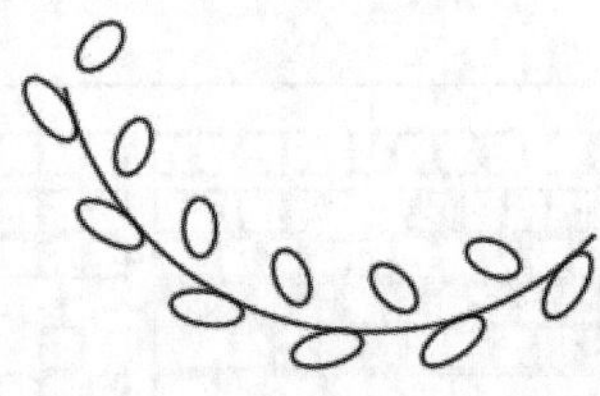

步骤 05 调用【环形阵列】命令，在绘图区域选择全部图形作为需要环形阵列的对象，按【Enter】键确认，并捕捉如下图所示端点作为阵列的中心点。

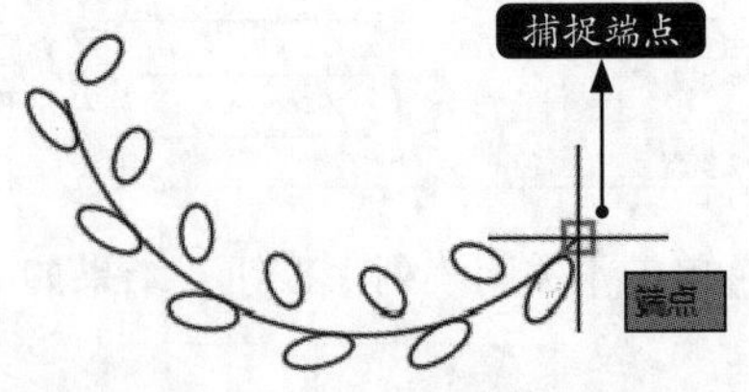

步骤 06 在系统弹出的【阵列创建】选项卡中进行相应设置，如下图所示。

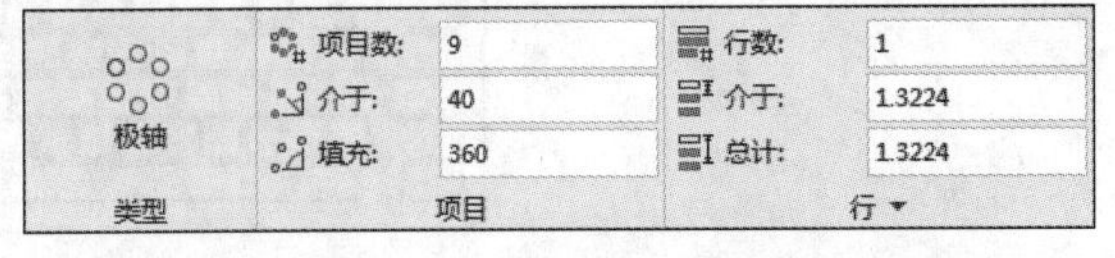

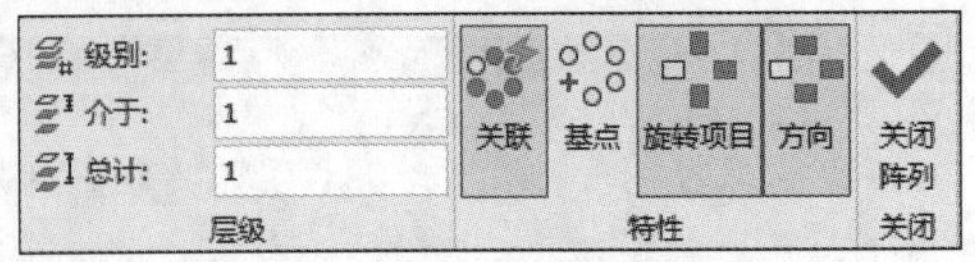

步骤 07 单击【关闭阵列】按钮，结果如下图所示。

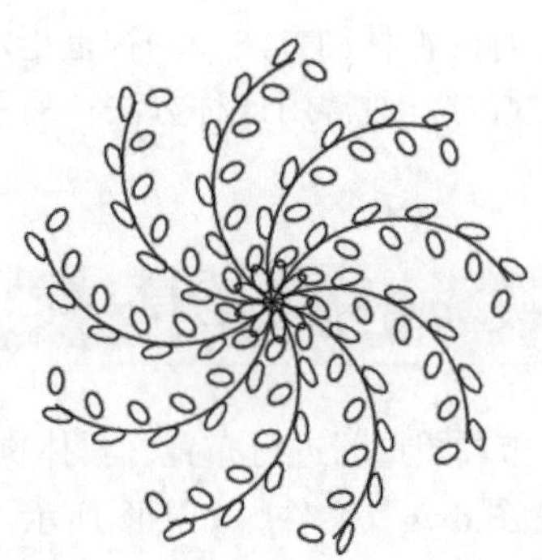

5.3 调整对象的大小或位置

下面对AutoCAD 2021中调整对象大小或位置的方法进行详细介绍，包括【移动】【旋转】【缩放】【修剪】【延伸】【拉伸】和【拉长】等。

5.3.1 移动

【移动】命令可以将源对象以指定的距离和角度移动到任何位置，从而实现通过对对象的组合形成一个新的对象。

1. 命令调用方法

在AutoCAD 2021中调用【移动】命令的常用方法有以下4种。

- 选择【修改】➤【移动】菜单命令。
- 命令行输入“MOVE/M”命令并按空格键。
- 单击【默认】选项卡➤【修改】面板中的【移动】按钮✥。
- 选择对象后单击鼠标右键，在快捷菜单中选择【移动】命令。

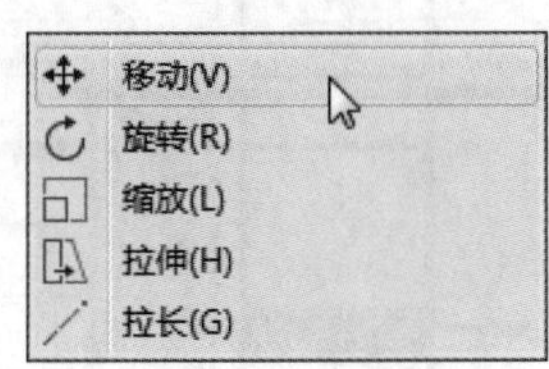

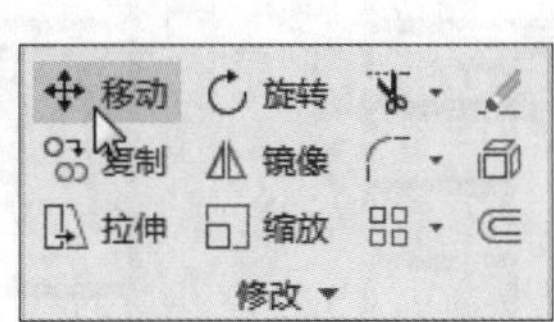

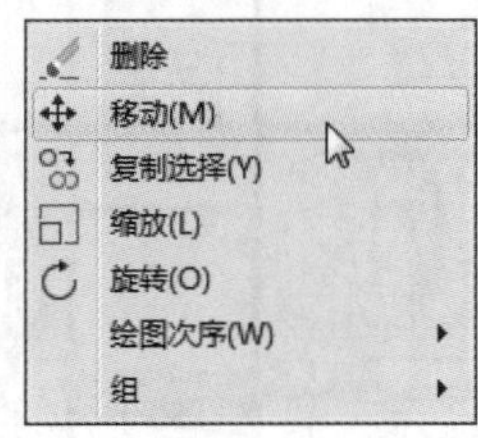

2. 命令提示

调用【移动】命令之后，命令行会进行如下提示。

```
命令：_move
选择对象：
```

3. 知识点扩展

AutoCAD中调用移动命令后，有两种移动方法。一种是指定基点和第二点（目标点）来移动对象，当两个点是可以捕捉得到的点时，通常用这种方法；另一种方法是位移法，该方法通过指定相对位移来进行移动对象。

5.3.2 实战演练——修改衣柜布置图

下面利用【移动】命令对衣柜布置图重新进行布置，具体操作步骤如下。

步骤 01 打开“素材\CH05\衣柜布置图.dwg”文件，如下图所示。

步骤 02 调用【移动】命令，在绘图区域选择“被子”作为需要移动的对象，按空格键确认。然后捕捉被子的底边中点为基点、中间小柜子的底边中点为第二点移动图形，结果如下右图所示。

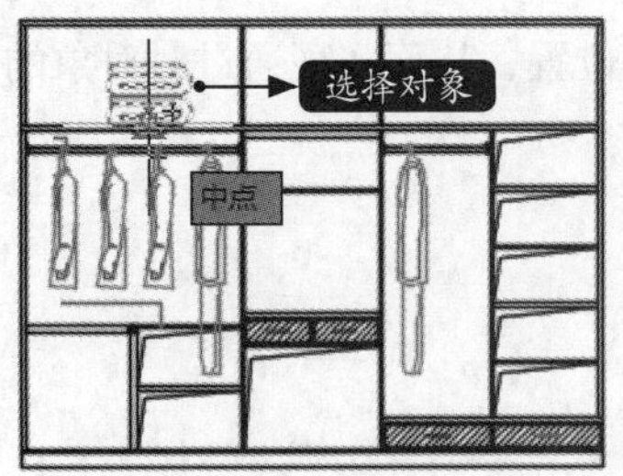

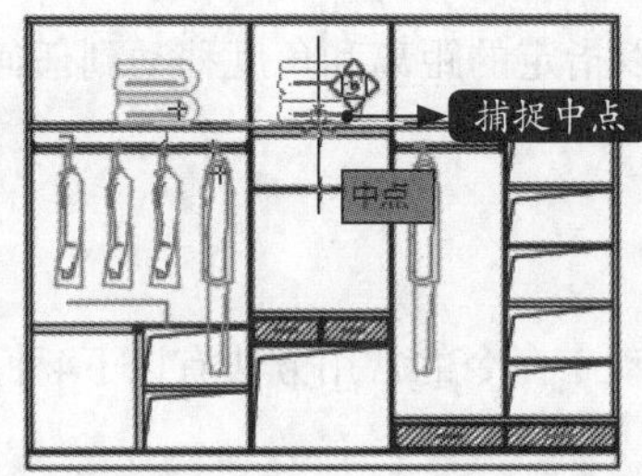

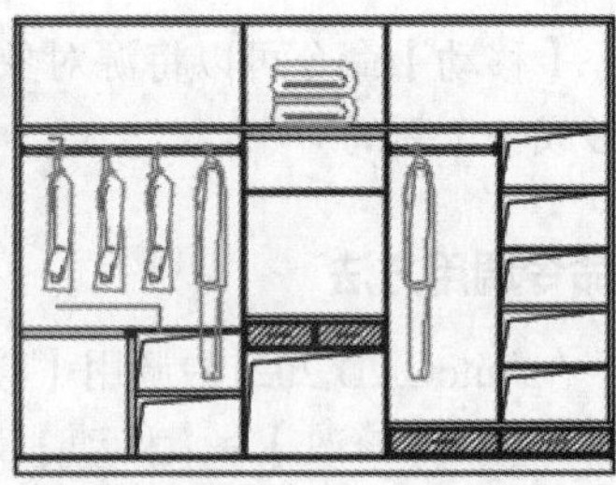

步骤 03 重复【移动】命令，选择右侧衣柜中的“上衣”，按空格键确认。然后任意单击一点作为基点，当提示输入第二点时输入“@6800,0”，结果如下右图所示。

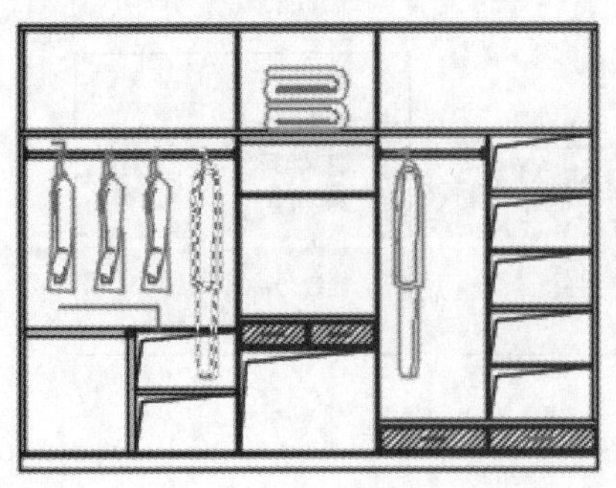

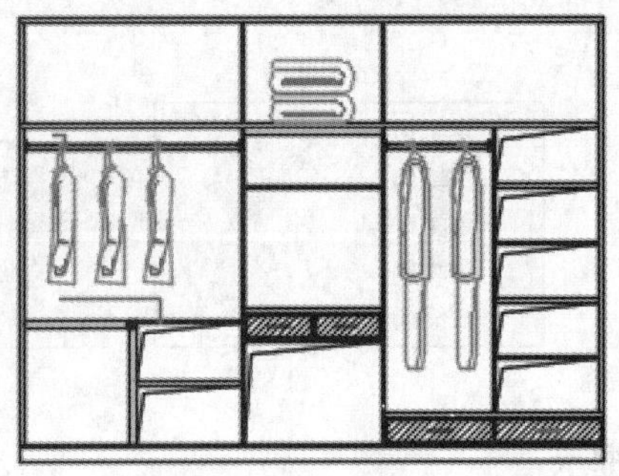

5.3.3 旋转

旋转是指绕指定基点转动图形中的对象。

1. 命令调用方法

在AutoCAD 2021中调用【旋转】命令的常用方法有以下4种。

- 选择【修改】➢【旋转】菜单命令。
- 命令行输入"ROTATE/RO"命令并按空格键。
- 单击【默认】选项卡➢【修改】面板中的【旋转】按钮。
- 选择对象后单击鼠标右键，在快捷菜单中选择【旋转】命令。

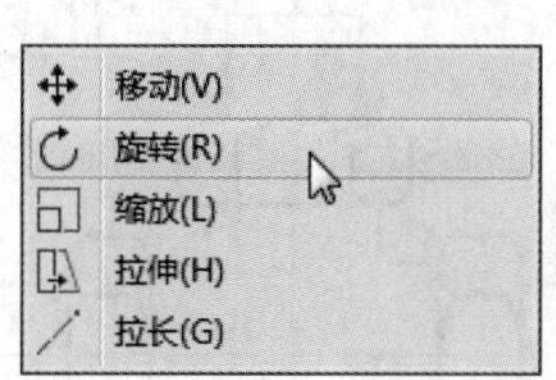

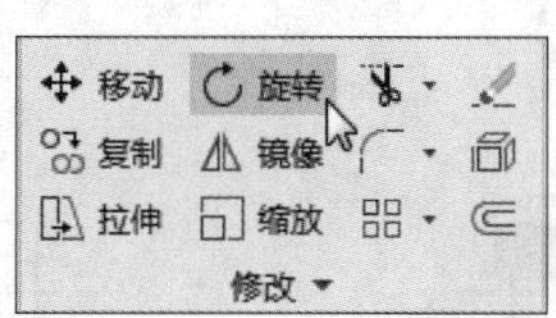

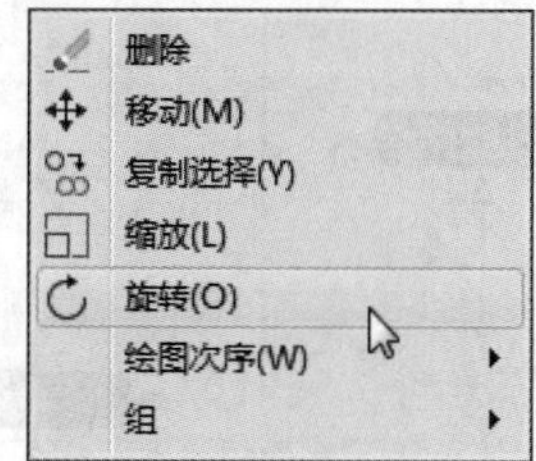

2. 命令提示

调用【旋转】命令之后，命令行会进行如下提示。

```
命令：_rotate
UCS 当前的正角方向： ANGDIR= 逆时针  ANGBASE=0
选择对象：
```

3. 知识点扩展

旋转命令除通过输入具体角度进行旋转外，在不知道具体旋转角度时，还可以通过【参照】来指定旋转角度。此外，如果在旋转命令行选择【复制】选项，则旋转后源对象依然存在。

5.3.4 实战演练——完善无线鼠标图形

下面利用【旋转】命令完善无线鼠标图形，具体操作步骤如下。

步骤 01 打开"素材\CH05\无线鼠标.dwg"文件，如下图所示。

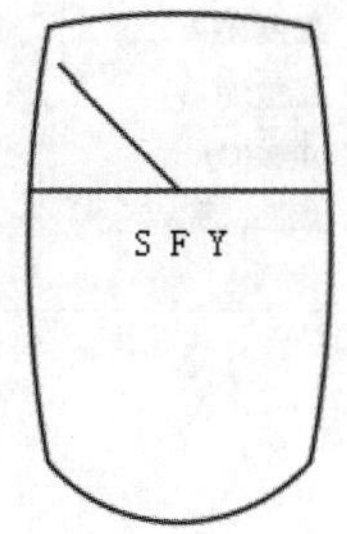

步骤 02 调用【旋转】命令，在绘图区域选择直线段作为需要旋转的对象，按空格键确认。然后在如右上图所示位置单击指定图形对象的旋转基点。

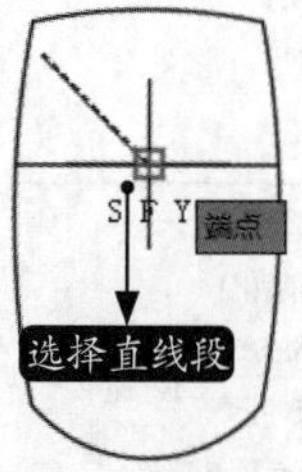

步骤 03 在命令行中指定旋转角度为"-45"，按【Enter】键确认，结果如下图所示。

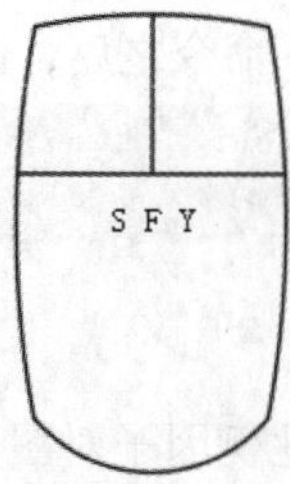

5.3.5 实战演练——完善三通阀

下面利用【旋转】命令对5.2.8小节镜像后的三通阀进行旋转操作，具体操作步骤如下。

步骤01 调用【旋转】命令，在绘图区域选择需要旋转的对象，按空格键确认。然后在如下图所示位置单击指定图形对象的旋转基点。

步骤02 当命令行提示指定旋转角度时，输入“C”，然后再指定旋转角度为“270”，按空格键确认，结果如下图所示。

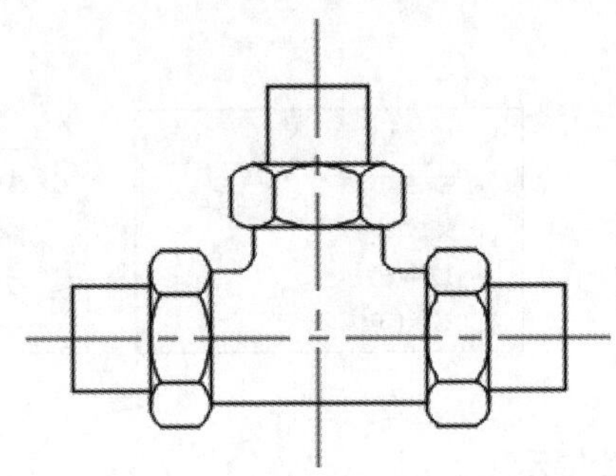

5.3.6 缩放

【缩放】命令可以在x、y和z坐标上同比放大或缩小对象，最终使对象符合设计要求。在对对象进行缩放操作时，对象的比例保持不变，但在x、y、z坐标上的数值将发生改变。

1. 命令调用方法

在AutoCAD 2021中调用【缩放】命令的常用方法有以下4种。

- 选择【修改】➢【缩放】菜单命令。
- 命令行输入“SCALE/SC”命令并按空格键。
- 单击【默认】选项卡➢【修改】面板中的【缩放】按钮。
- 选择对象后单击鼠标右键，在快捷菜单中选择【缩放】命令。

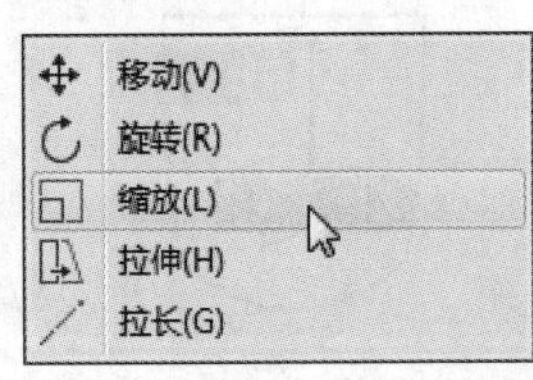

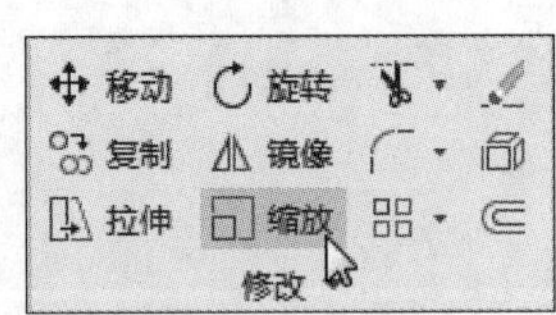

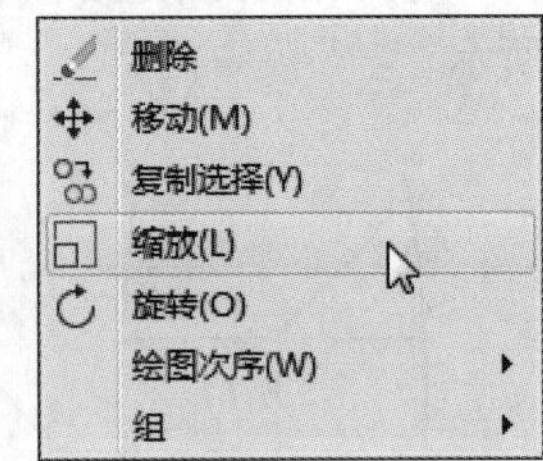

2. 命令提示

调用【缩放】命令之后，命令行会进行如下提示。

```
命令：_scale
选择对象：
```

3. 知识点扩展

除直接输入比例因子对图形进行缩放外，还可以通过【参照】对图形进行缩放。此外，通过

【复制】选项，缩放后可以保留源对象。

5.3.7 实战演练——缩放“餐具”

下面利用【缩放】命令对“餐具”进行缩放操作，具体操作步骤如下。

步骤01 打开“素材\CH05\餐具.dwg”文件，如下图所示。

步骤02 调用【缩放】命令，在绘图区域将“勺子”作为需要缩放的对象，按空格键确认。捕捉圆心作为缩放的基点。

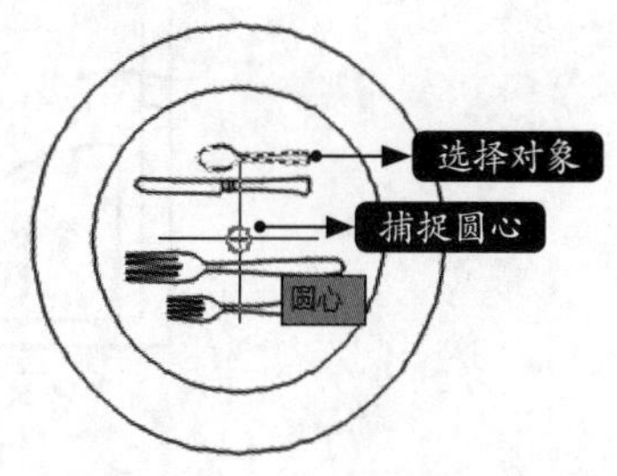

步骤03 在命令行提示下指定缩放比例因子为“1.5”，按空格键确认，结果如下图所示。

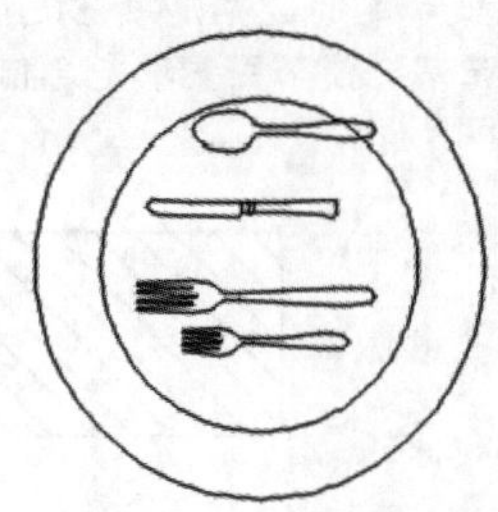

步骤04 重复【缩放】命令，在绘图区域将“小叉子”作为需要缩放的对象，按空格键确认。捕捉圆心作为缩放的基点，根据命令行提示进行如下操作。

```
命令：SCALE
选择对象：找到 一个        // 选择小叉子
选择对象：                 // 按空格键
指定基点：                 // 捕捉圆心
指定比例因子或 [ 复制 (C)/ 参照 (R)]：r
指定参照长度 <101.6000>：       // 单击选择圆心
指定第二点：                   // 单击选择小圆的象限点
指定新的长度或 [ 点 (P)] <1.0000>： // 单击选择大圆的象限点
```

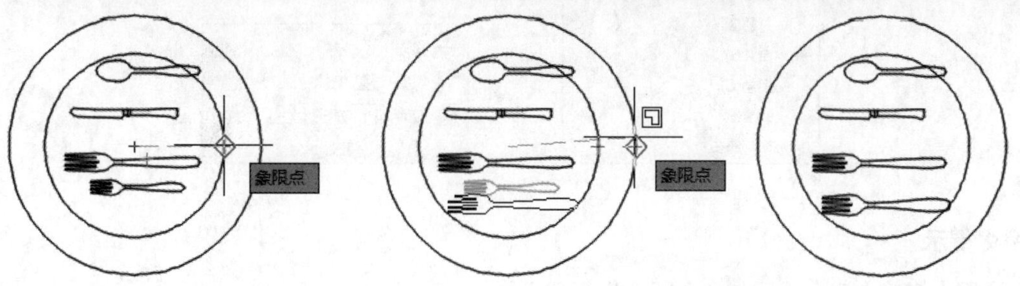

5.3.8 修剪

【修剪】是指将绘制的超出范围的不合适的图形修剪掉，使其精确地终止在其他对象的边界上。AutoCAD 2021修剪命令提供有“快速”和“标准”两种模式，默认模式是“快速”，该模式会选择所有潜在边界为修剪边界，用户可以直接对所需修剪对象进行修剪，而不必先选择边界。

在下图中，使用“快速”模式进行修剪时，按住鼠标左键直接划过需要修剪的部分即可将其删除。

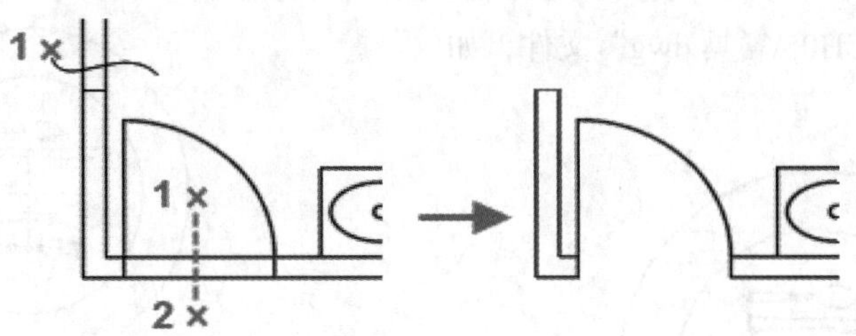

小提示

对包含图案填充的边界使用 TRIM 时，“快速”模式下的“修剪”和“Shift+修剪”操作仅使用图案填充的边界，而不会使用图案填充几何图形本身。

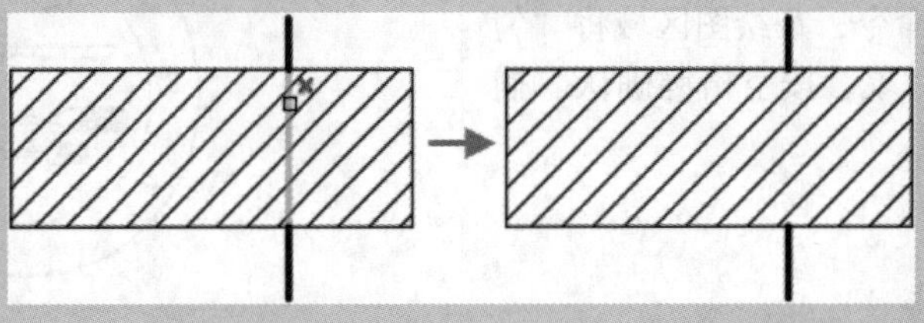

1. 命令调用方法

在AutoCAD 2021中调用【修剪】命令的常用方法有以下三种。

- 选择【修改】➤【修剪】菜单命令。
- 命令行输入“TRIM/TR”命令并按空格键。
- 单击【默认】选项卡➤【修改】面板中的【修剪】按钮。

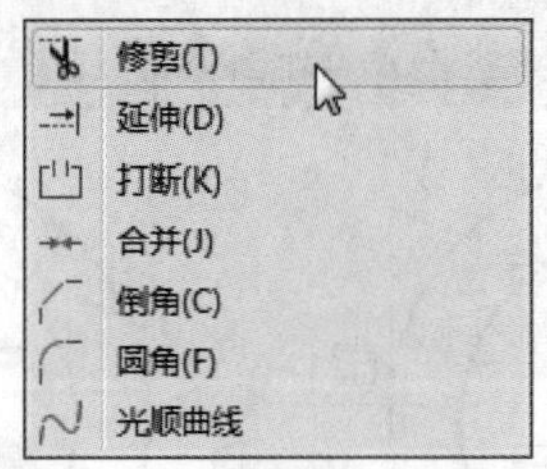

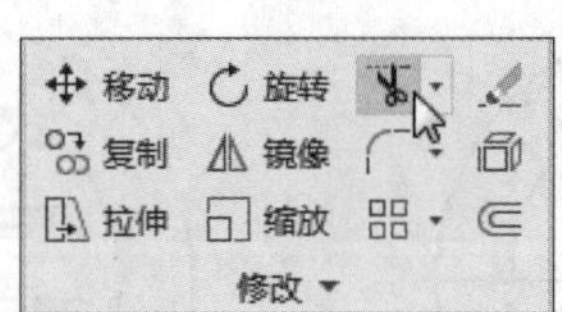

2. 命令提示

调用【修剪】命令之后，命令行会进行如下提示。

```
命令：_trim
当前设置：投影 =UCS，边 = 无，模式 = 快速
选择要修剪的对象，或按住 Shift 键选择要延伸的对象或
[ 剪切边 (T)/ 窗交 (C)/ 模式 (O)/ 投影 (P)/ 删除 (R)]:
```

小提示

AutoCAD 2021默认是快速模式，在命令行输入“O”，然后切换模式：
[剪切边(T)/窗交(C)/模式(O)/投影(P)/删除(R)]: O
输入修剪模式选项 [快速(Q)/标准(S)] <快速(Q)>: s
选择要修剪的对象，或按住 Shift 键选择要延伸的对象或
[剪切边(T)/栏选(F)/窗交(C)/模式(O)/投影(P)/边(E)/删除(R)/放弃(U)]:

3. 知识点扩展

命令行中各选项的含义如下。

- 选择要修剪的对象：选择需要被修剪掉的对象。
- 按住Shift键选择要延伸的对象：延伸选定对象而不执行修剪操作。
- 选择剪切边（T）：指定一个或多个对象以用作修剪边界。 TRIM 将剪切边和要修剪的对象投影到当前用户坐标系 (UCS) 的 *XY* 平面上。 在“快速”模式下，选择不与边界相交的对象会删除该对象。
- 栏选(F)：与选择栏相交的所有对象都将被选择。选择栏是一系列临时线段，用两个或多个栏选点指定且不会构成闭合环。
- 窗交(C)：选择矩形区域（由两点确定）内部或与之相交的对象。
- 投影(P)：指定延伸对象时使用的投影方法，默认提供有“无（N）”“UCS（U）”“视图（V）”三种投影选项供用户选择。
- 边(E)：确定对象是在另一对象的延长边处进行修剪，还是仅在三维空间中与该对象相交的对象处进行修剪。默认提供“延伸（E）”和“不延伸（N）”两种模式供用户选择。
- 删除(R)：修剪命令执行过程中可以对需要删除的部分进行有效删除，而不影响修剪命令的执行。
- 放弃(U)：撤消由 TRIM 命令所做的最近一次更改。

5.3.9 实战演练——修剪图形对象

下面利用【修剪】命令将部分多余的图形对象修剪掉，具体操作步骤如下。

步骤 01 打开“素材\CH05\修剪对象.dwg”文件，如下图所示。

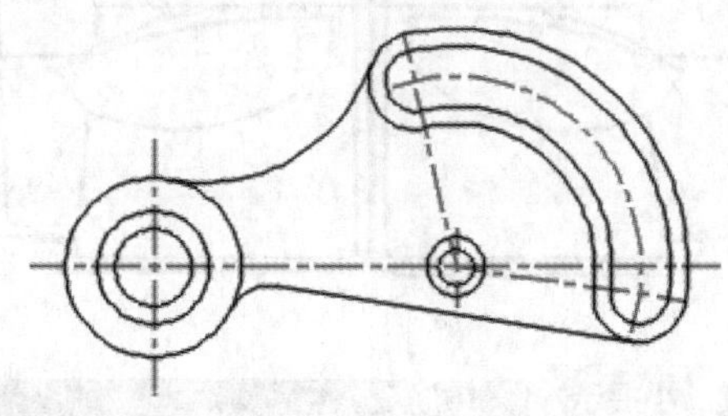

步骤 02 调用【修剪】命令，在绘图区域选择要修剪的对象，当出现“×”时单击鼠标，即可将其删除，如右图所示。

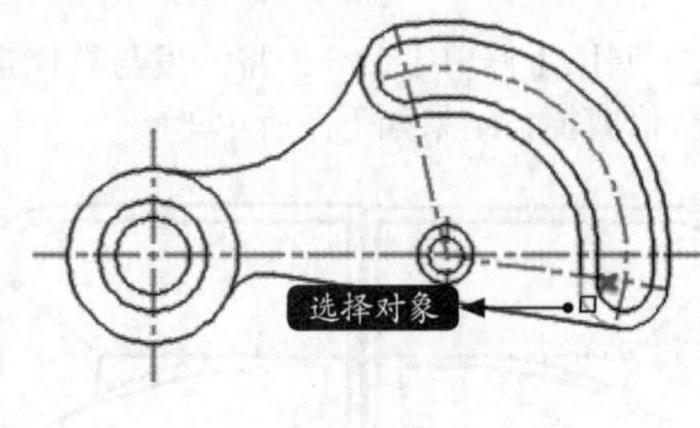

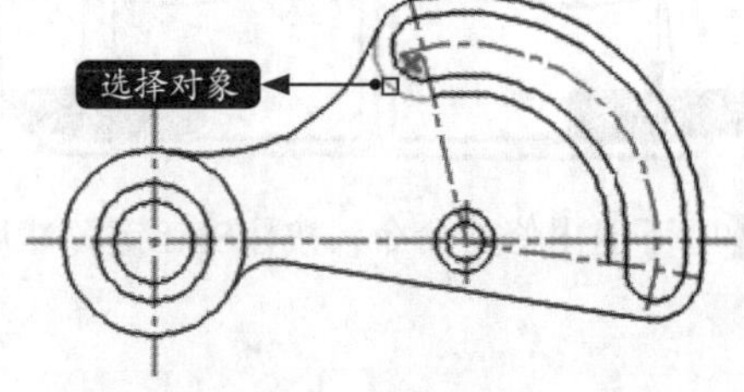

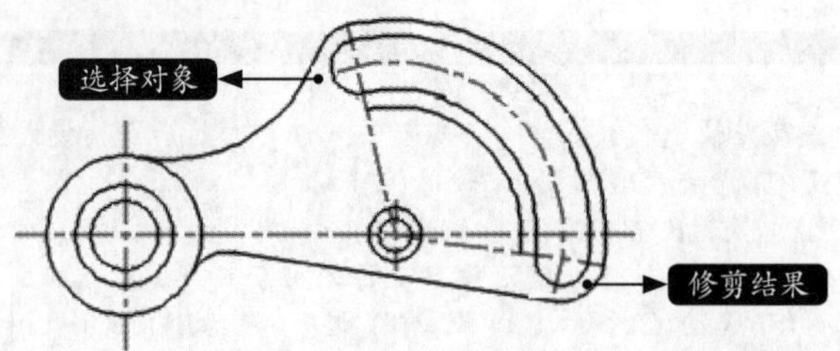

步骤03 不退出修剪命令，在命令行输入“r”，然后选中多余的圆弧按空格键将其删除，结果如下图所示。

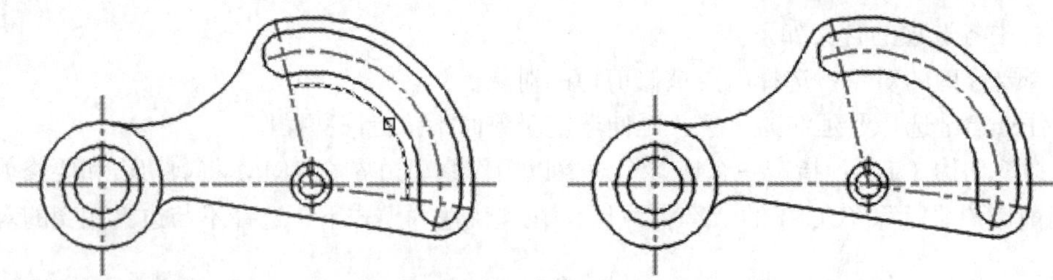

5.3.10 实战演练——完善双人沙发

下面利用【修剪】命令将部分多余的图形对象修剪掉，具体操作步骤如下。

步骤01 打开“素材\CH05\双人沙发.dwg”文件，如下图所示。

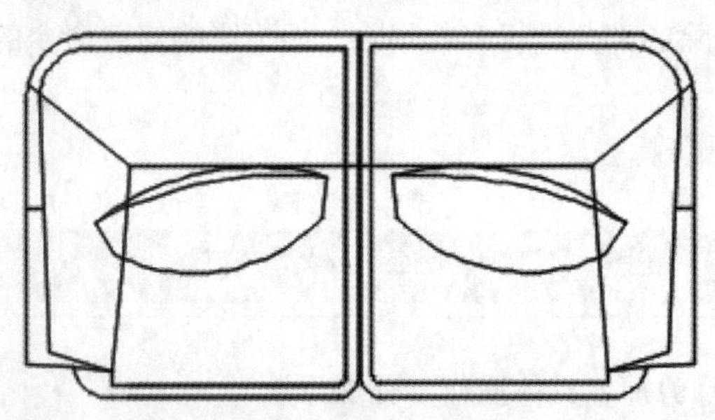

步骤02 调用【修剪】命令，将沙发与靠枕重叠的部分修剪掉，结果如下图所示。

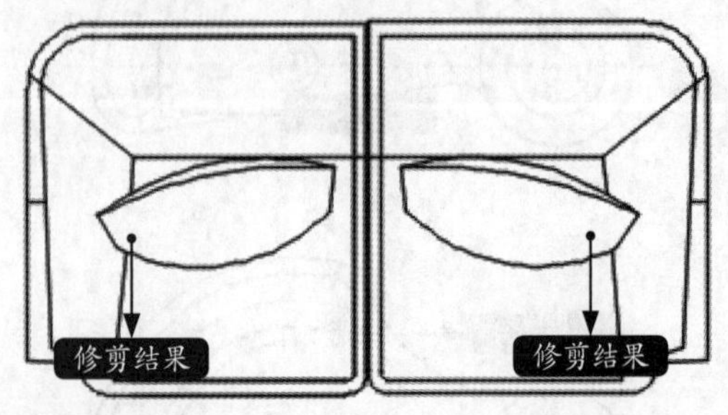

步骤03 不退出修剪命令，按住Shift键，然后选择需要延长的线，如下图所示。

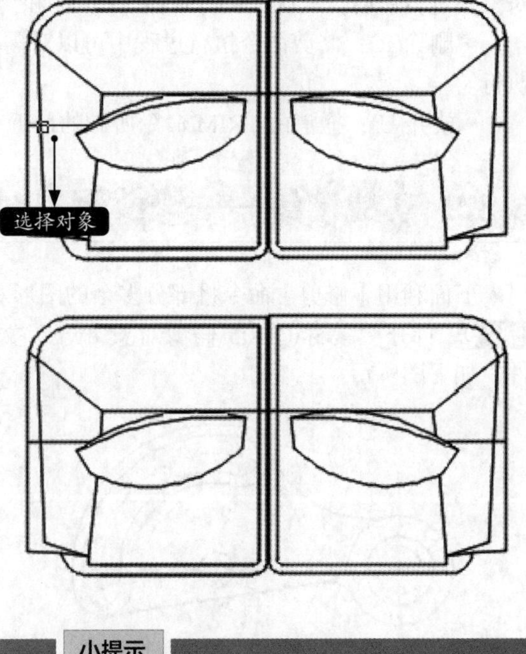

小提示

如果选择标准模式，则需要先选择修剪边，然后才能修剪，并且只能修剪与修剪边相交的对象。

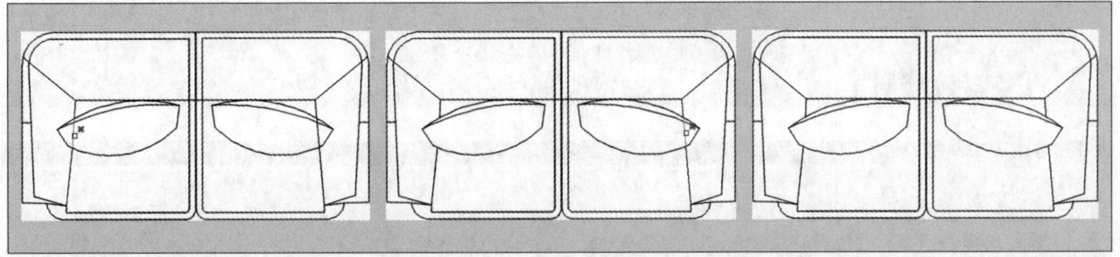

5.3.11 延伸

【延伸】命令与修剪命令正好相反，延伸命令是将选取的线段延伸到边界线段与之相交。AutoCAD 2021延伸命令提供有“快速”和“标准”两种模式，默认模式是“快速”，该模式会选择所有潜在边界为延伸边界，用户可以直接对所需延伸对象进行延伸，而不必先选择边界。

在下图中，使用“快速”模式进行延伸时，按住鼠标左键直接划过需要延伸的部分即可将其延伸到下一边界。

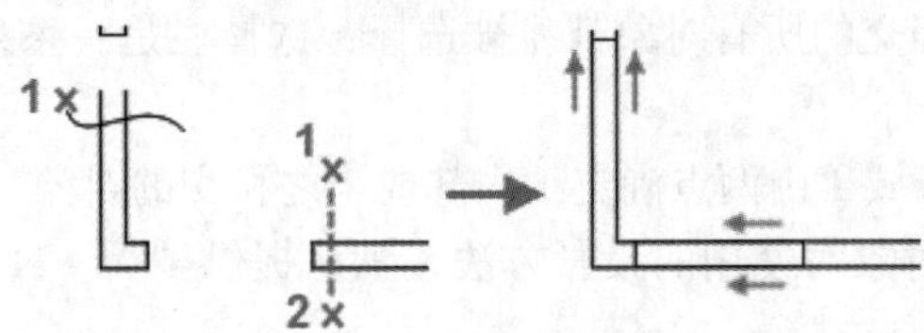

小提示

对包含图案填充的边界使用EXTEND时，“快速”模式下的“延伸”和“Shift+延伸”操作仅使用图案填充的边界，而不会使用图案填充几何图形本身。

1. 命令调用方法

在AutoCAD 2021中调用【延伸】命令的常用方法有以下三种。

- 选择【修改】➢【延伸】菜单命令。
- 命令行输入“EXTEND/EX”命令并按空格键。
- 单击【默认】选项卡➢【修改】面板中的【延伸】按钮⇥。

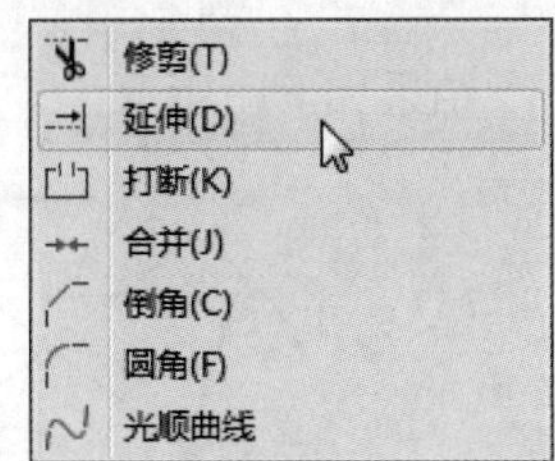

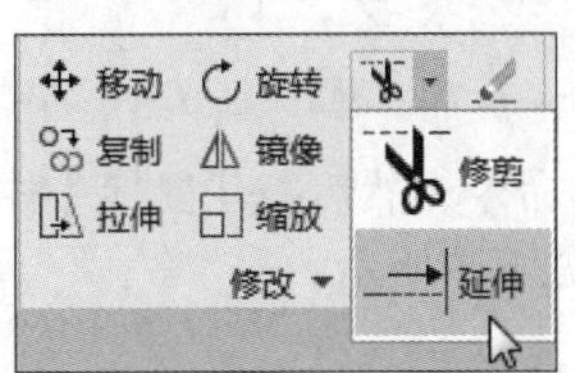

2. 命令提示

调用【延伸】命令之后，命令行会进行如下提示。

```
命令：_extend
```

当前设置：投影=UCS，边=无，模式=快速
选择要延伸的对象，或按住 Shift 键选择要修剪的对象或
[边界边(B)/窗交(C)/模式(O)/投影(P)]:

小提示

[边界边(B)/窗交(C)/模式(O)/投影(P)]: o
输入延伸模式选项 [快速(Q)/标准(S)] <快速(Q)>: s
选择要延伸的对象，或按住 Shift 键选择要修剪的对象或
[边界边(B)/栏选(F)/窗交(C)/模式(O)/投影(P)/边(E)/放弃(U)]:

3. 知识点扩展

命令行中各选项的含义如下。

- 选择要延伸的对象：指定需要被延伸的对象。
- 按住Shift键选择要修剪的对象：将选定对象修剪到最近的边界而不是将其延伸。
- 边界边（B）：使用选定对象来定义对象延伸到的边界。
- 栏选(F)：与选择栏相交的所有对象都将被选择；选择栏是一系列临时线段，用两个或多个栏选点指定且不会构成闭合环。
- 窗交(C)：选择矩形区域（由两点确定）内部或与之相交的对象。
- 投影(P)：指定延伸对象时使用的投影方法，默认提供“无（N）”“UCS（U）”“视图（V）”三种投影选项供用户选择。
- 边(E)：将对象延伸到另一个对象的隐含边，或仅延伸到三维空间中与其实际相交的对象。
- 放弃(U)：撤消由EXTEND命令所做的最近一次更改。

5.3.12 实战演练——延伸图形对象

下面利用【延伸】命令对部分图形对象进行延伸，具体操作步骤如下。

步骤01 打开“素材\CH05\延伸对象.dwg”文件，如下图所示。

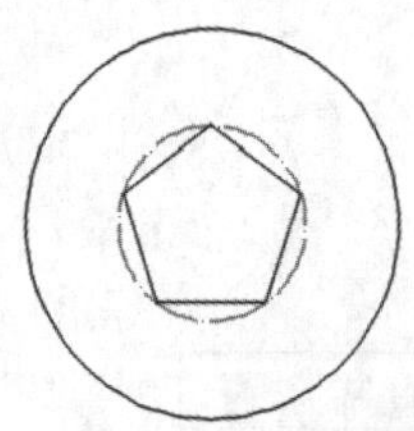

步骤02 调用【延伸】命令，然后按住鼠标【栏选】要延伸的对象，如下图所示。

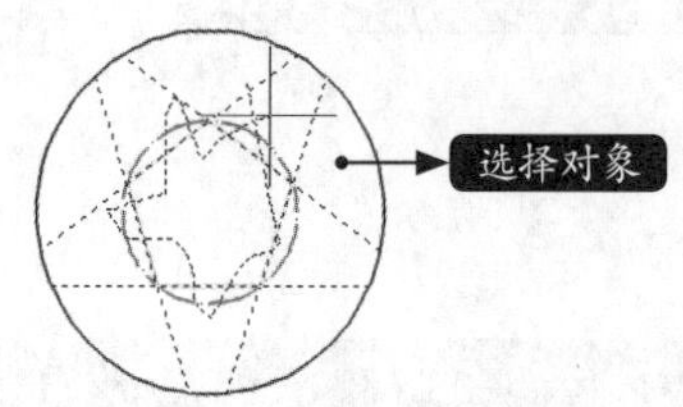

小提示

对于修剪、延伸命令，在【栏选】或【窗交】选择对象时，只有不完全被选中的对象才会进行修剪或延伸。如果【栏选】不能一次完成，可以分几次进行，或直接一个一个地选择进行延伸。

结果如下图所示。

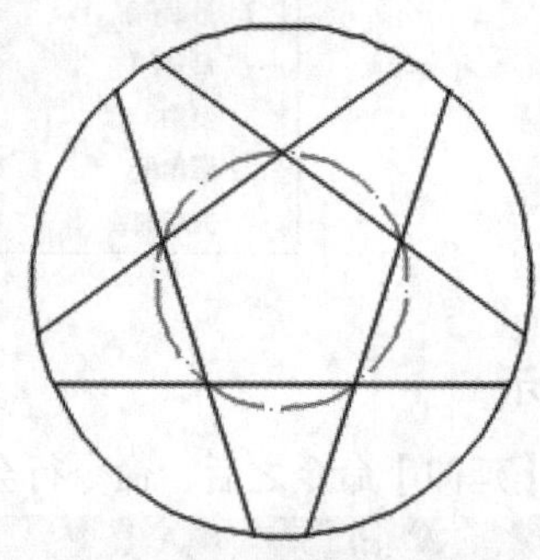

步骤 03 按住【Shift】键，然后按住鼠标【栏选】要修剪的对象，如下图所示。

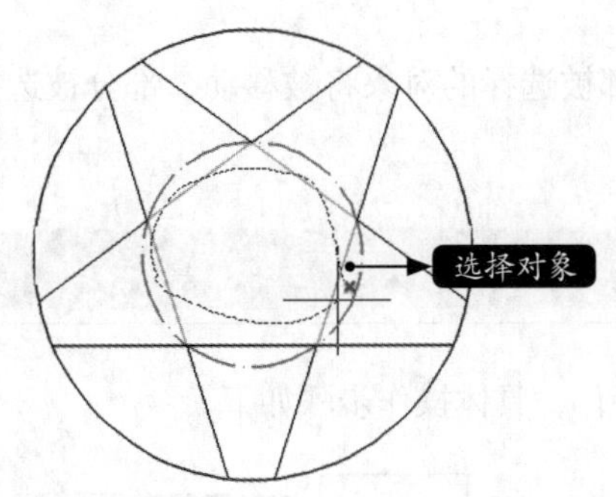

结果如右上图所示。

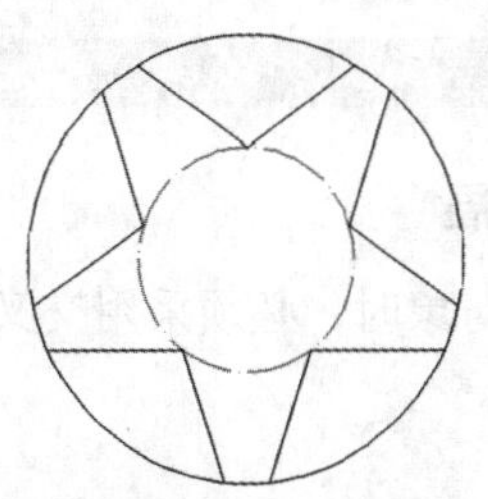

步骤 04 按住【Shift】键，逐个单击圆上要修剪的部分，结果如下图所示。

5.3.13 拉伸

通过【拉伸】命令可改变对象的形状。在AutoCAD中，【拉伸】命令主要用于非等比缩放。【缩放】命令是对对象的整体进行放大或缩小，也就是说，缩放前后对象的大小发生改变，但比例和形状保持不变；【拉伸】命令可以对对象进行形状或比例上的改变。

小提示

圆、文字和块对象不能进行拉伸操作。

1. 命令调用方法

在AutoCAD 2021中调用【拉伸】命令的常用方法有以下三种。

- 选择【修改】➤【拉伸】菜单命令。
- 命令行输入“STRETCH/S”命令并按空格键。
- 单击【默认】选项卡➤【修改】面板中的【拉伸】按钮。

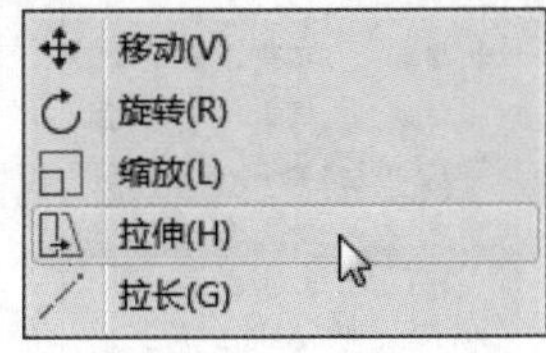

2. 命令提示

调用【拉伸】命令之后，命令行会进行如下提示。

```
命令：_stretch
以交叉窗口或交叉多边形选择要拉伸的对象...
```

选择对象：

3. 知识点扩展

在选择对象时，必须采用交叉选择的方式，全部被选择的对象将被移动，部分被选择的对象将进行拉伸。

5.3.14 实战演练——拉伸阶梯轴

下面利用【拉伸】命令对阶梯轴对象进行拉伸操作，具体操作步骤如下。

步骤01 打开“素材\CH05\阶梯轴1.dwg”文件，如下图所示。

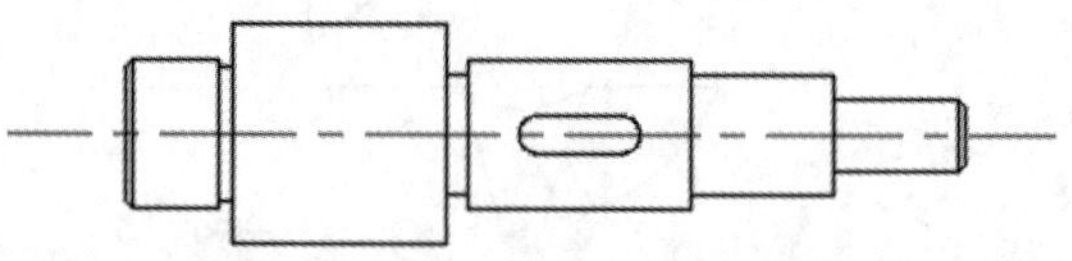

步骤02 调用【拉伸】命令，在绘图区域由右向左交叉选择要拉伸的对象，按空格键确认，如右上图所示。

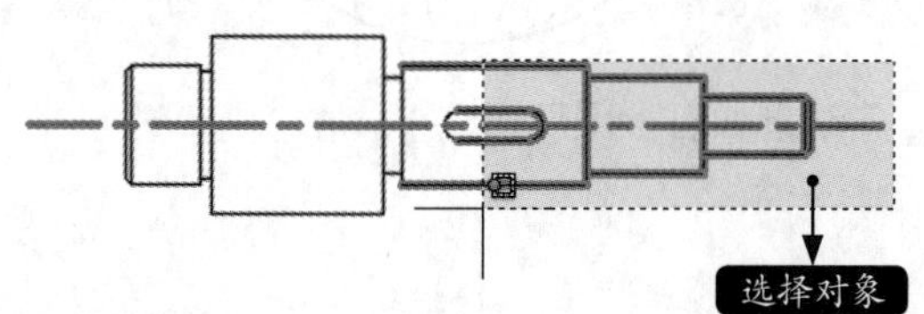

步骤03 在绘图区域的任意位置单击指定图形对象的拉伸基点，在命令行输入“@10,0”后按空格键确认，结果如下图所示。

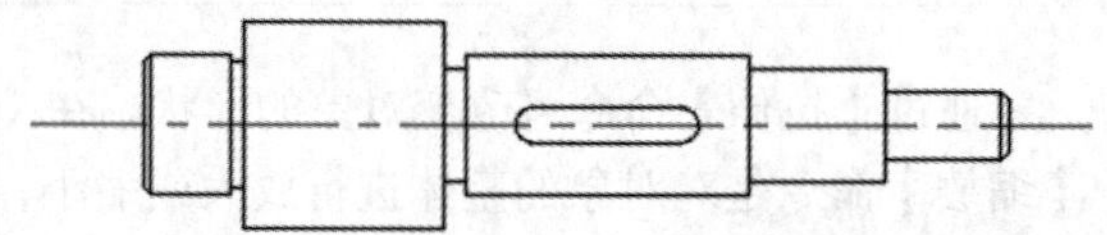

5.3.15 拉长

拉长命令可以通过指定百分比、增量、最终长度或角度来更改对象的长度和圆弧的包含角。

1. 命令调用方法

在AutoCAD 2021中调用【拉长】命令的常用方法有以下三种。

- 选择【修改】➤【拉长】菜单命令。
- 命令行输入“LENGTHEN/LEN”命令并按空格键。
- 单击【默认】选项卡➤【修改】面板中的【拉长】按钮⁄。

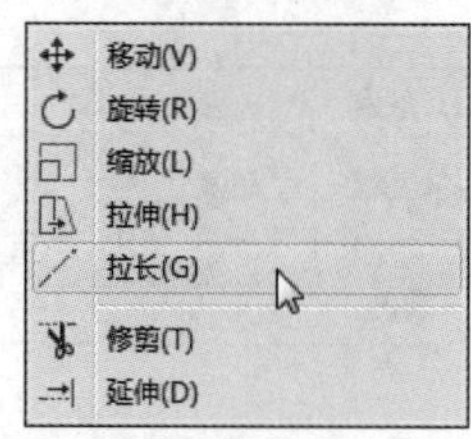

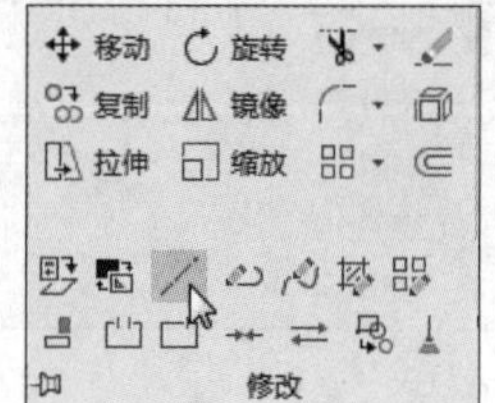

2. 命令提示

调用【拉长】命令之后，命令行会进行如下提示。

命令：_lengthen

选择要测量的对象或 [增量 (DE)/ 百分比 (P)/ 总计 (T)/ 动态 (DY)] < 总计 (T)>:

3. 知识点扩展

在选择拉长对象时需要注意选择的位置，选择的位置不同，得到的结果相反。

5.3.16 实战演练——拉长图形对象

下面利用【拉长】命令对图形对象进行拉长操作，具体操作步骤如下。

步骤 01 打开“素材\CH05\拉长对象.dwg”文件，如下图所示。

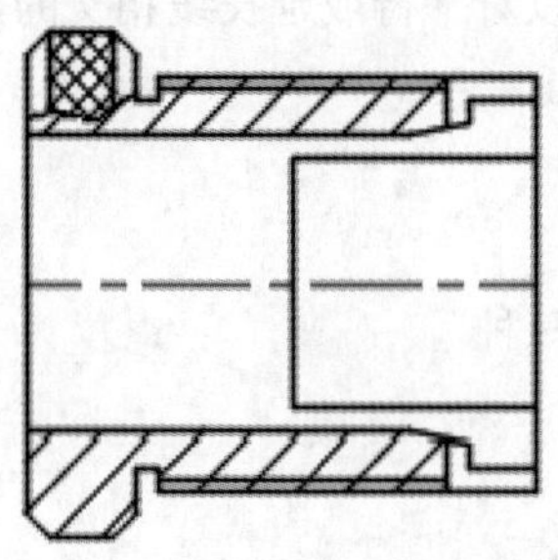

步骤 02 调用【拉长】命令，在命令行输入“DY”后按空格键确认，在绘图区域选择直线段作为需要拉长的对象，并捕捉如下图所示端点作为拉长对象的新端点。

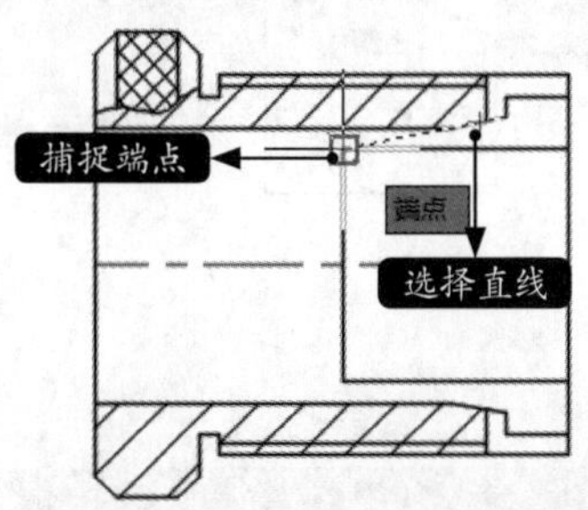

步骤 03 按空格键确认，结果如下图所示。

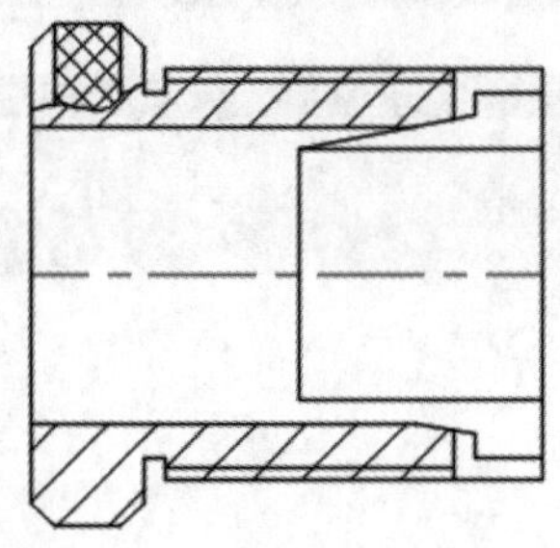

步骤 04 继续选择需要拉长的对象并指定新端点，结果如右上图所示。

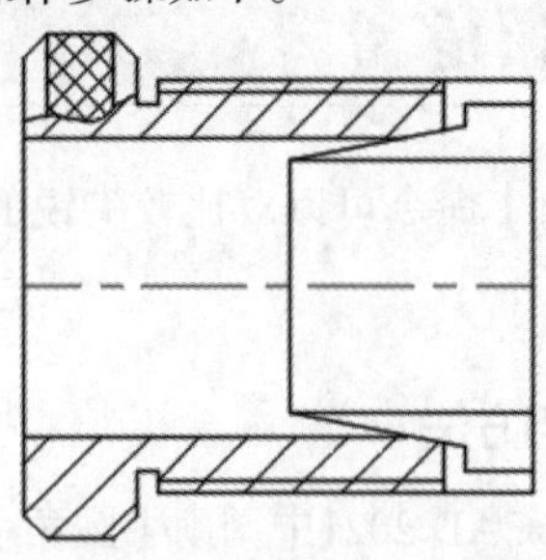

步骤 05 重复【拉长】命令，在命令行输入“DE”后按空格键确认，输入增量为5，在绘图区域选择中心线作为需要拉长的对象。

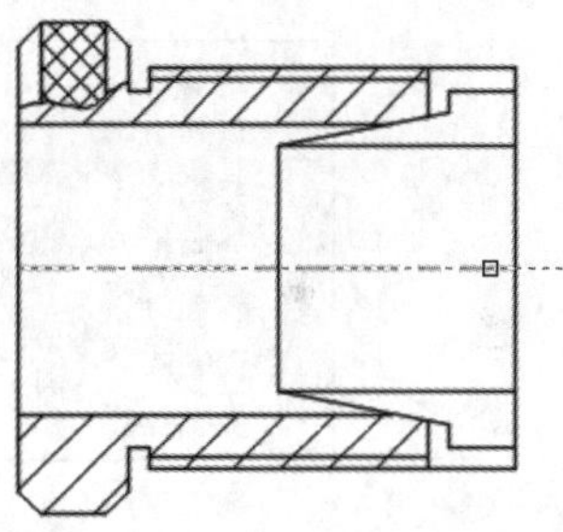

步骤 06 选择中心线的另一端进行拉长，按空格键结束命令，结果如下图所示。

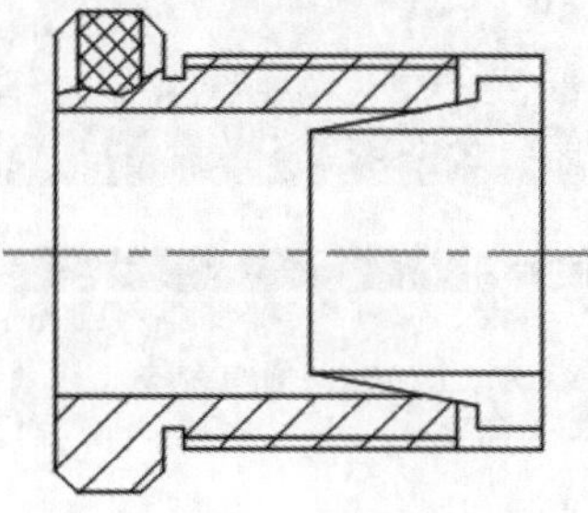

小提示

中心线一定要超出图形，至于超出长度的多少，可根据图形的大小决定。

5.4 构造类编辑对象

下面对AutoCAD 2021中构造对象的方法进行详细介绍，包括【圆角】【倒角】【打断】【打断于点】和【合并对象】等。

5.4.1 圆角

【圆角】命令可以对比较尖锐的角进行圆滑处理，也可以对平行或延长线相交的边线进行圆角处理。

1. 命令调用方法

在AutoCAD 2021中调用【圆角】命令的常用方法有以下三种。

- 选择【修改】➢【圆角】菜单命令。
- 命令行输入“FILLET/F”命令并按空格键确认。
- 单击【默认】选项卡➢【修改】面板中的【圆角】按钮。

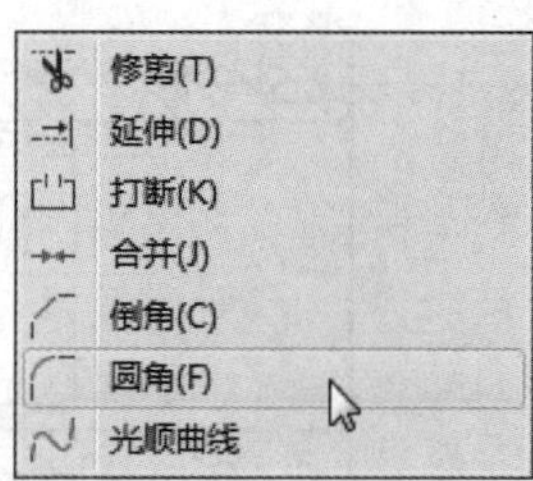

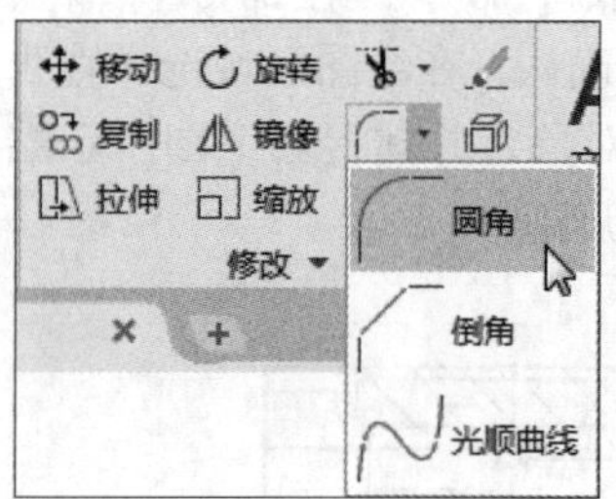

2. 命令提示

调用【圆角】命令之后，命令行会进行如下提示。

命令：_fillet
当前设置：模式 = 修剪，半径 = 0.0000
选择第一个对象或 [放弃 (U)/ 多段线 (P)/ 半径 (R)/ 修剪 (T)/ 多个 (M)]:

小提示

当半径为“0”时，圆角命令可以将两个不相交的对象相交于一点。

3. 知识点扩展

命令行中各选项的含义如下。

- 选择第一个对象：选择定义二维圆角所需两个对象中的一个。如果编辑对象为三维模型，则选择三维实体的边。
- 放弃(U)：恢复在命令中执行的上一个操作。

- 多段线(P)：对整个二维多段线中两条直线段相交的顶点处均进行圆角操作。
- 半径(R)：预定义圆角半径。
- 修剪(T)：控制 FILLET 是否将选定的边修剪到圆角圆弧的端点。
- 多个(M)：可以为多个对象添加相同半径值的圆角。

5.4.2 实战演练——完善普通平键三视图

下面利用【圆角】命令完善普通平键三视图，具体操作步骤如下。

步骤 01 打开“素材\CH05\普通平键.dwg”文件，如下图所示。

步骤 02 调用【圆角】命令，根据命令行提示进行如下操作：

```
命令 : _fillet
当前设置 : 模式 = 修剪，半径 = 0.0000
选择第一个对象或 [ 放弃 (U)/ 多段线 (P)/ 半径 (R)/ 修剪 (T)/ 多个 (M)]: r
指定圆角半径 <0.0000>: 6
选择第一个对象或 [ 放弃 (U)/ 多段线 (P)/ 半径 (R)/ 修剪 (T)/ 多个 (M)]: p
选择二维多段线或 [ 半径 (R)]:        // 选择俯视图的内侧矩形
4 条直线已被圆角
```

结果如下图所示。

步骤 03 重复【圆角】命令，根据命令行提示进行如下操作：

```
命令 : _fillet
当前设置 : 模式 = 修剪，半径 = 6.0000
选择第一个对象或 [ 放弃 (U)/ 多段线 (P)/ 半径 (R)/ 修剪 (T)/ 多个 (M)]: r
指定圆角半径 <6.0000>: 8
选择第一个对象或 [ 放弃 (U)/ 多段线 (P)/ 半径 (R)/ 修剪 (T)/ 多个 (M)]: m
选择第一个对象或 [ 放弃 (U)/ 多段线 (P)/ 半径 (R)/ 修剪 (T)/ 多个 (M)]:
选择第二个对象，或按住 Shift 键选择对象以应用角点或 [ 半径 (R)]:
……
选择第一个对象或 [ 放弃 (U)/ 多段线 (P)/ 半径 (R)/ 修剪 (T)/ 多个 (M)]:    // 按空格键结束命令
```

结果如下图所示。

5.4.3 倒角

倒角操作用于连接两个对象，使它们以平角或倒角相接。

1. 命令调用方法

在AutoCAD 2021中调用【倒角】命令的常用方法有以下三种。

- 选择【修改】➢【倒角】菜单命令。
- 命令行输入“CHAMFER/CHA”命令并按空格键确认。
- 单击【默认】选项卡➢【修改】面板中的【倒角】按钮。

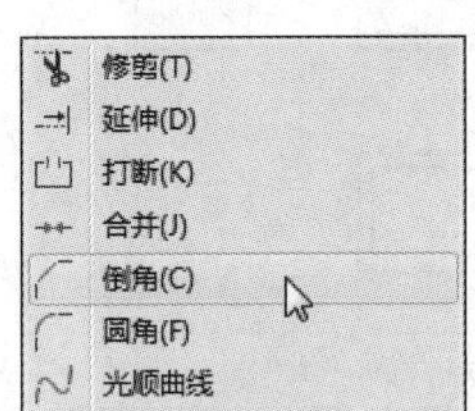

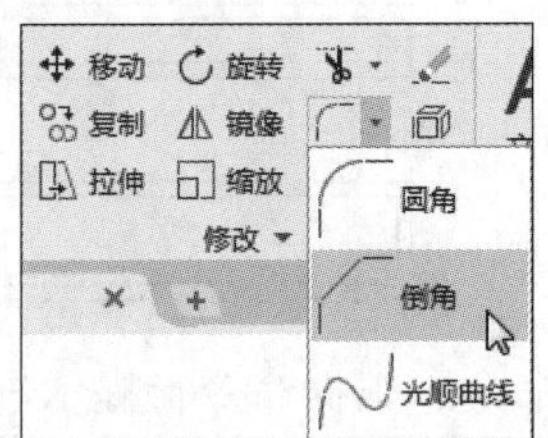

2. 命令提示

调用【倒角】命令之后，命令行会进行如下提示。

```
命令：_chamfer
（“修剪”模式）当前倒角距离 1 = 0.0000，距离 2 = 0.0000
选择第一条直线或 [ 放弃 (U)/ 多段线 (P)/ 距离 (D)/ 角度 (A)/ 修剪 (T)/ 方式 (E)/ 多个 (M)]:
```

小提示

当倒角距离为“0”时，倒角命令可以将两个不平行的对象相交于一点。

3. 知识点扩展

命令行中各选项的含义如下。

- 选择第一条直线：指定定义二维倒角所需两条边中的第一条边；还可以选择三维实体的边进行倒角，然后从两个相邻曲面中指定一个作为基准曲面。该选项在 AutoCAD LT 中不可用。
- 放弃(U)：恢复在命令中执行的上一个操作。
- 多段线(P)：对整个二维多段线倒角，相交多段线线段在每个多段线顶点处被倒角，倒角成为多段线的新线段；如果多段线包含的线段过短以至于无法容纳倒角距离，则不对这些线段进行倒角。
- 距离(D)：设定倒角至选定边端点的距离。如果将两个距离均设定为0，CHAMFER 将延伸或修剪两条直线，以使它们终止于同一点。
- 角度(A)：用第一条线的倒角距离和第二条线的角度设定倒角距离。
- 修剪(T)：控制 CHAMFER 是否将选定的边修剪到倒角直线的端点。
- 方式(E)：控制 CHAMFER 是使用两个距离还是使用一个距离和一个角度来创建倒角。
- 多个(M)：为多组对象的边倒角。

5.4.4 实战演练——进一步完善普通平键三视图

下面利用【倒角】命令进一步完善普通平键三视图，具体操作步骤如下。

步骤 01 调用【倒角】命令，根据命令行提示进行如下操作：

```
命令：_CHAMFER
（“修剪”模式）当前倒角距离 1 = 0.0000，距离 2 = 0.0000
选择第一条直线或 [ 放弃 (U)/ 多段线 (P)/ 距离 (D)/ 角度 (A)/ 修剪 (T)/ 方式 (E)/ 多个 (M)]：d
指定 第一个 倒角距离 <0.0000>：2
指定 第二个 倒角距离 <2.0000>：2
选择第一条直线或 [ 放弃 (U)/ 多段线 (P)/ 距离 (D)/ 角度 (A)/ 修剪 (T)/ 方式 (E)/ 多个 (M)]：m
选择第一条直线或 [ 放弃 (U)/ 多段线 (P)/ 距离 (D)/ 角度 (A)/ 修剪 (T)/ 方式 (E)/ 多个 (M)]：
选择第二条直线，或按住 Shift 键选择直线以应用角点或 [ 距离 (D)/ 角度 (A)/ 方法 (M)]：
……
选择第一条直线或 [ 放弃 (U)/ 多段线 (P)/ 距离 (D)/ 角度 (A)/ 修剪 (T)/ 方式 (E)/ 多个 (M)]：
```

结果如下图所示。

步骤 02 重复【圆角】命令，根据命令行提示进行如下操作：

```
命令：CHAMFER
（“修剪”模式）当前倒角距离 1 = 2.0000，距离 2 = 2.0000
选择第一条直线或 [ 放弃 (U)/ 多段线 (P)/ 距离 (D)/ 角度 (A)/ 修剪 (T)/ 方式 (E)/ 多个 (M)]：p
选择二维多段线或 [ 距离 (D)/ 角度 (A)/ 方法 (M)]： // 选择左视图的矩形
4 条直线已被倒角
```

结果如下图所示。

5.4.5 有间隙的打断

利用【打断】命令可以轻松实现在两点之间打断对象。

1. 命令调用方法

在AutoCAD 2021中调用【打断】命令的常用方法有以下三种。

- 选择【修改】➢【打断】菜单命令。
- 命令行输入“BREAK/BR”命令并按空格键。
- 单击【默认】选项卡➢【修改】面板中的【打断】按钮。

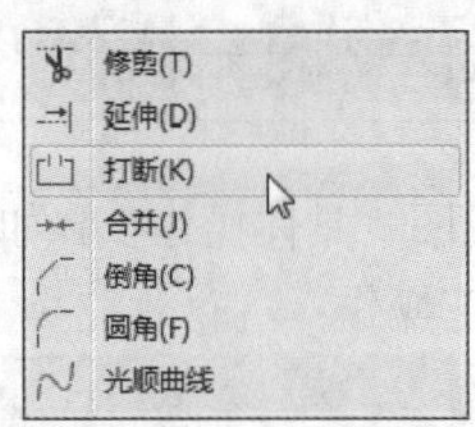

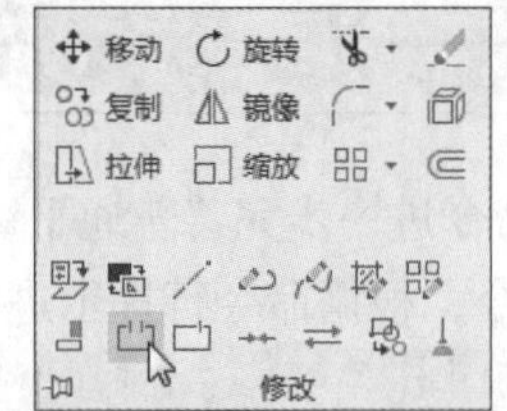

2. 命令提示

调用【打断】命令之后，命令行会进行如下提示。

命令：_break
选择对象：

选择需要打断的对象之后，命令行会进行如下提示。

指定第二个打断点 或 [第一点 (F)]:

3. 知识点扩展

命令行中各选项的含义如下。

- 指定第二个打断点：指定第二个打断点的位置，此时系统默认以单击选择该对象时所单击的位置为第一个打断点。
- 第一点(F)：用指定的新点替换原来的第一个打断点。

小提示

调用“打断”命令后，如果在相同的位置指定两个打断点，或在提示输入第二点时输入“@”，可以实现打断对象而不创建间隙。如下左图所示为打断之前的图形，下右图所示为打断之后的图形。

5.4.6 实战演练——创建有间隙的打断

下面利用【打断】命令完善螺纹的绘制，具体操作步骤如下。

步骤 01 打开“素材\CH05\螺纹.dwg”文件，如下图所示。

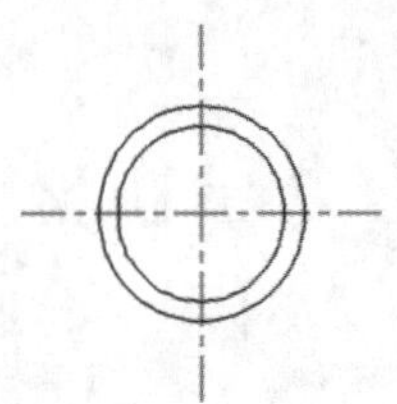

步骤 02 调用【打断】命令，在绘图区域选择小圆作为需要打断的对象，在命令行提示下输入“F”后按空格键确认，在绘图区域单击指定第一个打断点，如下图所示。

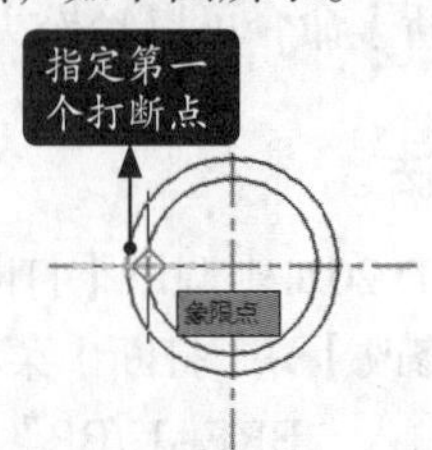

步骤 03 在绘图区域单击指定第二个打断点，如下页图所示。

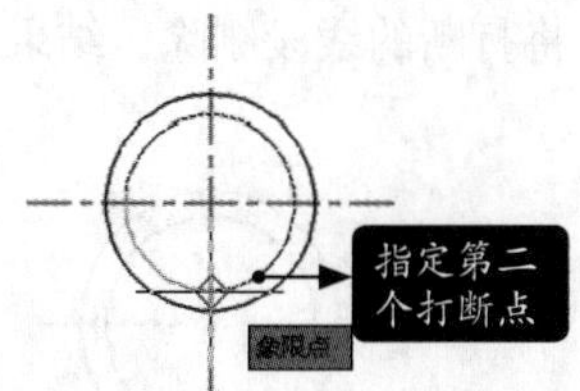

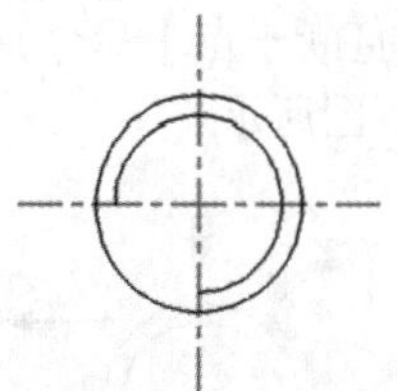

结果如右图所示。

5.4.7 没有间隙的打断——打断于点

利用【打断于点】命令可以实现将对象在一点处打断，而不存在缝隙。

AutoCAD 2021新增了【BREAKATPOINT】命令，可以通过按 Enter 键（或空格键）重复功能区上的“在点处打断”命令。此命令在指定点处将直线、圆弧或开放多段线直接分割为两个对象。

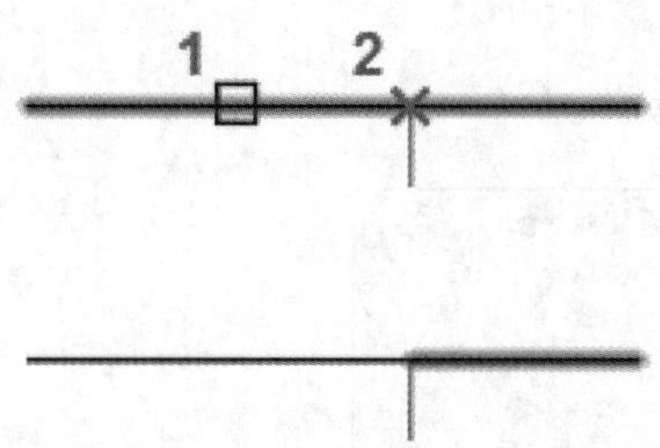

1. 命令调用方法

在AutoCAD 2021中调用【打断于点】命令的常用方法有以下两种。

- 命令行输入“BREAKATPOINT”命令并按空格键。
- 单击【默认】选项卡➢【修改】面板中的【打断于点】按钮 。

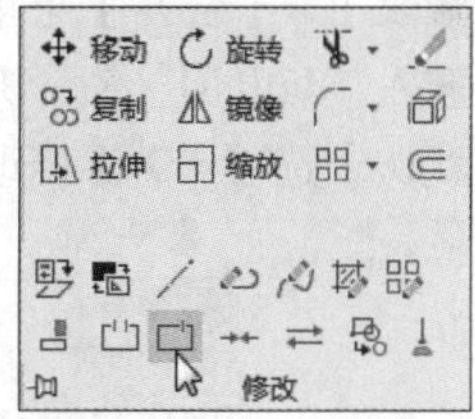

2. 命令提示

调用【打断于点】命令之后，命令行会进行如下提示。

```
命令：_breakatpoint
选择对象：
```

5.4.8 实战演练——创建没有间隙的打断

下面利用【打断于点】命令为对象创建没有间隙的打断，具体操作步骤如下。

步骤 01 调用【打断于点】命令，然后单击选择水平中心线为要打断的对象，并在绘图区域合适位置单击作为打断点，如下图所示。

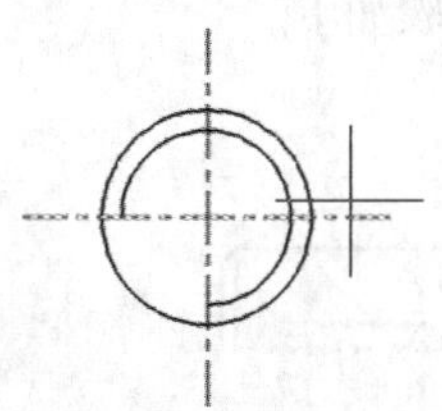

小提示

指定打断位置时，不一定非要在图形上指定，在图形的周边指定也可。

步骤 02 选择水平中心线，如下图所示。

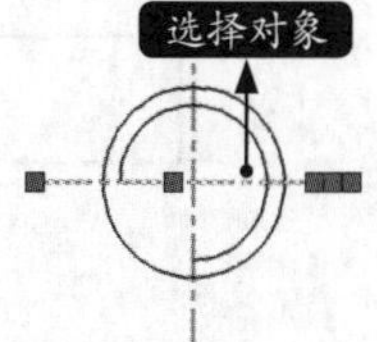

步骤03 重复【打断于点】命令，对中心线继续打断，结果如下图所示。

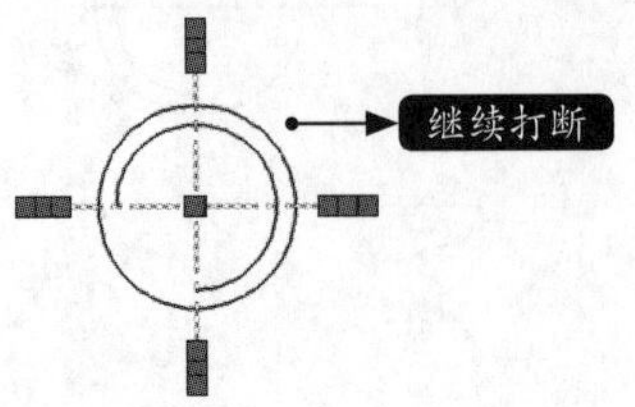

步骤04 将打断的线段删除，结果如下图所示。

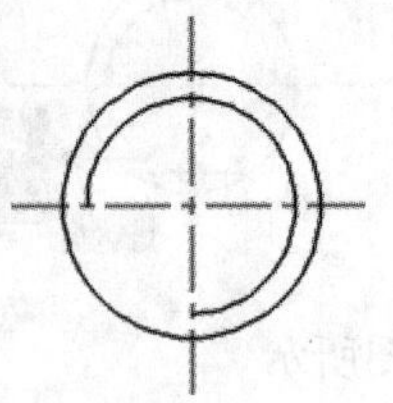

5.4.9 合并

使用【合并】命令可以将相似的对象合并为一个完整的对象。

1. 命令调用方法

在AutoCAD 2021中调用【合并】命令的常用方法有以下三种。

- 选择【修改】➤【合并】菜单命令。
- 命令行输入“JOIN/J”命令并按空格键。
- 单击【默认】选项卡➤【修改】面板中的【合并】按钮 。

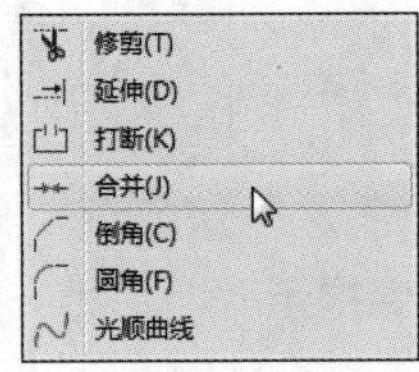

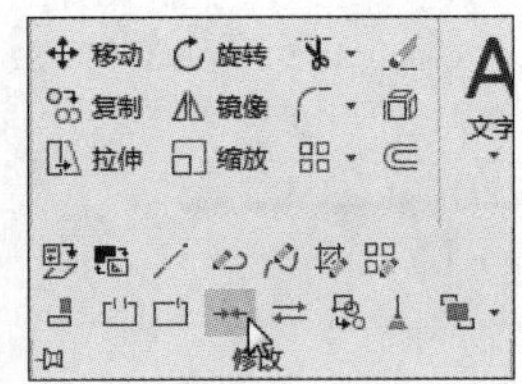

2. 命令提示

调用【合并】命令之后，命令行会进行如下提示。

```
命令：_join
选择源对象或要一次合并的多个对象：
```

3. 知识点扩展

合并两条或多条圆弧或椭圆弧时，将从源对象开始按逆时针方向合并圆弧或椭圆弧。

5.4.10 实战演练——完善阶梯轴

下面利用【镜像】和【合并】命令完善阶梯轴，具体操作步骤如下。

步骤01 打开“素材\CH05\阶梯轴2.dwg”文件，如下图所示。

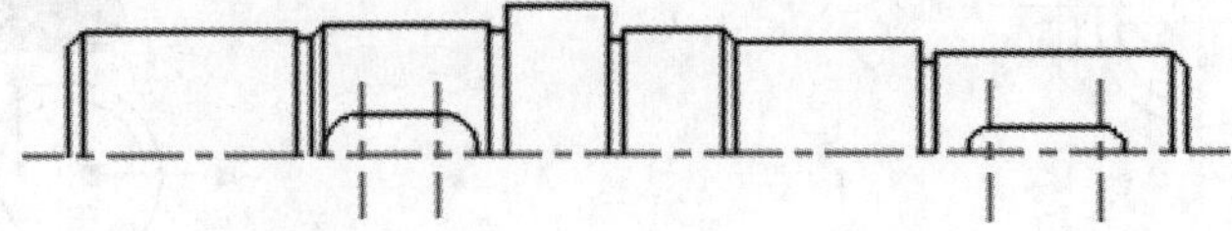

步骤02 调用【镜像】命令，选择除中心线外的所有图形作为镜像对象，并指定水平中心线为镜像线。

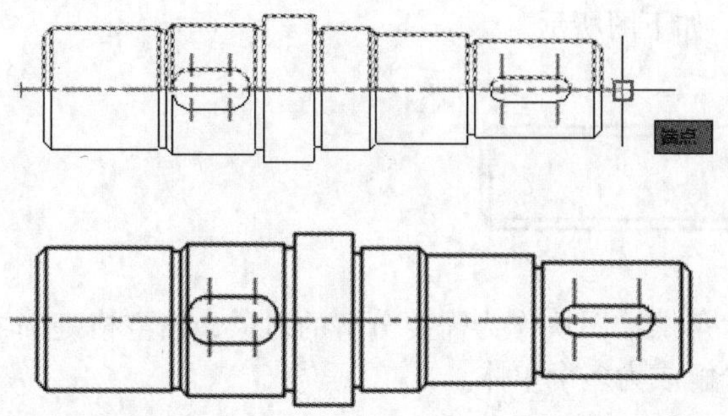

步骤03 调用【合并】命令，在绘图区域选择所有竖直线作为合并对象，如下图所示。

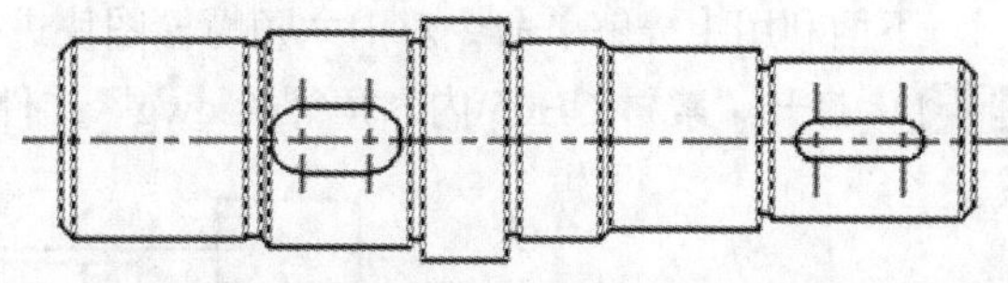

结果如下图所示。

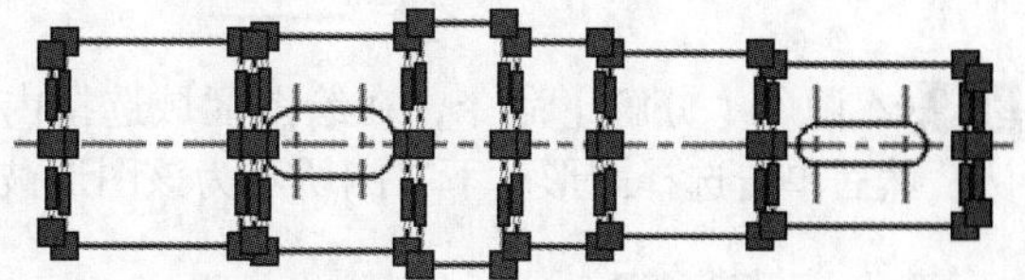

5.5 分解和删除对象

通过【分解】操作可以将块、面域、多段线等分解为它的组成对象，以便单独修改一个或多个对象。【删除】命令可以按需求将多余对象从源对象中删除。

5.5.1 分解

【分解】命令主要是把单个组合的对象分解成多个单独的对象，从而更方便对各个单独对象进行编辑。

1. 命令调用方法

在AutoCAD 2021中调用【分解】命令的常用方法有以下三种。

- 选择【修改】➢【分解】菜单命令。
- 命令行输入“EXPLODE/X”命令并按空格键。
- 单击【默认】选项卡➢【修改】面板中的【分解】按钮。

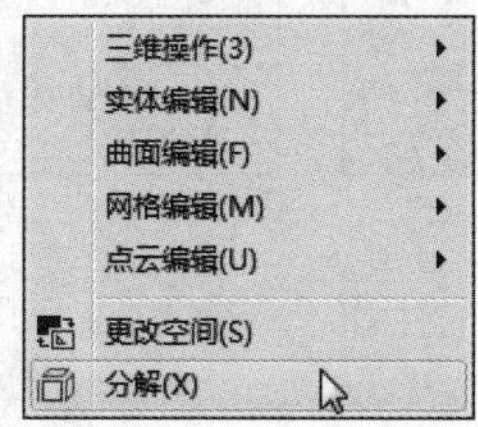

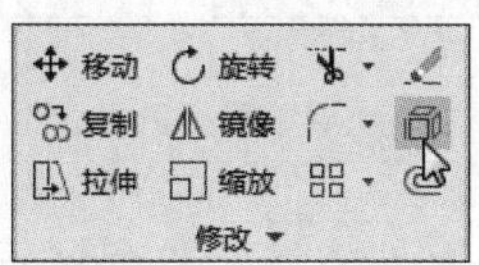

2. 命令提示

调用【分解】命令之后，命令行会进行如下提示。

```
命令：_explode
选择对象：
```

5.5.2 实战演练——分解内六角螺栓图块

下面利用【分解】命令对内六角螺栓图块进行分解操作，具体操作步骤如下。

步骤 01 打开“素材\CH05\内六角螺栓.dwg”文件，如下图所示。

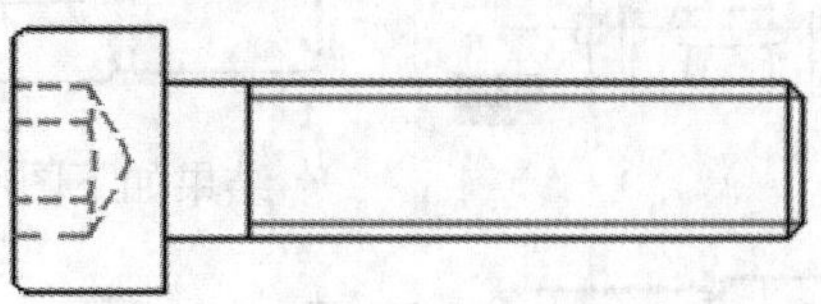

步骤 02 调用【分解】命令，在绘图区域选择内六角螺栓图块作为需要分解的对象，按空格键确认，然后单击选择图形。下右图所示为该图形被分解成为多个单体。

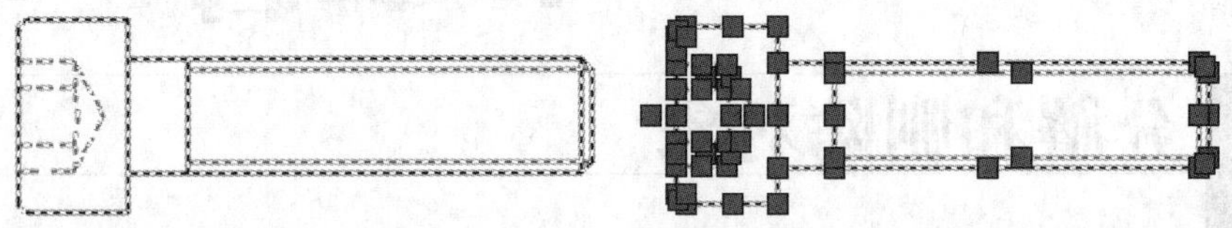

5.5.3 删除

删除是把相关图形从源文档中移除，不保留任何痕迹。

1. 命令调用方法

在AutoCAD 2021中调用【删除】命令的常用方法有以下五种。

- 选择【修改】➢【删除】菜单命令。
- 命令行输入“ERASE/E”命令并按空格键。
- 单击【默认】选项卡➢【修改】面板中的【删除】按钮。
- 选择对象后单击鼠标右键，在快捷菜单中选择【删除】命令。
- 选择需要删除的对象，然后按【Del】键。

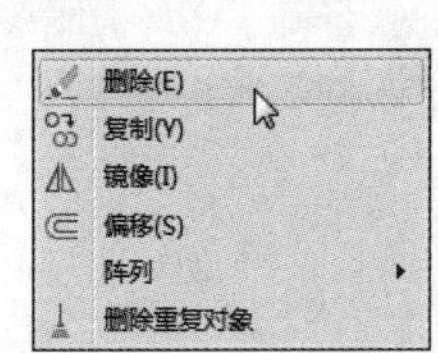

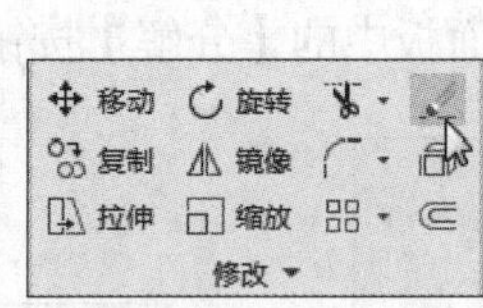

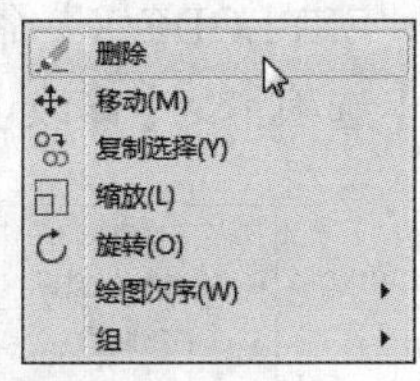

2. 命令提示

调用【删除】命令之后，命令行会进行如下提示。

```
命令：_erase
选择对象：
```

5.5.4 实战演练——删除鱼缸图形

下面利用【删除】命令删除鱼缸图形，具体操作步骤如下。

步骤 01 打开“素材\CH05\删除对象.dwg”文件，如下图所示。

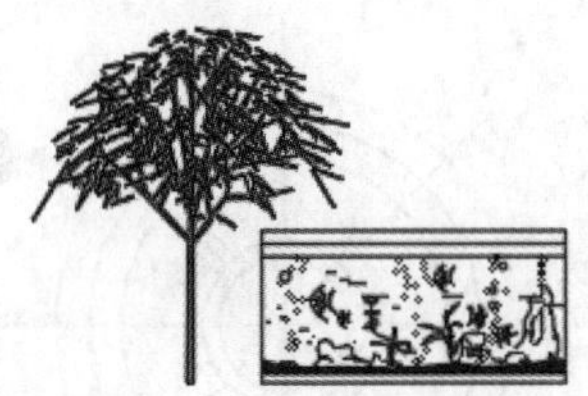

步骤 02 调用【删除】命令，在绘图区域选择鱼缸图形作为需要删除的对象，按空格键确认，结果如下图所示。

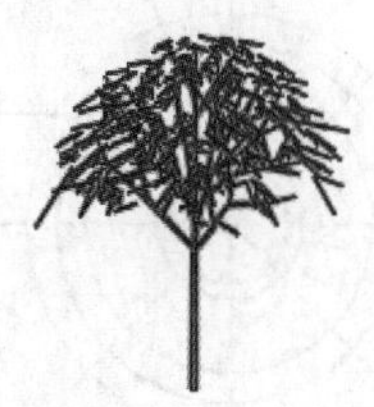

5.6 综合应用——绘制定位压盖

下面综合利用【图层】【直线】【圆】【阵列】【偏移】【修剪】【圆角】等命令绘制定位压盖图形。

步骤 01 新建一个AutoCAD文件，并命名为“定位压盖”。调用图层命令，创建“轮廓线”和“中心线”两个图层，并将“中心线”层设置为当前层，具体参数设置如下图所示。

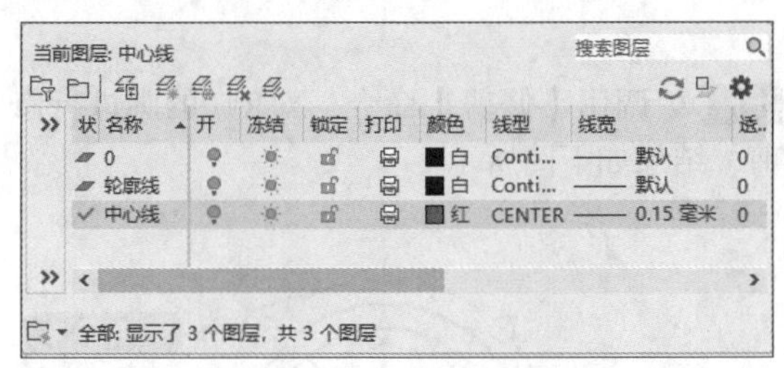

步骤 02 调用【直线】命令，绘制一条长度为180的直线，如下图所示。

步骤 03 调用【环形阵列】命令，选择直线为阵列对象，并捕捉直线的中点为阵列中心点，在弹出的【阵列】选项卡中进行如下设置，结果如下图所示。

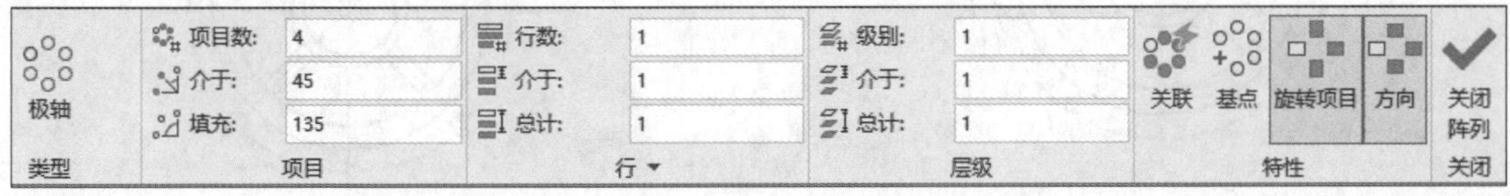

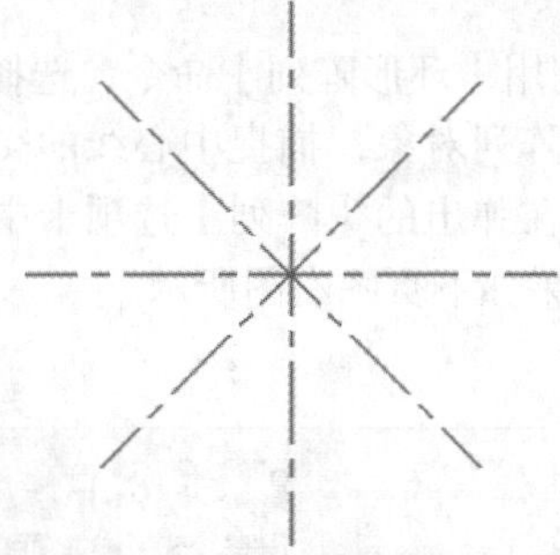

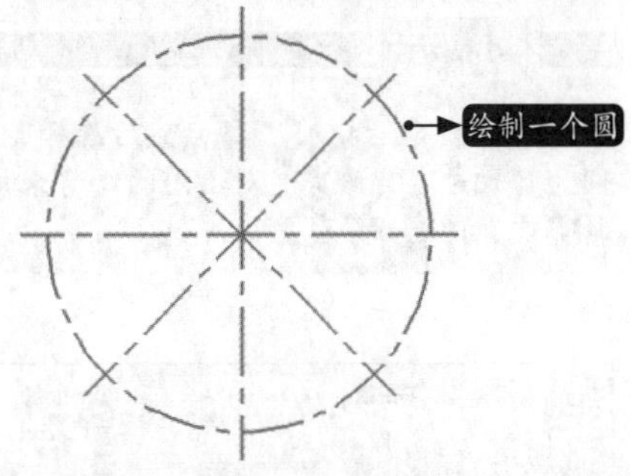

步骤 04 调用【圆】命令，以直线的中点为圆心，绘制一个半径为70的圆，如右图所示。

步骤 05 将“轮廓线”层设置为当前层，然后调用【圆】命令，以上步绘制的圆的圆心为圆心，绘制半径分别为20、25、50、60的4个圆，结果如下图所示。

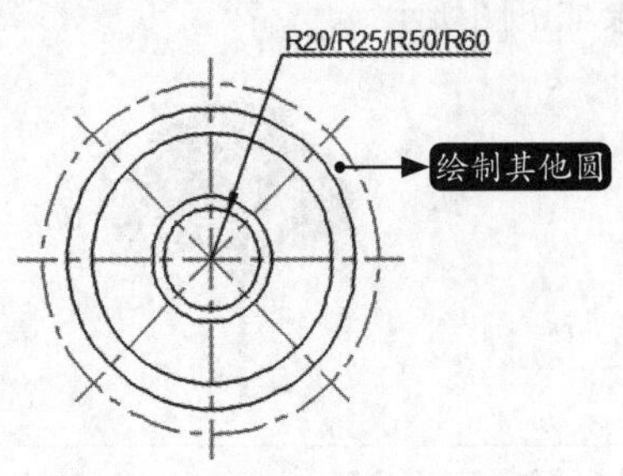

步骤06 调用【偏移】命令，将45° 夹角的中心线向两侧分别偏移3.5，并将偏移后的直线置于当前层，结果如下图所示。

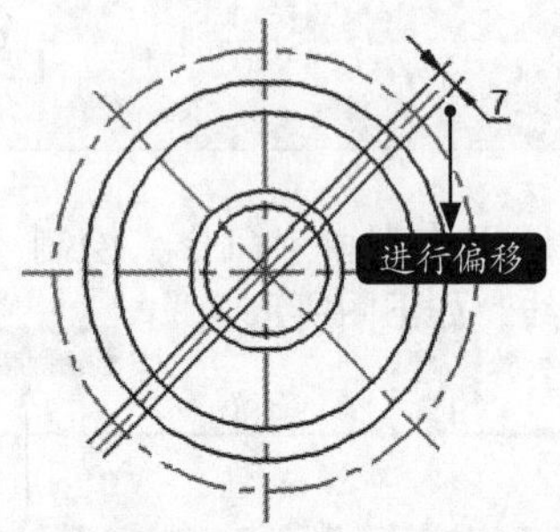

步骤07 调用【修剪】命令，对偏移后的直线进行修剪，结果如下图所示。

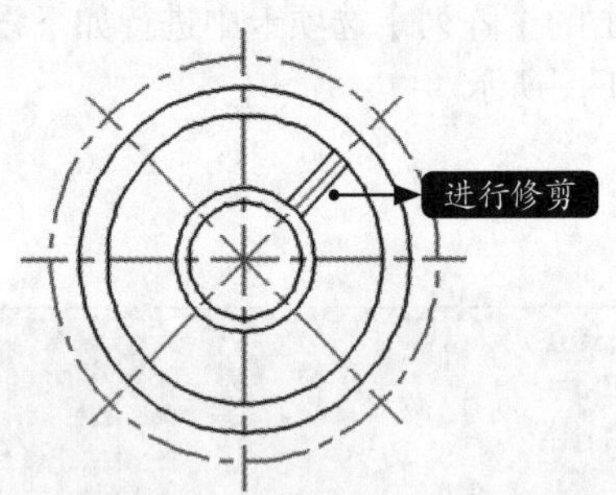

小提示

调用命令后输入“t”，然后选择R25和R50的圆为剪切边进行修剪。对上图的修剪来说，剪切边修剪比直接进行修剪更快捷。

步骤08 调用【圆】命令，绘制半径为5和10的两个圆，结果如下图所示。

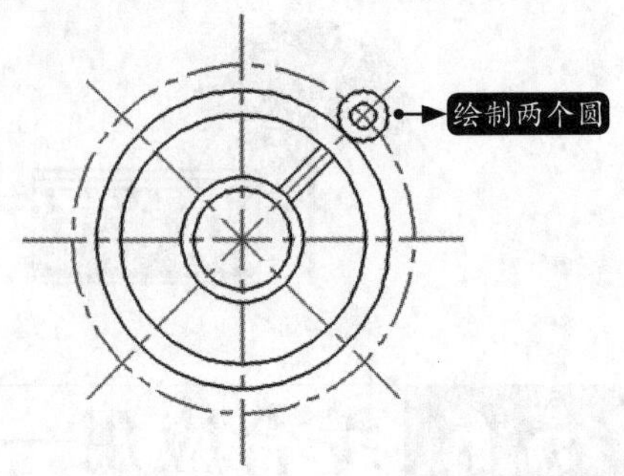

步骤09 调用【直线】命令，过半径为10和5的辅助圆的切点绘制两条直线，结果如下图所示。

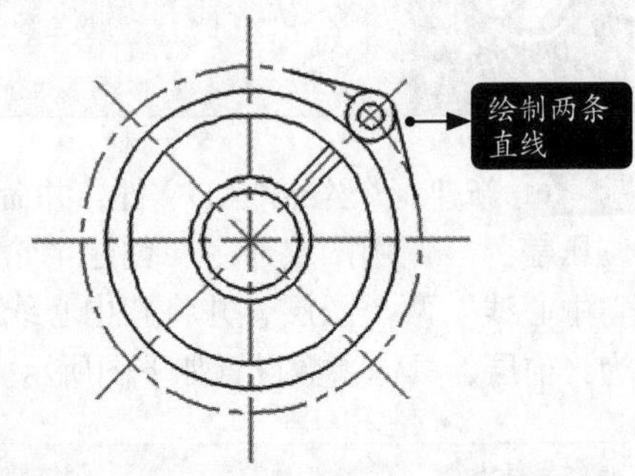

步骤10 调用【修剪】命令，对R10的圆进行修剪，结果如下图所示。

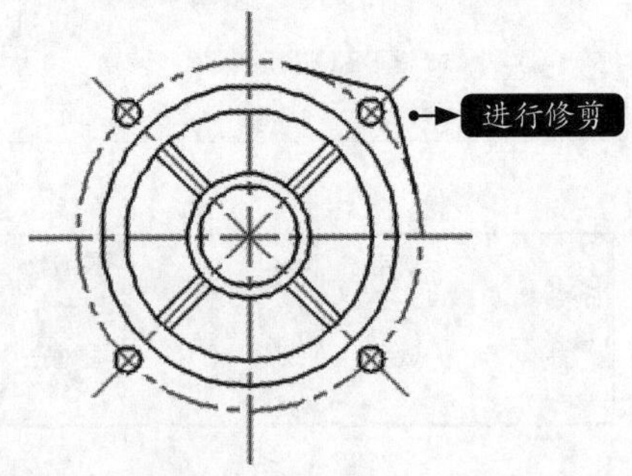

步骤11 调用【环形阵列】命令，选择下左图虚线图形为阵列对象，捕捉中心线的交点为阵列中心点，在弹出的【阵列】选项卡中进行如下设置，结果如下页图右图所示。

类型	项目		行		层级		特性				关闭
极轴	项目数:	4	行数:	1	级别:	1	关联	基点	旋转项目	方向	关闭阵列
	介于:	90	介于:	79.3392	介于:	1					
	填充:	360	总计:	79.3392	总计:	1					

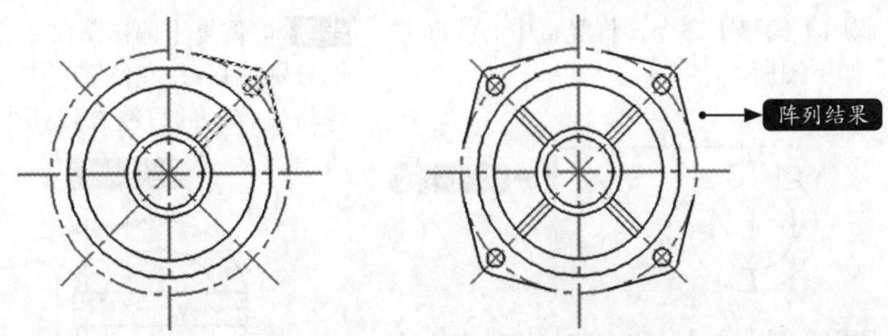

步骤 12 调用【圆角】命令，将圆角半径设置为10，对阵列后相交直线的锐角处进行圆角，结果如下图所示。

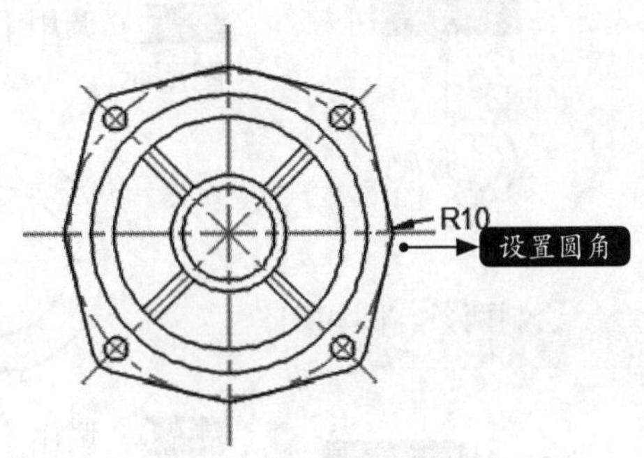

5.7 综合应用——绘制连杆

下面综合利用【复制】【偏移】等命令绘制连杆图形。

步骤 01 新建一个AutoCAD文件，并命名为“连杆”。调用图层命令，创建“轮廓线”和“中心线”两个图层，并将“轮廓线”层设置为当前层，具体参数设置如下图所示。

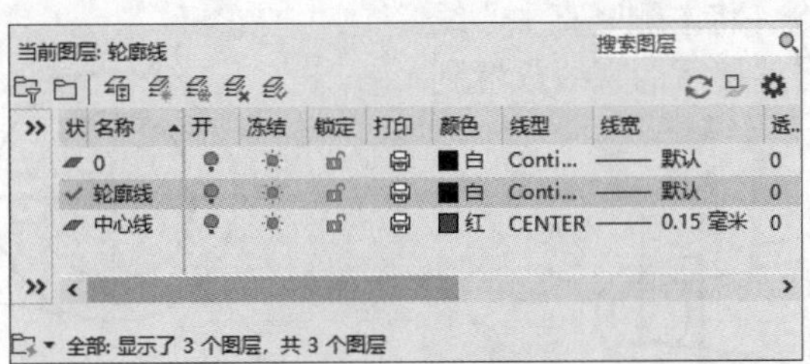

步骤 02 调用【圆】命令，绘制半径分别为14和21的两个同心圆，如下图所示。

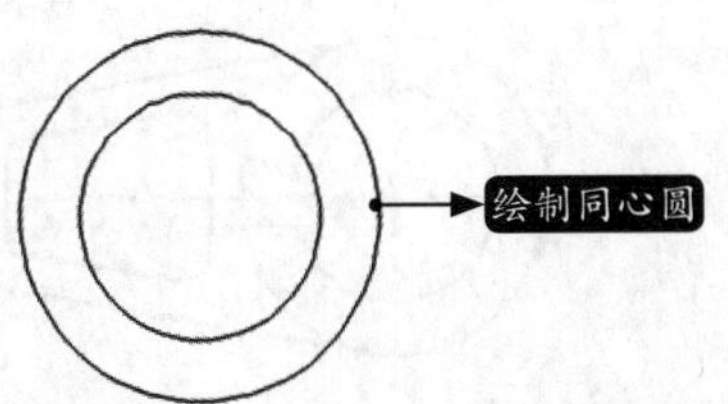

步骤 03 调用【直线】命令，过圆心绘制两条直线并将其放置到“中心线”层上，结果如下图所示。

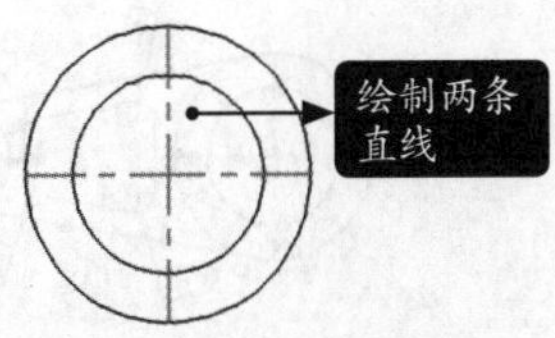

步骤04 调用【偏移】命令，将竖直中心线向右偏移66，如下图所示。

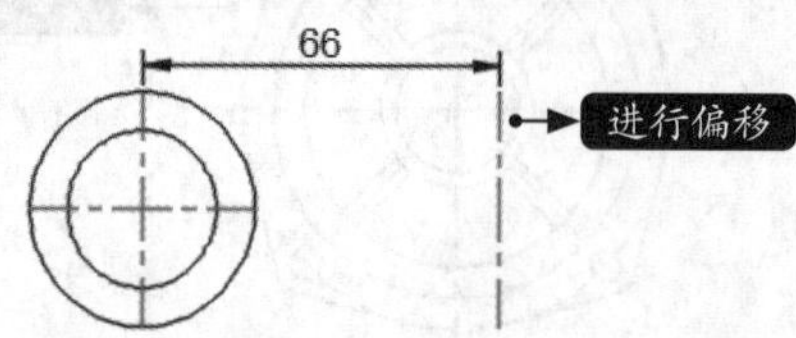

步骤05 调用【圆】命令，以上步偏移的直线的中点圆心，绘制半径分别为6.5、10的两个圆，结果如下图所示。

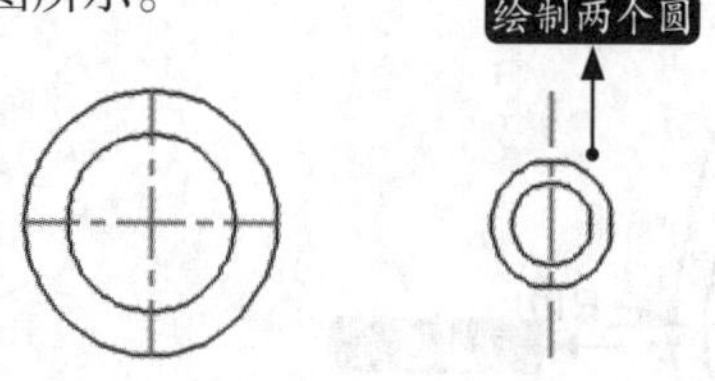

步骤06 调用【直线】命令，绘制两条与圆相切的直线，结果如下图所示。

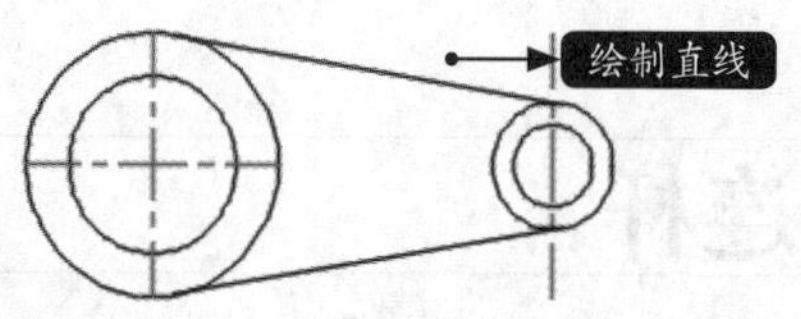

步骤07 调用【偏移】命令，将上步绘制的两条直线向内侧偏移5，结果如下图所示。

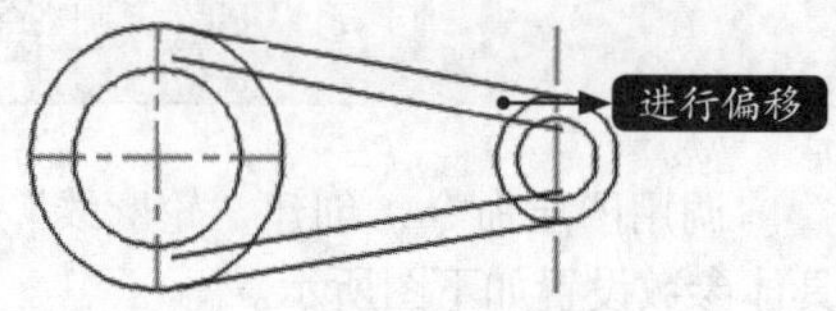

步骤08 重复【偏移】命令，将左侧竖直中心线向右侧偏移25和53，并将偏移后的直线放置到当前层，结果如下图所示。

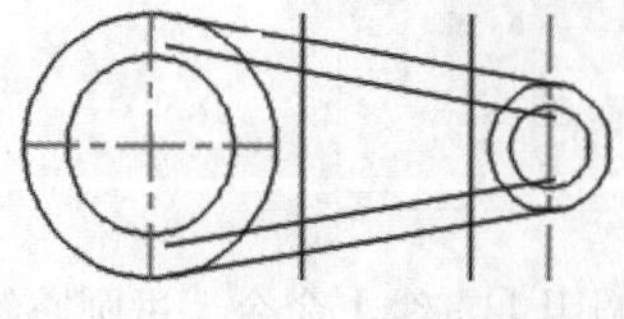

步骤09 调用【圆角】命令，对偏移后的4条直线进行R2和R4圆角，结果如下图所示。

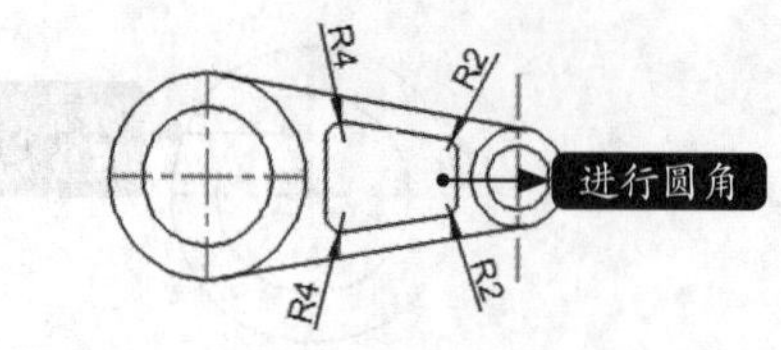

步骤10 重复【偏移】命令，将水平中心线向两侧分别偏移4，左侧竖直中心线向右侧偏移18，并将偏移后的直线放置到当前层，结果如下图所示。

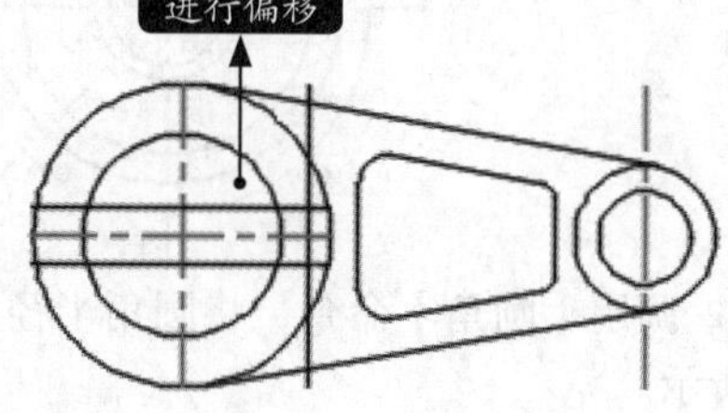

步骤11 调用【修剪】命令，修剪后的结果如下图所示。

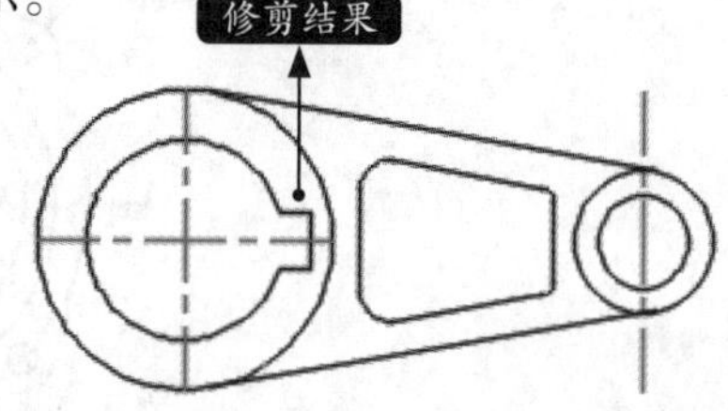

步骤12 调用【拉长】命令，将左侧竖直中心线向两端分别拉长5，水平中心线向左侧拉长5，结果如下图所示。

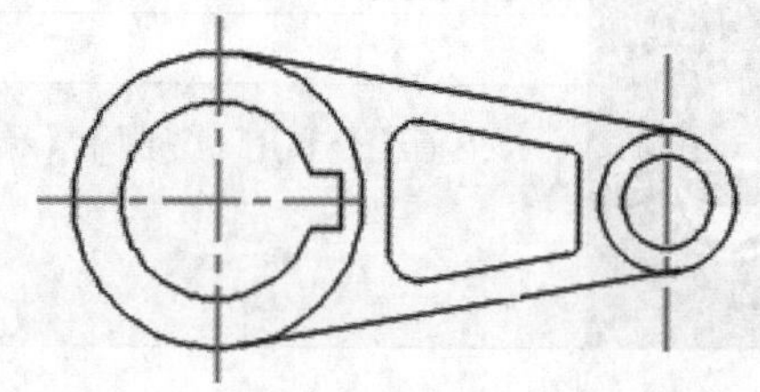

步骤13 调用【拉长】命令，将右侧竖直中心线向两端分别缩短6，结果如下图所示。

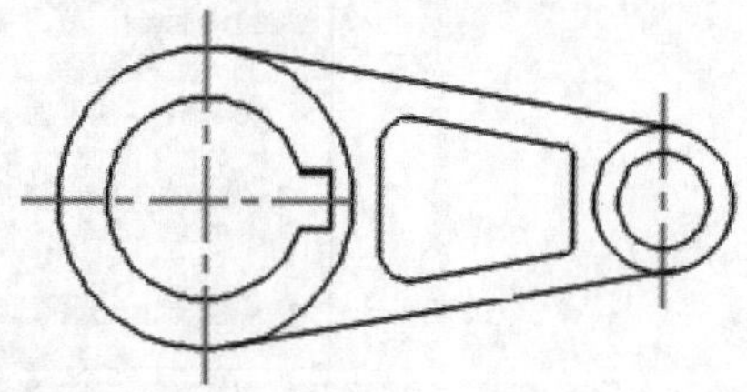

步骤14 调用【拉伸】命令，将水平中心线向右侧拉伸60，结果如下图所示。

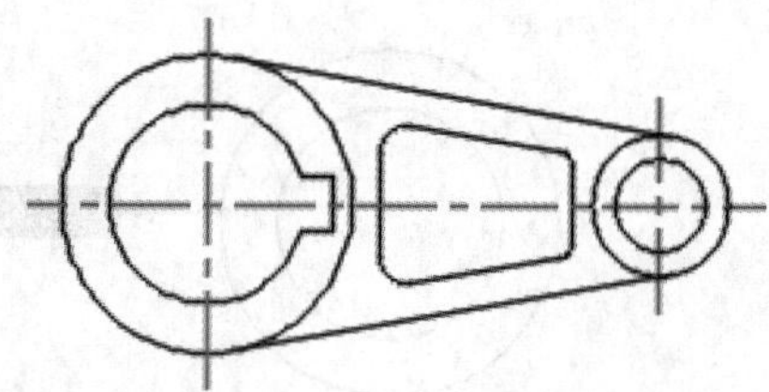

疑难解答

1. 创建的弧的方向和长度与拾取点的位置关系

创建的弧的方向和长度由选择对象而拾取的点确定，选择不同拾取点而创建的弧，如下左图所示。

选择圆时，如果圆不用进行修剪，绘制的圆角将与圆平滑地相连，如下右图所示。

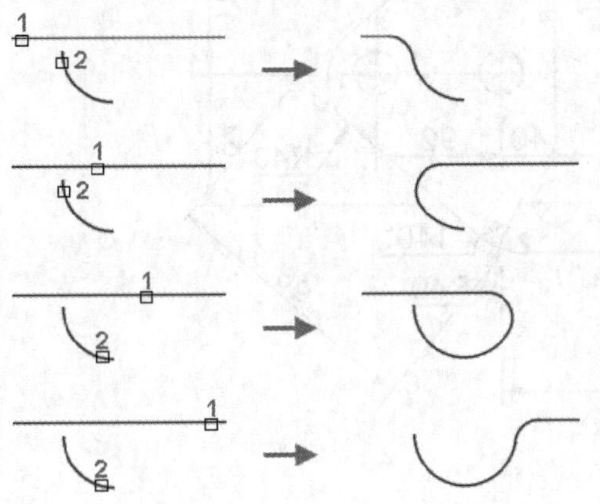

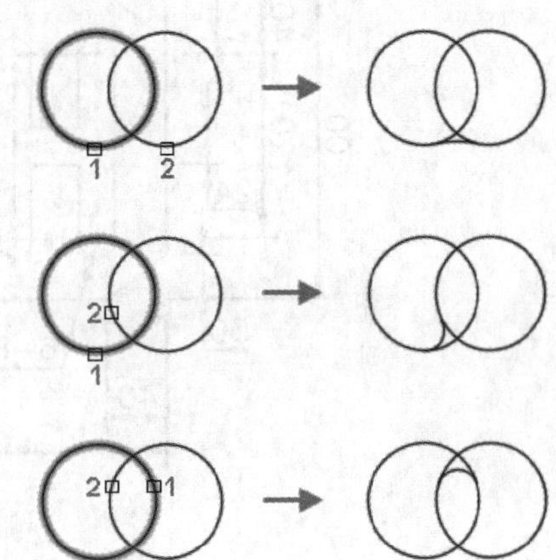

2. 如何快速绘制需要的箭头

下面对快速绘制箭头的方法进行详细介绍。

步骤 01 在“.dwg”文件中创建一个对齐标注，如下图所示。

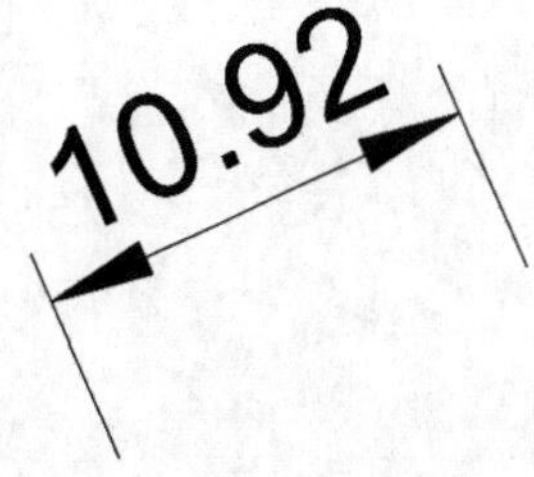

步骤 02 选择刚才创建的对齐标注，然后选择【修改】➢【特性】菜单命令，在系统弹出的特性面板中对箭头的大小及样式进行设置，如右上图所示。

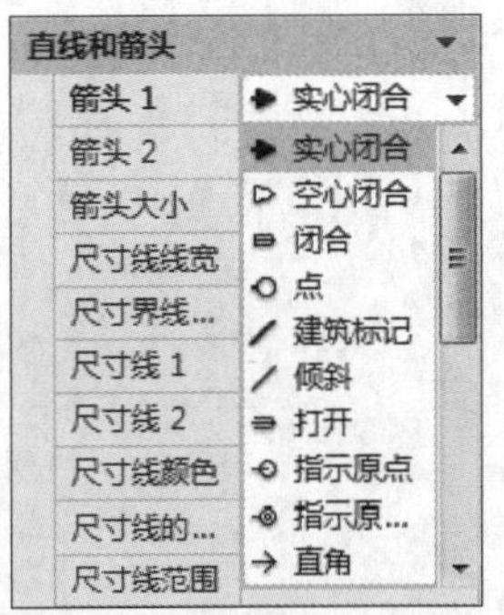

步骤 03 设置完成之后将该对齐标注分解，并将多余部分删除，即可得到需要的箭头，如下图所示。

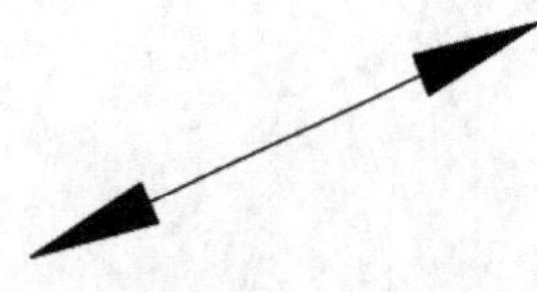

实战练习

绘制以下图形，其中虚线是为了便于理解而绘制的，读者在绘图时不必绘制。

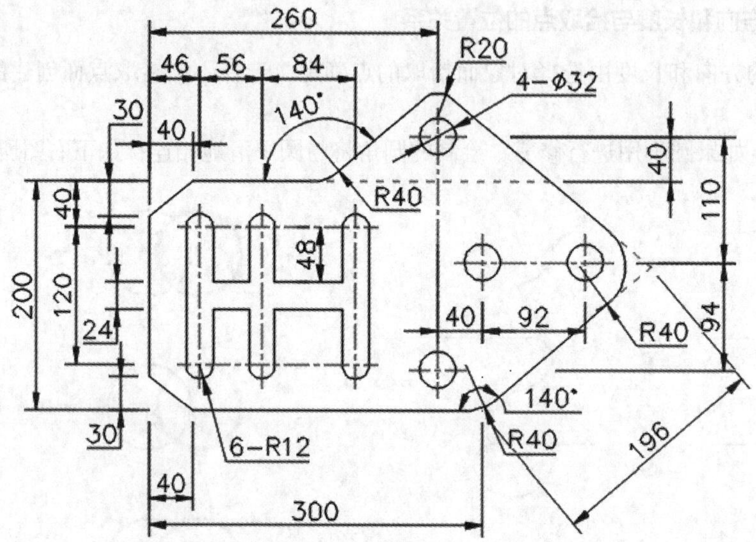

第6章

绘制和编辑复杂二维对象

学习目标

AutoCAD 可以满足用户的多种绘图需要。一种图形可以通过多种绘制方式绘制，如平行线可以用两条直线来绘制，但是用多线绘制会更为快捷准确。

学习效果

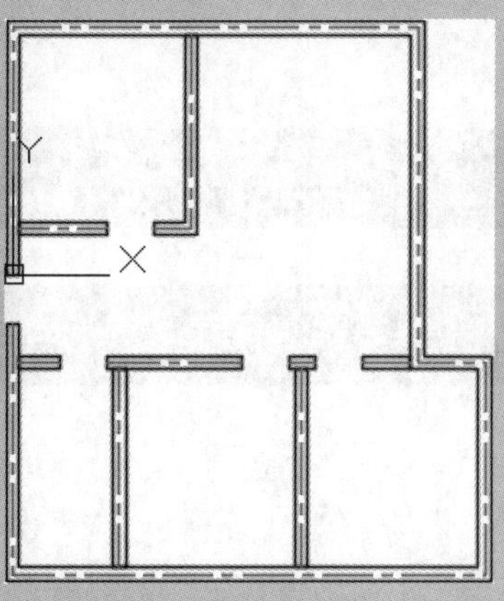

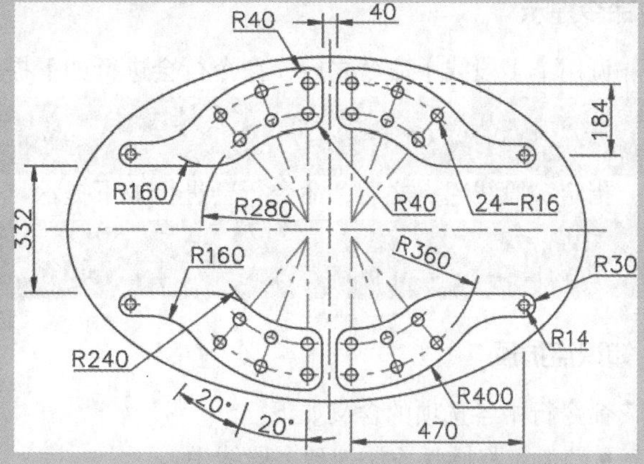

6.1 创建和编辑多段线

在AutoCAD中，多段线提供了单条直线或单条圆弧所不具备的功能。

6.1.1 多段线

多段线是作为单个对象创建的相互连接的序列线段。可以创建直线段、弧线段或两者的组合线段。

1. 命令调用方法

在AutoCAD 2021中调用【多段线】命令的方法通常有以下三种。

- 选择【绘图】➤【多段线】菜单命令。
- 命令行输入“PLINE/PL”命令并按空格键。
- 单击【默认】选项卡➤【绘图】面板➤【多段线】按钮。

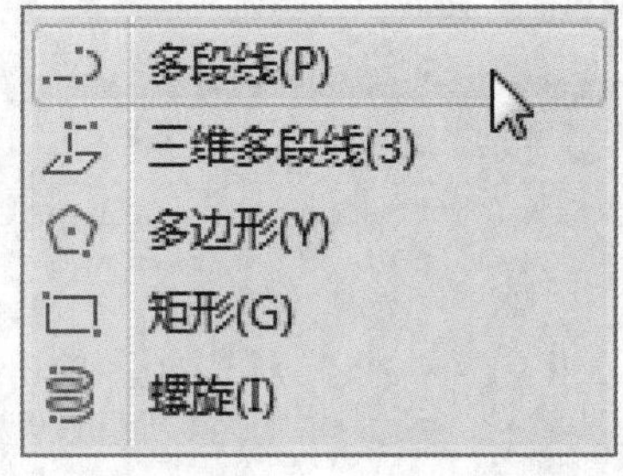

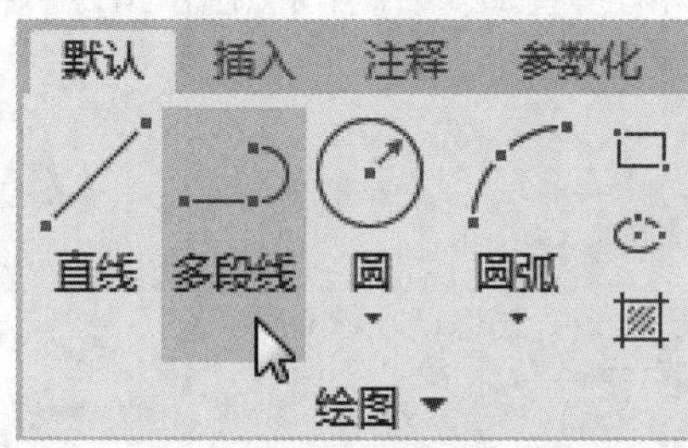

2. 命令提示

调用【多段线】命令之后，命令行会进行如下提示。

```
命令：_pline
指定起点：
```

指定多段线起点之后，命令行会进行如下提示。

```
当前线宽为 0.0000
指定下一个点或 [ 圆弧 (A)/ 半宽 (H)/ 长度 (L)/ 放弃 (U)/ 宽度 (W)]:
```

3. 知识点扩展

命令行中各选项的含义如下。

- 圆弧：将圆弧段添加到多段线中。
- 半宽：指定从宽多段线的中心到其一边的宽度。
- 长度：在与上一线段相同的角度方向上绘制指定长度的直线段。如果上一线段是圆弧，将绘制与该圆弧段相切的新直线段。

● 放弃：删除最近一次添加到多段线上的直线段。
● 宽度：指定下一条线段的宽度。

6.1.2 实战演练——绘制雨伞

下面利用【多段线】命令创建雨伞图形，具体操作步骤如下。

调用【多段线】命令，在绘图区域任意单击一点作为多段线的起点，命令行提示如下。

```
命令：_PLINE
指定起点：
当前线宽为 0.0000
指定下一个点或 [ 圆弧 (A)/ 半宽 (H)/ 长度 (L)/ 放弃 (U)/ 宽度 (W)]: w
指定起点宽度 <0.0000>: 0
指定端点宽度 <0.0000>: 40
指定下一个点或 [ 圆弧 (A)/ 半宽 (H)/ 长度 (L)/ 放弃 (U)/ 宽度 (W)]: @0,-5
指定下一点或 [ 圆弧 (A)/ 闭合 (C)/ 半宽 (H)/ 长度 (L)/ 放弃 (U)/ 宽度 (W)]: h
指定起点半宽 <20.0000>: 1
指定端点半宽 <1.0000>:          // 按空格键接受默认值
指定下一点或 [ 圆弧 (A)/ 闭合 (C)/ 半宽 (H)/ 长度 (L)/ 放弃 (U)/ 宽度 (W)]: @0,-25.5
指定下一点或 [ 圆弧 (A)/ 闭合 (C)/ 半宽 (H)/ 长度 (L)/ 放弃 (U)/ 宽度 (W)]: a
指定圆弧的端点 ( 按住 Ctrl 键以切换方向 ) 或
[ 角度 (A)/ 圆心 (CE)/ 闭合 (CL)/ 方向 (D)/ 半宽 (H)/ 直线 (L)/ 半径 (R)/ 第二个点 (S)/ 放弃 (U)/ 宽度 (W)]: a
指定夹角：180
指定圆弧的端点 ( 按住 Ctrl 键以切换方向 ) 或 [ 圆心 (CE)/ 半径 (R)]: ce
指定圆弧的圆心：@5,0
指定圆弧的端点 ( 按住 Ctrl 键以切换方向 ) 或
[ 角度 (A)/ 圆心 (CE)/ 闭合 (CL)/ 方向 (D)/ 半宽 (H)/ 直线 (L)/ 半径 (R)/ 第二个点 (S)/ 放弃 (U)/ 宽度 (W)]:
// 按空格键结束命令
```

结果如下图所示。

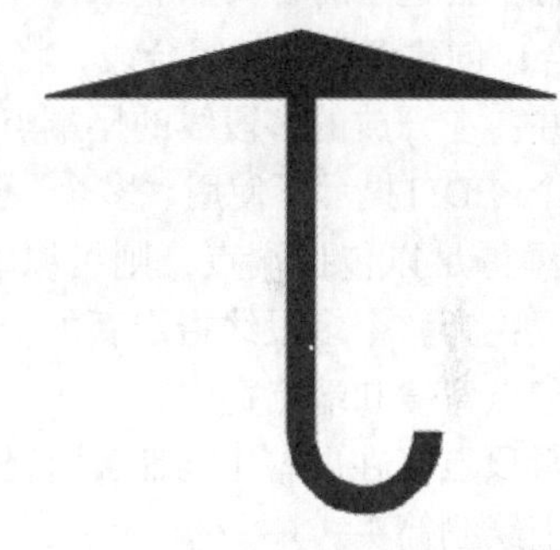

6.1.3 编辑多段线

多段线提供了单个直线所不具备的编辑功能。例如，多段线可以调整宽度和曲率等。创建多段线之后，可以使用PEDIT命令对其进行编辑，或者使用【分解】命令将其转换成单独的直线段和弧线段。

1. 命令调用方法

在AutoCAD 2021中调用【编辑多段线】命令的方法通常有以下三种。

● 选择【修改】➤【对象】➤【多段线】菜单命令。
● 命令行输入“PEDIT/PE”命令并按空格键。
● 单击【默认】选项卡➤【修改】面板➤【编辑多段线】按钮。

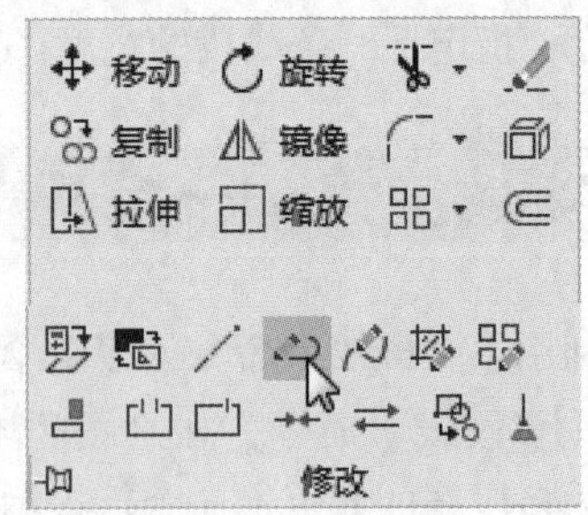

2. 命令提示

调用【编辑多段线】命令之后，命令行会进行如下提示。

命令：_pedit
选择多段线或 [多条 (M)]:

选择需要编辑的多段线之后，命令行会进行如下提示。

输入选项 [闭合 (C)/ 合并 (J)/ 宽度 (W)/ 编辑顶点 (E)/ 拟合 (F)/ 样条曲线 (S)/ 非曲线化 (D)/ 线型生成 (L)/ 反转 (R)/ 放弃 (U)]:

3. 知识点扩展

命令行中各选项的含义如下。

- 闭合：创建多段线的闭合线，将首尾连接。
- 合并：在开放的多段线的尾端点添加直线、圆弧或多段线。对于要合并多段线的对象，除非在第一个PEDIT提示下使用“多个”选项，否则它们的端点必须重合；在这种情况下，如果模糊距离设置得足以包括端点，则可以将不相接的多段线合并。
- 宽度：为整个多段线指定新的统一宽度。可以使用“编辑顶点”选项的“宽度”选项来更改线段的起点宽度和端点宽度。
- 编辑顶点：在屏幕上绘制X标记多段线的第一个顶点。如果已指定此顶点的切线方向，则在此方向上绘制箭头。
- 拟合：创建圆弧拟合多段线。
- 样条曲线：使用选定多段线的顶点作为近似B样条曲线的曲线控制点或控制框架。该曲线（称为样条曲线拟合多段线）将通过第一个和最后一个控制点，除非原多段线是闭合的；曲线将会被拉向其他控制点，但并不一定通过它们；在框架特定部分指定的控制点越多，曲线上这种拉拽的倾向就越大；可以生成二次和三次拟合样条曲线多段线。
- 非曲线化：删除由拟合曲线或样条曲线插入的多余顶点，拉直多段线的所有线段；保留指定给多段线顶点的切向信息，用于随后的曲线拟合；使用命令（例如BREAK或TRIM）编辑样条曲线拟合多段线时，不能使用“非曲线化”选项。
- 线型生成：生成经过多段线顶点的连续图案线型。关闭此选项，将在每个顶点处以点划线开始和结束生成线型。“线型生成”不能用于带变宽线段的多段线。
- 反转：反转多段线顶点的顺序。使用此选项可反转使用包含文字线型的对象的方向，例如，根据多段线的创建方向，线型中的文字可能会倒置显示。
- 放弃：还原操作，可一直返回到PEDIT任务开始的状态。

6.1.4 实战演练——编辑多段线对象

下面利用多段线编辑命令对多段线进行编辑操作，具体操作步骤如下。

步骤 01 打开“素材\CH06\编辑多段线.dwg”文件，如下图所示。

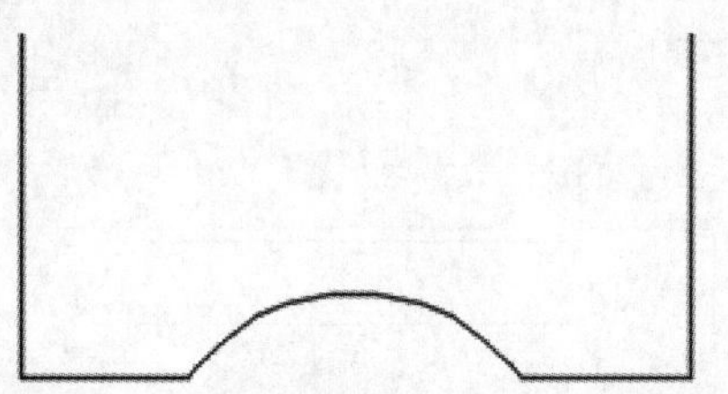

步骤 02 调用多段线编辑命令，命令行提示如下。

命令：_pedit
选择多段线或 [多条 (M)]: m
选择对象：指定对角点：找到 5 个 // 选择所有对象
选择对象： // 按空格键结束对象选择
是否将直线、圆弧和样条曲线转换为多段线？ [是 (Y)/ 否 (N)]? <Y> // 按空格键接受默认值
输入选项 [闭合 (C)/ 打开 (O)/ 合并 (J)/ 宽度 (W)/ 拟合 (F)/ 样条曲线 (S)/ 非曲线化 (D)/ 线型生成 (L)/ 反转 (R)/ 放弃 (U)]: j
合并类型 = 延伸
输入模糊距离或 [合并类型 (J)] <0.0000>: // 按空格键接受默认值
多段线已增加 4 条线段
输入选项 [闭合 (C)/ 打开 (O)/ 合并 (J)/ 宽度 (W)/ 拟合 (F)/ 样条曲线 (S)/ 非曲线化 (D)/ 线型生成 (L)/ 反转 (R)/ 放弃 (U)]: c
输入选项 [闭合 (C)/ 打开 (O)/ 合并 (J)/ 宽度 (W)/ 拟合 (F)/ 样条曲线 (S)/ 非曲线化 (D)/ 线型生成 (L)/ 反转 (R)/ 放弃 (U)]: w
指定所有线段的新宽度：3
输入选项 [闭合 (C)/ 打开 (O)/ 合并 (J)/ 宽度 (W)/ 拟合 (F)/ 样条曲线 (S)/ 非曲线化 (D)/ 线型生成 (L)/ 反转 (R)/ 放弃 (U)]:

结果如下图所示。

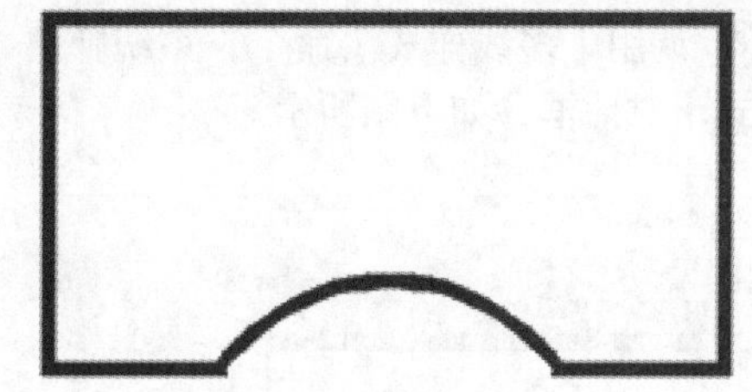

6.2 创建和编辑多线

在AutoCAD中，使用多线命令可以很方便地创建多条平行线。多线命令常用在建筑设计和室内装潢设计中，如绘制墙体等。

6.2.1 多线样式

设置多线是通过【多线样式】对话框来进行的。

1. 命令调用方法

在AutoCAD 2021中调用【多线样式】命令的方法通常有以下两种。

- 选择【格式】➤【多线样式】菜单命令。
- 命令行输入“MLSTYLE”命令并按空格键。

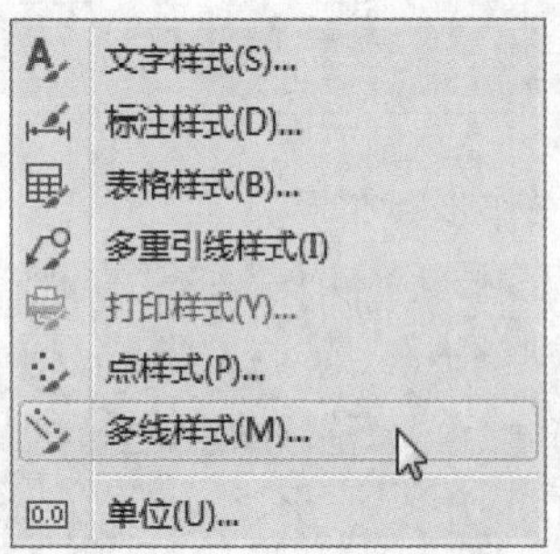

2. 命令提示

调用【多线样式】命令之后，系统会自动弹出【多线样式】对话框，如下图所示。

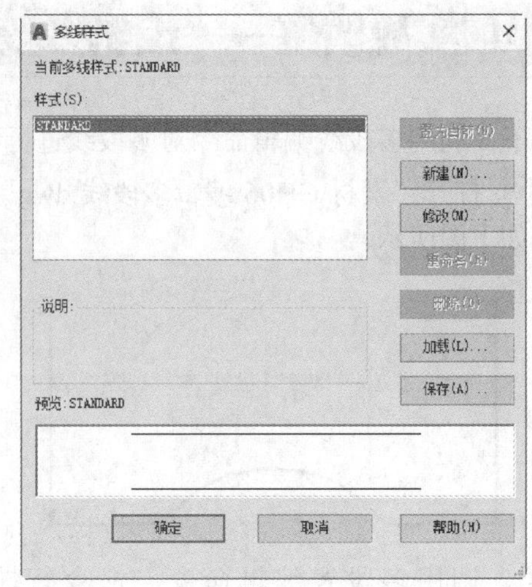

6.2.2 实战演练——设置多线样式

下面利用【多线样式】对话框创建一个新的多线样式，具体操作步骤如下。

步骤 01 调用【多线样式】命令，系统弹出【多线样式】对话框，如下图所示。

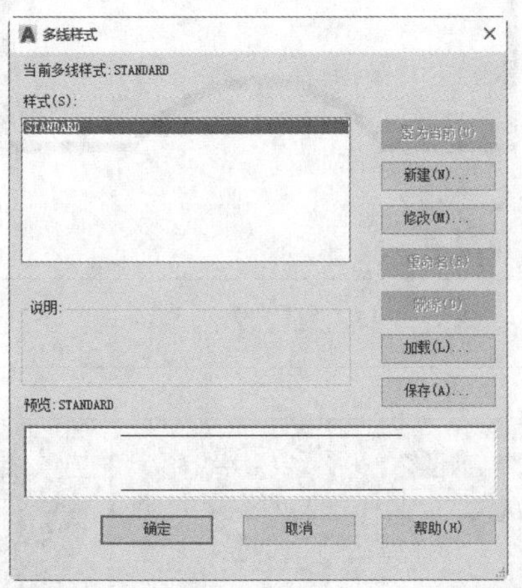

步骤 02 单击“新建”按钮，弹出“新建样式”对话框，在“样式名”输入框中输入“墙体”，如下图所示。

步骤 03 单击“继续”按钮，弹出“墙体多线样式”，在“说明”输入框中输入“带中心线”，以直线形式将起点和端点封闭，如右上图所示。

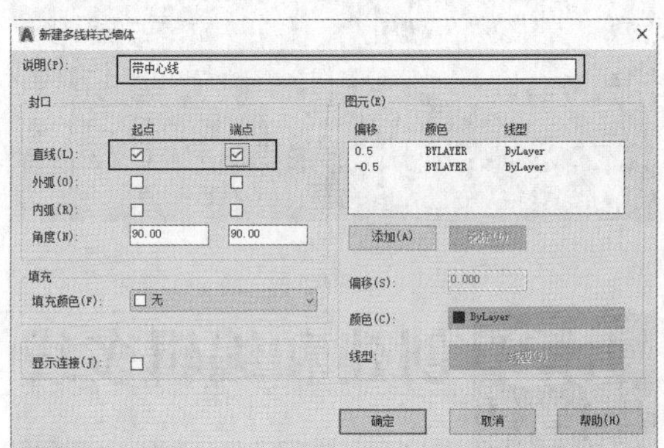

步骤 04 在“图元”选项组中，单击“添加”按钮，图元下方的列表中将添加一条偏移为0的直线，如下图所示。

步骤05 选择偏移为0的直线，单击颜色右侧的下拉按钮，在下拉列表中选择红色。

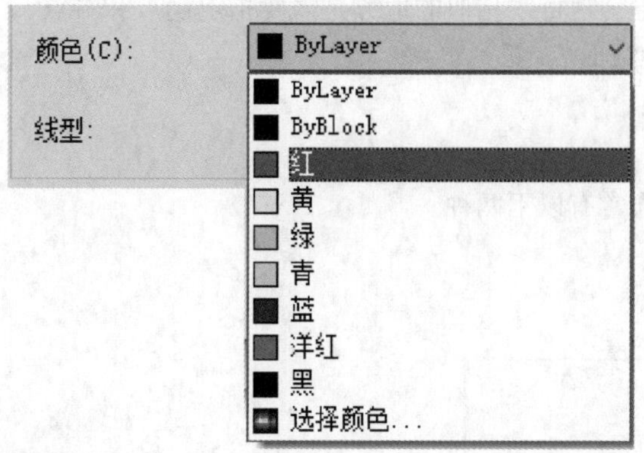

步骤06 单击“线型”按钮，弹出“选择线型”对话框，可以给“0”偏移线选择。

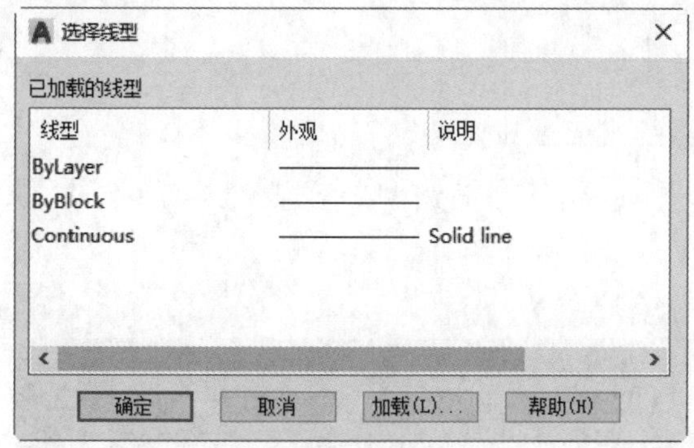

步骤07 如果没有合适的线型，可以单击“加载”按钮，从弹出的“加载或重载线型”对话框中选择“CENTER”。

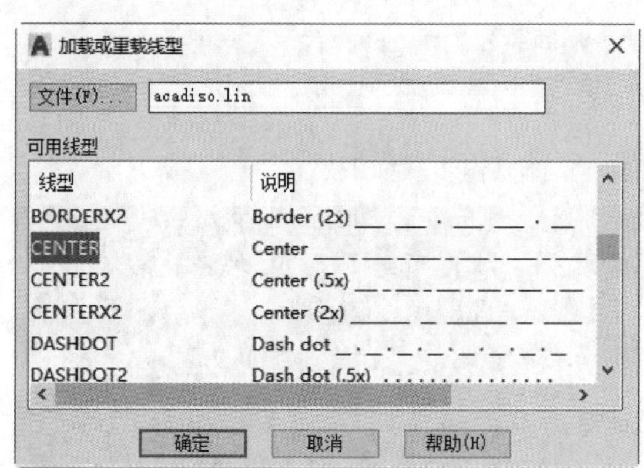

步骤08 选择偏移为0.5的直线，在“偏移”文本框中输入120。

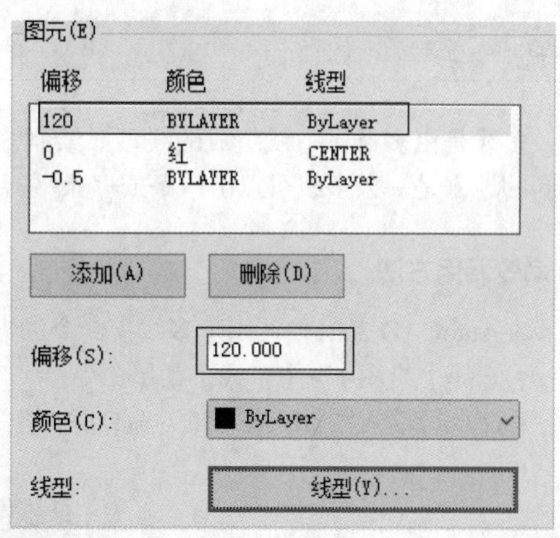

步骤09 选择偏移为-0.5的直线，在“偏移”文本框中输入-120。

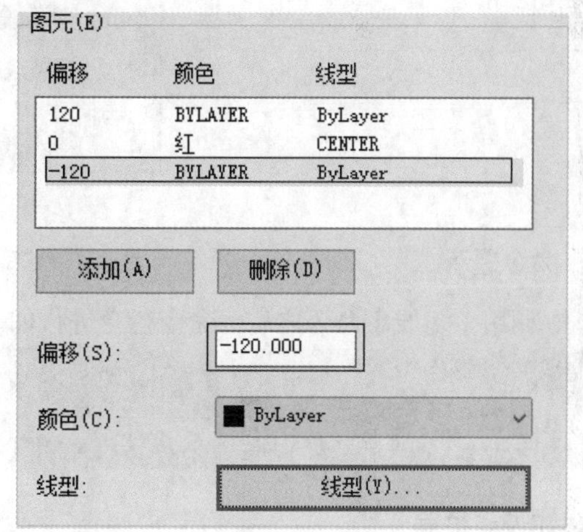

步骤10 单击“确定”返回“多线样式”对话框，选择“墙体”并将它置为当前。

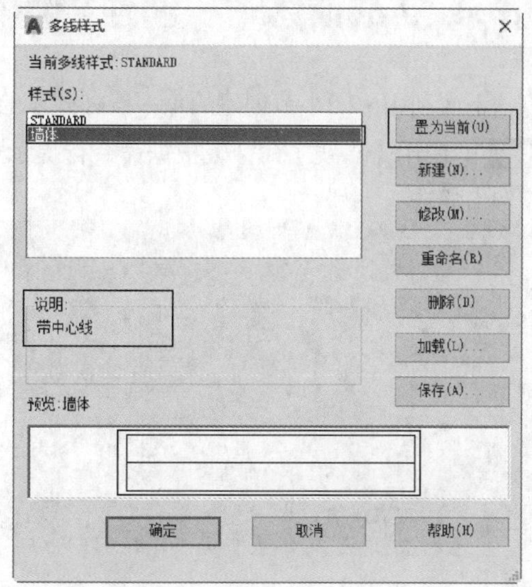

6.2.3 多线

多线是由多条平行线组成的线型。绘制多线与绘制直线相似的地方是需要指定起点和端点，不同的地方是一条多线可以由一条或多条平行线段组成。

1. 命令调用方法

在AutoCAD 2021中调用【多线】命令的方法通常有以下两种。

- 选择【绘图】➤【多线】菜单命令。
- 命令行输入“MLINE/ML”命令并按空格键。

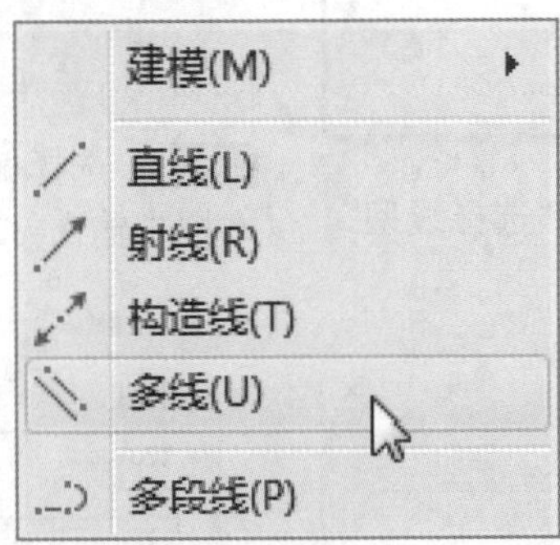

2. 命令提示

调用【多线】命令之后，命令行会进行如下提示。

```
命令：_mline
当前设置：对正 = 上，比例 = 20.00，样式 = STANDARD
指定起点或 [ 对正 (J)/ 比例 (S)/ 样式 (ST)]:
```

3. 知识点扩展

多线不可以打断、拉长、倒角和圆角。

6.2.4 实战演练——创建墙体

下面利用6.2.2小节创建的【多线样式】绘制墙体，具体操作步骤如下。

步骤 01 调用【多线】命令，根据命令行提示进行如下操作。

```
命令：_mline
当前设置：对正 = 上，比例 = 20.00，样式 = 墙体          // 显示当前设置
指定起点或 [对正( J )/比例( S )/样式( ST )]: j↙          // 设置对正方式
输入对正类型 [ 上（T）/ 无（Z）/ 下（B）]< 上 >: z↙          // 设置为居中对齐
当前设置：对正 = 无，比例 = 20.00，样式 = 墙体          // 显示当前设置
指定起点或 [对正( J )/比例( S )/样式( ST )]: s↙          // 设置比例，即多线的宽度
输入多线比例 <20.00>: 1↙          // 设置宽度为 240mm
当前设置：对正 = 无，比例 = 1，样式 = 墙体          // 显示当前设置
指定起点或 [ 对正 (J)/ 比例 (S)/ 样式 (ST)]:0,0
指定下一点：  < 正交 开 > @0,4570
指定下一点或 [ 放弃 (U)]:  @7750,0
指定下一点或 [ 闭合 (C)/ 放弃 (U)]:
```

```
@0,-6200
    指定下一点或 [ 闭合 (C)/ 放弃 (U)]:
@1280,0
    指定下一点或 [ 闭合 (C)/ 放弃 (U)]:
@0,-3940
    指定下一点或 [ 闭合 (C)/ 放弃 (U)]:
@-9030,0
    指定下一点或 [ 闭合 (C)/ 放弃 (U)]:
@0,4670
    指定下一点或 [ 闭合 (C)/ 放弃 (U)]:
// 按空格键结束命令
```

结果如下图所示。

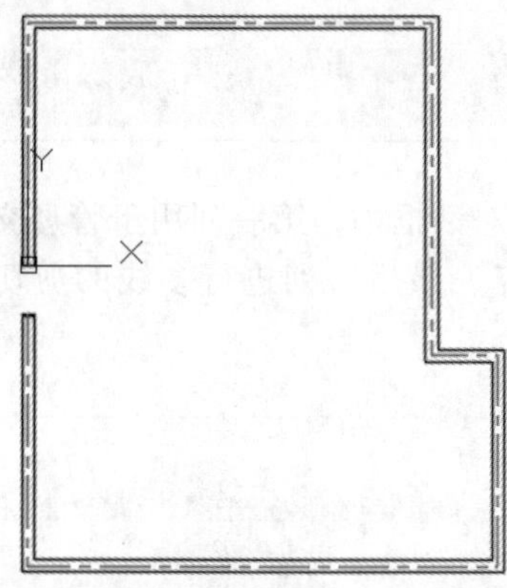

小提示

可以通过【特性选项板】来更改点画线的线性比例。具体参见本章“疑难解答”。

步骤 02 重复【多线】命令，根据命令行提示进行如下操作。

```
    命令 :_MLINE
    当前设置 : 对正 = 无，比例 = 1.00，样式 = 墙体
    指定起点或 [ 对正 (J)/ 比例 (S)/ 样式 (ST)]: 120,850
    指定下一点 : @1690,0
    指定下一点或 [ 放弃 (U)]:    // 空格键结束命令
    命令 :MLINE
    当前设置 : 对正 = 无，比例 = 1.00，样式 = 墙体
    指定起点或 [ 对正 (J)/ 比例 (S)/ 样式 (ST)]: 2710,850
    指定下一点 : @710,0
    指定下一点或 [ 放弃 (U)]:    // 捕捉与墙体的垂足
    指定下一点或 [ 闭合 (C)/ 放弃 (U)]:    // 按空格键结束命令
    命令 : MLINE
    当前设置 : 对正 = 无，比例 = 1.00，样式 = 墙体
    指定起点或 [ 对正 (J)/ 比例 (S)/ 样式 (ST)]: 120,-1630
    指定下一点 : @790,0
    指定下一点或 [ 放弃 (U)]:    // 按空格键结束命令
    命令 : MLINE
    当前设置 : 对正 = 无，比例 = 1.00，样式 = 墙体
    指定起点或 [ 对正 (J)/ 比例 (S)/ 样式 (ST)]: 1810,-1630
    指定下一点 : @2600,0
    指定下一点或 [ 放弃 (U)]:    // 按空格键结束命令
    命令 : MLINE
    当前设置 : 对正 = 无，比例 = 1.00，样式 = 墙体
    指定起点或 [ 对正 (J)/ 比例 (S)/ 样式 (ST)]: 5310,-1630
    指定下一点 : @480,0
    指定下一点或 [ 放弃 (U)]:    // 按空格键结束命令
    命令 : MLINE
    当前设置 : 对正 = 无，比例 = 1.00，样式 = 墙体
    指定起点或 [ 对正 (J)/ 比例 (S)/ 样式 (ST)]: 6690,-1630
    指定下一点 :    // 捕捉与墙体的垂足
    指定下一点或 [ 放弃 (U)]:    // 按空格键结束命令
    命令 : MLINE
    当前设置 : 对正 = 无，比例 = 1.00，样式 = 墙体
    指定起点或 [ 对正 (J)/ 比例 (S)/ 样式 (ST)]: 2050,-1750
    指定下一点 :    // 捕捉与墙体的垂足
    指定下一点或 [ 放弃 (U)]:    // 按空格键结束命令
    命令 : MLINE
    当前设置 : 对正 = 无，比例 = 1.00，样式 = 墙体
    指定起点或 [ 对正 (J)/ 比例 (S)/ 样式
```

(ST)]：5550,-1750

指定下一点：　　　　　// 捕捉与墙体的垂足

指定下一点或 [放弃 (U)]：　// 按空格键结束命令

结果如右图所示。

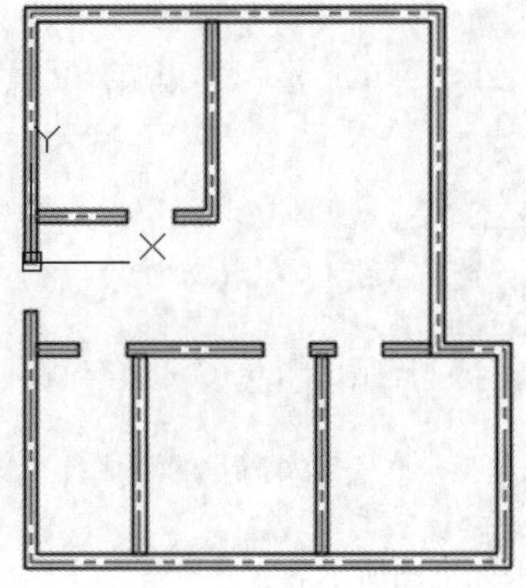

6.2.5 编辑多线

多线的编辑是通过【多线编辑工具】对话框进行的。对话框中，第一列用于管理交叉的交点，第二列用于管理T形交叉，第三列用于管理角和顶点，最后一列进行多线的剪切和结合操作。

1. 命令调用方法

在AutoCAD 2021中调用【多线编辑工具】命令的方法通常有以下两种。

- 选择【修改】➤【对象】➤【多线】菜单命令。
- 命令行输入"MLEDIT"命令并按空格键。

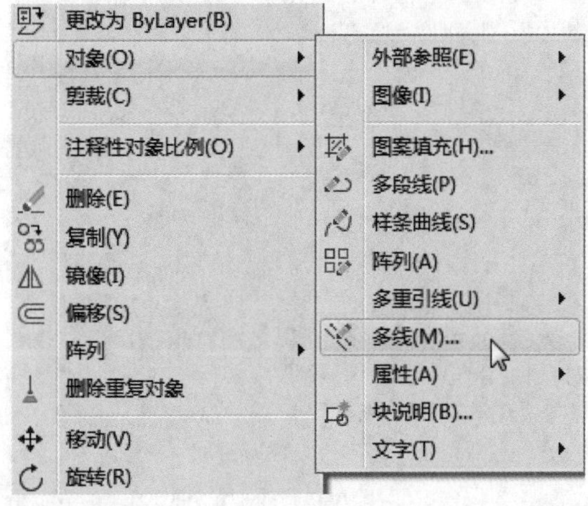

2. 命令提示

调用【多线编辑工具】命令之后，系统会自动弹出【多线编辑工具】对话框，如右图所示。

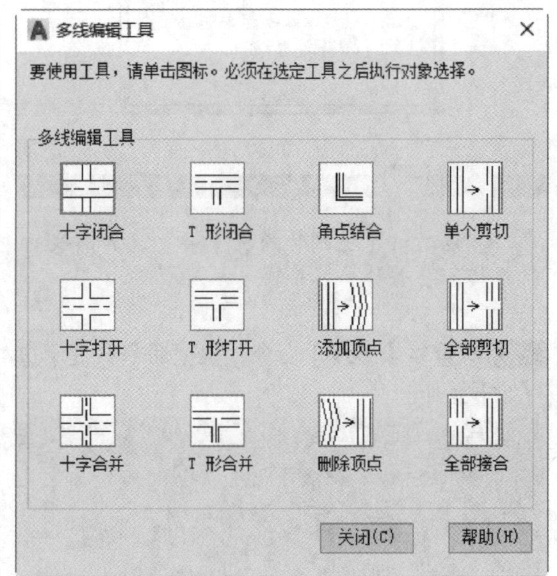

3. 知识点扩展

【多线编辑工具】对话框中各选项的含义如下。

- 【十字闭合】：在两条多线之间创建闭合的十字交点。
- 【十字打开】：在两条多线之间创建打开的十字交点。打断将插入第一条多线的所有元素和第二条多线的外部元素。

- 【十字合并】：在两条多线之间创建合并的十字交点。选择多线的次序并不重要。
- 【T形闭合】：在两条多线之间创建闭合的T形交点。将第一条多线修剪或延伸到与第二条多线的交点处。
- 【T形打开】：在两条多线之间创建打开的T形交点。将第一条多线修剪或延伸到与第二条多线的交点处。
- 【T形合并】：在两条多线之间创建合并的T形交点。将多线修剪或延伸到与另一条多线的交点处。
- 【角点结合】：在多线之间创建角点结合。将多线修剪或延伸到它们的交点处。
- 【添加顶点】：向多线上添加一个顶点。
- 【删除顶点】：从多线上删除一个顶点。
- 【单个剪切】：在选定多线元素中创建可见打断。
- 【全部剪切】：创建穿过整条多线的可见打断。
- 【全部接合】：将已被剪切的多线线段重新接合。

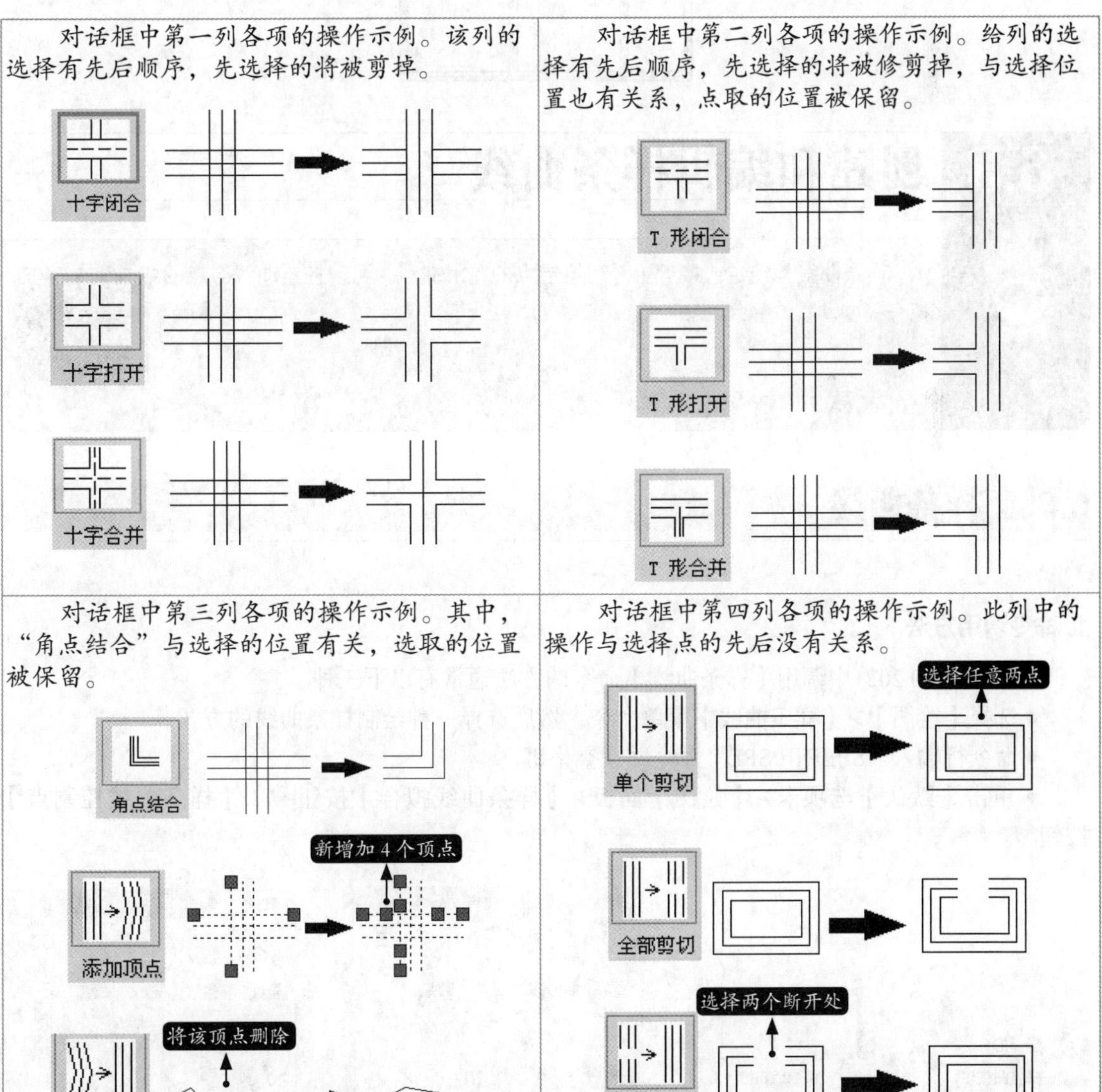

6.2.6 实战演练——编辑多线对象

下面利用【多线编辑工具】对话框对6.2.4小节绘制的墙体进行编辑操作，具体操作步骤如下。

调用多线编辑命令，在系统弹出的【多线编辑工具】对话框中单击【T型打开】按钮，然后在绘图区域分别选择需要“T型打开”的多线，结果如下图所示。

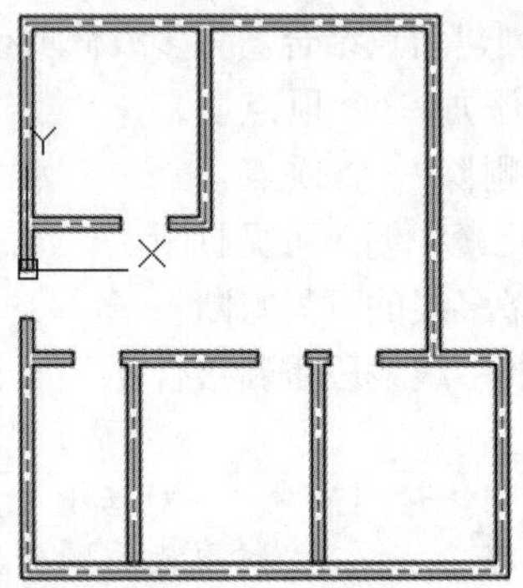

6.3 创建和编辑样条曲线

样条曲线是经过或接近一系列给定点的光滑曲线，可以控制曲线与点的拟合程度。

6.3.1 样条曲线

1. 命令调用方法

在AutoCAD 2021中调用【样条曲线】命令的方法通常有以下三种。

- 选择【绘图】➤【样条曲线】菜单命令，然后选择一种绘制样条曲线的方式。
- 命令行输入“SPLINE/SPL”命令并按空格键。
- 单击【默认】选项卡➤【绘图】面板➤【样条曲线拟合】按钮 / 【样条曲线控制点】按钮。

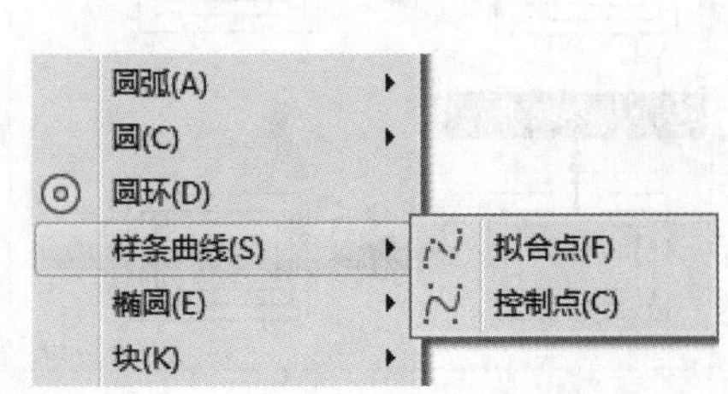

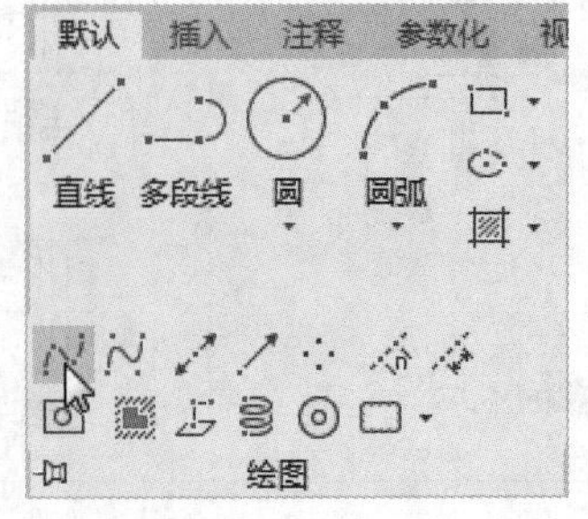

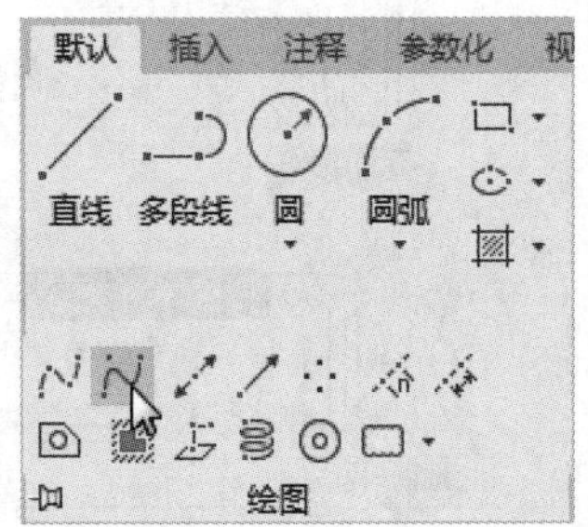

2. 命令提示

调用【样条曲线】命令之后，命令行会进行如下提示。

```
命令：SPLINE
当前设置：方式 = 拟合　节点 = 弦
指定第一个点或 [ 方式 (M)/ 节点 (K)/ 对象 (O)]:
```

3. 知识点扩展

默认情况下，使用【拟合点】方式绘制样条曲线时拟合点将与样条曲线重合，使用【控制点】方式绘制样条曲线时将定义控制框（用来设置样条曲线的形状）。

小提示

选择样条曲线时，拟合点样条曲线的夹点为方形，控制点样条曲线的夹点为圆形，使用三角形夹点可在显示控制顶点和显示拟合点之间进行切换。

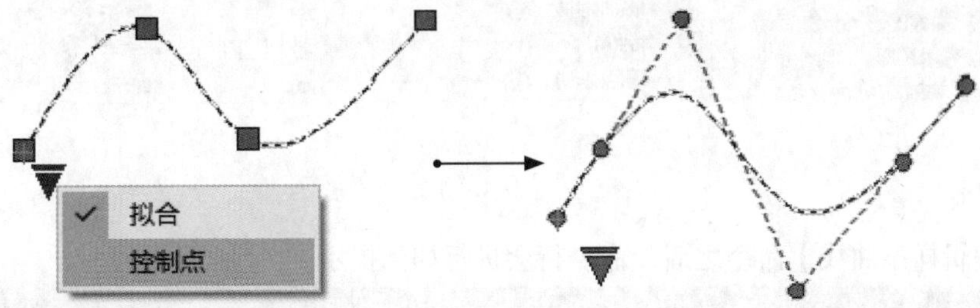

6.3.2 实战演练——完善阶梯轴

下面使用【拟合点】绘制样条曲线完善阶梯轴中断的部分，具体操作步骤如下。

步骤 01 打开“素材\CH06\阶梯轴.dwg”文件，如下图所示。

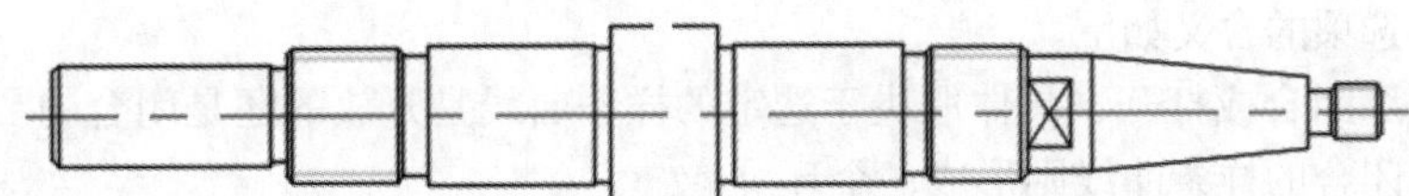

步骤 02 选择【绘图】➤【样条曲线】➤【拟合点】菜单命令，在轴的两断点之间绘制样条曲线，结果如下图所示。

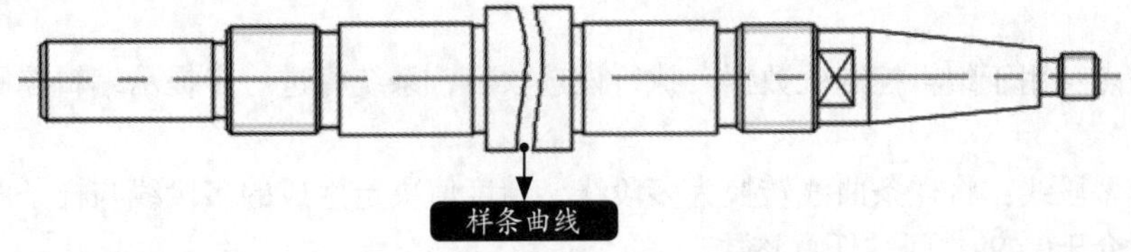

小提示

制图中，对于比较长的相同结构，可以采取这种打断的方式来省略画图，但在标注时仍应标注实际尺寸。

6.3.3 编辑样条曲线

1. 命令调用方法

在AutoCAD 2021中调用【编辑样条曲线】命令的方法通常有以下三种。

- 选择【修改】➢【对象】➢【样条曲线】菜单命令。
- 命令行输入“SPLINEDIT/SPE”命令并按空格键。
- 单击【默认】选项卡➢【修改】面板➢【编辑样条曲线】按钮。

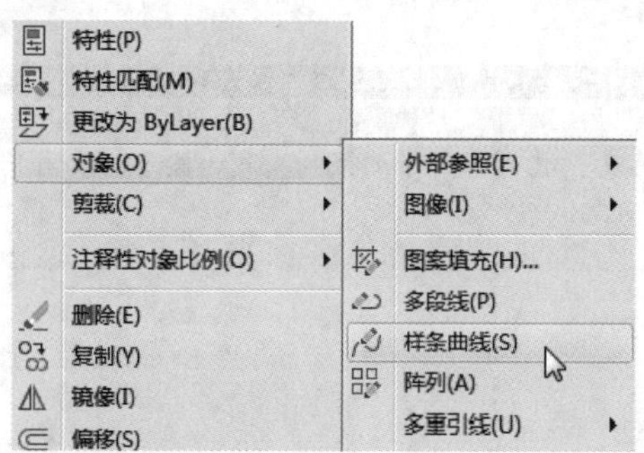

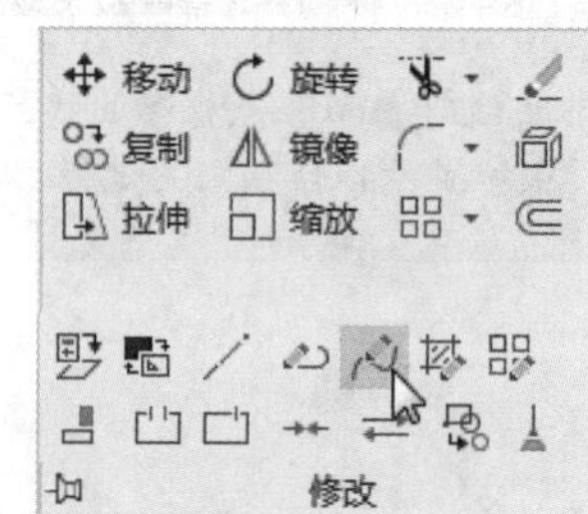

2. 命令提示

调用【编辑样条曲线】命令之后，命令行会进行如下提示。

```
命令：_splinedit
选择样条曲线：
```

选择需要编辑的样条曲线之后，命令行会进行如下提示。

```
输入选项 [ 闭合 (C)/ 合并 (J)/ 拟合数据 (F)/ 编辑顶点 (E)/ 转换为多段线 (P)/ 反转 (R)/ 放弃 (U)/ 退出 (X)] < 退出 >:
```

3. 知识点扩展

命令行中各选项的含义如下。

- 闭合：显示闭合或打开，具体取决于选定的样条曲线是开放的还是闭合的。开放的样条曲线有两个端点，闭合的样条曲线则形成一个环。
- 合并：将选定的样条曲线与其他样条曲线、直线、多段线和圆弧在重合端点处合并，以形成一个较大的样条曲线。对象在连接点处使用扭折连接在一起。
- 拟合数据：用于编辑拟合数据。执行该选项后，系统将进一步提示编辑拟合数据的相关选项。
- 编辑顶点：用于编辑控制框数据。执行该选项后，系统将进一步提示编辑控制框数据的相关选项。
- 转换为多段线：将样条曲线转换为多段线，精度值决定生成的多段线与样条曲线的接近程度，有效值为介于0~99之间的任意整数。
- 反转：反转样条曲线的方向。此选项主要适用于第三方应用程序。
- 放弃：取消上一操作。
- 退出：返回到命令提示。

6.3.4 实战演练——编辑样条曲线对象

下面利用样条曲线编辑命令对样条曲线对象进行编辑操作，具体操作步骤如下。

步骤 01 打开“素材\CH06\编辑样条曲线.dwg”文件，如下图所示。

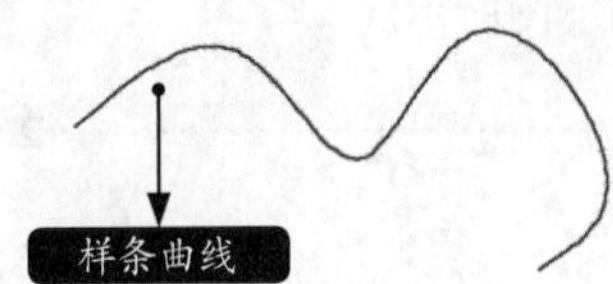

步骤 02 调用【编辑样条曲线】命令，在绘图区域选择样条曲线图形，然后在命令行输入“C”并按两次空格键确认，结果如下图所示。

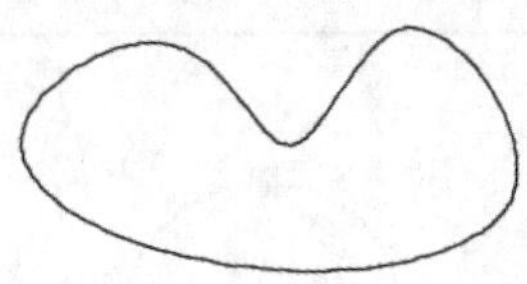

6.4 创建面域和边界

面域是具有物理特性（例如形心或质量中心）的二维封闭区域，可以将现有面域组合成单个或复杂的面域来计算面积。边界命令不仅可以从封闭区域创建面域，而且可以创建多段线。

6.4.1 面域

面域的边界由端点相连的曲线组成，曲线上的每个端点仅连接两条边。

1. 命令调用方法

在AutoCAD 2021中调用【面域】命令的方法通常有以下三种。

- 选择【绘图】➢【面域】菜单命令。
- 命令行输入“REGION/REG”命令并按空格键。
- 单击【默认】选项卡➢【绘图】面板➢【面域】按钮。

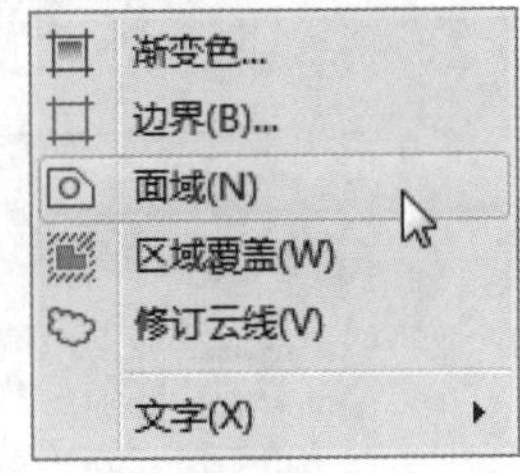

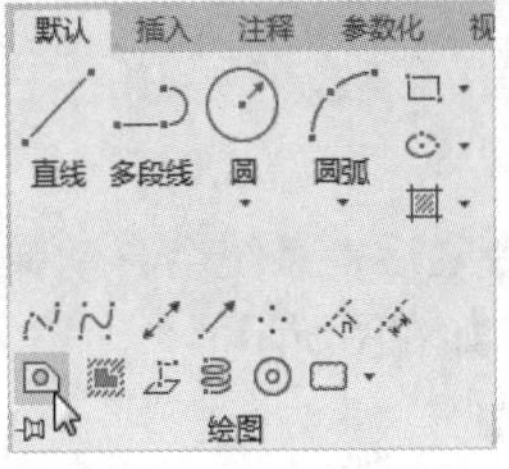

2. 命令提示

调用【面域】命令之后，命令行会进行如下提示。

```
命令：_region
选择对象：
```

6.4.2 实战演练——创建面域对象

下面利用【面域】命令创建面域对象，具体操作步骤如下。

步骤01 打开“素材\CH06\创建面域.dwg”文件，选择圆弧，可以看到圆弧是独立存在的，如下图所示。

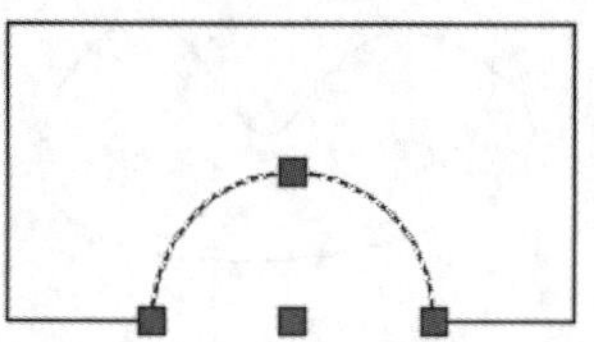

步骤02 调用【面域】命令，在绘图区域选择整个图形对象作为组成面域的对象，按空格键键确认，然后选择圆弧，结果圆弧和直线成为一个整体，如下图所示。

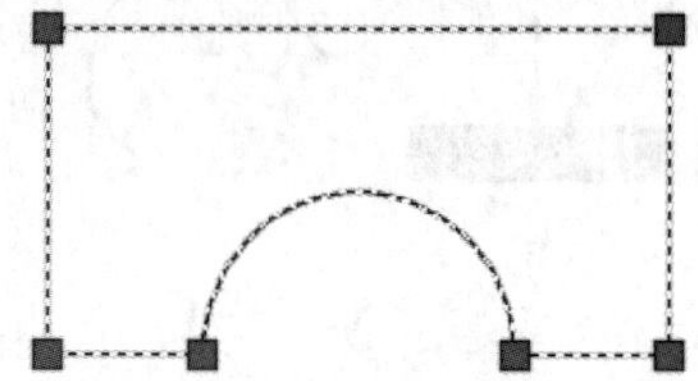

6.4.3 边界

边界命令用于从封闭区域创建面域或多段线。

1. 命令调用方法

在AutoCAD 2021中调用【边界】命令的方法通常有以下三种。

- 选择【绘图】➢【边界】菜单命令。
- 命令行输入“BOUNDARY/BO”命令并按空格键。
- 单击【默认】选项卡➢【绘图】面板➢【边界】按钮。

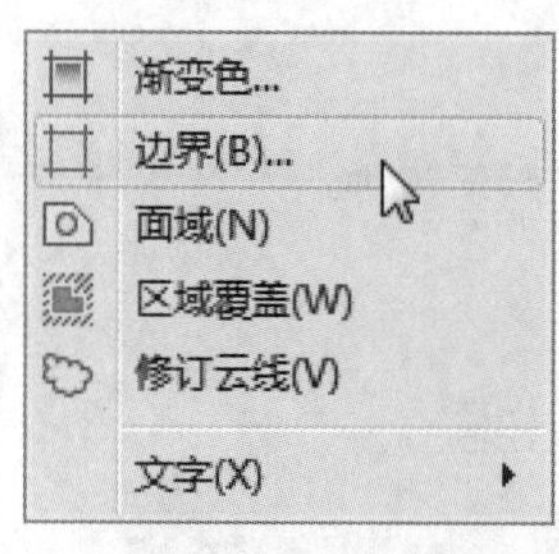

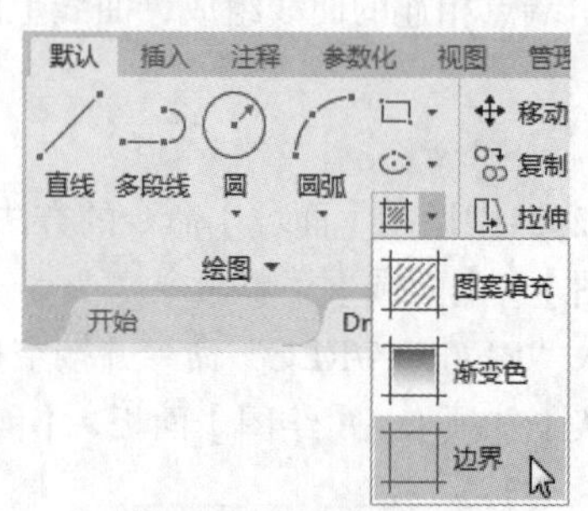

2. 命令提示

调用【边界】命令之后，系统会自动弹出【边界创建】对话框，如右图所示。

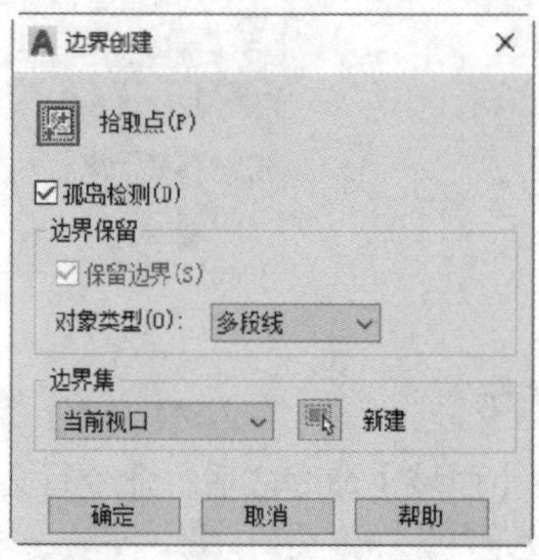

3. 知识点扩展

【边界创建】对话框中各选项的含义如下。

- 【拾取点】：根据围绕指定点构成封闭区域的现有对象来确定边界。
- 【孤岛检测】：控制BOUNDARY命令是否检测内部闭合边界，该边界称为孤岛。
- 【对象类型】：控制新边界对象的类型。BOUNDARY将边界作为面域或多段线对象创建。
- 【边界集】：定义通过指定点定义边界时，BOUNDARY要分析的对象集。
- 【当前视口】：根据当前视口范围中的所有对象定义边界集。选择此选项将放弃当前所有边界集。
- 【新建】：提示用户选择用来定义边界集的对象。BOUNDARY仅包括可以在构造新边界集时用于创建面域或闭合多段线的对象。

小提示

使用【边界】命令创建面域或多段线后并不删除源对象，最终得到的是在源对象上的一个面域或多段线。

6.4.4 实战演练——创建边界对象

下面利用【边界创建】对话框创建边界对象，具体操作步骤如下。

步骤01 打开“素材\CH06\创建边界.dwg”文件，在绘图区域将十字光标移至圆弧图形上，显示结果如下图所示。

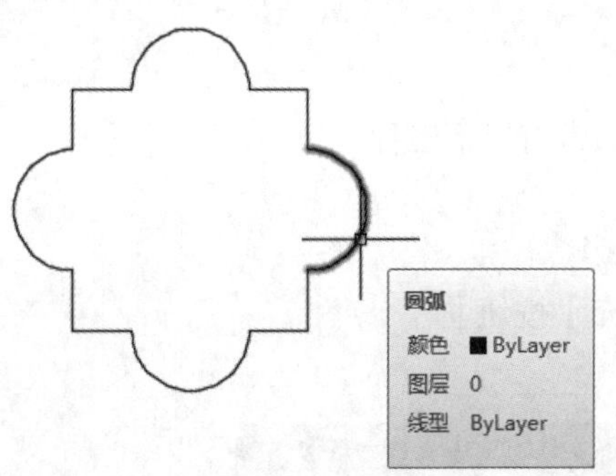

步骤02 调用【边界】命令，在系统弹出的【边界创建】对话框中将【对象类型】设置为【面域】，然后单击【拾取点】按钮，在绘图区域单击拾取内部点，如下图所示。

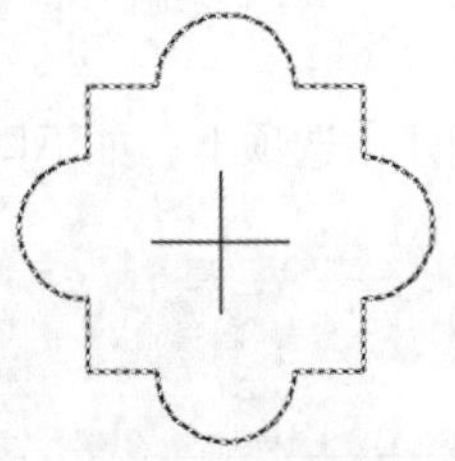

步骤03 按【Enter】键确认，然后在绘图区域将十字光标移至图形对象上，显示结果如下图所示。

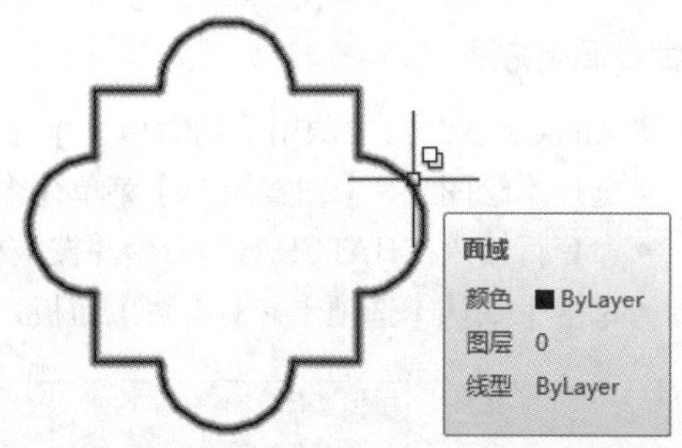

步骤04 单击选择创建的边界，在弹出的【选择集】中可以看到提示是选择面域还是选择圆弧。

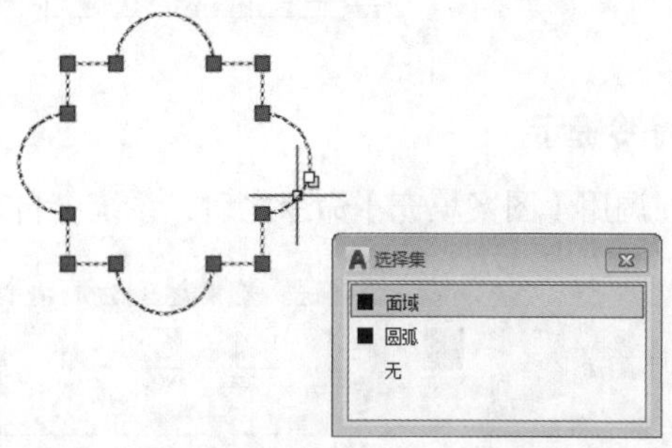

步骤05 选择面域，然后调用【移动】命令，将创建的边界面域移到合适位置，可以看到原有的图形仍然存在，将光标放置到原来的图形上，显示为圆弧，如右图所示。

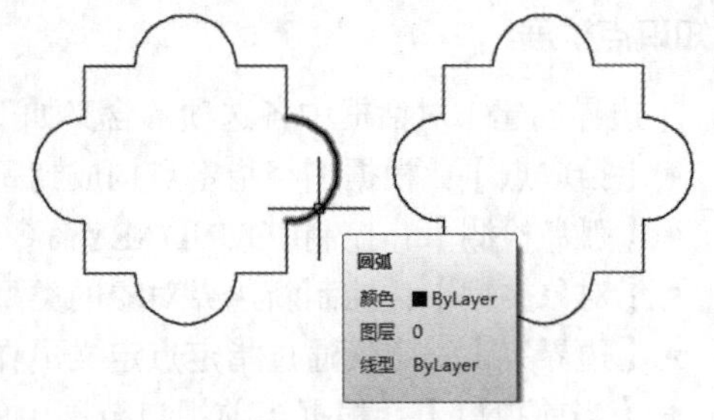

6.5 创建和编辑图案填充

使用填充图案、实体填充或渐变填充，可以填充封闭区域或选定对象。图案填充常用来表示断面或材料特征。

6.5.1 图案填充

在AutoCAD 2021中可以使用预定义填充图案填充区域，或使用当前线型定义简单的线图案。该操作既可以创建复杂的填充图案，也可以创建渐变填充。渐变填充是在一种颜色的不同灰度之间或两种颜色之间使用过渡。渐变填充提供光源反射到对象上的外观，可用于增强演示图形的效果。

1. 命令调用方法

在AutoCAD 2021中调用【图案填充】命令的方法通常有以下三种。

- 选择【绘图】➢【图案填充】菜单命令。
- 命令行输入“HATCH/H”命令并按空格键。
- 单击【默认】选项卡➢【绘图】面板➢【图案填充】按钮。

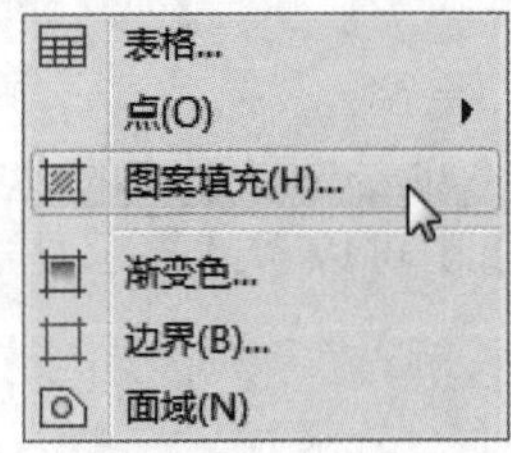

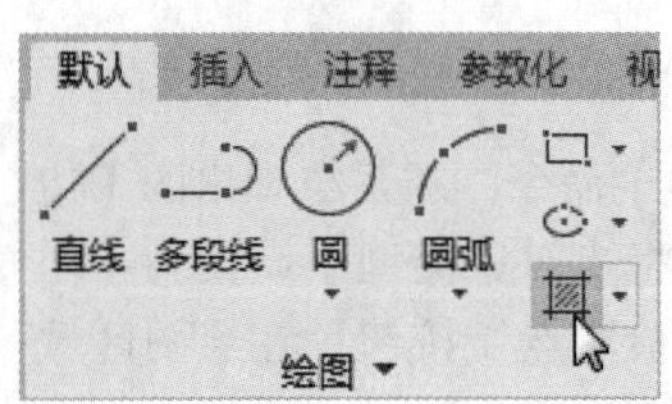

2. 命令提示

调用【图案填充】命令之后，系统会自动弹出【图案填充创建】选项卡，如下图所示。

3. 知识点扩展

【图案填充创建】选项卡中各选项的含义如下。

- 【边界】面板：设置拾取点和填充区域的边界。
- 【图案】面板：指定图案填充的各种图案形状。
- 【特性】面板：指定图案填充的类型、背景色、透明度、选定填充图案的角度和比例。
- 【原点】面板：控制填充图案生成的起始位置。某些图案填充（例如砖块图案）需要与图案填充边界上的一点对齐。默认情况下，所有图案填充原点都对应于当前的UCS原点。
- 【选项】面板：控制几个常用的图案填充或填充选项，并可以通过选择【特性匹配】选项使用选定图案填充对象的特性对指定的边界进行填充。
- 【关闭】面板：单击此面板，将关闭【图案填充创建】选项卡。

6.5.2 实战演练——创建图案填充对象

下面利用【图案填充】命令对图形对象进行图案填充操作，具体操作步骤如下。

步骤01 打开“素材\CH06\创建图案填充.dwg”文件，如下图所示。

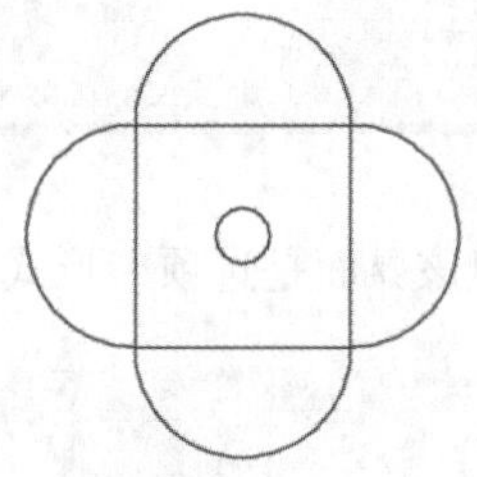

步骤02 调用【图案填充】命令，在系统弹出的【图案填充创建】选项卡中选择填充图案为“ANSI31”，填充比例设置为“10”，在绘图区域选择右上图所示区域作为填充区域。

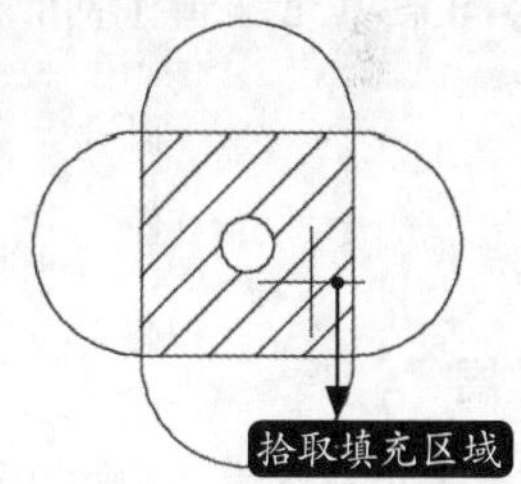

步骤03 在【图案填充创建】选项卡中单击【关闭图案填充创建】按钮，结果如下图所示。

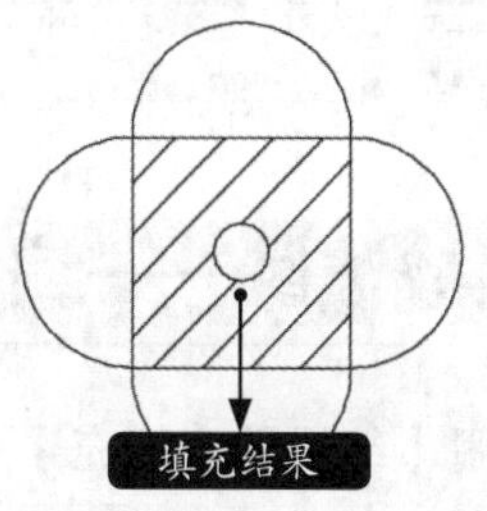

6.5.3 编辑图案填充

该操作用于修改图案填充的特性，如填充的图案、比例和角度等。

1. 命令调用方法

在AutoCAD 2021中调用【编辑图案填充】命令的方法通常有以下三种。

- 选择【修改】➤【对象】➤【图案填充】菜单命令。
- 命令行输入“HATCHEDIT/HE”命令并按空格键。
- 单击【默认】选项卡➤【修改】面板➤【编辑图案填充】按钮。

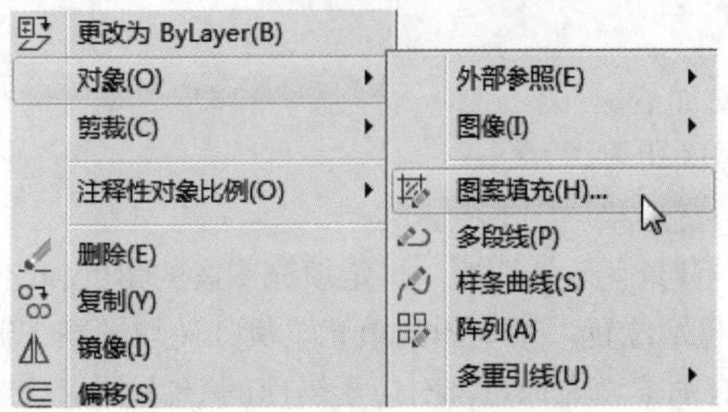
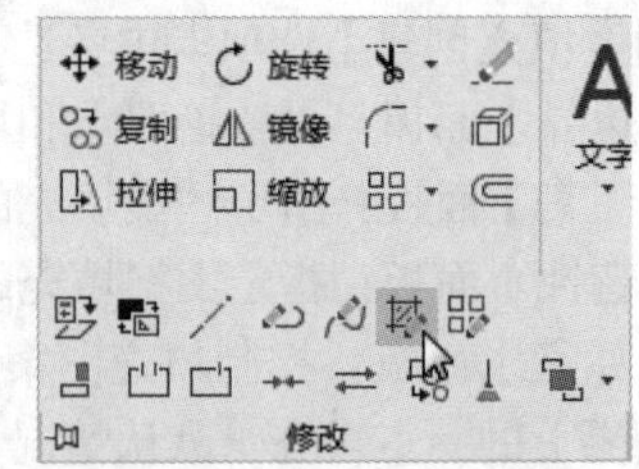

2. 命令提示

调用【编辑图案填充】命令之后，命令行会进行如下提示。

```
命令：_hatchedit
选择图案填充对象：
```

选择需要编辑的图案填充对象之后，系统会弹出【图案填充编辑】对话框，如右图所示。

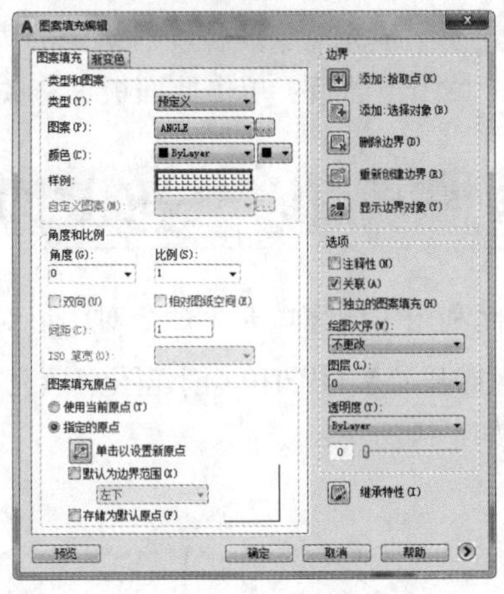

3. 知识点扩展

双击或单击填充图案，也可以弹出【图案填充编辑器】，但该界面是选项卡形式。

6.5.4 实战演练——编辑图案填充对象

下面利用【编辑图案填充】命令对6.5.2小节的图案填充对象进行编辑操作，具体操作步骤如下。

步骤01 调用【编辑图案填充】命令，在绘图区域单击选择图案填充对象作为需要编辑的对象，在弹出的【图案填充编辑】对话框中单击【图例】，重新选择填充图案，如右图所示。

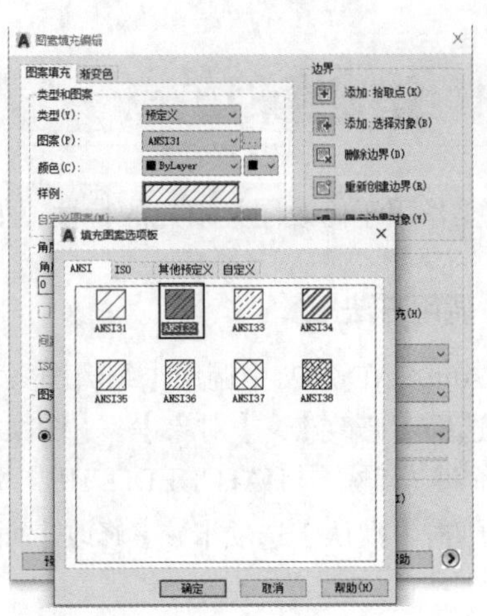

步骤 02 单击【角度】下拉列表，选择角度90，然后将比例改为5，如下图所示。

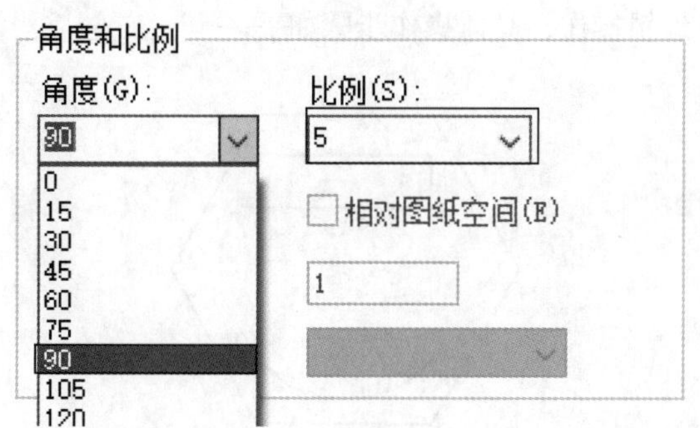

小提示

AutoCAD填充角度是“X+45”的，即选择的填充角度加45°。如果选择的填充角度是0°，那么填充效果是45°方向的；如果选择的填充角度是90°，则填充效果是135°方向的。

步骤 03 设置完成后单击【确定】按钮，结果如下图所示。

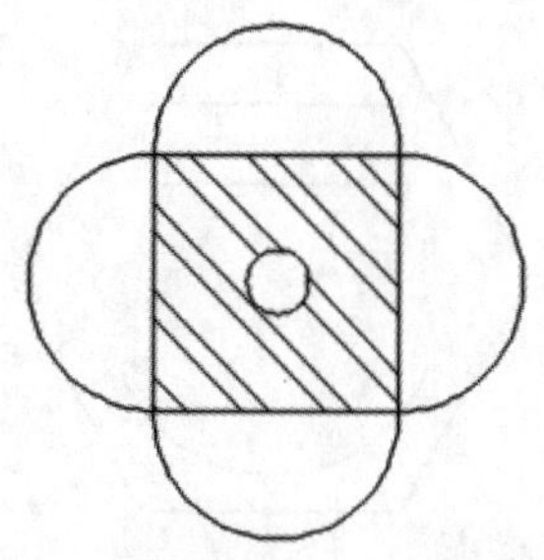

6.6 使用夹点编辑对象

夹点是一些实心的小方块，默认显示为蓝色，可以对其执行拉伸、移动、旋转、缩放或镜像操作。在没有执行任何命令的情况下，选择对象，对象上将出现夹点。

6.6.1 夹点的显示与关闭

夹点的显示与关闭是在【选项】对话框中操作的。关于【选项】对话框的调用方法可参见2.2节内容。

命令调用方法

在【选项】对话框中选择【选择集】选项卡，选中【夹点】区的【显示夹点】复选框即可显示夹点。

夹点
夹点颜色(C)...
☑ 显示夹点(R)
☐ 在块中显示夹点(B)
☑ 显示夹点提示(T)
☑ 显示动态夹点菜单(U)

6.6.2 实战演练——使用夹点编辑对象

下面分别利用夹点的各种功能对图形对象进行编辑操作，具体操作步骤如下。

1. 使用夹点拉伸对象

步骤 01 打开“素材\CH06\夹点编辑.dwg”文件，如下图所示。

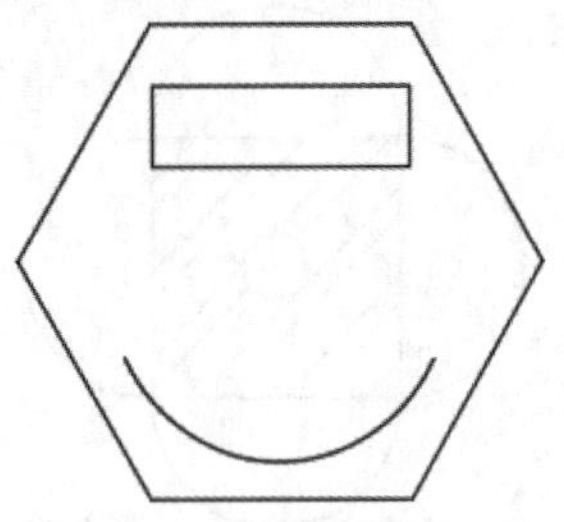

步骤 02 在绘图区域单击选择正六边形，然后单击选择其中一个夹点，并单击右键选择“拉伸顶点”，如下图所示。

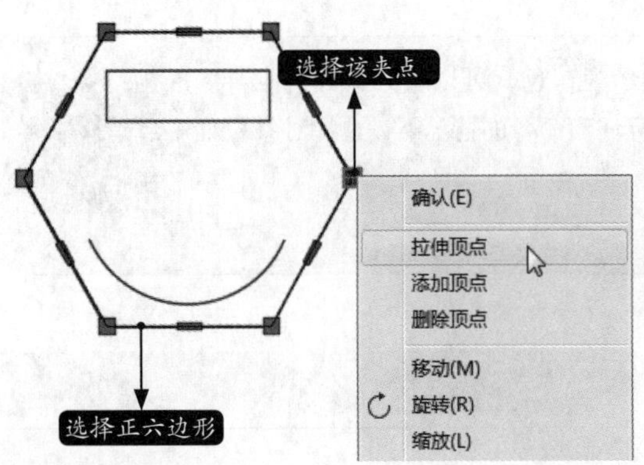

步骤 03 拖曳十字光标将夹点移动到新的位置并单击，然后按【Esc】键取消对正六边形的选择，结果如下图所示。

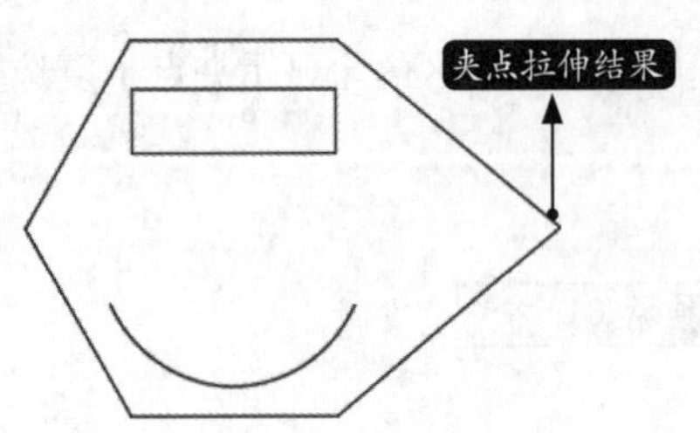

2. 使用夹点移动对象

步骤 01 打开“素材\CH06\夹点编辑.dwg”文件，如右上图所示。

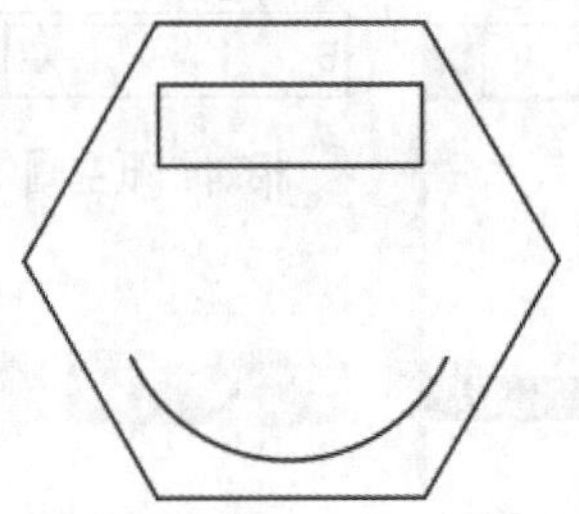

步骤 02 在绘图区域单击选择圆弧图形，然后单击选择其中一个夹点，并单击右键选择“移动”，如下图所示。

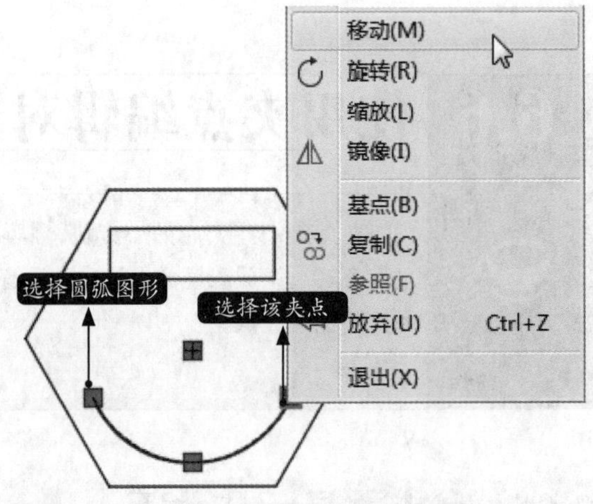

步骤 03 拖曳十字光标将圆弧图形移动到一个新位置，并单击进行确认，然后按【Esc】键取消对圆弧图形的选择，结果如下图所示。

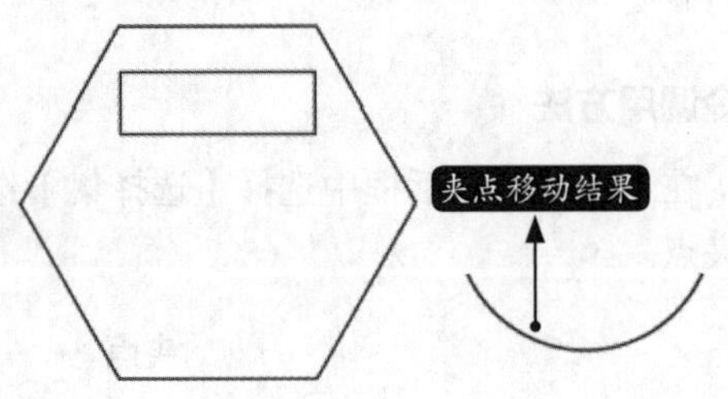

3. 使用夹点缩放对象

步骤 01 打开“素材\CH06\夹点编辑.dwg”文件，如下页图所示。

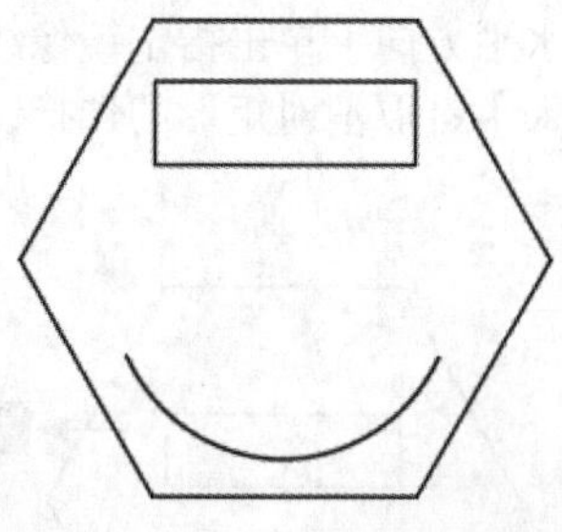

步骤 02 在绘图区域单击选择圆弧图形，然后单击选择其中一个夹点，并单击右键选择“缩放”，如下图所示。

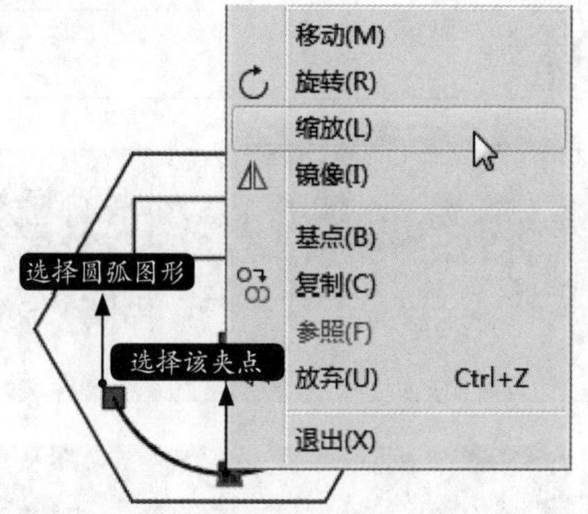

步骤 03 在命令行中指定缩放比例因子为“0.5”并按【Enter】键确认，然后按【Esc】键取消对圆弧图形的选择，结果如下图所示。

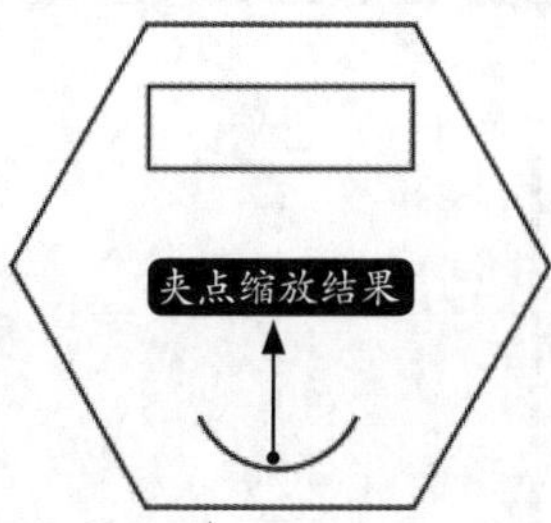

4. 使用夹点旋转对象

步骤 01 打开“素材\CH06\夹点编辑.dwg”文件，如下图所示。

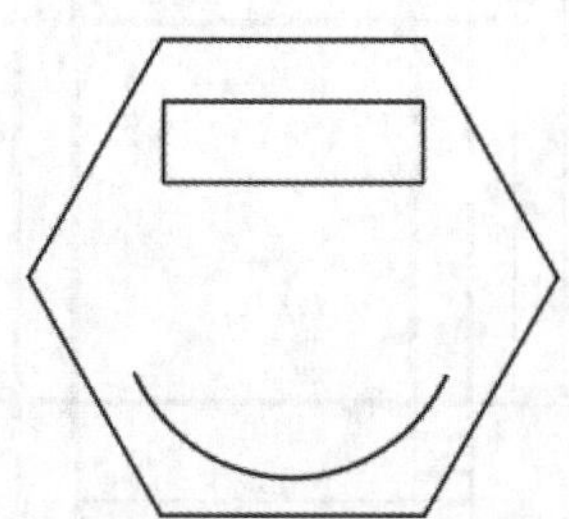

步骤 02 在绘图区域单击选择正六边形，然后单击选择其中一个夹点，并单击右键选择“旋转”，如下图所示。

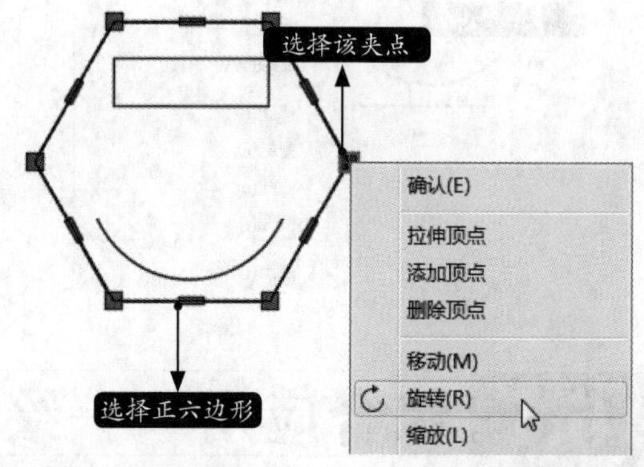

步骤 03 在命令行中指定旋转角度为“180”并按【Enter】键确认，然后按【Esc】键取消对正六边形的选择，结果如下图所示。

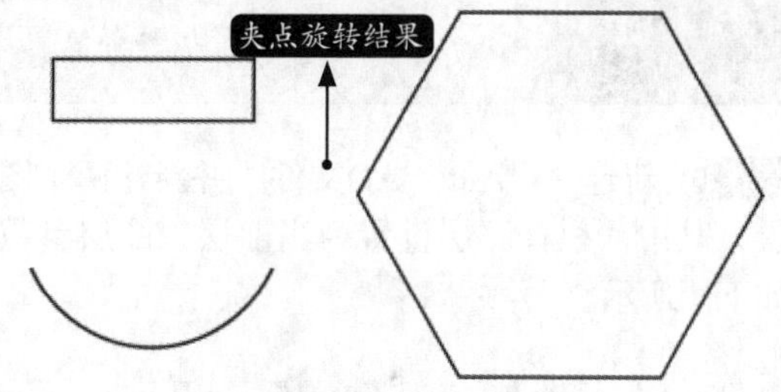

5. 使用夹点镜像对象

步骤 01 打开“素材\CH06\夹点编辑.dwg”文件，如下图所示。

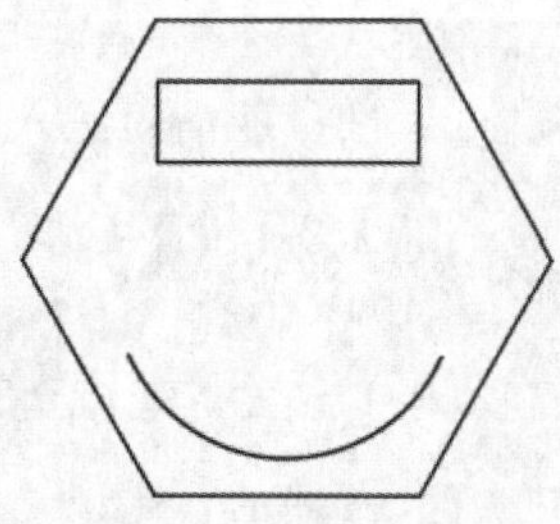

步骤 02 在绘图区域单击选择矩形，然后单击选择其中一个夹点，并单击右键选择“镜像”，如下页图所示。

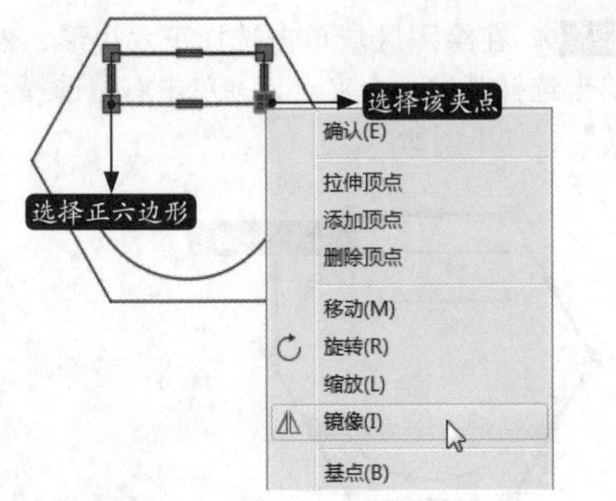

步骤 03 在水平方向上单击指定镜像线第二点，然后按【Esc】键取消对矩形的选择，结果如下图所示。

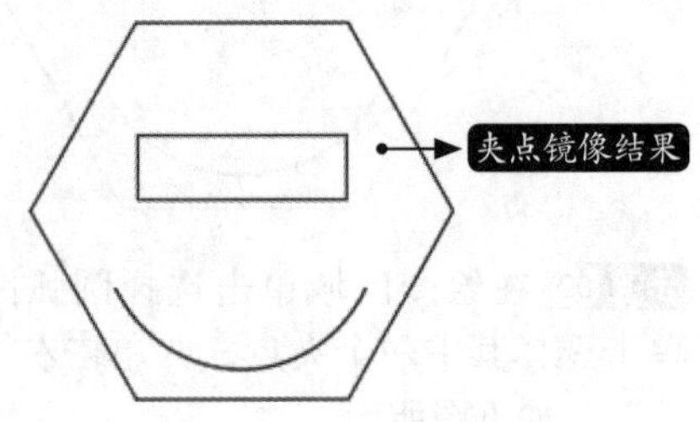

6.7 综合应用——绘制护栏

绘制护栏主要需利用多线、样条曲线、多段线、填充、复制、阵列、修剪等命令。

步骤 01 新建一个AutoCAD文件，并新建两个图层，其中“栏杆”层设置为当前层，图层参数如下图所示。

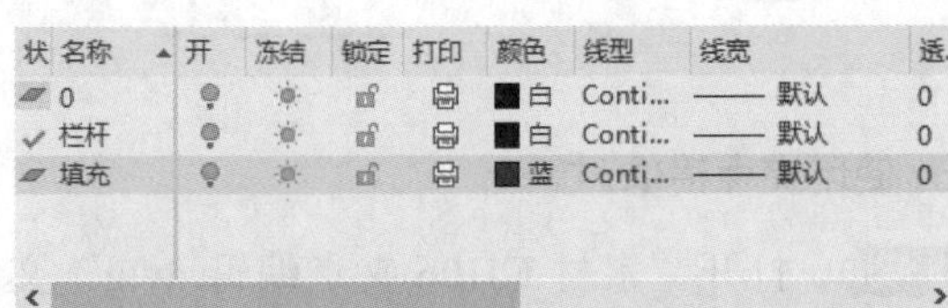

状	名称	开	冻结	锁定	打印	颜色	线型	线宽	透..
	0					白	Conti...	—— 默认	0
✓	栏杆					白	Conti...	—— 默认	0
	填充					蓝	Conti...	—— 默认	0

步骤 02 调用【多线】命令，命令行提示如下。

命令：_mline
当前设置：对正 = 上，比例 = 20.00，样式 = STANDARD
指定起点或 [对正 (J)/ 比例 (S)/ 样式 (ST)]：j
输入对正类型 [上 (T)/ 无 (Z)/ 下 (B)] < 上 >：z
当前设置：对正 = 无，比例 = 20.00，样式 = STANDARD
指定起点或 [对正 (J)/ 比例 (S)/ 样式 (ST)]：0,0
指定下一点：0,2000
指定下一点或 [放弃 (U)]：　　// 按空格键结束命令
命令：MLINE
当前设置：对正 = 无，比例 = 20.00，样式 = STANDARD
指定起点或 [对正 (J)/ 比例 (S)/ 样式 (ST)]：-110,150
指定下一点：@2200,0
指定下一点或 [放弃 (U)]：　　// 按空格键结束命令

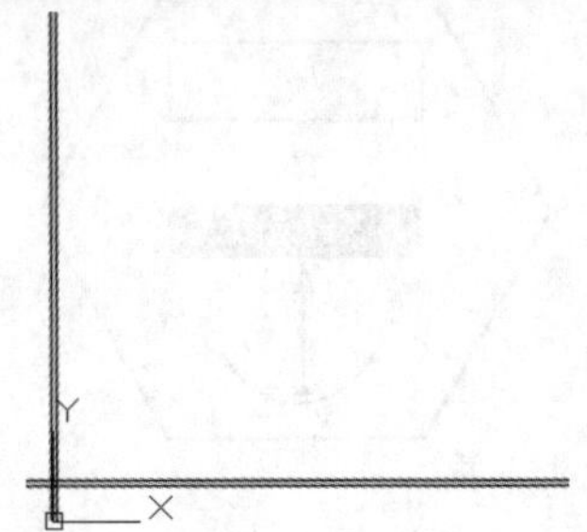

步骤 03 调用【复制】命令，将竖直多线和水平多线分别向右和向左复制，如下图所示。

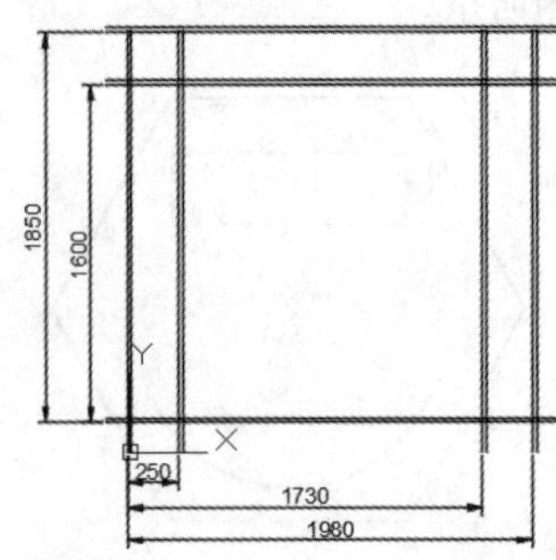

步骤04 调用【矩形阵列】命令，选择多线为阵列对象，参数设置如下，结果如下图所示。

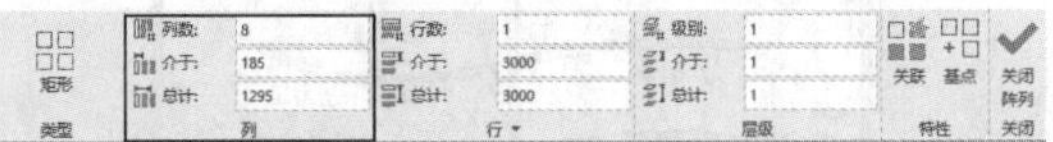

步骤05 调用【修剪】命令，对多线进行修剪，结果如下图所示。

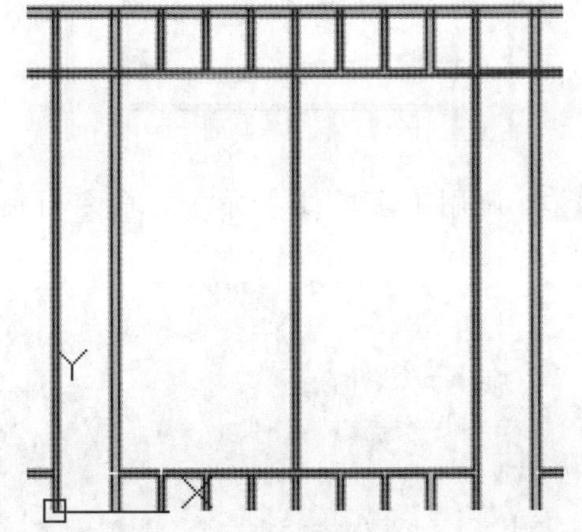

小提示

修剪时当命令行提示输入多线连接选项时，选择“闭合”。

输入多线连接选项 [闭合(C)/开放(O)/合并(M)] <闭合(C)>:

步骤06 调用【样条曲线拟合】命令，命令行提示如下。

命令：_SPLINE

当前设置：方式 = 拟合　节点 = 弦

指定第一个点或 [方式 (M)/ 节点 (K)/ 对象 (O)]: 135,325

输入下一个点或 [起点切向 (T)/ 公差 (L)]: 550,360

输入下一个点或 [端点相切 (T)/ 公差 (L)/ 放弃 (U)]: 980,310

输入下一个点或 [端点相切 (T)/ 公差 (L)/ 放弃 (U)/ 闭合 (C)]: 1340,255

输入下一个点或 [端点相切 (T)/ 公差 (L)/ 放弃 (U)/ 闭合 (C)]: 1865,430

输入下一个点或 [端点相切 (T)/ 公差 (L)/ 放弃 (U)/ 闭合 (C)]:　　　// 按空格键结束命令

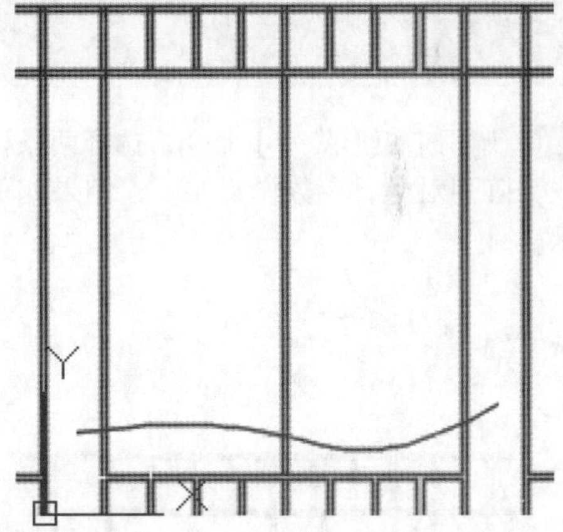

步骤07 调用【修剪】命令，对刚绘制的样条曲线进行修剪，结果如下图所示。

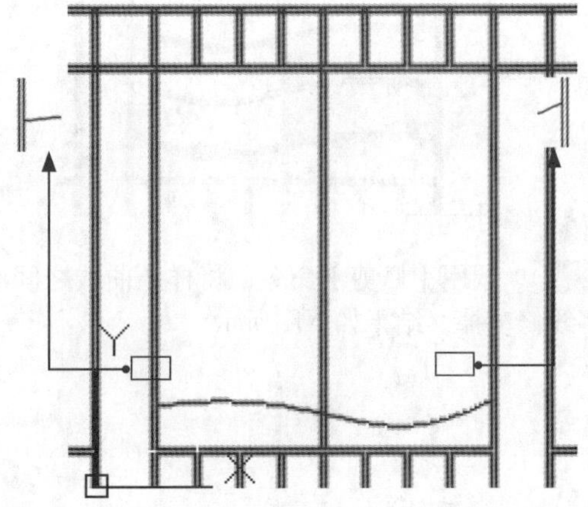

步骤08 调用【复制】命令，将修剪后的样条曲线向上复制20，如下页图所示。

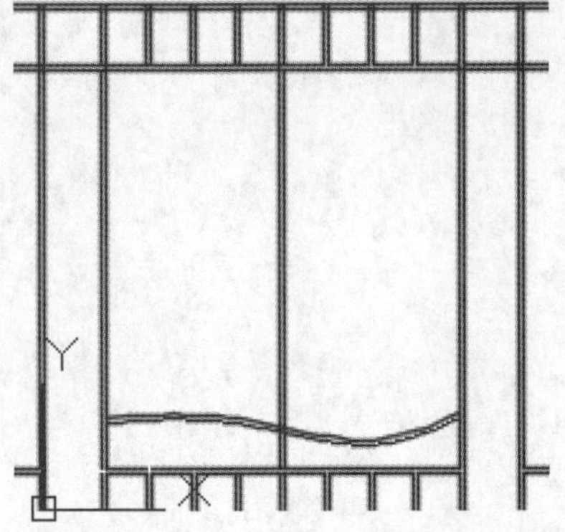

小提示

不要用【偏移】命令，因为样条曲线是有曲率半径的，所以偏移后端点会不与多线相交。

步骤 09 调用【矩形阵列】命令，选择两条样条曲线为阵列对象，参数设置如下，结果如下图所示。

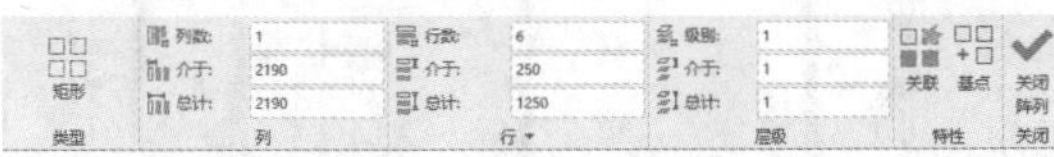

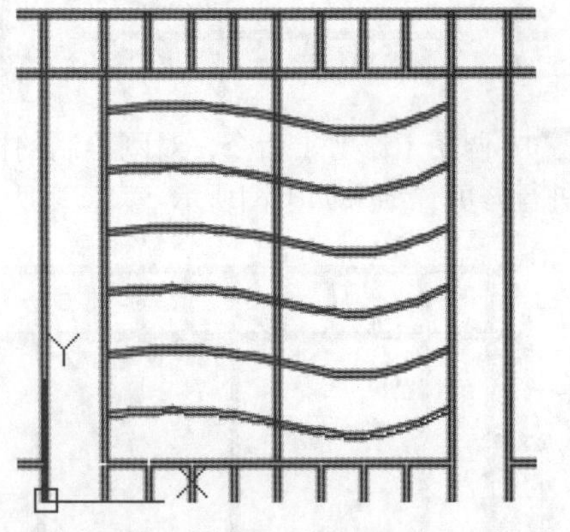

步骤 10 调用【修剪】命令，将样条曲线之间的多线修剪掉，结果如下图所示。

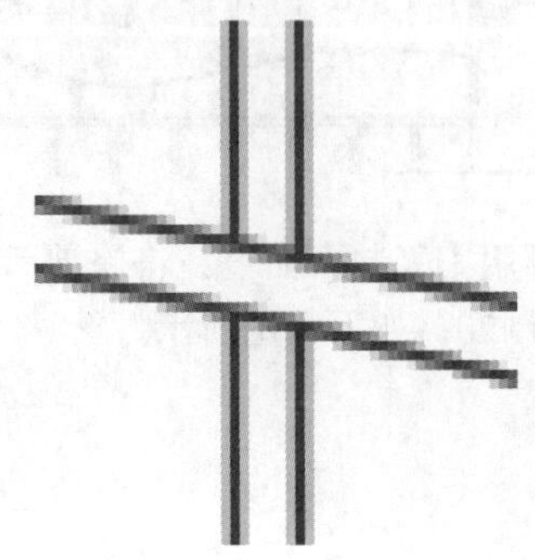

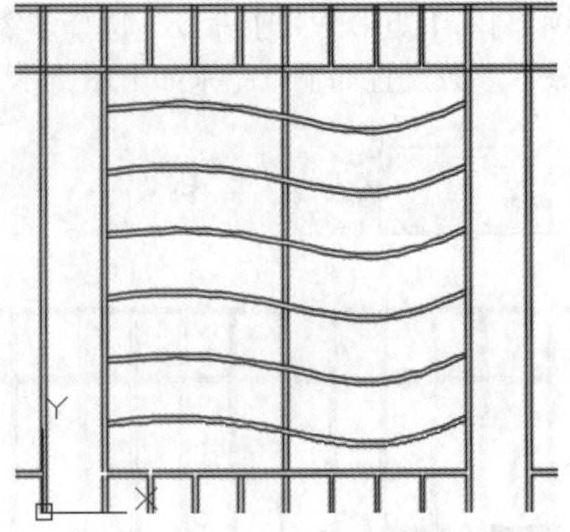

步骤 11 调用【多线编辑】命令，对多线结合处进行编辑，结果如下图所示。

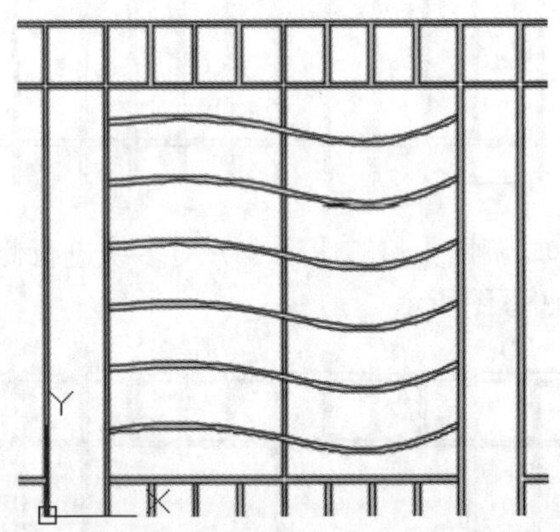

步骤 12 调用【多段线】命令，命令行提示如下。

命令：_pline

指定起点：-60，2010

当前线宽为 0.0000

指定下一个点或 [圆弧 (A)/ 半宽 (H)/ 长度 (L)/ 放弃 (U)/ 宽度 (W)]: w

指定起点宽度 <0.0000>: 20

指定端点宽度 <20.0000>: 20

指定下一个点或 [圆弧 (A)/ 半宽 (H)/ 长度 (L)/ 放弃 (U)/ 宽度 (W)]: @0,200

指定下一点或 [圆弧 (A)/ 闭合 (C)/ 半宽 (H)/ 长度 (L)/ 放弃 (U)/ 宽度 (W)]: w

指定起点宽度 <20.0000>: 40

指定端点宽度 <40.0000>: 0

指定下一点或 [圆弧 (A)/ 闭合 (C)/ 半宽 (H)/ 长度 (L)/ 放弃 (U)/ 宽度 (W)]: @0,120

指定下一点或 [圆弧 (A)/ 闭合 (C)/ 半宽 (H)/ 长度 (L)/ 放弃 (U)/ 宽度 (W)]: // 按空格键结束命令

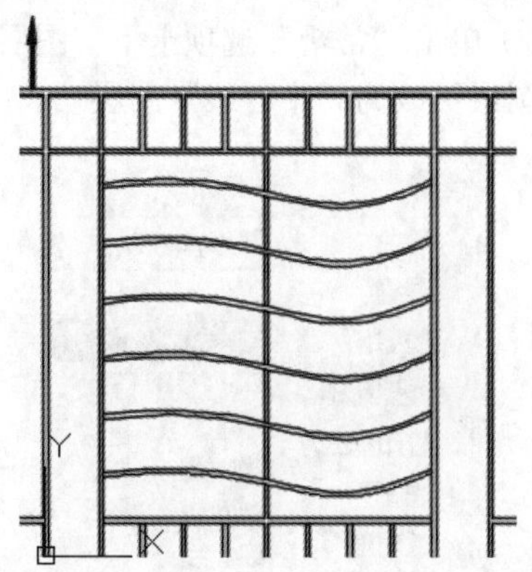

步骤 13 调用【矩形阵列】命令，选择刚绘制的多段线为阵列对象，参数设置如下，结果如下图所示。

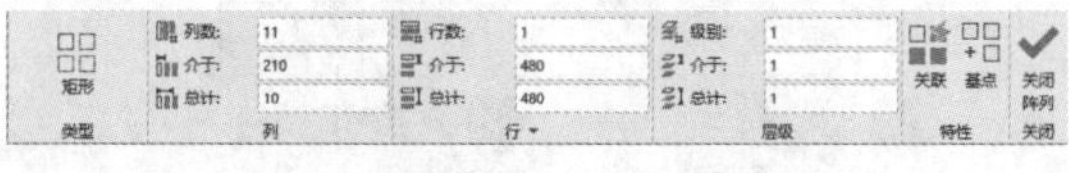

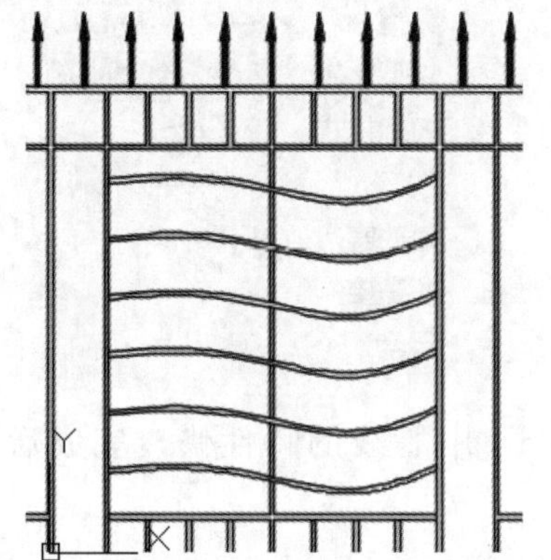

步骤 14 调用【直线】命令，命令行提示如下。

命令：_line

指定第一个点：-110,0

指定下一点或 [放弃 (U)]: @2100,0

指定下一点或 [放弃 (U)]: // 按空格键结束命令

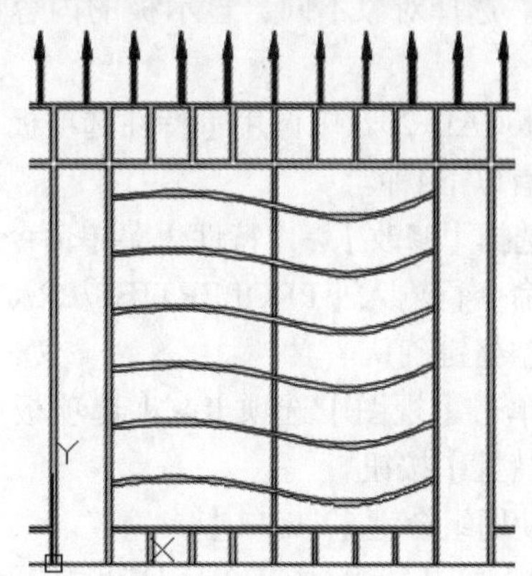

步骤 15 将“填充”层设置为当前层，然后调用【填充】命令，选择AR-CONC为填充图案，对图形进行填充，结果如下图所示。

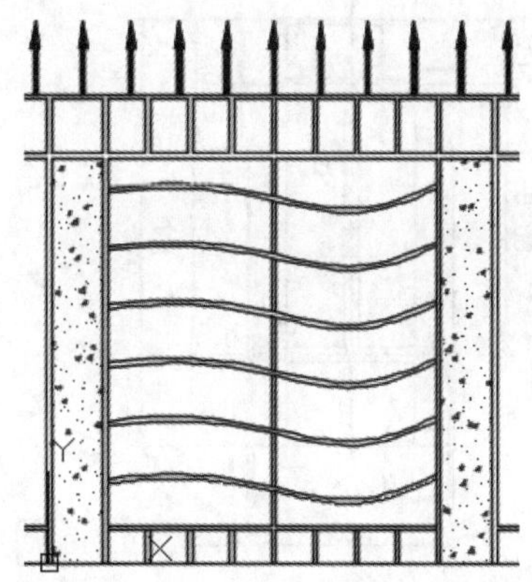

疑难解答

1. 如何填充个性化图案

除AutoCAD软件自带的填充图案之外，用户还可以自定义图案，将其放置到AutoCAD安装路径的“Support”文件夹中，这样便可以将其作为填充图案进行填充，如右图所示。

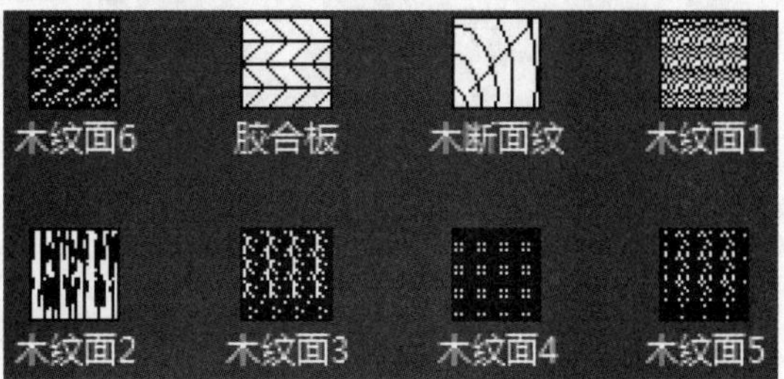

2. 特性选项板

“特性”选项板控制用于显示选择对象的特性，“特性”选项板几乎包含所选对象的所有特性。选择对象不同，显示板的内容也不尽相同。

AutoCAD 2021中调用【特性选项板】的方法通常有以下4种。

- 选择【修改】➤【特性】菜单命令。
- 命令行输入【PROPERTIES/PR/CH】命令并按空格键确认。
- 单击【视图】选项卡➤【选项板】面板中的【特性】按钮。
- 使用组合键【Ctrl+1】。

（1）打开“素材\CH06\用特性选项板修改图形.dwg”文件，如下图所示。

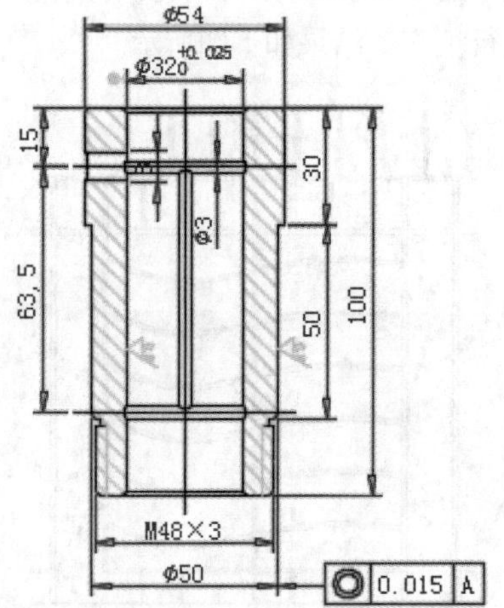

（2）选择图中的所有中心线，然后在命令行中输入【PR】命令并按空格键确认，弹出“特性”选项板，如下图所示。

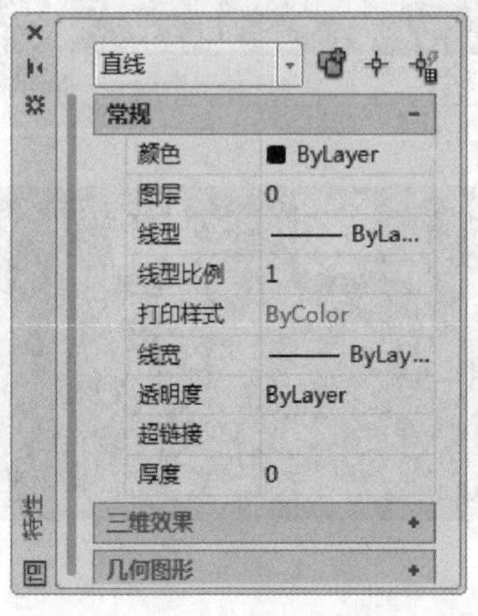

（3）单击“常规”选项卡下“图层”选择框，将图层更改为“中心线”图层。

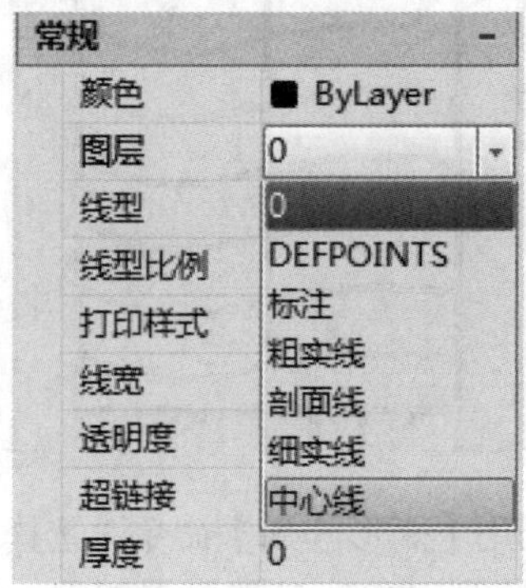

（4）单击线型比例，将比例改为0.5。

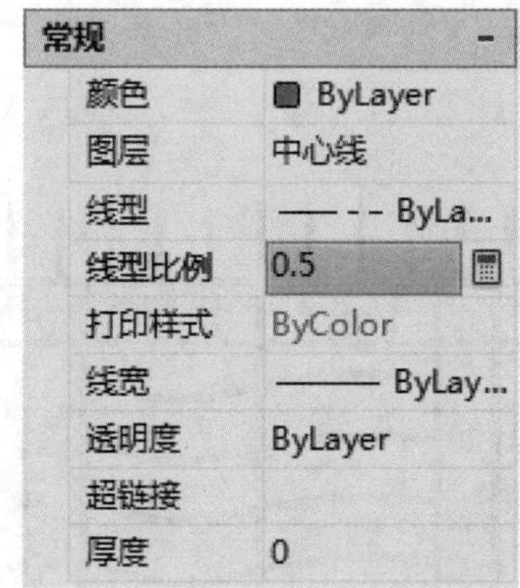

（5）中心线的特性修改完成后如下图所示。

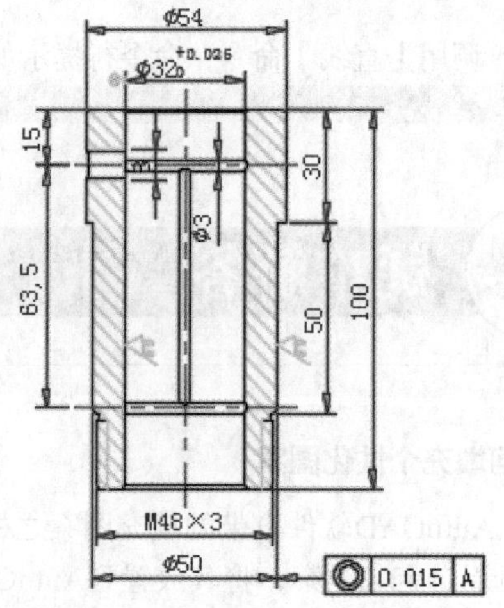

（6）选中标注为8的尺寸，然后在“文字”选项卡的“文字替代”输入框中输入“M8×1”，如下页图所示。

文字	
填充颜色	无
分数类型	水平
文字颜色	■ ByBlock
文字高度	5
文字偏移	1.25
文字界外...	开
水平放置...	置中
垂直放置...	上方
文字样式	Standard
文字界内...	开
文字位置...	2052.3153
文字位置...	1014.9646
文字旋转	0
文字观察...	从左到右
测量单位	8
文字替代	M8×1

（7）输入完成后标注为8的尺寸发生了变化，如下图所示。

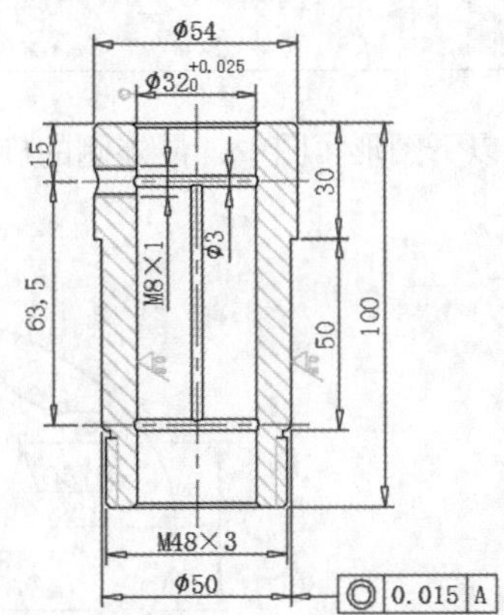

（8）选择标注为“Φ50”的尺寸，然后将公差形式选择为“极限偏差”，“下偏差”设置为0.025，“公差精度”设置0.000，“公差文字高度”设置为0.75，其他设置不变，如下左图所示，修改完成后如下右图所示。

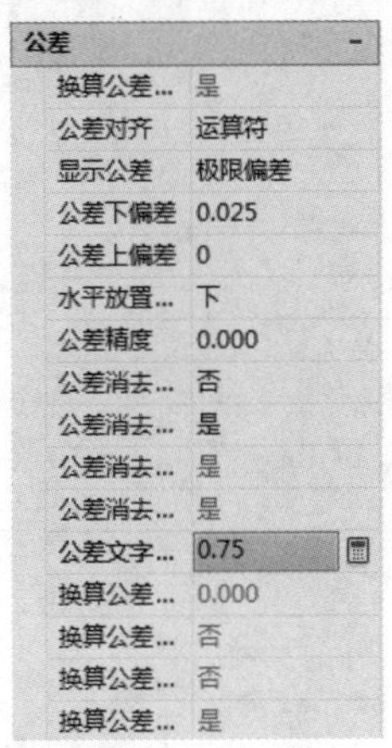

公差	
换算公差...	是
公差对齐	运算符
显示公差	极限偏差
公差下偏差	0.025
公差上偏差	0
水平放置...	下
公差精度	0.000
公差消去...	否
公差消去...	是
公差消去...	是
公差消去...	是
公差文字...	0.75
换算公差...	0.000
换算公差...	否
换算公差...	否
换算公差...	是

（9）在命令行中输入【MA】命令并按空格键确认，然后选择刚修改后的“Φ50”的尺寸为源对象。

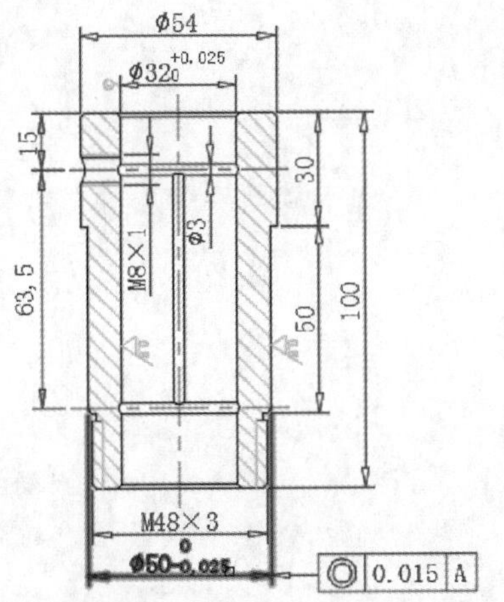

（10）单击右侧竖直标注为50的尺寸，可以看到标注为50的尺寸也添加了公差，如下图所示。

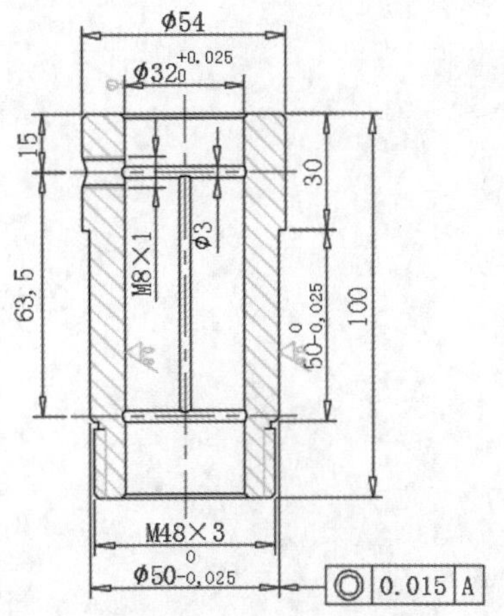

实战练习

绘制以下图形。图中，最外侧的椭圆形长轴半径700，短轴半径450。

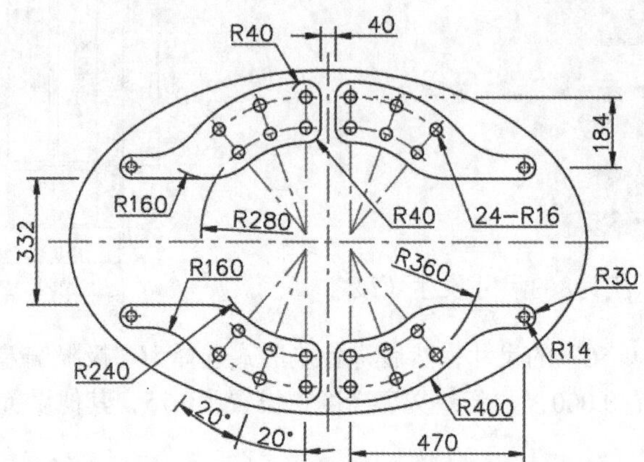

第7章

图块

学习目标

图块是一组图形实体的总称，当需要在图形中插入某些特殊符号时经常会用到该功能。在应用过程中，AutoCAD图块将作为一个独立、完整的对象来操作，图块中的各部分图形可以拥有各自的图层、线型、颜色等特征。用户可以根据需要按指定比例和角度将图块插入指定位置。

学习效果

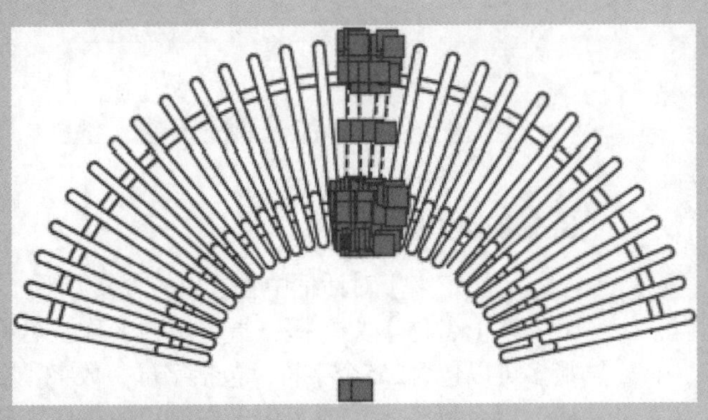

7.1 创建内部块和全局块

图块分为内部块和全局块（写块）两种。顾名思义，内部块只能在当前图形中使用，不能使用到其他图形中；全局块不仅能在当前图形中使用，而且可以使用到其他图形中。

7.1.1 创建内部块

1. 命令调用方法

在AutoCAD 2021中创建内部块的方法通常有以下4种。

- 选择【绘图】➢【块】➢【创建】菜单命令。
- 命令行输入“BLOCK/B”命令并按空格键。
- 单击【默认】选项卡➢【块】面板➢【创建】按钮。
- 单击【插入】选项卡➢【块定义】面板➢【创建块】按钮。

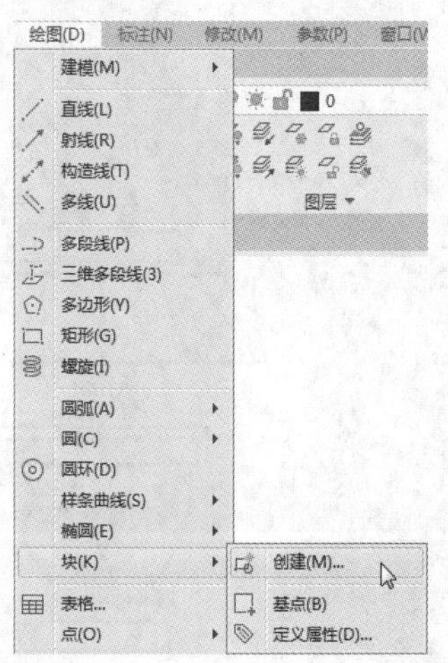

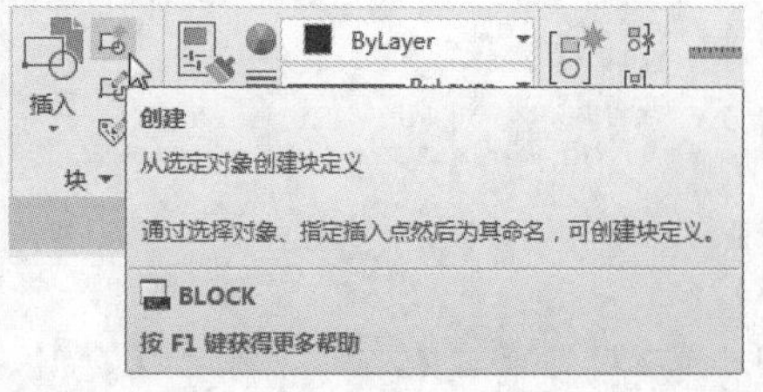

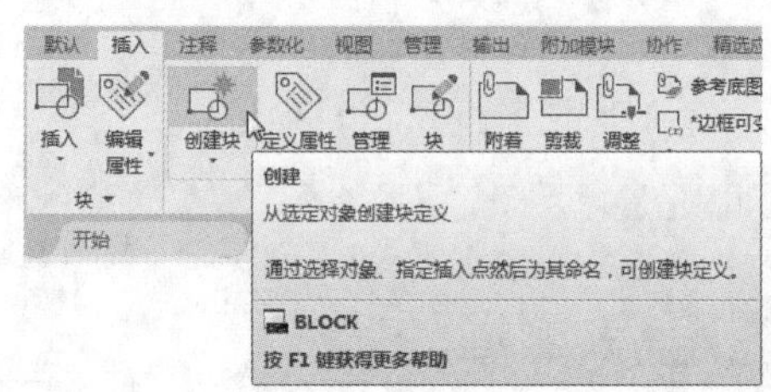

2. 命令提示

调用创建块命令之后，系统会弹出【块定义】对话框，如下图所示。

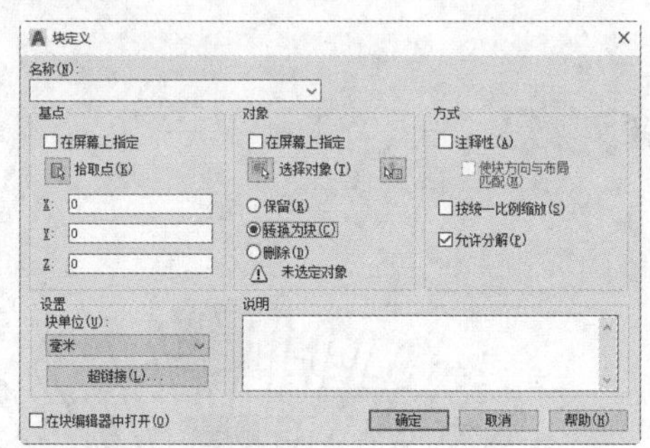

3. 知识点扩展

【块定义】对话框中各选项的含义如下。

- 【名称】文本框：指定块的名称。名称最多可以包含255个字符，包括字母、数字、空格，以及操作系统或程序未作他用的任何特殊字符。
- 【基点】区：基点是插入块的点，每个块都必须有一个基点，在插入块时，基点将被放在为插入此块而指定的坐标点——插入点上。块中所有对象都被插入到相对于该插入点合适的位置上。

- 【对象】区：指定新块中要包含的对象，以及创建块之后如何处理这些对象。例如，是保留还是删除选定的对象，或者是将它们转换成块实例。
  - 【保留】：选择该项，图块创建完成后，原图形仍保留原来的属性。
  - 【转换为块】：选择该项，图块创建完成后，原图形将转换成图块的形式存在。
  - 【删除】：选择该项，图块创建完成后，原图形将自动删除。
- 【方式】区：指定块的方式。在该区域可指定块参照是否可以被分解和是否阻止块参照不按统一比例缩放。
  - 【允许分解】：选择该项，当创建的图块插入图形后，可以通过【分解】命令进行分解；如果没选择该选项，则创建的图块插入图形后，不能通过【分解】命令进行分解。
- 【设置】区：指定块的设置。在该区域可指定块参照插入单位等。

7.1.2 实战演练——创建休闲椅图块

下面对休闲椅图形进行内部块的创建，具体操作步骤如下。

步骤 01 打开“素材\CH07\休闲椅.dwg”文件，如下图所示。

步骤 02 在命令行中输入“B”命令，并按空格键确认，在弹出的【块定义】对话框中单击【选择对象】前的按钮，并在绘图区域选择下图所示的图形对象作为组成块的对象。

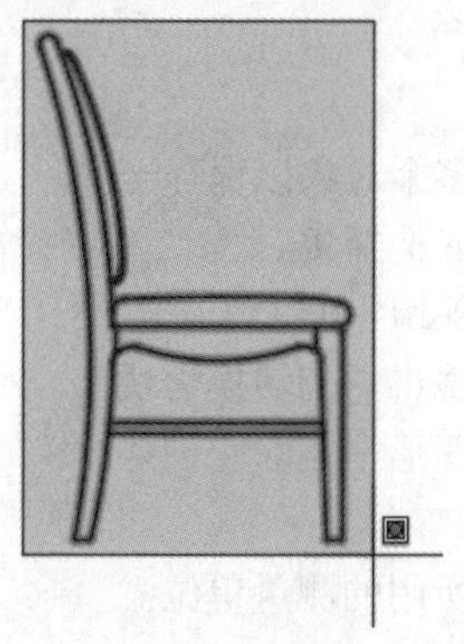

步骤 03 按空格键以确认，返回【块定义】对话框，为块添加名称“休闲椅”，单击【拾取点】，然后指定椅子腿的端点为基点，如下图所示。

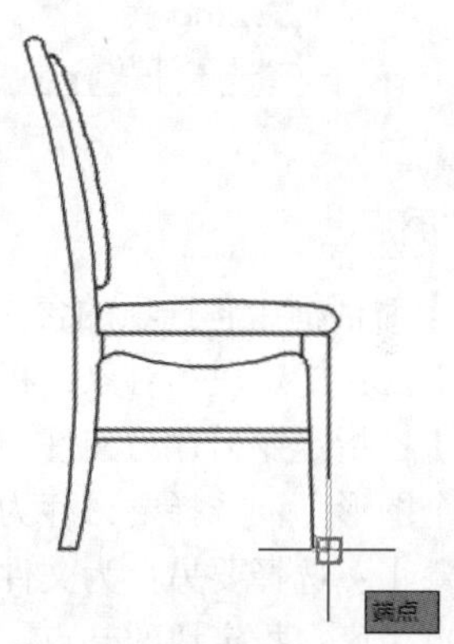

步骤 04 指定基点后【块定义】对话框如下图所示，单击【确定】按钮完成操作。

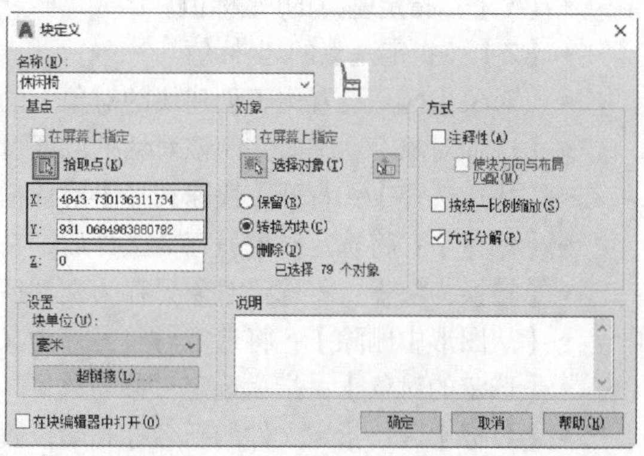

7.1.3 创建全局块（写块）

全局块（写块）就是将选定对象保存到指定的图形文件或将块转换为指定的图形文件。

1. 命令调用方法

在AutoCAD 2021中创建全局块的方法通常有以下两种。

- 命令行输入“WBLOCK/W”命令并按空格键。
- 单击【插入】选项卡➢【块定义】面板➢【写块】按钮。

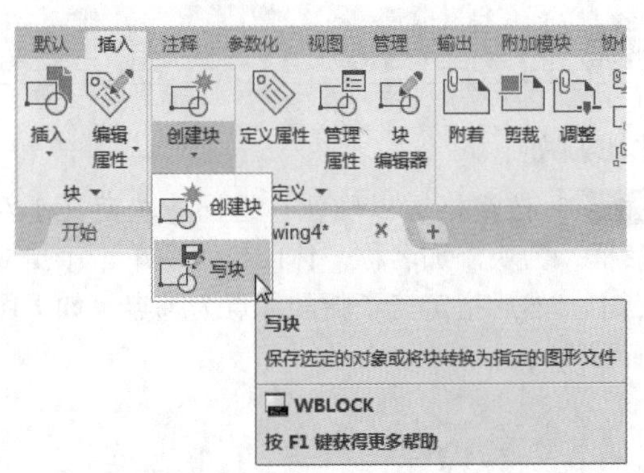

2. 命令提示

调用全局块命令之后，系统会弹出【写块】对话框，如下图所示。

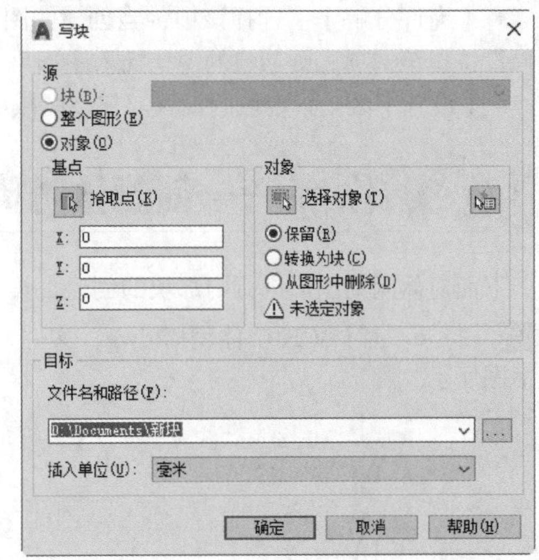

3. 知识点扩展

【写块】对话框中各选项的含义如下。

- 【源】区：指定块和对象，将其另存为文件并指定插入点。
  - 【块】：指定要另存为文件的现有块。从列表中选择名称。
  - 【整个图形】：选择要另存为其他文件的当前图形。
  - 【对象】：选择要另存为文件的对象。指定基点并选择下面的对象。
- 【基点】区：指定块的基点。默认值是 (0,0,0)。
  - 【拾取点】：暂时关闭对话框以使用户能在当前图形中拾取插入基点。
  - 【X】：指定基点的x坐标值。
  - 【Y】：指定基点的y坐标值。
  - 【Z】：指定基点的z坐标值。
- 【对象】区：设置用于创建块的对象上的块创建的效果。
  - 【选择对象】：临时关闭该对话框以便可以选择一个或多个对象以保存至文件。
  - 【快速选择】：打开【快速选择】对话框，从中可以过滤选择集。
  - 【保留】：将选定对象另存为文件后，在当前图形中仍保留它们。
  - 【转换为块】：将选定对象另存为文件后，在当前图形中将它们转换为块。
  - 【从图形中删除】：将选定对象另存为文件后，从当前图形中删除它们。
  - 【选定的对象】：指示选定对象的数目。
- 【目标】区：指定文件的新名称和新位置以及插入块时所用的测量单位。
  - 【文件名和路径】：指定文件名称和保存块或对象的路径。

◆【插入单位】：指定从 DesignCenter ™（设计中心）拖曳新文件或将其作为块插入使用不同单位的图形中时用于自动缩放的单位值。

7.1.4 实战演练——创建沉头螺钉图块

下面对沉头螺钉图形进行外部块的创建，具体操作步骤如下。

步骤01 打开“素材\CH07\沉头螺钉.dwg”文件，如下图所示。

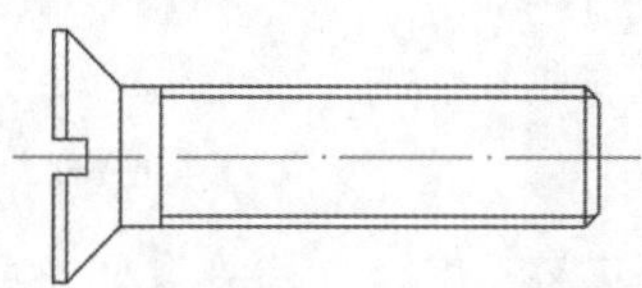

步骤02 调用【写块】命令，在弹出的【写块】对话框中单击【选择对象】前的按钮，在绘图区域选择全部图形对象，按空格键确认。然后单击【拾取点】前的按钮，在绘图区域选择下图所示的点作为插入基点。

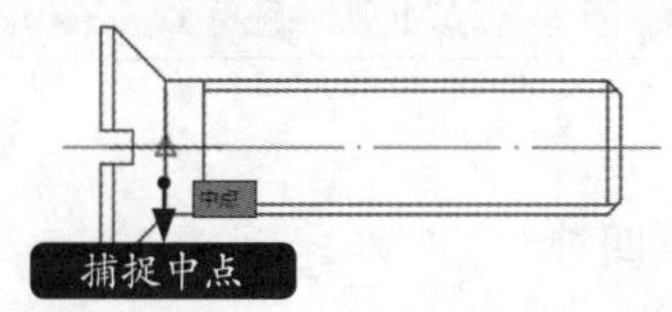

步骤03 在【文件名和路径】栏中可以设置保存路径，设置完成后单击【确定】按钮，如下图所示。

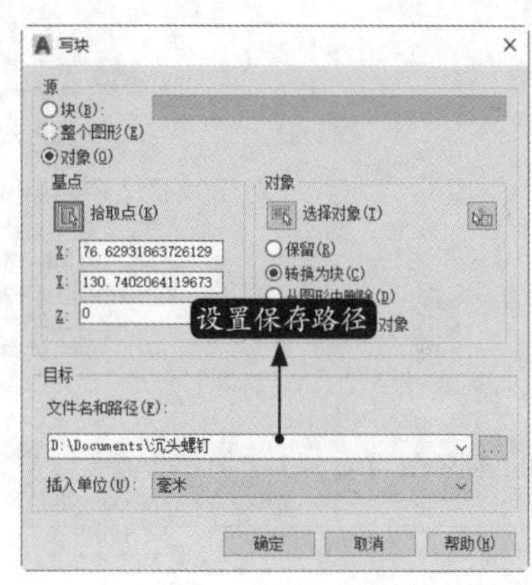

7.2 插入块选项板

AutoCAD 2021块选项板继承了AutoCAD 2020块选项板的总体框架结构，将AutoCAD 2020块选项板中的“其他图形”页面更改为了“库”页面，如下左图所示。在“库”页面可以直接浏览一个文件夹下面的多张图纸，浏览记录在“库”页面的下拉列表中，如下右图所示。

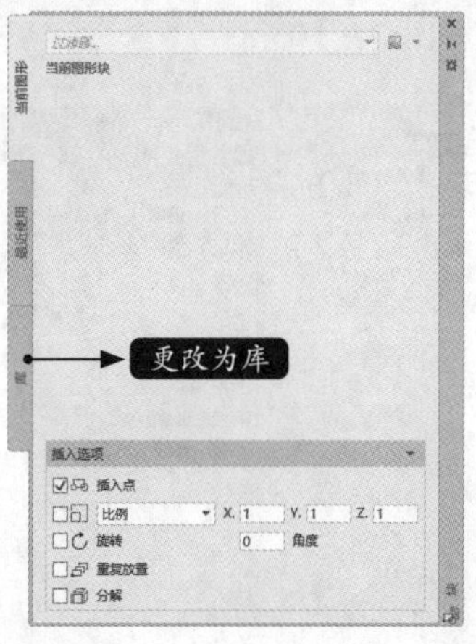

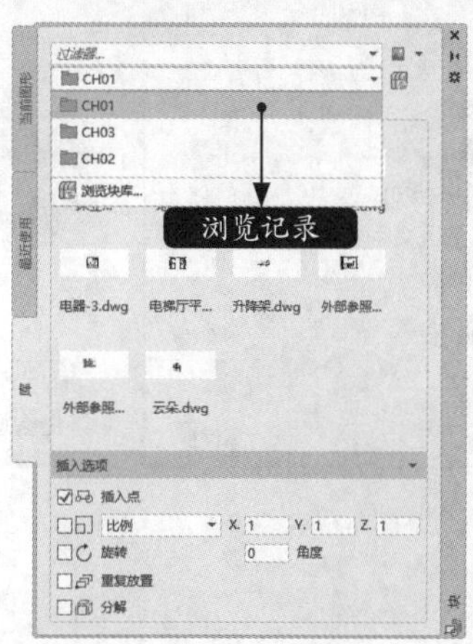

对于浏览到的文件夹中的每张DWG图纸，都可以双击进入该图纸图块浏览模式进行图块的查看并插入，如下图所示 。如果进入了该图纸图块浏览模式，但无法找到所需要的图块，可以单击按钮返回原来的文件夹图纸浏览模式。

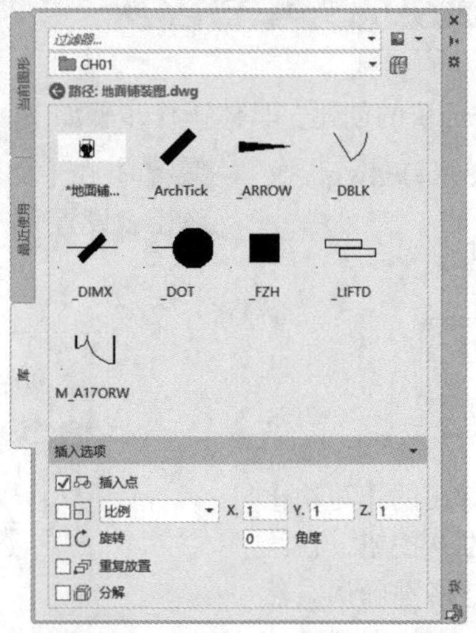

7.2.1 插入块

命令调用方法：

在AutoCAD 2021中调用【块选项板】的方法通常有以下四种。

- 选择【插入】➢【块选项板】菜单命令。
- 命令行输入“INSERT/I”命令并按空格键确认。
- 单击【默认】选项卡➢【块】面板中的【插入】按钮，然后选择一个适当的选项。
- 单击【插入】选项卡➢【块】面板中的【插入】按钮，然后选择一个适当的选项。

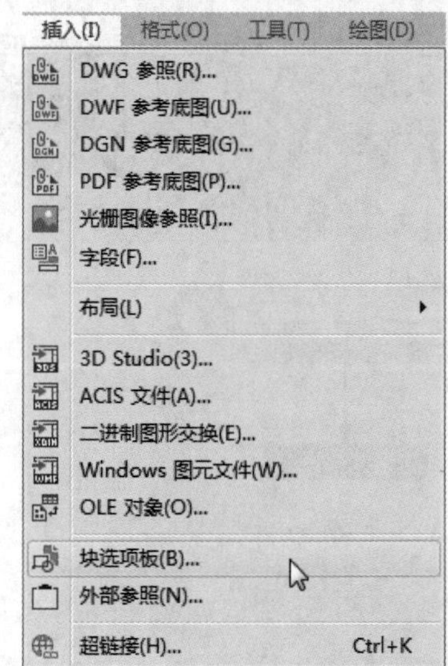

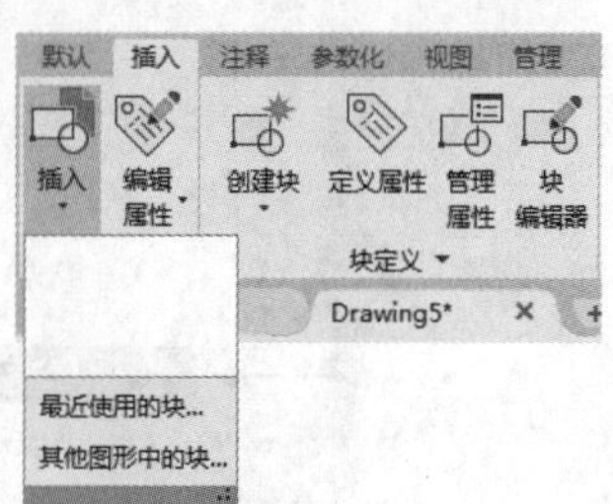

7.2.2 实战演练——插入壁灯图块

下面利用块选项板插入壁灯图块，具体操作步骤如下。

步骤 01 新建一个“.dwg”文件，选择【插入】➤【块选项板】菜单命令，系统弹出块选项板，选择“库”选项，如果是第一次使用，会弹出如下图所示的页面，单击“打开块库”即可进行文件夹或图块的选择。

步骤 02 如果之前在“库”中调用过文件夹或图块，则会弹出如下图所示的页面，展开浏览记录的下拉三角箭头，然后单击“浏览块库”即可进行文件夹或图块的选择。

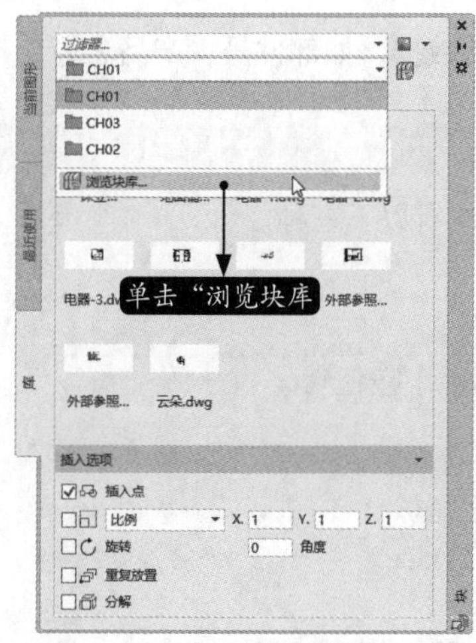

步骤 03 浏览“素材\CH07”文件夹，并在【为块库选择文件夹或文件】对话框中单击【打开】按钮，如右上图所示。

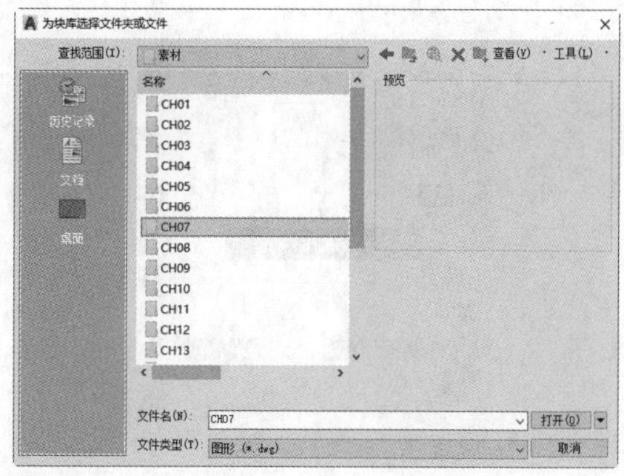

步骤 04 返回块选项板，如下图所示。

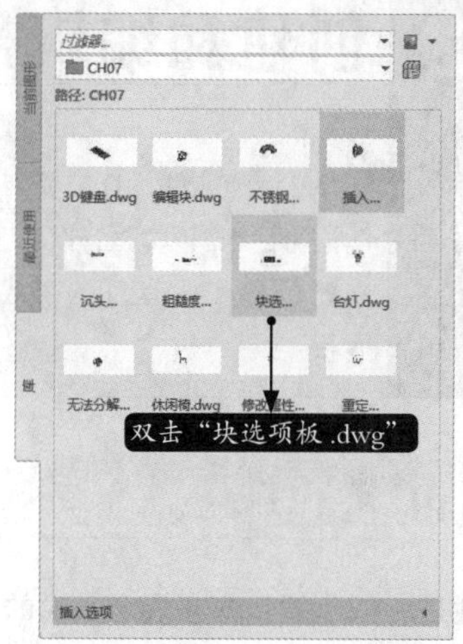

步骤 05 双击“块选项板.dwg”文件，进入图块浏览模式，如下图所示。

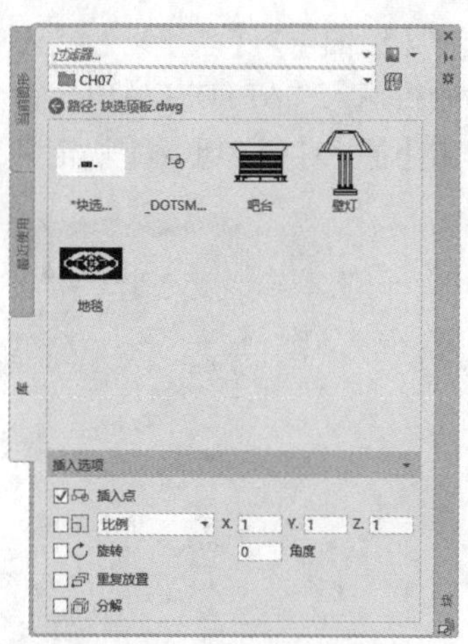

步骤 06 在壁灯图块上单击鼠标右键，然后在弹出的快捷菜单中选择“插入”选项，如下图所示。

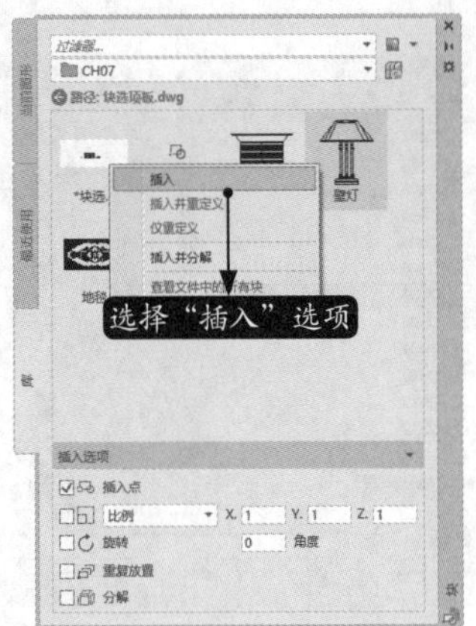

小提示

按着鼠标左键将图块拖动到绘图区域要插入的地方，松开鼠标后也可以将图块插入到图形中。

步骤 07 在绘图区域的适当位置单击指定图块的插入点。壁灯图块插入结果如下图所示。

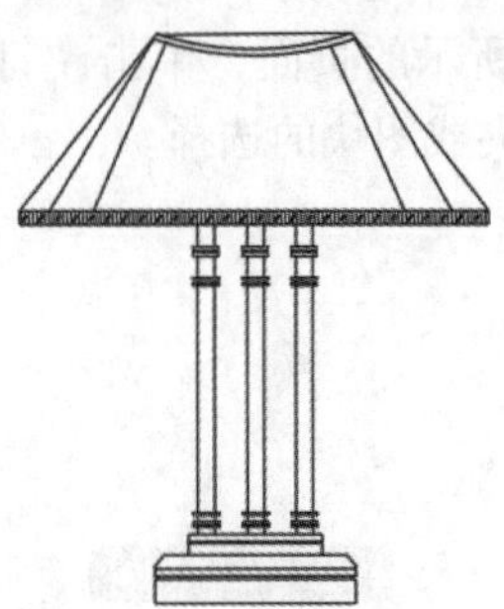

7.3 创建和编辑带属性的块

要创建属性，首先要创建包含属性特征的属性定义。属性特征主要包括标记（标识属性的名称）、插入块时显示的提示、值的信息、文字格式、块中的位置和所有可选模式（不可见、常数、验证、预设、锁定位置和多行）。

7.3.1 定义属性

属性是所创建的包含在块定义中的对象，属性可以存储数据，如部件号、产品名等。

1. 命令调用方法

在AutoCAD 2021中调用【属性定义】对话框的常用方法有以下三种。

- 选择【绘图】➢【块】➢【定义属性】菜单命令。
- 命令行输入“ATTDEF/ATT”命令并按空格键确认。
- 单击【插入】选项卡➢【块定义】面板中的【定义属性】按钮。

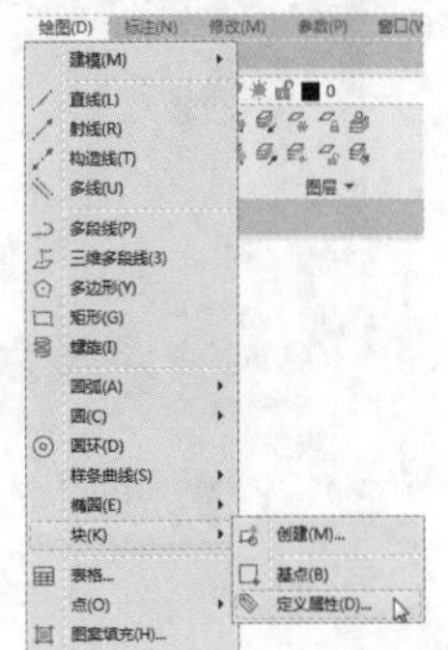

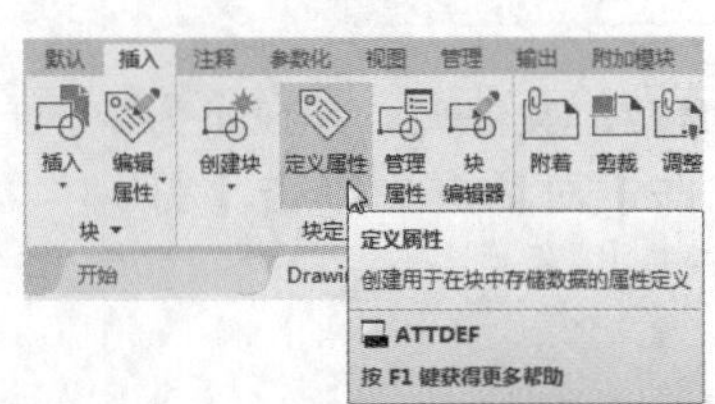

2. 命令提示

调用定义属性命令后，系统会弹出【属性定义】对话框，如下图所示。

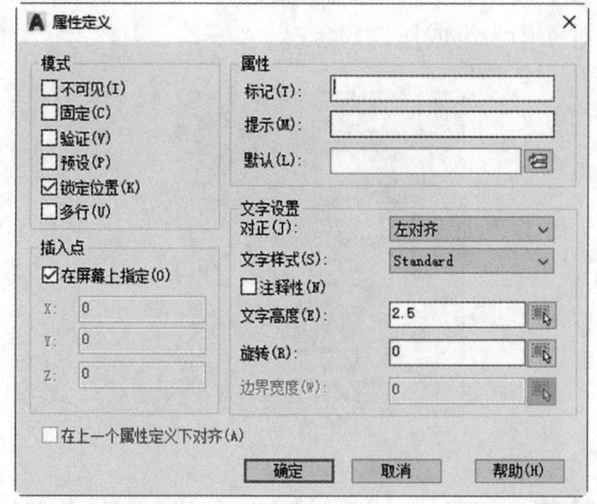

3. 知识点扩展

【模式】区域各选项的含义如下。

- 【不可见】：指定插入块时不显示或不打印属性值。
- 【固定】：插入块时赋予属性固定值。
- 【验证】：插入块时提示验证属性值是否正确。
- 【预设】：插入包含预设属性值的块时，将属性设置为默认值。
- 【锁定位置】：锁定块参照中属性的位置。解锁后，属性可以相对于使用夹点编辑的块的其他部分移动，并且可以调整多行文字属性的大小。
- 【多行】：指定属性值可以包含多行文字。选定此项后，可以指定属性的边界宽度。

【插入点】区域各选项的含义如下。

- 【在屏幕上指定】：关闭对话框后将显示“起点”提示，使用定点设备相对于要与属性关联的对象指定属性的位置。
- 【X】：指定属性插入点的x坐标。
- 【Y】：指定属性插入点的y坐标。
- 【Z】：指定属性插入点的z坐标。

【属性】区域各选项的含义如下。

- 【标记】：标识图形中每次出现的属性，使用任何字符组合（空格除外）输入属性标记，小写字母会自动转换为大写字母。
- 【提示】：指定在插入包含该属性定义的块时显示的提示。如果不输入提示，属性标记将用作提示。
- 【默认】：指定默认属性值。
- 【插入字段按钮】：显示【字段】对话框，可以插入一个字段作为属性的全部或部分值。

【文字设置】区域各选项的含义如下。

- 【对正】：指定属性文字的对正。此项是关于对正选项的说明。
- 【文字样式】：指定属性文字的预定义样式。显示当前加载的文字样式。
- 【注释性】：指定属性为注释性。如果块是注释性的，则属性将与块的方向相匹配。单击信息图标可以了解有关注释性对象的详细信息。
- 【文字高度】：指定属性文字的高度。此高度为从原点到指定位置的测量值。如果选择有固定高度的文字样式，或者在【对正】下拉列表中选择了【对齐】或【高度】选项，则此项不可用。
- 【旋转】：指定属性文字的旋转角度。此旋转角度为从原点到指定位置的测量值。如果在【对正】下拉列表中选择了【对齐】或【调整】选项，则【旋转】选项不可用。
- 【边界宽度】：换行前需指定多行文字属性中文字行的最大长度。值0.000表示对文字行的长度没有限制。此选项不适用于单行文字属性。

7.3.2 实战演练——创建带属性的块

下面利用【属性定义】对话框创建带属性的块，具体操作步骤如下。

1. 定义属性

步骤 01 打开“素材\CH07\台灯.dwg”文件，如下图所示。

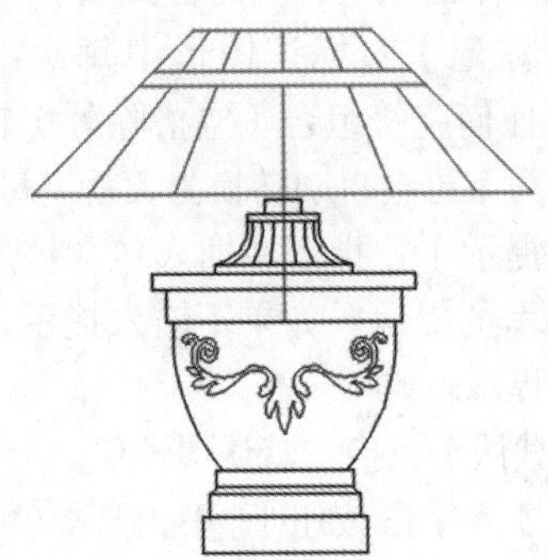

步骤 02 调用【定义属性】命令，弹出【属性定义】对话框，在【属性】区的【标记】文本框中输入 “LAMP”，在【文字设置】区的【文字高度】文本框中输入“50”，如下图所示。

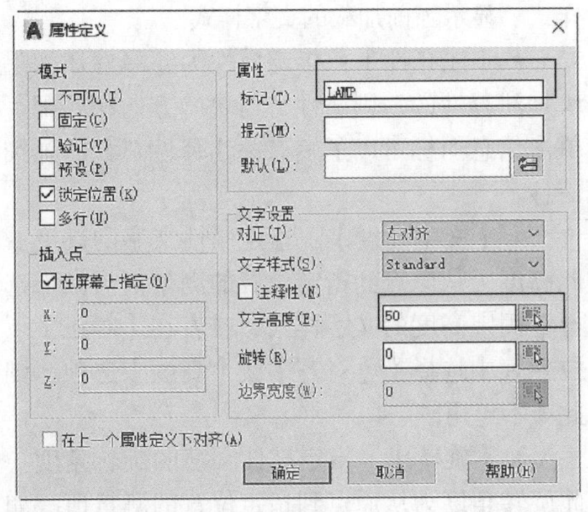

步骤 03 单击【确定】按钮，在绘图区域单击指定起点，结果如下图所示。

2. 创建块

步骤 01 在命令行中输入“B”命令后按空格键，弹出【块定义】对话框，单击【选择对象】按钮，并在绘图区域选择下图所示的图形对象作为组成块的对象。

步骤 02 按【Enter】键确认，然后单击【拾取点】前的按钮，并在绘图区域单击中点为插入基点，如下图所示。

步骤 03 返回【块定义】对话框，将块名称指定为“台灯”，然后单击【确定】按钮，在弹出的【编辑属性】对话框中输入参数值“台灯1”，如下图所示。

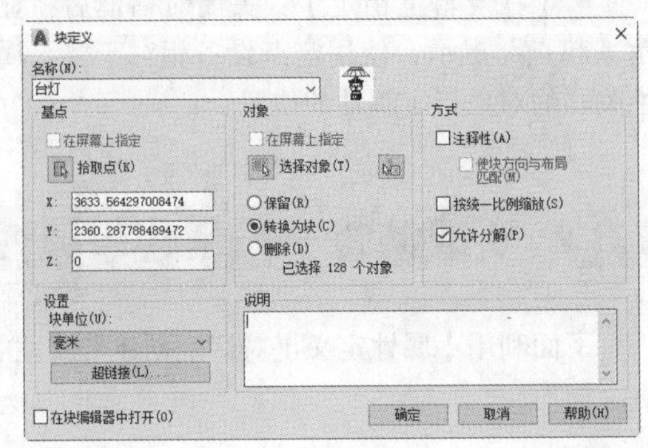

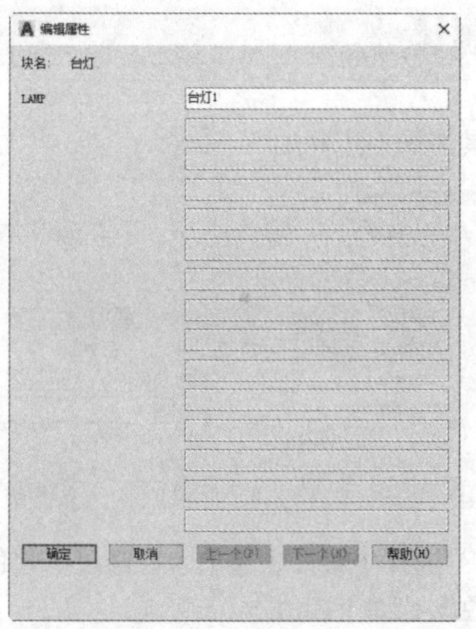

步骤 04 单击【确定】按钮，结果如下图所示。

7.3.3 修改属性定义

1. 命令调用方法

在AutoCAD 2021中修改单个属性命令的方法通常有以下五种。

- 选择【修改】➢【对象】➢【属性】➢【单个】菜单命令。
- 命令行输入"EATTEDIT"命令并按空格键确认。
- 单击【默认】选项卡➢【块】面板中的【单个】按钮。
- 单击【插入】选项卡➢【块】面板中的【单个】按钮。
- 双击块的属性。

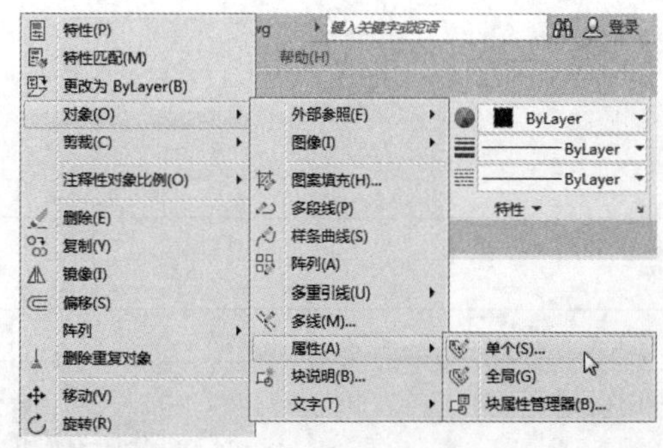

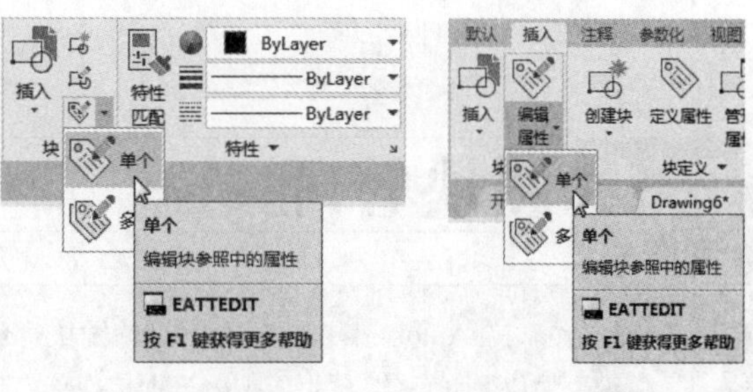

2. 命令提示

调用修改单个属性的命令后，命令行会进行如下提示。

```
命令：_eattedit
选择块：
```

在绘图区域选择相应的块对象后，系统会弹出【增强属性编辑器】对话框，如右图所示。

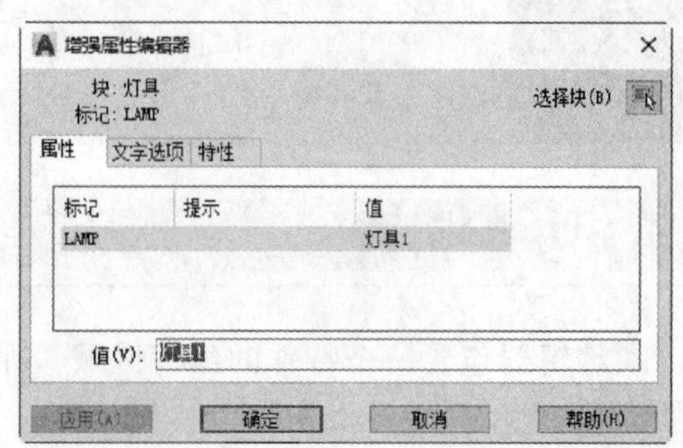

7.3.4 实战演练——修改粗糙度图块属性定义

下面利用单个属性编辑命令对块的属性进行修改，具体操作步骤如下。

步骤 01 打开“素材\CH07\修改属性定义.dwg”文件，如下图所示。

步骤 02 双击图块，在弹出的【增强属性编辑器】对话框中将【值】参数修改为“1.6”，如下图所示。

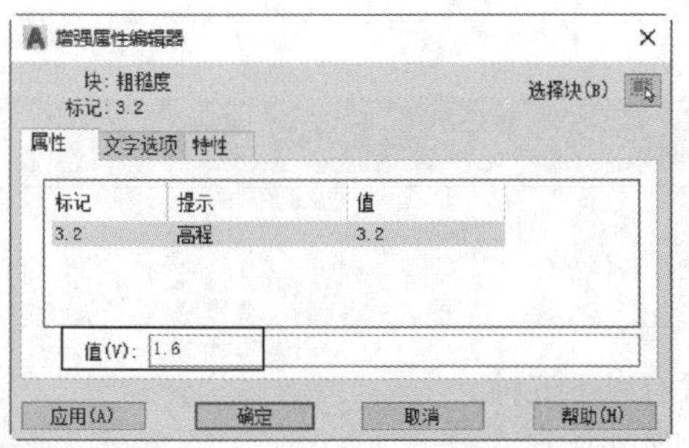

步骤 03 选中【文字选项】选项卡，修改【倾斜角度】参数为“30”，如右上图所示。

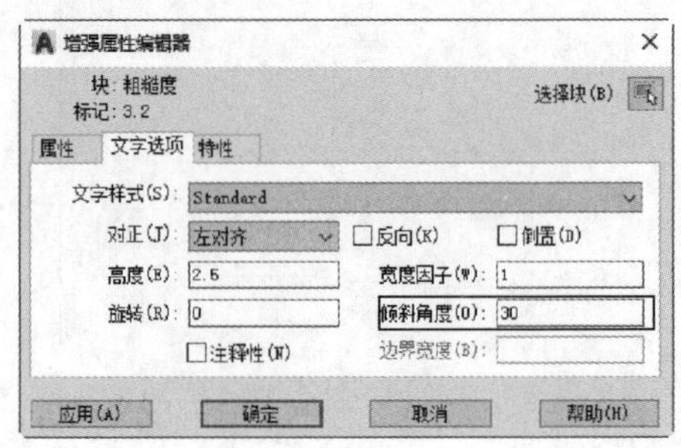

步骤 04 选择【特性】选项卡，修改【颜色】为“蓝色”，如下图所示。

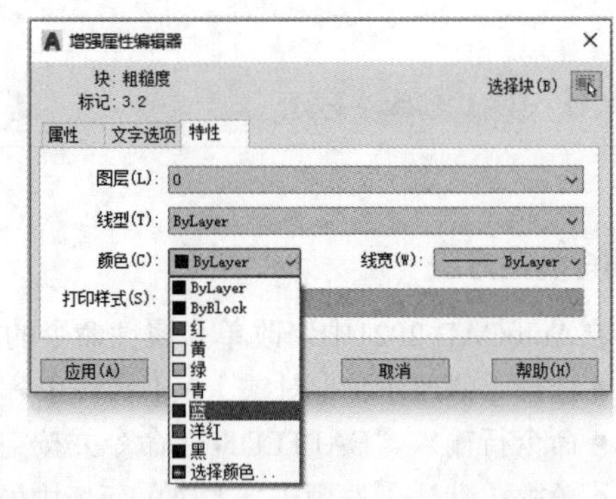

步骤 05 单击【确定】按钮，结果如下图所示。

7.4 图块管理

在AutoCAD中，较为常见的图块管理操作包括编辑已定义的图块、分解块以及对已定义的图块进行重定义等。下面分别对相关内容进行详细介绍。

7.4.1 块编辑器

块编辑器包含一个特殊的编写区域，在该区域，可以像在绘图区域一样绘制和编辑几何图形。

1. 命令调用方法

在AutoCAD 2021中调用【块编辑器】对话框的方法通常有以下5种。

- 选择【工具】➢【块编辑器】菜单命令。
- 命令行输入“BEDIT/BE”命令并按空格键确认。
- 单击【默认】选项卡➢【块】面板中的【块编辑器】按钮。
- 单击【插入】选项卡➢【块定义】面板中的【块编辑器】按钮。
- 双击要编辑的块。

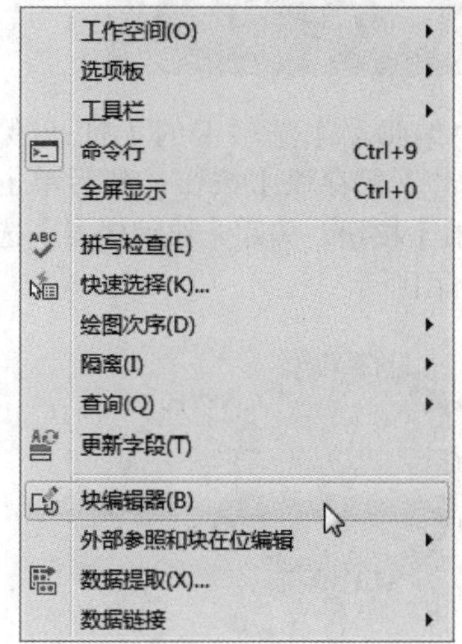

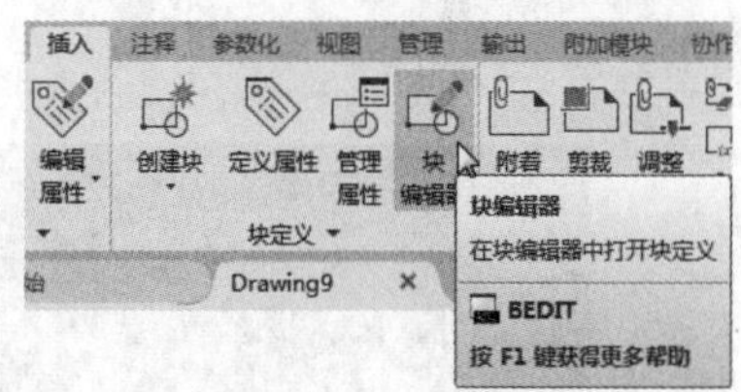

2. 命令提示

调用块编辑器命令后，系统会弹出【编辑块定义】对话框，如下图所示。

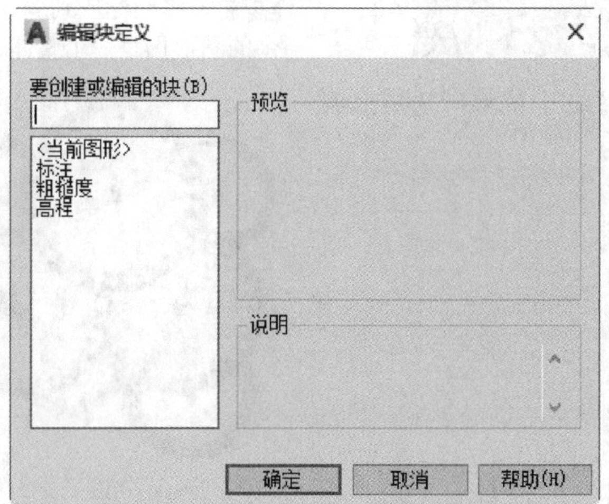

7.4.2 实战演练——编辑图块

下面对已定义的图块进行相关编辑，具体操作步骤如下。

步骤 01 打开"素材\CH07\编辑块.dwg"文件，如下图所示。

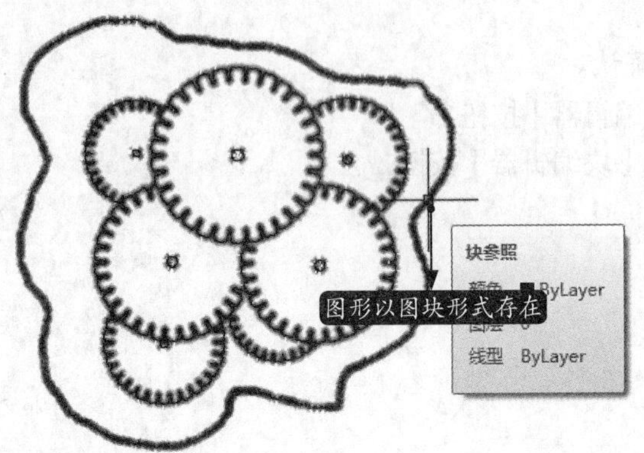

步骤 02 双击图块对象，在弹出的【编辑块定义】对话框中选择"植物"对象，并单击【确定】按钮，然后在绘图区域单击选择要编辑的图形，如下图所示。

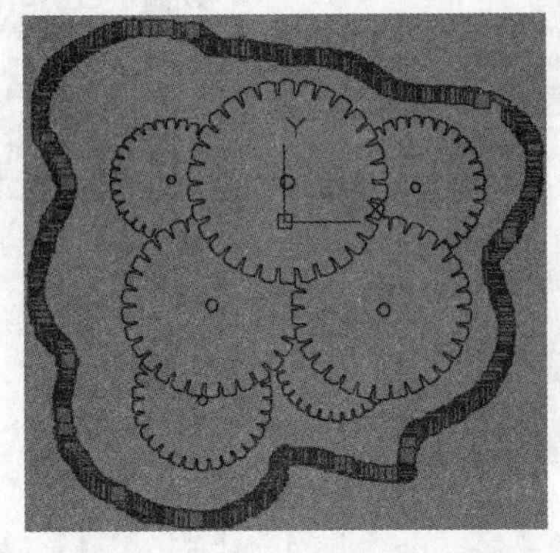

步骤 03 按键盘上的【Del】键将所选矩形删除，如右上图所示。

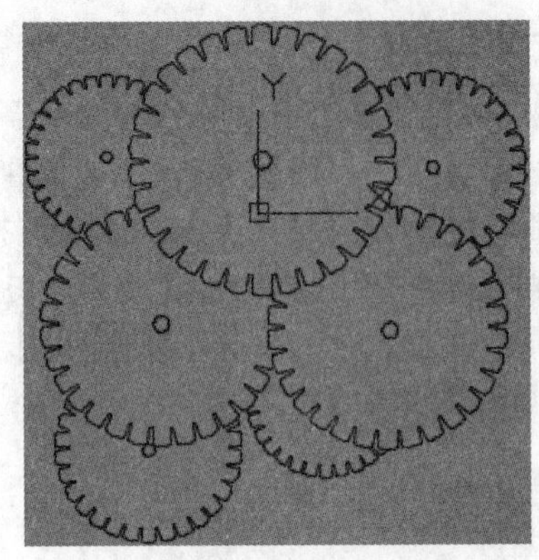

步骤 04 在【块编辑器】选项卡的【打开/保存】面板上单击【保存块】按钮，然后单击【关闭块编辑器】按钮，关闭【块编辑器】选项卡，结果如下图所示。

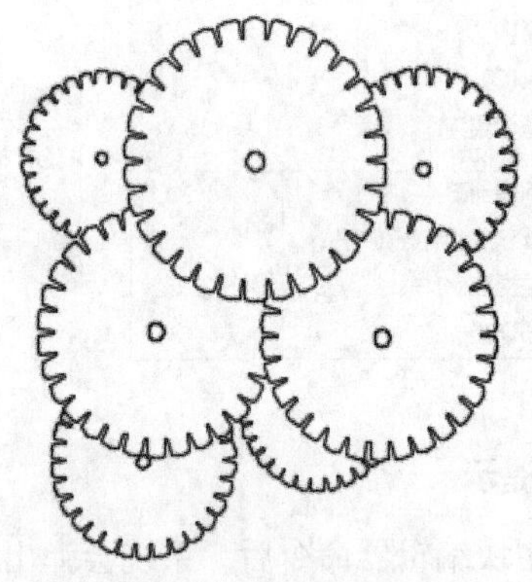

步骤 05 将光标放到剩余的图形上，可以看到剩余的图形仍是一个整体，如下图所示。

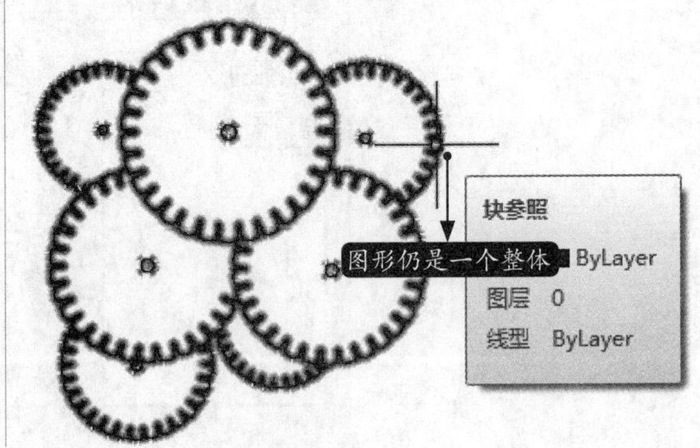

7.4.3 分解图块

图块是以复合对象的形式存在的，可以利用【分解】命令对图块进行分解。

1. 命令调用方法

在AutoCAD 2021中调用【分解】命令的方法通常有以下三种。

- 选择【修改】➤【分解】菜单命令。
- 命令行输入“EXPLODE/X”命令并按空格键确认。
- 单击【默认】选项卡➤【修改】面板中的【分解】按钮。

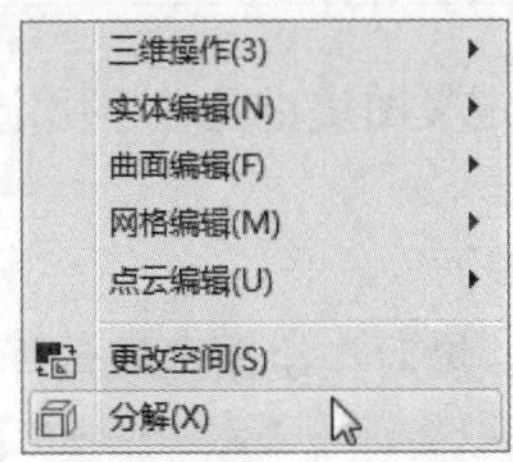

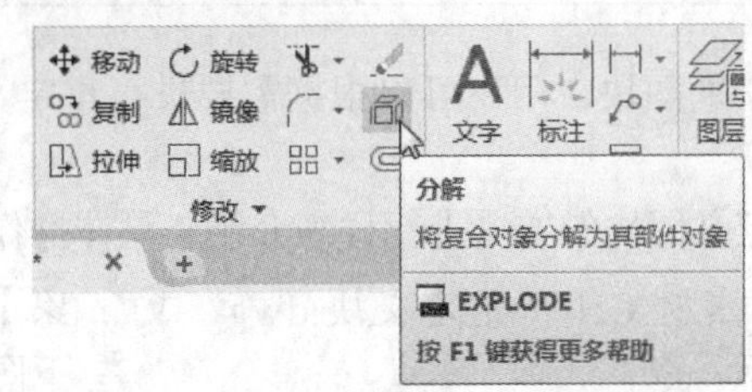

2. 命令提示

调用【分解】命令后，命令行会进行如下提示。

```
命令：_explode
选择对象：
```

在绘图区域选择相应的对象后按空格键确认，即可将该对象成功分解。

7.4.4 实战演练——分解不锈钢圈椅图块

下面对不锈钢圈椅图块的分解过程进行详细介绍，具体操作步骤如下。

步骤 01 打开“素材\CH07\不锈钢圈椅.dwg”文件，将光标放到下图所示的图形对象上，该图形对象当前以块的形式存在。

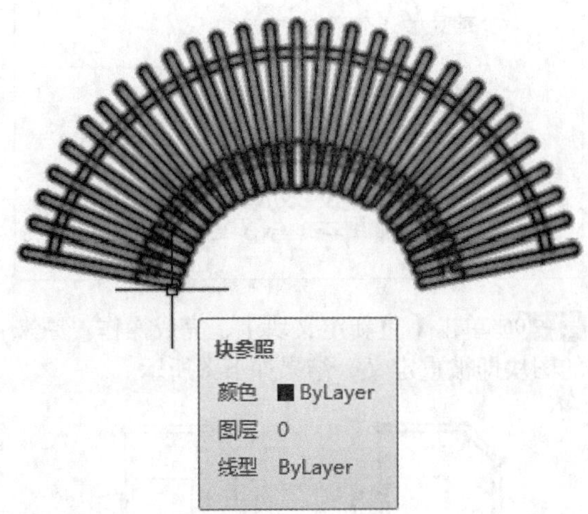

步骤 02 调用“分解”命令，在绘图区域选择全部图形对象，按空格键以确认分解，然后在绘图区域选择右上图所示的部分图形对象。

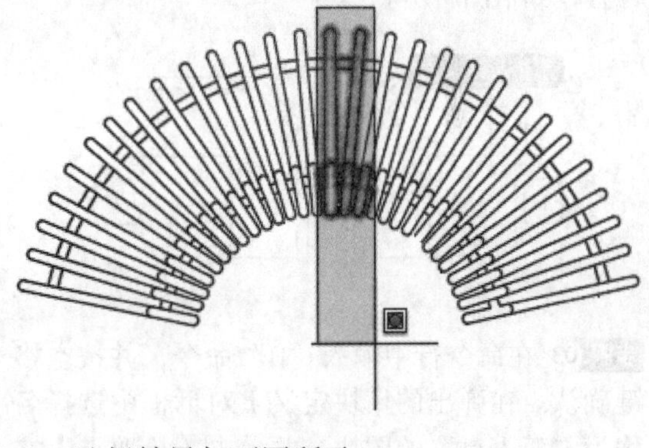

选择结果如下图所示。

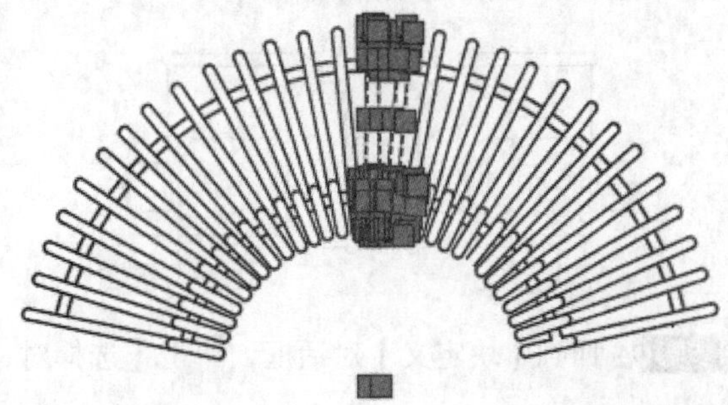

小提示

如果希望插入的图块能够分解，则在创建图块的时候必须在【块定义】对话框中勾选【分解】复选框。

7.4.5 实战演练——重定义双人桌图块

对于已定义的图块，用户可以根据需要进行重定义。重定义图块也是在【块定义】对话框下进行的。

下面对重定义图块的方法进行详细介绍，具体操作步骤如下。

步骤 01 打开“素材\CH07\重定义块.dwg”文件，如下图所示。

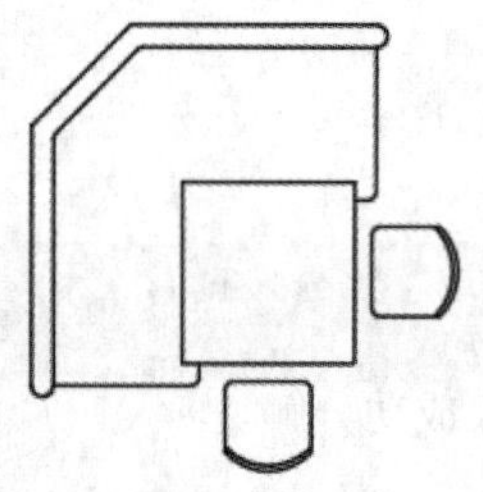

步骤 02 在命令行中输入“I”命令后按空格键，在弹出的【块选项板】➢【当前图形】选项卡中选择“双人桌”，将其插入图中合适的位置，如下图所示。

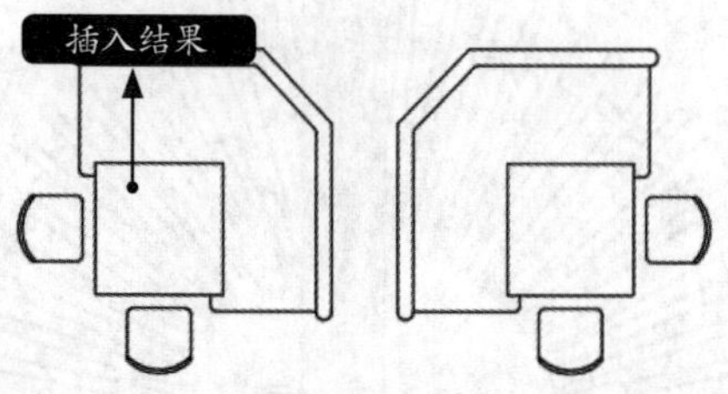

步骤 03 在命令行中输入“B”命令，并按空格键确认。在弹出的【块定义】对话框中选择名称为“双人桌”的图块，并单击【拾取点】按钮，选择下图所示的端点为拾取点。

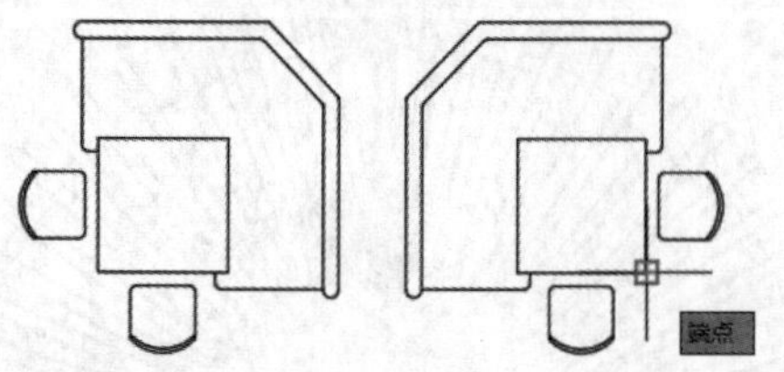

步骤 04 回到【块定义】对话框，单击【选择对象】按钮，然后在绘图区域选择原有图形，如下图所示。

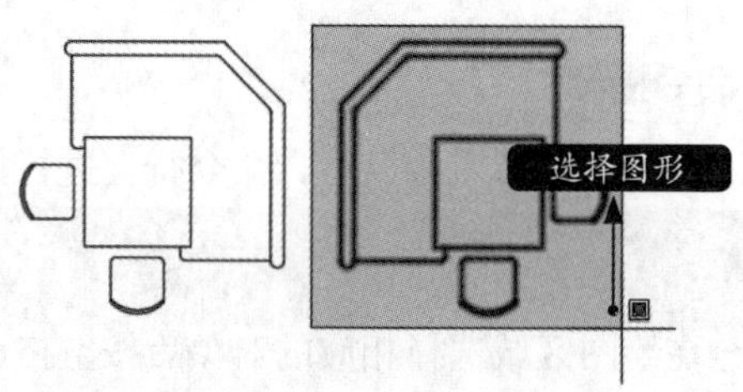

步骤 05 按空格键结束选择，回到【块定义】对话框后单击【确定】按钮，系统弹出【块-重新定义块】询问对话框，如下图所示。

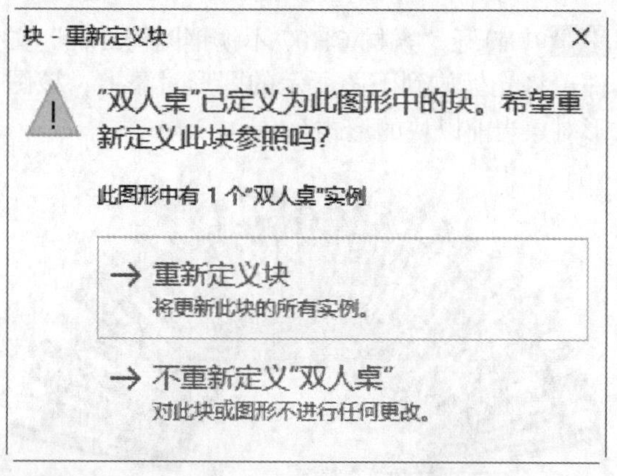

步骤 06 单击【重新定义块】，完成操作。原来的图块即被重定义，结果如下图所示。

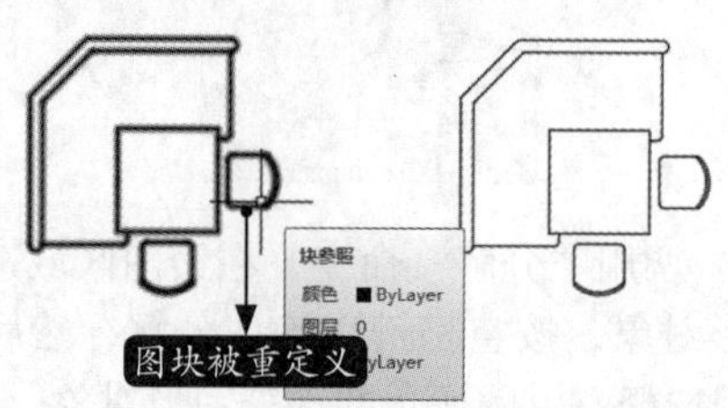

7.5 综合应用——创建并插入带属性的粗糙度图块

本实例是创建并插入一张粗糙度符号图，主要介绍如何制作带属性的块，从而在机械制图中插入粗糙度符号。通过该实例的练习，读者应熟练掌握创建和插入块的方法。

1. 创建带属性的块

步骤 01 打开“素材\CH07\粗糙度图块.dwg”文件，如下图所示。

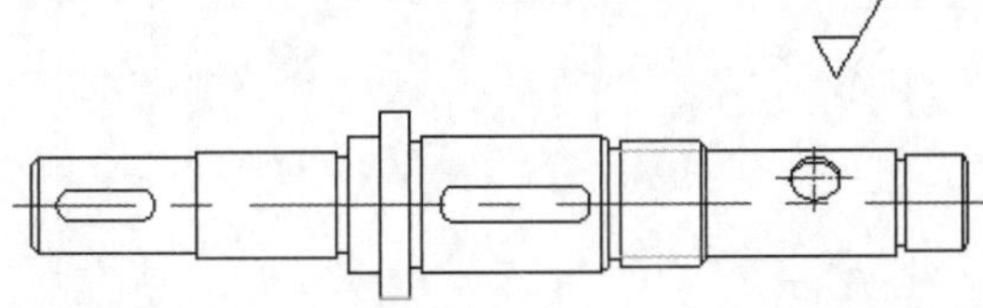

步骤 02 在命令行中输入“ATT”命令后按空格键，弹出【属性定义】对话框，在【标记】文本框中输入“粗糙度”，将【对正】方式设置为“居中”，在【文字高度】文本框中输入“2.5”，如下图所示。

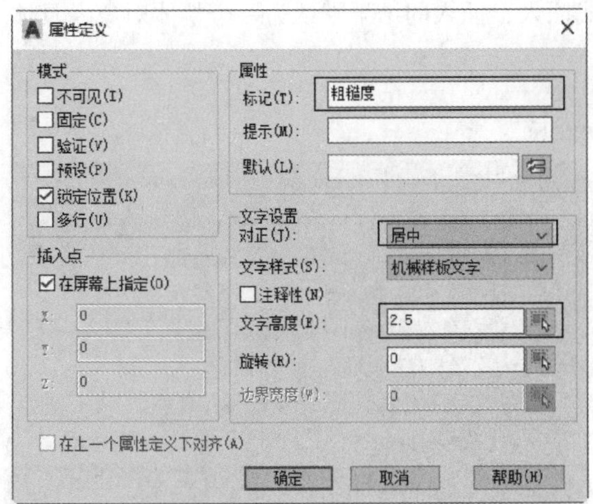

步骤 03 单击【确定】按钮后，在绘图区域将粗糙度符号的横线中点作为插入点，并单击鼠标确认。

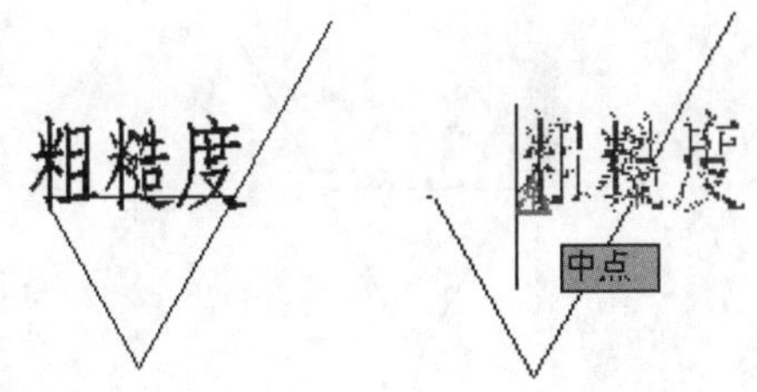

步骤 04 在命令行中输入“B”命令后按空格键，弹出【块定义】对话框，输入名称为“粗糙度符号”，如下图所示。

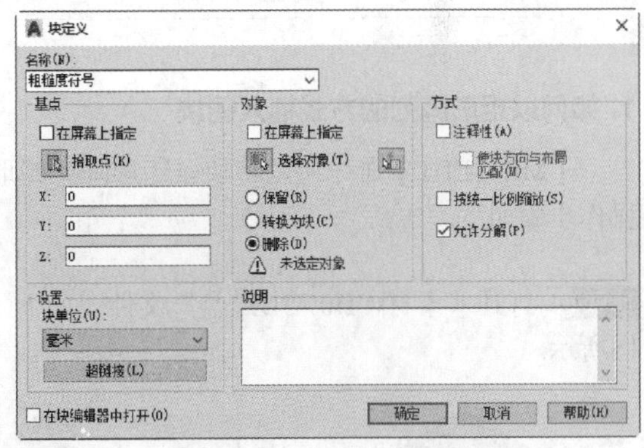

步骤 05 单击【选择对象】按钮，在绘图区域选择对象并按空格键确认，如下图所示。

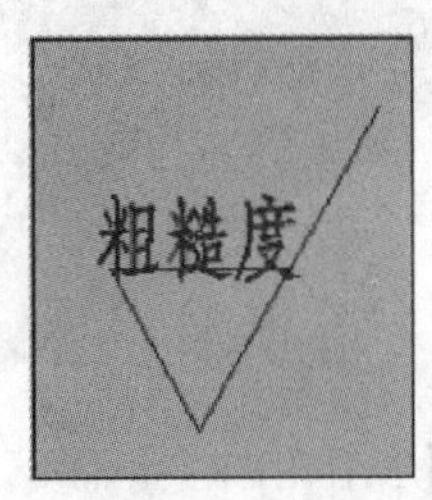

步骤06 单击【拾取点】前的按钮，在绘图区域选择下图所示的点作为插入时的基点。

步骤07 返回【块定义】对话框，单击【确定】按钮后，弹出【编辑属性】对话框，输入粗糙度的初始值为“3.2”，并单击【确定】按钮，结果如下图所示。

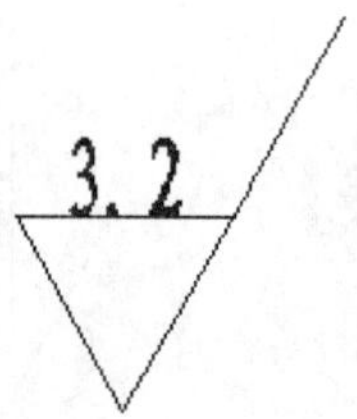

2. 插入块

步骤01 在命令行中输入“I”命令后按空格键，在弹出的【块选项板】➢【当前图形】选项卡中选择“粗糙度符号”的图块，将其插入如下图所示位置。

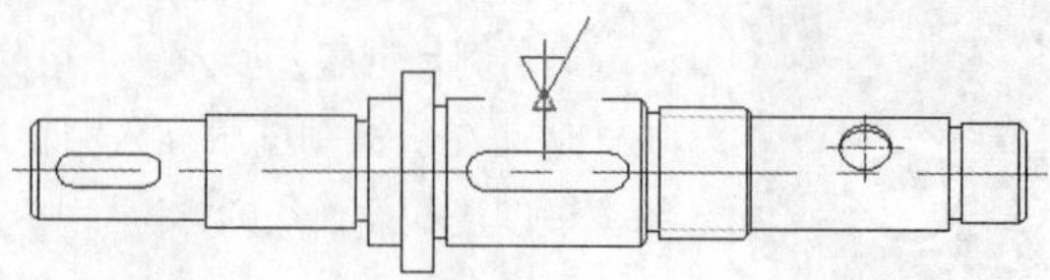

步骤02 弹出【编辑属性】对话框，将粗糙度指定为“1.6”，并单击【确定】按钮，结果如下图所示。

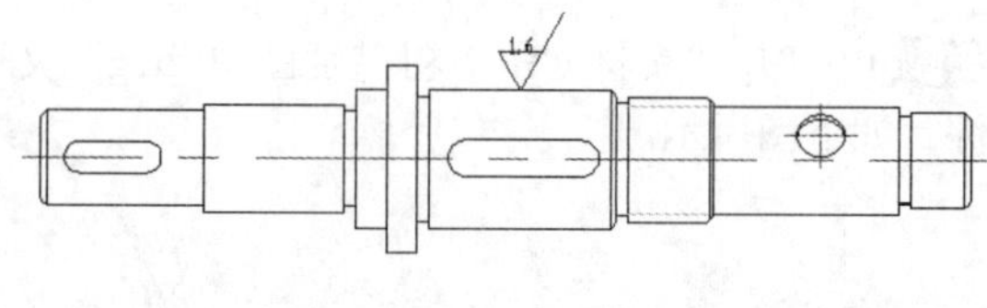

疑难解答

1. 如何以矩形阵列的方式插入图块

【MINSERT】命令可以将块以矩形阵列的形式插入，插入的结果默认为一个整体对象，具体操作步骤如下。

步骤01 打开“素材\CH07\3D键盘”文件，如下图所示。

步骤02 输入【MINSERT】命令，命令行提示如下。

```
命令：MINSERT
输入块名或 [?]: 数字键    // 输入块名称并按回车键确认
单位：无   转换：   1.0000
指定插入点或 [ 基点 (B)/ 比例 (S)/X/Y/Z/ 旋转 (R)]:0,0,0
输入 X 比例因子，指定对角点，或 [ 角点 (C)/xyz(XYZ)] <1>: 1    // 按回车键确认
输入 Y 比例因子或 < 使用 X 比例因子 >: 1    // 按回车键确认
指定旋转角度 <0>: 0    // 按回车键确认
输入行数 (---) <1>: 4    // 按回车键确认
```

输入列数 (|||) <1>：3　// 按回车键确认
输入行间距或指定单位单元 (---)：-19.2 // 按回车键确认
指定列间距 (|||)：19.2　// 按回车键确认

结果如下图所示。

2. 如何分解无法分解的图块

在创建图块时如果没有勾选“允许分解”复选框，则得到的图块将无法正常分解。可以通过下面的方法对该类图块进行分解操作。

步骤01 打开“素材\CH07\无法分解的图块”文件，如下图所示。

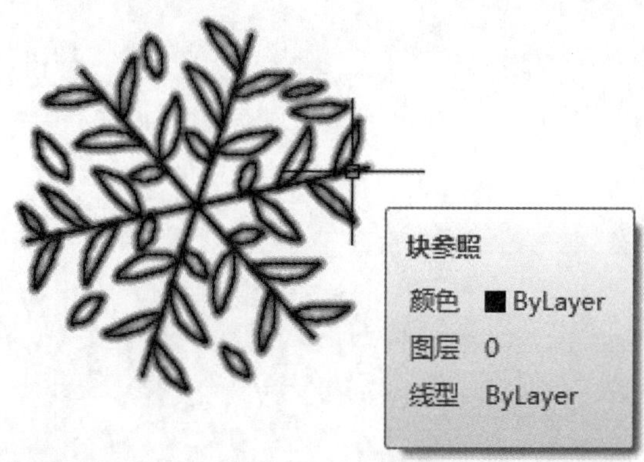

步骤02 调用【分解】命令，对该绘图区域的图块对象进行分解，命令行提示“无法分解”，如下图所示。

选择对象：找到 1 个
选择对象：
无法分解 1。

步骤03 调用【创建块】命令，弹出“块定义”对话框，在“名称”下拉列表框中选择“植物”，勾选“允许分解”复选框，单击“确定”按钮，如下图所示。

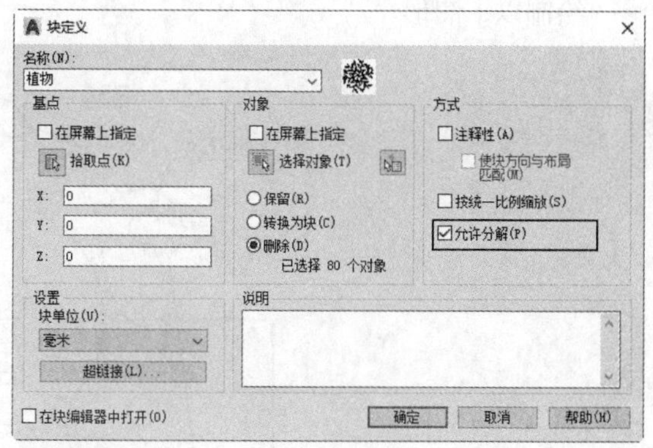

步骤04 在“块-重新定义块”对话框中选择“重新定义块”选项，如下图所示。

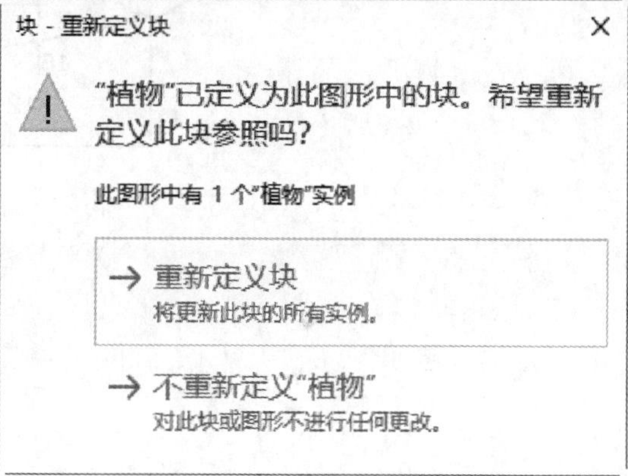

步骤05 调用【分解】命令，对重新定义的图块对象进行分解，分解结果如下图所示。

实战练习

绘制以下图形。

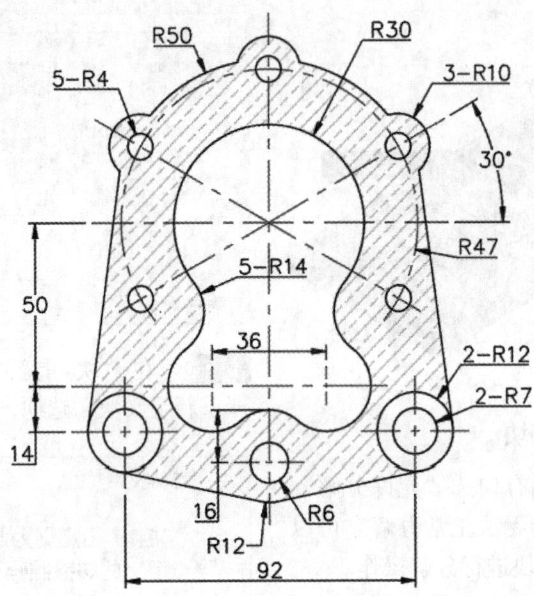

第8章

尺寸标注

学习目标

没有尺寸标注的图形称为哑图，在各大行业中已经极少采用。另外需要注意的是，零件的大小取决于图纸所标注的尺寸，并不以绘图的尺寸作为依据。因此，图纸中的尺寸标注可以看作是数字化信息的表达。

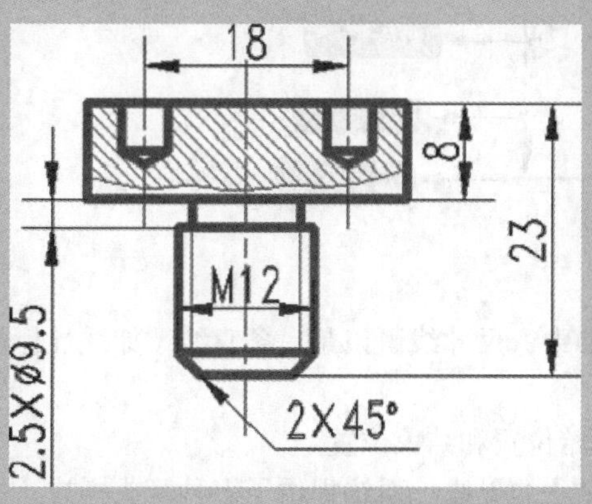

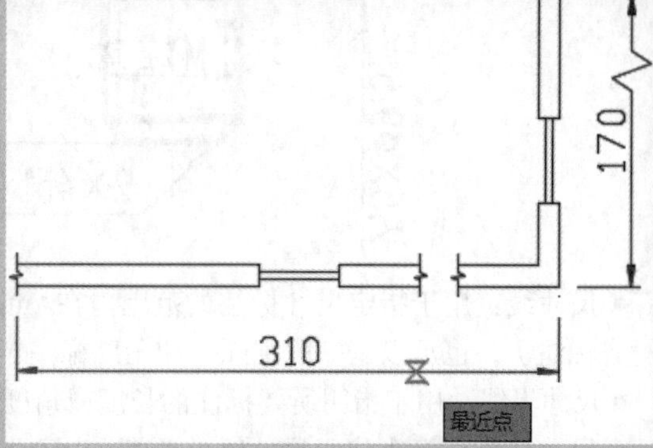

8.1 尺寸标注的规则和组成

绘制图形的根本目的是反映对象的形状，图形中各个对象的大小和相互位置只有经过尺寸标注才能表现出来。AutoCAD 2021提供了一套完整的尺寸标注命令，用户使用它们足以完成图纸中要求的尺寸标注。

8.1.1 尺寸标注的规则

在AutoCAD中，对绘制的图形进行尺寸标注时应当遵循以下规则。

（1）对象的真实大小应以图样上标注的尺寸数值为依据，与图形的大小及绘图的准确度无关。

（2）图形中的尺寸以毫米（mm）为单位时，不需要标注计量单位的代号或名称。如果采用其他单位，则必须注明相应计量单位的代号或名称。

（3）图形中所标注的尺寸应为该图形所表示对象的最后完工尺寸，否则应加以说明。

（4）对象的每一个尺寸一般只标注一次。

8.1.2 尺寸标注的组成

在工程绘图中，一个完整的尺寸标注一般由尺寸线、尺寸界线、尺寸箭头和尺寸文字等4部分组成，如下图所示。

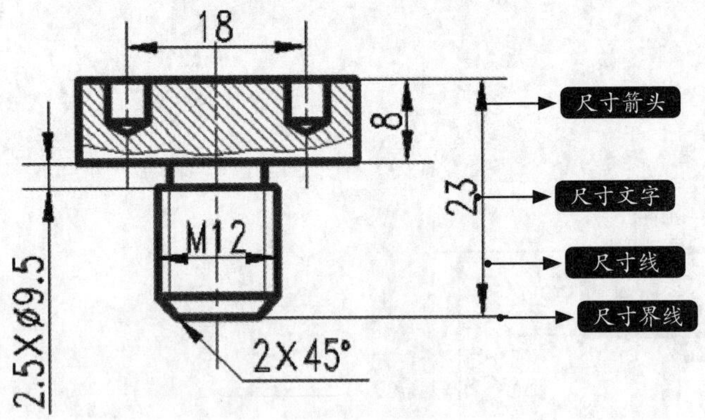

• 尺寸线：用于指定尺寸标注的范围。在AutoCAD中，尺寸线可以是一条直线（如线性标注和对齐标注），也可以是一段圆弧（如角度标注）。

• 尺寸界线：用于指明所要标注的长度或角度的起始位置和结束位置。

• 尺寸箭头：箭头位于尺寸线的两端，用于指定尺寸的界线。系统提供了多种箭头样式，并且允许创建自定义的箭头样式。

• 尺寸文字：尺寸文字是尺寸标注的核心，用于表明标注对象的尺寸、角度或旁注等内容。创建尺寸标注时，既可以使用系统自动计算出的实际测量值，也可以根据需要输入尺寸文字。

8.2 尺寸标注样式管理器

尺寸标注样式用于控制尺寸标注的外观，如箭头的样式、文字的位置及尺寸界线的长度等。通过设置，可以确保所绘图纸中的尺寸标注符合行业或项目标准。

1. 命令调用方法

在AutoCAD 2021中调用【标注样式管理器】的方法通常有以下5种。

- 选择【格式】➢【标注样式】菜单命令。
- 选择【标注】➢【标注样式】菜单命令。
- 命令行输入“DIMSTYLE/D”命令并按空格键。
- 单击【默认】选项卡➢【注释】面板➢【标注样式】按钮。
- 单击【注释】选项卡➢【标注】面板右下角的。

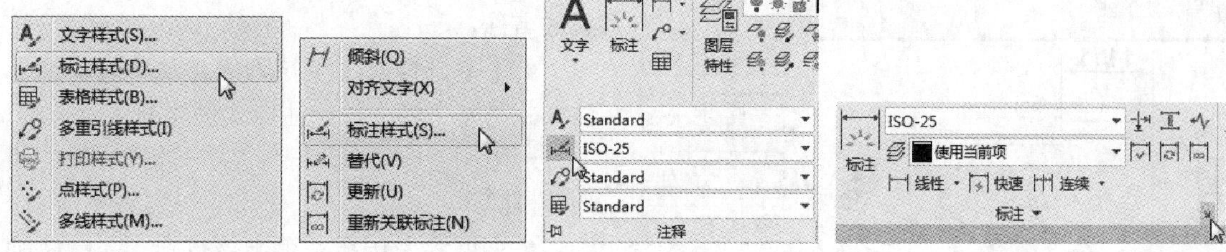

2. 命令提示

调用【标注样式】命令之后，系统会弹出【标注样式管理器】对话框，如下图所示。

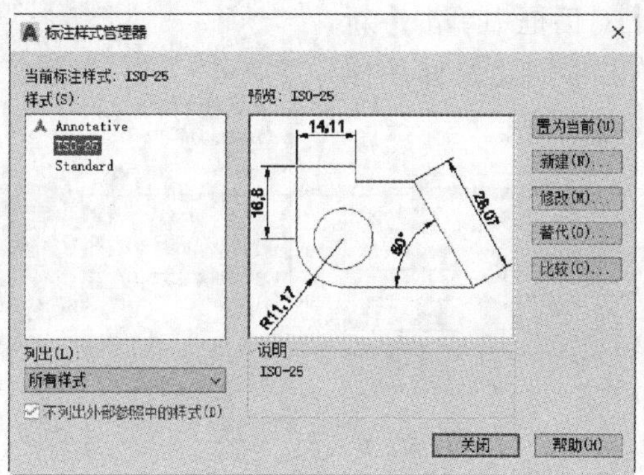

3. 知识点扩展

【标注样式管理器】对话框中各选项的含义如下。

- 【样式】：列出了当前所有创建的标注样式。其中，Annotative、ISO-25、Standard是AutoCAD 2019固有的三种标注样式。

- 【置为当前】：样式列表中选择一项，然后单击该按钮，将以选择的样式为当前样式进行标注。
- 【新建】：单击该按钮，弹出【创建新标注样式】对话框。
- 【修改】：单击该按钮，弹出【修改标注样式】对话框。该对话框的内容与新建对话框的内容相同，区别在于一个是重新创建一个标注样式，一个是在原有基础上进行修改。
- 【替代】：单击该按钮，可以设定标注样式的临时替代值。对话框选项与【新建标注样式】对话框中的选项相同。
- 【比较】：单击该按钮，将显示【比较标注样式】对话框，从中可以比较两个标注样式或列出一个样式的所有特性。

8.2.1 新建标注样式

1. 命令调用方法

在【标注样式管理器】对话框中单击【新建】按钮，即可创建新的标注样式。

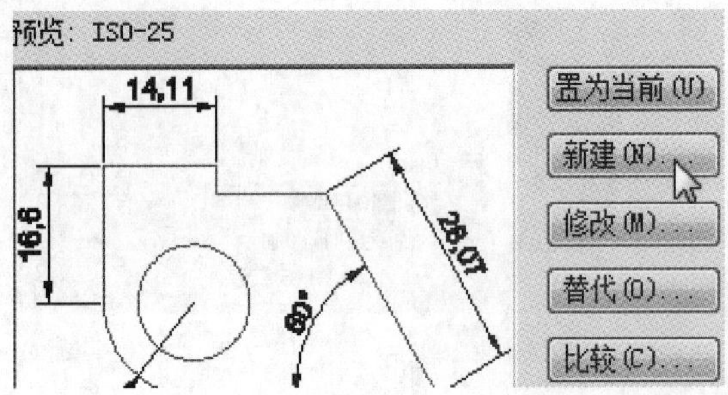

2. 命令提示

在【标注样式管理器】对话框中单击【新建】按钮之后，系统会弹出【创建新标注样式】对话框，如下图所示。

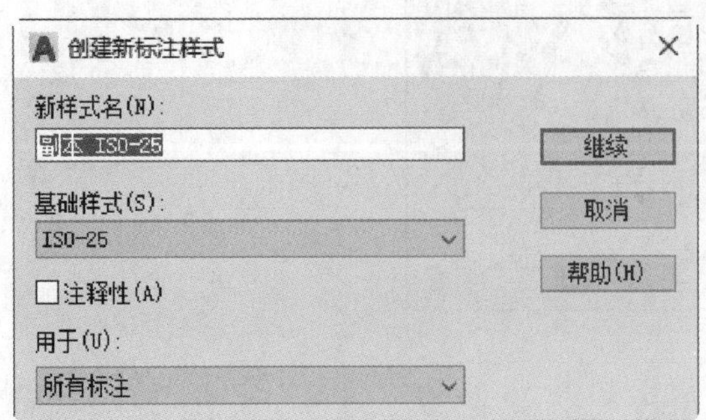

3. 知识点扩展

【创建新标注样式】对话框中各选项的含义如下。

- 【新样式名】文本框：用于输入新建样式的名称。
- 【基础样式】下拉列表：从中选择新标注样式是基于哪一种标注样式创建的。
- 【用于】下拉列表：从中选择标注的应用范围。
- 【继续】按钮：单击该按钮，系统将弹出【新建标注样式】对话框，如下图所示。

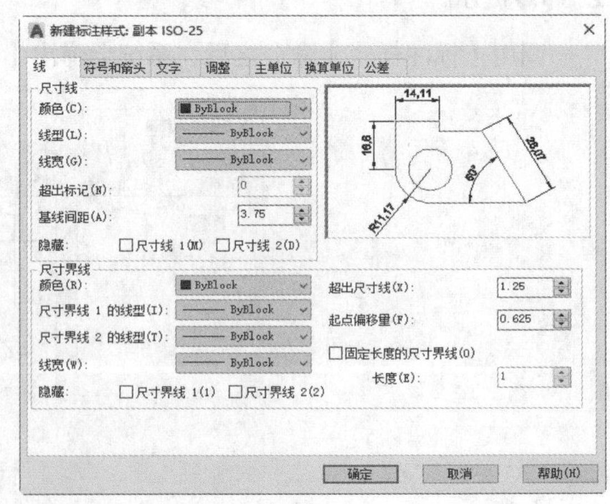

8.2.2 设置线

1. 命令调用方法

在【新建标注样式】对话框中选择【线】选项卡，即可对其内容进行设置。

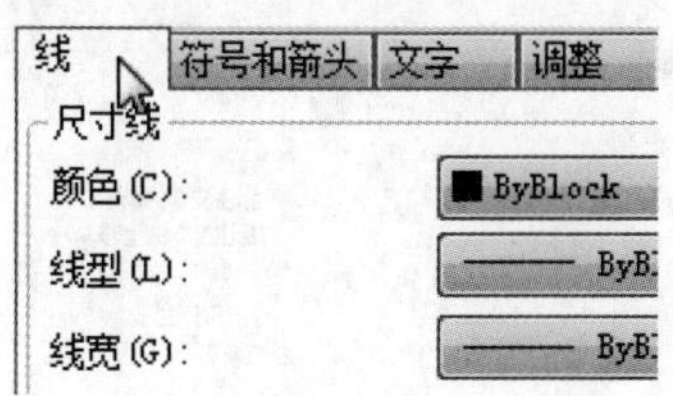

2. 命令提示

选择【线】选项卡之后该选项卡中的内容将显示出来，如下图所示。

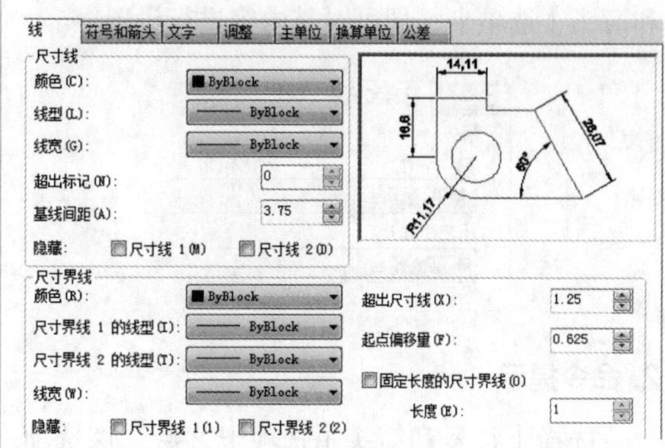

3. 知识点扩展

【尺寸线】区域各选项的含义如下。

- 【颜色】下拉列表框：用于设置尺寸线的颜色。
- 【线型】下拉列表框：用于设置尺寸线的线型。下拉列表中列出了各种线型的名称。
- 【线宽】下拉列表框：用于设置尺寸线的宽度。下拉列表中列出了各种线宽的名称和宽度。
- 【超出标记】微调框：只有当尺寸箭头设置为“建筑标记”“倾斜”“积分”和“无”时，该选项才可以用于设置尺寸线超出尺寸界线的距离。
- 【基线间距】微调框：设置以基线方式标注尺寸时相邻两尺寸线之间的距离。
- 【隐藏】选项区域：通过勾选【尺寸线1】或【尺寸线2】复选框，可以隐藏第一段或第二段尺寸线及其相应的箭头，相对应的系统变量分别为Dimsd1和Dimsd2。

【尺寸界线】区域各选项的含义如下。

- 【颜色】下拉列表框：用于设置尺寸界线的颜色。
- 【尺寸界线1的线型】下拉列表框：用于设置第一条尺寸界线的线型（Dimltext1系统变量）。
- 【尺寸界线2的线型】下拉列表框：用于设置第二条尺寸界线的线型（Dimltext2系统变量）。
- 【线宽】下拉列表框：用于设置尺寸界线的宽度。
- 【超出尺寸线】微调框：用于设置尺寸界线超出尺寸线的距离。
- 【起点偏移量】微调框：用于确定尺寸界线的实际起始点相对于指定尺寸界线起始点的偏移量。
- 【固定长度的尺寸界线】复选框：用于设置尺寸界线的固定长度。
- 【隐藏】选项区域：通过勾选【尺寸界线1】或【尺寸界线2】复选框，可以隐藏第一段或第二段尺寸界线，相对应的系统变量分别为Dimse1和Dimse2。

8.2.3 设置符号和箭头

1. 命令调用方法

在【新建标注样式】对话框中选择【符号和箭头】选项卡，即可对其内容进行设置。

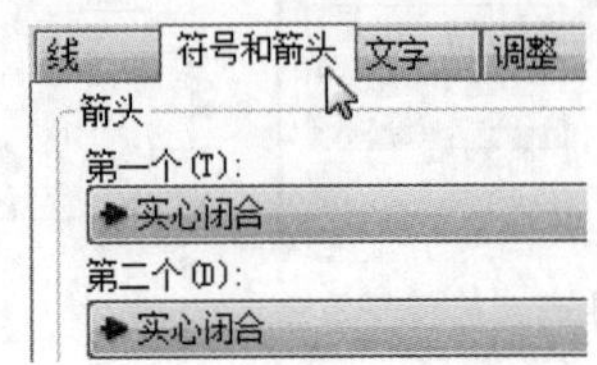

2. 命令提示

选择【符号和箭头】选项卡之后，该选项卡中的内容将显示出来，如下图所示。

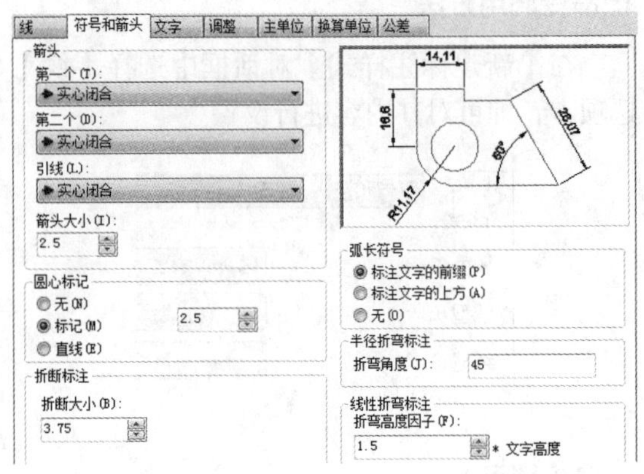

3. 知识点扩展

【箭头】区域内容的含义如下。

- 在【箭头】选项区域可以设置标注箭头的外观。通常情况下，尺寸线的两个箭头应一致。

AutoCAD提供有多种箭头样式，用户可以从对应的下拉列表框中选择箭头，并在【箭头大小】微调框中设置它们的大小（也可以使用变量Dimasz设置）。用户还可以自定义箭头。

【圆心标记】区域内容的含义如下。

- 在【圆心标记】选项区域可以设置直径标注和半径标注的圆心标记和中心线的外观。在建筑图形中，一般不创建圆心标记或中心线。

【弧长符号】区域内容的含义如下。

- 【弧长符号】可控制弧长标注中圆弧符号的显示。

【折断标注】区域内容的含义如下。

在【折断大小】微调框中可以设置折断标注的大小。

【半径折弯标注】区域内容的含义如下。

- 【半径折弯标注】控制折弯（Z字型）半径标注的显示。折弯半径标注通常在半径太大，致使中心点位于图幅外部时使用。
- 【折弯角度】用于连接半径标注的尺寸界线和尺寸线横向直线的角度，一般为45°。

【线性折弯标注】区域内容的含义如下。

【线性折弯标注】选项区域：在【折弯高度因子】的【文字高度】微调框中可以设置折弯因子文字的高度。

小提示

通常，机械图的尺寸线末端符号用箭头，建筑图尺寸线末端用45°短线。另外，机械图尺寸线一般没有超出标记，建筑图尺寸线的超出标记可以自行设置。

8.2.4 设置文字

1. 命令调用方法

在【新建标注样式】对话框中选择【文字】选项卡，即可对其内容进行设置。

2. 命令提示

选择【文字】选项卡之后，该选项卡中的内容将显示出来，如下图所示。

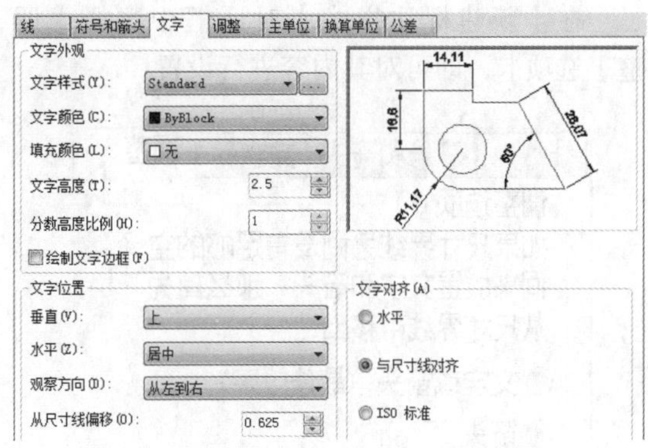

3. 知识点扩展

【文字外观】区域各选项的含义如下。

- 【文字样式】：用于选择标注的文字样式。
- 【文字颜色】和【填充颜色】：分别设置标注文字的颜色和标注文字背景的颜色。
- 【文字高度】：用于设置标注文字的高度。但如果选择的文字样式已经在【文字样式】对话框中设定具体高度而不是0，则该选项不能用。
- 【分数高度比例】：用于设置标注文字中的分数相对于其他标注文字的比例，AutoCAD将该比例值与标注文字高度的乘积作为分数的高度。仅当在【主单位】选项卡中选择“分数”作为“单位格式”时，此选项才可用。
- 【绘制文字边框】：用于设置是否给标注文字加边框。

【文字位置】区域各选项的含义如下。

- 【垂直】下拉列表框：包含“居中” “上” “外部” “JIS”和“下”5个选项，用于控制标注文字相对尺寸线的垂直位置。选择某项时，在【文字】选项卡的预览框中可以观察到文本的变化。
- 【水平】下拉列表框：包含“居中”“第一条尺寸界线” “第二条尺寸界线” “第一条尺寸界线上方”和“第二条尺寸界线上方”5个选项，用于设置标注文字相对于尺寸线和尺寸界线在水平方向的位置。
- 【观察方向】下拉列表框：包含“从左到右”和“从右到左”两个选项，用于设置标注文字的观察方向。
- 【从尺寸线偏移】微调框：设置尺寸线断开时标注文字周围的距离。如果不断开，即为尺寸线与文字之间的距离。

【文字对齐】区域各选项的含义如下。

- 【水平】：标注文字水平放置。
- 【与尺寸线对齐】：标注文字方向与尺寸线方向一致。
- 【ISO标准】：标注文字按ISO标准放置。当标注文字在尺寸界线之内时，它的方向与尺寸线方向一致，而在尺寸界线外时将水平放置。

8.2.5 设置调整

1. 命令调用方法

在【新建标注样式】对话框中选择【调整】选项卡，即可对其内容进行设置。

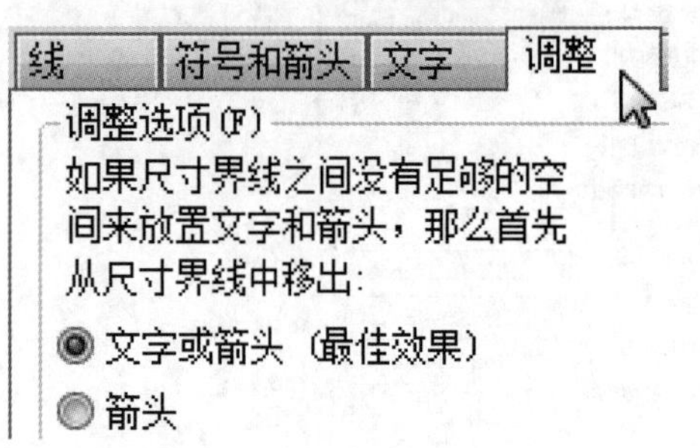

2. 命令提示

选择【调整】选项卡之后，该选项卡中的内容将显示出来，如下图所示。

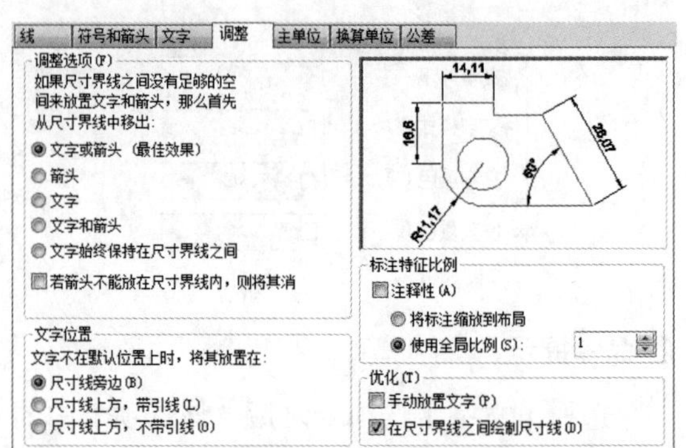

3. 知识点扩展

【调整选项】区域各选项的含义如下。

- 【文字或箭头（最佳效果）】：按最佳布局将文字或箭头移动到尺寸界线外部。当尺寸界线间的距离仅能够容纳文字时，将文字放在尺寸界线内，箭头放在尺寸界线外；当尺寸界线间的距离仅能够容纳箭头时，将箭头放在尺寸界线内，文字放在尺寸界线外；当尺寸界线间的距离既不够放文字又不够放箭头时，文字和箭头都放在尺寸界线外。
- 【箭头】：AutoCAD尽量将箭头放在尺寸界线内；否则，将文字和箭头都放在尺寸界线外。
- 【文字】：AutoCAD尽量将文字放在尺寸界线内，箭头放在尺寸界线外。
- 【文字和箭头】：当尺寸界线间距不足以放下文字和箭头时，文字和箭头都放在尺寸界线外。
- 【文字始终保持在尺寸界线之间】：始终将文字放在尺寸界线之间。
- 【若箭头不能放在尺寸界线内，则将其消除】：如果尺寸界线内没有足够的空间，则隐藏箭头。

【文字位置】区域各选项的含义如下。

- 【尺寸线旁边】：将标注文字放在尺寸线旁边。
- 【尺寸线上方，带引线】：将标注文字放在尺寸线的上方，并加上引线。
- 【尺寸线上方，不带引线】：将标注文本放在尺寸线的上方，但不加引线。

【标注特征比例】区域各选项的含义如下。

- 【使用全局比例】：可以为所有标注样式设置一个比例，指定大小、距离或间距，包括文字和箭头大小。该值改变的仅仅是这些特征符号的大小，并不改变标注的测量值。
- 【将标注缩放到布局】：可以根据当前模型空间视口与图纸空间之间的缩放关系设置比例。

【优化】区域各选项的含义如下。

- 【手动放置文字】：选择该复选框，将忽略标注文字的水平设置，在标注时将标注文字放置在用户指定的位置。
- 【在尺寸界线之间绘制尺寸线】：选择该复选框，将始终在测量点之间绘制尺寸线。AutoCAD将箭头放在测量点之处。

8.2.6 设置主单位

1. 命令调用方法

在【新建标注样式】对话框中选择【主单位】选项卡，即可对其内容进行设置。

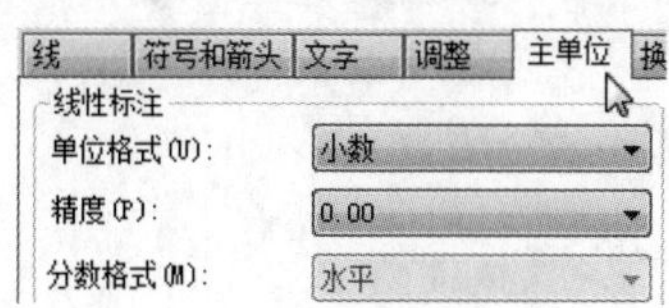

2. 命令提示

选择【主单位】选项卡之后，该选项卡中的内容将显示出来，如下图所示。

3. 知识点扩展

【线性标注】区域各选项的含义如下。

- 【单位格式】：用来设置除角度标注之外的各标注类型的尺寸单位，包括“科学”“小数”“工程”“建筑”“分数”及“Windows桌面”等选项。
- 【精度】：用来设置标注文字中的小数位数。
- 【分数格式】：用于设置分数的格式，包括“水平”“对角”和“非堆叠”三种方式。当“单位格式”选择“建筑”或“分数”时，此选项才可用。
- 【小数分隔符】：用于设置小数的分隔符，包括“逗点”“句点”和“空格”三种方式。

【舍入】用于设置除角度标注以外的尺寸测量值的舍入值，类似于数学中的四舍五入。

- 【前缀】和【后缀】：用于设置标注文字的前缀和后缀，用户在相应的文本框中输入文本符即可。

【测量单位比例】区域各选项的含义如下。

- 【比例因子】：设置测量尺寸的缩放比例，AutoCAD的实际标注值为测量值与该比例的积。勾选【仅应用到布局标注】复选框，可以设置该比例关系是否仅适应于布局。该值不应用到角度标注，也不应用到舍入值或者正负公差值。

【消零】区域各选项的含义如下。

- 【前导】：勾选该复选框，标注中前导的“0”将不显示，例如“0.5”将显示为“.5”。
- 【后续】：勾选该复选框，标注中后续的“0”将不显示，例如“5.0”将显示为“5”。

【角度标注】区域各选项的含义如下。

- 【单位格式】下拉列表框：设置标注角度时的单位。
- 【精度】下拉列表框：设置标注角度的尺寸精度。
- 【消零】选项：设置是否消除角度尺寸的前导和后续0。

小提示

标注特征比例改变的是标注的箭头、起点偏移量、超出尺寸线以及标注文字的高度等参数值。

测量单位比例改变的是标注的尺寸数值。例如，将测量单位改为2，则当标注实际长度为5的尺寸时，显示的数值为10。

8.2.7 设置单位换算

1. 命令调用方法

在【新建标注样式】对话框中选择【换算单位】选项卡，即可对其内容进行设置。

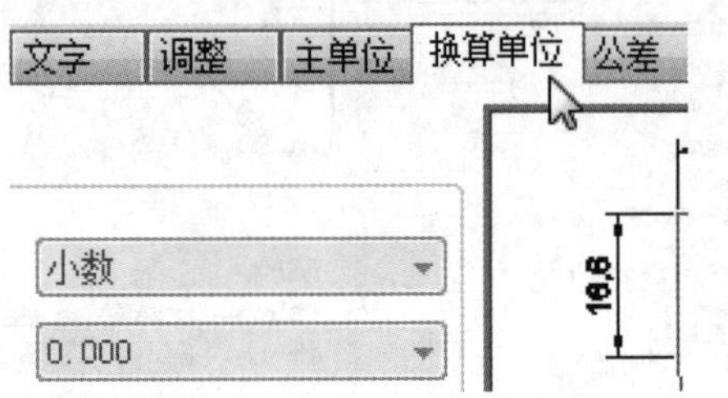

2. 命令提示

选择【换算单位】选项卡之后该选项卡中的内容将显示出来，如右图所示。

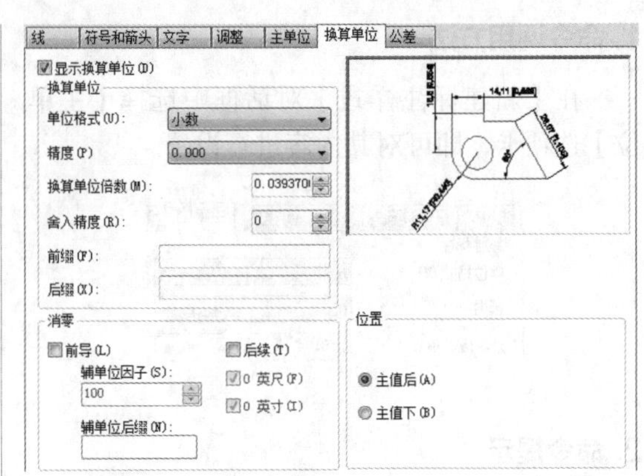

3. 知识点扩展

在中文版AutoCAD 2021中，通过换算标注单位，可以转换使用不同测量单位制的标注。通常是将英制标注换算成等效的公制标注，或将公制标注换算成等效的英制标注。在标注文字中，换算标注单位显示在主单位旁边的方括号【】中。

勾选【显示换算单位】复选框后，对话框的其他选项才可用。用户可以在【换算单位】选项区域设置换算单位中的各选项，方法与设置主单位的方法相同。

在【位置】选项区域可以设置换算单位的位置，包括【主值后】和【主值下】两种方式。

8.2.8 设置公差

1. 命令调用方法

在【新建标注样式】对话框中选择【公差】选项卡，即可对其内容进行设置。

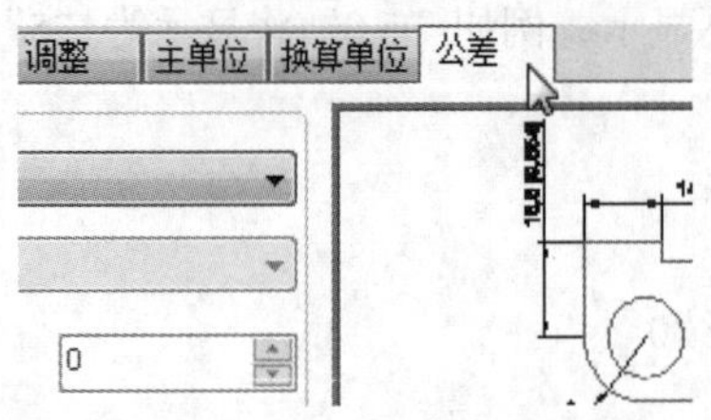

2. 命令提示

选择【公差】选项卡之后，该选项卡中的内容将显示出来，如下图所示。

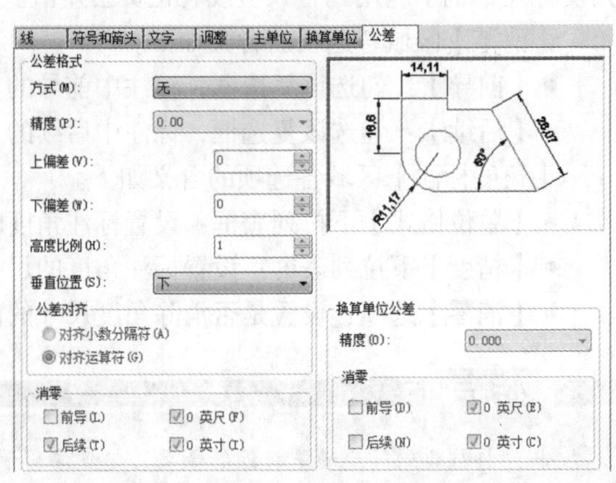

3. 知识点扩展

【公差】选项卡中各选项的含义如下。

- 【方式】下拉列表框：确定以何种方式标注公差，包括“无”“对称”“极限偏差”“极限尺寸”和“基本尺寸”选项。
- 【精度】下拉列表框：用于设置尺寸公差的精度。
- 【上偏差】和【下偏差】微调框：用于设置尺寸的上下偏差，相应的系统变量分别为Dimtp及Dimtm。
- 【高度比例】微调框：用于确定公差文字的高度比例因子。确定后，AutoCAD将该比例因子与尺寸文字高度之积作为公差文字的高度。也可以使用变量Dimtfac设置。
- 【垂直位置】下拉列表框：用于控制公差文字相对于尺寸文字的位置，有“上”“中”“下”三种方式。
- 【消零】选项区域：用于设置是否消除公差值的前导或后续0。
- 【换算单位公差】选项区域：可以设置换算单位的精度和是否消零。

小提示

公差有尺寸公差和形位公差两种。尺寸公差指的是实际制作中尺寸上允许的误差，形位公差指的是形状和位置上的误差。

【标注样式管理器】中设置的【公差】是尺寸公差。在【标注样式管理器】中一旦设置了公差，则在接下来的标注过程中，所有的标注值都将附加上这里设置的公差值。因此，实际工作中一般不采用【标注样式管理】中的公差设置，而是选择【特性】选项板中的【公差】选项来设置公差。

8.3 尺寸标注

尺寸标注的类型众多，包括线性标注、对齐标注、半径标注、直径标注、角度标注、基线标注、连续标注等。

8.3.1 线性标注

1. 命令调用方法

在AutoCAD 2021中调用【线性】标注命令的方法通常有以下4种。

- 选择【标注】➢【线性】菜单命令。
- 命令行输入“DIMLINEAR/DLI”命令并按空格键。
- 单击【默认】选项卡➢【注释】面板➢【线性】按钮 。
- 单击【注释】选项卡➢【标注】面板➢【标注】下拉列表，选择按钮 。

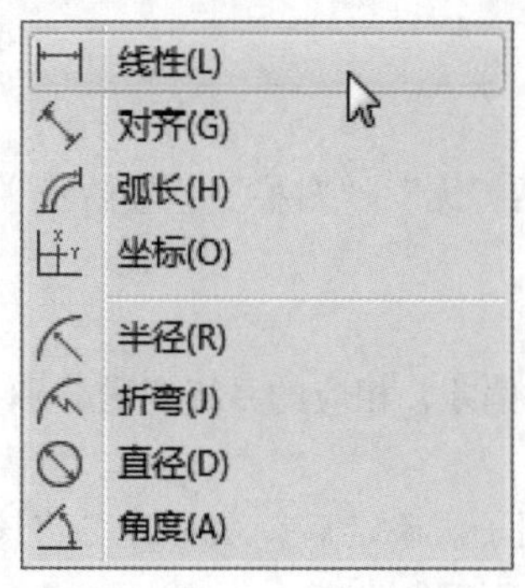

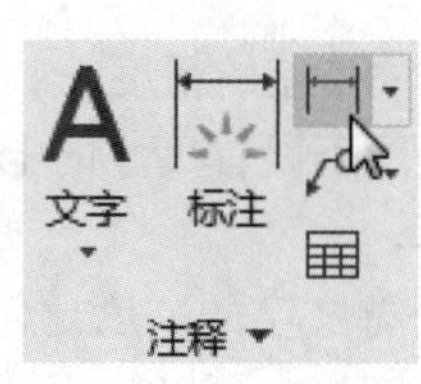

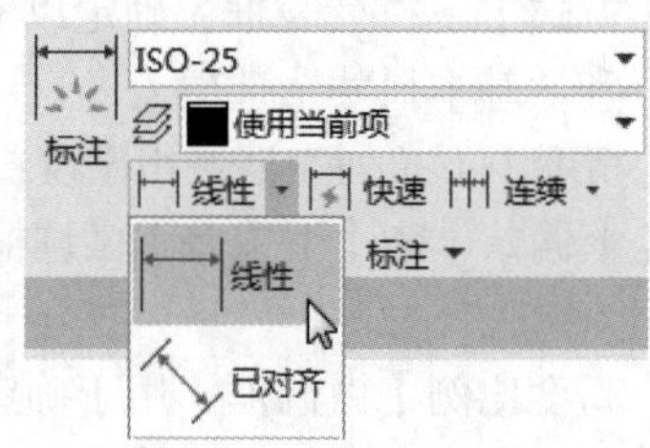

2. 命令提示

调用【线性】标注命令之后，命令行会进行如下提示。

命令：_dimlinear
指定第一个尺寸界线原点或 < 选择对象 >:

选择两个尺寸界线的原点之后，命令行会进行如下提示。

指定尺寸线位置或
[多行文字 (M)/ 文字 (T)/ 角度 (A)/ 水平 (H)/ 垂直 (V)/ 旋转 (R)]:

3. 知识点扩展

命令行中各选项的含义如下。

- 尺寸线位置：AutoCAD使用指定点定位尺寸线，并且确定绘制尺寸界线的方向。指定位置之后，将绘制标注。
- 多行文字：显示在位文字编辑器，可用它来编辑标注文字。用控制代码和Unicode字符串来输入特殊字符或符号。如果标注样式中未打开换算单位，可以输入方括号（【 】）来显示它们。当前标注样式决定生成的测量值的外观。
- 文字：在命令提示下，自定义标注文字。生成的标注测量值显示在尖括号中。如果标注样式中未打开换算单位，可以通过输入方括号（【 】）来显示换算单位。标注文字特性在【新建文字样式】【修改标注样式】【替代标注样式】对话框的【文字】选项卡上进行设定。
- 角度：修改标注文字的角度。
- 水平：创建水平线性标注。
- 垂直：创建垂直线性标注。
- 旋转：创建旋转线性标注。

8.3.2 实战演练——创建线性标注对象

下面利用【线性】标注命令为图形创建线性标注，具体操作步骤如下。

步骤 01 打开“素材\CH8\多种标注练习.dwg”文件，如右图所示。

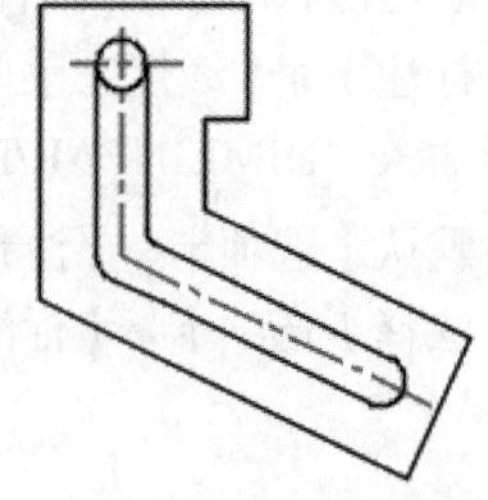

步骤02 调用【线性】标注命令，在绘图区域分别捕捉直线的两个端点作为线性标注的尺寸界线的原点，并拖曳鼠标在适当的位置单击指定尺寸线的位置，结果如下图所示。

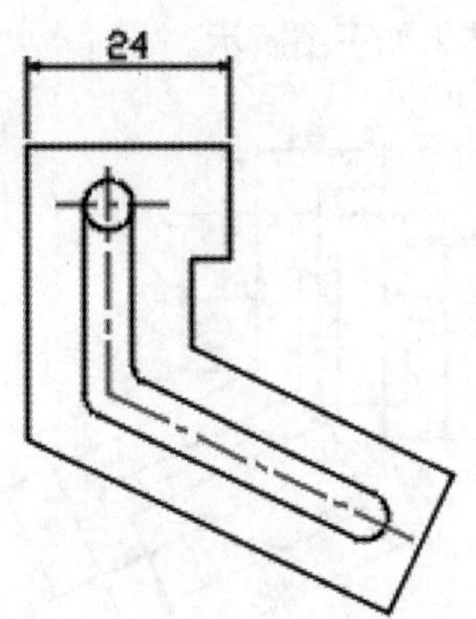

步骤03 重复上一步的操作，对图形的其他线性尺寸进行标注，结果如下图所示。

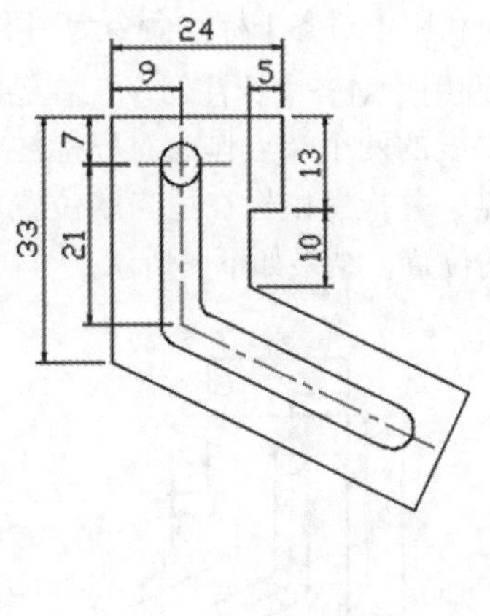

8.3.3 对齐标注

1. 命令调用方法

在AutoCAD 2021中调用【对齐】标注命令的方法通常有以下4种。

- 选择【标注】➤【对齐】菜单命令。
- 命令行输入“DIMALIGNED/DAL”命令并按空格键。
- 单击【默认】选项卡➤【注释】面板➤【对齐】按钮。
- 单击【注释】选项卡➤【标注】面板➤【标注】下拉列表，选择按钮。

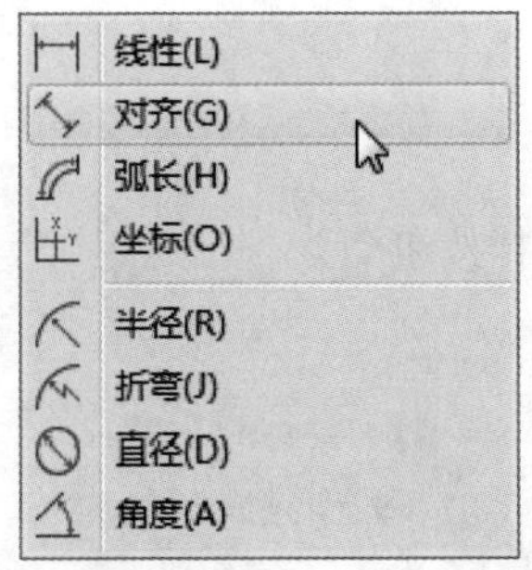

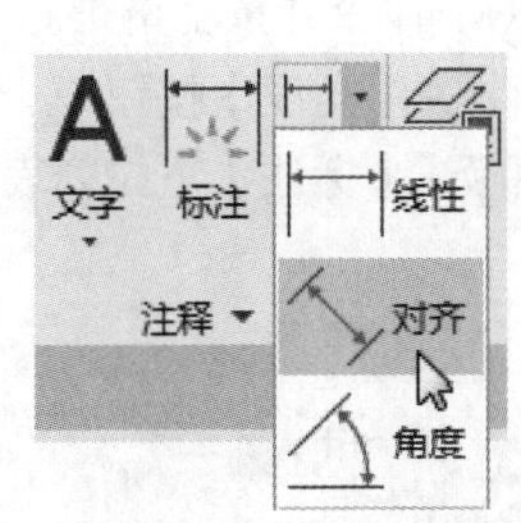

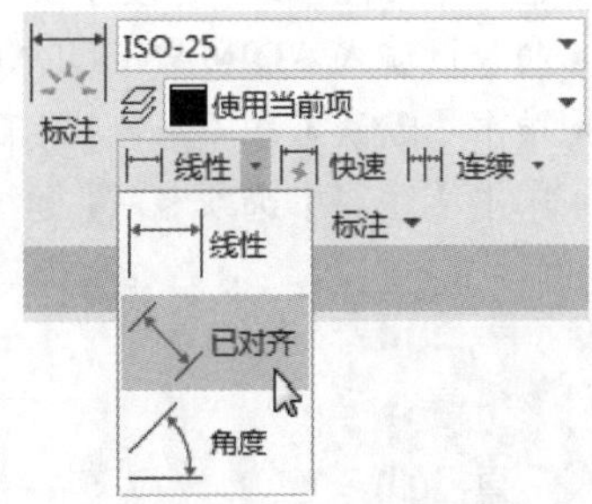

2. 命令提示

调用【对齐】标注命令之后，命令行会进行如下提示。

```
命令：_dimaligned
指定第一个尺寸界线原点或 < 选择对象 >:
```

3. 知识点扩展

【对齐】标注命令主要用于标注斜线，也可用于标注水平线和竖直线。对齐标注的方法以及命令行提示与线性标注基本相同，只是所适合的标注对象和场合不同。

8.3.4 实战演练——创建对齐标注对象

下面利用【对齐】标注命令为图形创建对齐标注，具体操作步骤如下。

步骤 01 调用【对齐】标注命令，在绘图区域分别捕捉斜线的两个端点作为对齐标注的尺寸界线的原点，并拖曳鼠标在适当的位置单击指定尺寸线的位置，结果如下图所示。

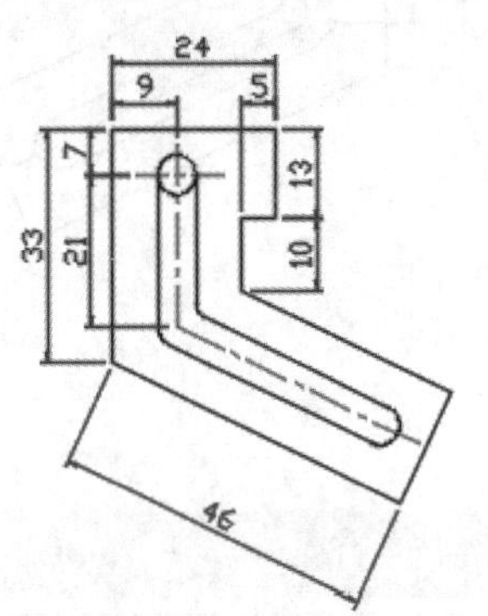

步骤 02 重复上一步的操作，对其他斜线进行对齐标注，结果如下图所示。

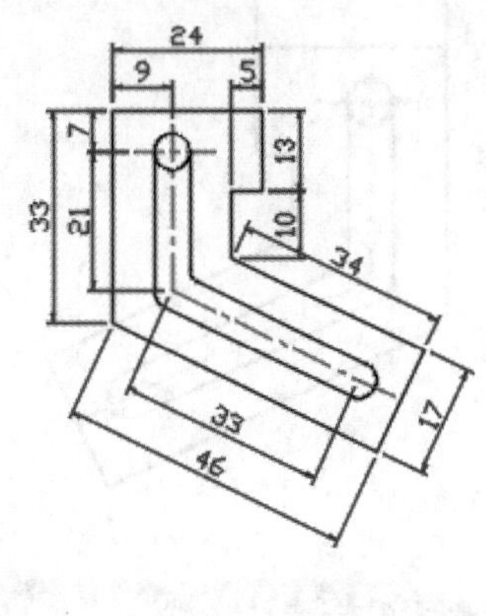

8.3.5 角度标注

角度尺寸标注用于标注两条直线之间的夹角、三点之间的角度以及圆弧的角度。

1. 命令调用方法

在AutoCAD 2021中调用【角度】标注命令的方法通常有以下4种。

- 选择【标注】➤【角度】菜单命令。
- 命令行输入“DIMANGULAR/DAN”命令并按空格键。
- 单击【默认】选项卡➤【注释】面板➤【角度】按钮。
- 单击【注释】选项卡➤【标注】面板➤【标注】下拉列表，选择按钮。

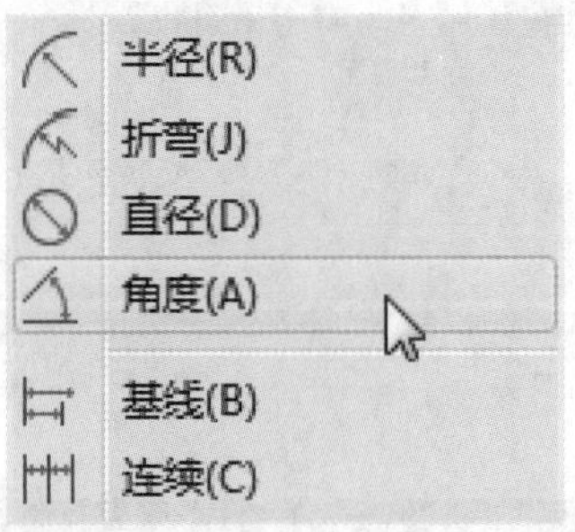

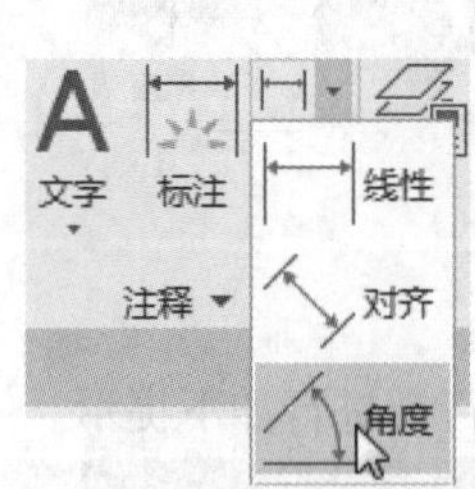

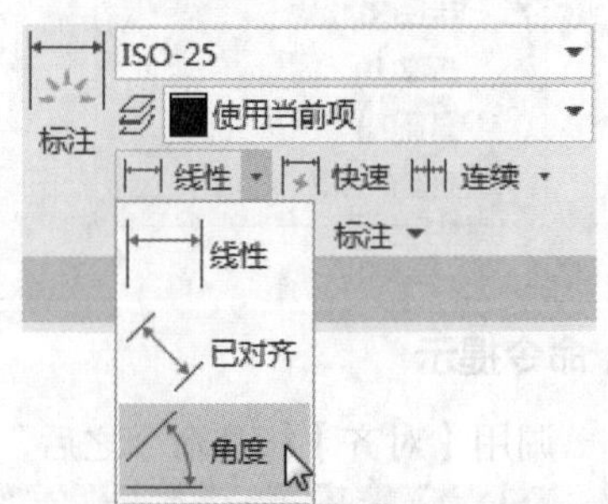

2. 命令提示

调用【角度】标注命令之后，命令行会进行如下提示。

```
命令：_dimangular
选择圆弧、圆、直线或 < 指定顶点 >:
```

3. 知识点扩展

命令行中各选项的含义如下。

● 选择圆弧：使用选定圆弧上的点作为三点角度标注的定义点。圆弧的圆心是角度的顶点，圆弧端点成为尺寸界线的原点。在尺寸界线之间绘制一条圆弧作为尺寸线，尺寸界线从角度端点绘制到尺寸线交点。

● 选择圆：选择位于圆周上的第一个定义点作为第一条尺寸界线的原点；第二个定义点作为第二条尺寸界线的原点，且该点无须位于圆上；圆的圆心是角度的顶点。

● 选择直线：用两条直线定义角度。程序通过将每条直线作为角度的矢量，将直线的交点作为角度顶点来确定角度。尺寸线跨越这两条直线之间的角度。如果尺寸线与被标注的直线不相交，将根据需要添加尺寸界线，以延长一条或两条直线，圆弧总是小于180°。

● 指定顶点：创建基于指定三点的标注。角度顶点可以同时为一个角度端点。如果需要尺寸界线，则角度端点可用作尺寸界线的原点。在尺寸界线之间绘制一条圆弧作为尺寸线，尺寸界线从角度端点绘制到尺寸线交点。

8.3.6 实战演练——创建角度标注对象

下面利用【角度】标注命令创建角度标注，具体操作步骤如下。

调用【角度】标注命令，在绘图区域分别捕捉需要角度标注的两条中心线，并拖曳鼠标在适当的位置单击指定尺寸线的位置，结果如右图所示。

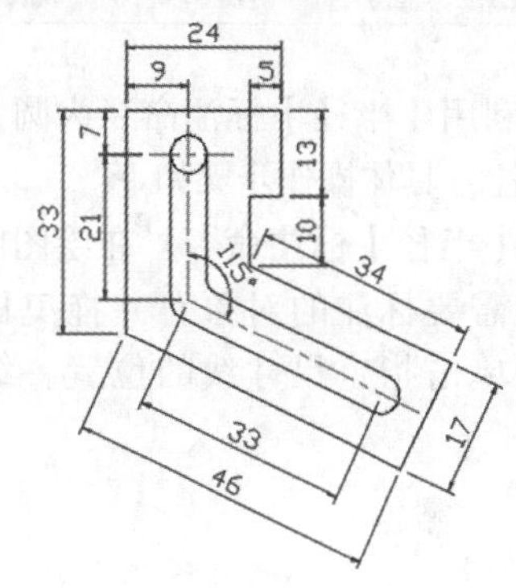

8.3.7 半径标注

半径标注常用于标注圆弧和圆角。在标注时，AutoCAD将自动在标注文字前添加半径符号“R”。

1. 命令调用方法

在AutoCAD 2021中调用【半径】标注命令的方法通常有以下4种。

● 选择【标注】➢【半径】菜单命令。

● 命令行输入“DIMRADIUS/DRA”命令并按空格键。

● 单击【默认】选项卡➢【注释】面板➢【半径】按钮。

● 单击【注释】选项卡➢【标注】面板➢【标注】下拉列表，选择按钮。

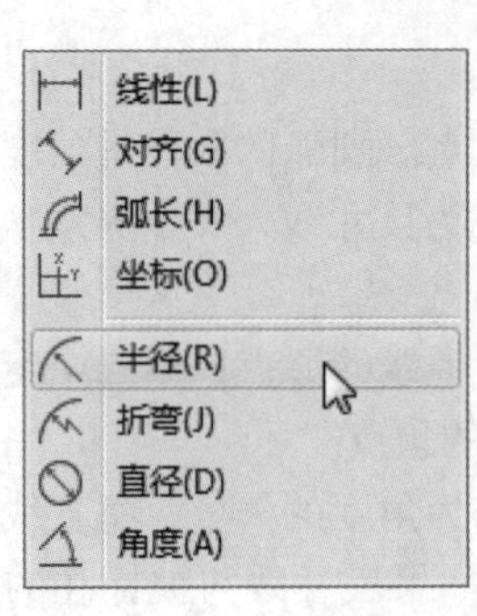

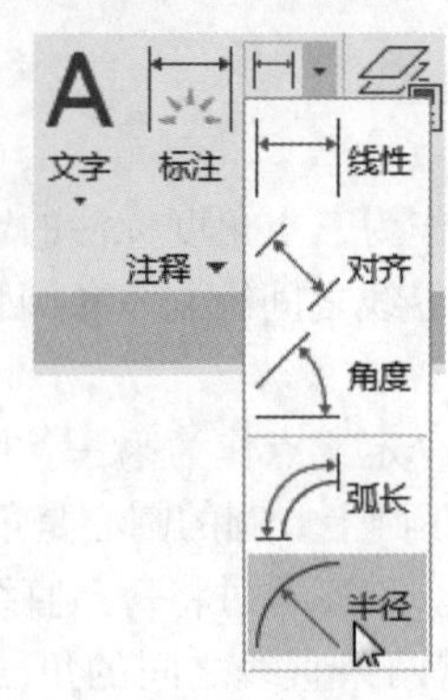

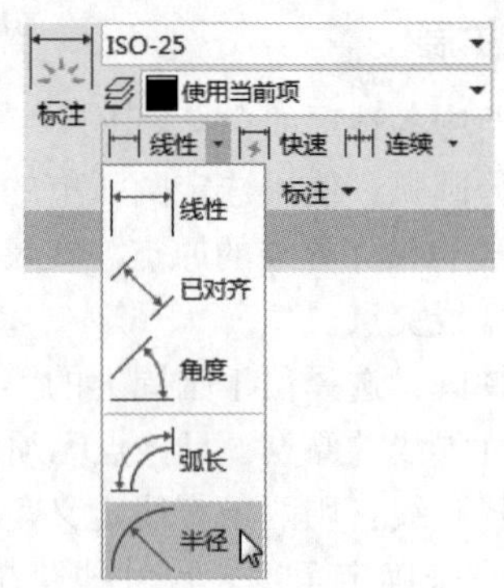

2. 命令提示

调用【半径】标注命令之后，命令行会进行如下提示。

```
命令：_dimradius
选择圆弧或圆：
```

8.3.8 实战演练——创建半径标注对象

下面利用【半径】标注命令为圆弧对象创建半径标注，具体操作步骤如下。

调用【半径】标注命令，在绘图区域选择圆弧作为需要标注的对象，并拖曳鼠标在适当的位置单击指定尺寸线的位置，结果如右图所示。

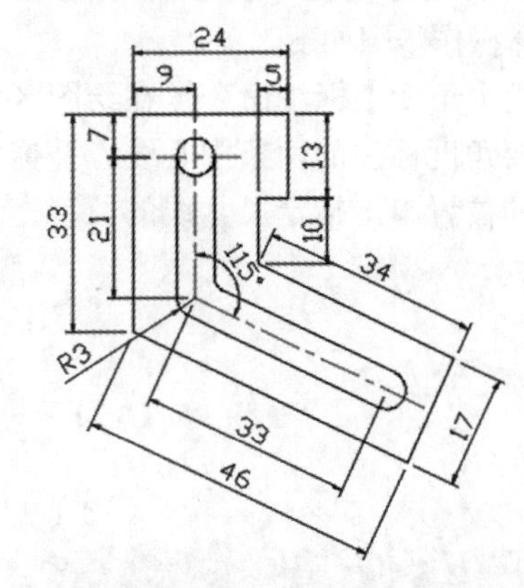

8.3.9 直径标注

当圆弧的角度大于180° 时，一般采用直径标注。在标注时，AutoCAD将自动在标注文字前添加直径符号“Φ”。

1. 命令调用方法

在AutoCAD 2021中调用【直径】标注命令的方法通常有以下4种。

- 选择【标注】➤【直径】菜单命令。
- 命令行输入“DIMDIAMETER/DDI”命令并按空格键。
- 单击【默认】选项卡➤【注释】面板➤【直径】按钮⃠。
- 单击【注释】选项卡➤【标注】面板➤【标注】下拉列表，选择按钮⃠。

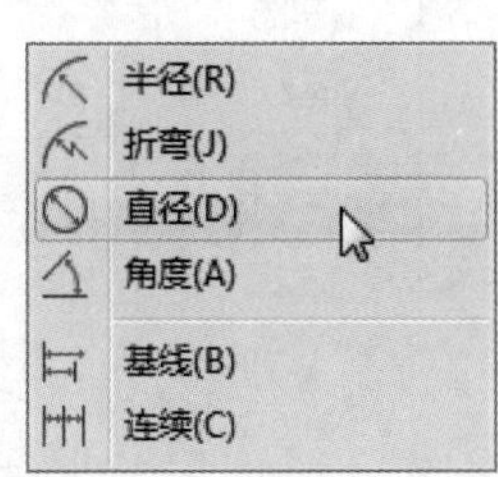

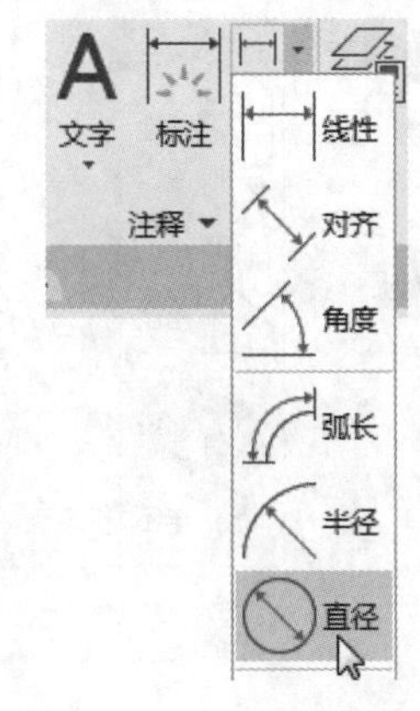

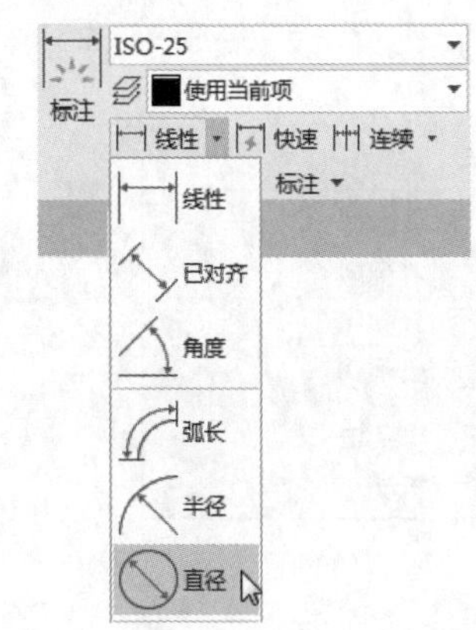

2. 命令提示

调用【直径】标注命令之后，命令行会进行如下提示。

```
命令：_dimdiameter
选择圆弧或圆：
```

8.3.10 实战演练——创建直径标注对象

下面利用【直径】标注命令为圆添加标注，具体操作步骤如下。

调用【直径】标注命令，在绘图区域选择圆作为需要标注的对象，并拖曳鼠标在适当的位置单击指定尺寸线的位置，结果如右图所示。

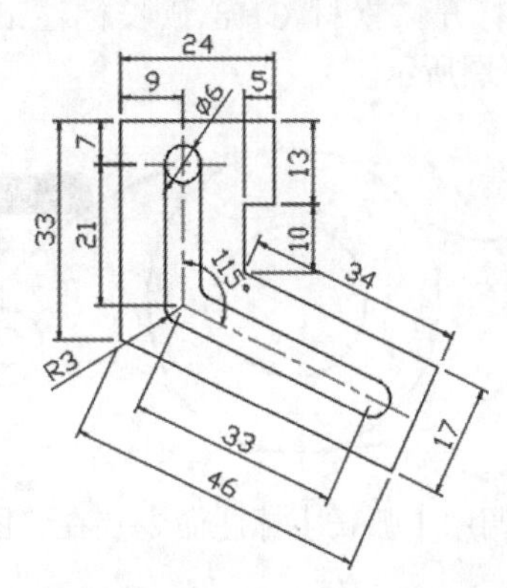

8.3.11 弧长标注

弧长标注用于测量圆弧或多段线圆弧上的距离。弧长标注的尺寸界线可以正交或径向，在标注文字的上方或前面将显示圆弧符号。

1. 命令调用方法

在AutoCAD 2021中调用【弧长】标注命令的方法通常有以下4种。

- 选择【标注】➤【弧长】菜单命令。
- 命令行输入“DIMARC/DAR”命令并按空格键。
- 单击【默认】选项卡➤【注释】面板➤【弧长】按钮。
- 单击【注释】选项卡➤【标注】面板➤【标注】下拉列表，选择按钮。

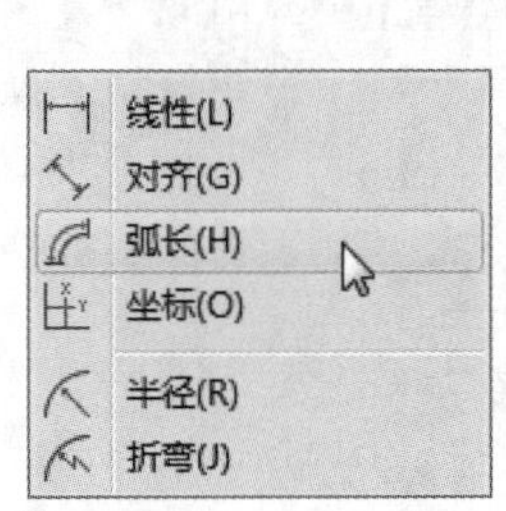

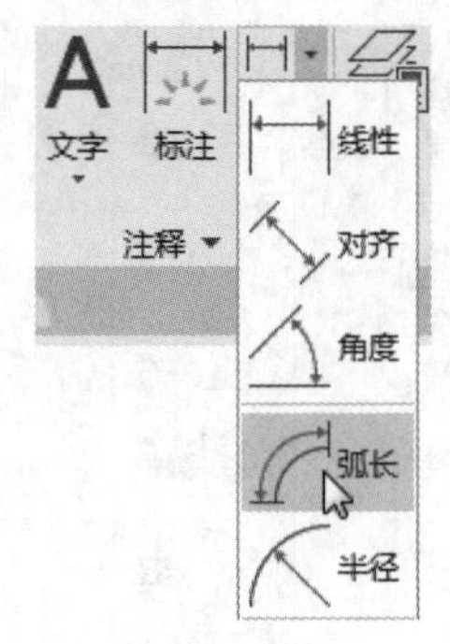

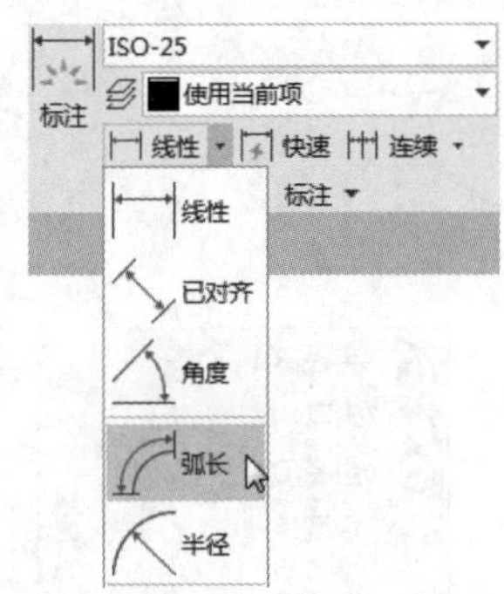

2. 命令提示

调用【弧长】标注命令之后，命令行会进行如下提示。

```
命令：_dimarc
选择弧线段或多段线圆弧段：
```

8.3.12 实战演练——创建弧长标注对象

下面利用【弧长】标注命令为圆弧图形创建弧长标注，具体操作步骤如下。

步骤01 打开“素材\CH8\弧长标注.dwg”文件，如下图所示。

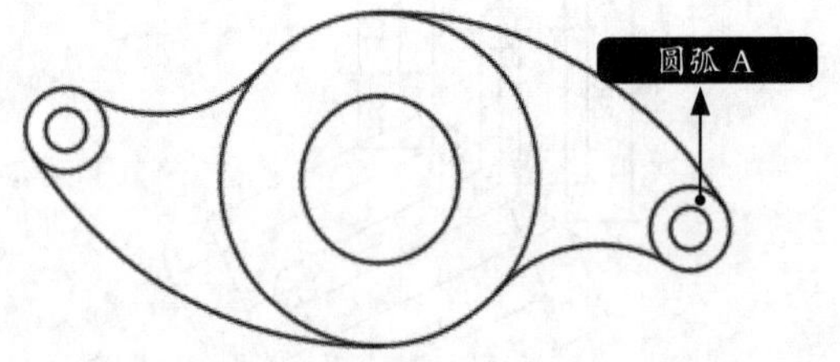

步骤02 调用【弧长】标注命令，在绘图区域单击选择圆弧A作为标注对象，并拖曳鼠标在适当的位置单击指定尺寸线的位置，结果如下图所示。

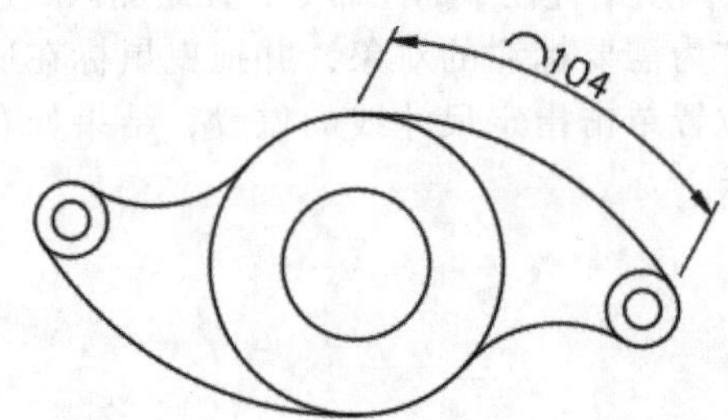

8.3.13 连续标注

连续标注会自动从创建的上一个线性约束、角度约束或坐标标注继续创建其他标注，或者从选定的尺寸界线继续创建其他标注，系统将自动排列尺寸线。

1. 命令调用方法

在AutoCAD 2021中调用【连续】标注命令的方法通常有以下三种。

- 选择【标注】➢【连续】菜单命令。
- 命令行输入“DIMCONTINUE/DCO”命令并按空格键。
- 单击【注释】选项卡➢【标注】面板➢【连续】标注按钮。

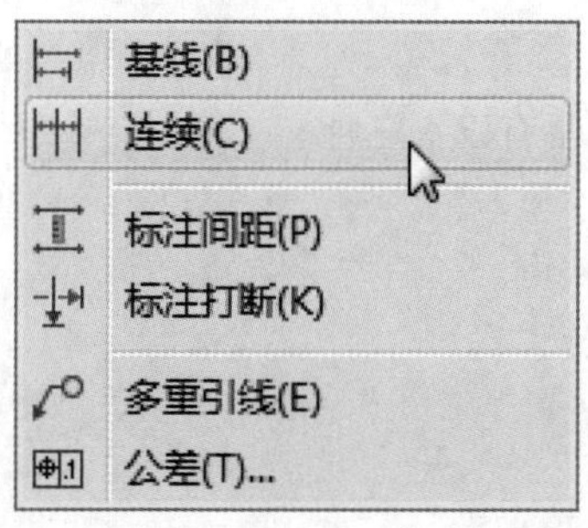

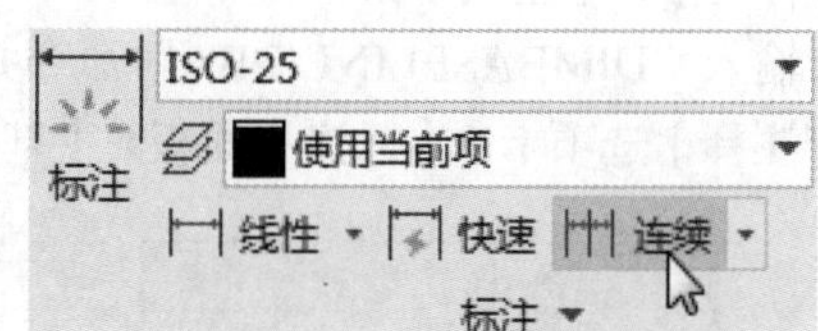

2. 命令提示

调用【连续】标注命令之后，命令行会进行如下提示。

```
命令：_dimcontinue
选择连续标注：
```

8.3.14 实战演练——创建连续标注对象

下面利用【角度】标注命令和【连续】标注命令为图形添加标注，具体操作步骤如下。

步骤 01 打开“素材\CH8\连续标注.dwg”文件，如下图所示。

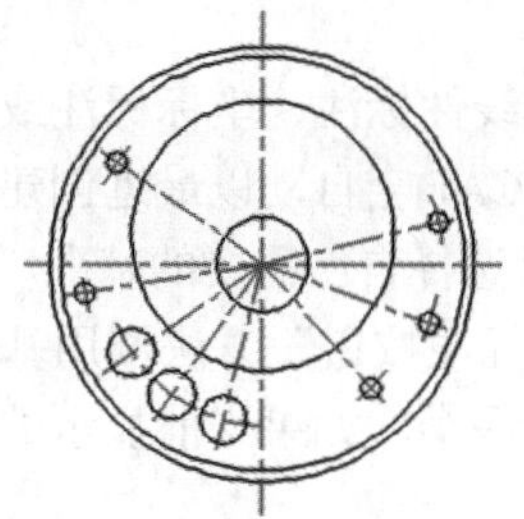

步骤 02 调用【角度】标注命令，在绘图区域创建一个角度标注对象，结果如下图所示。

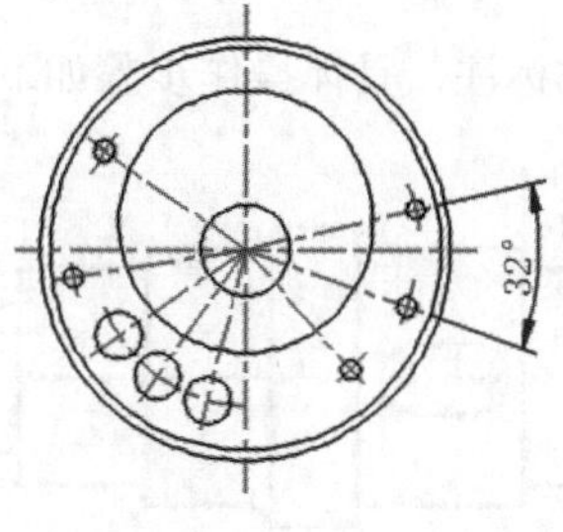

步骤 03 调用【连续】标注命令，在绘图区域拖曳鼠标捕捉相应端点分别作为第二条尺寸界线的原点，最后按两次【Enter】键结束该标注命令，结果如下图所示。

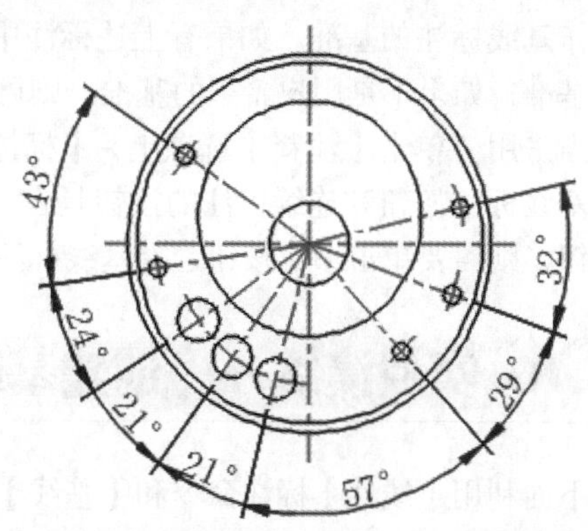

8.3.15 基线标注

基线标注是从上一个标注或选定标注的基线处创建线性标注、角度标注或坐标标注。可以通过【标注样式管理器】和【基线间距】（DIMDLI系统变量）设定基线标注之间的默认距离。

1. 命令调用方法

在AutoCAD 2021中调用【基线】标注命令的方法通常有以下三种。

- 选择【标注】➤【基线】菜单命令。
- 命令行输入“DIMBASELINE/DBA”命令并按空格键。
- 单击【注释】选项卡➤【标注】面板➤【基线】按钮。

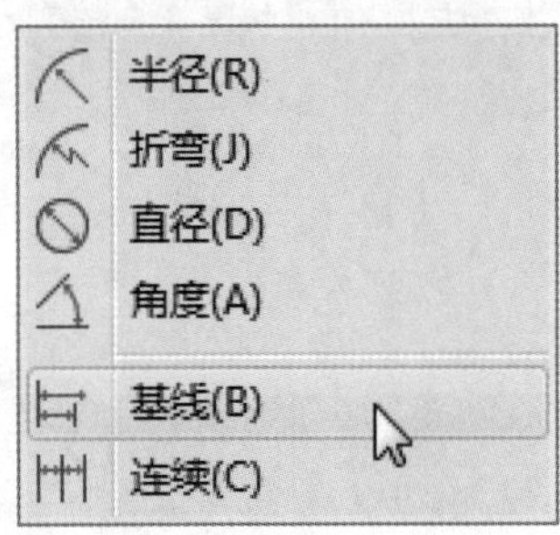

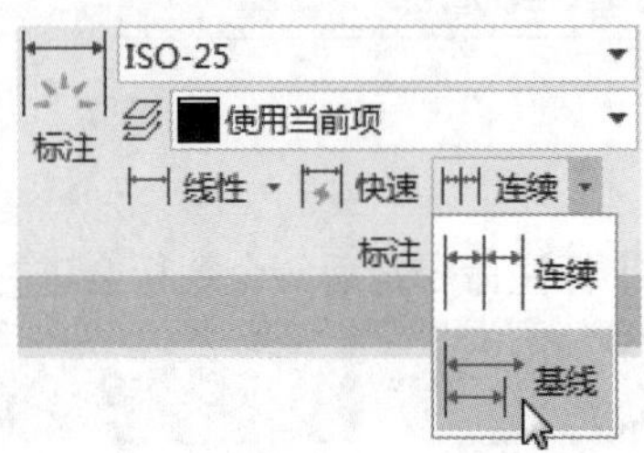

2. 命令提示

调用【基线】标注命令之后，命令行会进行如下提示。

```
命令：_dimbaseline
选择基准标注：
```

3. 知识点扩展

如果当前任务中未创建任何标注，命令行将提示用户选择线性标注、坐标标注或角度标注，以用作基线标注的基准。如果有上述标注中的任意一种，AutoCAD会自动以最近创建的那个标注作为基准；如果不是用户希望的基准，则可以输入“S”，然后选择自己需要的基准。

当采用“单击【注释】选项卡➤【标注】面板➤【基线】标注按钮”方法调用基线标注时，注意基线标注按钮和连续标注的按钮是在一起的，而且只显示一个。如果当前显示的是连续标注的按钮，则需要单击下拉按钮选择基线标注按钮。

8.3.16 实战演练——创建基线标注图形

下面利用【线性】标注命令和【基线】标注命令为轴添加标注，具体操作步骤如下。

步骤 01 打开“素材\CH8\基线标注.dwg”文件，如下图所示。

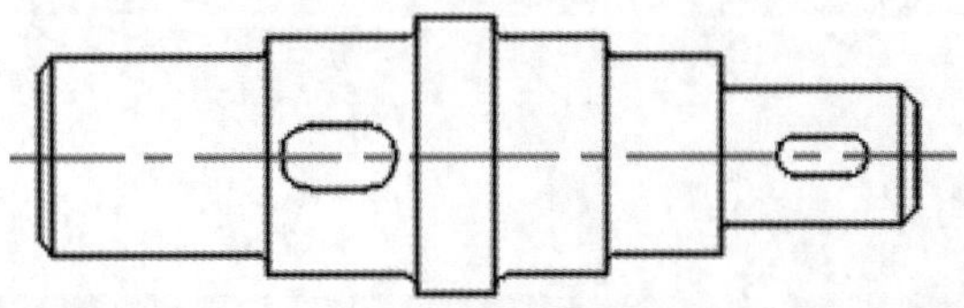

步骤 02 调用【线性】标注命令，在绘图区域创建一个线性标注对象，如右图所示。

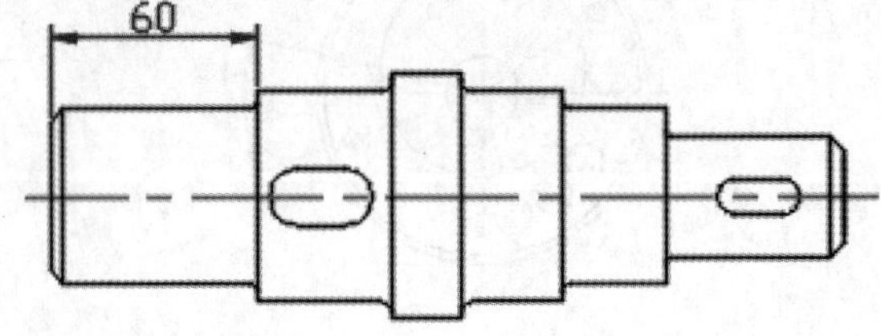

步骤 03 在命令行输入“DIMDLI”并按【Enter】键确认，将其新值指定为“7.5”并按【Enter】键确认，然后调用【基线】标注命令，系统自动将前面创建的距离值为“60”的线性标注作为基线标注的基准，捕捉相应端

点分别作为第二条尺寸界线的原点，按两次【Enter】键结束【基线】标注命令，结果如右图所示。

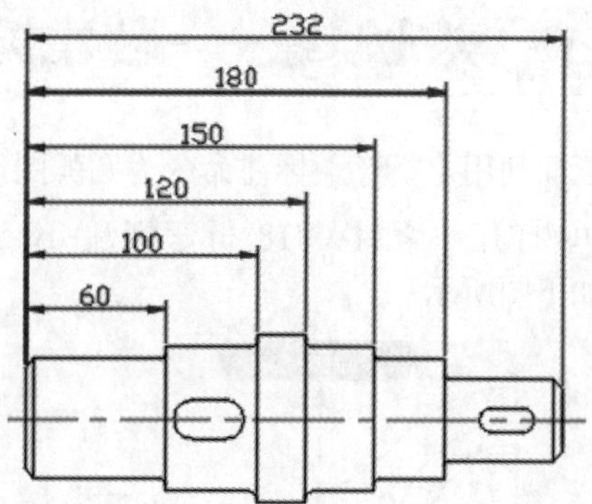

小提示

【DIMDLI】是控制基线标注中尺寸线间距的系统变量。

8.3.17 折弯标注

折弯标注用于测量选定对象的半径，并显示前面带有一个半径符号的标注文字，可以在任意合适的位置指定尺寸线的原点。当圆弧或圆的中心位于布局之外且无法在其实际位置显示时，可以创建折弯半径标注，以在更方便的位置指定标注的原点。

1. 命令调用方法

在AutoCAD 2021中调用【折弯】标注命令的方法通常有以下4种。

- 选择【标注】➢【折弯】菜单命令。
- 命令行输入“DIMJOGGED/DJO”命令并按空格键。
- 单击【默认】选项卡➢【注释】面板➢【折弯】按钮。
- 单击【注释】选项卡➢【标注】面板➢【标注】下拉列表，选择按钮。

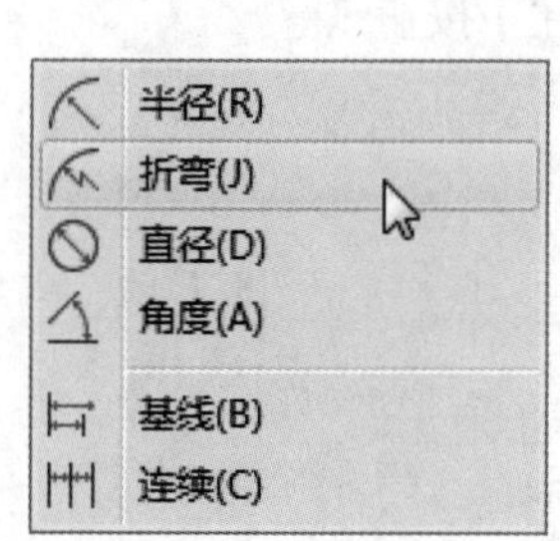

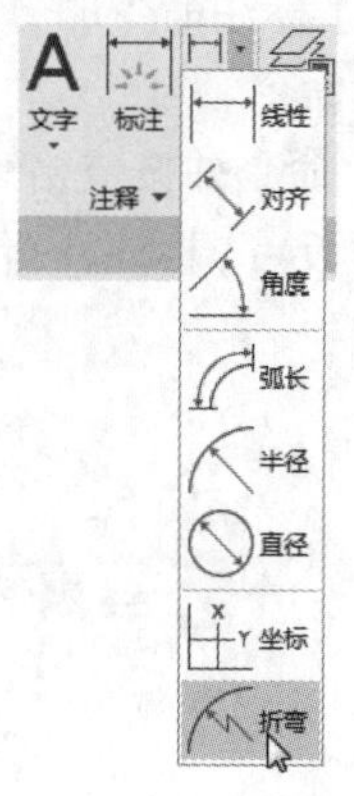

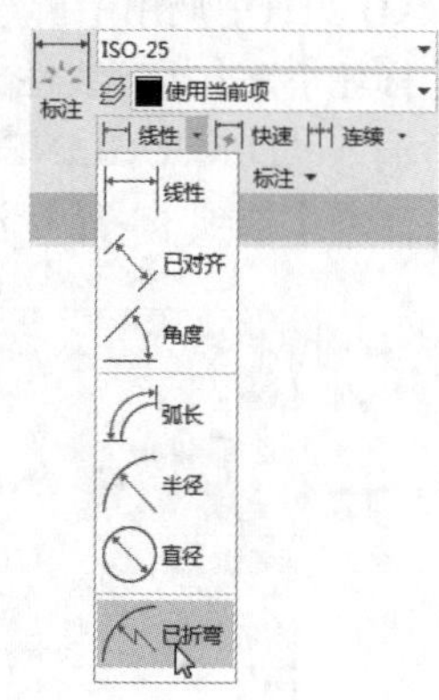

2. 命令提示

调用【折弯】标注命令之后，命令行会进行如下提示。

```
命令：_dimjogged
选择圆弧或圆：
```

8.3.18 实战演练——创建折弯标注对象

下面利用【折弯】标注命令为圆弧图形创建折弯标注，具体操作步骤如下。

步骤01 打开“素材\CH8\折弯标注.dwg”文件，如下图所示。

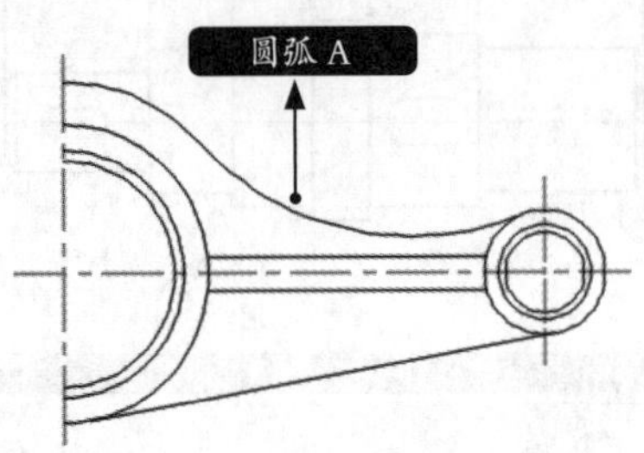

步骤02 调用【折弯】标注命令，在绘图区域选择圆弧A作为标注对象，并拖曳鼠标单击指定图示中心位置，如右上图所示。

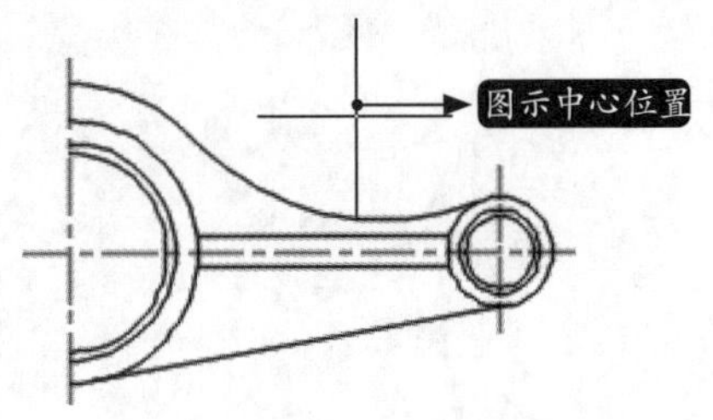

步骤03 在绘图区域拖曳鼠标分别在适当的位置单击指定尺寸线的位置及折弯位置，结果如下图所示。

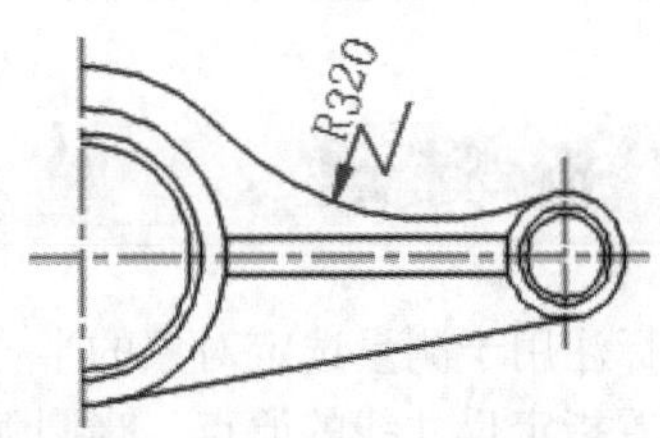

8.3.19 折弯线性标注

在线性标注或对齐标注中，可以添加或删除折弯线。标注中的折弯线表示所标注对象中的折断，标注值表示实际距离，而不是图形中测量的距离。

1. 命令调用方法

在AutoCAD 2021中调用【折弯线性】标注命令的方法通常有以下三种。

- 选择【标注】➢【折弯线性】菜单命令。
- 命令行输入“DIMJOGLINE/DJL”命令并按空格键。
- 单击【注释】选项卡➢【标注】面板➢【标注，折弯标注】按钮。

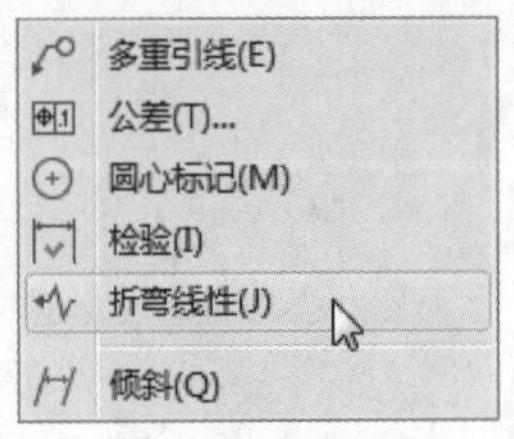

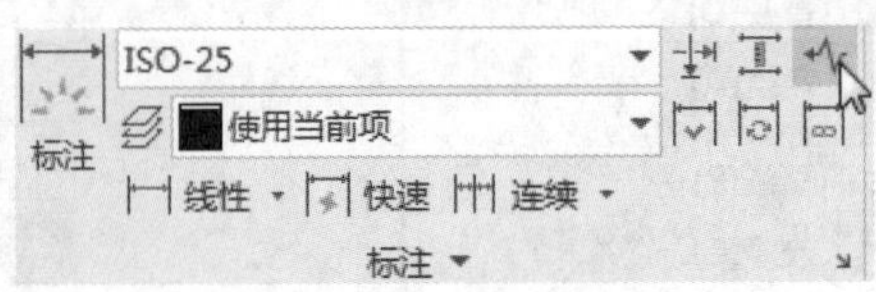

2. 命令提示

调用【折弯线性】标注命令之后，命令行会进行如下提示。

```
命令：_DIMJOGLINE
选择要添加折弯的标注或 [ 删除 (R)]:
```

8.3.20 实战演练——创建折弯线性标注对象

下面利用【折弯线性】标注命令为图形对象创建尺寸标注，具体操作步骤如下。

步骤 01 打开“素材\CH8\折弯线性标注.dwg”文件，如下图所示。

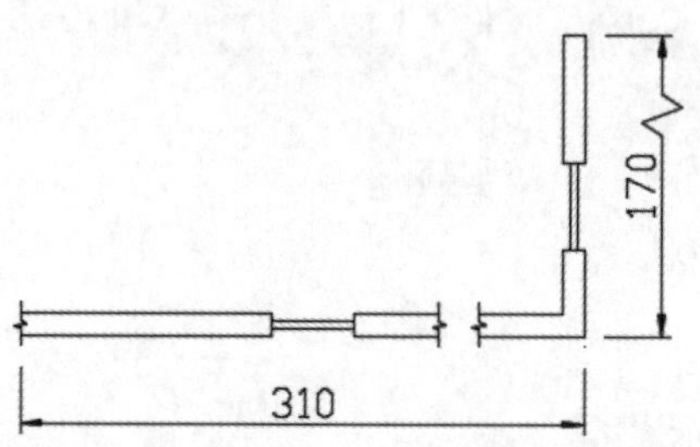

步骤 02 调用【折弯线性】标注命令，在绘图区域单击选择长度为“310”的标注对象为需要添加折弯的对象，并单击指定折弯位置，如下图所示。

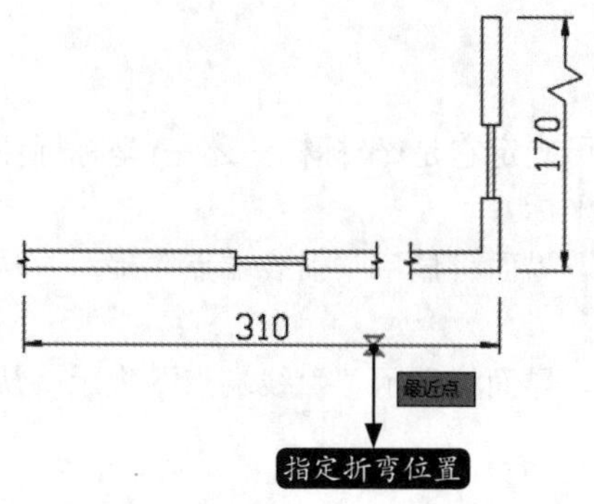

结果如右上图所示。

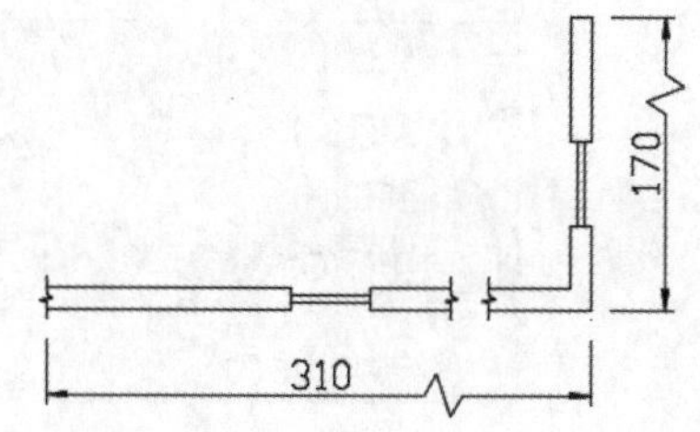

步骤 03 重复调用【折弯线性】标注命令，在命令提示下输入“r”后按【Enter】键确认，在绘图区域单击选择需要删除折弯的线性标注对象，如下图所示。

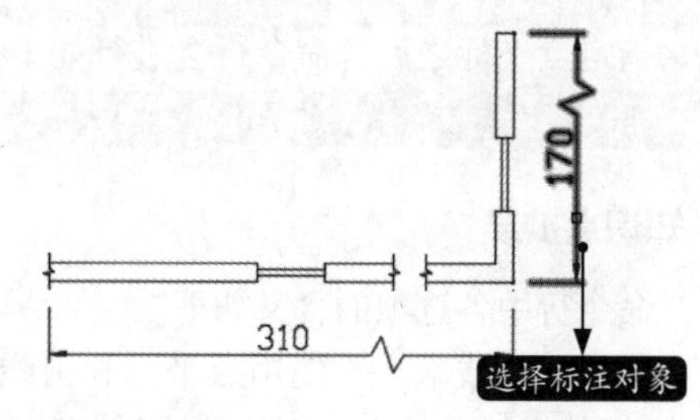

结果如下图所示。

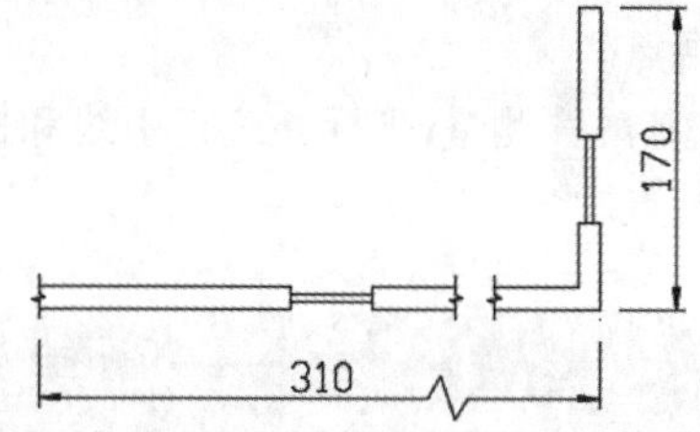

8.3.21 坐标标注

1. 命令调用方法

在AutoCAD 2021中调用【坐标】标注命令的方法通常有以下4种。

- 选择【标注】➢【坐标】菜单命令。
- 命令行输入“DIMORDINATE/DOR”命令并按空格键。
- 单击【默认】选项卡➢【注释】面板➢【坐标】按钮。
- 单击【注释】选项卡➢【标注】面板➢【坐标】标注按钮。

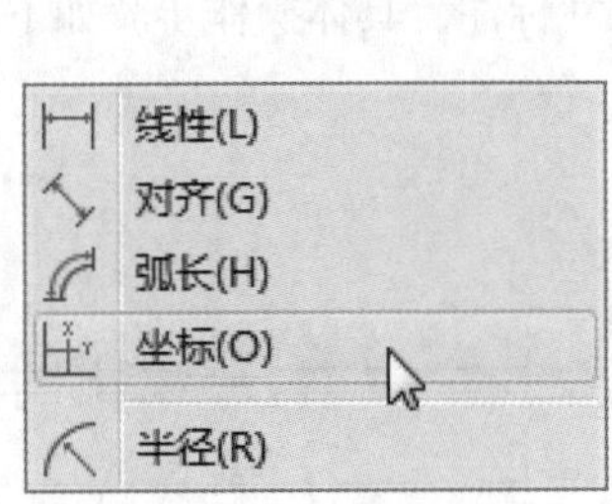

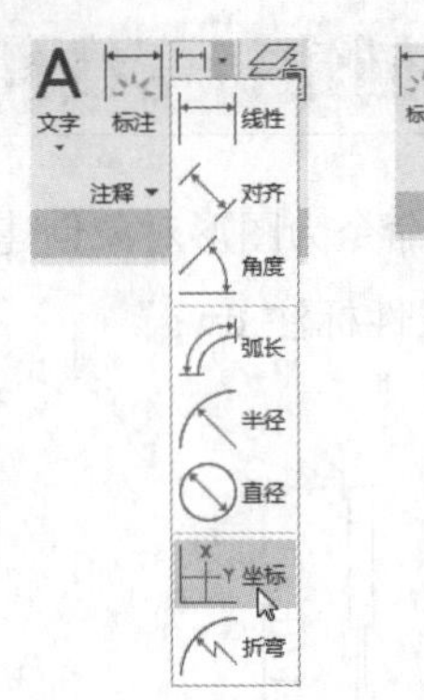

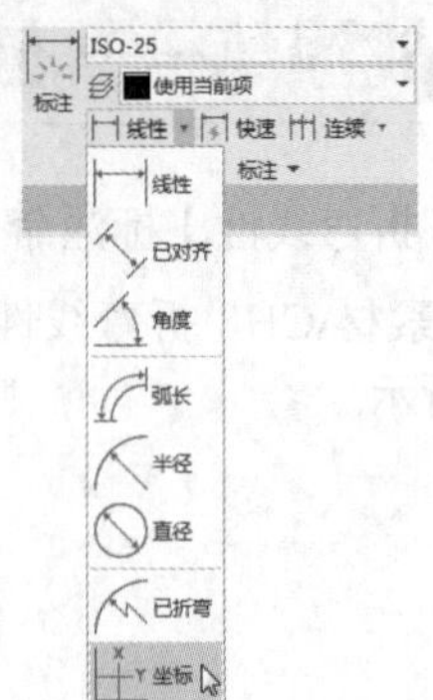

2. 命令提示

调用【坐标】标注命令之后，命令行会进行如下提示。

```
命令：_dimordinate
指定点坐标：
```

指定点坐标之后，命令行会进行如下提示。

```
指定引线端点或 [X 基准 (X)/Y 基准 (Y)/ 多行文字 (M)/ 文字 (T)/ 角度 (A)]:
```

3. 知识点扩展

命令行中各选项的含义如下。

- 指定引线端点：使用点坐标和引线端点的坐标差可确定它是x坐标标注还是y坐标标注。如果y坐标的标注差较大，标注就测量x坐标，否则就测量y坐标。
- X基准：测量x坐标并确定引线和标注文字的方向。界面将显示“引线端点”提示，从中可以指定端点。
- Y基准：测量y坐标并确定引线和标注文字的方向。界面将显示“引线端点”提示，从中可以指定端点。

8.3.22 实战演练——创建坐标标注对象

下面利用【坐标】标注命令为图形对象创建坐标标注，具体操作步骤如下。

步骤 01 打开“素材\CH8\坐标标注.dwg”文件，如下图所示。

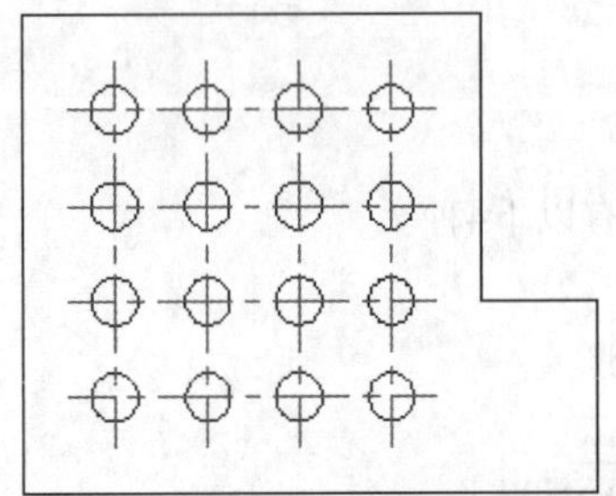

步骤 02 在命令行中输入“USC”，然后将坐标系移动到合适的位置，如右图所示。

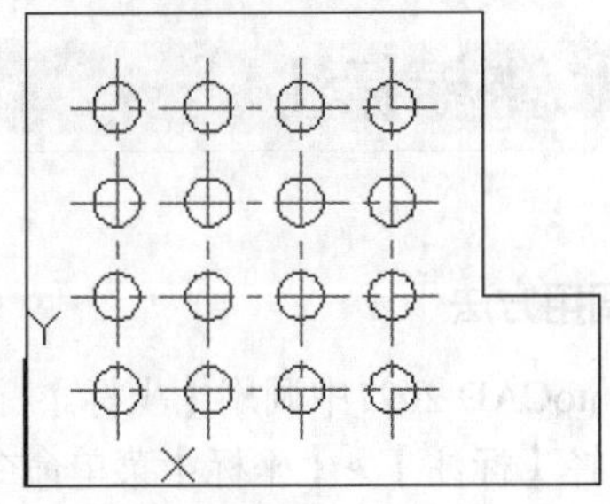

步骤 03 调用【坐标】标注命令，在绘图区域以端点作为坐标的原点，如下页图所示。

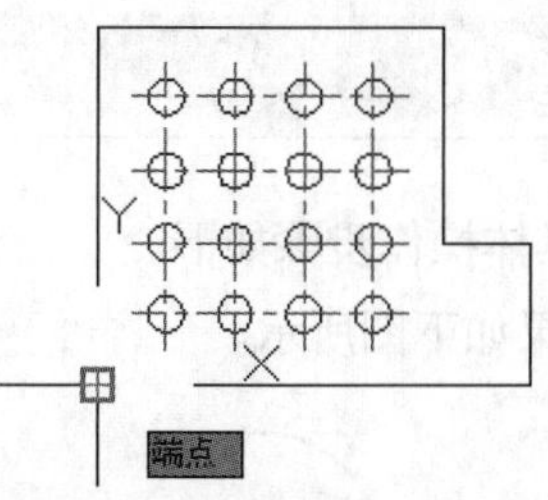

步骤04 拖曳鼠标指定引线端点位置，如下图所示。

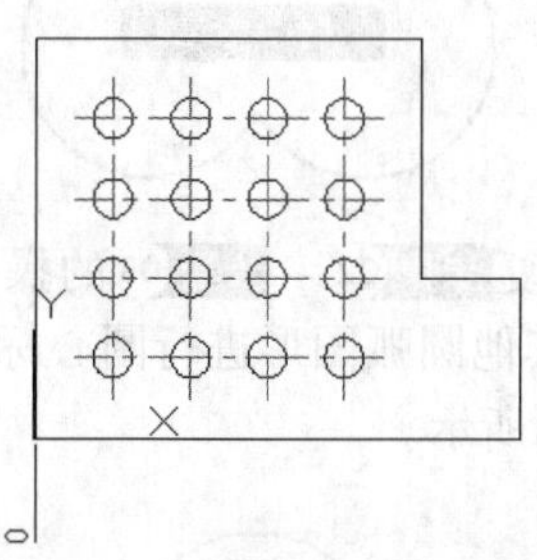

步骤05 按【Enter】键确定，然后标出其他的坐标标注，如下图所示。

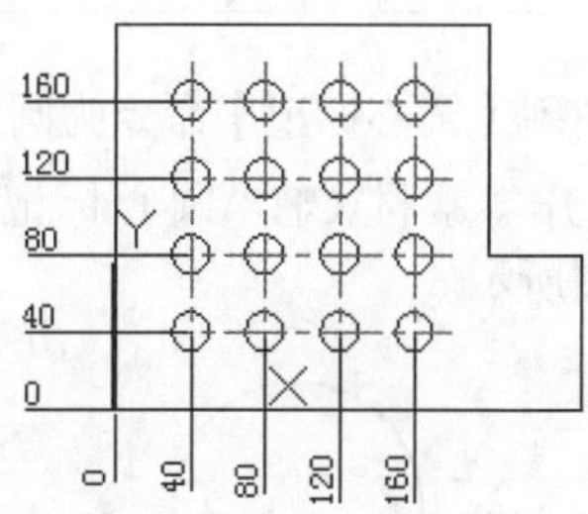

步骤06 再次在命令行中输入“USC”，然后将坐标系移动到合适的位置，结果如下图所示。

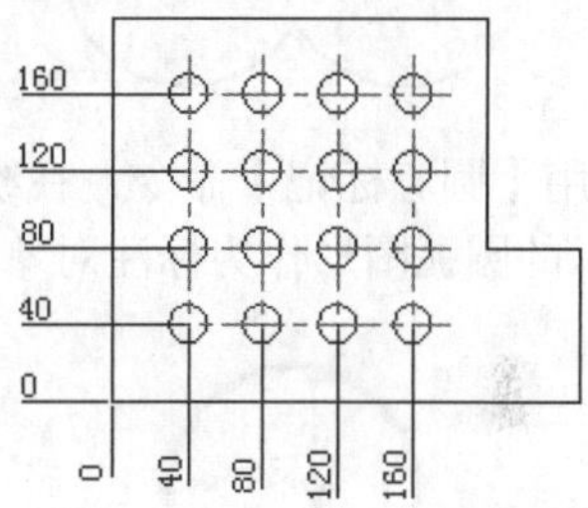

8.3.23 圆心标记

圆心标记用于创建圆和圆弧的圆心标记或中心线。可以通过【标注样式管理器】对话框或DIMCEN系统变量对圆心标记进行设置。

1. 命令调用方法

在AutoCAD 2021中调用【圆心标记】命令的方法通常有以下三种。

- 选择【标注】➤【圆心标记】菜单命令。
- 命令行输入“DIMCENTER/DCE”命令并按空格键。
- 单击【注释】选项卡➤【中心线】面板➤【圆心标记】按钮⊕。

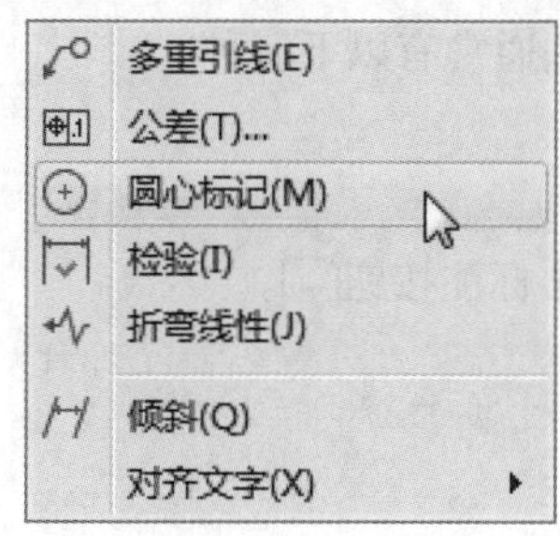

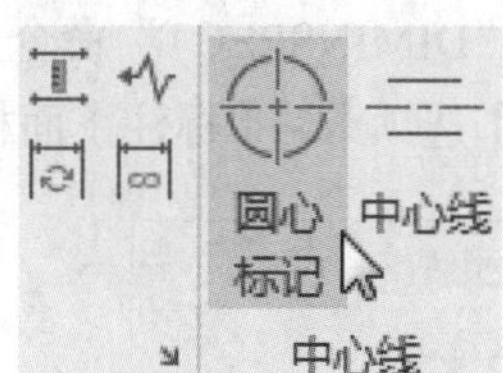

2. 命令提示

调用【圆心标记】命令之后，命令行会进行如下提示。

```
命令：_dimcenter
选择圆弧或圆：
```

8.3.24 实战演练——创建圆心标记对象

下面利用【圆心标记】命令为圆弧对象创建圆心标记，具体操作步骤如下。

步骤 01 打开“素材\CH8\圆心标记.dwg”文件，如下图所示。

步骤 02 调用【圆心标记】命令，在绘图区域选择下图所示的圆弧图形作为标注对象。

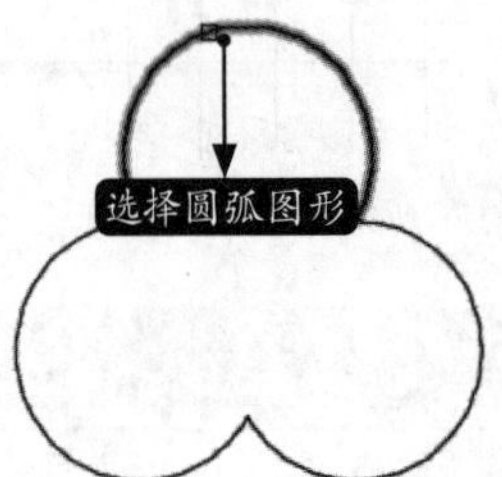

步骤 03 结果如下图所示。

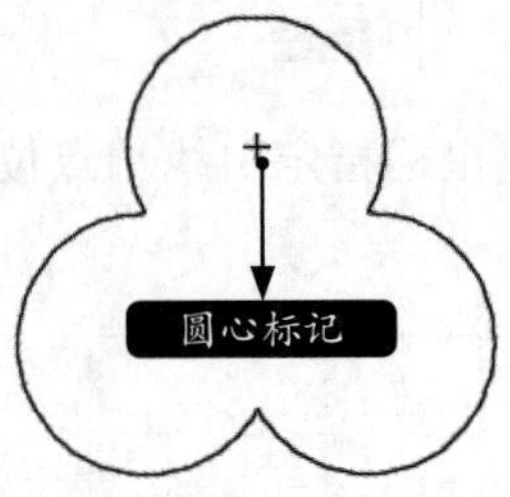

步骤 04 重复步骤 02 ~ 步骤 03的操作，继续对绘图区域其他圆弧图形进行圆心标记的创建，结果如下图所示。

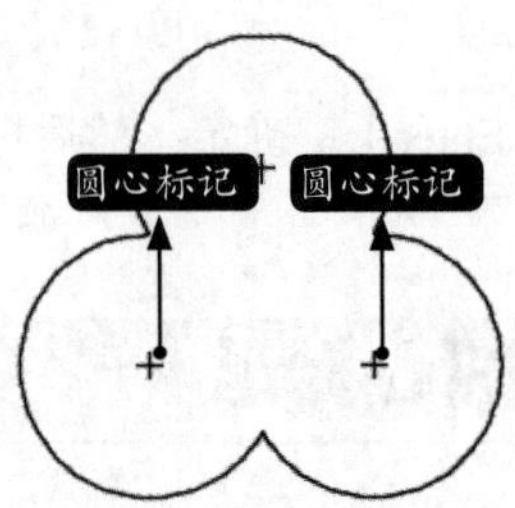

8.3.25 检验标注

检验标注用于指定需要零件制造商检查度量的频率以及允许的公差。选择检验标注值，通过【特性】选项板的【其他】部分可以对检验标注值进行修改。

1. 命令调用方法

在AutoCAD 2021中调用【检验】标注命令的方法通常有以下三种。

- 选择【标注】➤【检验】菜单命令。
- 命令行输入“DIMINSPECT”命令并按空格键。
- 单击【注释】选项卡➤【标注】面板➤【检验】标注按钮。

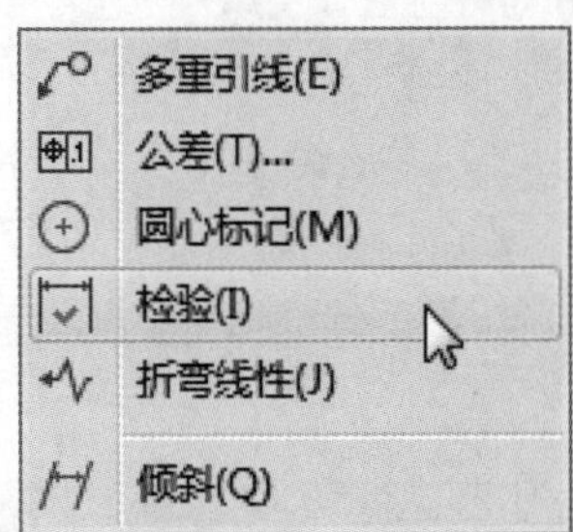

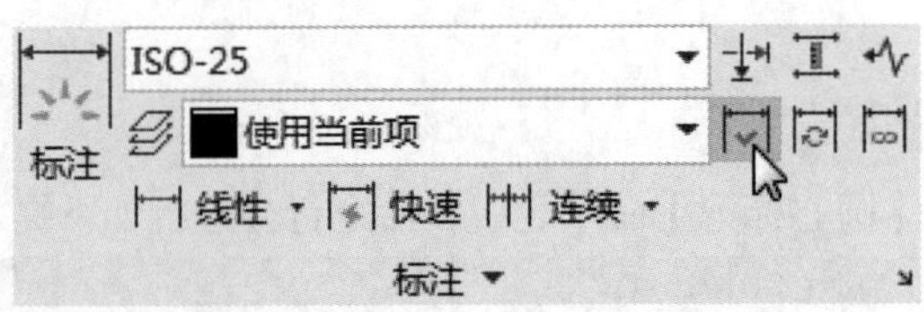

2. 命令提示

调用【检验】标注命令之后，系统会弹出【检验标注】对话框，如下图所示。

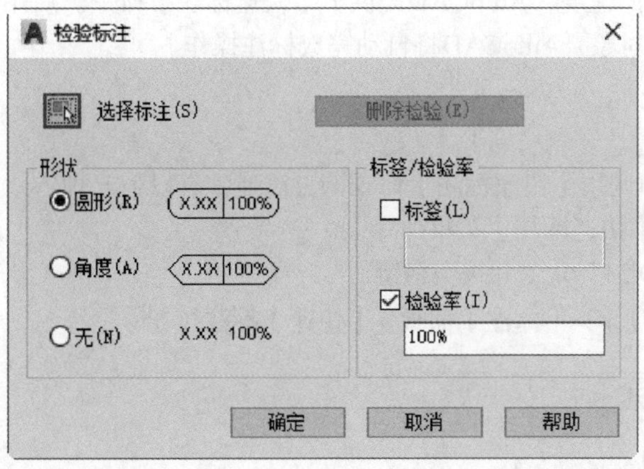

8.3.26 实战演练——创建检验标注对象

下面利用【检验】标注命令为图形对象创建标注，具体操作步骤如下。

步骤 01 打开“素材\CH8\检验标注.dwg”文件，如下图所示。

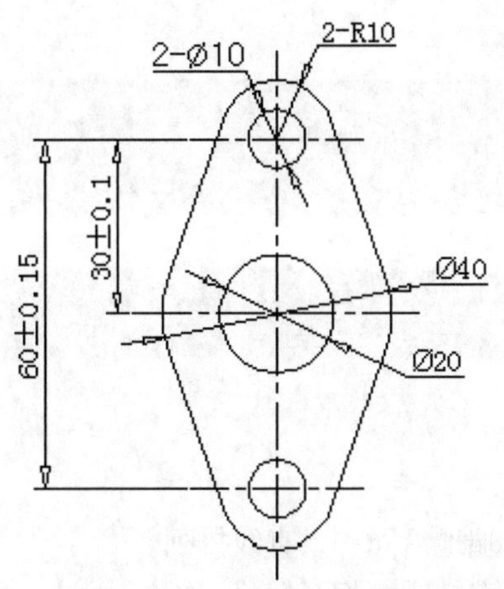

步骤 02 调用【检验】标注命令，在系统弹出的【检验标注】对话框中单击【选择标注】按钮，然后选择需要创建检验标注的尺寸对象，如右上图所示。

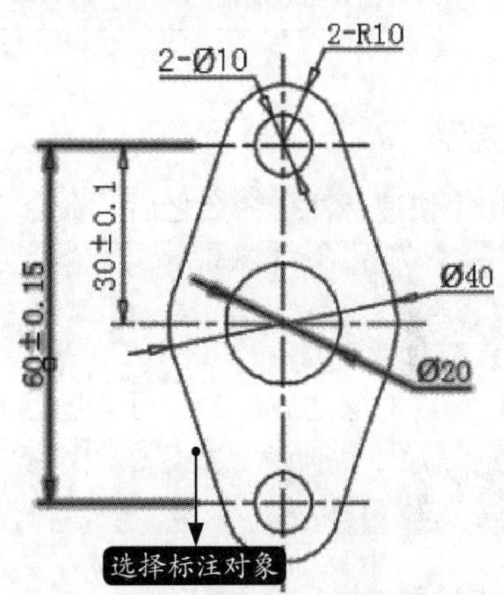

步骤 03 选择完成后按【Enter】键，回到【检验标注】对话框后单击【确定】按钮，结果如下图所示。

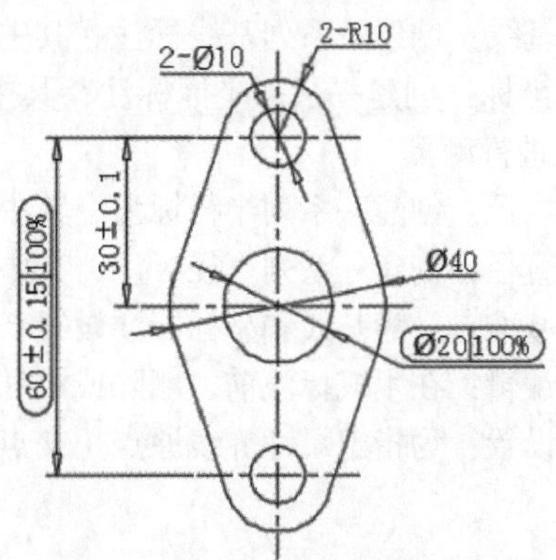

8.3.27 快速标注

为了提高标注尺寸的速度，AutoCAD提供了【快速标注】命令。启用【快速标注】命令后，可以一次选择多个图形对象，AutoCAD将自动完成标注操作。

1. 命令调用方法

在AutoCAD 2021中调用【快速标注】命令的方法通常有以下三种。

- 选择【标注】➢【快速标注】菜单命令。
- 命令行输入“QDIM”命令并按空格键。
- 单击【注释】选项卡➢【标注】面板➢【快速】标注按钮。

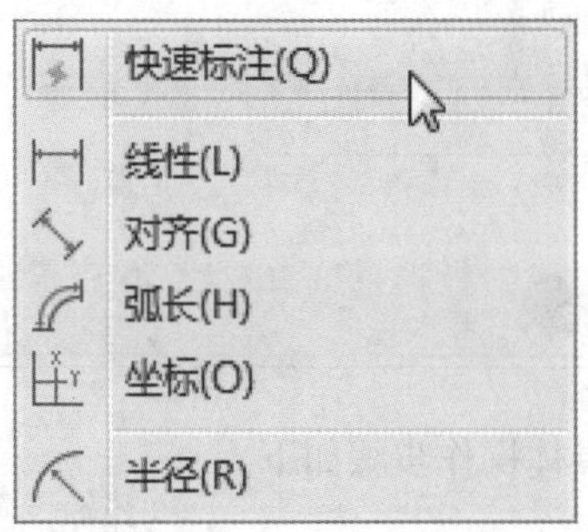

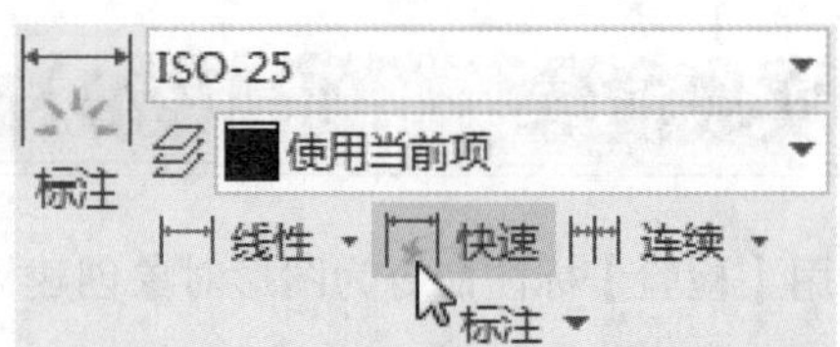

2. 命令提示

调用【快速标注】命令之后，命令行会进行如下提示。

命令：_qdim
关联标注优先级 = 端点
选择要标注的几何图形：

选择标注对象之后，命令行会进行如下提示。

指定尺寸线位置或 [连续 (C)/ 并列 (S)/ 基线 (B)/ 坐标 (O)/ 半径 (R)/ 直径 (D)/ 基准点 (P)/ 编辑 (E)/ 设置 (T)] < 连续 >:

3. 知识点扩展

命令行中各选项的含义如下。

- 连续：创建一系列连续标注，其中线性标注线端对端地沿同一条直线排列。
- 并列：创建一系列并列标注，其中线性尺寸线以恒定的增量相互偏移。
- 基线：创建一系列基线标注，其中线性标注共享一条公用尺寸界线。
- 坐标：创建一系列坐标标注，其中元素将以单个尺寸界线以及x值或y值进行注释，相对于基准点进行测量。
- 半径：创建一系列半径标注，其中将显示选定圆弧和圆的半径值。
- 直径：创建一系列直径标注，其中将显示选定圆弧和圆的直径值。
- 基准点：为基线和坐标标注设置新的基准点。
- 编辑：在生成标注前，删除或添加各种标注点。
- 设置：为指定尺寸界线原点（交点或端点）设置对象捕捉优先级。

8.3.28 实战演练——创建快速标注对象

下面利用【快速标注】命令为图形对象创建标注，具体操作步骤如下。

步骤 01 打开“素材\CH8\快速标注.dwg”文件，如下图所示。

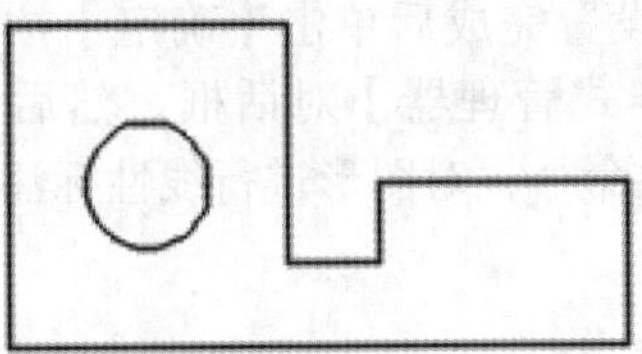

步骤 02 调用【快速标注】命令，在绘图区域选择下图所示的部分区域作为标注对象，并按【Enter】键确认。

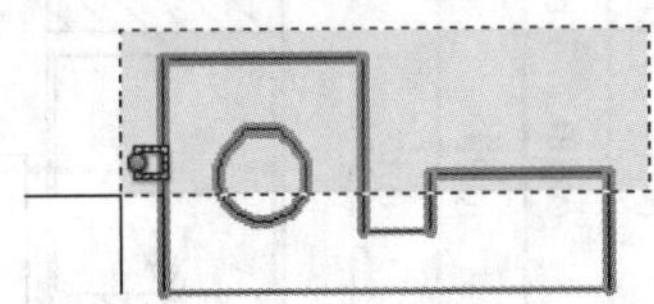

步骤 03 在绘图区域拖曳鼠标并单击指定尺寸线的位置，结果如右上图所示。

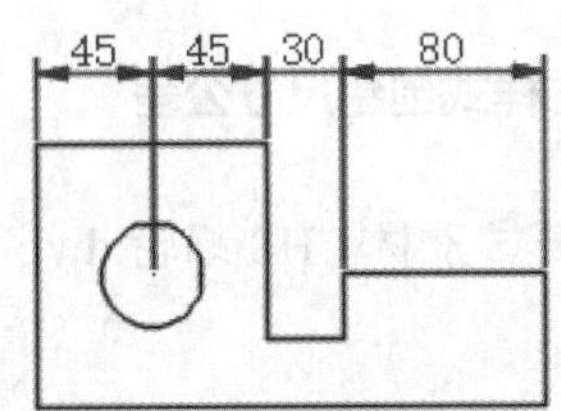

小提示

快速标注不是万能的，它的使用受到很大的限制。只有当图形非常适合的时候，快速标注才能显示出它的优势。快速标注后的结果，可以是连续标注的，也可以是基线标注。本例如果选择基线标注，则如下图所示。

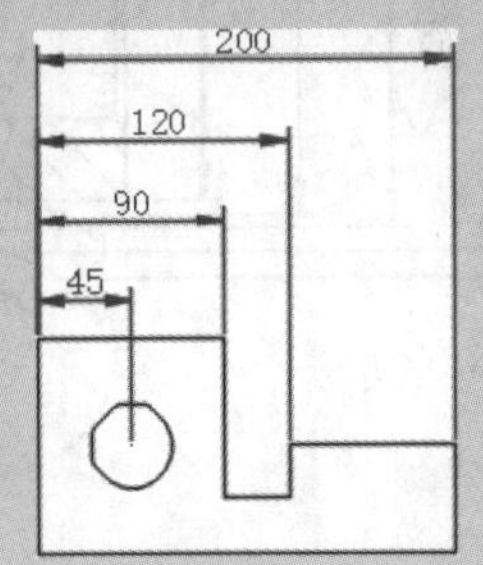

8.4 尺寸公差和形位公差标注

公差有尺寸公差、形状公差和位置公差三种。形状公差和位置公差统称为形位公差。

尺寸公差是指允许尺寸的变动量，即最大极限尺寸和最小极限尺寸的代数差的绝对值。

形状公差是指单一实际要素的形状所允许的变动全量，包括直线度、平面度、圆度、圆柱度、线轮廓度和面轮廓度。

位置公差是指关联实际要素的位置对基准所允许的变动全量，它限制零件两个或两个以上的点、线、面之间的相互位置关系，包括平行度、垂直度、倾斜度、同轴度、对称度、位置度、圆跳动和全跳动。

小提示

AutoCAD中，创建尺寸公差的方法通常有通过标注样式创建尺寸公差、通过文字形式创建公差和通过【特性】选项板创建公差三种。

8.4.1 实战演练——创建尺寸公差对象

下面通过多种方式为图形对象创建尺寸公差，具体操作步骤如下。

1. 通过标注样式创建尺寸公差

步骤 01 打开“素材\CH8\蜗轮.dwg”文件，如下图所示。

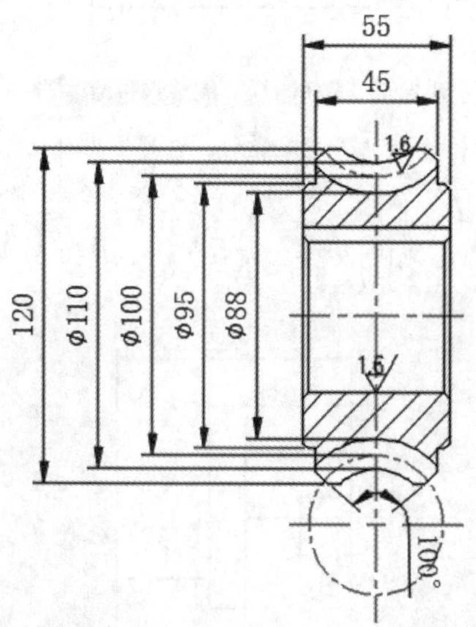

步骤 02 调用【标注样式】命令，系统弹出【标注样式管理器】对话框，选中【机械工程图标注】样式，然后单击【替代】按钮，在弹出的对话框中单击【公差】选项卡，将公差的【方式】设置为“对称”，【精度】设置为“0.000”，偏差值设置为“0.035”，其他设置不变，如下图所示。

公差格式
方式(M): 对称
精度(P): 0.000
上偏差(V): 0.035
下偏差(W): 0.035

小提示

对于对称公差，只需要输入上偏差或下偏差一个值即可。对于极限偏差，上偏差自动会添加“+”，下偏差自动会添加“-”。【特性】选项板输入时相同。

步骤 03 设置完成后单击【确定】按钮并关闭【标注样式管理器】对话框，然后调用【线性】标注命令，对图形进行线性标注，结果如下图所示。

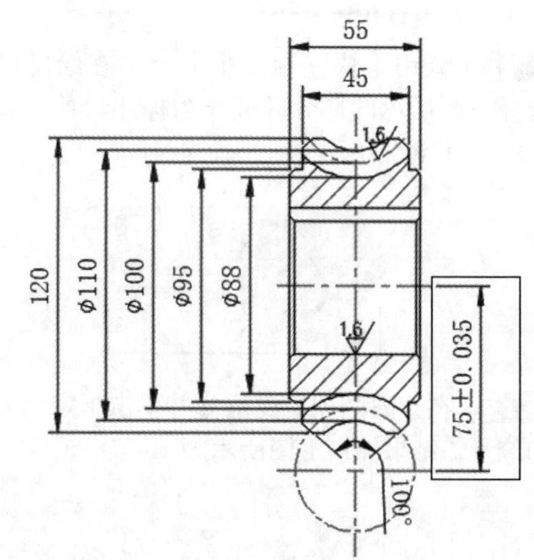

小提示

标注样式中的公差一旦设定，在标注其他尺寸时也会被加上设置的公差。因此，为了避免其他再标注的尺寸受影响，在要添加公差的尺寸标注完成后，应及时切换其他标注样式为当前样式。

2. 通过文字形式创建尺寸公差

步骤 01 继续刚才的案例，调用【标注样式】命令，系统弹出【标注样式管理器】对话框，选中【机械工程图标注】样式，然后单击【置为当前】按钮，最后单击【关闭】按钮。双击标注为“55”的尺寸，使其进入编辑状态，如下页图所示。

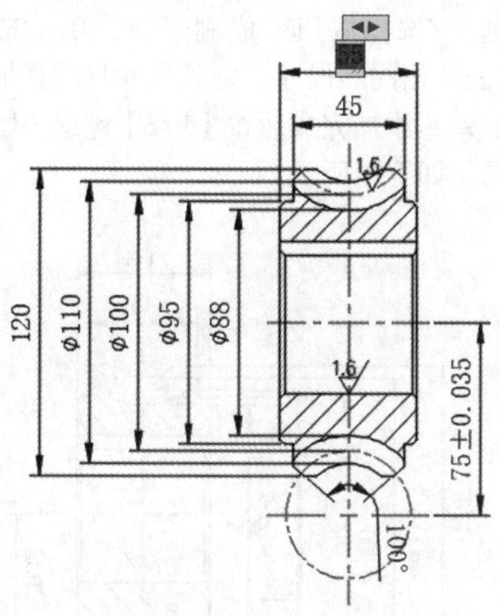

步骤02 在标注的尺寸后面输入“0^-0.1”，并选中输入的文字，如下图所示。

步骤03 单击【文字编辑器】选项卡➢【格式】面板中的按钮，上面输入的文字会自动变成尺寸公差形式。退出文字编辑器后结果如下图所示。

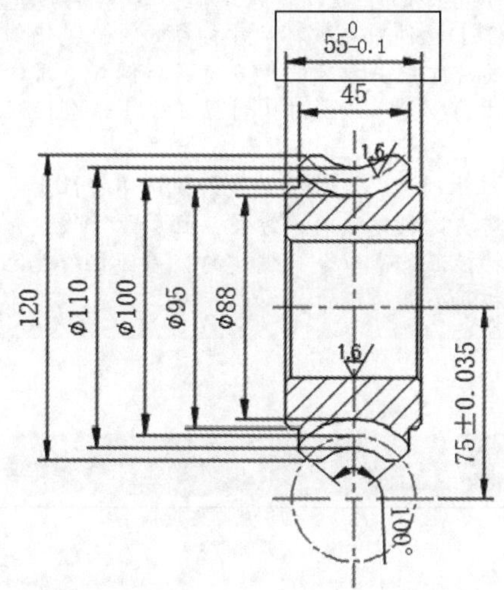

3. 通过特性选项板创建尺寸公差

步骤01 继续上面的案例，按【Ctrl+1】键调用【特性】选项板，然后单击选择ϕ100的尺寸标注，在【特性】选项板上对尺寸公差进行设置，如右上图所示。

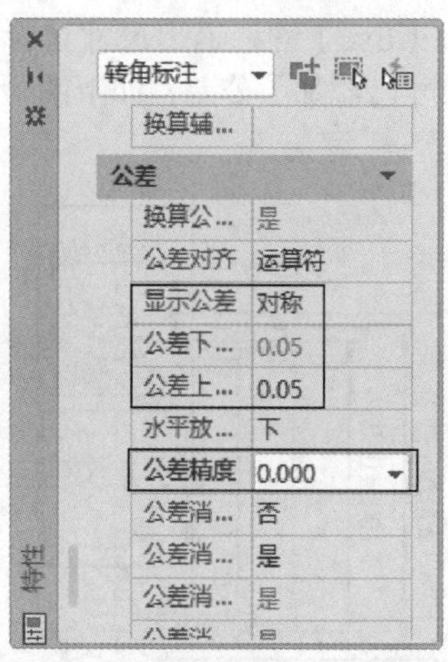

步骤02 按【Esc】键，退出尺寸选择状态后，ϕ100的尺寸已添加了公差，如下图所示。

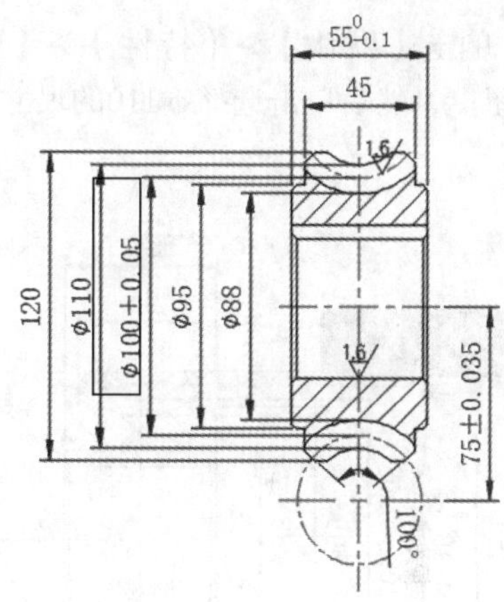

步骤03 重复步骤01，对ϕ110的尺寸标注，在【特性】选项板上对尺寸公差进行设置，如下图所示。

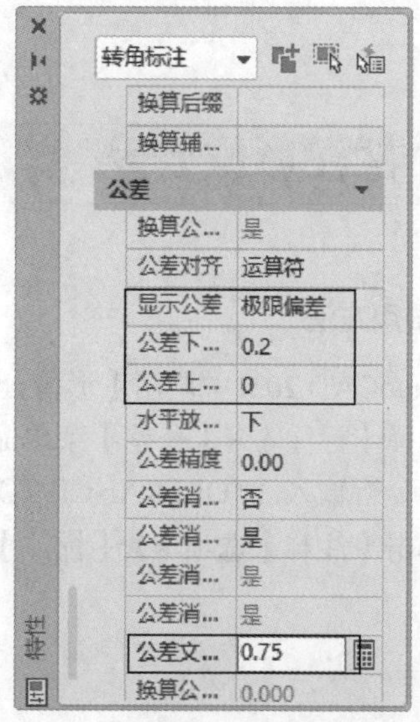

步骤 04 按【Esc】键，退出尺寸选择状态后，ϕ110的尺寸已添加了公差，如下图所示。

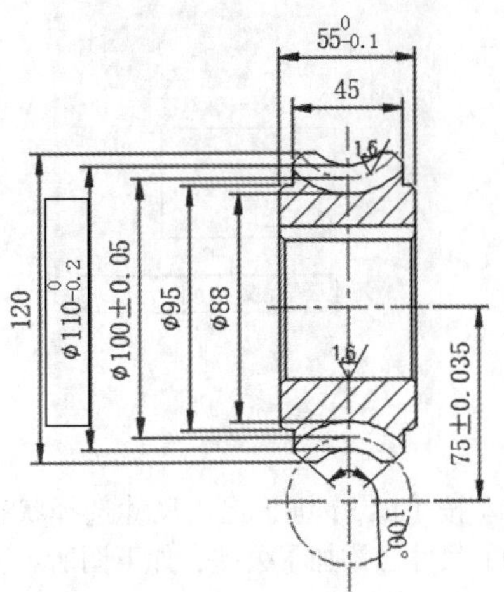

步骤 05 单击【默认】➢【特性】➢【特性匹配】按钮，然后单击选择ϕ110的尺寸，如下图所示。

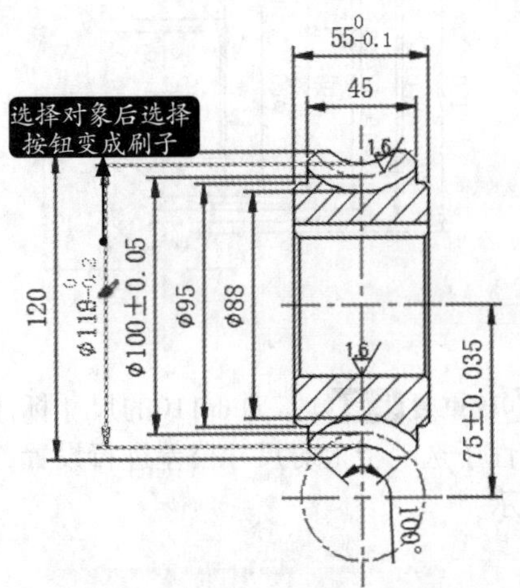

步骤 06 单选择按钮变成刷子后，单击选择与ϕ110公差相同的尺寸，则该尺寸自动添加上相应的公差，添加完成后按【Esc】键退出特性匹配，结果如下图所示。

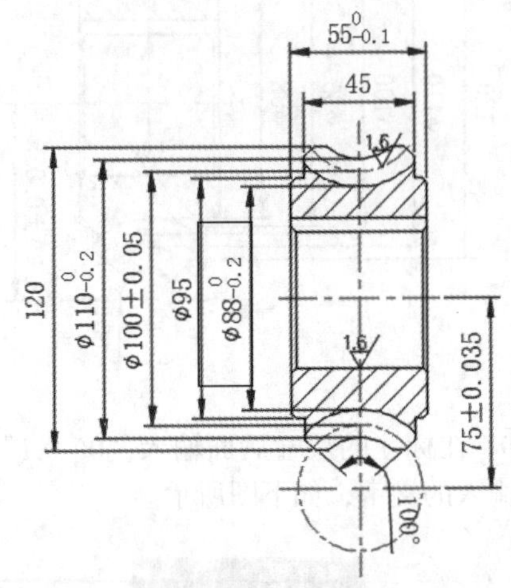

小提示

标注样式创建公差太死板和烦琐，每次创建的公差只能用于一个公差的标注，当不需要标注尺寸公差或公差大小不同时，就需要更换标注样式。

通过文字创建尺寸公差比标注样式创建公差有了不小的改进，但是这种方式创建的公差在AutoCAD软件中会破坏尺寸标注的特性，使创建公差后的尺寸失去原来的部分特性。例如，用这种方式创建的公差不能通过【特性匹配】命令匹配给其他尺寸。

综上所述，尺寸公差最好使用【特性】选项板来创建。这种方法简单方便，且易于修改，并可通过【特性匹配】命令将创建的公差匹配给其他需要创建相同公差的尺寸。

8.4.2 标注形位公差

1. 命令调用方法

在AutoCAD 2021中调用【形位公差】命令的方法通常有以下三种。

- 选择【标注】➢【公差】菜单命令。
- 命令行输入“TOLERANCE/TOL”命令并按空格键。
- 单击【注释】选项卡➢【标注】面板➢【公差】按钮。

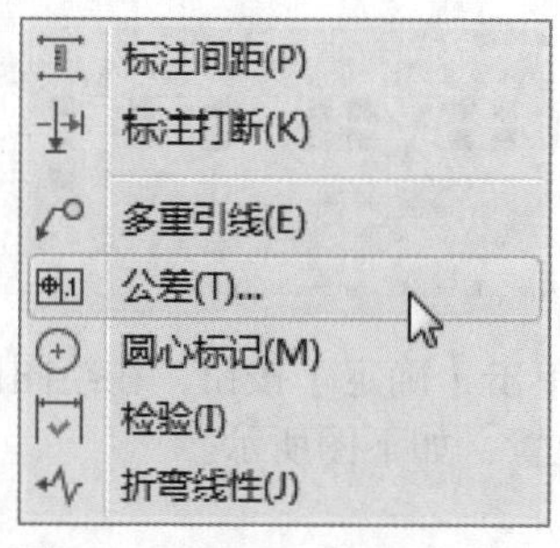

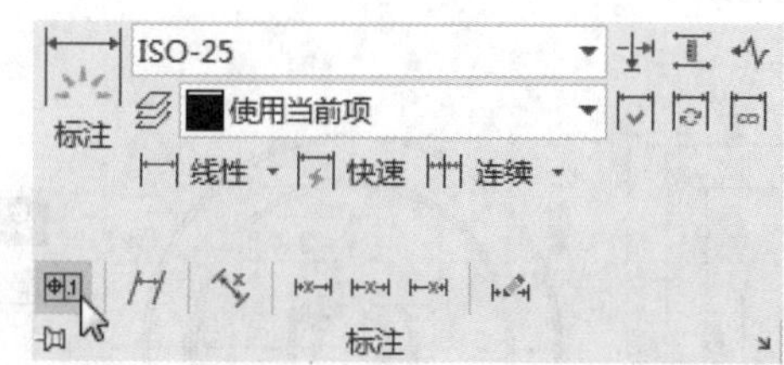

2. 命令提示

调用【公差】命令之后，系统会弹出【形位公差】选择框，如下图所示。

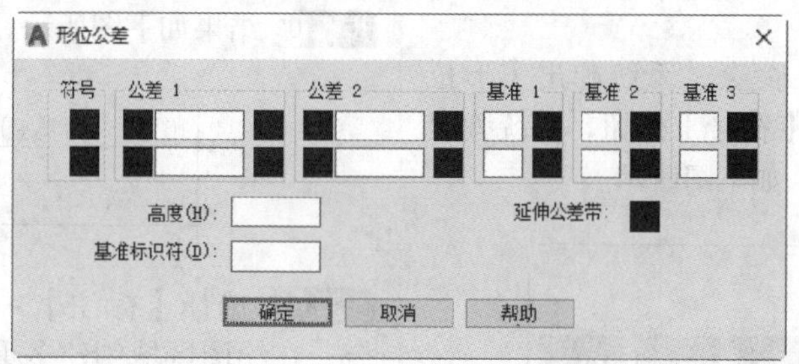

3. 知识点扩展

【形位公差】选择框中各选项的含义如下。

- 【符号】：显示从【符号】对话框中选择的几何特征符号。
- 【公差1】：创建特征控制框中的第一个公差值。公差值指明了几何特征相对于精确形状的允许偏差量。可在公差值前插入直径符号，其后插入包容条件符号。
- 【公差2】：在特征控制框中创建第二个公差值。以与第一个相同的方式指定第二个公差值。
- 【基准1】：在特征控制框中创建第一级基准参照。基准参照由值和修饰符号组成。基准是理论上精确的几何参照，用于建立特征的公差带。
- 【基准2】：在特征控制框中创建第二级基准参照，方式与创建第一级基准参照相同。
- 【基准3】：在特征控制框中创建第三级基准参照，方式与创建第一级基准参照相同。
- 【高度】：创建特征控制框中的投影公差零值。投影公差带控制固定垂直部分延伸区的高度变化，并以位置公差控制公差精度。
- 【延伸公差带】：在延伸公差带值的后面插入延伸公差带符号。
- 【基准标识符】：创建由参照字母组成的基准标识符。基准是理论上精确的几何参照，用于建立其他特征的位置和公差带。点、直线、平面、圆柱以及其他几何图形都能作为基准。

8.4.3 实战演练——创建形位公差对象

下面对三角皮带轮零件图进行形位公差标注，具体操作步骤如下。

步骤01 打开“素材\CH8\三角皮带轮.dwg”文件，如下图所示。

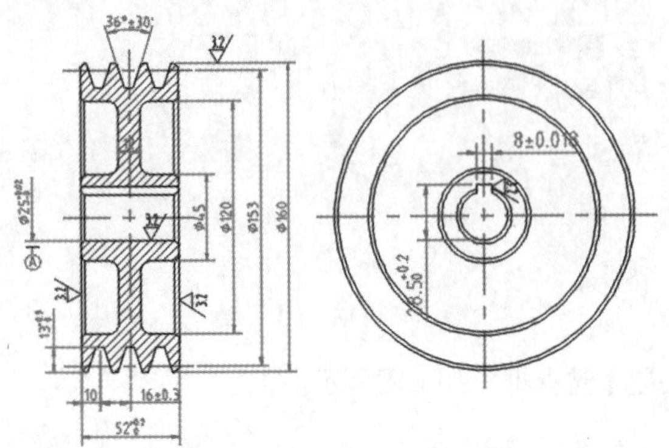

步骤02 调用【公差】命令，系统弹出【形位公差】选择框，单击【符号】按钮，系统弹出【特征符号】选择框，如下图所示。

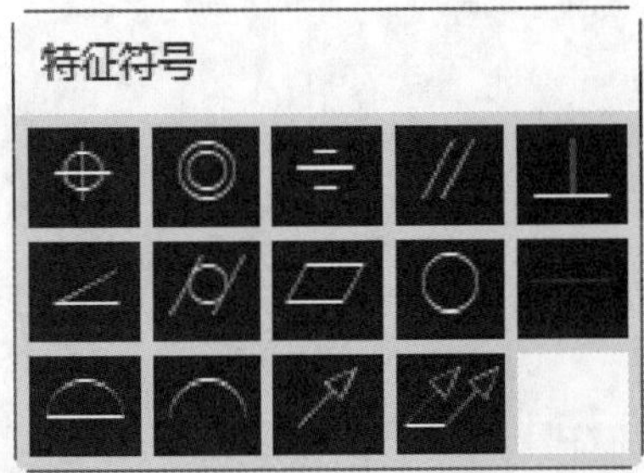

步骤03 单击【垂直度符号】按钮，在【形位公差】对话框中输入【公差1】的值为“0.02”，【基准1】的值为“A”，如右上图所示。

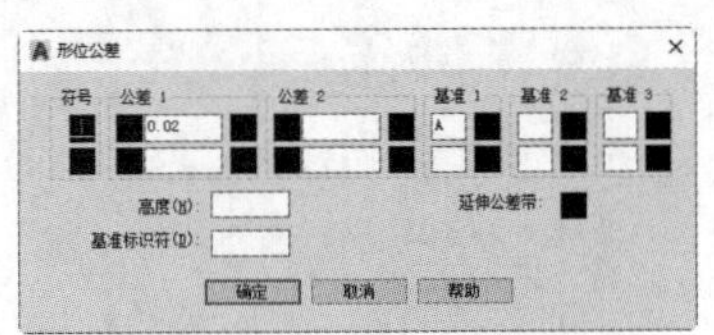

步骤04 单击【确定】按钮，在绘图区域单击指定公差位置，如下图所示。

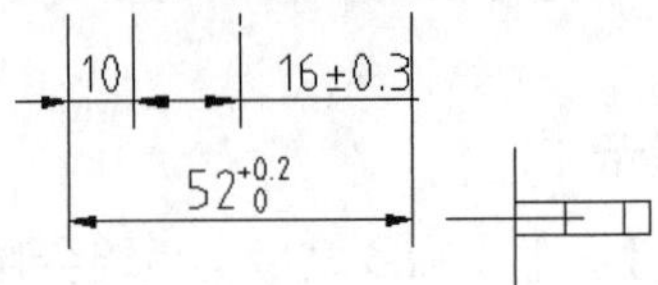

步骤05 结果如下图所示。

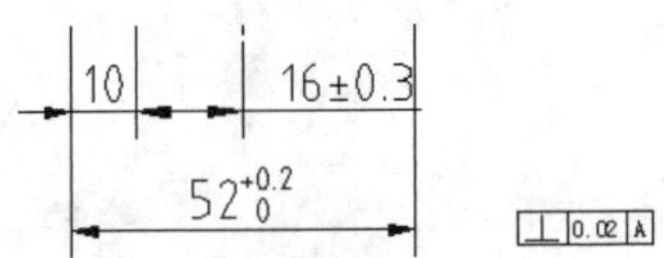

步骤06 选择【标注】➤【多重引线】菜单命令，在绘图区域创建多重引线将形位公差指向相应的尺寸标注，结果如下图所示。

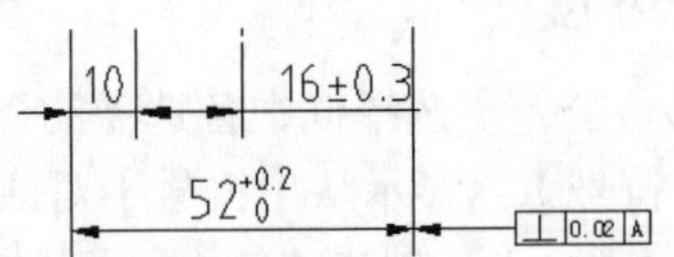

小提示

关于【多重引线】的应用参考8.5节相关内容。

8.5 多重引线标注

引线对象包含一条引线和一条说明。多重引线对象可以包含多条引线，每条引线可以包含一条或多条线段，因此一条说明可以指向图形中的多个对象。

8.5.1 多重引线样式

1. 命令调用方法

在AutoCAD 2021中调用【多重引线样式】命令的方法通常有以下4种。

- 选择【格式】➢【多重引线样式】菜单命令。
- 命令行输入“MLEADERSTYLE/MLS”命令并按空格键。
- 单击【默认】选项卡➢【注释】面板➢【多重引线样式】按钮。
- 单击【注释】选项卡➢【引线】面板右下角的符号。

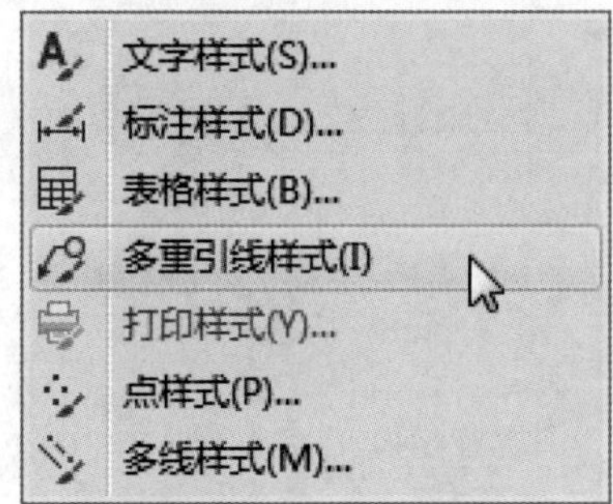

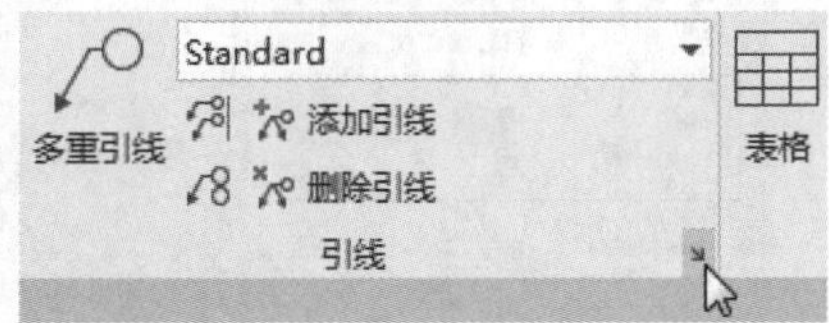

2. 命令提示

调用【多重引线样式】命令之后，系统会弹出【多重引线样式管理器】对话框，如下图所示。

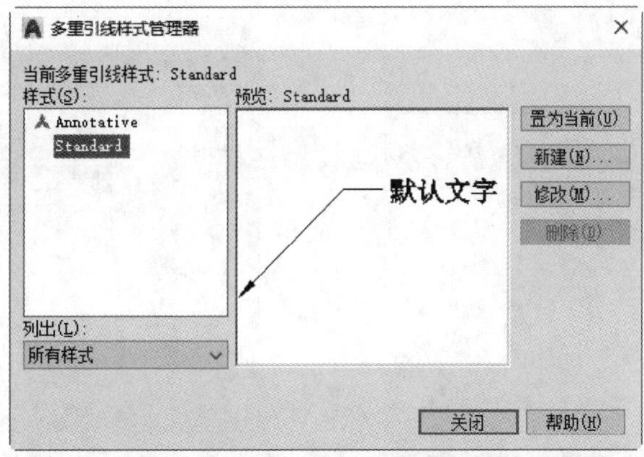

8.5.2 实战演练——设置多重引线样式

下面利用【多重引线样式管理器】对话框创建新的多重引线样式，具体操作步骤如下。

步骤 01 调用【多重引线样式】命令，在系统弹出的【多重引线样式管理器】对话框中单击【新建】按钮，然后在【新样式名】中输入“样式1”，如右图所示。

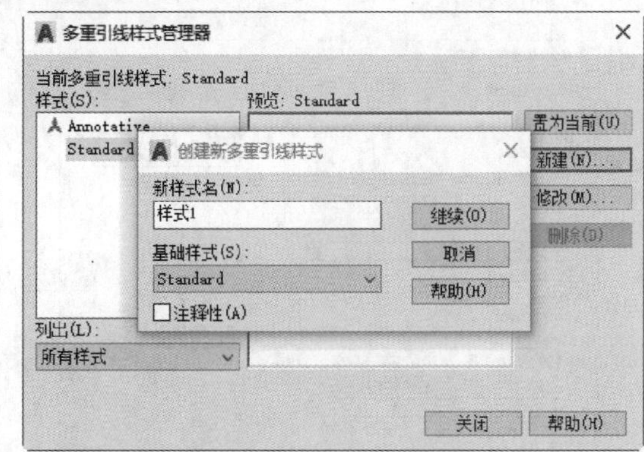

步骤02 单击【继续】按钮，在弹出的【修改多重引线样式：样式1】对话框中选择【引线格式】选项卡，并将【箭头符号】改为“小点”，【大小】设置为“25”，其他不变，如下图所示。

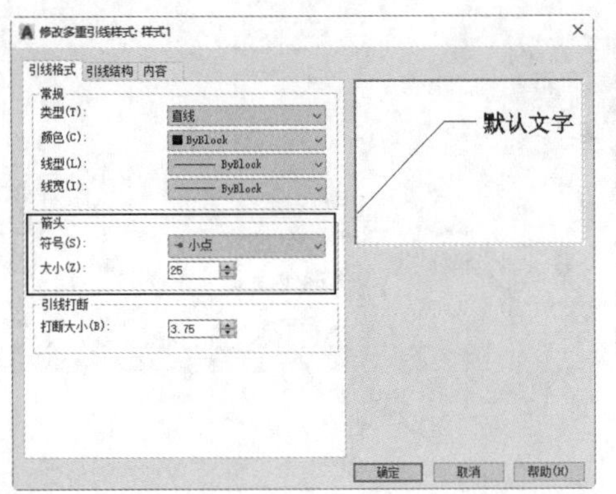

步骤03 单击【引线结构】选项卡，将【自动包含基线】选项的“√”去掉，其他设置不变，如下图所示。

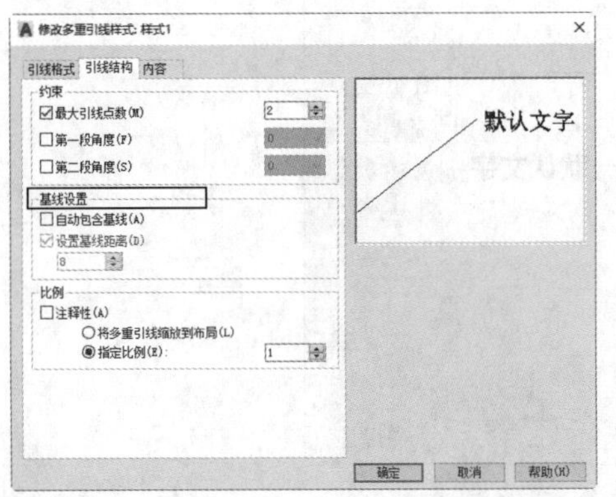

步骤04 单击【内容】选项卡，将【文字高度】设置为“25”，将最后一行加下划线，并且将【基线间隙】设置为“0”，其他设置不变，如下图所示。

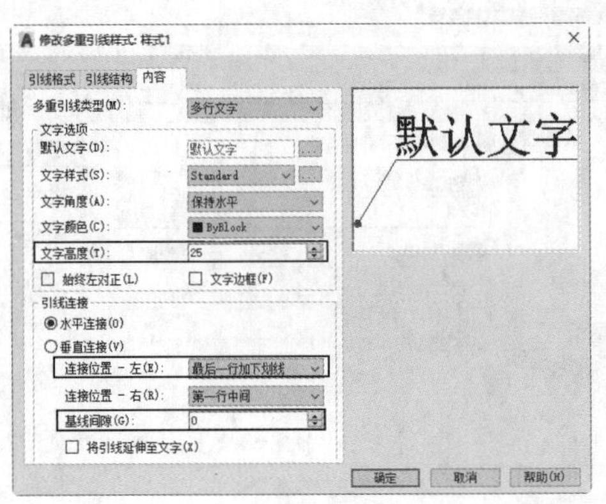

步骤05 单击【确定】按钮，回到【多重引线样式管理器】对话窗口后，单击【新建】按钮，以“样式1”为基础创建“样式2”，如下图所示。

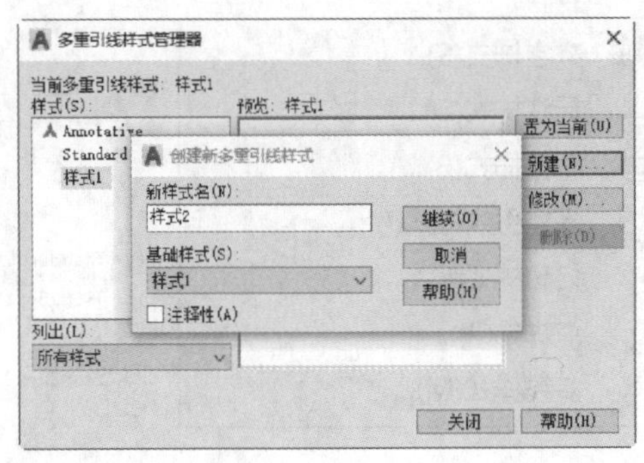

步骤06 单击【继续】按钮，在弹出的对话框中单击【内容】选项卡，将【多重引线类型】设置为“块”，【源块】设置为“圆”，【比例】设置为“5”，如下图所示。

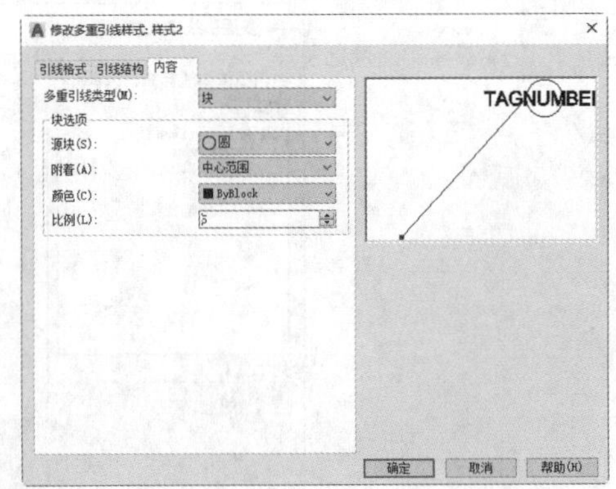

步骤07 单击【确定】按钮，回到【多重引线样式管理器】对话窗口后，单击【新建】按钮，以“样式2”为基础创建“样式3”，如下图所示。

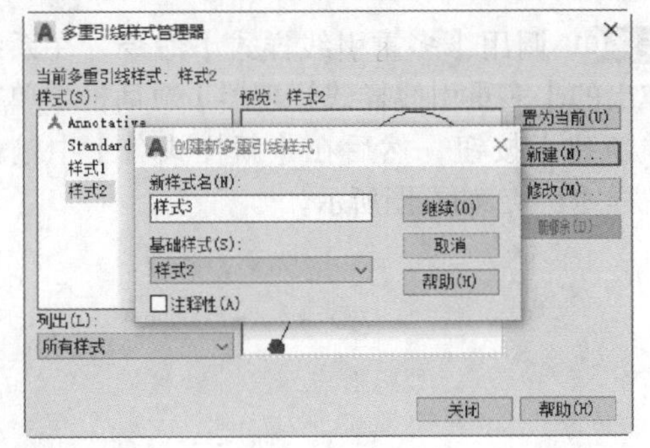

步骤08 单击【继续】按钮，在弹出的对话框中

单击【引线格式】选项卡，将引线【类型】改为“无”，其他设置不变。单击【确定】按钮并关闭【多重引线样式管理器】对话框，如下图所示。

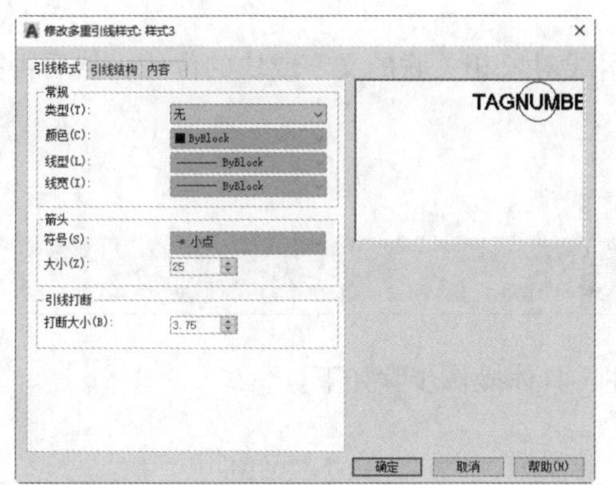

小提示

当多重引线类型为“多行文字”时，下面会出现【文字选项】和【引线连接】等。【文字选项】区域主要控制多重引线文字的外观；【引线连接】区域主要控制多重引线的引线连接设置，它可以是水平连接，也可以是垂直连接。

当多重引线类型为“块”时，下面会出现【块选项】，它主要是控制多重引线对象中块内容的特性，包括源块、附着、颜色和比例。只有“多重引线”的文字类型为“块”时，才可以对多重引线进行“合并”操作。

8.5.3 多重引线

可以从图形中的任意点或部件创建多重引线并在绘制时控制其外观。多重引线可先创建箭头，也可先创建尾部或内容。

1. 命令调用方法

在AutoCAD 2021中调用【多重引线】命令的方法通常有以下4种。

- 选择【标注】➢【多重引线】菜单命令。
- 命令行输入“MLEADER/MLD”命令并按空格键。
- 单击【默认】选项卡➢【注释】面板➢【引线】按钮。
- 单击【注释】选项卡➢【引线】面板➢【多重引线】按钮。

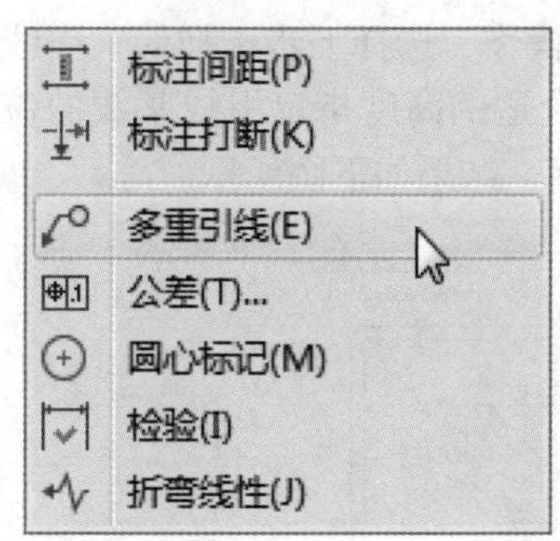

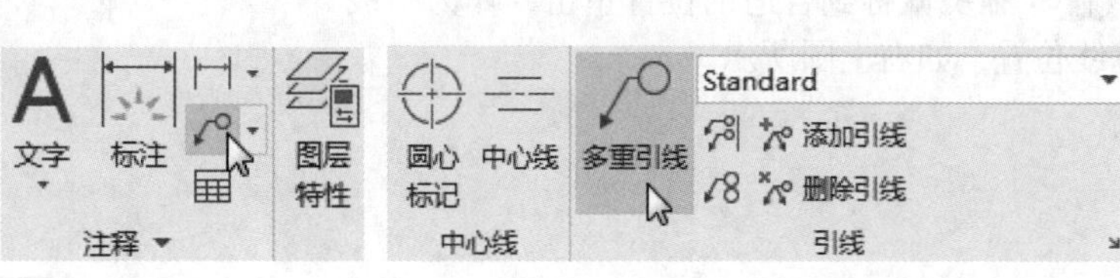

2. 命令提示

调用【多重引线】命令之后，命令行会进行如下提示。

```
命令：_mleader
指定引线箭头的位置或 [ 引线基线优先 (L)/ 内容优先 (C)/ 选项 (O)] < 选项 >:
```

3. 知识点扩展

命令行中各选项的含义如下。

- 指定引线箭头的位置：指定多重引线对象箭头的位置。
- 引线基线优先：选择该选项后，将先指定多重引线对象基线的位置，然后再输入内容。CAD默认引线基线优先。
- 内容优先：选择该选项后，将先指定与多重引线对象相关联的文字或块的位置，然后再指定基线位置。
- 选项：指定用于放置多重引线对象的选项。

8.5.4 实战演练——创建多重引线标注

下面利用【多重引线】命令为图形对象创建标注，具体操作步骤如下。

步骤01 打开“素材\CH8\多重引线标注.dwg”文件，如下图所示。

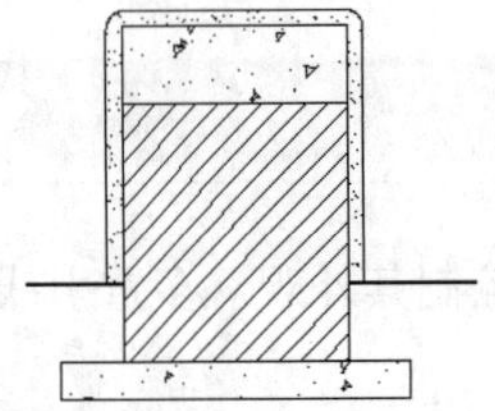

步骤02 创建一个与8.5.2小节中“样式1”相同的多重引线样式并将其置为当前，然后调用【多重引线】标注命令，在需要创建标注的位置单击，指定箭头的位置，如下图所示。

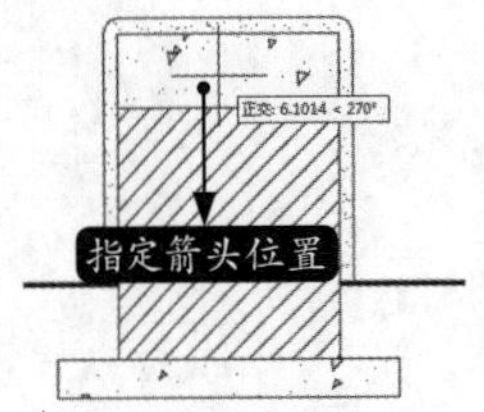

步骤03 拖曳鼠标到合适的位置单击，作为引线基线位置，如右上图所示。

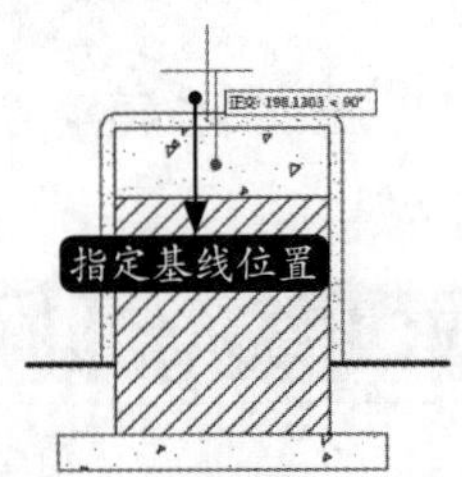

步骤04 在弹出的文字输入框中输入相应的文字，如下图所示。

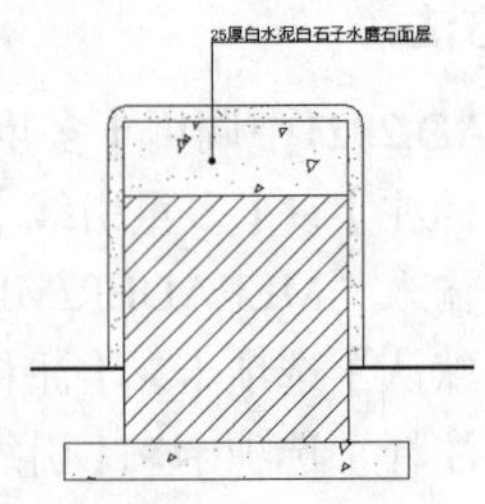

步骤05 重复上步操作，选择上步选择的“引线箭头”位置，在合适的高度指定引线基线的位置，然后输入文字，结果如下图所示。

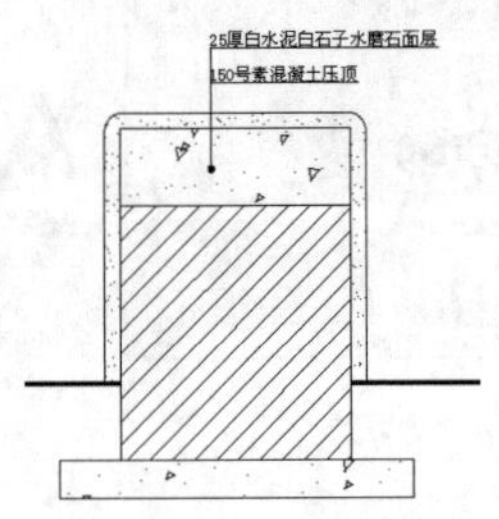

8.5.5 多重引线的编辑

多重引线的编辑主要包括对齐多重引线、合并多重引线、添加多重引线和删除多重引线。

命令调用方法

在AutoCAD 2021中调用【对齐多重引线】命令的方法通常有以下三种。

- 命令行输入“MLEADERALIGN/MLA”命令并按空格键。
- 单击【默认】选项卡➤【注释】面板➤【对齐】按钮。
- 单击【注释】选项卡➤【引线】面板➤【对齐】按钮。

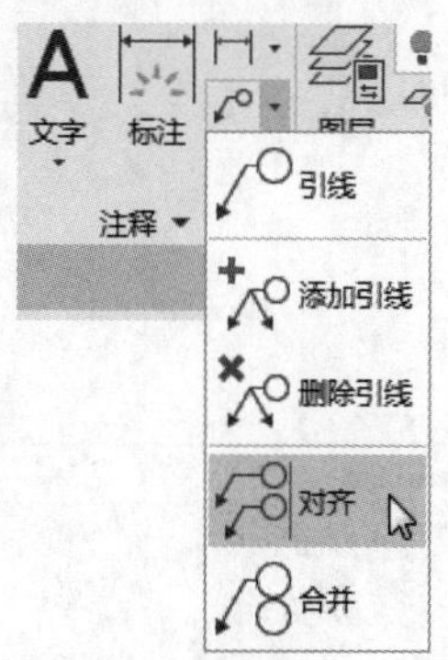

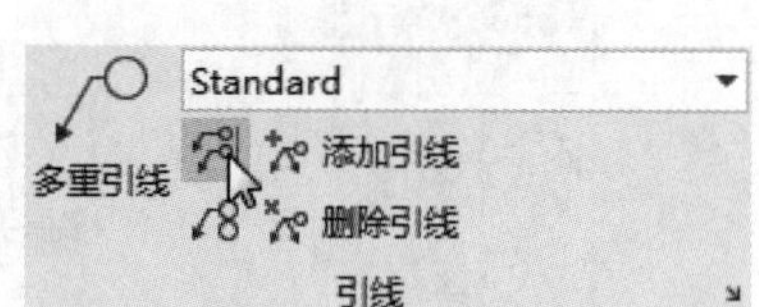

在AutoCAD 2021中调用【合并多重引线】命令的方法通常有以下三种。

- 命令行输入“MLEADERCOLLECT/MLC”命令并按空格键。
- 单击【默认】选项卡➤【注释】面板➤【合并】按钮。
- 单击【注释】选项卡➤【引线】面板➤【合并】按钮。

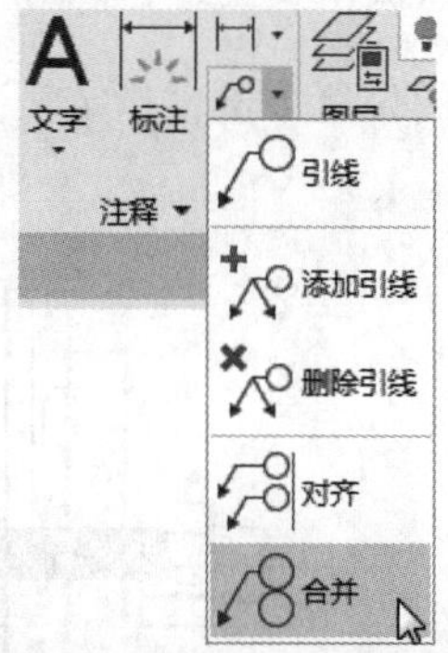

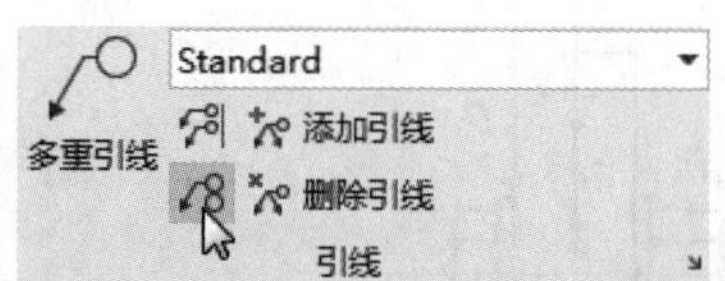

在AutoCAD 2021中调用【添加引线】命令的方法通常有以下三种。

- 命令行输入“MLEADEREDIT/MLE”命令并按空格键。
- 单击【默认】选项卡➤【注释】面板➤【添加引线】按钮。
- 单击【注释】选项卡➤【引线】面板➤【添加引线】按钮。

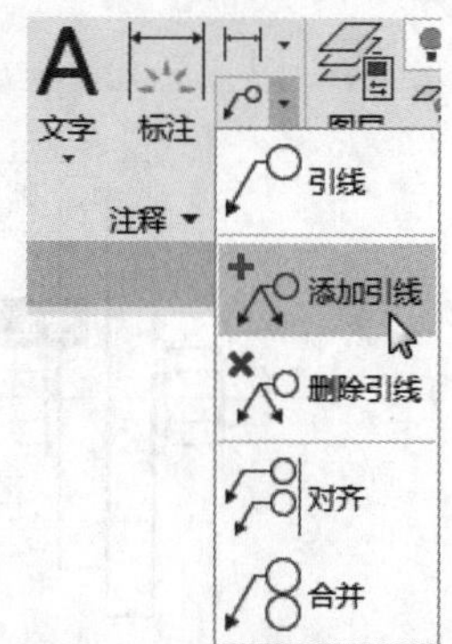

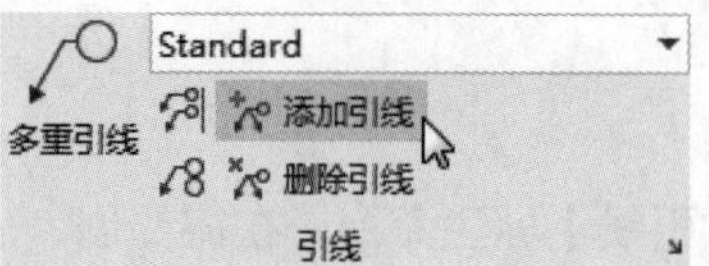

在AutoCAD 2021中调用【删除引线】命令的方法通常有以下三种。

- 命令行输入“AIMLEADEREDITREMOVE”命令并按空格键。
- 单击【默认】选项卡➢【注释】面板➢【删除引线】按钮。
- 单击【注释】选项卡➢【引线】面板➢【删除引线】按钮。

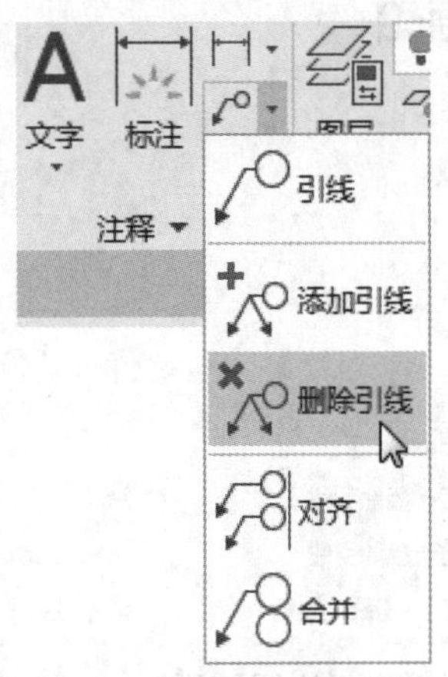

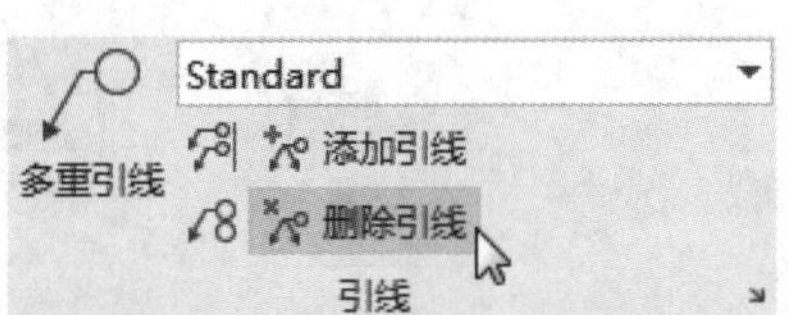

8.5.6 实战演练——编辑多重引线对象

下面对装配图进行多重引线标注并编辑多重引线，具体操作步骤如下。

1. 创建零件编号

步骤01 打开“素材\CH8\编辑多重引线.dwg”文件，如下图所示。

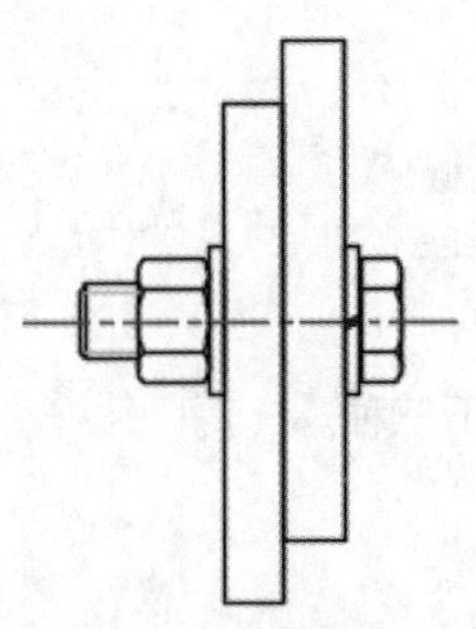

步骤02 参照8.5.2小节中“样式2”创建一个多线样式，多线样式名称设置为“装配”，单击【引线结构】选项卡，将【设置基线距离】设置为“12”，其他设置不变，如下图所示。

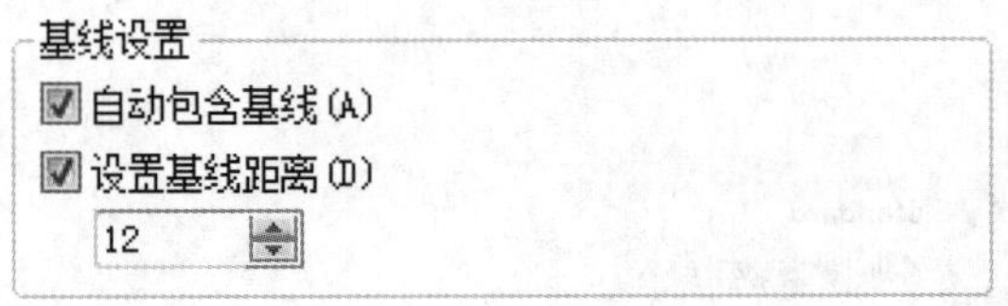

步骤03 调用【多重引线】标注命令，在需要创建标注的位置单击，指定箭头的位置，如下图所示。

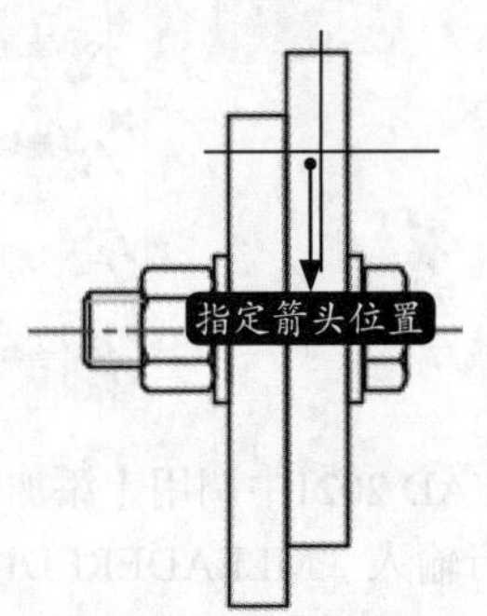

步骤04 拖曳鼠标到合适的位置单击，作为引线基线位置，如下图所示。

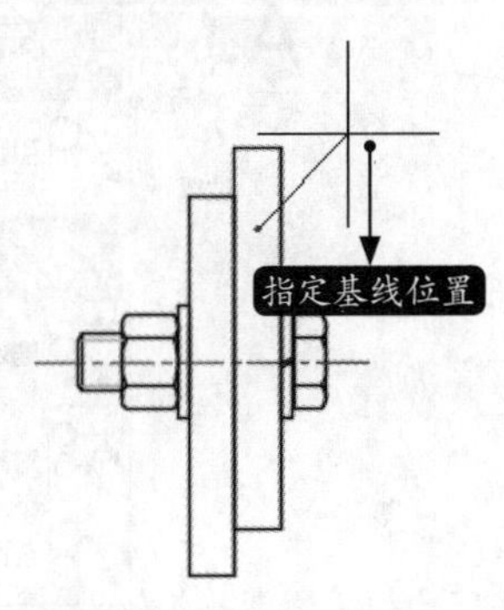

步骤05 在弹出的【编辑属性】对话框中输入标记编号“1”，如下图所示。

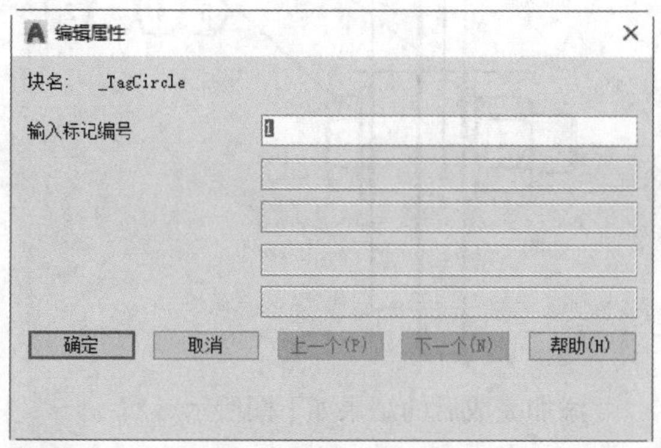

步骤06 单击【确定】按钮后结果如下图所示。

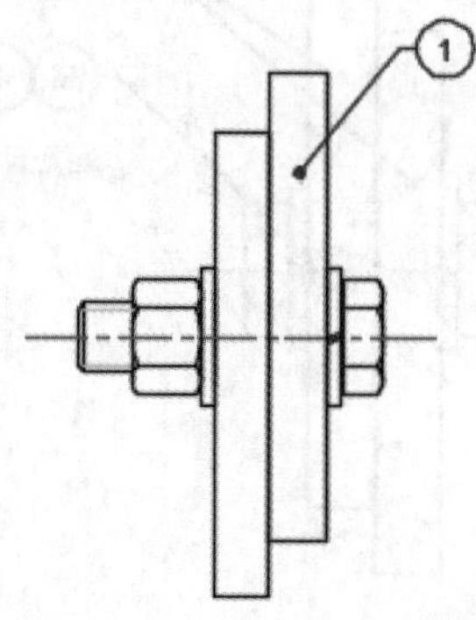

步骤07 重复多重引线标注，结果如下图所示。

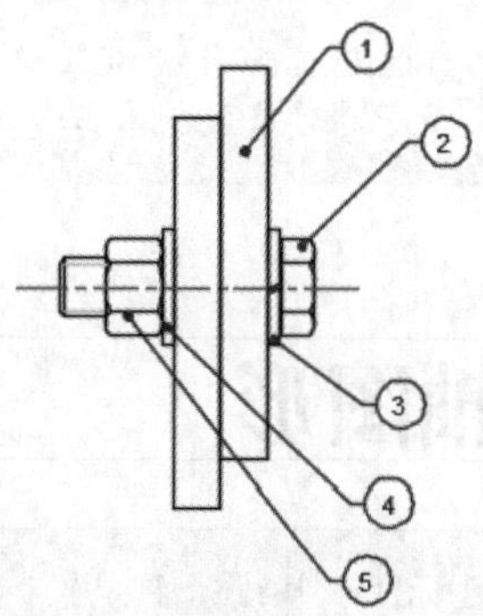

2. 对齐和合并多重引线

步骤01 单击【注释】选项卡➤【引线】面板➤【对齐】按钮，然后选择所有多重引线，如右上图所示。

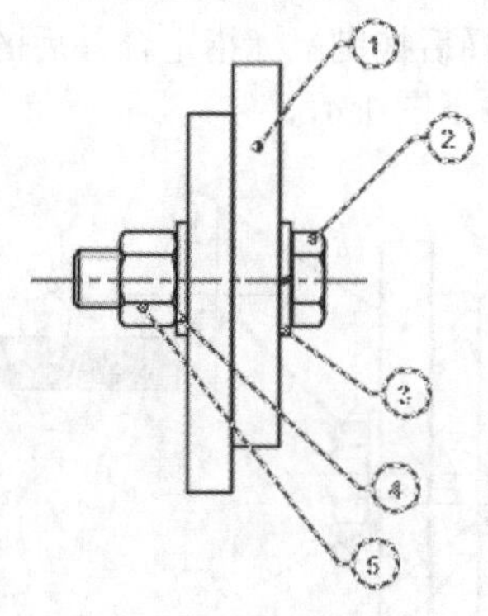

步骤02 捕捉多重引线2，将其他多重引线与其对齐，如下图所示。

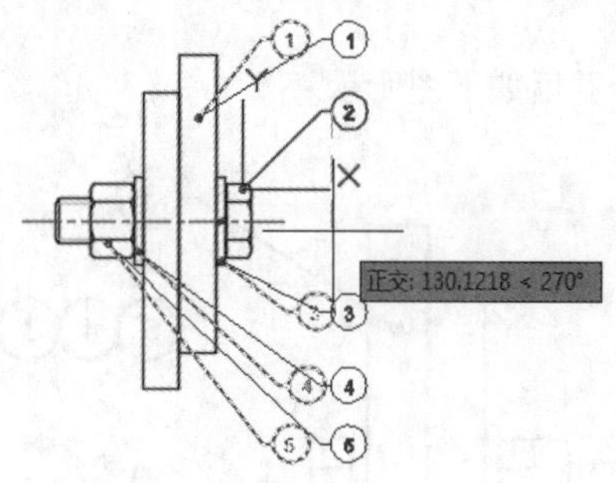

对齐结果如下图所示。

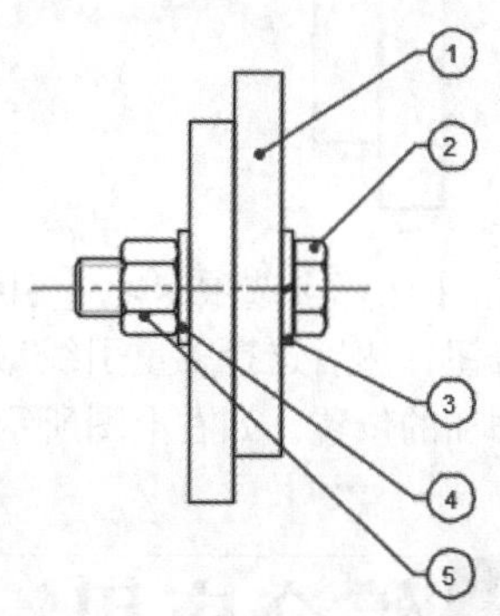

步骤03 单击【注释】选项卡➤【引线】面板➤【合并】按钮，然后选择多重引线2~5，如下图所示。

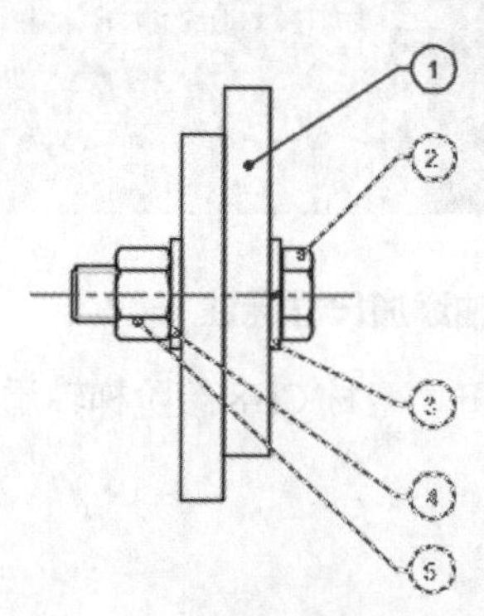

步骤 04 选择后拖曳鼠标指定合并后的多重引线的位置，如下图所示。

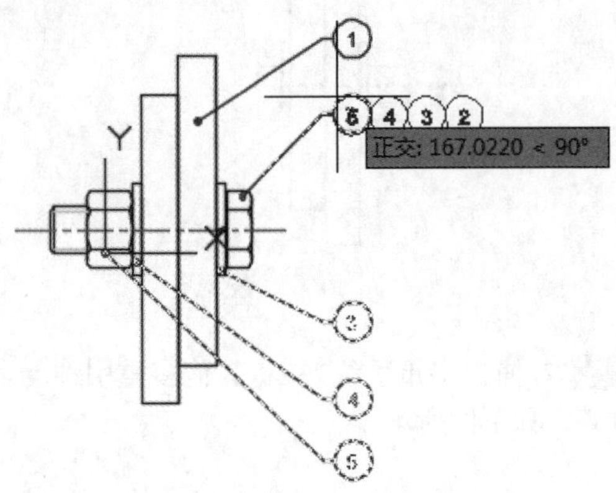

合并后如下图所示。

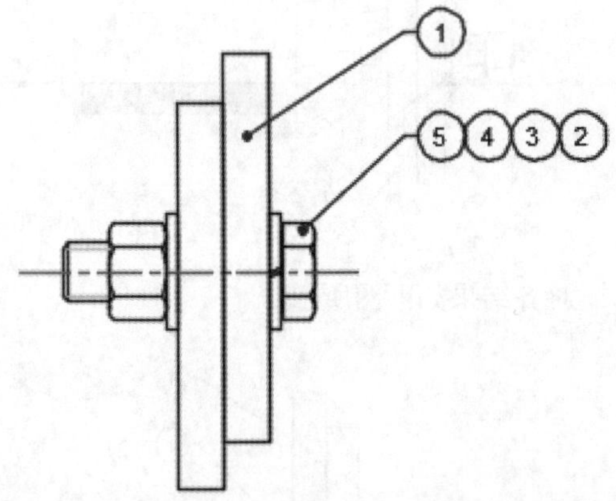

步骤 05 单击【注释】选项卡➢【引线】面板➢【添加】按钮，然后选择多重引线1并拖曳十字光标指定添加的位置，如右上图所示。

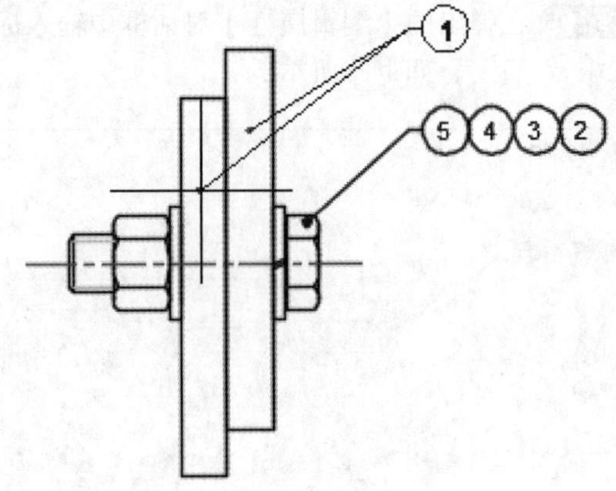

添加完成后的结果如下图所示。

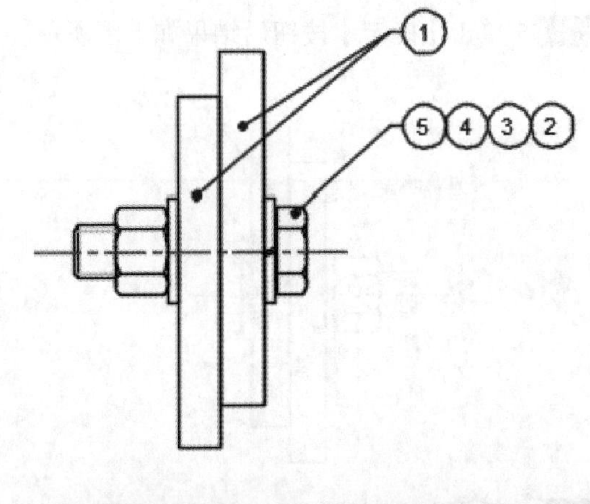

小提示

为了便于指定点和引线的位置，在创建多重引线时可以关闭对象捕捉和正交模式。

8.6 综合应用——标注阶梯轴图形

阶梯轴是机械设计中常见的零件，本例通过线性标注、基线标注、连续标注、直径标注、半径标注、公差标注、形位公差标注等为阶梯轴添加标注。

1. 为阶梯轴添加尺寸标注

步骤 01 打开“素材\CH8\给阶梯轴添加标注.dwg”文件，如下页图所示。

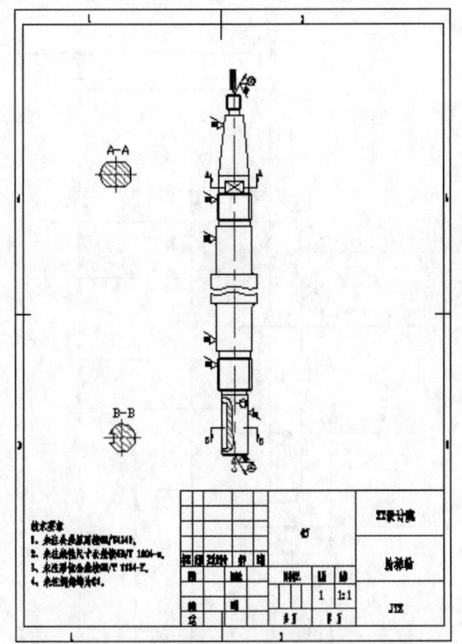

步骤02 选择【格式】➢【标注样式】菜单命令，在弹出的【标注样式管理器】对话框中单击【修改】按钮，单击【线】选项卡，将尺寸基线修改为“20”，如下图所示。

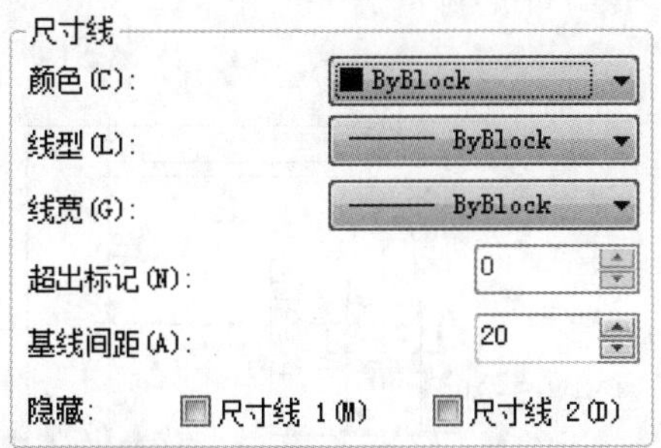

步骤03 选择【标注】➢【线性】菜单命令，捕捉轴的两个端点作为尺寸界线原点，在合适的位置放置尺寸线，结果如下图所示。

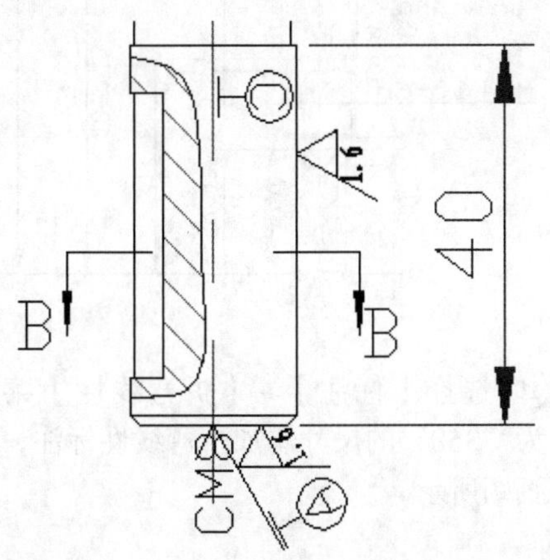

步骤04 选择【标注】➢【基线】菜单命令，创建基线标注，结果如下图所示。

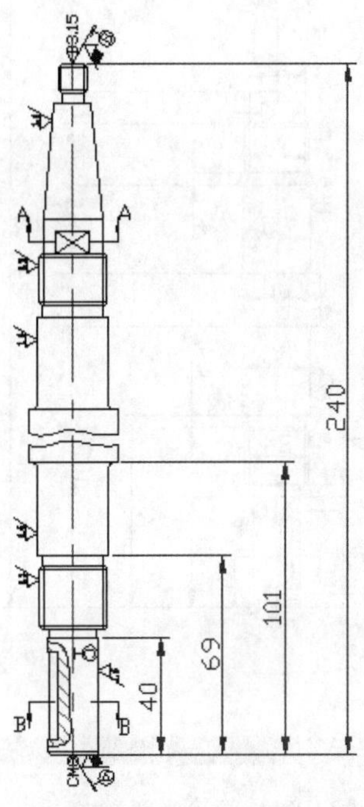

步骤05 选择【标注】➢【基线】菜单命令，然后输入“S”选择连续标注的第一条尺寸线，创建连续标注，结果如下图所示。

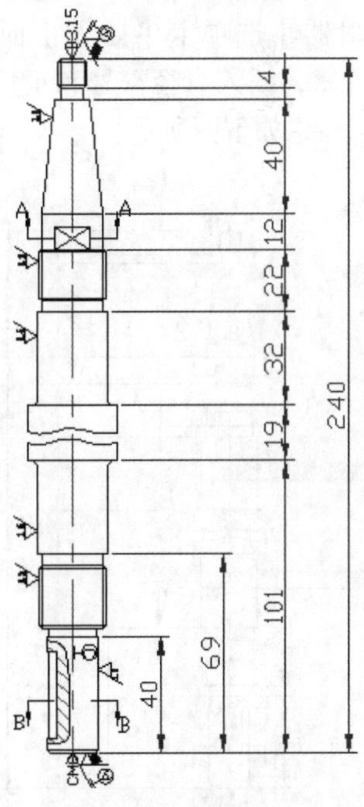

步骤06 在命令行输入“MULTIPLE”并按【Enter】键，然后输入“DLI”，标注退刀槽和轴的直径，如下页图所示。

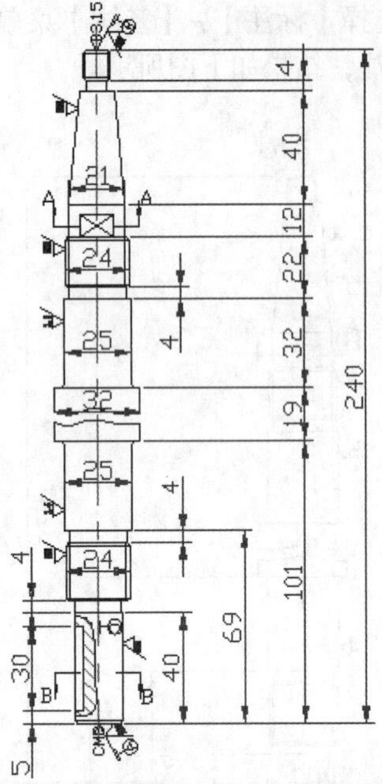

小提示

【MULTIPLE】命令是连续执行命令，输入该命令后，再输入要连续执行的命令，可以重复该操作，直至按【Esc】键退出。

步骤 07 双击标注为“25”的尺寸，在弹出的【文字编辑器】选项卡【插入】面板中选择【符号】按钮，插入直径符号和正负号，并输入公差值，结果如下图所示。

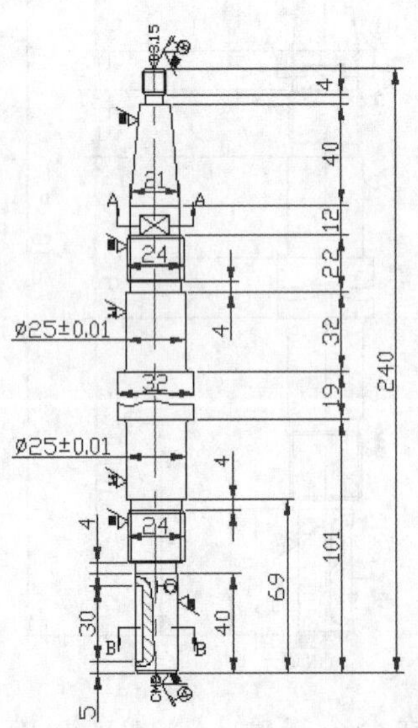

步骤 08 重复**步骤 07**的操作，修改退刀槽和螺纹标注等，结果如右上图所示。

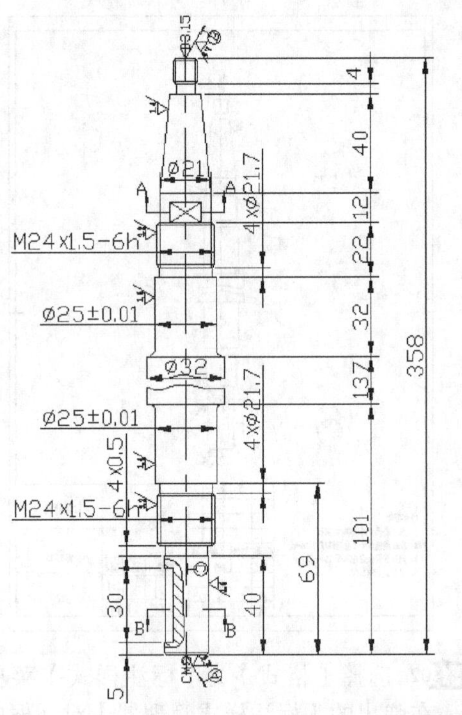

步骤 09 单击【注释】选项卡➢【标注】面板中的【打断】按钮，对相互干涉的尺寸进行打断，如下图所示。

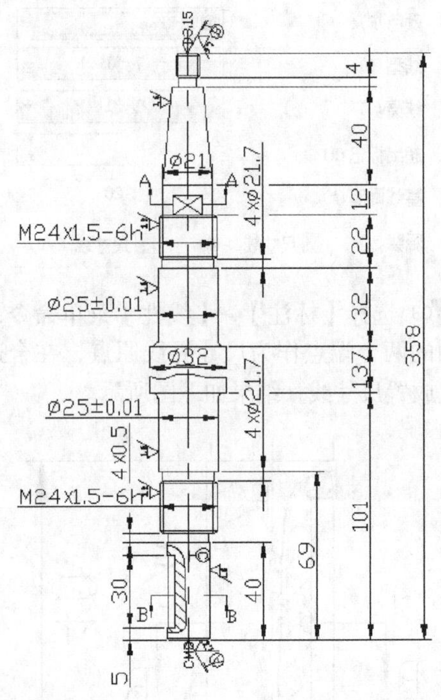

步骤 10 选择【标注】➢【折弯线性】菜单命令，为“358”的尺寸添加折弯线性标注，结果如下页图所示。

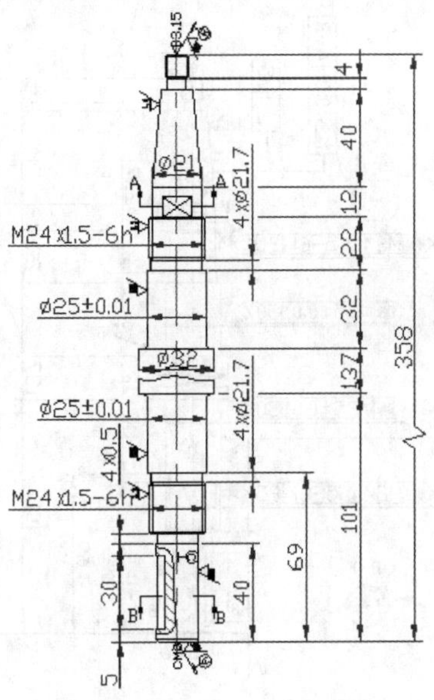

2. 添加检验标注和多重引线标注

步骤01 单击【注释】选项卡➤【标注】面板➤【检验】标注按钮，弹出检验标注对话框，如下图所示。

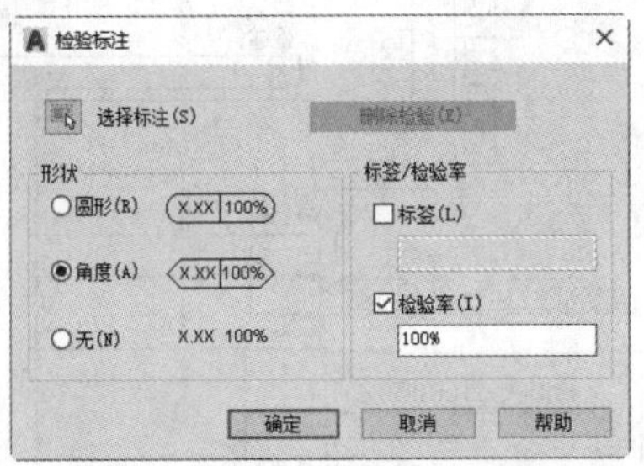

步骤02 选择两个螺纹标注，结果如下图所示。

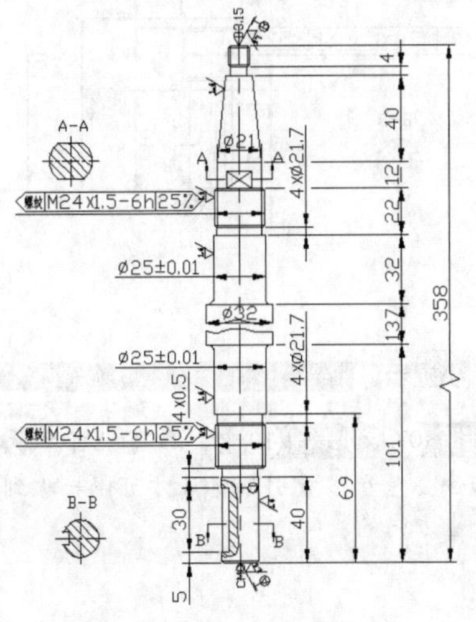

步骤03 重复**步骤01**～**步骤02**，继续为阶梯轴添加检验标注，如下图所示。

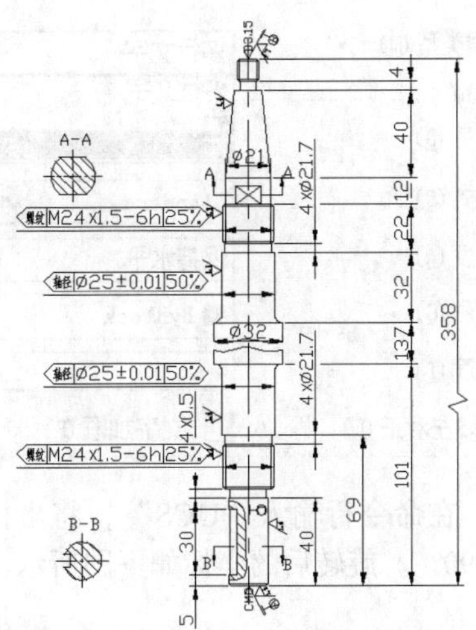

步骤04 选择【标注】➤【半径】菜单命令，为圆角添加半径标注，如下图所示。

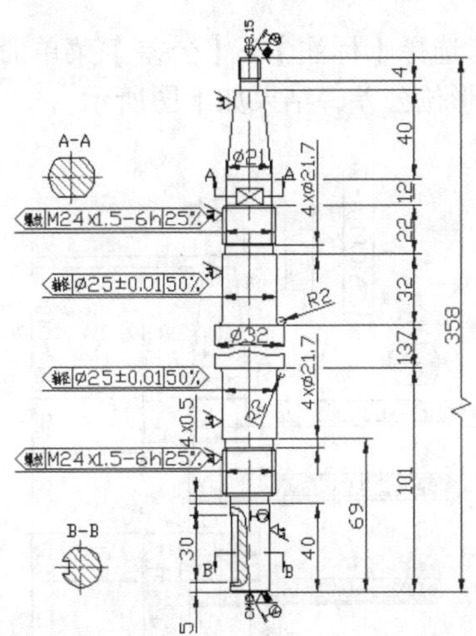

步骤05 选择【格式】➤【多重引线样式】菜单命令，然后单击【修改】按钮，在弹出的【修改多重引线样式：Standard】对话框中单击【引线结构】选项卡，将【设置基线距离】复选框的对号去掉，如下图所示。

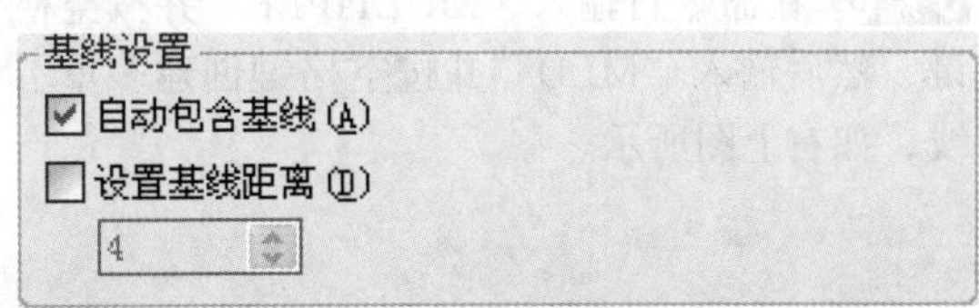

步骤06 单击【内容】选项卡，将【多重引线类型】设置为“无”，然后单击【确定】并将修

改后多重引线样式设置为当前样式，如下图所示。

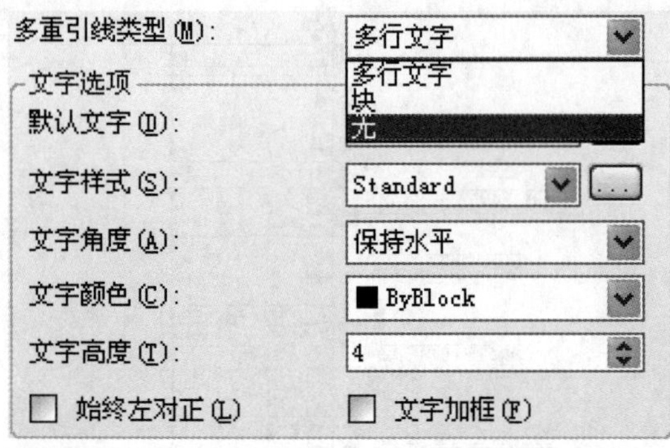

步骤07 在命令行输入“UCS”，将坐标系绕z轴旋转90°。旋转后的坐标如下图所示。

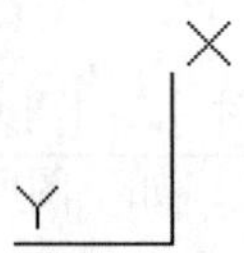

步骤08 选择【标注】➤【公差】菜单命令，然后创建形位公差，结果如下图所示。

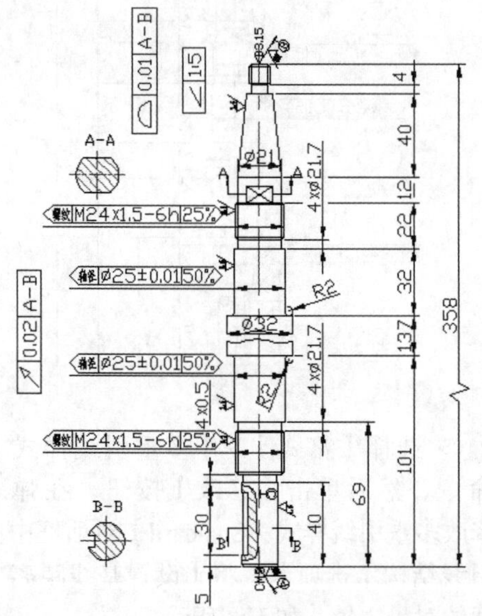

步骤09 在命令行输入“MULTIPLE”并按空格键，然后输入“MLD”并按空格键创建多重引线，如右上图所示。

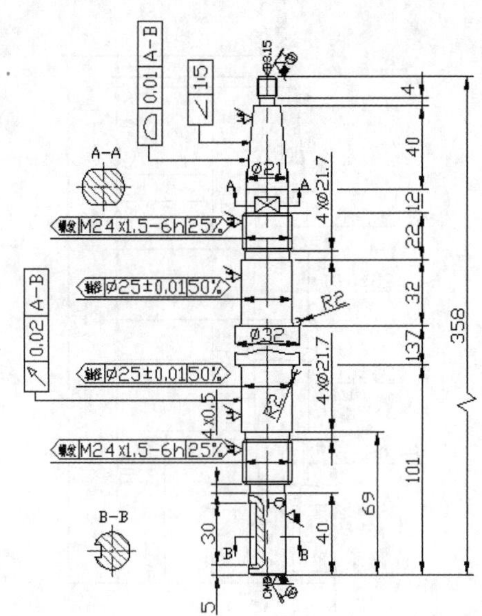

步骤10 在命令行输入“UCS”并按空格键，将坐标系绕z轴旋转180°，然后在命令行输入“MLD”并按空格键创建一条多重引线，结果如下图所示。

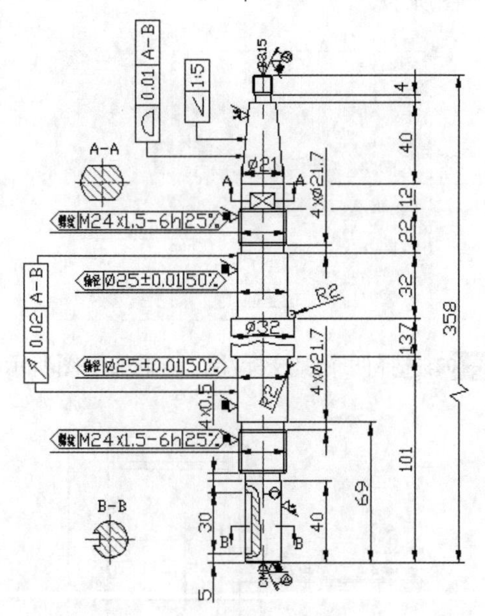

小提示

步骤07 和步骤10中，只有坐标系旋转后创建的形位公差和多重引线标注才可以一次到位，标注成竖直方向的。

3. 为断面图添加标注

步骤01 在命令行输入“UCS”后按回车键，将坐标系重新设置为世界坐标系，结果如下图所示。

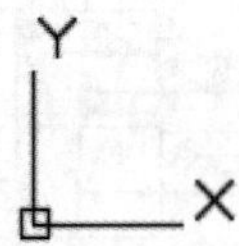

步骤02 选择【标注】➢【线性】菜单命令，为断面图添加线性标注，结果如下图所示。

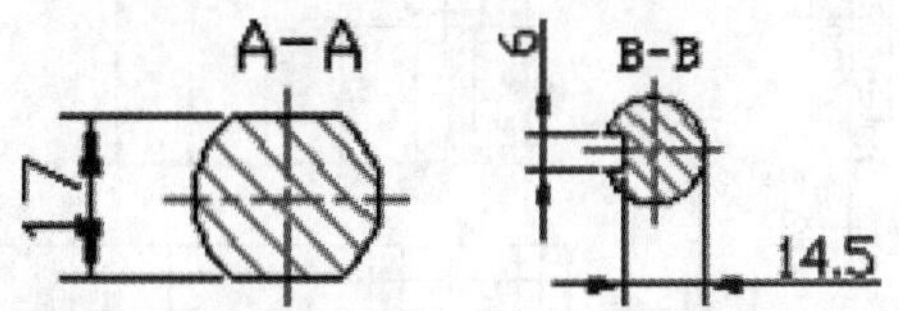

步骤03 选择【修改】➢【特性】菜单命令，然后选择标注为“14.5”的尺寸，在弹出的【特性选项板】上进行如下图所示的设置。

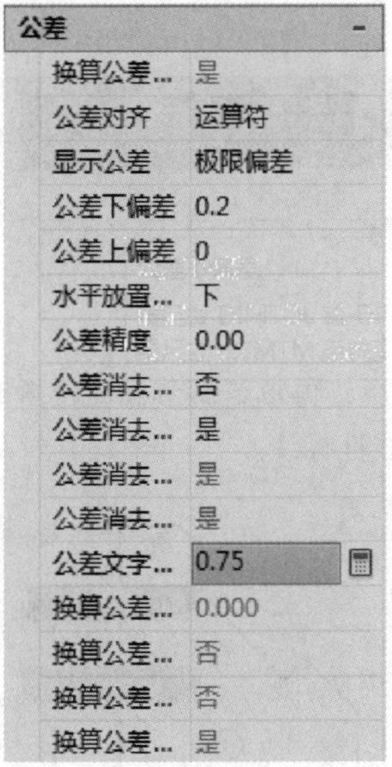

步骤04 关闭【特性选项板】后结果如下图所示。

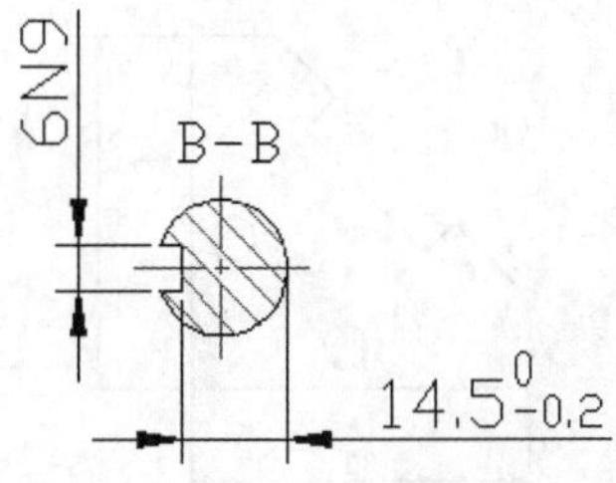

步骤05 选择【格式】➢【标注样式】菜单命令，然后选择【替代】按钮，在弹出的对话框中选择【公差】选项卡，进行如下图所示的设置。

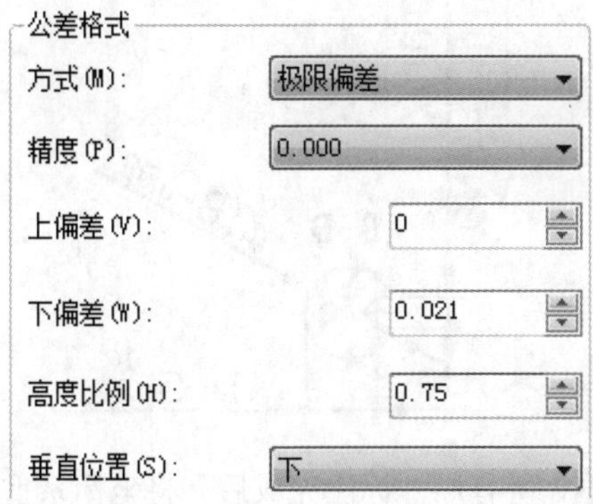

步骤06 将替代样式设置为当前样式，在命令行输入“DDI”并按空格键，然后选择键槽断面图的圆弧进行标注，如下图所示。

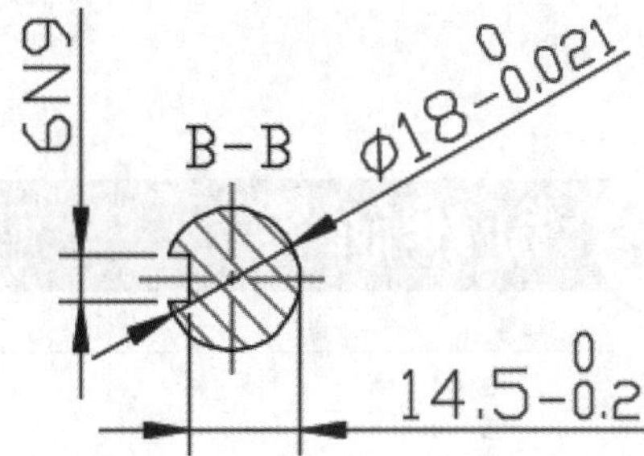

步骤07 在命令行输入“UCS”并按空格键确认，将坐标系绕z轴旋转90°，旋转后的坐标如下图所示。

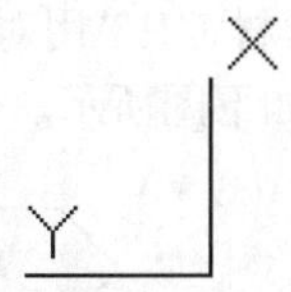

步骤08 选择【标注】➢【公差】菜单命令，在弹出的【形位公差】输入框中进行如下图所示的设置。

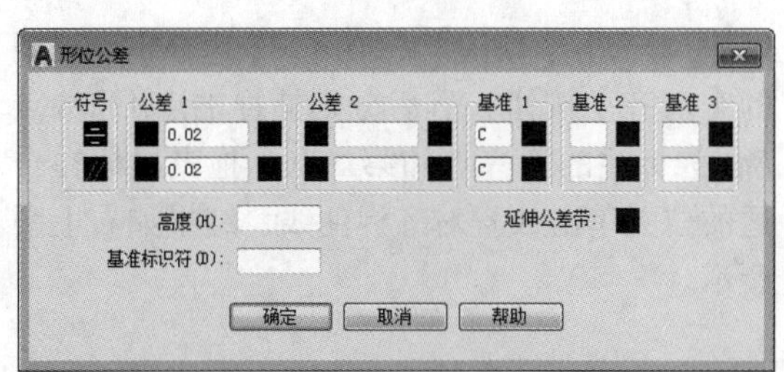

步骤 09 单击【确定】按钮，然后将创建的形位公差放到合适的位置，如下图所示。

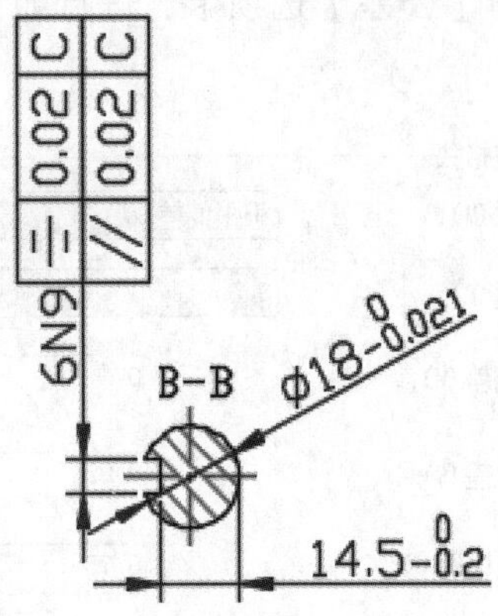

步骤 10 所有尺寸标注完成后，将坐标系重新设置为世界坐标系。最终结果如右图所示。

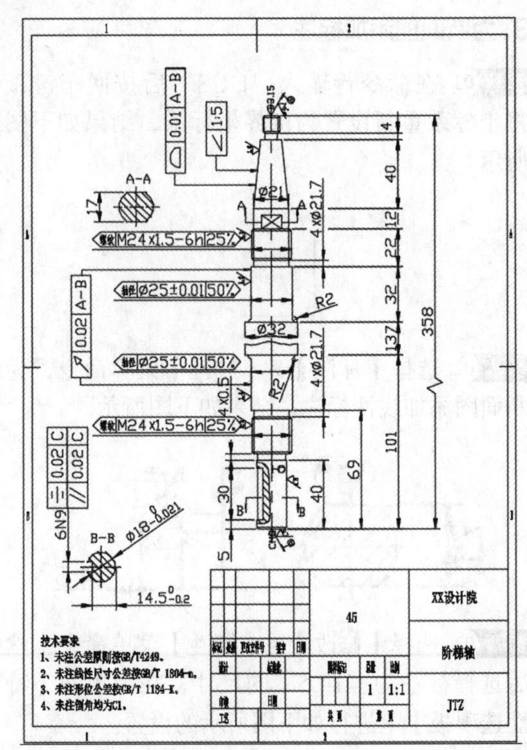

疑难解答

1. 对齐标注的水平竖直标注与线性标注的区别

对齐标注也可以标注水平或竖直直线，但是当标注完成后，再重新调节标注位置时，往往得不到希望的结果。因此，在标注水平或竖直尺寸时最好使用线性标注。

步骤 01 打开“素材\CH8\用对齐标注标注水平竖直线”文件，如下图所示。

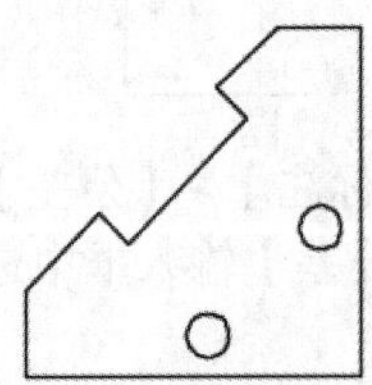

步骤 02 单击【默认】选项卡➢【注释】面板中的【对齐】按钮，然后分别捕捉端点*A*和端点*B*作为标注的第一点和第二点，拖曳鼠标在合适的位置单击放置对齐标注线，结果如右上图所示。

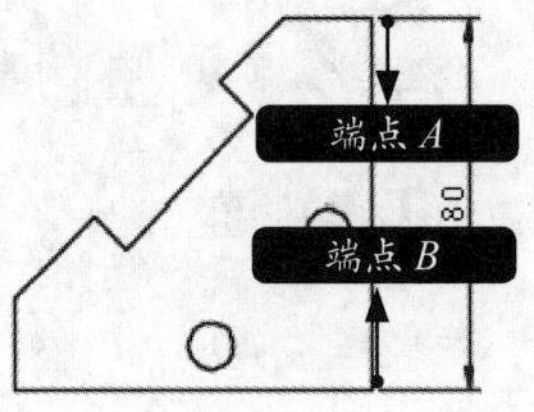

步骤 03 重复对齐标注，对水平直线进行标注，结果如下图所示。

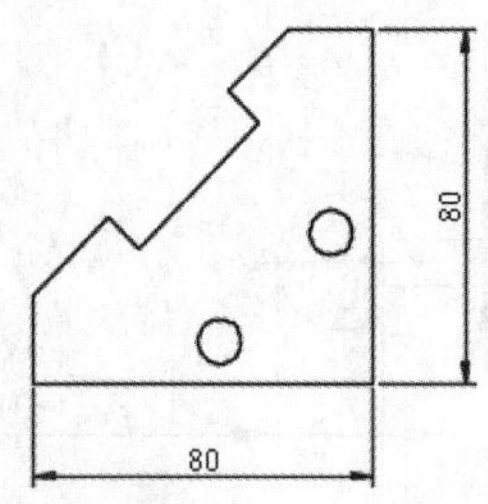

步骤04 选中竖直标注，然后单击下图所示的夹点。

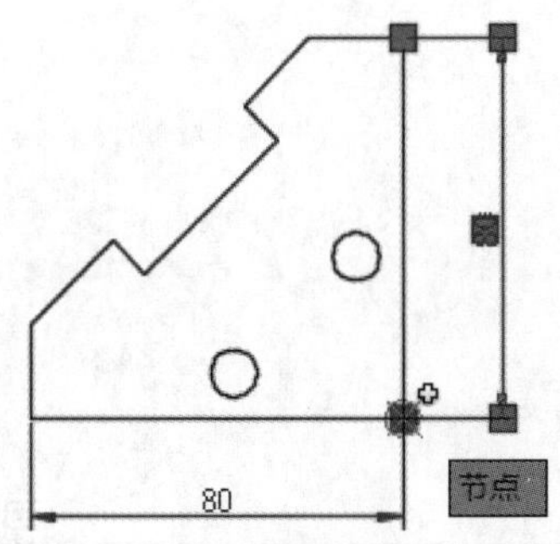

步骤05 向右拖曳鼠标调整标注位置，可以看到标注尺寸发生了变化，如下图所示。

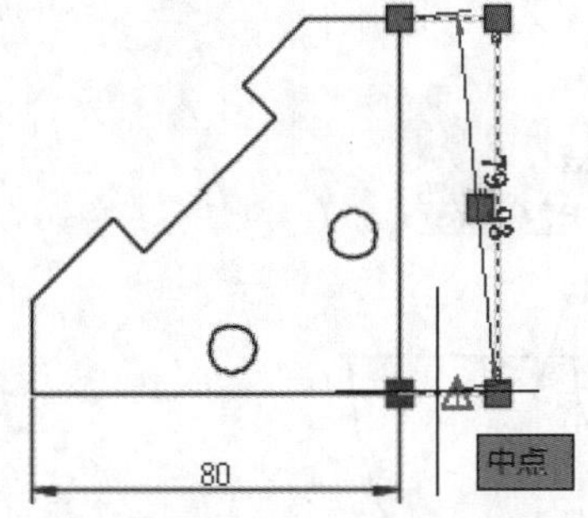

步骤06 在合适的位置单击确定新的标注位置，结果如下图所示。

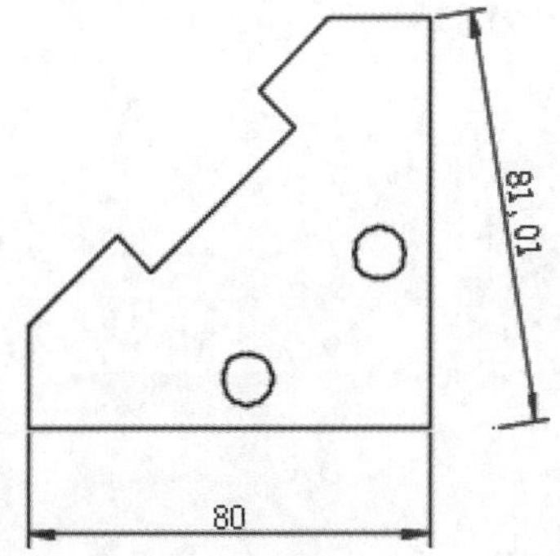

2. 如何标注大于180° 的角

前面介绍的角度都是小于180° 的，那么如何标注大于180° 的角呢？下面通过案例详细介绍如何标注大于180° 的角。

步骤01 打开“素材\CH8\标注大于180° 的角”文件，如右上图所示。

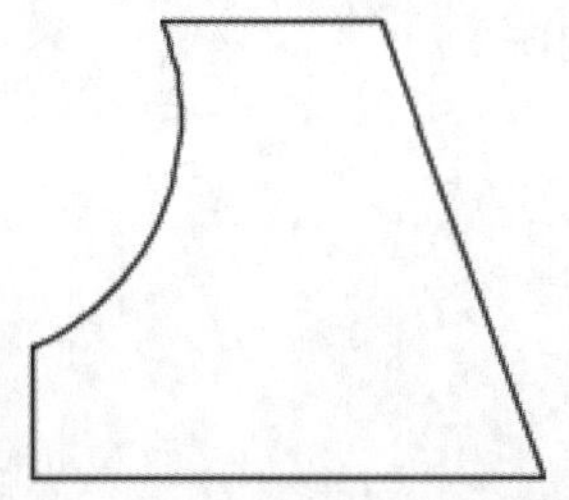

步骤02 单击【默认】选项卡➤【注释】面板中的【角度】按钮，当命令行提示选择“圆弧、圆、直线或 <指定顶点>”时，直接按空格键接受“指定顶点”选项。

```
命令：_dimangular
选择圆弧、圆、直线或 < 指定顶点 >:
```

步骤03 用鼠标捕捉下图所示的端点为角的顶点。

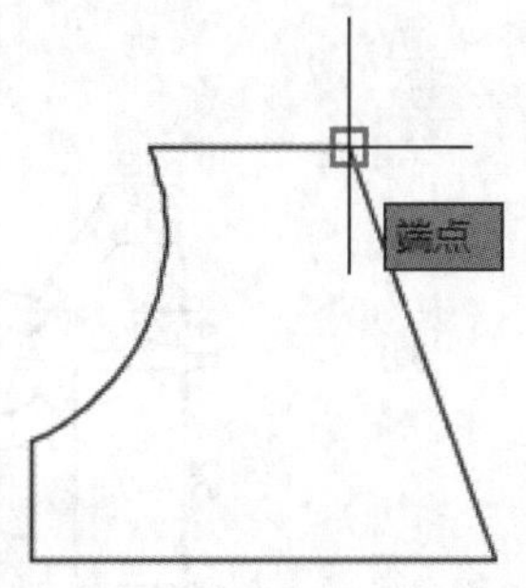

步骤04 用鼠标捕捉下图所示的中点为角的第一个端点。

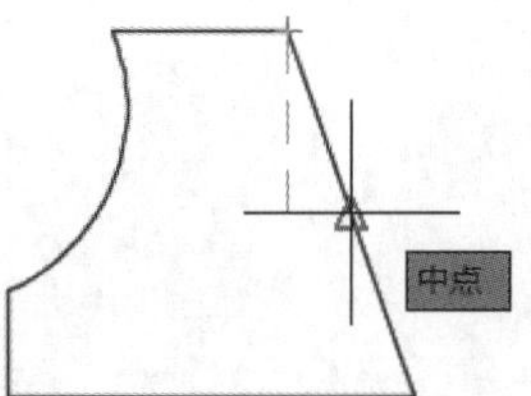

步骤05 用鼠标捕捉下图所示的中点为角的第二个端点。

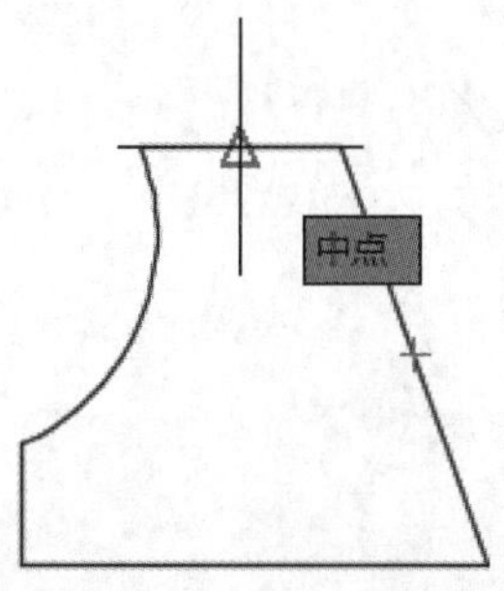

步骤06 拖曳鼠标在合适的位置单击放置角度标

注，如下图所示。

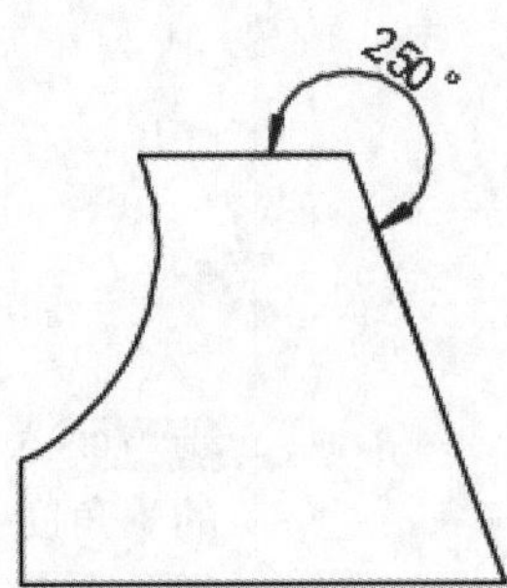

实战练习

绘制以下图形，并标注尺寸。

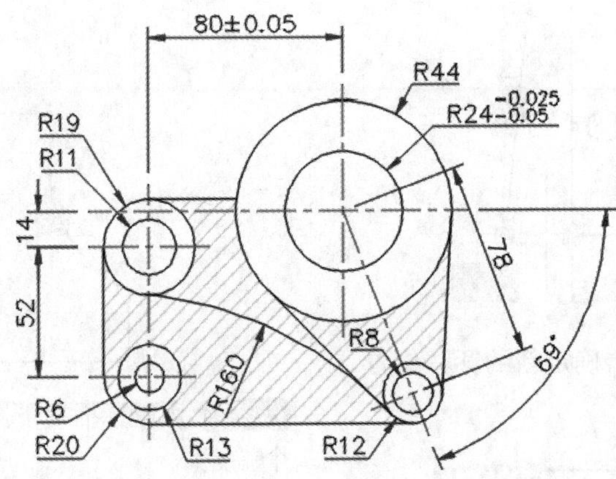

第9章

智能标注和编辑标注

学习目标

智能标注（dim）命令可以在同一命令任务中创建多种类型的标注。智能标注命令支持的标注类型包括垂直标注、水平标注、对齐标注、旋转的线性标注、角度标注、半径标注、直径标注、折弯半径标注、弧长标注、基线标注和连续标注。

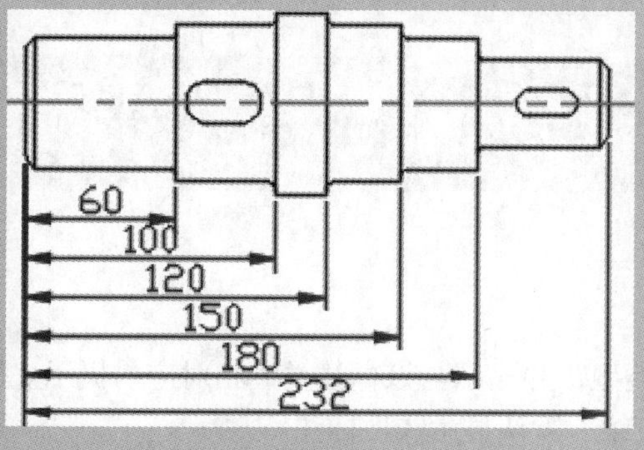

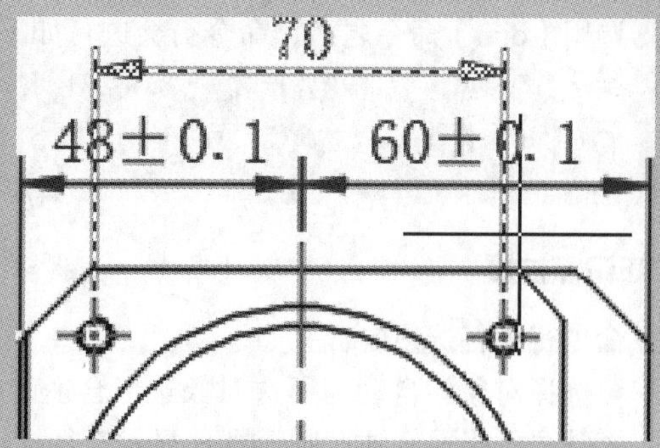

9.1 智能标注

dim命令可以理解为智能标注，几乎可以满足所有日常的标注需求，非常实用。

调用dim命令后，将十字光标悬停在标注对象上时，可以预览要使用的标注类型。选择对象、线或点进行标注，然后单击绘图区域的任意位置即可绘制标注。

9.1.1 dim功能

1. 命令调用方法

在AutoCAD 2021中调用【dim】命令的方法通常有以下三种。

- 命令行输入“DIM”命令并按空格键。
- 单击【默认】选项卡➢【注释】面板➢【标注】按钮。
- 单击【注释】选项卡➢【标注】面板➢【标注】按钮。

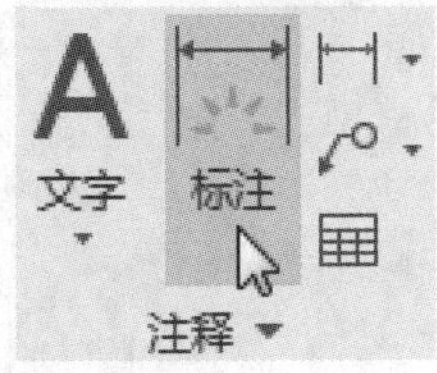

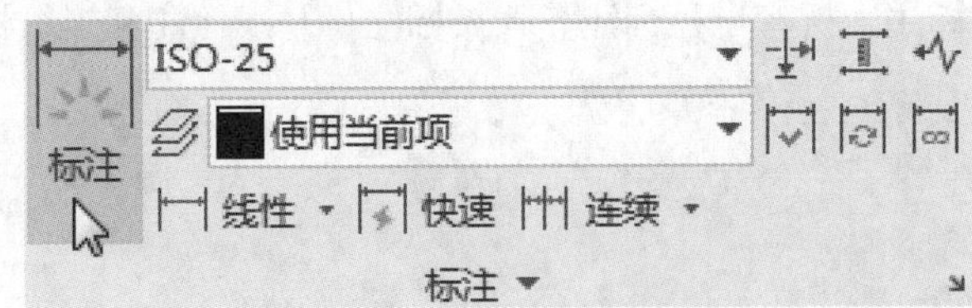

2. 命令提示

调用【dim】命令之后，命令行会进行如下提示。

命令：_dim
选择对象或指定第一个尺寸界线原点或 [角度 (A)/ 基线 (B)/ 连续 (C)/ 坐标 (O)/ 对齐 (G)/ 分发 (D)/ 图层 (L)/ 放弃 (U)]:

3. 知识点扩展

命令行中各选项的含义如下。

- 选择对象：自动为所选对象选择合适的标注类型，并显示与该标注类型相对应的提示。圆弧，默认显示半径标注；圆，默认显示直径标注；直线，默认显示线性标注。
- 第一条尺寸界线原点：选择两个点时创建线性标注。
- 角度：创建一个角度标注来显示三个点或两条直线之间的角度（与 DIMANGULAR 命令相同）。
- 基线：从上一个或选定标准的第一条界线创建线性、角度或坐标标注（与 DIMBASELINE 命令相同）。

● 连续：从选定标注的第二条尺寸界线创建线性、角度或坐标标注（与 DIMCONTINUE 命令相同）。

● 坐标：创建坐标标注（与 DIMORDINATE 命令相同），相比坐标标注，可以调用一次命令进行多个标注。

● 对齐：将多个平行、同心或同基准标注对齐到选定的基准标注。

● 分发：指定可用于分发一组选定的孤立线性标注或坐标标注的方法，有相等和偏移两个选项。相等，均匀分发所有选定的标注，此方法要求至少三条标注线；偏移，按指定的偏移距离分发所有选定的标注。

● 图层：为指定的图层指定新标注，以替代当前图层。该选项在创建复杂图形时尤为有用，选定标注图层后即可标注，不需要在标注图层和绘图图层之间来回切换。

● 放弃：放弃上一个标注操作。

9.1.2 实战演练——使用智能标注功能标注图形对象

下面利用【dim】功能对图形对象进行标注操作，具体操作步骤如下。

> **小提示**
>
> 本实例的所有标注是在一次命令调用下完成的。

1. 创建线性标注

步骤 01 打开“素材\CH09\智能标注.dwg”文件，如下图所示。

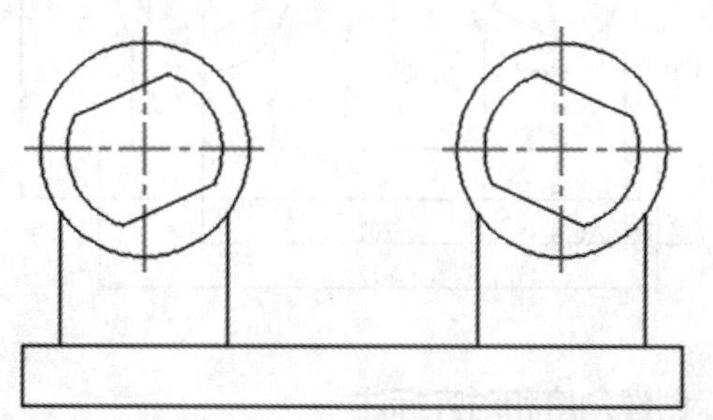

步骤 02 在命令行中输入“dim”并按【Enter】键确认，在绘图区域捕捉标注的第一个端点。

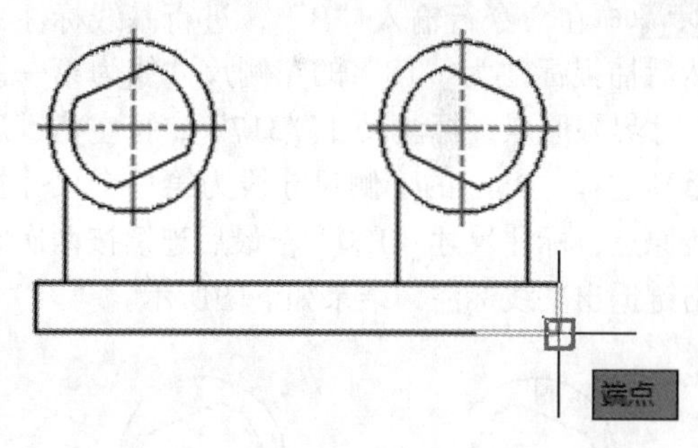

步骤 03 捕捉标注的第一个端点，如下左图所示，然后拖曳鼠标单击指定尺寸线的位置，结果如下右图所示。

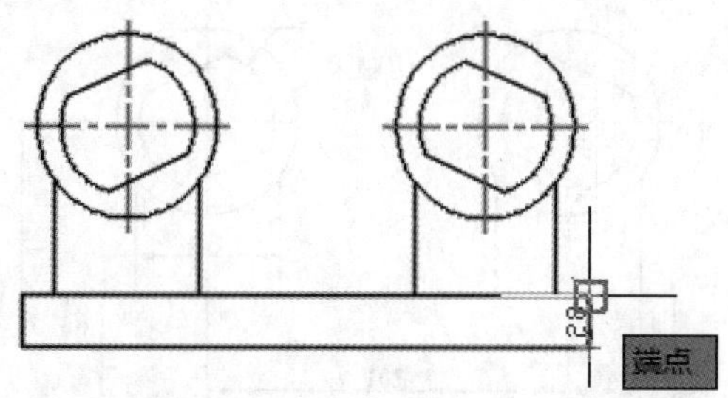

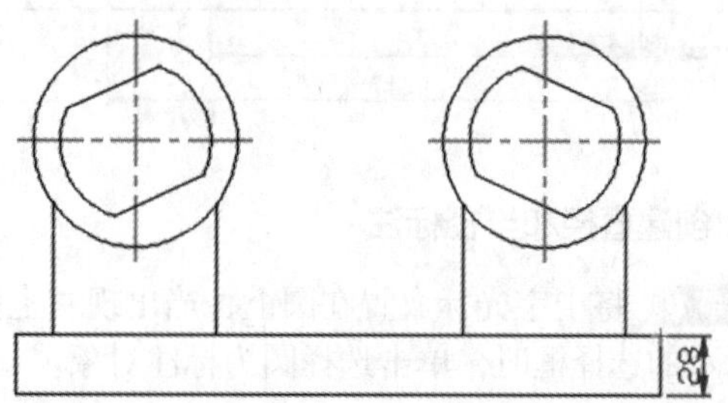

步骤 04 继续线性尺寸“80”和“18”的标注，如下图所示。

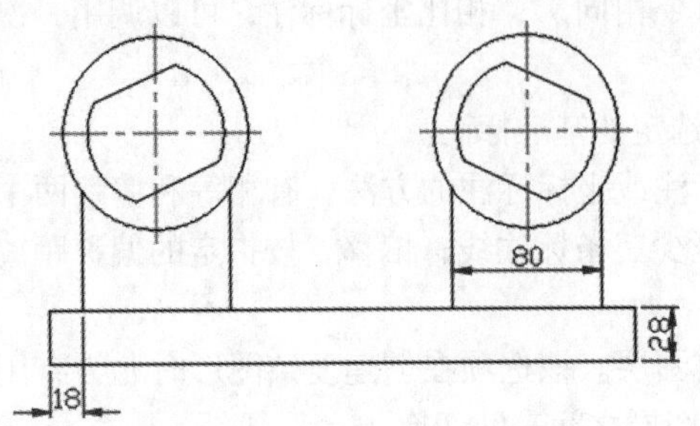

步骤 05 在命令行输入“C”，进行连续标注，然后捕捉标注为“18”的右侧尺寸线为第一个尺寸界限原点，连续标注“40”和“201”，连续按两次空格键退出连续标注，结果如下图所示。

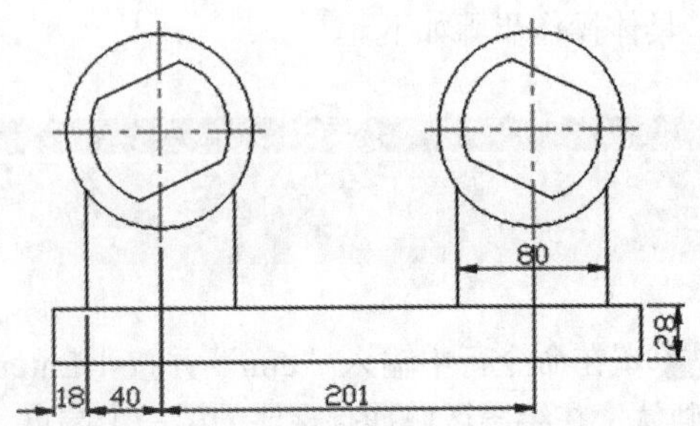

步骤 06 在命令行输入“B”，进行基线标注，然后捕捉标注为“18”的左侧尺寸线为第一个尺寸界限原点，标注尺寸“317”，按空格键后重新选择“28”的下侧尺寸线为第一个尺寸接线原点，标注尺寸“120”，最后连续按两次空格键退出基线标注，结果如下图所示。

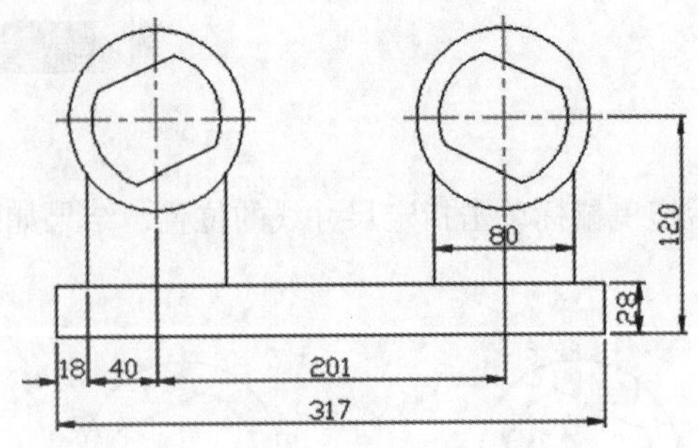

2. 创建直径和半径标注

步骤 01 将十字光标放置在圆上，当出现右上图所示的选择框时，单击选择圆为标注对象。

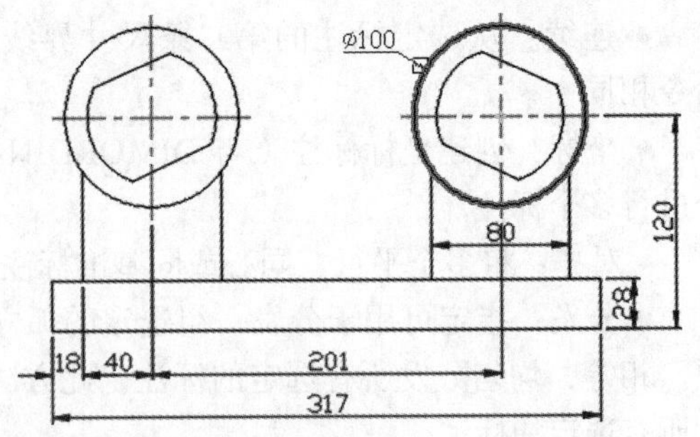

步骤 02 拖曳鼠标单击指定尺寸线的位置，结果如下图所示。

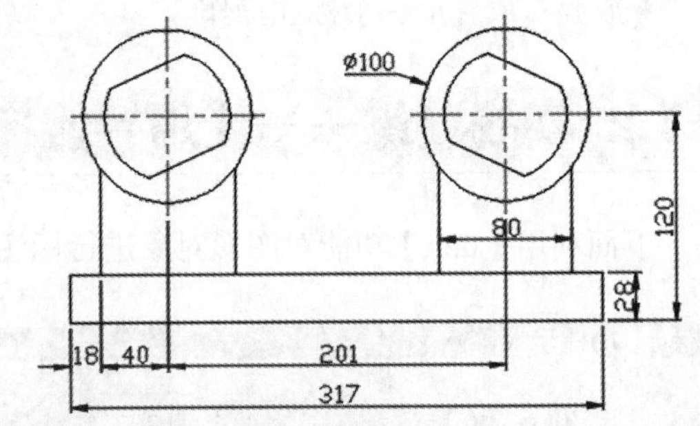

步骤 03 重复步骤 01~步骤 02，选择R37的圆弧进行标注，结果如下图所示。

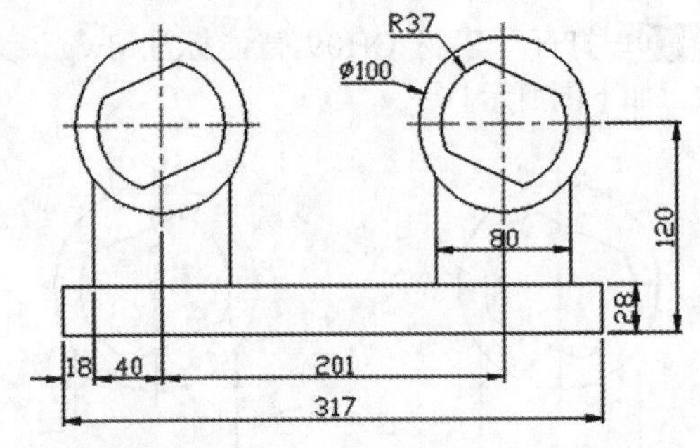

3. 创建角度和对齐标注

步骤 01 在命令行输入“A”，然后选择斜线和水平中心线，如下图所示。

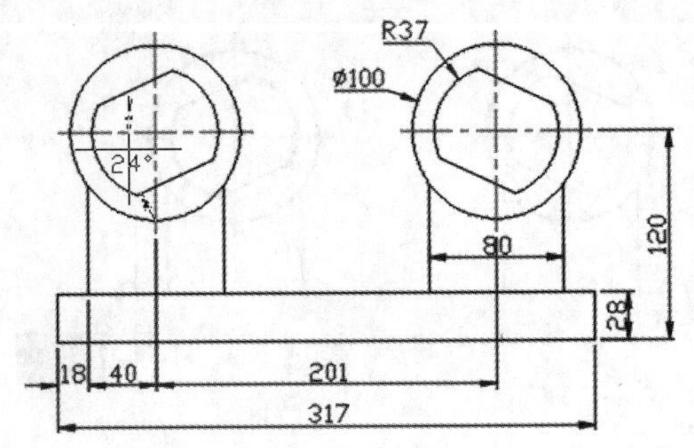

步骤02 拖曳鼠标单击指定尺寸线的位置，结果如下图所示。

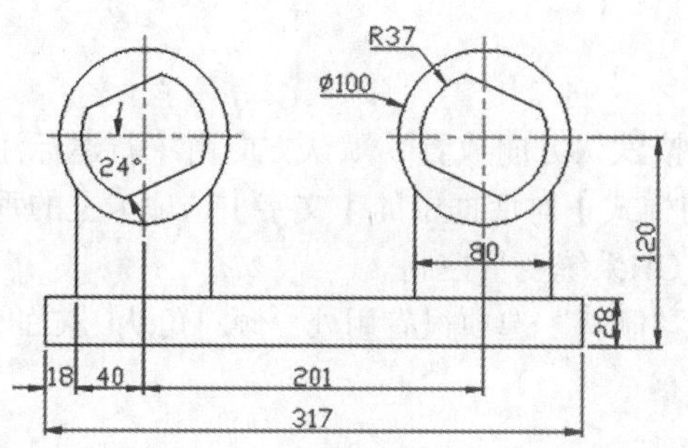

步骤03 按空格键退出角度标注，然后利用十字光标捕捉下图所示的两个点。

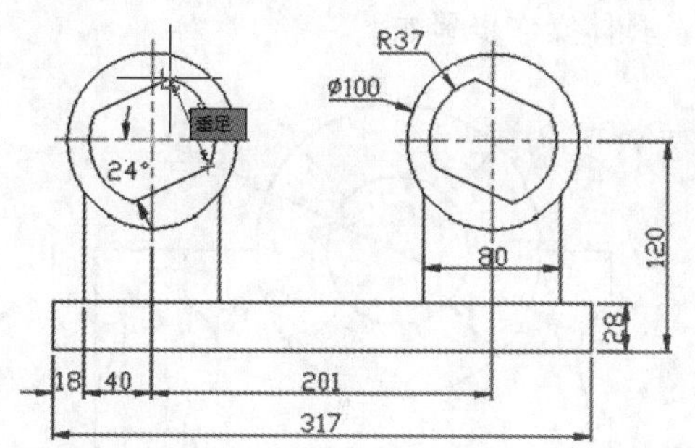

步骤04 拖曳鼠标单击指定尺寸线的位置，然后按空格键退出智能标注，结果如下图所示。

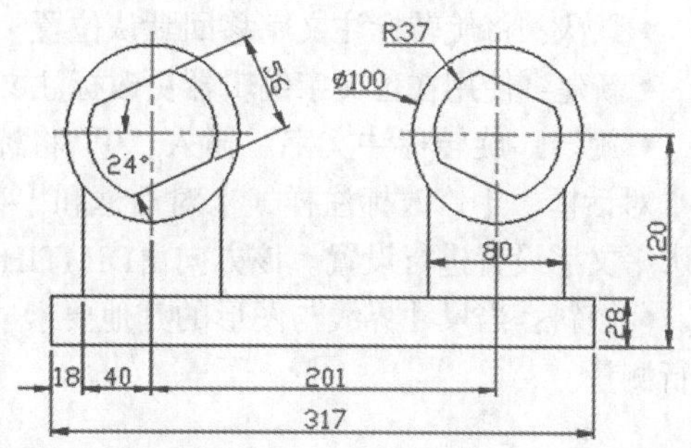

小提示

拖曳鼠标时沿对齐标注方向拖曳，否则会提示水平或垂直线性标注。

9.2 编辑标注

标注对象创建完成后，可以根据需要对其进行编辑操作，以满足工程图纸的实际标注需求。

9.2.1 DIMEDIT（DED）编辑标注

DIMEDIT（DED）命令主要用于编辑标注文字和尺寸界线，可以旋转、修改或恢复标注文字，更改尺寸界线的倾斜角等。

1. 命令调用方法

在AutoCAD 2021命令行中输入“DED”并按【Enter】键即可调用该命令。

2. 命令提示

调用【DED】命令之后，命令行会进行如下提示。

```
命令：DIMEDIT
输入标注编辑类型 [ 默认 (H)/ 新建 (N)/ 旋转 (R)/ 倾斜 (O)] < 默认 >:
```

3. 知识点扩展

命令行中各选项的含义如下。

- 默认：将旋转标注文字移回默认位置。
- 新建：使用在位文字编辑器更改标注文字。
- 旋转：旋转标注文字。输入“0”将标注文字按默认方向放置，默认方向由【新建标注样式】对话框、【修改标注样式】对话框和【替代当前样式】对话框中的【文字】选项卡上的垂直和水平文字设置进行设置。该方向由DIMTIH和DIMTOH系统变量控制。
- 倾斜：当尺寸界线与图形的其他要素冲突时，“倾斜”选项很有用处，倾斜角从USC的x轴进行测量。

9.2.2 实战演练——编辑标注对象

下面利用【DED】命令对标注对象进行编辑操作，具体操作步骤如下。

步骤01 打开“素材\CH09\编辑标注.dwg”文件，如下图所示。

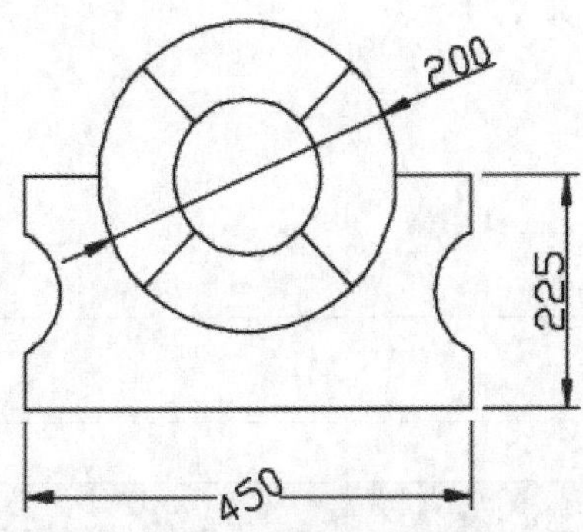

步骤02 在命令行输入“DED”并按【Enter】键确认，然后在命令提示下输入“H”按【Enter】键，并在绘图区域选择下图所示的标注对象作为编辑对象。

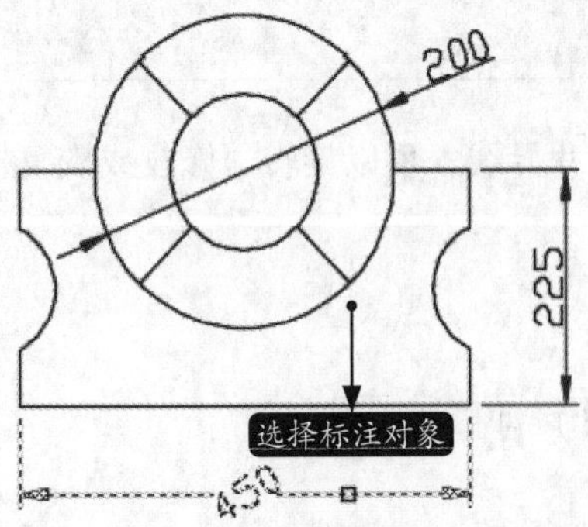

步骤03 按【Enter】键确认，结果如右上图所示。

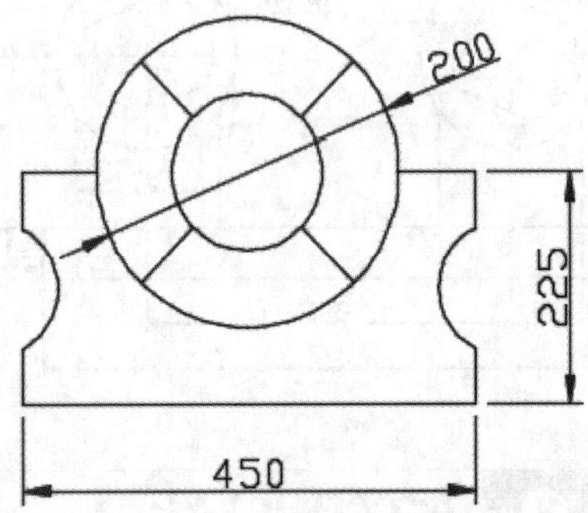

步骤04 在命令行输入“DED”并按【Enter】键确认，然后在命令提示下输入“O”并按【Enter】键，在绘图区域选择下图所示的标注对象作为编辑对象。

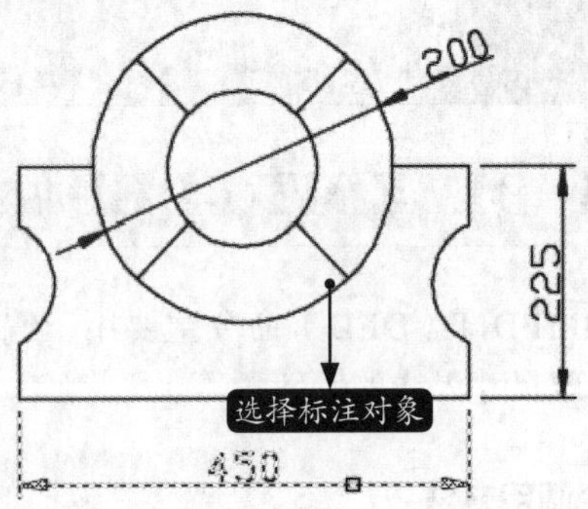

步骤05 按【Enter】键确认，在命令行提示下设置倾斜角度为“60”，结果如下页图所示。

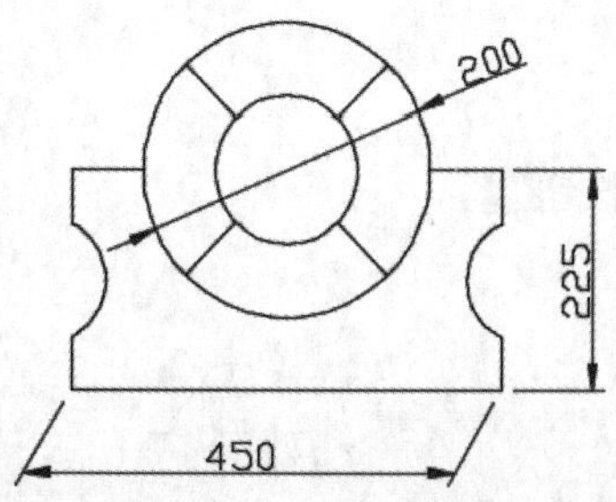

步骤06 在命令行输入“DED”并按【Enter】键确认，然后在命令行提示下输入“R”并按【Enter】键，继续在命令行提示下设置标注文字的角度为“30”，在绘图区域选择下图所示的标注对象作为编辑对象。

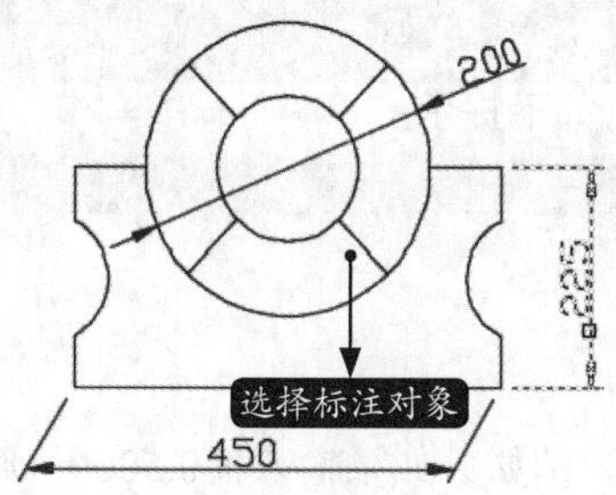

步骤07 按【Enter】键确认，结果如下图所示。

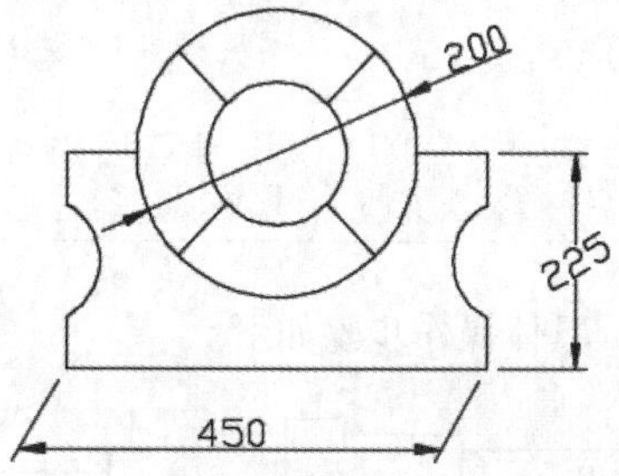

步骤08 在命令行输入“DED”并按【Enter】键确认，然后在命令行提示下输入“N”并按【Enter】键，在输入框输入“%%C200”，结果如下图所示。

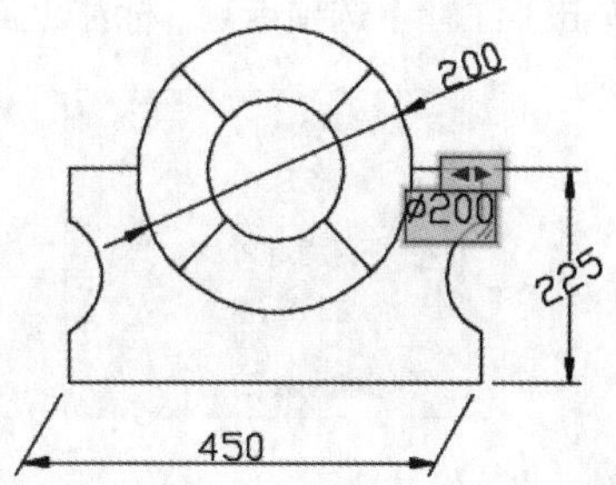

步骤09 在【文字编辑器】选项卡中单击【关闭文字编辑器】按钮，并在绘图区域选择下图所示的标注对象作为编辑对象。

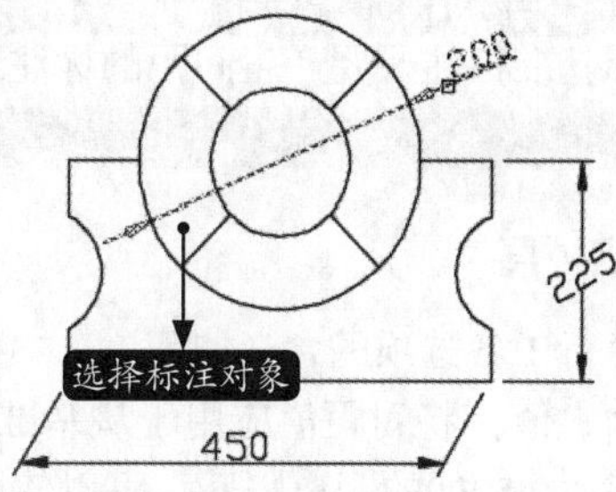

步骤10 按【Enter】键确认，结果如下图所示。

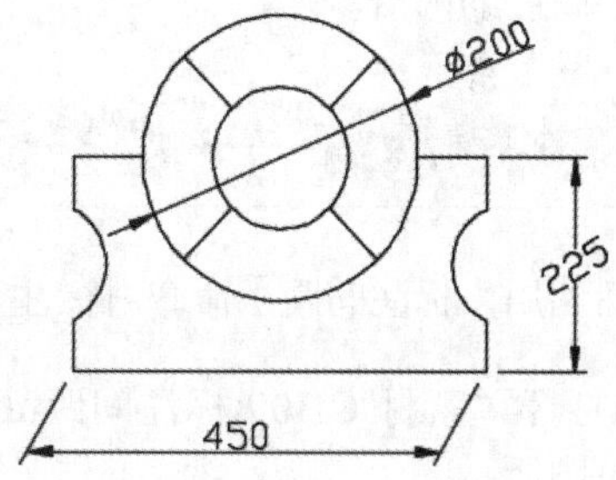

9.2.3 标注间距调整

线性标注或角度标注之间的距离可根据需要进行调整。可以将平行尺寸线之间的距离设为相等，也可以通过使用间距值“0”使一系列线性标注或角度标注的尺寸线齐平。间距仅适用于平行的线性标注或共用一个顶点的角度标注。

1. 命令调用方法

在AutoCAD 2021中调用【标注间距】命令的方法通常有以下三种。

- 选择【标注】➤【标注间距】菜单命令。
- 命令行输入“DIMSPACE”命令并按空格键。
- 单击【注释】选项卡➤【标注】面板➤【调整间距】按钮 。

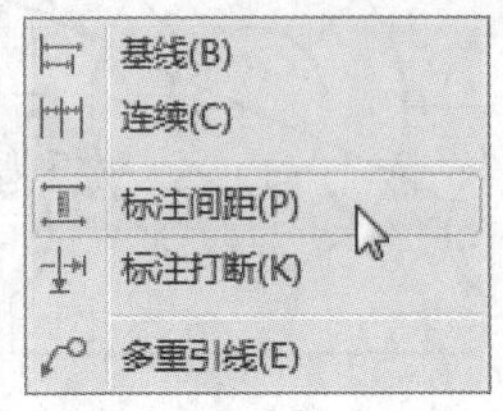

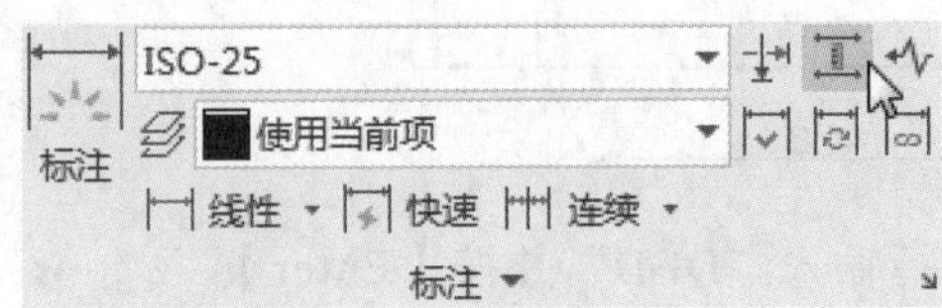

2. 命令提示

调用【标注间距】命令之后，命令行会进行如下提示。

```
命令：_DIMSPACE
选择基准标注：
```

选择基准标注及要产生间距的标注之后，命令行会进行如下提示。

```
输入值或 [ 自动 (A)] < 自动 >:
```

3. 知识点扩展

命令行中各选项的含义如下。

- 输入值：将间距值应用于从基准标注中选择的标注。例如，如果输入值0.5000，则所有选定标注将以0.5000的距离隔开。可以使用间距值0（零）将选定的线性标注和角度标注的标注线末端对齐。
- 自动：基于在选定基准标注的标注样式中指定的文字高度自动计算间距。所得的间距值是标注文字高度的两倍。

9.2.4 实战演练——调整标注间距

下面利用【标注间距】命令对标注对象间距进行调整，具体操作步骤如下。

步骤 01 打开“素材\CH09\标注间距.dwg”文件，如下图所示。

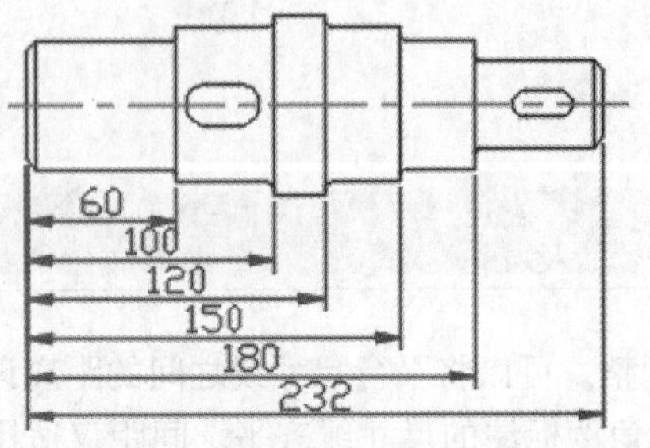

步骤 02 调用【标注间距】命令，在绘图区域选择“60”的线性标注对象作为基准标注。

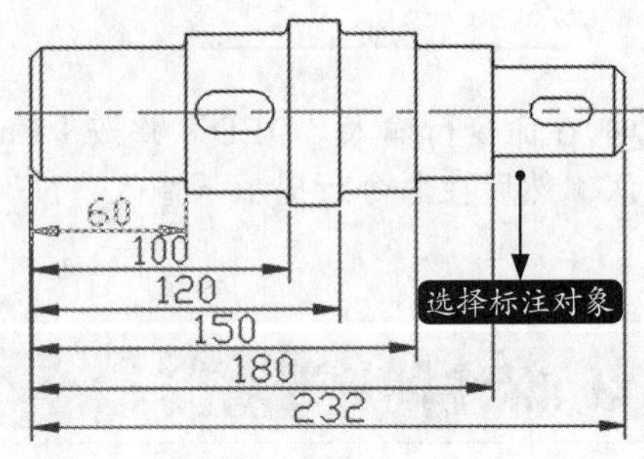

步骤 03 在绘图区域将其余线性标注对象全部选择，以作为要产生间距的标注对象，按空格键确认对象选择，如下页图所示。

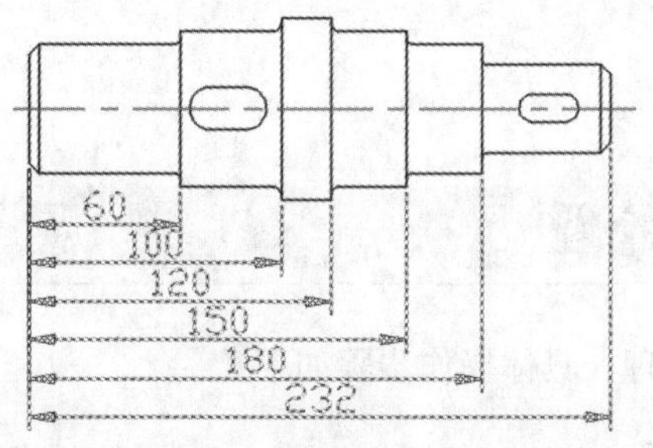

步骤 04 在命令提示输入间距值时，输入“25”，结果如右图所示。

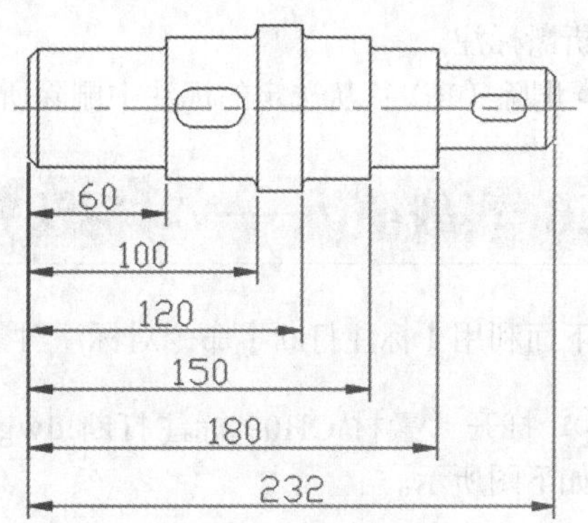

9.2.5 标注打断处理

在标注和尺寸界线与其他对象的相交处，可以打断或恢复标注和尺寸界线。

1. 命令调用方法

在AutoCAD 2021中调用【标注打断】命令的方法通常有以下三种。

- 选择【标注】➢【标注打断】菜单命令。
- 命令行输入“DIMBREAK”命令并按空格键。
- 单击【注释】选项卡➢【标注】面板➢【打断】按钮。

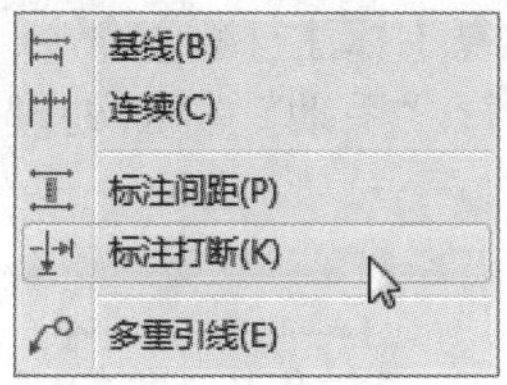

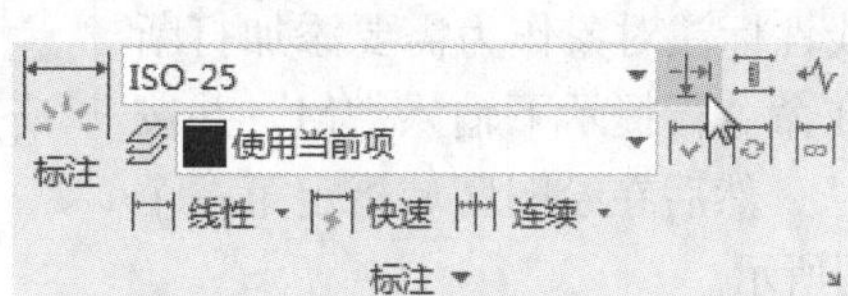

2. 命令提示

调用【标注打断】命令之后，命令行会进行如下提示。

```
命令：_DIMBREAK
选择要添加 / 删除折断的标注或 [ 多个 (M)]:
```

选择标注对象之后，命令行会进行如下提示。

```
选择要折断标注的对象或 [ 自动 (A)/ 手动 (M)/ 删除 (R)] < 自动 >:
```

3. 知识点扩展

命令行中各选项的含义如下。

- 自动（A）：自动将折断标注放置在与选定标注相交的对象的所有交点处。修改标注或相交对象时，会自动更新使用此选项创建的所有折断标注。在具有任何折断标注的标注上方绘制新对象后，在交点处不会沿标注对象自动应用任何新的折断标注。要添加新的折断标注时，必须再次运用此命令。
- 手动（M）：手动放置折断标注。为折断位置指定标注或尺寸界线上的两点。如果修改标注或相交对象，则不会更新使用此选项创建的任何折断标注。使用此选项，一次仅可以放置一个手动折断标注。

- 删除（R）：从选定的标注中删除所有折断标注。

9.2.6 实战演练——对标注打断进行处理

下面利用【标注打断】命令对标注对象进行打断处理，具体操作步骤如下。

步骤01 打开“素材\CH09\标注打断.dwg”文件，如下图所示。

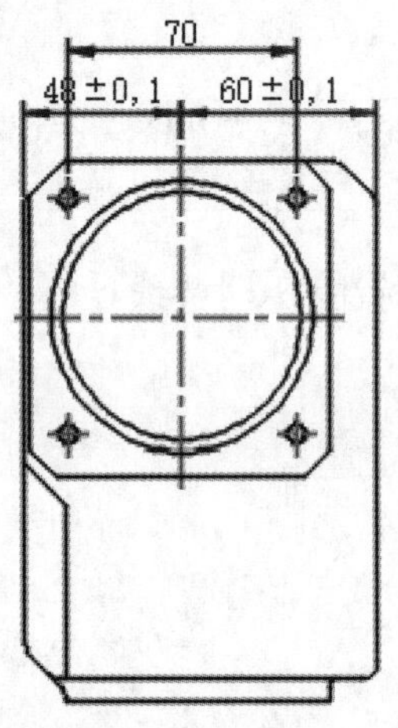

步骤02 调用【标注打断】命令，在绘图区域选择下图所示的线性标注对象作为需要添加打断标注的对象，在命令行提示下输入“M”并按【Enter】键确认，然后在绘图区域指定第一个打断点，如下图所示。

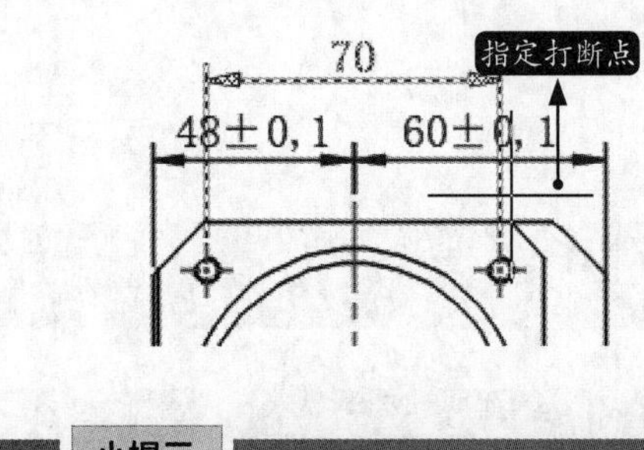

小提示

打断点选择在标注线附近即可。

步骤03 在绘图区域指定第二个打断点，结果如下图所示。

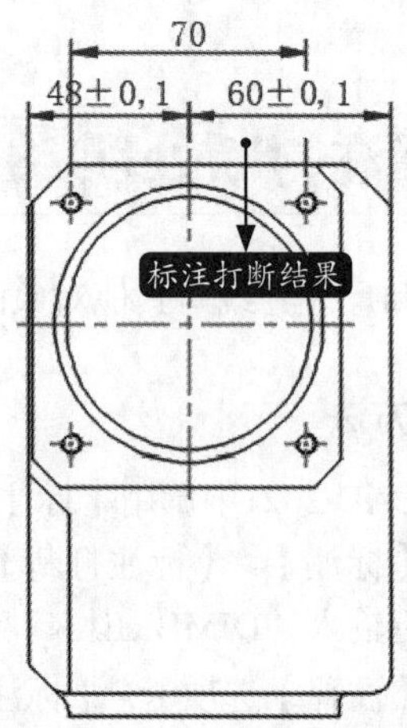

步骤04 重复【标注打断】命令，继续对线性标注对象进行“手动”打断处理，结果如下图所示。

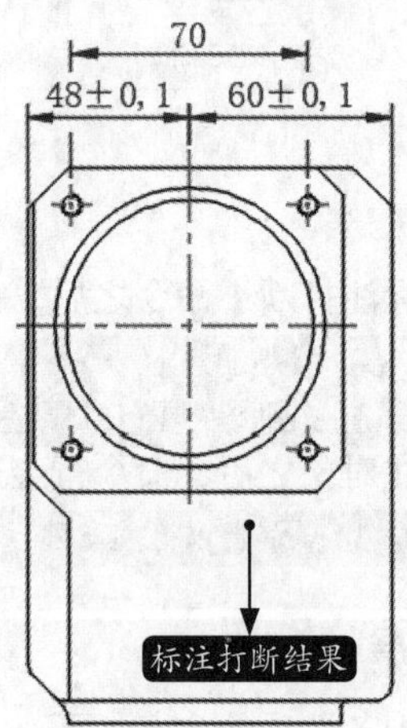

9.2.7 文字对齐方式

标注文字可以移动和旋转，并重新定位尺寸线。

1. 命令调用方法

在AutoCAD 2021中调用【对齐文字】命令的方法通常有以下三种。

- 选择【标注】➤【对齐文字】菜单命令，然后选择一种文字对齐方式。
- 命令行输入“DIMTEDIT/DIMTED”命令并按空格键。
- 单击【注释】选项卡➤【标注】面板，然后选择一种文字对齐方式。

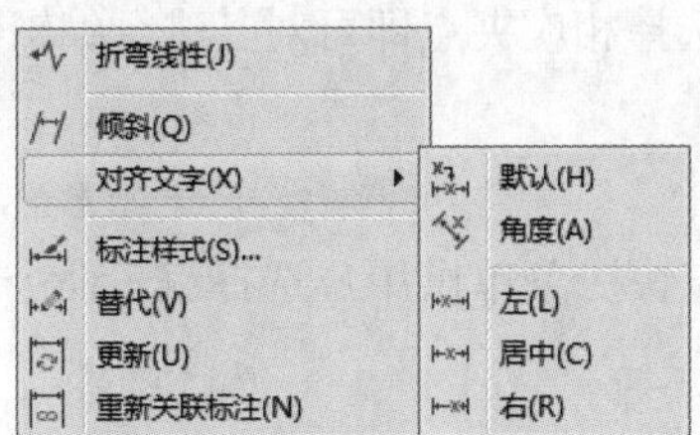

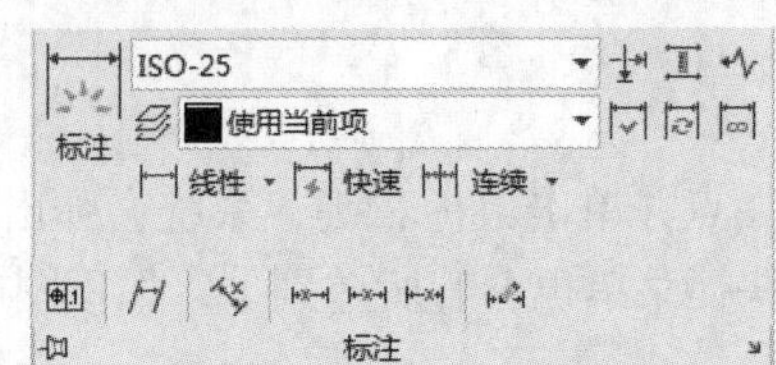

2. 命令提示

调用【对齐文字】命令之后，命令行会进行如下提示。

```
命令：DIMTEDIT
选择标注：
```

9.2.8 实战演练——对标注对象进行文字对齐

下面利用文字对齐功能对标注中的文字对象进行对齐调整，具体操作步骤如下。

步骤 01 打开“素材\CH09\文字对齐.dwg”文件，如下图所示。

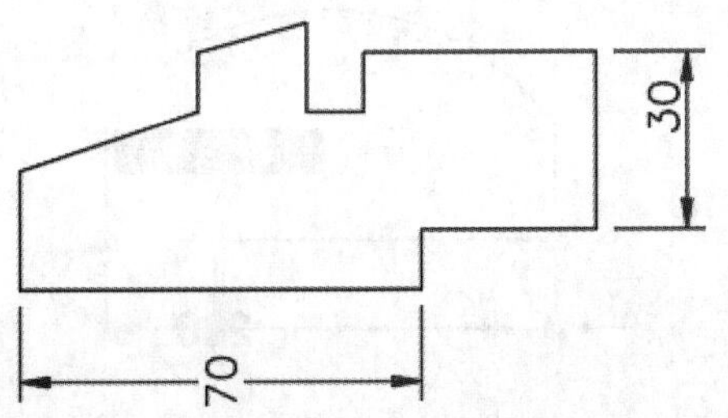

步骤 02 选择【标注】➤【对齐文字】➤【角度】菜单命令，然后在绘图区域选择下图所示的标注对象作为编辑对象。

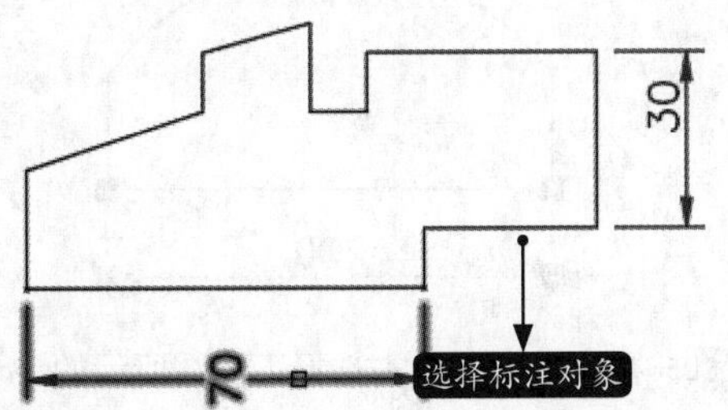

步骤 03 在命令行提示下设置文字角度为“0”，结果如右上图所示。

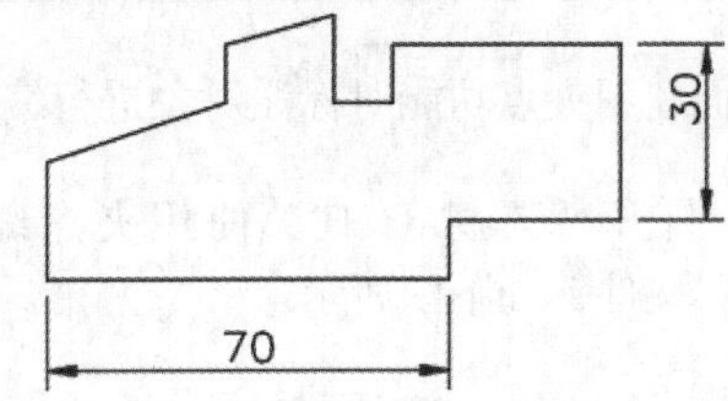

步骤 04 选择【标注】➤【对齐文字】➤【居中】菜单命令，然后在绘图区域选择下图所示的标注对象作为编辑对象。

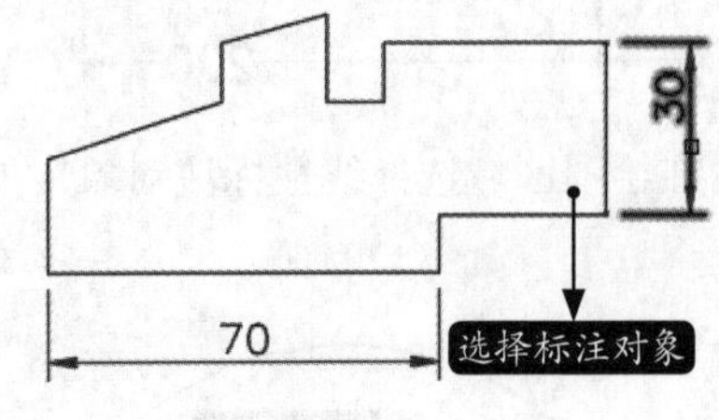

结果如下图所示。

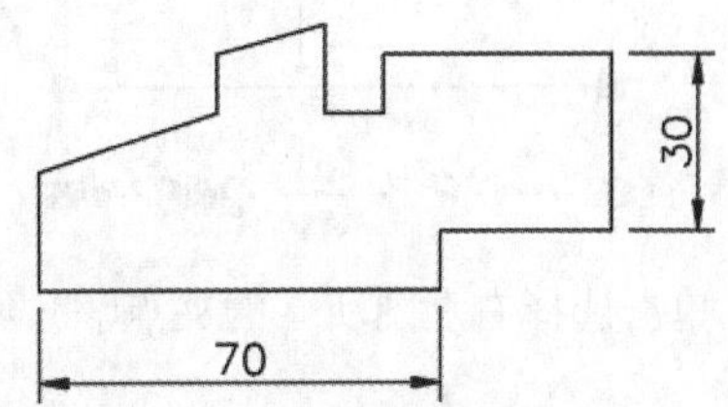

9.2.9 使用夹点编辑标注

在AutoCAD中，标注对象与直线、多段线等图形对象一样，可以使用夹点功能进行编辑。

1. 命令调用方法

在AutoCAD 2021中选择相应的标注对象，然后选择相应夹点即可对其进行编辑。

2. 命令提示

选择相应夹点并单击鼠标右键，系统会弹出相应快捷菜单供用户选择编辑命令（选择的夹点不同，弹出的快捷菜单也会有所差别），如下图所示。

拉伸
随尺寸线移动
仅移动文字
随引线移动
在尺寸线上方
垂直居中
重置文字位置

拉伸
连续标注
基线标注
翻转箭头

9.2.10 实战演练——使用夹点功能编辑标注对象

下面利用夹点功能对标注对象进行编辑操作，具体操作步骤如下。

步骤 01 打开“素材\CH09\使用夹点编辑标注.dwg”文件，如下图所示。

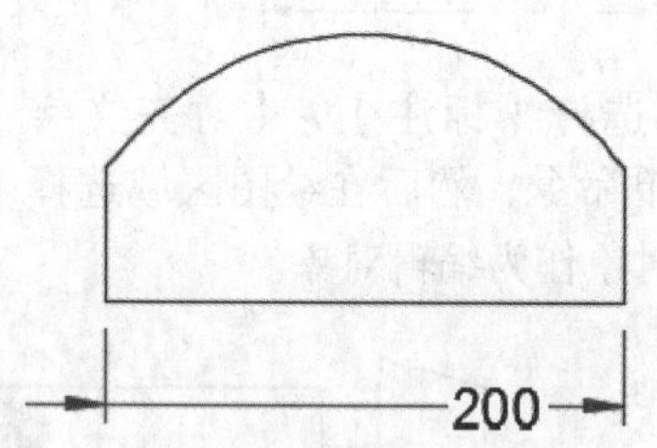

步骤 02 在绘图区域选择线性标注对象，如下图所示。

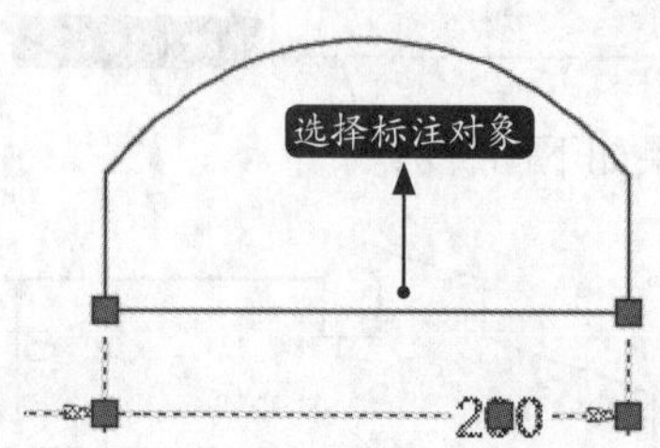

步骤 03 单击选择右上图所示的夹点。

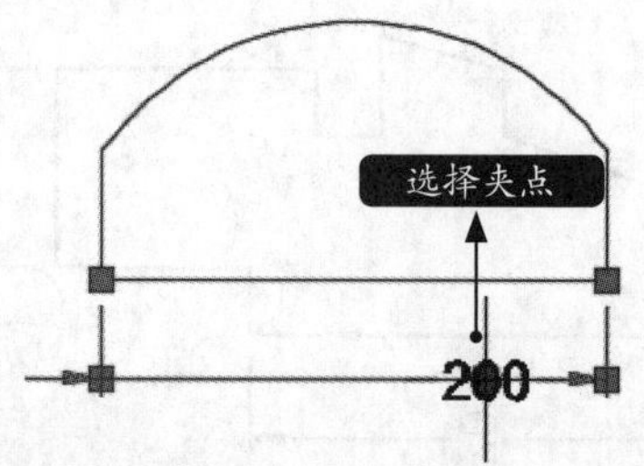

步骤 04 单击鼠标右键，在弹出的快捷菜单中选择【重置文字位置】选项，结果如下图所示。

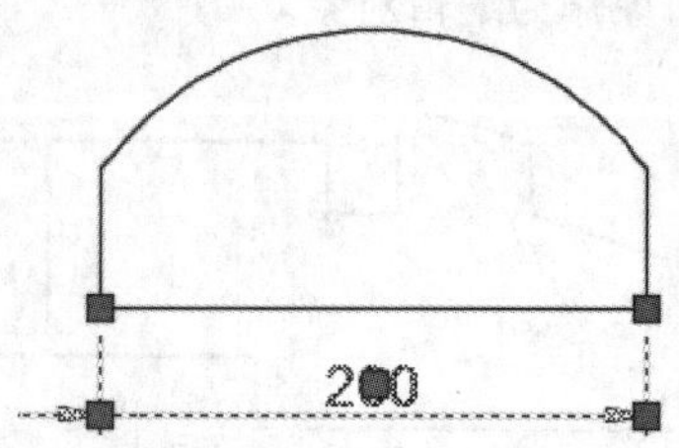

步骤 05 在绘图区域单击选择下页图所示的夹点。

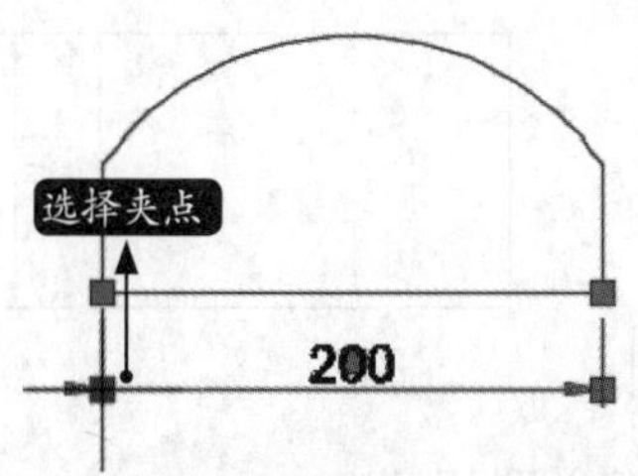

步骤 06 单击鼠标右键，在弹出的快捷菜单中选择【翻转箭头】选项，结果如下图所示。

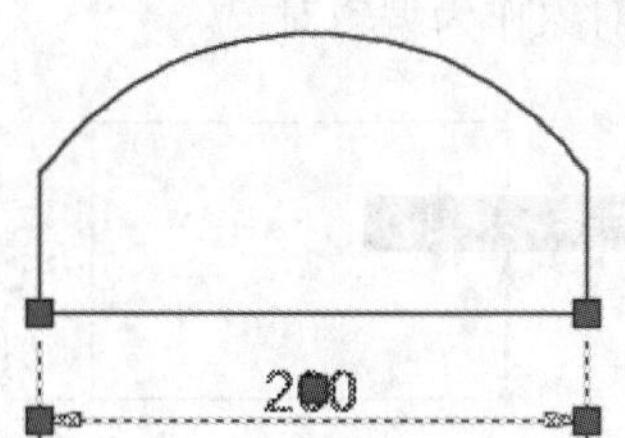

步骤 07 按【Esc】键取消对标注对象的选择，结果如下图所示。

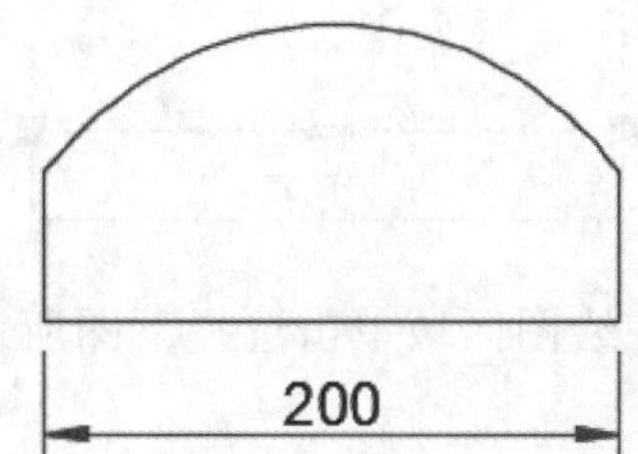

疑难解答

1. 编辑关联性

标注可以是关联的、无关联的或分解的。关联标注根据所测量几何对象的变化而进行调整。当系统变量DIMASSOC设置为“2”时（系统默认值），将创建关联标注；当系统变量DIMASSOC设置为“1”时，将创建非关联标注；当系统变量DIMASSOC设置为“0”时，将创建已分解的标注。

标注创建完成后，还可以通过【DIMREAS SOCIATE】命令对其关联性进行编辑。

下面以编辑线性标注对象为例，对标注关联性的编辑过程进行详细介绍，具体操作步骤如下。

- 添加线性标注

步骤 01 打开“素材\CH09\编辑关联性”文件，如下图所示。

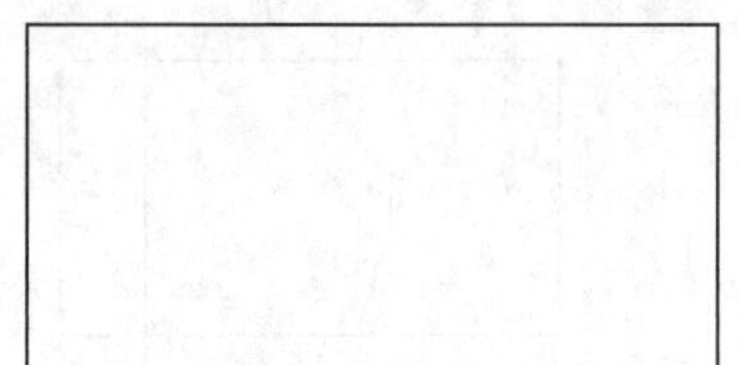

步骤 02 在命令行中将系统变量【DIMASSOC】的新值设置为“1”，命令行提示如下。

```
命令：DIMASSOC
输入 DIMASSOC 的新值 <2>: 1 ↙
```

步骤 03 单击【注释】选项卡➢【标注】面板➢【线性】按钮，对矩形的长边进行标注。

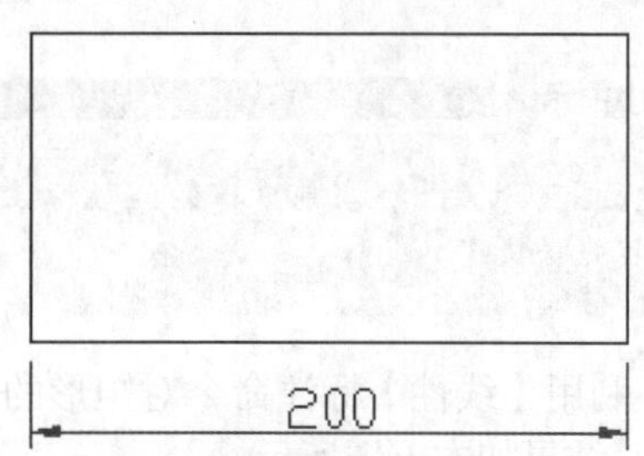

步骤 04 在绘图区域选择矩形对象，如下页图所示。

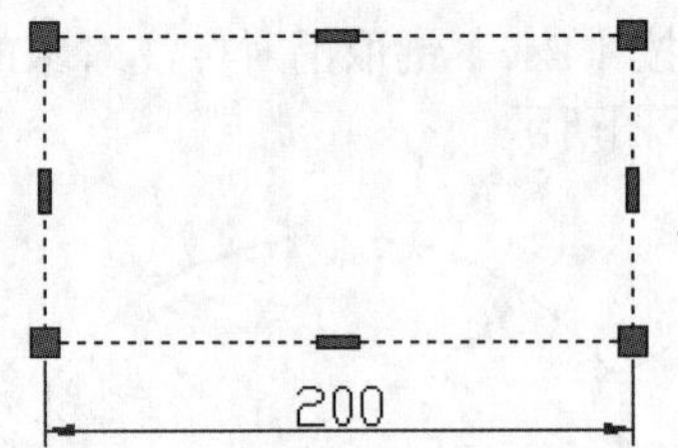

步骤05 在绘图区域单击选择下图所示的矩形夹点。

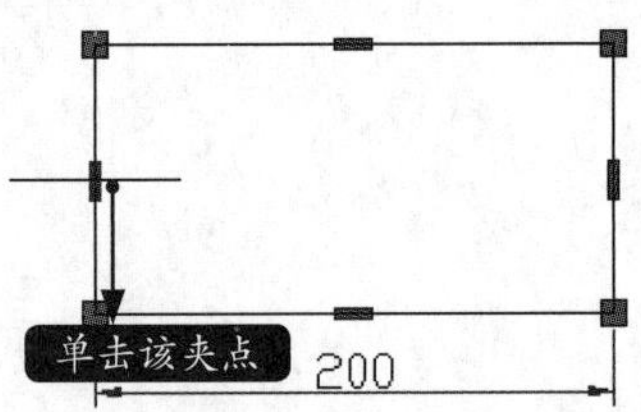

步骤06 在绘图区域水平向右拖曳鼠标并单击指定夹点的新位置，如下图所示。

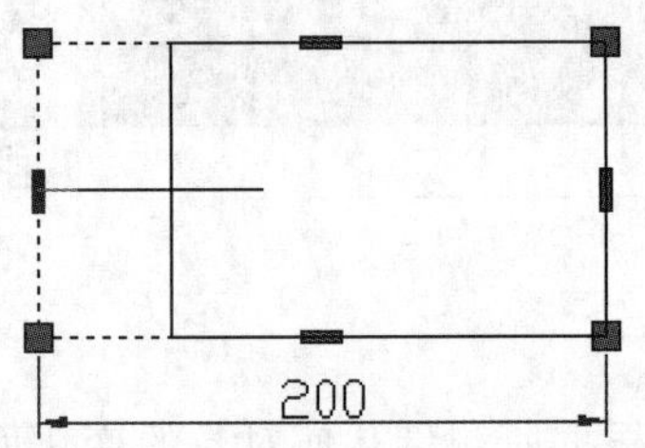

步骤07 按【Esc】键取消对矩形的选择，结果如下图所示。

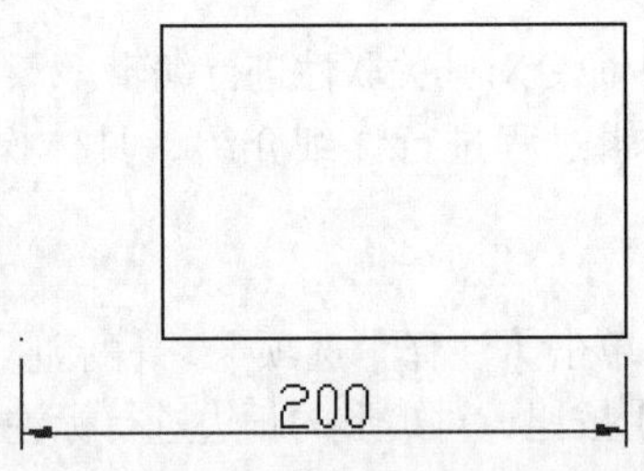

小提示

从上图可以看出，当前创建的线性标注与矩形对象为非关联状态。

步骤08 利用【线性】标注命令对矩形的短边进行标注，结果如右上图所示。

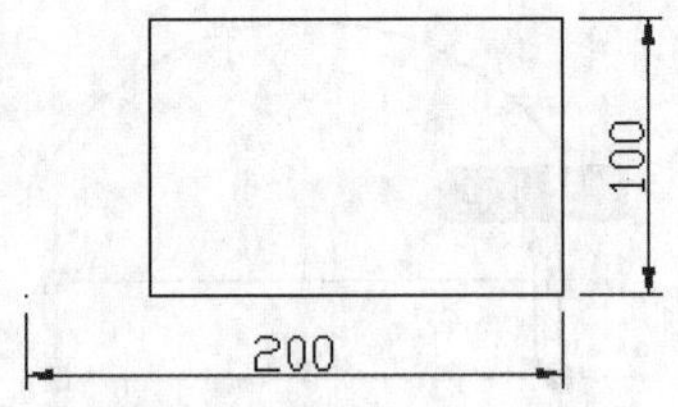

- 创建关联标注

步骤01 单击【注释】选项卡➤【标注】面板中的【重新关联】按钮，在绘图区域选择下图所示的标注对象作为编辑对象。

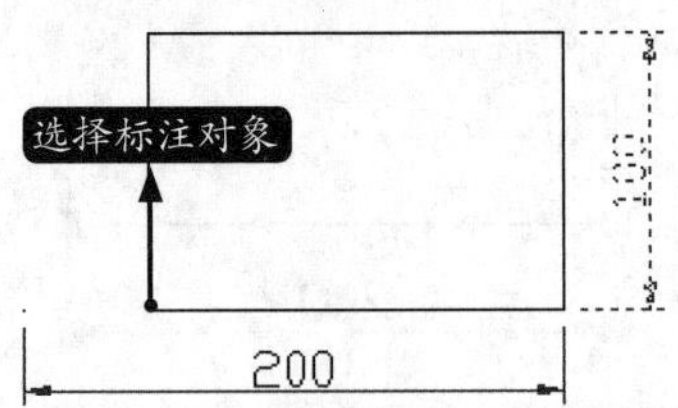

步骤02 按【Enter】键确认后，在绘图区域捕捉下图所示的端点作为第一个尺寸界线原点。

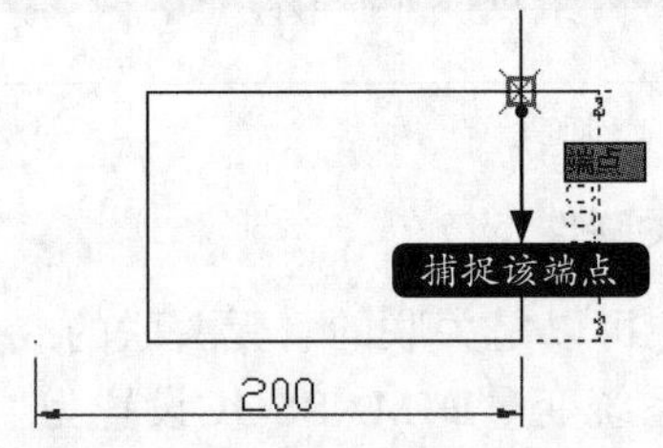

步骤03 在绘图区域拖曳鼠标并捕捉下图所示端点作为第二个尺寸界线原点。

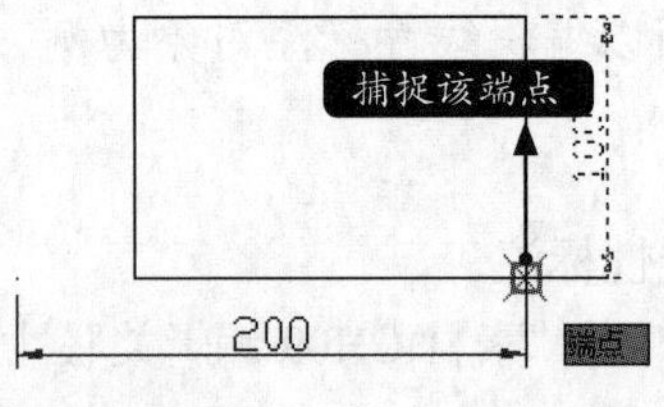

结果如下图所示。

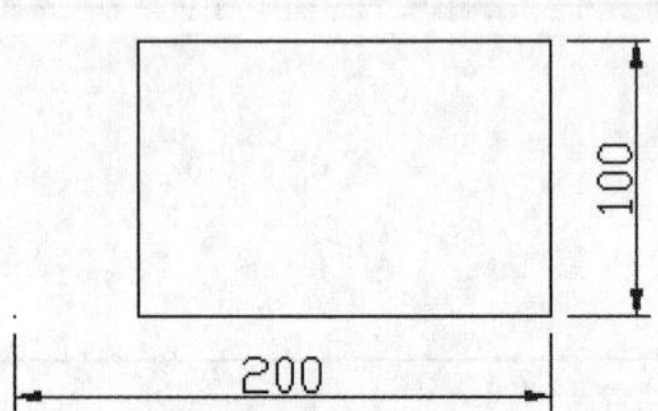

步骤04 在绘图区域选择矩形对象，如下页图所示。

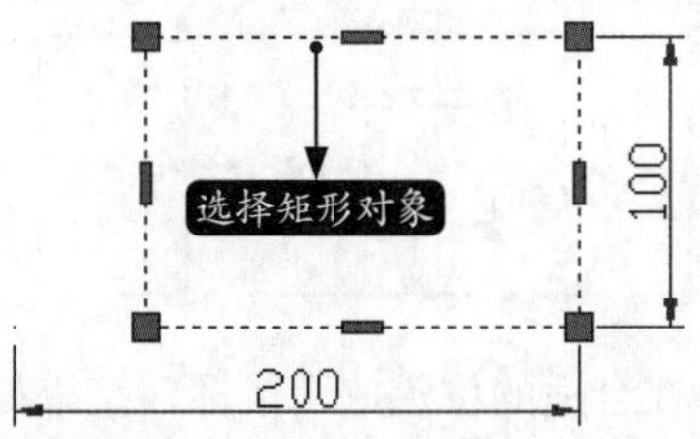

步骤05 在绘图区域单击选择下图所示的矩形夹点。

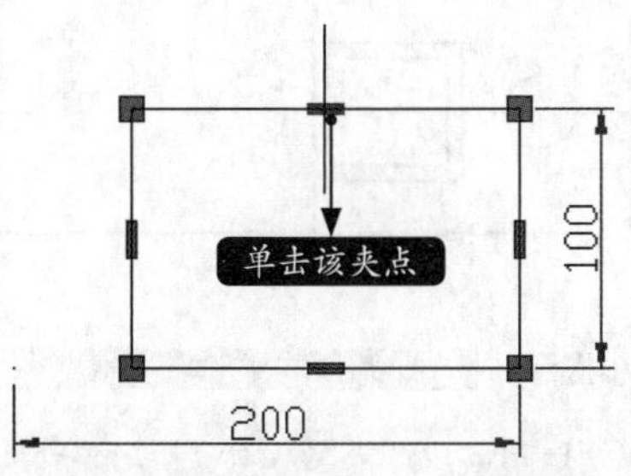

步骤06 在绘图区域垂直向下拖曳鼠标并单击指定夹点的新位置，如下图所示。

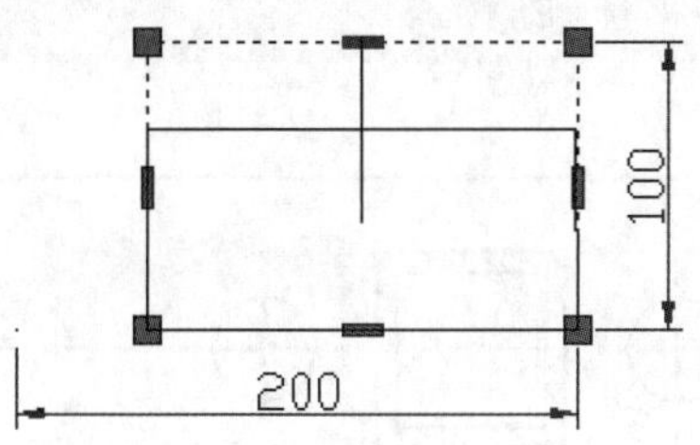

步骤07 按【Esc】键取消对矩形的选择，结果如下图所示。

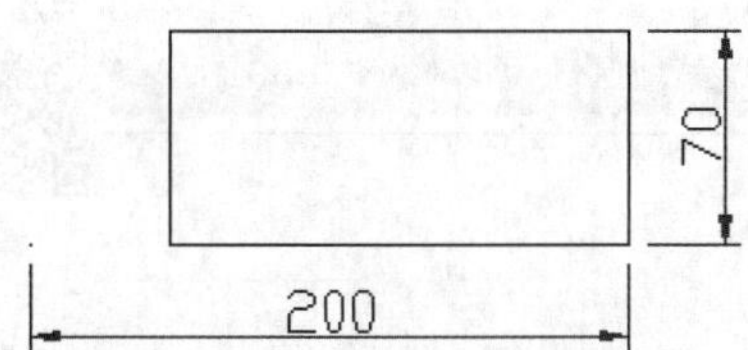

小提示

从上图可以看出，编辑后的线性标注与矩形对象为关联状态。

2. 关联的中心标记和中心线

AutoCAD 2021可以创建圆或圆弧对象关联的中心标记，以及与选定的直线和多段线线段关联的中心线。

步骤01 打开“素材\CH09\中心标记和中心线.dwg”文件，如下图所示。

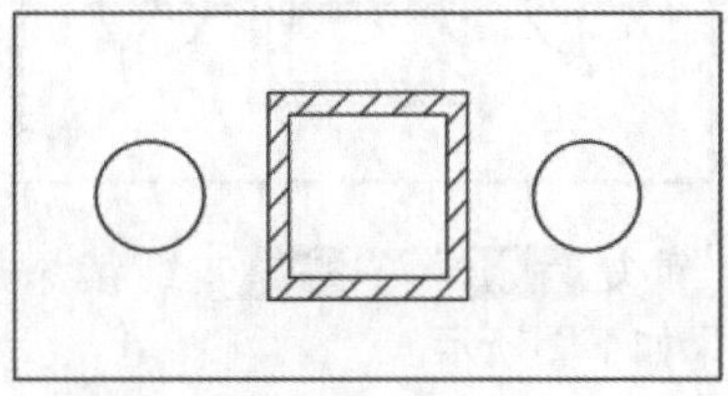

步骤02 单击【注释】选项卡➢【中心线】面板➢【圆心标记】选项。

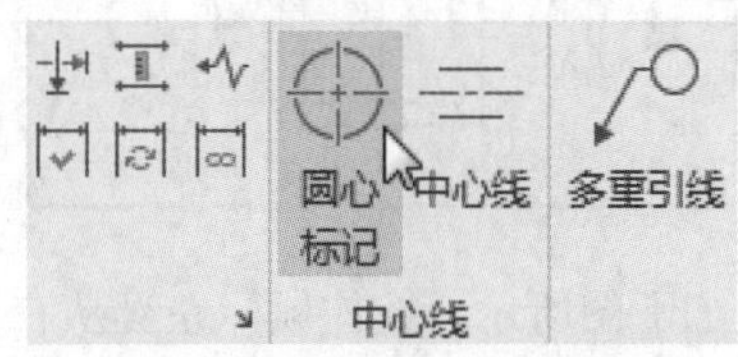

步骤03 选择两个圆，添加圆心标记后结果如下图所示。

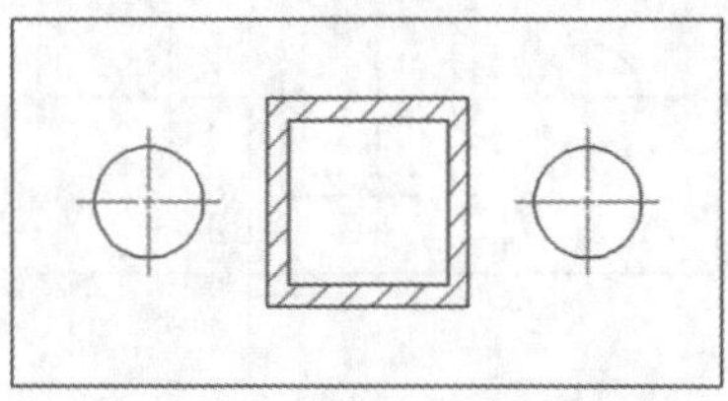

步骤04 单击【注释】选项卡➢【中心线】面板➢【中心线】选项，然后选择大矩形的上侧底边为第一条直线。

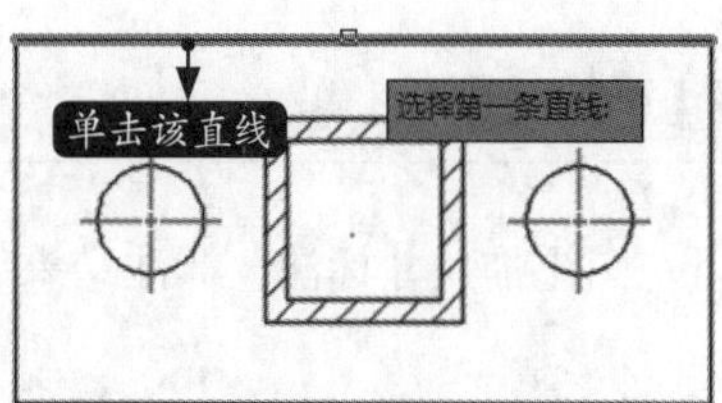

步骤05 选择下侧底边为第二条直线。

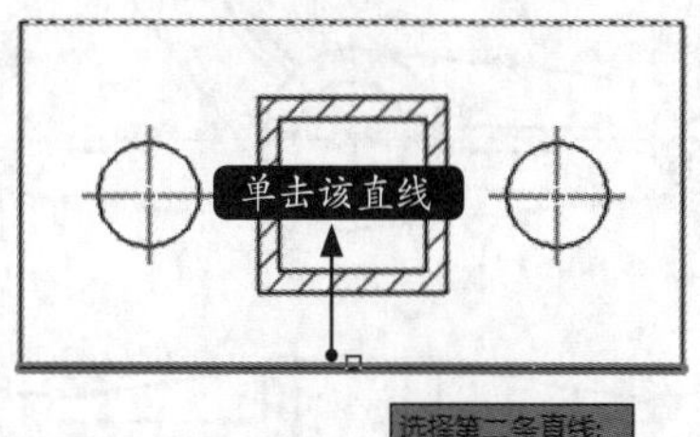

步骤06 添加中心线后如下页图所示。

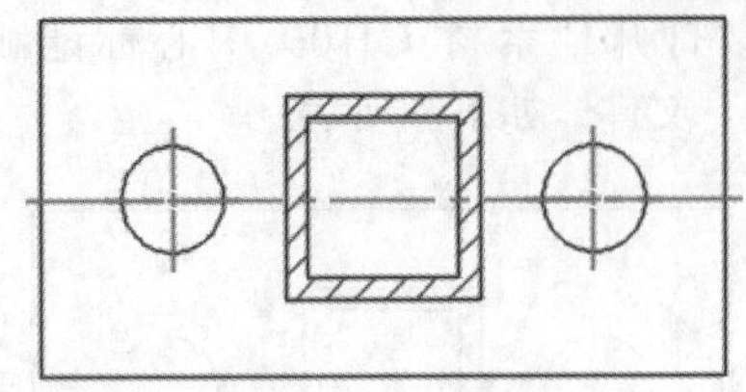

步骤07 重复步骤04～步骤05继续添加中心线，结果如下图所示。

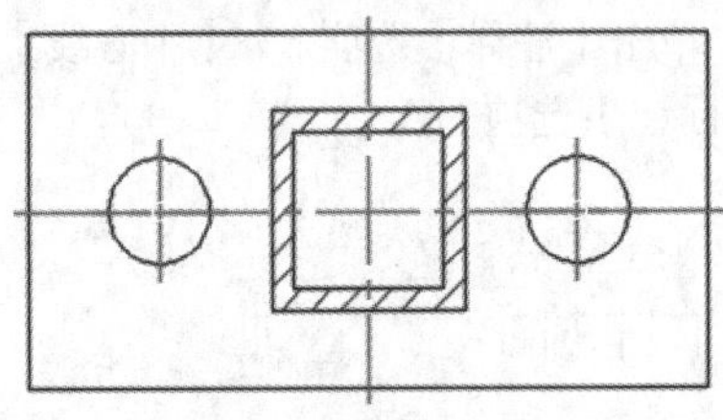

步骤08 如下图所示，按住鼠标左键从右至左选择图形。

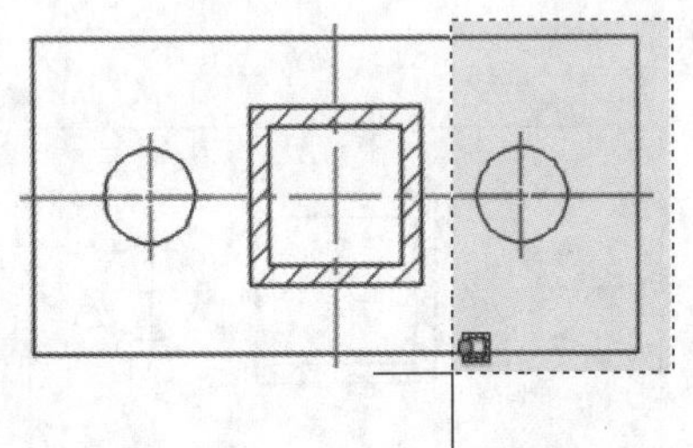

步骤09 按住右上图所示的夹点并向右拖曳鼠标。

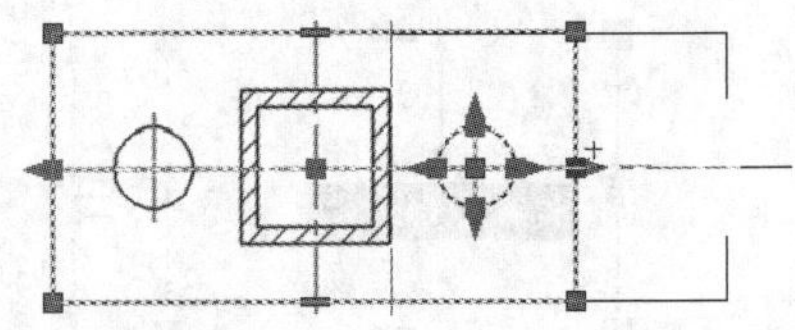

步骤10 在合适的位置放开鼠标，结果如下图所示，新建的中心线与图形关联，仍然在图形的中心。

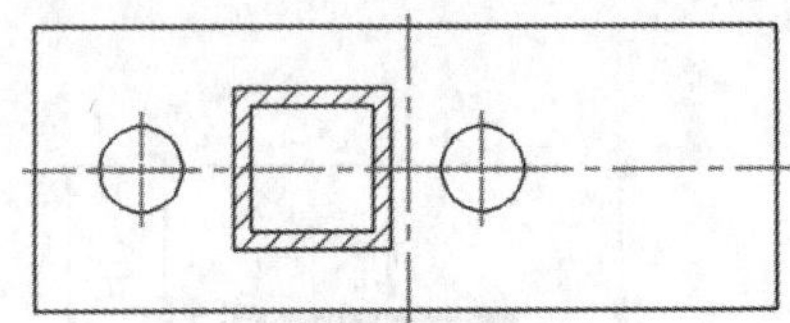

小提示

【CENTERDISASSOCIATE】命令可以解除关联，【CENTERREASSOCIATE】命令可以让解除关联的中心标记或中心线重新关联。例如，上面操作先解除中心线的关联，然后再进行夹点拉伸，结果如下图所示。

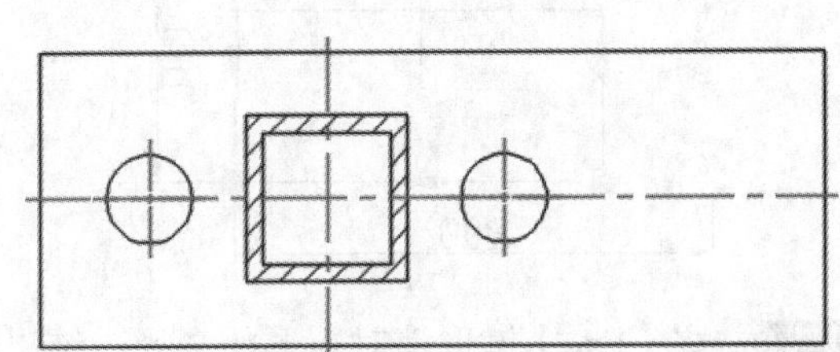

实战练习

为下左图添加尺寸标注，标注结果如下右图所示。

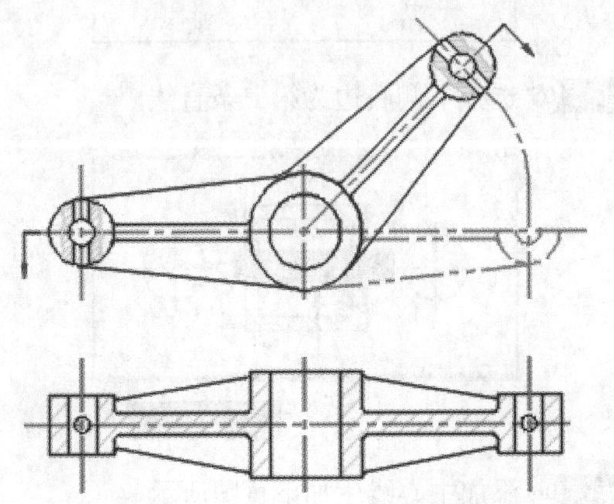

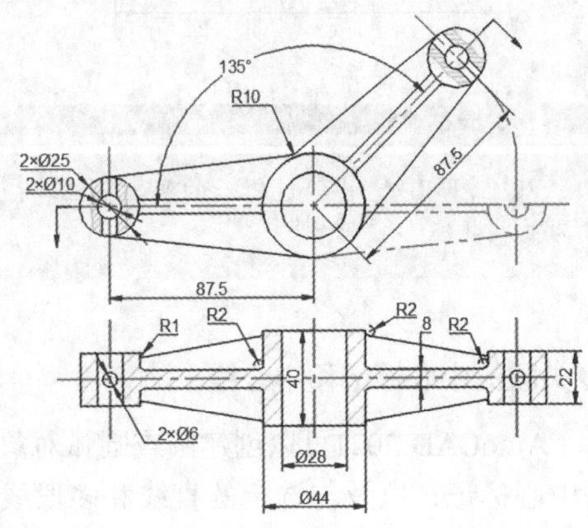

第10章

文字和表格

学习目标

绘图时经常需要对图形进行文本标注和说明。AutoCAD提供有强大的文字和表格功能，可以帮助用户创建文字和表格，以便标注图样的非图信息，使设计和施工人员对图形一目了然。

学习效果

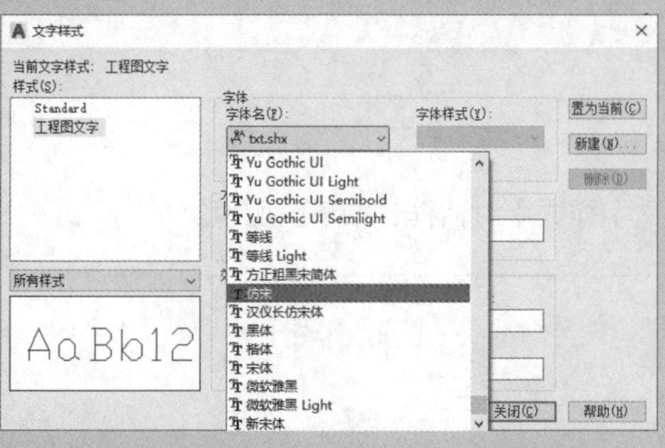

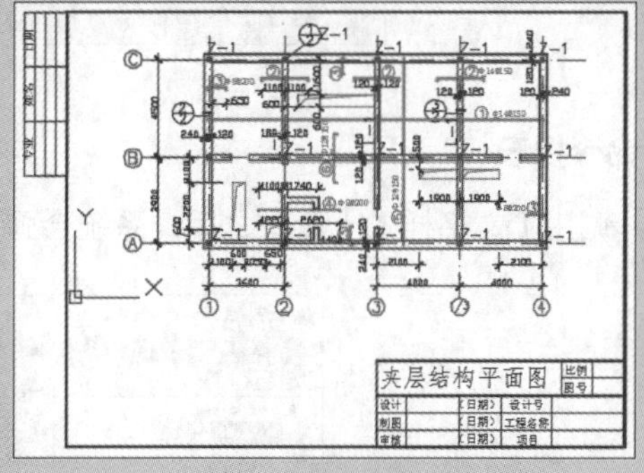

10.1 创建文字样式

创建文字样式是进行文字注释的首要任务。在AutoCAD中，文字样式用于控制图形中所使用文字的字体、宽度和高度等参数。在一幅图形中，可定义多种文字样式以适应工作的需要。

例如，在一幅完整的图纸中，需要定义说明性文字的样式、标注文字的样式和标题文字的样式等。在创建文字注释和尺寸标注时，AutoCAD通常使用当前的文字样式，但用户也可以根据具体要求重新设置文字样式或创建新的样式。

10.1.1 文字样式

1. 命令调用方法

在AutoCAD 2021中调用【文字样式】命令的方法通常有以下三种。

- 选择【格式】➢【文字样式】菜单命令。
- 命令行输入“STYLE/ST”命令并按空格键。
- 单击【默认】选项卡➢【注释】面板➢【文字样式】按钮A。

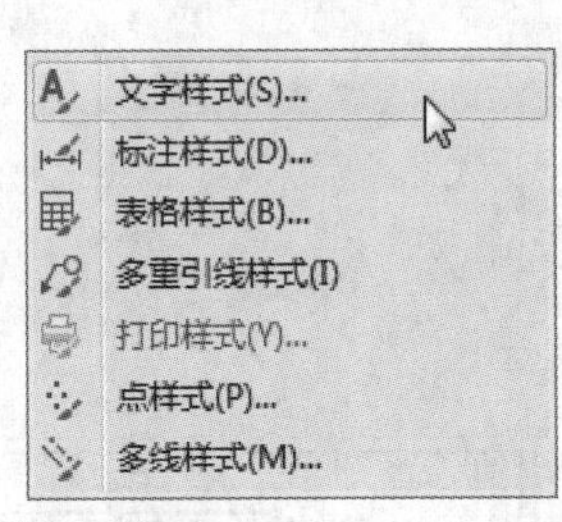

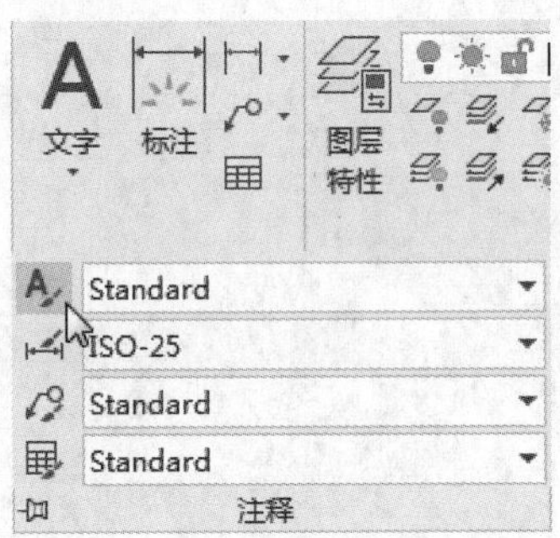

2. 命令提示

调用【文字样式】命令之后，系统会弹出【文字样式】对话框，如下图所示。

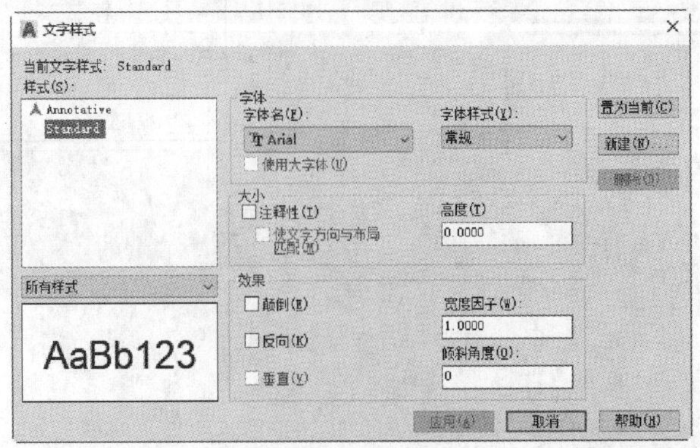

小提示

在设置文字样式时，一旦设置了文字高度，则在接下来输入文字或创建表格时，将不再提示输入文字高度，而是直接默认使用已设置的文字高度。这也是在很多情况下输入的文字高度不可更改的原因所在。

10.1.2 实战演练——创建文字样式

下面利用【文字样式】对话框创建文字样式，具体操作步骤如下。

步骤 01 调用【文字样式】命令，在弹出的【文字样式】对话框中单击【新建】按钮，弹出【新建文字样式】对话框，将新的文字样式命名为“常用文字样式”，如下图所示。

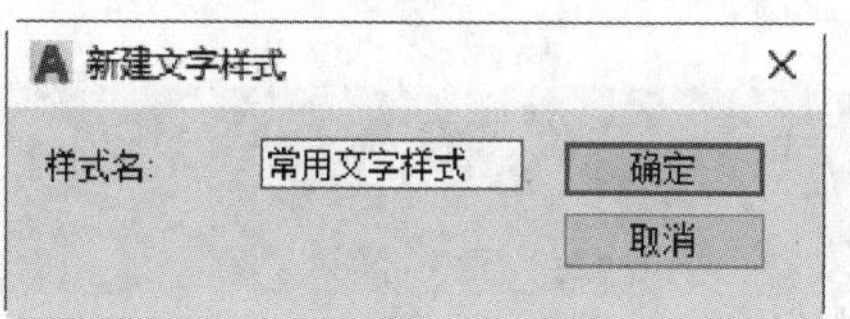

步骤 02 单击【确定】按钮后返回【文字样式】对话框，在【样式】栏下多了一个新样式名称“常用文字样式”，如下图所示。

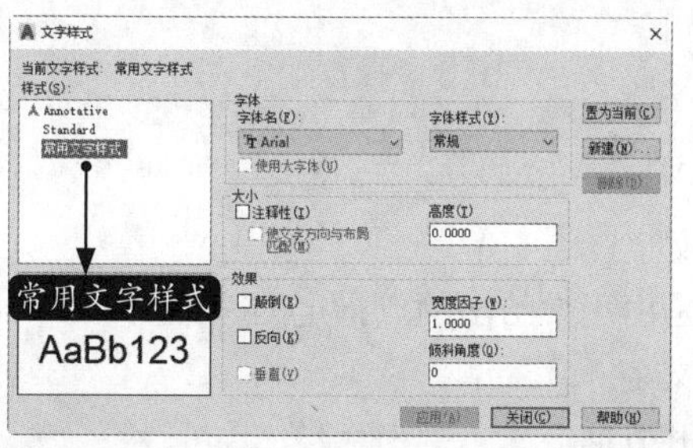

步骤 03 选中“常用文字样式”，单击【字体名】下拉列表，选择“仿宋”，如下图所示。

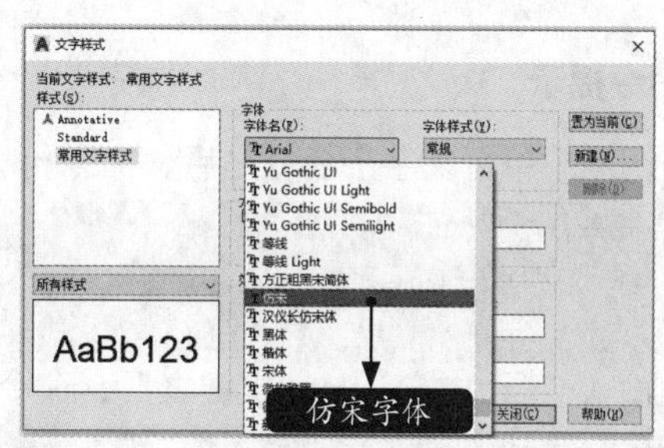

步骤 04 单击【置为当前】按钮，把“常用文字样式”设置为当前样式。

10.2 输入与编辑单行文字

可以使用单行文字命令创建一行或多行文字，在创建多行文字时，通过按【Enter】键来结束每一行。其中，每行文字都是独立的对象，可对其进行重定位、调整格式或其他修改。

10.2.1 单行文字

1. 命令调用方法

在AutoCAD 2021中调用【单行文字】命令的方法通常有以下4种。

• 选择【绘图】➢【文字】➢【单行文字】菜单命令。
• 命令行输入“TEXT/DT”命令并按空格键。
• 单击【默认】选项卡➢【注释】面板➢【单行文字】按钮A。
• 单击【注释】选项卡➢【文字】面板➢【单行文字】按钮A。

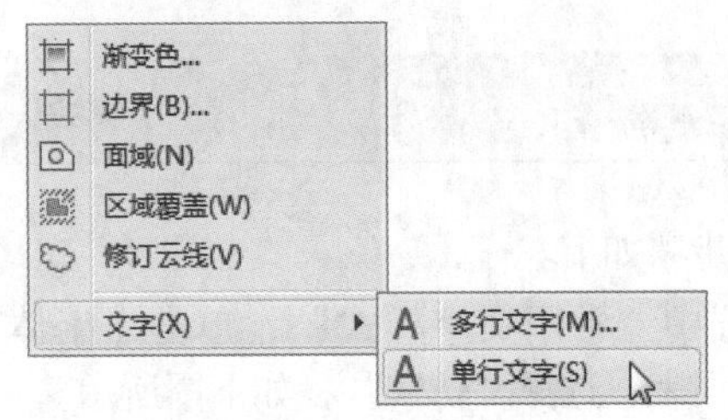

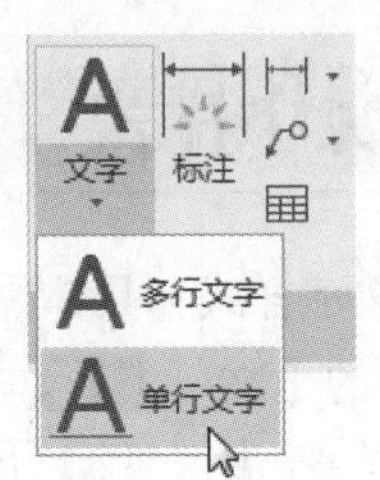

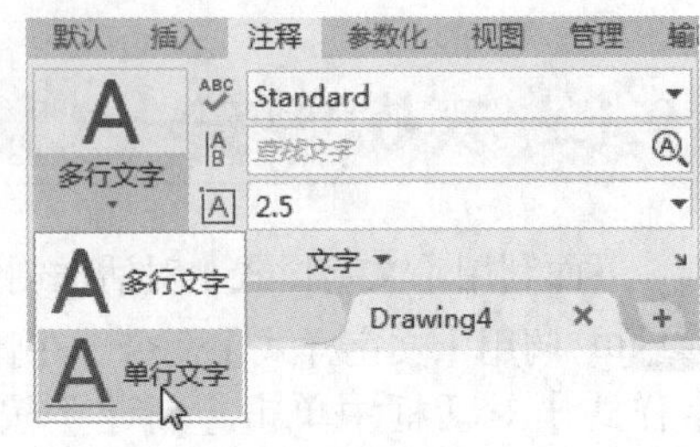

2. 命令提示

调用【单行文字】命令之后，命令行会进行如下提示。

命令：_text
当前文字样式：“Standard” 文字高度：2.5000 注释性：否 对正：左
指定文字的起点 或 [对正 (J)/ 样式 (S)]:

输入“J”并按【Enter】键之后，命令行会进行如下提示。

输入选项 [左 (L)/ 居中 (C)/ 右 (R)/ 对齐 (A)/ 中间 (M)/ 布满 (F)/ 左上 (TL)/ 中上 (TC)/ 右上 (TR)/ 左中 (ML)/ 正中 (MC)/ 右中 (MR)/ 左下 (BL)/ 中下 (BC)/ 右下 (BR)]:

3. 知识点扩展

命令行中各选项的含义如下。

• 对正（J）：控制文字的对正方式。
• 样式（S）：指定文字样式。
• 左(L)：在由用户给出的点指定的基线上左对正文字。
• 居中(C)：从基线的水平中心对齐文字。此基线是由用户给出的点指定的。
• 右(R)：在由用户给出的点指定的基线上右对正文字。
• 对齐(A)：通过指定基线端点来指定文字的高度和方向。
• 中间(M)：文字在基线的水平中点和指定高度的垂直中点上对齐。
• 布满(F)：指定文字按照由两点定义的方向和一个高度值布满一个区域。只适用于水平方向的文字。
• 左上(TL)：在指定为文字顶点的点左对正文字。只适用于水平方向的文字。
• 中上(TC)：以指定为文字顶点的点居中对正文字。只适用于水平方向的文字。
• 右上(TR)：以指定为文字顶点的点右对正文字。只适用于水平方向的文字。
• 左中(ML)：在指定为文字中间点的点靠左对正文字。只适用于水平方向的文字。
• 正中(MC)：在文字的中央水平和垂直居中对正文字。只适用于水平方向的文字。
• 右中(MR)：以指定为文字的中间点的点右对正文字。只适用于水平方向的文字。
• 左下(BL)：以指定为基线的点左对正文字。只适用于水平方向的文字。
• 中下(BC)：以指定为基线的点居中对正文字。只适用于水平方向的文字。
• 右下(BR)：以指定为基线的点右对正文字。只适用于水平方向的文字。

10.2.2 实战演练——创建单行文字对象

下面利用【单行文字】命令创建单行文字对象，具体操作步骤如下。

调用【单行文字】命令，在命令行提示下输入文字的对正参数“J”并按空格键确认，然后在命令行中输入文字的对齐方式“L”后按空格键确认，在绘图区域单击指定文字的左对齐点。在命令行中设置文字的高度为“70”，旋转角度为“20”，并在绘图区域输入文字内容“努力学习中文版AutoCAD 2021”后按【Enter】键换行，继续按【Enter】键结束命令，结果如右图所示。

命令：_TEXT
当前文字样式：“常用文字样式” 文字高度：2.5000 注释性：否 对正：左
指定文字的起点 或 [对正 (J)/ 样式 (S)]: j
输入选项 [左 (L)/ 居中 (C)/ 右 (R)/ 对齐 (A)/ 中间 (M)/ 布满 (F)/ 左上 (TL)/ 中上 (TC)/ 右上 (TR)/ 左中 (ML)/ 正中 (MC)/ 右中 (MR)/ 左下 (BL)/ 中下 (BC)/ 右下 (BR)]: L
指定文字的起点：
指定高度 <2.5000>: 70
指定文字的旋转角度 <0>: 20

10.2.3 编辑单行文字

1. 命令调用方法

在AutoCAD 2021中调用编辑单行文字命令的方法通常有以下4种。

- 选择【修改】➢【对象】➢【文字】➢【编辑】菜单命令。
- 命令行输入“TEXTEDIT/DDEDIT/ED”命令并按空格键。
- 选择文字对象，在绘图区域单击鼠标右键，然后在快捷菜单中选择【编辑】命令。
- 在绘图区域双击文字对象。

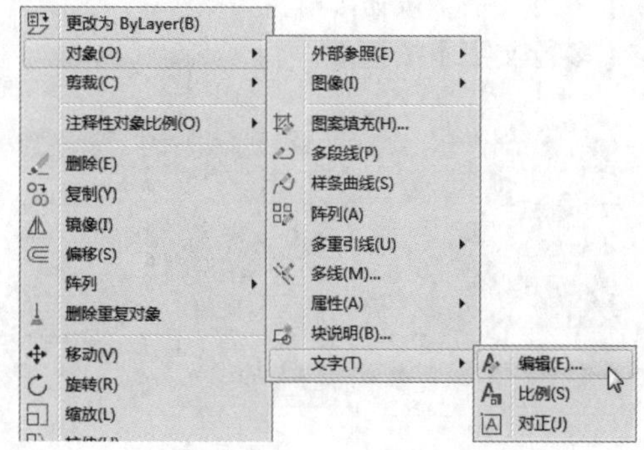

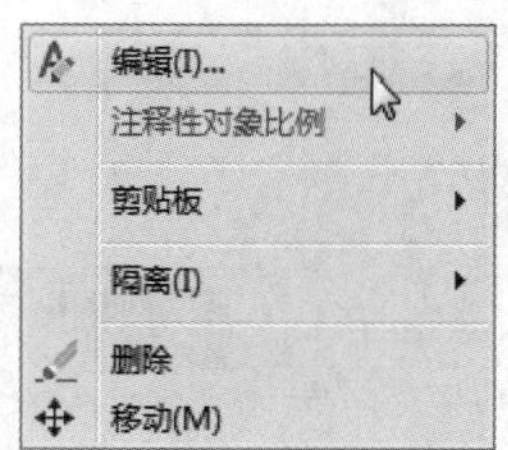

2. 命令提示

调用【TEXTEDIT】命令之后，命令行会进行如下提示。

命令：TEXTEDIT
当前设置：编辑模式 = Multiple
选择注释对象或 [放弃 (U)/ 模式 (M)]:

10.2.4 实战演练——编辑单行文字对象

下面利用文字【编辑】命令对单行文字对象进行编辑操作，具体操作步骤如下。

步骤 01 打开“素材\CH10\编辑单行文字.dwg”文件，如下图所示。

AutoCAD 2021可以为用户带来哪些便利？

步骤 02 调用单行文字编辑命令，在绘图区域选择右上图所示的文字对象进行编辑。

AutoCAD 2021可以为用户带来哪些便利？

步骤 03 在绘图区域输入新的文字“AutoCAD 2021可以帮助用户准确、高效地完成设计工作”并按【Enter】键确认，结果如下图所示。

AutoCAD 2021可以帮助用户准确、高效地完成设计工作

10.3 输入与编辑多行文字

多行文字又称为段落文字，是一种更易于管理的文字对象，可以由两行以上的文字组成，而且文字可以作为一个整体处理。

10.3.1 多行文字

1. 命令调用方法

在AutoCAD 2021中调用【多行文字】命令的方法通常有以下4种。

- 选择【绘图】➢【文字】➢【多行文字】菜单命令。
- 命令行输入“MTEXT/T”命令并按空格键。
- 单击【默认】选项卡➢【注释】面板➢【多行文字】按钮A。
- 单击【注释】选项卡➢【文字】面板➢【多行文字】按钮A。

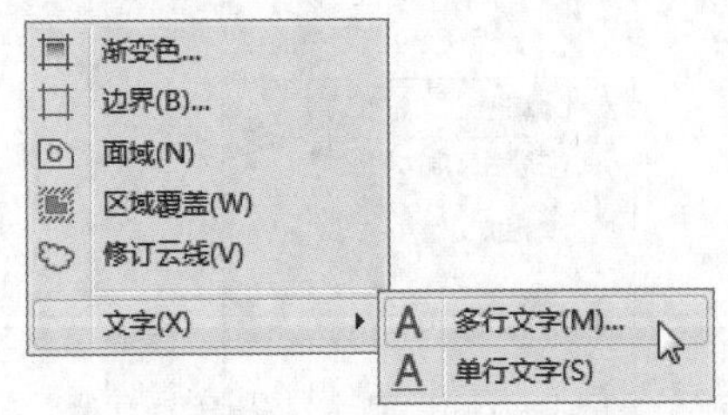

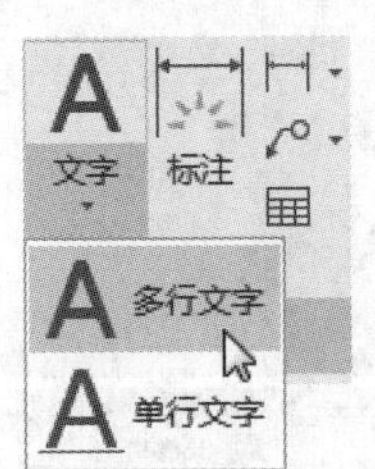

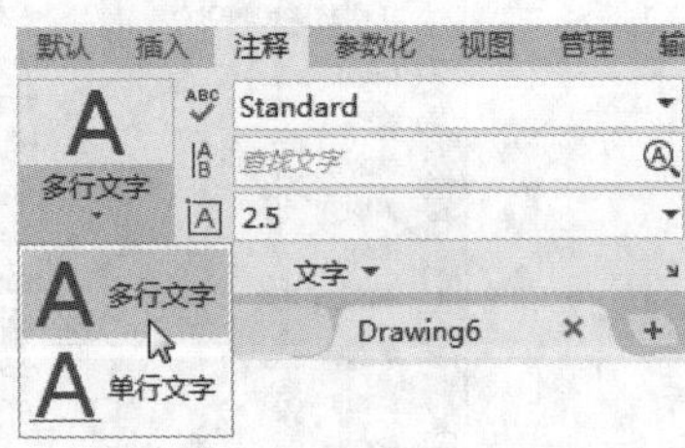

2. 命令提示

调用【多行文字】命令之后，命令行会进行如下提示。

```
命令：_mtext
当前文字样式："Standard" 文字高度： 2.5 注释性： 否
指定第一角点：
```

10.3.2 实战演练——创建多行文字对象

下面利用【多行文字】命令创建多行文字对象，具体操作步骤如下。

步骤01 调用【多行文字】命令，在绘图区域单击指定第一角点，如下图所示。

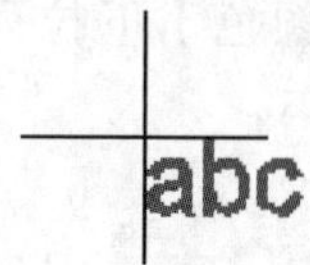

步骤02 在绘图区域拖曳鼠标并单击指定对角点，如下图所示。

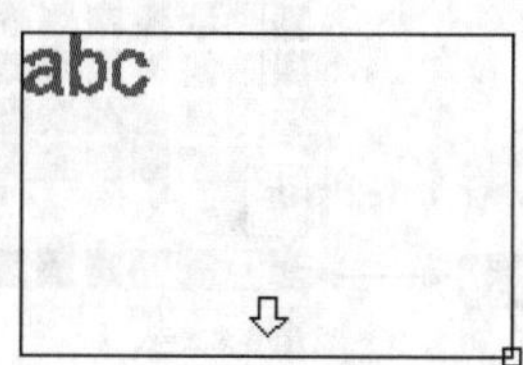

步骤03 指定输入区域后，AutoCAD自动弹出【文字编辑器】窗口，如右上图所示。

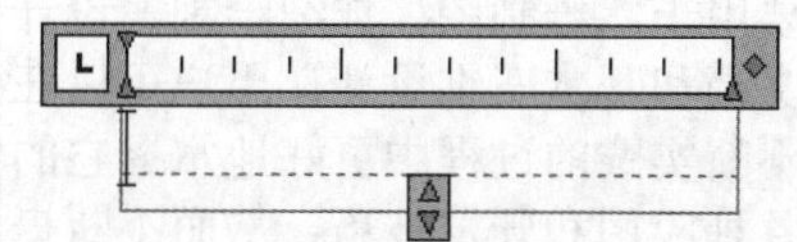

步骤04 输入文字的内容并更改文字大小为“5”，如下图所示。

步骤05 单击【关闭文字编辑器】按钮，结果如下图所示。

AutoCAD是一款自动计算机辅助设计软件，可以用于绘制二维制图和基本三维设计，在全球得到广泛使用。

10.3.3 编辑多行文字

命令调用方法

在AutoCAD 2021中调用【编辑多行文字】命令的方法通常有4种，除下面介绍的一种方法之外，其余三种方法均与编辑单行文字的命令调用方法相同。

选择文字对象，在绘图区域单击鼠标右键，然后在快捷菜单中选择【编辑多行文字】命令。

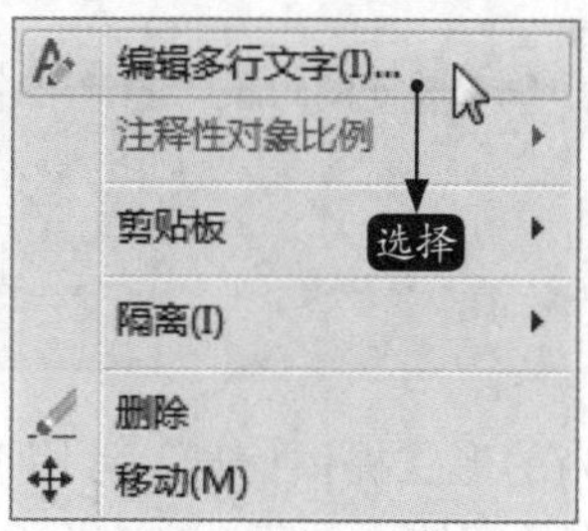

10.3.4 实战演练——编辑多行文字对象

下面利用【编辑多行文字】命令对多行文字对象进行编辑操作，具体操作步骤如下。

步骤01 打开“素材\CH10\编辑多行文字.dwg”文件，如下图所示。

AutoCAD具有良好的用户界面，主要用于二维制图、详细绘制、设计文档和基本三维设计，用户可以在不断实践的过程中更好地掌握它的各种应用和开发技巧，从而不断提高工作效率。

步骤02 双击文字，弹出【文字编辑器】窗口，如下图所示。

AutoCAD具有良好的用户界面，主要用于二维制图、详细绘制、设计文档和基本三维设计，用户可以在不断实践的过程中更好地掌握它的各种应用和开发技巧，从而不断提高工作效率。

步骤03 选中全部文字后，字体类型为“黑体”，如下图所示。

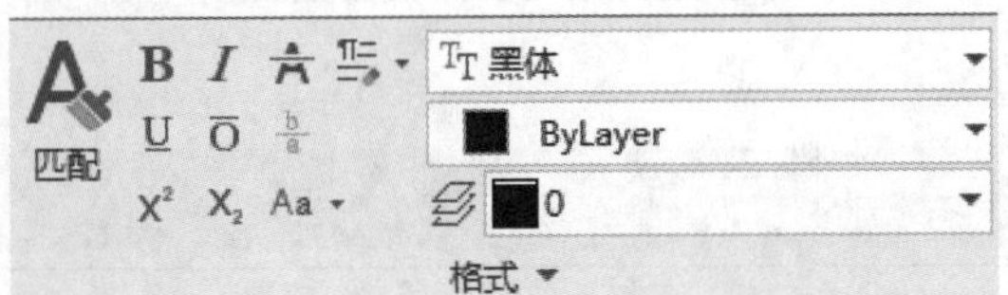

步骤04 字体修改后，再单独选中“AutoCAD”，如右上图所示。

AutoCAD具有良好的用户界面，主要用于二维制图、详细绘制、设计文档和基本三维设计，用户可以在不断实践的过程中更好地掌握它的各种应用和开发技巧，从而不断提高工作效率。

步骤05 单击【颜色】下拉列表，选择“红色”，如下图所示。

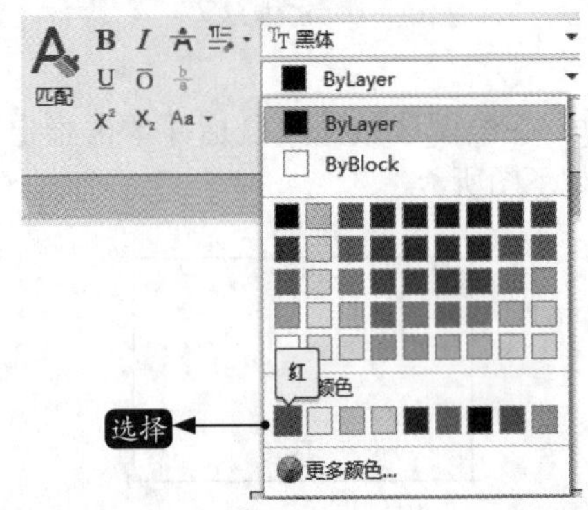

步骤06 修改完成后，单击【关闭文字编辑器】按钮，结果如下图所示。

AutoCAD具有良好的用户界面，主要用于二维制图、详细绘制、设计文档和基本三维设计，用户可以在不断实践的过程中更好地掌握它的各种应用和开发技巧，从而不断提高工作效率。

10.4 创建表格

表格是在行和列中包含数据的对象，通常可以从空表格或表格样式创建表格对象。

表格使用行和列以一种简洁清晰的形式提供信息，常用于一些组件的图形中。表格样式用于控制一个表格的外观，用于保证标准的字体、颜色、文本、高度和行距。

10.4.1 表格样式

表格的外观由表格样式控制，用户可以使用默认表格样式，也可以创建自己的表格样式。

在创建新的表格样式时，可以指定一个起始表格。起始表格是图形中用作设置新表格样式的样例表格。一旦选定表格，用户即可指定要从此表格中复制到表格样式的结构和内容。

1. 命令调用方法

在AutoCAD 2021中调用【表格样式】命令的方法通常有以下4种。

- 选择【格式】➢【表格样式】菜单命令。
- 命令行输入“TABLESTYLE/TS”命令并按空格键。
- 单击【默认】选项卡➢【注释】面板➢【表格样式】按钮。
- 单击【注释】选项卡➢【表格】面板右下角的按钮。

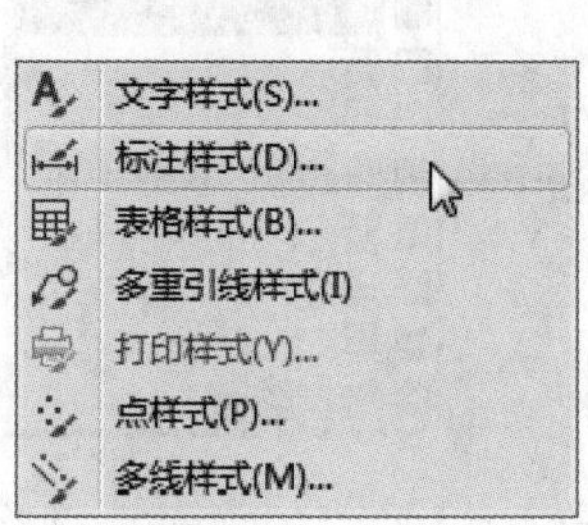

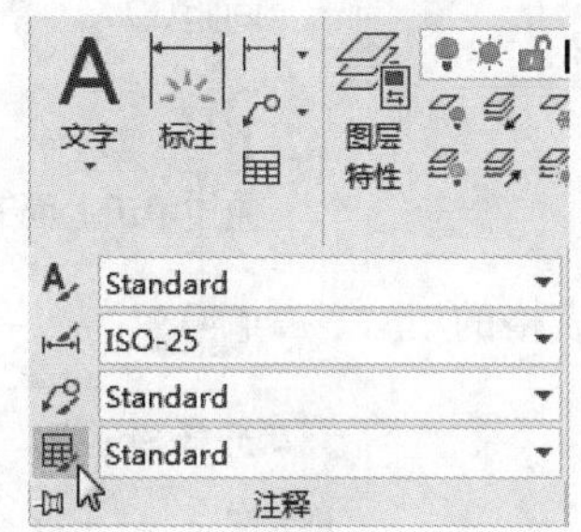

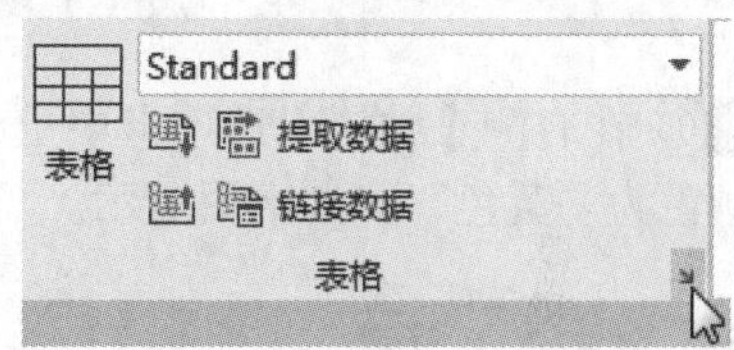

2. 命令提示

调用【表格样式】命令之后，系统会弹出【表格样式】对话框，如下图所示。

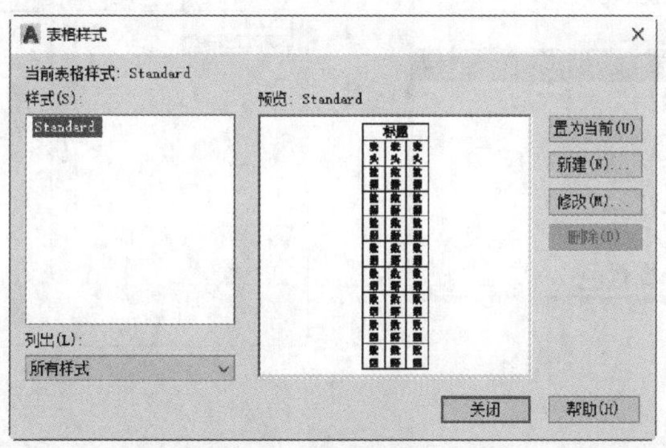

10.4.2 实战演练——创建表格样式

下面利用【表格样式】对话框创建一个新的表格样式，具体操作步骤如下。

步骤 01 调用【表格样式】命令，在弹出的【表格样式】对话框中单击【新建】按钮，弹出【创建新的表格样式】对话框，输入新表格样式的名称为“创建表格样式”，如右图所示。

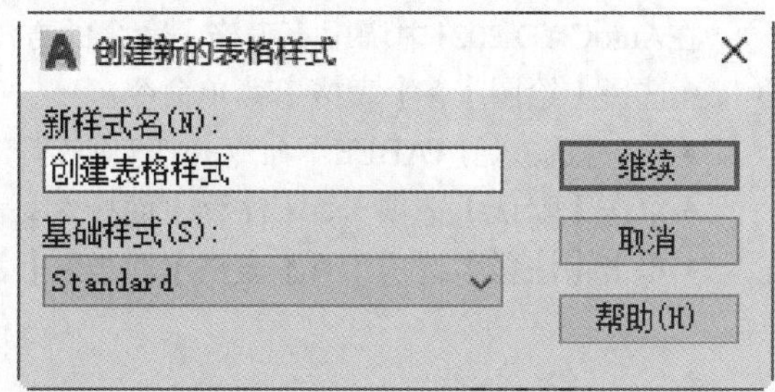

步骤 02 单击【继续】按钮，弹出【新建表格样式：创建表格样式】对话框，如下图所示。

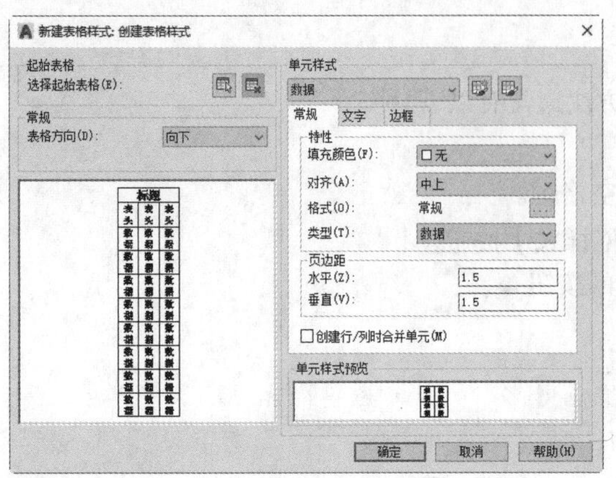

步骤 03 在右侧【常规】选项卡中更改表格的填充颜色为“黄色”，如下图所示。

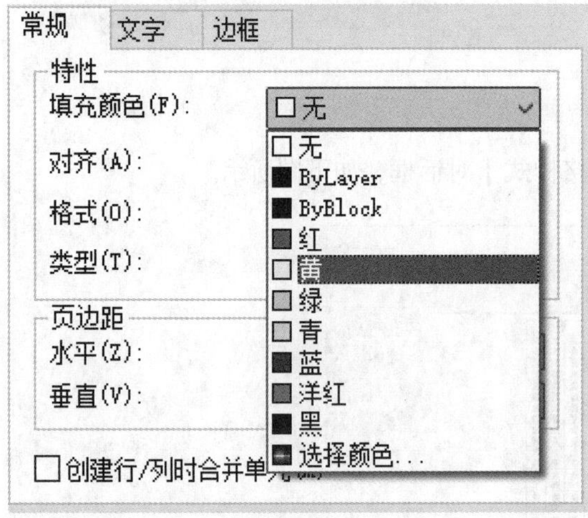

步骤 04 选择【边框】选项卡，将边框颜色指定为“红色”，并单击【所有边框】按钮，将设置应用于所有边框，如下图所示。

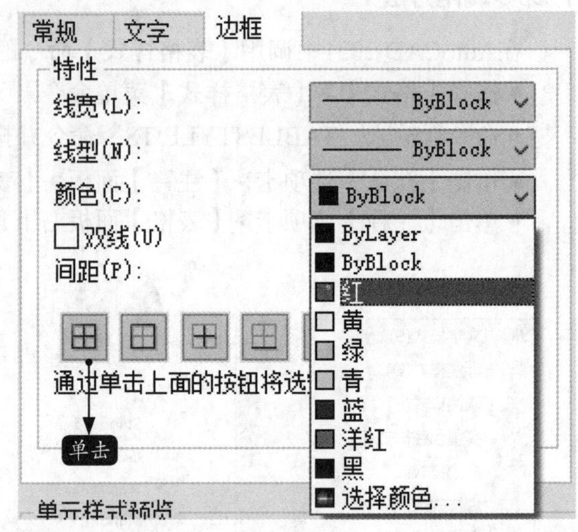

步骤 05 单击【确定】按钮后完成操作，并将新建的表格样式选择“置为当前”，如下图所示。

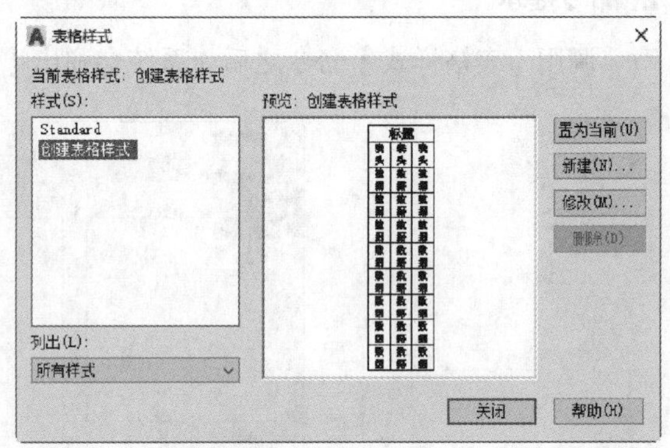

10.4.3 创建表格

表格样式创建完成后，可以以此为基础继续创建表格。

1. 命令调用方法

在AutoCAD 2021中调用【表格】命令的方法通常有以下4种。

- 选择【绘图】➤【表格】菜单命令。
- 命令行输入“TABLE”命令并按空格键。
- 单击【默认】选项卡➤【注释】面板➤【表格】按钮。
- 单击【注释】选项卡➤【表格】面板➤【表格】按钮。

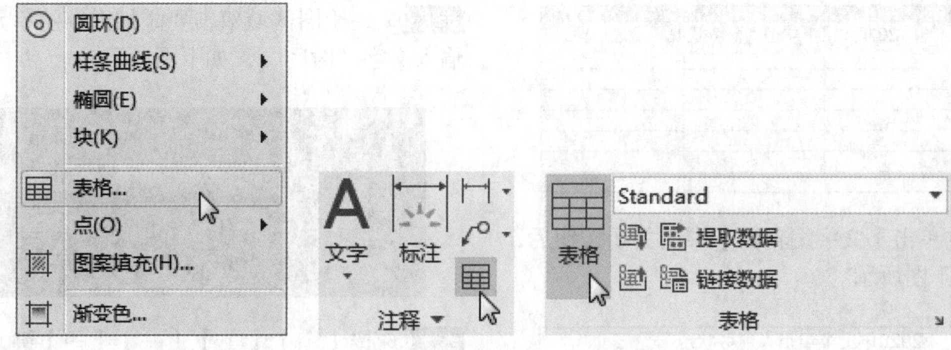

2. 命令提示

调用【表格】命令之后，系统会弹出【插入表格】对话框，如下图所示。

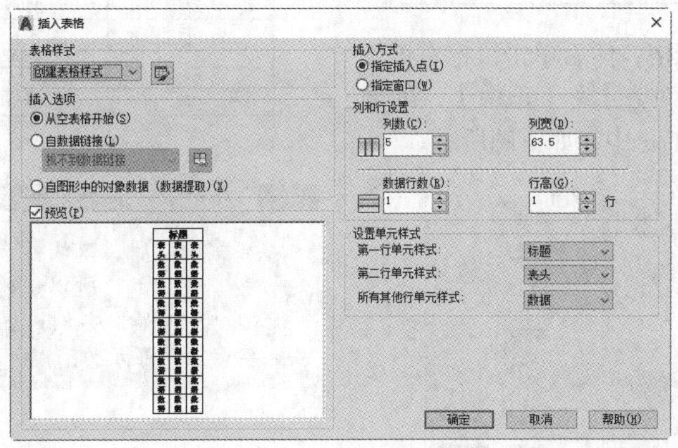

10.4.4 实战演练——创建表格对象

下面以10.4.2小节中创建的表格样式作为基础，进行表格的创建。具体操作步骤如下。

步骤 01 调用【表格】命令，在弹出的【插入表格】对话框中设置表格列数为“3”，行数为“6”，如下图所示。

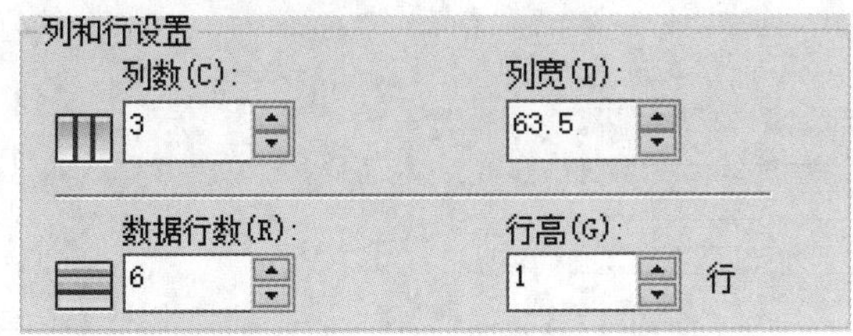

小提示

表格的列和行与表格样式中设置的边页距、文字高度之间的关系如下。

最小列宽=2×水平边页距+文字高度

最小行高=2×垂直边页距+4/3×文字高度

当设置的列宽大于最小列宽时，以指定的列宽创建表格；当小于最小列宽时，以最小列宽创建表格。行高必须为最小行高的整数倍。创建完成后可以通过【特性】面板对列宽和行高进行调整，但不能小于最小列宽和最小行高。

步骤 02 单击【确定】按钮。在绘图区域单击确定表格插入点后弹出【文字编辑器】窗口，并输入表格的标题“2020年上半年个人财务状况一览表”，将字体大小更改为“6”，如下页图所示。

	A	B	C
1	2020年上半年个人财务状况一览表		
2			
3			
4			
5			
6			
7			
8			

步骤 03 单击【文字编辑器】中的关闭按钮后，结果如下图所示。

2020年上半年个人财务状况一览表		

步骤 04 选中所有单元格，然后单击鼠标右键弹出快捷菜单，选择【对齐】➤【正中】，使输入的文字位于单元格的正中，如下图所示。

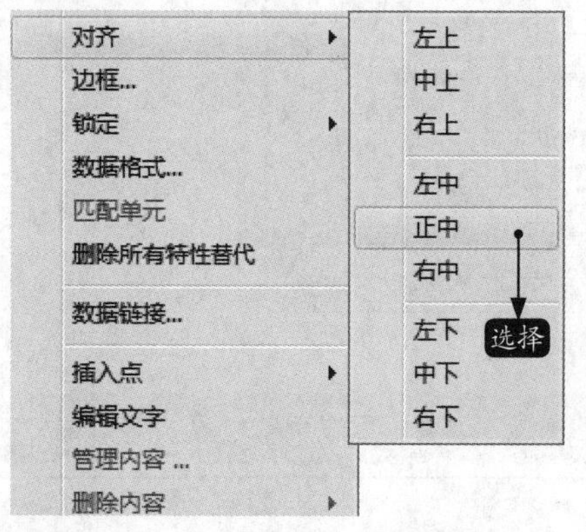

步骤 05 在绘图区域双击要添加内容的单元格，输入文字“时间”，如下图所示。

步骤 06 按【↑】【↓】【←】【→】键，继续输入其他单元格的内容，结果如下图所示。

2020年上半年个人财务状况一览表		
时间	收入（元）	支出（元）
1月	8800	2650
2月	8000	5789
3月	5000	1760
4月	4000	2698
5月	7100	2850
6月	6300	2783

小提示

创建表格时，默认第一行和第二行分别是“标题”和“表头”，所以创建的表格为“标题+表头+行数”。例如，本例设置为6行，加上标题和表头，实际显示显示为8行。

10.4.5 编辑表格

表格创建完成后，用户可以单击该表格上的任意网格线以选中该表格，然后通过使用【属性】选项卡或夹点来修改该表格。

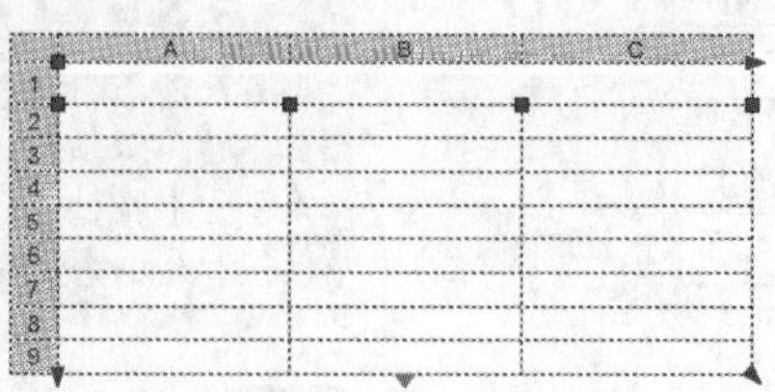

10.4.6 实战演练——编辑表格对象

下面对表格对象进行编辑操作，具体操作步骤如下。

步骤 01 打开“素材\CH10\编辑表格.dwg”文件，如下图所示。

2020年上半年办公用品采购清单		
名称	数量	时间
票据夹	1000	1月
美工刀	30	2月
活页本	200	3月
胶棒	500	4月
中性笔	3000	5月
便利贴	400	6月

步骤 02 在绘图区域单击表格任意网格线，选中当前表格，在绘图区域单击选择下图所示的夹点。

	A	B	C
1	2020年上半年办公用品采购清单		
2	名称	数量	时间
3	票据夹	1000	1月
4	美工刀	30	2月
5	活页本	200	3月
6	胶棒	500	4月
7	中性笔	3000	5月
8	便利贴	400	6月
9			

步骤 03 在绘图区域拖曳鼠标并在适当的位置单击，以确定所选夹点的新位置，然后按【Esc】键取消对当前表格的选择，结果如下图所示。

2020年上半年办公用品采购清单		
名称	数量	时间
票据夹	1000	1月
美工刀	30	2月
活页本	200	3月
胶棒	500	4月
中性笔	3000	5月
便利贴	400	6月

步骤 04 选中所有单元格，单击鼠标右键，弹出快捷菜单，选择【对齐】➤【正中】命令以使输入的文字位于单元格的正中，结果如右上图所示。

2020年上半年办公用品采购清单		
名称	数量	时间
票据夹	1000	1月
美工刀	30	2月
活页本	200	3月
胶棒	500	4月
中性笔	3000	5月
便利贴	400	6月

步骤 05 选择最后一行单元格，单击鼠标右键，弹出快捷菜单，选择【合并】➤【全部】命令，然后输入文字，结果如下图所示。

合并 >
取消合并
特性(S)
快捷特性
全部
按行
按列
选择

2020年上半年办公用品采购清单		
名称	数量	时间
票据夹	1000	1月
美工刀	30	2月
活页本	200	3月
胶棒	500	4月
中性笔	3000	5月
便利贴	400	6月
备注：中性笔包含黑、红、蓝三种		

小提示

使用列夹点时，按住【Ctrl】键可以更改列宽并相应地拉伸表格。

10.5 综合应用——给图形添加文字说明

图形绘制完毕后，对于不能用图形表达的内容，经常采用文字说明的方式来表述。此外，在输入文字时，经常需要插入直径符号、正负号以及其他特殊的符号。

1. 创建文字样式

步骤 01 打开“素材\CH10\给图形添加文字说明.dwg”文件，如下页图所示。

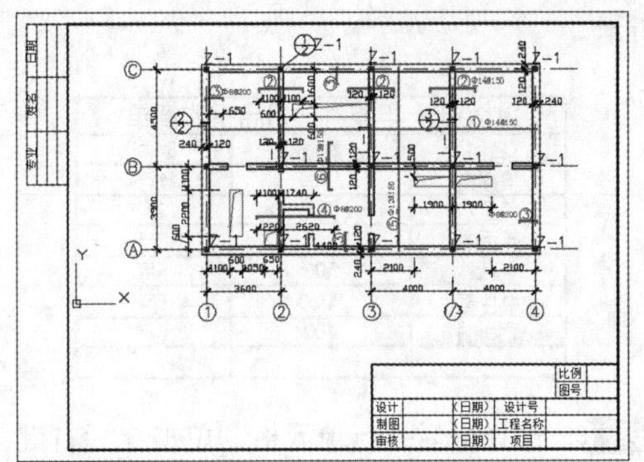

步骤 02 调用【文字样式】命令，弹出【文字样式】对话框，如下图所示。

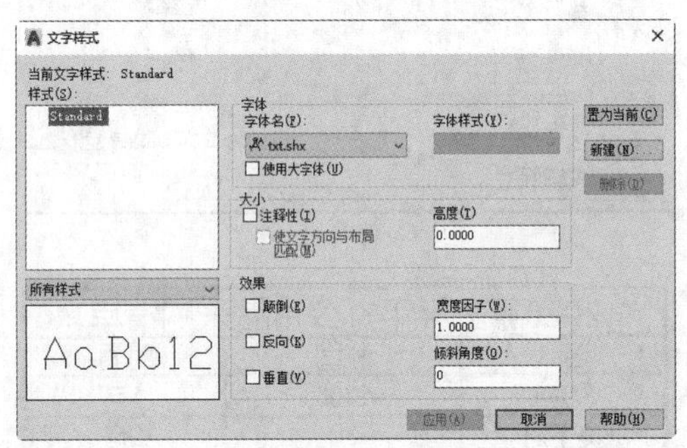

步骤 03 单击【新建】按钮，弹出【新建文字样式】对话框，将新的文字样式命名为“工程图文字”，如下图所示。

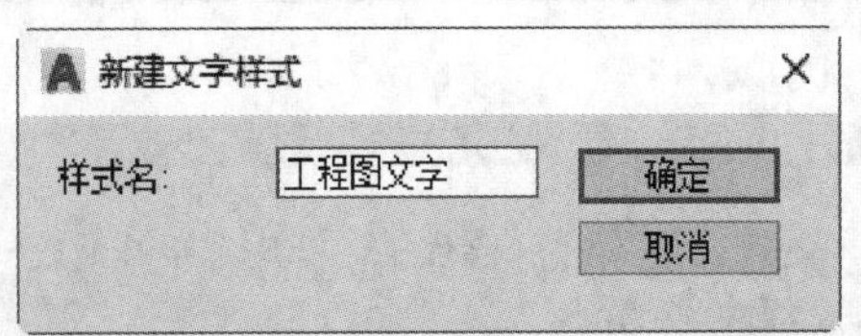

步骤 04 单击【确定】按钮后返回【文字样式】对话框，选中“工程图文字”，单击“字体名”下拉列表，选择“仿宋”，如下图所示。

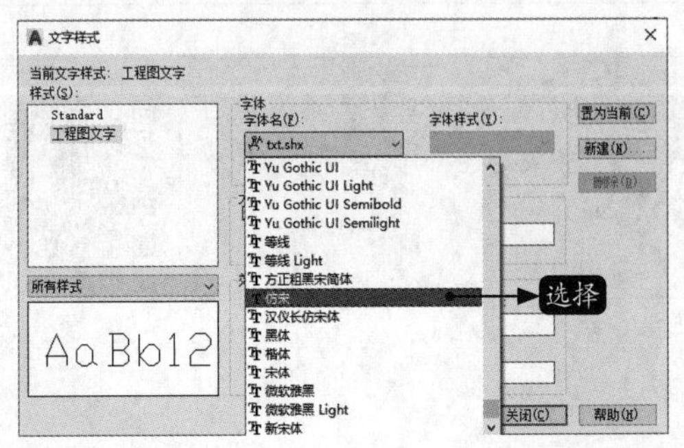

步骤 05 其他设置不变，然后单击“应用”“置为当前”按钮，将“工程图文字”样式置为当前，最后单击“关闭”按钮关闭文字样式对话框。

2. 用单行文字填写图框

步骤 01 调用【单行文字】命令，然后指定文字的起点，如下图所示。

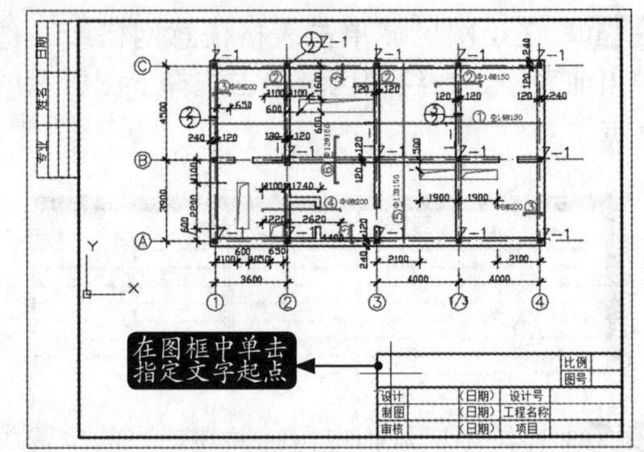

步骤 02 设置文字高度为“800”，角度为“0”，然后输入图形的名称“夹层结构平面图”，结果如下图所示。

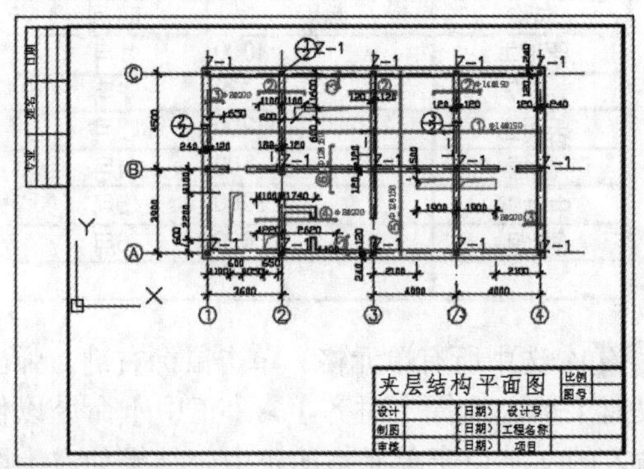

步骤 03 重复 步骤 01 ~ 步骤 02，设置文字高度为“400”，角度为“0”，填写图形的比例“1：100”，结果如下图所示。

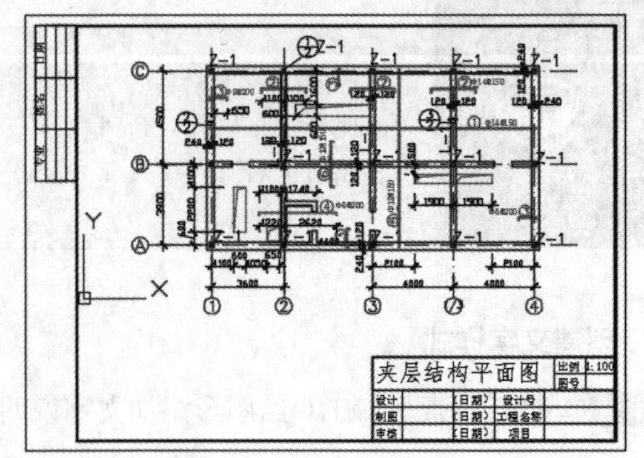

3. 用多行文字书写技术要求

步骤01 调用【多行文字】命令，然后拖动鼠标指定文字的输入区域，如下图所示。

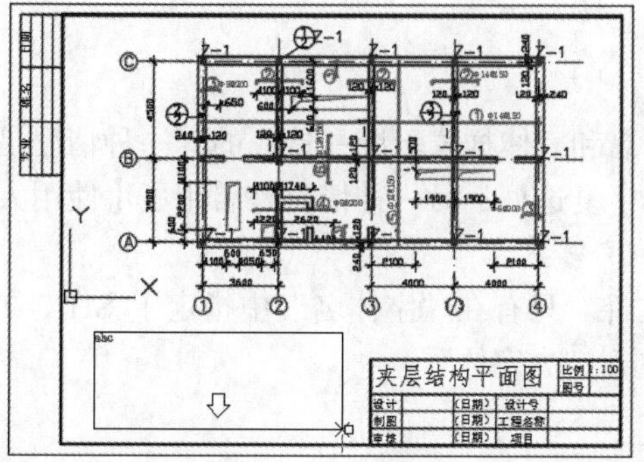

步骤02 设置文字高度为“450”，其他设置不变，如下图所示。

步骤03 输入相应的文字，如下图所示。

步骤04 将光标插到“6-200”前面，然后单击【文字编辑器】选项卡【插入】组中的【符号】按钮，弹出符号选择列表，如下图所示。

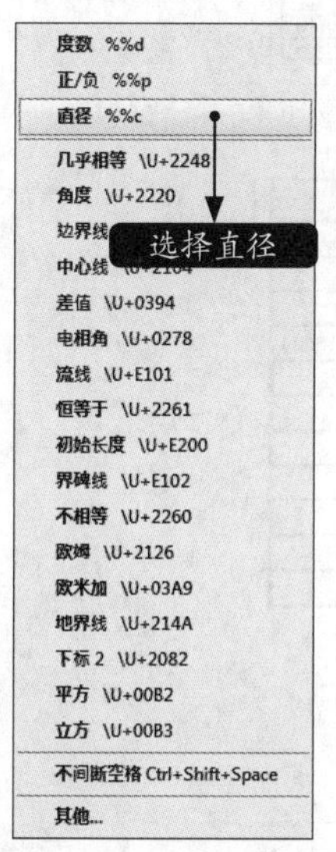

步骤05 选择直径符号，结果如下图所示。

插入的直径符号

技术要求：
1. 混凝土C20，保护层25mm（梁）、15mm（板）。架立筋、分布筋ϕ6-200，各洞口四周加设2道14二级钢筋，L=口宽加1200，并在四角各加2×10 L=1000的斜筋。
2. 板厚150mm，底板-0.185米。

步骤06 重复步骤04，继续插入直径符号，如下图所示。

步骤07 重复步骤04，将光标插到“150”后面，在弹出的符号列表中选择“正\负”号。插入正负号之后，输入“10”。最终结果如下图所示。

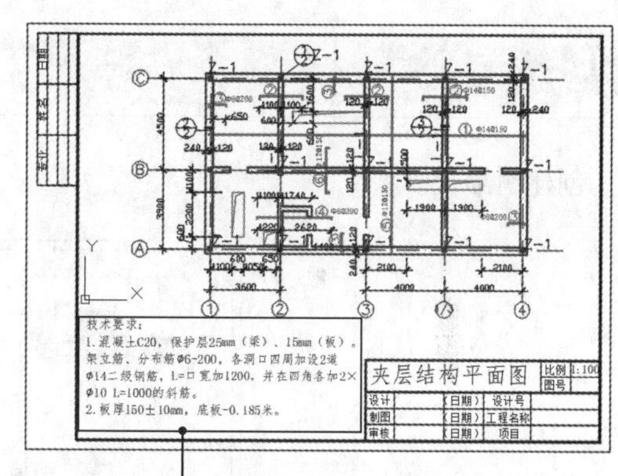

技术要求：
1. 混凝土C20，保护层25mm（梁）、15mm（板）。架立筋、分布筋ϕ6-200，各洞口四周加设2道ϕ14二级钢筋，L=口宽加1200，并在四角各加2×ϕ10 L=1000的斜筋。
2. 板厚150±10mm，底板-0.185米。

小提示

如果列表中没有需要的符号，可以单击“其它”，弹出更多的特殊符号。

疑难解答

1. 输入的文字为什么会显示为“？？？”

有时输入的文字会显示为问号“？”，这是字体名和字体样式不统一造成的。一种情况是指定了字体名为SHX的文件，而没有启用【使用大字体】复选框；另一种情况是启用了【使用大字体】复选框，却没有为其指定一个正确的字体样式。

所谓“大字体”，就是指定亚洲语言的大字体文件。只有在“字体名”中指定了 SHX 文件时，才能“使用大字体”，并且只有 SHX 文件可以创建“大字体”。

2. 如何替换原文中找不到的字体

在用AutoCAD打开其他人的图形时，经常会遇到提示原文中找不到字体的情况。那么，这时候该怎么办呢？下面以用“hztxt.shx”替换“hzst.shx”为例介绍如何替换原文中找不到的字体。

（1）找到AutoCAD字体文件夹(fonts)，把里面的hztxt.shx 复制一份。

（2）重新命名为hzst.shx，然后把hzst.shx放到fonts文件夹里面，再重新打开此图就可以了。

实战练习

创建明细栏。

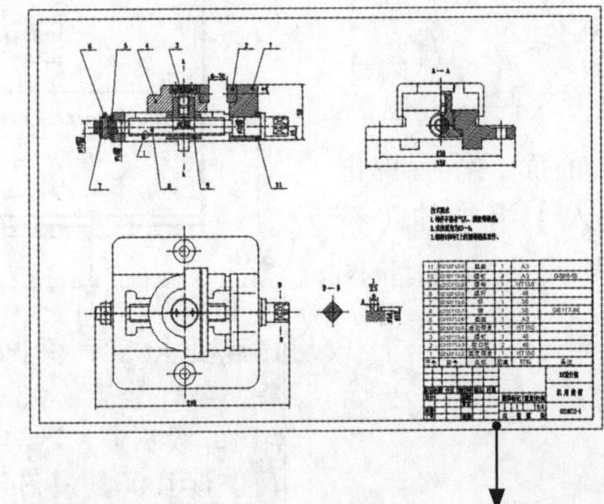

11	0210712-5	垫圈	1	A3	
10	0210712-9	螺钉	4	A3	GB68-85
9	0210712-5	螺母	1	HT150	
8	0210712-9	螺杆	1	45	
7	0210712-8	环	1	35	
6	0210712-7	销	1	35	GB117-86
5	0210712-6	垫圈	1	A3	
4	0210712-5	活动钳身	1	HT150	
3	0210712-4	螺钉	1	45	
2	0210712-3	钳口板	2	45	
1	0210712-2	固定钳身	1	HT150	
序号	图号	名称	数量	材料	备注

第 11 章

查询与参数化设置

学习目标

AutoCAD 中包含有许多辅助绘图功能供用户调用，其中查询和参数化是应用较广的辅助功能。本章对相关工具的使用进行详细介绍。

学习效果

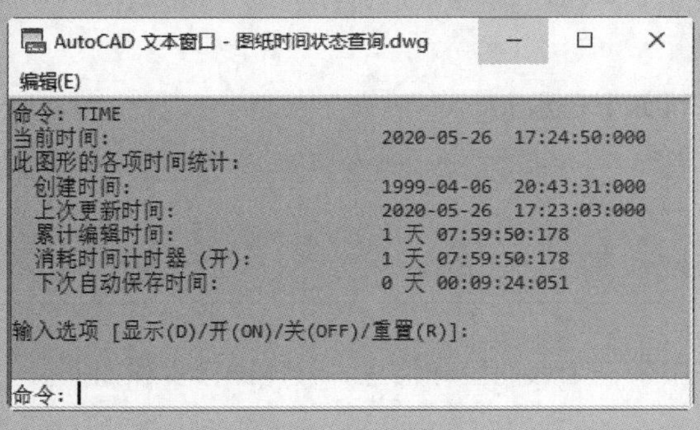

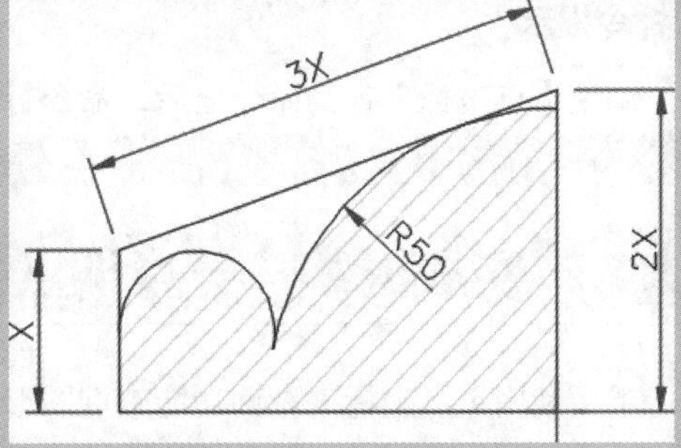

11.1 查询对象信息

在AutoCAD中，查询命令包含众多的功能，如查询两点之间的距离，查询面积、体积、质量和半径等。利用AutoCAD的各种查询功能，既可以辅助绘制图形，也可以对图形的各种状态进行查询。

11.1.1 查询点坐标

点坐标查询用于显示指定位置的 UCS 坐标值。ID 列出了指定点的 *x*、*y* 和 *z* 值，并将指定点的坐标存储为最后一点。在要求输入点的下一个提示中输入“@”，即可引用最后一点。

1. 命令调用方法

在AutoCAD 2021中调用【点坐标】查询命令的方法通常有以下三种。

- 选择【工具】➢【查询】➢【点坐标】菜单命令。
- 命令行输入“ID”命令并按空格键。
- 单击【默认】选项卡➢【实用工具】面板➢【点坐标】按钮。

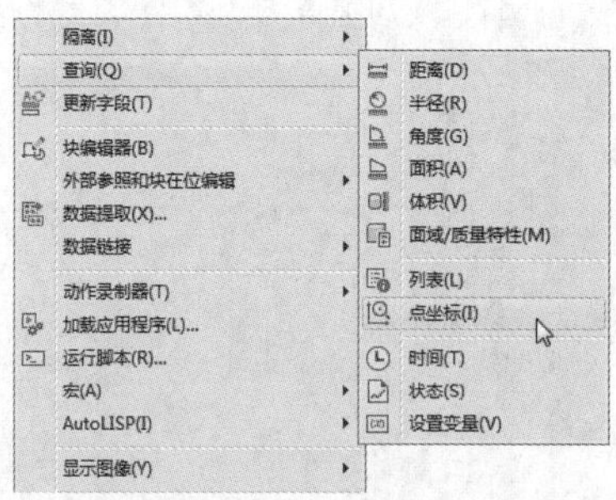

2. 命令提示

调用【点坐标】查询命令之后，命令行会进行如下提示。

```
命令：'_id 指定点：
```

11.1.2 实战演练——查询点坐标信息

下面利用【点坐标】查询功能查询图形对象中某一个点的坐标信息，具体操作步骤如下。

打开“素材\CH11\点坐标距离半径查询.dwg”文件，调用【点坐标】查询命令，然后捕捉如右图所示的圆心点。

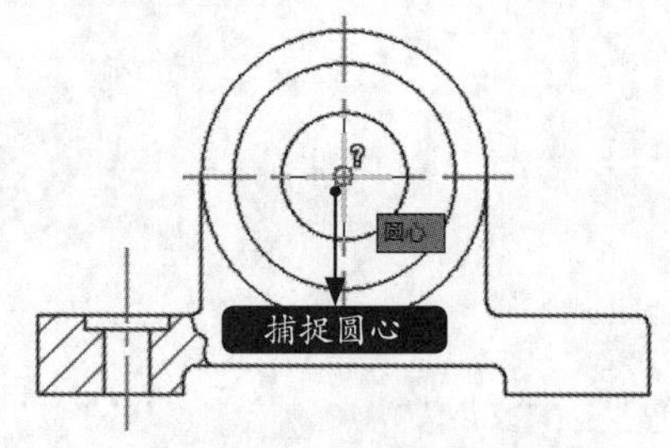

在命令行中显示查询结果。

命令：'_id 指定点： X = 169.1898 Y = 225.0438 Z = 0.0000

11.1.3 查询距离

查询距离功能用于测量两点之间的距离和角度。

1. 命令调用方法

在AutoCAD 2021中调用【距离】查询命令的方法通常有以下三种。

- 选择【工具】➢【查询】➢【距离】菜单命令。
- 命令行输入“DIST/DI”命令并按空格键。
- 单击【默认】选项卡➢【实用工具】面板➢【距离】按钮。

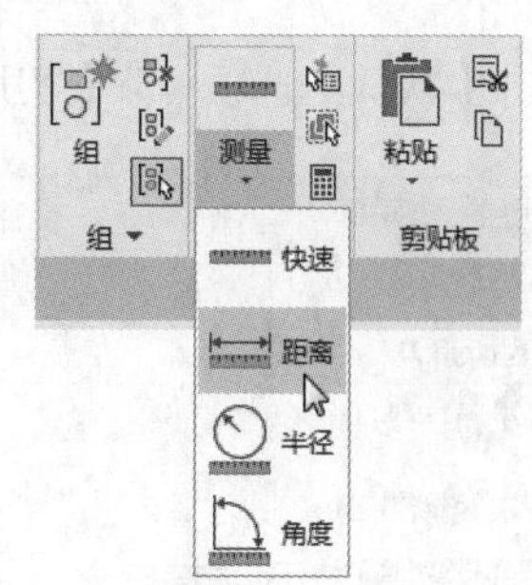

2. 命令提示

调用【距离】查询命令之后，命令行会进行如下提示。

命令：_MEASUREGEOM

输入一个选项 [距离 (D)/ 半径 (R)/ 角度 (A)/ 面积 (AR)/ 体积 (V)/ 快速 (Q)/ 模式 (M)/ 退出 (X)] < 距离 >: _distance

指定第一点：

11.1.4 实战演练——查询对象距离信息

下面利用【距离】查询功能查询图形对象的距离信息，具体操作步骤如下。

步骤 01 打开“素材\CH11\点坐标距离半径查询.dwg”文件，调用【距离】查询命令，在绘图区域单击指定第一点，如下图所示。

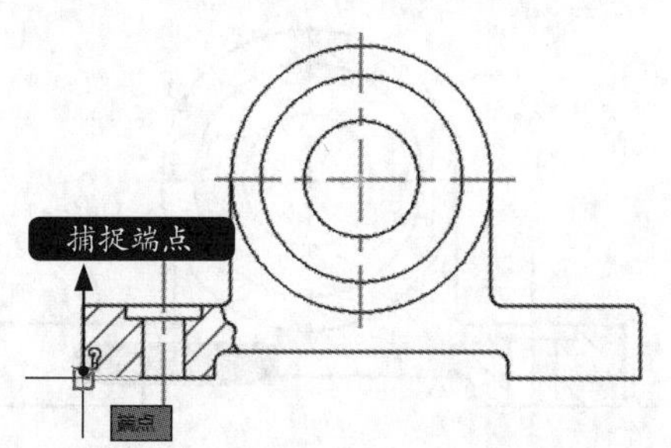

步骤 02 在绘图区域单击指定第二点，如下图所示。

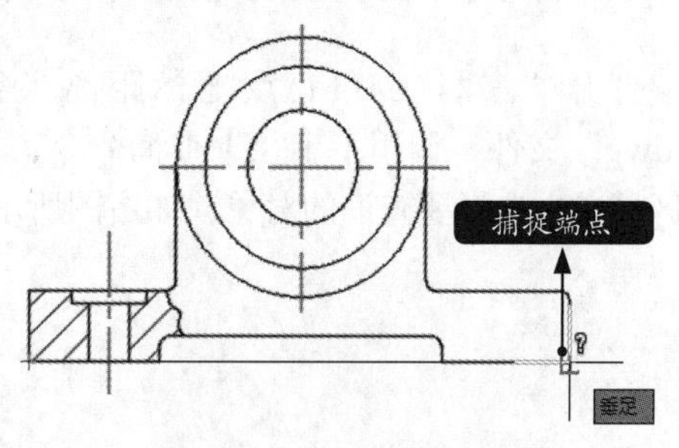

命令行的显示结果如下。

距离 = 172.0000，XY 平面中的倾角 = 0， 与 XY 平面的夹角 = 0
X 增量 = 172.0000， Y 增量 = 0.0000， Z 增量 = 0.0000

11.1.5 查询半径

查询半径功能用于测量指定圆弧、圆或多段线圆弧的半径和直径。

1. 命令调用方法

在AutoCAD 2021中调用【半径】查询命令的方法通常有以下三种。

- 选择【工具】➤【查询】➤【半径】菜单命令。
- 命令行输入“MEASUREGEOM/MEA”命令并按空格键，然后在命令提示下选择“R”选项。
- 单击【默认】选项卡➤【实用工具】面板➤【半径】按钮。

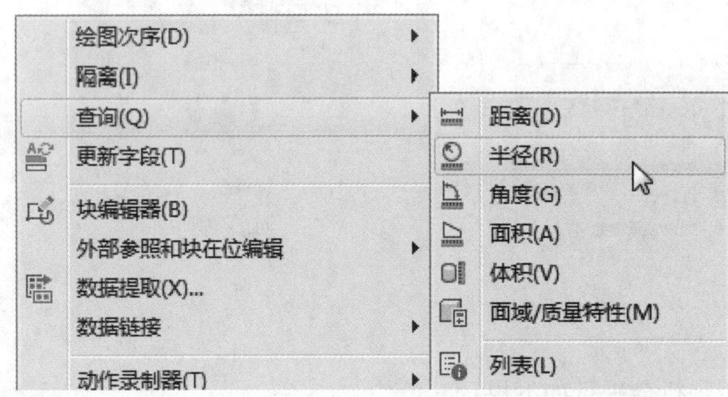

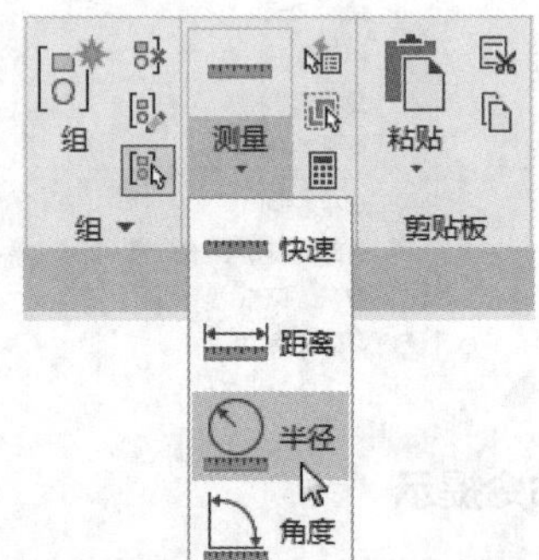

2. 命令提示

调用【半径】查询命令之后，命令行会进行如下提示。

命令：_MEASUREGEOM
输入一个选项 [距离 (D)/ 半径 (R)/ 角度 (A)/ 面积 (AR)/ 体积 (V)/ 快速 (Q)/ 模式 (M)/ 退出 (X)] < 距离 >: _radius
选择圆弧或圆：

11.1.6 实战演练——查询对象半径信息

下面利用【半径】查询功能查询圆弧半径信息，具体操作步骤如下。

打开“素材\CH11\点坐标距离半径查询.dwg”文件，调用【半径】查询命令，在绘图区域单击选择要查询的对象，如右图所示。

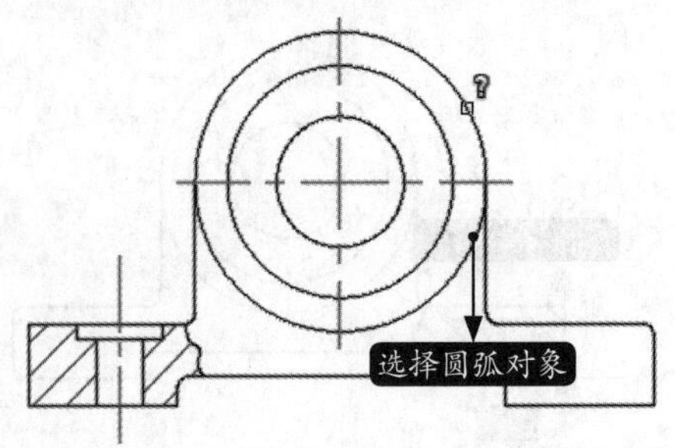

在命令行中显示圆弧的半径和直径的值。

半径 = 40.0000　直径 = 80.0000

11.1.7 查询角度

查询角度功能主要用于测量与选定的圆弧、圆、多段线线段和线对象关联的角度。

1. 命令调用方法

在AutoCAD 2021中调用【角度】查询命令的方法通常有以下三种。

- 选择【工具】➢【查询】➢【角度】菜单命令。
- 命令行输入“MEASUREGEOM/MEA”命令并按空格键，然后在命令提示下选择“A”选项。
- 单击【默认】选项卡➢【实用工具】面板➢【角度】按钮。

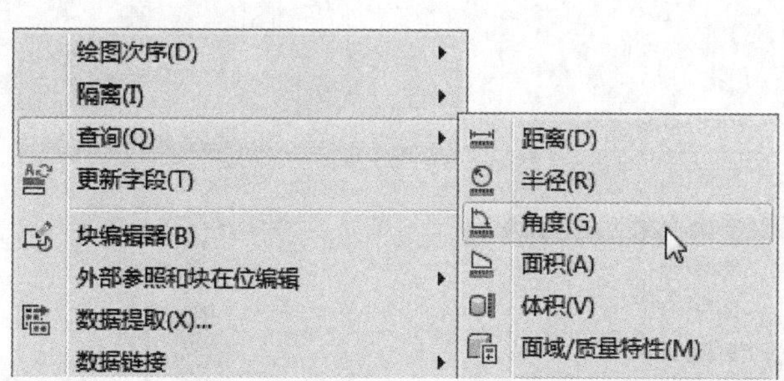

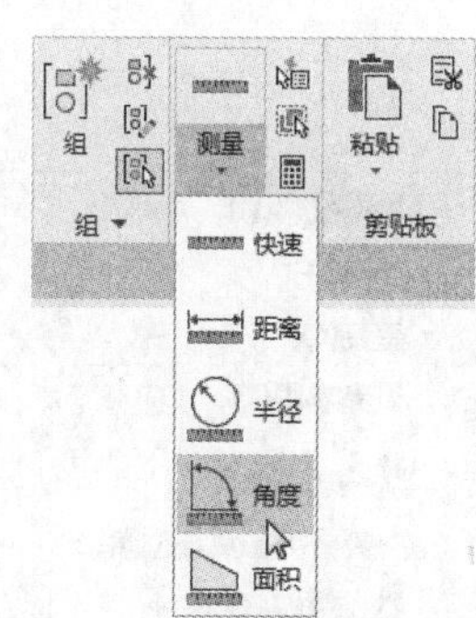

2. 命令提示

调用【角度】查询命令之后，命令行会进行如下提示。

命令：_MEASUREGEOM

输入一个选项 [距离 (D)/ 半径 (R)/ 角度 (A)/ 面积 (AR)/ 体积 (V)/ 快速 (Q)/ 模式 (M)/ 退出 (X)] < 距离 >: _angle

选择圆弧、圆、直线或 < 指定顶点 >:

11.1.8 实战演练——查询对象角度信息

下面利用【角度】查询功能查询图形对象的角度信息，具体操作步骤如下。

步骤 01 打开“素材\CH11\角度查询.dwg”文件，调用【角度】查询命令，在绘图区域单击选择需要查询角度的起始边，如下图所示。

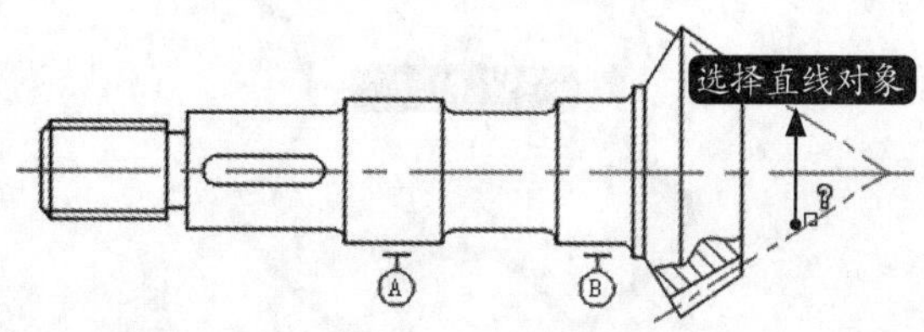

步骤 02 在绘图区域单击选择需要查询角度的另一条边，如下图所示。

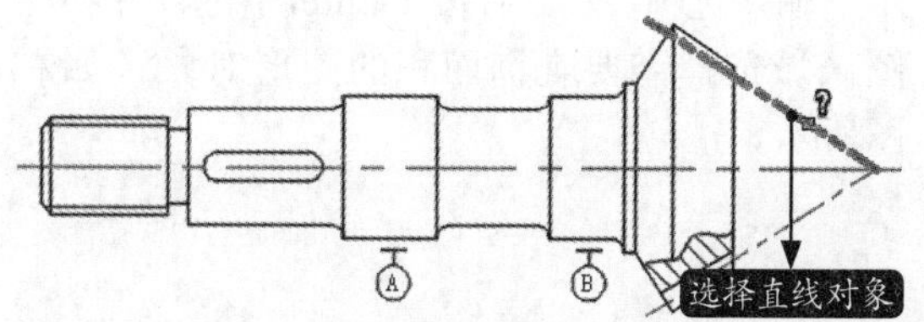

在命令行中显示角度的值。

角度 = 63d14'42"

11.1.9 查询面积和周长

查询面积和周长功能主要用于计算对象或所定义区域的面积和周长。

1. 命令调用方法

在AutoCAD 2021中调用【面积和周长】查询命令的方法通常有以下三种。

- 选择【工具】➢【查询】➢【面积】菜单命令。
- 命令行输入“AREA/AA”命令并按空格键。
- 单击【默认】选项卡➢【实用工具】面板➢【面积】按钮。

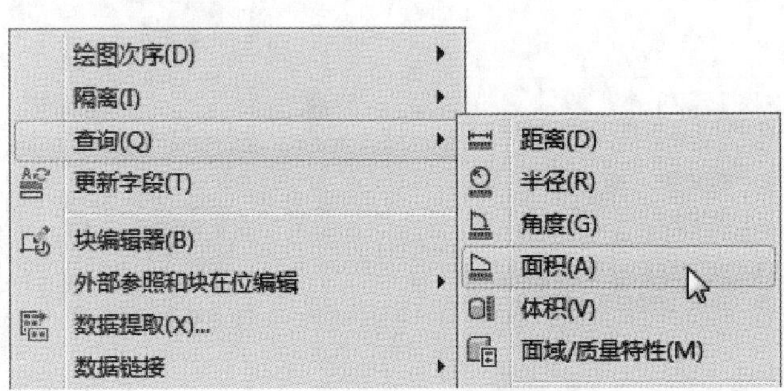

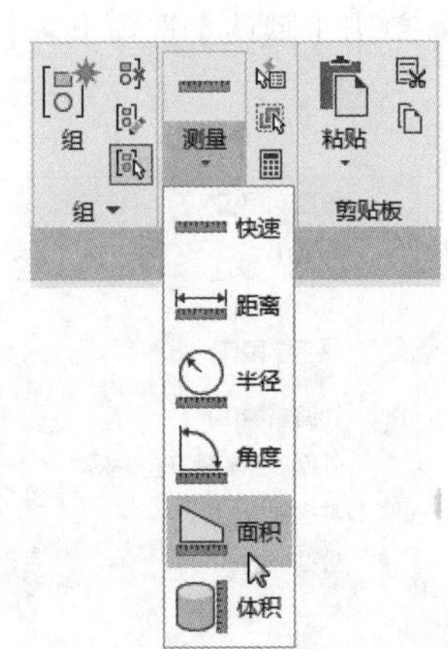

2. 命令提示

调用【面积】查询命令之后，命令行会进行如下提示。

命令：_MEASUREGEOM

输入一个选项 [距离 (D)/ 半径 (R)/ 角度 (A)/ 面积 (AR)/ 体积 (V)/ 快速 (Q)/ 模式 (M)/ 退出 (X)] < 距离 >: _area

指定第一个角点或 [对象 (O)/ 增加面积 (A)/ 减少面积 (S)/ 退出 (X)] < 对象 (O)>:

11.1.10 实战演练——查询对象面积和周长信息

下面利用【面积】查询功能查询图形对象的面积和周长信息，具体操作步骤如下。

打开“素材\CH11\面积和周长查询.dwg”文件，调用【面积】查询命令，在命令行提示下输入选项“O”后按【Enter】键，并在绘图区域选择需要查询面积的图形对象，如右图所示。

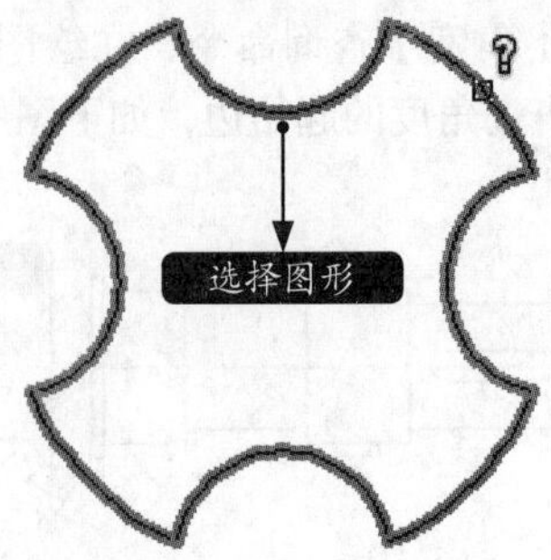

在命令行中显示查询结果。

区域 = 482106.3974，周长 = 3464.1261

11.1.11 查询体积

体积查询功能主要用于测量对象或定义区域的体积。

1. 命令调用方法

在AutoCAD 2021中调用【体积】查询命令的方法通常有以下三种。

- 选择【工具】➤【查询】➤【体积】菜单命令。
- 命令行输入“MEASUREGEOM/MEA”命令并按空格键，然后在命令提示下选择“V”选项。
- 单击【默认】选项卡➤【实用工具】面板➤【体积】按钮。

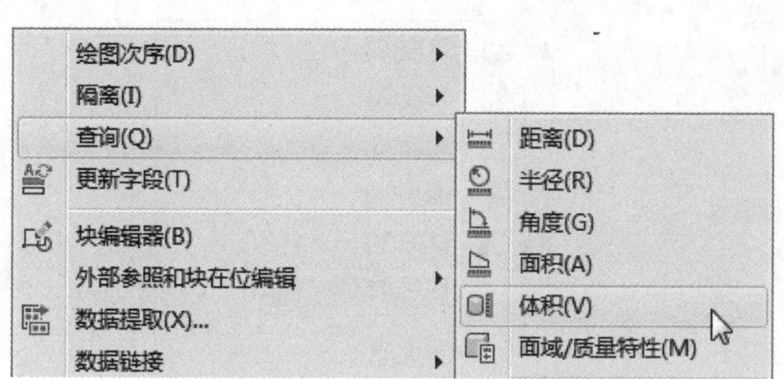

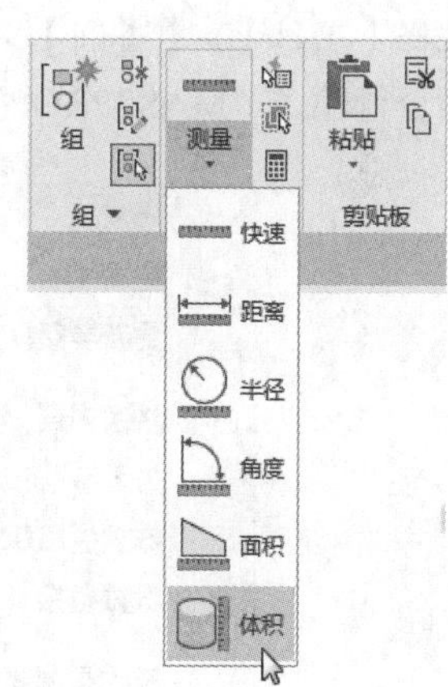

2. 命令提示

调用【体积】查询命令之后，命令行会进行如下提示。

命令：_MEASUREGEOM
输入一个选项 [距离 (D)/ 半径 (R)/ 角度 (A)/ 面积 (AR)/ 体积 (V)/ 快速 (Q)/ 模式 (M)/ 退出 (X)] < 距离 >: _volume
指定第一个角点或 [对象 (O)/ 增加体积 (A)/ 减去体积 (S)/ 退出 (X)] < 对象 (O)>:

11.1.12 实战演练——查询对象体积信息

下面利用【体积】查询功能查询立方体图形的体积，具体操作步骤如下。

打开“素材\CH11\体积质量查询.dwg”文件，调用【体积】查询命令，在命令行提示下输入选项“O”后按【Enter】键，并在绘图区域选择需要查询体积的图形对象，如右图所示。

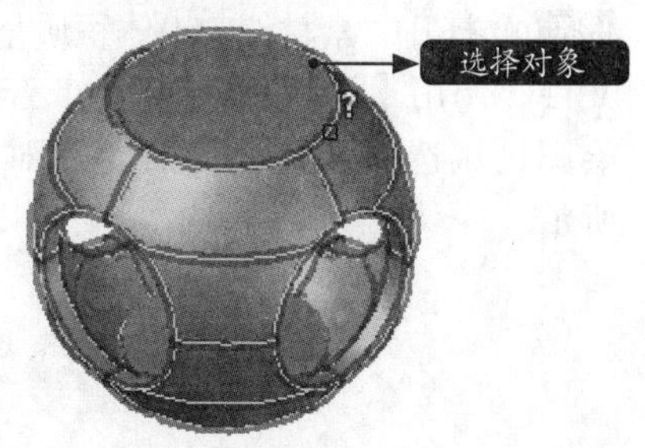

命令行显示查询结果。

```
体积 = 96293.4020
```

小提示

如果测量的对象是平面图，则在选择好底面之后，还需要指定一个高度才能测量出体积。

11.1.13 查询质量特性

质量特性查询用于计算和显示选定面域或三维实体的质量特性。

1. 命令调用方法

在AutoCAD 2021中调用【面域/质量特性】查询命令的方法通常有以下两种。

- 选择【工具】➢【查询】➢【面域/质量特性】菜单命令。
- 命令行输入“MASSPROP”命令并按空格键。

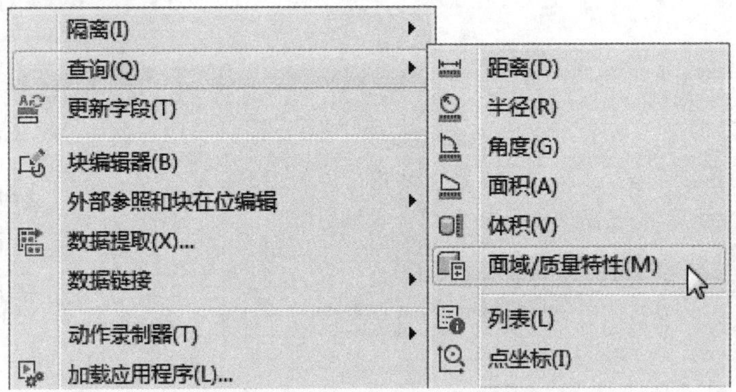

2. 命令提示

调用【面域/质量特性】查询命令之后，命令行会进行如下提示。

```
命令：_massprop
选择对象：
```

11.1.14 实战演练——查询对象质量特性

下面利用【面域/质量特性】查询功能对图形对象进行相关信息查询，具体操作步骤如下。

步骤 01 打开“素材\CH11\体积质量查询.dwg”文件，调用【面域/质量特性】查询命令，在绘图区域选择需要查询的图形对象，如右图所示。

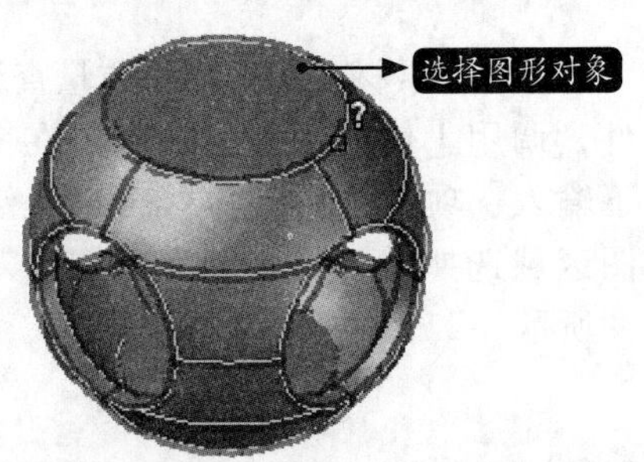

步骤 02 按【Enter】键确认后弹出查询结果，如下图所示。

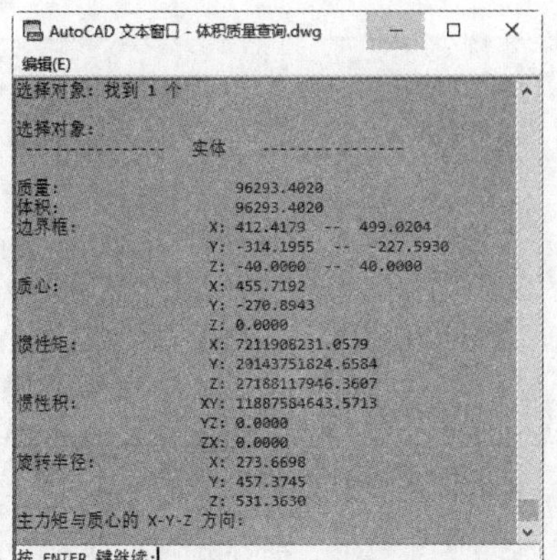

步骤 03 按【Enter】键不将分析结果写入文件。

小提示

测量的质量是以密度为“1g/cm³”显示的，所以测量后应根据结果乘以实际的密度，才能得到真正的质量。

11.1.15 查询对象列表

列表显示命令用来显示任何对象的当前特性，如图层、颜色、样式等。此外，根据选定的对象不同，该命令还将给出相关的附加信息。

1. 命令调用方法

在AutoCAD 2021中调用【列表】查询命令的方法通常有以下两种。

- 选择【工具】➢【查询】➢【列表】菜单命令。
- 命令行输入“LIST/LI/LS”命令并按空格键。

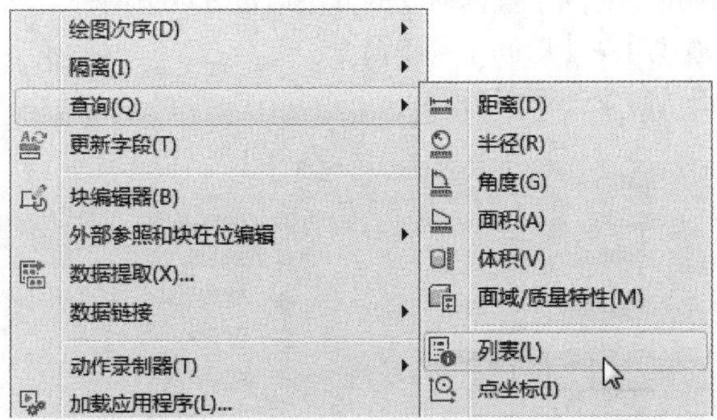

2. 命令提示

调用【列表】查询命令之后，命令行会进行如下提示。

```
命令：_list
选择对象：
```

11.1.16 实战演练——查询对象列表信息

下面利用【列表】查询功能查询图形对象的对象列表信息，具体操作步骤如下。

步骤 01 打开“素材\CH11\对象列表查询.dwg”文件，调用【列表】查询命令，在绘图区域将图形对象全部选择，如下图所示。

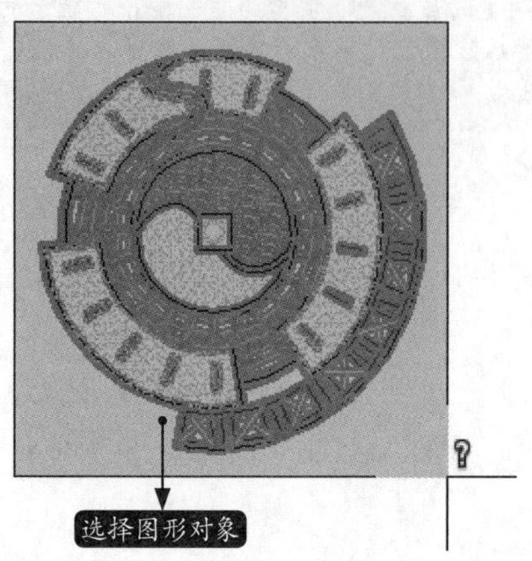

步骤 02 按【Enter】键确定，弹出【AutoCAD文本窗口】窗口，在该窗口中可显示结果，如下图所示。

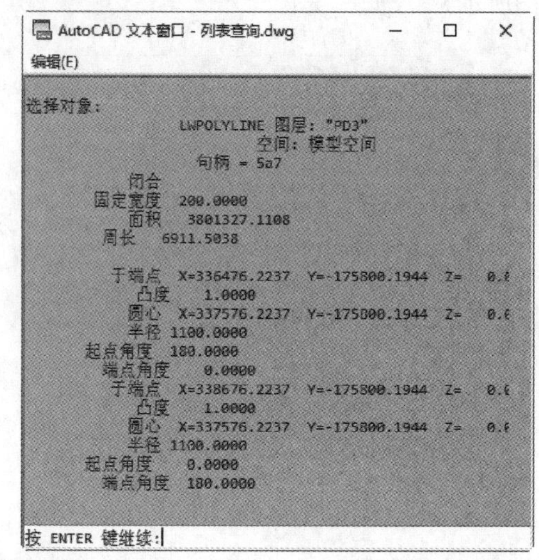

步骤 03 按【Enter】键还可以继续查询相关信息。

11.1.17 查询图纸绘制时间

查询时间功能主要用于显示图形的绘制日期和时间统计信息。

1. 命令调用方法

在AutoCAD 2021中调用【时间】查询命令的方法通常有以下两种。

- 选择【工具】➢【查询】➢【时间】菜单命令。
- 命令行输入“TIME”命令并按空格键。

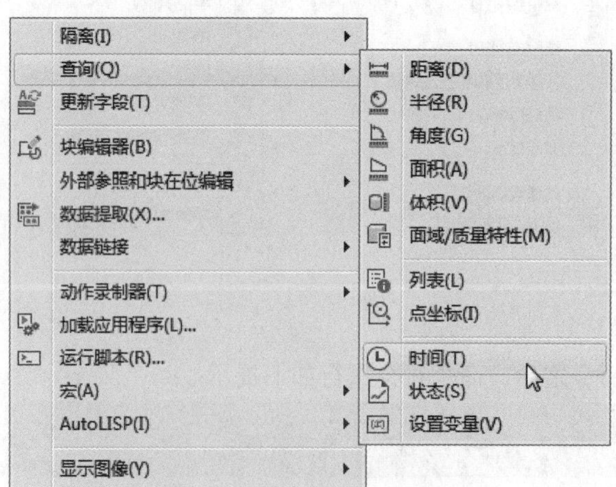

2. 命令提示

调用【时间】查询命令之后，系统会弹出【AutoCAD 文本窗口】窗口。

11.1.18 实战演练——查询图纸绘制时间相关信息

下面利用【时间】查询功能对图形对象的绘制时间等相关信息进行查询，具体操作步骤如下。

步骤01 打开“素材\CH11\图纸时间状态查询.dwg”文件，如下图所示。

步骤02 调用【时间】查询命令，执行命令后弹出【AutoCAD文本窗口】窗口，显示时间查询结果，如下图所示。

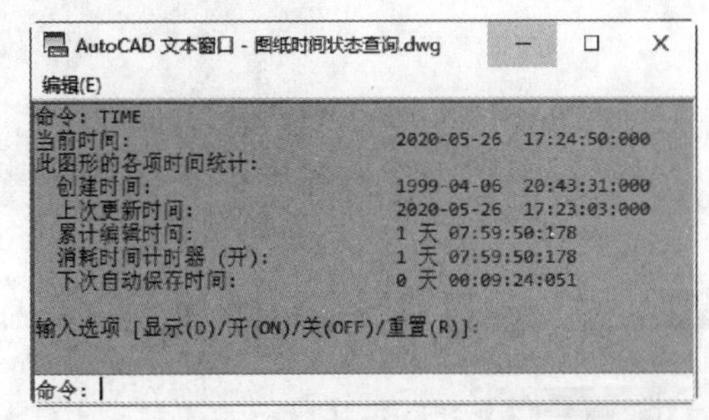

11.1.19 查询图纸状态

查询图纸状态功能主要用于显示图形的统计信息、模式和范围。

1. 命令调用方法

在AutoCAD 2021中调用【状态】查询命令的方法通常有以下两种。

- 选择【工具】➢【查询】➢【状态】菜单命令。
- 命令行输入“STATUS”命令并按空格键。

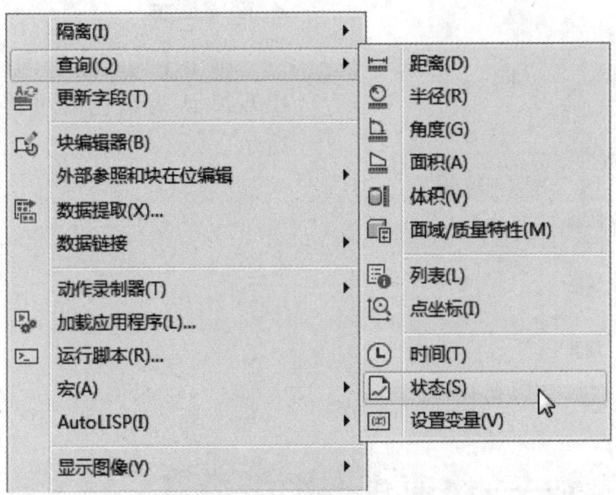

2. 命令提示

调用【状态】查询命令之后，系统会弹出【AutoCAD 文本窗口】窗口。

11.1.20 实战演练——查询图纸状态相关信息

下面利用【状态】查询功能对图形对象的状态等相关信息进行查询，具体操作步骤如下。

步骤01 打开“素材\CH11\图纸时间状态查询.dwg”文件，调用【状态】查询命令，执行命令后弹出【AutoCAD文本窗口】窗口，显示查询结果，如下图所示。

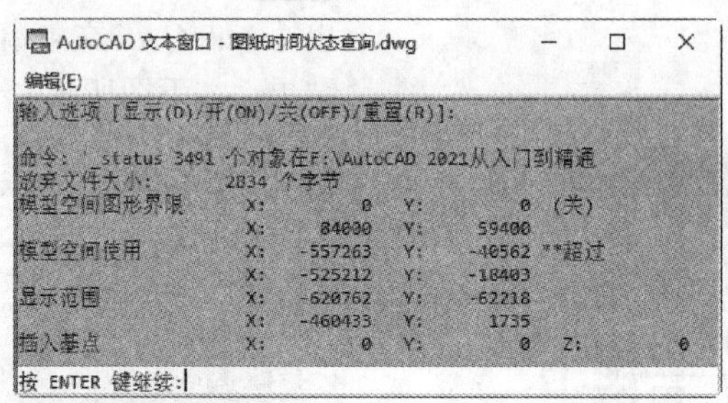

步骤02 按【Enter】键继续查看状态相关的信息。

11.1.21 快速查询

快速查询功能主要用于快速查看二维图形中光标附近几何图形的测量值。AutoCAD 2021的“快速”查询选项增加了支持测量由几何对象包围的空间内的面积和周长的功能。

1. 命令调用方法

在AutoCAD 2021中调用【快速】查询命令的方法通常有以下两种。

- 单击【默认】选项卡➢【实用工具】面板➢【快速】按钮。
- 命令行输入“MEASUREGEOM/MEA”命令并按空格键，然后在命令提示下选择“Q”选项。

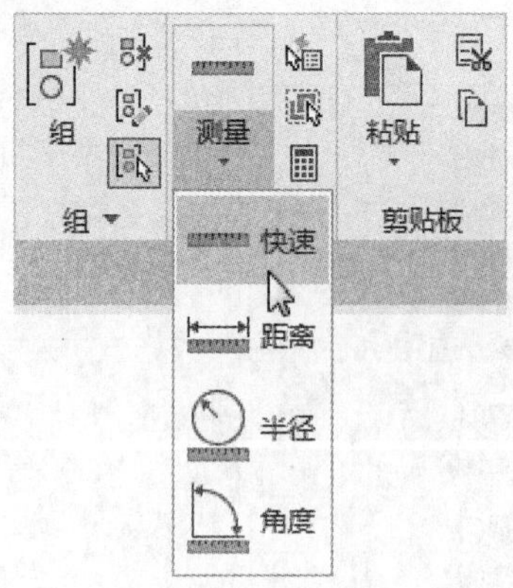

2. 命令提示

调用【快速】查询命令之后，绘图区域会出现默认为黄色的可移动十字光标，如下图所示。

11.1.22 实战演练——快速查询图纸信息

下面利用【快速】查询功能对图形对象的距离值、角度值、半径值等相关信息进行查询，具体操作步骤如下。

步骤01 打开“素材\CH11\快速查询.dwg”文件，如下图所示。

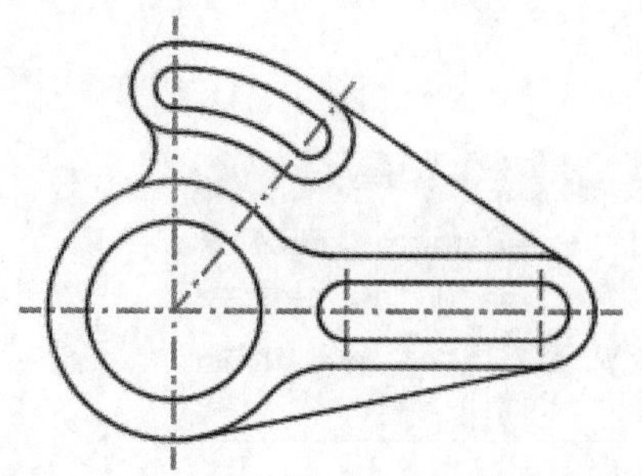

步骤02 调用【快速】查询命令，将十字光标移至图形对象上，查询结果如下图所示。

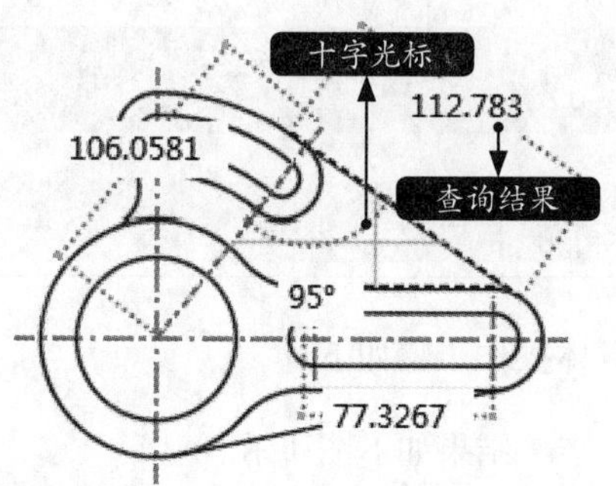

步骤03 单击鼠标，还可以显示绿色闭合区域的面积和周长，如下图所示。

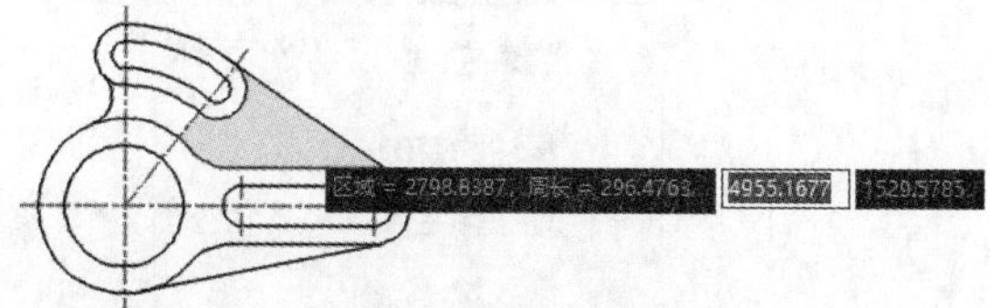

步骤04 按住【Shift】键，单击选择多个区域，计算累计面积和周长，如下图所示。

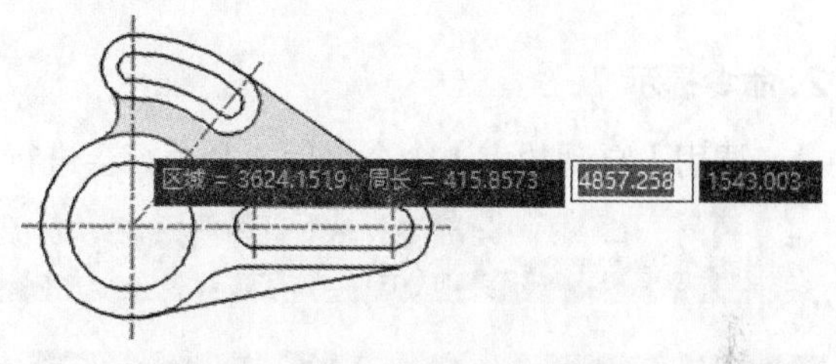

小提示

按住 Shift 键并单击，也可取消多个选择区域的某个区域。如果是单个区域，要清除该选定区域，只需将鼠标移动一小段距离即可。

11.2 参数化操作

在AutoCAD中，参数化绘图功能可以让用户通过基于设计意图的图形对象约束提高绘图效率，该操作可以确保在对象修改后继续保持特定的关联及尺寸关系。

11.2.1 自动约束

自动约束功能可以根据对象相对于彼此的方向将几何约束应用于对象的选择集。

1. 命令调用方法

在AutoCAD 2021中调用【自动约束】命令的方法通常有以下三种。

- 选择【参数】➢【自动约束】菜单命令。
- 命令行输入“AUTOCONSTRAIN”命令并按空格键。
- 单击【参数化】选项卡➢【几何】面板➢【自动约束】按钮。

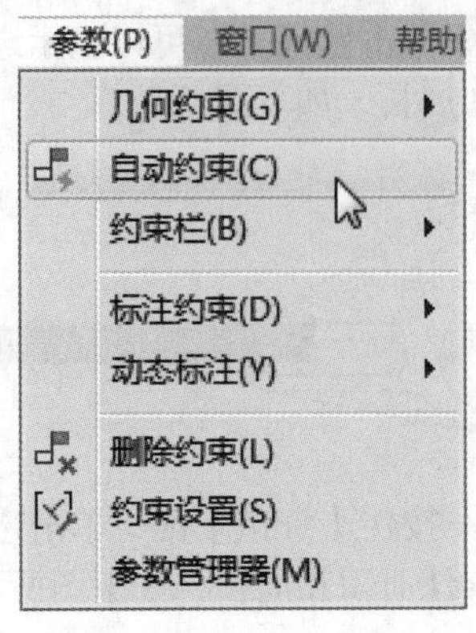

2. 命令提示

调用【自动约束】命令之后，命令行会进行如下提示。

```
命令：_AutoConstrain
选择对象或 [ 设置 (S)]:
```

11.2.2 实战演练——创建自动约束

下面利用【自动约束】命令为图形对象添加约束，具体操作步骤如下。

步骤 01 打开“素材\CH11\自动约束.dwg”文件，如下图所示。

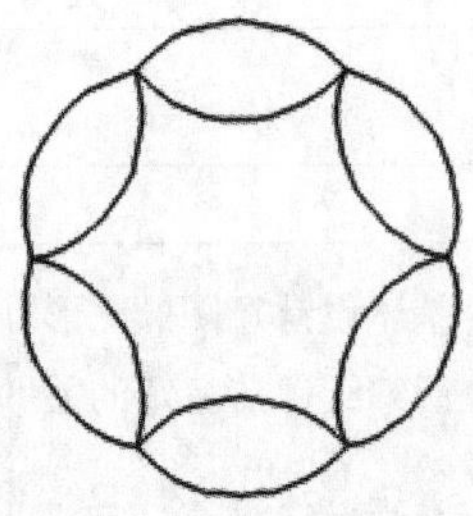

步骤 02 调用【自动约束】命令，在绘图区域选择全部图形，按【Enter】键确认后把鼠标放置到约束点，结果如下图所示。

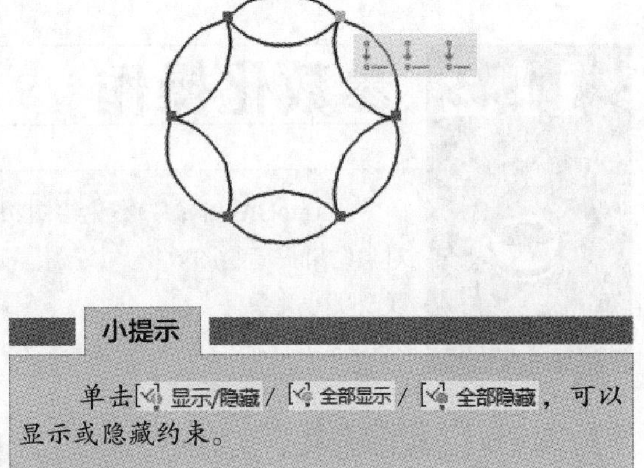

小提示

单击[显示/隐藏 / 全部显示 / 全部隐藏，可以显示或隐藏约束。

11.2.3 几何约束

几何约束确定了二维几何对象之间或对象上每个点之间的关系，用户可以指定二维对象或对象上的点之间的几何约束。

1. 命令调用方法

在AutoCAD 2021中调用【几何约束】命令的方法通常有以下三种。

- 选择【参数】➤【几何约束】菜单命令，然后选择一种几何约束类型。
- 命令行输入“GEOMCONSTRAINT”命令并按空格键，然后选择一种几何约束类型。

- 单击【参数化】选项卡➤【几何】面板，然后选择一种几何约束类型。

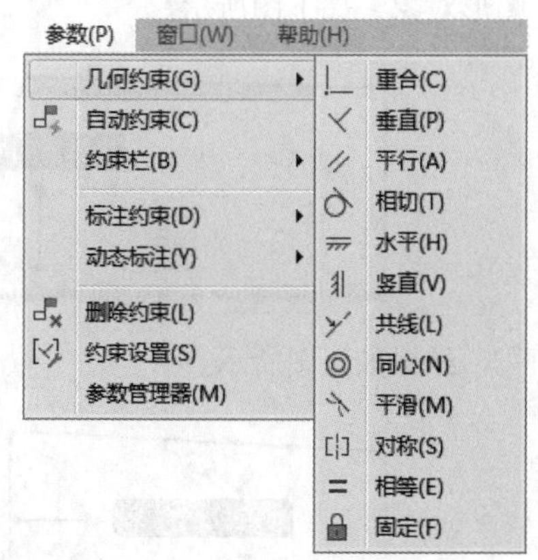

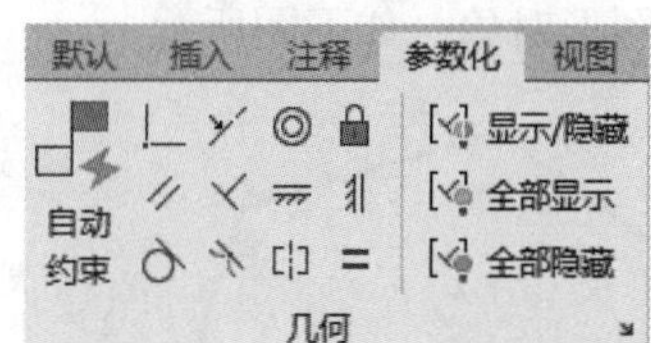

2. 命令提示

调用【GEOMCONSTRAINT】命令之后，命令行会进行如下提示。

命令：GEOMCONSTRAINT
输入约束类型 [水平 (H)/ 竖直 (V)/ 垂直 (P)/ 平行 (PA)/ 相切 (T)/ 平滑 (SM)/ 重合 (C)/ 同心 (CON)/ 共线 (COL)/ 对称 (S)/ 相等 (E)/ 固定 (F)] < 重合 >:

3. 知识点扩展

几何约束不能修改，但可以删除。在很多情况下，几何约束的效果与选择对象的顺序有关，通常所选的第二个对象会根据第一个对象进行调整。例如，应用垂直约束时，选择的第二个对象将调整为垂直于第一个对象。

单击【参数化】选项卡➤【几何】面板中的【全部显示/全部隐藏】按钮/，可以全部显示或全部隐藏几何约束。如果图中有多个几何约束，可以通过单击【显示/隐藏】按钮，根据需要自由选择显示哪些约束、隐藏哪些约束。

11.2.4 实战演练——创建几何约束

下面分别利用【几何约束】的各种类型为图形对象添加约束，具体操作步骤如下。

1. 重合/水平/竖直/垂直/平行约束

步骤 01 打开“素材\CH11\几何约束.dwg”文件，调用【重合】几何约束，在绘图区域选择第一个点，如下图所示。

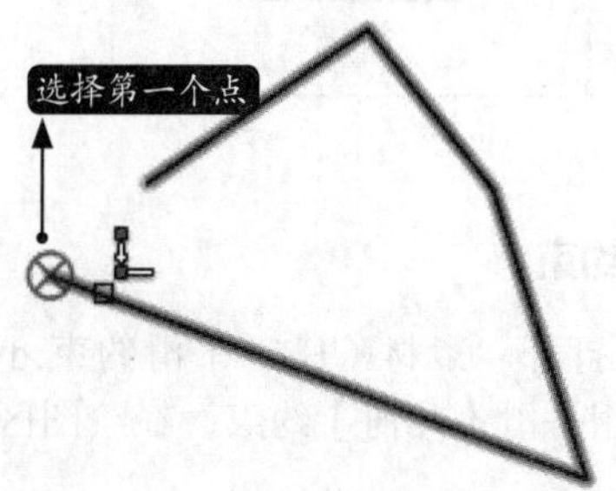

步骤 02 在绘图区域选择第二个点，如下图所示。

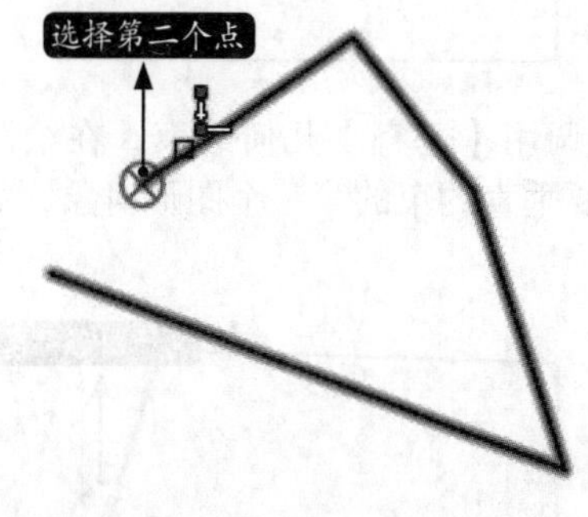

结果如下页图所示。

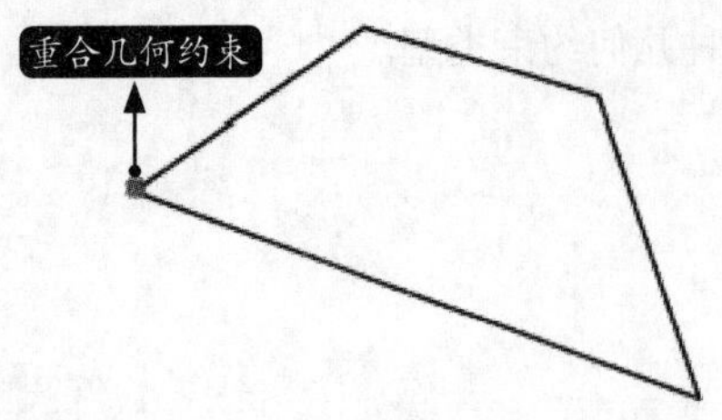

步骤 03 调用【水平】几何约束，在绘图区域选择需要约束的图形对象，如下图所示。

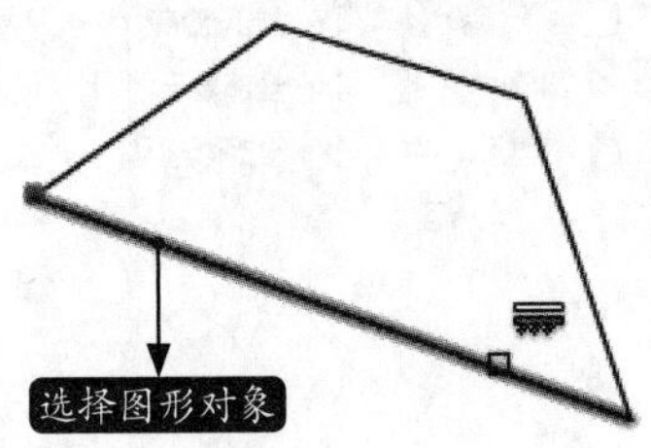

结果如下图所示。

步骤 04 调用【竖直】几何约束，在绘图区域选择需要约束的图形对象，如下图所示。

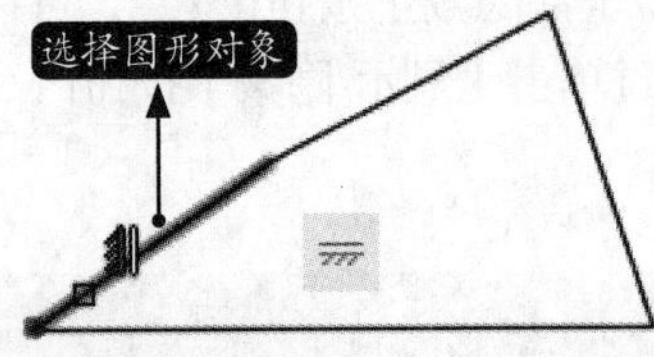

结果如下图所示。

步骤 05 调用【垂直】几何约束，在绘图区域选择需要垂直约束的第一个图形对象，如下图所示。

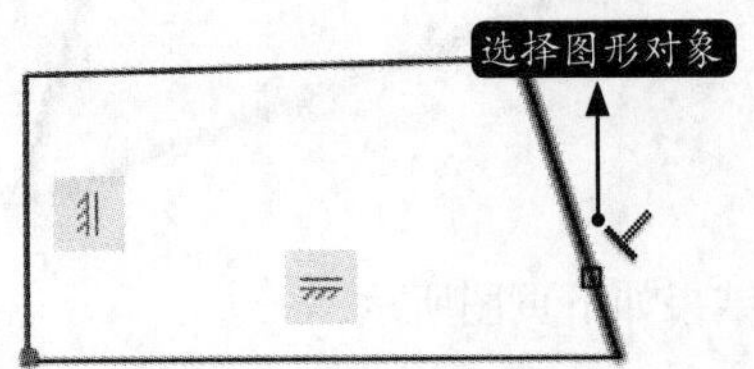

步骤 06 在绘图区域选择需要垂直约束的第二个图形对象，如下图所示。

结果如下图所示。

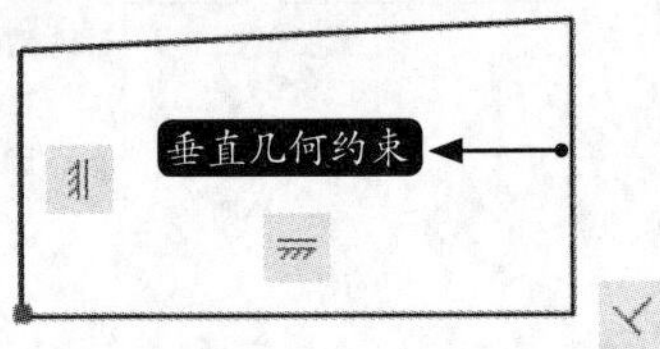

步骤 07 调用【平行】几何约束，在绘图区域选择需要平行约束的第一个图形对象，如下图所示。

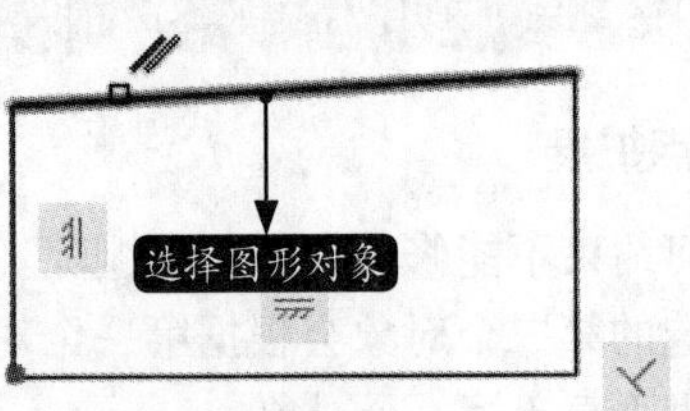

步骤 08 在绘图区域选择需要平行约束的第二个图形对象，如下图所示。

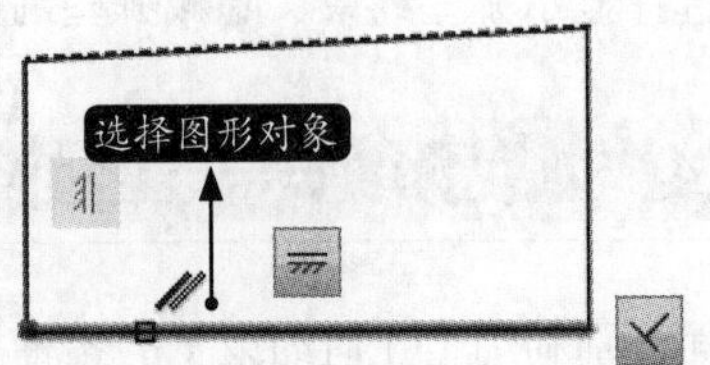

结果如下图所示。

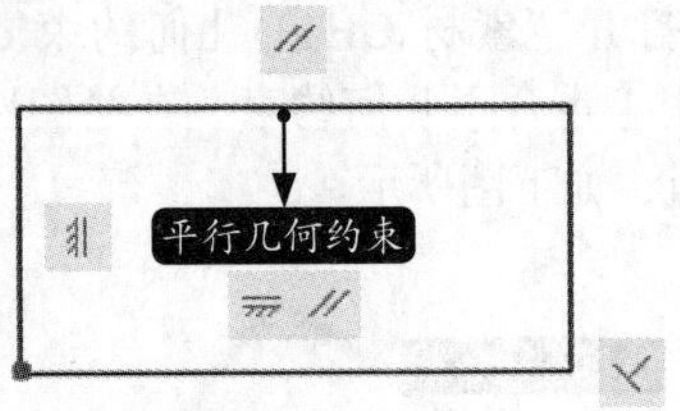

2. 平滑约束

步骤 01 打开“素材\CH11\平滑约束.dwg”文件，调用平滑【几何】约束，在绘图区域选择样条曲线，如下图所示。

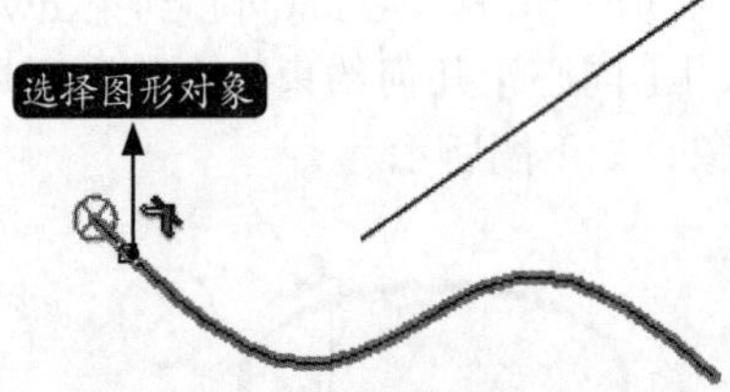

步骤 02 在绘图区域选择直线对象，如下图所示。

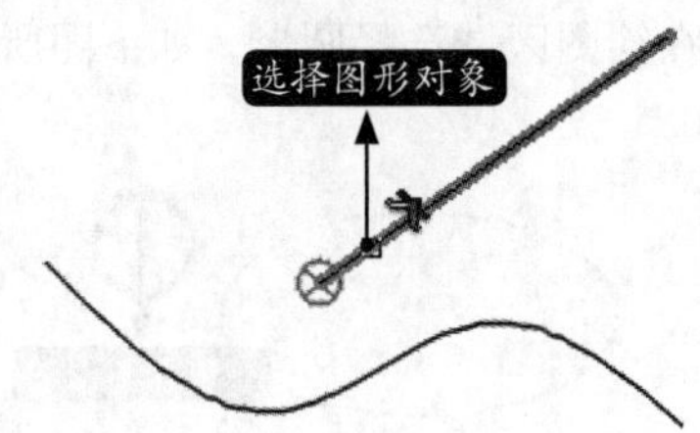

结果如下图所示。

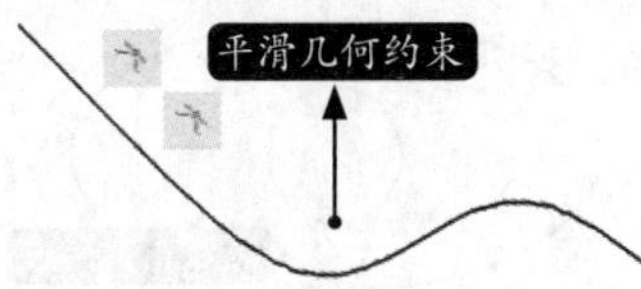

3. 相切约束

步骤 01 打开"素材\CH11\相切约束.dwg"文件，调用【相切】几何约束，在绘图区域选择需要相切约束的第一个对象，如下图所示。

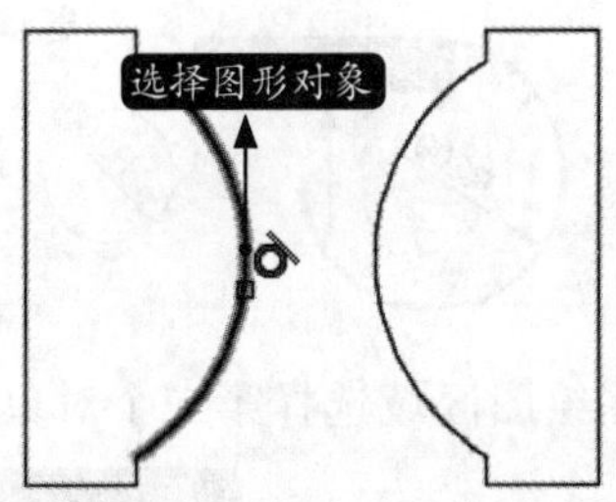

步骤 02 在绘图区域选择需要相切约束的第二个对象，如下图所示。

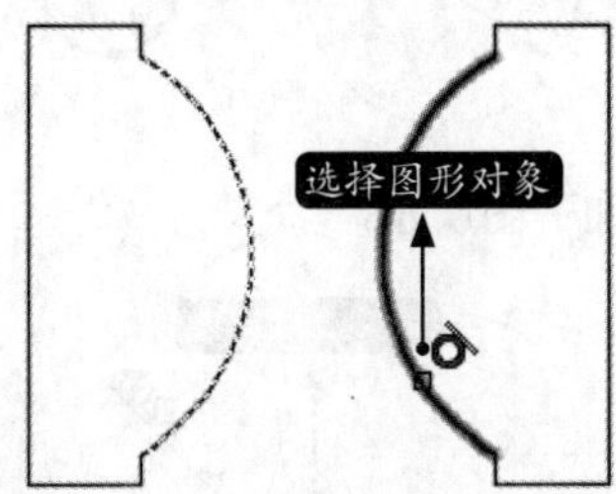

结果如下图所示。

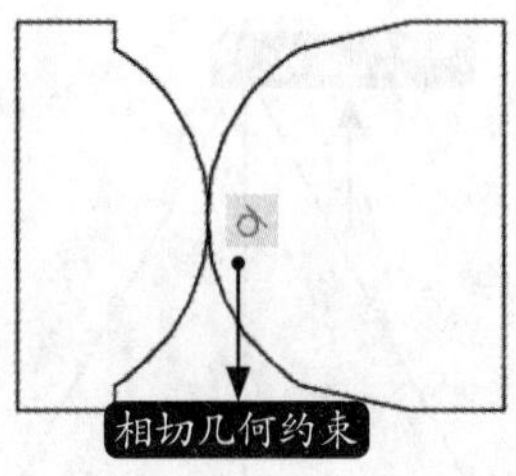

4. 对称约束

步骤 01 打开"素材\CH11\对称共线约束.dwg"文件，调用【对称】几何约束，在绘图区域选择第一个对象，如下图所示。

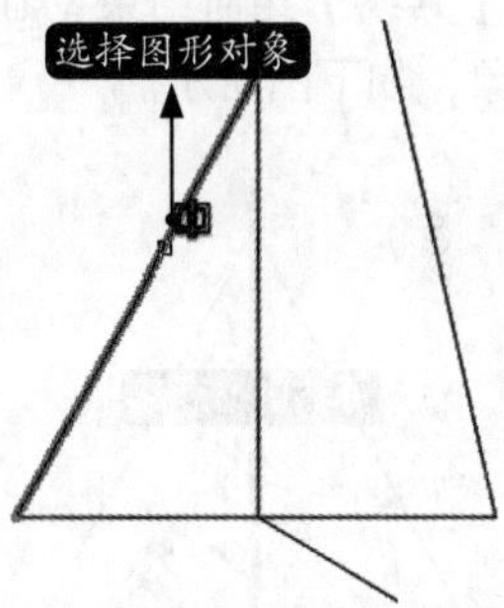

步骤 02 在绘图区域选择第二个对象，如下图所示。

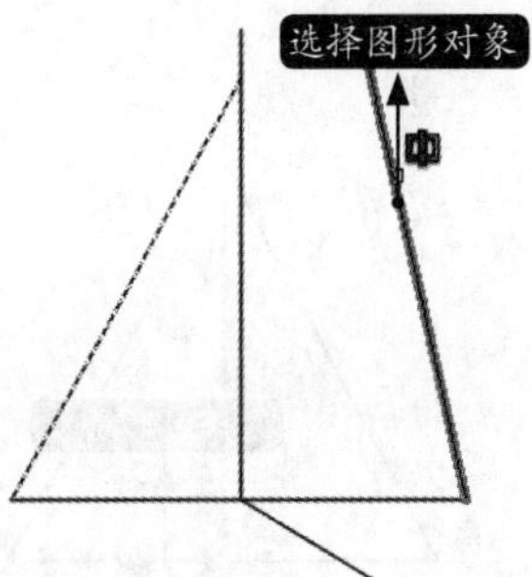

步骤 03 在绘图区域选择对称直线，如下图所示。

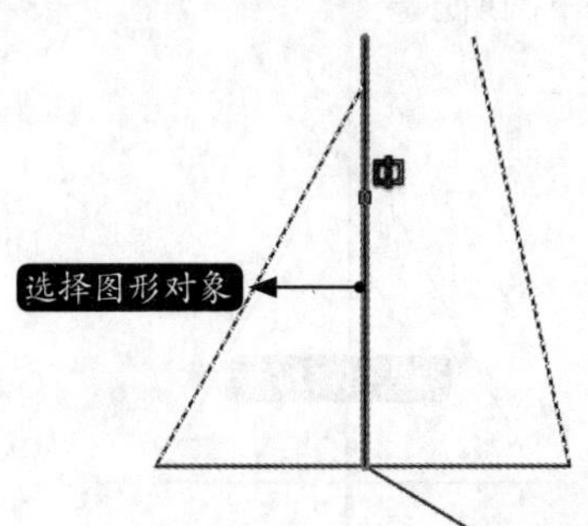

结果如下图所示。

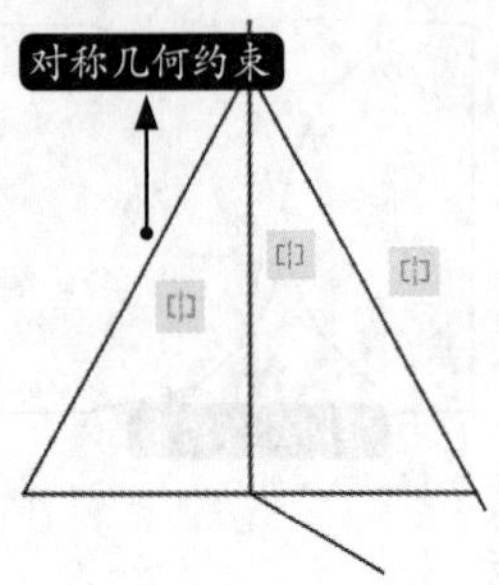

5. 共线约束

步骤 01 打开“素材\CH11\对称共线约束.dwg”文件，调用【共线】几何约束，在绘图区域选择第一个对象，如下图所示。

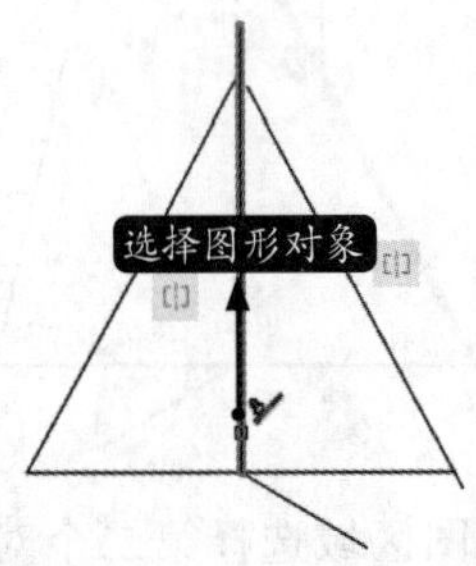

步骤 02 在绘图区域选择第二个对象，如下图所示。

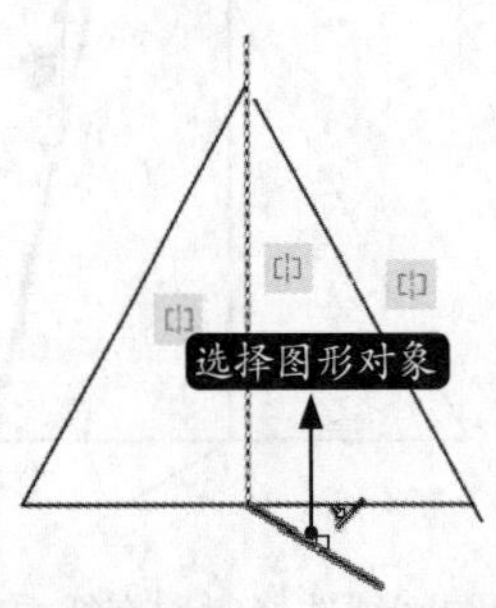

结果如下图所示。

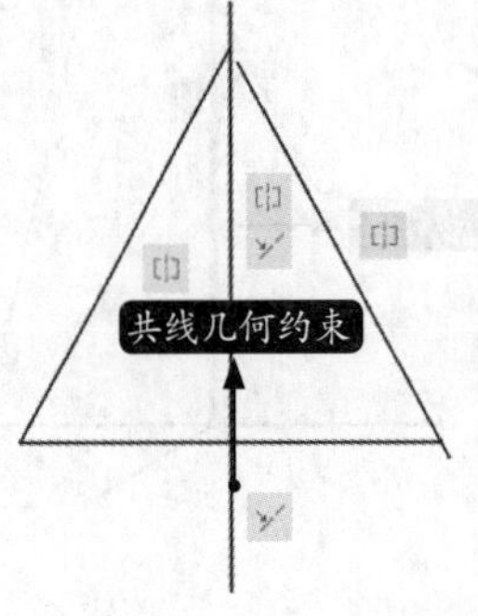

6. 同心约束

步骤 01 打开“素材\CH11\同心约束.dwg”文件，调用【同心】几何约束，在绘图区域选择椭圆对象，如下图所示。

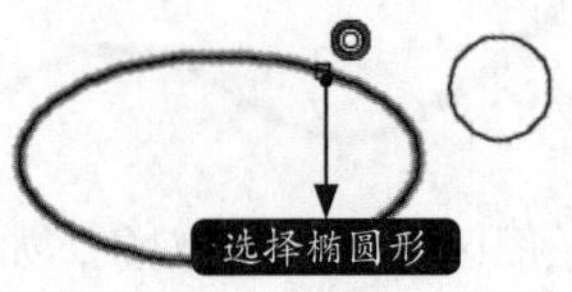

步骤 02 在绘图区域选择圆形，如下图所示。

结果如下图所示。

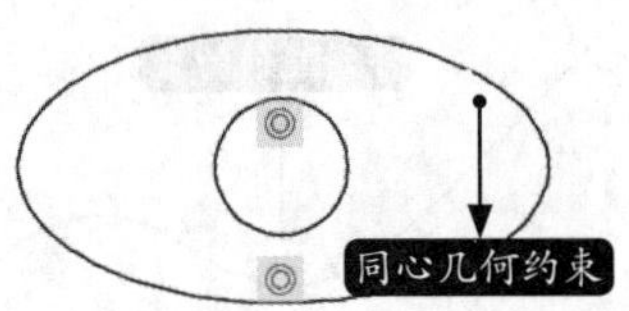

7. 相等约束

步骤 01 打开“素材\CH11\相等约束.dwg”文件，调用【相等】几何约束，在绘图区域选择第一个对象，如下图所示。

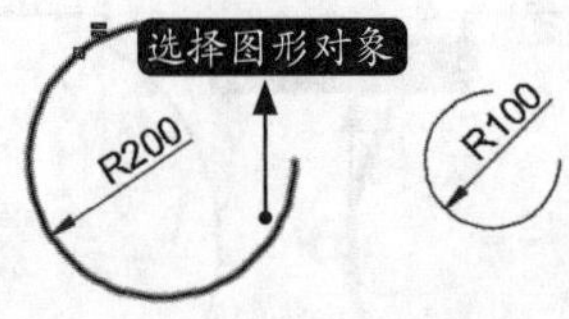

步骤 02 在绘图区域选择第二个对象，如下图所示。

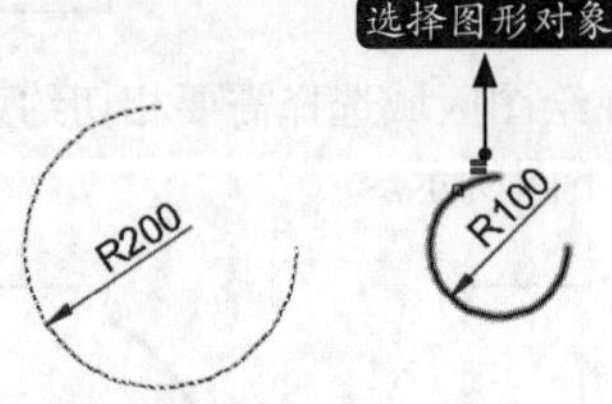

结果如下图所示。

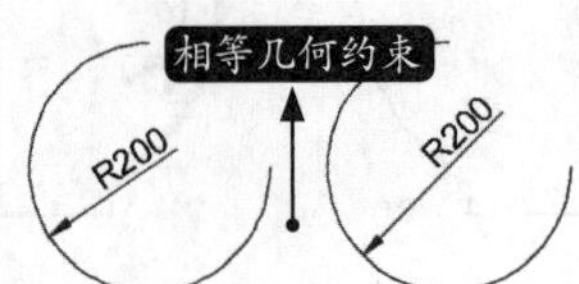

8. 固定约束

打开“素材\CH11\固定约束.dwg”文件，调用【固定】几何约束，在绘图区域选择一个点，如下图所示。

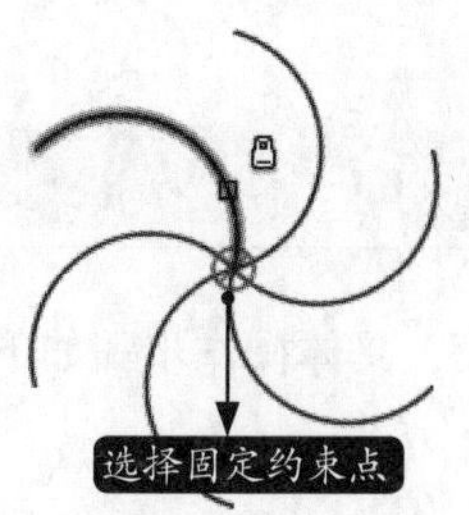

结果如下图所示。

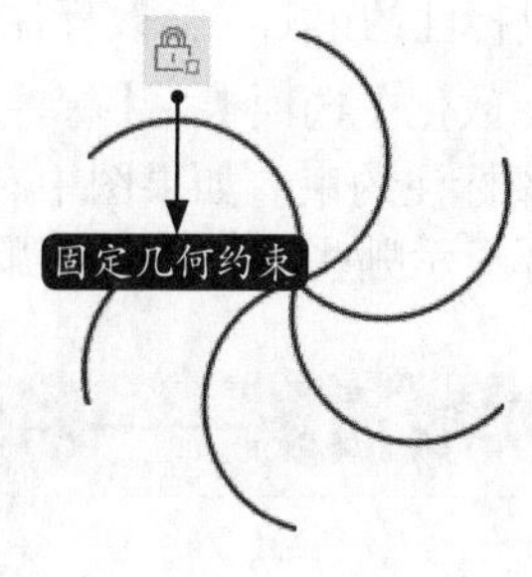

11.2.5 标注约束

标注约束可以确定对象、对象上的点之间的距离或角度，也可以确定对象的大小。标注约束包括名称和值。默认情况下，标注约束是动态的。对常规参数化图形和设计任务来说，它们是非常理想的。动态约束具有缩小或放大时大小不变、可以轻松打开或关闭、以固定的标注样式显示、提供有限的夹点功能、打印时不显示共5个特征。

1. 命令调用方法

在AutoCAD 2021中调用【标注约束】命令的方法通常有以下三种。

- 选择【参数】➢【标注约束】菜单命令，然后选择一种标注约束类型。
- 命令行输入“DIMCONSTRAINT”命令并按空格键，然后选择一种标注约束类型。
- 单击【参数化】选项卡➢【标注】面板，然后选择一种标注约束类型。

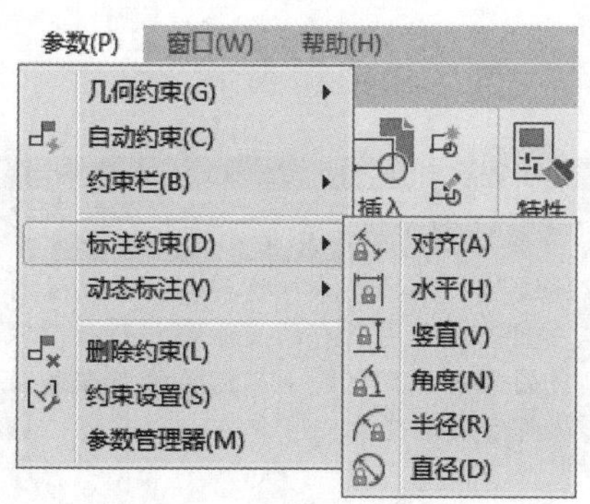

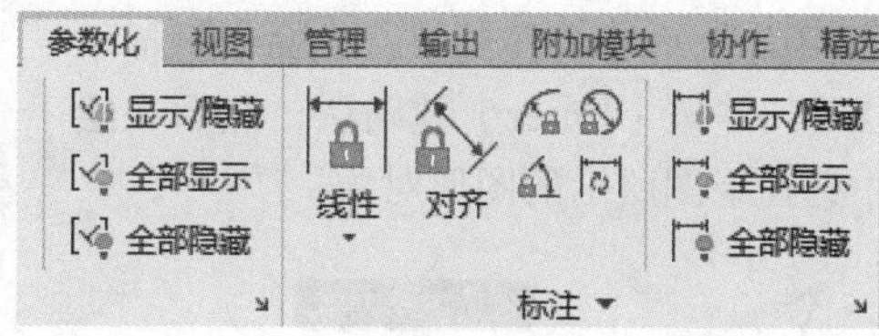

2. 命令提示

调用【DIMCONSTRAINT】命令之后，命令行会进行如下提示。

命令：DIMCONSTRAINT

当前设置： 约束形式 = 动态

输入标注约束选项 [线性 (L)/ 水平 (H)/ 竖直 (V)/ 对齐 (A)/ 角度 (AN)/ 半径 (R)/ 直径 (D)/ 形式 (F)/ 转换 (C)] < 对齐 >:

3. 知识点扩展

图形经过标注约束后，修改标注值就可以更改图形的形状。

单击【参数化】选项卡➤【标注】面板中的【全部显示/全部隐藏】按钮，可以全部显示或全部隐藏标注约束。如果图中有多个标注约束，可以通过单击【显示/隐藏】按钮，根据需要自由选择显示哪些约束、隐藏哪些约束。

11.2.6 实战演练——创建标注约束

下面分别利用【标注约束】的各种类型为图形对象添加约束，具体操作步骤如下。

1. 线性/对齐约束

步骤01 打开“素材\CH11\线性和对齐标注约束.dwg”文件，调用【水平】标注约束，在命令行提示下输入“O”并按【Enter】键确认，然后在绘图区域选择下图所示的图形对象。

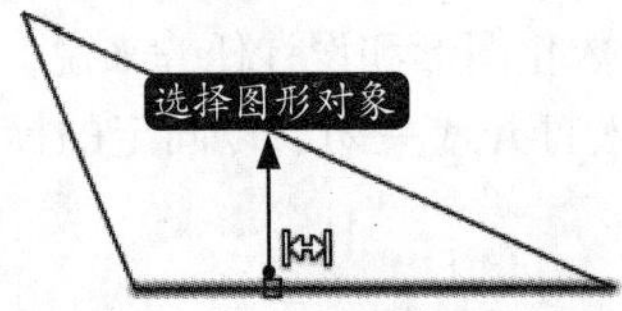

步骤02 拖曳鼠标，在合适的位置单击确定标注的位置，然后在绘图区空白处单击鼠标接受标注值，结果如下图所示。

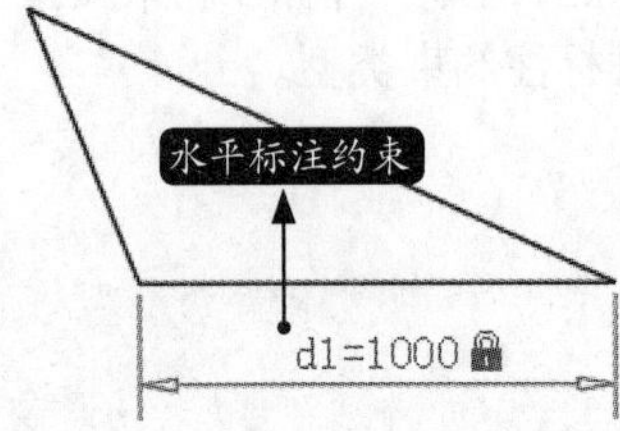

步骤03 调用【对齐】标注约束，在命令行提示下输入“O”并按【Enter】键确认，然后在绘图区域中选择下图所示的图形对象。

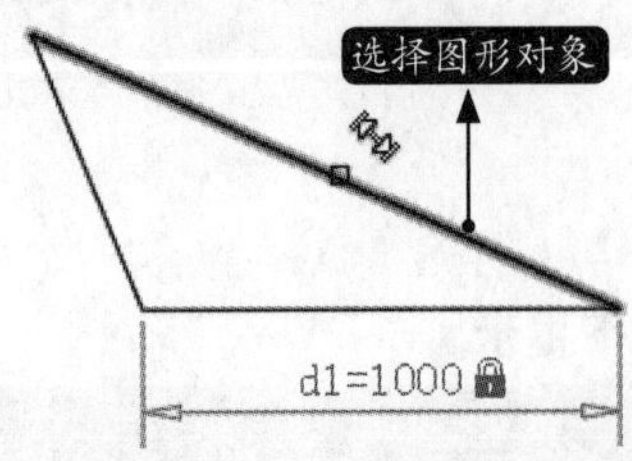

步骤04 拖曳鼠标，在合适的位置单击确定标注的位置，然后将标注值改为“d2=d1”，结果如右上图所示。

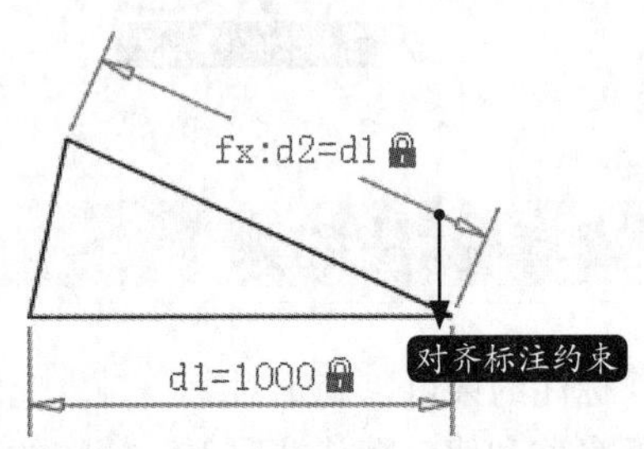

步骤05 重复步骤03～步骤04的操作，继续对图形对象进行对齐标注约束，并将标注值改为“d3=d2”，结果如下图所示。

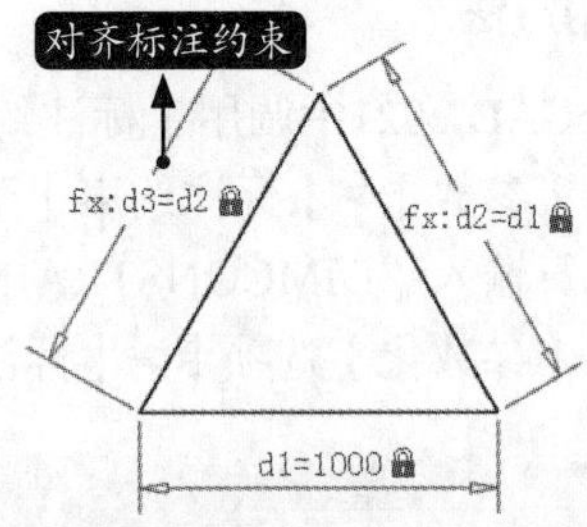

小提示

当图形中的某些尺寸有固定的函数关系时，可以通过这种函数关系把这些相关的尺寸都联系在一起。例如，上图所有的尺寸都与d1长度联系在一起，当图形发生变化时，只需要修改d1的值，整个图形就都会发生变化。

2. 半径/直径/角度约束

步骤01 打开“素材\CH11\半径直径和角度标注约束.dwg”文件，调用【半径】标注约束，然后在绘图区域选择大圆弧，如下页图所示。

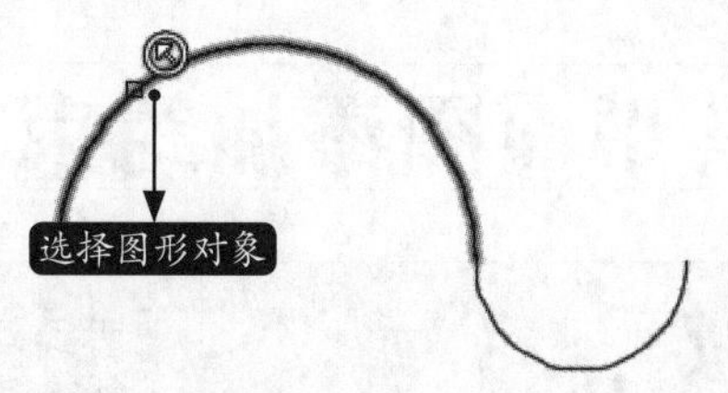

步骤 02 拖曳鼠标，在合适的位置单击确定标注的位置，将标注半径值改为“100”，结果如下图所示。

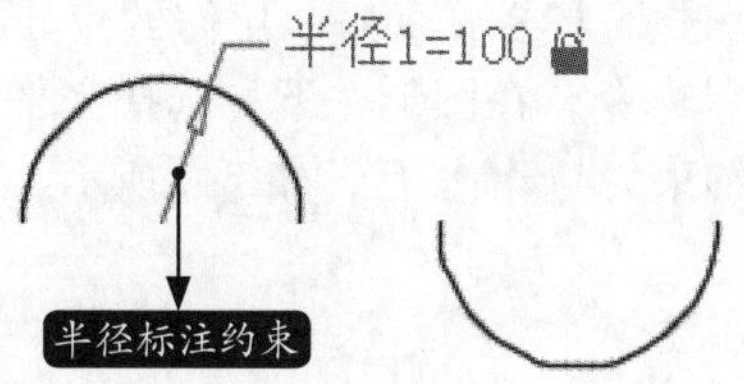

步骤 03 调用【直径】标注约束，在绘图区域选择小圆弧，如下图所示。

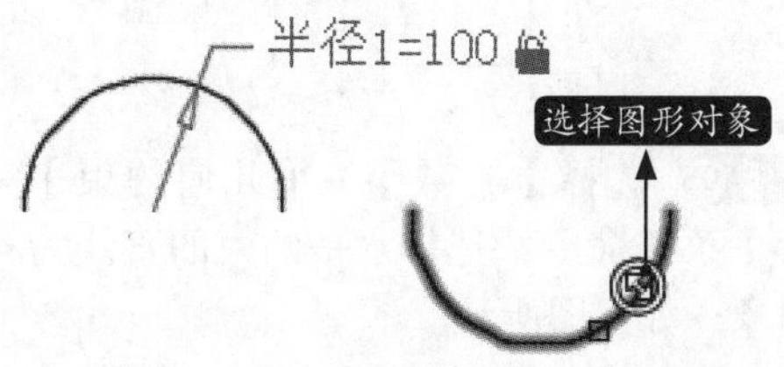

步骤 04 拖曳鼠标，在合适的位置单击确定标注的位置，将标注直径值改为“400”，结果如下图所示。

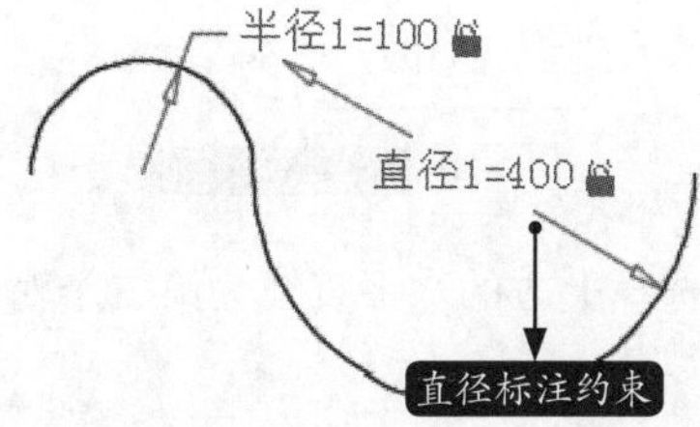

步骤 05 调用【角度】标注约束，在绘图区域选择小圆弧，如下图所示。

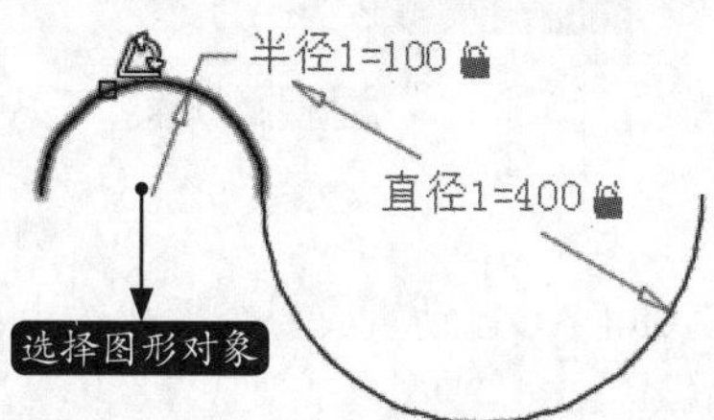

步骤 06 拖曳鼠标，在合适的位置单击确定标注的位置，将标注角度值改为“90”，结果如下图所示。

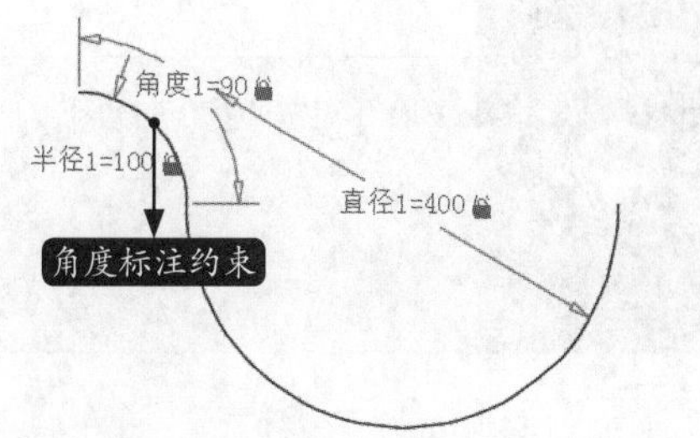

步骤 07 重复调用【角度】标注约束，在绘图区域选择大圆弧，如下图所示。

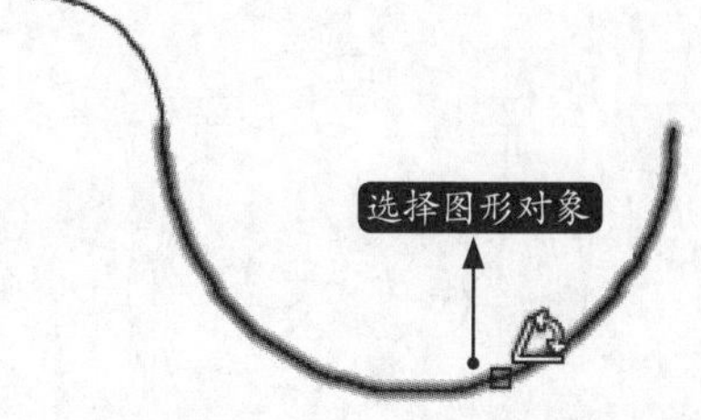

步骤 08 拖曳鼠标，在合适的位置单击确定标注的位置，将标注角度值改为“90”，结果如下图所示。

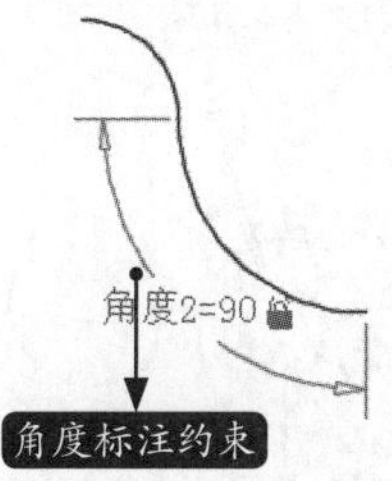

步骤 09 选择【参数】➤【动态标注】➤【全部隐藏】菜单命令，结果如下图所示。

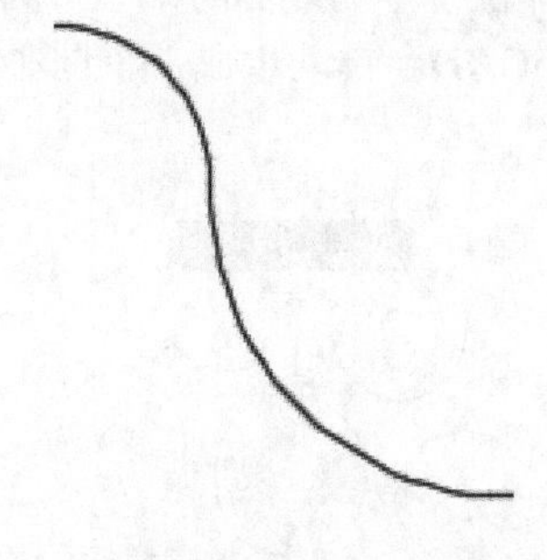

11.3 综合应用——给灯具平面图添加约束

本节为灯具平面图添加几何约束和标注约束。

1. 添加几何约束

步骤 01 打开"素材\CH11\灯具平面图.dwg"文件，如下图所示。

步骤 02 选择【参数】➢【几何约束】➢【同心】菜单命令，然后选择图形中央的小圆为第一个对象，如下图所示。

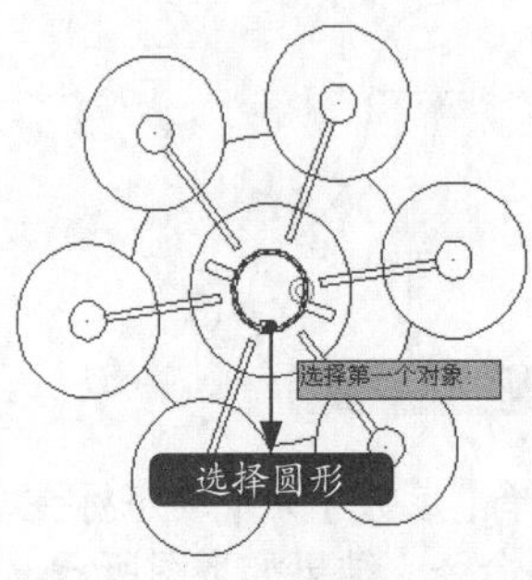

步骤 03 选择位于小圆外侧的第一个圆为第二个对象，AutoCAD会自动生成一个同心约束，如下图所示。

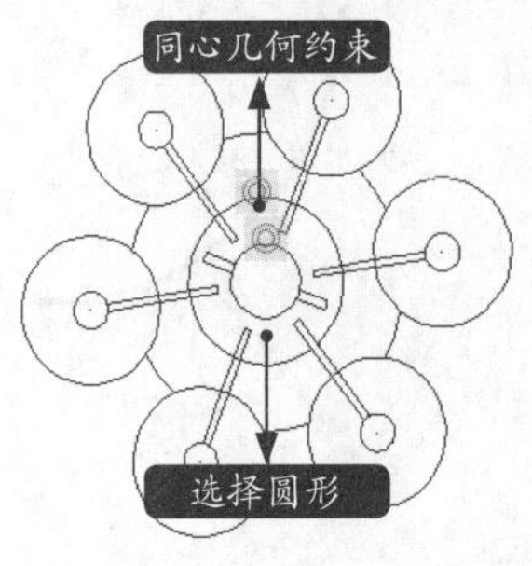

步骤 04 选择【参数】➢【几何约束】➢【水平】菜单命令，在图形左下方选择水平直线，将直线约束为与x轴平行，如下图所示。

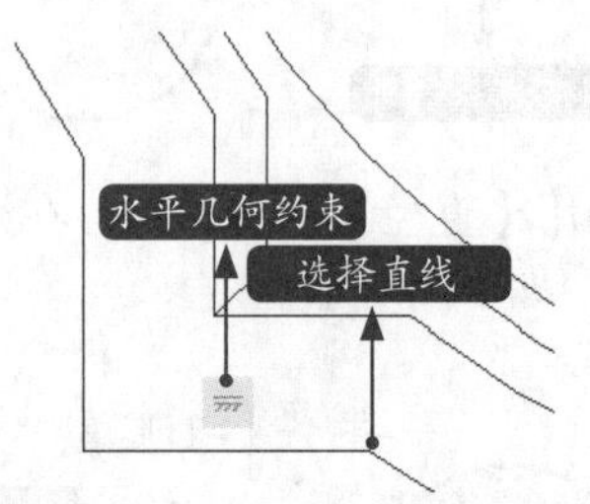

步骤 05 选择【参数】➢【几何约束】➢【平行】菜单命令，选择水平约束的直线为第一个对象，如下图所示。

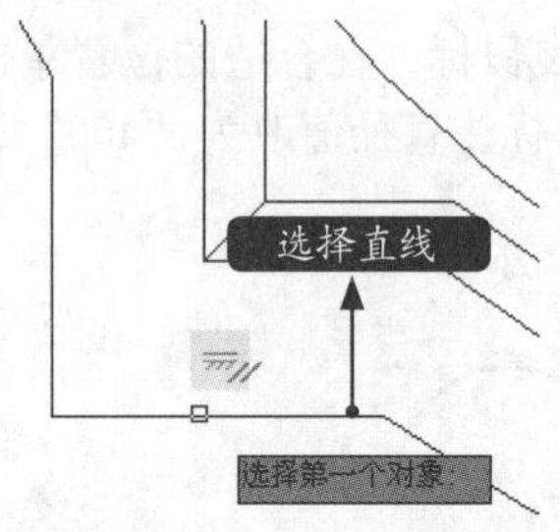

步骤 06 选择上方的水平直线为第二个对象，如下图所示。

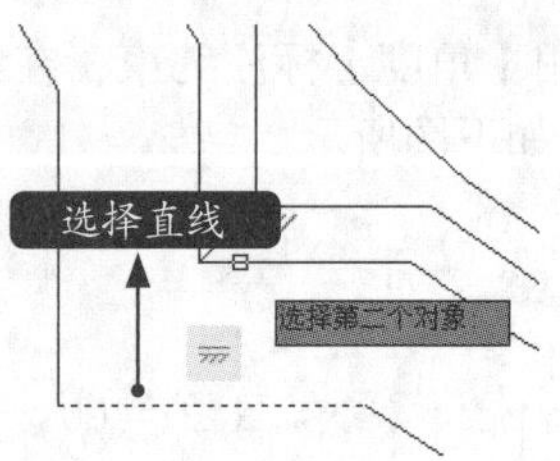

步骤 07 AutoCAD自动生成一个平行约束，如下页图所示。

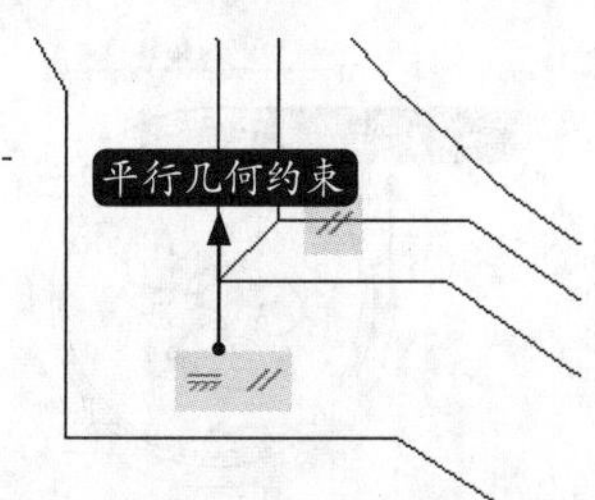

步骤08 选择【参数】➤【几何约束】➤【垂直】菜单命令，选择水平约束的直线为第一个对象，如下图所示。

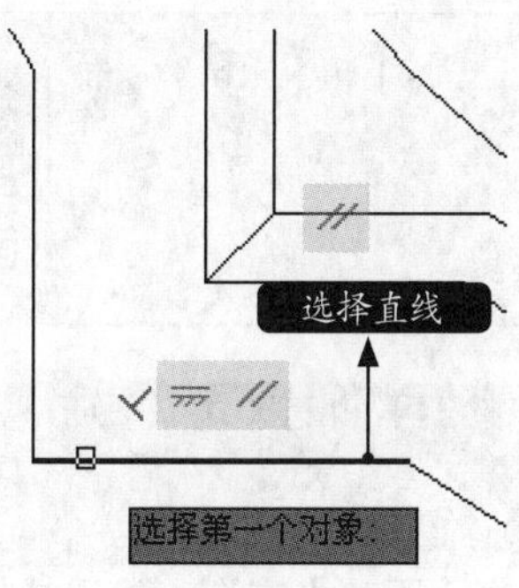

步骤09 选择与之相交的直线为第二个对象，如下图所示。

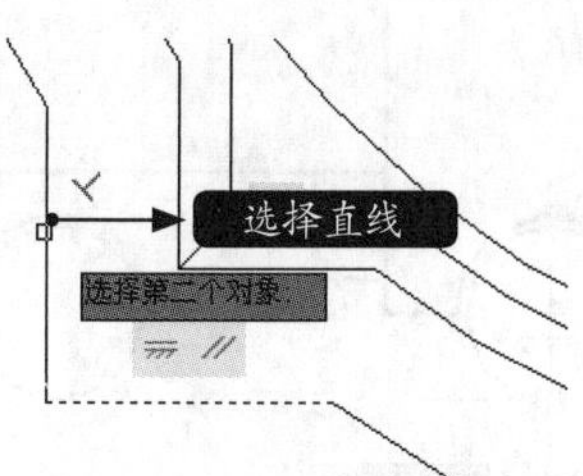

步骤10 AutoCAD自动生成一个垂直约束，如下图所示。

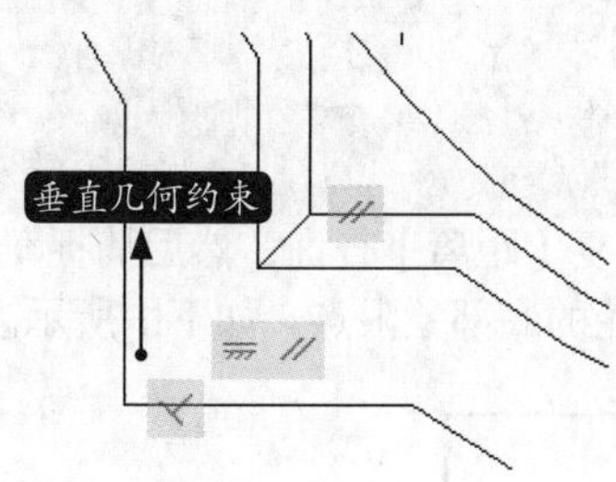

2. 添加标注约束

步骤01 选择【参数】➤【标注约束】➤【水平】菜单命令，然后在图形中指定第一个约束点，如右上图所示。

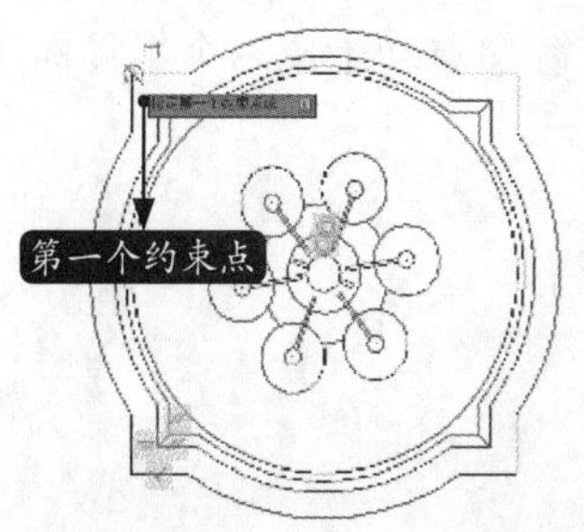

步骤02 指定第二个约束点，如下图所示。

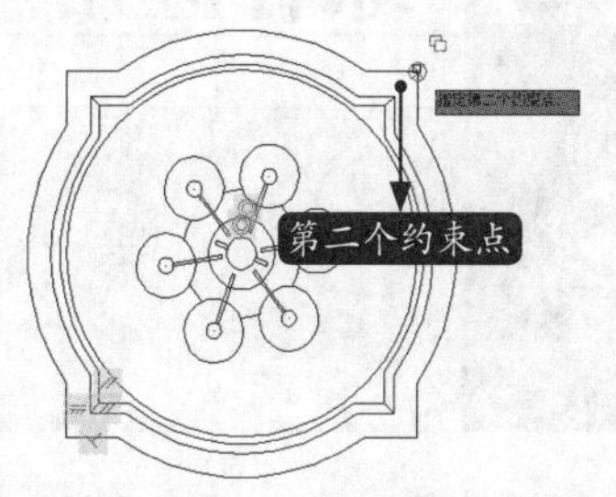

步骤03 拖曳鼠标到合适的位置，将尺寸值修改为“1440”，然后在空白区域单击鼠标，结果如下图所示。

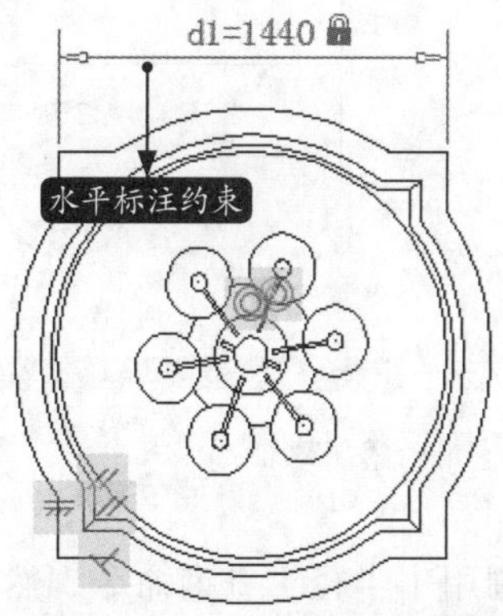

步骤04 选择【参数】➤【标注约束】➤【半径】菜单命令，然后在图形中指定圆弧，拖曳鼠标将约束放置到合适的位置，如下图所示。

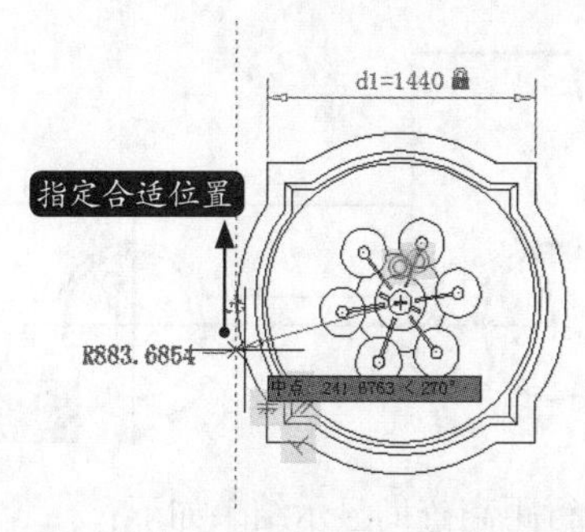

步骤05 将半径值改为“880”，然后在空白处

单击鼠标，程序自动生成一个半径标注约束，如右图所示。

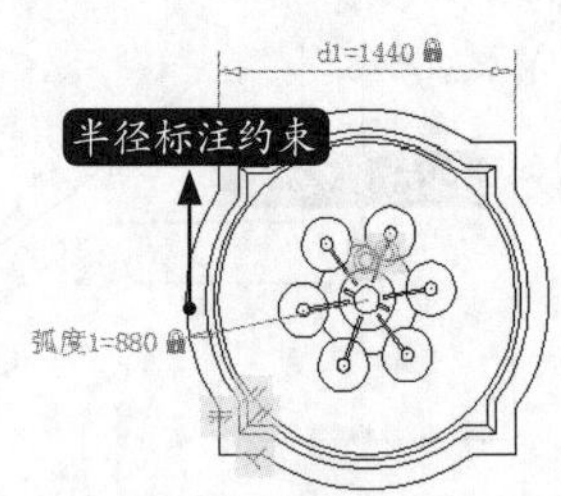

11.4 综合应用——货车参数综合查询

本实例综合利用【距离】【面积】【角度】【半径】和【体积】查询命令对货车参数进行相关查询，具体操作步骤如下。

步骤01 打开“素材\CH11\货车参数查询.dwg”文件。

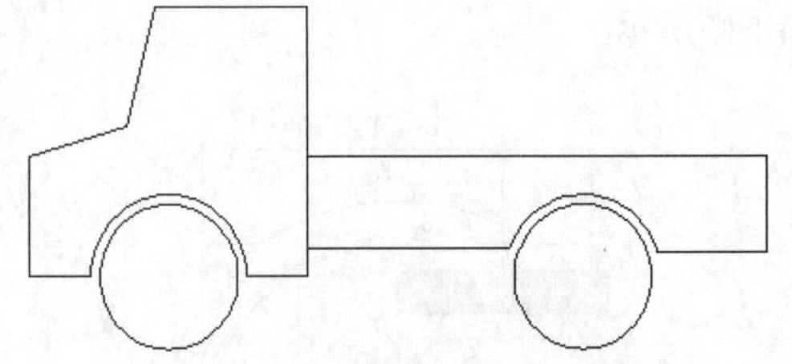

小提示

图中使用的绘图单位是“米”。

步骤02 调用【半径】查询命令，然后选择车轮，命令行显示查询结果如下。

半径 = 0.7500　　直径 = 1.5000

步骤03 调用【距离】查询，然后捕捉车前后轮的圆心，如下图所示。

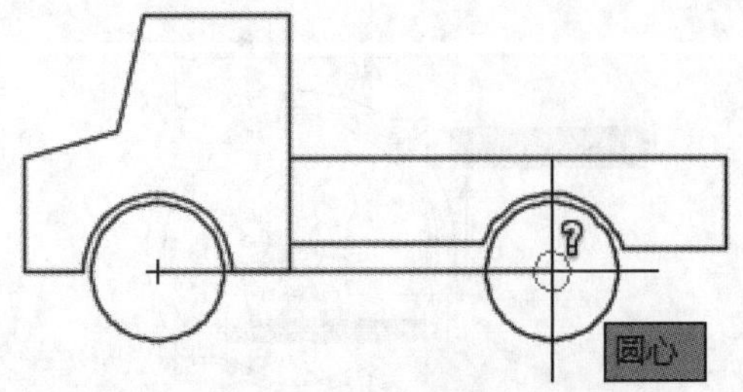

命令行距离查询显示结果如下：

距离 = 4.5003，XY 平面中的倾角 = 0.00，　与 XY 平面的夹角 = 0.00

X 增量 = 4.5003，　Y 增量 = 0.0000，Z 增量 = 0.0000

步骤04 重复【距离】查询，然后捕捉驾驶室的底部端点和前轮的底部象限点，如下图所示。

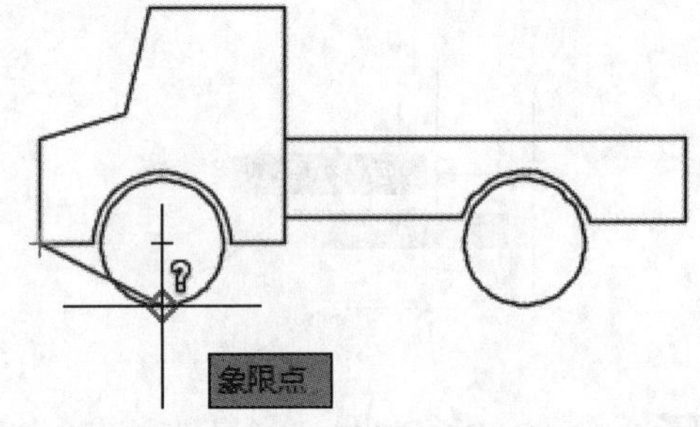

命令行距离查询显示结果如下：

距离 = 1.6771，XY 平面中的倾角 = 333.43，　与 XY 平面的夹角 = 0.00

X 增量 = 1.5000，　Y 增量 = -0.7500，Z 增量 = 0.0000

步骤05 重复【距离】查询，然后捕捉车厢底部端点和后轮的底部象限点，如下图所示。

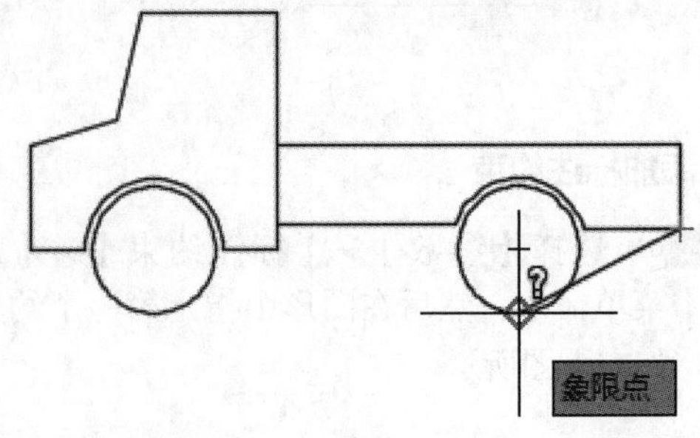

命令行距离查询显示结果如下：

距离 = 2.2371，XY 平面中的倾角 = 206.62， 与 XY 平面的夹角 = 0.00
X 增量 = −1.9999， Y 增量 = −1.0024， Z 增量 = 0.0000

步骤06 调用【角度】查询命令，然后捕捉驾驶室的两条斜边，如下图所示。

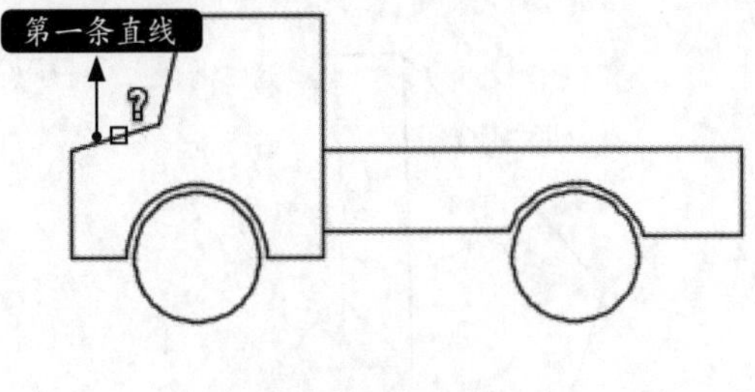

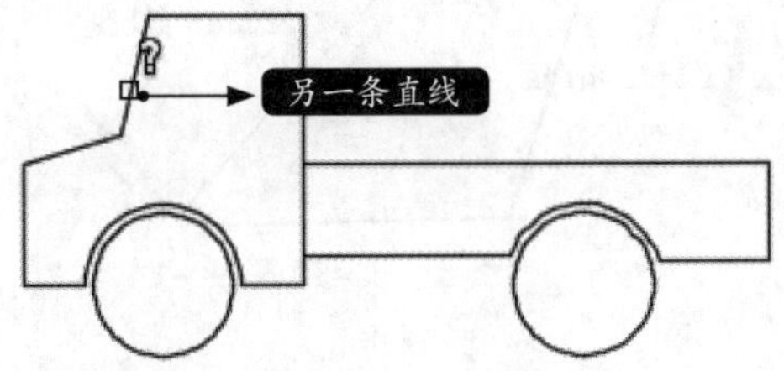

命令行角度查询显示结果如下：

角度 = 120°

步骤07 调用【面积】查询命令，然后输入"o"，单击驾驶室为查询的对象，如右上图所示。

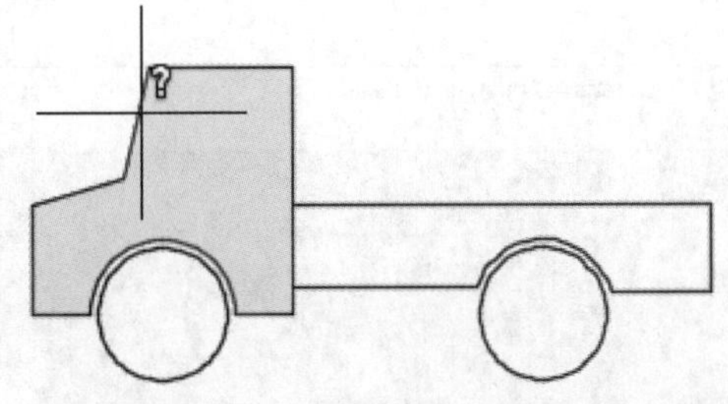

命令行面积查询显示结果如下：

区域 = 5.6054，修剪的区域 = 0.0000，周长 = 12.0394

步骤08 调用【体积】查询命令，然后依次捕捉下图中的1~4点，如下图所示。

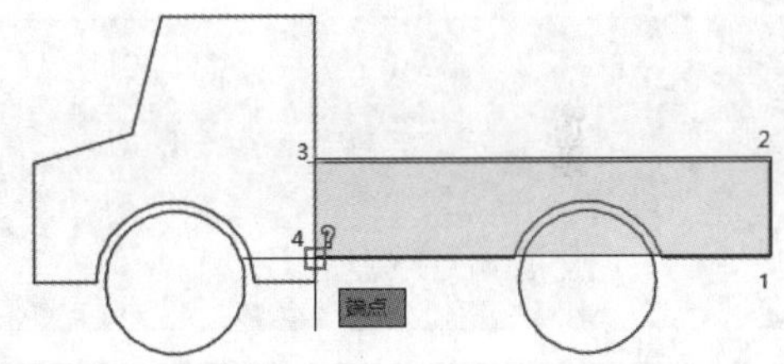

步骤09 捕捉4点后按空格键结束点的捕捉，然后在命令行输入高度，查询结果显示如下。

指定高度：0,0,2.5
体积 = 1308.5001

疑难解答

1. LIST和DBLIST命令的区别

除LIST命令外，AutoCAD还提供了一个DBLIST命令。DBLIST命令与LIST命令的区别在于：LIST命令根据提示选择对象进行查询，列表只显示选择的对象的信息；DBLIST则不用选择，直接列表显示整个图形的信息。

步骤01 打开"素材\CH11\LIST与DBLIST"文件，在命令行输入"LI"命令并按空格键确认，然后在绘图区域中选择五边形，如右图所示。

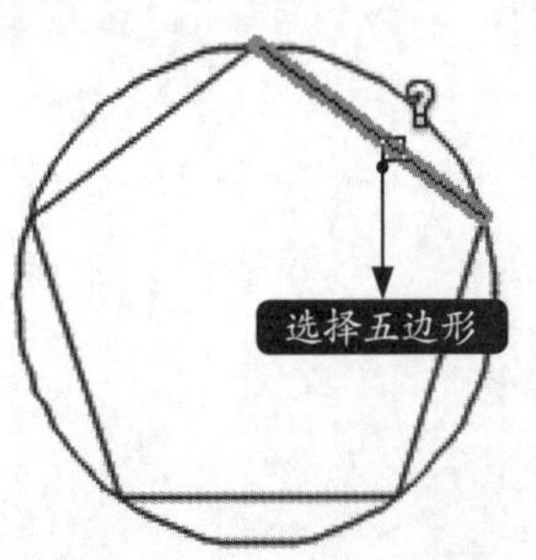

步骤 02 按【Enter】键确认，查询结果如下图所示。

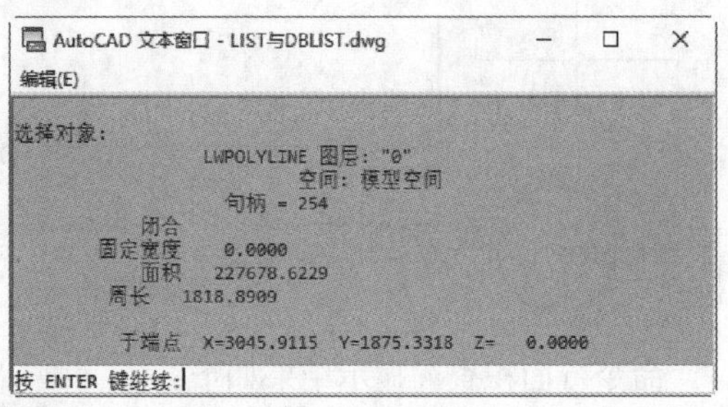

步骤 03 在命令行输入“DBLIST”命令并按空格键确认，查询结果如下图所示。

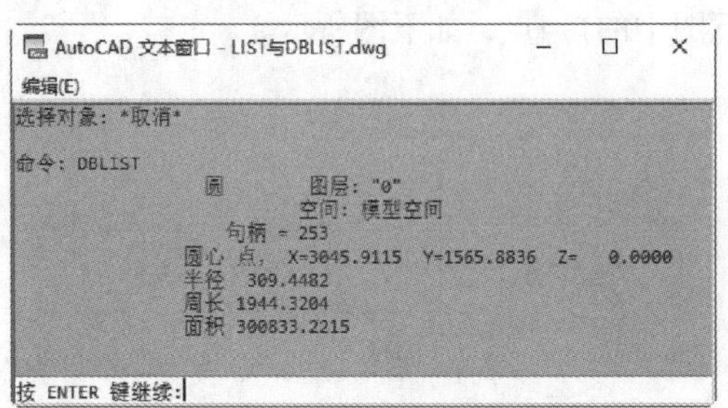

2. 如何利用尺寸的函数关系

当图形中的某些尺寸有固定的函数关系时，可以通过这种函数关系把这些相关的尺寸都联系在一起。如下图所示，所有的尺寸都与d1长度联系在一起，当图形发生变化时，只需要修改d1的值，整个图形都会发生变化。

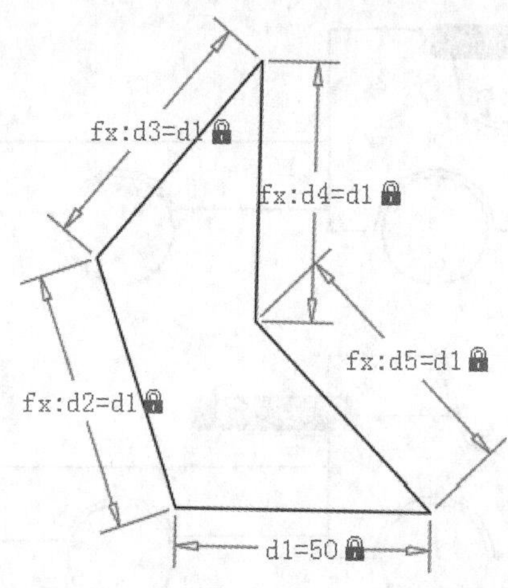

实战练习

绘制以下图形，并计算阴影部分的面积。

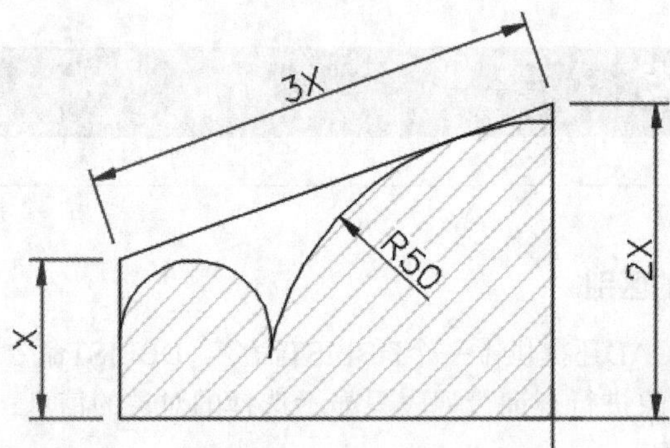

第3篇

三维绘图

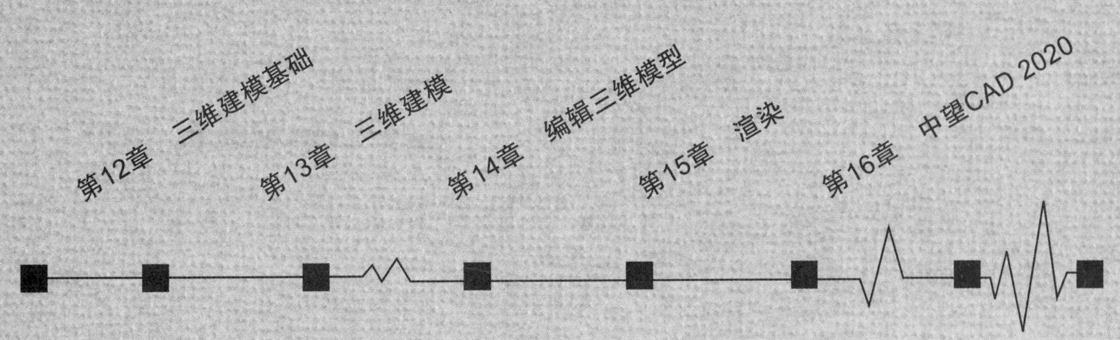

第12章

三维建模基础

学习目标

相对于二维*xy*平面视图，三维视图多了一个维度，不仅有*xy*平面，还有*zx*平面和*yz*平面。因此，三维视图相对于二维视图更加直观，可以通过三维空间和视觉样式的切换从不同角度观察图形。

学习效果

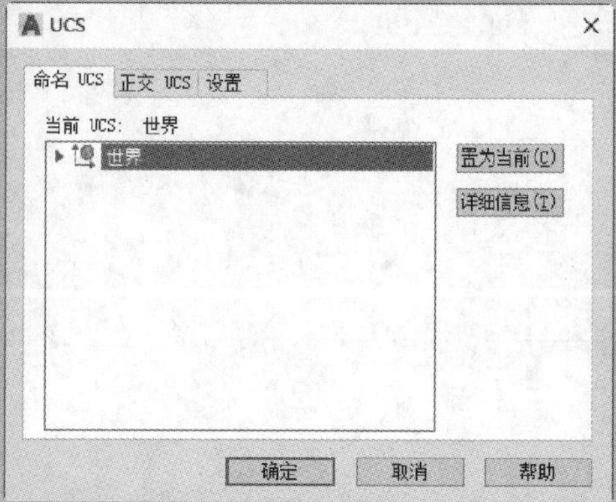

12.1 三维建模空间与三维视图

三维图形是在三维建模空间下完成的。因此在创建三维图形之前，首先应该将绘图空间切换到三维建模模式。

视图是观察三维模型的不同角度。对于复杂的图形，可以通过切换视图样式来从多个角度全面观察图形。

12.1.1 三维建模空间

1. 命令调用方法

关于切换工作空间，除本书1.4.8小节介绍的两种方法外，还有以下两种方法。

- 选择【工具】➢【工作空间】➢【三维建模】菜单命令。
- 命令行输入“WSCURRENT”命令并按空格键，然后在命令行提示下输入“三维建模”。

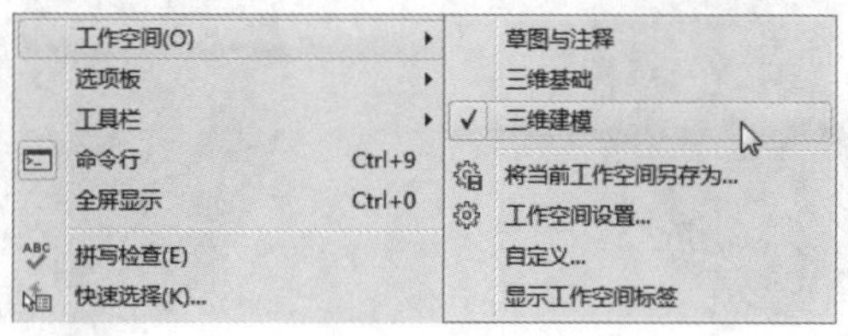

2. 命令提示

三维建模空间是由快速访问工具栏、菜单栏、选项卡、控制面板、绘图区和状态栏组成的集合，用户可以在专门的、面向任务的绘图环境中工作。三维建模空间如下图所示。

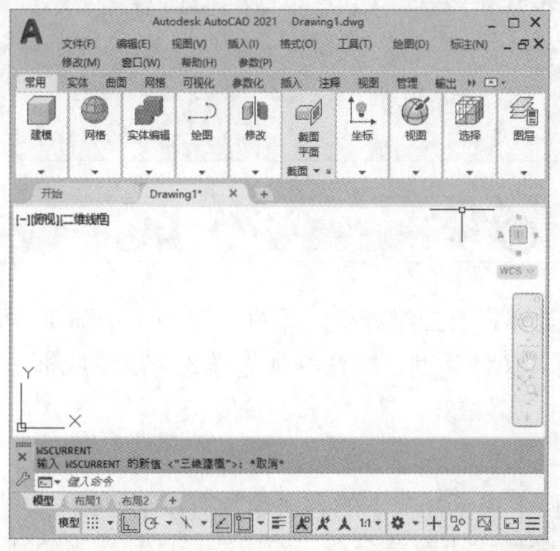

12.1.2 三维视图

三维视图可分为标准正交视图和等轴测视图。

- 标准正交视图：俯视、仰视、主视、左视、右视和后视。
- 等轴测视图：SW（西南）等轴测、SE（东南）等轴测、NE（东北）等轴测和 NW（西北）等轴测。

1. 命令调用方法

在AutoCAD 2021中切换【三维视图】的方法通常有以下4种。

- 选择【视图】➢【三维视图】菜单命令，然后选择一种适当的视图。
- 单击【常用】选项卡➢【视图】面板➢【三维导航】下拉列表，然后选择一种适当的视图。
- 单击【可视化】选项卡➢【视图】面板，然后选择一种适当的视图。
- 单击绘图窗口左上角的视图控件，然后选择一种适当的视图。

2. 知识点扩展

不同视图下显示的效果是不相同的。例如，同一个齿轮，在“西南等轴测”视图下的效果如下左图所示，在“西北等轴测”视图下的效果如下右图所示。

12.2 视觉样式

视觉样式用于观察三维实体模型在不同视觉下的效果。在AutoCAD 2021中提供有10种视觉样式，用户可以切换到不同的视觉样式来观察模型。

12.2.1 视觉样式的分类

AutoCAD 2021中的视觉样式有二维线框、线框、隐藏（消隐）、真实、概念、着色、带边缘着色、灰度、勾画和X射线共10种类型，默认的视觉样式为二维线框。

1. 命令调用方法

在AutoCAD 2021中切换【视觉样式】的方法通常有以下4种。

- 选择【视图】➢【视觉样式】菜单命令，然后选择一种适当的视觉样式。

● 单击【常用】选项卡➢【视图】面板➢【视觉样式】下拉按钮，然后选择一种适当的视觉样式。

● 单击【可视化】选项卡➢【视觉样式】面板➢【视觉样式】下拉按钮，然后选择一种适当的视觉样式。

● 单击绘图窗口左上角的视图控件，然后选择一种适当的视觉样式。

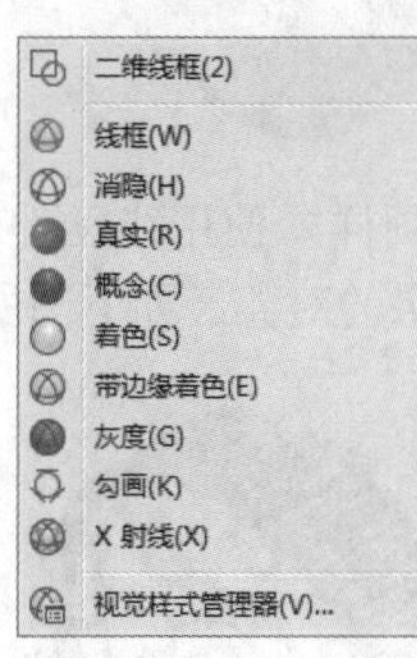

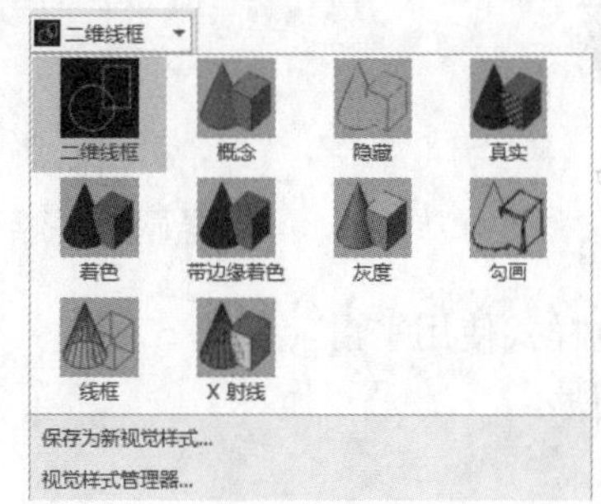

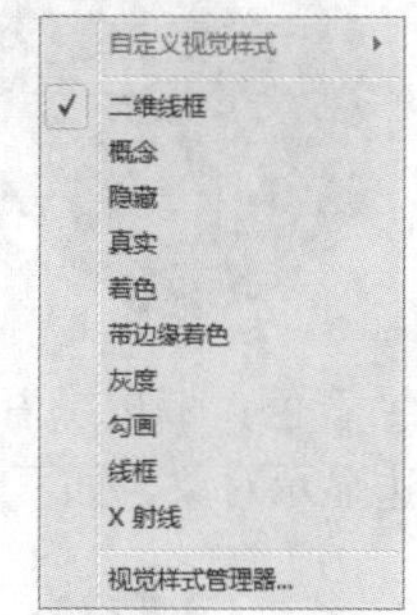

2. 知识点扩展

各视觉样式的含义如下。

● 二维线框：二维线框视觉样式是通过直线和曲线表示对象边界的显示方法。光栅图像、OLE对象、线型和线宽均可见，如下图所示。

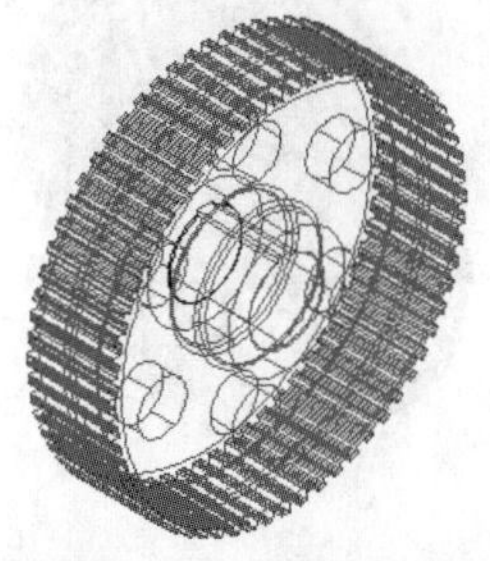

● 线框：线框样式是通过直线和曲线表示边界来显示对象的方法，如下图所示。

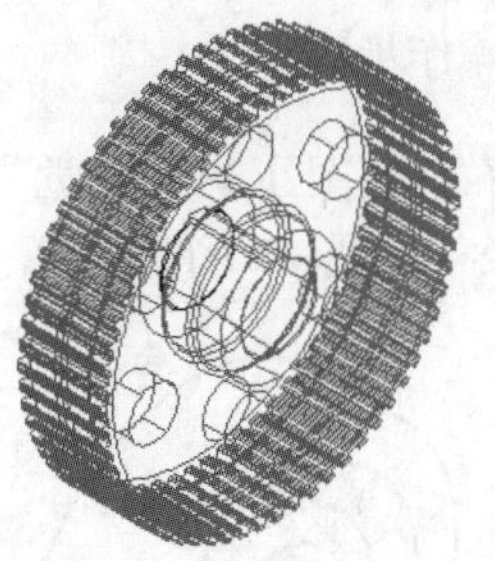

● 隐藏（消隐）：隐藏（消隐）样式是用三维线框表示对象，将不可见的线条隐藏起来，如右上图所示。

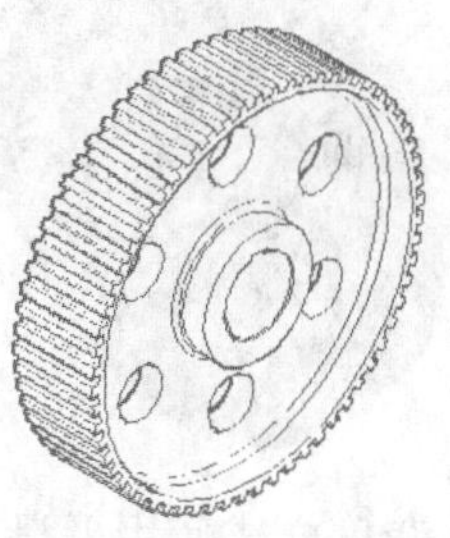

● 真实：真实样式会将对象边缘平滑化，显示已附着到对象的材质，如下图所示。

● 概念：概念样式是使用平滑着色和古氏面样式显示对象的方法，它是一种冷色和暖色之间的过渡，而不是从深色到浅色的过渡。虽然效果缺乏真实感，但是可以更加方便地查看模型的细节，如下图所示。

● 着色：着色样式使用平滑着色显示对象，如下图所示。

● 带边缘着色：带边缘着色样式使用平滑着色和可见边显示对象，如下图所示。

● 灰度：灰度样式使用平滑着色和单色灰度显示对象，如右上图所示。

● 勾画：勾画样式使用线延伸和抖动边修改器显示手绘效果的对象，如下图所示。

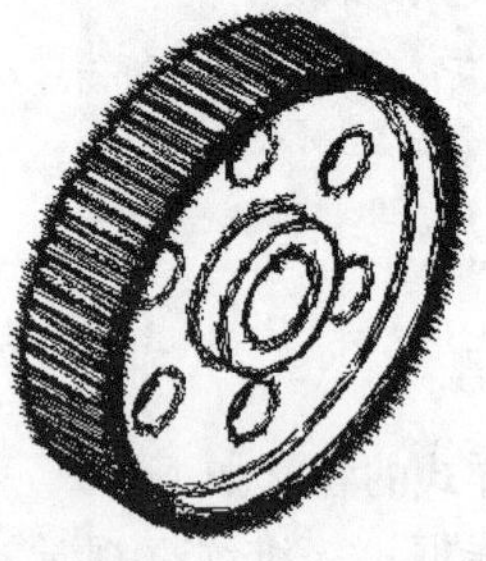

● X射线：X射线样式以局部透明度显示对象，如下图所示。

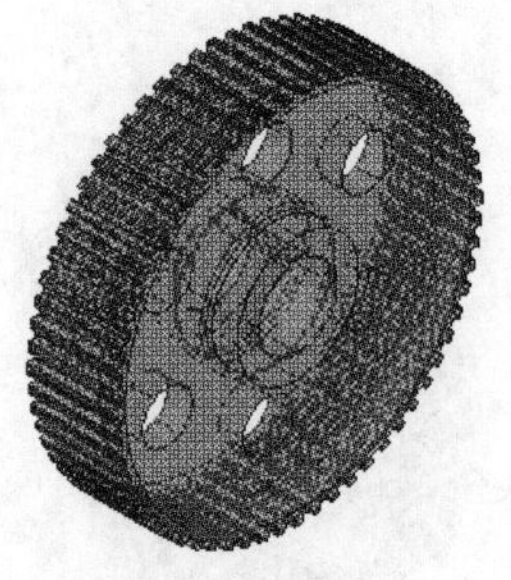

12.2.2 实战演练——在不同视觉样式下对三维模型进行观察

下面分别使用不同的视觉样式对三维模型进行观察，具体操作步骤如下。

步骤01 打开“素材\CH12\球轴承造型.dwg”文件，如下图所示。

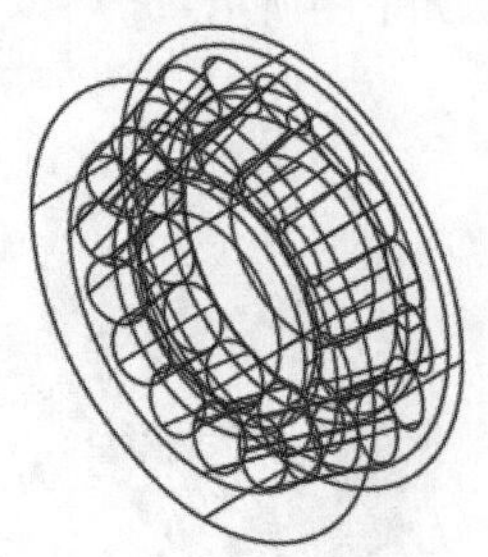

步骤02 选择【视图】➤【视觉样式】➤【消隐】菜单命令，结果如下图所示。

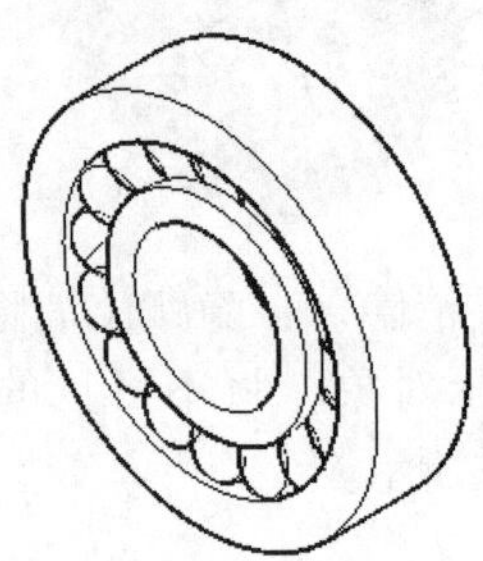

步骤03 选择【视图】➤【视觉样式】➤【概念】菜单命令，结果如下图所示。

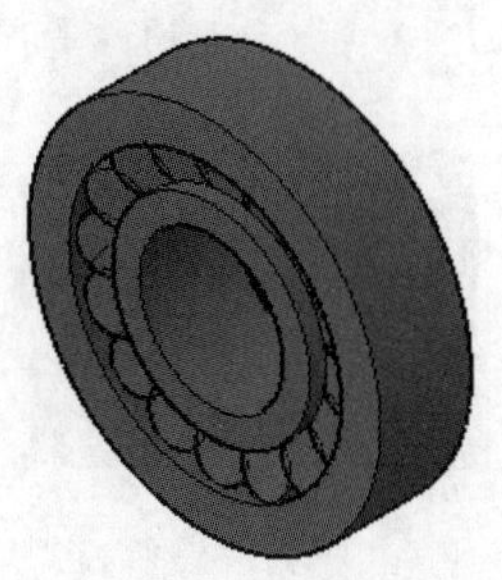

步骤04 选择【视图】➤【视觉样式】➤【勾画】菜单命令，结果如下图所示。

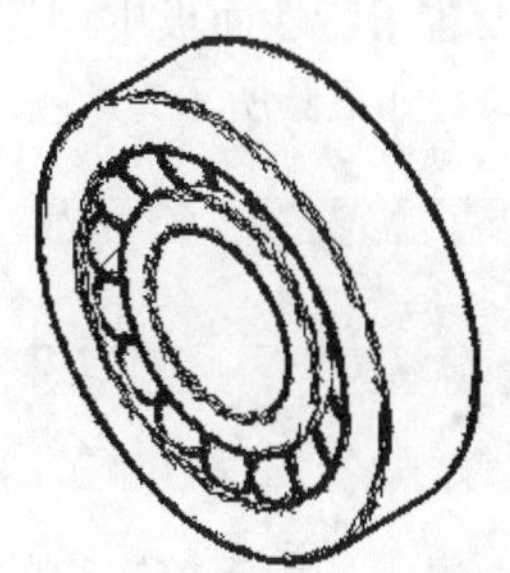

12.2.3 视觉样式管理器

视觉样式管理器用于管理视觉样式，对所选视觉样式的面、环境、边等特性进行自定义设置。

1. 命令调用方法

在AutoCAD 2021中【视觉样式管理器】的调用方法与【视觉样式】的调用方法相同，在弹出的【视觉样式】下拉列表中选择【视觉样式管理器】选项即可，具体参见12.2.1节（在切换视觉样式图片的最下边可以看到“视觉样式管理器”字样）。

2. 命令提示

调用【视觉样式管理器】命令之后，系统会弹出【视觉样式管理器】选项板，如下图所示。

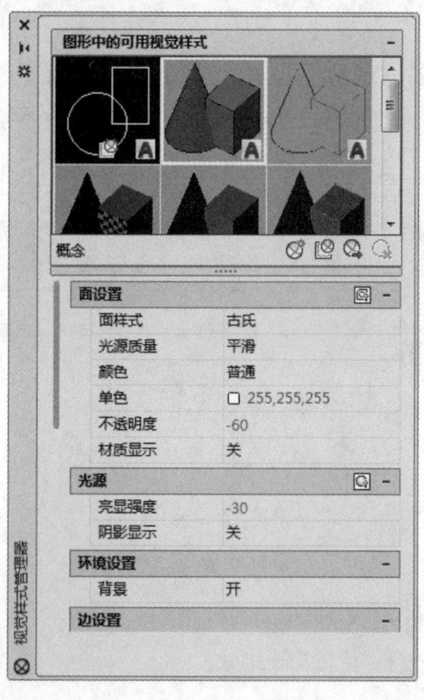

3. 知识点扩展

【视觉样式管理器】选项板中各选项的含义如下。

● 工具栏：用户可通过工具栏创建或删除视觉样式，将选定的视觉样式应用于当前视口，或者将选定的视觉样式输出到工具选项板，如下图所示。

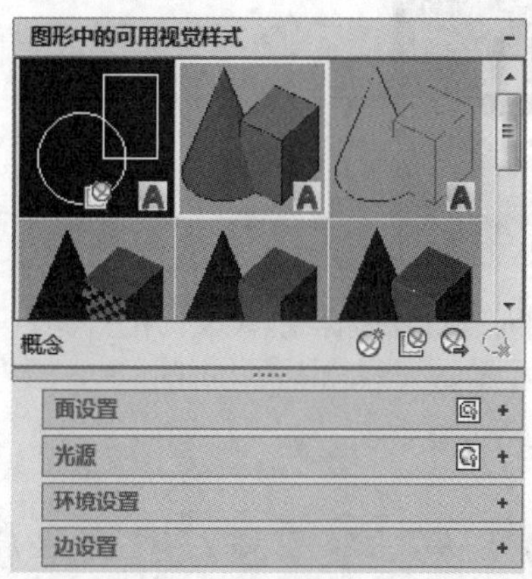

● 【面设置】特性面板：用于控制三维模型的面在视口中的外观，如下图所示。

面设置	
面样式	古氏
光源质量	平滑
颜色	普通
单色	□ 255,255,255
不透明度	-60
材质显示	关

- 【光源】和【环境设置】：【亮显强度】选项可以控制亮显在无材质的面上的大小。【环境设置】特性面板用于控制阴影和背景的显示方式，如下图所示。

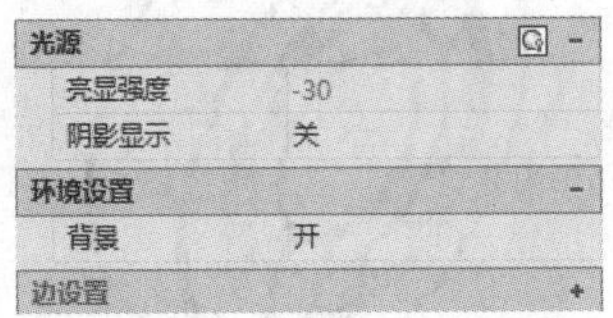

- 【边设置】：用于控制边的显示方式，如下图所示。

边设置	
显示	镶嵌面边
颜色	白
被阻挡边	
显示	否
颜色	随图元
线型	实线
相交边	
显示	否
颜色	白
线型	实线
轮廓边	
显示	是

小提示

10种视觉样式中，【二维线框】选项板的选项与其余9种的选项不同，如下图所示。

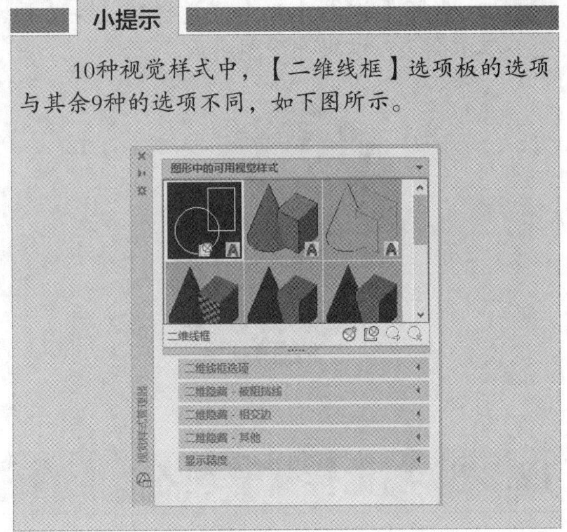

12.3 坐标系

AutoCAD系统为用户提供了一个绝对的坐标系，即世界坐标系（WCS）。通常，AutoCAD构造新图形时将自动使用WCS。虽然WCS不可更改，但可以从任意角度、任意方向来观察或旋转。

相对于世界坐标系WCS，用户可根据需要创建无限多的坐标系，这些坐标系称为用户坐标系（UCS，User Coordinate System）。用户使用UCS命令可以对用户坐标系进行定义、保存、恢复和移动等操作。

12.3.1 创建UCS（用户坐标系）

在AutoCAD 2021中，用户可以根据工作需要定义UCS。

1. 命令调用方法

在AutoCAD 2021中调用【UCS】命令的方法通常有以下4种。

- 选择【工具】➢【新建UCS】菜单命令，然后选择一种定义方式。
- 命令行输入“UCS”命令并按空格键。
- 单击【常用】选项卡➢【坐标】面板，然后选择一种定义方式。
- 单击【可视化】选项卡➢【坐标】面板，然后选择一种定义方式。

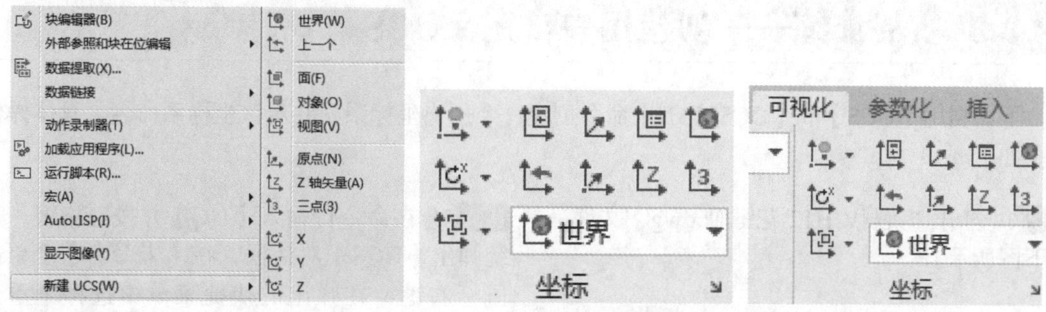

2. 命令提示

调用【UCS】命令之后，命令行会进行如下提示。

命令：UCS
当前 UCS 名称：* 世界 *
指定 UCS 的原点或 [面 (F)/ 命名 (NA)/ 对象 (OB)/ 上一个 (P)/ 视图 (V)/ 世界 (W)/X/Y/Z/Z 轴 (ZA)] < 世界 >:

12.3.2 重命名UCS（用户坐标系）

1. 命令调用方法

在AutoCAD 2021中重命名UCS的方法通常有以下4种。

- 选择【工具】➢【命名UCS】菜单命令。
- 命令行输入“UCSMAN/UC”命令并按空格键。
- 单击【常用】选项卡➢【坐标】面板➢【UCS，命名UCS】按钮。
- 单击【可视化】选项卡➢【坐标】面板➢【UCS，命名UCS】按钮。

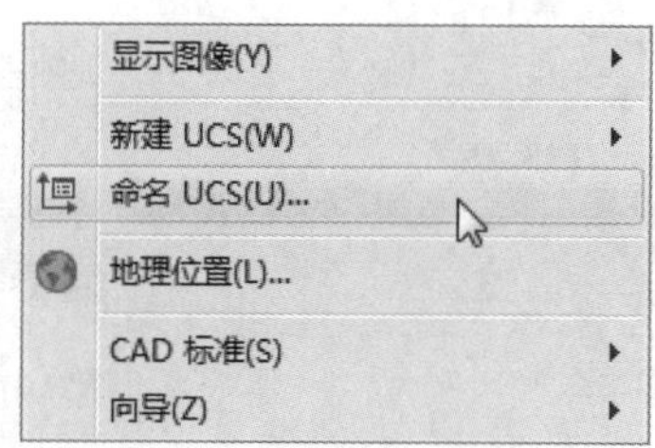

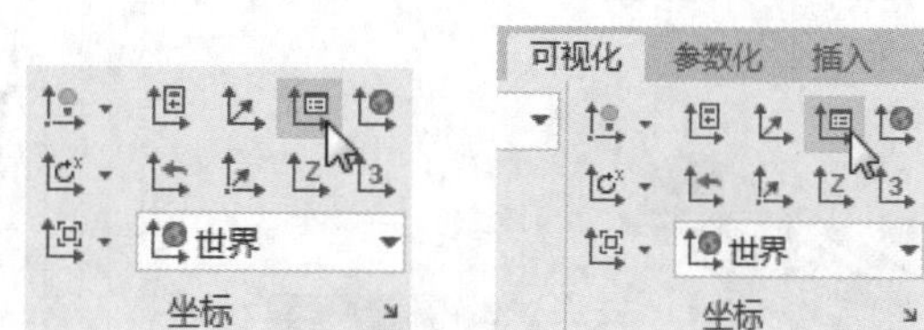

2. 命令提示

调用重命名命令之后，系统会弹出【UCS】对话框，如右图所示。

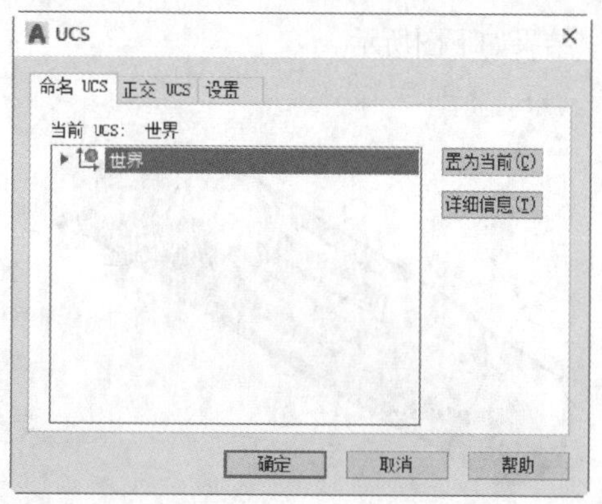

12.3.3 实战演练——创建用户自定义UCS

下面利用【UCS】和【UCSMAN】命令创建一个用户坐标系，并对该坐标系命名，具体操作步骤如下。

步骤 01 打开“素材\CH12\花键轴.dwg”文件，如下图所示。

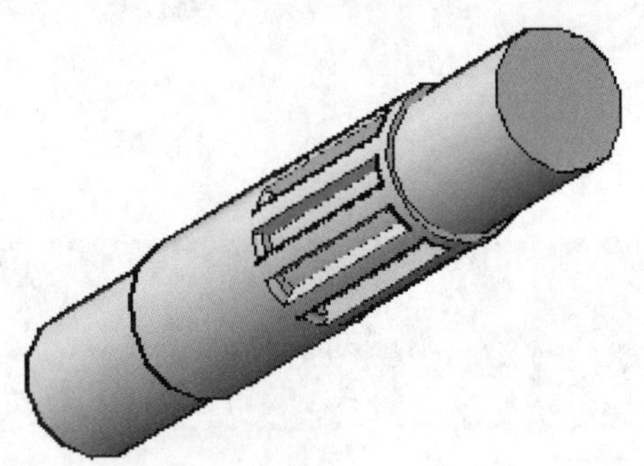

步骤 02 在命令行输入【UCS】并按空格键确认，然后捕捉右端面圆心为UCS原点的位置，在绘图区域拖曳鼠标并单击，以指定x轴上的点，如下图所示。

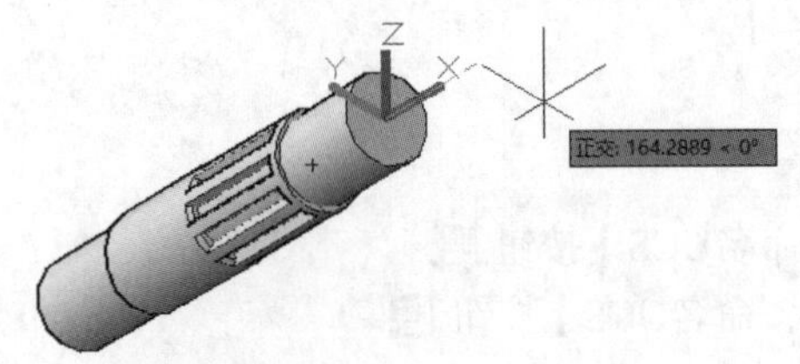

步骤 03 在绘图区域拖曳鼠标并单击，以指定y轴上的点，如下图所示。

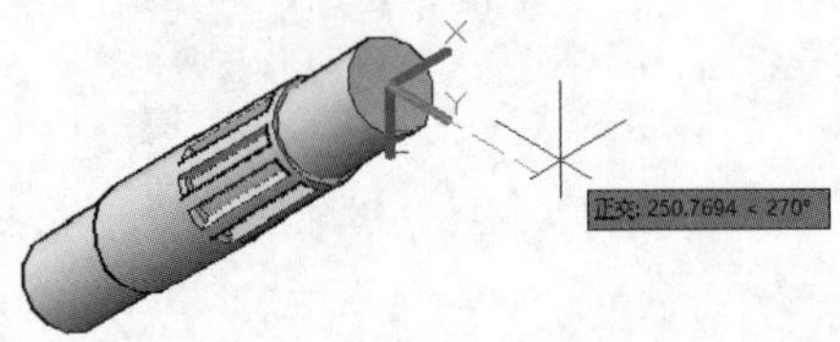

结果如下图所示。

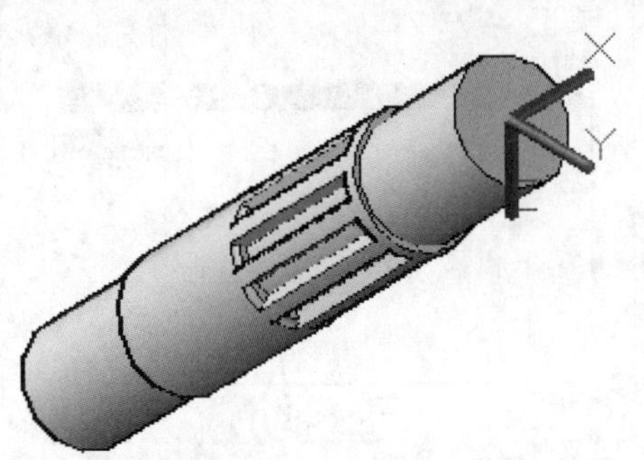

步骤 04 在命令行输入【UC】并按空格键，系统弹出【UCS】对话框，在【未命名】上单击鼠标右键，在弹出的快捷菜单中选择【重命名】命令，如下图所示。

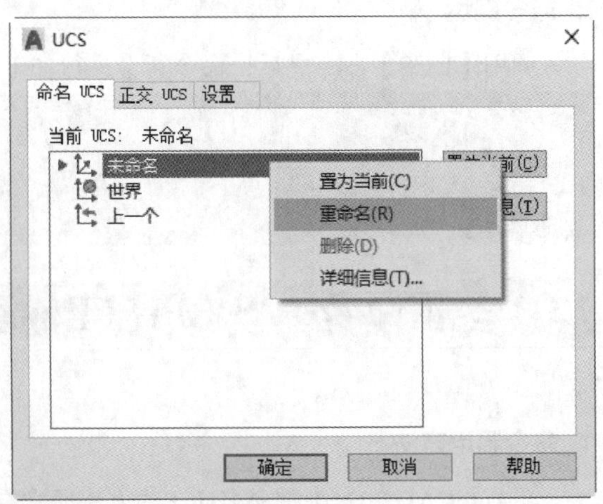

步骤 05 输入新的名称【右端面坐标系】，单击【置为当前】按钮，然后 单击【确定】按钮完成操作，如下图所示。

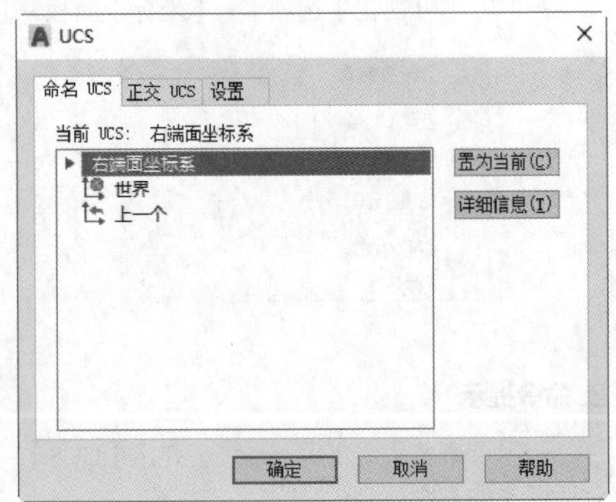

12.4 综合应用——对双人沙发模型进行观察

本节以不同的视觉样式及不同的视图显示方式对三维模型进行观察。

步骤 01 打开“素材\CH12\双人沙发.dwg”文件，如下图所示。

步骤 02 选择【视图】➤【视觉样式】➤【真实】菜单命令，结果如下图所示。

步骤 03 选择【视图】➤【三维视图】➤【西南等轴测】菜单命令，结果如右上图所示。

步骤 04 选择【视图】➤【三维视图】➤【西北等轴测】菜单命令，结果如下图所示。

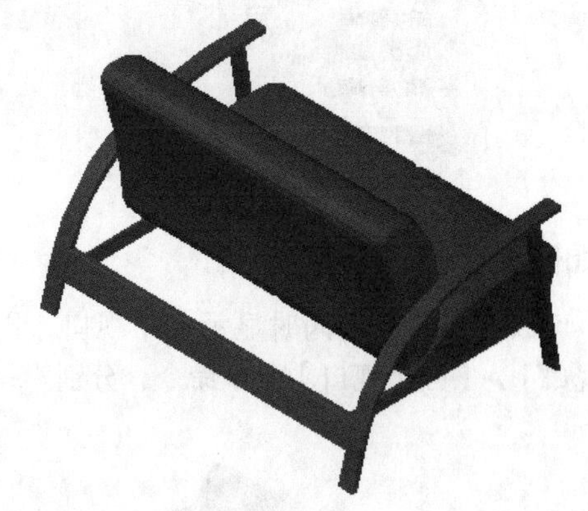

疑难解答

1. 为什么坐标系会自动变化

在三维绘图时经常需要在各种视图之间进行切换，从而会出现坐标系变动的情况。如下页左图是在【西南等轴测】下的视图，当把视图切换到【前视】视图，再切换回【西南等轴测】时，会发现坐标系发生了变化，如下页右图所示。

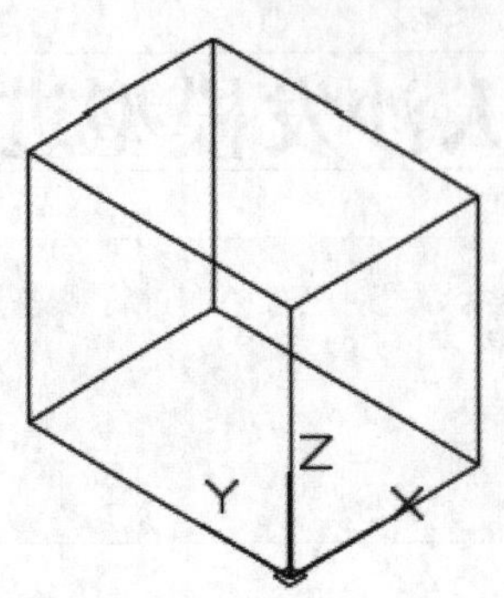

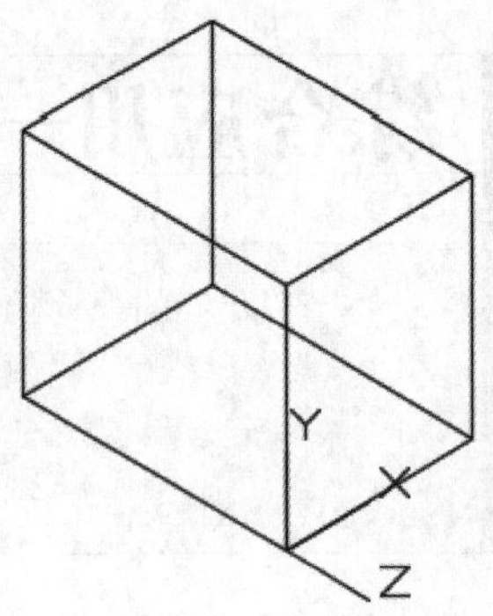

出现这种情况是因为【恢复正交】设定的问题。当设定为“是”时，就会出现坐标变动；当设定为“否”时，则可以避免。

单击绘图窗口左上角的视图控件，然后选择【视图管理器】，如下左图所示。在弹出的【视图管理器】对话框中将【预设视图】中的任何一个视图的【恢复正交UCS】改为【否】即可，如下右图所示。

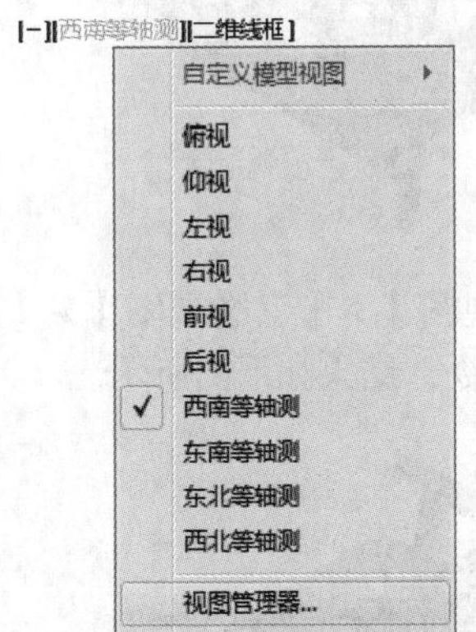

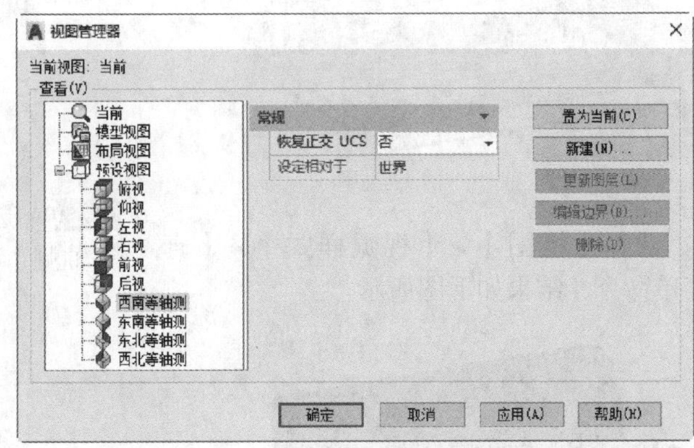

2. 如何多方向同时观察模型

可以将当前模型同时显示多个视口，以实现多方向同时观察模型的目的。选择【视图】➤【视口】➤【四个视口】菜单命令，分别为每个视口指定不同的观察方向，如下图所示。

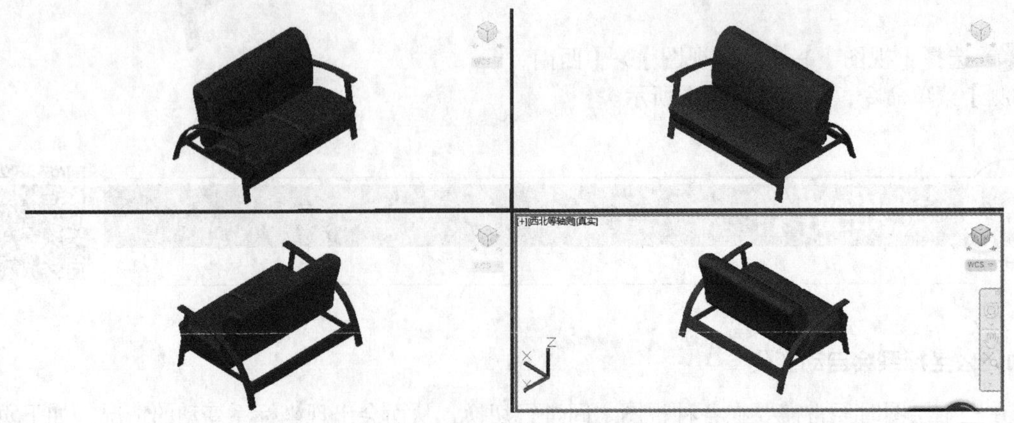

第 13 章

三维建模

学习目标

在三维界面内，除可以绘制简单的三维图形外，还可以绘制三维曲面和三维实体。既可以直接绘制长方体、球体和圆柱体等基本实体，也可以通过二维图形生成，如通过拉伸、旋转等命令生成实体。

学习效果

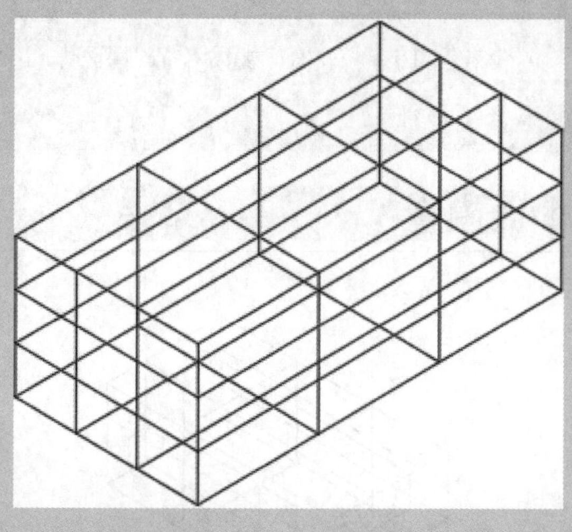

13.1 三维网格面

网格面模型主要定义三维模型的边和表面的相关信息，它可以解决三维模型的消隐、着色、渲染和计算表面等问题。

13.1.1 长方体表面建模

1. 命令调用方法

在AutoCAD 2021中调用【网格长方体】命令的方法通常有以下三种。

- 选择【绘图】➤【建模】➤【网格】➤【图元】➤【长方体】菜单命令。
- 命令行输入“MESH”命令并按空格键，然后在命令行提示下调用“B”选项。
- 单击【网格】选项卡➤【图元】面板➤【网格长方体】按钮。

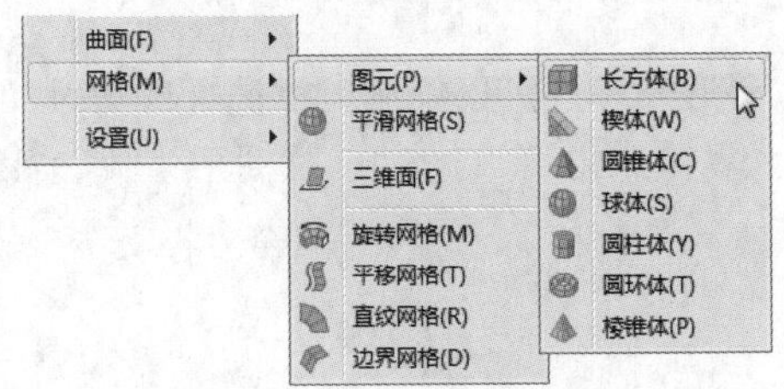

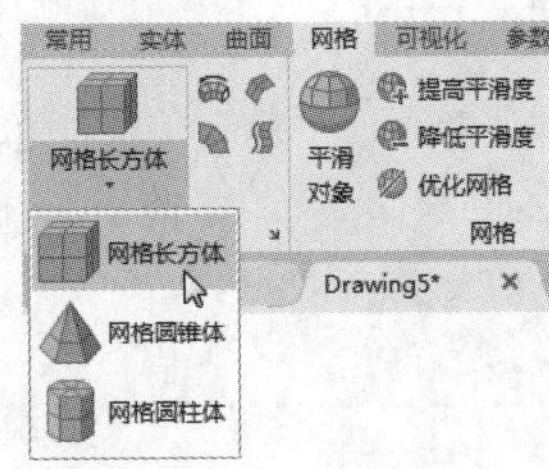

2. 命令提示

调用【网格长方体】命令之后，命令行会进行如下提示。

```
命令：_MESH
当前平滑度设置为：0
输入选项 [ 长方体 (B)/ 圆锥体 (C)/ 圆柱体 (CY)/ 棱锥体 (P)/ 球体 (S)/ 楔体 (W)/ 圆环体 (T)/ 设置 (SE)] < 长方体 >: _BOX
指定第一个角点或 [ 中心 (C)]:
```

13.1.2 实战演练——创建长方体曲面模型

下面利用【网格长方体】命令创建长方体曲面模型，具体操作步骤如下。

调用【网格长方体】命令，在绘图区域任意单击一点作为长方体表面的第一个角点，然后在命令行提示下输入“@400,200,150”并按【Enter】键确认，以指定长方体表面的另一个角点，结果如右图所示。

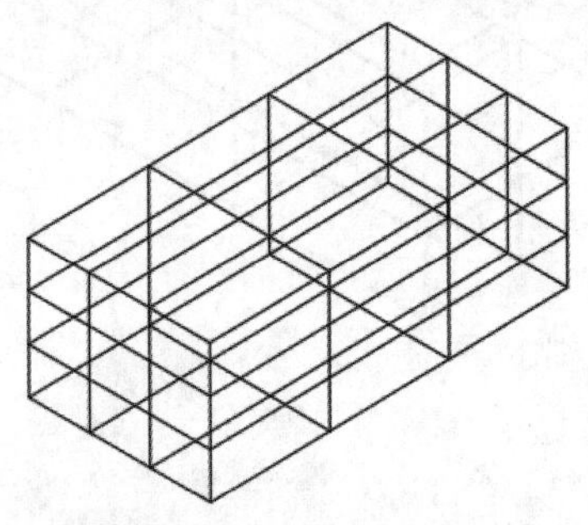

13.1.3 楔体表面建模

1. 命令调用方法

在AutoCAD 2021中调用【网格楔体】命令的方法通常有以下三种。

- 选择【绘图】➢【建模】➢【网格】➢【图元】➢【楔体】菜单命令。
- 命令行输入"MESH"命令并按空格键，然后在命令行提示下调用"W"选项。
- 单击【网格】选项卡➢【图元】面板➢【网格楔体】按钮。

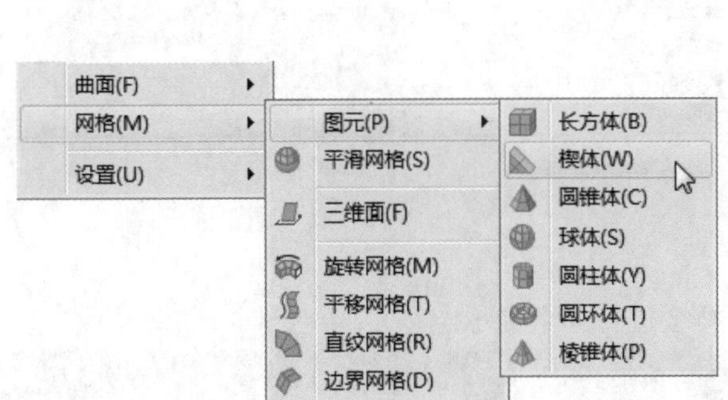

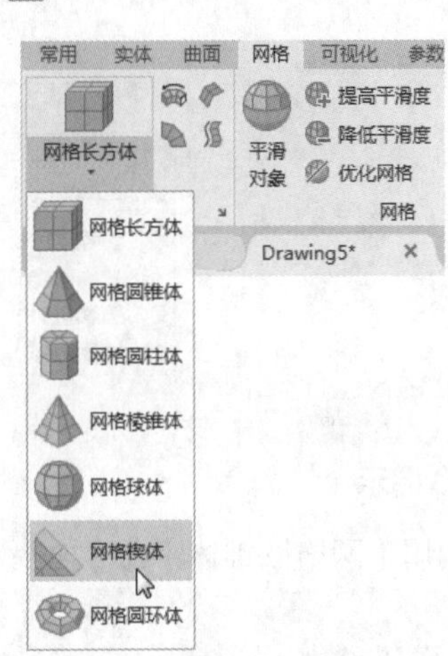

2. 命令提示

调用【网格楔体】命令之后，命令行会进行如下提示。

```
命令：_MESH
当前平滑度设置为：0
输入选项 [ 长方体 (B)/ 圆锥体 (C)/ 圆柱体 (CY)/ 棱锥体 (P)/ 球体 (S)/ 楔体 (W)/ 圆环体 (T)/ 设置 (SE)]
 < 圆环体 >: _WEDGE
指定第一个角点或 [ 中心 (C)]:
```

13.1.4 实战演练——创建楔体曲面模型

下面利用【网格楔体】命令创建楔体曲面模型，具体操作步骤如下。

调用【网格楔体】命令，在绘图区域任意单击一点作为楔体表面的第一个角点，然后在命令行提示下输入"@70,30,20"并按【Enter】键确认，以指定楔体表面的另一个角点，结果如右图所示。

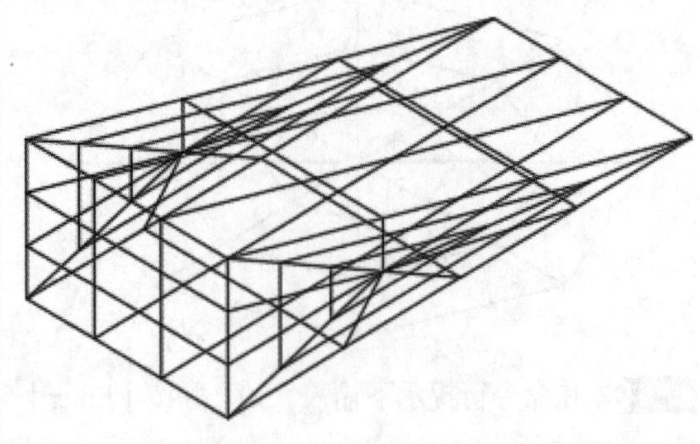

13.1.5 圆锥体表面建模

1. 命令调用方法

在AutoCAD 2021中调用【网格圆锥体】命令的方法通常有以下三种。

- 选择【绘图】➤【建模】➤【网格】➤【图元】➤【圆锥体】菜单命令。
- 命令行输入“MESH”命令并按空格键，然后在命令行提示下调用“C”选项。
- 单击【网格】选项卡➤【图元】面板➤【网格圆锥体】按钮 。

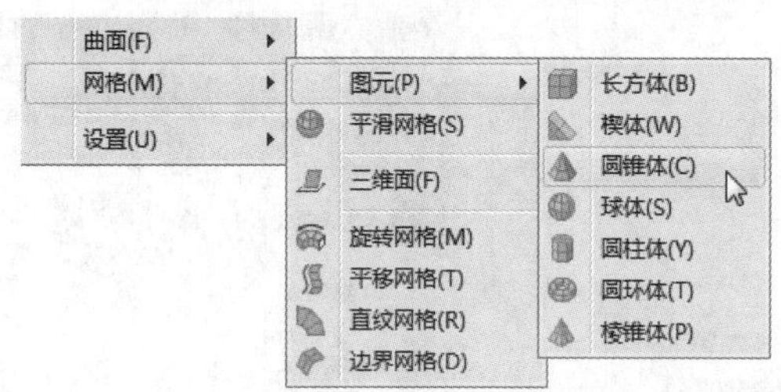

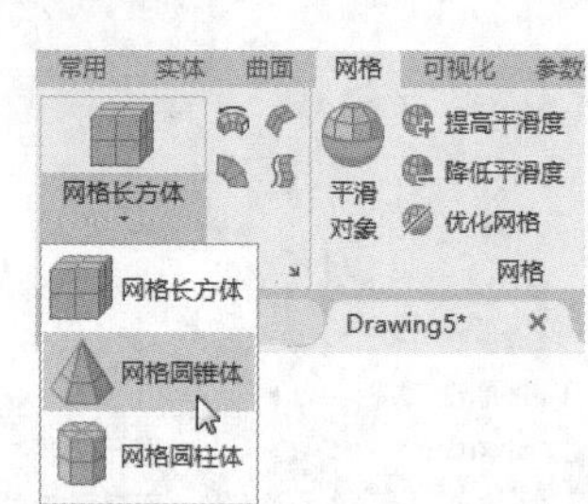

2. 命令提示

调用【网格圆锥体】命令之后，命令行会进行如下提示。

命令：_MESH

当前平滑度设置为：0

输入选项 [长方体 (B)/ 圆锥体 (C)/ 圆柱体 (CY)/ 棱锥体 (P)/ 球体 (S)/ 楔体 (W)/ 圆环体 (T)/ 设置 (SE)] < 圆柱体 >: _CONE

指定底面的中心点或 [三点 (3P)/ 两点 (2P)/ 切点、切点、半径 (T)/ 椭圆 (E)]:

13.1.6 实战演练——创建圆锥体曲面模型

下面利用【网格圆锥体】命令创建圆锥体曲面模型，具体操作步骤如下。

步骤 01 调用【网格圆锥体】命令，在绘图区域任意单击一点作为圆锥体表面的底面中心点，然后在命令行提示下输入“20”并按【Enter】键确认，以指定圆锥体表面的底面半径，如下图所示。

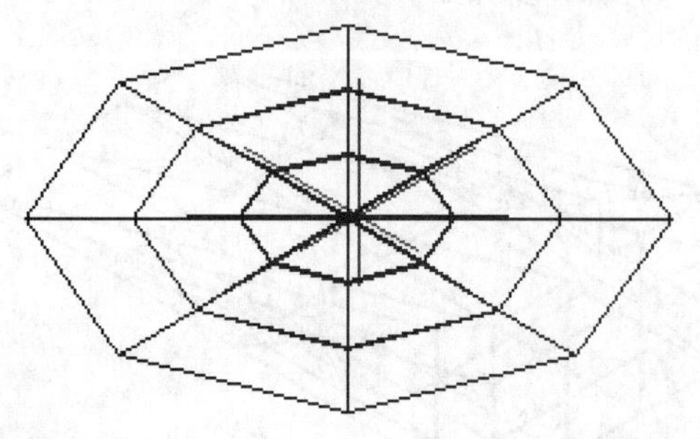

步骤 02 在命令行提示下输入“90”并按【Enter】键确认，以指定圆锥体表面的高度，结果如下图所示。

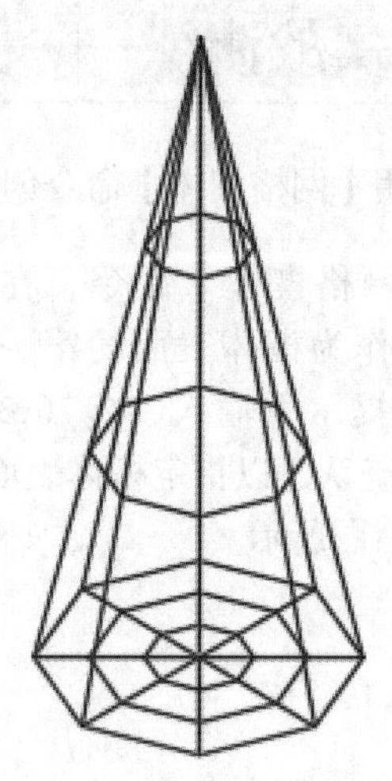

13.1.7 球体表面建模

1. 命令调用方法

在AutoCAD 2021中调用【网格球体】命令的方法通常有以下三种。

- 选择【绘图】➤【建模】➤【网格】➤【图元】【球体】菜单命令。
- 命令行输入“MESH”命令并按空格键，然后在命令行提示下调用“S”选项。
- 单击【网格】选项卡➤【图元】面板➤【网格球体】按钮 。

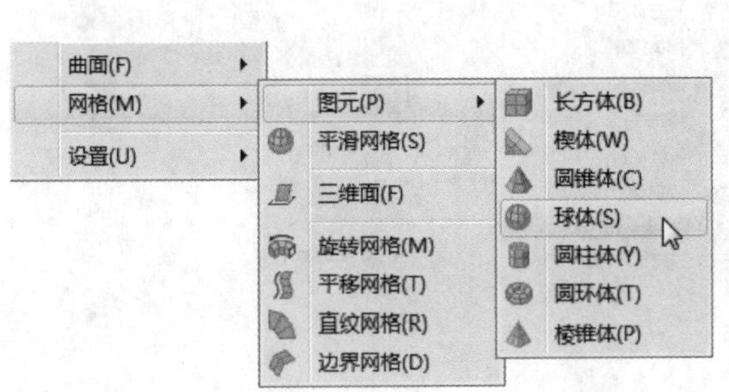

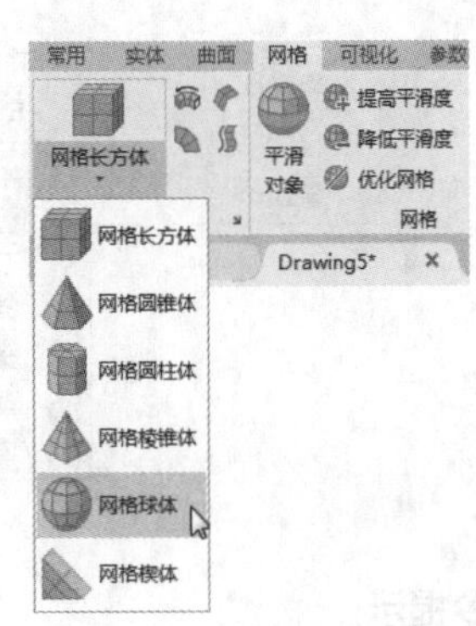

2. 命令提示

调用【网格球体】命令之后，命令行会进行如下提示。

命令：_MESH

当前平滑度设置为：0

输入选项 [长方体 (B)/ 圆锥体 (C)/ 圆柱体 (CY)/ 棱锥体 (P)/ 球体 (S)/ 楔体 (W)/ 圆环体 (T)/ 设置 (SE)] < 圆锥体 >: _SPHERE

指定中心点或 [三点 (3P)/ 两点 (2P)/ 切点、切点、半径 (T)]:

13.1.8 实战演练——创建球体曲面模型

下面利用【网格球体】命令创建球体曲面模型，具体操作步骤如下。

调用【网格球体】命令，在绘图区域任意单击一点作为球体表面的中心点，然后在命令行提示下输入“40”并按【Enter】键确认，以指定球体表面的半径，结果如右图所示。

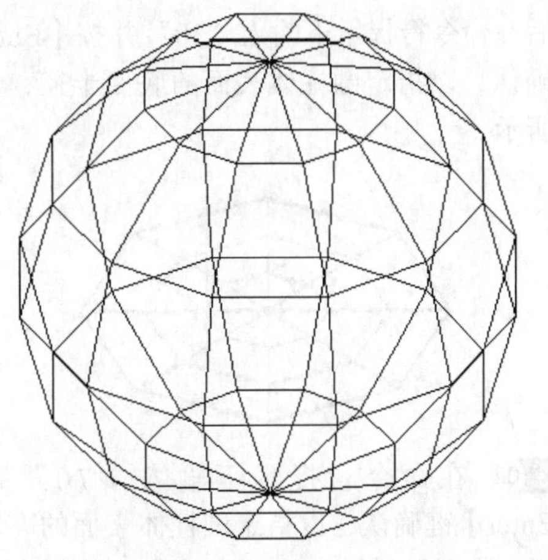

13.1.9 圆柱体表面建模

1. 命令调用方法

在AutoCAD 2021中调用【网格圆柱体】命令的方法通常有以下三种。

- 选择【绘图】➢【建模】➢【网格】➢【图元】➢【圆柱体】菜单命令。
- 命令行输入“MESH”命令并按空格键，然后在命令行提示下调用“CY”选项。
- 单击【网格】选项卡➢【图元】面板➢【网格圆柱体】按钮 。

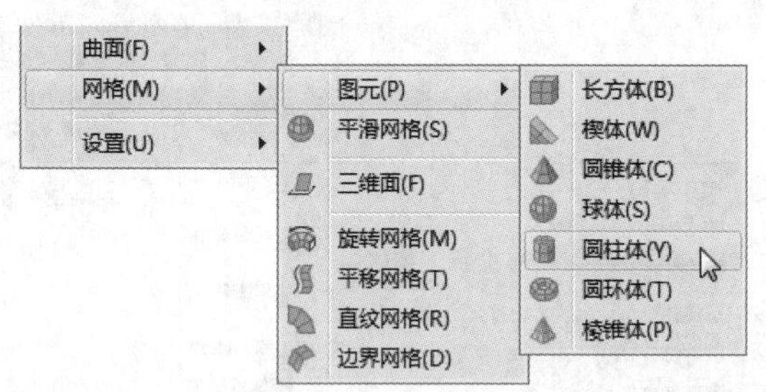

2. 命令提示

调用【网格圆柱体】命令之后，命令行会进行如下提示。

```
命令：_MESH
当前平滑度设置为：0
输入选项 [ 长方体 (B)/ 圆锥体 (C)/ 圆柱体 (CY)/ 棱锥体 (P)/ 球体 (S)/ 楔体 (W)/ 圆环体 (T)/ 设置 (SE)] < 长方体 >: _CYLINDER
指定底面的中心点或 [ 三点 (3P)/ 两点 (2P)/ 切点、切点、半径 (T)/ 椭圆 (E)]:
```

13.1.10 实战演练——创建圆柱体曲面模型

下面利用【网格圆柱体】命令创建圆柱体曲面模型，具体操作步骤如下。

步骤 01 调用【网格圆柱体】命令，在绘图区域任意单击一点作为圆柱体表面的底面中心点，然后在命令行提示下输入“30”并按【Enter】键确认，以指定圆柱体表面的底面半径，如下图所示。

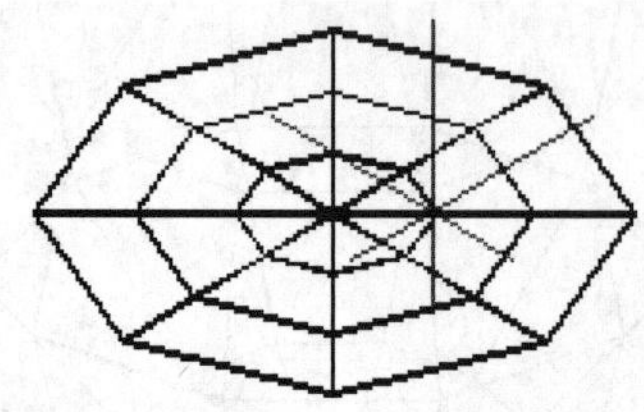

步骤 02 在命令行提示下输入“70”并按【Enter】键确认，以指定圆柱体表面的高度，结果如右图所示。

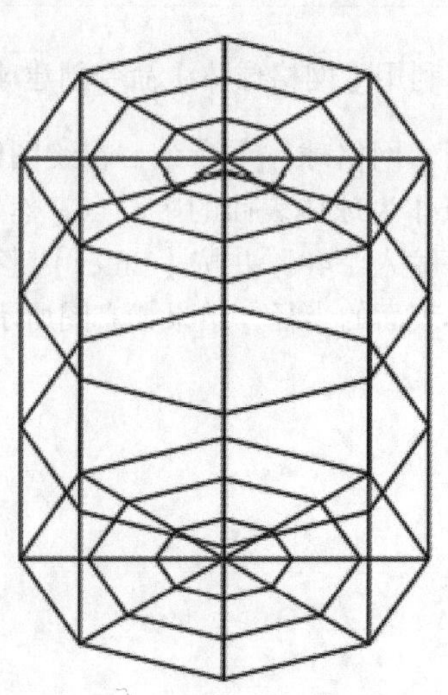

13.1.11 圆环体表面建模

1. 命令调用方法

在AutoCAD 2021中调用【网格圆环体】命令的方法通常有以下三种。

- 选择【绘图】➢【建模】➢【网格】➢【图元】➢【圆环体】菜单命令。
- 命令行输入“MESH”命令并按空格键，然后在命令行提示下调用“T”选项。
- 单击【网格】选项卡➢【图元】面板【网格圆环体】按钮。

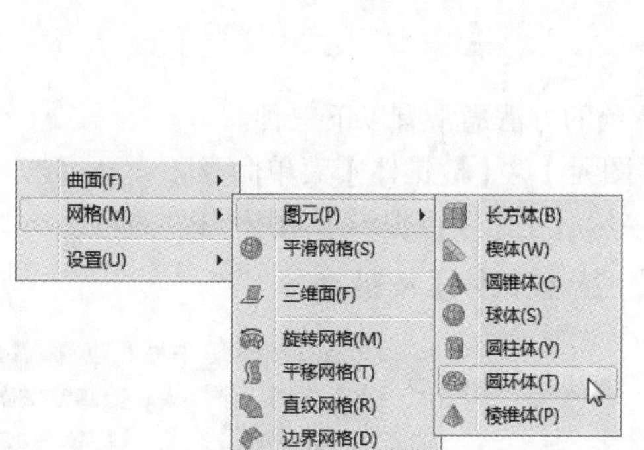

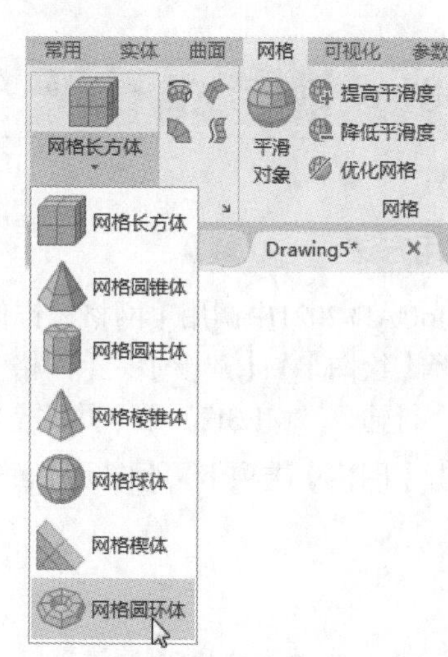

2. 命令提示

调用【网格圆环体】命令之后，命令行会进行如下提示。

命令：_MESH
当前平滑度设置为：0
输入选项 [长方体 (B)/ 圆锥体 (C)/ 圆柱体 (CY)/ 棱锥体 (P)/ 球体 (S)/ 楔体 (W)/ 圆环体 (T)/ 设置 (SE)] < 棱锥体 >: _TORUS
指定中心点或 [三点 (3P)/ 两点 (2P)/ 切点、切点、半径 (T)]:

13.1.12 实战演练——创建圆环体曲面模型

下面利用【网格圆环体】命令创建圆环体曲面模型，具体操作步骤如下。

步骤 01 调用【网格圆环体】命令，在绘图区域任意单击一点作为圆环体表面的中心点，然后在命令行提示下输入“20”并按【Enter】键确认，以指定圆环体表面的半径，如右图所示。

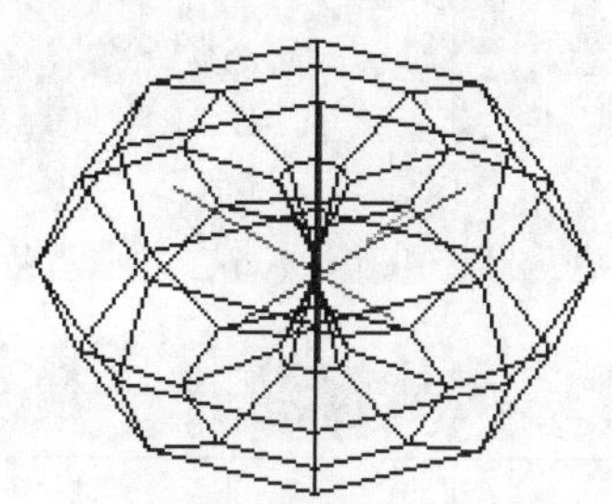

步骤 02 在命令行提示下输入“5”并按【Enter】键确认，以指定圆环体表面的圆管半径，结果如右图所示。

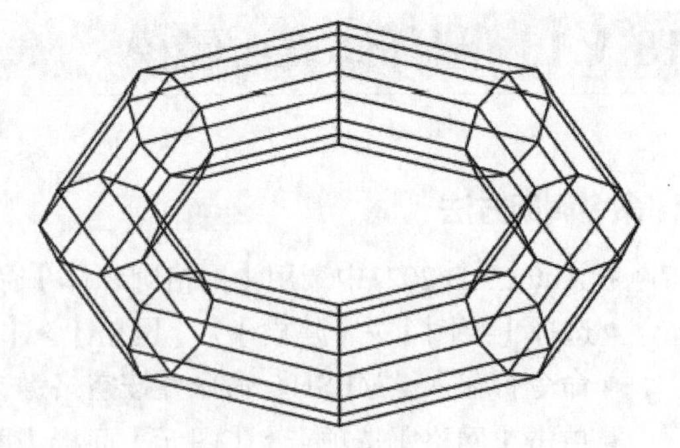

13.1.13 棱锥体表面建模

1. 命令调用方法

在AutoCAD 2021中调用【网格棱锥体】命令的方法通常有以下三种。

- 选择【绘图】➤【建模】➤【网格】➤【图元】➤【棱锥体】菜单命令。
- 命令行输入“MESH”命令并按空格键，然后在命令行提示下调用“P”选项。
- 单击【网格】选项卡➤【图元】面板➤【网格棱锥体】按钮。

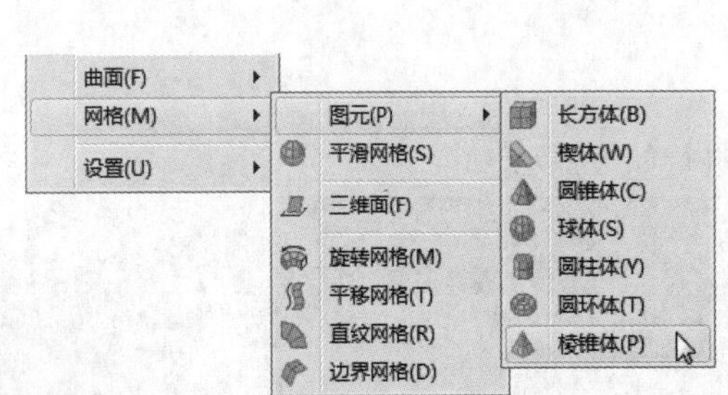

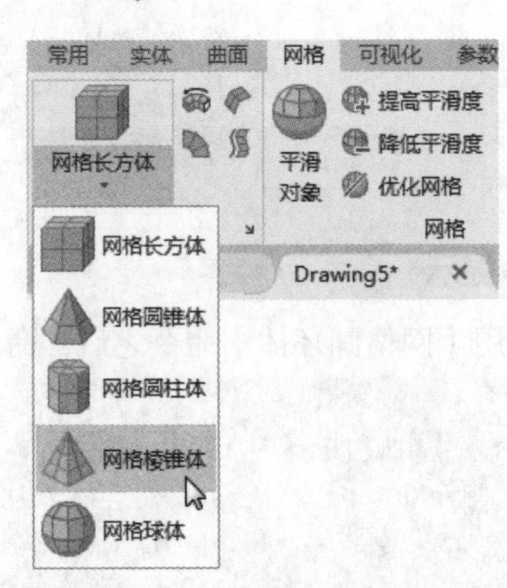

2. 命令提示

调用【网格棱锥体】命令之后，命令行会进行如下提示。

```
命令：_MESH
当前平滑度设置为：0
输入选项 [ 长方体 (B)/ 圆锥体 (C)/ 圆柱体 (CY)/ 棱锥体 (P)/ 球体 (S)/ 楔体 (W)/ 圆环体 (T)/ 设置 (SE)] < 楔体 >: _PYRAMID
4 个侧面  外切
指定底面的中心点或 [ 边 (E)/ 侧面 (S)]:
```

13.1.14 实战演练——创建棱锥体曲面模型

下面利用【网格棱锥体】命令创建棱锥体曲面模型，具体操作步骤如下。

步骤01 调用【网格棱锥体】命令，在绘图区域任意单击一点作为棱锥体表面的底面中心点，然后在命令行提示下输入“35”并按【Enter】键确认，以指定棱锥体表面的底面半径，如下图所示。

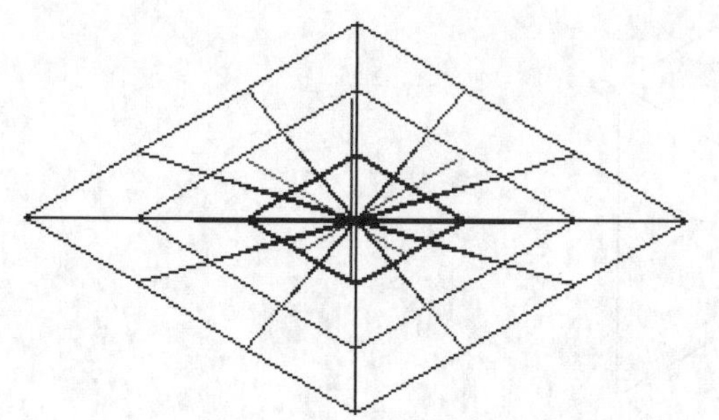

步骤02 在命令行提示下输入“120”并按【Enter】键确认，以指定棱锥体表面的高度，结果如下图所示。

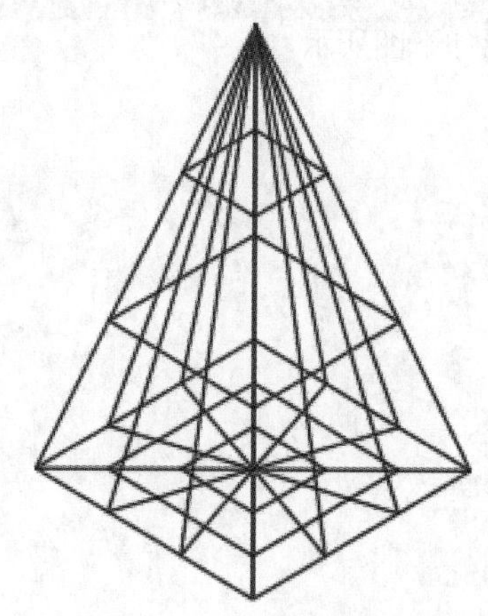

13.1.15 三维面建模

通过指定每个顶点可以创建三维多面网格，常用来构造由三边或四边组成的曲面。

1. 命令调用方法

在AutoCAD 2021中调用【三维面】命令的方法通常有以下两种。

- 选择【绘图】➤【建模】➤【网格】➤【三维面】菜单命令。
- 命令行输入“3DFACE/3F”命令并按空格键。

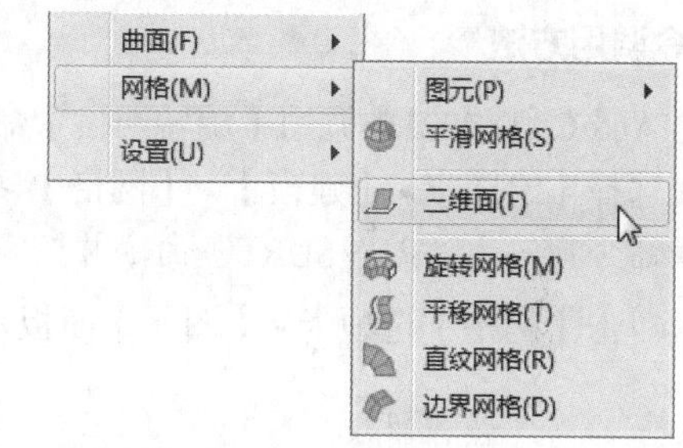

2. 命令提示

调用【三维面】命令之后，命令行会进行如下提示。

```
命令 : _3dface 指定第一点或 [ 不可见 (I)]:
```

13.1.16 实战演练——创建三维面模型

下面利用【三维面】命令创建三维面模型，具体操作步骤如下。

调用【三维面】命令，在绘图区域任意单击一点作为第一点，然后在命令行中连续指定相应点的位置，并分别按【Enter】键确认，命令行提示如下。

```
指定第二点或 [ 不可见 (I)]: @0,0,20
指定第三点或 [ 不可见 (I)] < 退出 >:
@10,0,0
指定第四点或 [ 不可见 (I)] < 创建三侧面 >:@0,0,-20
指定第三点或 [ 不可见 (I)] < 退出 >: @0,-10,0
```

```
指定第四点或 [ 不可见 (I)] < 创建三侧面 >: @0,0,20
指定第三点或 [ 不可见 (I)] < 退出 >: @-10,0,0
指定第四点或 [ 不可见 (I)] < 创建三侧面 >: @0,0,-20
指定第三点或 [ 不可见 (I)] < 退出 >:
```

结果如下图所示。

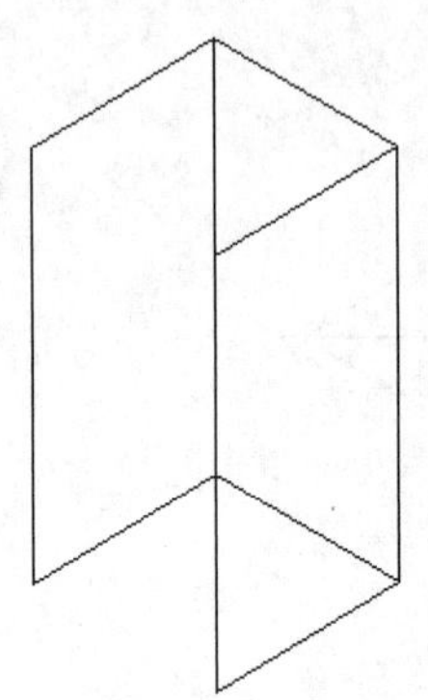

13.1.17 旋转曲面建模

旋转曲面是由一条轨迹线围绕指定的轴线旋转生成的曲面模型。

1. 命令调用方法

在AutoCAD 2021中调用【旋转网格】命令的方法通常有以下三种。

- 选择【绘图】➤【建模】➤【网格】➤【旋转网格】菜单命令。
- 命令行输入“REVSURF”命令并按空格键。
- 单击【网格】选项卡➤【图元】面板➤【建模，网格，旋转曲面】按钮。

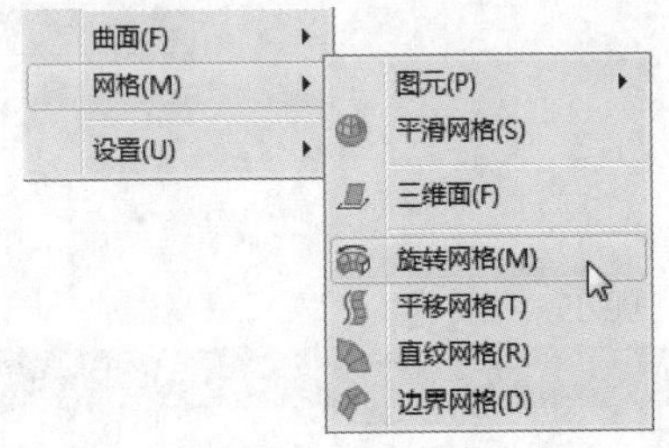

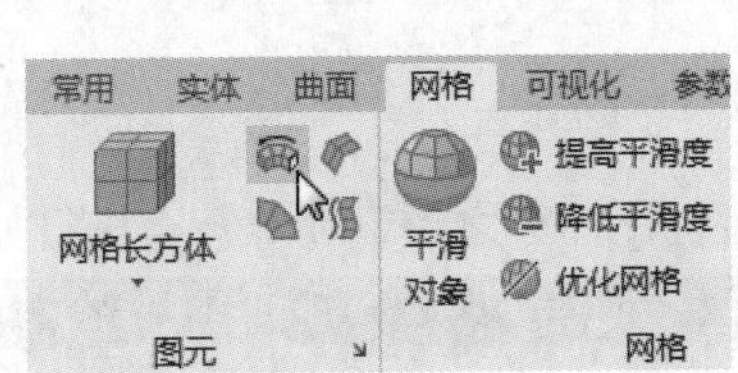

2. 命令提示

调用【旋转网格】命令之后，命令行会进行如下提示。

```
命令 : _revsurf
当前线框密度 : SURFTAB1=6  SURFTAB2=6
选择要旋转的对象 :
```

小提示

线框密度越大，图形显示越圆润，但相应的运算速度也会越慢。

13.1.18 实战演练——创建旋转曲面模型

下面利用【旋转网格】命令创建旋转曲面模型，具体操作步骤如下。

步骤 01 打开“素材\CH13\旋转网格.dwg”文件，如下图所示。

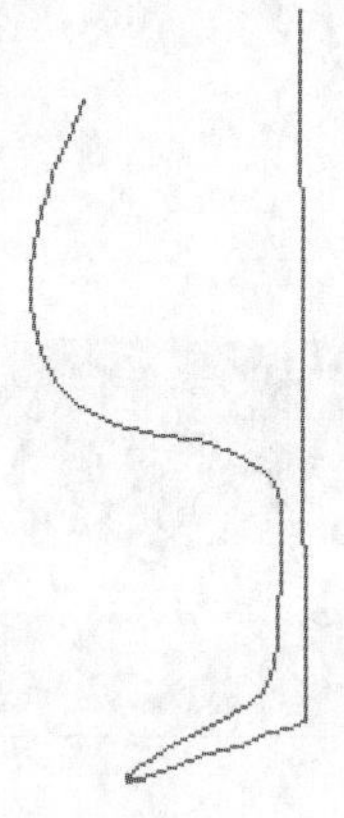

步骤 02 调用【旋转网格】命令，在绘图区域单击选择需要旋转的对象，如下图所示。

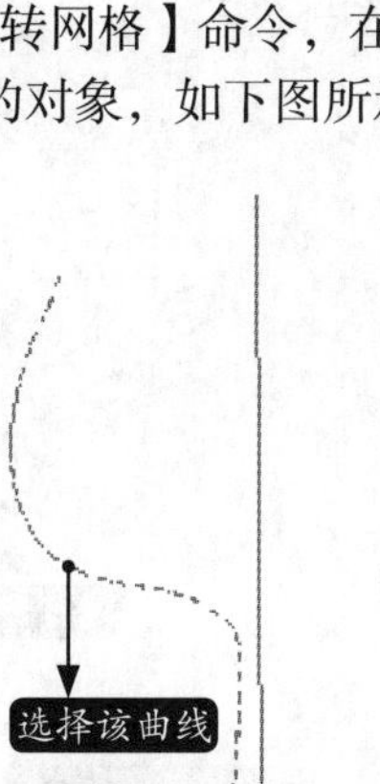

步骤 03 在绘图区域单击中心线作为旋转轴，如下图所示。

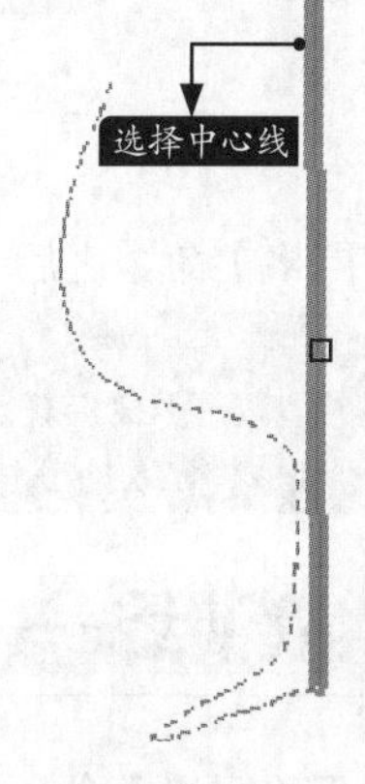

步骤 04 在命令行中输入起点角度“0”和旋转角度“360”，分别按【Enter】键确认，结果如下图所示。

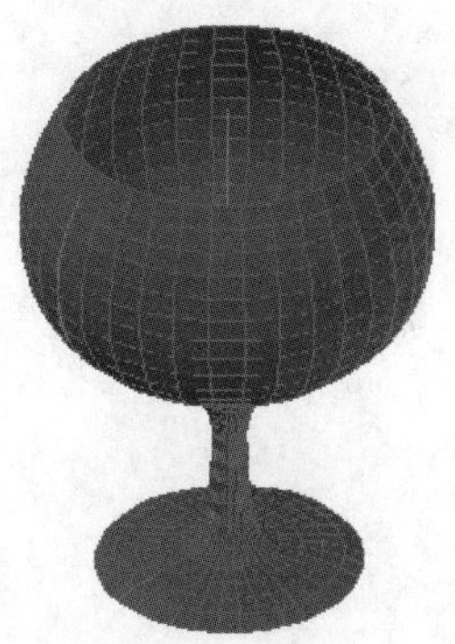

13.1.19 平移曲面建模

平移曲面是由一条轮廓曲线沿着一条指定方向的矢量直线拉伸而形成的曲面模型。

1. 命令调用方法

在AutoCAD 2021中调用【平移网格】命令的方法通常有以下三种。

- 选择【绘图】➢【建模】➢【网格】➢【平移网格】菜单命令。
- 命令行输入“TABSURF”命令并按空格键。
- 单击【网格】选项卡➢【图元】面板➢【建模，网格，平移曲面】按钮 。

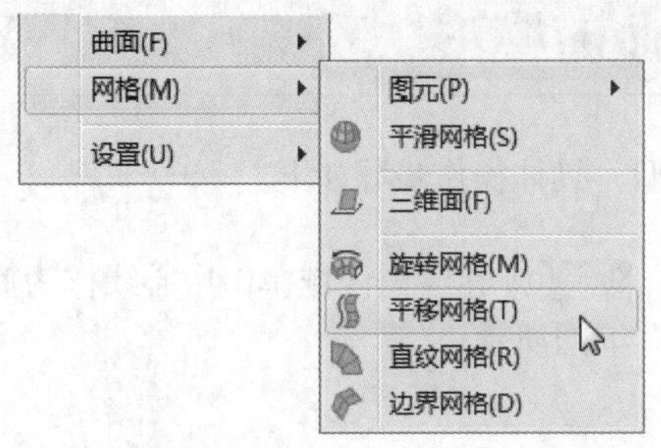

2. 命令提示

调用【平移网格】命令之后，命令行会进行如下提示。

```
命令：_tabsurf
当前线框密度：SURFTAB1=6
选择用作轮廓曲线的对象：
```

13.1.20 实战演练——创建平移曲面模型

下面利用【平移网格】命令创建平移曲面模型，具体操作步骤如下。

步骤 01 打开“素材\CH13\平移网格.dwg”文件，如下图所示。

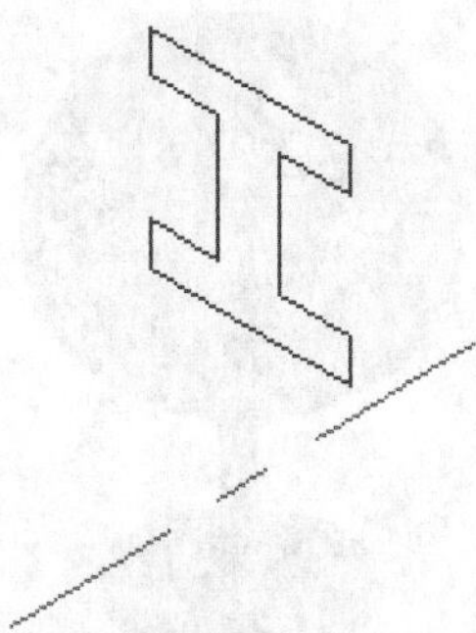

步骤 02 调用【平移网格】命令，在绘图区域单击选择用作轮廓曲线的对象，如下图所示。

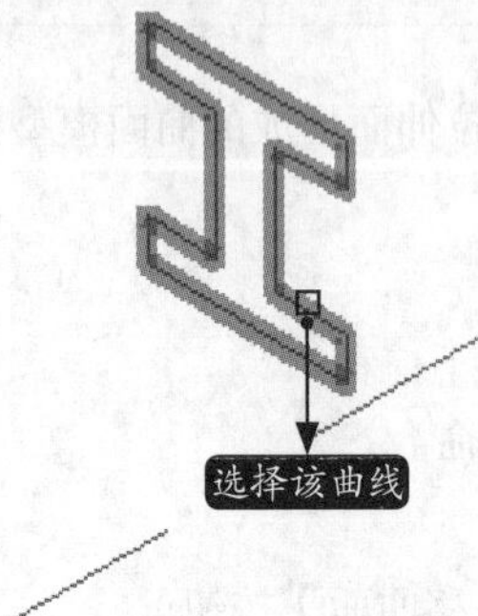

步骤 03 在绘图区域单击选择用作方向矢量的直线对象，如右上图所示。

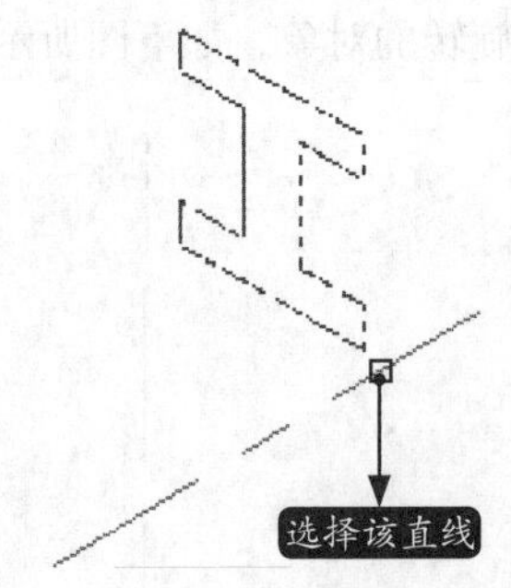

> **小提示**
>
> 方向矢量的选择位置决定着平移网格的平移方向。

结果如下图所示。

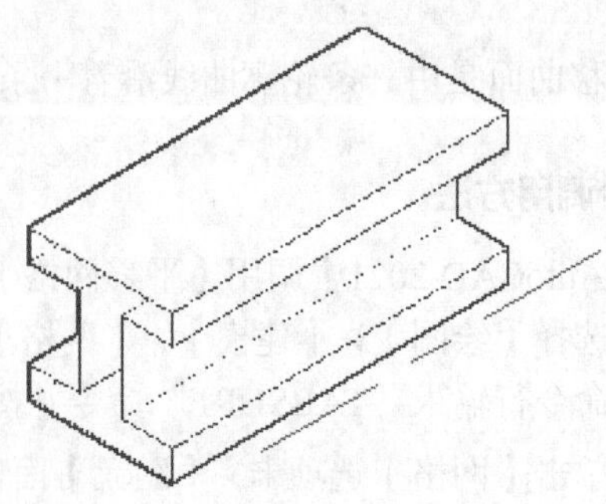

13.1.21 直纹曲面建模

直纹曲面是由若干条直线连接两条曲线时，在曲线之间形成的曲面建模。

1. 命令调用方法

在AutoCAD 2021中调用【直纹网格】命令的方法通常有以下三种。

- 选择【绘图】➤【建模】➤【网格】➤【直纹网格】菜单命令。
- 命令行输入“RULESURF”命令并按空格键。
- 单击【网格】选项卡➤【图元】面板➤【建模，网格，直纹曲面】按钮 。

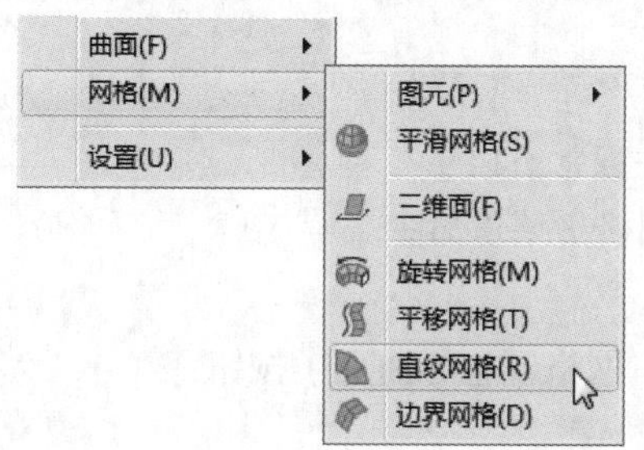

2. 命令提示

调用【直纹网格】命令之后，命令行会进行如下提示。

```
命令：_rulesurf
当前线框密度：SURFTAB1=6
选择第一条定义曲线：
```

13.1.22 实战演练——创建直纹曲面模型

下面利用【直纹网格】命令创建直纹曲面模型，具体操作步骤如下。

步骤 01 打开“素材\CH13\直纹网格.dwg”文件，如下图所示。

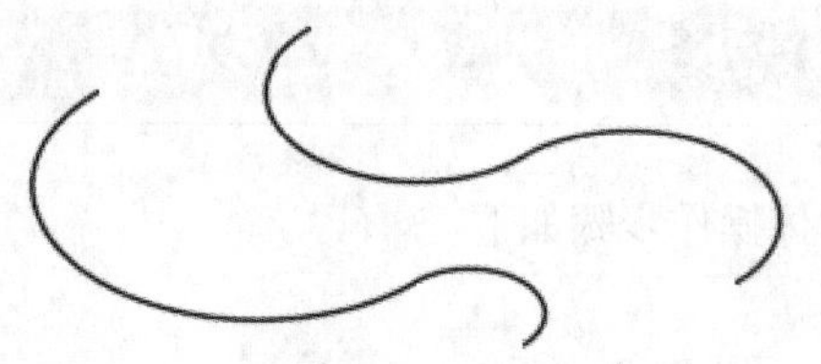

步骤 02 调用【直纹网格】命令，在绘图区域单击选择第一条定义曲线，如下图所示。

步骤 03 在绘图区域单击选择第二条定义曲线，如下图所示。

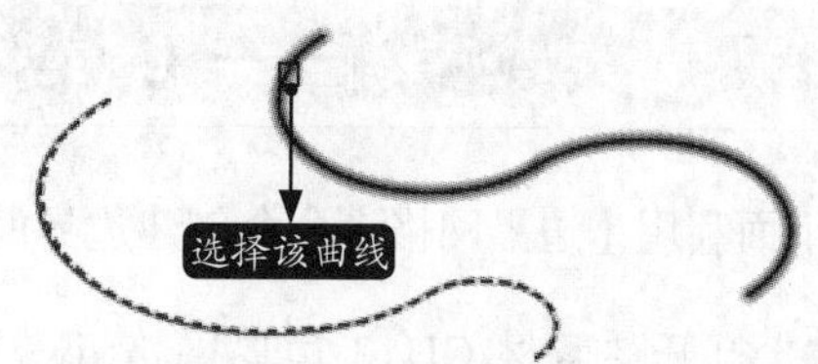

小提示

注意选择的位置。如果与第一条定义曲线选择在同侧，则得到下图所示结果；如果选择在异侧，得到的网格是交叉的。

结果如右图所示。

13.1.23 边界曲面建模

边界曲面是在指定的4个首尾相连的曲线边界之间形成的一个指定密度的三维网格。

1. 命令调用方法

在AutoCAD 2021中调用【边界网格】命令的方法通常有以下三种。

- 选择【绘图】➢【建模】➢【网格】➢【边界网格】菜单命令。
- 命令行输入“EDGESURF”命令并按空格键。
- 单击【网格】选项卡➢【图元】面板➢【建模，网格，边界曲面】按钮。

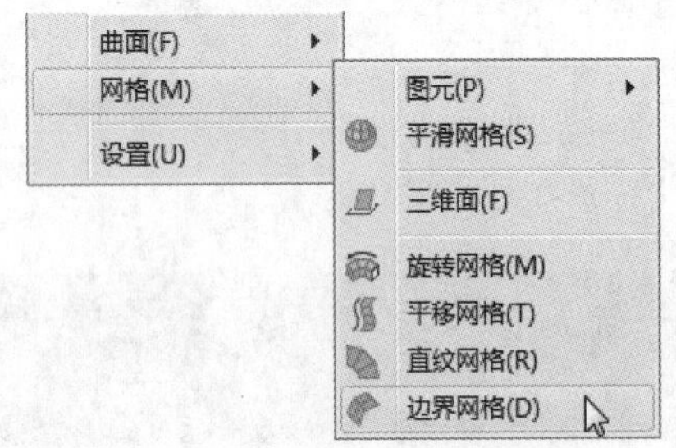

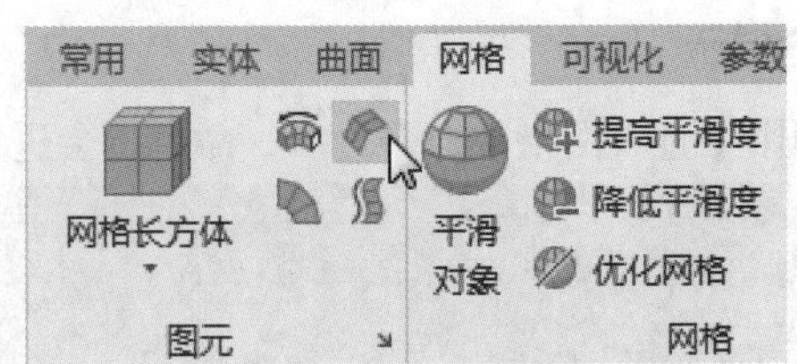

2. 命令提示

调用【边界网格】命令之后，命令行会进行如下提示。

```
命令：_edgesurf
当前线框密度：SURFTAB1=6  SURFTAB2=6
选择用作曲面边界的对象 1:
```

13.1.24 实战演练——创建边界曲面模型

下面利用【边界网格】命令创建边界曲面模型，具体操作步骤如下。

步骤01 打开“素材\CH13\边界网格.dwg”文件，如右图所示。

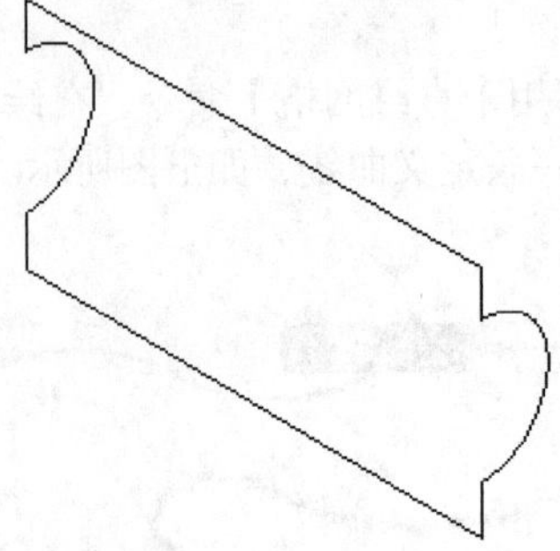

步骤02 调用【边界网格】命令，在绘图区域依次单击选择边界对象1～4，如下图所示。

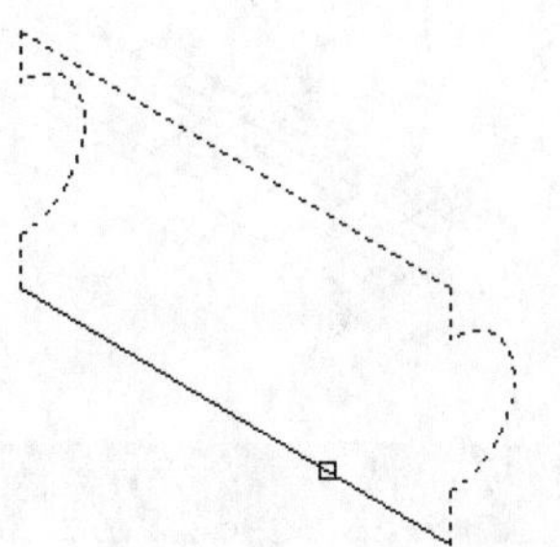

结果如下图所示。

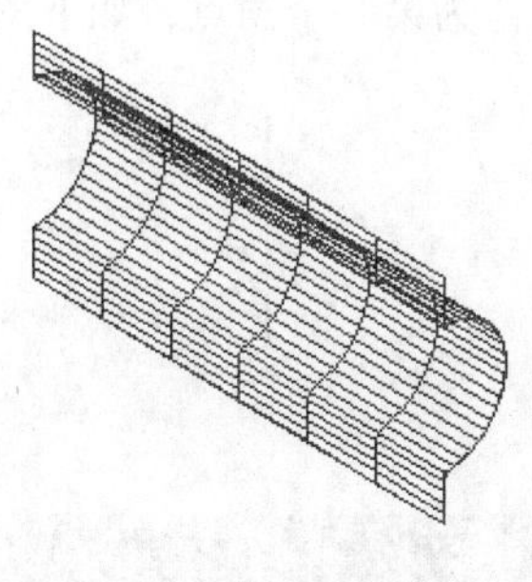

13.1.25 平面曲面建模

平面曲面可以通过选择关闭的对象或指定矩形表面的对角点进行创建。通过命令指定曲面的角点时，将创建平行于工作平面的曲面。

1. 命令调用方法

在AutoCAD 2021中调用【平面】曲面命令的方法通常有以下三种。

- 选择【绘图】➢【建模】➢【曲面】➢【平面】菜单命令。
- 命令行输入“PLANESURF”命令并按空格键。
- 单击【曲面】选项卡➢【创建】面板➢【平面】按钮。

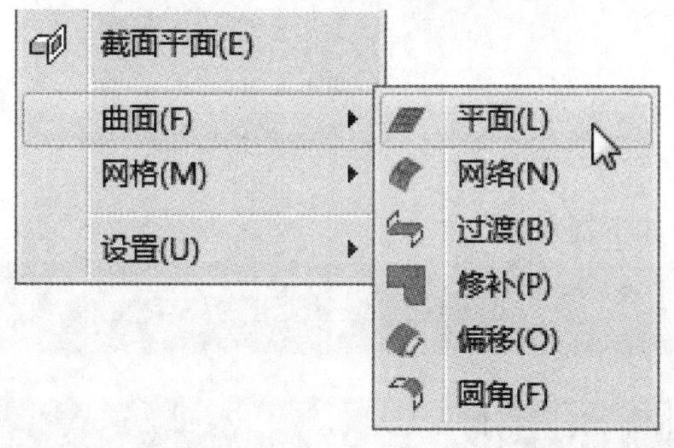

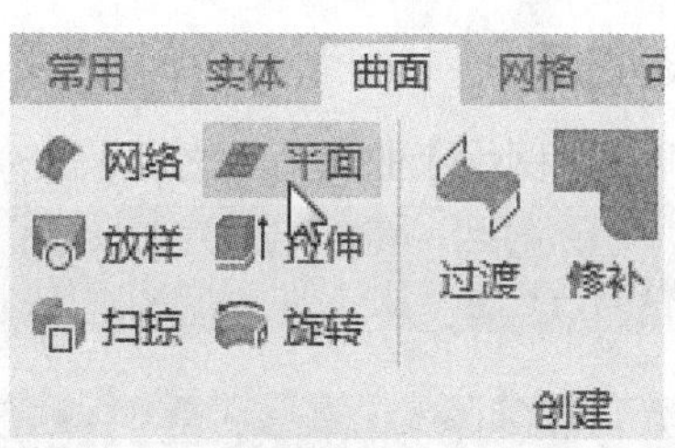

2. 命令提示

调用【平面】曲面命令之后，命令行会进行如下提示。

```
命令：_Planesurf
指定第一个角点或 [ 对象 (O)] < 对象 >:
```

13.1.26 实战演练——创建平面曲面模型

下面利用【平面】曲面命令创建平面曲面模型，具体操作步骤如下。

步骤01 调用【平面】曲面命令，在绘图区域任意单击一点作为第一个角点，如下图所示。

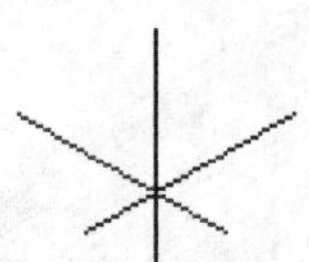

步骤02 在绘图区域拖曳鼠标并单击以指定另外一个角点，结果如下图所示。

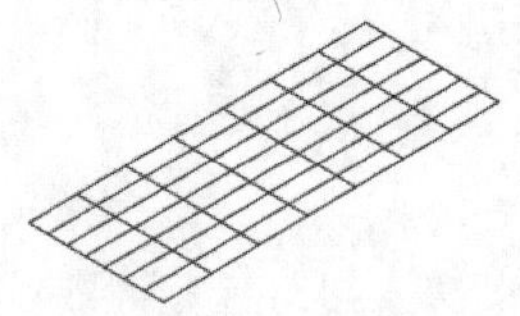

13.1.27 网络曲面建模

1. 命令调用方法

在AutoCAD 2021中调用【网络】曲面命令的方法通常有以下三种。

- 选择【绘图】➢【建模】➢【曲面】➢【网络】菜单命令。
- 命令行输入“SURFNETWORK”命令并按空格键。
- 单击【曲面】选项卡➢【创建】面板➢【网络】按钮 。

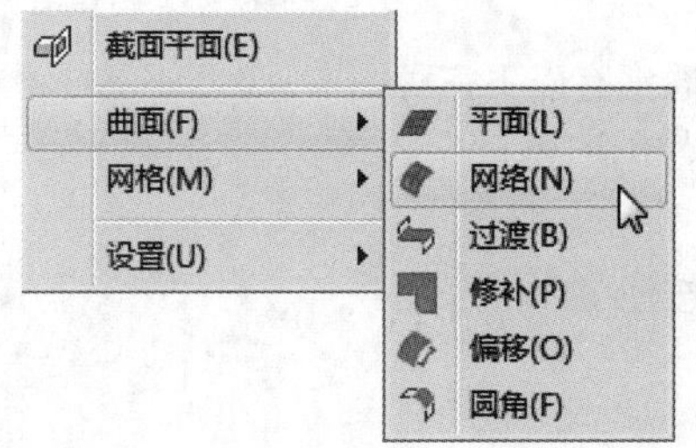

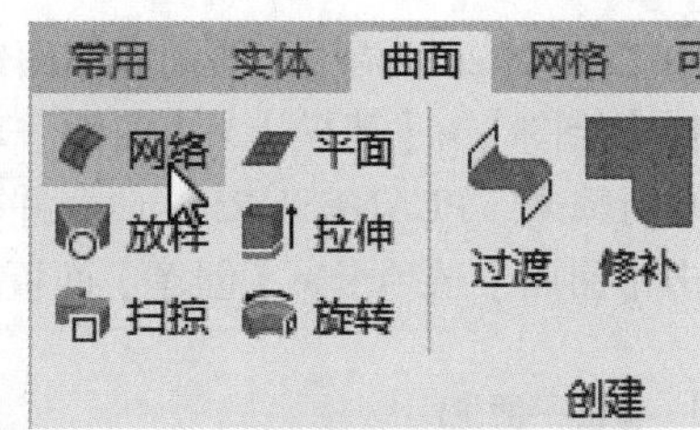

2. 命令提示

调用【网络】曲面命令之后，命令行会进行如下提示。

```
命令：_SURFNETWORK
沿第一个方向选择曲线或曲面边：
```

13.1.28 实战演练——创建网络曲面模型

下面利用【网络】曲面命令创建网络曲面模型，具体操作步骤如下。

步骤01 打开“素材\CH13\网络曲面.dwg”文件，如下图所示。

步骤02 调用【网络】曲面命令，在绘图区域选择下图所示的两条圆弧对象，并按【Enter】键确认。

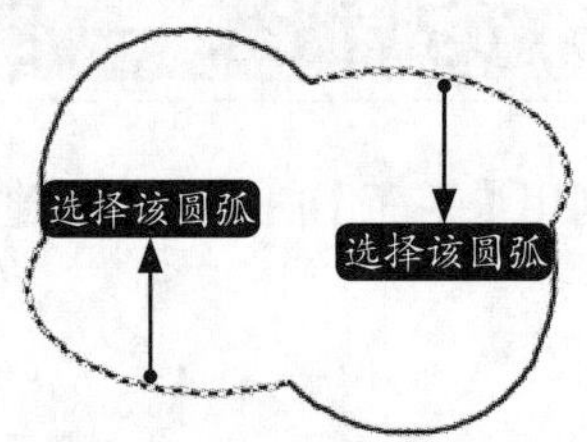

步骤 03 在绘图区域选择其余两条圆弧对象，并按【Enter】键确认，结果如下图所示。

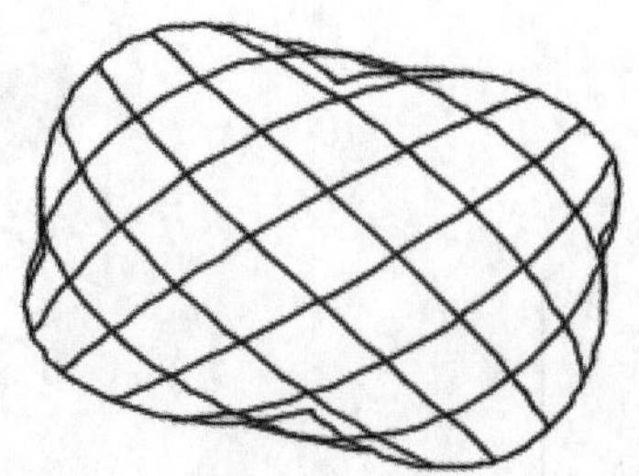

13.1.29 截面平面建模

截面平面对象可创建三维实体、曲面和网格的截面。使用带有截面平面对象的活动截面分析模型，并将截面另存为块，可以在布局中使用。

1. 命令调用方法

在AutoCAD 2021中调用【截面平面】曲面命令的方法通常有以下4种。

- 选择【绘图】➢【建模】➢【截面平面】菜单命令。
- 命令行输入“SECTIONPLANE”命令并按空格键。
- 单击【常用】选项卡➢【截面】面板➢【截面平面】按钮。
- 单击【网格】选项卡➢【截面】面板➢【截面平面】按钮。

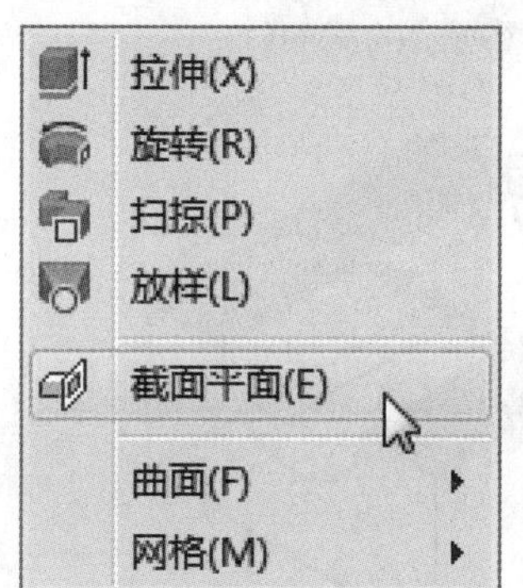

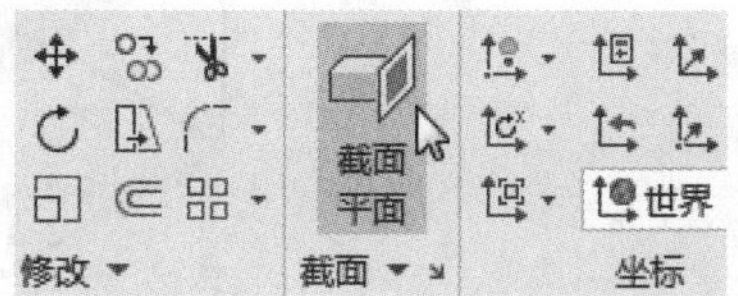

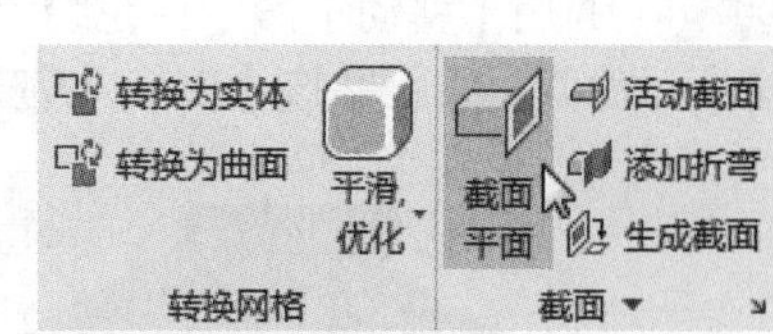

2. 命令提示

调用【截面平面】命令之后，命令行会进行如下提示。

```
命令：_sectionplane 类型 = 平面
选择面或任意点以定位截面线或 [ 绘制截面 (D)/ 正交 (O)/ 类型 (T)]:
```

13.1.30 实战演练——使用截面平面建模

下面利用【截面平面】命令创建模型截面平面，具体操作步骤如下。

步骤01 打开“素材\CH13\截面平面.dwg”文件，如下图所示。

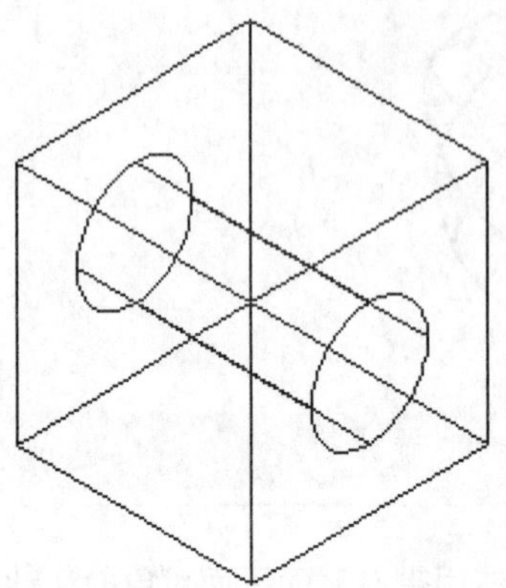

步骤02 调用【截面平面】命令，在绘图区域单击选择图形的顶面，如下图所示。

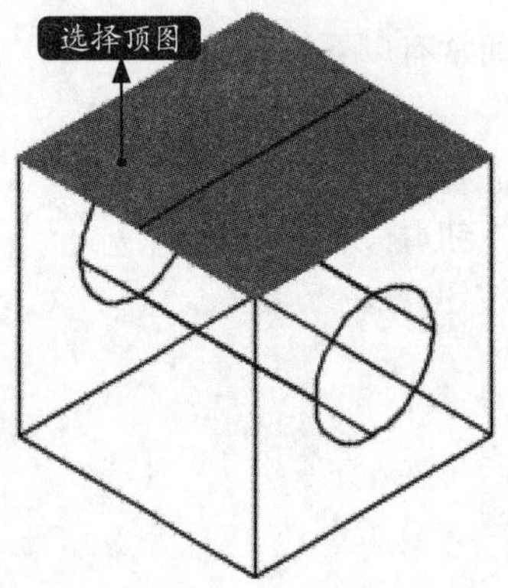

步骤03 调用【移动】命令，在绘图区域选择下图所示的截面线，并按【Enter】键确认。

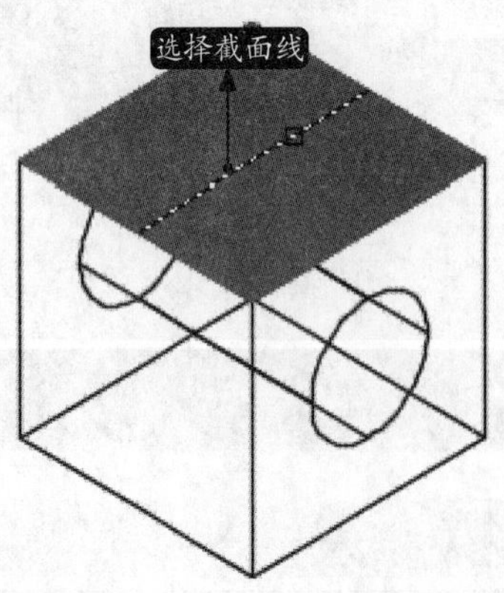

步骤04 在绘图区域任意单击一点作为基点，然后在命令行提示下输入“@0,0,-100”并按【Enter】键确认，结果如右上图所示。

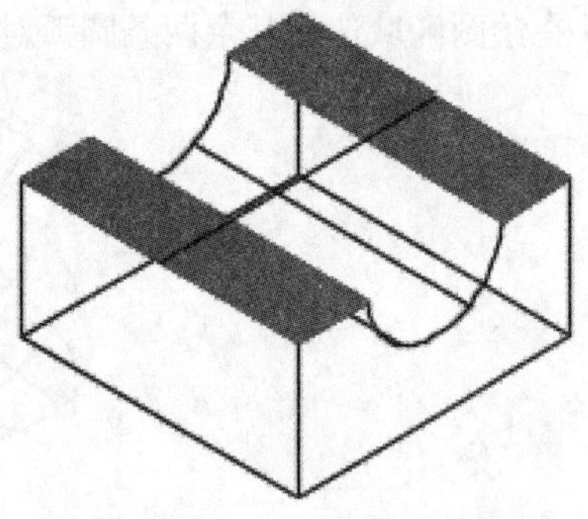

步骤05 单击【常用】选项卡➢【截面】面板➢【生成截面】按钮，弹出【生成截面/立面】对话框，如下图所示。

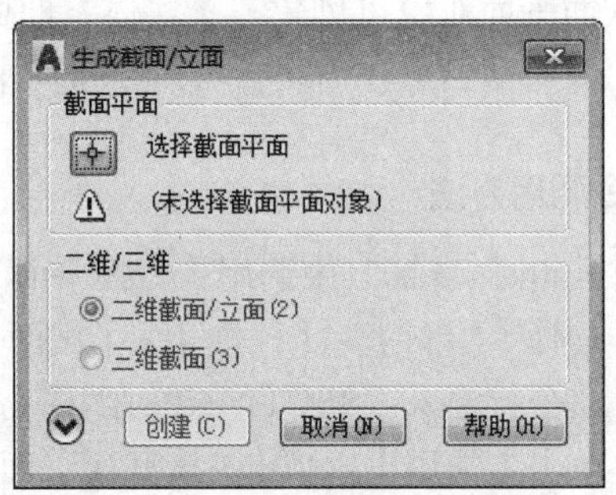

步骤06 单击【选择截面平面】按钮，然后在绘图区域单击选择下图所示的截面线。

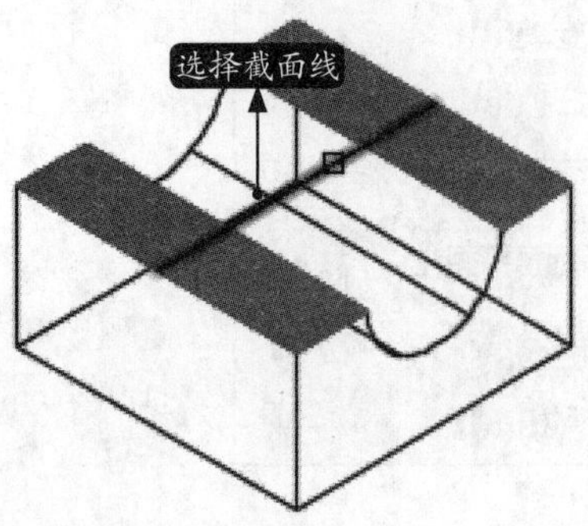

步骤07 返回【生成截面/立面】对话框，在【二维/三维】区域选择【三维截面】选项，如下图所示。

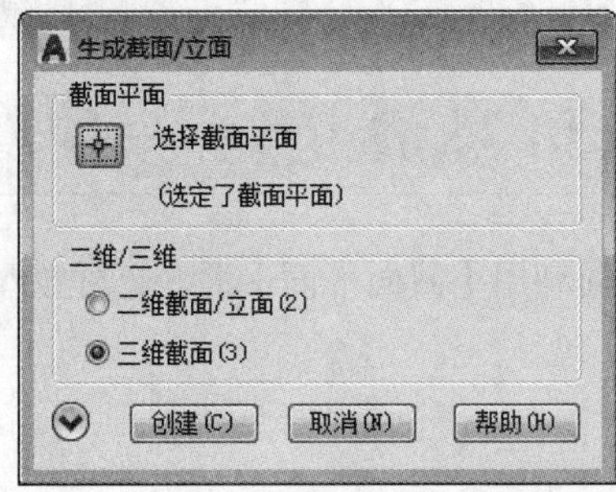

步骤08 在【生成截面/立面】对话框中单击【创建】按钮，然后在绘图区域单击指定插入点的位置，如下图所示。

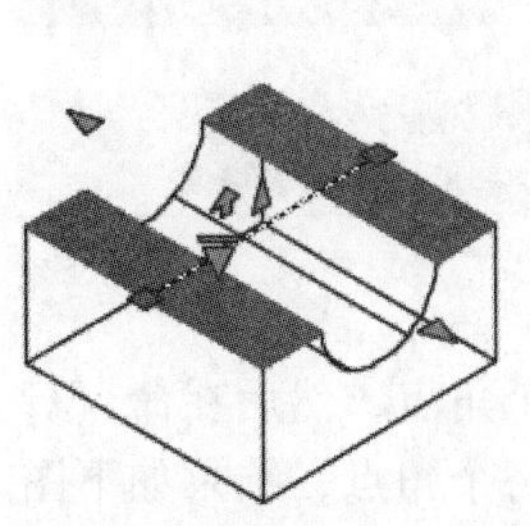

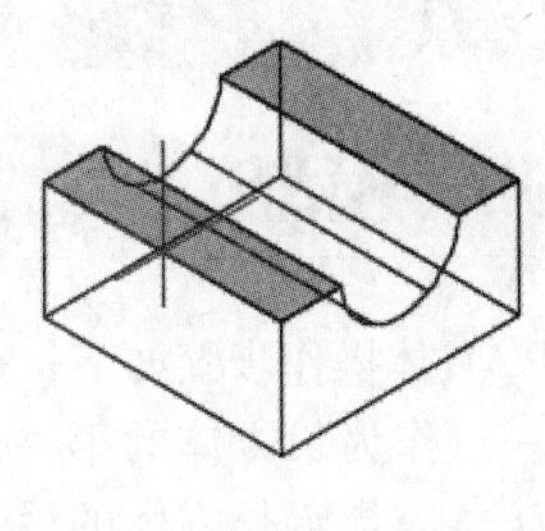

步骤09 采用系统默认设置，结果如下图所示。

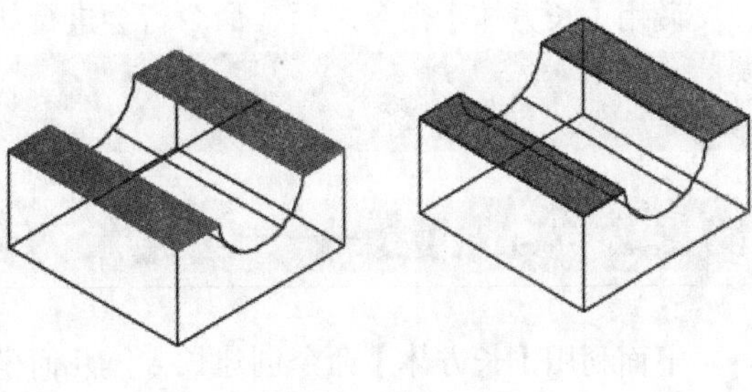

13.2 三维实体建模

实体能够完整表达对象几何形状和物体特性的空间模型。与线框和网格相比，实体的信息最完整，也最容易构造和编辑。

13.2.1 长方体建模

长方体作为最基本的几何形体，应用非常广泛。在系统默认设置下，长方体的底面总是与当前坐标系的*xy*面平行。

1. 命令调用方法

在AutoCAD 2021中调用【长方体】命令的方法通常有以下4种。

- 选择【绘图】➢【建模】➢【长方体】菜单命令。
- 命令行输入“BOX”命令并按空格键。
- 单击【常用】选项卡➢【建模】面板➢【长方体】按钮。
- 单击【实体】选项卡➢【图元】面板➢【长方体】按钮。

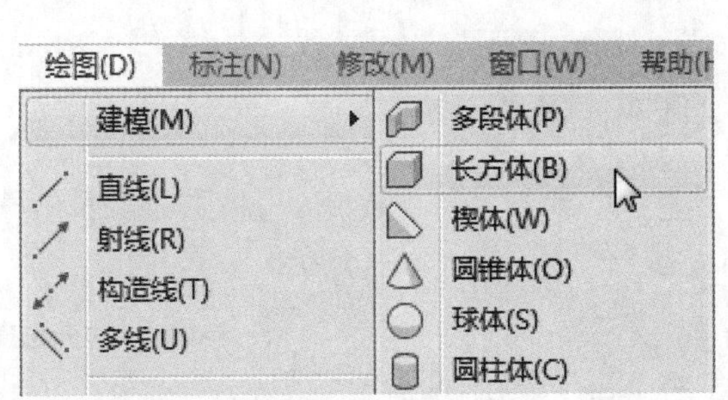

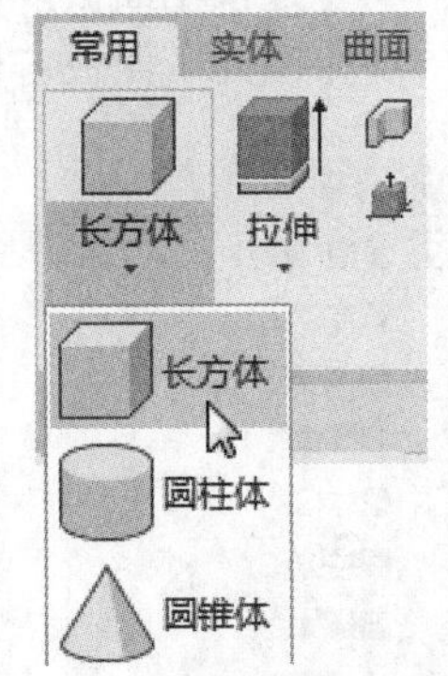

2. 命令提示

调用【长方体】命令之后，命令行会进行如下提示。

```
命令：_box
指定第一个角点或 [ 中心 (C)]:
```

13.2.2 实战演练——创建长方体几何模型

下面利用【长方体】命令创建长方体几何模型，具体操作步骤如下。

调用【长方体】命令，在绘图区域任意单击一点作为长方体的第一个角点，然后在命令行提示下输入“@200,100,70”，按【Enter】键确认，以指定长方体的另一个角点，结果如下图所示。

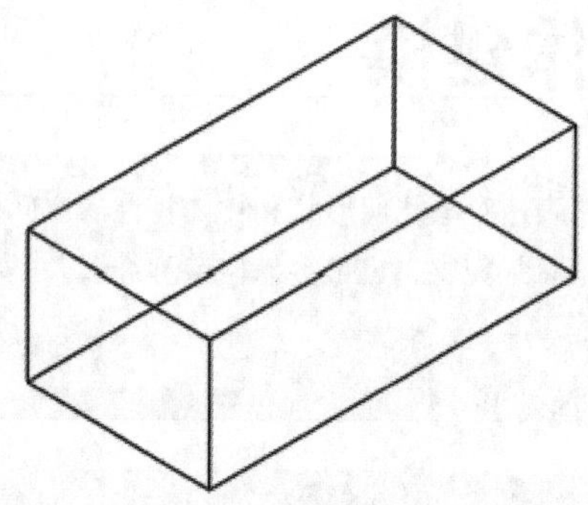

13.2.3 圆柱体建模

圆柱体是一个具有高度特征的圆形实体。创建圆柱体时，首先需要指定圆柱体的底面圆心，然后指定底面圆的半径，再指定圆柱体的高度。

1. 命令调用方法

在AutoCAD 2021中调用【圆柱体】命令的方法通常有以下4种。

- 选择【绘图】➢【建模】➢【圆柱体】菜单命令。
- 命令行输入“CYLINDER/CYL”命令并按空格键。
- 单击【常用】选项卡➢【建模】面板➢【圆柱体】按钮。
- 单击【实体】选项卡➢【图元】面板➢【圆柱体】按钮。

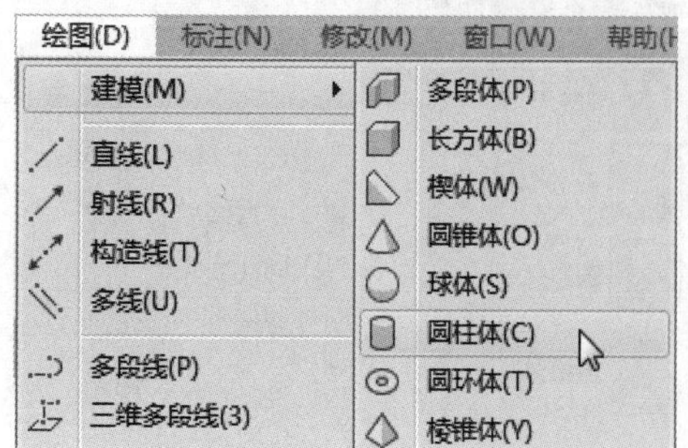

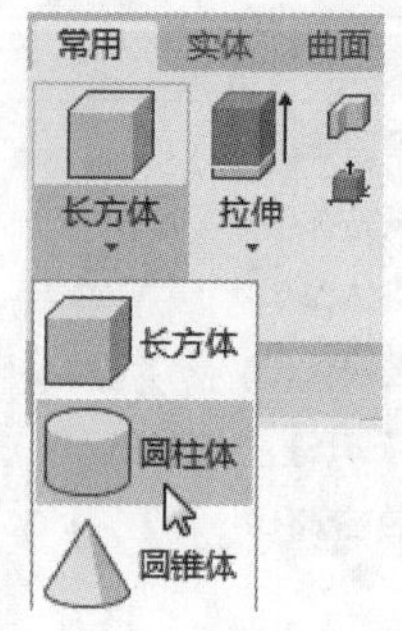

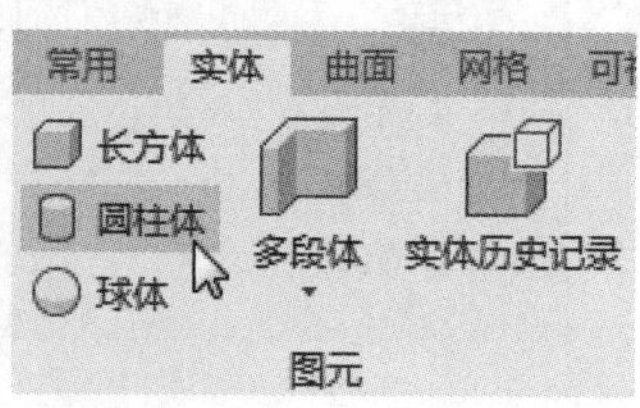

2. 命令提示

调用【圆柱体】命令之后，命令行会进行如下提示。

```
命令：_cylinder
指定底面的中心点或 [ 三点 (3P)/ 两点 (2P)/ 切点、切点、半径 (T)/ 椭圆 (E)]:
```

13.2.4 实战演练——创建圆柱体几何模型

下面利用【圆柱体】命令创建圆柱体几何模型，具体操作步骤如下。

步骤 01 调用【圆柱体】命令，在绘图区域任意单击一点作为圆柱体的底面中心点，然后在命令行提示下输入“500”并按【Enter】键确认，以指定圆柱体的底面半径，如下图所示。

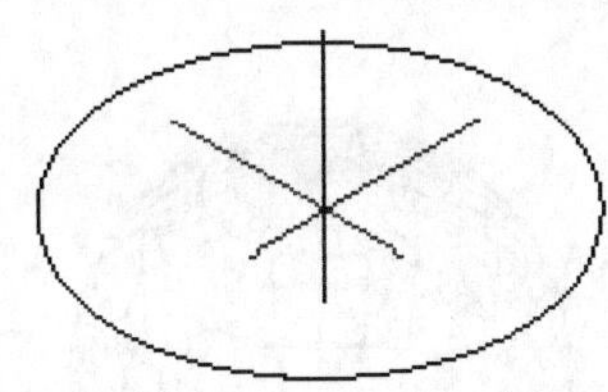

步骤 02 在命令行提示下输入“400”并按【Enter】键确认，以指定圆柱体的高度，结果如下图所示。

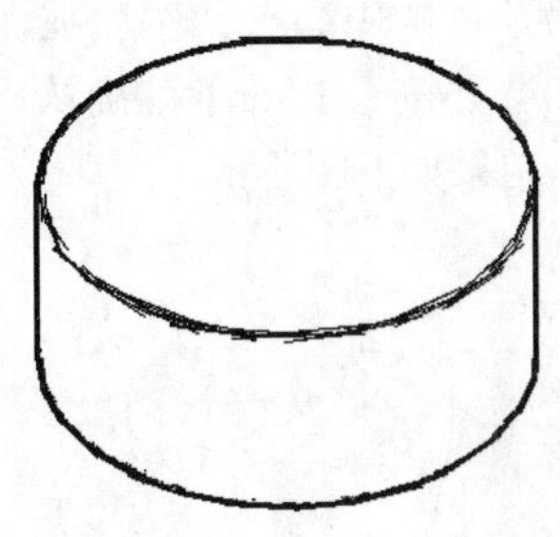

小提示

将视觉样式设置为【勾画】。

13.2.5 球体建模

创建球体首先需要指定球体的中心点，然后指定球体的半径。

1. 命令调用方法

在AutoCAD 2021中调用【球体】命令的方法通常有以下4种。

- 选择【绘图】➢【建模】➢【球体】菜单命令。
- 命令行输入“SPHERE”命令并按空格键。
- 单击【常用】选项卡➢【建模】面板➢【球体】按钮。
- 单击【实体】选项卡➢【图元】面板➢【球体】按钮。

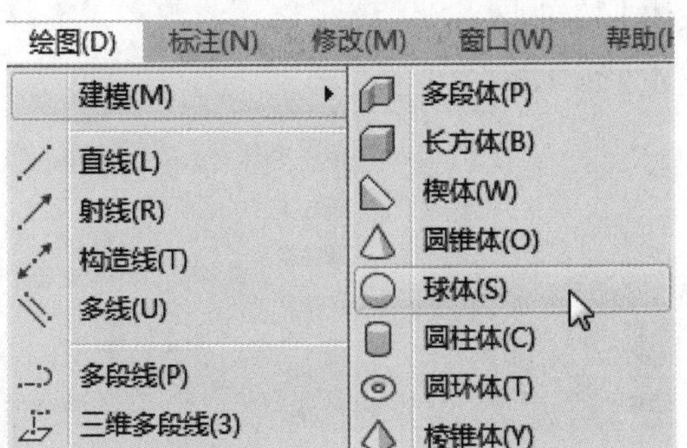

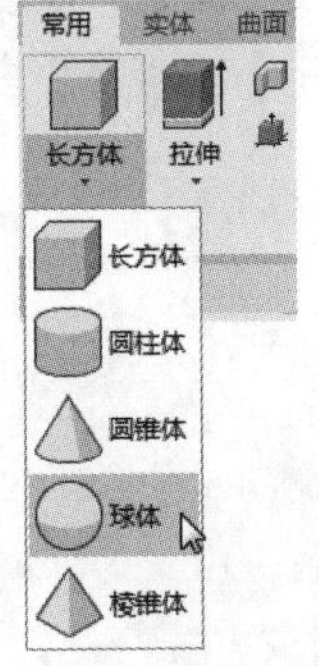

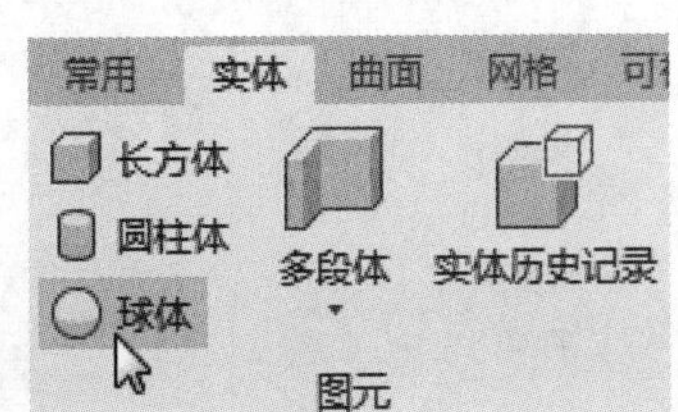

2. 命令提示

调用【球体】命令之后，命令行会进行如下提示。

```
命令：_sphere
指定中心点或 [ 三点 (3P)/ 两点 (2P)/ 切点、切点、半径 (T)]:
```

13.2.6 实战演练——创建球体几何模型

下面利用【球体】命令创建球体几何模型，具体操作步骤如下。

步骤 01 调用【球体】命令，在绘图区域任意单击一点作为球体的中心点，然后在命令行提示下输入“40”并按【Enter】键确认，以指定球体的半径，结果如下图所示。

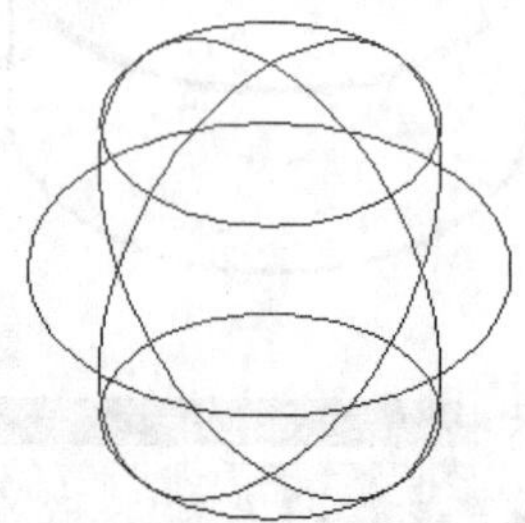

步骤 02 如果要更改球体的密度，可以在命令行中输入“ISOLINES”命令，然后在命令行提示下输入“32”并按【Enter】键确认，继续在命令行输入“RE（REGEN重新生成）”按【Enter】键确认，对图形进行重生成后的结果如下图所示。

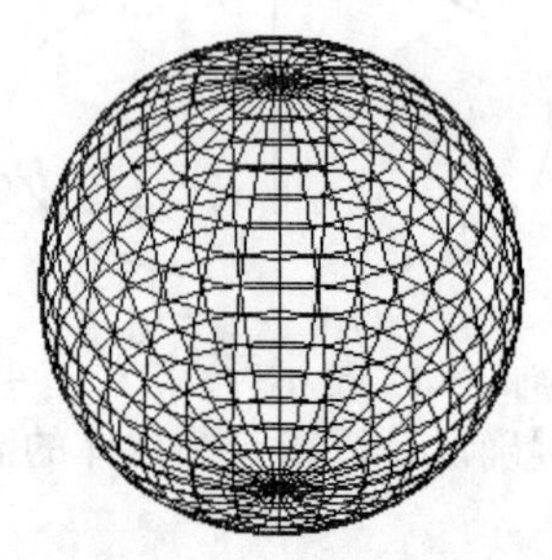

13.2.7 多段体建模

多段体可以创建具有固定高度和宽度的三维墙状实体。三维多段体的建模方法与多段线的方法一样，只需要简单地在平面视图上从点到点进行绘制。

1. 命令调用方法

在AutoCAD 2021中调用【多段体】命令的方法通常有以下4种。

- 选择【绘图】➤【建模】➤【多段体】菜单命令。
- 命令行输入“POLYSOLID”命令并按空格键。
- 单击【常用】选项卡➤【建模】面板➤【多段体】按钮。
- 单击【实体】选项卡➤【图元】面板➤【多段体】按钮。

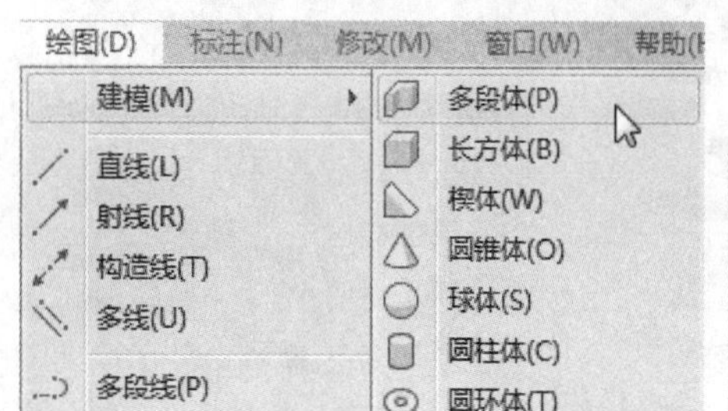

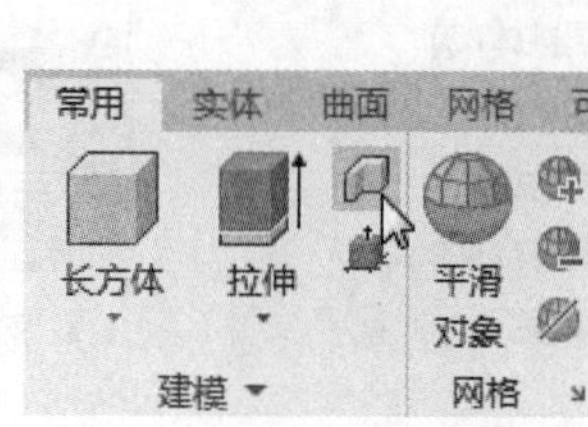

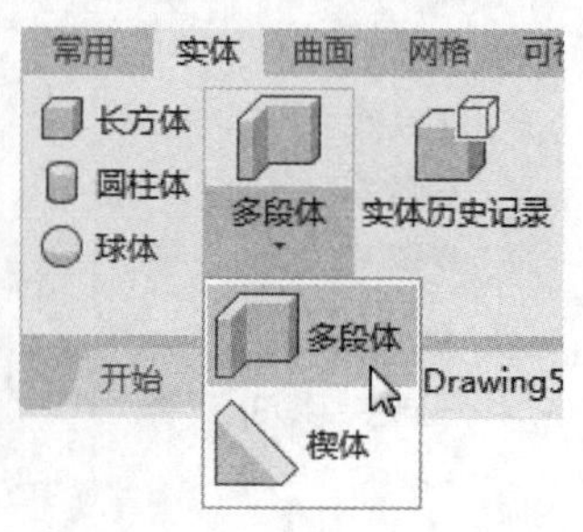

2. 命令提示

调用【多段体】命令之后，命令行会进行如下提示。

命令：_Polysolid 高度 = 80.0000，宽度 = 5.0000，对正 = 居中
指定起点或 [对象 (O)/ 高度 (H)/ 宽度 (W)/ 对正 (J)] < 对象 >:

13.2.8 实战演练——创建多段体几何模型

下面利用【多段体】命令创建多段体几何模型，具体操作步骤如下。

步骤 01 调用【多段体】命令，根据命令行提示进行如下操作。

命令：PSOLID
POLYSOLID 高度 = 80.0000，宽度 = 5.0000，对正 = 居中
指定起点或 [对象 (O)/ 高度 (H)/ 宽度 (W)/ 对正 (J)] < 对象 >: h
指定高度 <80.0000>: 280
高度 = 280.0000，宽度 = 5.0000，对正 = 居中
指定起点或 [对象 (O)/ 高度 (H)/ 宽度 (W)/ 对正 (J)] < 对象 >: w
指定宽度 <5.0000>: 24
高度 = 280.0000，宽度 = 24.0000，对正 = 居中
指定起点或 [对象 (O)/ 高度 (H)/ 宽度 (W)/ 对正 (J)] < 对象 >: 450,0
指定下一个点或 [圆弧 (A)/ 放弃 (U)]: 0,0
指定下一个点或 [圆弧 (A)/ 放弃 (U)]: 0,700
指定下一个点或 [圆弧 (A)/ 闭合 (C)/ 放弃 (U)]: 1000,700
指定下一个点或 [圆弧 (A)/ 闭合 (C)/ 放弃 (U)]: 1000,0
指定下一个点或 [圆弧 (A)/ 闭合 (C)/ 放弃 (U)]: 550,0
指定下一个点或 [圆弧 (A)/ 闭合 (C)/ 放弃 (U)]: // 按 Enter 键

结果如下图所示。

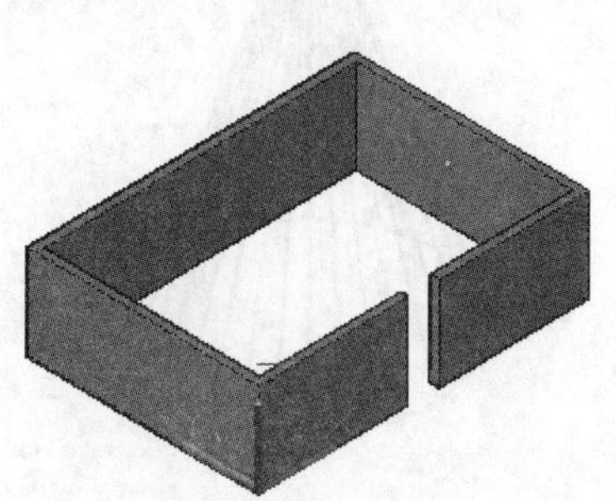

步骤 02 重复【多段体】命令，根据命令行提示进行如下操作。

命令：_Polysolid 高度 = 280.0000，宽度 = 24.0000，对正 = 居中
指定起点或 [对象 (O)/ 高度 (H)/ 宽度 (W)/ 对正 (J)] < 对象 >: 300,700
指定下一个点或 [圆弧 (A)/ 放弃 (U)]: 300,450
指定下一个点或 [圆弧 (A)/ 放弃 (U)]: // Enter 键
命令：POLYSOLID 高度 = 280.0000，宽度 = 24.0000，对正 = 居中
指定下一个点或 [圆弧 (A)/ 放弃 (U)]: 300,250
指定下一个点或 [圆弧 (A)/ 放弃 (U)]:300,12
指定下一个点或 [圆弧 (A)/ 放弃 (U)]:
命令：POLYSOLID 高度 = 280.0000，宽度 = 24.0000，对正 = 居中
指定起点或 [对象 (O)/ 高度 (H)/ 宽度 (W)/ 对正 (J)] < 对象 >: 1000,500
指定下一个点或 [圆弧 (A)/ 放弃 (U)]: 550,500
指定下一个点或 [圆弧 (A)/ 放弃 (U)]: // 按 Enter 键

结果如下图所示。

13.2.9 圆锥体建模

圆锥体可以看作是由具有一定斜度的圆柱体变化而来的三维实体。如果底面半径和顶面半径的值相同，创建的是一个圆柱体；如果底面半径或顶面半径中的一项为0，创建的是一个圆锥体；如果底面半径和顶面半径是两个不同的值，创建的是一个圆台体。

1. 命令调用方法

在AutoCAD 2021中调用【圆锥体】命令的方法通常有以下4种。

- 选择【绘图】➤【建模】➤【圆锥体】菜单命令。
- 命令行输入"CONE"命令并按空格键。
- 单击【常用】选项卡➤【建模】面板➤【圆锥体】按钮。
- 单击【实体】选项卡➤【图元】面板➤【圆锥体】按钮。

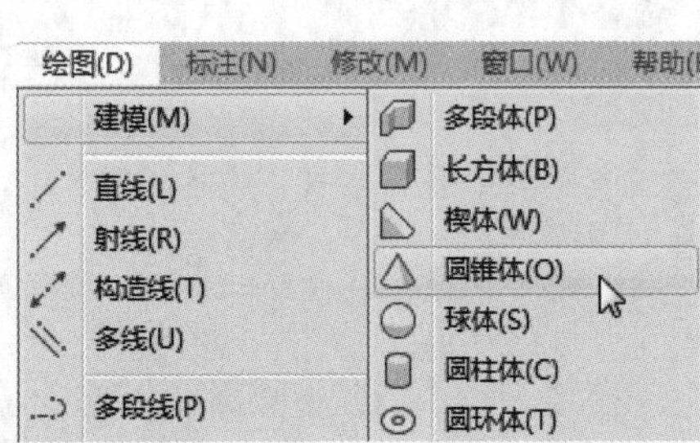

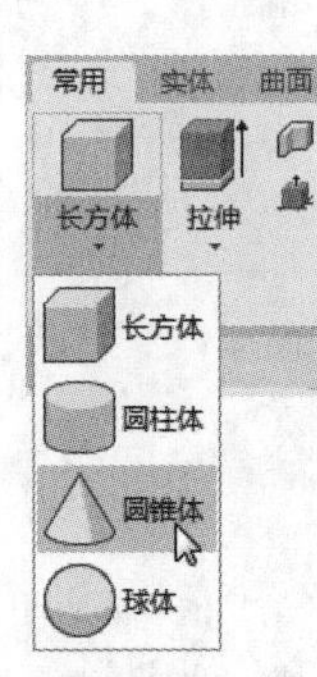

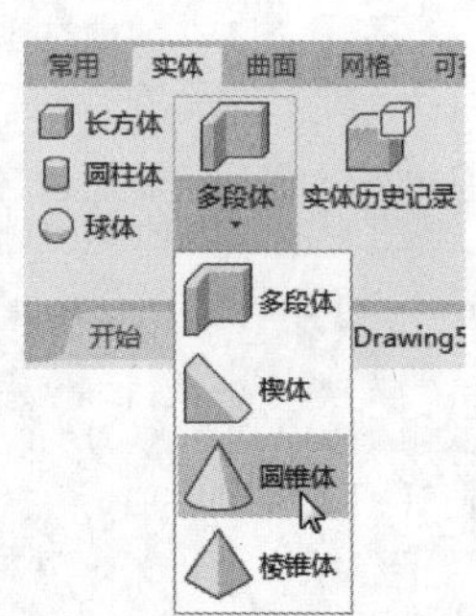

2. 命令提示

调用【圆锥体】命令之后，命令行会进行如下提示。

```
命令：_cone
指定底面的中心点或 [ 三点 (3P)/ 两点 (2P)/ 切点、切点、半径 (T)/ 椭圆 (E)]:
```

13.2.10 实战演练——创建圆锥体几何模型

下面利用【圆锥体】命令创建圆锥体几何模型，具体操作步骤如下。

步骤01 调用【圆锥体】命令，在绘图区域任意单击一点作为圆锥体的底面中心点，然后在命令行提示下输入"400"并按【Enter】键确认，以指定圆锥体的底面半径，如下图所示。

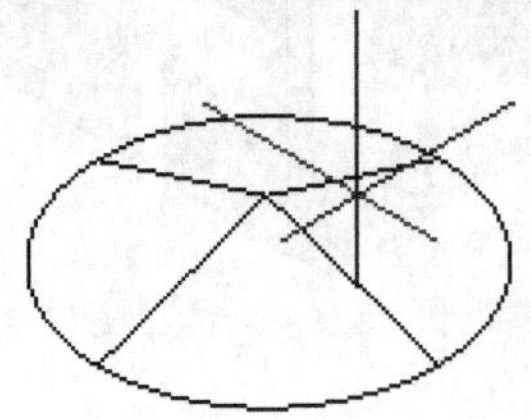

步骤02 在命令行提示下输入"1200"并按【Enter】键确认，以指定圆锥体的高度，结果如下图所示。

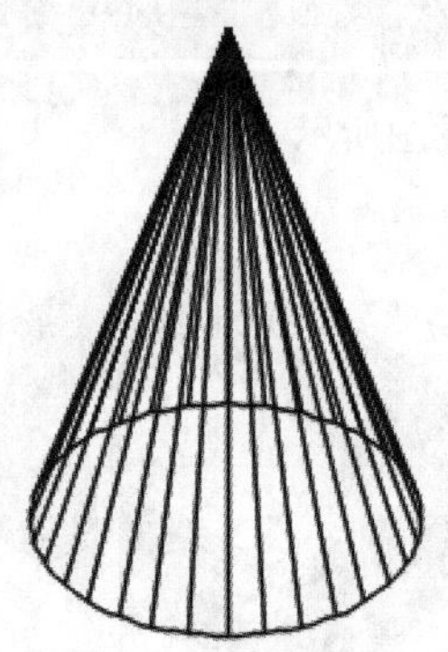

小提示

将线框密度isolines的值设置为32。

13.2.11 楔体建模

楔体是指底面为矩形或正方形、横截面为直角三角形的实体。楔体的建模方法与长方体相同，即先指定底面参数，然后设置高度（楔体的高度与z轴平行）。

1. 命令调用方法

在AutoCAD 2021中调用【楔体】命令的方法通常有以下4种。

- 选择【绘图】➢【建模】➢【楔体】菜单命令。
- 命令行输入“WEDGE/WE”命令并按空格键。
- 单击【常用】选项卡➢【建模】面板➢【楔体】按钮。
- 单击【实体】选项卡➢【图元】面板➢【楔体】按钮。

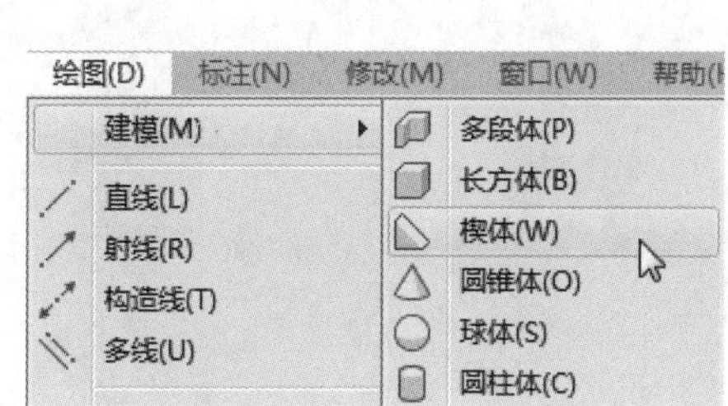

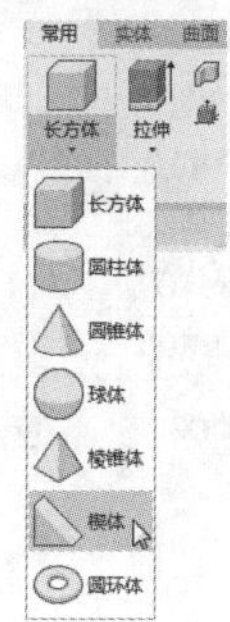

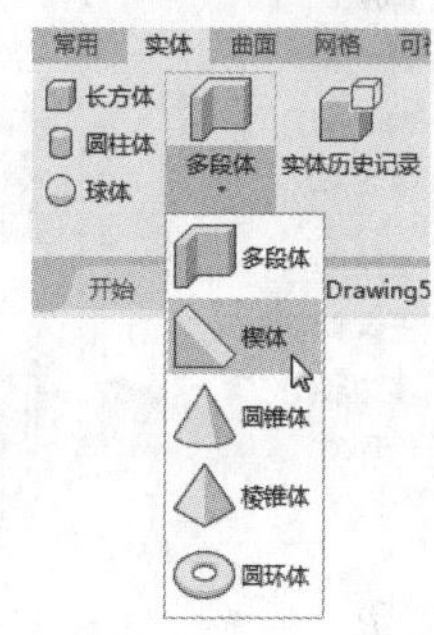

2. 命令提示

调用【楔体】命令之后，命令行会进行如下提示。

```
命令：_wedge
指定第一个角点或 [ 中心 (C)]:
```

13.2.12 实战演练——创建楔体几何模型

下面利用【楔体】命令创建楔体几何模型，具体操作步骤如下。

调用【楔体】命令，在绘图区域任意单击一点作为楔体的第一个角点，然后在命令行提示下输入“@300,150,100”并按【Enter】键确认，以指定楔体的对角点，结果如下图所示。

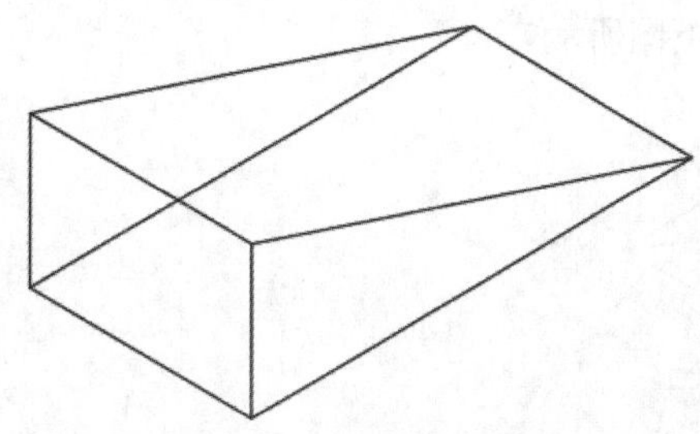

13.2.13 棱锥体建模

棱锥体是多个棱锥面构成的实体，棱锥体的侧面数至少为3个，最多为32个。如果底面半径和顶面半径的值相同，创建的是一个棱柱体；如果底面半径或顶面半径中的一项为0，创建的是一个棱锥体；如果底面半径和顶面半径是两个不同的值，创建的是一个棱台体。

1. 命令调用方法

在AutoCAD 2021中调用【棱锥体】命令的方法通常有以下4种。

- 选择【绘图】➢【建模】➢【棱锥体】菜单命令。
- 命令行输入“PYRAMID/PYR”命令并按空格键。
- 单击【常用】选项卡➢【建模】面板➢【棱锥体】按钮。
- 单击【实体】选项卡➢【图元】面板➢【棱锥体】按钮。

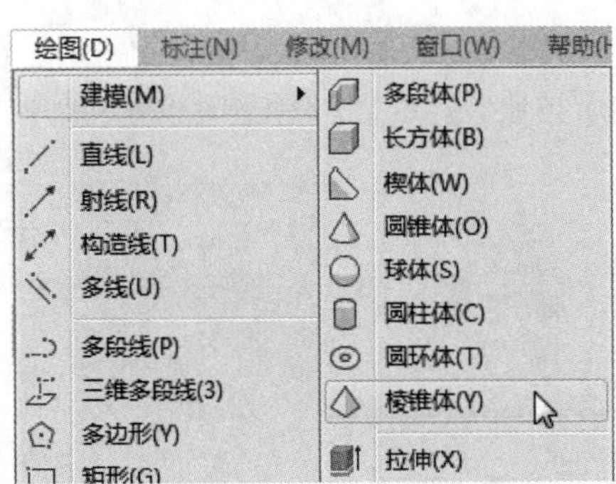

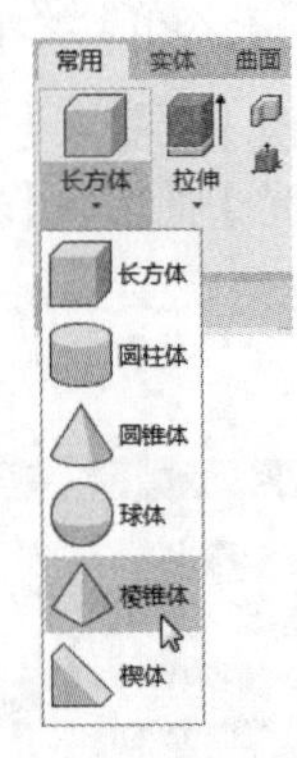

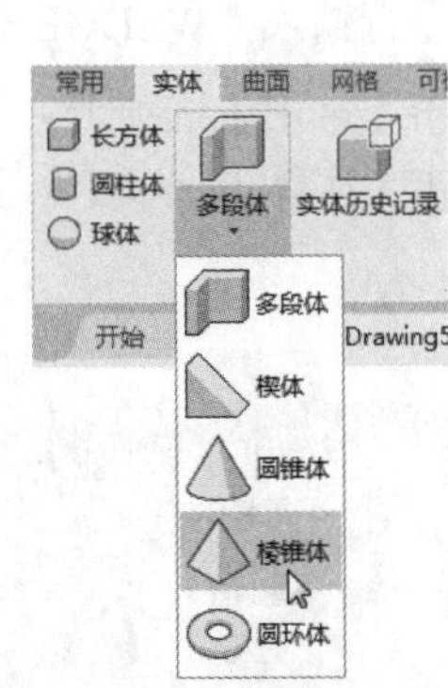

2. 命令提示

调用【棱锥体】命令之后，命令行会进行如下提示。

```
命令：_pyramid
4 个侧面  外切
指定底面的中心点或 [ 边 (E)/ 侧面 (S)]:
```

13.2.14 实战演练——创建棱锥体几何模型

下面利用【棱锥体】命令创建棱锥体几何模型，具体操作步骤如下。

步骤 01 调用【棱锥体】命令，在绘图区域任意单击一点作为棱锥体的底面中心点，然后在命令行提示下输入“25”并按【Enter】键确认，以指定棱锥体的底面半径，如下图所示。

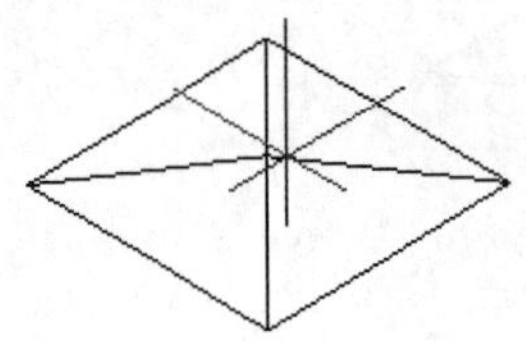

步骤 02 在命令行提示下输入“50”并按【Enter】键确认，以指定棱锥体的高度，结果如下图所示。

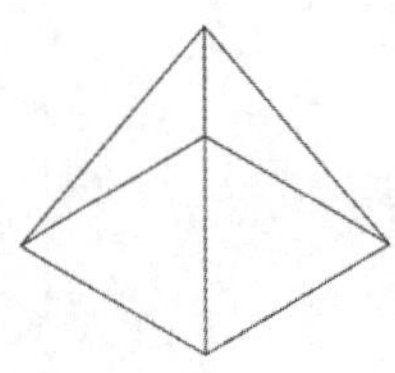

13.2.15 圆环体建模

圆环体具有两个半径值，一个定义圆管，另一个定义从圆环体的圆心到圆管圆心之间的距离。默认情况下，圆环体的创建将以*xy*平面为基准创建圆环，且被该平面平分。

1. 命令调用方法

在AutoCAD 2021中调用【圆环体】命令的方法通常有以下4种。

- 选择【绘图】➤【建模】➤【圆环体】菜单命令。
- 命令行输入“TORUS/TOR”命令并按空格键。
- 单击【常用】选项卡➤【建模】面板➤【圆环体】按钮◎。
- 单击【实体】选项卡➤【图元】面板➤【圆环体】按钮◎。

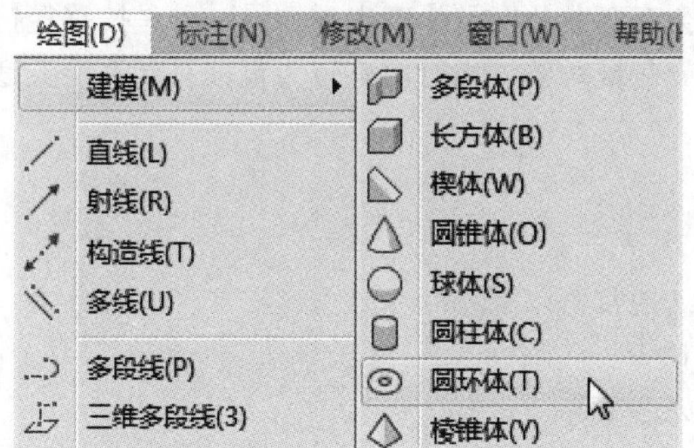

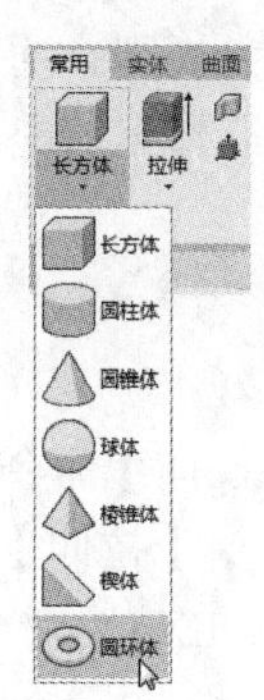

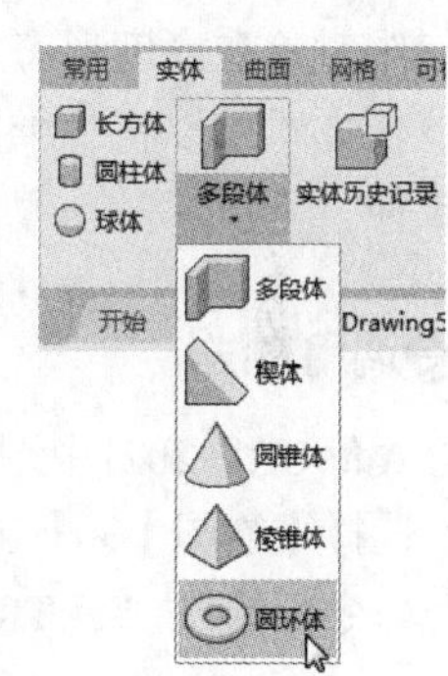

2. 命令提示

调用【圆环体】命令之后，命令行会进行如下提示。

```
命令：_torus
指定中心点或 [ 三点 (3P)/ 两点 (2P)/ 切点、切点、半径 (T)]:
```

13.2.16 实战演练——创建圆环体几何模型

下面利用【圆环体】命令创建圆环体几何模型，具体操作步骤如下。

步骤01 调用【圆环体】命令，在绘图区域任意单击一点作为圆环体的中心点，然后在命令行提示下输入“60”并按【Enter】键确认，以指定圆环体的半径，如下图所示。

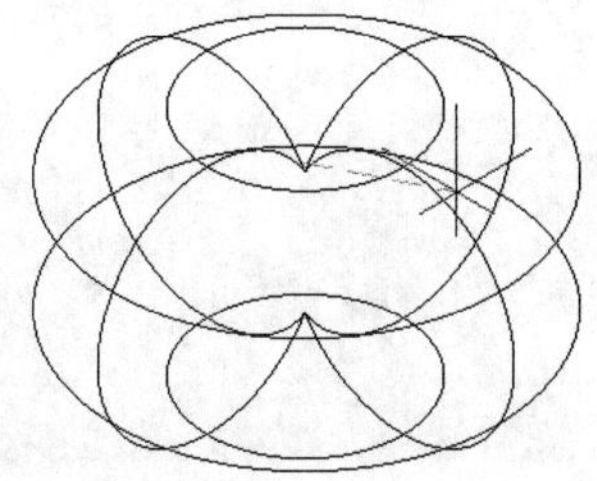

步骤02 在命令行提示下输入“5”并按【Enter】键确认，以指定圆管半径，结果如下图所示。

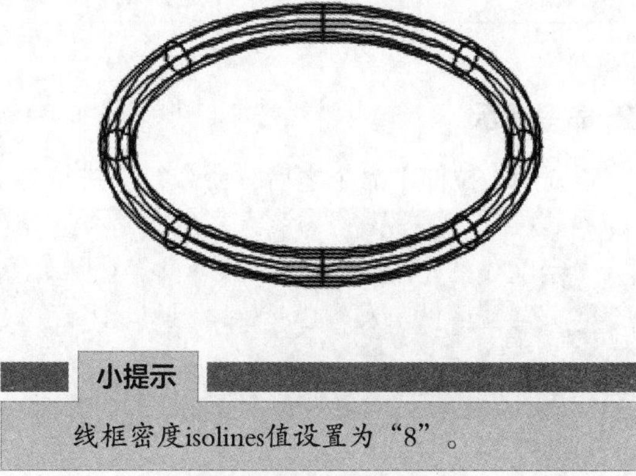

> **小提示**
>
> 线框密度isolines值设置为“8”。

13.3 由二维图形创建三维图形

在AutoCAD中，不仅可以直接利用系统本身的模块创建基本三维图形，而且还可以利用编辑命令从二维图形生成三维图形，以便创建更为复杂的三维模型。

13.3.1 拉伸成型

拉伸成型较为常用的有两种方式：一种是按一定的高度将二维图形拉伸成三维图形，这样生成的三维对象在高度形态上较为规则，通常不会有弯曲角度及弧度出现；另一种是按路径拉伸，这种拉伸方式可以将二维图形沿指定的路径生成三维对象，相对而言较为复杂且允许沿弧度路径进行拉伸。

1. 命令调用方法

在AutoCAD 2021中调用【拉伸】命令的方法通常有以下5种。

- 选择【绘图】➤【建模】➤【拉伸】菜单命令。
- 命令行输入“EXTRUDE/ EXT”命令并按空格键。
- 单击【常用】选项卡➤【建模】面板➤【拉伸】按钮。
- 单击【实体】选项卡➤【实体】面板➤【拉伸】按钮（默认拉伸后生成实体，通过输入“mo”可以更改拉伸后生成的是实体还是曲面）。
- 单击【曲面】选项卡➤【创建】面板➤【拉伸】按钮（默认拉伸后生成曲面，通过输入“mo”可以更改拉伸后生成的是实体还是曲面）。

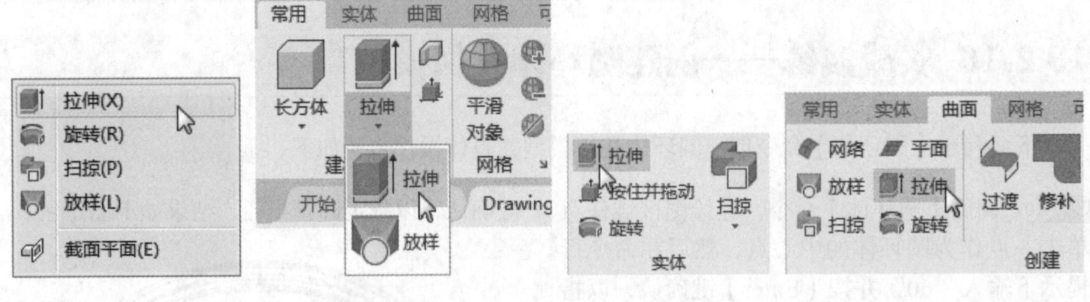

2. 命令提示

调用【拉伸】命令之后，命令行会进行如下提示。

```
命令：_extrude
当前线框密度： ISOLINES=4，闭合轮廓创建模式 = 实体
选择要拉伸的对象或 [ 模式 (MO)]: _MO 闭合轮廓创建模式 [ 实体 (SO)/ 曲面 (SU)] < 实体 >: _SO
选择要拉伸的对象或 [ 模式 (MO)]:
```

3. 知识点扩展

当命令行提示选择拉伸对象时，输入“mo”，然后可以切换拉伸后生成的对象是实体还是曲面。后面将介绍的旋转、扫掠、放样，也可以通过修改模式来决定生成对象是实体还是曲面。

13.3.2 实战演练——通过拉伸创建实体模型

下面分别通过高度拉伸和路径拉伸两种拉伸方式创建实体模型，具体操作步骤如下。

1. 通过高度拉伸实体

步骤01 打开“素材\CH13\拉伸成型.dwg”文件，如下图所示。

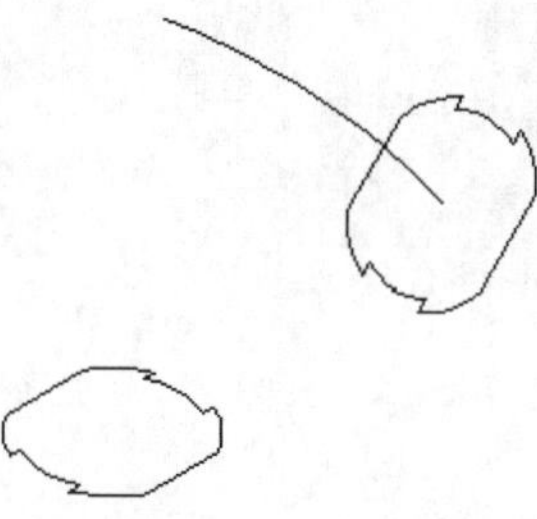

步骤02 调用【拉伸】命令，在绘图区域选择需要拉伸的对象，并按【Enter】键确认，如下图所示。

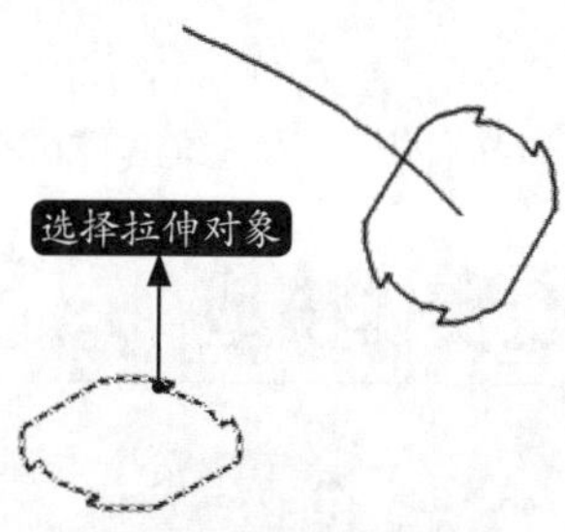

步骤03 在命令行提示下输入拉伸高度值“40”并按【Enter】键确认，结果如下图所示。

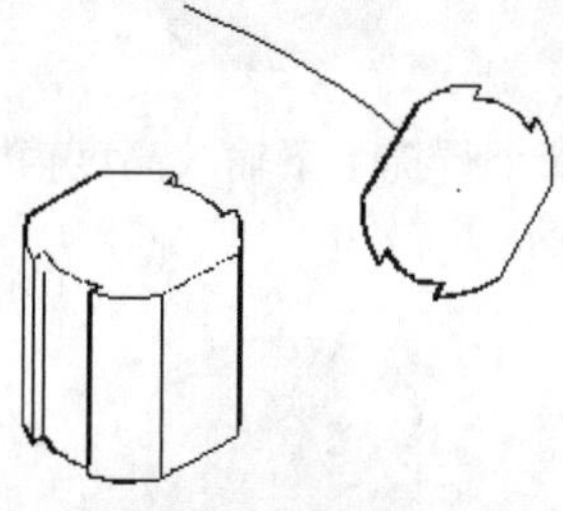

小提示

当拉伸值为负时，向相反方向拉伸。

2. 通过路径拉伸实体

步骤01 调用【拉伸】命令，在绘图区域选择圆形作为需要拉伸的对象，并按【Enter】键确认，如下图所示。

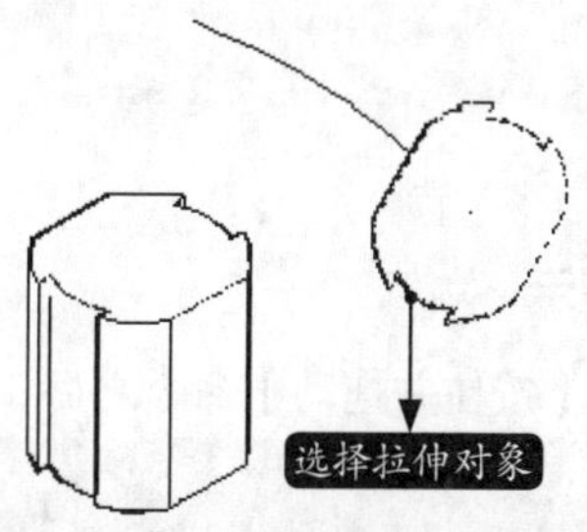

步骤02 在命令行提示下输入“P”并按【Enter】键确认，然后在绘图区域单击选择拉伸路径，如下图所示。

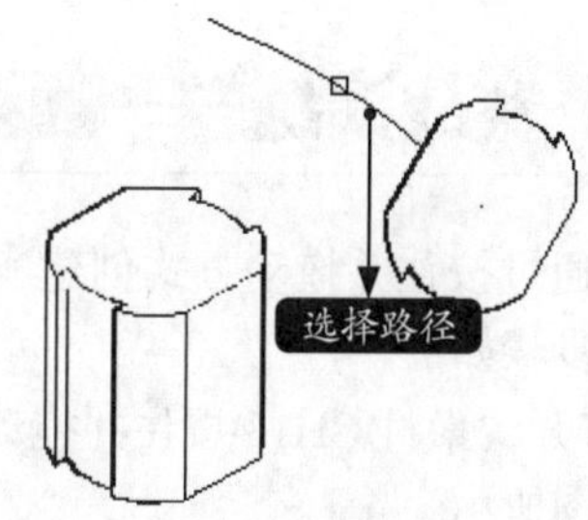

结果如下图所示。

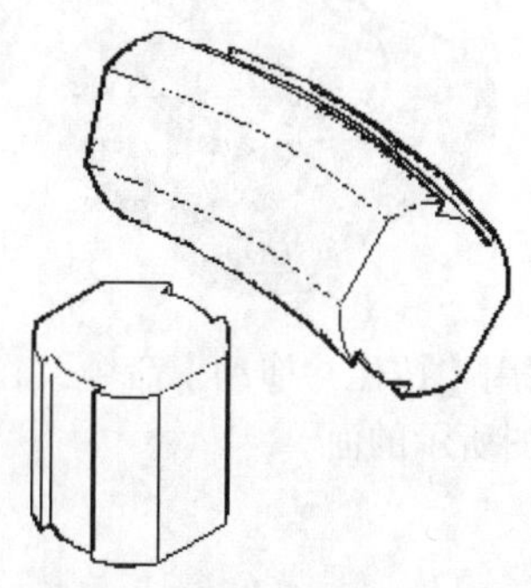

13.3.3 按住并拖动

使用“按住并拖动”命令，通过在实体区域选择有边界的区域，然后拖动或输入值以指定拉伸量。移动光标时，拉伸将进行动态更改。

1. 命令调用方法

在AutoCAD 2021中调用【按住并拖动】命令的方法通常有以下三种。

- 命令行输入“PRESSPULL”命令并按空格键。
- 单击【常用】选项卡➤【建模】面板➤【按住并拖动】按钮。
- 单击【实体】选项卡➤【实体】面板➤【按住并拖动】按钮。

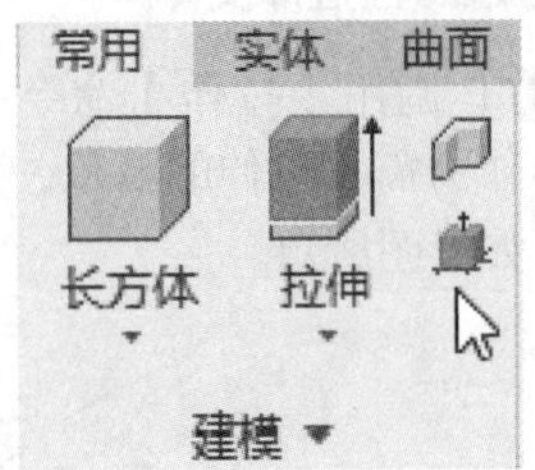

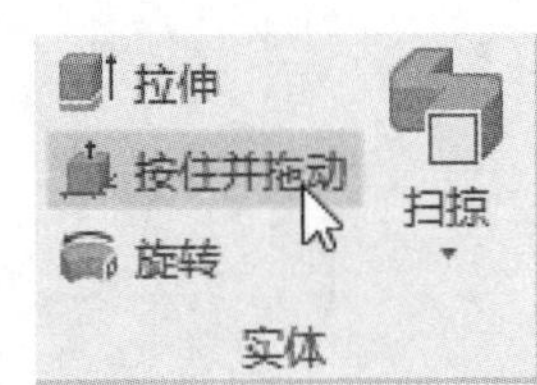

2. 命令提示

调用【按住并拖动】命令之后，命令行会进行如下提示。

```
命令：_presspull
选择对象或边界区域：
```

3. 知识点扩展

“按住并拖动”命令除可以拉伸二维封闭区域之外，还可以按住并拖动三维实体的分段面。

13.3.4 实战演练——通过按住并拖动创建实体模型

下面通过按住并拖动方式创建实体模型，具体操作步骤如下。

步骤 01 打开“素材\CH13\按住并拖动.dwg”文件，如下图所示。

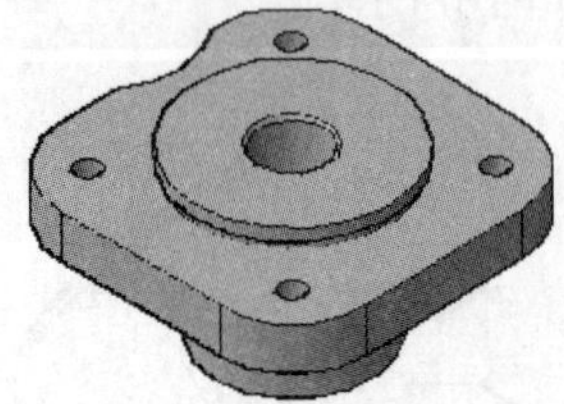

步骤 02 调用【按住并拖动】命令，在绘图区域选择右上图所示的面。

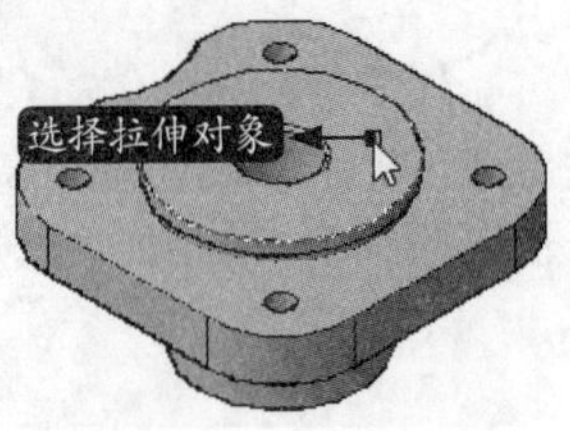

步骤 03 在命令行提示下输入高度值“40”，结果如下图所示。

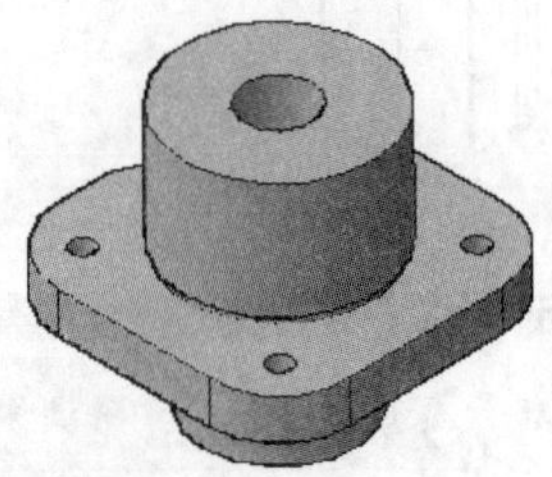

13.3.5 旋转成型

用于旋转的二维图形，可以是多边形、圆、椭圆、封闭多段线、封闭样条曲线、圆环以及封闭区域。旋转过程中可以控制旋转角度，即旋转生成的实体可以是闭合的，也可以是开放的。

1. 命令调用方法

在AutoCAD 2021中调用【旋转】命令的方法通常有以下5种。

- 选择【绘图】➢【建模】➢【旋转】菜单命令。
- 命令行输入“REVOLVE/ REV”命令并按空格键。
- 单击【常用】选项卡➢【建模】面板➢【旋转】按钮。
- 单击【实体】选项卡➢【实体】面板➢【旋转】按钮（默认拉伸后生成实体，通过输入“mo”可以更改拉伸后生成的是实体还是曲面）。
- 单击【曲面】选项卡➢【创建】面板➢【旋转】按钮（默认拉伸后生成曲面，通过输入“mo”可以更改拉伸后生成的是实体还是曲面）。

2. 命令提示

调用【旋转】命令之后，命令行会进行如下提示。

```
命令：_revolve
当前线框密度： ISOLINES=4，闭合轮廓创建模式 = 实体
选择要旋转的对象或 [ 模式 (MO)]: _MO 闭合轮廓创建模式 [ 实体 (SO)/ 曲面 (SU)] < 实体 >: _SO
选择要旋转的对象或 [ 模式 (MO)]:
```

13.3.6 实战演练——通过旋转创建实体模型

下面通过【旋转】命令创建实体模型，具体操作步骤如下。

步骤01 打开“素材\CH13\旋转成型.dwg”文件，如下图所示。

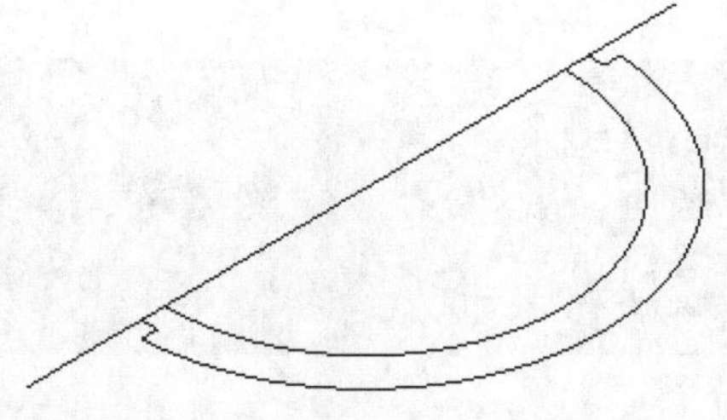

步骤02 调用【旋转】命令，在绘图区域选择需要旋转的对象，并按【Enter】键确认，如下图所示。

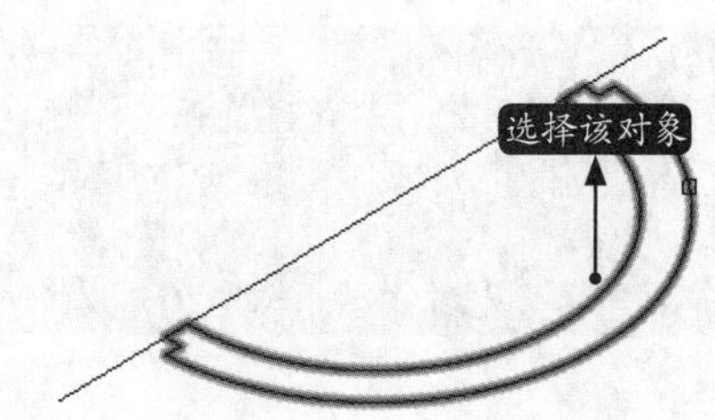

步骤03 在命令行提示下输入“O”并按【Enter】键确认，然后在绘图区域选择直线段作为旋转轴，如下图所示。

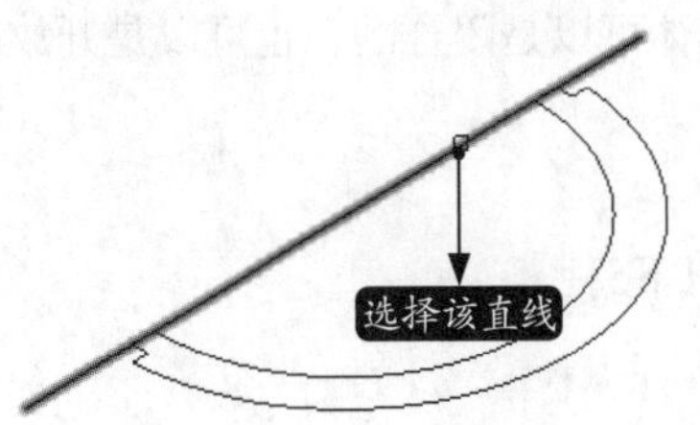

步骤04 在命令行提示下输入旋转角度“-270”并按【Enter】键确认，结果如下图所示。

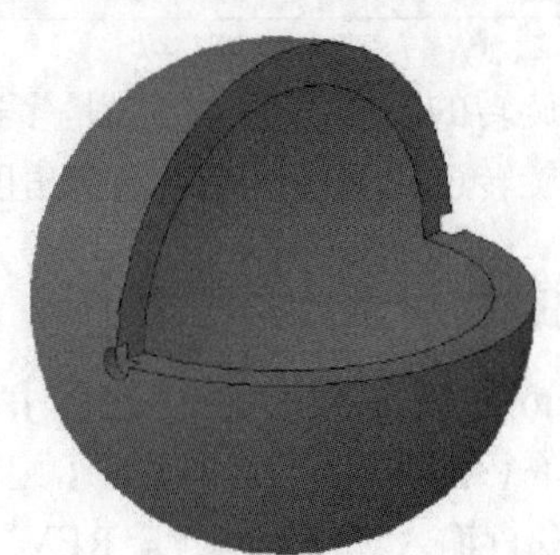

13.3.7 扫掠成型

扫掠命令可以用来生成实体或曲面。扫掠的对象是闭合图形时，扫掠的结果是实体；扫掠的对象是开放图形时，扫掠的结果是曲面。

1. 命令调用方法

在AutoCAD 2021中调用【扫掠】命令的方法通常有以下5种。

- 选择【绘图】➤【建模】➤【扫掠】菜单命令。
- 命令行输入“SWEEP”命令并按空格键。
- 单击【常用】选项卡➤【建模】面板➤【扫掠】按钮。
- 单击【实体】选项卡➤【实体】面板➤【扫掠】按钮（默认拉伸后生成实体，通过输入“mo”可以更改拉伸后生成的是实体还是曲面）。
- 单击【曲面】选项卡➤【创建】面板➤【扫掠】按钮（默认拉伸后生成曲面，通过输入“mo”可以更改拉伸后生成的是实体还是曲面）。

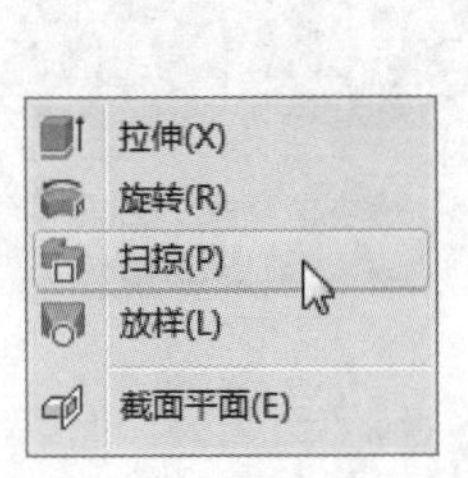

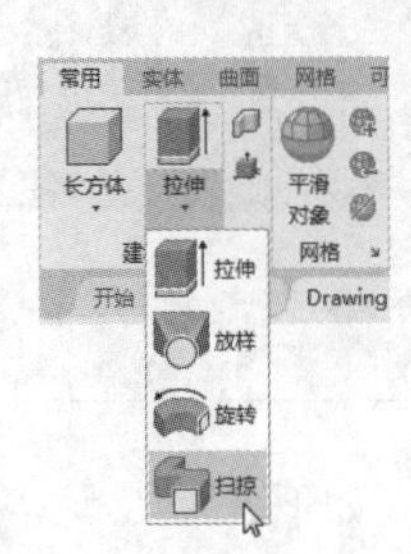

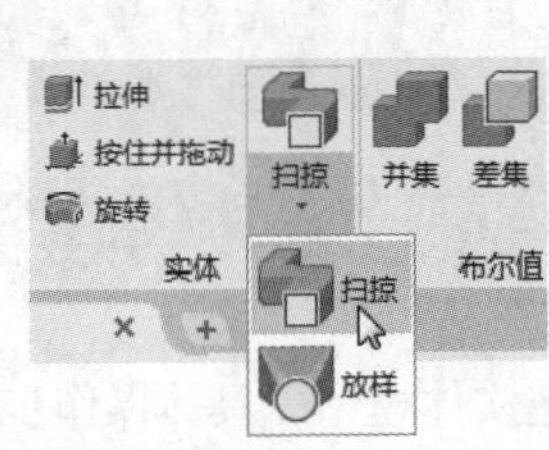

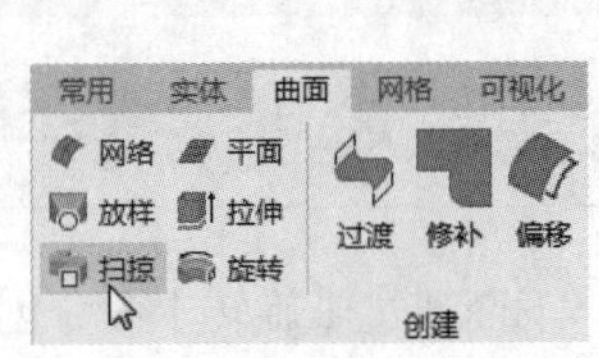

2. 命令提示

调用【扫掠】命令之后，命令行会进行如下提示。

```
命令：_sweep
当前线框密度： ISOLINES=4，闭合轮廓创建模式 = 实体
选择要扫掠的对象或 [ 模式 (MO)]: _MO 闭合轮廓创建模式 [ 实体 (SO)/ 曲面 (SU)] < 实体 >: _SO
选择要扫掠的对象或 [ 模式 (MO)]:
```

13.3.8 实战演练——创建茶壶模型

下面通过【扫掠】命令创建茶壶模型，具体操作步骤如下。

步骤 01 打开“素材\CH13\茶壶.dwg”文件，如下图所示。

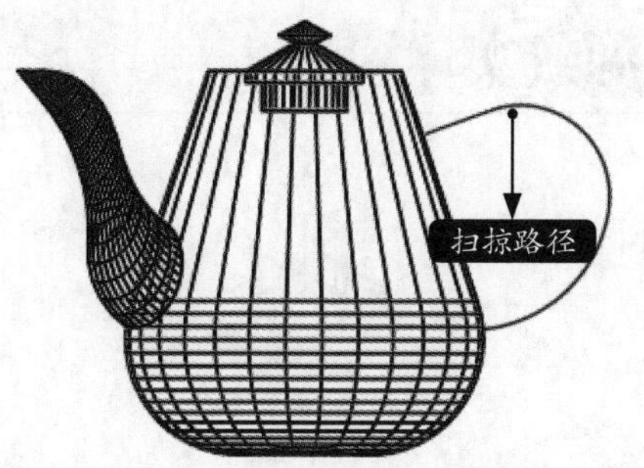

步骤 02 调用【扫掠】命令，在绘图区域选择圆形作为需要扫掠的对象，并按【Enter】键确认，如右上图所示。

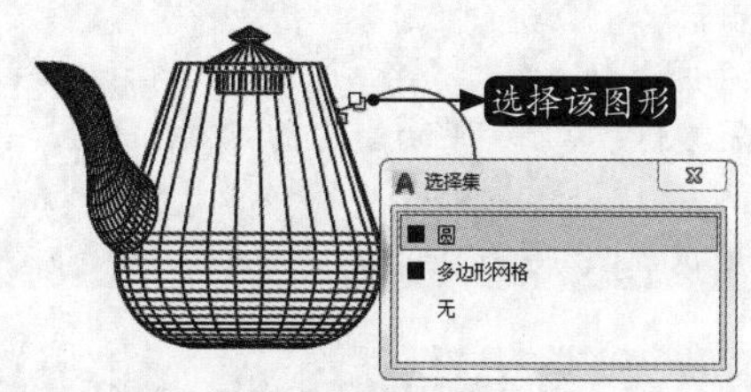

步骤 03 在绘图区域单击选择样条曲线作为扫掠路径，结果如下图所示。

13.3.9 放样成型

放样命令用于在横截面之间的空间绘制实体或曲面。使用放样命令时，必须至少指定两个横截面。放样命令通常用于变截面实体的绘制。

1. 命令调用方法

在AutoCAD 2021中调用【放样】命令的方法通常有以下5种。

- 选择【绘图】➢【建模】➢【放样】菜单命令。
- 命令行输入“LOFT”命令并按空格键。
- 单击【常用】选项卡➢【建模】面板➢【放样】按钮 。
- 单击【实体】选项卡➢【实体】面板➢【放样】按钮 （默认拉伸后生成实体，通过输入“mo”可以更改拉伸后生成的是实体还是曲面）。
- 单击【曲面】选项卡➢【创建】面板➢【放样】按钮 （默认拉伸后生成曲面，通过输入“mo”可以更改拉伸后生成的是实体还是曲面）。

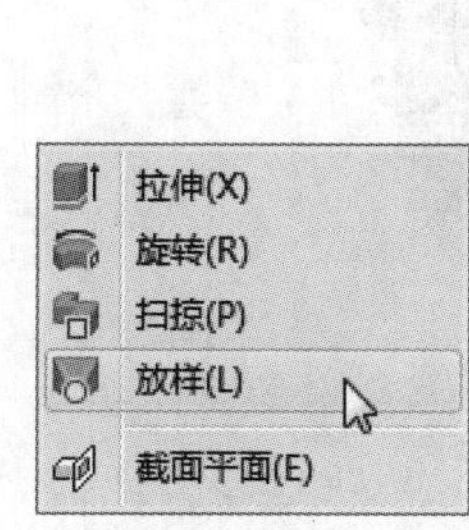

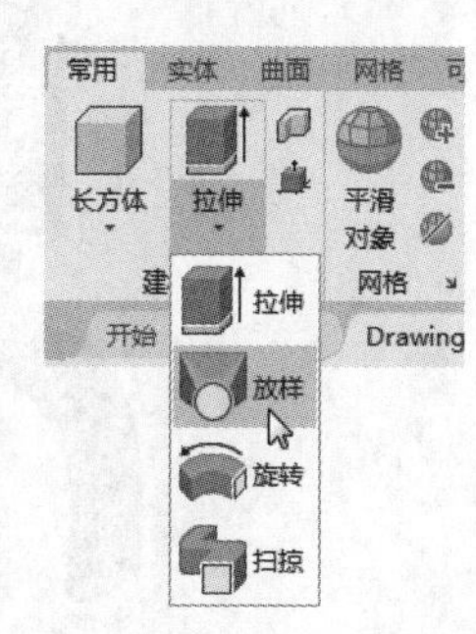

2. 命令提示

调用【放样】命令之后，命令行会进行如下提示。

命令：_loft
当前线框密度：ISOLINES=4，闭合轮廓创建模式 = 实体
按放样次序选择横截面或 [点 (PO)/ 合并多条边 (J)/ 模式 (MO)]：_MO 闭合轮廓创建模式 [实体 (SO)/ 曲面 (SU)] < 实体 >：_SO
按放样次序选择横截面或 [点 (PO)/ 合并多条边 (J)/ 模式 (MO)]：

13.3.10 实战演练——创建插头的电源线实体模型

下面通过【放样】命令创建插头的电源线实体模型，具体操作步骤如下。

步骤 01 打开"素材\CH13\插头.dwg"文件，如下图所示。

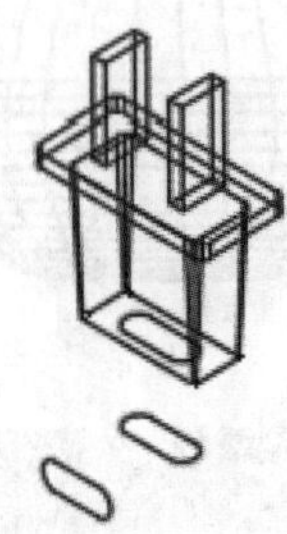

步骤 02 调用【放样】命令，在绘图区域单击选择第一个横截面，如下图所示。

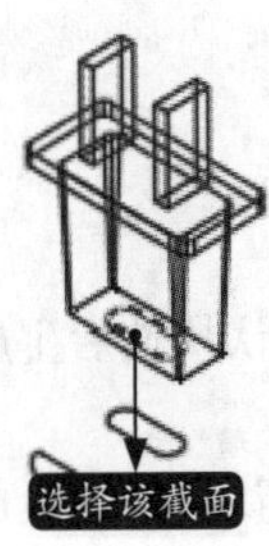

步骤 03 在绘图区域依次单击其余三个横截面，如右上图所示。

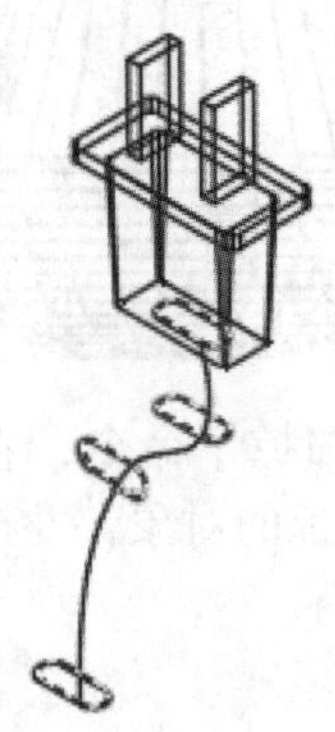

步骤 04 按两次【Enter】键结束该命令，结果如下图所示。

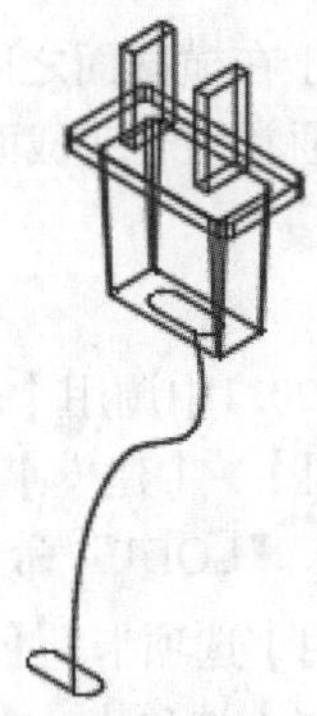

步骤 05 选择【视图】➤【视觉样式】➤【概念】菜单命令，结果如下图所示。

13.4 综合应用——创建三维机件

下面对三维机件柜模型的创建方法进行介绍，主要应用到拉伸、长方体、圆柱体、楔体、布尔运算等命令。

步骤01 新建一个AutoCAD文件，并将视图切换为【东南等轴测】。调用【矩形】命令，绘制一个圆角半径为40的矩形，命令行提示如下。

命令：_rectang
指定第一个角点或 [倒角(C)/标高(E)/圆角(F)/厚度(T)/宽度(W)]: f
指定矩形的圆角半径 <0.0000>: 40
指定第一个角点或 [倒角(C)/标高(E)/圆角(F)/厚度(T)/宽度(W)]: 0,0
指定另一个角点或 [面积(A)/尺寸(D)/旋转(R)]: @260,80

结果如下图所示。

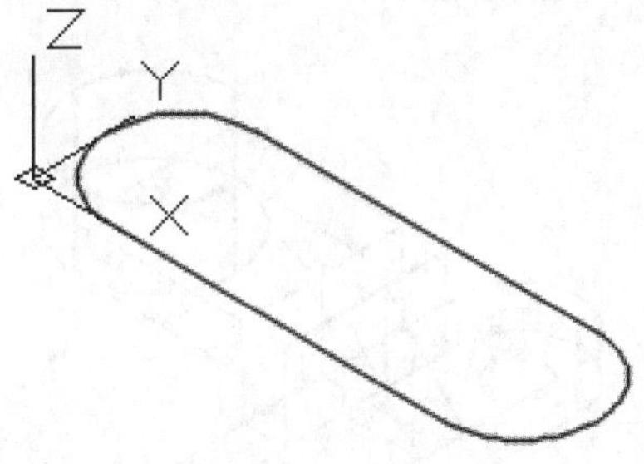

步骤02 调用【拉伸】命令，将创建的圆角矩形向上拉伸28，如下图所示。

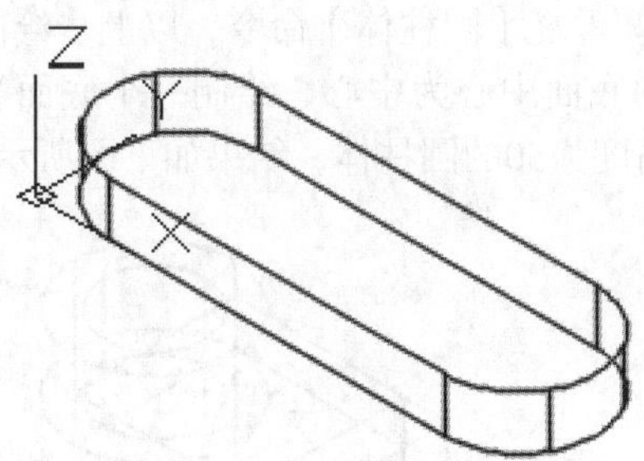

步骤03 调用【圆柱体】命令，分别以（40,40）和（220,40）为底面中心，绘制两个底面半径为18、高度为28的圆柱体，如右上图所示。

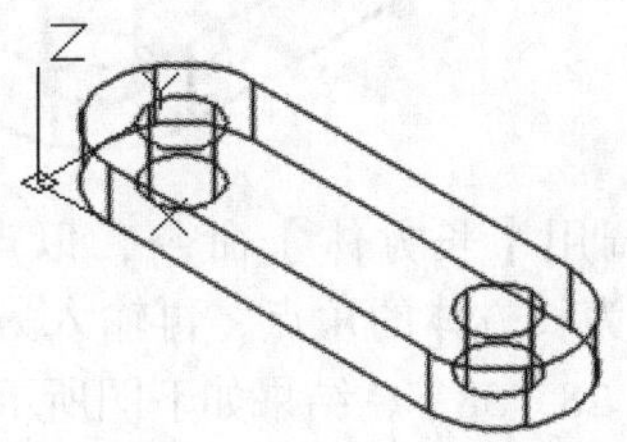

步骤04 选择【修改】➤【实体编辑】➤【差集】菜单命令，根据命令行提示，进行如下操作。

命令：_SUBTRACT 选择要从中减去的实体、曲面和面域...
选择对象：找到一个　　　　　　//选择圆角矩形拉伸体
选择对象：选择要减去的实体、曲面和面域...
选择对象：找到一个
选择对象：找到一个，总计两个　　//选择两个圆柱体
选择对象：　　　　//按Enter键结束命令

选择【视图】➤【消隐】菜单命令，结果如下图所示。

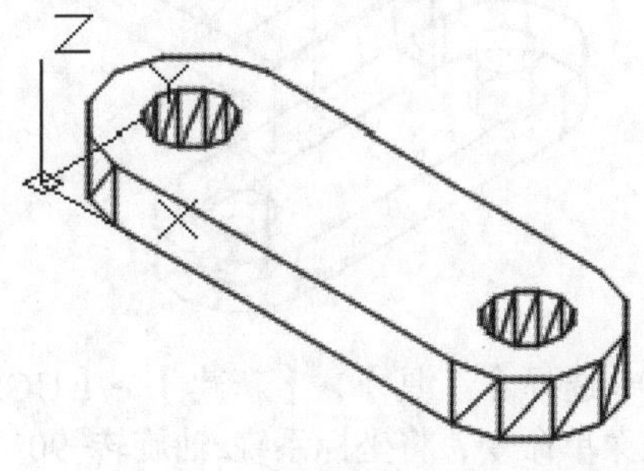

小提示

【差集】【并集】【交集】等布尔运算具体参见14.2节。消隐只是为了观察方便，图形重新生成后会回到之前的视觉样式。

步骤05 选择【工具】➤【新建】➤【UCS】➤【原点】菜单命令，以拉伸实体的一条边的中点作为坐标原点，结果如下图所示。

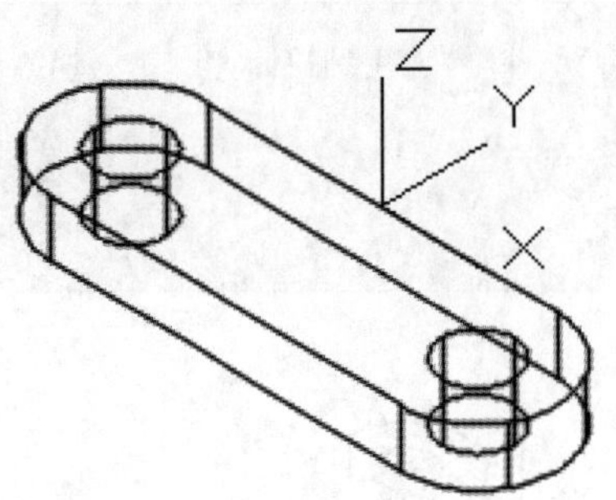

步骤06 调用【长方体】命令，以点（-54，-28，0）为长方体的角点，再输入另一个角点（@108，28，58），结果如下图所示。

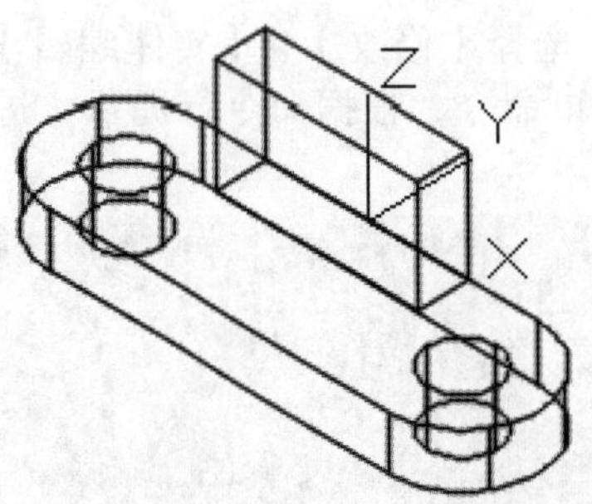

步骤07 重复【长方体】命令，以A点为第一个角点，输入（@108,114,-30）为另一个角点，结果如下图所示。

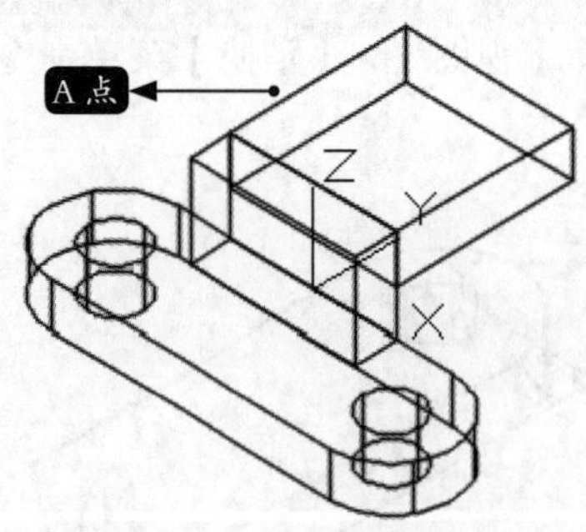

步骤08 选择【工具】➤【新建】➤【UCS】➤【Z】菜单命令，将坐标系绕z轴旋转-90°。然后调用【楔体】命令，以点（28,-15,0）为长方体的角点，再输入另一个角点（@52,30,58），如右上图所示。

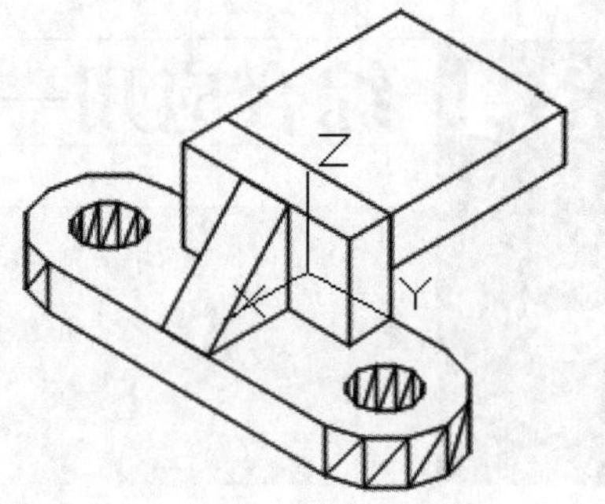

步骤09 调用【圆柱体】命令，捕捉长方体底边的中点作为圆柱体的底面中心，如下图所示。

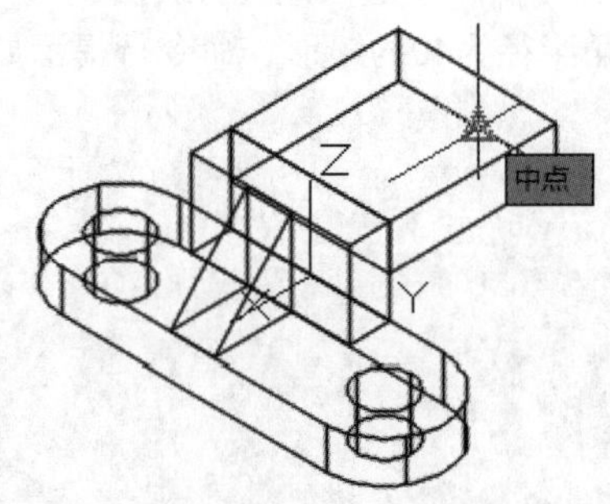

步骤10 然后输入底面半径54，圆柱体高度50，结果如下图所示。

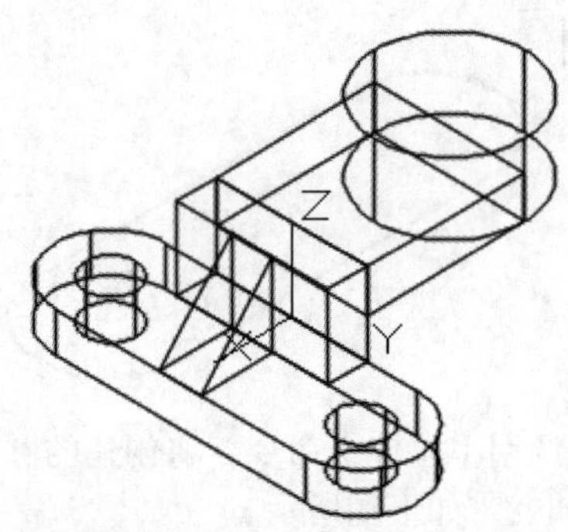

步骤11 重复【圆柱体】命令，以上步绘制的圆柱体的底面中心为中心，绘制一个底面半径为34、高度为50的圆柱体，结果如下图所示。

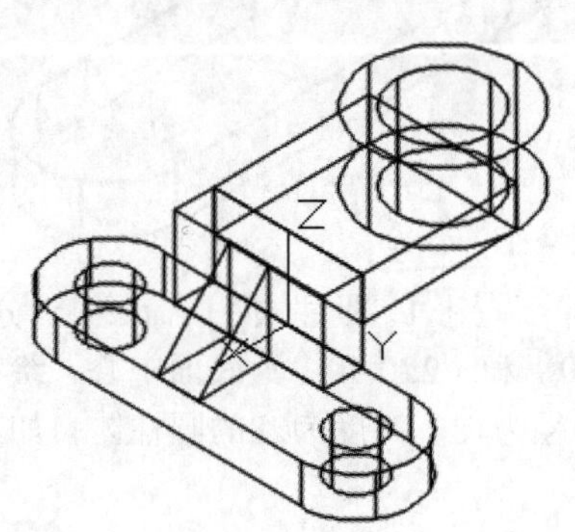

步骤12 选择【修改】➢【实体编辑】➢【差集】菜单命令，根据命令行提示进行如下操作。

```
命令：_SUBTRACT 选择要从中减去的实体、曲面和面域...
选择对象：找到一个
选择对象：找到一个，总计两个                    // 选择大圆柱体及与其相交的长方体
选择对象： 选择要减去的实体、曲面和面域...
选择对象：找到一个                          // 选择小圆柱体
选择对象：                              // 按 Enter 键结束命令
```

结果如下图所示。

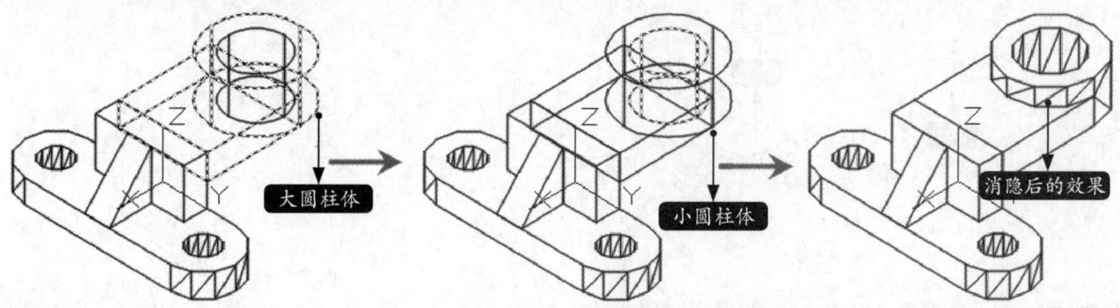

步骤13 选择【修改】➢【实体编辑】➢【并集】菜单命令，选择所有图形。并集后将视觉样式切换为【概念】，结果如下图所示。

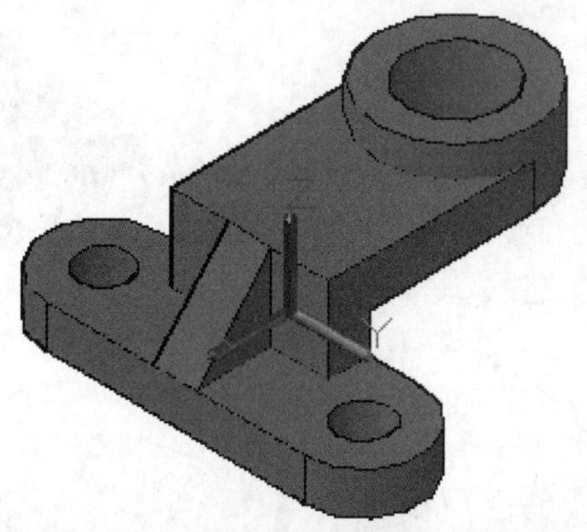

疑难解答

1. 实体和曲面之间的相互转换

实体转换曲面命令可以将下列对象转换成曲面：利用SOLID命令创建的二维实体；面域；具有厚度的零线宽的多段线，并且没有生成封闭的图形；具有厚度的直线和圆弧。

曲面转换实体命令则可以将具有厚度的宽度均匀的多段线、宽度为0的闭合多段线和圆转换成实体。

AutoCAD 2021中调用【实体和曲面之间切换】命令的常用方法有以下4种。

- 选择【修改】➢【三维操作】➢【转换为实体/转换为曲面】菜单命令。
- 命令行输入【CONVTOSURFACE】或【CONVTOSLID】命令并按空格键确认。

- 单击【常用】选项卡➢【实体编辑】面板➢【转换为实体/转换为曲面】按钮 / 。
- 单击【网格】选项卡➢【转换网格】面板➢【转换为实体/转换为曲面】按钮 / 。

实体和曲面之间相互转换的具体操作如下。

步骤 01 打开“素材\CH13\实体和曲面间的相互转换.dwg”文件，如下图所示。

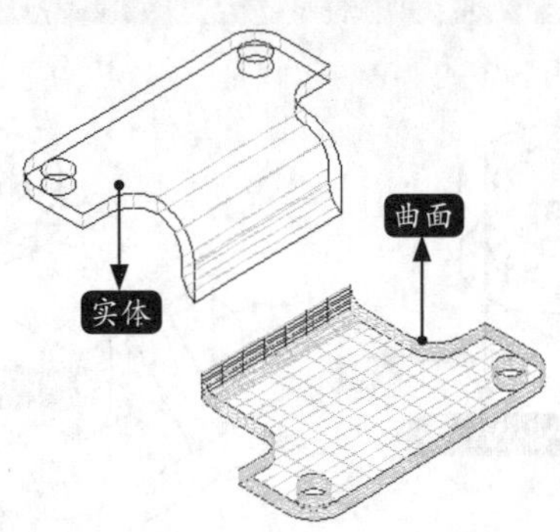

步骤 02 单击【常用】选项卡➢【实体编辑】面板➢【转换为曲面】按钮 ，然后选择上侧图形，将它转换为曲面，结果如下图所示。

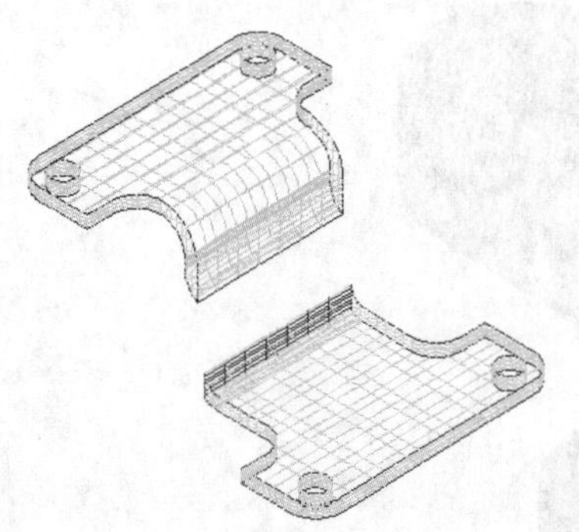

步骤 03 单击【常用】选项卡➢【实体编辑】面板➢【转换为实体】按钮 ，然后选择下侧图形，将它转换为实体，结果如下图所示。

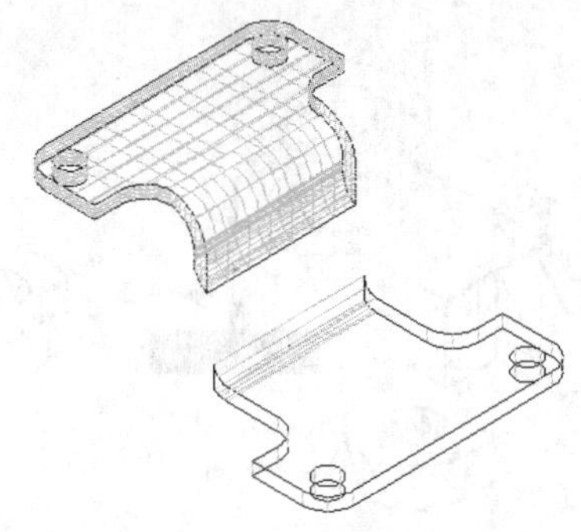

步骤 04 选择【视图】➢【视觉样式】➢【真实】菜单命令，结果如下图所示。

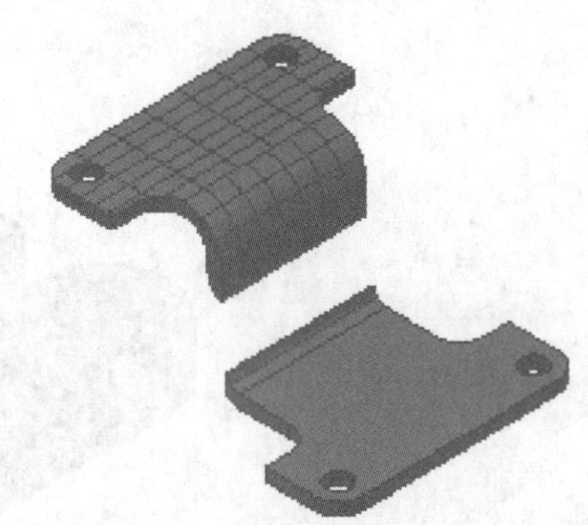

2. 通过圆锥体命令创建圆台体

在运用圆锥体命令创建实体时，当命令行提示指定圆锥体高度时，输入“T”，然后输入一个与底面半径不等且非零的值即可创建一个圆台体。

创建圆台体的具体步骤如下。

步骤 01 新建一个AutoCAD文件，将视图切换为【西南等轴测】，然后调用圆锥体命令，根据命令行提示进行如下操作。

```
命令：_cone
指定底面的中心点或 [ 三点 (3P)/ 两点 (2P)/ 切点、切点、半径 (T)/ 椭圆 (E)]:    // 任意单击一点作为底面中心
指定底面半径或 [ 直径 (D)] <74.7918>: 100
指定高度或 [ 两点 (2P)/ 轴端点 (A)/ 顶面半径 (T)] <102.6915>: t
指定顶面半径 <0.0000>: 40
```

步骤 02 结果如下页左图所示，切换到【灰度】视觉样式后如下页右图所示。

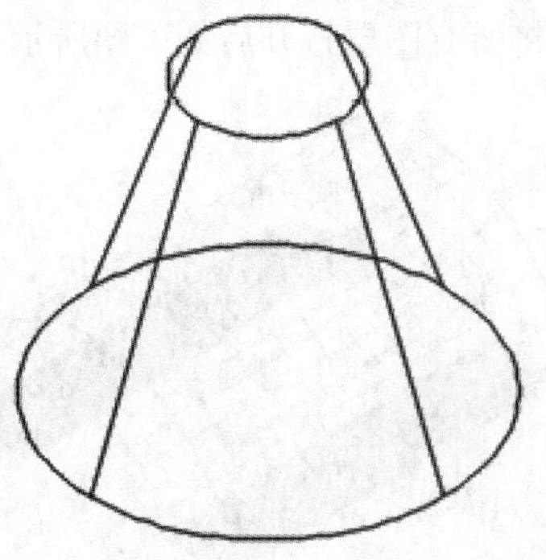

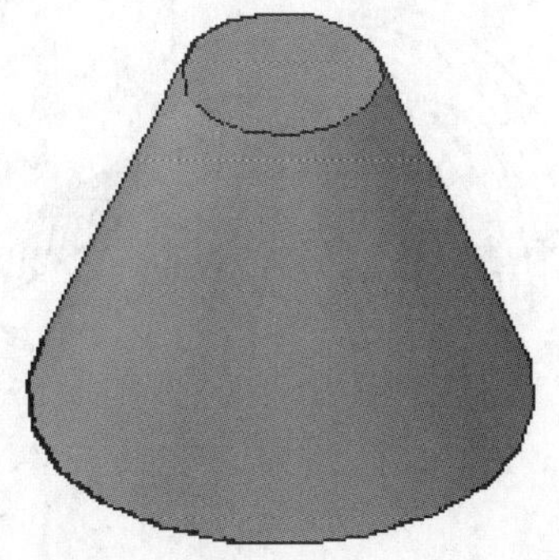

实战练习

创建三维网格。

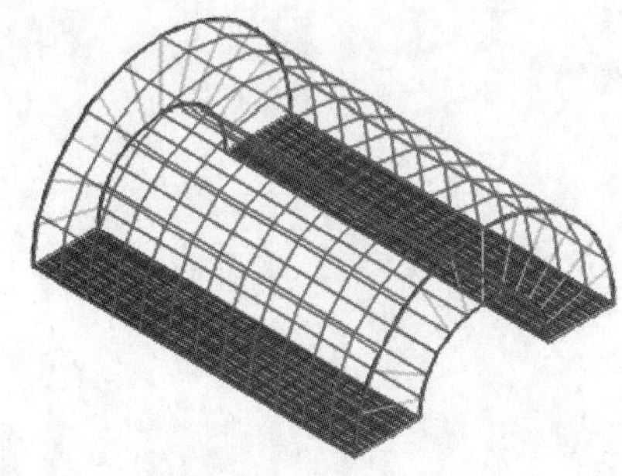

步骤 01 打开素材文件，调用【SURFTAB1】命令，调用【SURFTAB1】命令和【SURFTAB2】命令，将线框密度都设置为24。然后调用【边界网格】命令，创建两个边界网格，如下图所示。

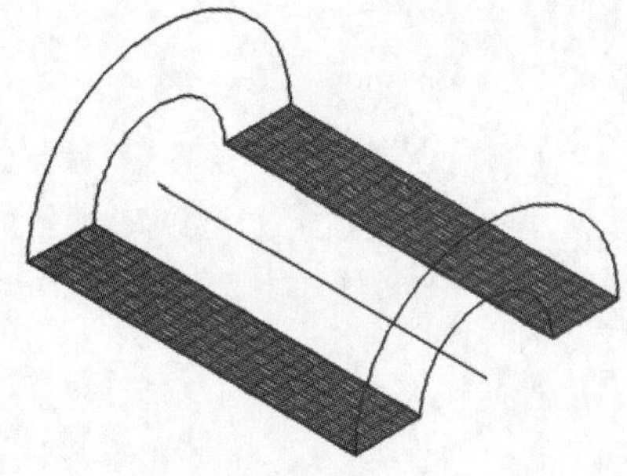

步骤 02 将“直纹网格”图层设置为当前层，调用【SURFTAB1】命令将线框密度设置为12。然后调用【直纹网格】命令，创建两个直纹网格，如右上图所示。

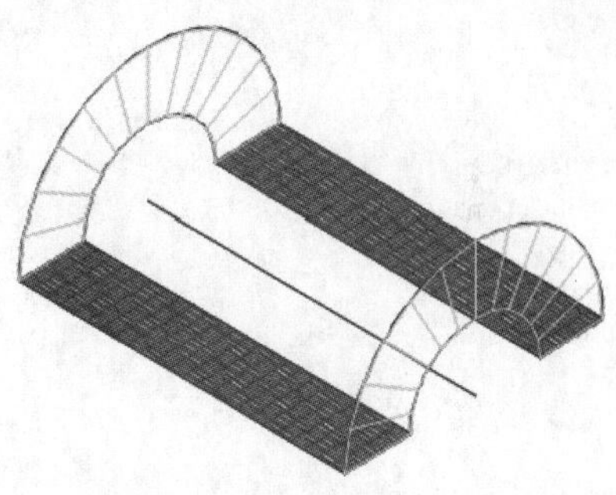

步骤 03 将“平移网格”图层设置为当前层，调用【SURFTAB1】命令将线框密度设置为10。然后调用【平移网格】命令，创建平移网格，如下图所示。

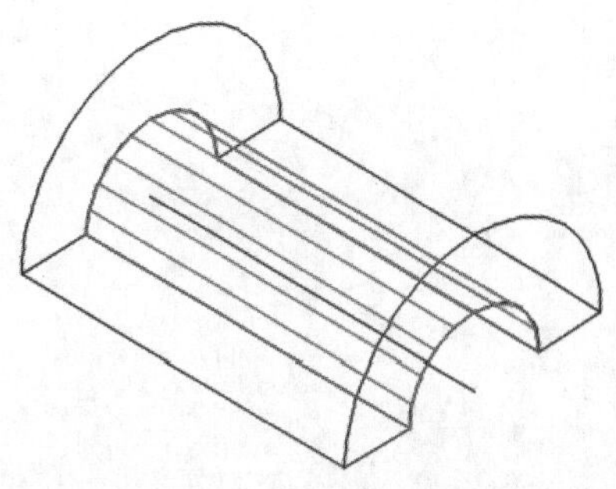

小提示

为了选择和观察方便，可以将“边界网格”和“指纹网格”图层关闭。选择方向矢量时，应注意选择位置。

步骤 04 将“旋转网格”图层设置为当前层，然后调用【旋转网格】命令，创建旋转网格，删除旋转轴线后如下页图所示。

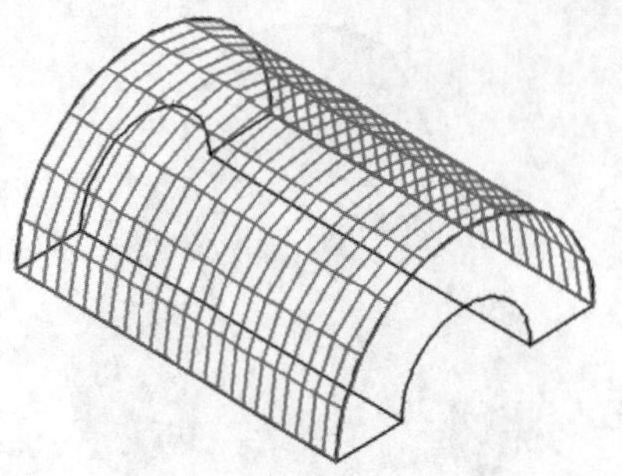

小提示

为了选择和观察方便，可以将“旋转网格”图层关闭。

步骤 05 将所有图层打开后如下图所示。

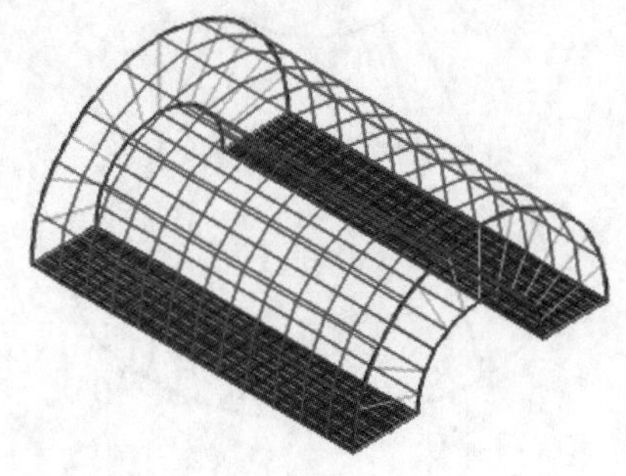

第14章

编辑三维模型

学习目标

在绘图时，用户可以对三维图形进行编辑。三维图形编辑就是对图形对象进行阵列、镜像、旋转、对齐，并对模型的边、面等进行修改操作的过程。AutoCAD 2021提供有强大的三维图形编辑功能，可以帮助用户合理地构造和组织图形。

学习效果

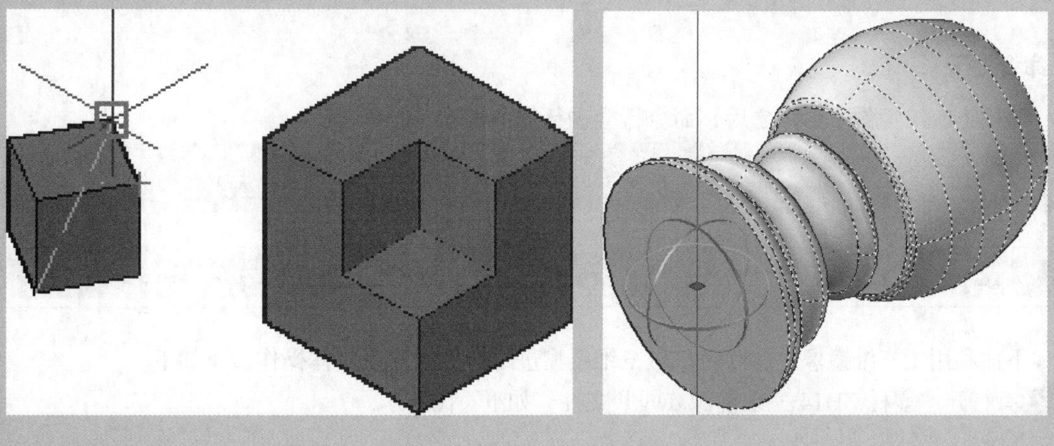

14.1 三维图形的操作

在三维空间中编辑对象时，除直接使用二维空间中的【移动】【镜像】和【阵列】等编辑命令外，AutoCAD还提供有专门用于编辑三维图形的编辑命令。

14.1.1 三维镜像

三维镜像是将三维实体模型按照指定的平面进行对称复制，选择的镜像平面可以是对象的面、三点创建的面，也可以是坐标系的三个基准平面。三维镜像与二维镜像的区别在于，二维镜像是以直线为镜像参考，三维镜像是以平面为镜像参考。

1. 命令调用方法

在AutoCAD 2021中调用【三维镜像】命令的方法通常有以下三种。

- 选择【修改】➢【三维操作】➢【三维镜像】菜单命令。
- 命令行输入"MIRROR3D"命令并按空格键。
- 单击【常用】选项卡➢【修改】面板➢【三维镜像】按钮。

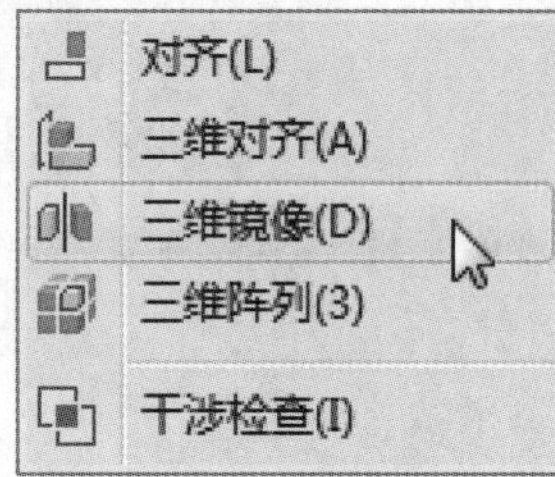

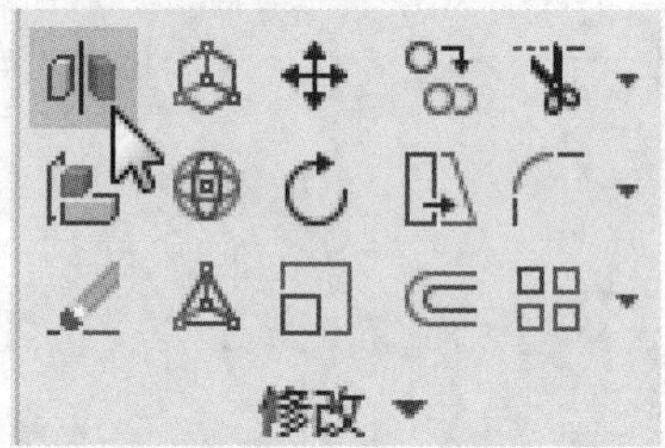

2. 命令提示

调用【三维镜像】命令之后，命令行会进行如下提示。

```
命令：_mirror3d
选择对象：
```

14.1.2 实战演练——对三维模型进行三维镜像操作

下面利用【三维镜像】命令对机械三维模型进行镜像操作，具体操作步骤如下。

步骤01 打开"素材\CH14\三维镜像.dwg"文件，如下页图所示。

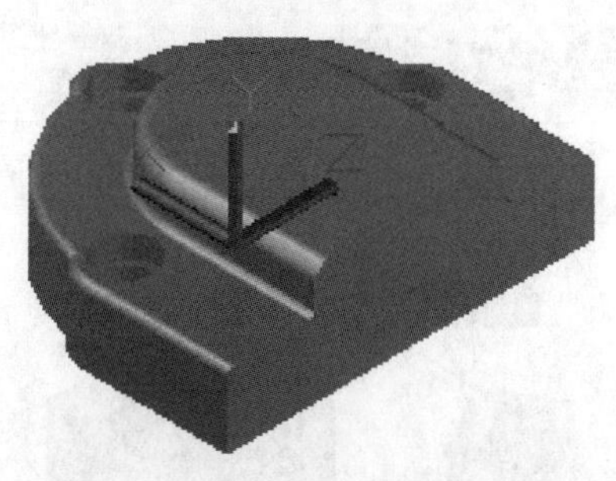

步骤02 调用【三维镜像】命令，在绘图区域选择全部图形对象作为需要镜像的对象，并按【Enter】键确认，然后单击指定镜像平面的不在一条直线上的三个点，如右上图所示。

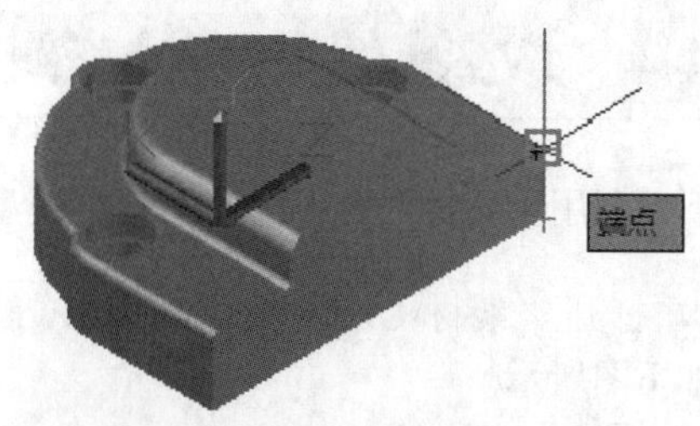

步骤03 按【Enter】键确认不删除源对象，结果如下图所示。

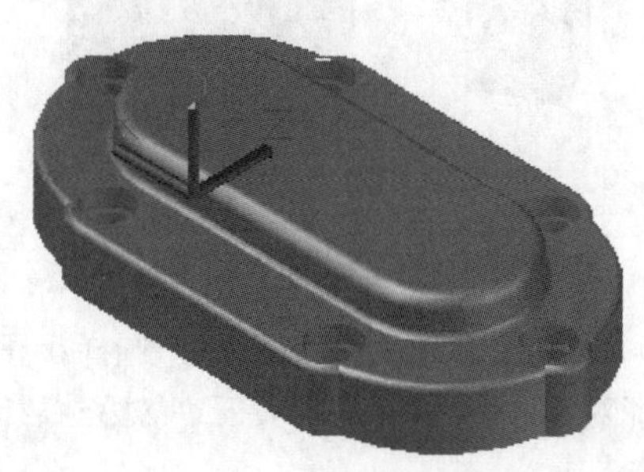

14.1.3 三维对齐

可以在二维和三维空间中将目标对象与其他对象对齐。

1. 命令调用方法

在AutoCAD 2021中调用【三维对齐】命令的方法通常有以下三种。

- 选择【修改】➢【三维操作】➢【三维对齐】菜单命令。
- 命令行输入“3DALIGN/3AL”命令并按空格键。
- 单击【常用】选项卡➢【修改】面板➢【三维对齐】按钮。

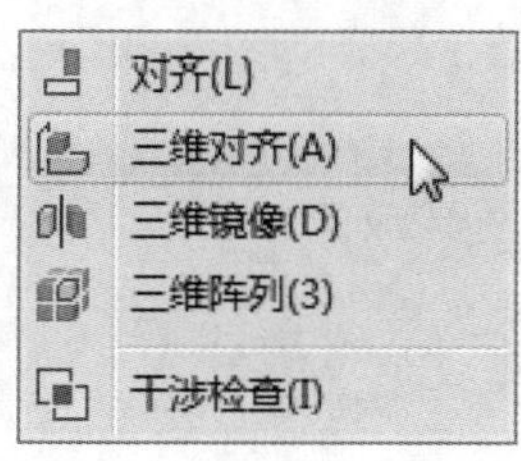

2. 命令提示

调用【三维对齐】命令之后，命令行会进行如下提示。

```
命令：_3dalign
选择对象：
```

14.1.4 实战演练——对三维模型进行三维对齐操作

下面利用【三维对齐】命令对三维模型对象进行对齐操作，具体操作步骤如下。

步骤 01 打开“素材\CH14\三维对齐.dwg”文件，如下图所示。

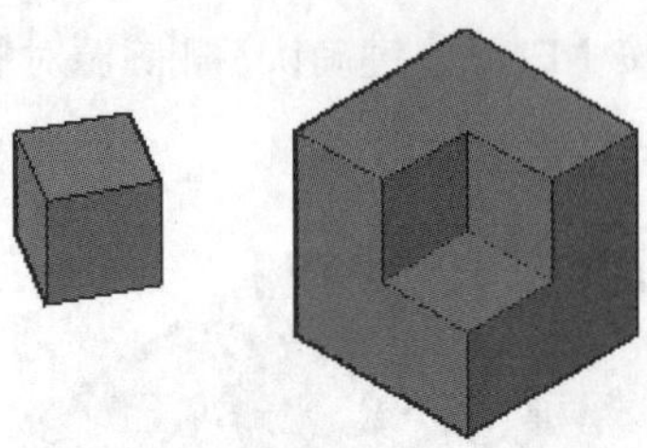

步骤 02 调用【三维对齐】命令，选择小正方体为对齐对象，然后依次捕捉三个对齐点和三个目标点。

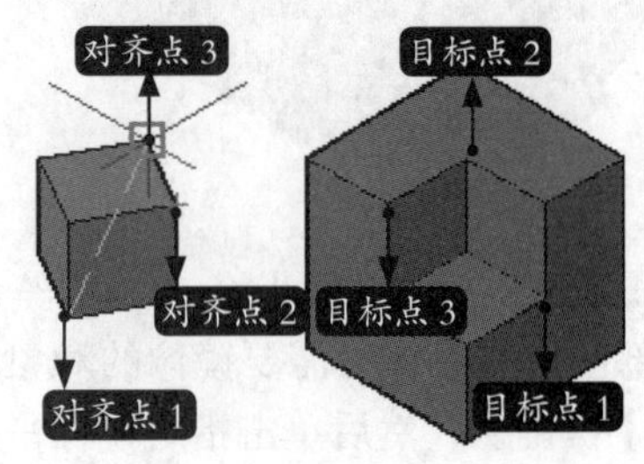

结果如下图所示。

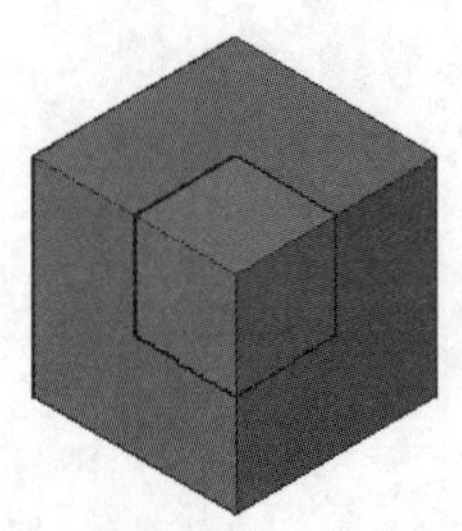

14.1.5 三维旋转

三维旋转命令可以使指定对象绕预定义轴，按指定基点、角度旋转三维对象。

1. 命令调用方法

在AutoCAD 2021中调用【三维旋转】命令的方法通常有以下三种。

- 选择【修改】➢【三维操作】➢【三维旋转】菜单命令。
- 命令行输入“3DROTATE/3R”命令并按空格键。
- 单击【常用】选项卡➢【修改】面板➢【三维旋转】按钮。

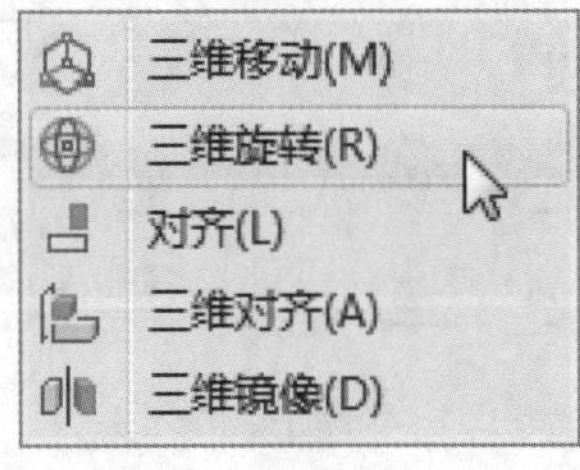

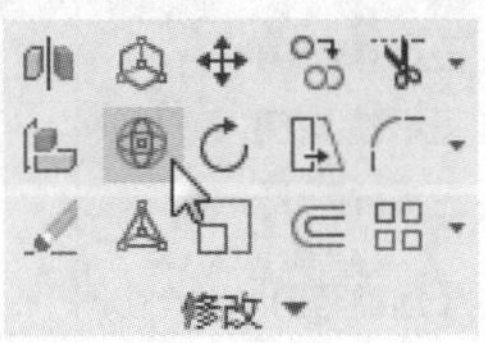

2. 命令提示

调用【三维旋转】命令之后，命令行会进行如下提示。

```
命令：_3drotate
UCS 当前的正角方向： ANGDIR= 逆时针 ANGBASE=0
选择对象：
```

14.1.6 实战演练——对三维模型进行三维旋转操作

下面利用【三维旋转】命令对接线片模型进行旋转操作，具体操作步骤如下。

步骤01 打开“素材\CH14\三维旋转.dwg”文件，如下图所示。

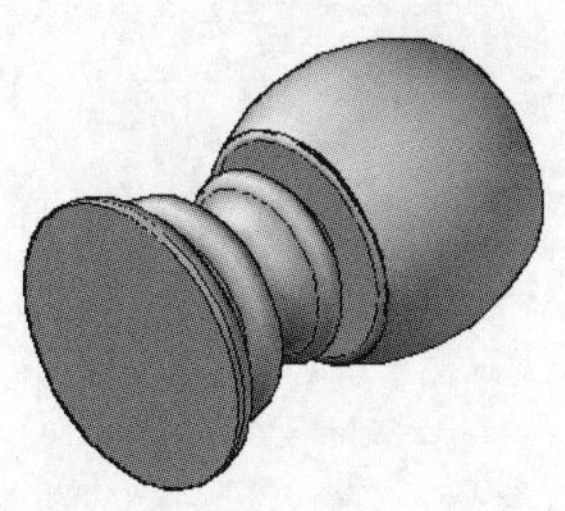

步骤02 调用【三维旋转】命令，选择模型作为需要旋转的对象，并按【Enter】键确认，然后单击指定圆心为旋转基点，如下图所示。

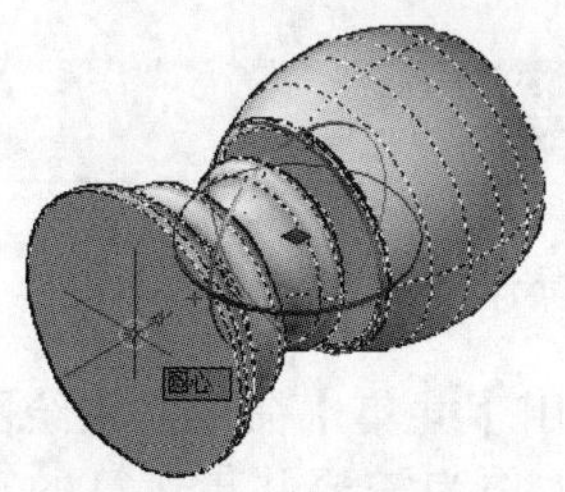

步骤03 将光标移动到蓝色的圆环处，当出现蓝色轴线（z轴）时单击，选择z轴为旋转轴，如右上图所示。

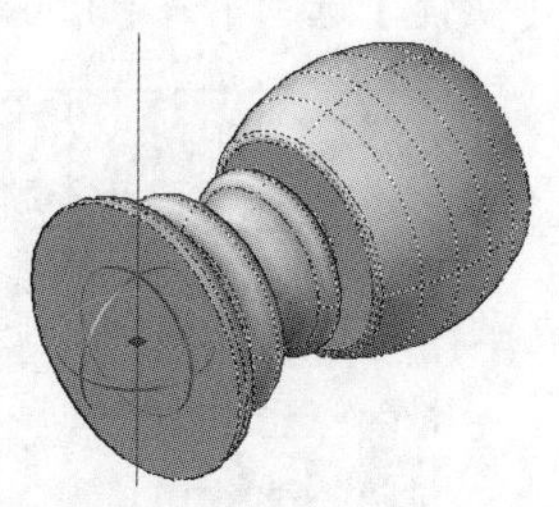

步骤04 在命令行提示下输入旋转角度“-45”，并按【Enter】键确认，结果如下图所示。

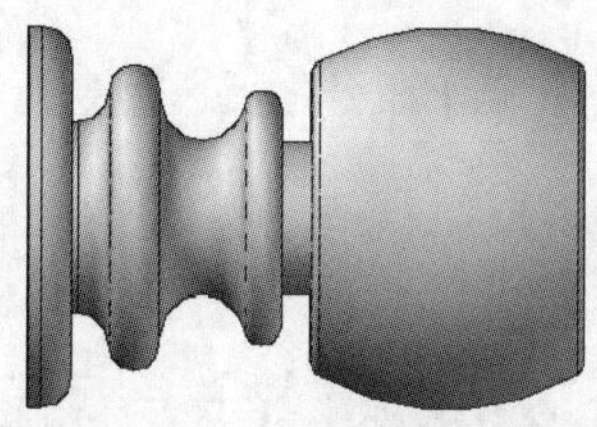

小提示

AutoCAD中默认x轴为红色，y轴为绿色，z轴为蓝色。

二维操作中的移动、阵列、缩放与三维操作中的三维移动、三维阵列、三维缩放的效果相同，用户可用二维的方法进行操作。

14.2 布尔运算和干涉检查

布尔运算是对多个面域和三维实体进行并集、差集和交集运算。干涉检查是指把实体保留下来，并用两个实体的交集生成一个新的实体。

14.2.1 并集运算

并集运算可以在图形中选择两个或两个以上的三维实体，系统将自动删除实体相交的部分，并将不相交部分保留下来合并成一个新的组合体。

1. 命令调用方法

在AutoCAD 2021中调用【并集】命令的方法通常有以下4种。

- 选择【修改】>【实体编辑】>【并集】菜单命令。
- 命令行输入“UNION/UNI”命令并按空格键。
- 单击【常用】选项卡>【实体编辑】面板>【实体，并集】按钮。
- 单击【实体】选项卡>【布尔值】面板>【并集】按钮。

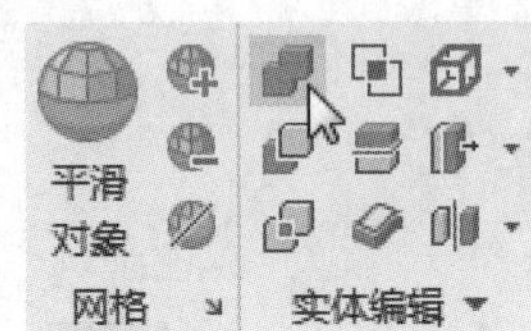

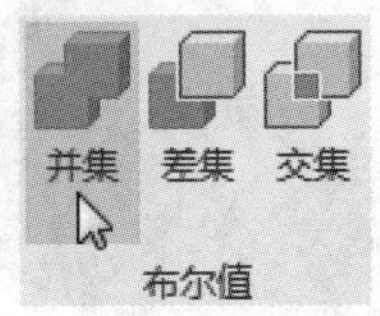

2. 命令提示

调用【并集】命令之后，命令行会进行如下提示。

```
命令：_union
选择对象：
```

14.2.2 实战演练——对三维模型进行并集运算

下面利用【并集】命令对5个圆柱体进行并集运算，具体操作步骤如下。

步骤01 打开“素材\CH14\并集运算.dwg”文件，如下图所示。

步骤02 调用【并集】命令，在绘图区域选择所有圆柱体作为需要并集运算的对象，并按【Enter】键确认，结果如下图所示。

14.2.3 差集运算

差集运算可以通过从一个对象减去一个重叠面域或三维实体来创建新对象。

1. 命令调用方法

在AutoCAD 2021中调用【差集】命令的方法通常有以下4种。

- 选择【修改】>【实体编辑】>【差集】菜单命令。
- 命令行输入“SUBTRACT/SU”命令并按空格键。
- 单击【常用】选项卡>【实体编辑】面板>【实体，差集】按钮。

● 单击【实体】选项卡 ➢【布尔值】面板 ➢【差集】按钮。

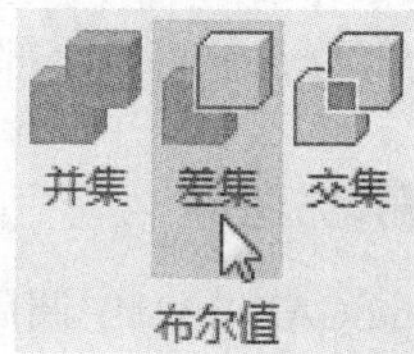

2. 命令提示

调用【差集】命令之后，命令行会进行如下提示。

```
命令：_subtract 选择要从中减去的实体、曲面和面域...
选择对象：
```

14.2.4 实战演练——创建蓝牙音响模型

下面利用【差集】命令创建蓝牙音响模型，具体操作步骤如下。

步骤 01 打开“素材\CH14\蓝牙音响.dwg”文件，如下图所示。

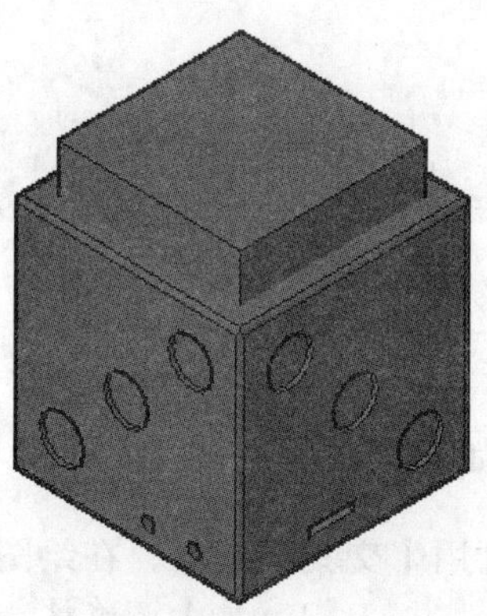

步骤 02 调用【差集】命令，在绘图区域选择如下图所示的对象，按【Enter】键确认。

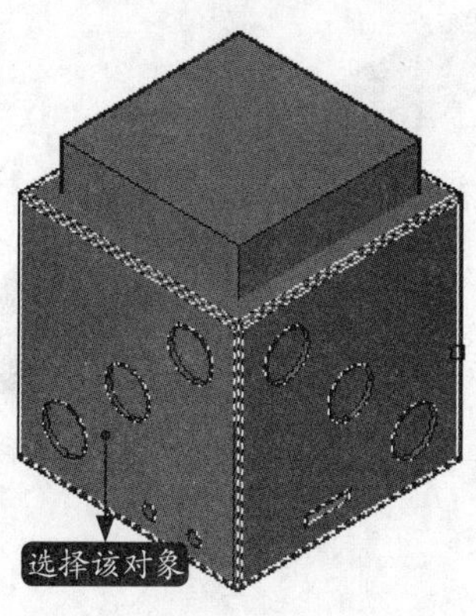

步骤 03 在绘图区域选择顶部的长方体，按【Enter】键确认。

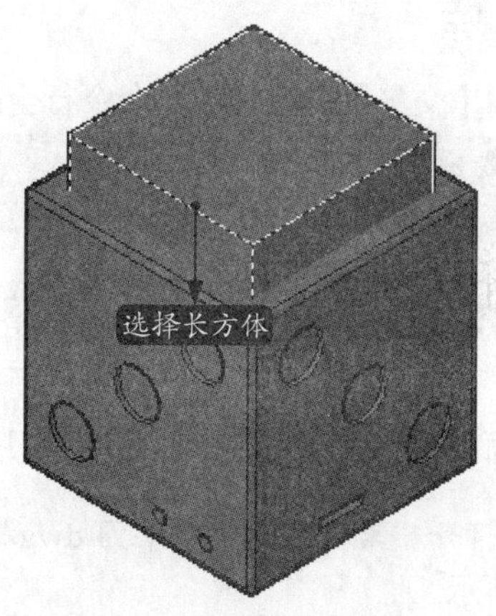

结果如下图所示。

14.2.5 交集运算

交集运算可以对两个或两组实体进行相交运算。当对多个实体进行交集运算后，会删除实体不相交的部分，并将相交部分保留下来生成一个新组合体。

1. 命令调用方法

在AutoCAD 2021中调用【交集】命令的方法通常有以下4种。

- 选择【修改】➢【实体编辑】➢【交集】菜单命令。
- 命令行输入“INTERSECT/IN”命令并按空格键。
- 单击【常用】选项卡➢【实体编辑】面板➢【实体，交集】按钮。
- 单击【实体】选项卡➢【布尔值】面板➢【交集】按钮。

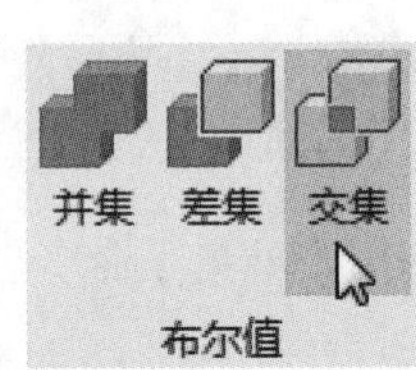

2. 命令提示

调用【交集】命令之后，命令行会进行如下提示。

```
命令：_intersect
选择对象：
```

14.2.6 实战演练——创建水果刀模型

下面利用【交集】命令创建水果刀模型，具体操作步骤如下。

步骤 01 打开“素材\CH14\水果刀.dwg”文件，如下图所示。

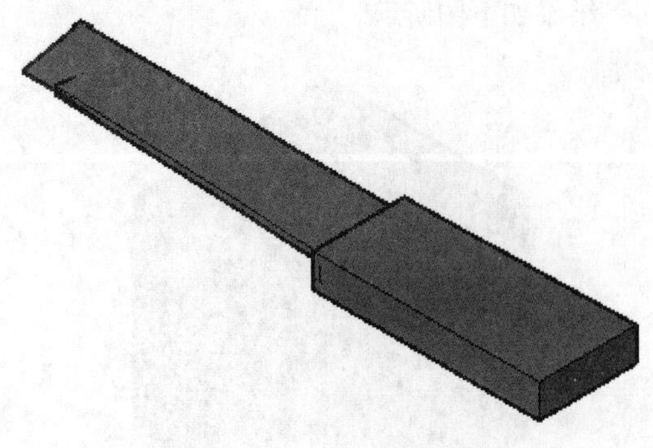

步骤 02 调用【交集】命令，在绘图区域选择所有对象，并按【Enter】键确认，结果如下图所示。

14.2.7 干涉检查

1. 命令调用方法

在AutoCAD 2021中调用【干涉检查】命令的方法通常有以下4种。

- 选择【修改】➢【三维操作】➢【干涉检查】菜单命令。
- 命令行输入“INTERFERE”命令并按空格键。
- 单击【常用】选项卡➢【实体编辑】面板➢【干涉】按钮。
- 单击【实体】选项卡➢【实体编辑】面板➢【干涉】按钮。

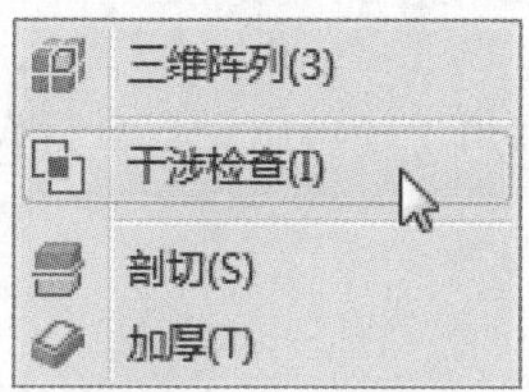

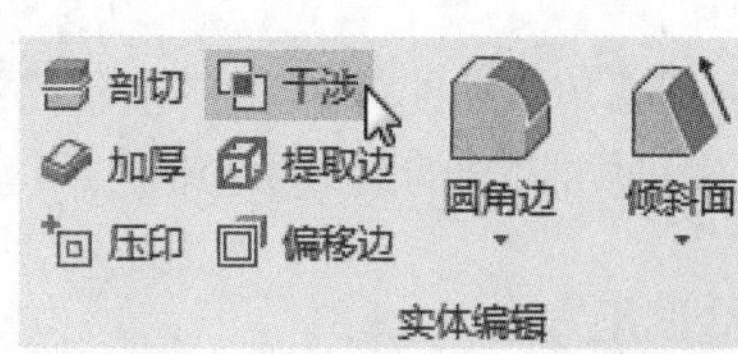

2. 命令提示

调用【干涉检查】命令之后，命令行会进行如下提示。

```
命令：_interfere
选择第一组对象或 [ 嵌套选择 (N)/ 设置 (S)]:
```

14.2.8 实战演练——对三维模型进行干涉检查

下面利用【干涉检查】命令对圆锥体和圆柱体进行干涉运算，具体操作步骤如下。

步骤 01 打开“素材\CH14\干涉检查.dwg”文件，如下图所示。

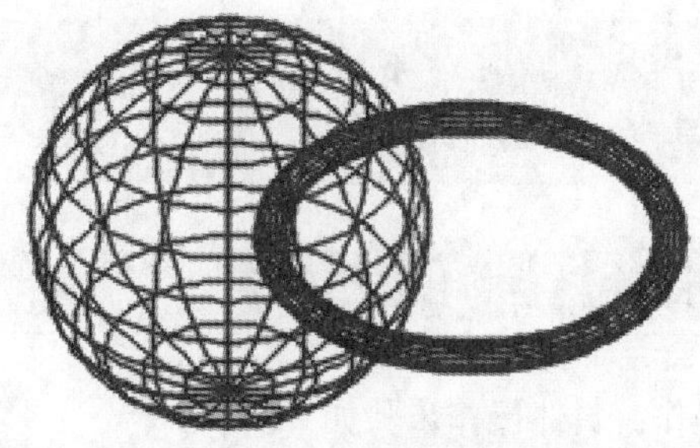

步骤 02 调用【干涉检查】命令，在绘图区域选择球体作为第一组对象，按【Enter】键确认，然后选择圆环体作为第二组对象，并按【Enter】键确认，系统弹出【干涉检查】对话框，如右上图所示。

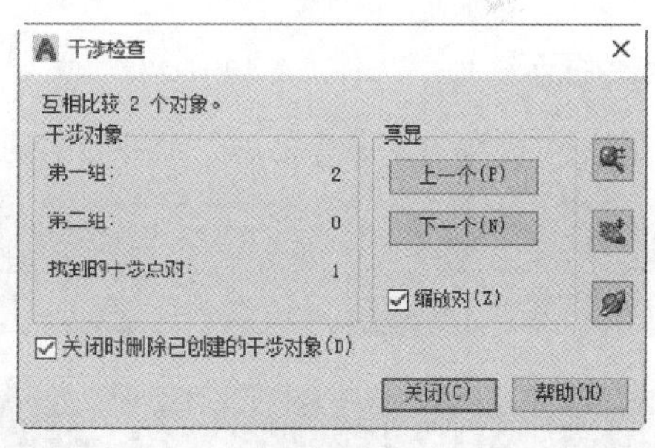

步骤 03 将【干涉检查】对话框移动到其他位置，结果如下图所示。

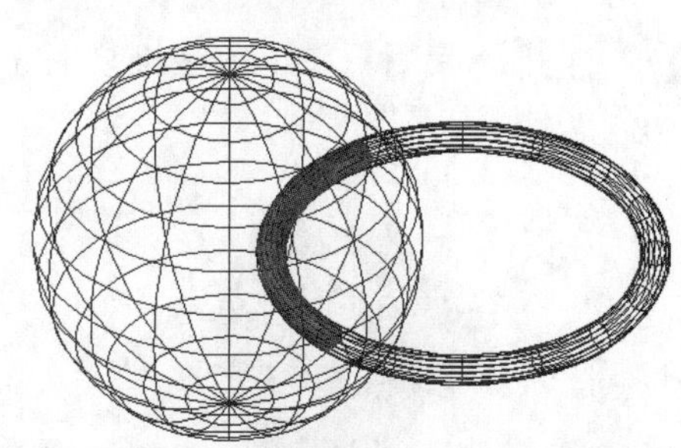

14.3 三维实体边编辑

三维实体编辑（SOLIDEDIT）命令的选项分为边、面和体三类。这一节对边编辑进行介绍。

14.3.1 圆角边

利用圆角边功能可以为选定的三维实体对象的边进行圆角，圆角半径可由用户自行设定，但不允许超过可圆角的最大半径值。

1. 命令调用方法

在AutoCAD 2021中调用【圆角边】命令的方法通常有以下三种。

- 选择【修改】➢【实体编辑】➢【圆角边】菜单命令。
- 命令行输入“FILLETEDGE”命令并按空格键。
- 单击【实体】选项卡➢【实体编辑】面板➢【圆角边】按钮。

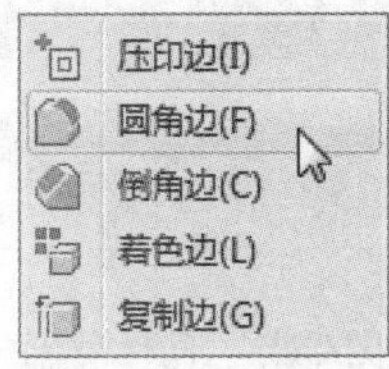

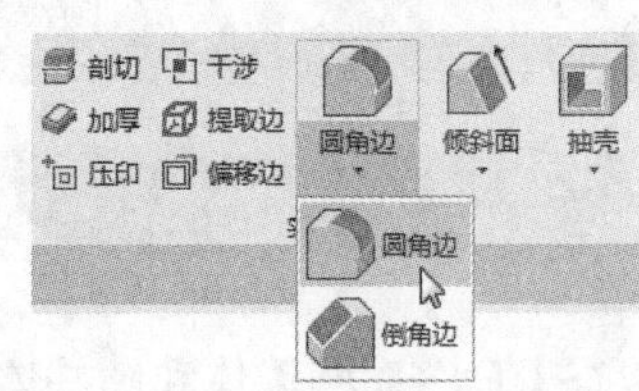

2. 命令提示

调用【圆角边】命令之后，命令行会进行如下提示。

```
命令：_FILLETEDGE
半径 = 1.0000
选择边或 [ 链 (C)/ 环 (L)/ 半径 (R)]:
```

14.3.2 实战演练——对三维实体对象进行圆角边操作

下面利用【圆角边】命令对三维模型进行圆角边操作，具体操作步骤如下。

步骤01 打开“素材\CH14\三维实体边编辑.dwg”文件，如下图所示。

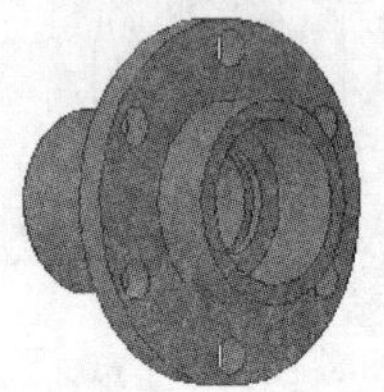

步骤02 调用【圆角边】命令，在绘图区域选择需要圆角的边，如下图所示。

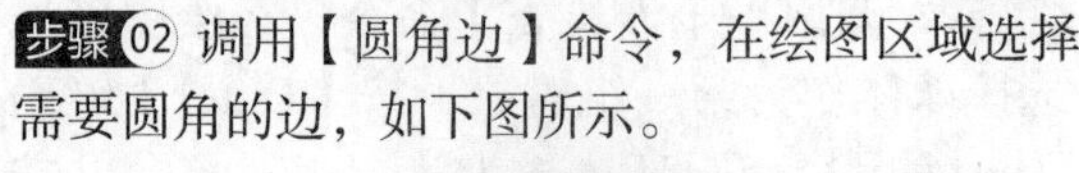

步骤 03 在命令行提示下输入“R”并按【Enter】键，然后继续输入“20”并按【Enter】键以指定圆角半径，最后连续按【Enter】键结束该命令，结果如右图所示。

14.3.3 倒角边

利用倒角边功能可以为选定的三维实体对象的边进行倒角，倒角距离可由用户自行设定，但不允许超过可倒角的最大距离值。

1. 命令调用方法

在AutoCAD 2021中调用【倒角边】命令的方法通常有以下三种。

- 选择【修改】➤【实体编辑】➤【倒角边】菜单命令。
- 命令行输入“CHAMFEREDGE”命令并按空格键。
- 单击【实体】选项卡➤【实体编辑】面板➤【倒角边】按钮。

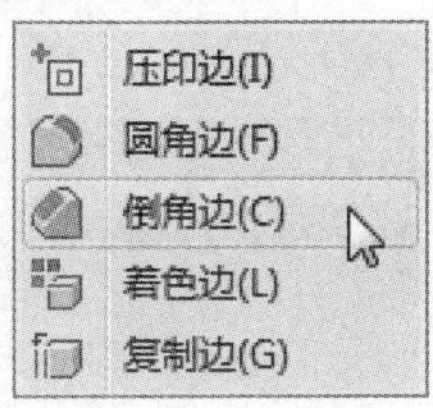

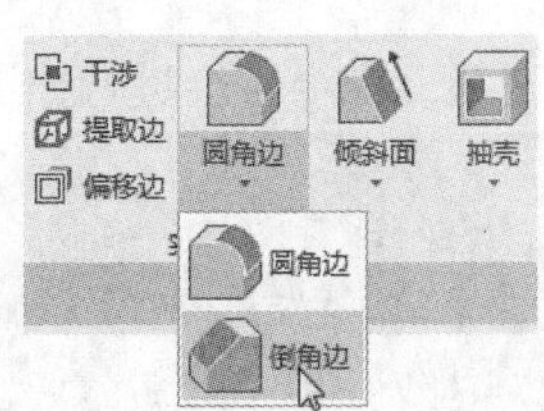

2. 命令提示

调用【倒角边】命令之后，命令行会进行如下提示。

```
命令：_CHAMFEREDGE 距离 1 = 1.0000，距离 2 = 1.0000
选择一条边或 [ 环 (L)/ 距离 (D)]:
```

14.3.4 实战演练——对三维实体对象进行倒角边操作

下面利用【倒角边】命令对三维模型进行倒角边操作，具体操作步骤如下。

步骤 01 调用【倒角边】命令，在绘图区域选择需要倒角的边，如下图所示。

步骤 02 在命令行提示下输入“D”并按【Enter】键，然后将两个倒角距离均设置为“20”，最后连续按【Enter】键结束该命令，结果如下图所示。

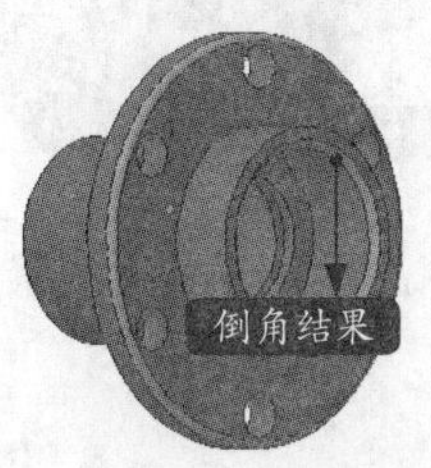

14.3.5 着色边

利用着色边功能可以为选定的三维实体对象的边进行着色，着色的颜色可由用户自行选定，默认情况下着色边操作完成后，三维实体对象在选定状态下会以最新指定的颜色显示。

1. 命令调用方法

在AutoCAD 2021中调用【着色边】命令的方法通常有以下两种。

- 选择【修改】➢【实体编辑】➢【着色边】菜单命令。
- 单击【常用】选项卡➢【实体编辑】面板➢【着色边】按钮。

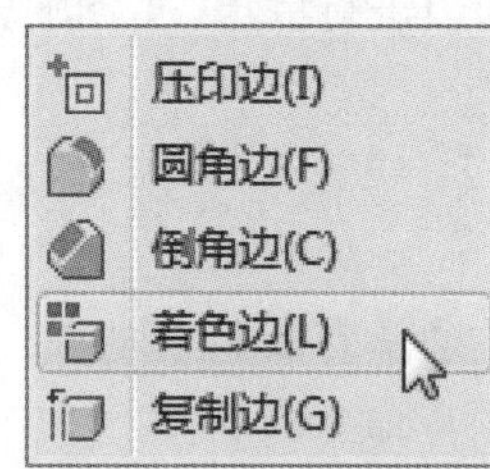

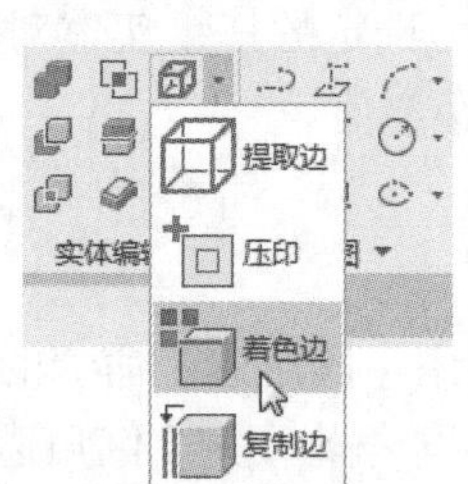

2. 命令提示

调用【着色边】命令之后，命令行会进行如下提示。

```
命令：_solidedit
实体编辑自动检查： SOLIDCHECK=1
输入实体编辑选项 [ 面 (F)/ 边 (E)/ 体 (B)/ 放弃 (U)/ 退出 (X)] < 退出 >: _edge
输入边编辑选项 [ 复制 (C)/ 着色 (L)/ 放弃 (U)/ 退出 (X)] < 退出 >: _color
选择边或 [ 放弃 (U)/ 删除 (R)]:
```

14.3.6 实战演练——对三维实体对象进行着色边操作

下面利用【着色边】命令对三维模型进行着色边操作，具体操作步骤如下。

步骤01 调用【着色边】命令，在绘图区域选择需要着色的边，如下图所示。

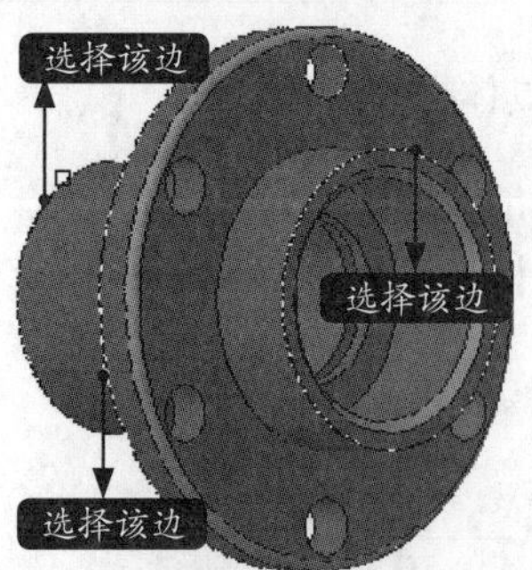

步骤02 按【Enter】键确认，系统弹出【选择颜色】对话框，选择“红色”后单击【确定】按钮。

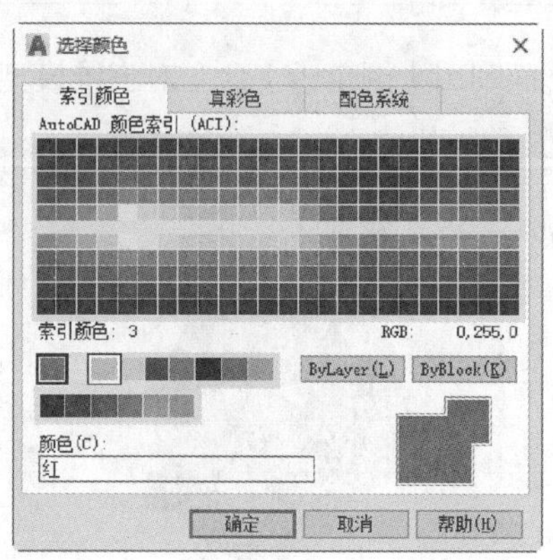

步骤03 连续按【Enter】键结束该命令，然后将当前视觉样式切换为“隐藏”，结果如右图所示。

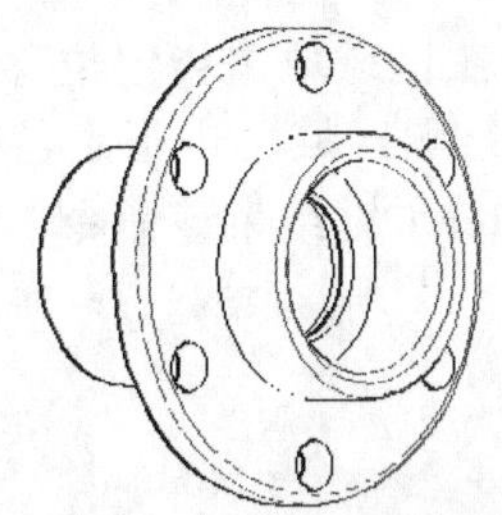

14.3.7 复制边

复制边功能可以对三维实体对象的各个边进行复制，所复制的边将被生成直线、圆弧、圆、椭圆或样条曲线。

1. 命令调用方法

在AutoCAD 2021中调用【复制边】命令的方法通常有以下两种。

- 选择【修改】➢【实体编辑】➢【复制边】菜单命令。
- 单击【常用】选项卡➢【实体编辑】面板➢【复制边】按钮。

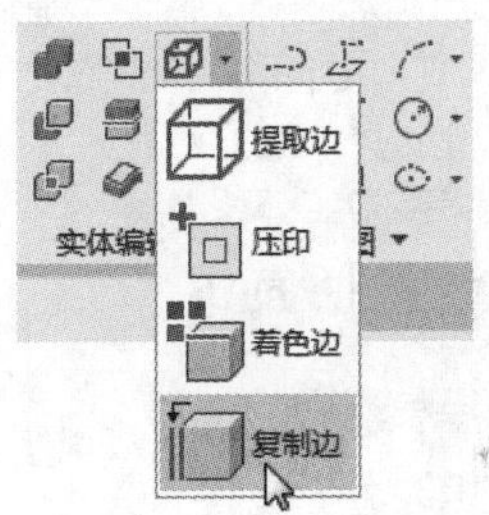

2. 命令提示

调用【复制边】命令之后，命令行会进行如下提示。

```
命令：_solidedit
实体编辑自动检查： SOLIDCHECK=1
输入实体编辑选项 [ 面 (F)/ 边 (E)/ 体 (B)/ 放弃 (U)/ 退出 (X)] < 退出 >: _edge
输入边编辑选项 [ 复制 (C)/ 着色 (L)/ 放弃 (U)/ 退出 (X)] < 退出 >: _copy
选择边或 [ 放弃 (U)/ 删除 (R)]:
```

14.3.8 实战演练——对三维实体对象进行复制边操作

下面利用【复制边】命令对三维模型进行复制边操作，具体操作步骤如下。

步骤01 调用【复制边】命令，在绘图区域选择需要复制的边并按【Enter】键确认，如右图所示。

步骤 02 在绘图区域单击指定位移基点，然后拖曳鼠标在绘图区域单击指定位移第二点，连续按【Enter】键结束该命令，结果如右图（b）所示。

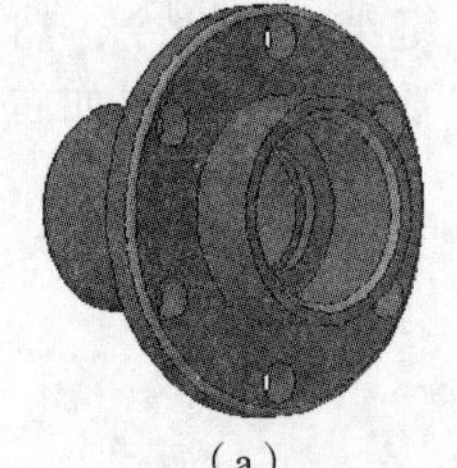
（a）

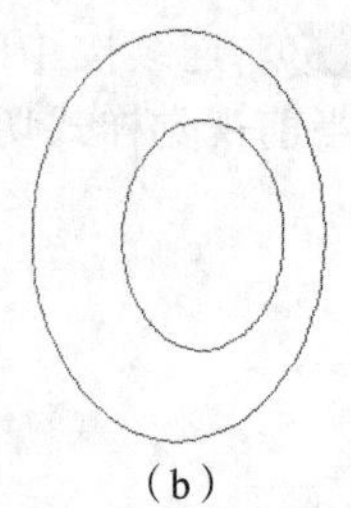
（b）

14.3.9 提取素线

通常会在U和V方向、曲面、三维实体或三维实体的面上创建曲线。曲线可以基于直线、多段线、圆弧或样条曲线，具体取决于曲面或三维实体的形状。

1. 命令调用方法

在AutoCAD 2021中调用【提取素线】命令的方法通常有以下三种。

- 选择【修改】➢【三维操作】➢【提取素线】菜单命令。
- 命令行输入"SURFEXTRACTCURVE"命令并按空格键。
- 单击【曲面】选项卡➢【曲线】面板➢【提取素线】按钮。

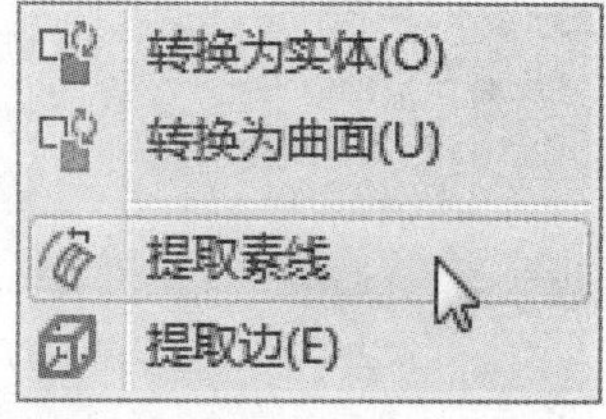

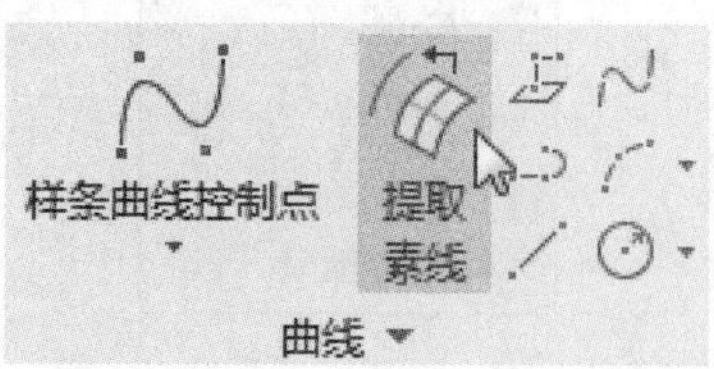

2. 命令提示

调用【提取素线】命令之后，命令行会进行如下提示。

```
命令：_SURFEXTRACTCURVE
链 = 否
选择曲面、实体或面：
```

14.3.10 实战演练——对三维实体对象进行提取素线操作

下面利用【提取素线】命令对三维模型进行提取素线操作，具体操作步骤如下。

步骤 01 调用【提取素线】命令，在三维实体对象的适当位置单击，指定提取素线的位置，如右图所示。

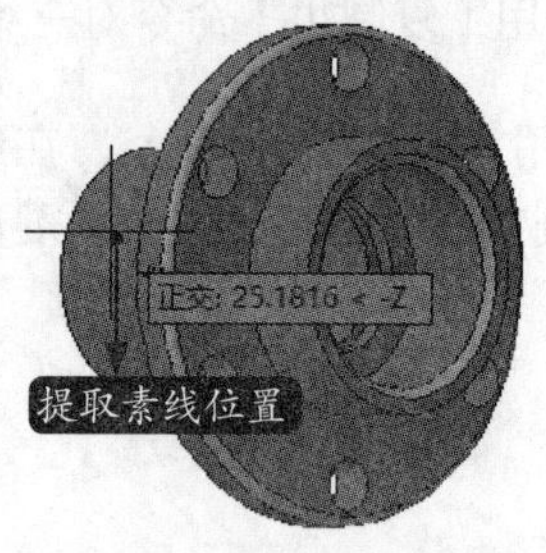

步骤 02 按【Enter】键结束该命令，结果如右图所示。

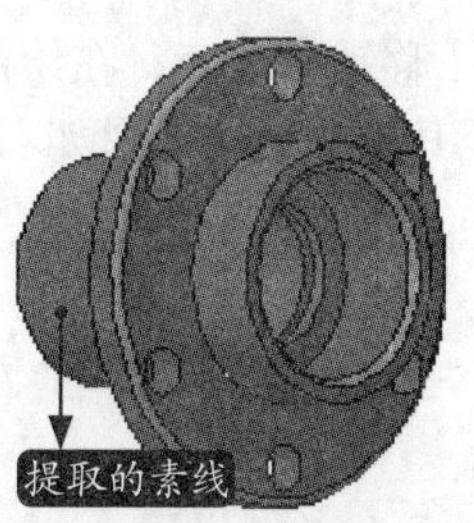

14.3.11 提取边

提取边命令可以从实体或曲面提取线框对象。通过提取边命令，可以提取所有边。具有线框的几何体有三维实体、三维实体历史记录子对象、网格、面域、曲面、子对象（边和面）。

1. 命令调用方法

在AutoCAD 2021中调用【提取边】命令的方法通常有以下4种。

- 选择【修改】➢【三维操作】➢【提取边】菜单命令。
- 命令行输入“XEDGES”命令并按空格键。
- 单击【常用】选项卡➢【实体编辑】面板➢【提取边】按钮。
- 单击【实体】选项卡➢【实体编辑】面板➢【提取边】按钮。

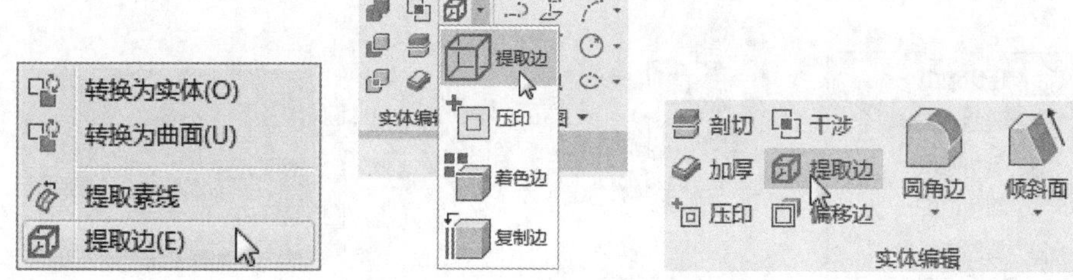

2. 命令提示

调用【提取边】命令之后，命令行会进行如下提示。

```
命令：_xedges
选择对象：
```

14.3.12 实战演练——对三维实体对象进行提取边操作

下面利用【提取边】命令对三维模型进行提取边操作，具体操作步骤如下。

步骤 01 调用【提取边】命令，在绘图区域单击选择三维实体对象作为需要提取边的对象，并按【Enter】键确认，如右图所示。

步骤 02 调用【移动】命令，在绘图区域将三维实体对象移至其他位置，结果如右图所示。

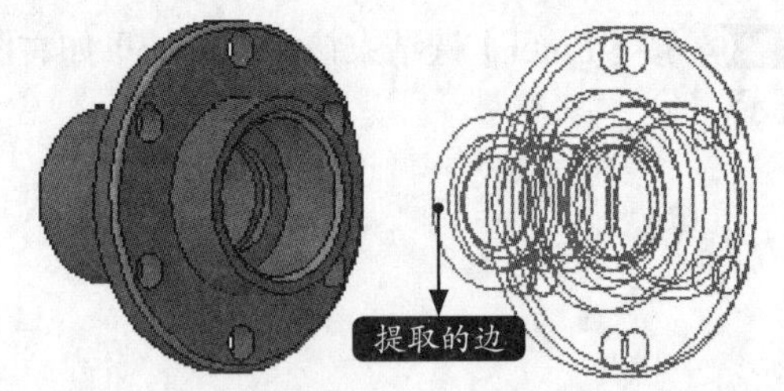

14.3.13 压印边

通过【压印边】命令，可以压印三维实体或曲面上的二维几何图形，从而在平面上创建其他边。被压印的对象必须与选定对象的一个或多个面相交，才可以完成压印。【压印】选项仅限于对圆弧、圆、直线、二维和三维多段线、椭圆、样条曲线、面域、体和三维实体等对象执行。

1. 命令调用方法

在AutoCAD 2021中调用【压印边】命令的方法通常有以下4种。

- 选择【修改】➢【实体编辑】➢【压印边】菜单命令。
- 命令行输入“IMPRINT”命令并按空格键。
- 单击【常用】选项卡➢【实体编辑】面板➢【压印】按钮。
- 单击【实体】选项卡➢【实体编辑】面板➢【压印】按钮。

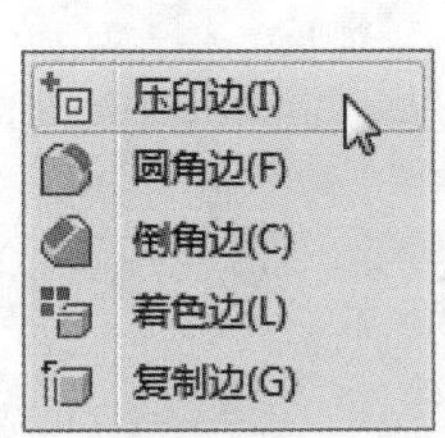

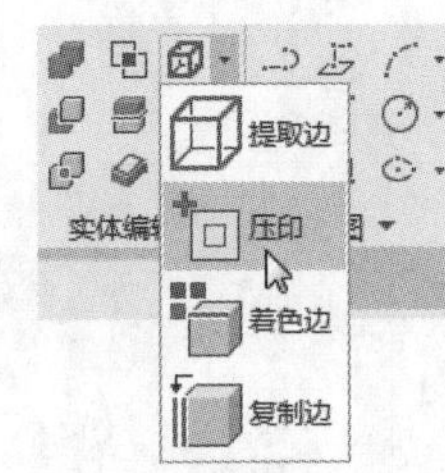

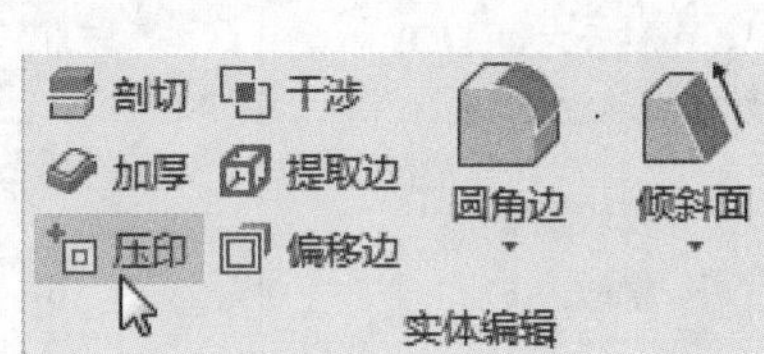

2. 命令提示

调用【压印边】命令之后，命令行会进行如下提示。

```
命令：_imprint
选择三维实体或曲面：
```

14.3.14 实战演练——对三维实体对象进行压印边操作

下面利用【压印边】命令对三维模型进行压印边操作，具体操作步骤如下。

步骤 01 打开“素材\CH14\压印和偏移边.dwg”文件，如右图所示。

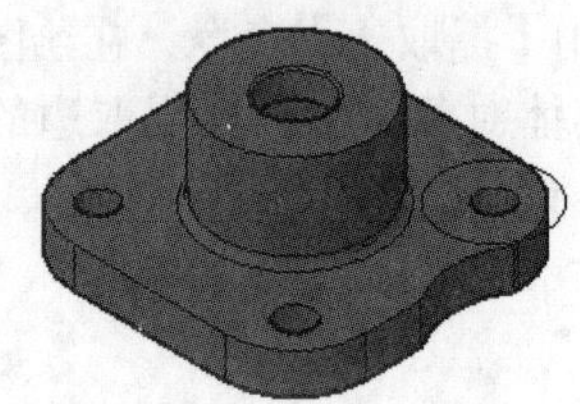

步骤 02 调用【压印边】命令，在绘图区域单击选择三维实体对象，然后在绘图区域单击选择圆形作为要压印的对象，如下图所示。

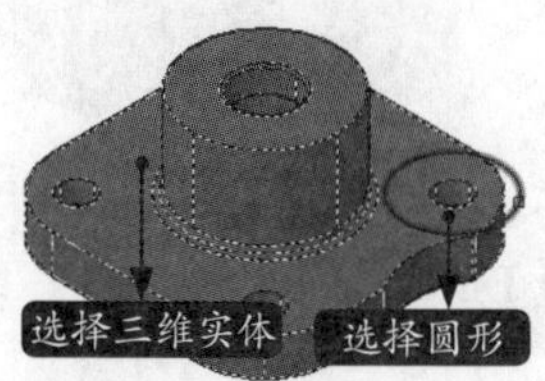

步骤 03 在命令行提示下输入“N”并按【Enter】键，以确定不删除源对象，然后按【Enter】键结束该命令，结果如右上图所示。

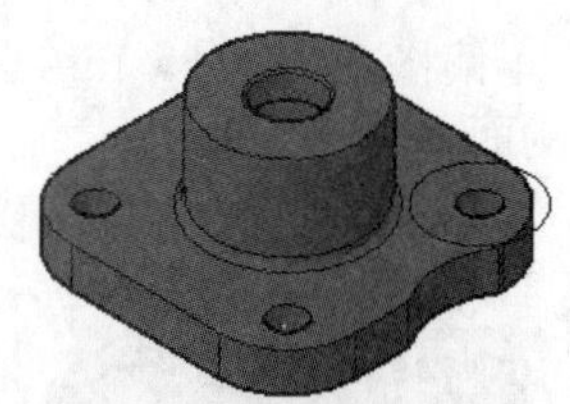

步骤 04 选择圆形，然后按【Del】键将其删除，结果如下图所示。

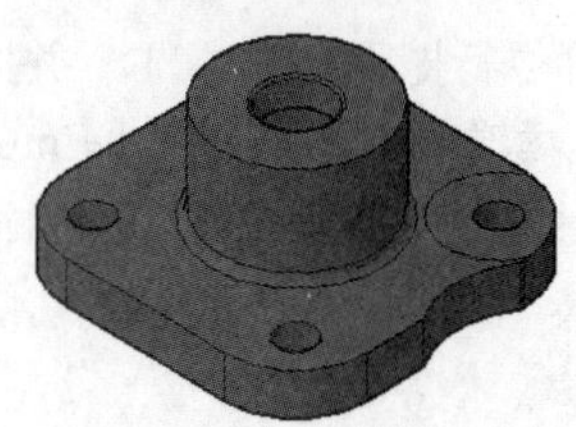

14.3.15 偏移边

偏移边命令可以偏移三维实体或曲面上平整面的边。其结果是产生闭合多段线或样条曲线，位于与选定的面或曲面相同的平面上，而且可以是原始边的内侧或外侧。

1. 命令调用方法

在AutoCAD 2021中调用【偏移边】命令的方法通常有以下三种。

- 命令行输入“OFFSETEDGE”命令并按空格键。
- 单击【实体】选项卡➢【实体编辑】面板➢【偏移边】按钮。
- 单击【曲面】选项卡➢【编辑】面板➢【偏移边】按钮。

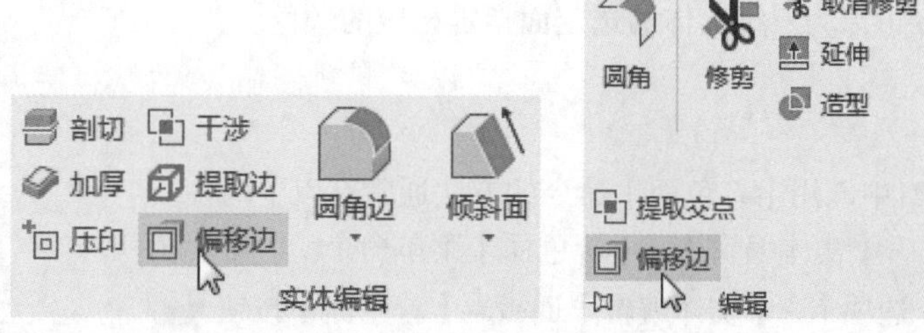

2. 命令提示

调用【偏移边】命令之后，命令行会进行如下提示。

```
命令：_offsetedge 角点 = 锐化
选择面：
```

14.3.16 实战演练——对三维实体对象进行偏移边操作

下面利用【偏移边】命令对三维模型进行偏移边操作，具体操作步骤如下。

步骤01 调用【偏移边】命令，在绘图区域选择需要偏移边的面，如下图所示。

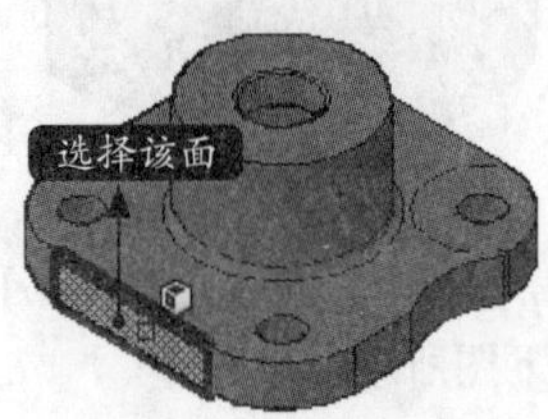

步骤02 在命令行提示下输入“D”并按【Enter】键，然后继续输入“30”并按【Enter】键，然后在如右上图所示位置单击以指定偏移方向。

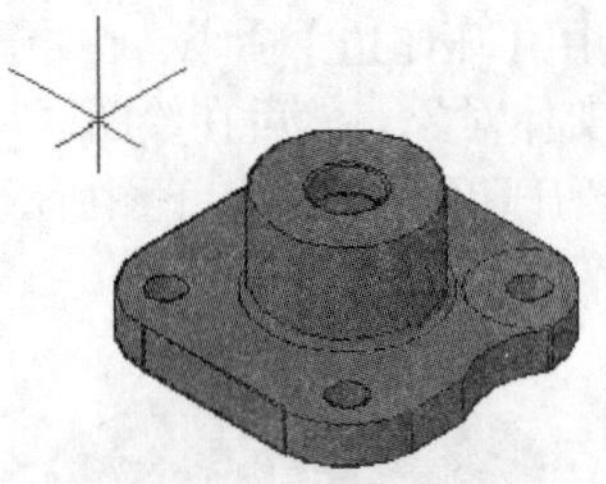

步骤03 按【Enter】结束该命令，结果如下图所示。

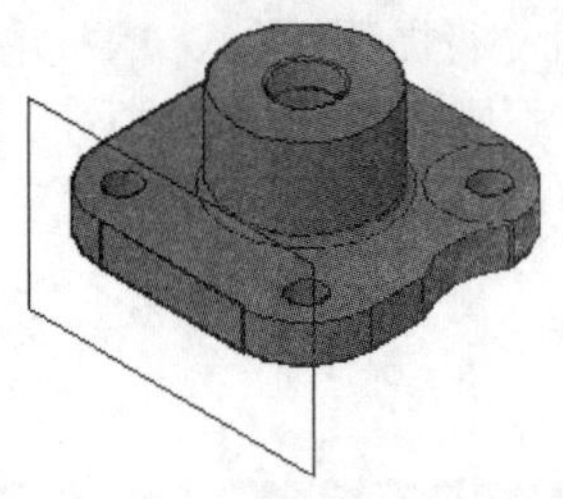

14.4 三维实体面编辑

上一节介绍了三维实体边编辑，本节主要介绍三维实体面编辑。

14.4.1 着色面

【着色面】命令可以为三维实体的选定面指定相应的颜色。

1. 命令调用方法

在AutoCAD 2021中调用【着色面】命令的方法通常有以下两种。

- 选择【修改】➤【实体编辑】➤【着色面】菜单命令。
- 单击【常用】选项卡➤【实体编辑】面板➤【着色面】按钮。

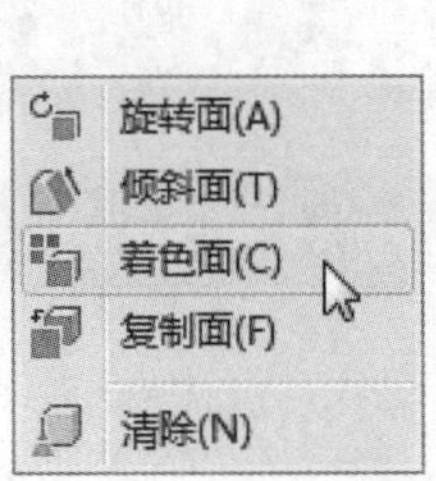

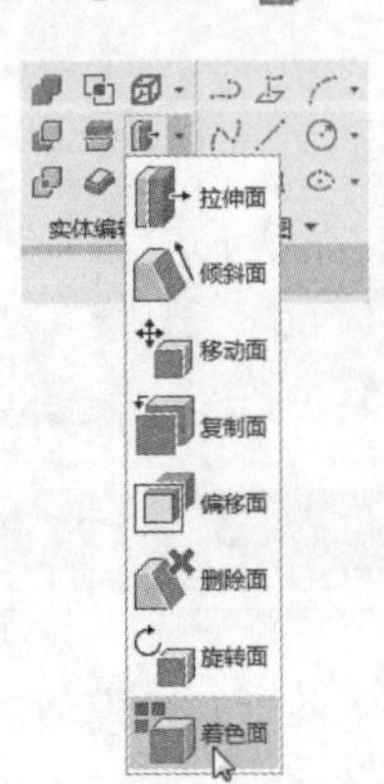

2. 命令提示

调用【着色面】命令之后，命令行会进行如下提示。

```
命令：_solidedit
实体编辑自动检查： SOLIDCHECK=1
输入实体编辑选项 [ 面 (F)/ 边 (E)/ 体 (B)/ 放弃 (U)/ 退出 (X)] < 退出 >: _face
输入面编辑选项
[ 拉伸 (E)/ 移动 (M)/ 旋转 (R)/ 偏移 (O)/ 倾斜 (T)/ 删除 (D)/ 复制 (C)/ 颜色 (L)/ 材质 (A)/ 放弃 (U)/ 退出 (X)] < 退出 >: _color
选择面或 [ 放弃 (U)/ 删除 (R)]:
```

14.4.2 实战演练——对三维实体对象进行着色面操作

下面利用【着色面】命令对链轮三维模型进行着色面操作，具体操作步骤如下。

步骤01 打开“素材\CH14\三维实体面编辑.dwg”文件，如下图所示。

步骤02 调用【着色面】命令，在绘图区域选择右上图所示的着色面并按【Enter】键确认。

步骤03 系统弹出【选择颜色】对话框，选择“红色”并单击【确定】按钮，然后连续按【Enter】键结束该命令，结果如下图所示。

14.4.3 拉伸面

【拉伸面】命令可以根据指定的距离拉伸平面，或者将平面沿指定的路径进行拉伸。【拉伸面】命令只能拉伸平面，对球体表面、圆柱体或圆锥体的曲面均无效。

1. 命令调用方法

在AutoCAD 2021中调用【拉伸面】命令的方法通常有以下三种。

- 选择【修改】➢【实体编辑】➢【拉伸面】菜单命令。
- 单击【常用】选项卡➢【实体编辑】面板➢【拉伸面】按钮。
- 单击【实体】选项卡➢【实体编辑】面板➢【拉伸面】按钮。

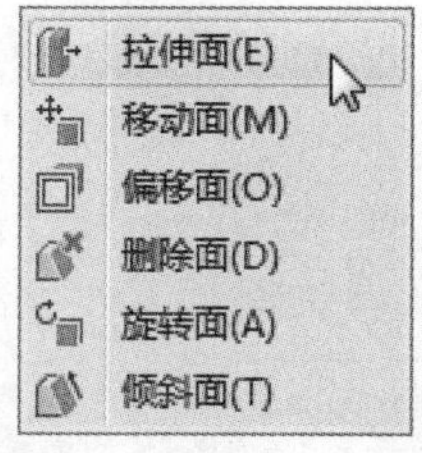

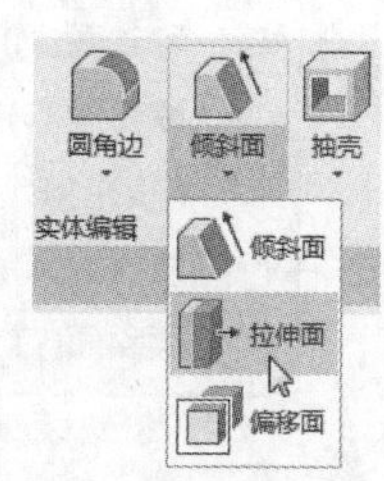

2. 命令提示

调用【拉伸面】命令之后，命令行会进行如下提示。

```
命令：_solidedit
实体编辑自动检查： SOLIDCHECK=1
输入实体编辑选项 [ 面 (F)/ 边 (E)/ 体 (B)/ 放弃 (U)/ 退出 (X)] < 退出 >: _face
输入面编辑选项
[ 拉伸 (E)/ 移动 (M)/ 旋转 (R)/ 偏移 (O)/ 倾斜 (T)/ 删除 (D)/ 复制 (C)/ 颜色 (L)/ 材质 (A)/ 放弃 (U)/ 退出 (X)] < 退出 >: _extrude
选择面或 [ 放弃 (U)/ 删除 (R)]:
```

14.4.4 实战演练——对三维实体对象进行拉伸面操作

下面利用【拉伸面】命令对链轮三维模型进行拉伸面操作，具体操作步骤如下。

步骤 01 调用【拉伸面】命令，在绘图区域选择下图所示的拉伸面，然后【Enter】键确认。

步骤 02 在命令行提示下指定拉伸高度为“10”、倾斜角度为“0”，并连续按【Enter】键结束该命令，结果如下图所示。

14.4.5 移动面

【移动面】命令可以在保持面的法线方向不变的前提下移动面的位置，从而修改实体的尺寸或更改实体中槽和孔的位置。

1. 命令调用方法

在AutoCAD 2021中调用【移动面】命令的方法通常有以下两种。

- 选择【修改】>【实体编辑】>【移动面】菜单命令。
- 单击【常用】选项卡>【实体编辑】面板>【移动面】按钮。

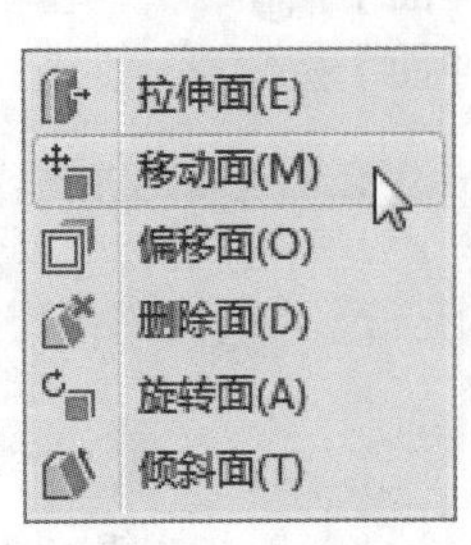

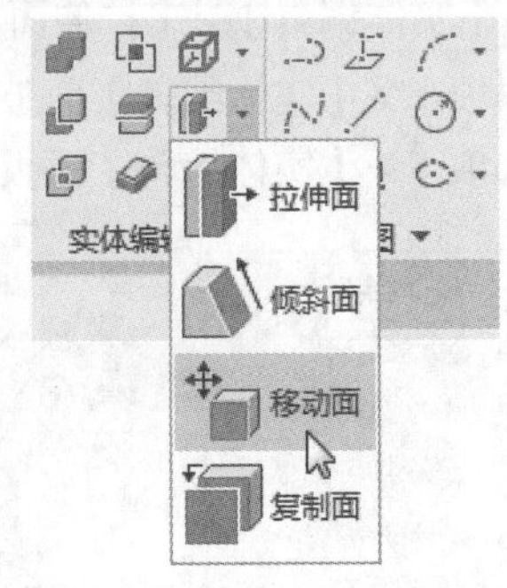

2. 命令提示

调用【移动面】命令之后，命令行会进行如下提示。

命令 : _solidedit
实体编辑自动检查： SOLIDCHECK=1
输入实体编辑选项 [面 (F)/ 边 (E)/ 体 (B)/ 放弃 (U)/ 退出 (X)] < 退出 >: _face
输入面编辑选项
[拉伸 (E)/ 移动 (M)/ 旋转 (R)/ 偏移 (O)/ 倾斜 (T)/ 删除 (D)/ 复制 (C)/ 颜色 (L)/ 材质 (A)/ 放弃 (U)/ 退出 (X)] < 退出 >: _move
选择面或 [放弃 (U)/ 删除 (R)]:

14.4.6 实战演练——对三维实体对象进行移动面操作

下面利用【移动面】命令对链轮三维模型进行移动面操作，具体操作步骤如下。

步骤01 调用【三维旋转】命令，将链轮绕x轴进行270° 旋转，如下图所示。

步骤02 调用【移动面】命令，选择下图所示的面作为需要移动的面并按【Enter】键确认。

步骤03 在绘图区域任意单击一点作为移动基点，在命令行提示下输入“@0,10,0”并按【Enter】键确认，然后连续按【Enter】键结束该命令，结果如下图所示。

14.4.7 复制面

【复制面】命令可以将实体中的平面和曲面分别复制生成面域和曲面模型。

1. 命令调用方法

在AutoCAD 2021中调用【复制面】命令的方法通常有以下两种。

- 选择【修改】➢【实体编辑】➢【复制面】菜单命令。
- 单击【常用】选项卡➢【实体编辑】面板➢【复制面】按钮。

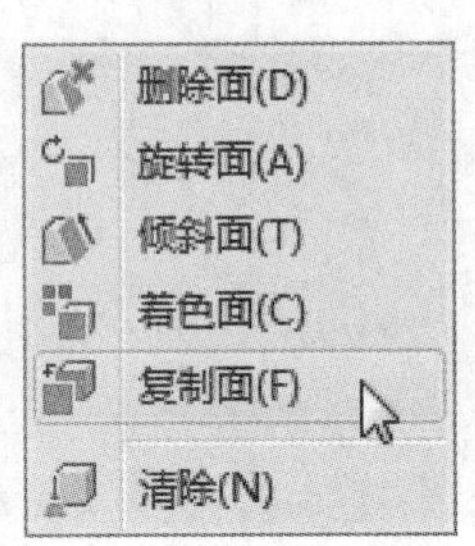

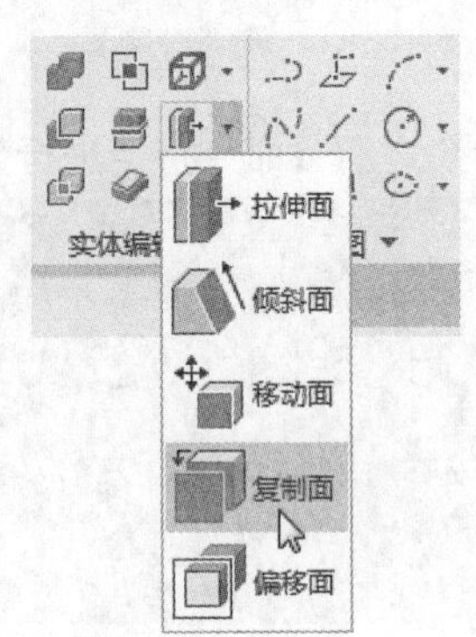

2. 命令提示

调用【复制面】命令之后，命令行会进行如下提示。

命令：_solidedit
实体编辑自动检查：SOLIDCHECK=1
输入实体编辑选项 [面 (F)/ 边 (E)/ 体 (B)/ 放弃 (U)/ 退出 (X)] < 退出 >: _face
输入面编辑选项
[拉伸 (E)/ 移动 (M)/ 旋转 (R)/ 偏移 (O)/ 倾斜 (T)/ 删除 (D)/ 复制 (C)/ 颜色 (L)/ 材质 (A)/ 放弃 (U)/ 退出 (X)] < 退出 >: _copy
选择面或 [放弃 (U)/ 删除 (R)]:

14.4.8 实战演练——对三维实体对象进行复制面操作

下面利用【复制面】命令对链轮三维模型进行复制面操作，具体操作步骤如下。

步骤01 调用【三维旋转】命令，将链轮绕x轴进行90° 旋转，如下图所示。

步骤02 调用【复制面】命令，选择下图所示的面为复制面并按【Enter】键确认。

步骤03 在绘图区域任意单击一点作为移动基点，在命令行提示下输入“@0,0,200”并按【Enter】键确认，然后连续按【Enter】键结束该命令，结果如下图所示。

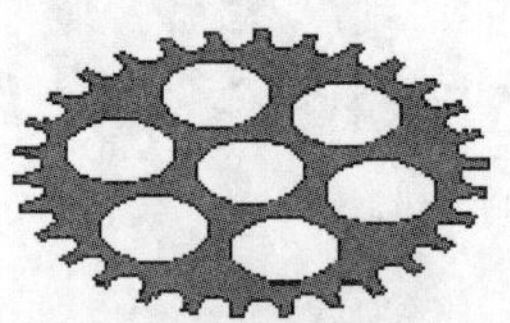

14.4.9 偏移面

【偏移面】命令不具备复制功能，只能按照指定的距离或通过点均匀地偏移实体表面。在偏移面时，如果偏移面是实体轴，则正偏移值使得轴变大；如果偏移面是一个孔，则正偏移值使得孔变小，因为它将最终使得实体体积变大。

1. 命令调用方法

在AutoCAD 2021中调用【偏移面】命令的方法通常有以下三种。

- 选择【修改】➢【实体编辑】➢【偏移面】菜单命令。
- 单击【常用】选项卡➢【实体编辑】面板➢【偏移面】按钮。
- 单击【实体】选项卡➢【实体编辑】面板➢【偏移面】按钮。

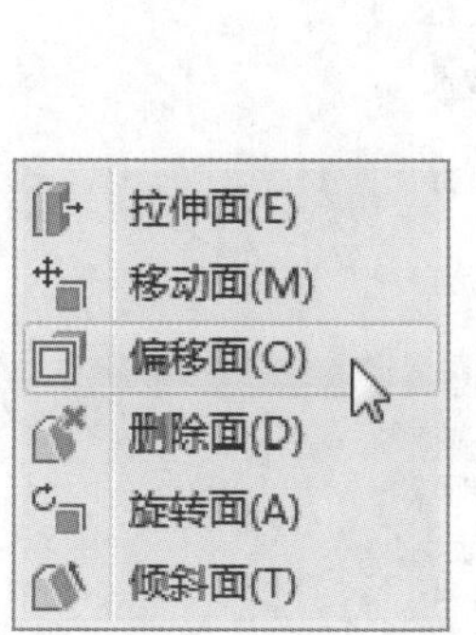

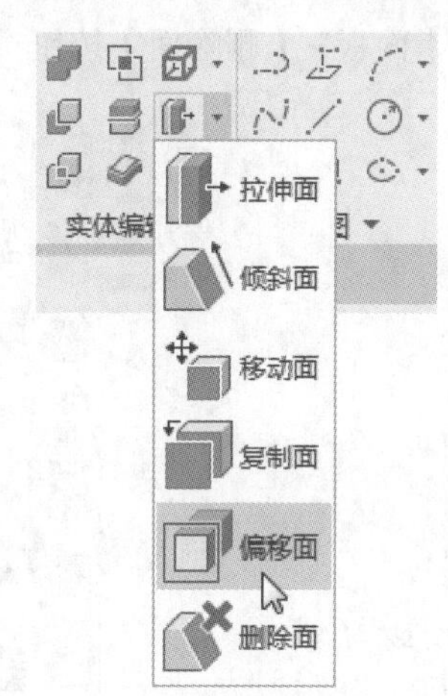

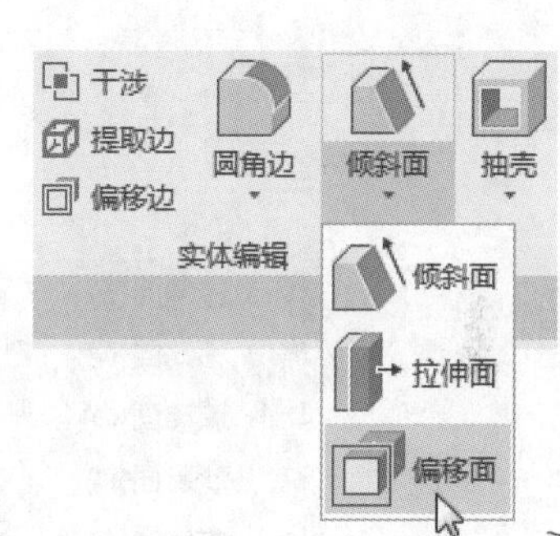

2. 命令提示

调用【偏移面】命令之后，命令行会进行如下提示。

```
命令：_solidedit
实体编辑自动检查：SOLIDCHECK=1
输入实体编辑选项 [ 面 (F)/ 边 (E)/ 体 (B)/ 放弃 (U)/ 退出 (X)] < 退出 >: _face
输入面编辑选项
[ 拉伸 (E)/ 移动 (M)/ 旋转 (R)/ 偏移 (O)/ 倾斜 (T)/ 删除 (D)/ 复制 (C)/ 颜色 (L)/ 材质 (A)/ 放弃 (U)/ 退出 (X)] < 退出 >: _offset
选择面或 [ 放弃 (U)/ 删除 (R)]:
```

14.4.10 实战演练——对三维实体对象进行偏移面操作

下面利用【偏移面】命令对链轮三维模型进行偏移面操作，具体操作步骤如下。

步骤 01 调用【偏移面】命令，选择下图所示的三个孔的表面为偏移面并按【Enter】键确认。

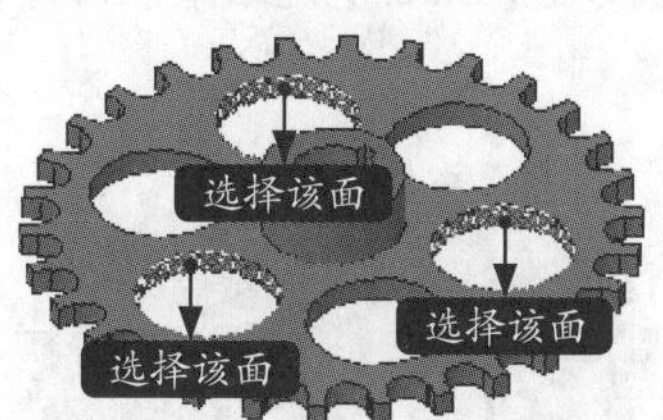

步骤 02 在命令行提示下输入“10”并按【Enter】键确认，以指定偏移距离，然后连续按【Enter】键结束该命令，结果如下图所示。

14.4.11 删除面

使用【删除面】命令可以从选择集中删除以前选择的面。

1. 命令调用方法

在AutoCAD 2021中调用【删除面】命令的方法通常有以下两种。

- 选择【修改】➤【实体编辑】➤【删除面】菜单命令。
- 单击【常用】选项卡➤【实体编辑】面板➤【删除面】按钮。

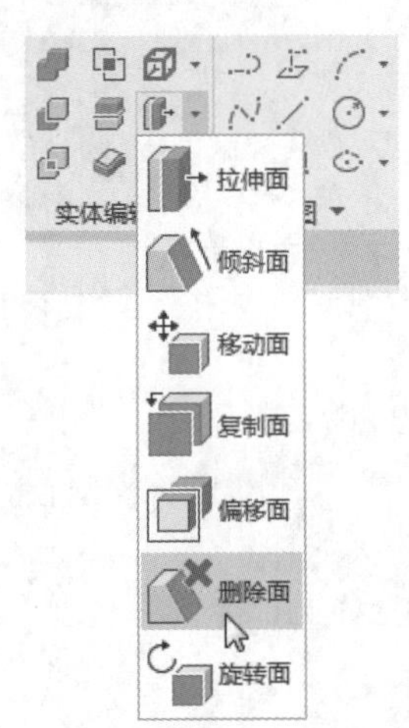

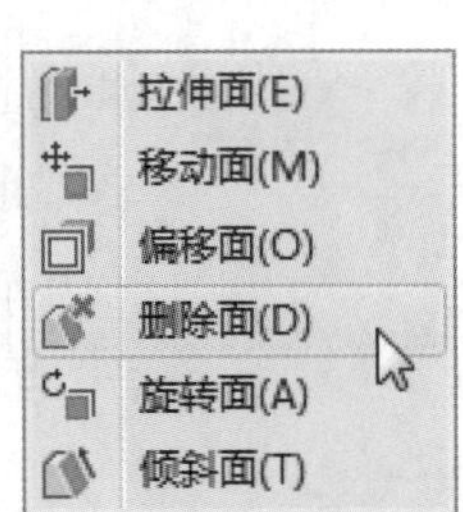

2. 命令提示

调用【删除面】命令之后，命令行会进行如下提示。

```
命令：_solidedit
实体编辑自动检查： SOLIDCHECK=1
输入实体编辑选项 [ 面 (F)/ 边 (E)/ 体 (B)/ 放弃 (U)/ 退出 (X)] < 退出 >: _face
输入面编辑选项
[ 拉伸 (E)/ 移动 (M)/ 旋转 (R)/ 偏移 (O)/ 倾斜 (T)/ 删除 (D)/ 复制 (C)/ 颜色 (L)/ 材质 (A)/ 放弃 (U)/ 退出 (X)] < 退出 >: _delete
选择面或 [ 放弃 (U)/ 删除 (R)]:
```

14.4.12 实战演练——对三维实体对象进行删除面操作

下面利用【删除面】命令对链轮三维模型进行删除面操作，具体操作步骤如下。

步骤 01 调用【删除面】命令，选择需要删除的三个孔的表面并按【Enter】键确认。

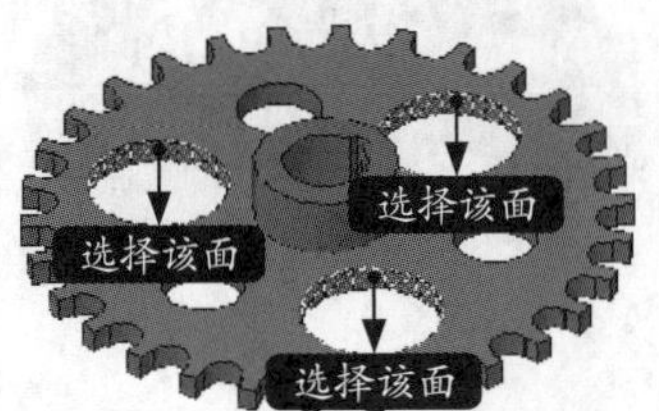

步骤 02 连续按【Enter】键结束该命令，结果如下图所示。

14.4.13 倾斜面

【倾斜面】命令可以使实体表面产生倾斜和锥化效果。

1. 命令调用方法

在AutoCAD 2021中调用【倾斜面】命令的方法通常有以下三种。

- 选择【修改】➤【实体编辑】➤【倾斜面】菜单命令。
- 单击【常用】选项卡➤【实体编辑】面板➤【倾斜面】按钮。
- 单击【实体】选项卡➤【实体编辑】面板➤【倾斜面】按钮。

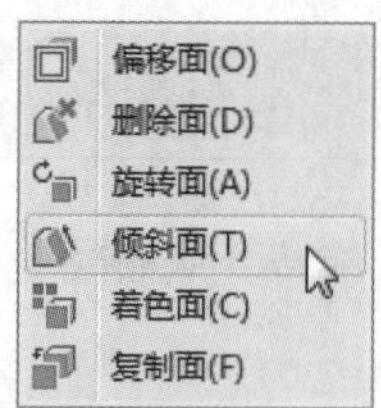

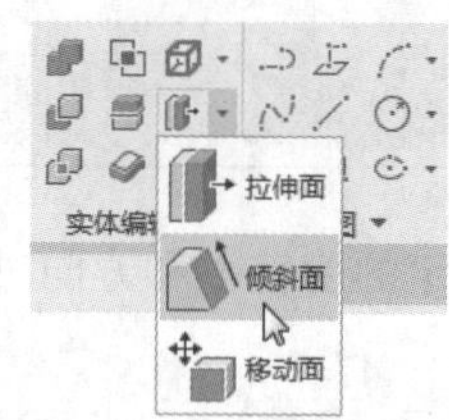

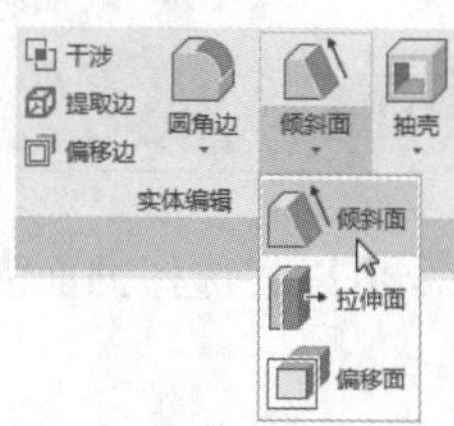

2. 命令提示

调用【倾斜面】命令之后，命令行会进行如下提示。

```
命令：_solidedit
实体编辑自动检查： SOLIDCHECK=1
输入实体编辑选项 [ 面 (F)/ 边 (E)/ 体 (B)/ 放弃 (U)/ 退出 (X)] < 退出 >: _face
输入面编辑选项
[ 拉伸 (E)/ 移动 (M)/ 旋转 (R)/ 偏移 (O)/ 倾斜 (T)/ 删除 (D)/ 复制 (C)/ 颜色 (L)/ 材质 (A)/ 放弃 (U)/ 退出 (X)] < 退出 >: _taper
选择面或 [ 放弃 (U)/ 删除 (R)]:
```

14.4.14 实战演练——对三维实体对象进行倾斜面操作

下面利用【倾斜面】命令对机械三维模型进行倾斜面操作，具体操作步骤如下。

步骤 01 打开“素材\CH14\倾斜与旋转面.dwg”文件，如下图所示。

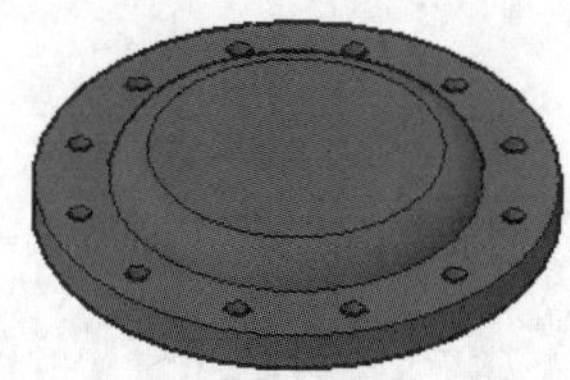

步骤 02 调用【倾斜面】命令，在绘图区域单击选择需要倾斜的面，并按【Enter】键确认，如右上图所示。

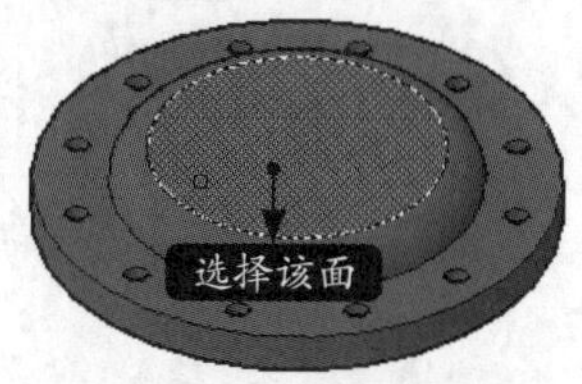

步骤 03 在绘图区域单击指定倾斜基点，如下图所示。

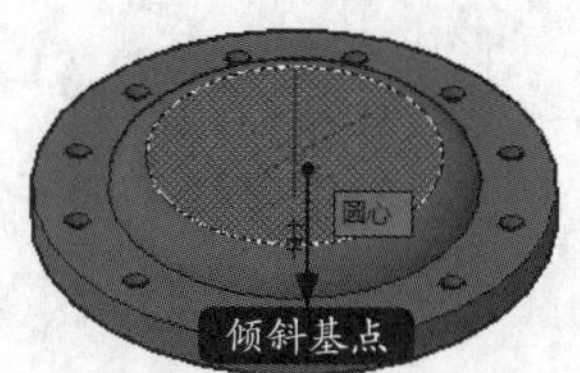

步骤04 在绘图区域拖曳鼠标并单击指定沿倾斜轴的另一个点，如下图所示。

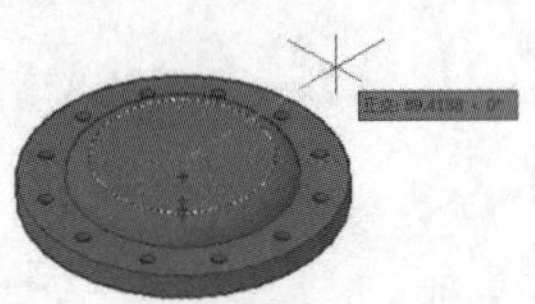

步骤05 在命令行提示下输入“10”并按【Enter】键确认，以指定倾斜角度，然后连续按【Enter】键结束该命令，结果如下图所示。

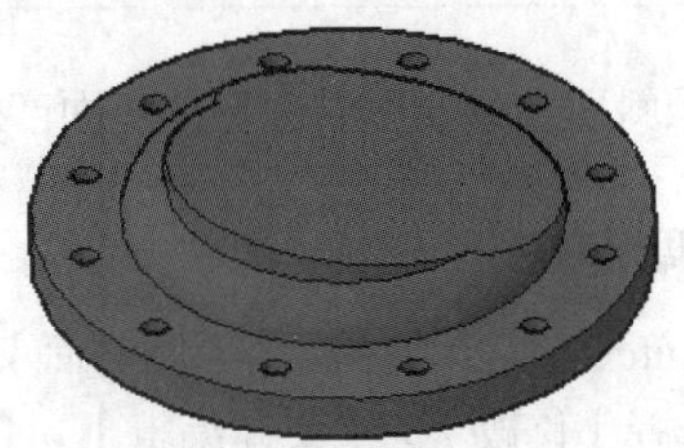

14.4.15 旋转面

【旋转面】命令可以将选择的面沿指定的旋转轴和方向进行旋转，从而改变实体的形状。

1. 命令调用方法

在AutoCAD 2021中调用【旋转面】命令的方法通常有以下两种。

- 选择【修改】➤【实体编辑】➤【旋转面】菜单命令。
- 单击【常用】选项卡➤【实体编辑】面板➤【旋转面】按钮。

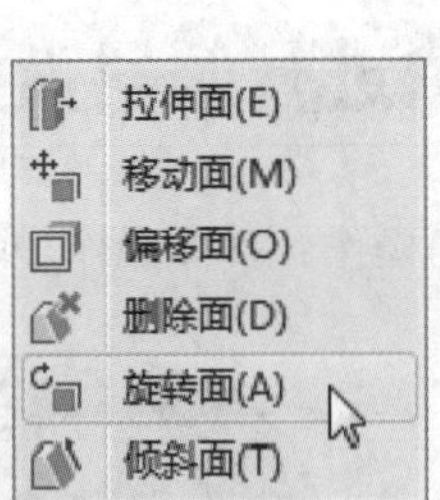

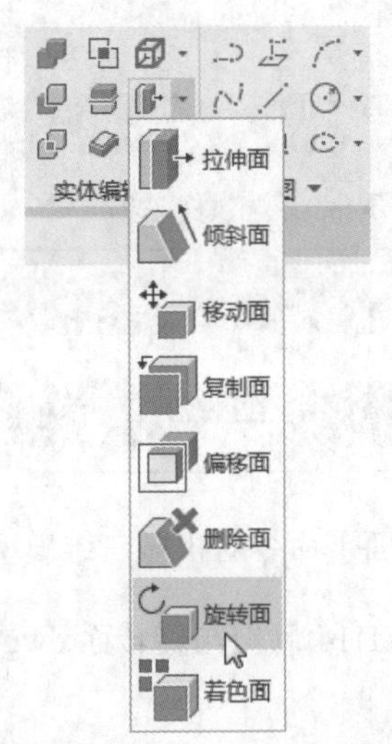

2. 命令提示

调用【旋转面】命令之后，命令行会进行如下提示。

```
命令：_solidedit
实体编辑自动检查： SOLIDCHECK=1
输入实体编辑选项 [ 面 (F)/ 边 (E)/ 体 (B)/ 放弃 (U)/ 退出 (X)] < 退出 >: _face
输入面编辑选项
[ 拉伸 (E)/ 移动 (M)/ 旋转 (R)/ 偏移 (O)/ 倾斜 (T)/ 删除 (D)/ 复制 (C)/ 颜色 (L)/ 材质 (A)/ 放弃 (U)/ 退出 (X)] < 退出 >: _rotate
选择面或 [ 放弃 (U)/ 删除 (R)]:
```

14.4.16 实战演练——对三维实体对象进行旋转面操作

下面利用【旋转面】命令对机械三维模型进行旋转面操作，具体操作步骤如下。

步骤 01 调用【旋转面】命令，选择下图所示的面为旋转面并按【Enter】键确认。

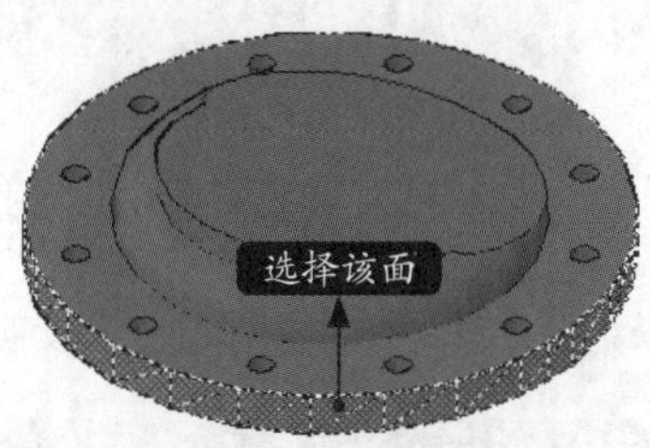

步骤 02 在绘图区域单击指定轴点，如下图所示。

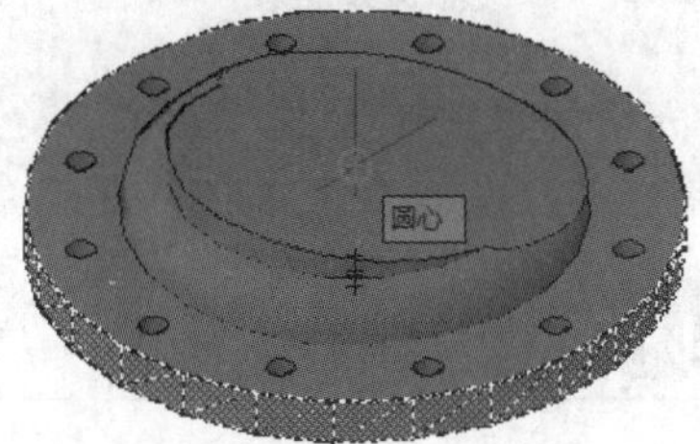

步骤 03 在绘图区域拖曳鼠标单击指定旋转轴上的另外一个点，如右上图所示。

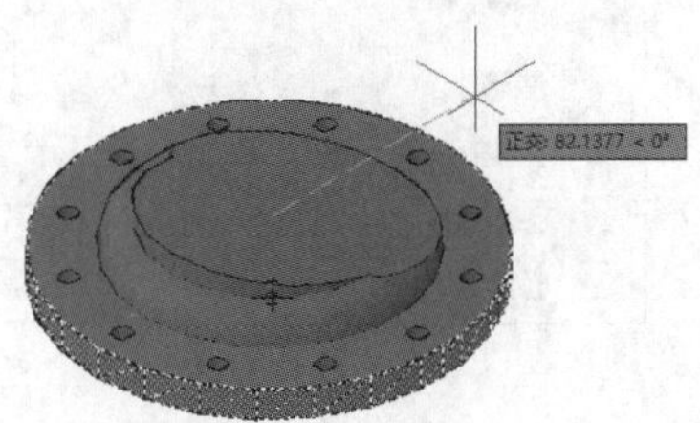

步骤 04 在命令行提示下输入“30”并按【Enter】键，以指定旋转角度，然后连续按【Enter】键结束该命令，结果如下图所示。

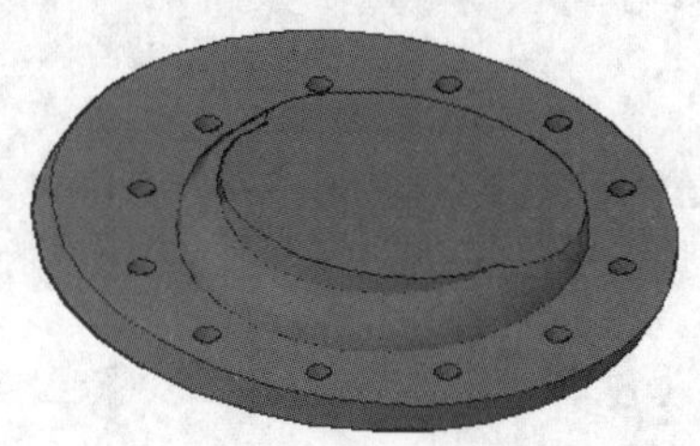

14.5 三维实体体编辑

前面介绍了三维实体边编辑和面编辑，本节主要介绍三维实体体编辑。

14.5.1 抽壳

抽壳命令通过偏移被选中的三维实体的面，将原始面与偏移面之外的东西删除。也可以在抽壳的三维实体内通过挤压创建一个开口。该选项对一个特殊的三维实体只能执行一次。

1. 命令调用方法

在AutoCAD 2021中调用【抽壳】命令的方法通常有以下三种。

- 选择【修改】➢【实体编辑】➢【抽壳】菜单命令。
- 单击【常用】选项卡➢【实体编辑】面板➢【抽壳】按钮。
- 单击【实体】选项卡➢【实体编辑】面板➢【抽壳】按钮。

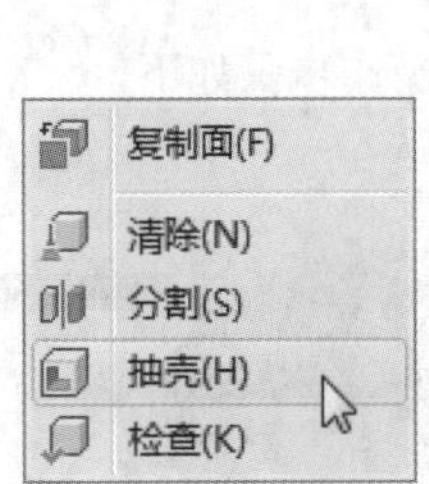

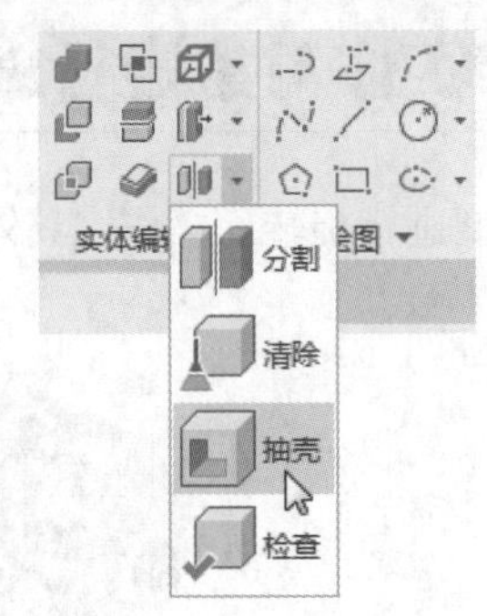

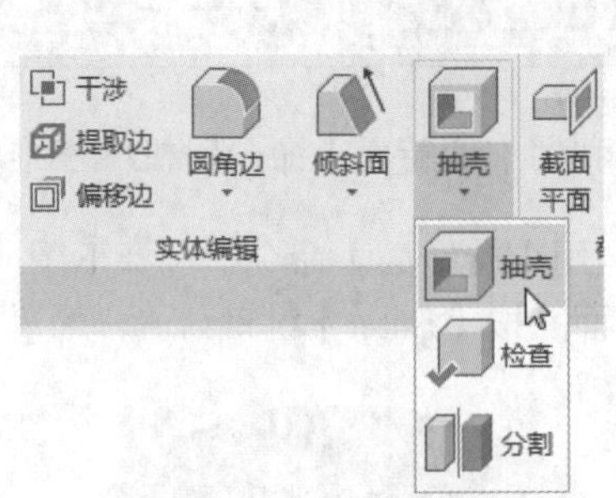

2. 命令提示

调用【抽壳】命令之后，命令行会进行如下提示。

```
命令：_solidedit
实体编辑自动检查： SOLIDCHECK=1
输入实体编辑选项 [ 面 (F)/ 边 (E)/ 体 (B)/ 放弃 (U)/ 退出 (X)] < 退出 >: _body
输入体编辑选项
[ 压印 (I)/ 分割实体 (P)/ 抽壳 (S)/ 清除 (L)/ 检查 (C)/ 放弃 (U)/ 退出 (X)] < 退出 >: _shell
选择三维实体：
```

14.5.2 实战演练——对三维实体对象进行抽壳操作

下面利用【抽壳】命令对三维模型进行抽壳操作，具体操作步骤如下。

步骤 01 打开“素材\CH14\抽壳与剖切.dwg”文件，如下图所示。

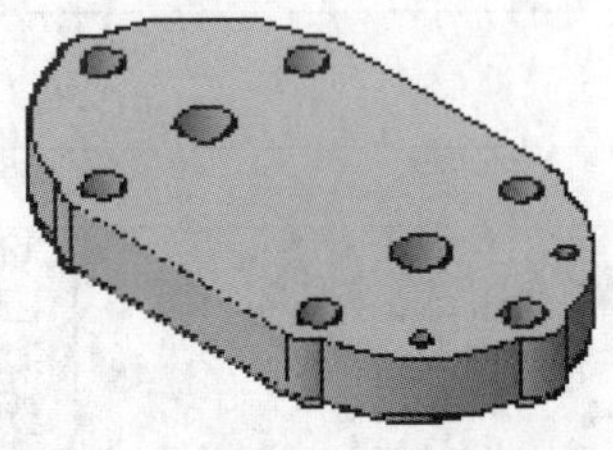

步骤 02 调用【抽壳】命令，选择三维实体对象作为需要抽壳的对象，在命令提示下单击选择如右上图所示的面为删除面，并按【Enter】键确认。

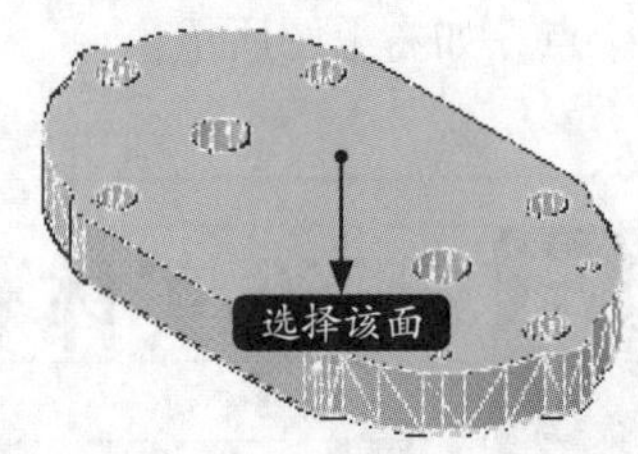

步骤 03 在命令行提示下输入“2”并按【Enter】键确认，以指定抽壳距离，然后连续按【Enter】键结束该命令，结果如下图所示。

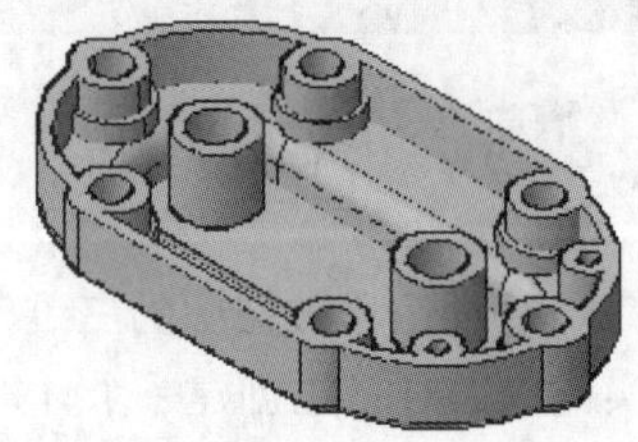

14.5.3 剖切

为了发现模型内部结构上的问题，经常要用【剖切】命令沿一个平面或曲面将实体剖切成两部分。可以删除剖切实体的一部分，也可以两部分都保留。

1. 命令调用方法

在AutoCAD 2021中调用【剖切】命令的方法通常有以下4种。

- 选择【修改】➢【三维操作】➢【剖切】菜单命令。
- 命令行输入“SLICE/SL”命令并按空格键。
- 单击【常用】选项卡➢【实体编辑】面板➢【剖切】按钮。
- 单击【实体】选项卡➢【实体编辑】面板➢【剖切】按钮。

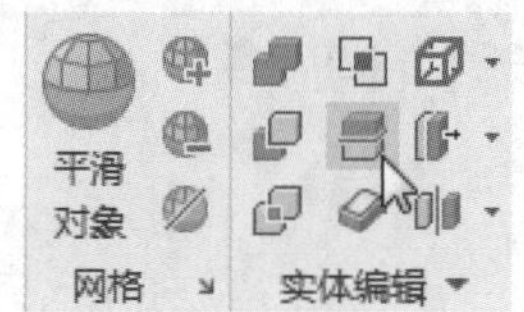

2. 命令提示

调用【剖切】命令之后，命令行会进行如下提示。

```
命令：_slice
选择要剖切的对象：
```

14.5.4 实战演练——对三维实体对象进行剖切操作

下面利用【剖切】命令对剖切后的三维模型进行剖切操作，具体操作步骤如下。

步骤01 调用【剖切】命令，选择整个三维实体对象作为需要剖切的对象，并按【Enter】键确认，然后单击指定剖切平面的起点，如下图所示。

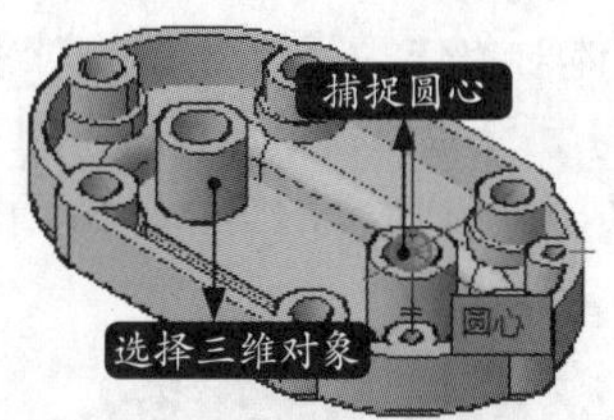

步骤02 在绘图区域拖曳鼠标单击指定剖切平面的第二个点，如右上图所示。

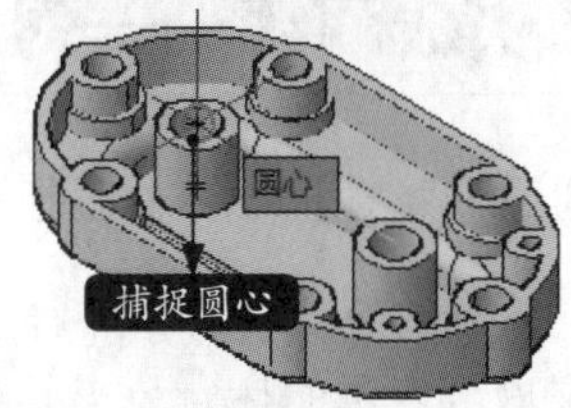

步骤03 在需要保留的一侧单击，结果如下图所示。

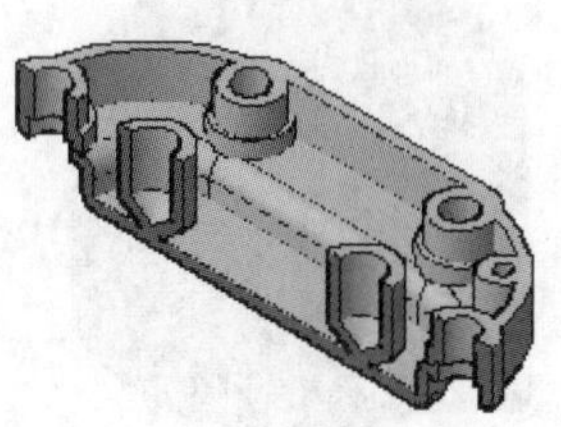

14.5.5 分割

不相连的组合实体可以分割成独立的实体。虽然分割后的三维实体看起来没有什么变化，但实际上它们已经是各自独立的三维实体。

1. 命令调用方法

在AutoCAD 2021中调用【分割】命令的方法通常有以下三种。

- 选择【修改】➢【实体编辑】➢【分割】菜单命令。
- 单击【常用】选项卡➢【实体编辑】面板➢【分割】按钮。
- 单击【实体】选项卡➢【实体编辑】面板➢【分割】按钮。

2. 命令提示

调用【分割】命令之后，命令行会进行如下提示。

```
命令：_solidedit
实体编辑自动检查： SOLIDCHECK=1
输入实体编辑选项 [ 面 (F)/ 边 (E)/ 体 (B)/ 放弃 (U)/ 退出 (X)] < 退出 >: _body
输入体编辑选项
[ 压印 (I)/ 分割实体 (P)/ 抽壳 (S)/ 清除 (L)/ 检查 (C)/ 放弃 (U)/ 退出 (X)] < 退出 >: _separate
选择三维实体：
```

14.5.6 实战演练——对三维实体对象进行分割操作

下面利用【分割】命令对机械三维模型进行分割操作，具体操作步骤如下。

步骤 01 打开“素材\CH14\分割对象.dwg”文件，绘图区域的三维实体对象为一个整体，如下图所示。

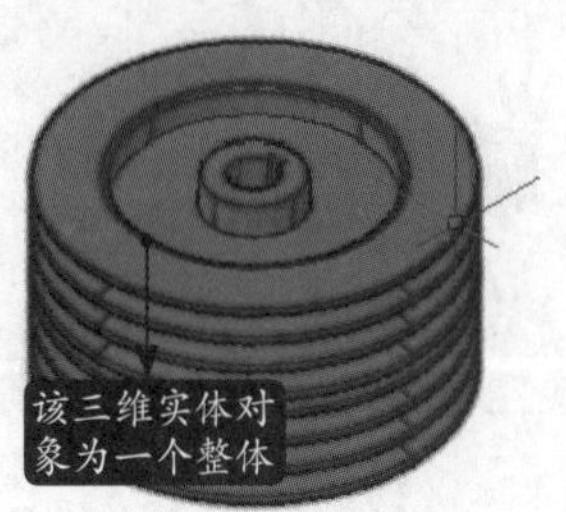

步骤 02 调用【分割】命令，在绘图区域选择整个三维实体对象作为需要分割的对象，并连续按【Enter】键结束该命令，视图中的三维实体对象被分割成为两个独立的实体，如下图所示。

14.5.7 加厚

【加厚】命令可以加厚曲面，从而把它转换成实体。该命令只能将由平移、拉伸、扫掠、放样或者旋转命令创建的曲面通过加厚转换成实体。

1. 命令调用方法

在AutoCAD 2021中调用【加厚】命令的方法通常有以下4种。

- 选择【修改】➢【三维操作】➢【加厚】菜单命令。
- 命令行输入“THICKEN”命令并按空格键。
- 单击【常用】选项卡➢【实体编辑】面板➢【加厚】按钮。
- 单击【实体】选项卡➢【实体编辑】面板➢【加厚】按钮。

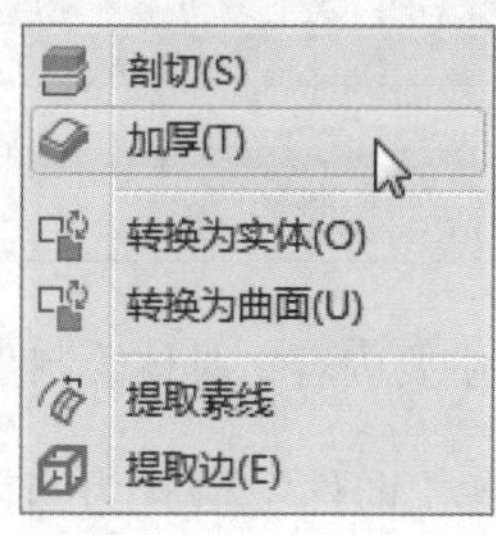

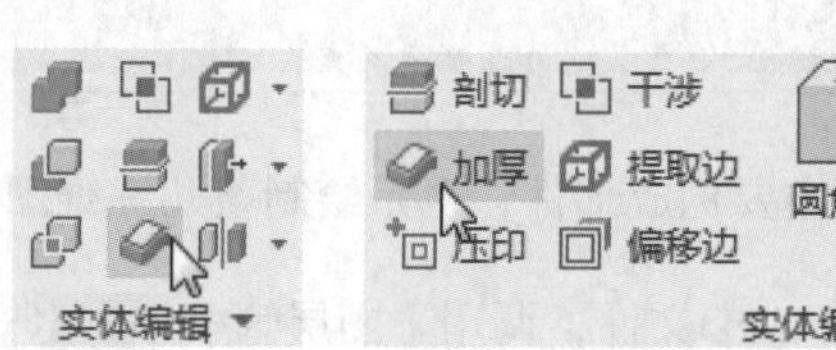

2. 命令提示

调用【加厚】命令之后，命令行会进行如下提示。

```
命令：_Thicken
选择要加厚的曲面：
```

14.5.8 实战演练——对三维实体对象进行加厚操作

下面利用【加厚】命令对三维模型进行加厚操作，具体操作步骤如下。

步骤01 打开“素材\CH14\加厚对象.dwg”文件，如下图所示。

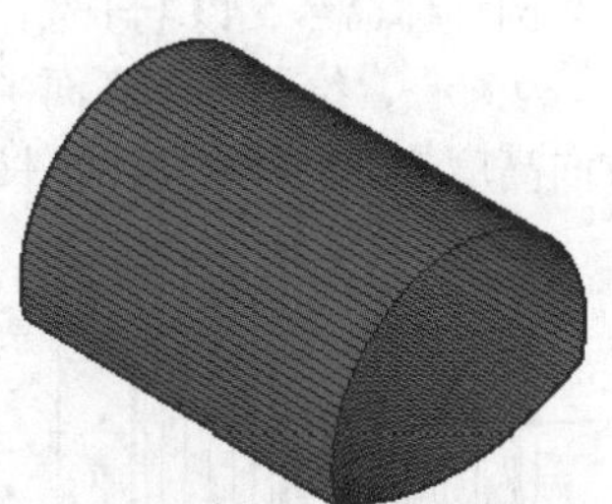

步骤02 调用【加厚】命令，在绘图区域选择需要加厚的对象，并按【Enter】键确认，如下图所示。

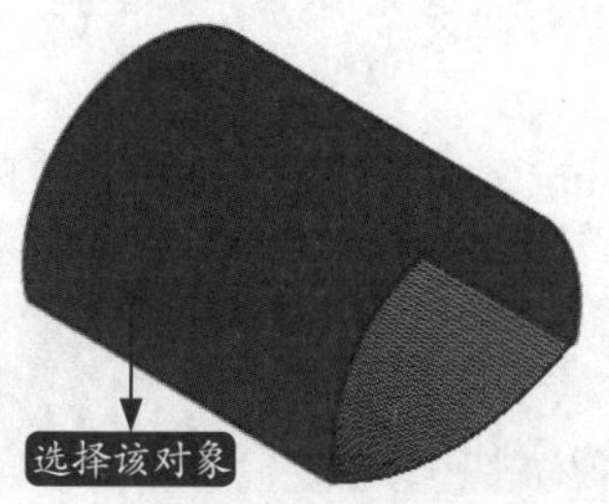

步骤03 在命令行提示下输入“50”并按【Enter】键确认，以指定厚度，结果如下图所示。

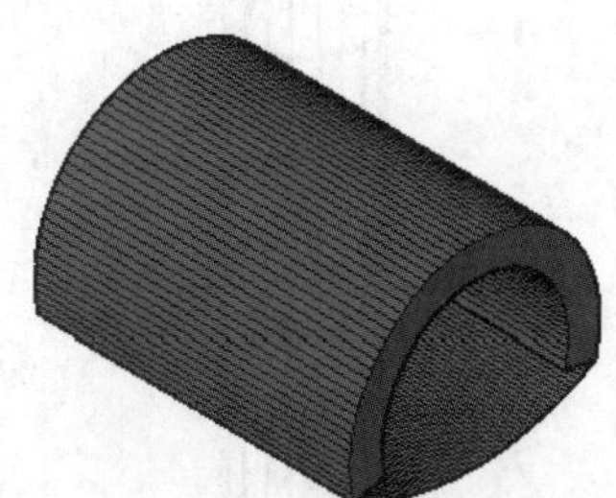

14.6 综合应用——茶几三维建模

下面介绍茶几三维模型的绘制，主要应用到圆柱体、圆锥体、圆角边、复制、阵列、拉伸、剖切等命令。

14.6.1 绘制茶几腿

茶几腿是茶几的主要构成部件，也是绘制茶几三维图的主要内容，具体绘制步骤如下。

步骤01 新建一个AutoCAD文件，调用【图层管理器】命令，创建茶几腿、搁板和面板、装饰三个图层，并将“茶几腿”置为当前层，如下图所示。

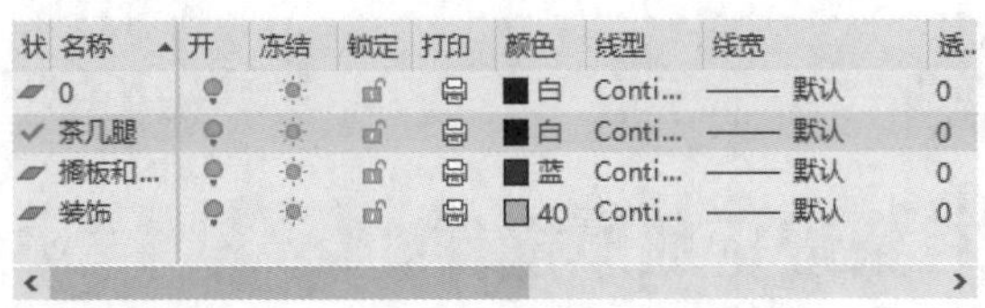

状	名称	开	冻结	锁定	打印	颜色	线型	线宽	透...
	0					白	Conti...	—— 默认	0
✓	茶几腿					白	Conti...	—— 默认	0
	搁板和...					蓝	Conti...	—— 默认	0
	装饰					40	Conti...	—— 默认	0

步骤02 将视图切换为【西北等轴测】，然后调用【圆柱体】命令，以坐标原点为底面圆心，绘制一个底面半径为30、高为150的圆柱体，如下图所示。

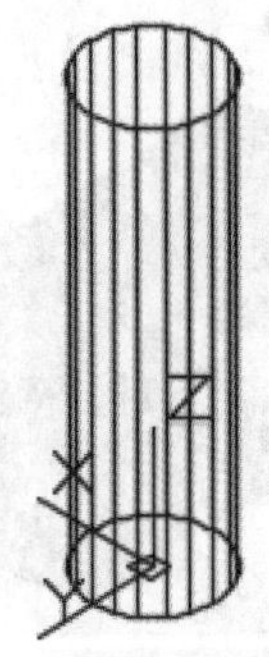

小提示

线框密度isolines设置为“20”。

步骤03 将“饰件”层置为当前，重复【圆柱体】命令，以坐标原点为底面圆心，绘制一个底面半径为40、沿*z*轴负方向高度为10的圆柱体。

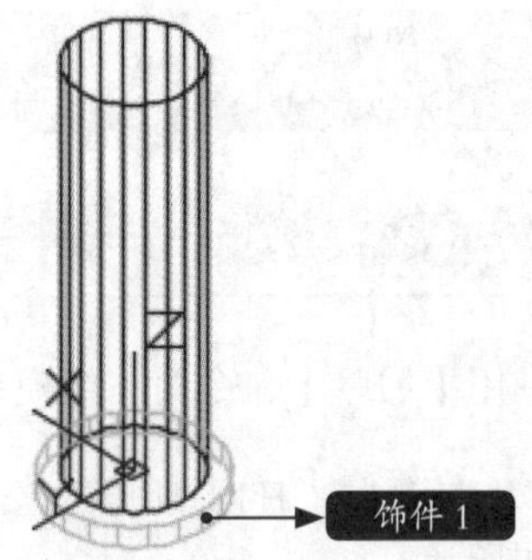

步骤04 重复圆柱体命令，以上步绘制的圆柱体的底面圆心为圆心，绘制一个底面半径为35、沿*z*轴负方向高度为5的圆柱体（饰件2）。

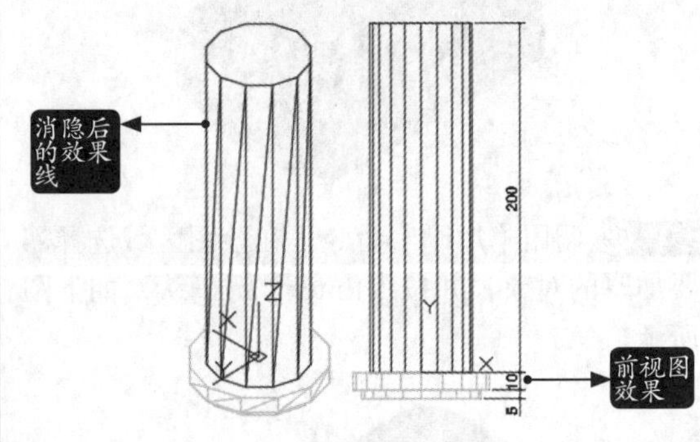

步骤05 将“茶几腿”置为当前层，调用【圆锥体】命令，AutoCAD命令行提示操作如下。

```
命令：_cone
指定底面的中心点或 [ 三点 (3P)/ 两点 (2P)/ 切点、切点、半径 (T)/ 椭圆 (E)]: 0,0,-15
指定底面半径或 [ 直径 (D)] <45.0000>: 45
指定高度或 [ 两点 (2P)/ 轴端点 (A)/ 顶面半径 (T)] <-50.0000>: t
```

```
指定顶面半径 <0.0000>: 55
指定高度或 [ 两点 (2P)/ 轴端点 (A)] <-50.0000>: -50
```

结果如下图所示。

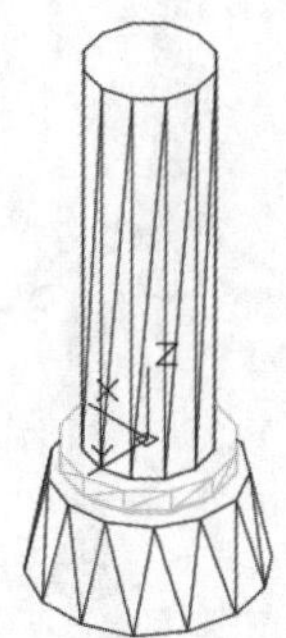

步骤 06 调用【圆角边】命令，然后分别对饰件1和圆台体的边圆角，圆角半径为2，将视觉样式切换为【概念】后如下图所示。

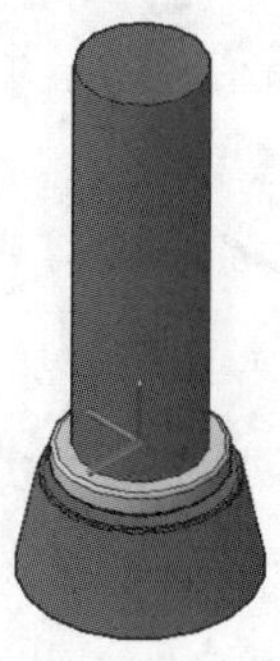

步骤 07 调用【复制】命令，将两个饰件沿*z*轴向上复制135，如右上图所示。

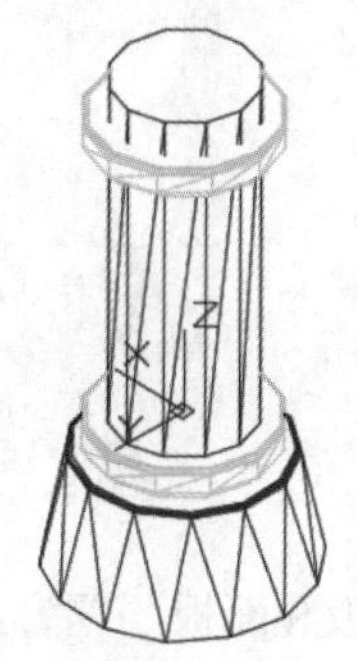

步骤 08 调用【矩形阵列】命令，阵列的行数和列数都为1，层数为3，间距为165，如下图所示。

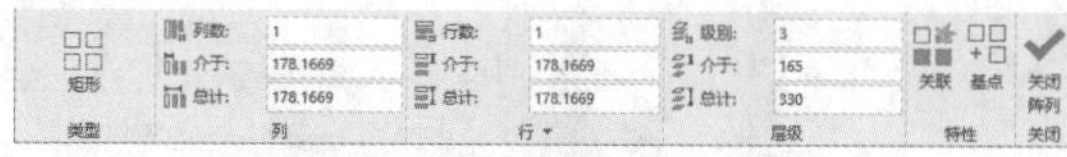

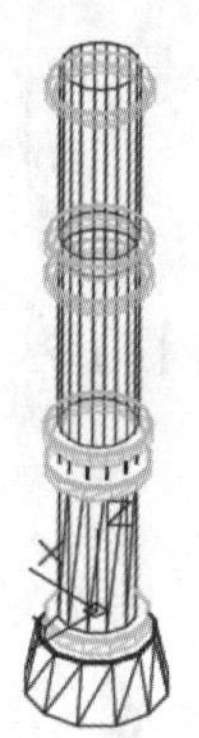

14.6.2 绘制搁板

搁板是用于放置物品的，是茶几的另一重要部件，搁板通过拉伸二维面域生成，具体绘制步骤如下。

步骤 01 调用【复制】命令，AutoCAD命令行提示操作如下。

```
命令：_COPY
选择对象：all                // 输入“all”，选择所有对象
找到 20 个
选择对象：                   // 按空格键结束选择
当前设置： 复制模式 = 多个
指定基点或 [ 位移 (D)/ 模式 (O)] < 位移 >: 0,0,0
指定第二个点或 [ 阵列 (A)] < 使用第一个点作为位移 >: -700,0,0
指定第二个点或 [ 阵列 (A)/ 退出 (E)/ 放弃 (U)] < 退出 >: 0,-500,0
指定第二个点或 [ 阵列 (A)/ 退出 (E)/ 放弃 (U)] < 退出 >: -700,-500,0
指定第二个点或 [ 阵列 (A)/ 退出 (E)/ 放弃 (U)] < 退出 >: // 空格键
```

结果如下图所示。

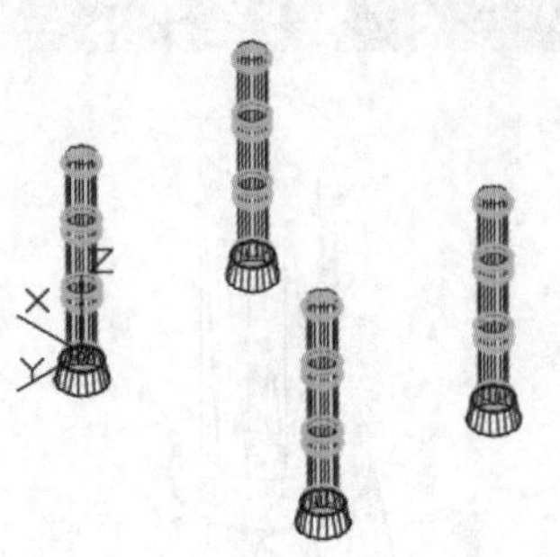

步骤02 将“搁板和面板”置为当前层，然后调用【矩形】命令，以“0,0,75”为第一个角点，绘制一个700×500的矩形，如下图所示。

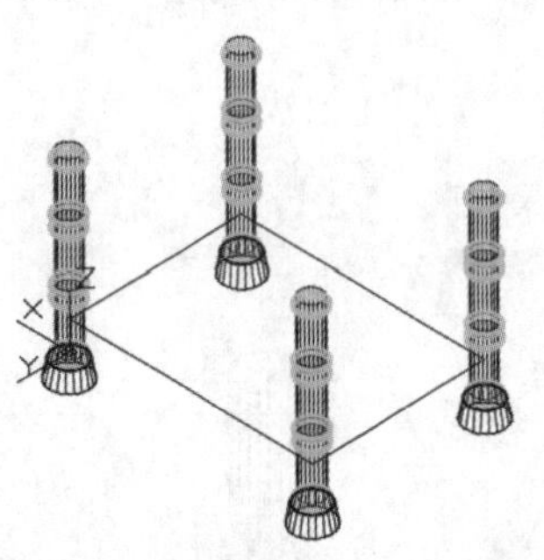

步骤03 调用【偏移】命令，将上步绘制的矩形向内侧偏移10。

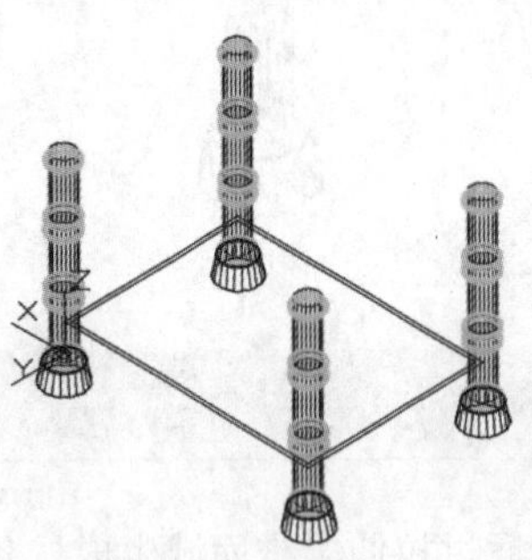

步骤04 调用【起点、端点、半径】命令，绘制半径分别为1250和1180的两段圆弧，如下图所示。

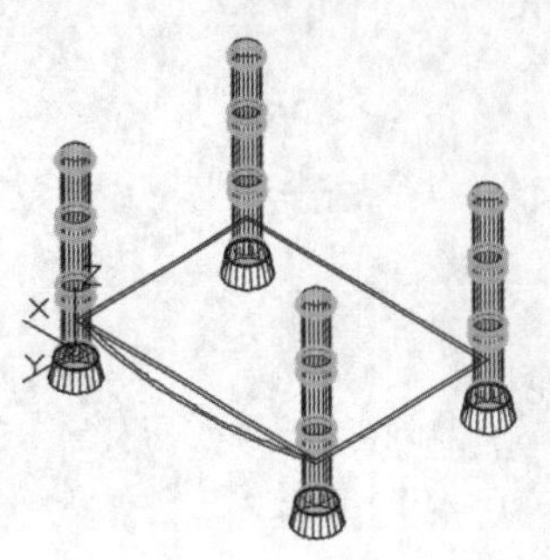

步骤05 调用【分解】命令，将两个矩形分解，并删除与圆弧连接的直线。然后调用【面域】命令，选择相连的直线和圆弧创建两个面域。

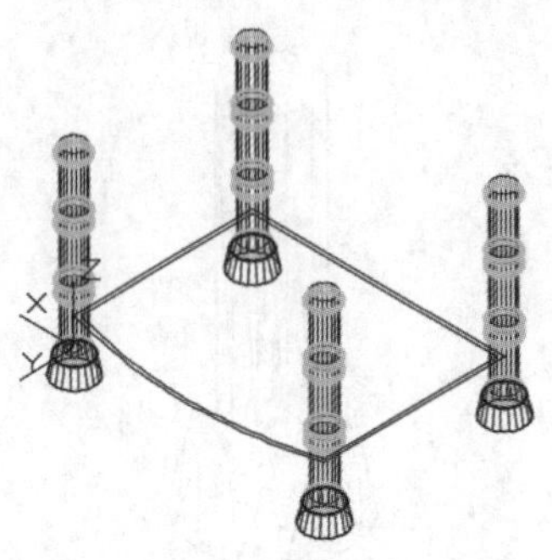

步骤06 调用【拉伸】命令，将大的面域沿z轴负方向拉伸10，将小的面域沿z轴正方向拉伸10，如下图所示。

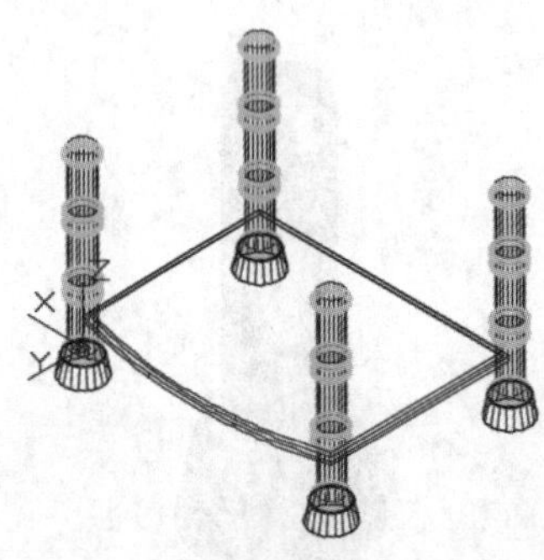

步骤07 调用【矩形阵列】命令，然后将两个搁板进行矩形阵列，阵列的行数和列数都为1，层数为3，间距为165，结果如下图所示。

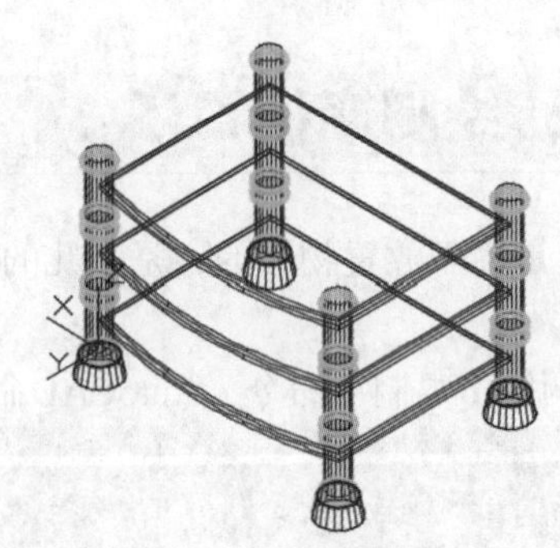

14.6.3 绘制球体和面板

绘制一个球体后，通过复制得到其他球体。面板的绘制方法与搁板相同。具体绘制步骤如下。

步骤 01 将“茶几腿”置为当前层，调用【球体】命令”，以点（0,0,480）为圆心，绘制一个半径为30的球，如下图所示。

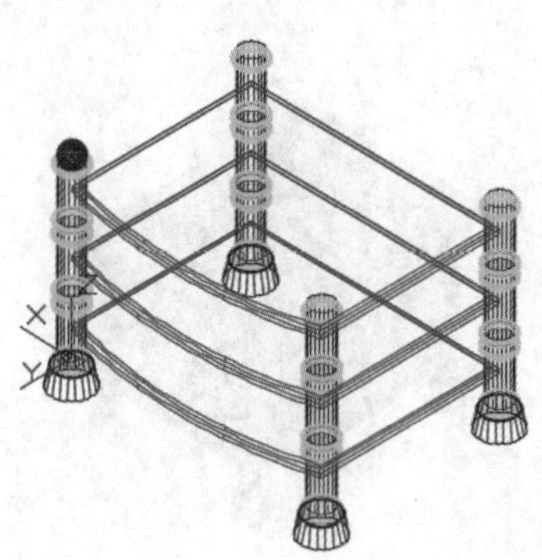

步骤 02 调用【复制】命令，AutoCAD命令行提示操作如下：

命令：_COPY
选择对象：找到一个 // 选择刚绘制的球体
选择对象： // 按空格键结束选择
当前设置：复制模式 = 多个
指定基点或 [位移 (D)/ 模式 (O)] < 位移 >: 0,0,0
指定第二个点或 [阵列 (A)] < 使用第一个点作为位移 >: @–700,0,0
指定第二个点或 [阵列 (A)/ 退出 (E)/ 放弃 (U)] < 退出 >: @0,–500,0
指定第二个点或 [阵列 (A)/ 退出 (E)/ 放弃 (U)] < 退出 >: @–700,–500,0
指定第二个点或 [阵列 (A)/ 退出 (E)/ 放弃 (U)] < 退出 >: // 空格键

结果如下图所示。

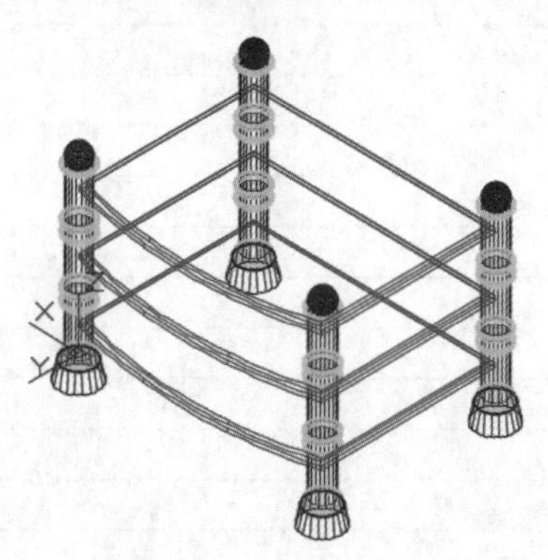

步骤 03 将“茶几腿”置为当前层，调用【矩形】命令”，两个角点的坐标如下。

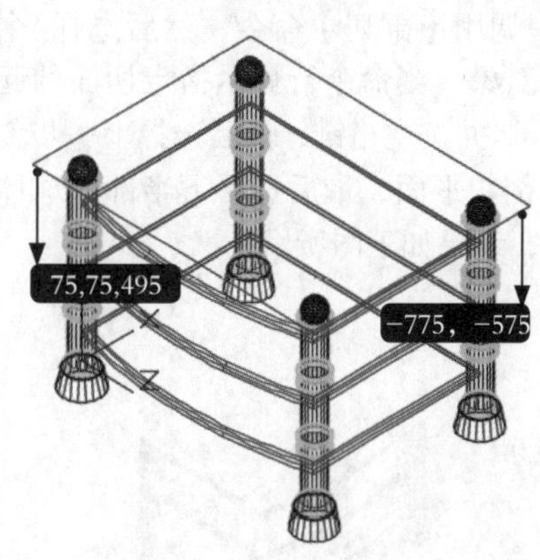

小提示

在三维中绘制矩形时，第一个角点是三维坐标，即（X，Y，Z）格式，第二个角点则是XY平面的坐标，即（X，Y）格式。

步骤 04 调用【起点、端点、半径】绘制圆弧命令，绘制一个半径为1 950的圆弧，如下图所示。

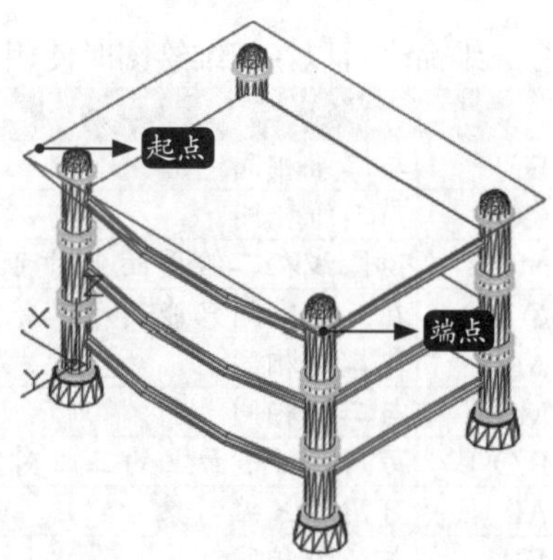

步骤 05 调用【分解】命令，将两个矩形分解，并删除与圆弧连接的直线。然后调用【面域】命令，选择相连的直线和圆弧创建一个面域，消隐后如下页图所示。

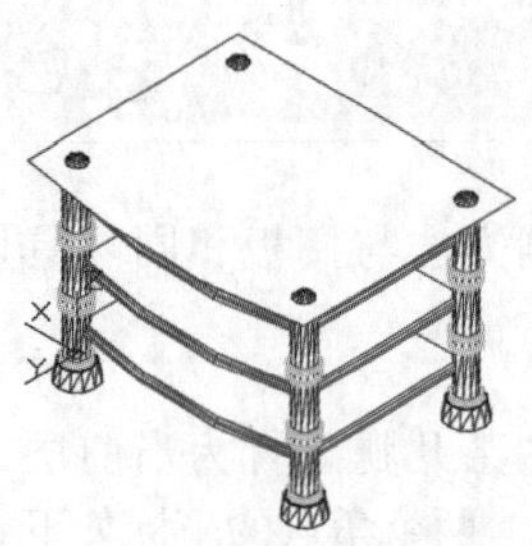

步骤06 调用【剖切】命令，然后选择4个球体为剖切对象，当命令行提示指定切面的起点时输入“o”并按空格键，然后选择上一步创建的面域为剖切平面，最后选择下半部分球体为保留对象，结果如下图所示。

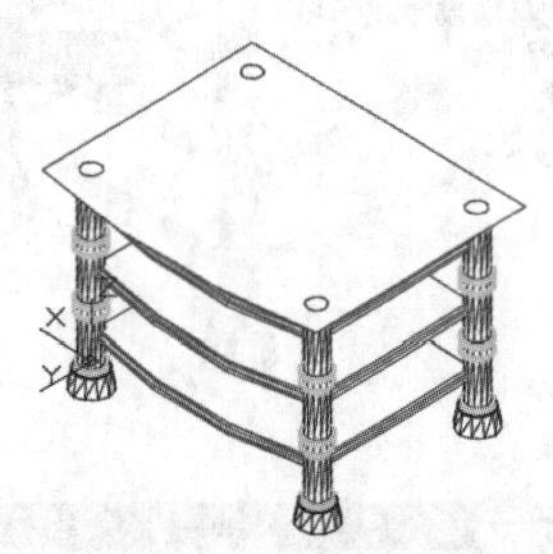

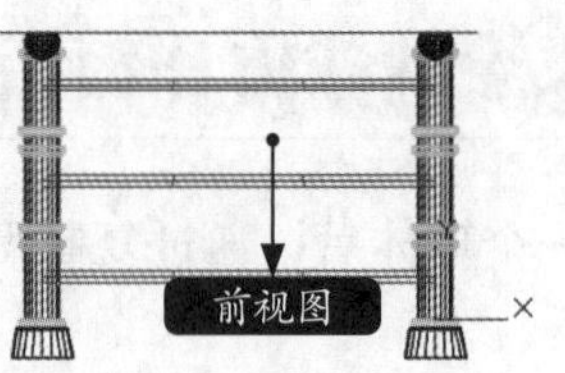

步骤07 调用【拉伸】，将刚创建的面域沿z轴向上拉伸20，将坐标系移动到其他位置，然后将视觉样式切换为【真实】，结果如下图所示。

疑难解答

1. 适用于三维的二维编辑命令

很多二维命令可以在三维绘图时使用，具体如下表所示。

命令	在三维绘图中的用法
删除（E）	与二维相同
复制（CO）	与二维相同
镜像（MI）	镜像线在二维平面上时可以用于三维对象
偏移（O）	在三维空间只能用于二维对象
阵列（AR）	与二维相同
移动（M）	与二维相同
旋转（RO）	可用于xy平面上的三维对象
对齐（AL）	可用于三维对象
分解（X）	与二维相同
缩放（SC）	可用于三维对象
拉伸（S）	在三维空间可用于二维对象、线框和曲面
拉长（LEN）	在三维空间只能用于二维对象
修剪（TR）	有专门的三维选项
延伸（EX）	有专门的三维选项
打断（BR）	在三维空间只能用于二维对象
倒角（CHA）	有专门的三维选项
圆角（F）	有专门的三维选项

2. 三维实体中如何进行尺寸标注

在AutoCAD中没有三维标注功能，尺寸标注都是基于xy平面内的二维平面的标注。因此，必须通过转换坐标系，把需要标注的对象放置到xy二维平面上才能进行标注。

步骤01 打开“素材\CH14\给三维实体添加尺寸标注”文件，如下图所示。

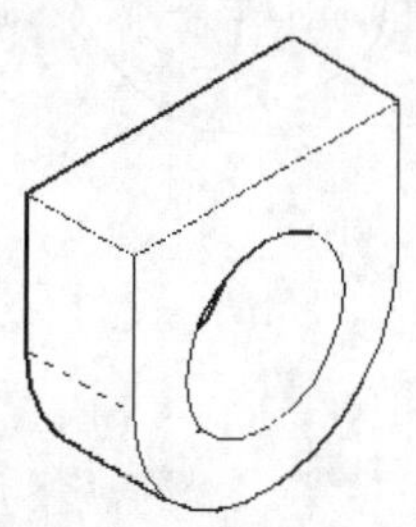

步骤02 在命令行输入“UCS”，拖曳鼠标将坐标系转换到圆心的位置，如下图所示。

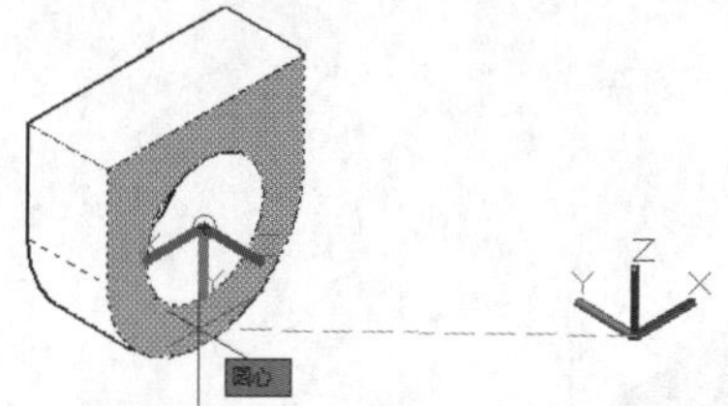

步骤03 拖曳鼠标指引x轴方向，如下图所示。

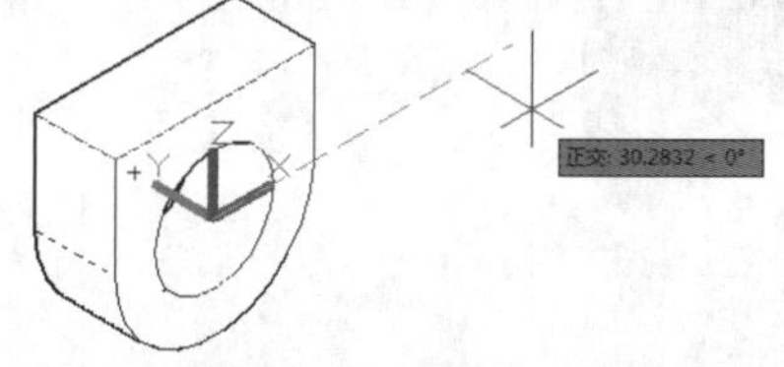

步骤04 拖曳鼠标指引y轴方向，如下图所示。

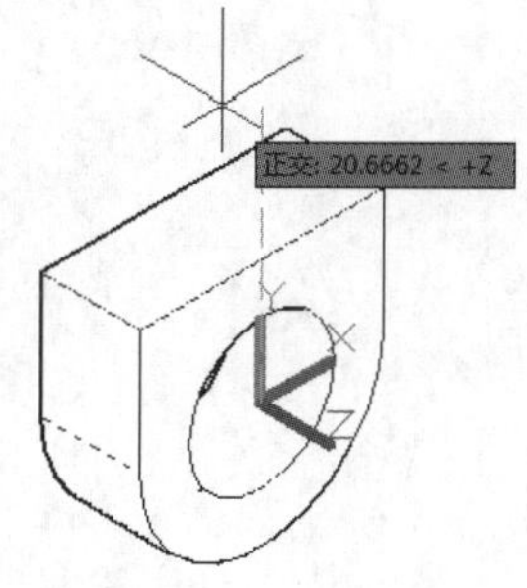

步骤05 让xy平面与实体的前侧面平齐后如右上图所示。

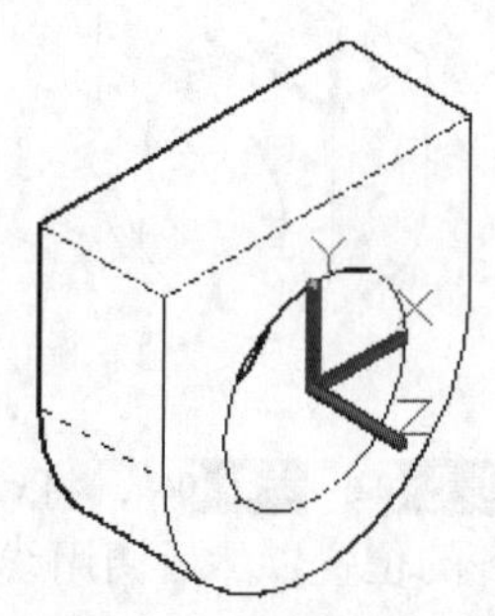

小提示

移动UCS坐标系前，应将对象捕捉和正交模式打开。

步骤06 调用直径标注命令，然后选择前侧面的圆为标注对象，拖曳鼠标在合适的位置放置尺寸线，结果如下图所示。

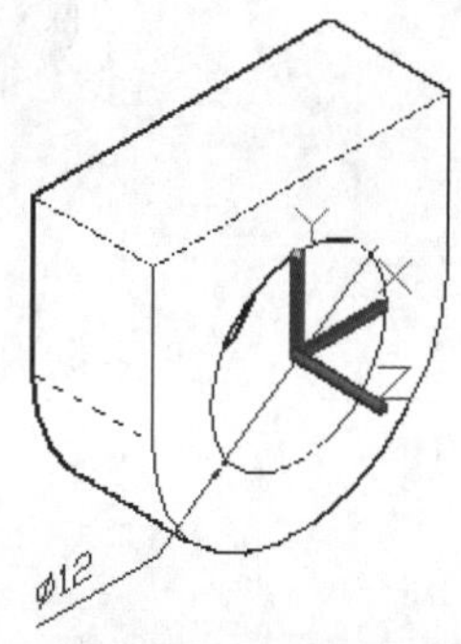

步骤07 调用半径标注命令，然后选择前侧面的大圆弧为标注对象，拖曳鼠标在合适的位置放置尺寸线，结果如下图所示。

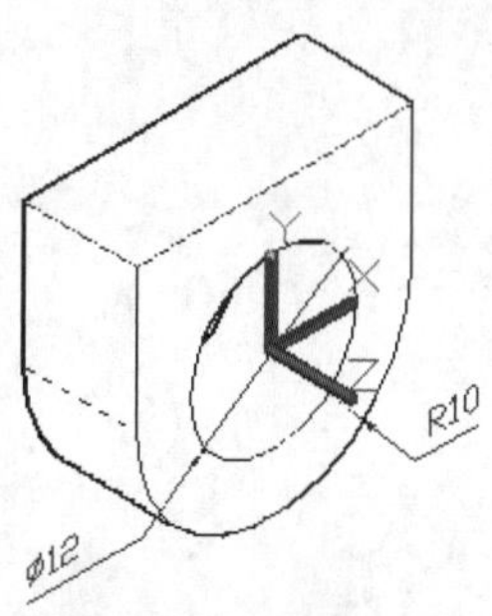

步骤08 重复 步骤02 ~ 步骤04，将xy平面切换到与顶面平齐的位置，然后调用线性标注命

令，给顶面进行尺寸标注，结果如下图所示。

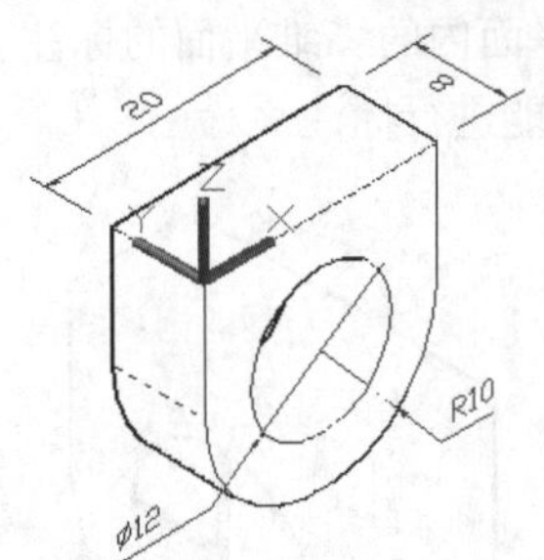

步骤09 重复步骤02～步骤04，将*xy*平面切换到与竖直面平齐的位置，然后调用线性标注命令进行尺寸标注，结果如下图所示。

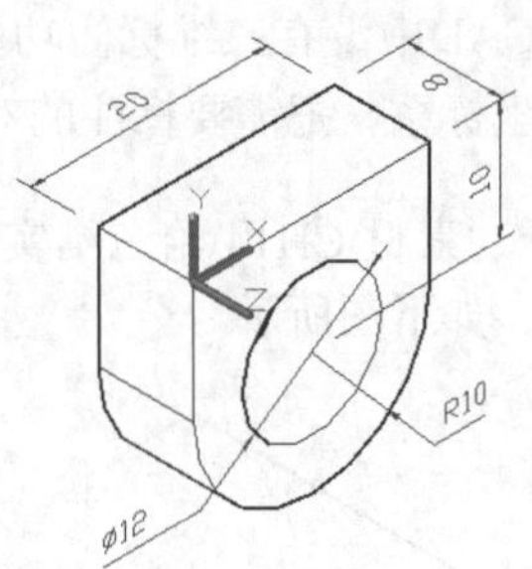

实战练习

插卡音响建模。

第 15 章

渲染

学习目标

AutoCAD为用户提供了强大的渲染功能，渲染图除具有消隐图所具有的逼真感之外，还提供了调解光源、在模型表面附着材质等功能，使三维图形更加形象逼真，更加符合视觉效果。

学习效果

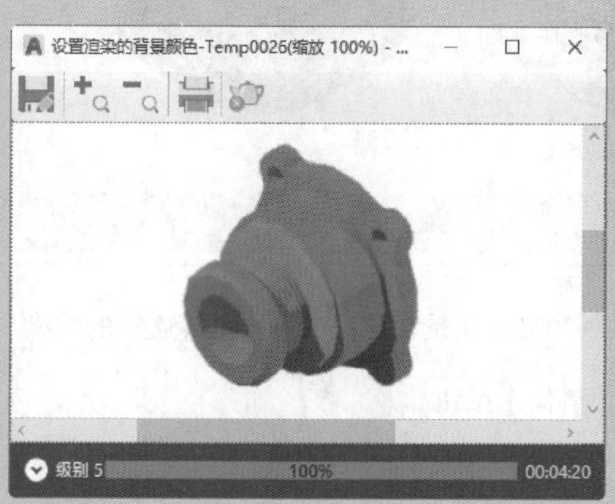

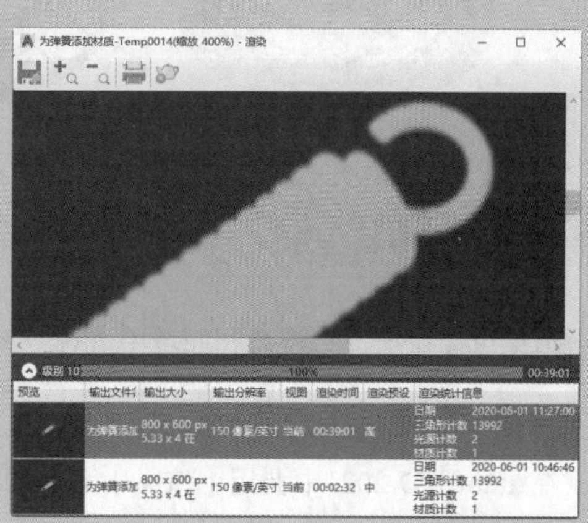

15.1 渲染的基本概念

在AutoCAD中，三维模型对象虽然可以对事物进行整体上的有效表达，使其更加直观，结构更加明朗，但是在视觉效果上面却与真实物体存在着很大差距。AutoCAD的渲染功能有效地弥补了这一缺陷，将三维模型对象表现得更加完美、更加真实。

15.1.1 渲染的功能

AutoCAD的渲染模块基于一个名为Acrender.arx的文件，该文件在使用渲染命令时自动加载。AutoCAD的渲染模块具有如下功能。

（1）支持聚光源、点光源和平行光源三种类型的光源。另外，还可以支持色彩并能够产生阴影效果。

（2）支持透明和反射材质。

（3）可以在曲面上加上位图图像来帮助创建具有真实感的渲染。

（4）可以加上人物、树木和其他类型的位图图像进行渲染。

（5）可以完全控制渲染的背景。

（6）可以通过对远距离对象进行明暗处理来增强距离感。

渲染相对于其他视觉样式有更直观的表达，下面的三张图分别是模型的线框图、消隐处理后的图像以及渲染处理后的图像。

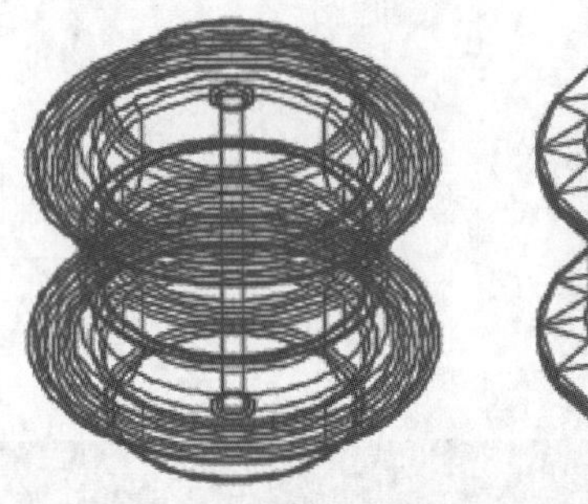

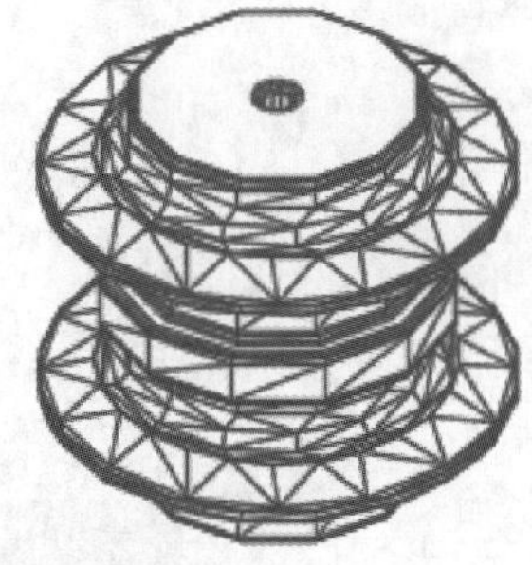

15.1.2 窗口渲染

渲染可以在窗口、视口和面域中进行，AutoCAD 2021默认是在窗口中进行中等质量的渲染。

1. 命令调用方法

在AutoCAD 2021中调用【渲染】命令的方法通常有以下两种。

• 命令行输入“RENDER/RR”命令并按空格键。

• 单击【可视化】选项卡➢【渲染】面板➢【渲染】按钮。

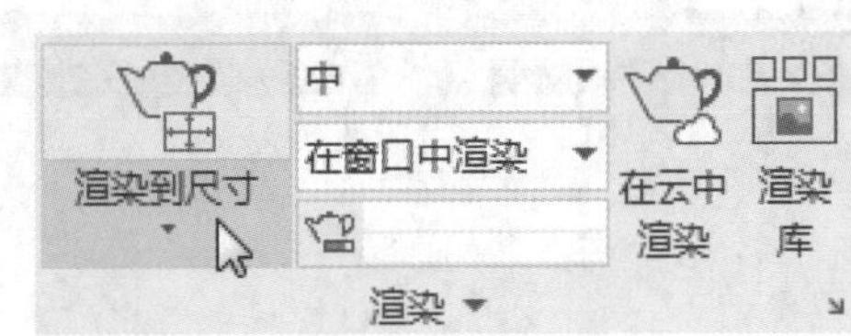

2. 命令提示

使用系统默认的窗口中等质量渲染之后，系统会弹出【渲染】窗口，如下图所示。

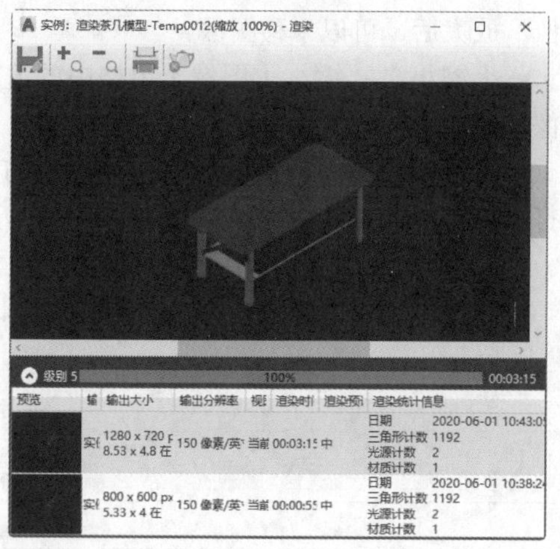

3. 知识点扩展

【渲染】窗口分为【图像】窗格、【历史记录】和【信息统计】窗格。所有图形的渲染始终显示在相应的【渲染】窗口中。

在渲染窗口可以执行以下操作：

◆ 将图像保存为文件。

◆ 将图像的副本保存为文件。

◆ 监视当前渲染的进度。

◆ 追踪模型的渲染历史记录。

◆ 删除渲染历史记录中的图像。

◆ 放大渲染图像的某个部分，平移图像，然后再将其缩小。

（1）【图像】窗格

渲染器的主输出目标。显示当前渲染的进度和当前渲染操作完成后的最终渲染图像。

◆【缩放比例】：缩放比例范围为1%~6400%。可以单击【放大】和【缩小】按钮或滚动鼠标滚轮来更改当前的缩放比例。

◆【进度条】：进度条显示完成的层数、当前迭代的进度以及总体渲染时间。通过单击位于【渲染】窗口顶部的【取消】或按【Esc】键，可以取消渲染。

●【历史记录】窗格：位于底部，默认情况下处于折叠状态；可以访问当前模型最近渲染的图像，以及用于创建渲染图像的对象的统计信息。

●【预览】：已完成渲染的图像的缩略图。

●【输出文件名称】：渲染图像的文件名。

●【输出尺寸】：渲染图像的宽度和高度（以像素为单位）。

●【输出分辨率】：渲染图像的分辨率，以每英寸点数 (DPI) 为单位。

●【视图】：所渲染的视图名称的名称。如果没有任何命名视图是当前的，则将视图存储为当前。

●【渲染时间】：测得的渲染时间（采用时 : 分 : 秒格式）。

●【渲染预设】：用于渲染的渲染预设名称。

●【渲染统计信息】：创建渲染图像的日期和时间，以及渲染视图中的对象数。对象计数包括几何图形、光源和材质。

小提示

在历史记录条目上单击鼠标右键，将显示包含下图所示选项的菜单。

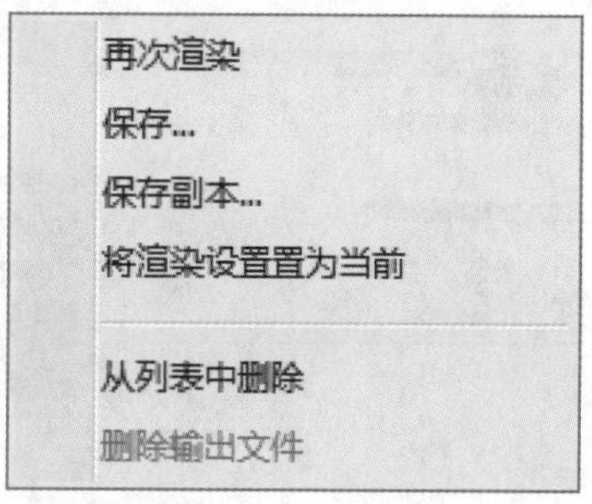

●【再次渲染】：为选定的历史记录条目重新启动渲染器。

●【保存】：显示【渲染输出文件】对话框，通过此对话框可以将渲染图像保存到磁盘。

●【保存副本】：将图像保存到新位置而不会影响已存储在条目中的图像。将显示【渲染输出文件】对话框。

●【将渲染设置置为当前】：将与选定历史记录条目相关联的渲染预设置为当前。

●【从列表中删除】：从历史记录中删除

条目，而仍在图像窗格中保留所有关联的图像文件。

- 【删除输出文件】：从磁盘中删除与选定的历史记录条目相关联的图像文件。

（2）【选项列表】

选项列表包括【保存】【放大】【缩小】【打印】和【取消】共5个选项，如下图所示。

- 【保存】：将图像保存为光栅图像文件。当渲染到【渲染】窗口时，不能使用SAVEIMG命令，此命令仅适用于在视口中进行渲染。
- 【放大】：放大【图像】窗格中的渲染图像。放大后，可以平移图像。
- 【缩小】：缩小【图像】窗格中的渲染图像。
- 【打印】：将渲染图像发送到指定的系统打印机。
- 【取消】：中止当前渲染。

15.1.3 高级渲染设置

高级渲染设置可以控制渲染器如何处理渲染任务，尤其是在渲染较高质量的图像时更加实用。

1. 命令调用方法

在AutoCAD 2021中调用【高级渲染设置】命令的方法通常有以下三种。

- 选择【视图】➤【渲染】➤【高级渲染设置】菜单命令。
- 命令行输入“RPREF/RPR”命令并按空格键。
- 单击【可视化】选项卡➤【渲染】面板右下角的按钮 ↘ 。

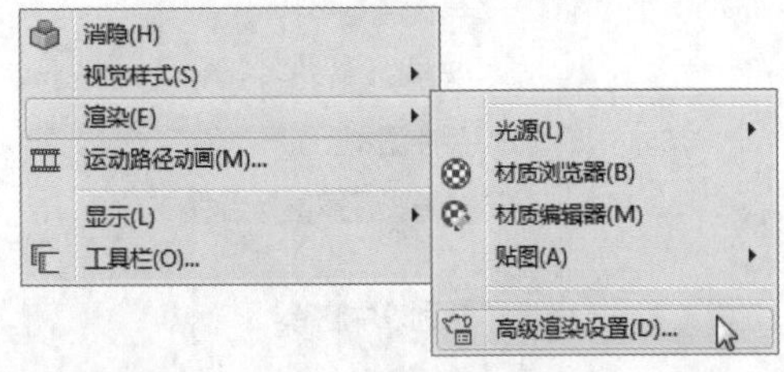

2. 命令提示

调用【高级渲染设置】命令之后，系统会弹出【渲染预设管理器】面板，如右图所示。

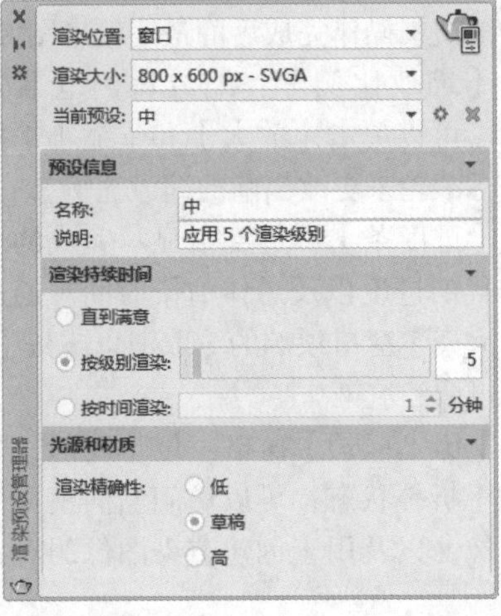

3. 知识点扩展

● 【渲染】：创建三维实体或曲面模型的真实照片级图像或真实着色图像。

◆【创建副本】：复制选定的渲染预设。将复制的渲染预设名称以及后缀“-CopyN”附加到该名称，以便为该新的自定义渲染预设创建唯一名称。“N”所表示的数字会递增，直到创建唯一名称。

◆【删除】：从图形的【当前预设】下拉列表中删除选定的自定义渲染预设。在删除选定的渲染预设后，将另一个渲染预设置为当前。

（1）【渲染位置】

确定渲染器显示渲染图像的位置，单击列表的下拉按钮，弹出【窗口】【视口】和【面域】等选项，如下图所示。

◆【窗口】：将当前视图渲染到【渲染】窗口。

◆【视口】：在当前视口中渲染当前视图。

◆【面域】：在当前视口中渲染指定区域。

（2）【渲染大小】

指定渲染图像的输出尺寸和分辨率。选择【更多输出设置】可以显示【“渲染到尺寸”输出设置】对话框并指定自定义输出尺寸。【渲染尺寸】下拉列表的选项如下图所示。

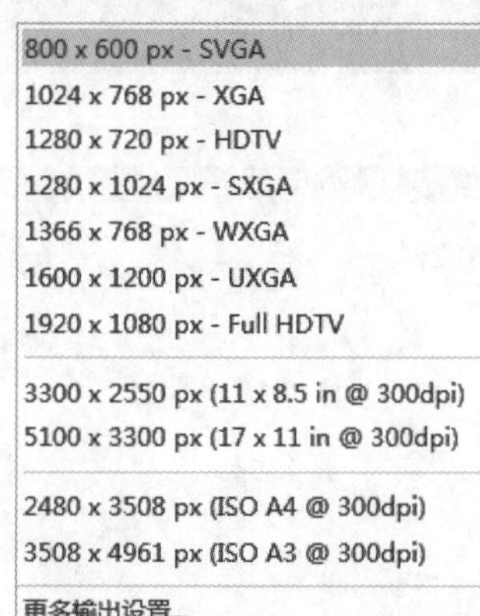

小提示

仅当从【渲染位置】下拉列表中选择【窗口】时，此选项才可用。

（3）【当前预设】

指定渲染视图或区域时要使用的渲染预设。AutoCAD 2021默认为“中”，如下图所示。

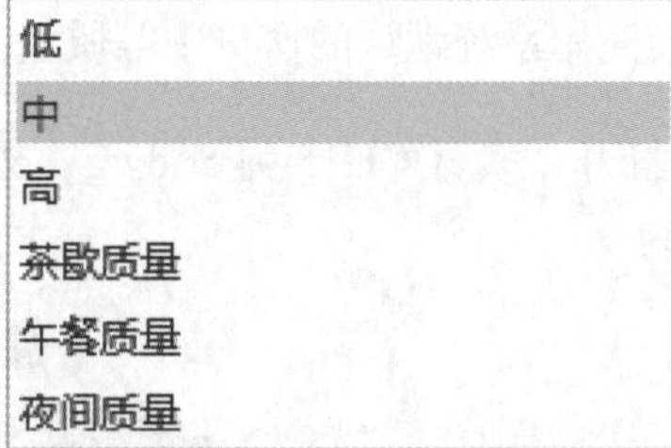

小提示

修改标准渲染预设的设置时会导致创建新的自定义渲染预设。

（4）【预设信息】

显示选定渲染预设的名称和说明。

◆【名称】：指定选定渲染预设的名称。可以重命名自定义渲染预设而非标准渲染预设。

◆【说明】：指定选定渲染预设的说明，中等质量应用5个渲染级别，高质量应用10个渲染级别。

（5）【渲染持续时间】

控制渲染器为创建最终渲染输出而执行的迭代时间或层级数。增加时间或层级数可提高渲染图像的质量。（RENDERTARGET 系统变量）

◆【直到满意为止】：渲染将继续，直到取消为止。

◆【按级别渲染】：指定渲染引擎为创建渲染图像而执行的层级数或迭代数。（RENDERLEVEL 系统变量）

◆【按时间渲染】：指定渲染引擎用于反复细化渲染图像的分钟数。（RENDERTIME 系统变量）

（6）【光源和材质】

控制用于渲染图像的光源和材质计算的准确度。（RENDERLIGHTCALC 系统变量）

◆【低】：简化光源模型，最快但最不真实。全局照明、反射和折射处于禁用状态。

◆【草稿】：基本光源模型，平衡性能和真实感。全局照明处于启用状态，反射和折射处于禁用状态。

◆【高】：高级光源模型，较慢但更真实。全局照明、反射和折射处于启用状态。

15.1.4 实战演练——为三维模型进行窗口渲染

下面使用系统默认的窗口中等质量渲染对电机模型进行渲染，具体操作步骤如下。

步骤 01 打开“素材\CH15\弹簧.dwg”文件，如下图所示。

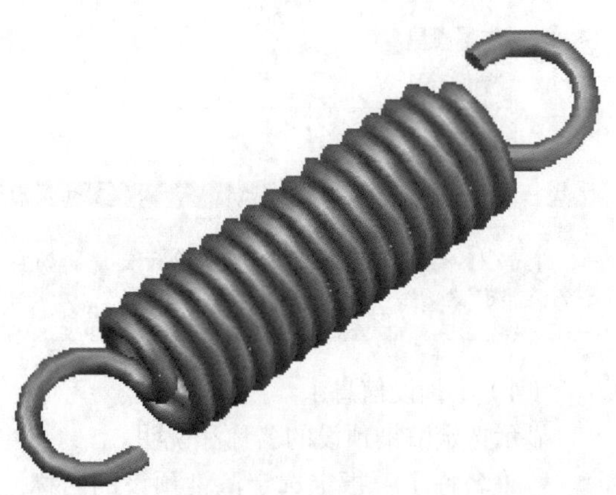

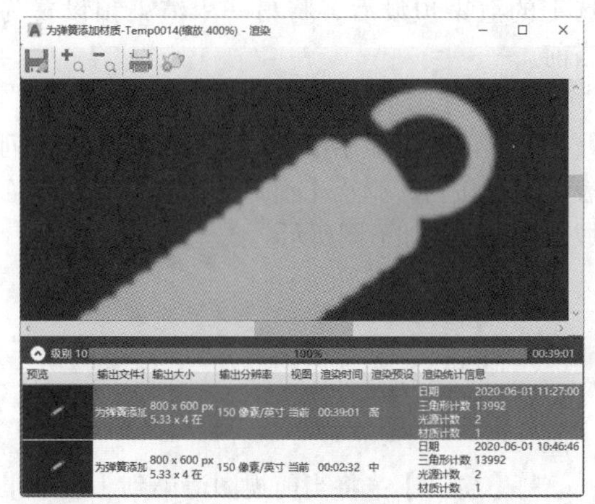

步骤 02 调用渲染命令，右上图为高质量渲染结果，系统默认的窗口中等质量渲染结果如右下图所示。

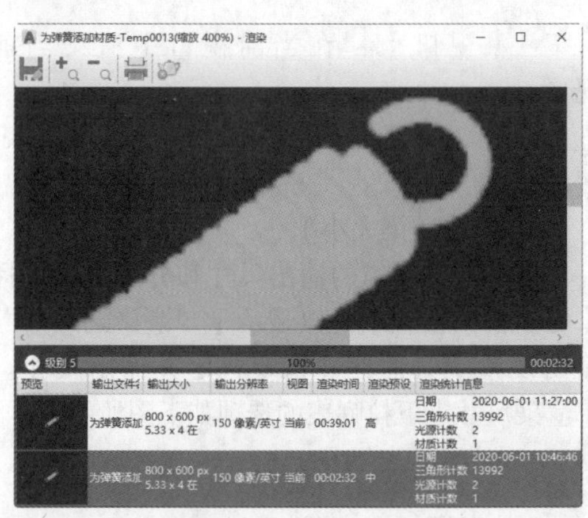

小提示

在同等缩放大小下，高质量渲染的质量明显比中等质量的效果好，但是高质量渲染的时间也要长于中等质量渲染。

15.2 材质

材质能够详细描述对象如何反射或透射灯光，使场景更加具有真实感。

15.2.1 材质浏览器

用户可以使用材质浏览器导航和管理材质。

1. 命令调用方法

在AutoCAD 2021中调用【材质浏览器】面板的方法通常有以下三种。

- 选择【视图】➤【渲染】➤【材质浏览器】菜单命令。
- 命令行输入“MATBROWSEROPEN/MAT”命令并按空格键。
- 单击【可视化】选项卡➤【材质】面板➤【材质浏览器】按钮。

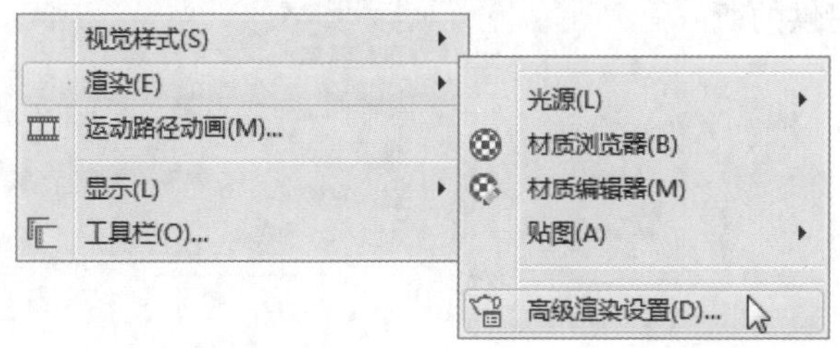

2. 命令提示

调用【材质浏览器】命令之后，系统会弹出【材质浏览器】面板，如下图所示。

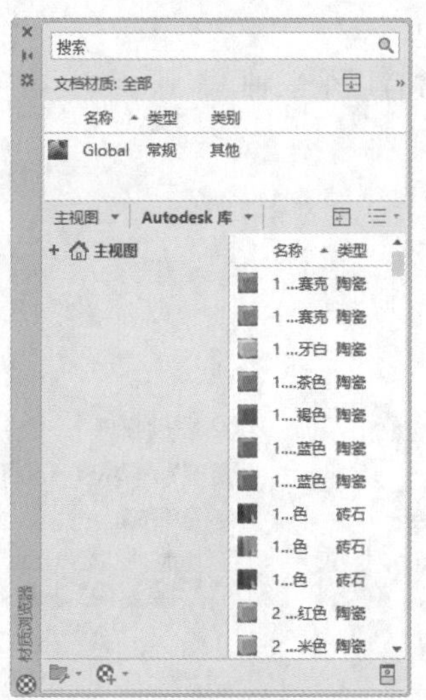

3. 知识点扩展

- 【创建新材质】：在图形中创建新材质，单击该按钮的下拉箭头，弹出下图所示的材质列表。

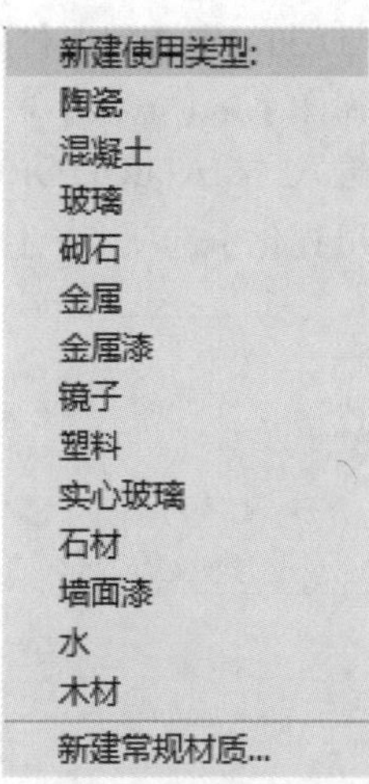

- 【文档材质：全部】：描述图形中所有应用材质。单击下拉列表后如下图所示。

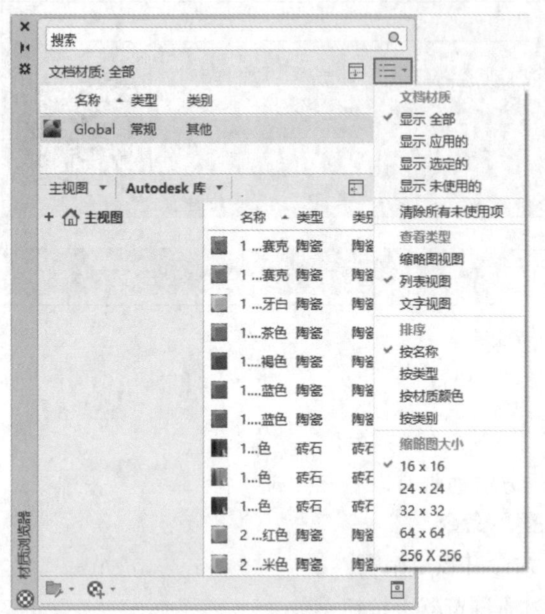

- 【Autodesk库】：包含Autodesk提供的所有材质，如右上图所示。

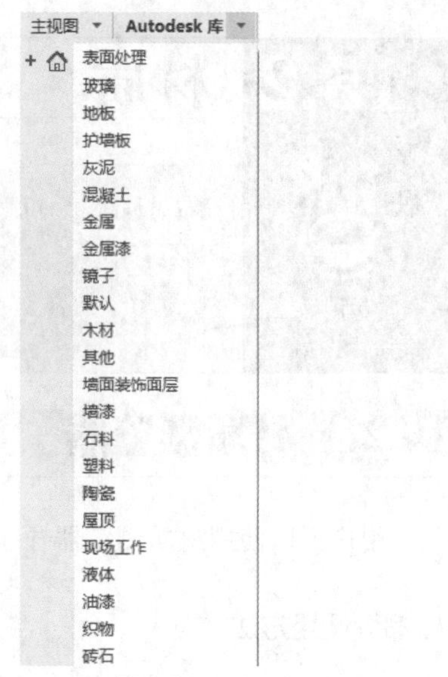

- 【用户定义的库】：单击下拉列表如下图所示。

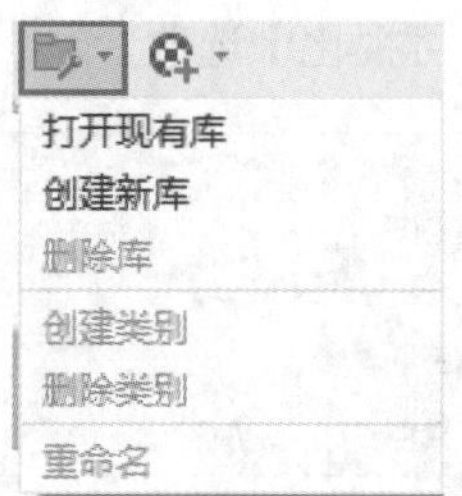

15.2.2 材质编辑器

材质编辑器用于编辑在【材质浏览器】中选定的材质。

1. 命令调用方法

在AutoCAD 2021中调用【材质编辑器】面板的方法通常有以下三种。

- 选择【视图】➤【渲染】➤【材质编辑器】菜单命令。
- 命令行输入“MATEDITOROPEN”命令并按空格键。
- 单击【可视化】选项卡➤【材质】面板右下角的按钮 ↘ 。

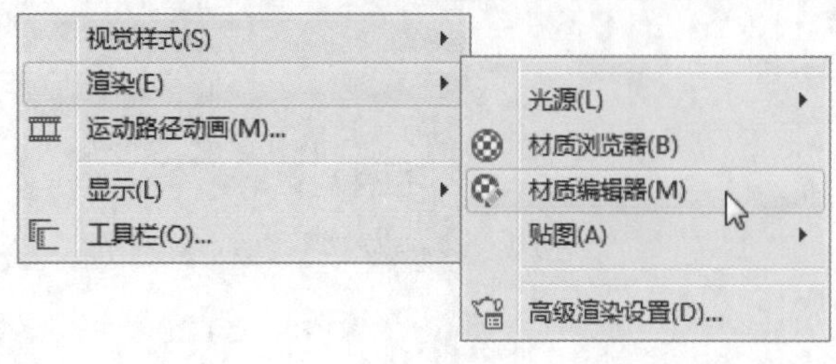

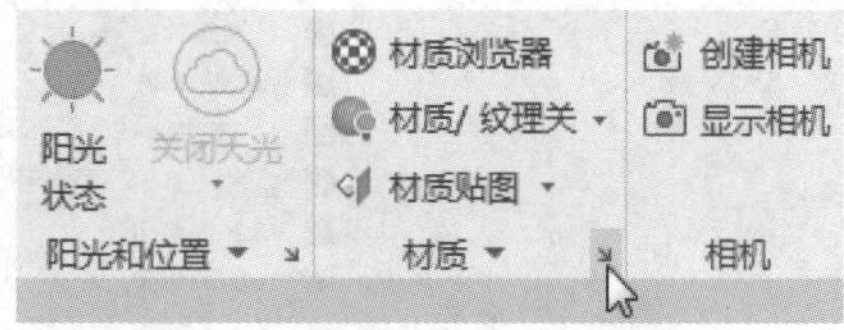

2. 命令提示

调用【材质编辑器】命令之后，系统会弹出【材质编辑器】面板。选择【外观】选项卡，如下左图所示；选择【信息】选项卡，如下右图所示。

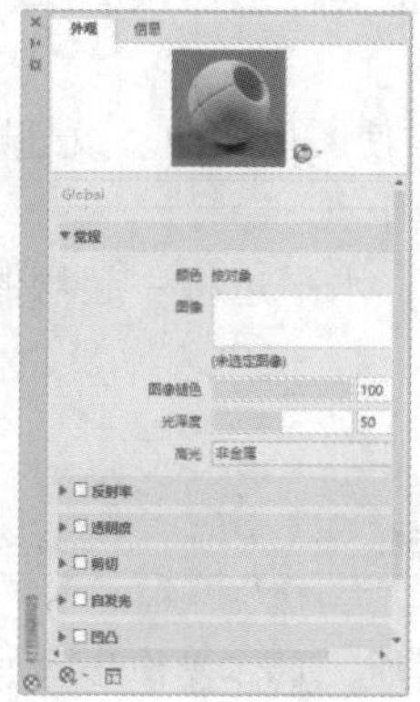

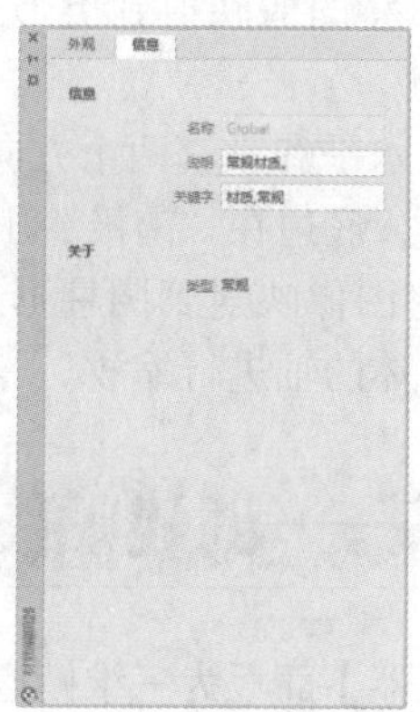

3. 知识点扩展

- 【材质预览】：预览选定的材质。
- 【选项】下拉菜单：提供用于更改缩略图预览的形状和渲染质量的选项。
- 【名称】：指定材质的名称。
- 【显示/关闭材质浏览器】按钮：显示材质浏览器。
- 【创建或复制材质】按钮：创建或复制材质。
- 【信息】：指定材质的常规说明。
- 【关于】：显示材质的类型、版本和位置。

15.2.3 设置贴图

将贴图频道和贴图类型添加到材质后，用户可以通过修改相关的贴图特性优化材质。贴图的特性可以使用贴图控件进行调整。

1. 命令调用方法

在AutoCAD 2021中调用【贴图】命令的方法通常有以下三种。

- 选择【视图】➢【渲染】➢【贴图】菜单命令，然后选择一种适当的贴图方式。
- 命令行输入“MATERIALMAP”命令并按空格键，然后在命令行提示下输入一种适当的选项按空格键确认。
- 单击【可视化】选项卡➢【材质】面板➢【材质贴图】按钮，然后选择一种适当的贴图方式。

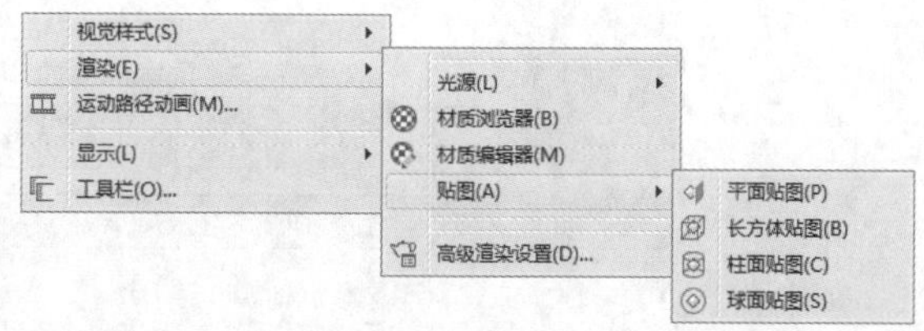

2. 知识点扩展

●【平面贴图】：将图像映射到对象上，就像将其从幻灯片投影器投影到二维曲面上一样。图像不会失真，但是会被缩放以适应对象。该贴图最常用于面。

●【长方体贴图】：将图像映射到类似长方体的实体上。该图像将在对象的每个面上重复使用。

●【柱面贴图】：在水平和垂直两个方向上同时使图像弯曲。纹理贴图的顶边在球体的“北极”压缩为一个点。同样，底边在“南极”压缩为一个点。

●【球面贴图】：将图像映射到圆柱形对象上，水平边将一起弯曲，但顶边和底边不会弯曲。图像的高度将沿圆柱体的轴进行缩放。

15.2.4 实战演练——创建贴图材质

下面利用【材质浏览器】面板为三维模型附着材质，具体操作步骤如下。

步骤01 打开“素材\CH15\创建贴图材质.dwg”文件，如下图所示。

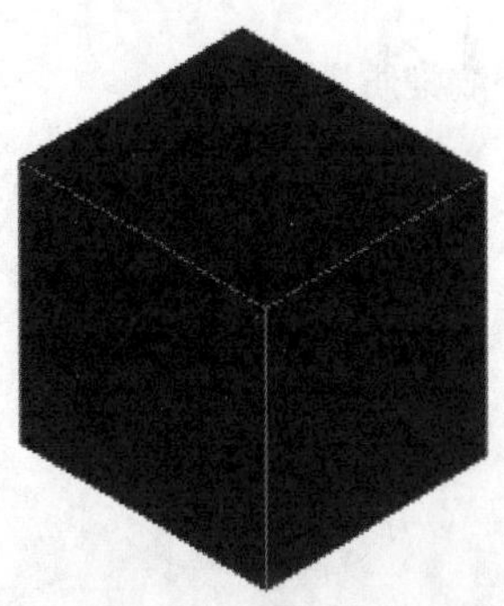

步骤02 调用【材质浏览器】命令，在弹出的【材质浏览器】面板上单击【创建新材质】下拉列表，选择【新建常规材质】，如下图所示。

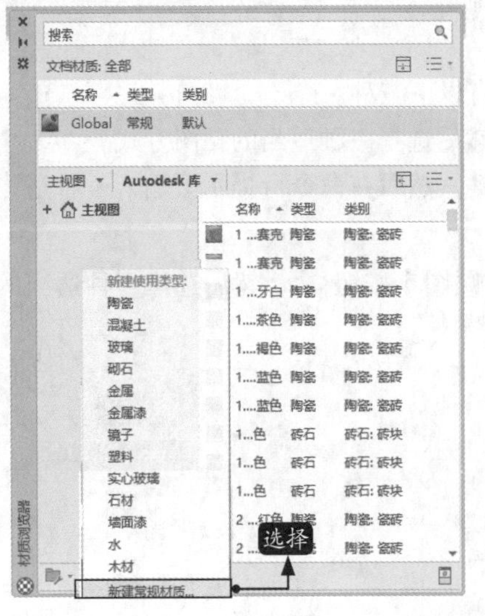

步骤03 在弹出的【材质编辑器】选项板上选择【场景】➢【立方体】，如下图所示。

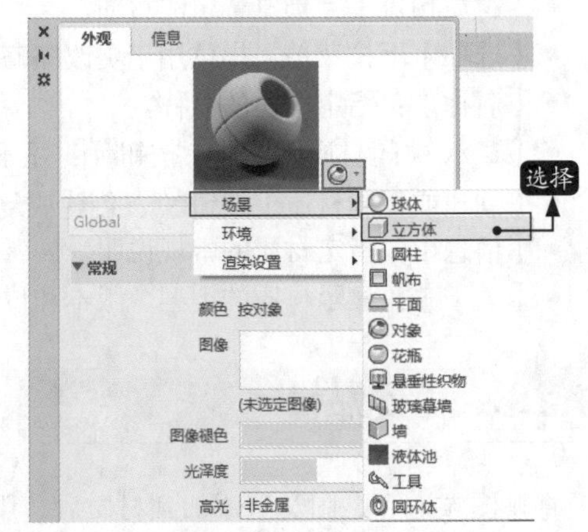

步骤04 在图像选择区域单击，在弹出的选择对话框中选择随书附带的素材文件【花纹贴图】，结果如下图所示。

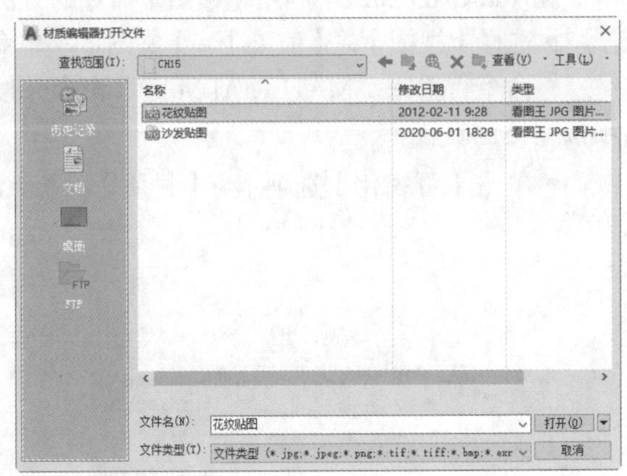

结果如下图所示。

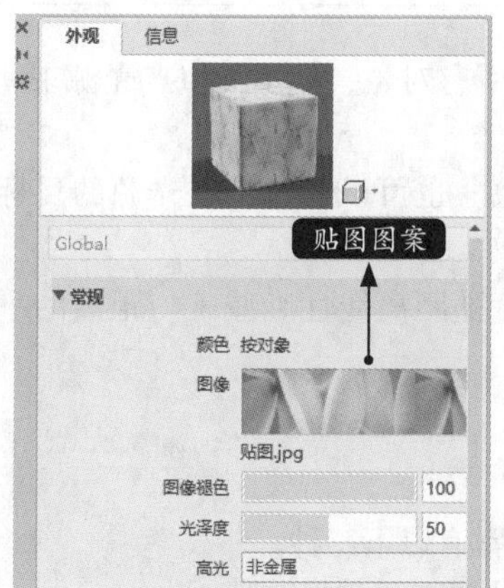

步骤05 在【材质浏览器】预览框中显示刚才添加的材质，如下图所示。

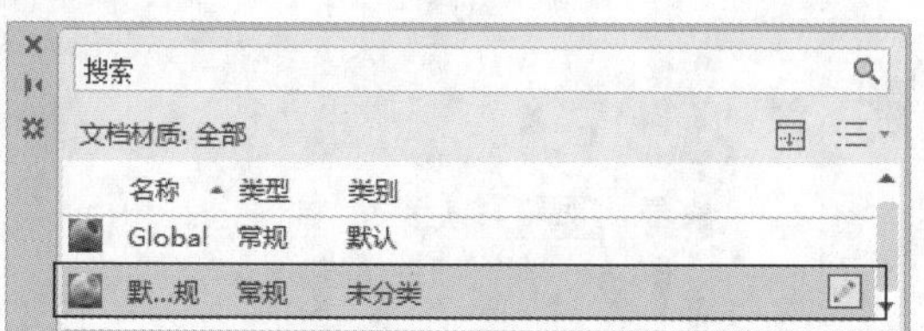

步骤06 单击右侧的【编辑】按钮，在弹出的【材质编辑器】中将名字改为【鲜花贴纸】，如右上图所示。

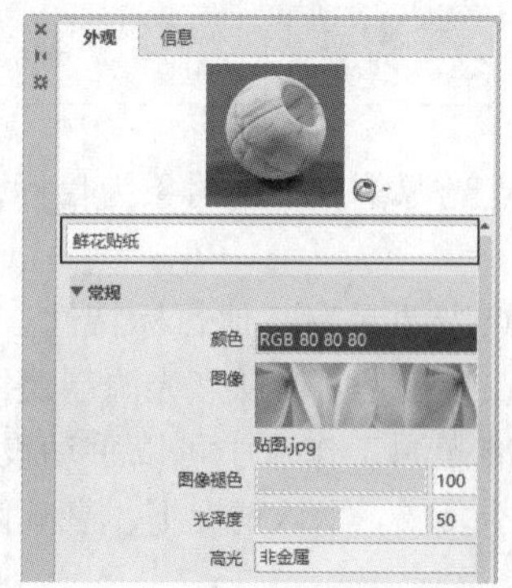

步骤07 在【材质浏览器】预览框中按住“鲜花贴纸”，将它拖动到三维模型上，如下图所示。

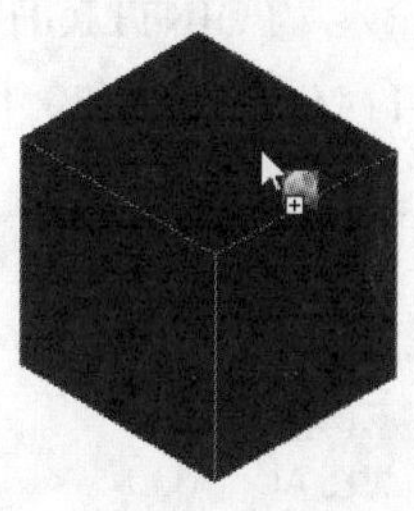

步骤08 给模型添加贴图材质后的效果如下图所示。

15.3 创建光源

AutoCAD提供有标准（常规）、国际（国际标准）和美制三种光源单位。

场景中没有光源时，AutoCAD将使用默认光源对场景进行着色或渲染。来回移动模型时，默认光源来自视点后面的两个平行光源。此时模型中所有的面均会被照亮，以使其可见。亮度和对比度是可以控制的，但用户不需要自己创建或放置光源。

插入自定义光源或启用阳光时，将为用户提供禁用默认光源的选项。另外，用户可以仅将默认光源应用到视口，同时将自定义光源应用到渲染。

15.3.1 点光源

法线点光源不以某个对象为目标，而是照亮它周围的所有对象，使用类似点光源来获得基本照明效果。

目标点光源具有其他目标特性，因此可以定向到对象。也可以通过将点光源的目标特性从【否】更改为【是】，从点光源创建目标点光源。

在标准光源工作流中可以手动设定点光源，使其强度随距离线性衰减（与距离的平方成反比）或者不衰减。默认情况下，衰减设定为【无】。

1. 命令调用方法

在AutoCAD 2021中调用【新建点光源】命令的方法通常有以下三种。

- 选择【视图】➢【渲染】➢【光源】➢【新建点光源】菜单命令。
- 命令行输入“POINTLIGHT”命令并按空格键。
- 单击【可视化】选项卡➢【光源】面板➢【创建光源】下拉列表➢【点】按钮。

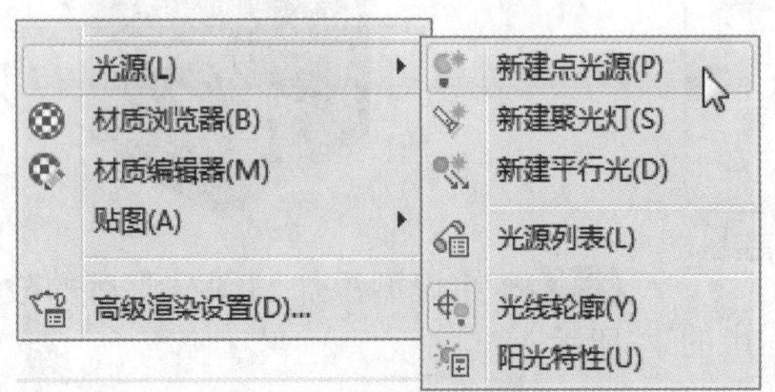

2. 命令提示

调用【新建点光源】命令之后，系统会弹出【光源 - 视口光源模式】询问对话框，如下图所示。

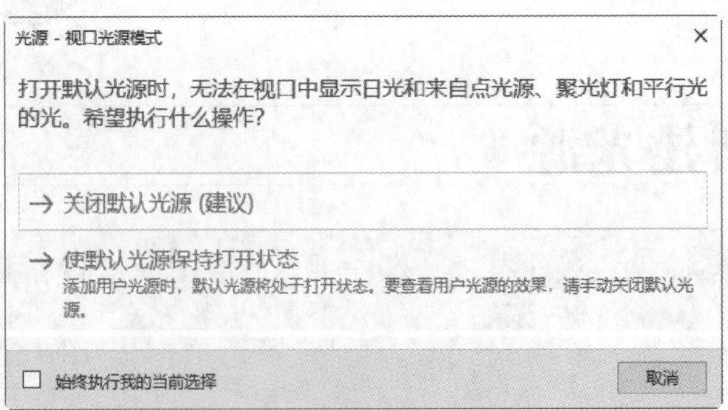

15.3.2 实战演练——新建点光源

下面利用【新建点光源】命令在绘图环境中创建点光源，具体操作步骤如下。

步骤01 打开“素材\CH15\新建光源.dwg”文件，如下图所示。

步骤02 调用【新建点光源】命令，系统弹出【光源-视口光源模式】询问对话框，选择【关闭默认光源（建议）】选项，然后在命令提示下指定新建点光源的位置及强度因子，命令行提示如下。

命令：_pointlight

指定源位置 <0,0,0>: 0,0,50

输入要更改的选项 [名称 (N)/ 强度因子 (I)/ 状态 (S)/ 光度 (P)/ 阴影 (W)/ 衰减 (A)/ 过滤颜色 (C)/ 退出 (X)] < 退出 >: i

输入强度 (0.00 – 最大浮点数) <1>: 0.01

输入要更改的选项 [名称 (N)/ 强度因子 (I)/ 状态 (S)/ 光度 (P)/ 阴影 (W)/ 衰减 (A)/ 过滤颜色 (C)/ 退出 (X)] < 退出 >:

结果如下图所示。

15.3.3 聚光灯

聚光灯（如闪光灯、剧场中的跟踪聚光灯或前灯）会分布投射一个聚焦光束。聚光灯发射的是定向锥形光，可以控制光源的方向和圆锥体的尺寸。与点光源一样，聚光灯也可以手动设定为强度随距离衰减，但是聚光灯的强度始终还是根据相对于聚光灯的目标矢量的角度衰减，此衰减由聚光灯的聚光角角度和照射角角度控制。可以用聚光灯亮显模型中的特定特征和区域。

1. 命令调用方法

在AutoCAD 2021中调用【新建聚光灯】命令的方法通常有以下三种。

- 选择【视图】➢【渲染】➢【光源】➢【新建聚光灯】菜单命令。
- 命令行输入“SPOTLIGHT”命令并按空格键。
- 单击【可视化】选项卡➢【光源】面板➢【创建光源】下拉列表➢【聚光灯】按钮。

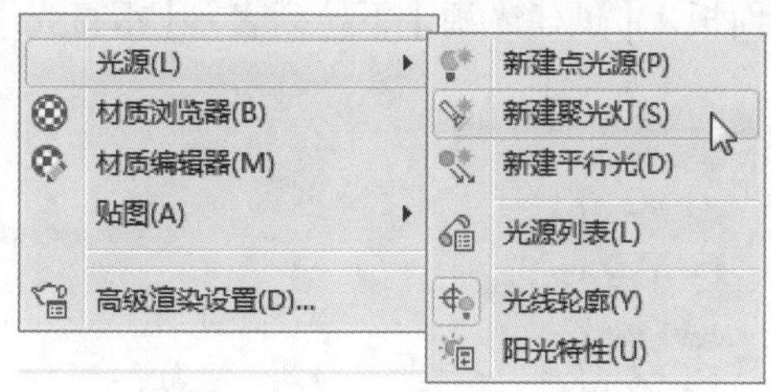

2. 命令提示

调用【新建聚光灯】命令之后，系统会弹出【光源 - 视口光源模式】询问对话框，参见15.3.1小节命令提示。

15.3.4 实战演练——新建聚光灯

下面利用【新建聚光灯】命令在绘图环境中创建聚光灯，具体操作步骤如下。

步骤 01 打开“素材\CH15\新建光源.dwg”文件，如下图所示。

步骤 02 调用【新建聚光灯】命令，系统弹出【光源-视口光源模式】询问对话框，选择【关闭默认光源（建议）】选项，然后在命令提示下指定新建聚光灯的位置及强度因子，命令行提示如下。

命令：_spotlight
指定源位置 <0,0,0>: -120,0,0
指定目标位置 <0,0,-10>: -90,0,0
输入要更改的选项 [名称 (N)/ 强度因子 (I)/ 状态 (S)/ 光度 (P)/ 聚光角 (H)/ 照射角 (F)/ 阴影 (W)/ 衰减 (A)/ 过滤颜色 (C)/ 退出 (X)] < 退出 >: i
输入强度 (0.00 – 最大浮点数) <1>: 0.03
输入要更改的选项 [名称 (N)/ 强度因子 (I)/ 状态 (S)/ 光度 (P)/ 聚光角 (H)/ 照射角 (F)/ 阴影 (W)/ 衰减 (A)/ 过滤颜色 (C)/ 退出 (X)] < 退出 >:

结果如下图所示。

15.3.5 平行光

1. 命令调用方法

在AutoCAD 2021中调用【新建平行光】命令的方法通常有以下三种。

- 选择【视图】➤【渲染】➤【光源】➤【新建平行光】菜单命令。
- 命令行输入“DISTANTLIGHT”命令并按空格键。
- 单击【可视化】选项卡➤【光源】面板➤【创建光源】下拉列表➤【平行光】按钮。

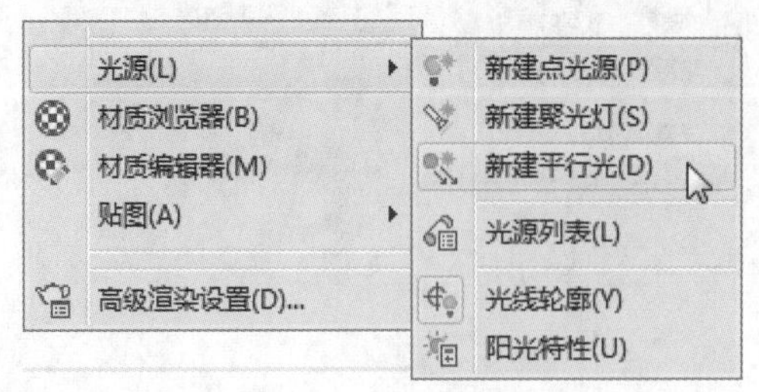

2. 命令提示

调用【新建平行光】命令之后，系统会弹出【光源 - 视口光源模式】询问对话框，参见15.3.1

小节命令提示，选择【关闭默认光源（建议）】选项，系统弹出【光源 - 光度控制平行光】询问对话框，如下图所示。

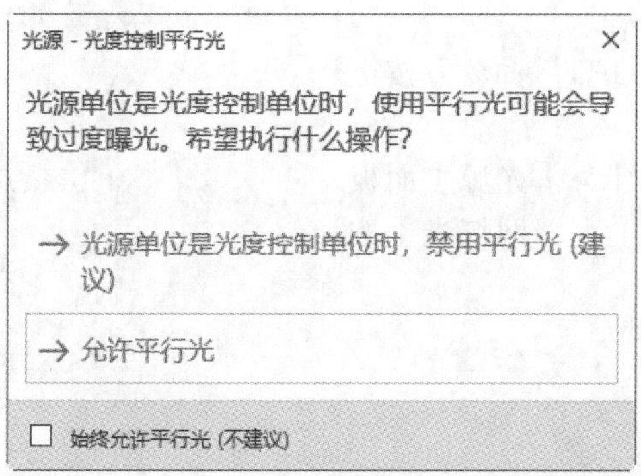

15.3.6 实战演练——新建平行光

下面利用【新建平行光】命令在绘图环境中创建平行光，具体操作步骤如下。

步骤 01 打开“素材\CH15\新建光源.dwg”文件，如下图所示。

步骤 02 调用【新建平行光】命令，系统弹出【光源-视口光源模式】询问对话框，选择【关闭默认光源（建议）】选项，系统弹出【光源-光度控制平行光】询问对话框，选择【允许平行光】选项，然后在命令提示下指定新建平行光的光源来向、光源去向及强度因子，命令行提示如下。

```
命令：_distantlight
指定光源来向 <0,0,0> 或 [ 矢量 (V)]: 0,0,130
指定光源去向 <1,1,1>: 0,0,70
输入要更改的选项 [ 名称 (N)/ 强度因子 (I)/ 状态 (S)/ 光度 (P)/ 阴影 (W)/ 过滤颜色 (C)/ 退出 (X)] < 退出 >: i
输入强度 (0.00 – 最大浮点数 ) <1>: 2
输入要更改的选项 [ 名称 (N)/ 强度因子 (I)/ 状态 (S)/ 光度 (P)/ 阴影 (W)/ 过滤颜色 (C)/ 退出 (X)] < 退出 >:
```

结果如下图所示。

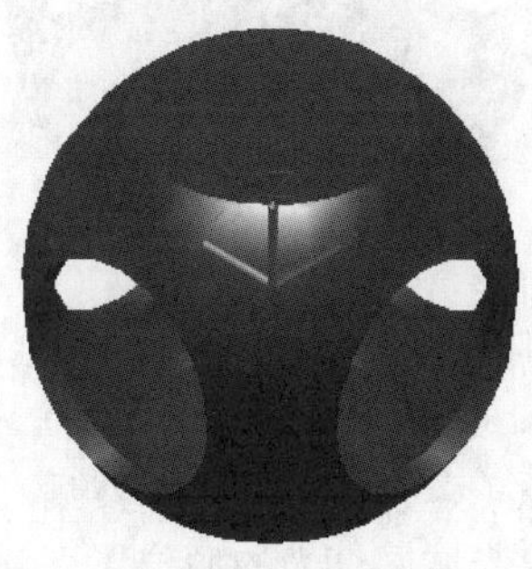

15.3.7 光域网灯光

光域网灯光是关于光源亮度分布的三维表现形式，存储于IES文件中，用于表示光线在一定空间范围内形成的特殊效果。

1. 命令调用方法

在AutoCAD 2021中调用【光域网灯光】命令的方法通常有以下两种。

- 命令行输入“WEBLIGHT”命令并按空格键。
- 单击【可视化】选项卡➤【光源】面板➤【创建光源】下拉列表➤【光域网灯光】按钮。

2. 命令提示

调用【光域网灯光】命令之后，系统会弹出【光源 - 视口光源模式】询问对话框，参见15.3.1小节命令提示。

15.3.8 实战演练——新建光域网灯光

下面利用【光域网灯光】命令在绘图环境中创建光源，具体操作步骤如下。

步骤 01 打开“素材\CH15\新建光源.dwg”文件，如下图所示。

步骤 02 调用【光域网灯光】命令，系统弹出【光源-视口光源模式】询问对话框，选择【关闭默认光源（建议）】选项，然后在命令提示下指定新建光域网灯光的源位置、目标位置及强度因子，命令行提示如下。

```
命令：_WEBLIGHT
指定源位置 <0,0,0>: -30,0,130
指定目标位置 <0,0,-10>: 0,0,0
输入要更改的选项 [ 名称 (N)/ 强度因子 (I)/ 状态 (S)/ 光度 (P)/ 光域网 (B)/ 阴影 (W)/ 过滤颜色 (C)/ 退出 (X)] < 退出 >: i
输入强度 (0.00 – 最大浮点数 ) <1>: 0.1
输入要更改的选项 [ 名称 (N)/ 强度因子 (I)/ 状态 (S)/ 光度 (P)/ 光域网 (B)/ 阴影 (W)/ 过滤颜色 (C)/ 退出 (X)] < 退出 >:
```

结果如下图所示。

 15.4 综合应用——渲染竹木椅子模型

椅子在家庭中较为常见，通常摆放在客厅、书房，有很高的使用价值。本实例为竹木椅子三维模型附着材质并添加灯光。

1. 为书桌模型添加材质

步骤01 打开“素材\CH15\竹木椅子.dwg”文件，如下图所示。

步骤02 选择【视图】➢【渲染】➢【材质浏览器】菜单命令，在系统弹出的【材质浏览器】选项板的搜索框中输入“竹木”，然后单击搜索按钮，结果如下图所示。

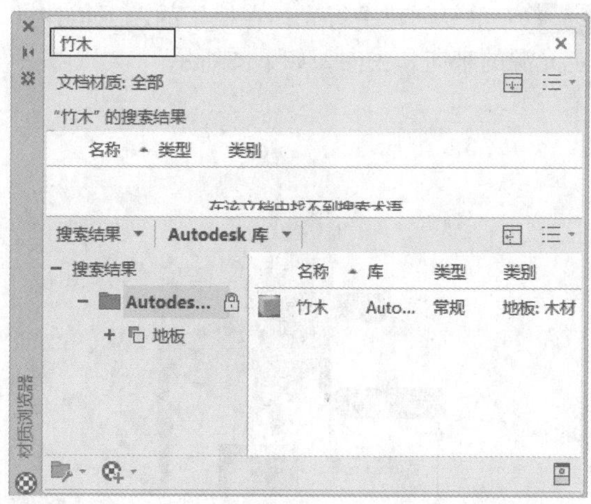

步骤03 在选中材质，然后单击右侧的编辑按钮，在系统弹出的【材质编辑器】选项板将【光泽度】设置为“50”，【直接】设置为“10”，其他设置不变，如下图所示。

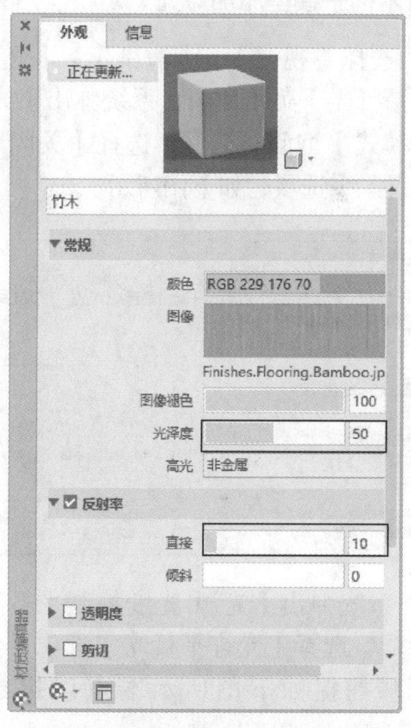

步骤04 在【材质浏览器】预览框中按住“竹木”，将它拖动到三维模型上，如下图所示。

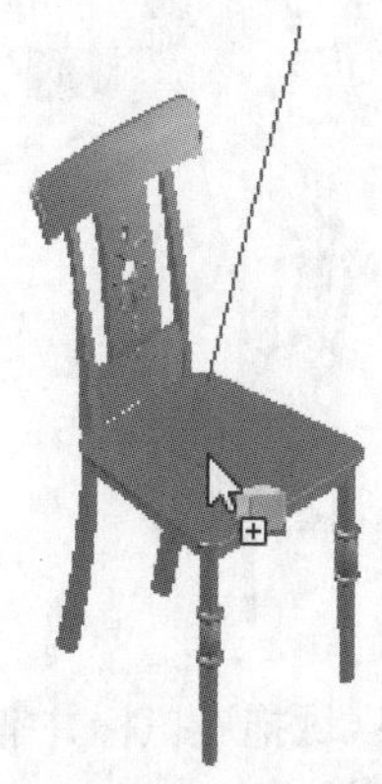

步骤05 给模型添加材质后效果如下页图所示。

2. 为竹木椅子模型添加灯光

步骤01 选择【视图】➤【渲染】➤【光源】➤【新建平行光】菜单命令，系统弹出【光源-视口光源模式】询问对话框，选择【关闭默认光源（建议）】选项，如下图所示。

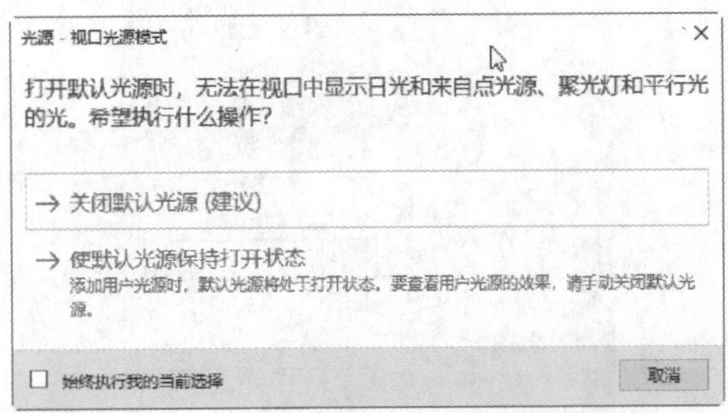
光源 - 视口光源模式

打开默认光源时，无法在视口中显示日光和来自点光源、聚光灯和平行光的光。希望执行什么操作？

→ 关闭默认光源 (建议)

→ 使默认光源保持打开状态
添加用户光源时，默认光源将处于打开状态。要查看用户光源的效果，请手动关闭默认光源。

始终执行我的当前选择　取消

步骤02 系统弹出【光源-光度控制平行光】询问对话框，选择【允许平行光】选项，然后在绘图区域捕捉如下图所示端点以指定光源来向。

步骤03 在绘图区域拖曳鼠标并捕捉如右上图所示端点以指定光源去向。

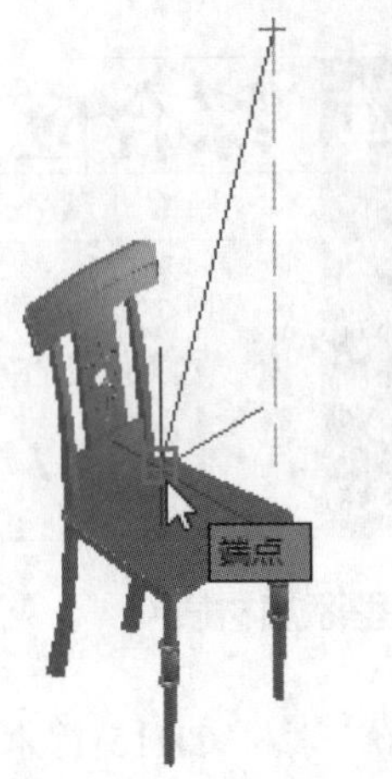

步骤04 重复创建平行光，选择步骤02的直线端点为光源来向，下图所示为光源去向。

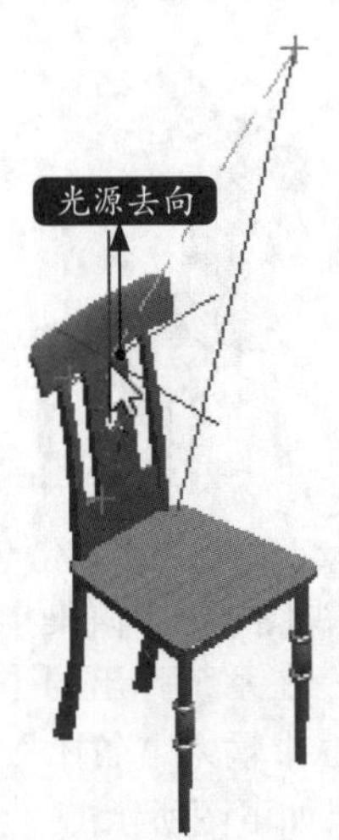

步骤05 重复创建平行光，在椅子的左下角处指定光源的来向和去向，如下图所示。

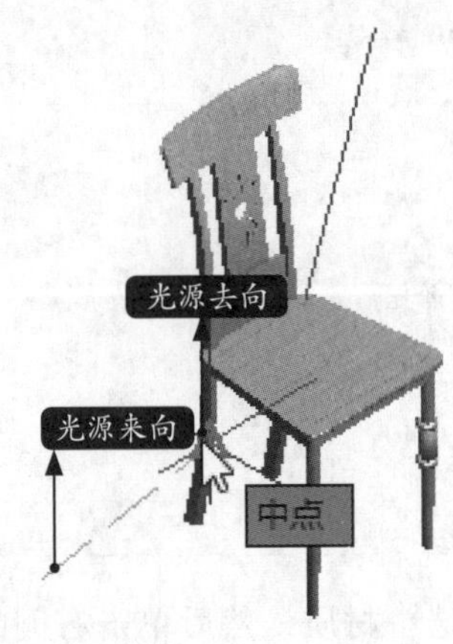

步骤06 按空格键确认，然后将辅助直线删除，结果如下页图所示。

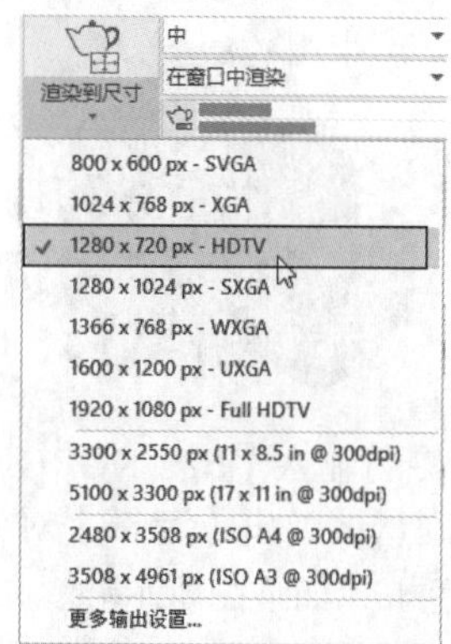

3. 渲染书桌模型

步骤01 单击【可视化】选项卡➤【渲染】面板➤【渲染到尺寸】下拉列表，选择1280×720px-HDTv，如右上图所示。

步骤02 调用渲染命令，结果如下图所示。

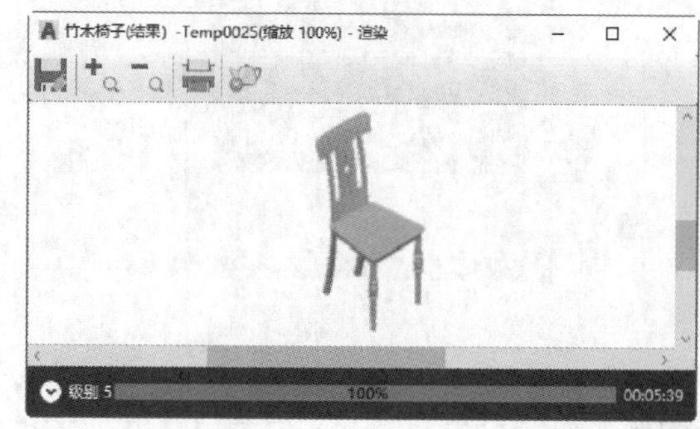

疑难解答

1. 渲染时计算机“假死”的解决方法

某些情况下计算机在进行渲染时，会出现类似死机的现象，画面会卡住不动，系统会提示“无响应”之类的，这是由于渲染是非常消耗计算机资源的，如果计算机配置过低，需要渲染的文件较大，便会出现这种情况。在这种时候，在不降低渲染效果的前提下通常可以采取两种方法进行处理。第一种方法是耐心等待渲染完成，不要急于其他的操作，毕竟操作越多，计算机越会反应不过来。第二种方法是保存好当前文件的所有重要数据，退出软件，对计算机进行垃圾清理，同时也可以关闭某些暂时用不到的软件，减轻计算机的工作压力，然后重新进行渲染。除这两种方法之外，提高计算机配置才是最重要的。

2. 设置渲染的背景色

AutoCAD默认以黑色作为背景对模型进行渲染，用户可以根据实际需求对其进行更改，具体操作步骤如下。

步骤01 打开“素材\CH15\设置渲染的背景色.dwg”文件，如下页图所示。

步骤02 在命令行输入【BACKGROUND】命令并按空格键确认，弹出【背景】对话框，【类型】选“纯色”，如下图所示。

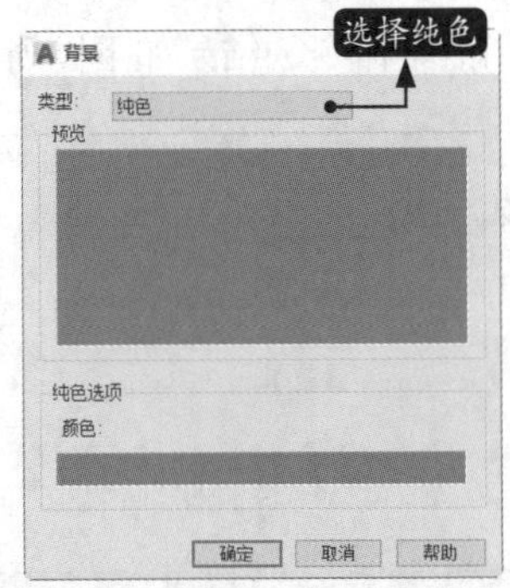

步骤03 在【纯色选项】区域的颜色位置单击，弹出【选择颜色】对话框，将颜色设置为“白色”，如下图所示。

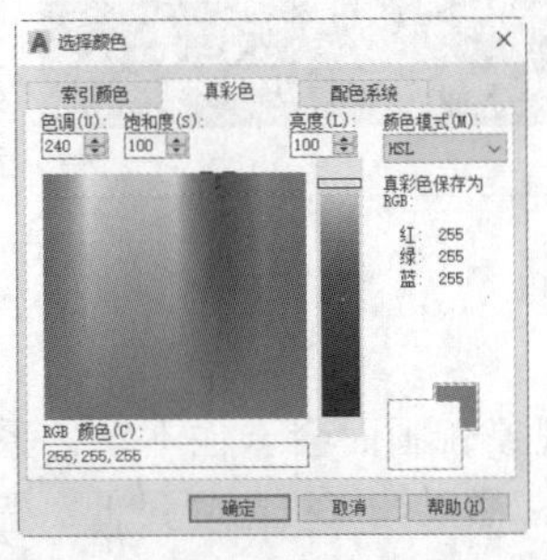

步骤04 在【选择颜色】对话框中单击【确定】按钮，返回【背景】对话框，如下图所示。

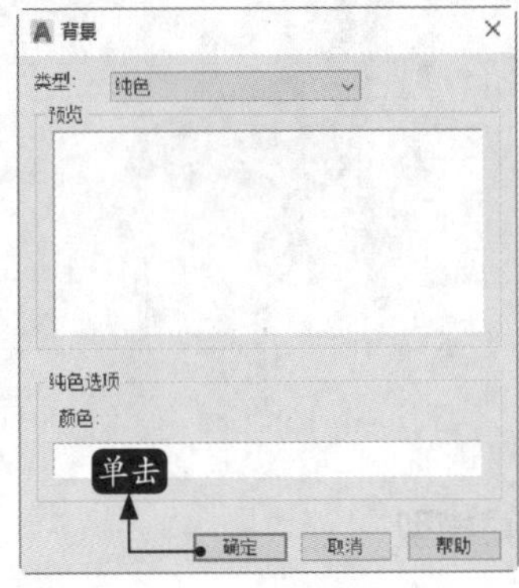

步骤05 在【背景】对话框中单击【确定】按钮，然后调用渲染命令，结果如下图所示。

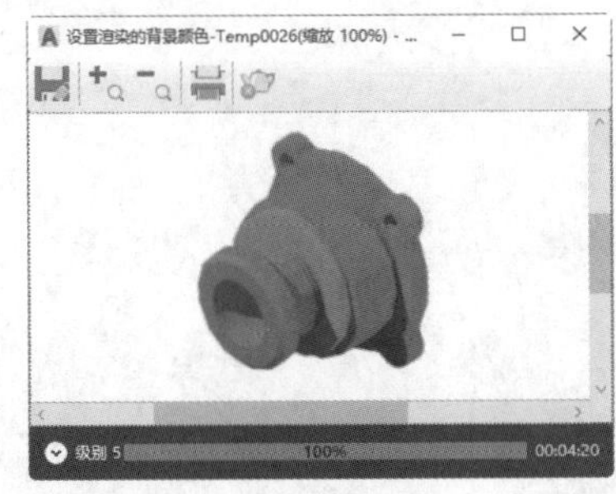

实战练习

给沙发创建贴图材质。

第16章 中望CAD 2020

学习目标

中望CAD是基于AutoCAD平台开发的国产CAD软件，其界面风格和操作习惯与AutoCAD高度一致，兼容DGW最新版本格式文件。在使用方面，中望CAD的运行速度更快，系统稳定性更高，也更符合国人的使用习惯。

16.1 中望CAD简介

中望CAD是中望数字化设计软件有限责任公司自主研发的全新一代二维CAD平台软件，运行更快更稳定，可兼容最新DWG文件格式，拥有创新的智能功能系列（如智能语音、手势精灵等），可有效简化CAD设计。

目前，中望CAD推出了中望CAD 2020。作为广州中望数字化设计软件有限责任公司自主研发的全新一代二维CAD平台软件，中望CAD通过独创的内存管理机制和高效的运算逻辑技术，使软件能在长时间的设计工作中快速稳定运行。其动态块、光栅图像、关联标注、最大化视口、CUI定制Ribbon界面系列实用功能和手势精灵、智能语音、Google地球等智能功能，可以提升生产设计效率。强大的API接口则为中望CAD应用带来无限可能，满足了不同专业应用的二次开发需求。

16.2 中望CAD 2020的安装

本节主要介绍中望CAD 2020的安装方法。

步骤01 双击中望CAD 2020的安装程序，弹出安装向导界面，如下图所示。

步骤02 单击【安装】按钮，开始安装程序，如右图所示。

步骤03 程序安装完成后，弹出【安装成功】界面，单击【完成】按钮完成安装，如下页图所示。

小提示

中望CAD有很多产品，如机械版、建筑版、电气版、通信版等。本书选择的是通用版本。

16.3 中望CAD 2020的工作界面

中望CAD 2020的界面与AutoCAD 2021的界面非常相似，由功能选项按钮、标题栏、快速访问工具栏、绘图窗口、命令窗口和状态栏等组成，如下图所示。

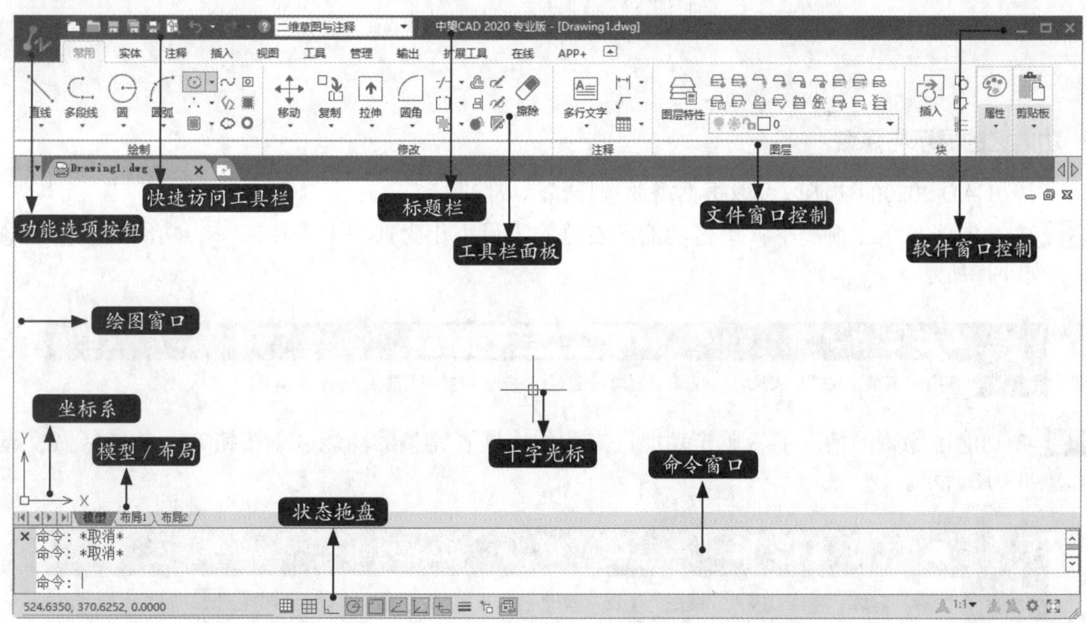

中望CAD 2020的界面显示大部分与AutoCAD 2021相似，功能也相同，只有菜单栏、三维窗口的调用等少部分显示不同。

小提示

中望CAD 2020提供有【二维草图与注释】与【ZWCAD经典】工作空间。上图是二维草图与注释界面。单击右下角的下拉箭头⚙▾，可以切换工作空间，如下页图所示。

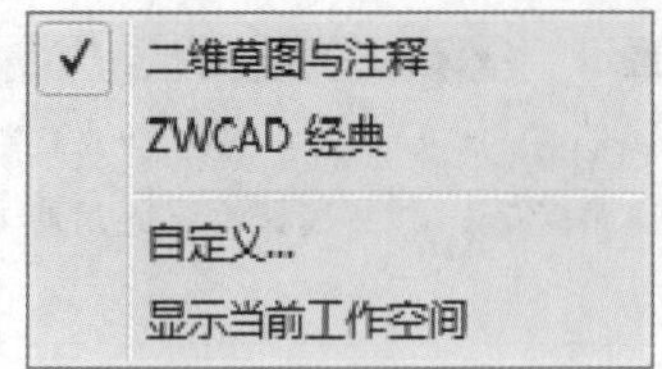

1. 更改视口显示

中望CAD 2020与AutoCAD 2021类似，也可以根据需求选择视口是单个显示还是多个同时显示。

任意打开一个“.dwg”文件，单击【视图】选项卡➤【视口】面板➤【四个相等】按钮，如下图所示。

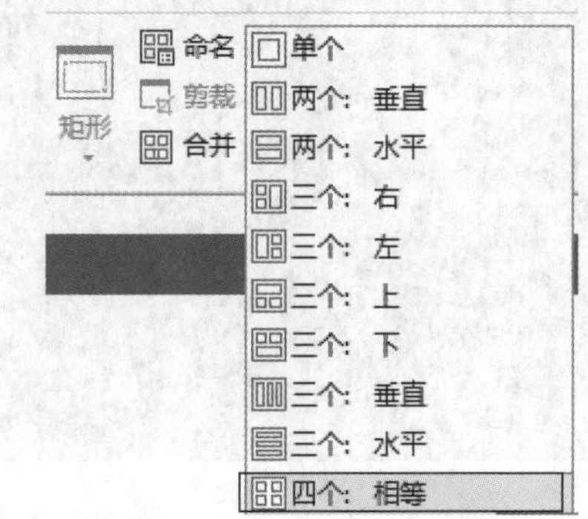

结果如下图所示。

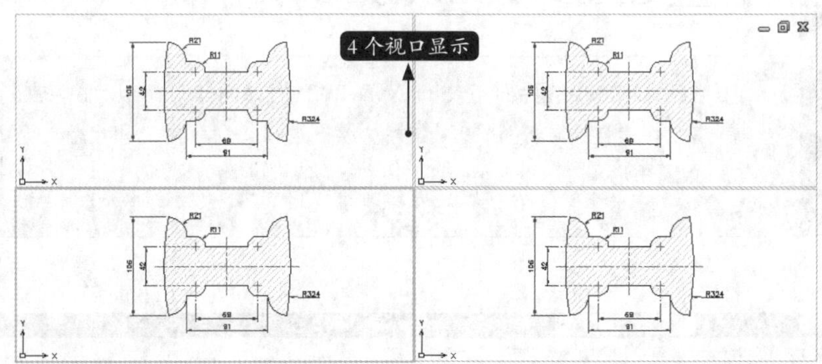

2. 功能区的显示与隐藏

中望CAD 2020的功能区可以根据需要选择显示或隐藏。

步骤 01 功能区显示的情况下，单击功能区右侧的【最小化为选项卡】按钮，功能区被完全隐藏，如下图所示。

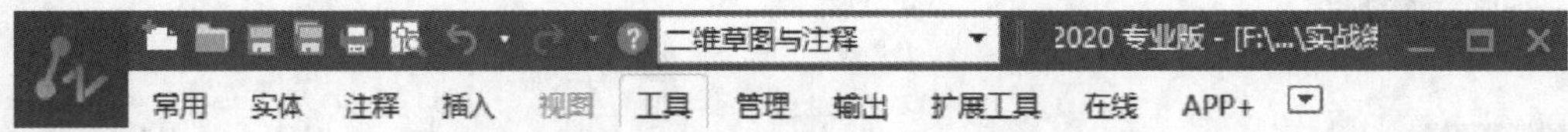

步骤 02 功能区隐藏的情况下，单击功能区右侧的【展开完整的功能区】按钮，功能区恢复显示，如下图所示。

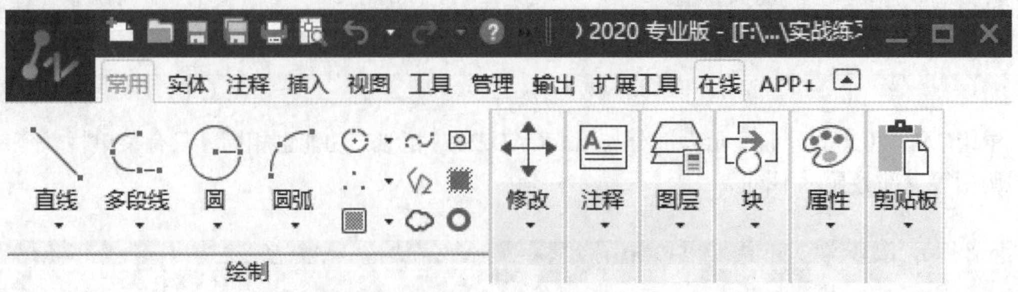

3. 显示三维图形

中望CAD 2020没有三维建模窗口和三维基础窗口，但并不是说就不能创建和显示三维图形。

步骤 01 打开“CH16\显示三维图形.dwg”文件，如下图所示。

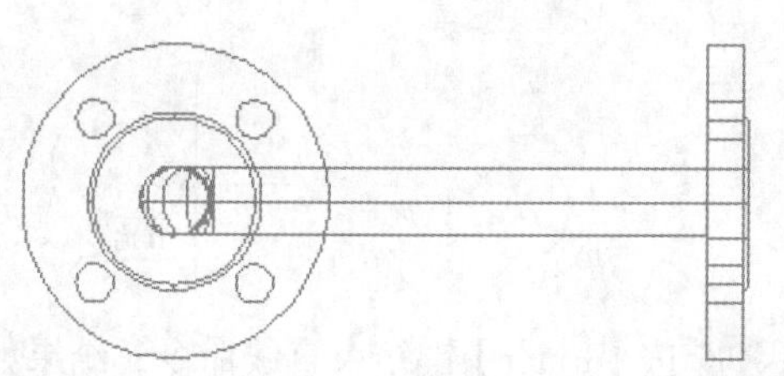

步骤 02 选择【视图】选项卡➤【视图】面板➤【西南等轴测】，如下图所示。

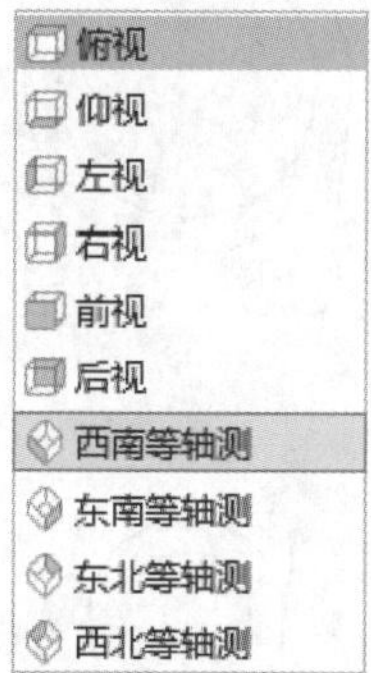

结果如下图所示。

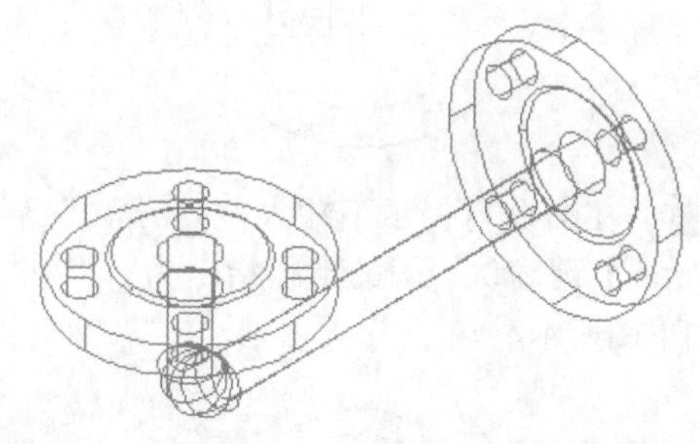

步骤 03 单击【视图】选项卡➤【视觉样式】面板➤【体着色】按钮，结果如下图所示。

16.4 综合应用——绘制三角支架图形

本实例是绘制一个三角支架图形，绘制过程中主要应用到圆形、直线、修剪、阵列等命令，具体操作步骤如下。

步骤 01 新建一个文件，单击【常用】选项卡➤【绘制】面板➤【圆】按钮中的【中心点，半径】选项，在绘图区域的任意空白位置绘制半径分别为“10”和“12.5”的两个同心圆，如右图所示。

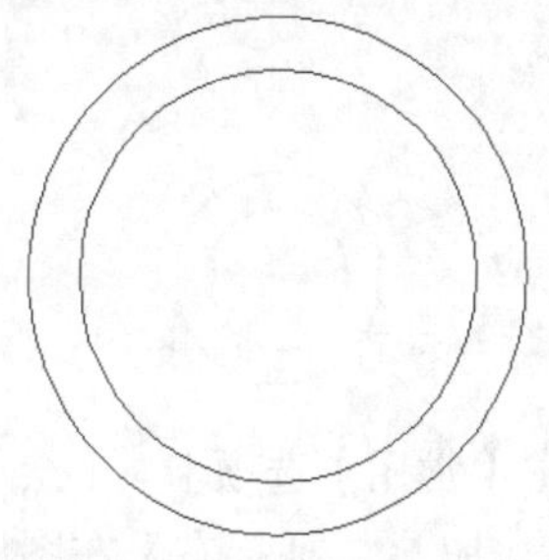

步骤 02 重复调用【中心点，半径】绘制圆形的方式，在命令行提示下输入“fro”后按【Enter】键确认，捕捉如下页图所示的中心点作为基点。

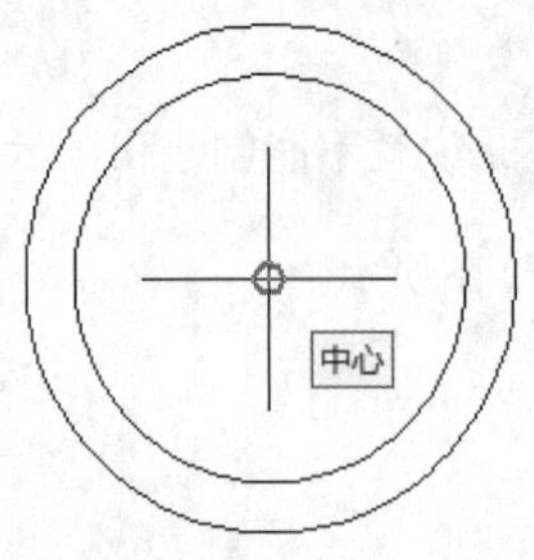

步骤03 在命令行提示下输入“@0,-40”后按【Enter】键确认，圆的半径指定为“5”，结果如下图所示。

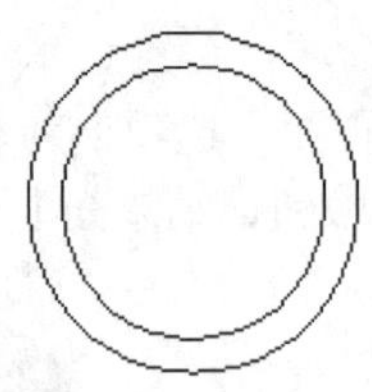

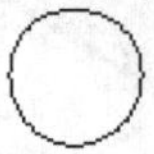

步骤04 重复调用【中心点，半径】绘制圆形的方式，捕捉刚绘制的圆的中心点为圆心，绘制一个半径为7.5的圆，结果如下图所示。

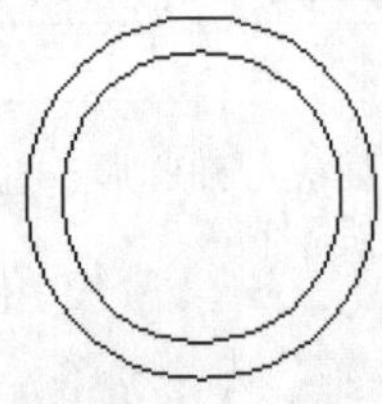

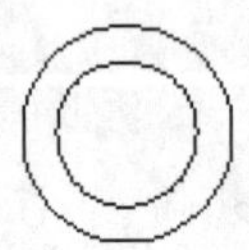

步骤05 单击【常用】选项卡➤【绘制】面板中的【直线】按钮，捕捉右上左图所示的切点作为直线的起始点，右上右图所示的切点为直线的端点。

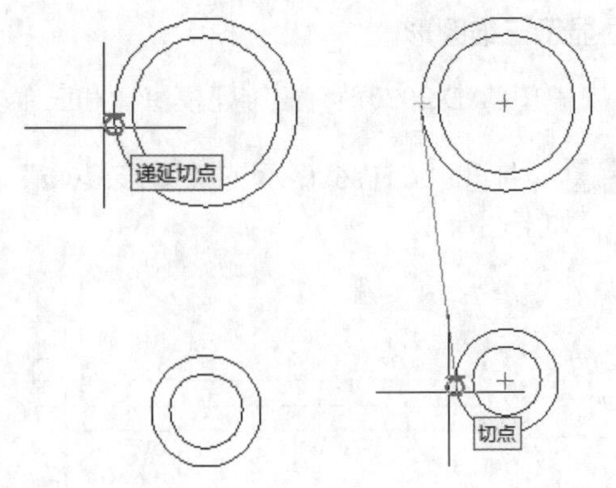

步骤06 按【Enter】键结束直线命令，结果如下图所示。

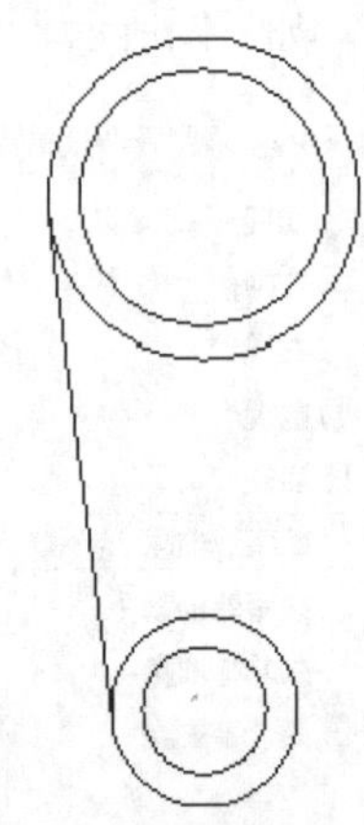

步骤07 重复调用【直线】命令，捕捉圆的中心点作为直线的两个端点，结果如下图所示。

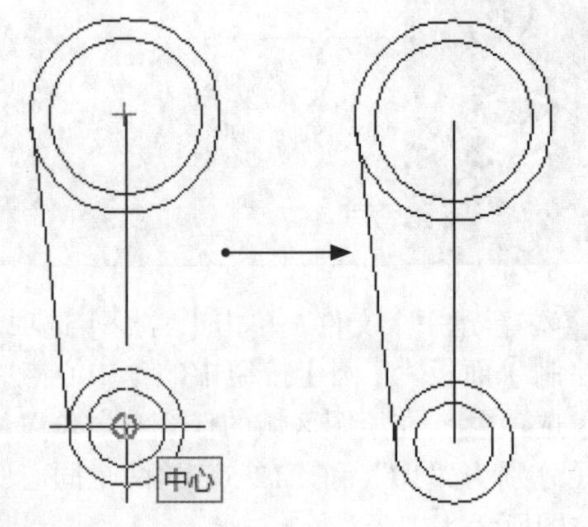

步骤08 单击【常用】选项卡➤【修改】面板中的【镜像】按钮，选择与两圆相切的直线为镜像对象，上步绘制的竖直线为镜像线，结果如下页图所示。

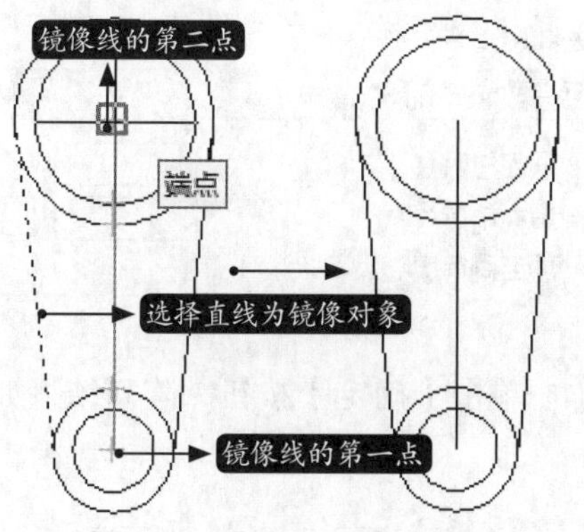

步骤 09 单击【常用】选项卡➤【修改】面板中的【偏移】按钮，偏移距离设置为“2”，捕捉如下图所示的直线段作为需要偏移的对象。

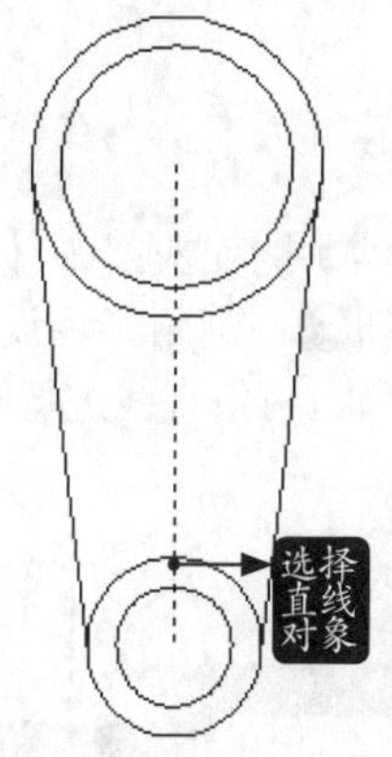

步骤 10 分别向两侧进行偏移，按【Enter】键结束该命令，结果如下图所示。

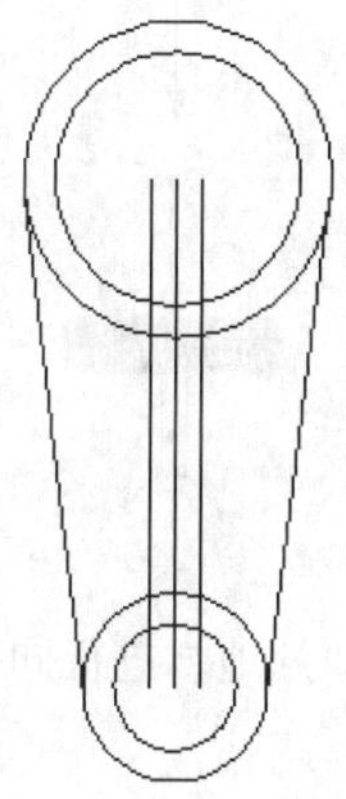

步骤 11 单击【常用】选项卡➤【修改】面板中的【修剪】按钮，选择如右上图所示的两个圆形作为修剪的边界，按【Enter】键确认。

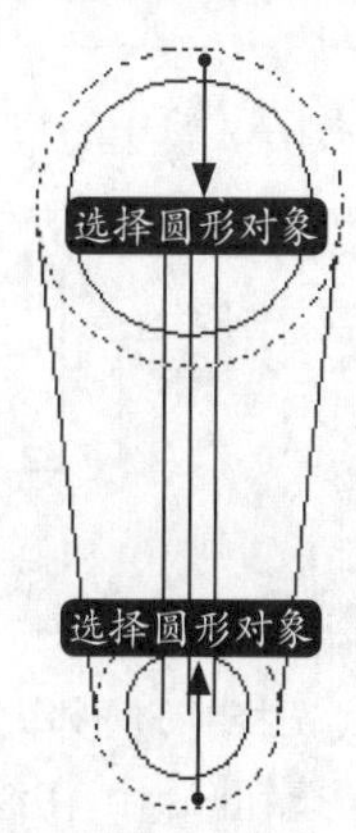

步骤 12 对直线对象进行修剪，修剪完成后按【Enter】键结束该命令，如下图所示。

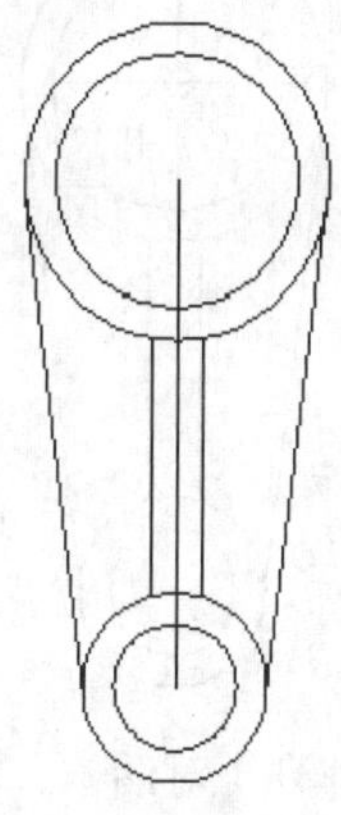

步骤 13 选择如下左图所示的直线对象，按【Del】键将其删除，结果如下右图所示。

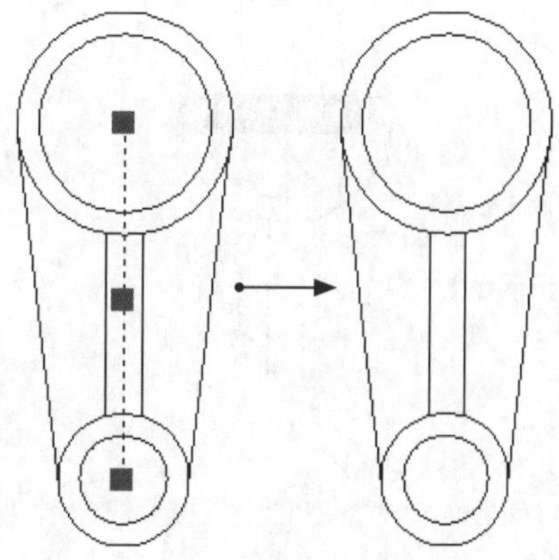

步骤 14 单击【常用】选项卡➤【修改】面板中的【阵列】按钮，弹出【阵列】对话框，如下页图所示。

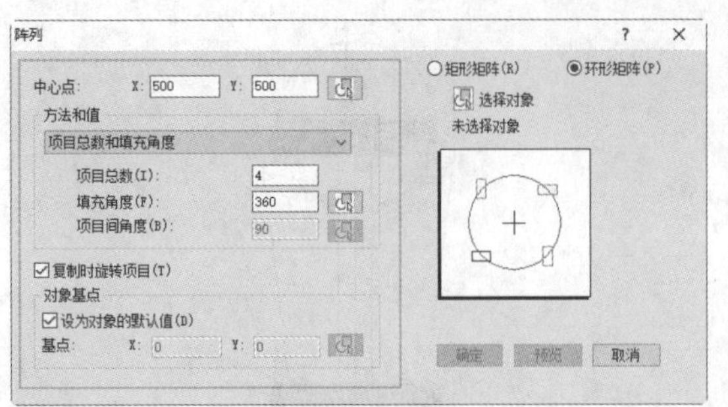

步骤15 阵列方式选择【环形阵列】，单击中心点中的【拾取】按钮，在绘图区域捕捉如下图所示的中心点作为阵列中心点。

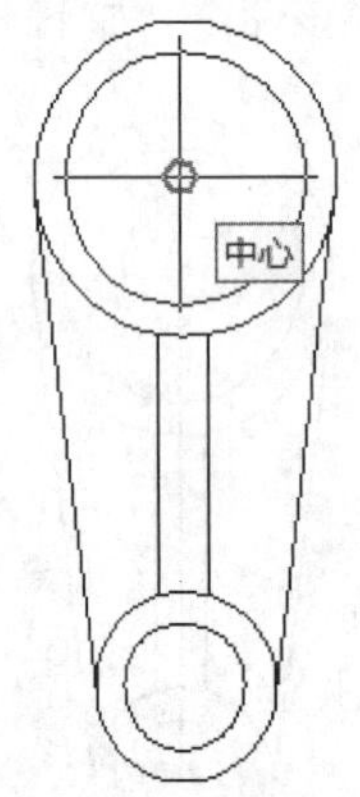

步骤16 返回【阵列】对话框，单击选择对象中的【选择对象】按钮，在绘图区域选择如下图所示的对象作为需要阵列的对象。

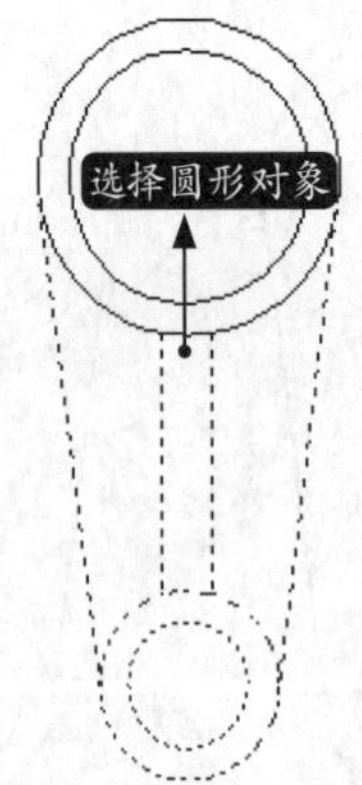

步骤17 按【Enter】键返回【阵列】对话框，项目总数设置为“3”，填充角度设置为“360”，如右上图所示。

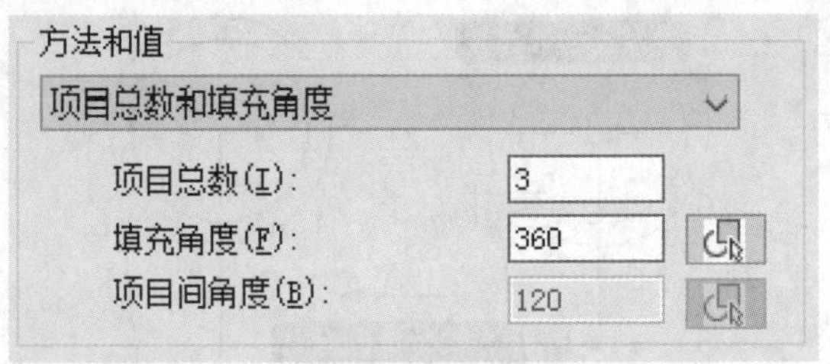

步骤18 单击【确定】按钮，阵列结果如下图所示。

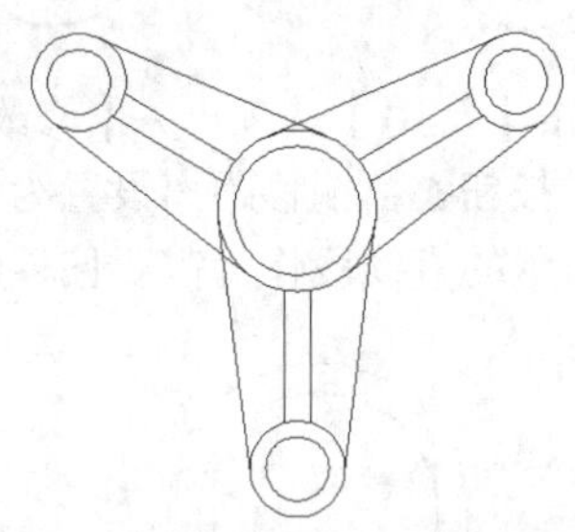

步骤19 单击【常用】选项卡➢【修改】面板中的【圆角】按钮，圆角半径设置为“15”，选择如下图所示的两条直线进行圆角操作。

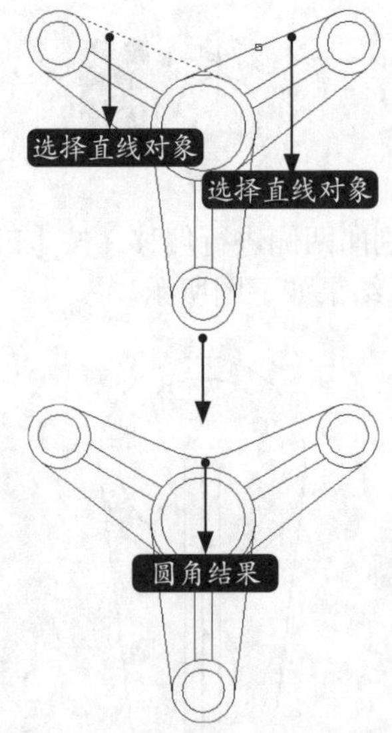

步骤20 对另外两处地方进行同样的圆角操作，结果如下图所示。

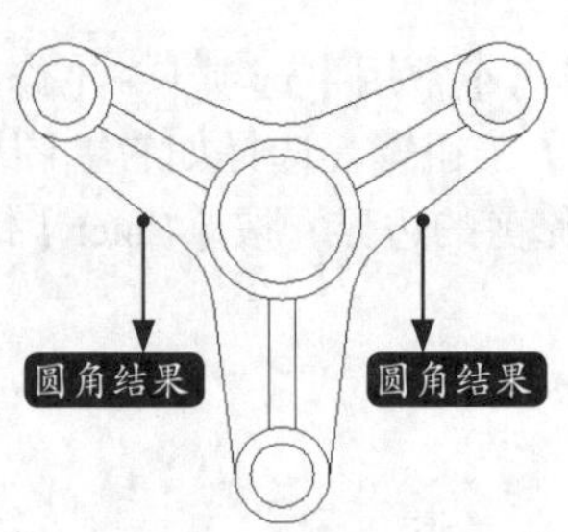

疑难解答

1. 单行、多行文字互转

在中望CAD 2020中不仅可以输入单行文字和多行文字，而且可以轻松地在这两种文字之间互相转换。其具体操作如下。

步骤01 打开"素材\CH16\单行多行文字互转.dwg"文件，如下图所示。

中望软件凭借中望CAD、中望3DCAD/CADM、机械CAD、建筑CAD等解决方案的领先技术畅销全球，为超过90万用户提供了帮助。
中望CAD完美兼容AutoCAD，在AutoCAD的基础上进行二次开发，增加了许多智能快捷功能，更加专业，使用更加简单，是设计人员非常不错的选择。

步骤02 在命令行输入【PR】并按空格键调用【特性】选项板，然后选择上边的文字，特性选项板提示是"多行文字"。

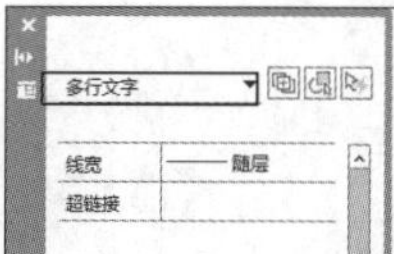

中望软件凭借中望CAD、中望3DCAD/CADM、机械CAD、建筑CAD等解决方案的领先技术畅销全球，为超过90万用户提供了帮助。
中望CAD完美兼容AutoCAD，在AutoCAD的基础上进行二次开发，增加了许多智能快捷功能，更加专业，使用更加简单，是设计人员非常不错的选择。

步骤03 取消多行文字的选择，然后选择下边的文字，【特性】选项板提示为三行单行文字。

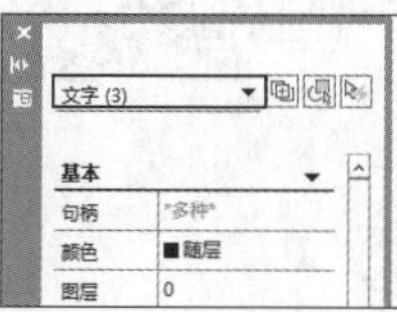

中望软件凭借中望CAD、中望3DCAD/CADM、机械CAD、建筑CAD等解决方案的领先技术畅销全球，为超过90万用户提供了帮助。
中望CAD完美兼容AutoCAD，在AutoCAD的基础上进行二次开发，增加了许多智能快捷功能，更加专业，使用更加简单，是设计人员非常不错的选择。

步骤04 选择【扩展工具】选项卡➢【文本工具】面板➢【合并成段】按钮，然后选择所有的单行文字对象，按空格键后将所有单行文字转换为多行文字，然后选择转换后的文字，【特性】选项板显示如下。

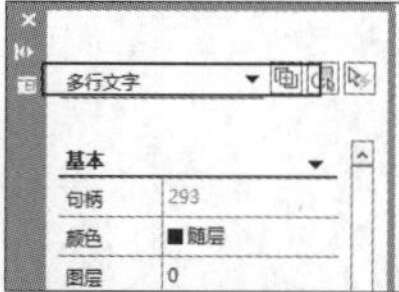

中望软件凭借中望CAD、中望3DCAD/CADM、机械CAD、建筑CAD等解决方案的领先技术畅销全球，为超过90万用户提供了帮助。
中望CAD完美兼容AutoCAD，在AutoCAD的基础上进行二次开发，增加了许多智能快捷功能，更加专业，使用更加简单，是设计人员非常不错的选择。

步骤05 选择【扩展工具】选项卡➢【文本工具】面板➢【单行文字】按钮，然后选择上边的多行文字对象，按空格键后将多行文字转换为单行文字，然后选择转换后的文字，【特性】选项板显示如下。

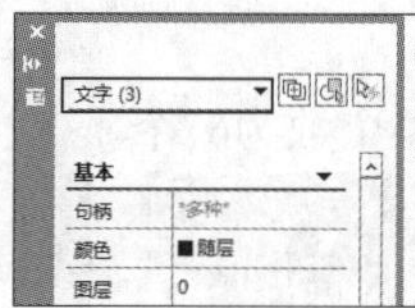

中望软件凭借中望CAD、中望3DCAD/CADM、机械CAD、建筑CAD等解决方案的领先技术畅销全球，为超过90万用户提供了帮助。
中望CAD完美兼容AutoCAD，在AutoCAD的基础上进行二次开发，增加了许多智能快捷功能，更加专业，使用更加简单，是设计人员非常不错的选择。

小提示

在中望CAD 2020中也可以用分解命令将多行文字分解后转为单行文字。

2. 删除重复对象和合并相连对象

如果图纸中存在很多重复线，不仅会影响捕捉准确度，减慢绘图速度，而且打印时会把每一条线都打印一遍，使得细线变粗线，影响打印效果。不仅如此，如果是线切割加工，这些重复的线还会严重影响加工的流畅。下面介绍如何删除这些重复的对象。

步骤01 打开"素材\CH16\删除重复对象和合并相连对象.dwg"文件，如下图所示。

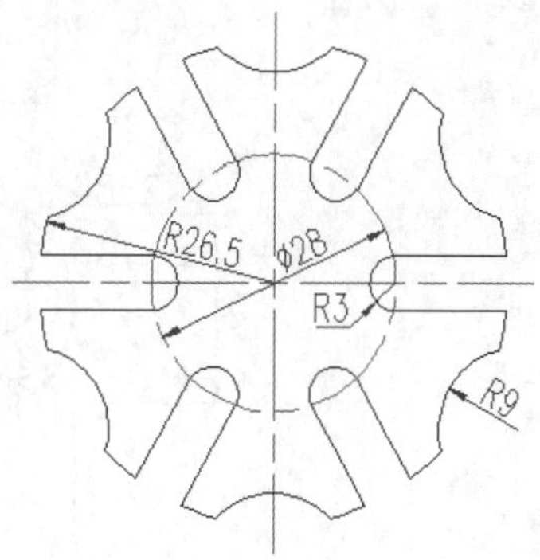

步骤02 选择【扩展工具】选项卡➢【编辑工具】面板➢【删除重复对象】按钮，然后选择所有对象。

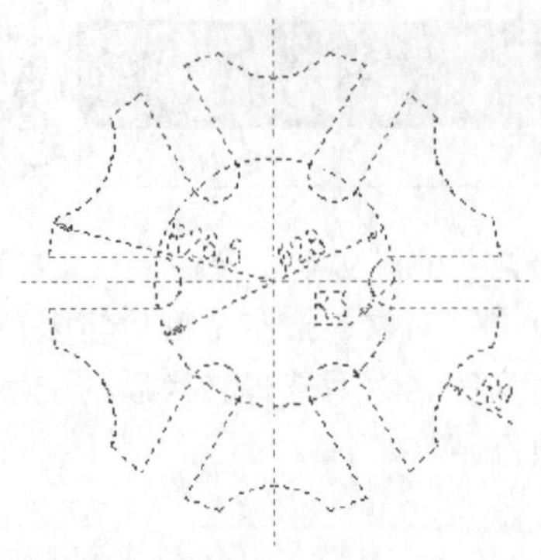

步骤 03 命令行提示找到的对象个数为67个。

> 命令：_OVERKILL
> 选择对象：指定对角点：找到 67 个

步骤 04 按空格键，弹出下图所示的【删除重复对象】对话框，勾选删除重复的内容并将部分重叠内容合并，如下图所示。

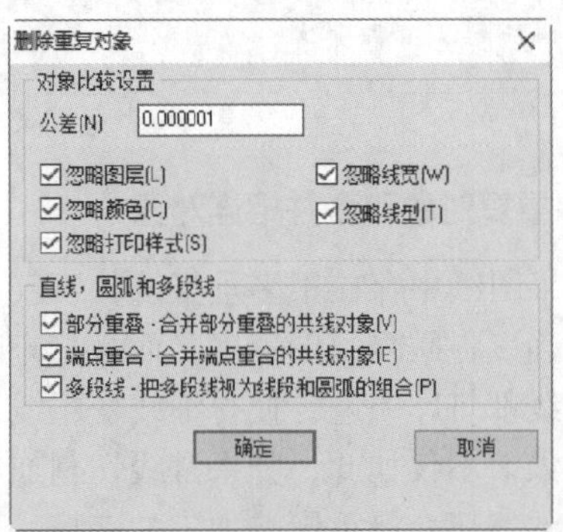

步骤 05 单击【确定】按钮后，命令行提示如下。

> 12 个重复实体或多段线线段被删除。
> 12 个重叠的直线、圆弧或多段线线段被删除。
> 标注已解除关联。

3. 快速统计工程图里面的材料

专业设计过程中，统计CAD图纸中的零部件材料是设计师经常需要做的工作，传统的人工统计方法不仅费时费力，而且容易出错，一个很小的遗漏或错误便有可能影响整个工程的进度和质量。为此，用户可以根据自己的需求选择专业的CAD软件，因为专业的CAD软件中提供有相应的智能统计功能，只需要一个命令便可以快速、准确地完成所有零部件的统计，并自动生成清晰的材料表，帮助设计师轻松地完成繁琐的统计工作。

实战练习

绘制以下图形。

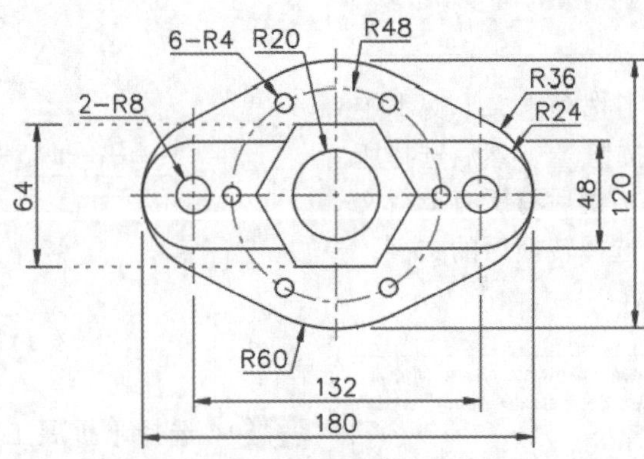

第4篇 高手秘籍

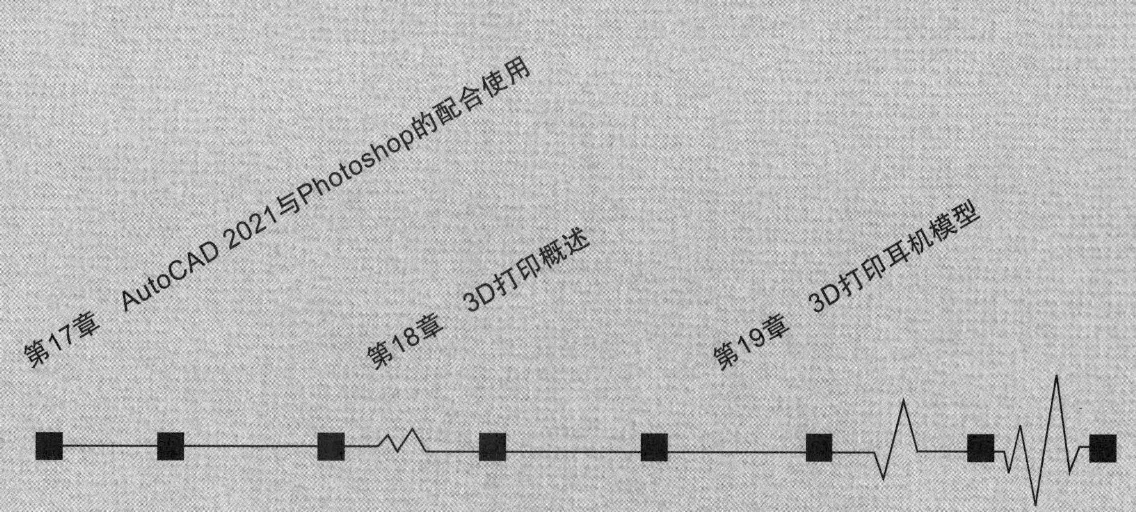

第17章　AutoCAD 2021与Photoshop的配合使用
第18章　3D打印概述
第19章　3D打印耳机模型

第 17 章

AutoCAD 2021与Photoshop的配合使用

学习目标

本章主要介绍AutoCAD 2021与Photoshop的配合使用方法。用户可以根据实际需求在AutoCAD 2021中绘制出相应的二维或三维图形，然后将其转换为图片并用Photoshop进行编辑。Photoshop出色的图片处理功能可以使AutoCAD 2021绘制出的图形更加具有真实感、色彩感。

17.1 AutoCAD与Photoshop配合使用的优点

AutoCAD和Photoshop是两款非常具有代表性的软件。从宏观意义上来讲，两款软件不论是在功能还是在应用领域方面都有着本质的不同，但在实际应用过程中它们却有着千丝万缕的联系。

AutoCAD在工程中应用较多，主要用于创建结构图，其二维功能的强大与方便是不言而喻的，但色彩处理方面却很单调，只能作一些基本的色彩变化。Photoshop在广告行业应用比较多，是一款强大的图片处理软件，在色彩处理、图片合成等方面具有突出功能，但不具备结构图的准确创建及编辑功能，优点仅体现于色彩斑斓的视觉效果上。将AutoCAD与Photoshop配合使用，可以有效地弥补两款软件各自的不足，将精确的结构与绚丽的色彩在一张图片上面体现出来。

17.2 Photoshop常用功能介绍

在结合使用AutoCAD和Photoshop软件之前，首先要了解Photoshop的几种常用功能，如创建图层、选区的创建与编辑、自由变换、移动等。

17.2.1 创建新图层

Photoshop中的图层与AutoCAD中的图层作用相似。在Photoshop中创建新图层的具体操作步骤如下。

步骤 01 启动Photoshop CS6，选择【文件】➢【新建】菜单命令，弹出【新建】对话框。

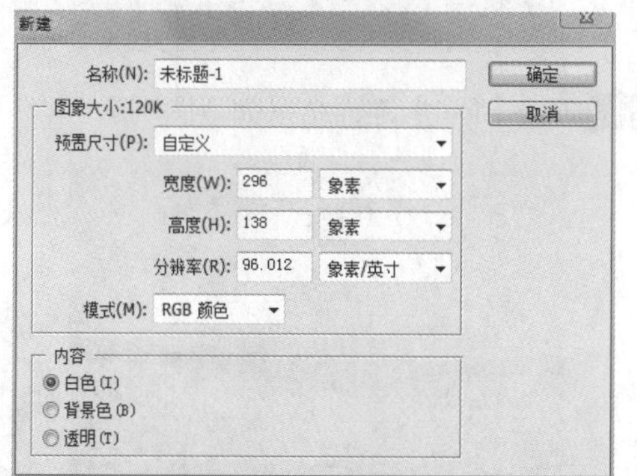

步骤 02 单击【确定】按钮完成新文件的创建，选择【图层】➢【新建】➢【图层】菜单命令。

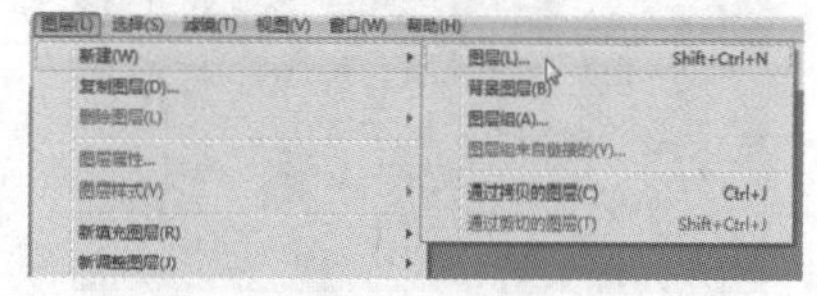

步骤 03 弹出【新图层】对话框。

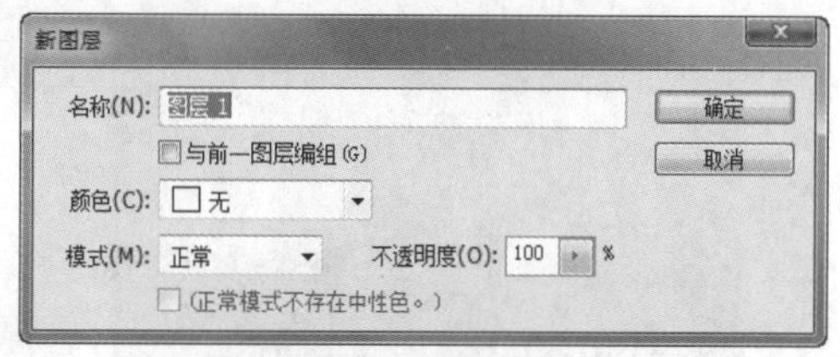

步骤 04 单击【确定】按钮，完成新图层的创建。

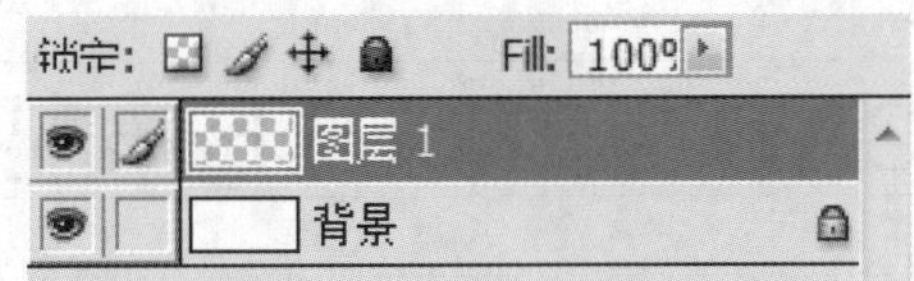

17.2.2 选区的创建与编辑

利用Photoshop编辑局部图片之前，需要建立相应的选区，然后再对选区中的内容进行相应的编辑操作。

1. 利用矩形选框工具创建选区并编辑

步骤01 打开“素材\CH17\选区的创建与编辑.dwg”文件。

步骤02 单击【矩形选框工具】按钮，在工作窗口中单击并拖曳鼠标指针，拖出一个矩形选择框，如下图所示。

步骤03 按【Del】键，结果如下图所示。

2. 利用魔棒工具创建选区并编辑

步骤01 打开“素材\CH17\选区的创建与编辑.dwg”文件。

步骤02 单击【魔棒工具】按钮，在工作窗口中单击鼠标出现选区，如下图所示。

步骤03 按【Del】键，结果如下图所示。

17.2.3 自由变换

利用自由变换功能可以对Photoshop中的图片对象进行缩放、旋转等操作，具体操作步骤如下。

步骤 01 打开“素材\CH17\自由变换.dwg”文件。

步骤 02 按键盘上的【Ctrl+A】组合键，将当前窗口的图形对象全部选择，然后选择【编辑】>【自由变换】菜单命令，图像周围出现夹点。

步骤 03 拖曳鼠标指针至窗口右侧中间夹点上，当鼠标指针变为↔形状后，按住鼠标左键水平向左拖曳，结果如下图所示。

步骤 04 拖曳鼠标指针至窗口右下角夹点上，当鼠标指针变为↻形状后，按住鼠标左键顺时针旋转拖曳，结果如下图所示。

17.2.4 移动

利用移动功能可以对Photoshop中的图片对象进行位置的移动操作，具体操作步骤如下。

步骤 01 打开“素材\CH17\移动.dwg”文件。

步骤 02 单击【矩形选框工具】按钮，在工作窗口中进行下图所示的区域选取。

步骤 03 单击【移动工具】按钮，在工作窗口中拖曳鼠标指针对所选区域进行位置移动操作。

17.3 综合应用——网络机顶盒效果图设计

本节结合使用AutoCAD和Photoshop软件进行网络机顶盒效果图的设计，AutoCAD主要用于模型的创建，最后的整体效果处理则依赖于Photoshop软件。

17.3.1 网络机顶盒效果图设计思路

网络机顶盒效果图包含网络机顶盒模型、背景图片以及宣传文字。在整个设计过程中可以考虑利用AutoCAD软件将网络机顶盒模型进行绘制，并对模型的颜色进行相应设置，然后将模型转换为图片，再利用Photoshop对图片进行编辑。在Photoshop中可以将模型图片与效果图背景图片、宣传文字相结合，通过适当的处理达到完美结合的效果。

17.3.2 使用AutoCAD 2021绘制网络机顶盒模型

下面对网络机顶盒模型进行绘制，具体操作步骤如下。

1. 绘制网络机顶盒整体造型

步骤01 新建一个AutoCAD文件，将视图切换为【西南等轴测】，然后在命令行输入UCS，绕x轴旋转“90”，如下图所示。

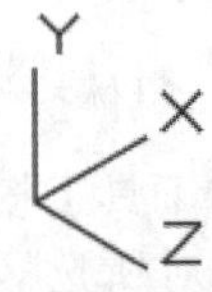

步骤02 选择【绘图】➤【直线】菜单命令，在绘图区域绘制如下图所示的图形。

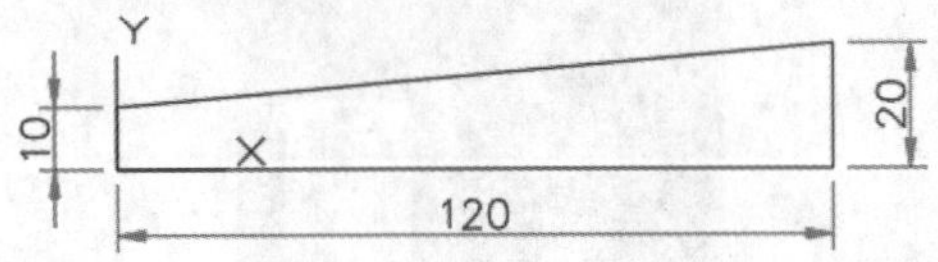

步骤03 选择【修改】➤【圆角】菜单命令，圆角半径设置为“10”，对绘图区域的图形进行圆角操作，如下图所示。

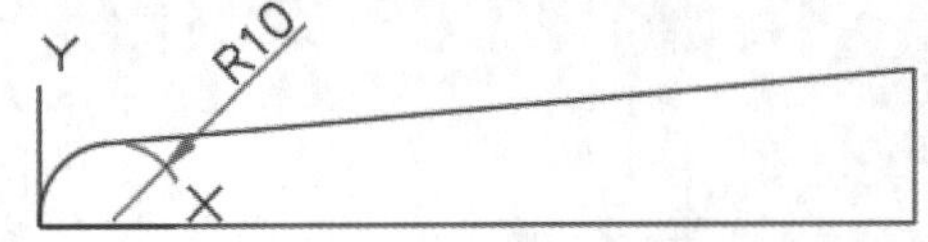

步骤04 选择【修改】➤【对象】➤【多段线】菜单命令，将绘图区域的所有图形对象合并为一个整体，如下图所示。

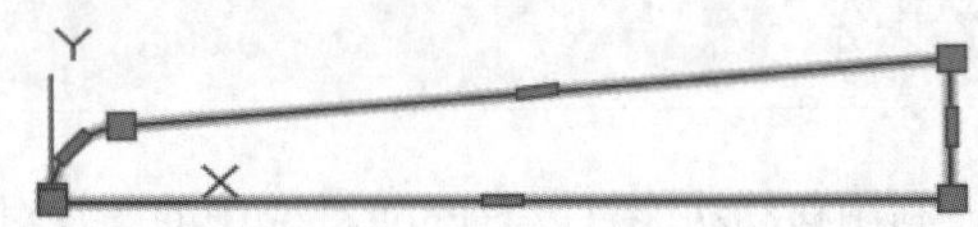

步骤05 选择【绘图】➤【建模】➤【拉伸】菜单命令，高度设置为“200”，为绘图区域的对象执行高度拉伸操作，如下图所示。

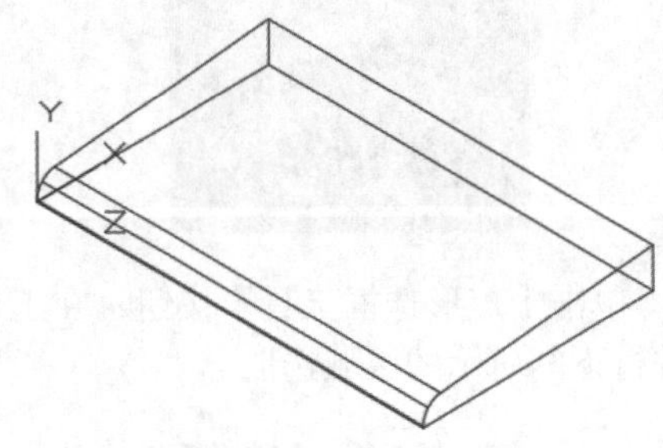

步骤06 在命令行输入UCS，绕y轴旋转“-90”，如下页图所示。

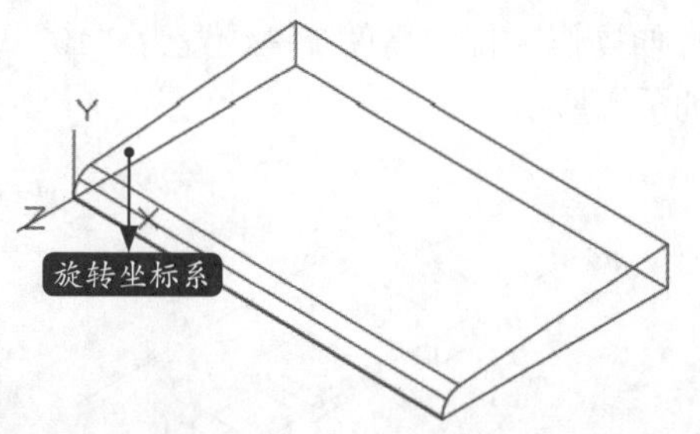

步骤 07 选择【绘图】➤【多段线】菜单命令，命令行提示如下。

命令：_pline
指定起点：　　// 在绘图区域的空白位置处任意单击一点即可
当前线宽为 0.0000
指定下一个点或 [圆弧 (A)/ 半宽 (H)/ 长度 (L)/ 放弃 (U)/ 宽度 (W)]: @10,0
指定下一点或 [圆弧 (A)/ 闭合 (C)/ 半宽 (H)/ 长度 (L)/ 放弃 (U)/ 宽度 (W)]: @0,7
指定下一点或 [圆弧 (A)/ 闭合 (C)/ 半宽 (H)/ 长度 (L)/ 放弃 (U)/ 宽度 (W)]: @-3.5,0
指定下一点或 [圆弧 (A)/ 闭合 (C)/ 半宽 (H)/ 长度 (L)/ 放弃 (U)/ 宽度 (W)]: @0,1
指定下一点或 [圆弧 (A)/ 闭合 (C)/ 半宽 (H)/ 长度 (L)/ 放弃 (U)/ 宽度 (W)]: @-3,0
指定下一点或 [圆弧 (A)/ 闭合 (C)/ 半宽 (H)/ 长度 (L)/ 放弃 (U)/ 宽度 (W)]: @0,-1
指定下一点或 [圆弧 (A)/ 闭合 (C)/ 半宽 (H)/ 长度 (L)/ 放弃 (U)/ 宽度 (W)]: @-3.5,0
指定下一点或 [圆弧 (A)/ 闭合 (C)/ 半宽 (H)/ 长度 (L)/ 放弃 (U)/ 宽度 (W)]: c

结果如下图所示。

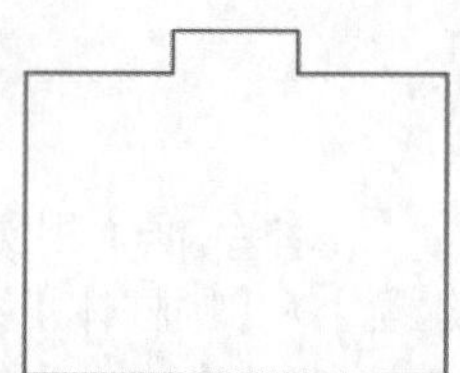

步骤 08 选择【绘图】➤【多段线】菜单命令，在命令行输入“fro”后按【Enter】键，并捕捉如下图所示端点作为基点。

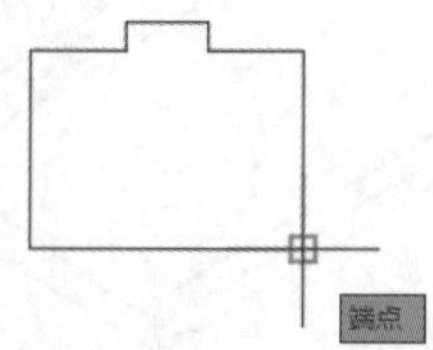

命令行提示如下。

< 偏移 >: @10,2.5
当前线宽为 0.0000
指定下一个点或 [圆弧 (A)/ 半宽 (H)/ 长度 (L)/ 放弃 (U)/ 宽度 (W)]: @10,0
指定下一点或 [圆弧 (A)/ 闭合 (C)/ 半宽 (H)/ 长度 (L)/ 放弃 (U)/ 宽度 (W)]: @0,2
指定下一点或 [圆弧 (A)/ 闭合 (C)/ 半宽 (H)/ 长度 (L)/ 放弃 (U)/ 宽度 (W)]: @-1,1
指定下一点或 [圆弧 (A)/ 闭合 (C)/ 半宽 (H)/ 长度 (L)/ 放弃 (U)/ 宽度 (W)]: @-8,0
指定下一点或 [圆弧 (A)/ 闭合 (C)/ 半宽 (H)/ 长度 (L)/ 放弃 (U)/ 宽度 (W)]: @-1,-1
指定下一点或 [圆弧 (A)/ 闭合 (C)/ 半宽 (H)/ 长度 (L)/ 放弃 (U)/ 宽度 (W)]: c

结果如下图所示。

步骤 09 选择【绘图】➤【圆】➤【圆心、半径】菜单命令，在命令行输入“fro”后按【Enter】键，并捕捉如下图所示中点作为基点。

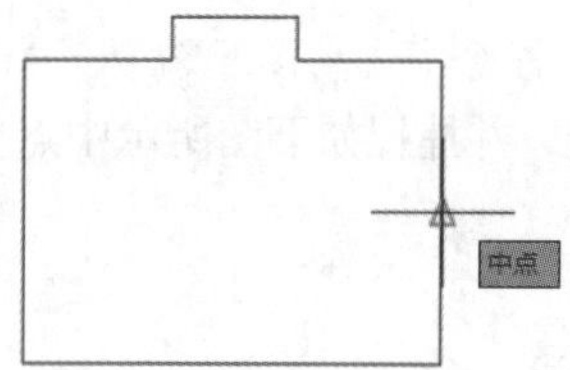

命令行提示如下。

< 偏移 >: @30,0
指定圆的半径或 [直径 (D)]: 1.5

结果如下图所示。

步骤 10 选择【绘图】➤【圆】➤【圆心、半径】菜单命令，在命令行输入“fro”后按【Enter】键，并捕捉如下图所示中点作为基点。

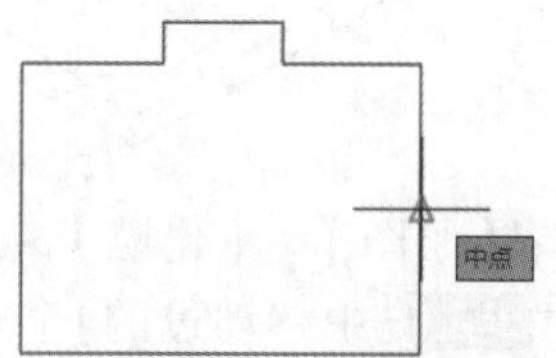

命令行提示如下。

```
<偏移>: @40,0
指定圆的半径或 [直径(D)]: 1
```

结果如下图所示。

步骤11 选择【修改】➤【移动】菜单命令，选择步骤07～步骤10所得到的图形作为需要移动的对象，并捕捉如下图所示端点作为基点。

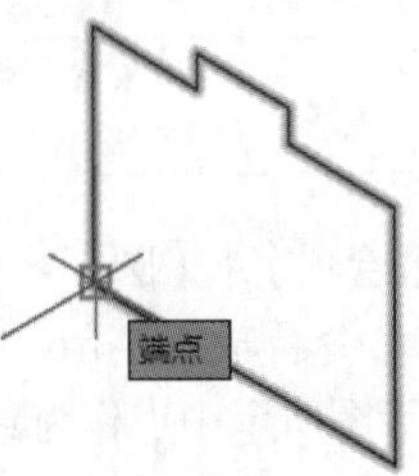

步骤12 在命令行提示下输入“fro”后按【Enter】键，并捕捉如下图所示中点作为基点。

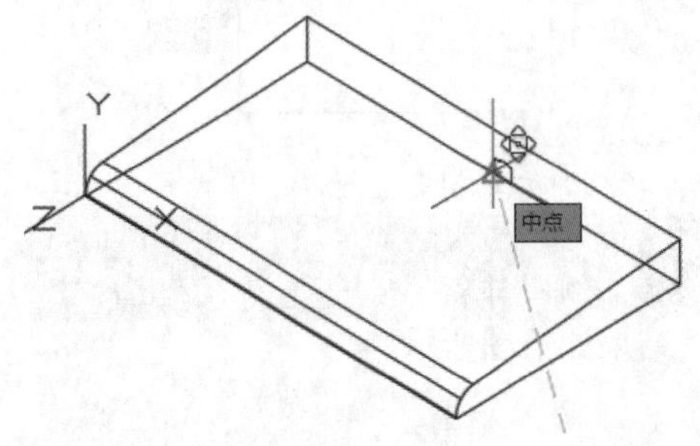

步骤13 偏移值设置为“@10,6”，结果如下图所示。

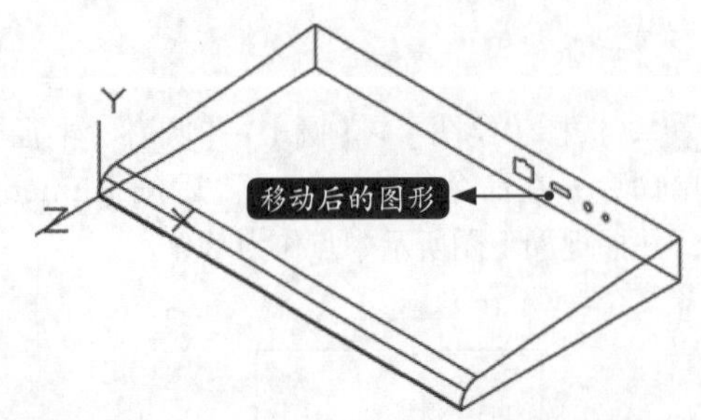

步骤14 选择【绘图】➤【建模】➤【拉伸】菜单命令，对步骤13中移动过的4个对象执行高度拉伸操作，拉伸高度统一设置为“10”，结果如下图所示。

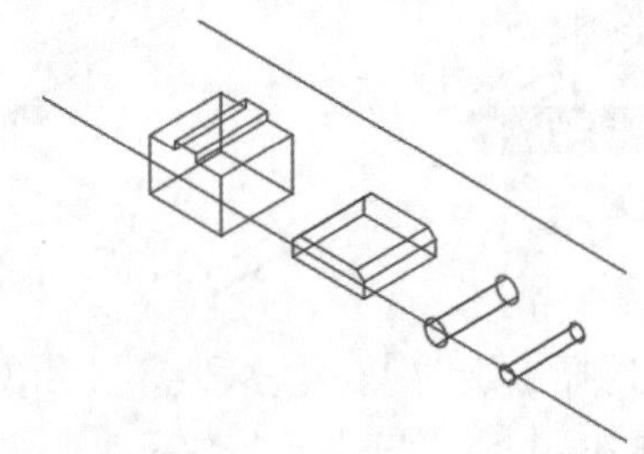

步骤15 选择【修改】➤【实体编辑】➤【差集】菜单命令，命令行提示如下。

```
命令：_subtract 选择要从中减去的实体、曲面和面域 ...
选择对象：  // 选择除步骤14拉伸之外的对象
选择对象：
选择要减去的实体、曲面和面域 ...
选择对象：  // 选择步骤14拉伸得到的对象，共计 4 个
选择对象：  // 按 Enter 键确认
```

步骤16 切换为【概念】视觉样式，如下图所示。

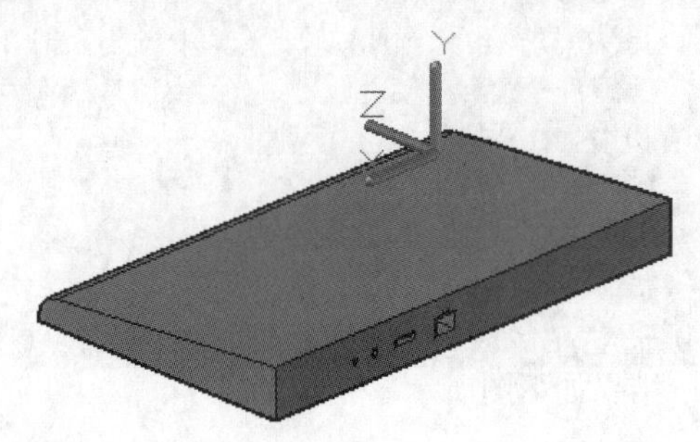

2. 绘制天线

步骤01 切换为【二维线框】视觉样式，选择【绘图】➤【建模】➤【圆柱体】菜单命令，在命令行输入“fro”后按【Enter】键，并捕捉如下图所示端点作为基点。

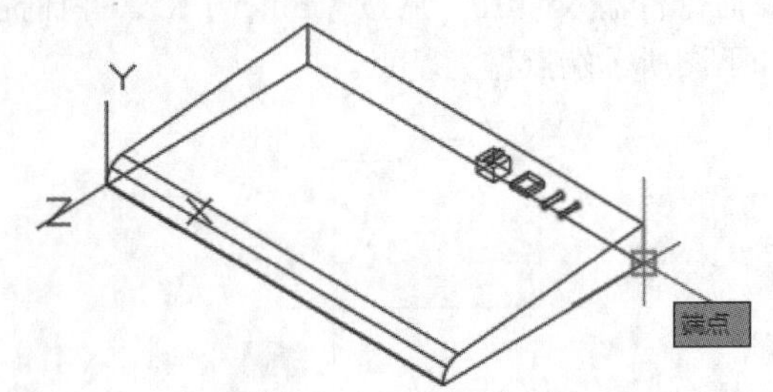

步骤02 命令行提示如下。

< 偏移 >: @-20,10
指定底面半径或 [直径 (D)]: 2.5
指定高度或 [两点 (2P)/ 轴端点 (A)] <10.0000>: -7

结果如下图所示。

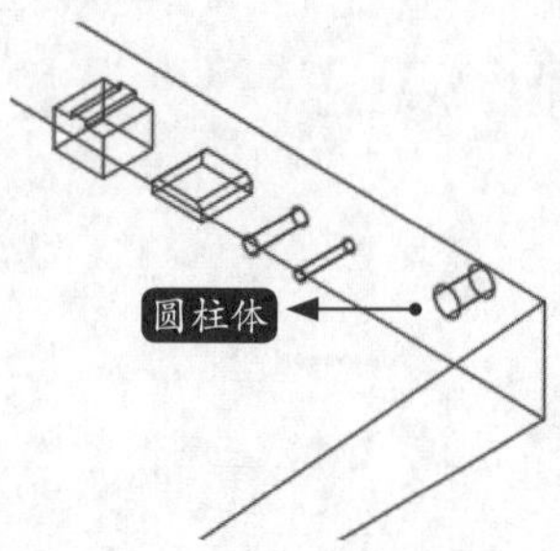

步骤03 将坐标系调整为世界坐标系，选择【绘图】➤【圆】➤【圆心、半径】菜单命令，在命令行输入“fro”后按【Enter】键，并捕捉如下图所示圆心点作为基点。

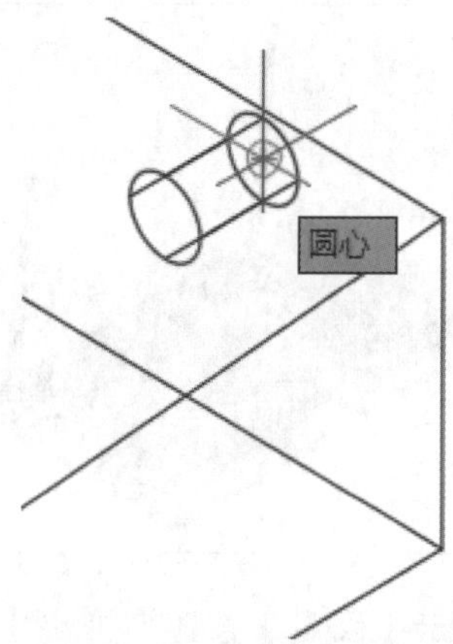

命令行提示如下。

< 偏移 >: @0,0,-7
指定圆的半径或 [直径 (D)] <1.0000>: 4

结果如下图所示。

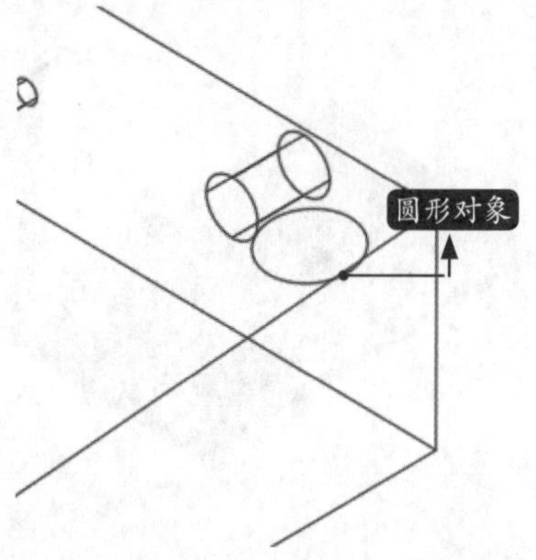

步骤04 选择【绘图】➤【建模】➤【拉伸】菜单命令，命令行提示如下。

命令：_extrude
当前线框密度： ISOLINES=4，闭合轮廓创建模式 = 实体
选择要拉伸的对象或 [模式 (MO)]: _MO 闭合轮廓创建模式 [实体 (SO)/ 曲面 (SU)] < 实体 >: _SO
选择要拉伸的对象或 [模式 (MO)]: // 选择 06 步骤得到的圆形
选择要拉伸的对象或 [模式 (MO)]: // 按 Enter 确认
指定拉伸的高度或 [方向 (D)/ 路径 (P)/ 倾斜角 (T)/ 表达式 (E)] <130.0000>: t
指定拉伸的倾斜角度或 [表达式 (E)] <2>: 0.5
指定拉伸的高度或 [方向 (D)/ 路径 (P)/ 倾斜角 (T)/ 表达式 (E)] <130.0000>: 130

结果如下图所示。

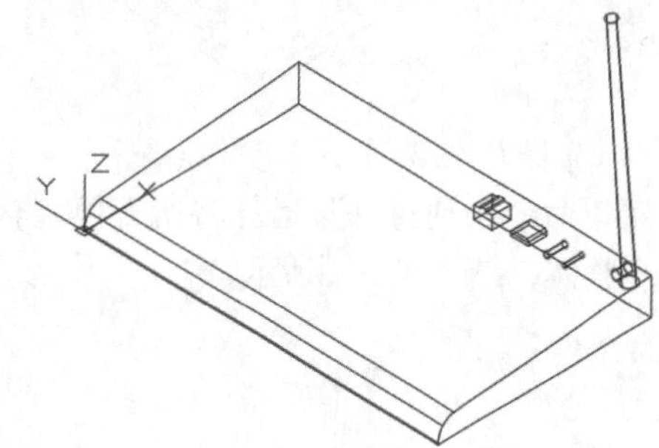

步骤05 选择【修改】➤【圆角】菜单命令，半径设置为“2”，对步骤04拉伸得到的模型的上端面边缘进行圆角，结果如下图所示。

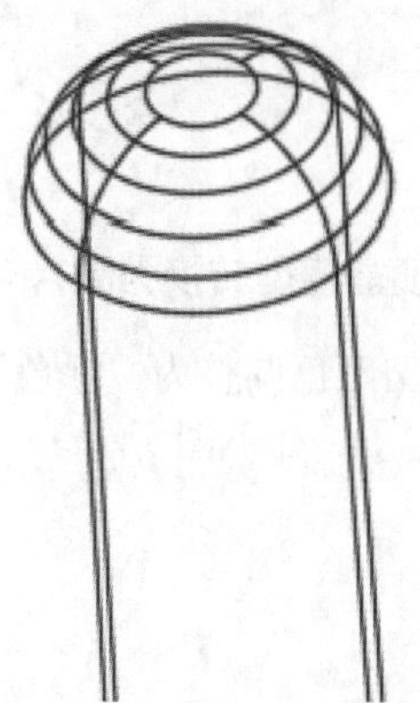

步骤06 选择【修改】➤【三维操作】➤【三维镜像】菜单命令，选择步骤01 ~ 步骤05得到的两个对象作为需要镜像的对象，捕捉如下页图所示中点作为镜像平面的第一点。

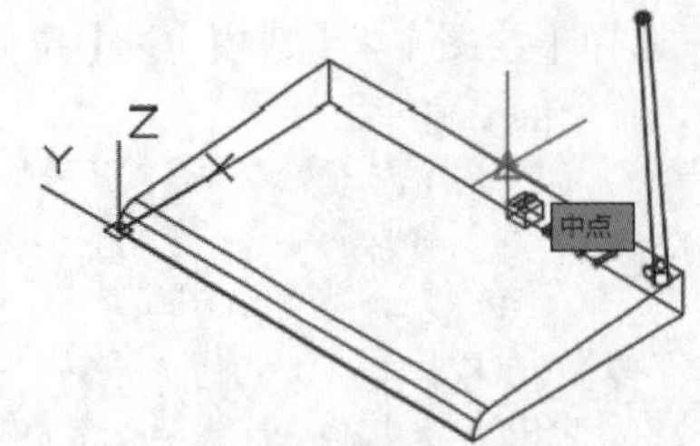

步骤07 在x轴方向上任意指定一点作为镜像平面第二点，在z轴方向上任意指定一点作为镜像平面第三点，保留源对象，结果如下图所示。

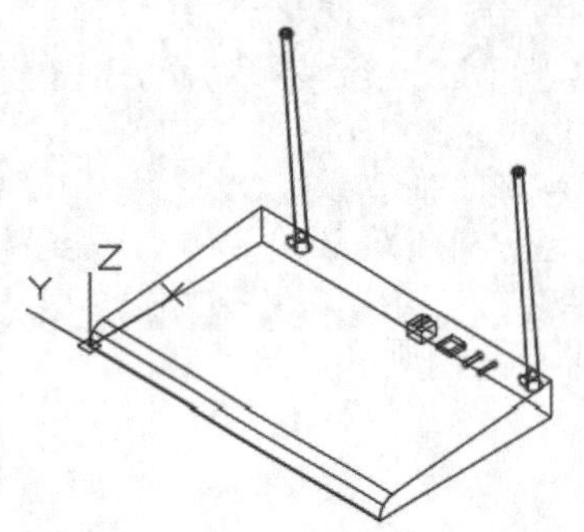

步骤08 选择【修改】➢【实体编辑】➢【并集】菜单命令，通过并集运算将所有模型合并为一个整体，结果如下图所示。

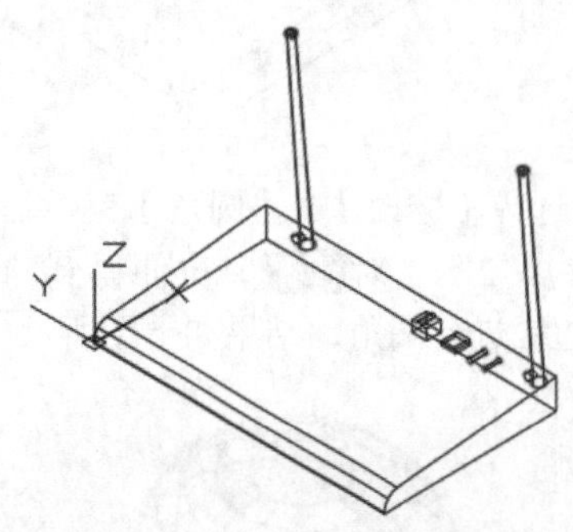

3. 将网络机顶盒模型转换为图片

步骤01 将模型颜色调整为“绿色”，切换视觉样式为【真实】，如下图所示。

步骤02 选择【文件】➢【打印】菜单命令，弹出【打印-模型】对话框，进行如下图所示设置。

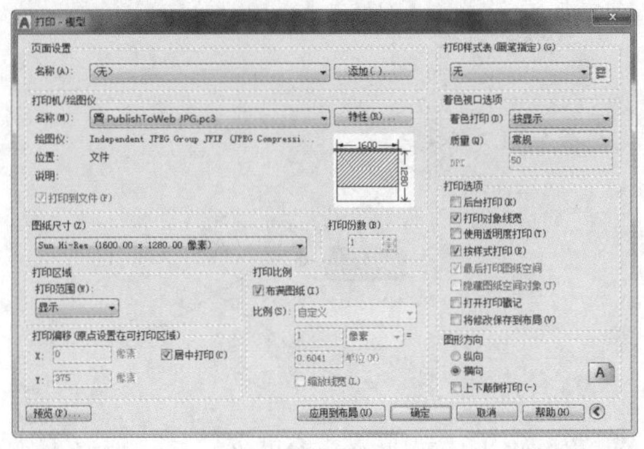

步骤03 打印范围选择【窗口】，并在绘图区域选择网络机顶盒模型作为打印对象，如下图所示。

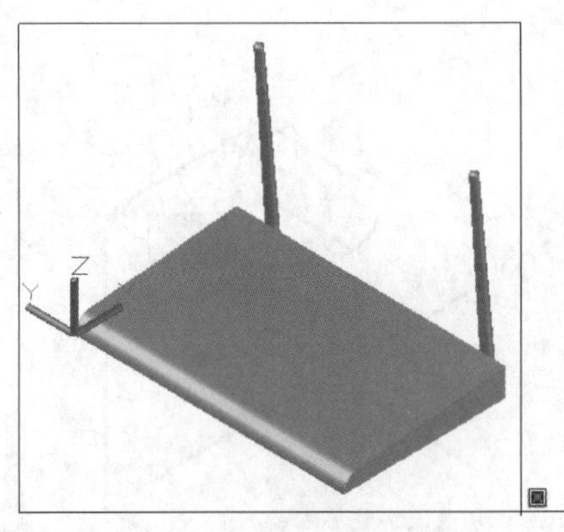

步骤04 单击【确定】按钮，弹出【浏览打印文件】对话框，对保存路径及文件名进行设置后，单击【保存】按钮，结果如下图所示。

17.3.3 使用Photoshop制作网络机顶盒效果图

本节主要利用Photoshop制作网络机顶盒效果图，具体操作步骤如下。

步骤 01 打开“素材\CH17\网络机顶盒.psd”文件。

步骤 02 选择【文件】➤【打开】菜单命令，弹出【打开】对话框，选择前面绘制的“网络机顶盒.jpg”文件，并单击【打开】按钮，结果如下图所示。

步骤 03 单击【魔棒工具】按钮，在工作窗口中的空白区域单击，如下图所示。

步骤 04 选区创建结果如右上图所示。

步骤 05 选择【选择】➤【反向】菜单命令，选区创建结果如下图所示。

步骤 06 按【Ctrl+C】组合键，然后将当前图形文件切换到“网络机顶盒.psd”，再次按【Ctrl+V】组合键，结果如下图所示。

步骤 07 选择【编辑】➤【自由变换】菜单命令，对网络机顶盒模型图片的大小及位置进行适当调整，结果如下页图所示。

步骤08 单击“横排文字工具”按钮T，字体设置为“华文楷体”，字号设置为“70”点，颜色设置为“红色”，在工作窗口中的适当位置输入文字内容，如下图所示。

疑难解答

1. 如何获得Photoshop的精准光标

按一次键盘上的【Caps Lock】键可以使画笔和磁性工具的光标显示为精确十字线，如下左图所示（画笔工具光标），再按一次【Caps Lock】键可以恢复原状，如下右图所示（画笔工具光标）。

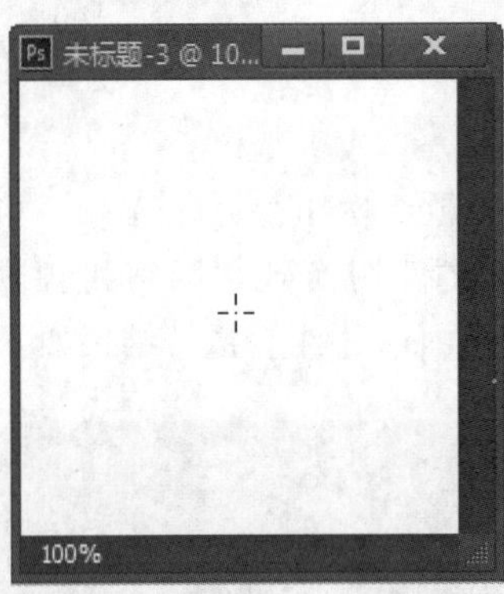

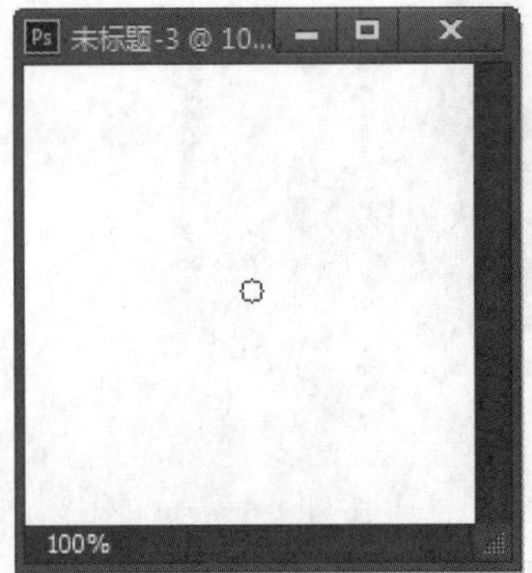

2. 更改画布颜色的快捷方法

选择油漆桶工具并按住【Shift】键单击画布边缘，即可将画布底色设置为当前选择的前景色。如果要还原到默认的颜色，如25%灰度，可以将前景色设置为（R:192，G:192，B:192），并再次按住【Shift】键单击画布边缘。

3. 如何快速改变部分图形颜色

首先需要新建一个透明图层，利用画笔工具涂抹需要更改颜色的部分，该图层的混合模式会更改为颜色，经过涂抹的部分会变为自己想要的颜色。对于金属或有光泽的物体，该操作会保留特殊质感。

第 18 章

3D打印概述

学习目标

3D打印技术最早出现在20世纪90年代中期，它与普通打印工作的原理基本相同，即在打印机内装有液体或粉末等“打印材料”，通过计算机控制将“打印材料”一层层叠加起来，最终把计算机上的蓝图变成实物。

学习效果

18.1 什么是3D打印

3D打印（3DP)是一种快速成型技术，它以数字模型文件为基础，运用粉末状金属或塑料等可黏合材料，通过逐层打印的方式来构造物体。

18.1.1 3D打印与普通打印的区别

3D打印与普通打印的原理相同，但又有着实实在在的区别，两者的区别见下表。

区别项	普通打印	3D打印
打印材料	传统的墨水和纸张	主要利用工程塑料、树脂或石膏粉末。这些成型材料都是经过特殊处理的，但是技术与材料的成型速度不同，则模型强度、分辨率、模型可测试性、细节精度等都有很大区别
计算机模板	能构造各种平面图形的模板，例如使用Word、PowerPoint、PDF、Photoshop等制作基础的模板	以三维的图形为基础
打印机结构	两轴移动架	三轴移动架
打印速度	很快	很慢

相对于普通打印机，3D打印机有以下优缺点。

1. 优点

- 节省工艺成本：制造一些复杂的模具不需要增加太大成本，只需要量身定做，多样化小批量生产即可。
- 节省流程费用：有些零件一次成型，无须组装。
- 设计空间无限：设计空间可以无限扩大，只有想不到的，没有打印不出来的模型。
- 节省运输和库存：零时间交付，甚至省去了库存和运输成本，只要家里有打印机和材料，直接下载3D模型文件即可完成生产。
- 减少浪费：减少测试材料的浪费，直接在计算机上测试模型即可。
- 精确复制：材料可以任意组合，并且可以精确地复制实体。

2. 缺点

- 打印机价格高：相对于几千元的普通打印机，3D打印机动辄上万甚至几十万、几百万元。
- 材料昂贵：3D打印机虽然在多材料打印上已经取得了一定的进展，但除非这些进展达到成熟并有效，否则材料依然会是3D打印推广应用的一大障碍。

18.1.2 3D打印的成型方式

3D打印最大的特点是小型化和易操作，多用于商业、办公、科研和个人工作室等环境。根据打印方式的不同，3D打印技术可以分为热爆式3D打印、压电式3D打印和DLP投影式3D打印等。

1. 热爆式3D打印

热爆式3D打印工艺的原理是，将材料粉末由储存桶送出一定分量，通过滚筒在加工平台上铺上薄薄的一层，打印头依照3D计算机模型切片后获得二维层片信息，然后喷出黏着剂粘住粉末。做完一层，加工平台自动下降一点，储存桶上升一点，如此循环便可得到所要的形状。

热爆式3D打印的特点是速度快（是其他工艺的6倍）且成本低（是其他工艺的1/6），缺点是精度和表面光洁度较低。Zprinter系列是全球唯一能够打印全彩色零件的三维打印设备。

2. 压电式3D打印

类似于传统的二维喷墨打印，该技术可以打印超高精细度的样件，适用于小型精细零件的快速成型。相对来说，其设备维护更加简单，表面质量好，z轴精度高。

3. DLP投影式3D打印

该工艺的成型原理是利用直接照灯成型技术(DLPR)使感光树脂成型。CAD的数据由计算机软件进行分层并建立支撑，然后输出黑白色的Bitmap档。每一层的Bitmap档会由DLPR投影机投射到工作台上的感光树脂，使其固化成型。

DLP投影式3D打印的优点是利用机器出厂时配备的软件，可以自动生成支撑结构并打印出近乎完美的三维部件。

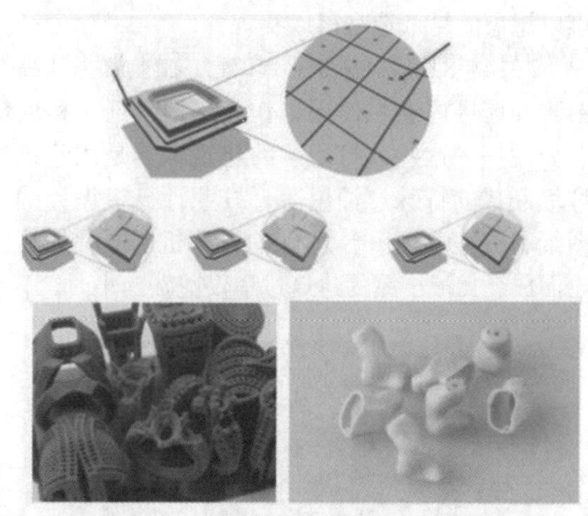

18.2 3D打印的应用领域

3D打印在航天、汽车、电子、建筑、医疗以及生活用品等诸多领域有着广泛应用。

1. 航天科技

2014年8月31日，美国航空航天局的工程师们完成了3D打印火箭喷射器的测试。2014年9月底，他们又完成首台成像望远镜，其元件几乎全部通过3D打印技术制造。这款长50.8mm的望远镜全部由铝和钛制成，而且只需通过3D打印技术制造4个零件即可。相比而言，传统制造方法所需的零件数是3D打印的5~10倍。此外，在3D打印的望远镜中，可将用来减少望远镜中杂散光的仪器挡板做成带有角度的样式，这是传统制作方法在一个零件中所无法实现的。

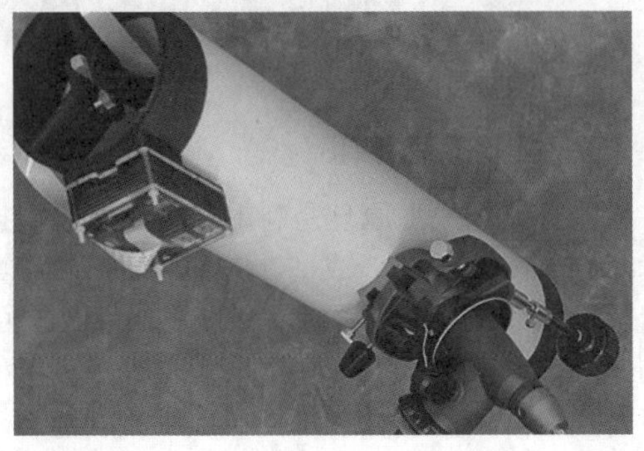

2. 建筑领域

在建筑领域，有了3D打印技术之后，很多难以想象的复杂造型得以实现。

2014年8月，10幢3D打印建筑在上海张江高新青浦园区内交付使用，作为当地动迁工程的办公用房。这些“打印”的建筑墙体是用建筑垃圾制成的特殊“油墨”，按照计算机设计的图纸和方案，经一台大型3D打印机层层叠加喷绘而成，10幢小屋的建筑过程仅花费24小时。

3. 汽车领域

世界第一台3D打印汽车由美国Local Motors公司设计制造，名叫“Strati”，是一款小巧的两座家用汽车。整个车身上靠3D打印出的部件总数为40个，相较传统汽车20 000多个零件来说可谓十分简洁。其充满曲线的车身先由黑色塑料制造，再层层包裹碳纤维以增加强度，这一制造设计方式尚属首创。

4. 生活用品领域

3D打印可满足造型复杂的小批量生活用品的定制需要，既满足个性需求又物美价廉，如手机壳、灯罩、时装等。

5. 电子领域

2014年11月10日，世界首款3D打印的笔记本电脑pi-top开始预售，价格仅为传统产品的一半。

6. 医疗领域

3D打印产品可以根据确切体形定制，因此通过3D打印制造的医疗植入物将提高一些患者的生活质量。目前3D打印不仅可以打印钛质骨植入物、义肢及矫正设备等，而且成功打印出了肝脏、头盖骨、脊椎、心脏等模型。

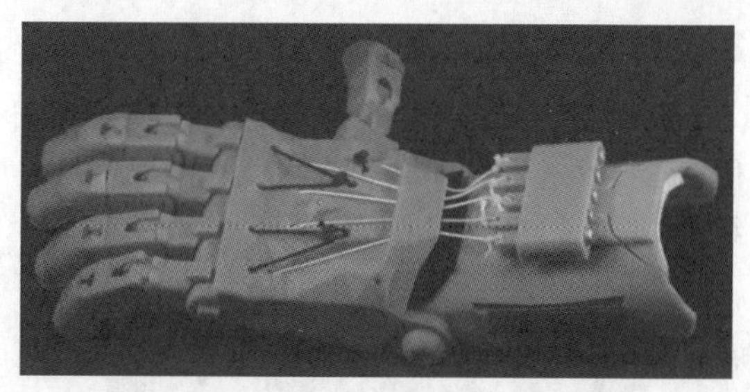

18.3 3D打印的材料选择

据了解，目前可用的3D打印材料种类已超过200种，但这对应现实中纷繁复杂的产品还是远远不够的。如果把这些打印材料进行归类，可分为石化类产品、生物类产品、金属类产品、石灰混凝土产品等几大类。

1. 工业塑料

这里的工业塑料是指用于制造工业零件或外壳的工业用塑料，其强度、耐冲击性、耐热性、硬度及抗老化性均非常优异。

- PC材料：是真正的热塑性材料，具备工程塑料的所有特性，具有高强度、耐高温、抗冲击、抗弯曲等特点，可以作为最终零部件使用，主要应用于交通及家电行业。
- PC-ISO材料：是一种通过医学卫生认证的热塑性材料，广泛应用于药品及医疗器械行业，如手术模拟、颅骨修复、牙科等专业领域。
- PC-ABS材料：是一种应用极其广泛的热塑性工程塑料，主要应用于汽车、家电及通信行业。

2. 树脂

这里的树脂指的是UV树脂，由聚合物单体与预聚体组成，其中加有光（紫外光）引发剂（或称为光敏剂）。在一定波长的紫外光（250~300nm）照射下立刻引起聚合反应完成固化。一般为液态，通常用于制作高强度、耐高温、防水等材料。

- Somos 19120材料为粉红色材质，是铸造专用材料。成型后可直接代替精密铸造的蜡膜原型，避免开模具的风险，并且大大缩短周期，拥有低留灰烬和高精度等特点。
- Somos 11122材料为半透明材质，类ABS材料。抛光后能做出近似透明的艺术效果。这种材料广泛用于医学研究、工艺品制作和工业设计等行业。
- Somos Next材料为白色材质，是类PC新材料，其精度和表面质量更佳，制作的部件拥有很好的刚性和韧性。

3. 尼龙铝粉材料

这种材料在尼龙的粉末中混合了铝粉，利用SLS技术进行打印，其成品就有金属光泽，经常用于装饰品和首饰的创意产品。

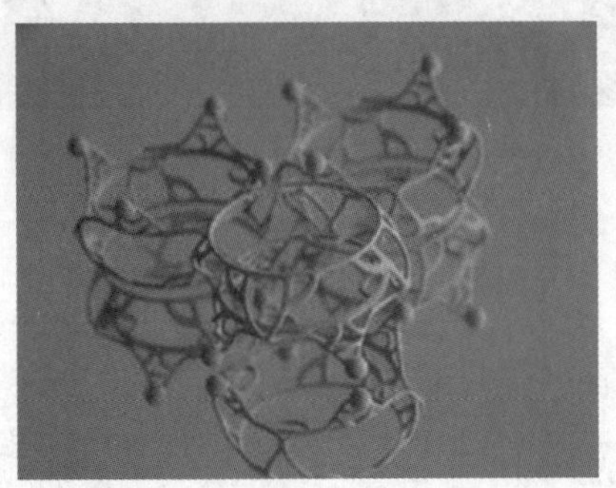

4. 有机玻璃

有机玻璃材料表面光洁度好，可以打印出透明和半透明的产品。目前利用有机玻璃材料，可以打出牙齿模型用于牙齿矫正。

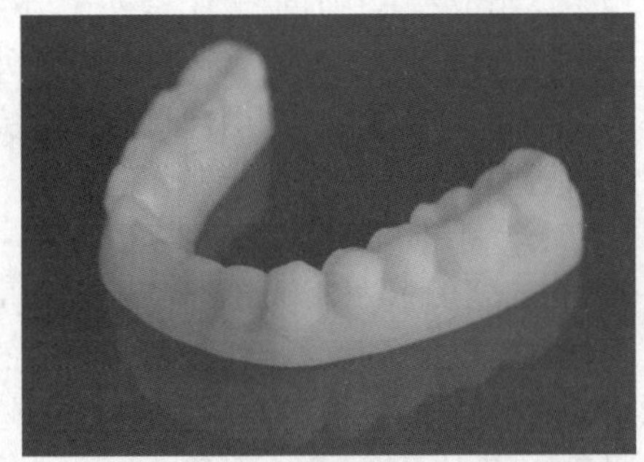

5. 不锈钢

不锈钢坚硬且有很强的牢固度，其粉末采用SLS技术进行3D烧结，选用银色、古铜色以及白色等颜色，可以制作模型、现代艺术品以及很多功能性和装饰性用品。

6. 陶瓷

陶瓷粉末采用SLS进行烧结，上釉陶瓷产品可以用来盛食物，很多人用陶瓷来打印个性化的杯子。当然，3D打印并不能完成陶瓷的高温烧制，这道工序目前仍需要在打印完成之后进行。

7. 石膏

石膏粉末是一种优质复合材料，颗粒均匀细腻，颜色超白。用这种材料打印的模型可磨光、钻孔、攻丝、上色并电镀，实现更高的灵活性。打印模型的应用行业包括运输、能源、消费品、娱乐、医疗保健、教育等。

18.4 全球及国内3D打印发展概况

在全球化竞争日益激烈的当下，世界各国都在不断通过对新兴高科技领域的投资及研发来争取自己在全球的领先地位。3D打印作为一项极具代表性及革命性的新技术，自然也被世界各国高度重视。

18.4.1 全球3D打印发展概况

2018年全球有能力自主“研发与生产”3D打印机的企业有177家，产业内的系统性玩家开始增加，意味着打印机的相关研发、制造技术趋于成熟。2013—2019年全球3D打印市场规模、增长速度如下图所示（资料来源：IDC前瞻产业研究院整理）。

从细分领域来看，3D打印机和3D打印材料的销售成为最大的收入来源。在2019年全球138亿美元的3D打印市场规模中，有53亿美元来自打印机销售，42亿美元来自打印材料销售，38亿美元来自打印服务，占比分别为38.41%、30.43%和27.54%。

2019年全球3D打印市场细分结构（资料来源：前瞻产业研究院整理）如下图所示。

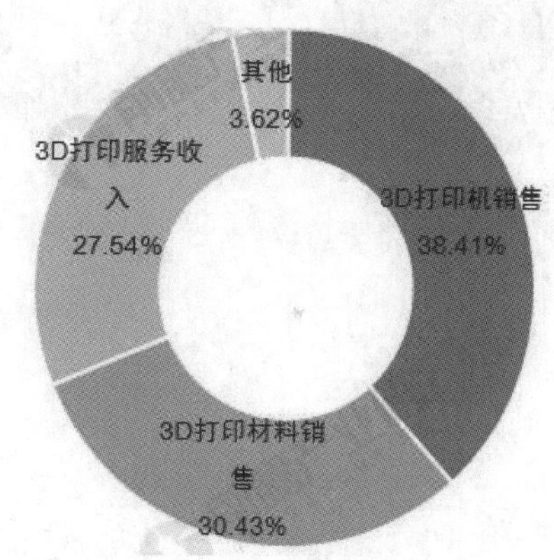

18.4.2 国内3D打印行业发展概况

我国3D打印从1988年发展至今，呈现不断深化、不断扩大应用的态势。2015—2017年的三年间，中国3D打印产业规模实现了翻倍增长，年均增速超过25%。2017年，中国3D打印领域相关企业超过500家，产业规模已达100亿元，增速略微放缓至25%左右，但仍高于全球4个百分点。2018年上半年，中国3D打印产业维持25%以上增速。

2013—2018年中国3D打印产业规模及增速（数据来源：前瞻产业研究院整理）如下页图所示。

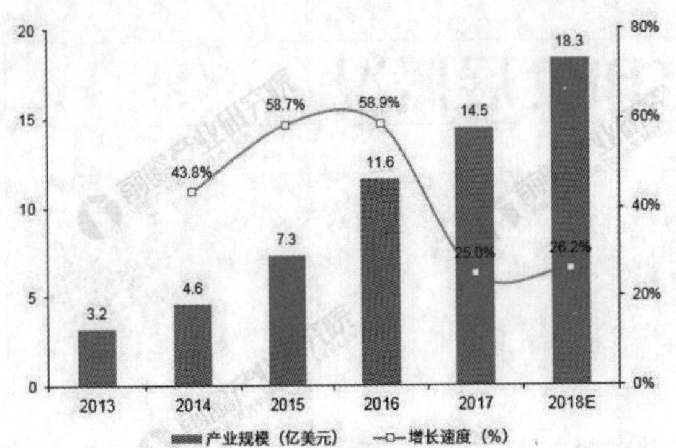

目前，3D打印机应用领域排名前三的是工业机械、航空航天和汽车，分别占市场份额的20.0%、16.6%和13.8%（数据来源：前瞻产业研究院整理）。

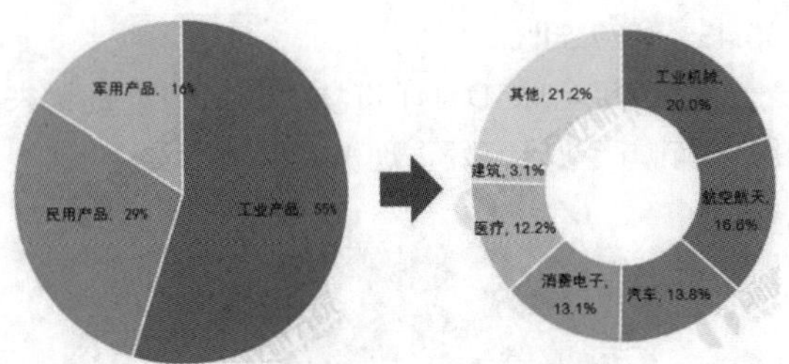

从3D打印机类型来看，2017年，国内桌面3D打印机出货量增长27%，其中约95%是个人或桌面打印机，工业级3D打印机出货量虽只增长5%。但从销售收入来看，工业级3D打印机占总收入的80%。所以，虽然消费级设备支撑了出货量，但工业级设备支撑了整个行业的销售收入，未来工业级3D打印设备是行业收入增长的主力军。3D打印市场按销售收入分如下图所示（数据来源：前瞻产业研究院整理）。

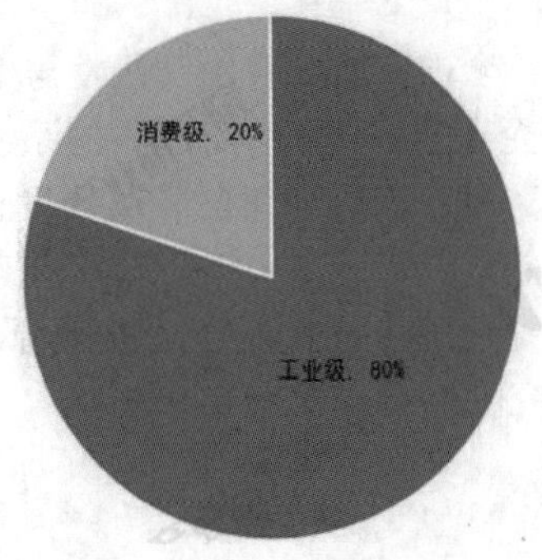

第19章

3D打印耳机模型

学习目标

3D打印的流程是：先通过计算机建模软件建模，再将建成的3D模型“分区”成逐层的截面，即切片，进而指导打印机逐层打印。

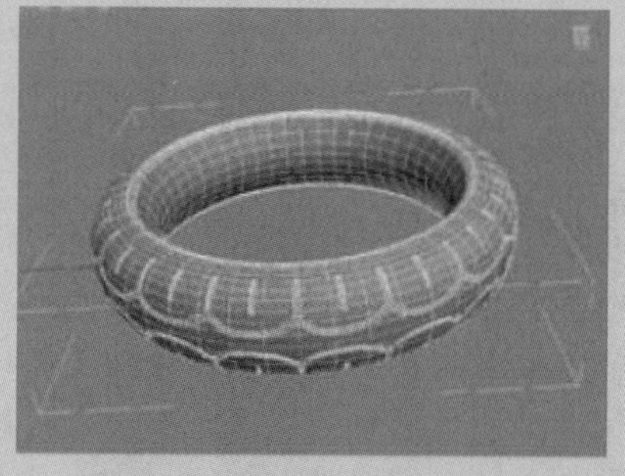

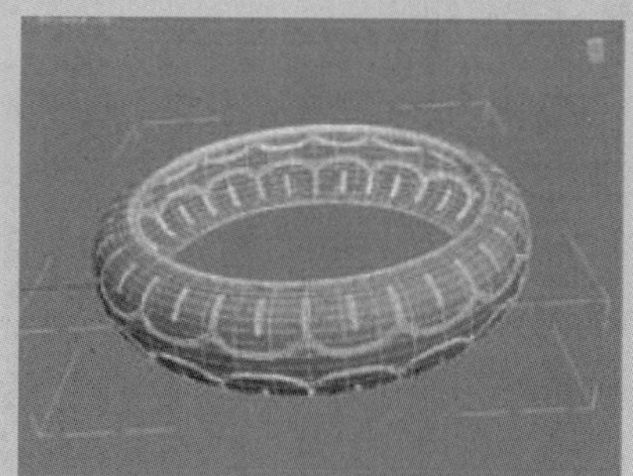

19.1 3D模型打印要求

3D打印机对模型有一定的要求，不是所有的3D模型都可以不经处理就打印的。首先STL模型要符合打印尺寸，与现实中的尺寸一致；其次模型的密封要好，不能有开口。至于面片的法向和厚度，可以在软件里设置，也可以在打印机设置界面设置。不同的打印机一般有不同的打印程序设置软件，但原理都是相同的，就像我们在计算机中的普通打印机设置一样。

1. 3D模型必须是封闭的

3D模型必须是封闭的，模型不能有开口边。某些情况下，要检查出模型是否存在这样的问题有些困难，这时可以使用【netfabb】这类专业的STL检查工具对模型进行检查，它会标记出存在开口问题的区域。

下图是未封闭（左图）模型和封闭（右图）模型对比图，如果给这两个轮胎充气，右边的轮胎肯定可以充满，左边的则是漏气的。

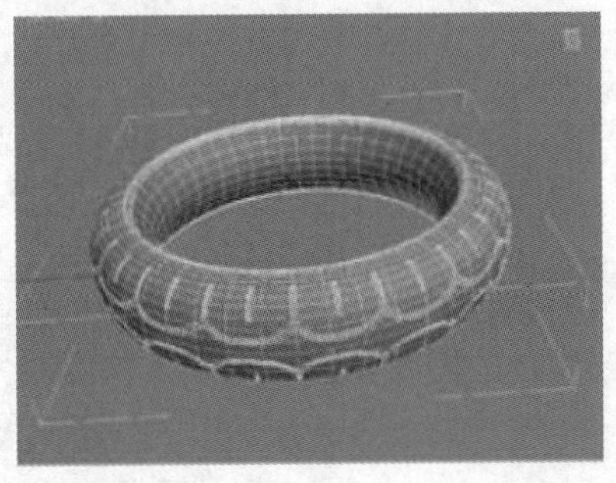

2. 正确的法线方向

模型中所有面上的法向需指向一个正确的方向。如果模型中包含有颠倒的法向，打印机就无法判断出是模型的内部还是外部。

如下图所示，如果将左图的中下半部分的面进行法向翻转，得到的是右图中翻转的面，这样模型是无法进行3D打印的。

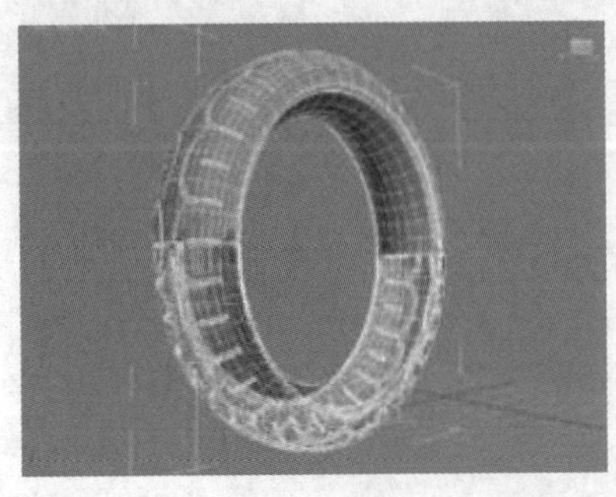

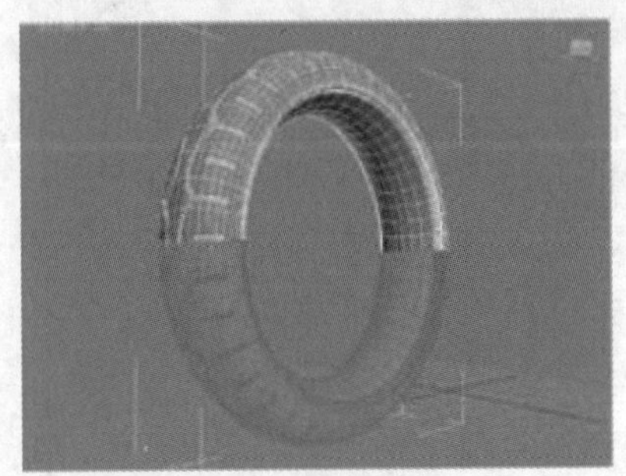

3. 3D模型的最大尺寸和壁厚

3D模型的最大尺寸根据3D打印的最大尺寸而定，当模型超过打印机的最大尺寸时，模型就不能被完整地打印出来。

打印机的喷嘴直径是一定的，打印模型的壁厚应考虑到打印机能打印的最小壁厚，否则就会出现失败或错误的模型。

下左图是一个带厚度的轮胎模型，这个厚度是在软件中制作而成的；下右图是不带厚度的模型，可以在打印软件中设置打印厚度。

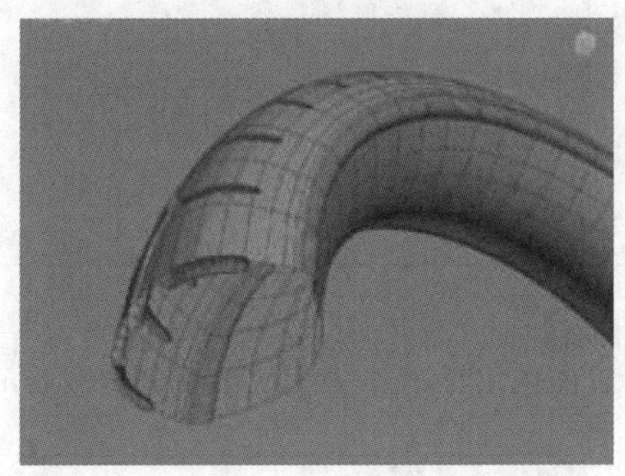

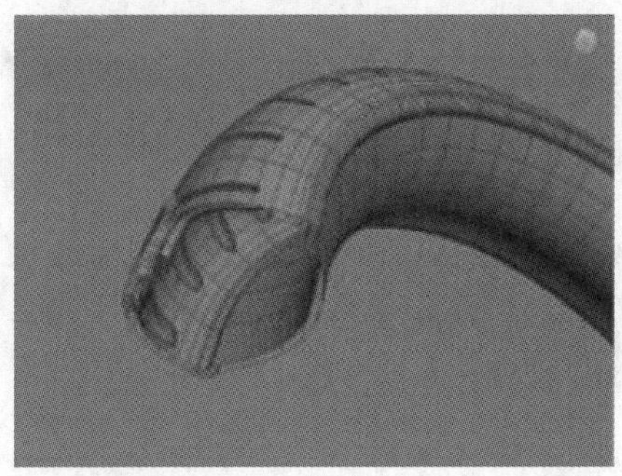

4. 设计打印底座

用于3D打印的模型底面最好是平坦的，这样既能提高模型的稳定性，又不需要增加支撑。可以直接截取底座以获得平坦的底面，或者添加个性化的底座。

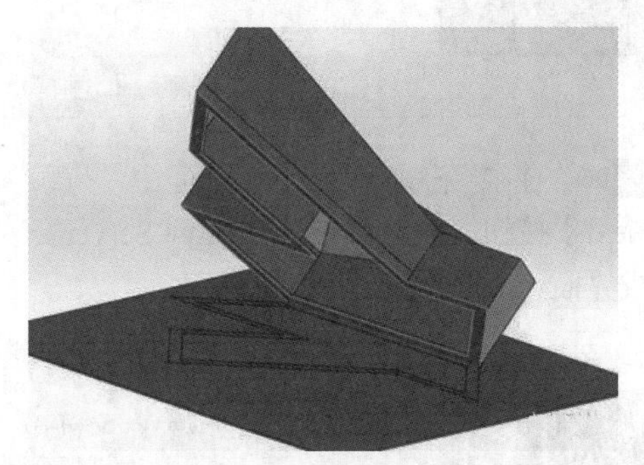

5. 预留容差度

对于需要组合的模型，需要特别注意预留容差度。一般在需要紧密结合的地方预留0.8mm的宽度，在较宽松的地方预留1.5mm的宽度。

6. 删除多余的几何形状和重复的面片

建模时的一些参考点、线、面及隐藏的几何形状，在建模完成时需要删除。

建模时两个面叠加在一起就会产生重复面片，需要删除重复的面片。

19.2 安装3D打印软件

3D打印软件有很多种，下面主要介绍接下来将用到的Repetier Host V2.1.3。

步骤01 打开安装程序文件夹或光盘，然后双击setupRepetierHost_2_1_3.exe文件，如下页图所示。

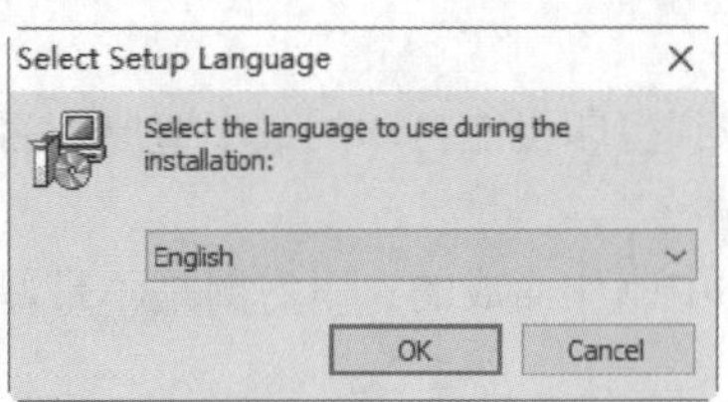

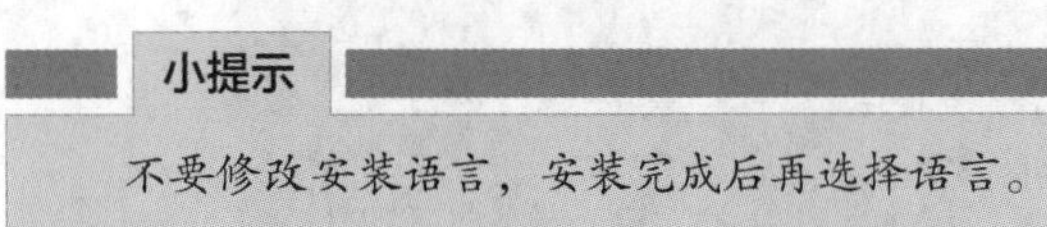

步骤 02 单击【OK】按钮，进入安装条款界面，选择【I accept the agreement】选项，然后单击【Next】按钮。

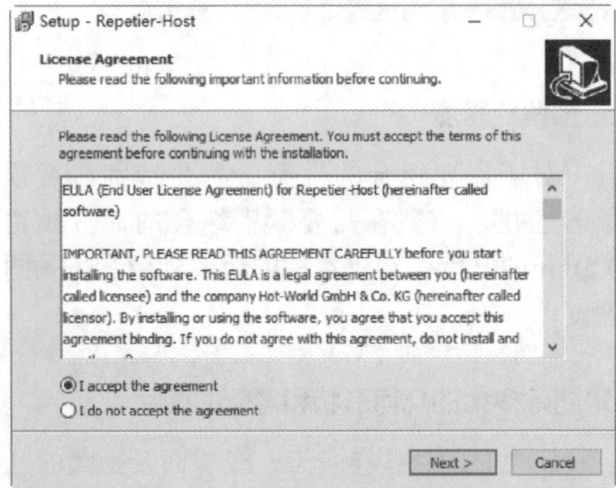

步骤 03 在接下来弹出的界面中都接受默认值，一直单击【Next】按钮，直到【Ready to Install】界面，单击【Install】按钮，如下图所示。

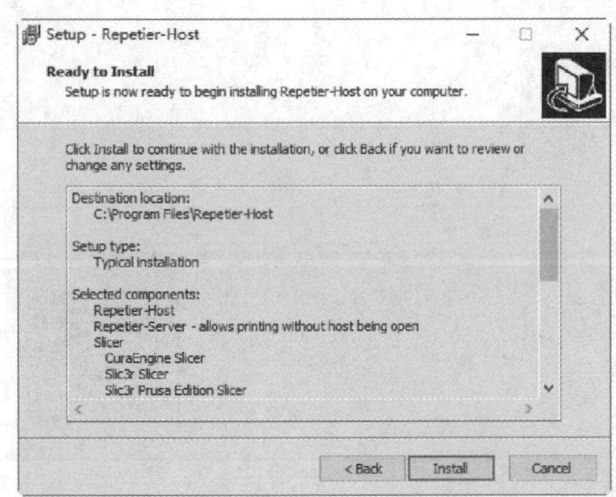

步骤 04 程序按照指定的安装位置进行安装，如右上图所示。

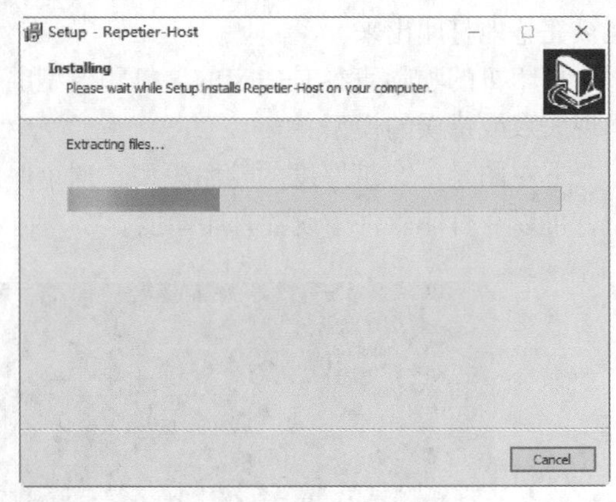

步骤 05 在弹出的【Repetier-Server】安装向导界面单击【下一步】按钮，如下图所示。

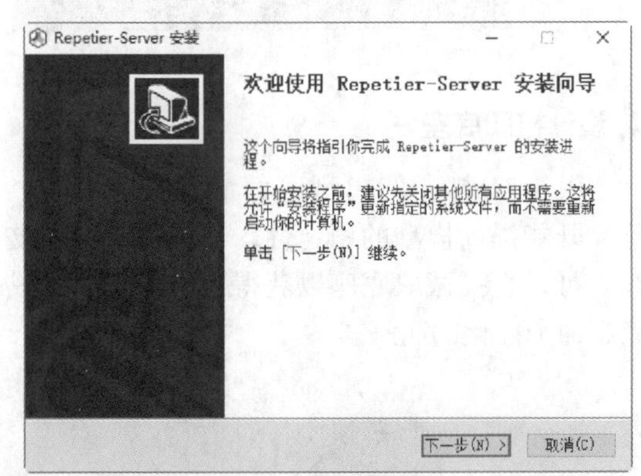

步骤 06 在接下来弹出的界面中一直单击【Next】按钮，直到弹出【Ready –Server安装】完成界面。

步骤 07 单击【完成】按钮，弹出【Setup-Repetier-Host】安装完成界面，如下页图所示。

步骤08 单击【Finish】按钮，选择【简体中文】，勾选【I have read and accepted the privacy policy】选项，然后单击【确定】按钮。

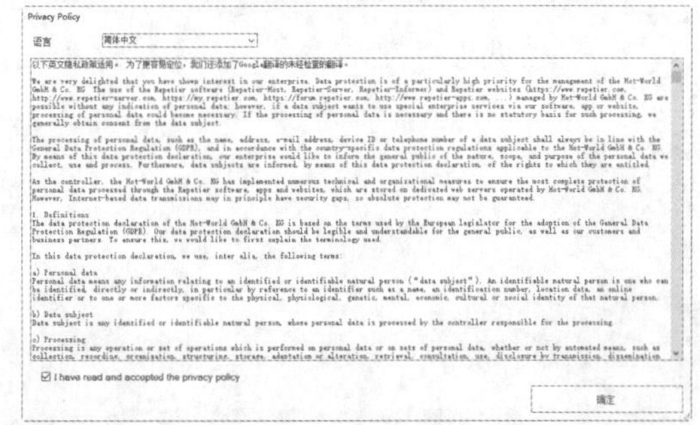

步骤09 弹出程序界面，如下图所示。

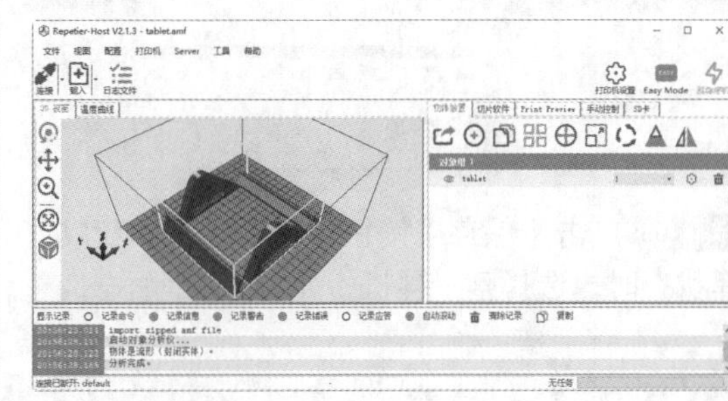

19.3 综合应用——打印耳机模型

本节主要介绍如何将“.dwg”格式的3D图转换成为3D打印机可以识别的“.stl”格式，然后在Repetier Host V2.13打印软件中进行打印设置。具体的打印机设置及最终的成型，会因打印机型号的不同而存在差异，打印成型时间也不一致，我们这里不做介绍。

19.3.1 将“.dwg”文件转换为“.stl”格式

设计软件和打印机之间协作的标准文件格式是“.stl”，因此在打印前应将AutoCAD生成的“.dwg”文件转换成“.stl”格式。具体操作步骤如下。

步骤01 打开“CH19\耳机.dwg” 文件，如下图所示。

步骤02 选择【文件】➢【输出】菜单命令，在弹出的【输出数据】对话框的【文件类型】下拉列表中选择【平版印刷（*.stl）】，如下页图所示。

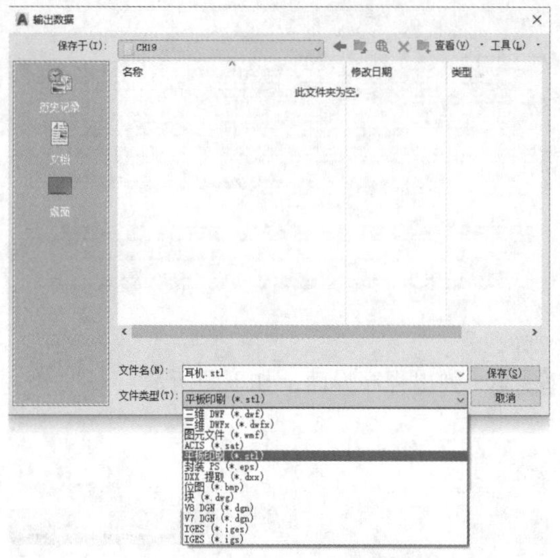

步骤 03 单击【保存】按钮，当十字光标变成选择状态时，选择整个耳机，如右上图所示。

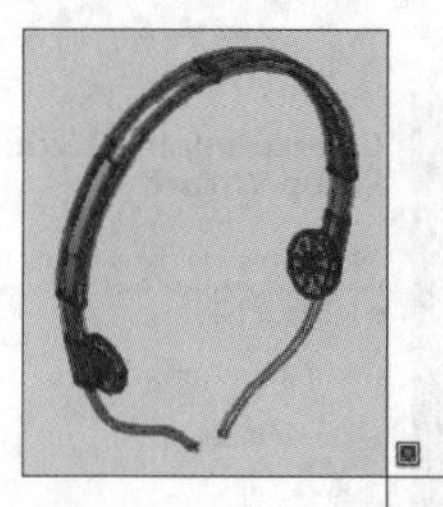

小提示

在AutoCAD 2021中除菜单命令外，还可以通过以下方法调用输出命令。

● 在命令行输入“EXPORT/EXP”命令并按空格键确定。

● 单击应用程序 ➢【输出】➢【其他格式】选项，在弹出的【输出数据】对话框中选择文件类型为“平版印刷（*.stl）”。

19.3.2 Repetier Host打印设置

将“.dwg”文件转换为“.stl”文件后，载入Repetier Host，然后进行切片并生成代码，再进行任务，即可完成模型的3D打印。

1. 载入模型

步骤 01 启动Repetier Host 2.1.3，如下图所示。

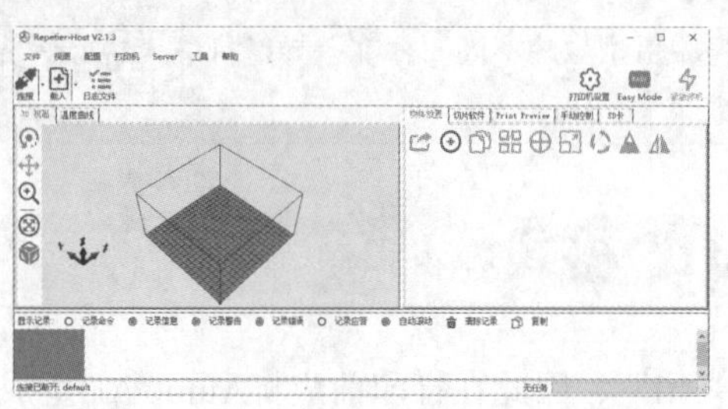

步骤 02 单击【载入】按钮，在弹出的【导入Gcode文件】对话框中选择19.3.1小节转换的“.stl”文件，如下图所示。

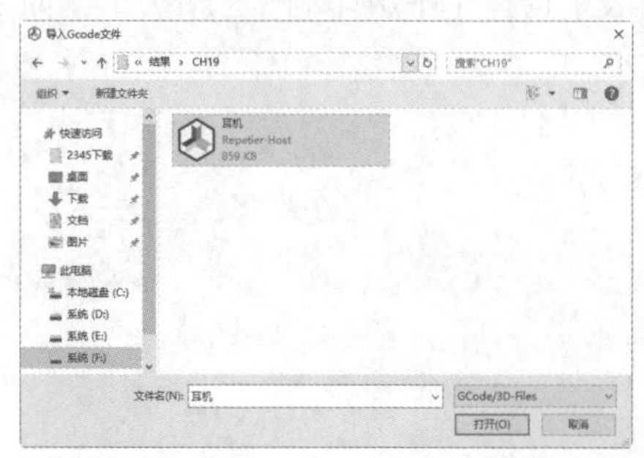

步骤 03 将“耳机.stl”文件导入后如下图所示。

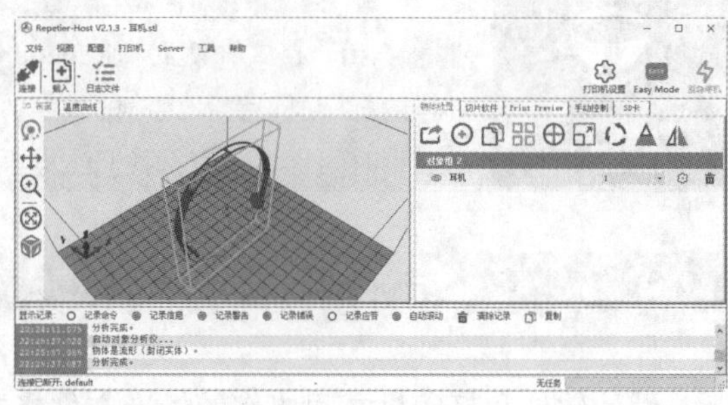

步骤 04 按【F4】键将视图调整为“适合打印体积”视图，如下图所示。

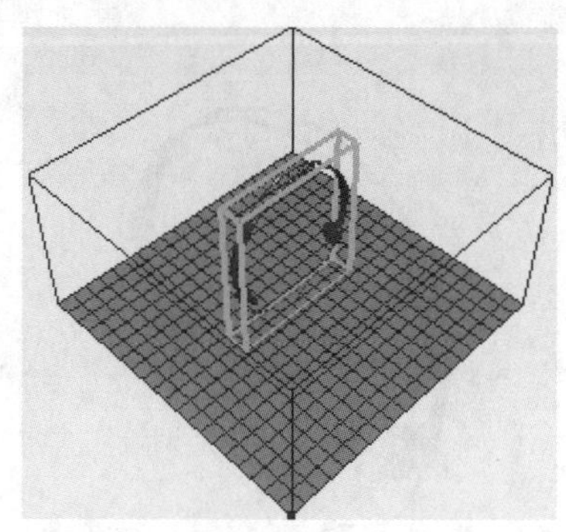

小提示

左侧窗口辅助平面上有一个框，这个加上框的辅助平面，形成了一个立方体，代表的就是3D打印机所能打印的最大范围。如果3D打印机的设置是正确的，则只要3D模型在这个框里面，就不用担心3D模型超出可打印范围，导致打印的过程中出问题了。

如果需要近距离观察模型，按【F5】键即可回到“适合对象”视图，如下图所示。

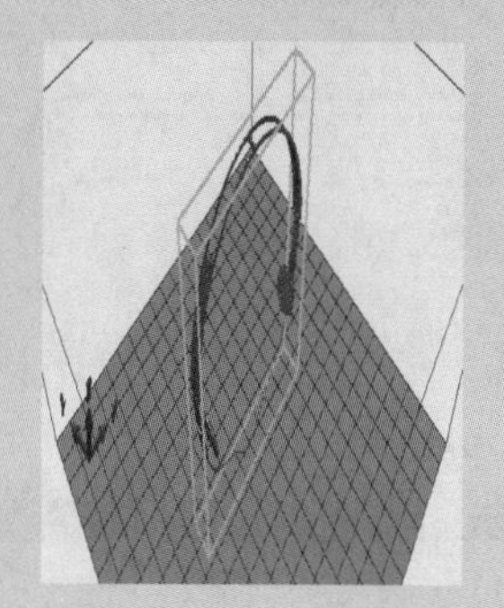

步骤 05 单击左侧工具栏的旋转按钮，然后按住鼠标左键可以对模型进行旋转，多方位观察模型，如下图所示。

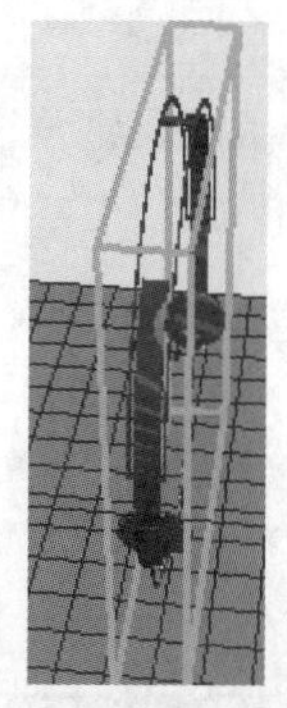

小提示

单击按钮可以不以盒子的中心为中心进行平移，而是以模型的中心为中心进行平移。

步骤 06 单击右侧窗口工具栏的缩放物体按钮，在弹出的控制面板上将*x*轴方向的比例改为0.8倍，如下图所示。

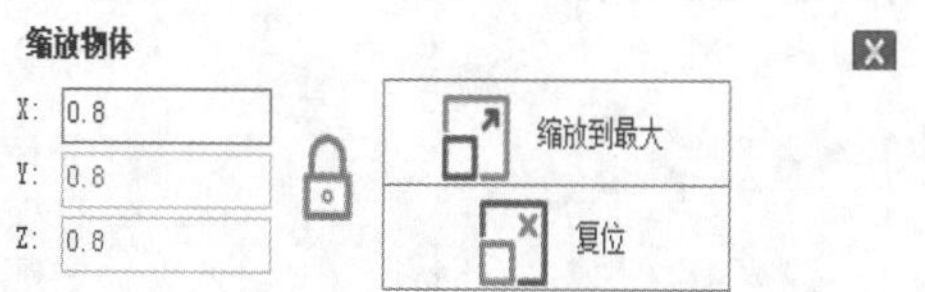

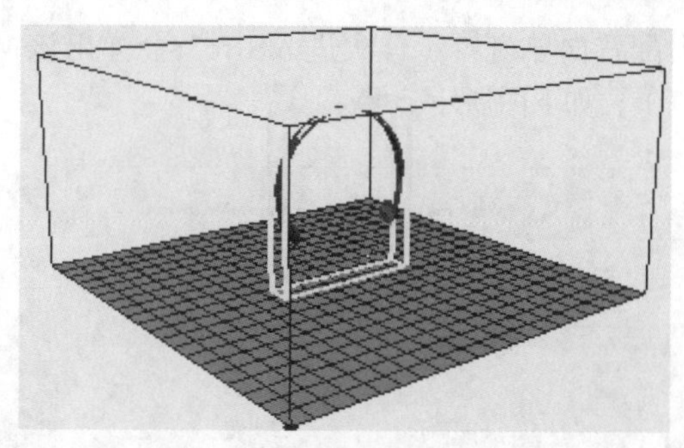

小提示

如果载入的模型尺寸不对，太大或者太小，这时候就需要使用缩放功能。默认情况下，*x*、*y*、*z*三个轴是锁定的，也就是在*x*里面键入的数值，例如0.8倍，会同时在三个轴的方向上起作用。

单击，将锁打开后，可以分别对*x*、*y*、*z*值进行缩放，单击右侧的，可以将图形缩放最大的打印体积，单击，则恢复到原来的大小。

2. 切片配置向导设置（首次进入切片才会出现）

步骤 01 单击右侧窗口【切片软件】选项卡，如下图所示。

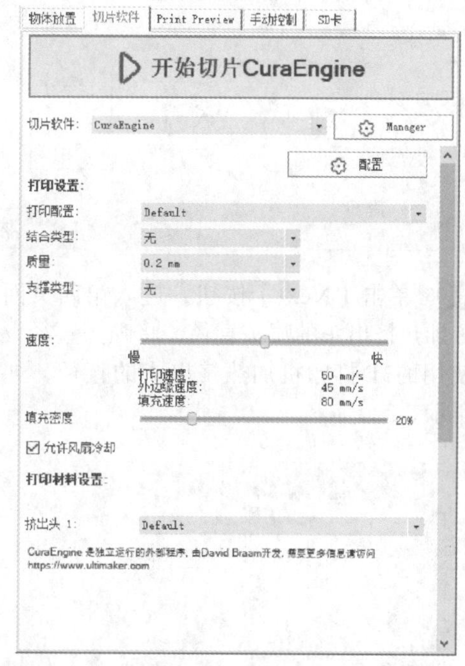

步骤 02 Repetier Host 2.1.3有三个切片软件，即CuraEngine、Slic3r和CuraEngine，这里选择Slic3r，单击【配置】按钮，稍等几秒钟后会弹

出配置向导窗口（首次进入Slic3r会弹出该窗口），如下图所示。

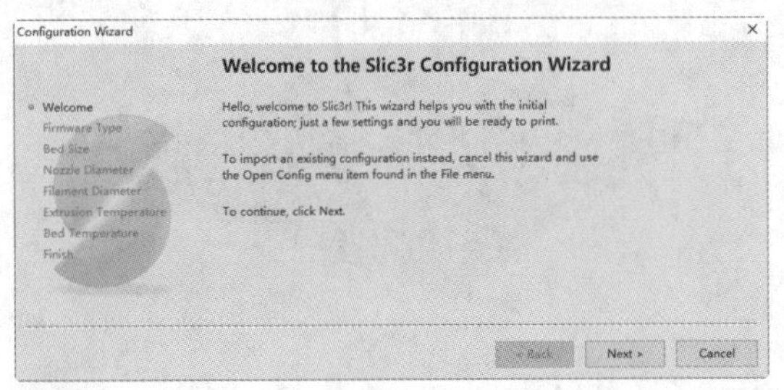

步骤03 第一页是欢迎窗口，直接单击【Next】按钮，进入到第二页面，选择与上位机固件相同风格的G-code，如下图所示。

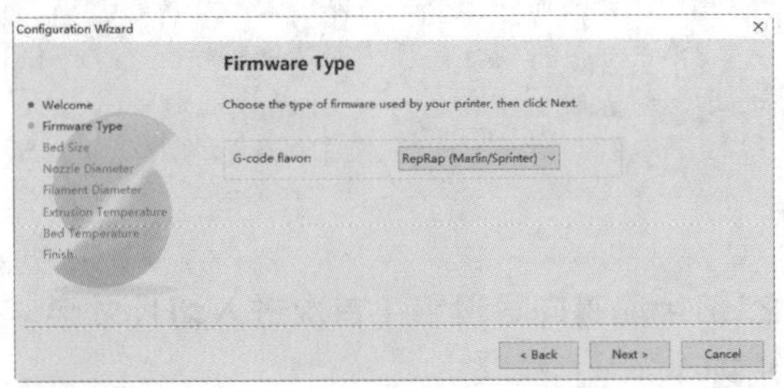

步骤04 单击【Next】按钮，进入第三页面，按照热床的实际尺寸进行填写，如下图所示。

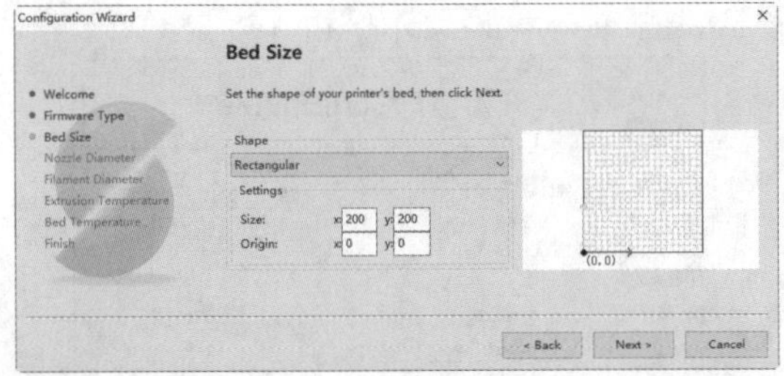

步骤05 单击【Next】按钮，进入第四页面，设置加热挤出头的喷头直径，将喷头直径设置为使用的3D打印机加热挤出头的直径，如下图所示。

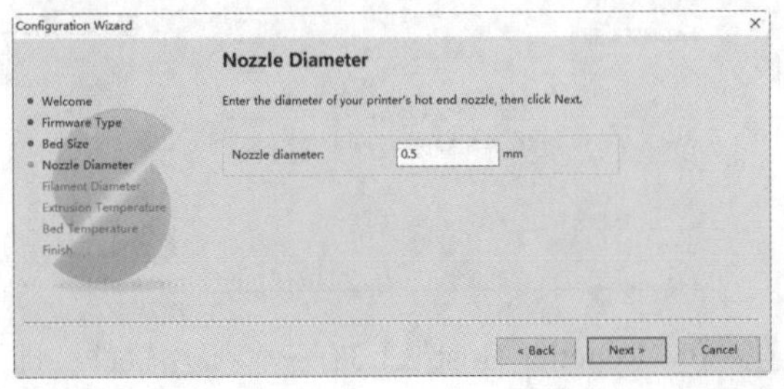

小提示

加热挤出头直径通常在0.2~0.5mm，根据自己使用的打印机的实际情况进行填写即可。

步骤06 单击【Next】按钮，进入第五页面，设置塑料丝的直径尺寸，如下图所示。

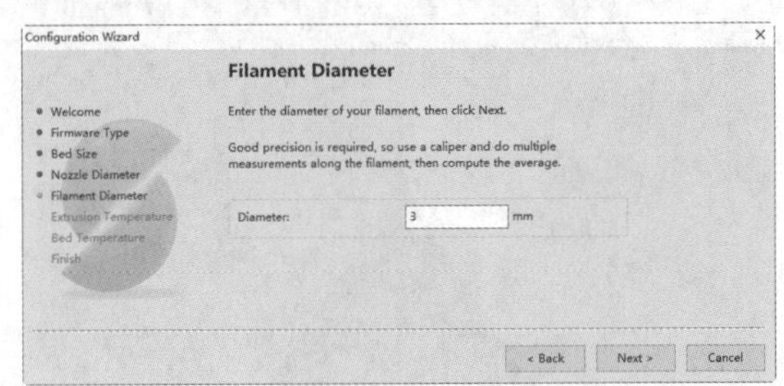

小提示

塑料丝目前有3mm和1.75mm两种标准。这里根据3D打印机使用的塑料丝把数字填入即可。

步骤07 单击【Next】按钮，进入第六页面设置挤出头加热温度，如下图所示。

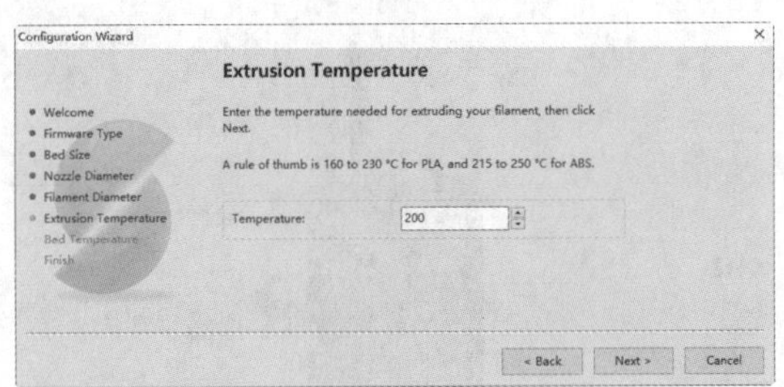

小提示

PLA大约要设置在160~230℃，ABS大约要设置在215~250℃。

这里设置的是200℃，如果发现无法顺利出丝，可适当调高温度。

步骤08 单击【Next】按钮，进入第七页面设置热床温度，根据使用的材料填入相应的温度，如果使用PLA材料，就填入数字“60”，如果使用的是ABS就填入“110”，如下页图所示。

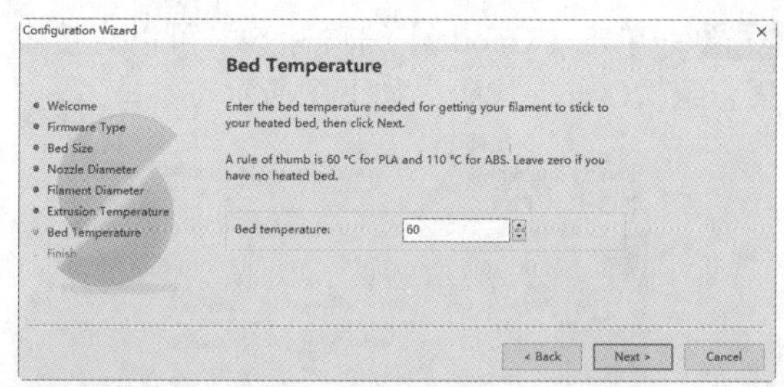

步骤09 单击【Next】按钮，进入最后一页，单击【Finish】按钮结束整个设置后自动回到切片主窗口设置。

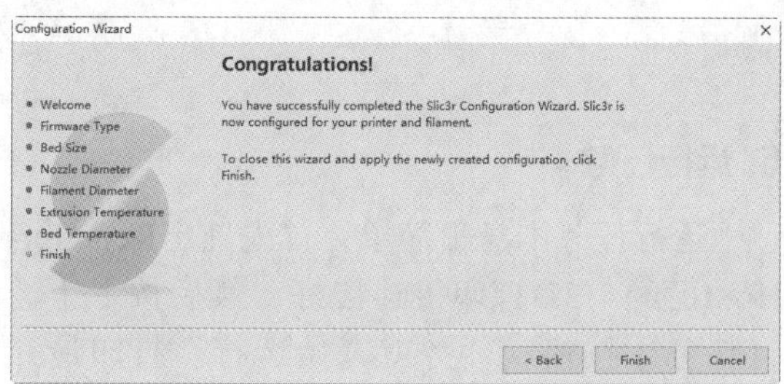

3. 切片主窗口设置

步骤01 切片配置向导设置完毕后回到切片主窗口设置，选择【Setting】➤【Print Settings】➤【Layers and perimeters】选项，在这里对层高和第一层高度进行设置，如下图所示。

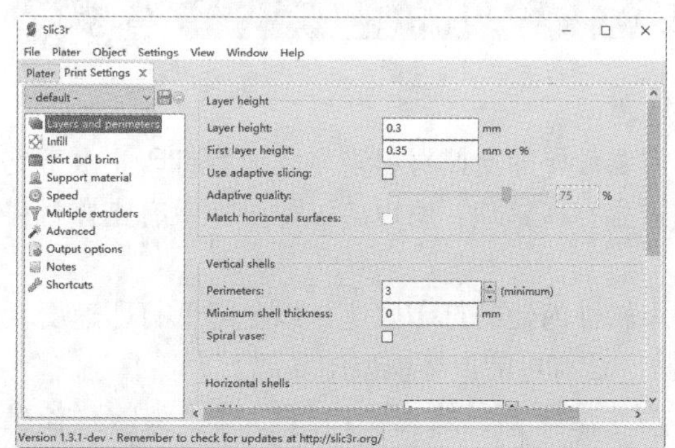

小提示

为了达到最好的效果，层高最大不应该超过挤出头喷嘴直径的80%。由于我们使用Slic3r向导设置了喷嘴的直径是0.5mm，所以这里最大可以设定0.4mm。

如果使用一个非常小的层高值（小于0.1mm），那么第一层的层高就应该单独设置。这是因为一个比较大的层高值，使得第一层更容易粘在加热板上，有助于提高3D打印的整体质量。

步骤02 层和周长设置完毕后，单击【Infill（填充）】选项，在该选项界面可以设置填充密度、填充图样等。

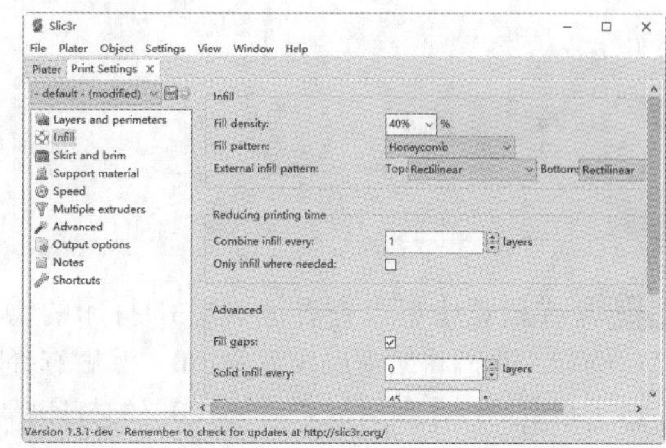

步骤03 填充设置完毕后，选择【Setting】➤【Flament Settings】选项卡，在该选项卡下可以查看设置向导中设置的耗材相关的参数，如下图所示。

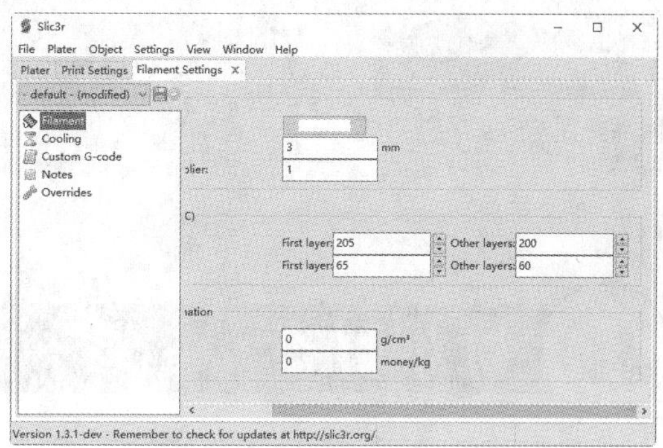

4. 生成切片

步骤01 所有关于Slic3r的基础设定都完成后，关闭Slic3r的配置窗口，回到Repetier-Host主窗口，单击【开始切片Slic3r】按钮，之后可以看到生成切片的进度条，如下图所示。

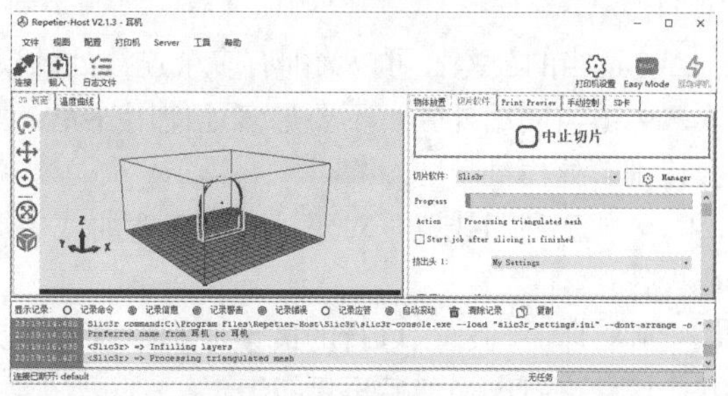

步骤02 代码生成过程完成之后，窗口会自动切换到预览标签页。可以看到，左侧是完成切片

后的模型3D效果，右侧是一些统计信息。

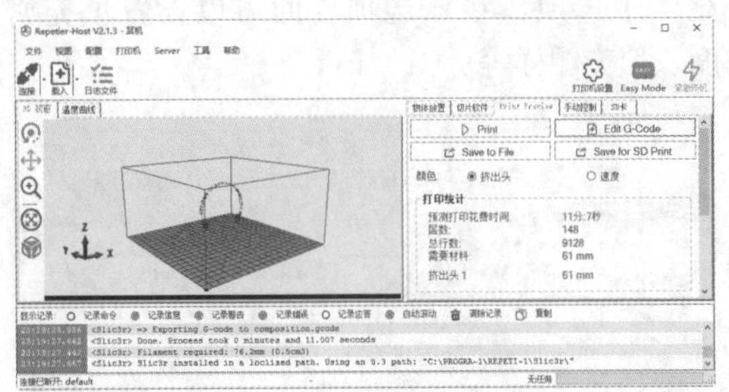

步骤 03 在预览中可以查看每一层3D打印的情况。例如，我们将结束层设置为100，然后选择【显示指定的层】就可以查看第100层的打印情况，如下图所示。

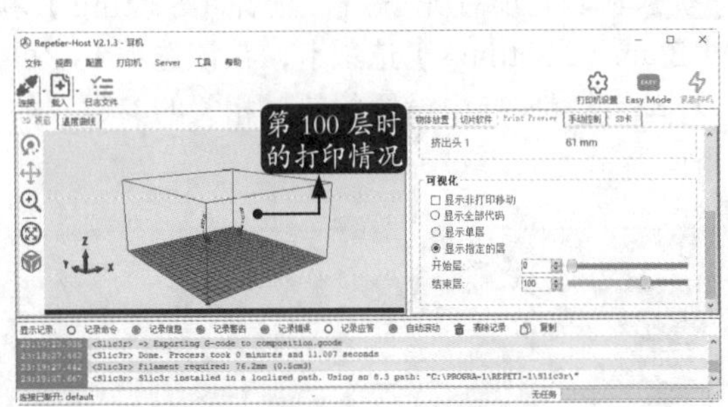

步骤 04 单击【Gcode】编辑标签，可以直接观察、编辑G-code代码，如下图所示。

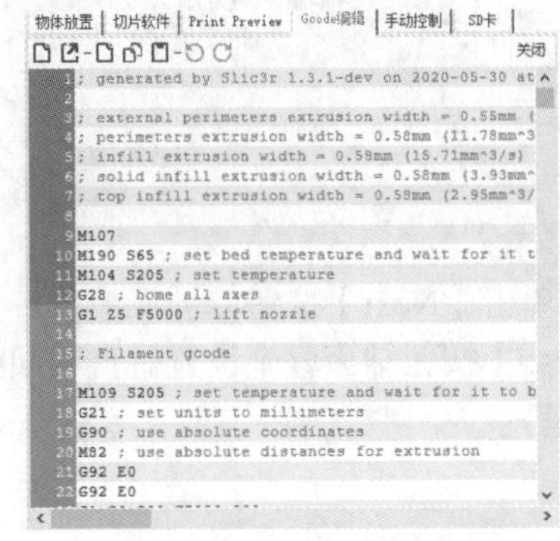

5. 运行任务

运行任务本身很简单，首先确定Repetier-Host已经与3D打印机连接好，然后按下【运行任务】按钮，任务就开始运行。打印最开始的阶段，实际上是在加热热床和挤出头，除状态栏上有些基础信息之外，程序没什么动静，因此开始阶段没什么声音，挤出头可能也不会移动。

疑难解答

使用3D打印机打印模型时应该注意下面几个问题。

- 45° 法则：一般情况下超过45° 的突出物都需要额外的支撑材料来完成模型打印。由于支撑材料去除后容易在模型上留下印记，并且去除的过程有些繁琐，所以应该尽量在没有支撑材料的帮助下设计模型，以便直接进行3D打印。
- 打印底座：尽量自己设计打印底座，不要使用软件内建的打印底座，以免降低打印速度。主要原因在于，内建的打印底座有可能比较难以去除，还有可能损坏模型的底部。
- 打印机极限：需要了解自己模型的细节，尤其是线宽，线宽是由打印机喷头的直径决定的。
- 适当的公差：可以为拥有多个连接处的模型设计适当的允许公差。
- 适当使用外壳：不要过多地使用外壳，尤其是在精度要求比较高的模型上面，过多的外壳会让细节处模糊。
- 善于利用线宽：对于一些可以弯曲或者厚度比较小的模型，可以适当地利用线宽来帮助完成操作。
- 打印方向：以可行的最佳分辨率方向作为模型的打印方向。必要情况下，可以将模型切成几个区块来打印，然后再重新组装。

第5篇 综合案例

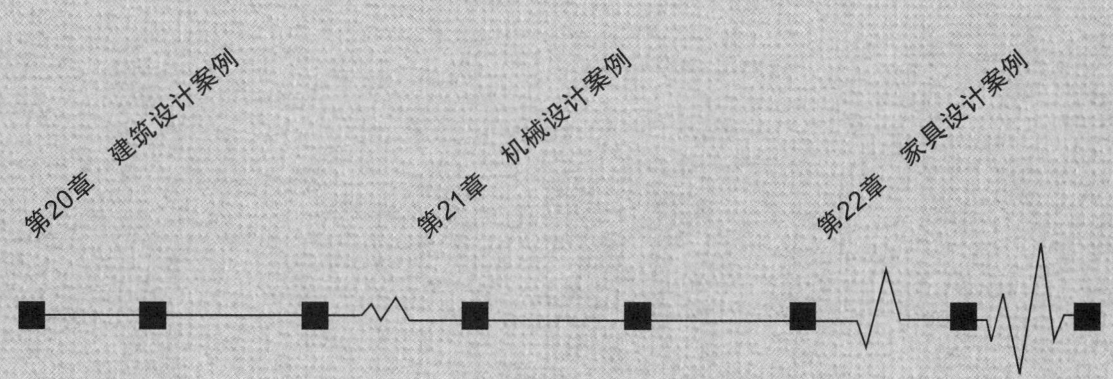

第20章

建筑设计案例

学习目标

设计者可以通过图纸把设计意图和设计结果表达出来，作为施工者施工的依据。图纸不仅要解决各个细部的构造方式和具体施工方法，而且要从艺术上处理细部与整体的相互关系，包括思路、逻辑的统一性，以及造型、风格、比例、尺度的协调等。

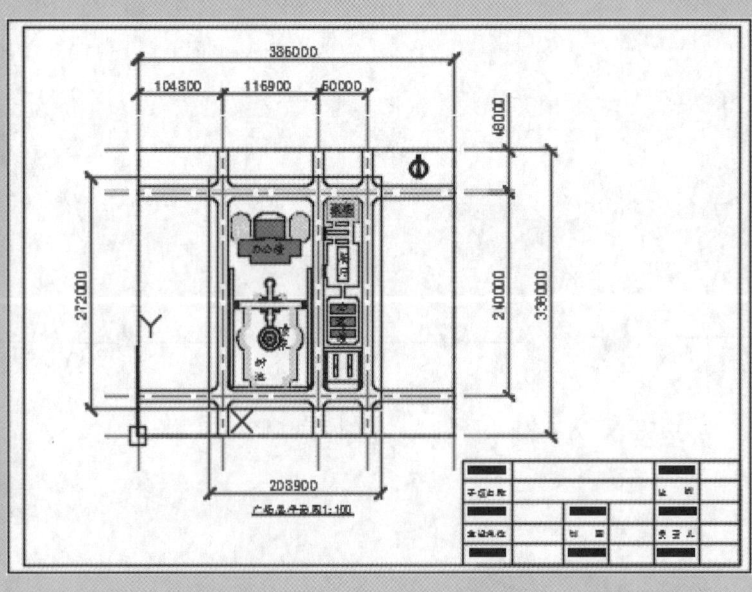

20.1 城市广场总平面图设计

城市广场正在成为城市居民生活的一部分，它的出现被越来越多的人接受，为人们的生活空间提供了更多的物质支持。城市广场作为一种城市艺术建设类型，既承袭了传统和历史，也传递着美的韵律和节奏；既是一种公共艺术形态，也是一种城市构成的重要元素。在日益走向开放、多元、现代的今天，城市广场这一载体所蕴含的诸多信息，成为一个规划设计深入研究的课题。

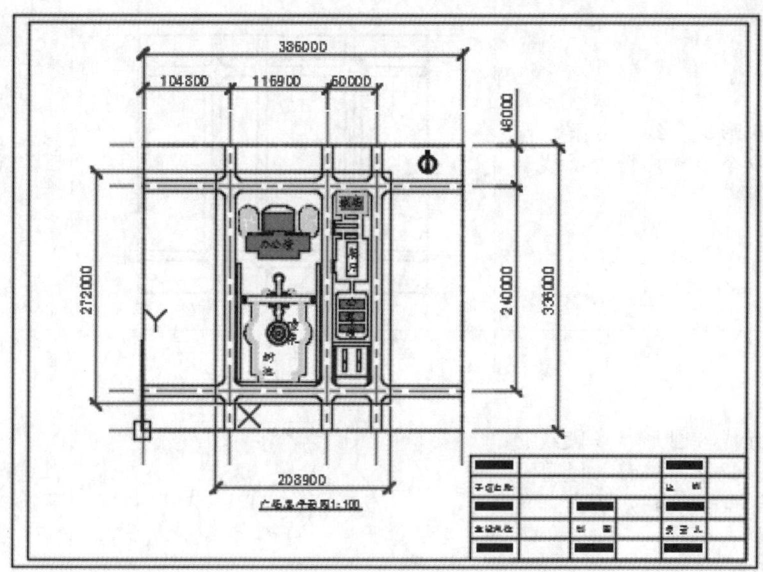

20.1.1 城市广场总平面图的绘制思路

绘制城市广场总平面图的思路是先设置绘图环境，后绘制轴线、广场轮廓线、人行道、广场内部建筑、指北针及添加注释等。具体绘制思路如下表所示。

序号	绘图方法	结果	备注
1	设置绘图环境，如图层、文字样式、标注样式等	当前图层: 0 状 名称 开 冻结 锁定 打印 颜色 线型 线宽 0 白 Conti... 默认 标注 蓝 Conti... 0.15 毫米 轮廓线 白 Conti... 0.30 毫米 其它 白 Conti... 默认 填充 洋... Conti... 0.15 毫米 文字 白 Conti... 默认 轴线 红 CENTER 0.15 毫米 全部: 显示了 7 个图层，共 7 个图层	注意各图层的正确创建

续表

序号	绘图方法	结果	备注
2	利用直线、偏移等命令绘制轴线	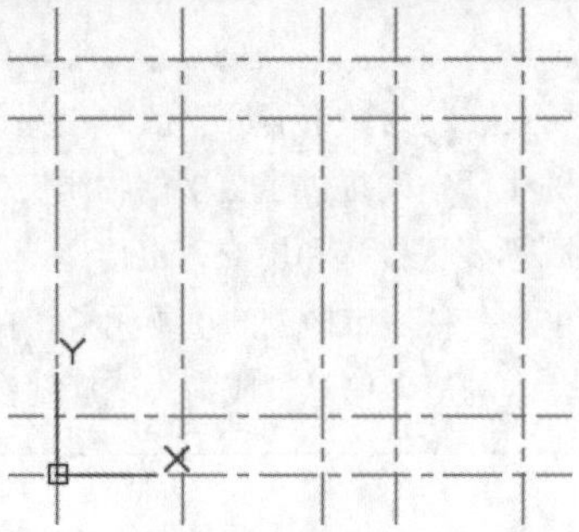	注意线型比例因子的设置
3	利用矩形、多线、分解、圆角等命令绘制广场轮廓线和人行道	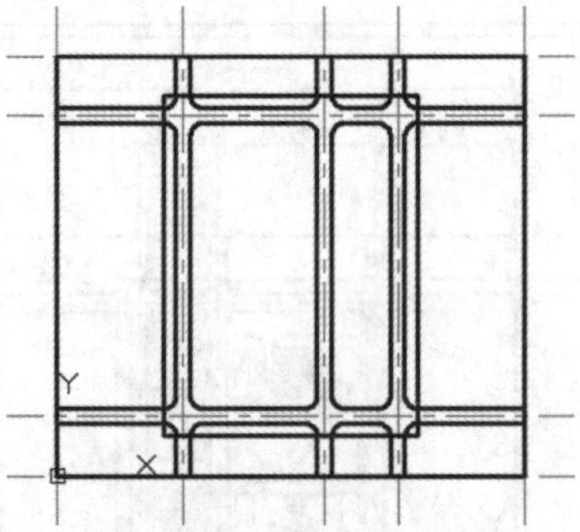	注意多线参数的设置
4	利用直线、圆形、多段线、圆角、镜像、偏移、修剪、阵列等命令绘制广场内部建筑	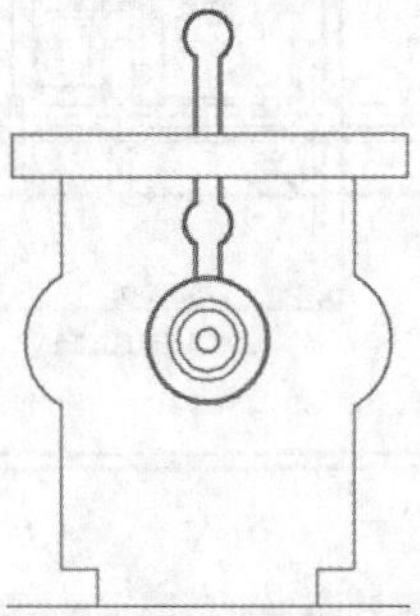	注意阵列参数的设置
5	利用多段线、图块、阵列、镜像、填充、文字等命令插入图块、填充图形并绘制指北针	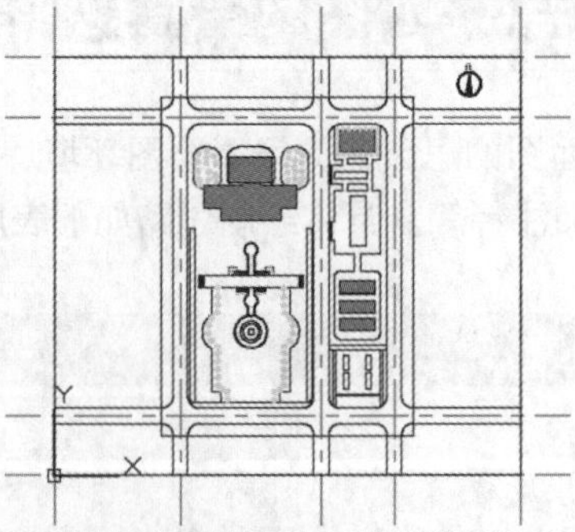	注意阵列参数的设置
6	利用图块、文字、标注等命令为图形添加注释	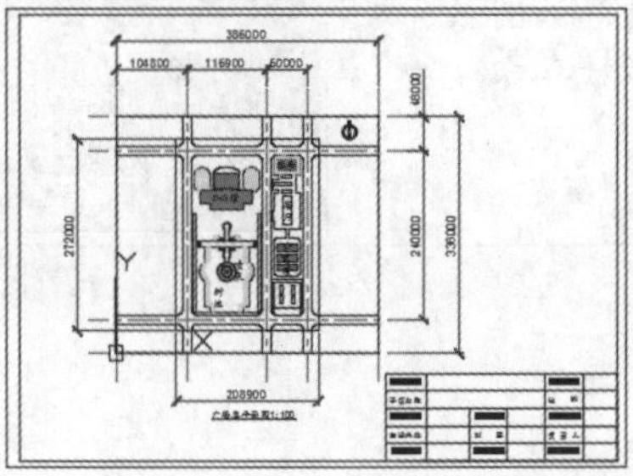	注意标注位置的选择

20.1.2 设置绘图环境

在绘制广场总平面图前先要建立相应的图层、设置文字样式和标注样式。

1. 创建图层

本节主要建立几个绘图需要的图层，具体创建方法如下。

步骤01 启动AutoCAD 2021，新建一个图形文件，单击【默认】➢【图层】➢【图层特性】按钮，在弹出的【图层特性管理器】面板中单击【新建图层】按钮，将新建的【图层1】重新命名为【轴线】，如下图所示。

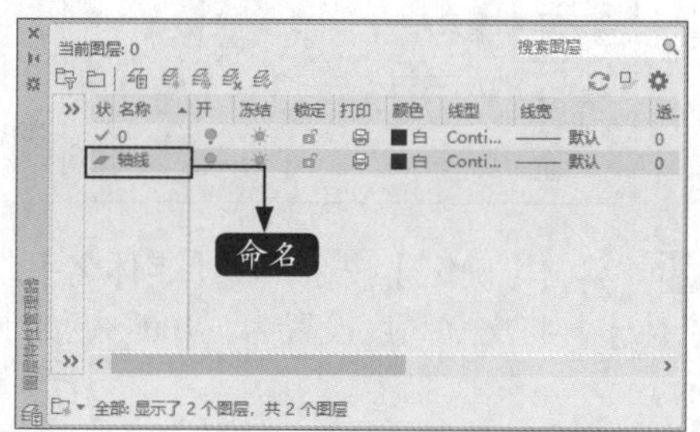

步骤02 选择【轴线】的颜色色块来修改该图层的颜色，在弹出的【选择颜色】对话框中选择颜色为红色，如下图所示。

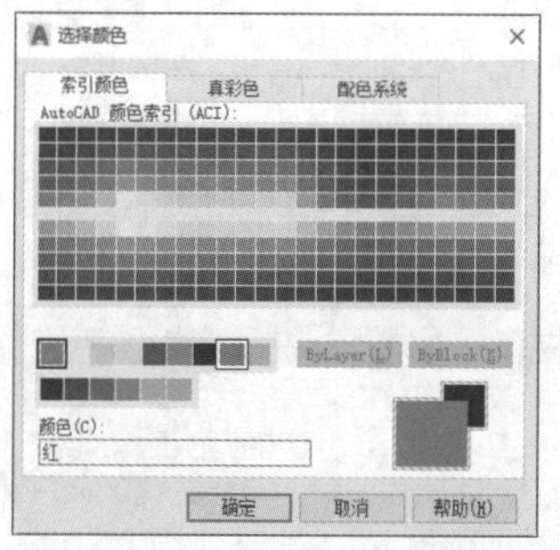

步骤03 单击【确定】按钮，返回【图层特性管理器】面板，可以看到【轴线】图层的颜色已经改为红色，如下图所示。

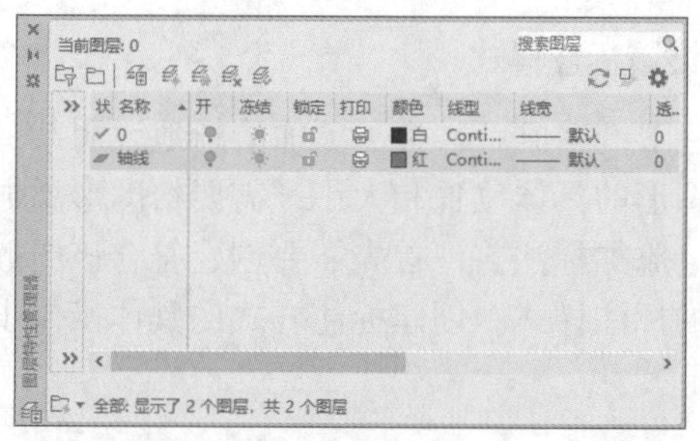

步骤04 单击【线型】按钮 Continu...，弹出【选择线型】对话框，如下图所示。

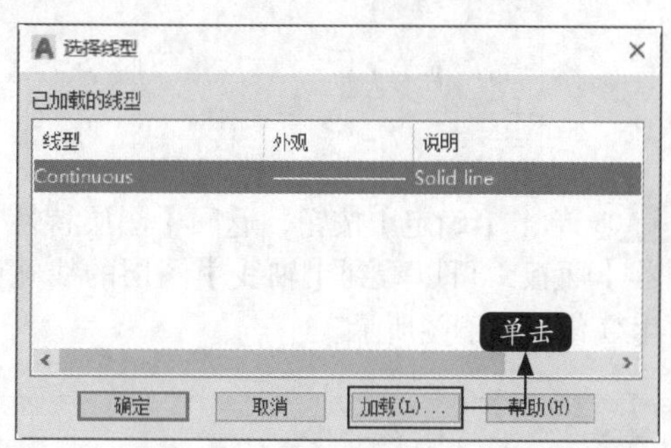

步骤05 单击【加载】按钮，在弹出的【加载或重载线型】对话框中选择【CENTER】选项，如下图所示。

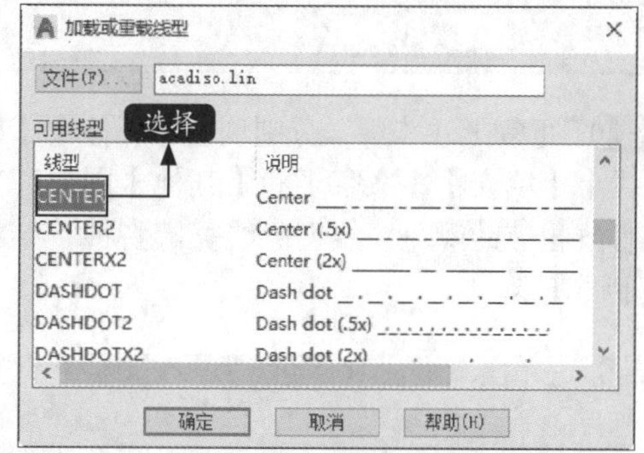

步骤06 单击【确定】按钮，返回【选择线型】对话框，选择【CENTER】线型，然后单击【确定】按钮，将【轴线】的线型改为CENTER线型，如下图所示。

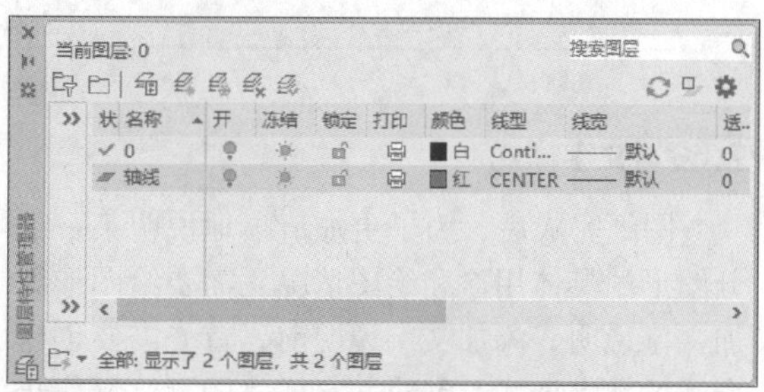

步骤07 单击【线宽】按钮 —— 默认，在弹出的【线宽】对话框中选择【0.15mm】选项，如下页图所示。

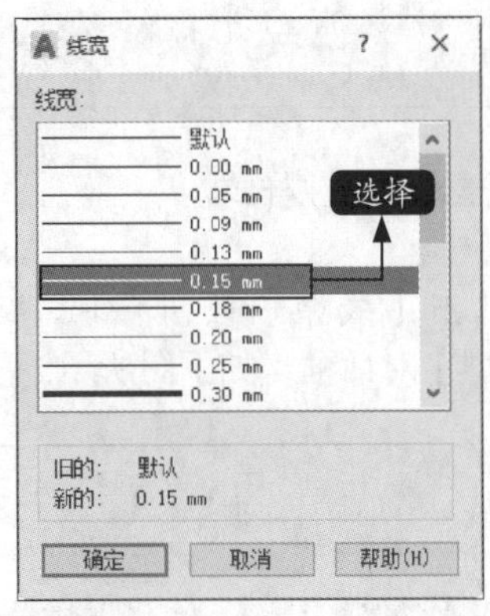

步骤08 单击【确定】按钮，返回【图层特性管理器】面板，可以看到【轴线】图层的线宽已发生变化，如下图所示。

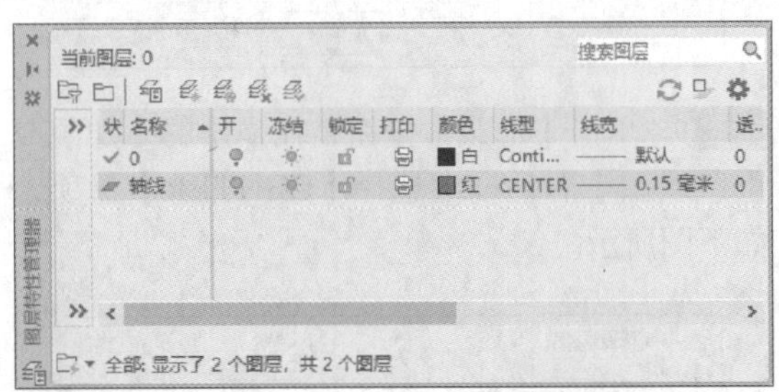

步骤09 重复上述步骤，分别创建【标注】【轮廓线】【填充】【文字】和【其他】图层，然后修改相应的颜色、线型、线宽等特性，结果如下图所示。

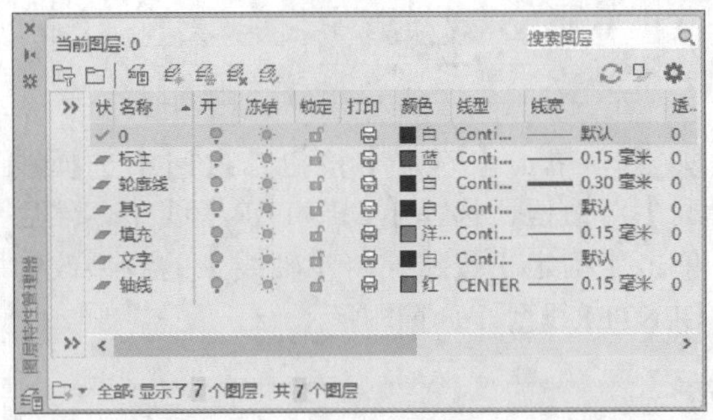

2. 设置文字样式

图纸完成后，为了更加清晰地说明某一部分图形的具体用途和绘图情况，需要给图形添加文字说明。添加文字说明前，首先需要创建合适的文字样式。创建文字样式的具体操作步骤如下。

步骤01 选择【格式】➤【文字样式】命令，弹出【文字样式】对话框，如右上图所示。

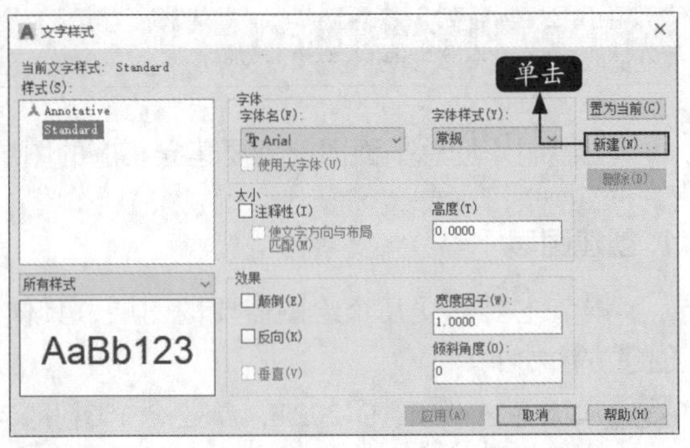

步骤02 单击【新建】按钮，在弹出的【新建文字样式】对话框的【样式名】文本框中输入“广场平面文字”，如下图所示。

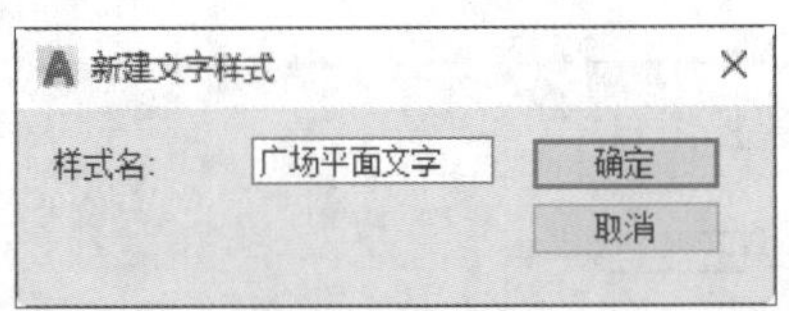

步骤03 单击【确定】按钮，将【字体名】改为【楷体】，将文字高度设置为“100”，如下图所示。

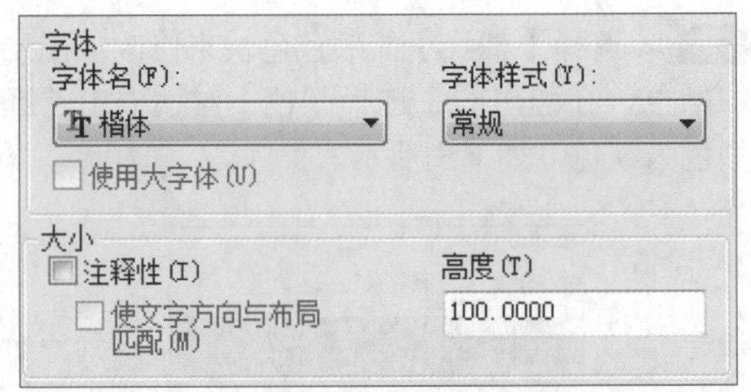

小提示

这里一旦设置高度，则接下来再使用“广场平面文字”样式输入文字时，文字高度只能为100。

步骤04 单击【置为当前】按钮，然后单击【关闭】按钮。

3. 设置标注样式

图纸完成后，为了更加清晰地说明某一部分图形的具体位置和大小，需要给图形添加标注。添加标注前，首先需要创建符合该图形标注的标注样式。创建标注样式的具体操作步骤如下。

步骤 01 选择【格式】➢【标注样式】命令，弹出【标注样式管理器】对话框，如下图所示。

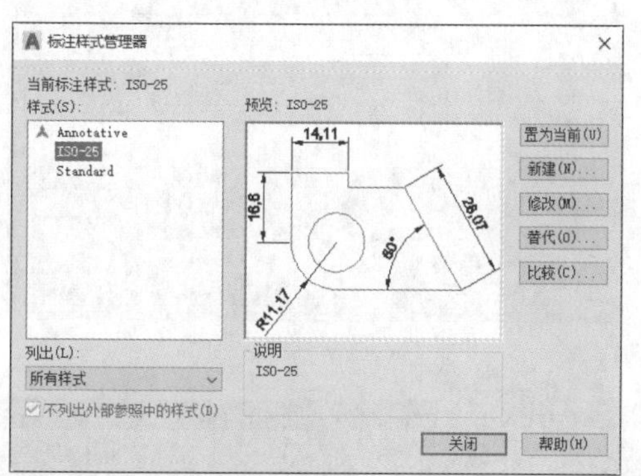

步骤 02 单击【新建】按钮，在弹出的【创建新标注样式】对话框的【新样式名】文本框中输入“广场平面标注”，如下图所示。

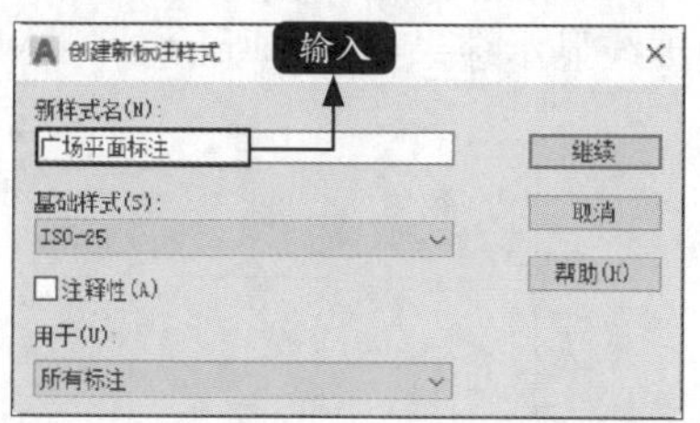

步骤 03 单击【继续】按钮，在【符号和箭头】选项区域将箭头改为【建筑标记】，其他设置不变，如下图所示。

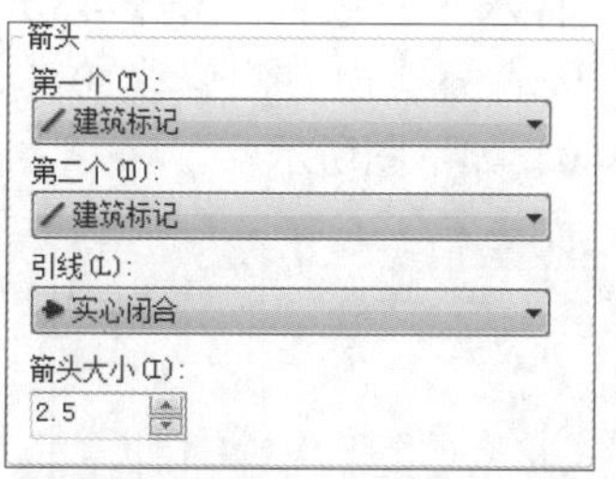

步骤 04 选择【调整】选项区域，将【标注特征比例】改为“50”，其他设置不变，如下图所示。

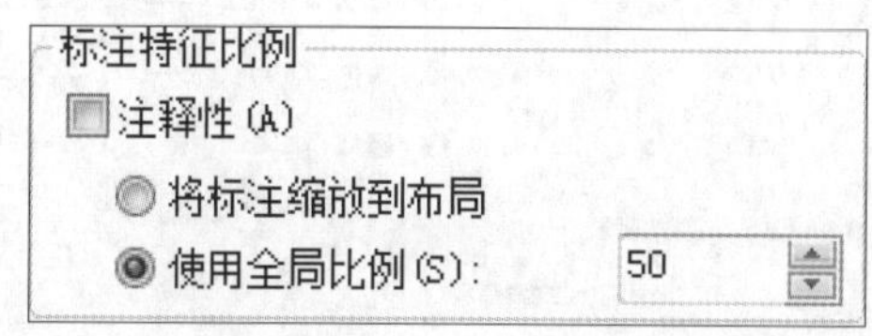

小提示

“标注特征比例”可以使标注的箭头、文字的高度、起点偏移量、超出尺寸线等发生改变，但不能改变测量出来的尺寸值。

步骤 05 选择【主单位】选项区域，将【测量单位比例】改为“100”，其他设置不变，如下图所示。

小提示

“测量单位比例”可以改变测量出来的值的大小。例如，绘制的是10的长度，如果“测量单位比例”为100，那么标注显示的将为1 000。“测量单位比例”不能改变箭头、文字高度、起点偏移量、超出尺寸线的大小。

步骤 06 单击【确定】按钮，返回【标注样式管理器】对话框后单击【置为当前】按钮，然后单击【关闭】按钮。

20.1.3 绘制轴线

图层创建完毕后，接下来介绍绘制轴线。轴线是外轮廓的定位线，因为建筑图形一般比较大，所以在绘制时经常采用较小的绘图比例，本节采取的绘图比例为1：100。轴线的具体绘制步骤如下。

步骤 01 选中【轴线】图层，单击（置为当前）按钮将该图层置为当前层，如下页图所示。

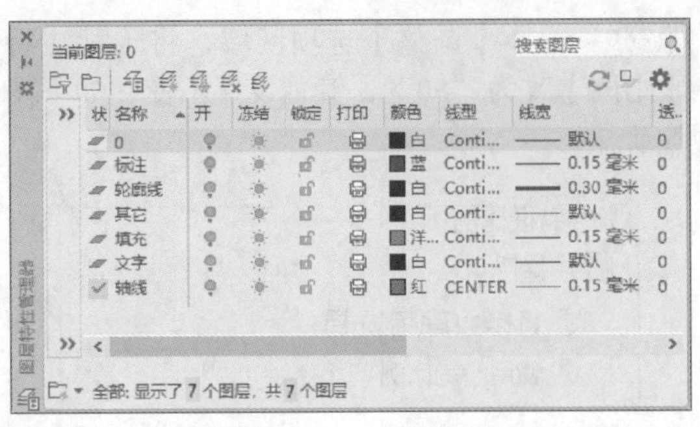

步骤02 关闭【图层特性管理器】后，单击【默认】➤【绘图】➤【直线】按钮╱，绘制两条直线，AutoCAD命令行提示如下：

```
命令：LINE
指定第一点：-400,0
指定下一点或[放弃(U)]: @4660,0
指定下一点或[放弃(U)]:  //按【Enter】键
命令：LINE
指定第一点：0,-400
指定下一点或[放弃(U)]: @0,4160
指定下一点或[放弃(U)]:  //按【Enter】键
```

步骤03 结果如下图所示。

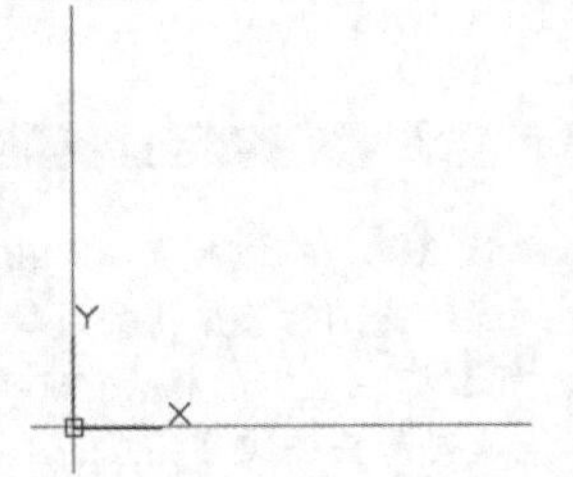

步骤04 单击【默认】➤【特性】➤【线型】下拉按钮，选择【其他】选项，如下图所示。

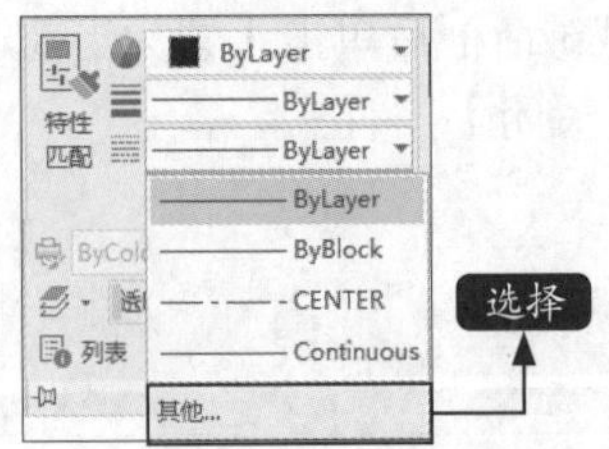

步骤05 在弹出的【线型管理器】对话框中将【全局比例因子】改为“15”，如右上图所示。

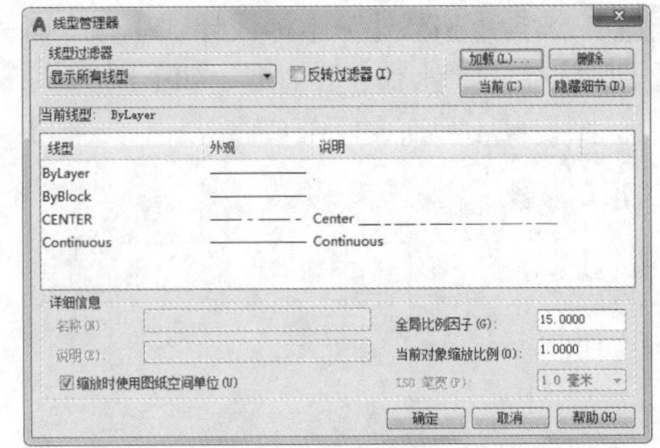

小提示

如果【线型管理器】对话框中没有显示【详细信息】选项区域，可以单击【显示/隐藏细节】按钮，将【详细信息】选项区域显示出来。

步骤06 单击【确定】按钮，修改线型比例后，绘制的轴线显示结果如下图所示。

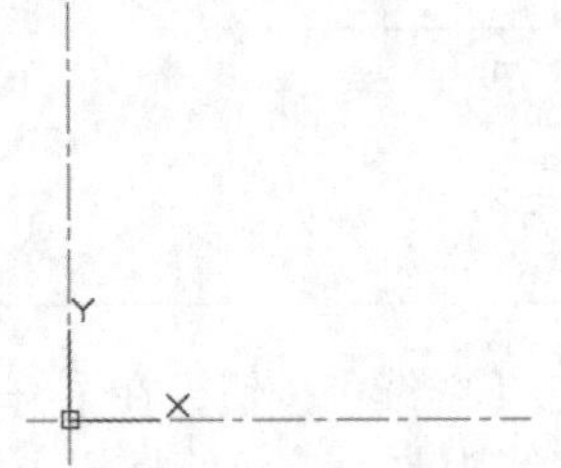

步骤07 单击【默认】➤【修改】➤【偏移】按钮⊂，将水平直线向上偏移480、2880和3360，将竖直直线向右侧偏移1048、2217、2817和3860，如下图所示。

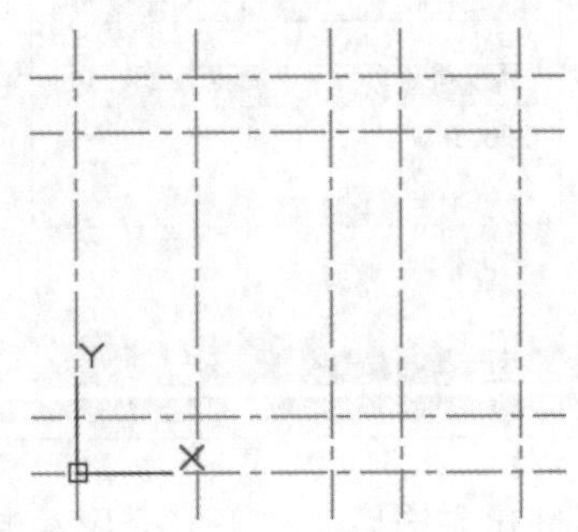

20.1.4 绘制广场轮廓线和人行道

轴线绘制完成后，接下来介绍绘制广场的外轮廓线和人行道。

1. 绘制广场轮廓线

广场轮廓线主要通过矩形来绘制，绘制广场轮廓线时通过捕捉轴线的交点即可完成矩形的绘制，具体操作步骤如下。

步骤01 单击【默认】➤【图层】➤【图层】下拉按钮，将【轮廓线】图层置为当前层，如下图所示。

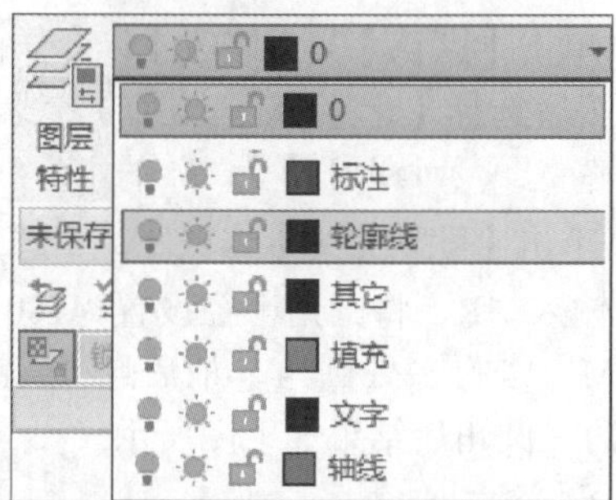

步骤02 单击【默认】➤【绘图】➤【矩形】按钮▭，根据命令行提示捕捉轴线的交点，结果如下图所示。

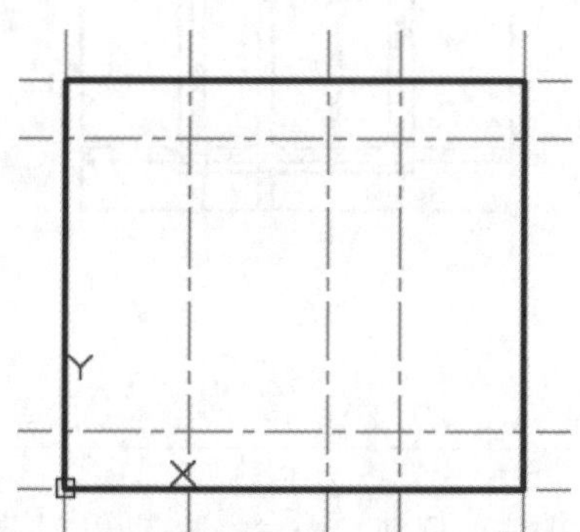

步骤03 重复步骤02，绘制广场的内轮廓线，输入矩形的两个角点分别为“（888,320）”和“（2977,3040）”，结果如下图所示。

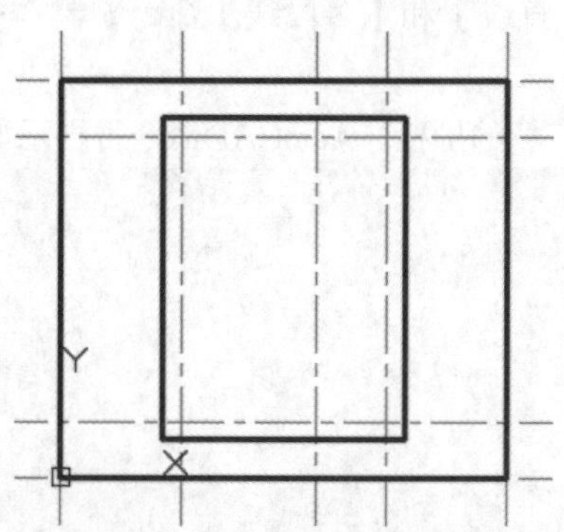

小提示

只有在状态栏上将【线宽】设置为显示状态时，设置的线宽才能在CAD窗口上显示出来。状态栏图标如下。

2. 绘制人行道轮廓

广场轮廓线绘制完毕后，下面介绍绘制人行道。绘制人行道主要需用到【多线】和【多线编辑】命令，具体绘制步骤如下。

步骤01 选择【绘图】➤【多线】命令，AutoCAD命令行提示如下。

命令： MLINE
当前设置：对正 = 上，比例 = 20.00，样式 = STANDARD
指定起点或 [对正 (J)/ 比例 (S)/ 样式 (ST)]: S
输入多线比例 <20.00>： 120
当前设置：对正 = 上，比例 = 120.00，样式 = STANDARD
指定起点或 [对正 (J)/ 比例 (S)/ 样式 (ST)]： j
输入对正类型 [上 (T)/ 无 (Z)/ 下 (B)] <上 >： z
当前设置：对正 = 无，比例 = 120.00，样式 = STANDARD
指定起点或 [对正 (J)/ 比例 (S)/ 样式 (ST)]: // 捕捉轴线的交点
指定下一点： // 捕捉另一端的交点
指定下一点或 [放弃 (U)]： // 按【Enter】键结束命令

结果如下图所示。

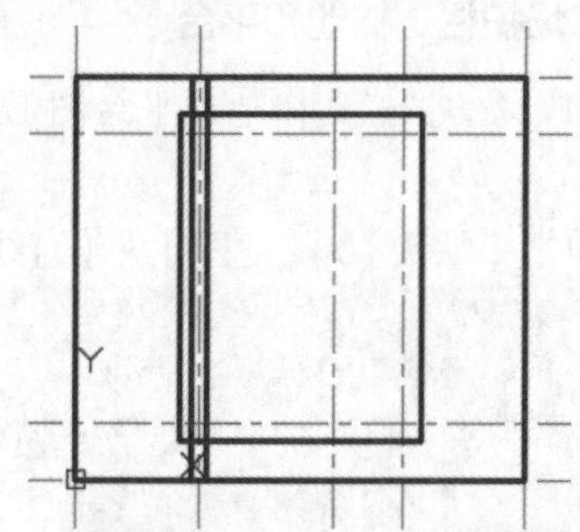

步骤02 重复步骤01，继续绘制其他多线，结果如下页图所示。

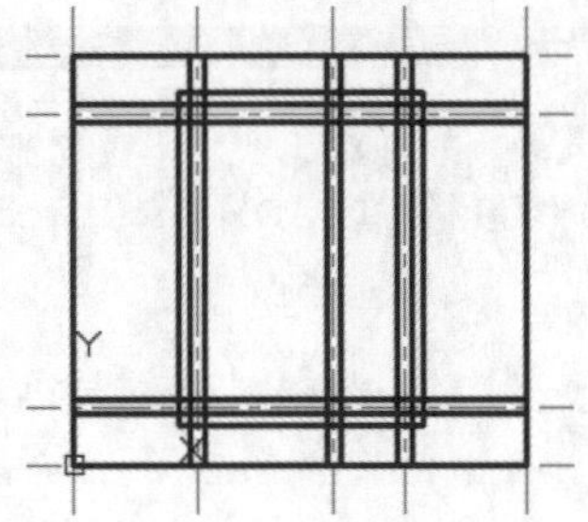

步骤 03 选择【修改】➤【对象】➤【多线】命令，弹出如下图所示的【多线编辑工具】对话框。

步骤 04 选择【十字合并】选项，然后选择相交的多线进行修剪，结果如右上图所示。

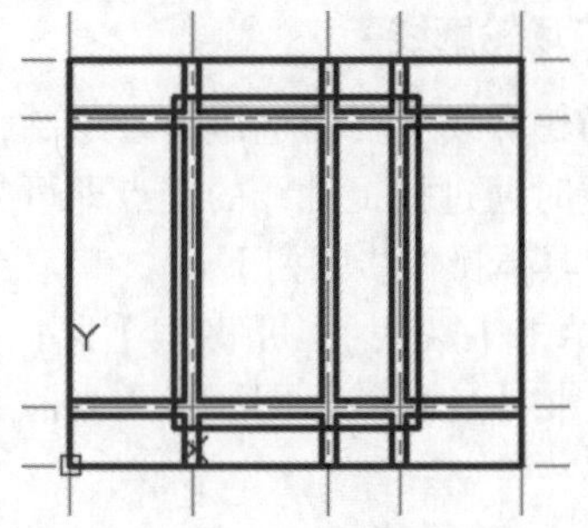

步骤 05 单击【默认】➤【修改】➤【分解】按钮，然后选择【十字合并】后的多线，将其进行分解。

步骤 06 单击【默认】➤【修改】➤【圆角】按钮，输入“R”将圆角半径设置为100，然后输入“M”进行多处圆角，最后选择需要圆角的两条边，圆角后结果如下图所示。

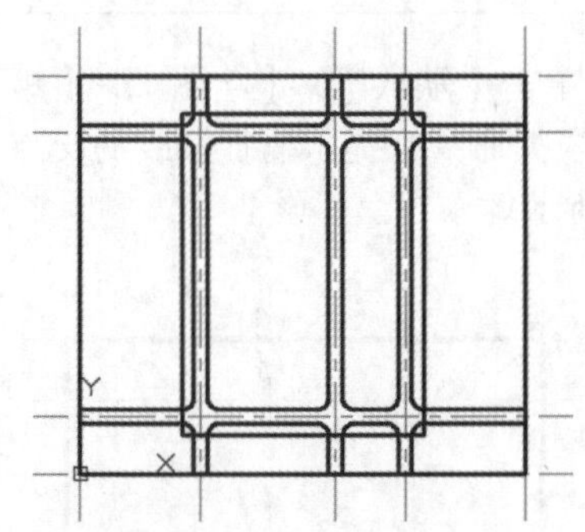

20.1.5 绘制广场内部建筑

下面介绍绘制广场内部的建筑，广场内部建筑主要有护栏、树池、平台、喷泉等。广场内部建筑也是广场平面图的重点。

1. 绘制广场护栏、树池和平台

绘制广场的护栏、树池和平台图形时，主要会用到【直线】和【多段线】命令，具体操作步骤如下。

步骤 01 单击【默认】➤【绘图】➤【直线】按钮，绘制广场的护栏，AutoCAD命令行提示如下。

```
命令：LINE 指定第一点：1168,590
指定下一点或 [ 放弃 (U)]: @0, 1390
指定下一点或 [ 放弃 (U)]: @-40,0
指定下一点或 [ 闭合 (C)/ 放弃 (U)]: @0,-1390
指定下一点或 [ 闭合 (C)/ 放弃 (U)]: @1009,0
指定下一点或 [ 闭合 (C)/ 放弃 (U)]: @0, 1390
指定下一点或 [ 放弃 (U)]: @-40,0
指定下一点或 [ 放弃 (U)]: @0,-1390
指定下一点或 [ 闭合 (C)/ 放弃 (U)]: // 按【Enter】键
```

结果如下图所示。

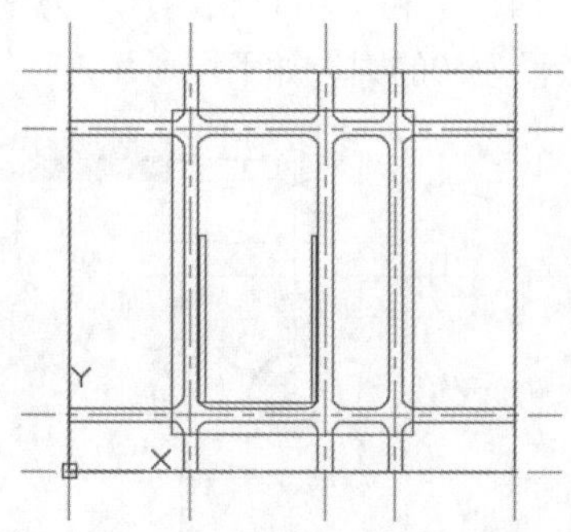

小提示

为了便于观察绘制的图形，可以单击按钮，将线宽隐藏起来。

步骤02 单击【默认】➤【修改】➤【圆角】按钮，对绘制的护栏进行圆角，圆角半径为30，如下图所示。

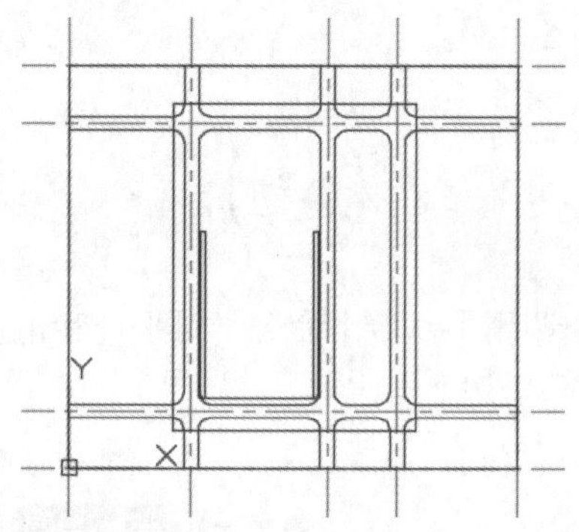

步骤03 单击【默认】➤【绘图】➤【多段线】按钮，绘制树池，AutoCAD命令行提示如下。

命令：PLINE
指定起点：1390,590 当前线宽为 0.0000
指定下一点或 [圆弧 (A)/……/ 宽度 (W)]: @0,80
指定下一点或 [圆弧 (A)/……/ 宽度 (W)]: @-80,0
指定下一点或 [圆弧 (A)/……/ 宽度 (W)]: @0,350
指定下一点或 [圆弧 (A)/……/ 宽度 (W)]: a
指定圆弧的端点或 [角度 (A)/…… / 宽度 (W)]: r
指定圆弧的半径：160
指定圆弧的端点或 [角度 (A)]: a
指定包含角：-120
指定圆弧的弦方向 <90>: 90
指定圆弧的端点或 [角度 (A)/……/ 宽度 (W)]: l
指定下一点或 [圆弧 (A)/……/ 宽度 (W)]: @0,213
指定下一点或 [圆弧 (A)/……/ 宽度 (W)]: // 按【Enter】键

结果如下图所示。

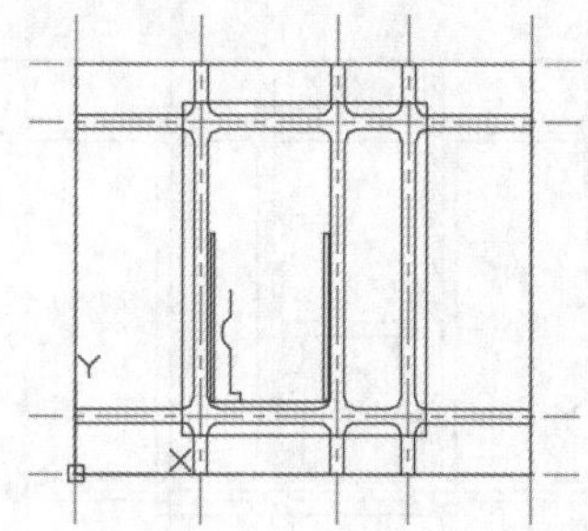

步骤04 单击【默认】➤【修改】➤【镜像】按钮，通过镜像绘制另一侧的树池，结果如下图所示。

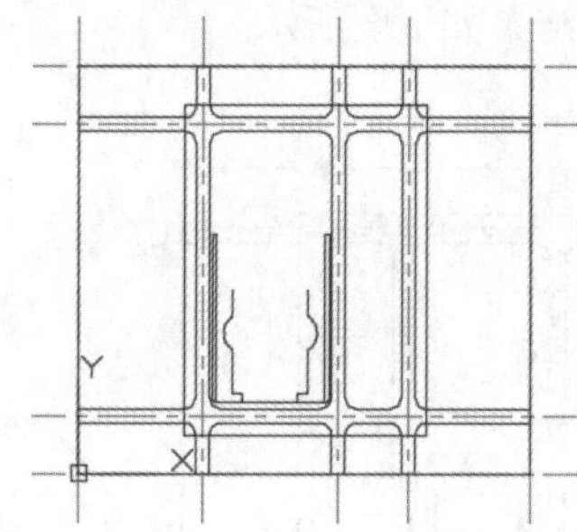

步骤05 单击【默认】➤【绘图】➤直线】按钮，绘制平台，AutoCAD命令行提示如下。

命令：LINE
指定第一点：1200,1510
指定下一点或 [放弃 (U)]: @0,90
指定下一点或 [放弃 (U)]: @870, 0
指定下一点或 [闭合 (C)/ 放弃 (U)]: @0,-90
指定下一点或 [闭合 (C)/ 放弃 (U)]: c

结果如下图所示。

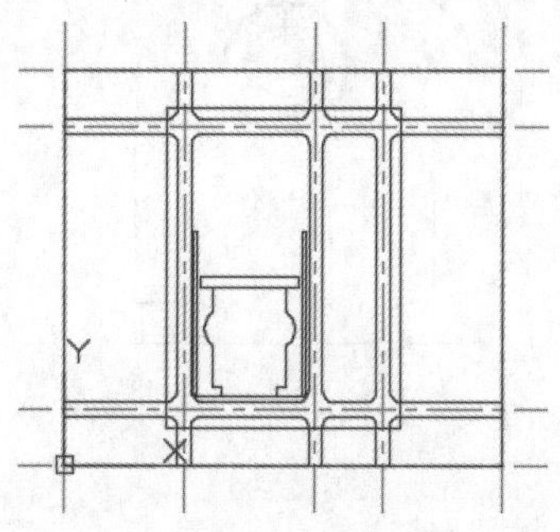

2. 绘制喷泉和甬道

下面介绍喷泉、甬道和旗台的绘制，具体操作步骤如下。

步骤01 单击【默认】➤【绘图】➤【圆】➤【圆心、半径】按钮，绘制一个圆心在（1632.5,1160）、半径为25的圆，如下图所示。

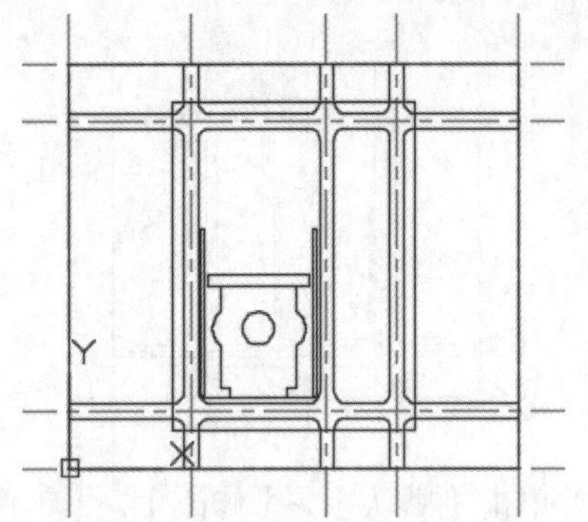

步骤02 单击【默认】➤【修改】➤【偏移】按钮，将上一步绘制的圆向内侧偏移5、50、70和110，结果如下图所示。

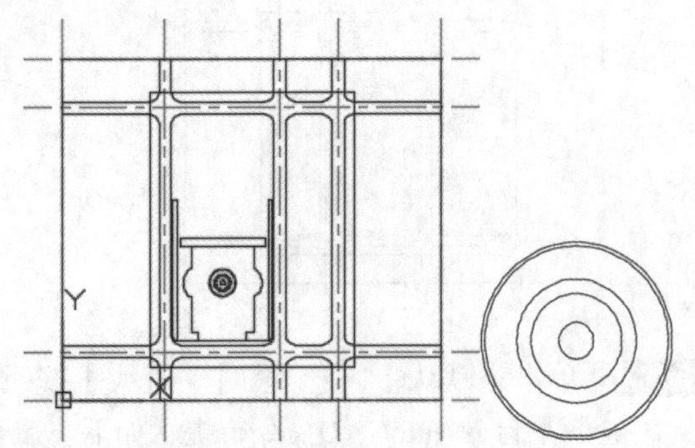

步骤03 调用【直线】命令，绘制一条端点过喷泉圆心、长为650的直线，如下图所示。

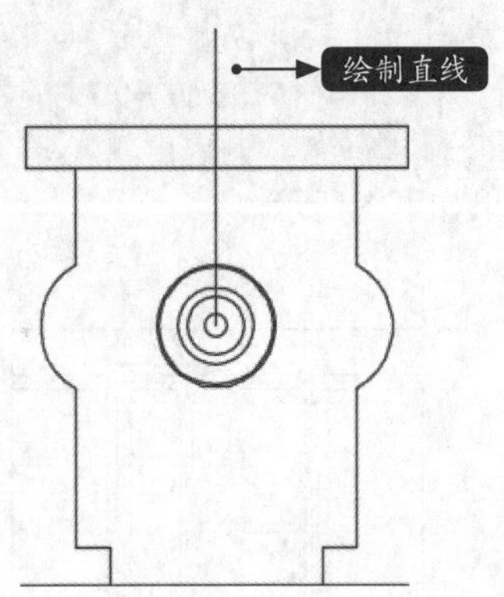

步骤04 调用【圆】命令，分别以（1632.5,1410）和（1632.5,1810）为圆心，绘制两个半径为50的圆，如下图所示。

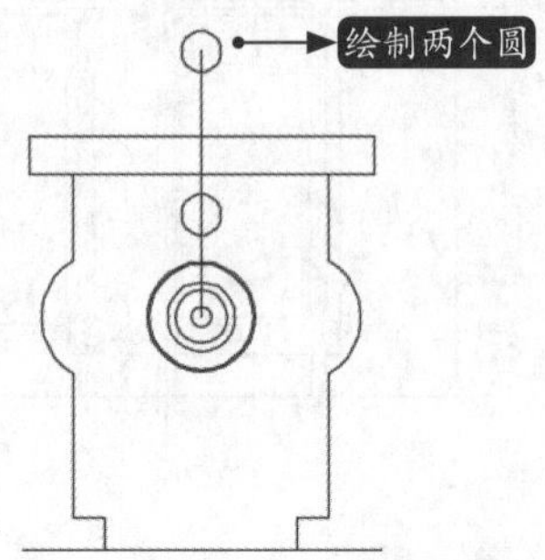

步骤05 调用【偏移】命令，将步骤03绘制的直线分别向两侧各偏移25和30，将步骤04绘制的圆向外侧偏移5，如下图所示。

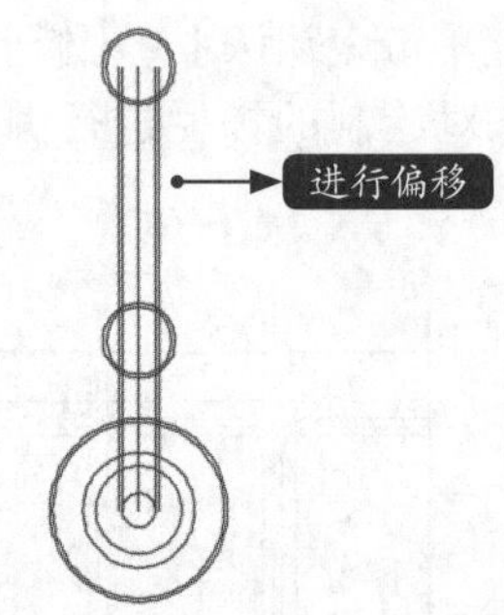

步骤06 调用【修剪】命令，对平台和甬道进行修剪，结果如下图所示。

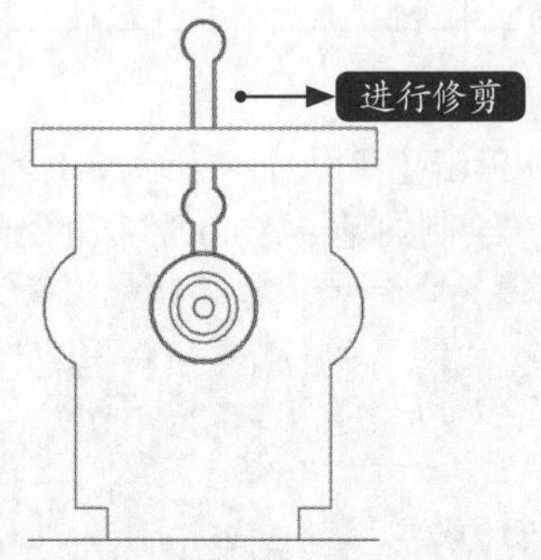

小提示

修剪过程中，在不退出【修剪】命令的情况下，输入“R”，然后选择对象，再按【Enter】键可以将选择的对象删除掉，删除后可以继续进行修剪。在修剪过程中，如果某处修剪错误，输入“U”，然后按【Enter】键，可以将刚修剪的地方撤销。如果整个修剪命令结束后再输入“U”，按【Enter】键后则撤销整个修剪。

3. 绘制花池和台阶

下面介绍绘制花池和台阶。绘制花池和台阶时，主要会用到【多段线】【直线】【偏移】和【阵列】命令，绘制花池和台阶的具体操作步骤如下。

步骤01 调用【多线】命令，绘制花池平面图，AutoCAD命令行提示如下。

```
命令：PLINE
指定起点：1452.5,1600
当前线宽为 0.0000
指定下一点或 [ 圆弧 (A)/ 半宽 (H)/ 长度 (L)/ 放弃 (U)/ 宽度 (W)]: @0,70
指定下一点或 [ 圆弧 (A)/ 闭合 (C)/ 半宽 (H)/ 长度 (L)/ 放弃 (U)/ 宽度 (W)]: @65,0
指定下一点或 [ 圆弧 (A)/ 闭合 (C)/ 半宽 (H)/ 长度 (L)/ 放弃 (U)/ 宽度 (W)]: @0,-30
指定下一点或 [ 圆弧 (A)/ 闭合 (C)/ 半宽 (H)/ 长度 (L)/ 放弃 (U)/ 宽度 (W)]: a
指定圆弧的端点或
[ 角度 (A)/ 圆心 (CE)/ 闭合 (CL)/ 方向 (D)/ 半宽 (H)/ 直线 (L)/ 半径 (R)/ 第二个点 (S)/ 放弃 (U)/ 宽度 (W)]: ce
指定圆弧的圆心：1517.5,1600
指定圆弧的端点或 [ 角度 (A)/ 长度 (L)]: a
指定包含角：90
指定圆弧的端点或 [ 角度 (A)/ 圆心 (CE)/ 闭合 (CL)/ 方向 (D)/ 半宽 (H)/ 直线 (L)/ 半径 (R)/ 第二个点 (S)/ 放弃 (U)/ 宽度 (W)]:    // 按【Enter】键结束命令
```

结果如下图所示。

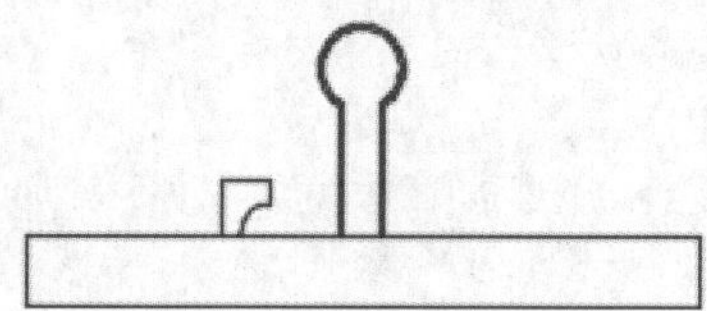

步骤02 调用【偏移】命令，将花池外轮廓线向内偏移5，如下图所示。

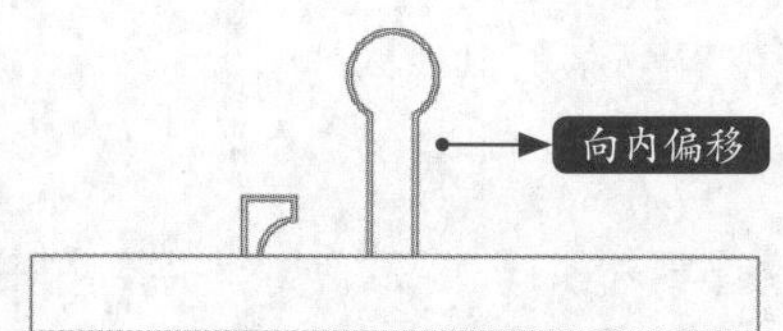

步骤03 调用【镜像】命令，将绘制好的花池沿平台的水平中线进行镜像，结果如下图所示。

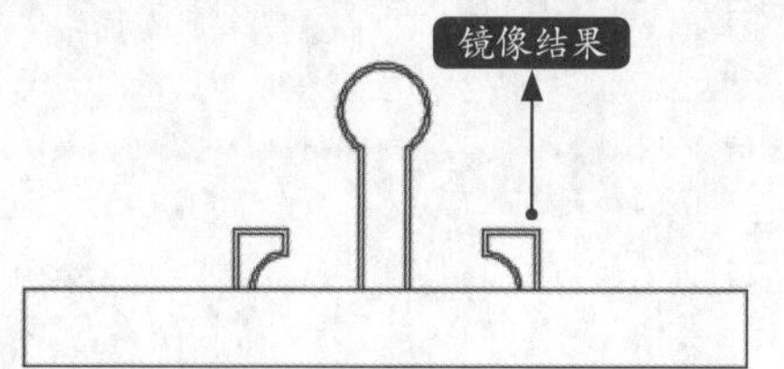

步骤04 单击【默认】➢【修改】➢【阵列】➢【矩形阵列】按钮，选择平台左侧竖直线为阵列对象，然后设置列数为9，介于为5，行数为1，如下图所示。

列数:	9	行数:	1
介于:	5	介于:	135
总计:	40	总计:	135
列		行 ▾	

阵列完成后结果如下图所示。

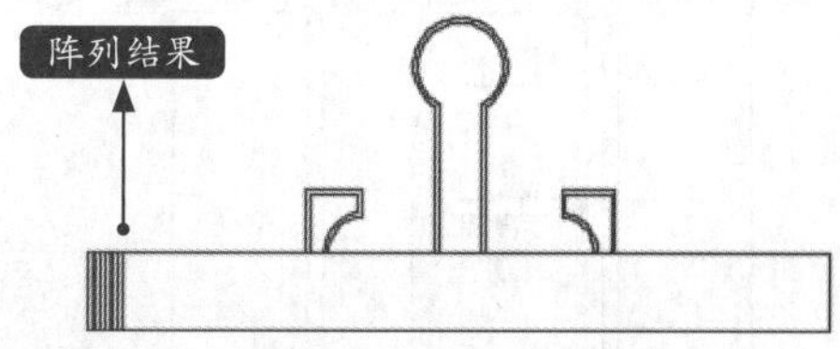

步骤05 重复步骤04，对平台的其他三条边也进行阵列，阵列个数也为9，阵列间距为5，结果如下图所示。

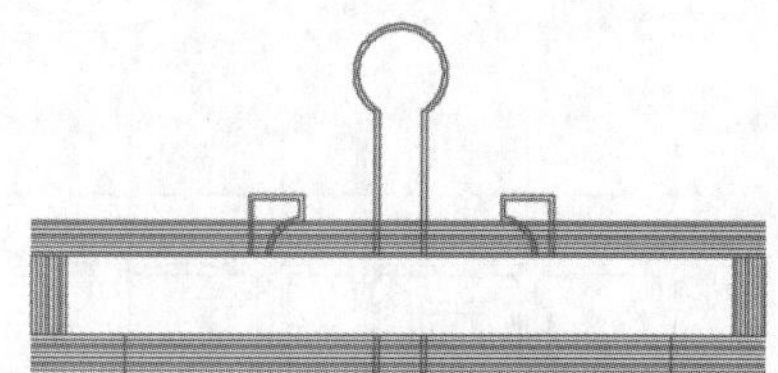

步骤06 调用【偏移】命令，将甬道的两条边分别向两侧偏移85，如下页图所示。

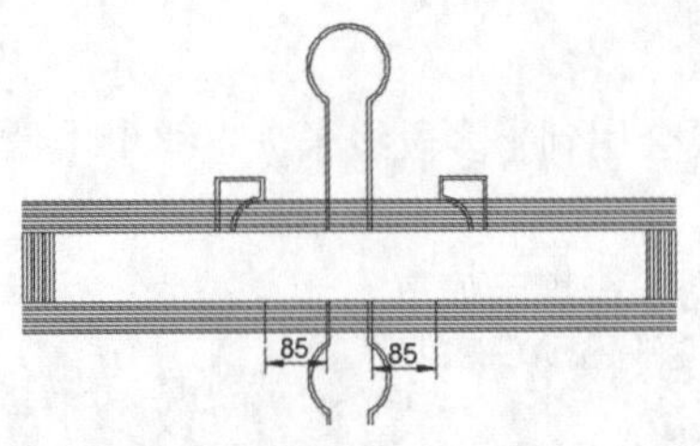

步骤07 调用【修剪】命令，对台阶进行修剪，结果如下图所示。

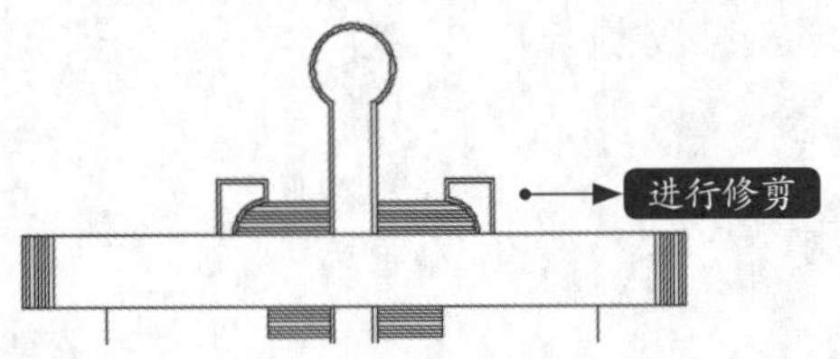

4. 绘制办公楼

下面介绍绘制办公楼，其中包含花圃的绘制，主要会应用到【矩形】【直线】【分解】和【圆角】命令，具体绘制步骤如下。

步骤01 调用【矩形】命令，分别以（1450,2350）和（1810,2550）为角点绘制一个矩形，如下图所示。

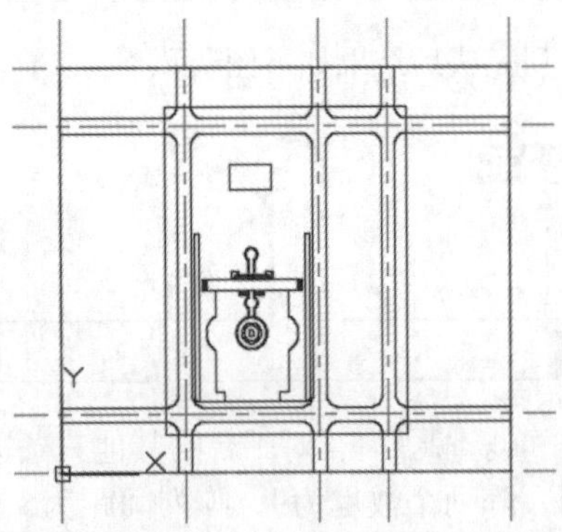

步骤02 重复步骤01，继续绘制矩形，结果如下图所示。

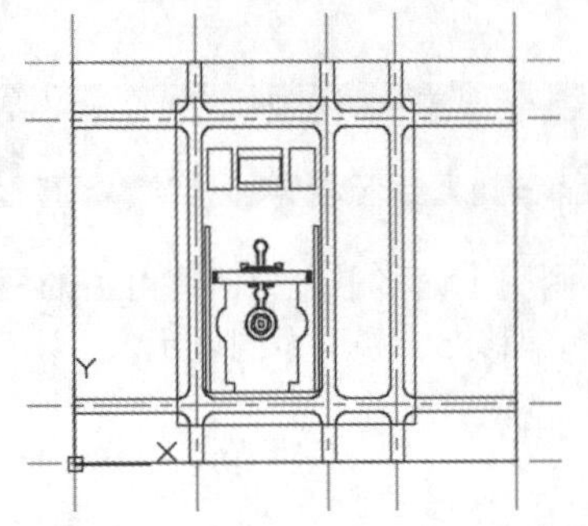

步骤03 调用【圆角】命令，对步骤02绘制的三个矩形进行圆角，圆角半径为100，如下图所示。

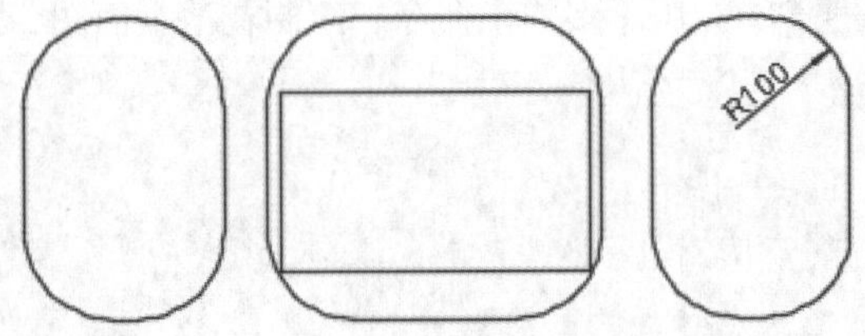

小提示

输入圆角半径后，当提示选择第一个对象时，输入“P”，然后选择【矩形】选项，可以同时对矩形的4个角进行圆角。

步骤04 调用【多段线】命令，AutoCAD命令行提示如下。

命令：PLINE
指定起点：1560,2350　当前线宽为 0.0000
指定下一点或 [圆弧 (A)/ 半宽 (H)/ 长度 (L)/ 放弃 (U)/ 宽度 (W)]: @0,-26
指定下一点或 [圆弧 (A)/ 闭合 (C)/ 半宽 (H)/ 长度 (L)/ 放弃 (U)/ 宽度 (W)]: @-315,0
指定下一点或 [圆弧 (A)/ 闭合 (C)/ 半宽 (H)/ 长度 (L)/ 放弃 (U)/ 宽度 (W)]: @0,-185
指定下一点或 [圆弧 (A)/ 闭合 (C)/ 半宽 (H)/ 长度 (L)/ 放弃 (U)/ 宽度 (W)]: @145,0
指定下一点或 [圆弧 (A)/ 闭合 (C)/ 半宽 (H)/ 长度 (L)/ 放弃 (U)/ 宽度 (W)]: @0,-90
指定下一点或 [圆弧 (A)/ 闭合 (C)/ 半宽 (H)/ 长度 (L)/ 放弃 (U)/ 宽度 (W)]: @488,0
指定下一点或 [圆弧 (A)/ 闭合 (C)/ 半宽 (H)/ 长度 (L)/ 放弃 (U)/ 宽度 (W)]: @0,90
指定下一点或 [圆弧 (A)/ 闭合 (C)/ 半宽 (H)/ 长度 (L)/ 放弃 (U)/ 宽度 (W)]: @137,0
指定下一点或 [圆弧 (A)/ 闭合 (C)/ 半宽 (H)/ 长度 (L)/ 放弃 (U)/ 宽度 (W)]: @0, 185
指定下一点或 [圆弧 (A)/ 闭合 (C)/ 半宽 (H)/ 长度 (L)/ 放弃 (U)/ 宽度 (W)]: @-307,0
指定下一点或 [圆弧 (A)/ 闭合 (C)/ 半宽 (H)/ 长度 (L)/ 放弃 (U)/ 宽度 (W)]: @0,26
指定下一点或 [圆弧 (A)/ 闭合 (C)/ 半宽 (H)/ 长度 (L)/ 放弃 (U)/ 宽度 (W)]: // 按【Enter】键结束命令

结果如下页图所示。

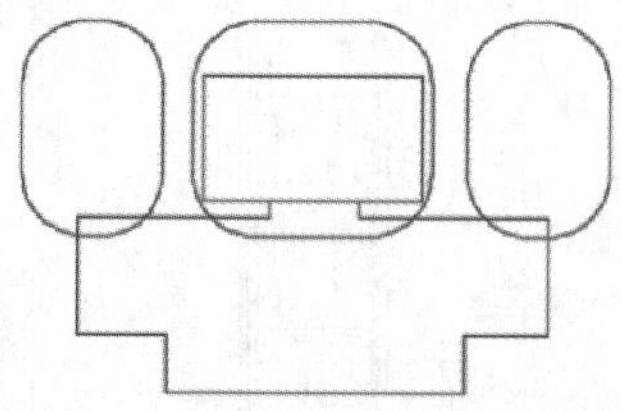

步骤05 调用【修剪】命令，将多余的线段修剪掉，结果如下图所示。

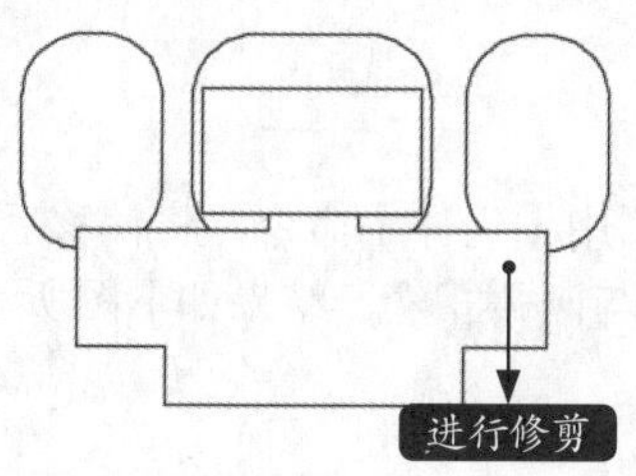

5. 绘制球场和餐厅

下面介绍绘制球场和餐厅，其中主要会应用到【矩形】【直线】【偏移】和【修剪】命令，具体绘制步骤如下。

步骤01 选择【绘图】➤【矩形】命令，AutoCAD命令行提示如下。

```
命令：RECTANG
指定第一个角点或 [ 倒角 (C)/ 标高 (E)/ 圆角 (F)/ 厚度 (T)/ 宽度 (W)]: f
指定矩形的圆角半径 <0.0000>: 45
指定第一个角点或 [ 倒角 (C)/ 标高 (E)/ 圆角 (F)/ 厚度 (T)/ 宽度 (W)]: 2327,1640
指定另一个角点或 [ 面积 (A)/ 尺寸 (D)/ 旋转 (R)]: 2702,1100
```

步骤02 结果如下图所示。

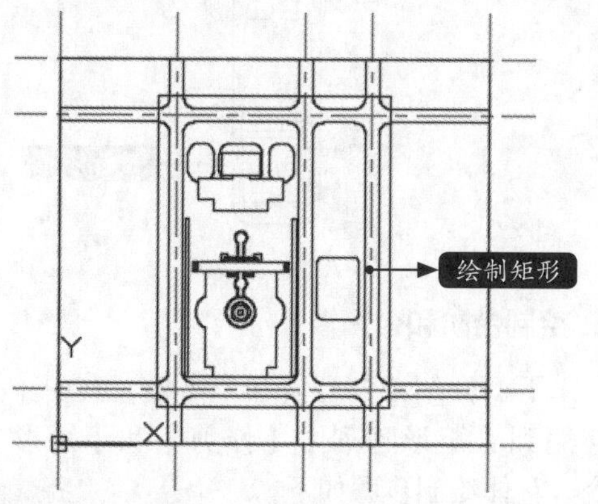

步骤03 继续绘制矩形，当提示指定第一个角点时输入“F”，然后设置圆角半径为0，结果如右上图所示。

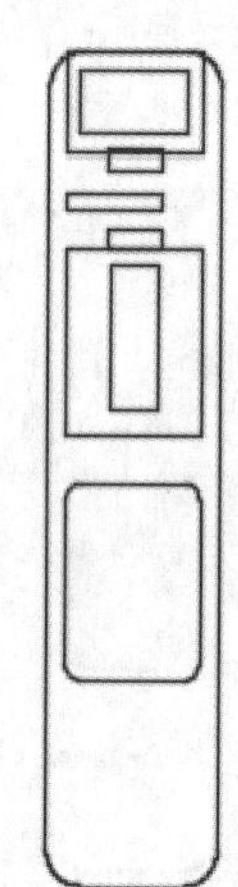

小提示

对于重复使用的命令，在命令行先输入“multiple”，然后再输入相应的命令即可重复使用。例如，本例可以在命令行输入“multiple”，然后再输入“rectang”（或rec）即可重复绘制矩形，直到按【Esc】键退出【矩形】命令为止。

各矩形的角点分别为（2327,2820）/（2702,2534）、（2365,2764）/（2664,2594）、（2437,2544）/（2592,2494）、（2327,2434）/（2592,2384）、（2437,2334）/（2592,2284）、（2327,2284）/（2702,1774）、（2450,2239）/（2580,1839）。

步骤04 调用【偏移】命令，将该区域最左边的竖直线向右偏移110、212、262和365，结果如下图所示。

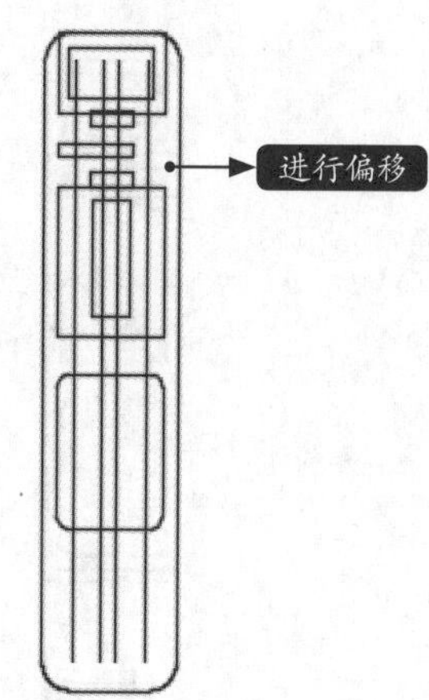

步骤05 调用【修剪】命令，将多余的线段修剪掉，结果如下页图所示。

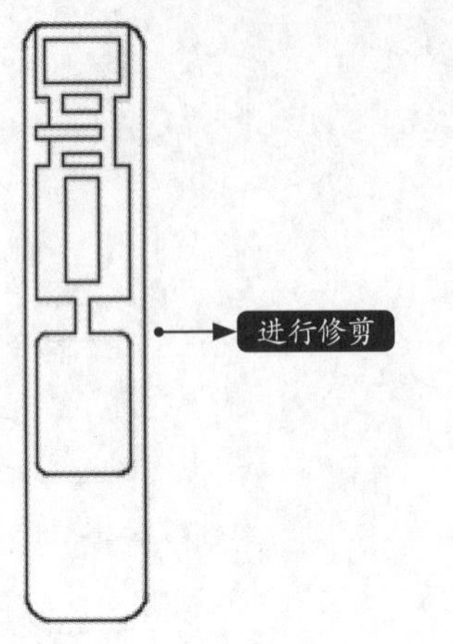

步骤06 调用【直线】命令，绘制两条水平直线，如下图所示。

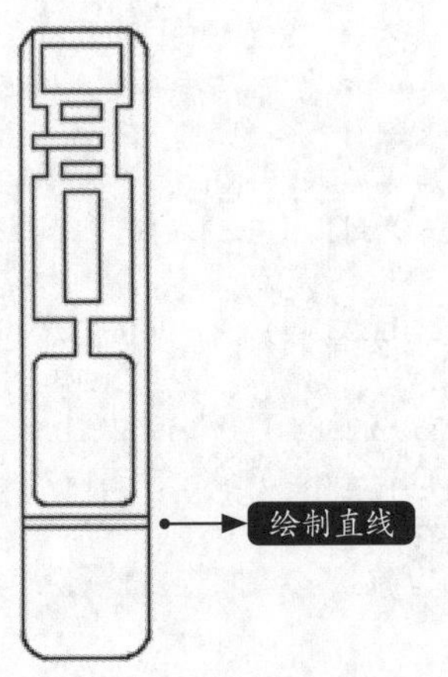

步骤07 调用【偏移】命令，将上步绘制的上侧直线向上分别偏移830、980、1284和1434，将下侧直线向下偏移354和370，如下图所示。

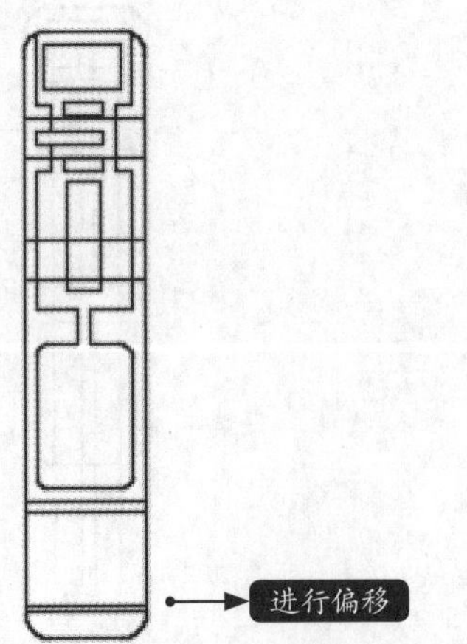

步骤08 重复步骤07，将两侧的直线向内侧分别偏移32和57，如右上图所示。

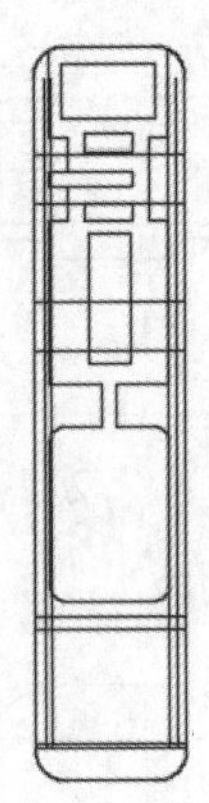

步骤09 调用【延伸】命令，将偏移后的竖直直线延伸到与圆弧相交，结果如下图所示。

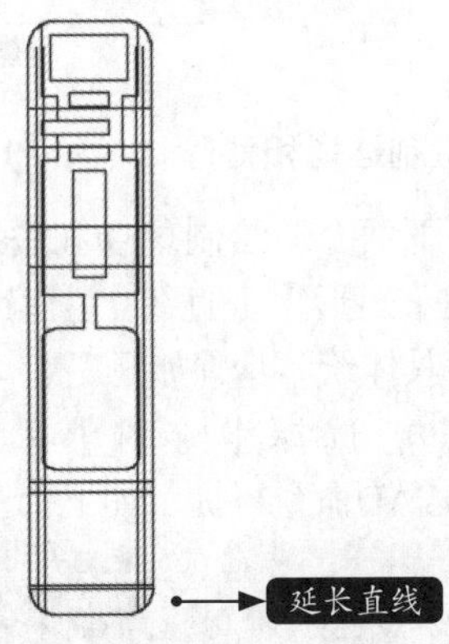

步骤10 选择【修改】➢【修剪】命令，对图形进行修剪，结果如下图所示。

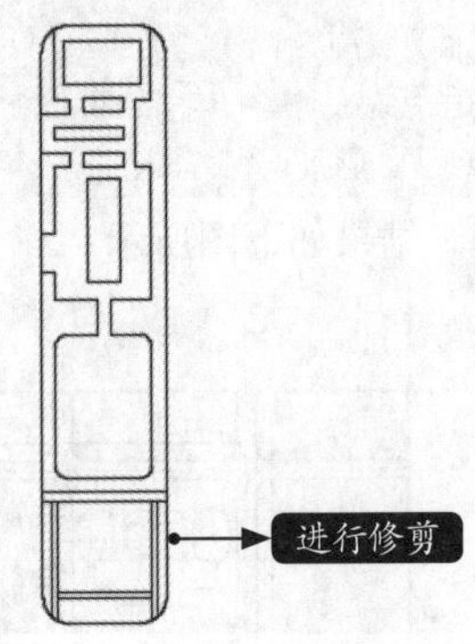

6. 绘制台阶和公寓楼

下面介绍绘制台阶和公寓楼，其中主要会应用到【矩形阵列】【修剪】和【矩形】命令，具体绘制步骤如下。

步骤01 调用【矩形阵列】命令，选择最左侧的直线为阵列对象，设置阵列列数为6，介于为5，行数为1，如下页图所示。

列数:	6	行数:	1
介于:	5	介于:	3120
总计:	25	总计:	3120
列		行	

步骤 02 单击【关闭阵列】按钮，结果如下图所示。

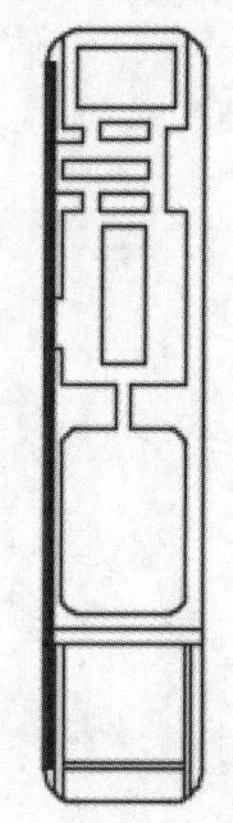

步骤 03 调用【修剪】命令，对阵列后的直线进行修剪得到台阶，结果如下图所示。

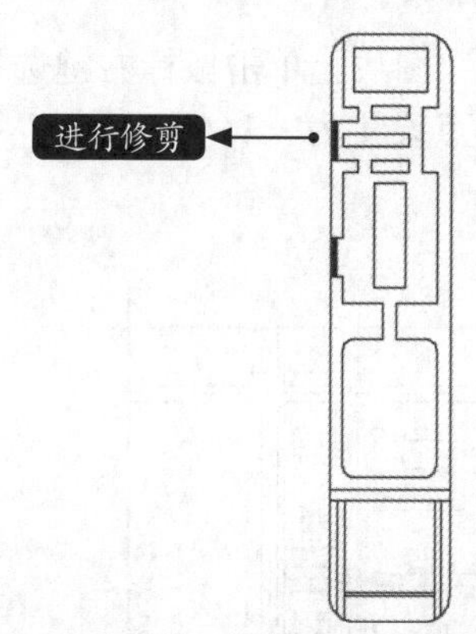

步骤 04 调用【矩形】命令，绘制两个矩形，如下图所示。

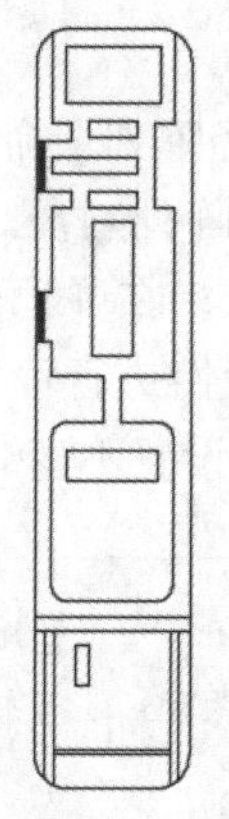

步骤 05 调用【矩形阵列】命令，选择上一步绘制的矩形为阵列对象，设置阵列行数为3，介于为-145，列数为1，如下图所示。

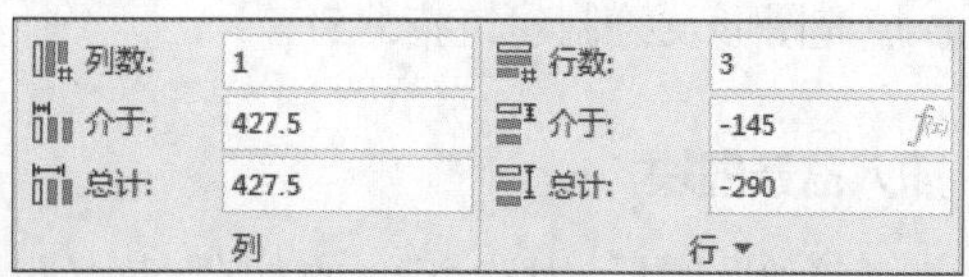

列数:	1	行数:	3
介于:	427.5	介于:	-145
总计:	427.5	总计:	-290
列		行	

步骤 06 单击【关闭阵列】按钮，结果如下图所示。

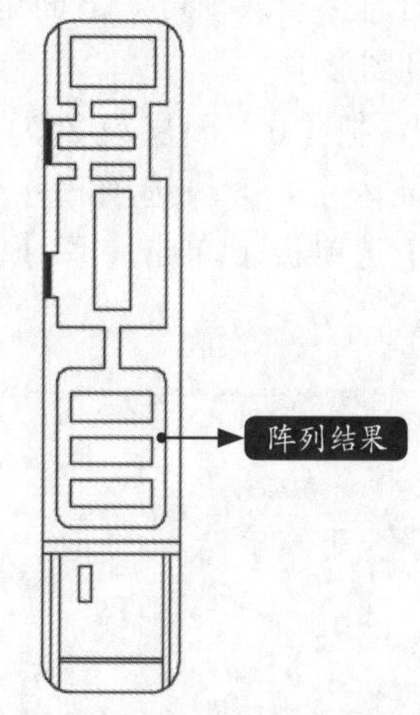

步骤 07 重复【矩形阵列】命令，对另一个矩形进行阵列，设置阵列行数为2，介于为-144，列数为2，介于为181，如下图所示。

列数:	2	行数:	2
介于:	181	介于:	-144
总计:	181	总计:	-144
列		行	

结果如下图所示。

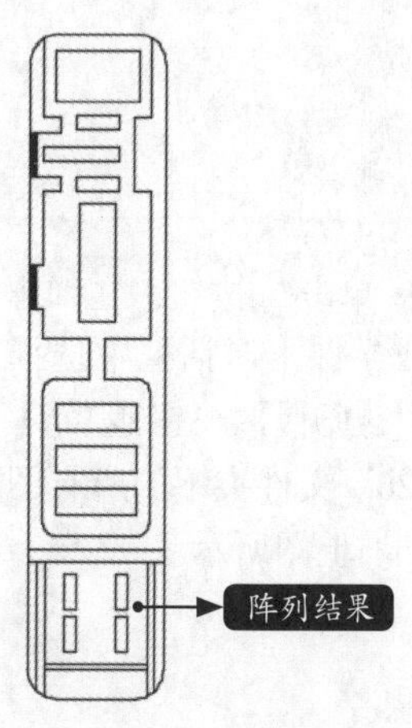

20.1.6 插入图块、填充图形并绘制指北针

广场内部结构绘制完毕后，接下来需要进一步完善广场内部建筑，下面主要介绍如何插入图块、填充图形及绘制建筑指北针。

1. 插入盆景图块

建筑绘图中，因为相似的构件使用非常多，所以一般创建有专门的图块库。将所需要的图形按照规定比例创建，然后转换为块，在使用时直接插入即可。下面主要是把盆景图块插入到图形中。

步骤01 把【0】图层设置为当前层，然后选择【插入】➤【块选项板】命令，在弹出的【块】选项板上单击【库】选项卡，如下图所示。

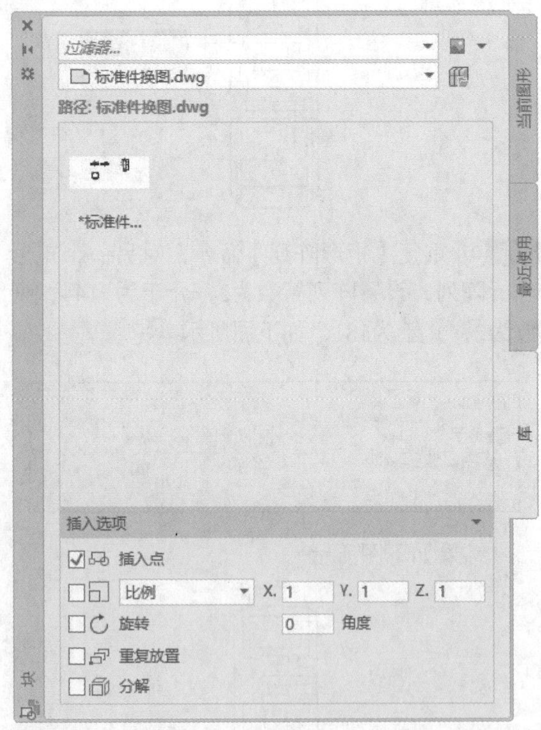

步骤02 单击按钮，在弹出的【为块库选择文件夹或文件】对话框中选择“素材\CH20”，单击【打开】按钮返回【块】选项板后，“CH20”文件夹下的所有图形都显示在图块库里，如右上图所示。

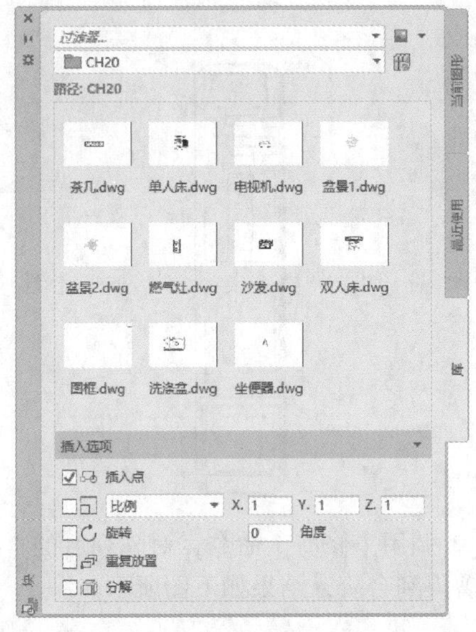

步骤03 在“盆景1”图块上单击鼠标右键选择【插入】，将插入点设置为（1440,610），结果如下图所示。

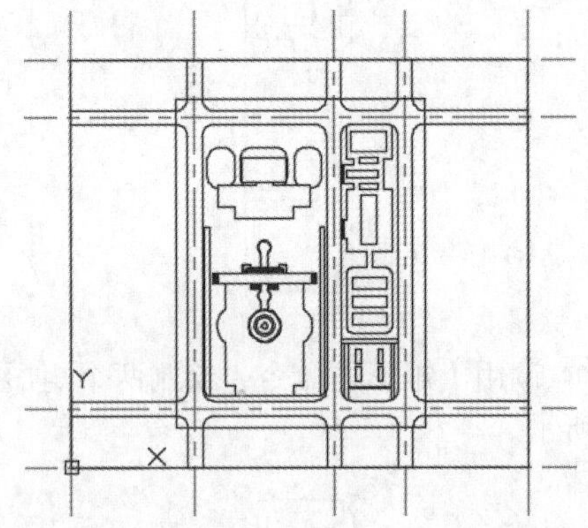

步骤04 调用【路径阵列】命令，选择上一步插入的【盆景1】为阵列对象，选择树池的左轮廓线为阵列的路径，在弹出的【阵列创建】选项区域对阵列的特性进行设置，取消【对齐项目】的选中，其他设置不变，如下图所示。

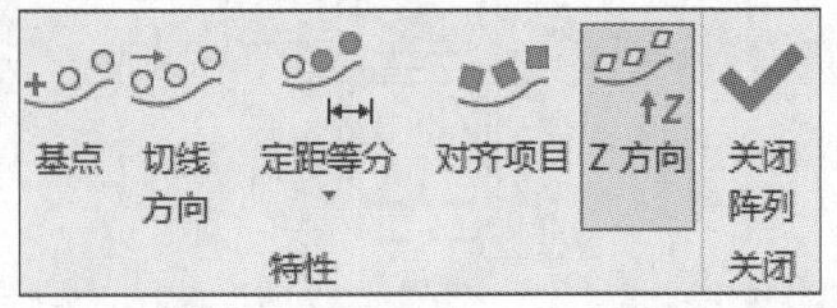

步骤05 单击【关闭阵列】按钮，结果如下图所示。

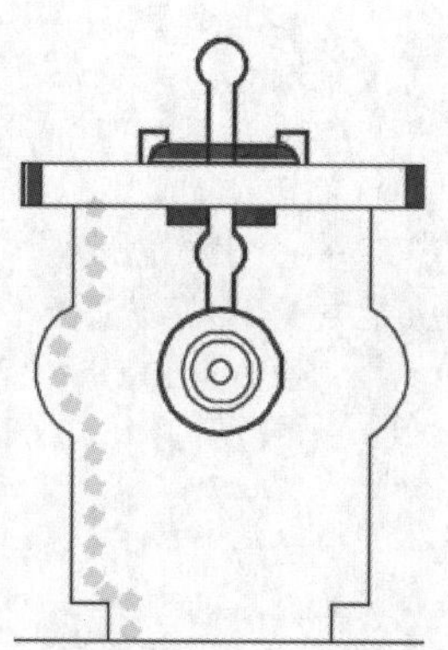

步骤06 调用【镜像】命令，选择上一步阵列后的盆景，然后将它沿两边树池的竖直中心线进行镜像，结果如下图所示。

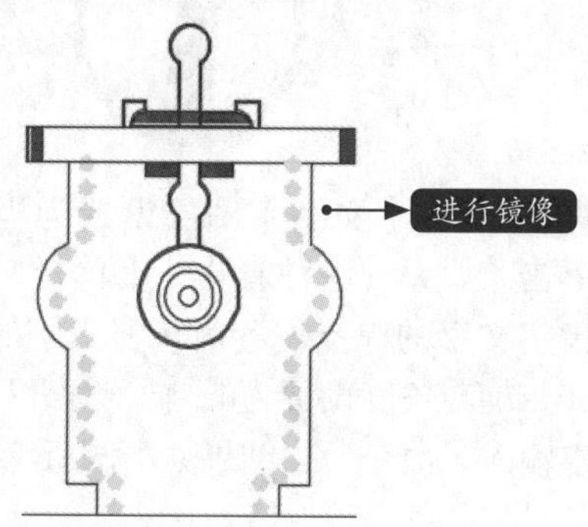

步骤07 重复步骤01～步骤03，给办公楼的花池中插入【盆景1】，插入盆景时随意放置，结果如下图所示。

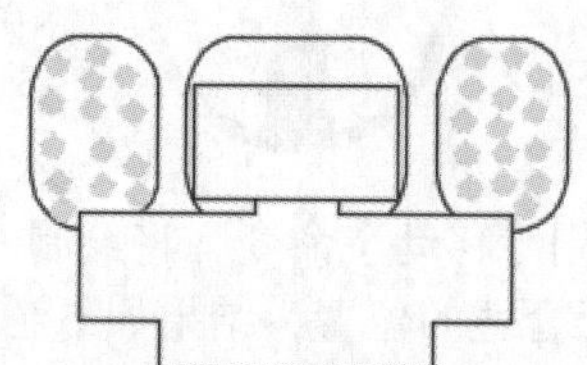

步骤08 重复步骤01～步骤03，给台阶处的花池插入【盆景1】，插入时设置插入比例为0.5，插入盆景时随意放置，结果如下图所示。

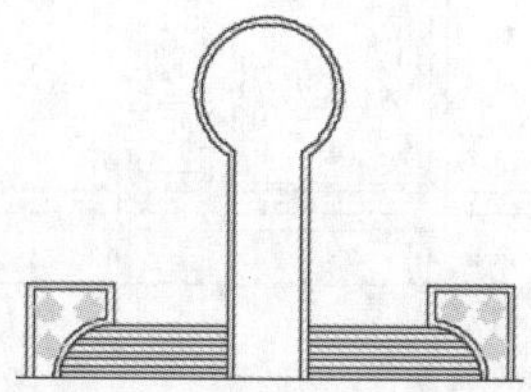

步骤09 重复步骤01～步骤03，给球场四周插入【盆景1】，插入时设置插入比例为0.5，插入后进行矩形阵列。为了便于插入后调节，插入时取消【关联】，结果如下图所示。

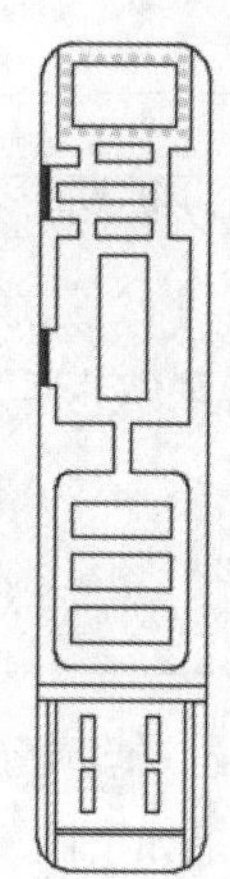

2. 图案填充

图形绘制完成后，即可对相应的图形进行填充，以方便施工时识别。

步骤01 把【填充】图层设置为当前层，然后单击【默认】➤【绘图】➤【图案填充】按钮，弹出【图案填充创建】选项区域，单击【图案】面板中的按钮，选择【AR-PARQ1】图案，如下图所示。

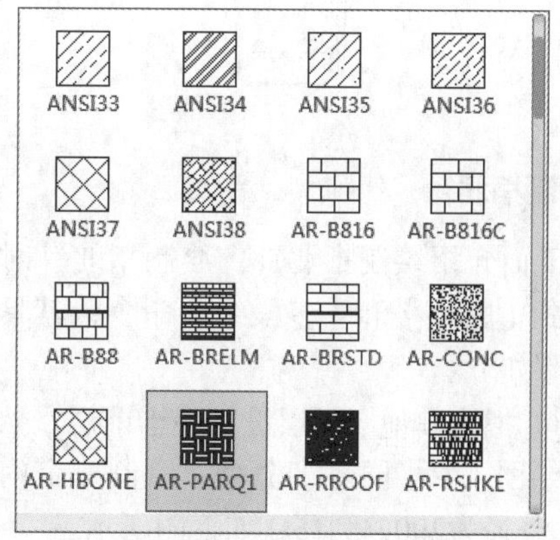

小提示

【图案填充创建】选项区域，只有在选择图案填充命令后才会出现。

步骤02 在【特性】面板中将角度改为45°，比例改为0.2，如下页图所示。

图案填充透明度	0
角度	45
0.2	

步骤03 单击办公楼区域，结果如下图所示。

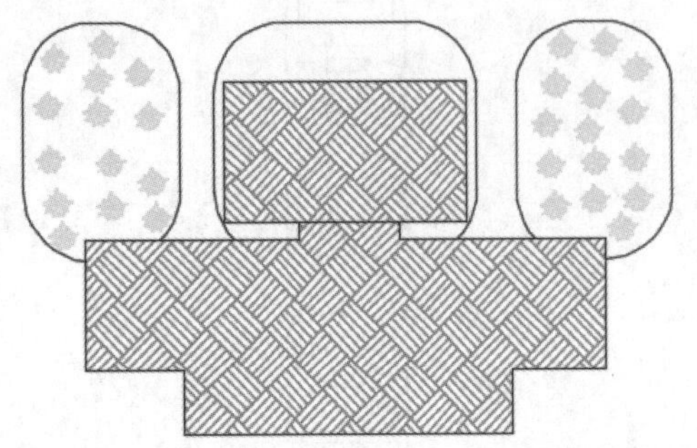

步骤04 重复步骤01～步骤03，对篮球场和公寓楼进行填充，结果如下图所示。

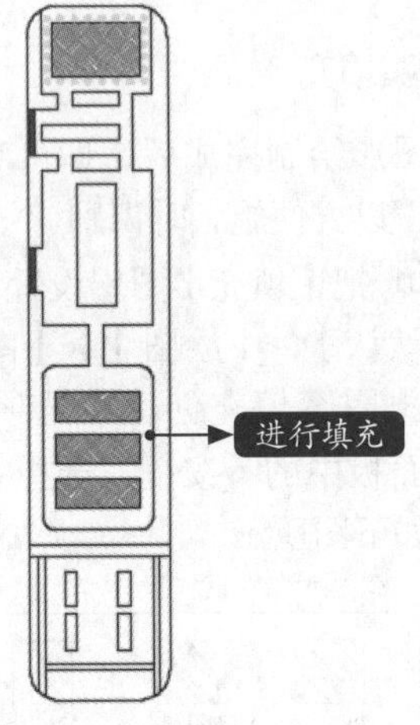

3. 绘制指北针

下面介绍绘制指北针。绘制指北针时主要会用到【圆环】和【多段线】命令，其具体操作步骤如下。

步骤01 把【其他】图层设置为当前层，然后选择【绘图】➤【圆环】命令，绘制一个内径为180、外径为200的圆环，如下图所示。

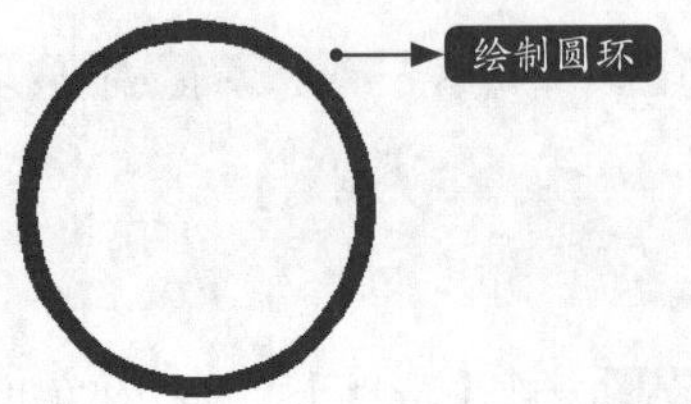

步骤02 调用【多段线】命令，AutoCAD命令行提示如下。

```
命令：PLINE
指定起点：    // 捕捉下图所示的 A 点
当前线宽为 0.0000
指定下一个点或 [ 圆弧 (A)/ 半宽 (H)/ 长度 (L)/ 放弃 (U)/ 宽度 (W)]：w
指定起点宽度 <0.0000>：0
指定端点宽度 <0.0000>：50
指定下一个点或 [ 圆弧 (A)/ 半宽 (H)/ 长度 (L)/ 放弃 (U)/ 宽度 (W)]：    // 捕捉下图所示的 B 点
指定下一点或 [ 圆弧 (A)/ 闭合 (C)/ 半宽 (H)/ 长度 (L)/ 放弃 (U)/ 宽度 (W)]：  // 按【Enter】键
```

结果如下图所示。

步骤03 将【文字】图层设置为当前层，然后单击【默认】➤注释】➤【单行文字】按钮，指定文字的起点位置后，将文字的高度设置为50，旋转角度设置为0，输入“北”，退出【文字输入】命令后，结果如下图所示。

步骤04 调用【移动】命令，将绘制好的指北针移动到图形合适的位置，结果如下图所示。

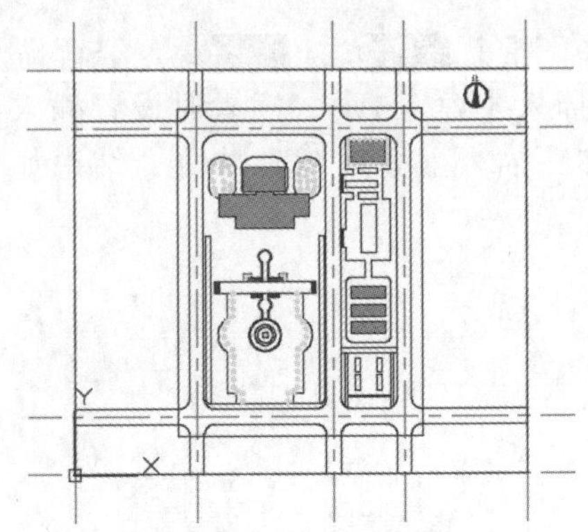

20.1.7 给图形添加文字和标注

图形的主体部分绘制完毕后，一般还要给图形添加文字说明、尺寸标注及插入图框等。

步骤 01 把【文字】图层设置为当前层，然后单击【默认】➢【注释】➢【多行文字】按钮，输入"广场总平面图"各部分的名称及图纸的名称和比例，结果如下图所示。

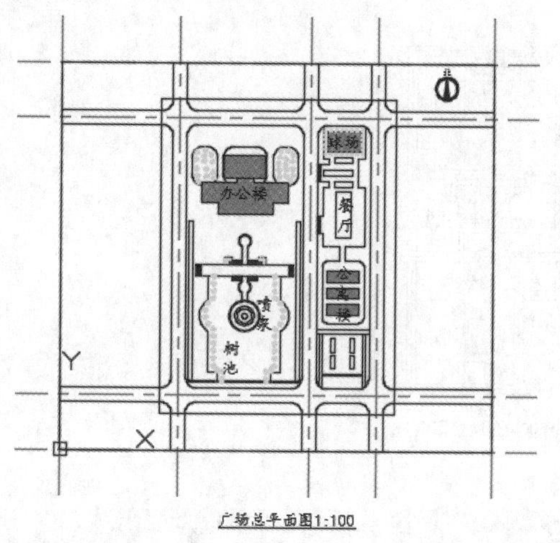

步骤 02 把【标注】图层设置为当前层，然后单击【默认】➢【注释】➢【标注】按钮，通过智能标注对"广场总平面图"进行标注，结果如下图所示。

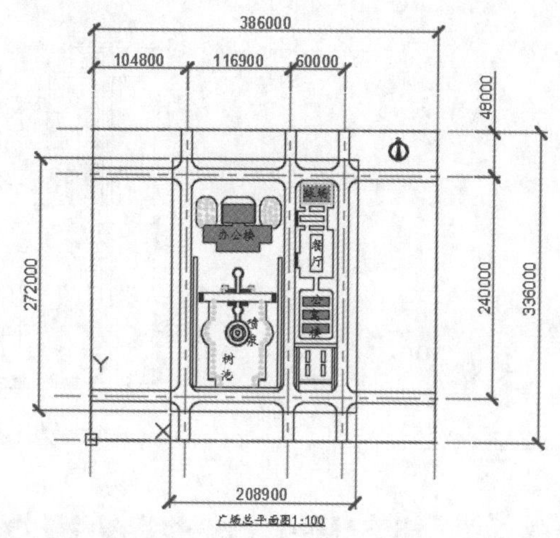

步骤 03 将图层切换到【0】图层，然后选择【插入】➢【块】选项板命令，将【图框】插入图中合适的位置，结果如下图所示。

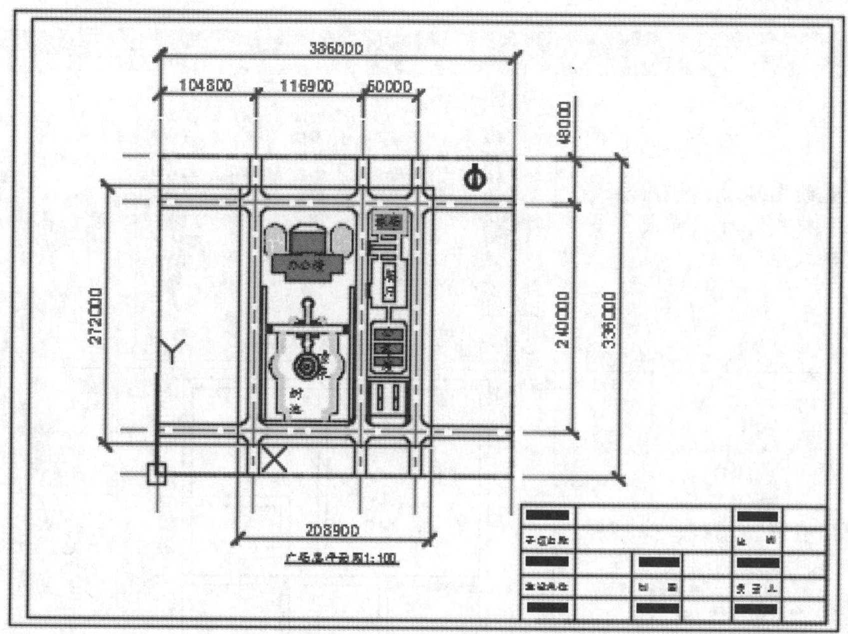

20.2 小区居民住宅楼平面布置图

合理的房间布局、优雅的环境是居民居住品质的保障，平面布置图可以用一种简洁的图解形式表达住宅楼的布置方案，体现房屋布局。

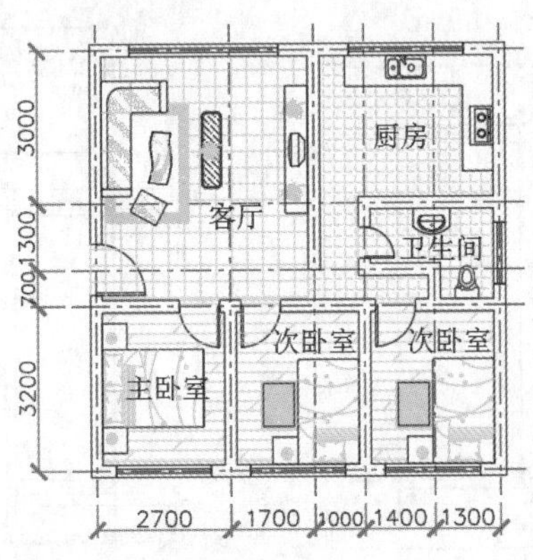

20.2.1 小区居民住宅楼的绘制思路

绘制小区居民住宅楼的思路是先设置绘图环境，绘制墙线、门洞、窗洞以及门、窗，然后布置房间并添加文字注释。具体绘制思路如下表所示。

序号	绘图方法	结果	备注
1	设置绘图环境，如图层、文字样式、标注样式、多线样式等	状.. 名称 开 冻结 锁... 颜色 线型 线宽 0 白 Continu... 默认 轴线 蓝 CENTER 0.13... 墙线 白 Continu... 默认 填充 青 Continu... 0.13... 门窗 白 Continu... 默认 家具 白 Continu... 默认 标注 白 Continu... 0.13... 文字 白 Continu... 默认	注意各图层的设置
2	利用直线、多线、偏移和分解命令绘制墙线		注意“fro”的应用

续表

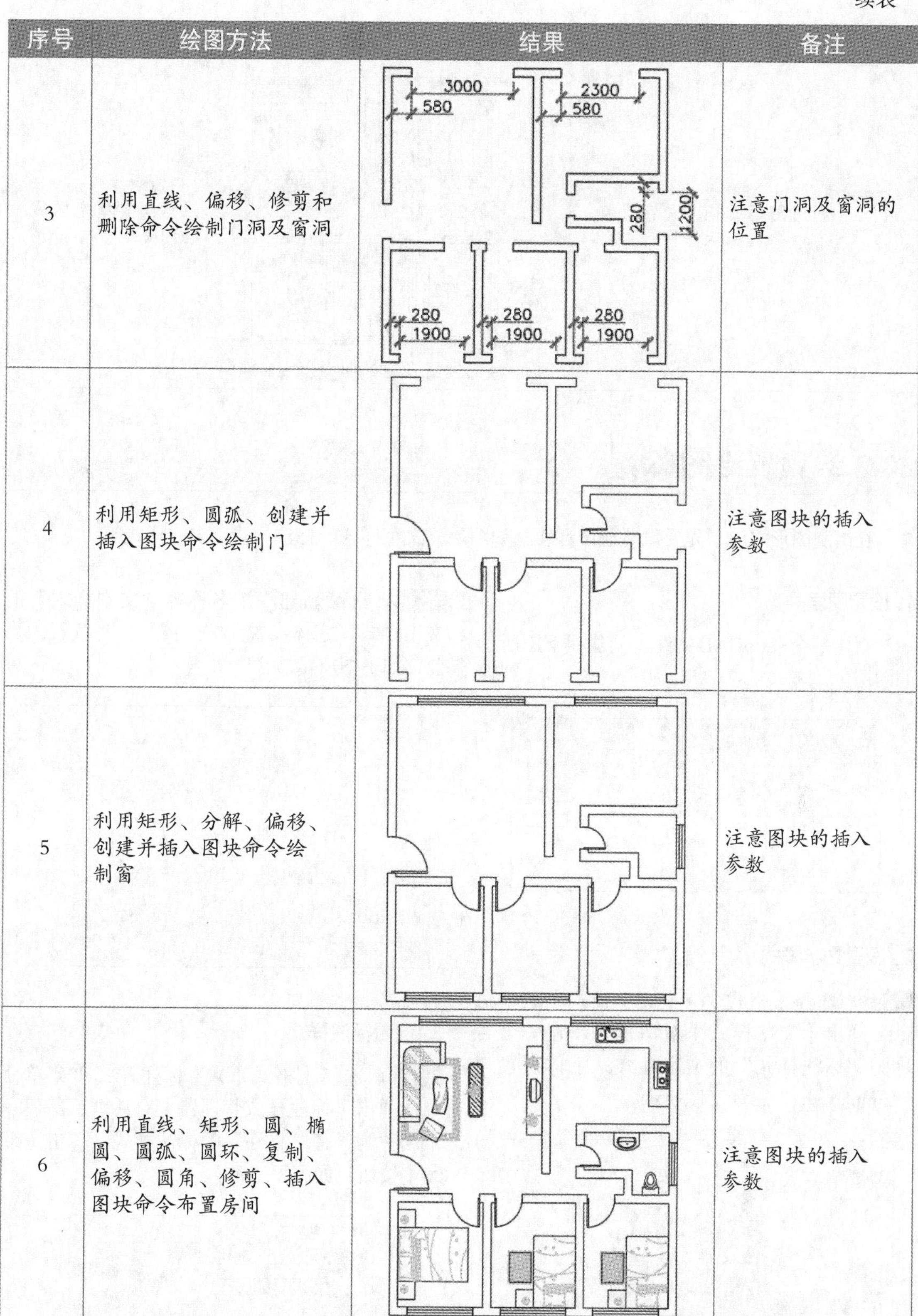

序号	绘图方法	结果	备注
3	利用直线、偏移、修剪和删除命令绘制门洞及窗洞		注意门洞及窗洞的位置
4	利用矩形、圆弧、创建并插入图块命令绘制门		注意图块的插入参数
5	利用矩形、分解、偏移、创建并插入图块命令绘制窗		注意图块的插入参数
6	利用直线、矩形、圆、椭圆、圆弧、圆环、复制、偏移、圆角、修剪、插入图块命令布置房间		注意图块的插入参数

续表

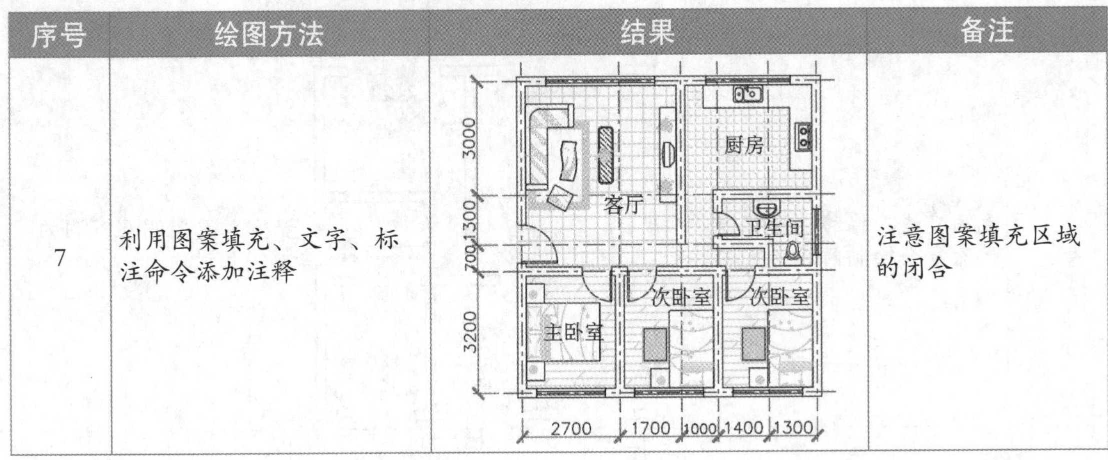

序号	绘图方法	结果	备注
7	利用图案填充、文字、标注命令添加注释		注意图案填充区域的闭合

20.2.2 设置绘图环境

在绘制图形之前，先要设置绘图环境，如图层、文字样式、标注样式、多线样式等。

1. 设置图层

新建一个AutoCAD文件，创建如下图所示的图层。

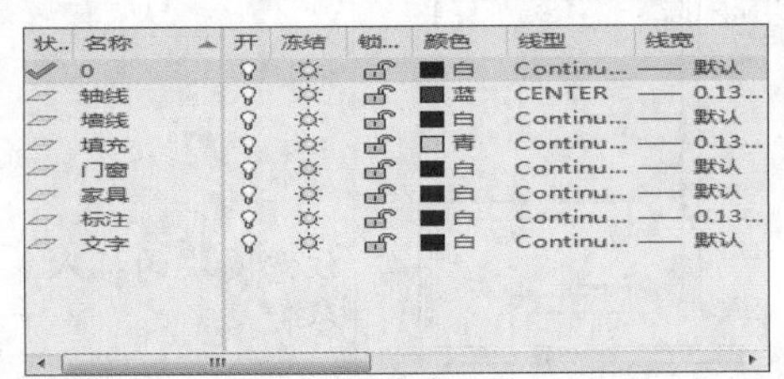

2. 设置文字样式

步骤01 选择【格式】➤【文字样式】菜单命令，弹出【文字样式】对话框，新建一个名称为“标注样式”的文字样式，字体设置为“simplex.shx”，如下图所示。

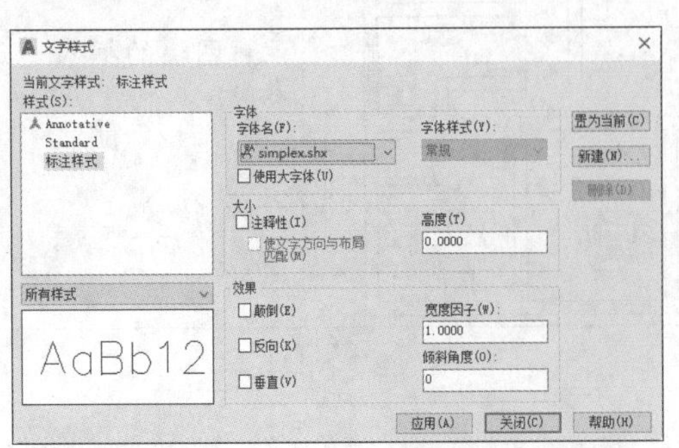

步骤02 继续新建一个名称为“文本样式”的文字样式，字体设置为“宋体”，将其置为当前，如下图所示。

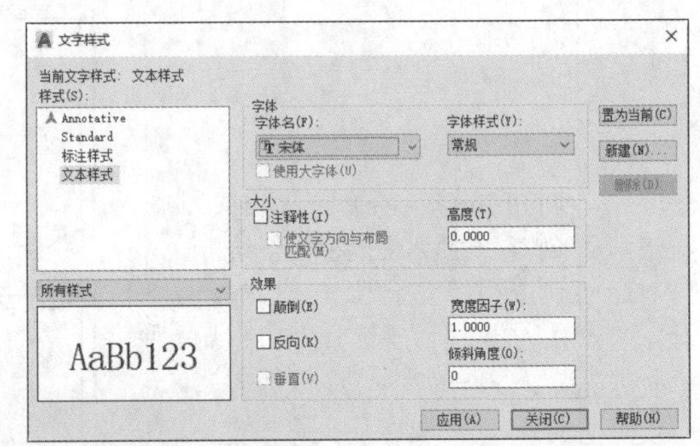

3. 设置标注样式

步骤01 选择【格式】➤【标注样式】菜单命令，弹出【标注样式管理器】对话框，新建一个名称为“建筑标注”的标注样式，单击【继续】按钮，如下图所示。

创建新标注样式

新样式名(N)：

建筑标注

基础样式(S)：

ISO-25

注释性(A)

用于(U)：

所有标注

继续 取消 帮助(H)

步骤 02 在【线】选项卡中进行如下图所示的设置。

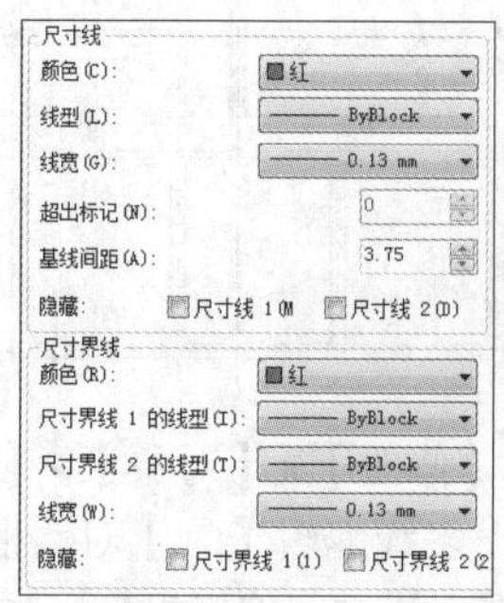

步骤 03 在【符号和箭头】选项卡中进行如下图所示的设置。

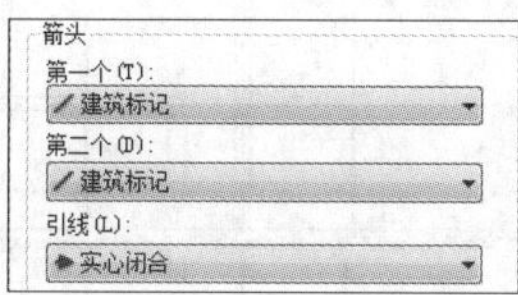

步骤 04 在【文字】选项卡中进行如下图所示的设置。

步骤 05 在【调整】选项卡中将全局比例设置为120，然后单击【确定】按钮，返回【标注样式管理器】对话框，将“建筑标注”的标注样式置为当前。

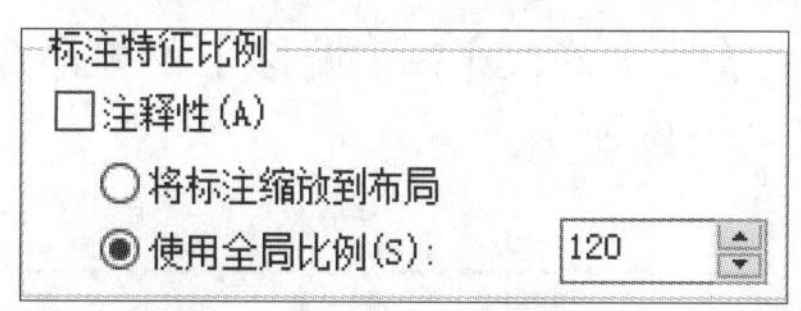

4. 设置多线样式

步骤 01 选择【格式】➤【多线样式】菜单命令，弹出【多线样式】对话框，新建一个名称为“墙线”的多线样式，如下图所示。

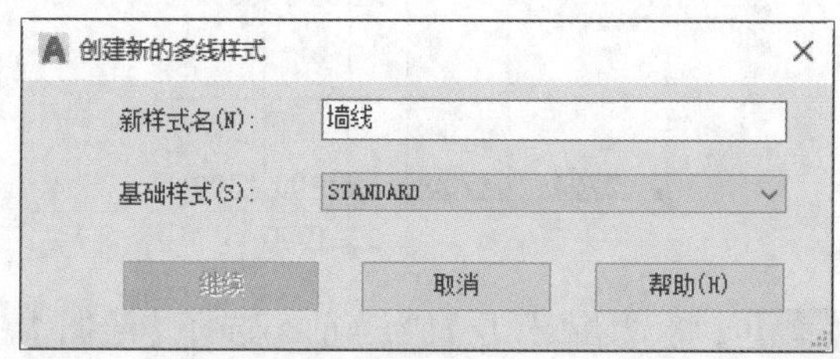

步骤 02 单击【继续】按钮，弹出【新建多线样式：墙线】对话框，进行如下图所示的设置。

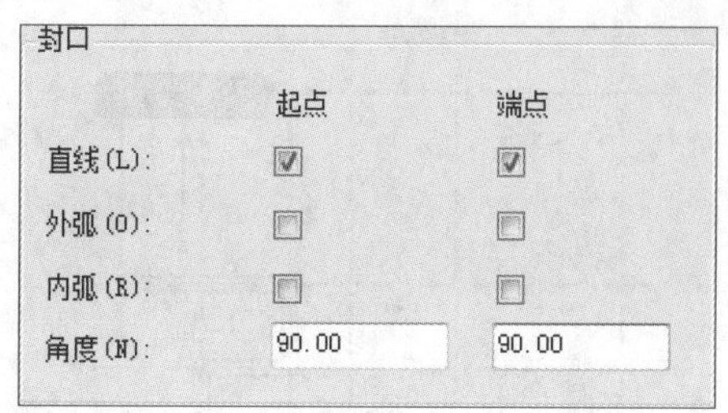

步骤 03 单击【确定】按钮，返回【多线样式】对话框，将“墙线”多线样式置为当前。

20.2.3 绘制墙线

墙线可以使用多线进行绘制，绘制墙线之前应先绘制轴线，具体操作步骤如下。

步骤 01 将“轴线”层置为当前，选择【绘图】➤【直线】菜单命令，绘制一条长度为9 100的水平直线段，如下图所示。

步骤 02 调用【直线】命令，在命令行提示下输入“fro”，捕捉如下图所示端点作为基点。

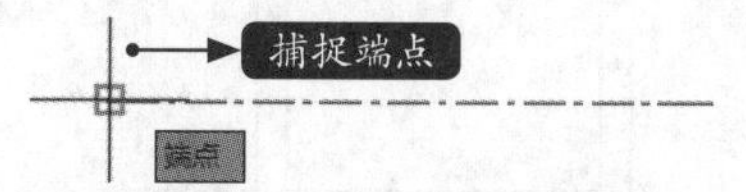

步骤 03 在命令行提示下输入坐标值“@500,-500/@0,9200”，分别按【Enter】键确认，绘制一条竖直直线段，如下图所示。

步骤04 选择【修改】➤【偏移】菜单命令，偏移距离如下图所示。

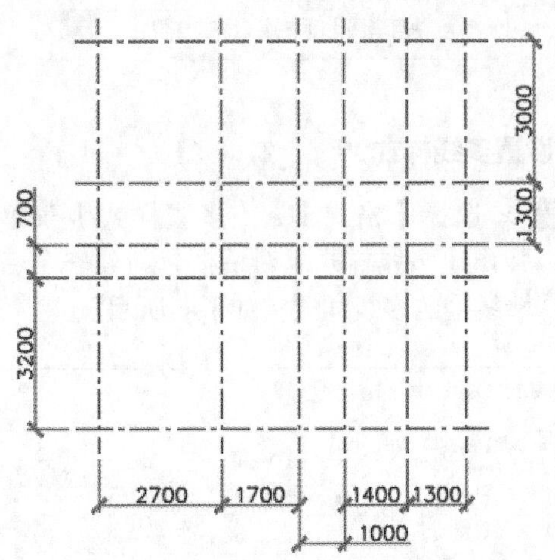

步骤05 将“墙线”层置为当前，选择【绘图】➤【多线】菜单命令，比例设置为“240”，对正方式设置为“无”，绘制如下图所示的多线对象。

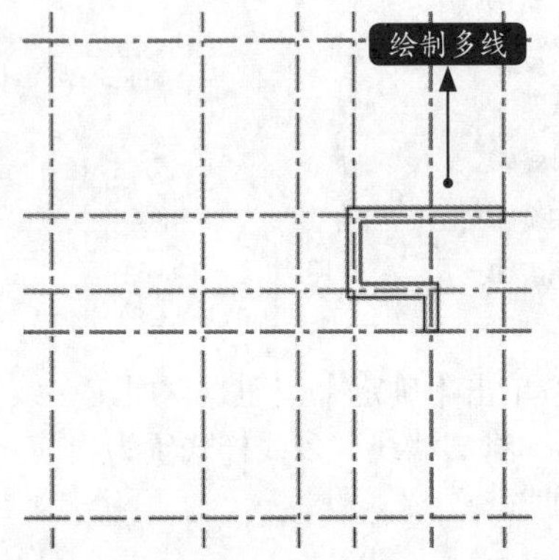

步骤06 继续对其他多线对象进行绘制，比例及对正方式不变，如右上图所示。

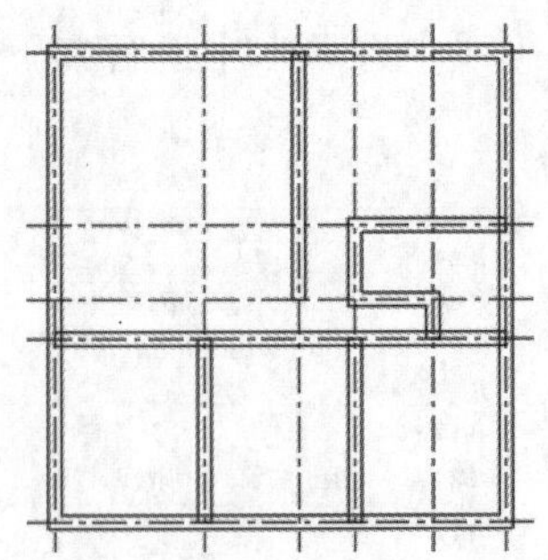

步骤07 选择【修改】➤【对象】➤【多线】菜单命令，弹出【多线编辑工具】对话框，选择“T开打开”，对多线进行编辑操作，如下图所示。

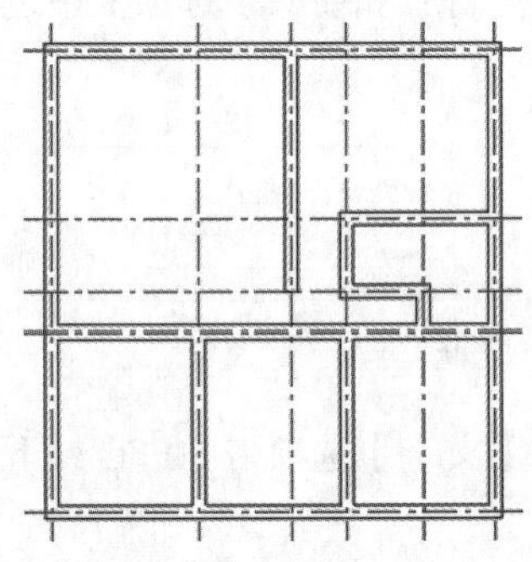

步骤08 关闭“轴线”层，选择【修改】➤【分解】菜单命令，将多线对象全部分解，如下图所示。

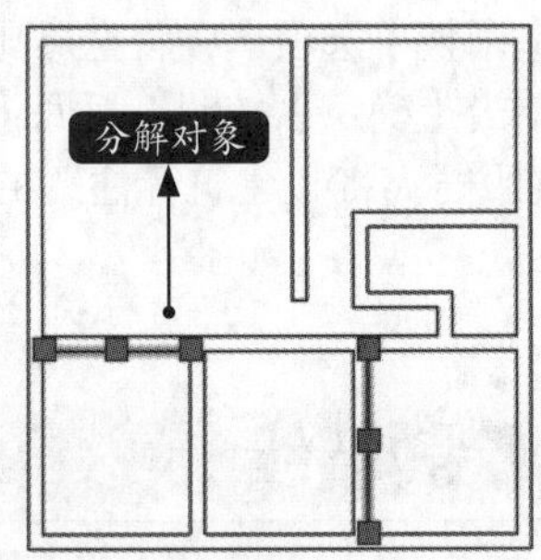

20.2.4 绘制门洞及窗洞

门洞及窗洞可以通过修剪的方式进行创建，具体操作步骤如下。

步骤01 选择【绘图】➤【直线】菜单命令，捕捉端点绘制一条水平直线段，如右图所示。

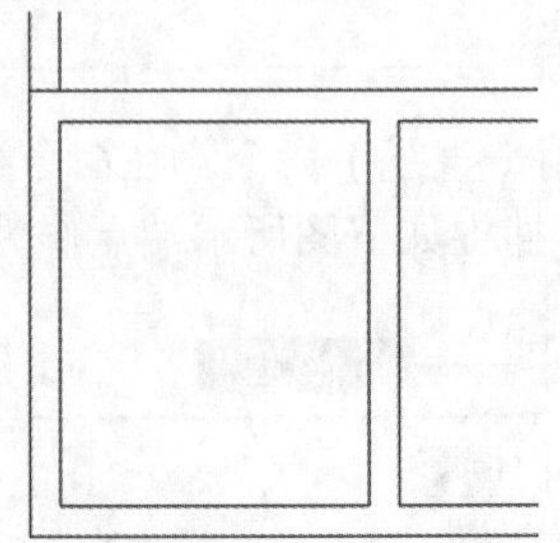

步骤02 选择【修改】➤【偏移】菜单命令，将刚绘制的水平直线段向上偏移100，将偏移得到的直线段继续向上偏移1 000，如下图所示。

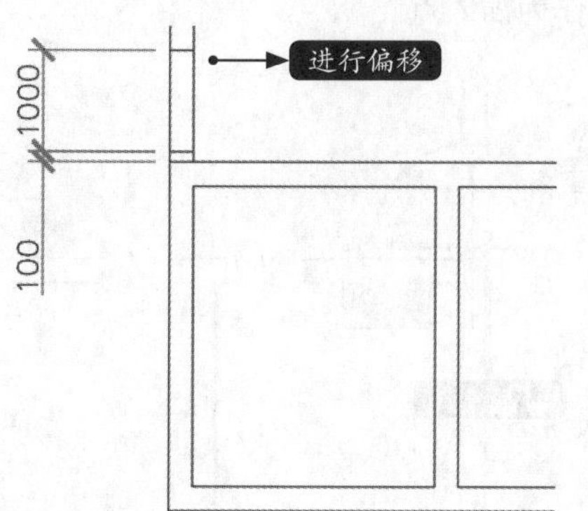

步骤03 选择【修改】➤【修剪】菜单命令，对偏移得到的直线段进行修剪操作，将步骤01中绘制的水平直线段删除，如下图所示。

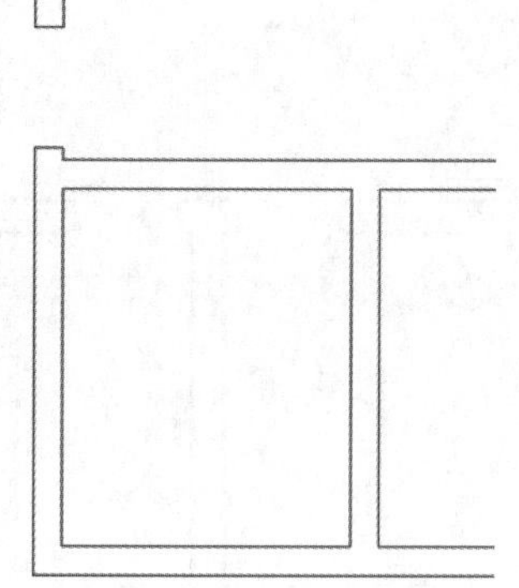

步骤04 采用同样的方法修剪其他门洞，如下图所示。

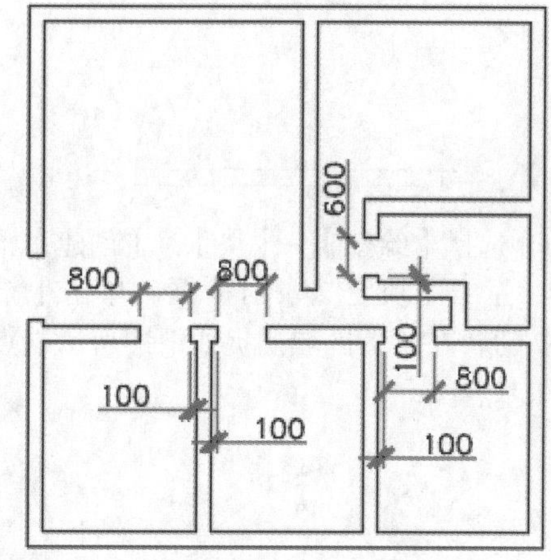

步骤05 采用同样的方法修剪窗洞，如下图所示。

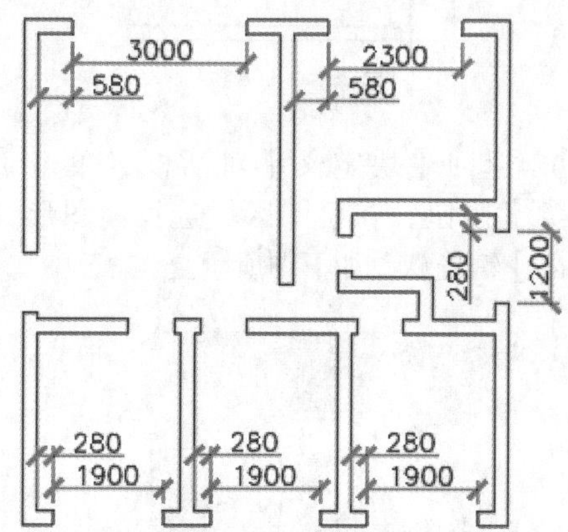

20.2.5 绘制门

下面对门的绘制方法进行介绍，具体操作步骤如下。

步骤01 将“门窗”层置为当前，选择【绘图】➤【矩形】菜单命令，在空白位置处绘制一个1 000×50的矩形，如下图所示。

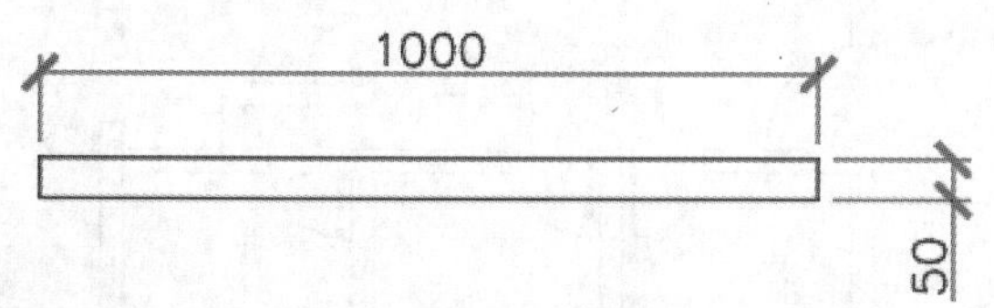

步骤02 选择【绘图】➤【圆弧】➤【起点、圆心、角度】菜单命令，捕捉如右上图所示端点作为起点。

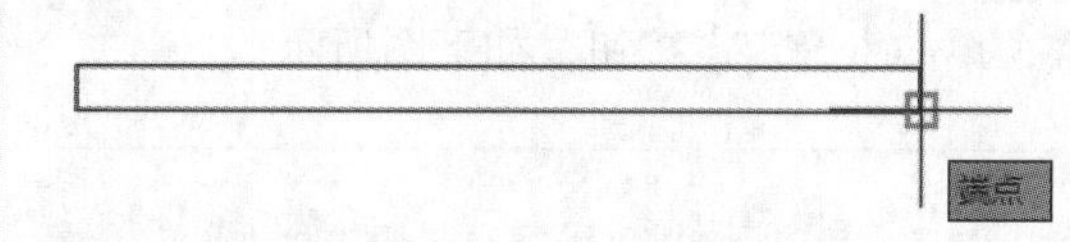

步骤03 捕捉如下图所示端点作为圆心。

步骤04 角度设置为“90”，结果如下页图所示。

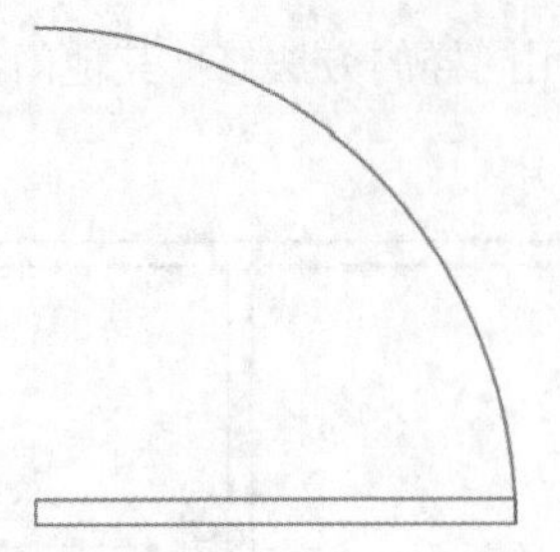

步骤 05 选择【绘图】➢【块】➢【创建】菜单命令，弹出【块定义】对话框，单击【拾取点】按钮，在绘图区域捕捉如下图所示端点作为插入基点。

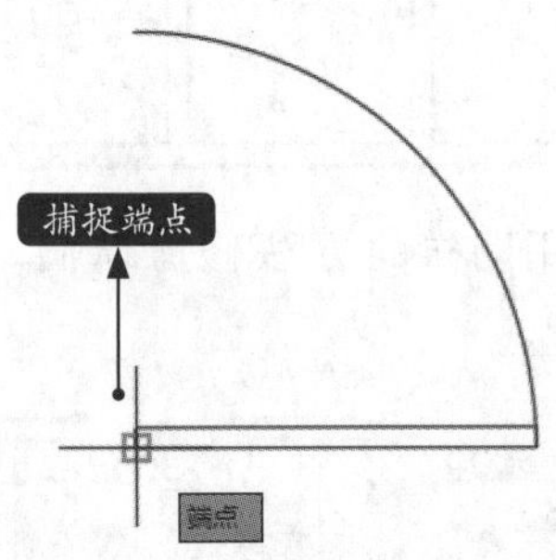

步骤 06 返回【块定义】对话框，单击【选择对象】按钮，在绘图区域选择门图形，按【Enter】键确认，如下图所示。

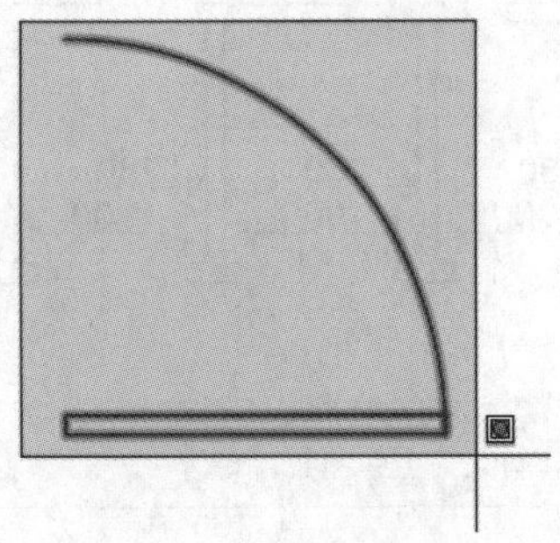

步骤 07 返回【块定义】对话框进行相应参数设置，单击【确定】按钮，如下图所示。

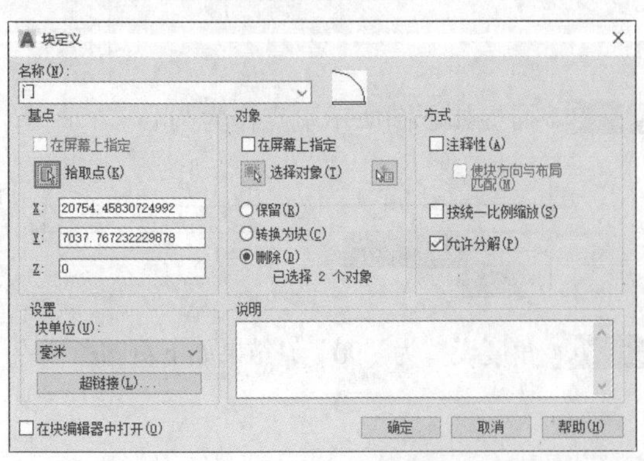

步骤 08 选择【插入】➢【块选项板】菜单命令，在弹出的【块】➢【当前图形】选项卡中选择“门”，其他参数不变，捕捉如下图所示中点作为插入点。

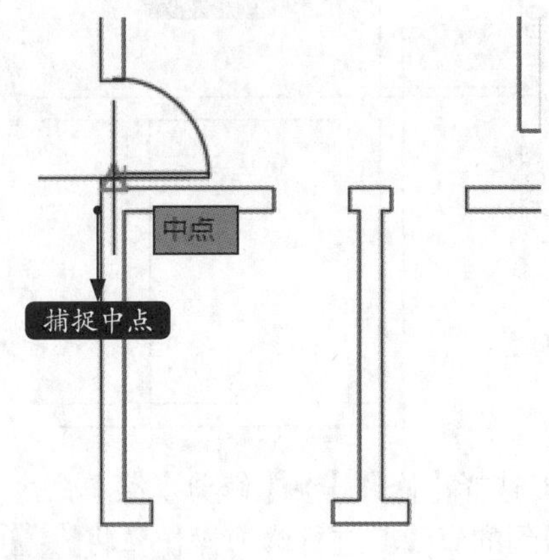

结果如下图所示。

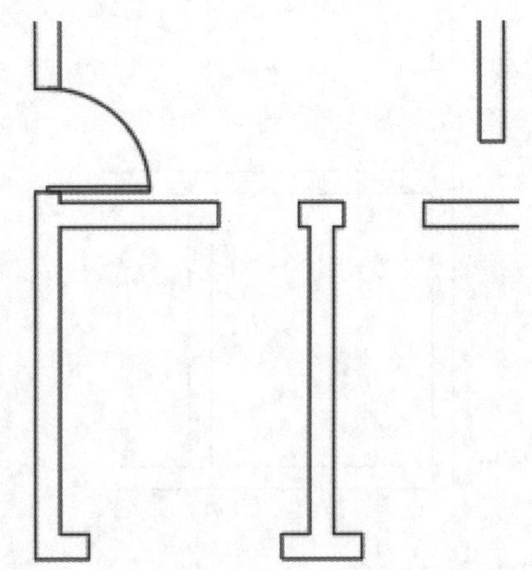

步骤 09 采用相同的方法对其他位置进行门图块插入操作，如下图所示。

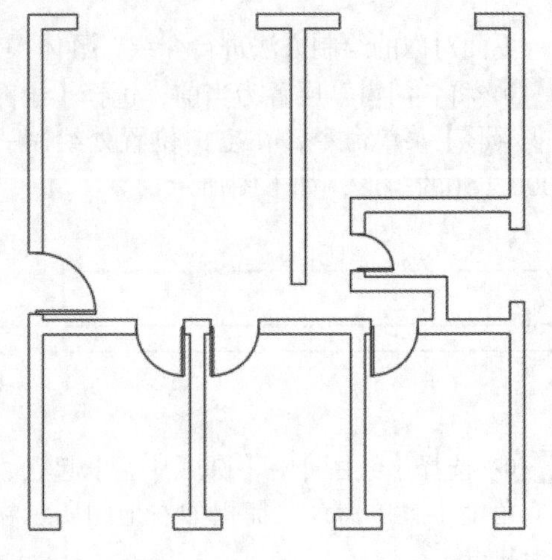

20.2.6 绘制窗

下面对窗的绘制方法进行介绍，具体操作步骤如下。

步骤 01 选择【绘图】➤【矩形】菜单命令，在空白位置处绘制一个1 000×240的矩形，如下图所示。

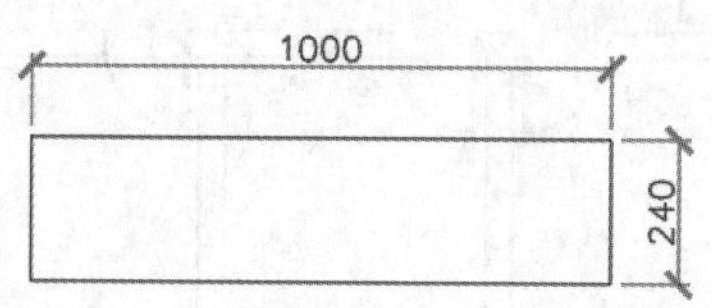

步骤 02 选择【修改】➤【分解】菜单命令，将刚绘制的矩形对象分解，如下图所示。

步骤 03 选择【修改】➤【偏移】菜单命令，偏移距离设置为“80”，选择如下图所示的直线作为偏移对象。

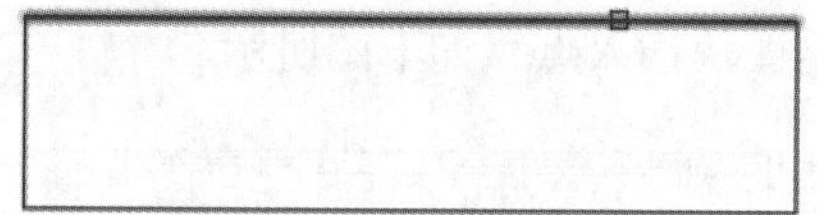

步骤 04 向内侧进行偏移，结果如下图所示。

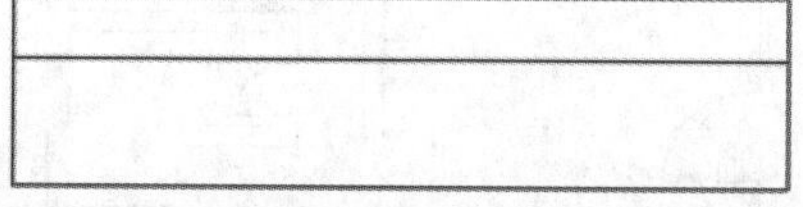

步骤 05 在不退出【偏移】命令的情况下，选择如下图所示的直线作为偏移对象。

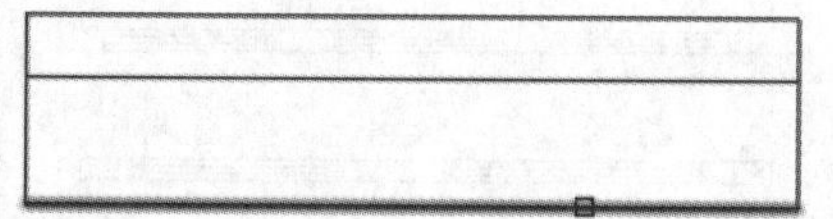

步骤 06 向内侧进行偏移，按【Enter】键结束【偏移】命令，结果如下图所示。

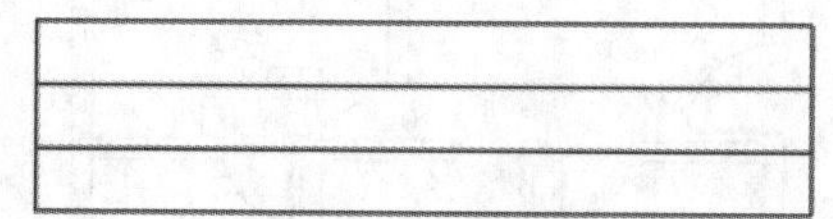

步骤 07 选择【绘图】➤【块】➤【创建】菜单命令，弹出【块定义】对话框，单击【拾取点】按钮，在绘图区域捕捉如下图所示端点作为插入基点。

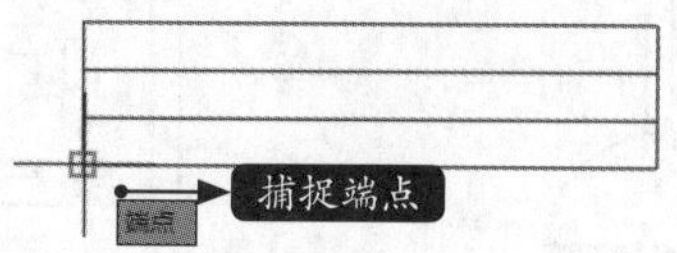

步骤 08 返回【块定义】对话框，单击【选择对象】按钮，在绘图区域选择窗图形，按【Enter】键确认，如下图所示。

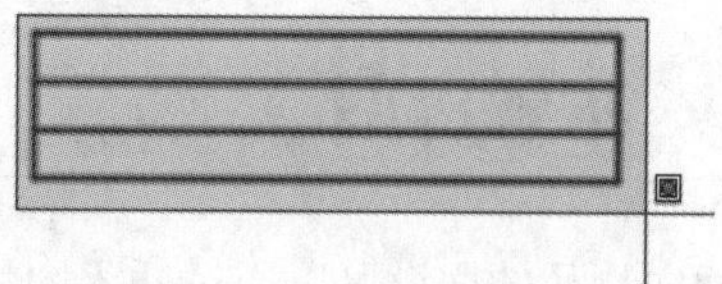

步骤 09 返回【块定义】对话框，进行相应参数设置，单击【确定】按钮，如下图所示。

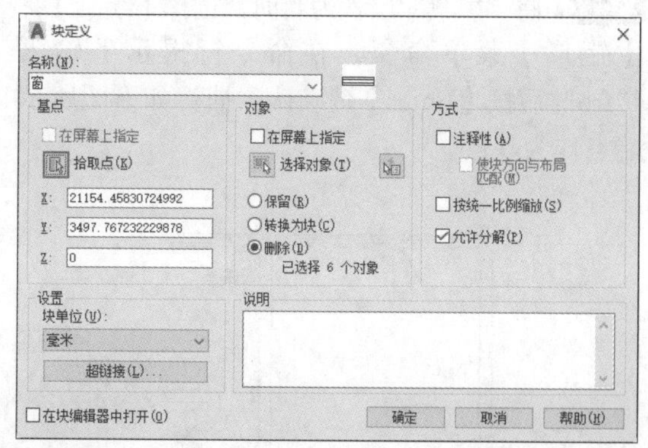

步骤 10 选择【插入】➤【块】菜单命令，在弹出的【块选项板】➤【当前图形】选项卡中选择“窗”，比例设置为“X：3，Y：1”，其他参数不变，捕捉如下图所示端点作为插入点。

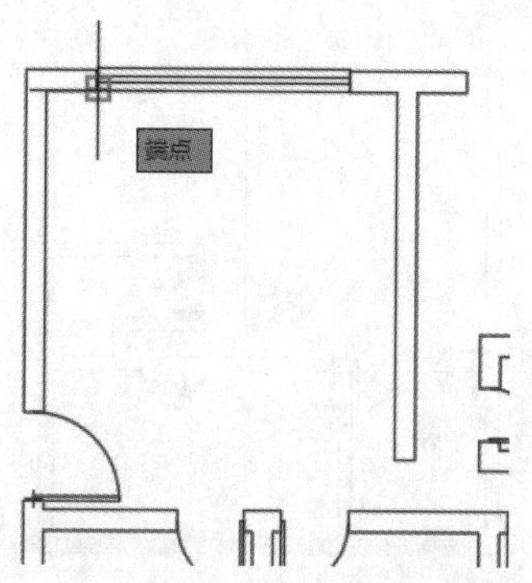

结果如下图所示。

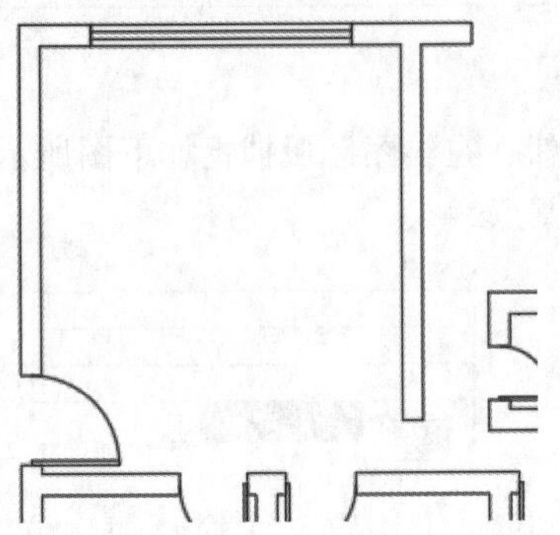

步骤 11 采用相同的方法对其他位置进行窗图块插入操作，如右图所示。

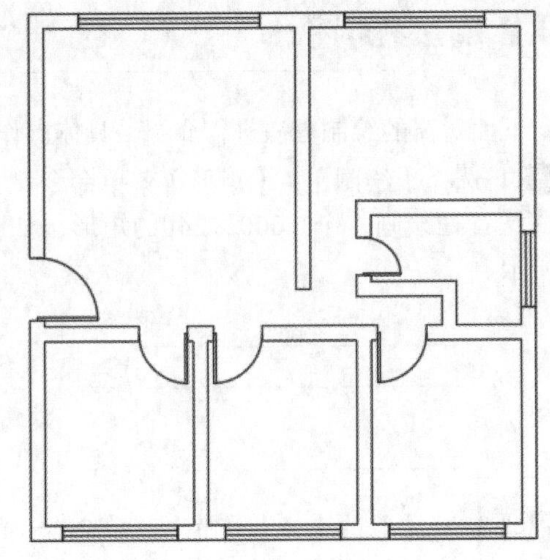

20.2.7 布置房间

房间内物品的摆设可以通过插入图块的方式创建。

1. 布置客厅

步骤 01 将“家具”层置为当前，选择【绘图】➢【矩形】菜单命令，在命令行提示下输入“fro”后按【Enter】键确认，捕捉如下图所示端点作为基点。

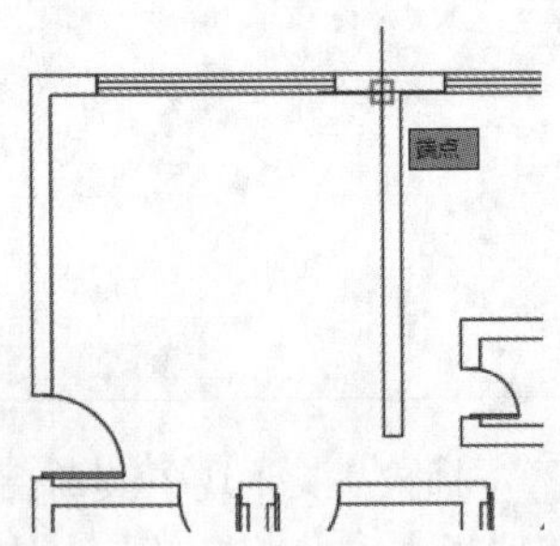

步骤 02 在命令行提示下输入“@0,-580”“@-450,-2500”后分别按【Enter】键确认，如下图所示。

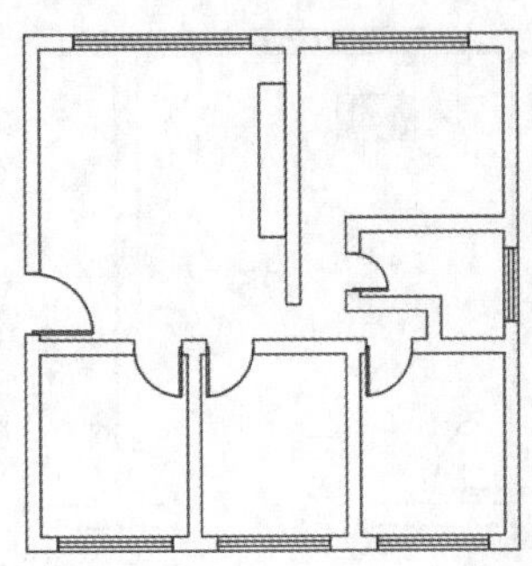

步骤 03 选择【插入】➢【块选项板】菜单命令，在弹出的【块】➢【库】选项卡中选择“电视机”图块，将其旋转-90后在绘图区域单击指定图块插入点，如下图所示。

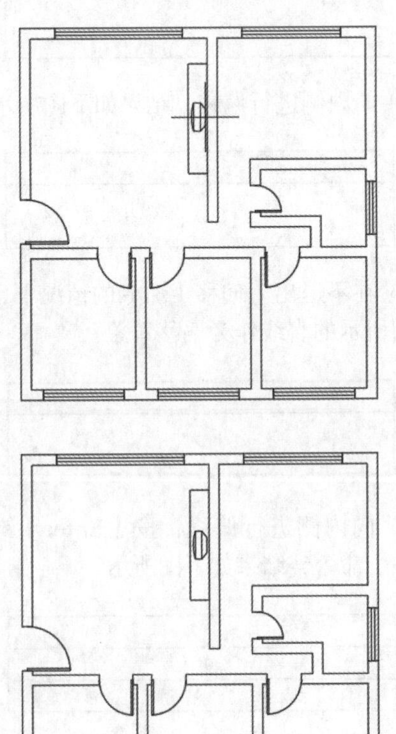

步骤04 重复插入块命令，将“盆景2”统一比例设置为“0.02”，然后在绘图区域单击指定图块插入点，如下图所示。

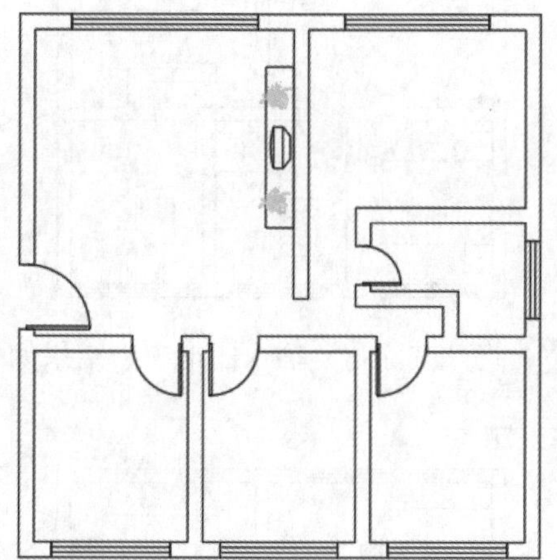

步骤05 重复插入块命令，将“沙发”统一比例设置为“0.03”，角度设置为“90”，然后插入图形中，如下图所示。

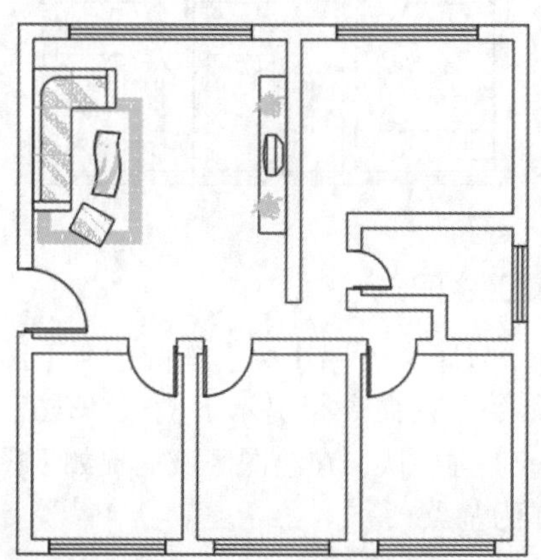

步骤06 重复插入块命令，将“茶几”旋转角度设置为“90”，然后插入图形中，如下图所示。

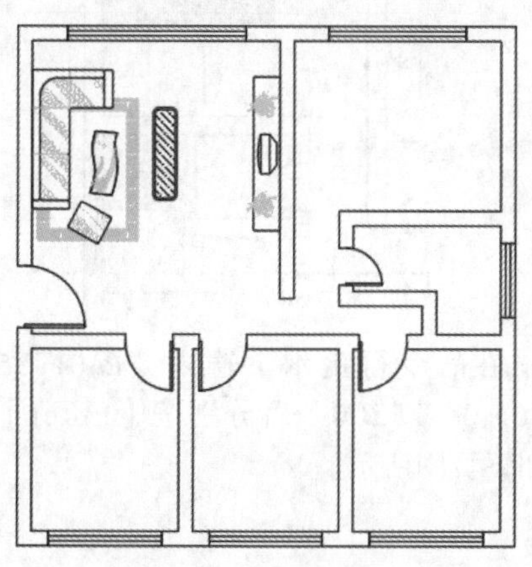

步骤07 选择【修改】➤【复制】菜单命令，将电视机旁的盆景图形复制到茶几上面，位置适当即可，结果如下图所示。

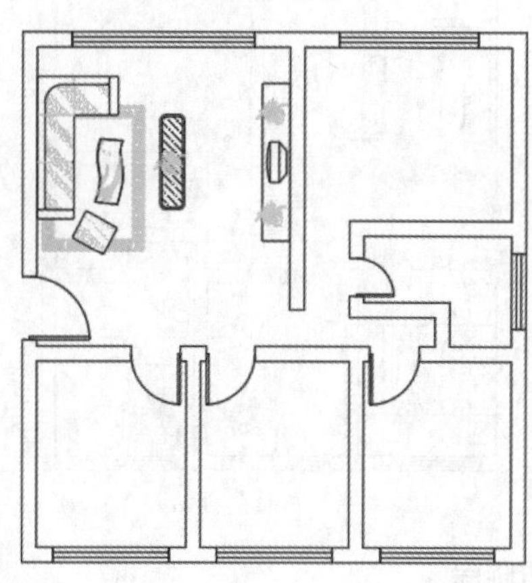

2. 布置卧室

步骤01 将“双人床”统一比例设置为“0.04”，旋转角度设置为“90”，然后插入图形中，如下图所示。

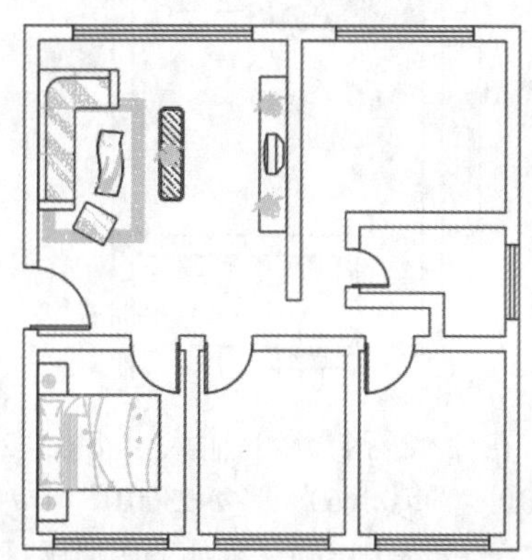

步骤02 将“单人床”统一比例设置为“0.04”，旋转角度设置为“180”，然后插入图形中，如下图所示。

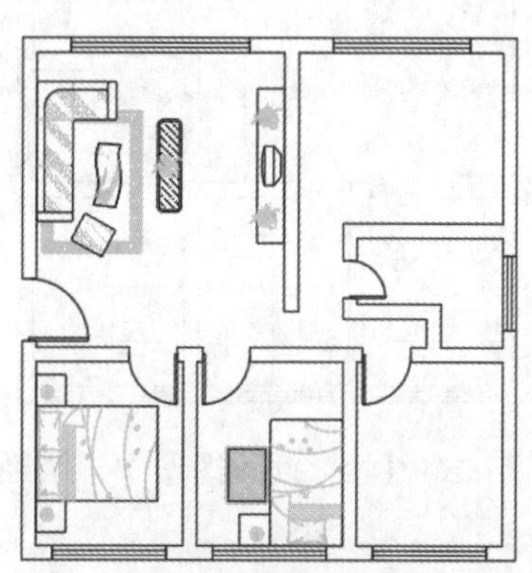

步骤 03 重复插入“单人床”图块，参数设置与步骤 02相同，结果如下图所示。

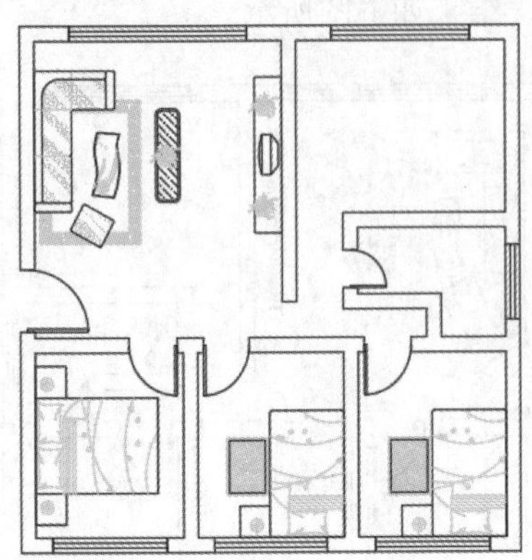

3. 布置厨房

步骤 01 选择【绘图】➢【直线】菜单命令，在命令行提示下输入“fro”后按“Enter”键，捕捉如下图所示端点作为基点。

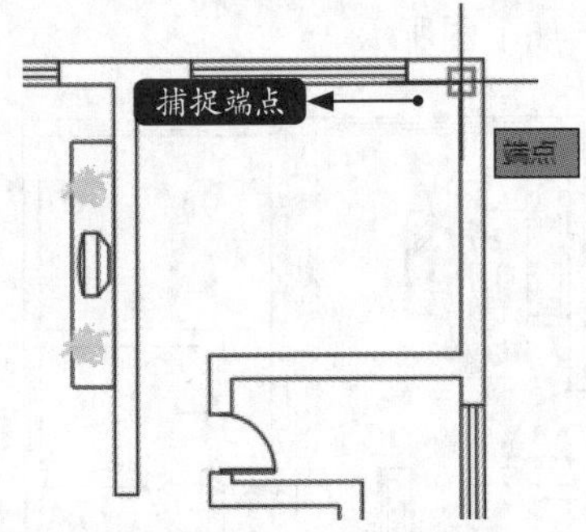

步骤 02 在命令行提示下输入“@0,-2260”“@-600,0”“@0,1660”“@-2360,0”“@0,600”后分别按【Enter】键确认，如下图所示。

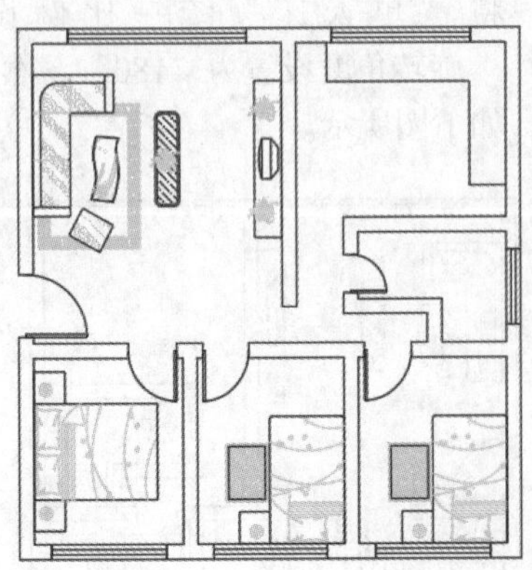

步骤 03 将“燃气灶”插入图形中，结果如右上图所示。

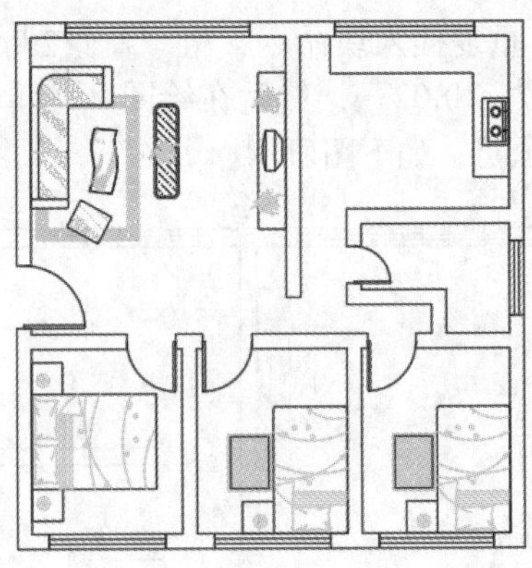

步骤 04 将“洗涤盆”插入图形中，结果如下图所示。

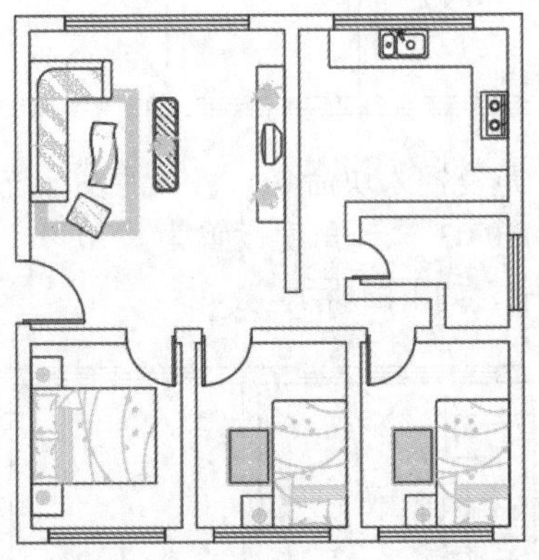

4. 布置卫生间

步骤 01 选择【绘图】➢【椭圆】➢【圆心】菜单命令，在命令行提示下输入“fro”后按【Enter】键确认，在绘图区域捕捉如下图所示中点作为基点。

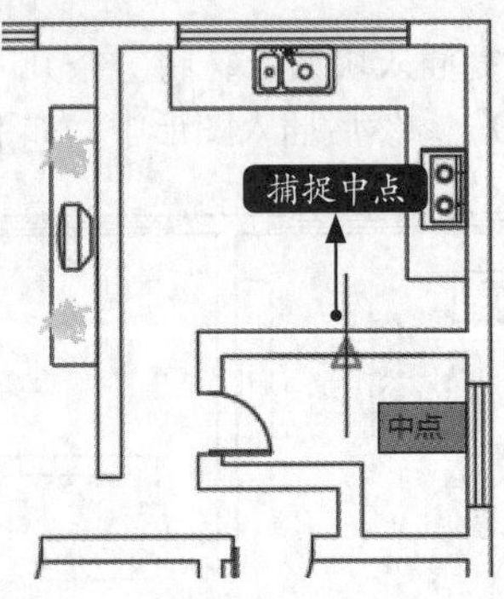

步骤 02 在命令行提示下输入“@0,-250”“@265,0”“200”后分别按【Enter】键确认，如下页图所示。

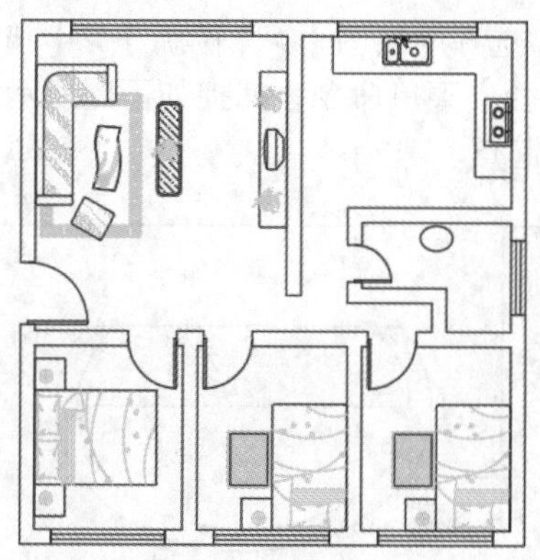

步骤03 选择【修改】➤【偏移】菜单命令，将刚才绘制的椭圆形向内侧偏移30，如下图所示。

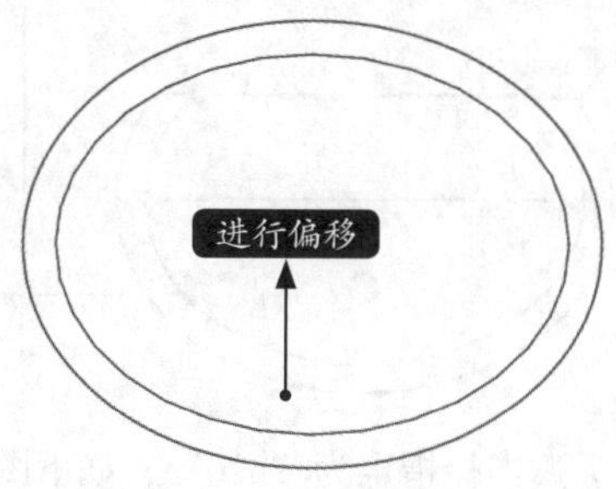

步骤04 选择【绘图】➤【直线】菜单命令，连接椭圆形象限点绘制两条直线段，如下图所示。

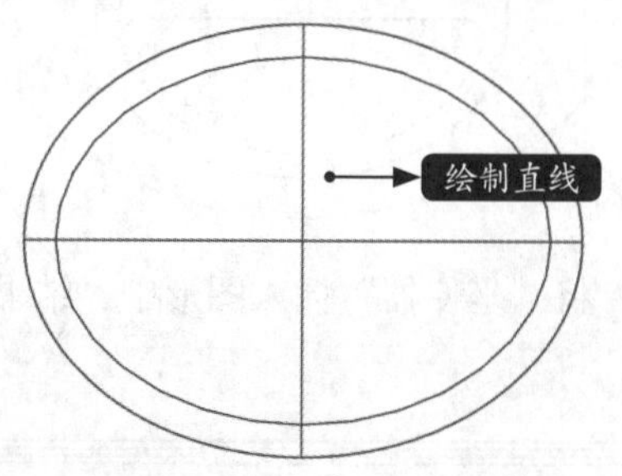

步骤05 选择【修改】➤【偏移】菜单命令，将刚才绘制的水平直线段分别向上、下两侧各偏移110、90，如下图所示。

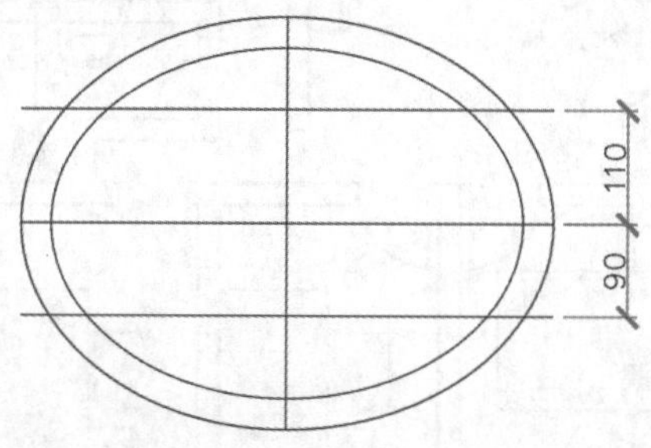

步骤06 选择【修改】➤【圆角】菜单命令，圆角半径设置为“25”，选择中间的水平直线，并在小椭圆上侧单击，对洗脸盆的两侧进行圆角，结果如下图所示。

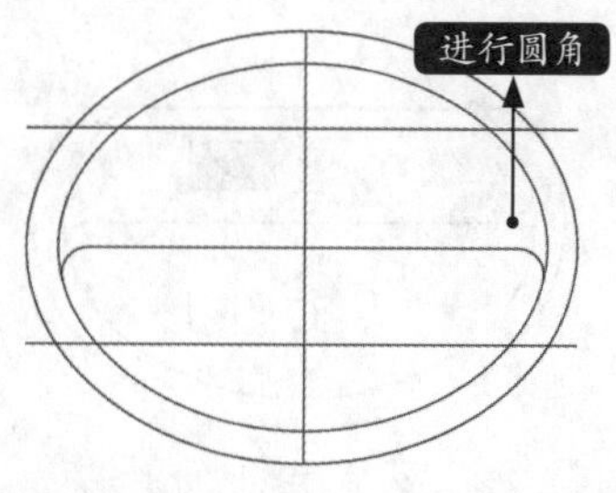

步骤07 选择【绘图】➤【圆环】菜单命令，分别以最下面的直线与小椭圆的交点为圆环的中心点，绘制内径为0、外径为20的两个圆环，结果如下图所示。

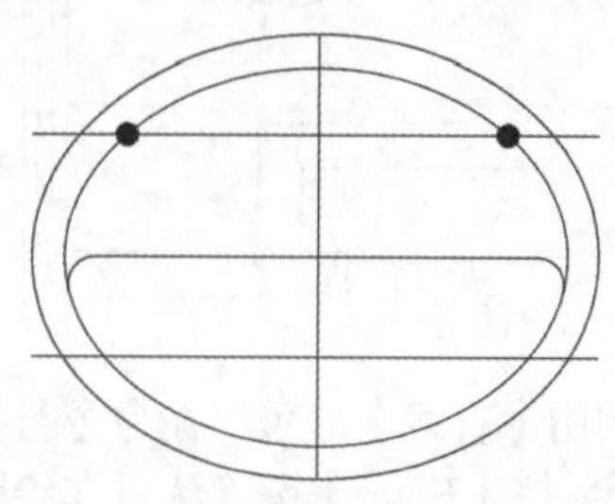

步骤08 选择【绘图】➤【圆】➤【圆心、半径】菜单命令，以最上面的水平直线与竖直直线的交点为圆心，绘制一个半径为15的圆，结果如下图所示。

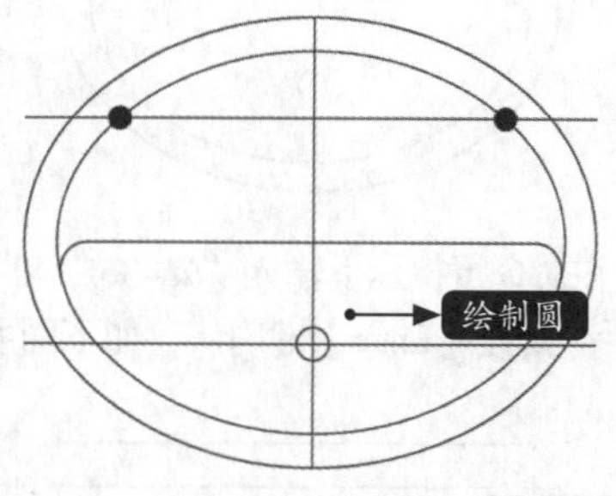

步骤09 选择【修改】➤【修剪】菜单命令，修剪掉多余的线段，结果如下图所示。

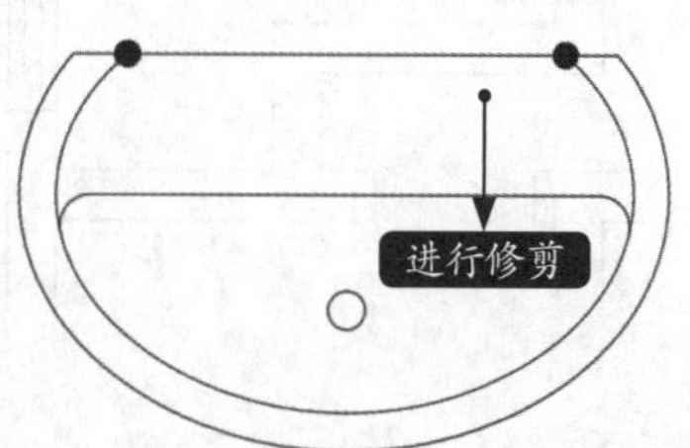

步骤 10 选择【绘图】➤【直线】菜单命令，在命令行提示下输入“fro”后按【Enter】键确认，在绘图区域捕捉如下图所示中点作为基点。

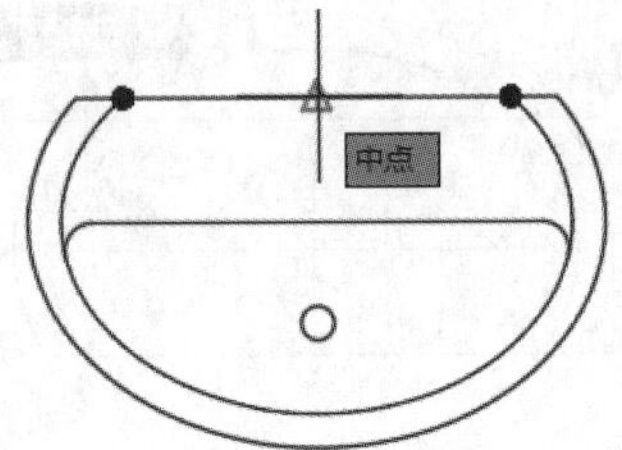

步骤 11 在命令行提示下输入“@365,140”“@0,-350”后分别按【Enter】键确认，如下图所示。

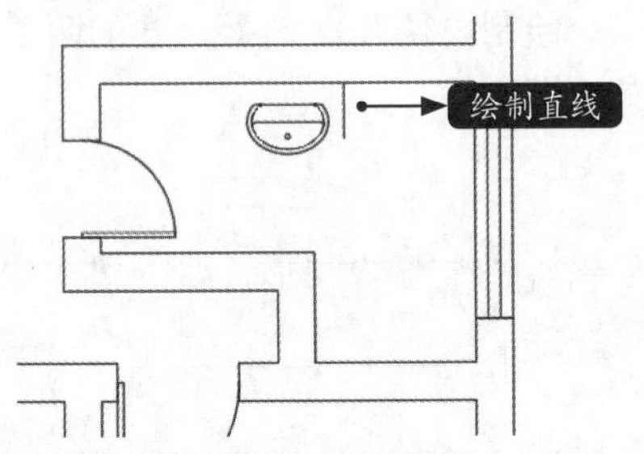

步骤 12 调用【直线】命令，在命令行提示下输入“fro”后按【Enter】键确认，在绘图区域捕捉如下图所示中点作为基点。

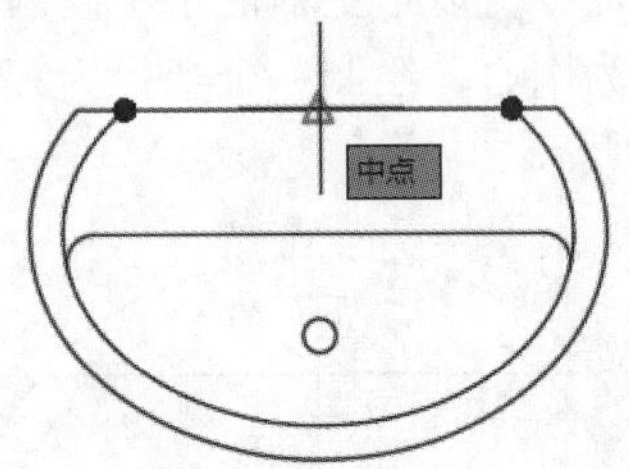

步骤 13 在命令行提示下输入“@-365,140”“@0,-350”后分别按【Enter】键确认，如下图所示。

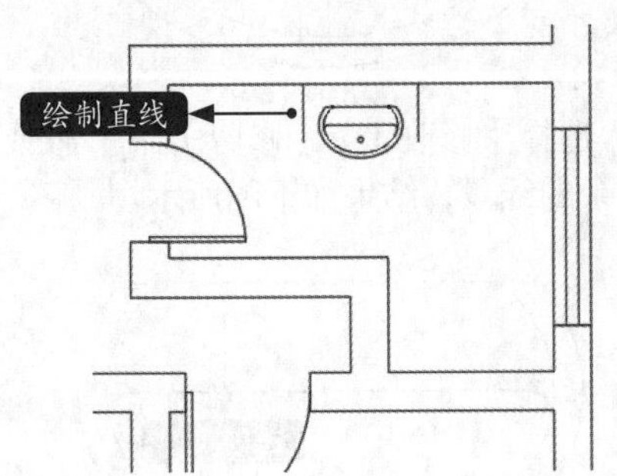

步骤 14 选择【绘图】➤【圆弧】➤【起点、端点、半径】菜单命令，捕捉如下图所示端点作为圆弧起点。

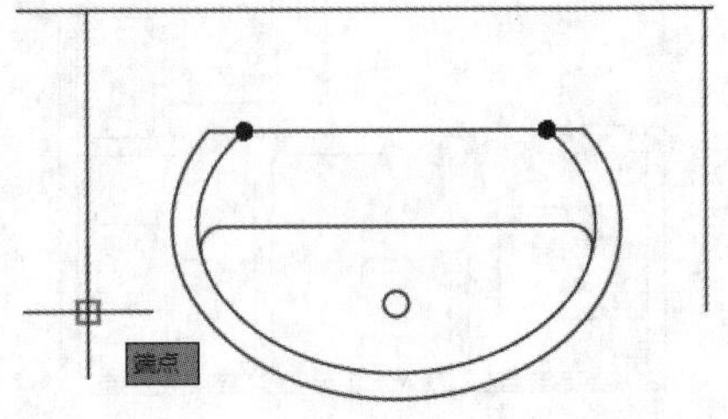

步骤 15 捕捉如下图所示端点作为圆弧端点。

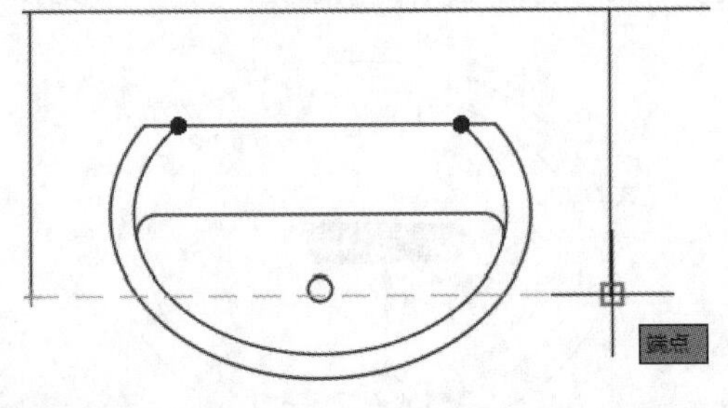

步骤 16 圆弧半径指定为“520”，如下图所示。

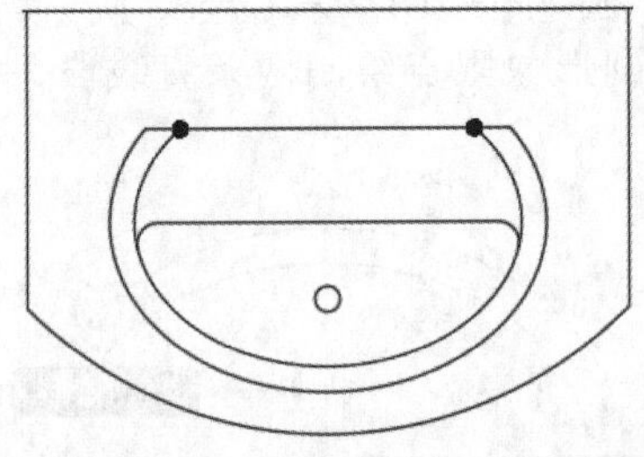

步骤 17 将“坐便器”插入图形中，结果如下图所示。

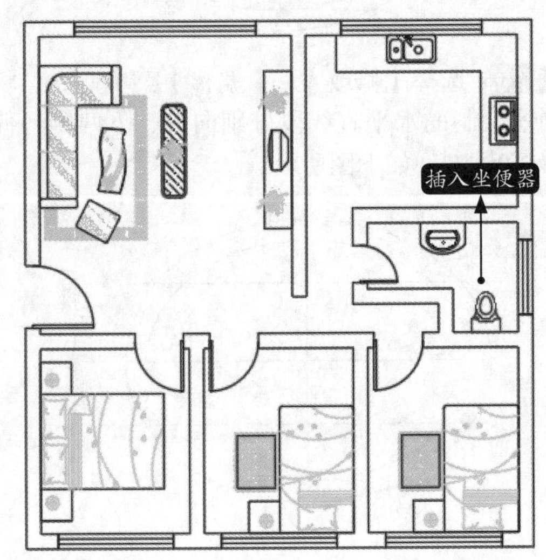

20.2.8 添加文字注释

可以为住宅平面图添加文字说明及标注，同时可以进行图案填充，具体操作步骤如下。

步骤01 将“填充”层置为当前，用直线将门洞连接，选择【绘图】➤【图案填充】菜单命令，填充图案选择“NET”，填充比例设置为“100”，填充角度设置为“0”，对客厅进行填充，如下图所示。

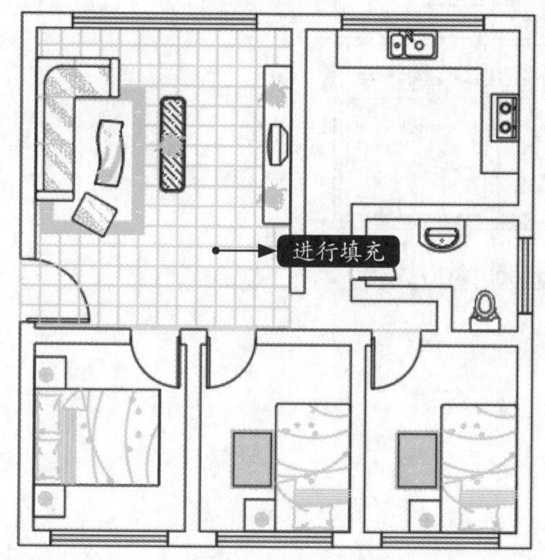

步骤02 调用【图案填充】命令，填充图案选择“DOLMIT”，填充比例设置为“30”，填充角度设置为“0”，对卧室进行填充，如下图所示。

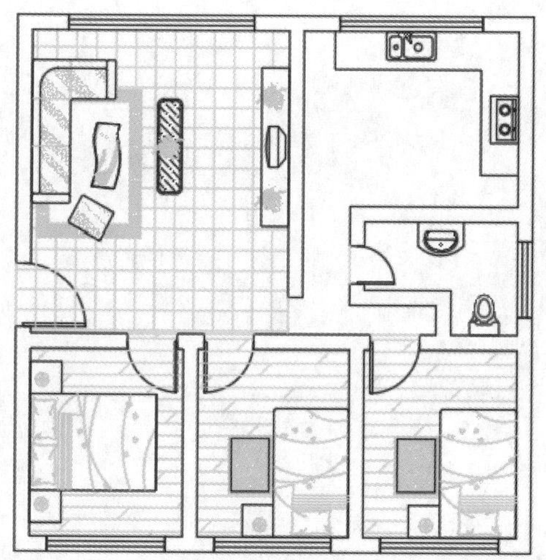

步骤03 调用【图案填充】命令，填充图案选择“ANGLE”，填充比例设置为“30”，填充角度设置为“0”，对厨房和卫生间进行填充，如右上图所示。

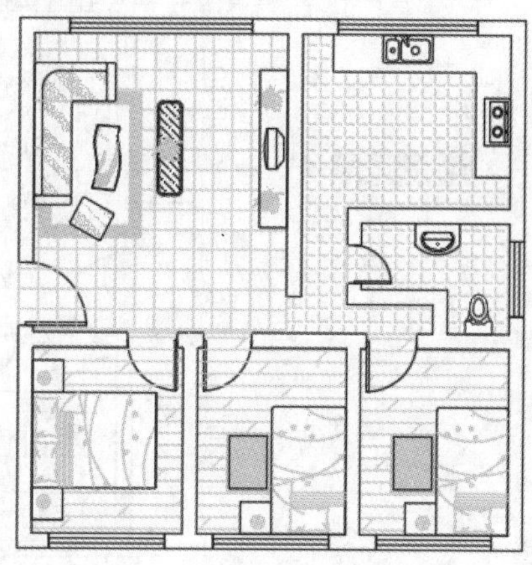

步骤04 将“文字”层置为当前，选择【绘图】➤【文字】➤【单行文字】菜单命令，文字高度设置为“400”，角度设置为“0”，分别在适当的位置创建单行文字对象，如下图所示。

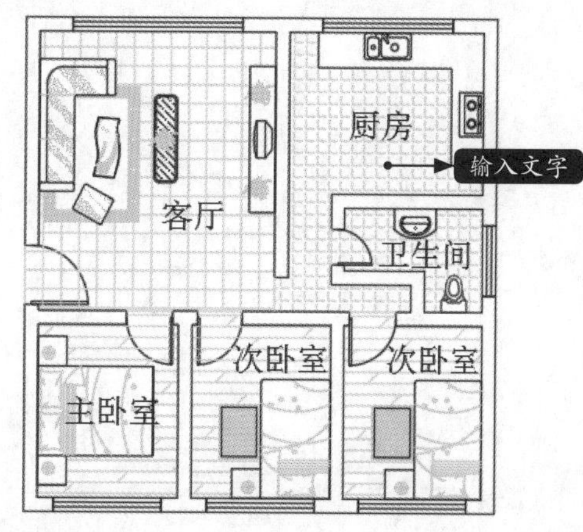

步骤05 将“轴线”层打开，如下图所示。

步骤 06 将“标注”层置为当前，选择【标注】➤【线性】菜单命令，创建线性标注对象，如下图所示。

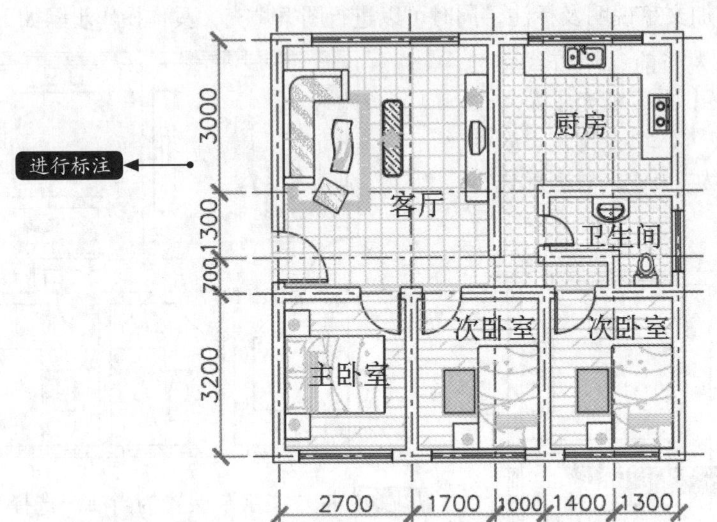

第21章

机械设计案例

学习目标

机械是一个极为重要的行业，在不断发展的过程中，逐渐动态化，而机械的设计则是使之动态化的重要基础。机械的设计工作直接决定了其他工作如何实施以及朝着什么方向发展，它是一项具有创造性的工作。

学习效果

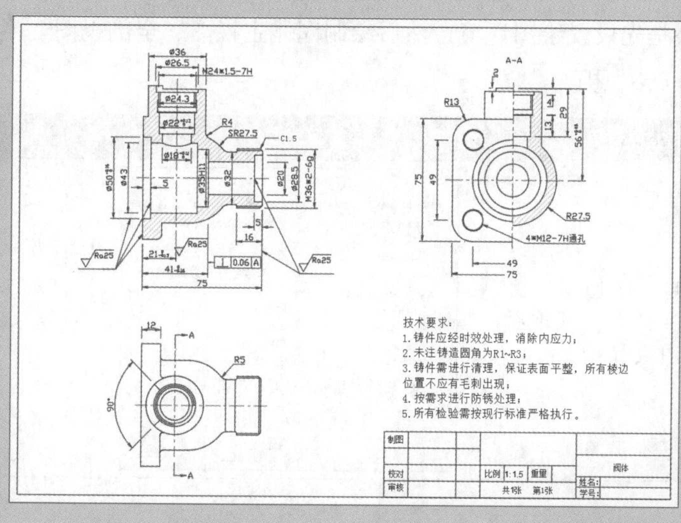

21.1 绘制阀体

阀体是阀门中的主要零部件，有多种压力等级，主要用于控制流体的方向、压力、流量等，不同规格的阀体所采用的制造工艺有所差别。

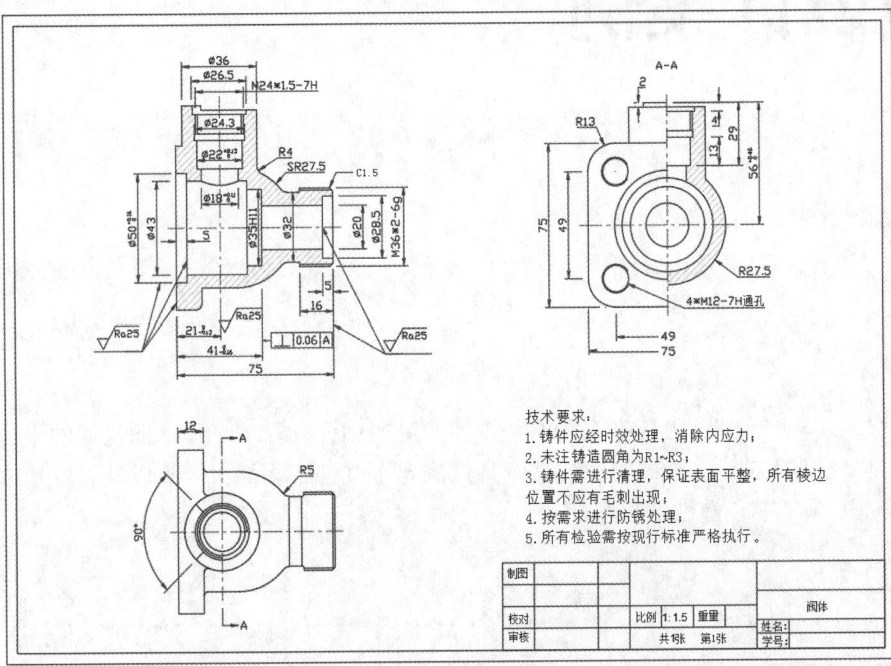

21.1.1 阀体的绘制思路

绘制阀体的思路是先设置绘图环境，然后绘制阀体主视图、全剖视图、半剖视图并添加注释。具体绘制思路如下表所示。

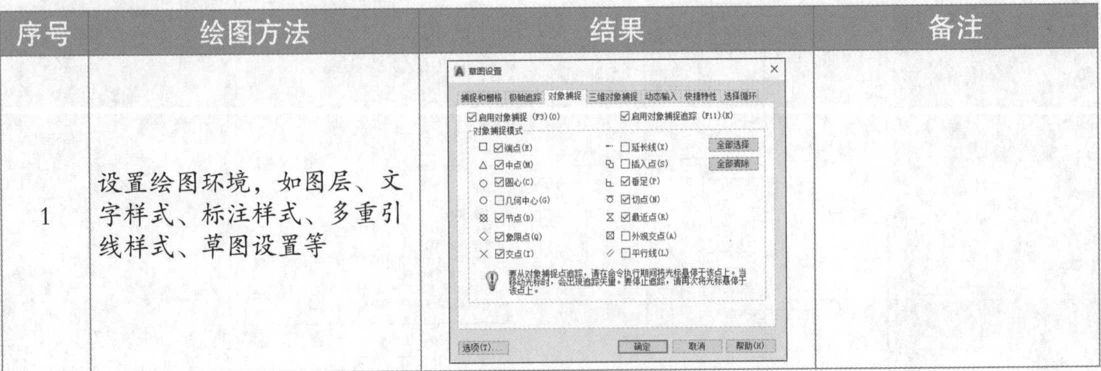

序号	绘图方法	结果	备注
1	设置绘图环境，如图层、文字样式、标注样式、多重引线样式、草图设置等		

续表

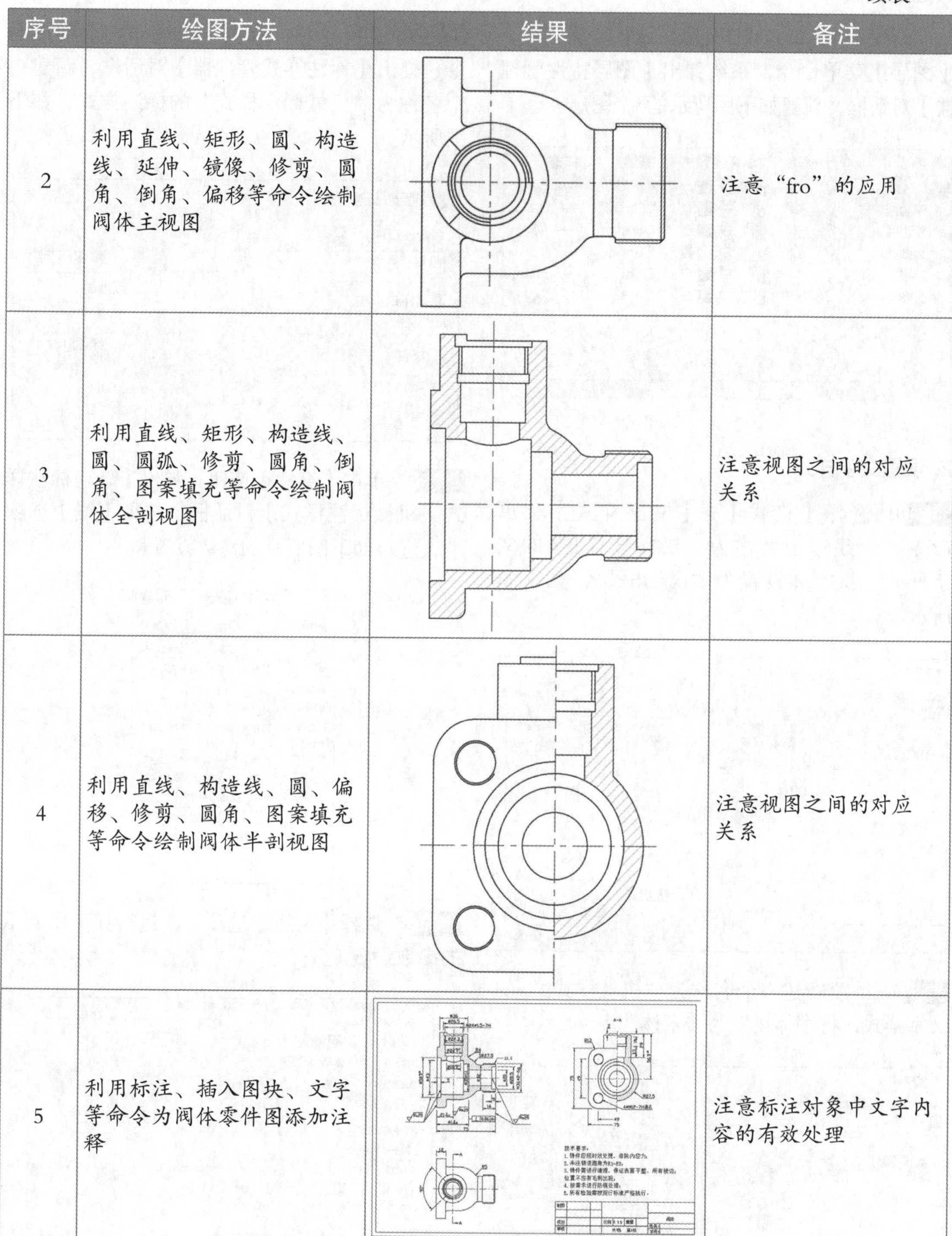

序号	绘图方法	结果	备注
2	利用直线、矩形、圆、构造线、延伸、镜像、修剪、圆角、倒角、偏移等命令绘制阀体主视图		注意“fro”的应用
3	利用直线、矩形、构造线、圆、圆弧、修剪、圆角、倒角、图案填充等命令绘制阀体全剖视图		注意视图之间的对应关系
4	利用直线、构造线、圆、偏移、修剪、圆角、图案填充等命令绘制阀体半剖视图		注意视图之间的对应关系
5	利用标注、插入图块、文字等命令为阀体零件图添加注释		注意标注对象中文字内容的有效处理

21.1.2 设置绘图环境

在绘制图形之前，先要设置绘图环境，如图层、文字样式、标注样式、多重引线样式、草图设置等。

1. 设置图层

新建一个AutoCAD文件，选择【格式】➢【图层】菜单命令，系统弹出【图层特性管理器】对话框，新建如下图所示的5个图层。

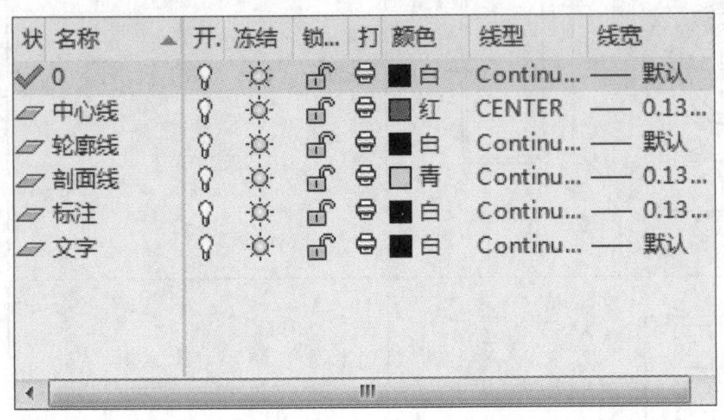

2. 设置文字样式

步骤01 选择【格式】➢【文字样式】菜单命令，新建一个名称为“机械样式1”的文字样式，将字体设置为“txt.shx”，如下图所示。

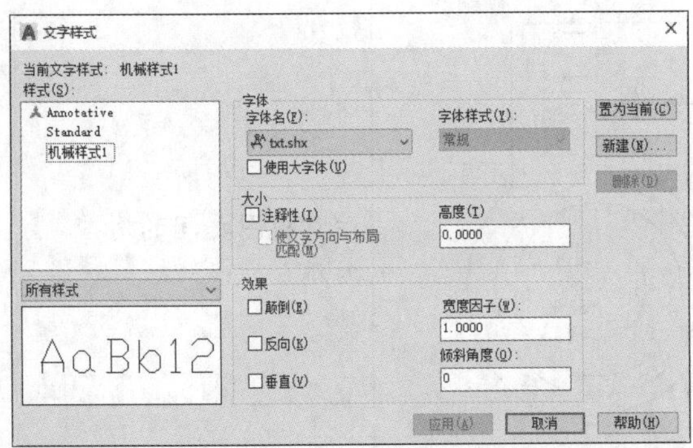

步骤02 继续新建一个名称为“机械样式2”的文字样式，将字体设置为“宋体”。

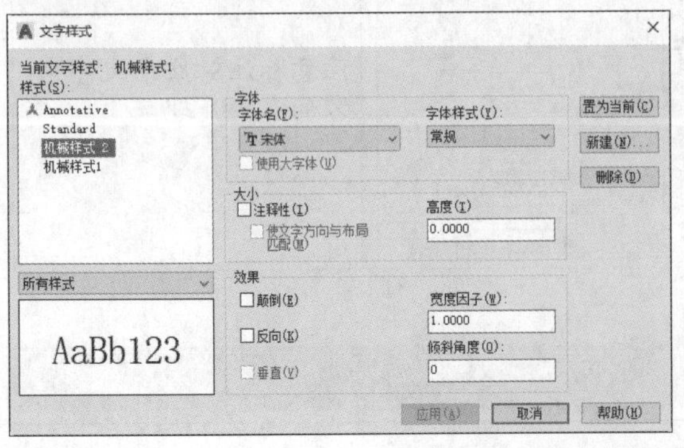

3. 设置标注样式

步骤01 选择【格式】➢【标注样式】菜单命令，弹出【标注样式管理器】对话框，新建一个名称为“机械标注样式”的标注样式，如下图所示。

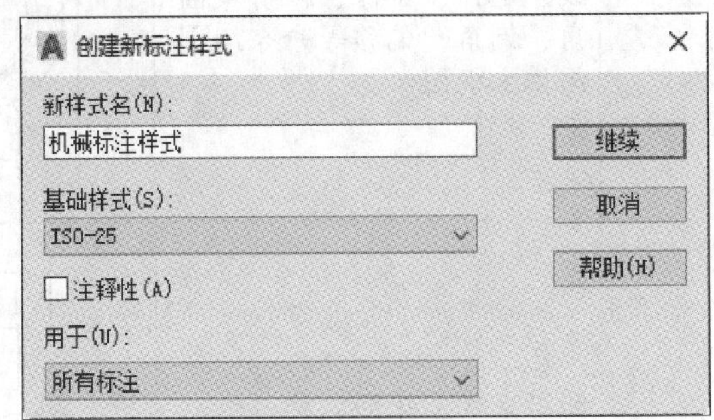

步骤02 单击【继续】按钮，弹出【新建标注样式：机械标注样式】对话框，选择【线】选项卡，进行如下图所示的参数设置。

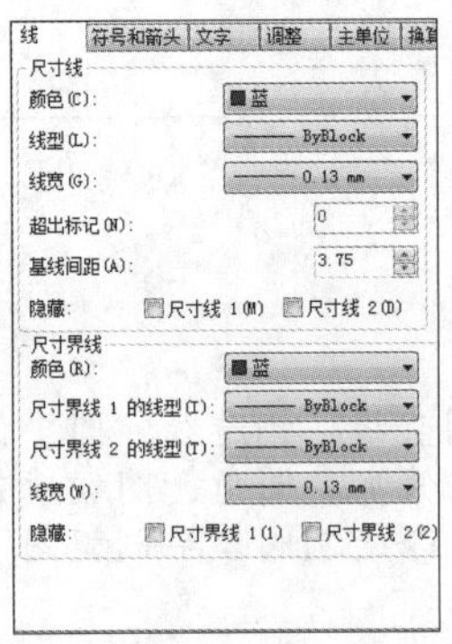

步骤03 选择【文字】选项卡，进行如下图所示的参数设置。

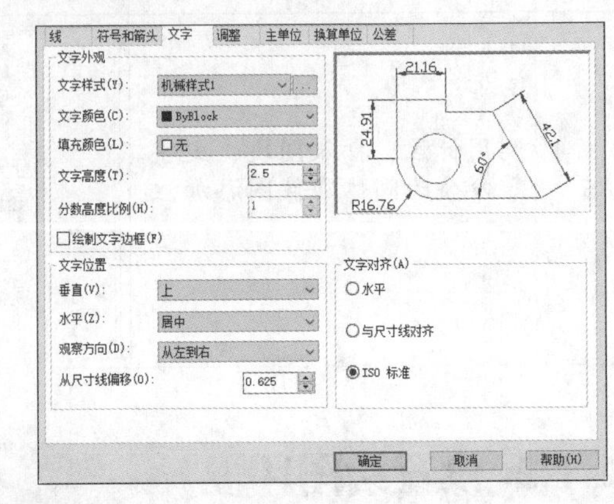

步骤04 选择【调整】选项卡，进行如下页图所示的参数设置。

标注特征比例

☐注释性(A)

○将标注缩放到布局

◉使用全局比例(S): 1.5

优化(T)

☐手动放置文字(P)

☐在尺寸界线之间绘制尺寸线(D)

步骤05 选择【主单位】选项卡，进行如下图所示的参数设置。

线性标注

单位格式(U): 小数

精度(P): 0.00

分数格式(M): 水平

小数分隔符(C): "."（句点）

舍入(R): 0

前缀(X):

后缀(S):

步骤06 单击【确定】按钮，返回【标注样式管理器】对话框，将"机械标注样式"置为当前，如下图所示。

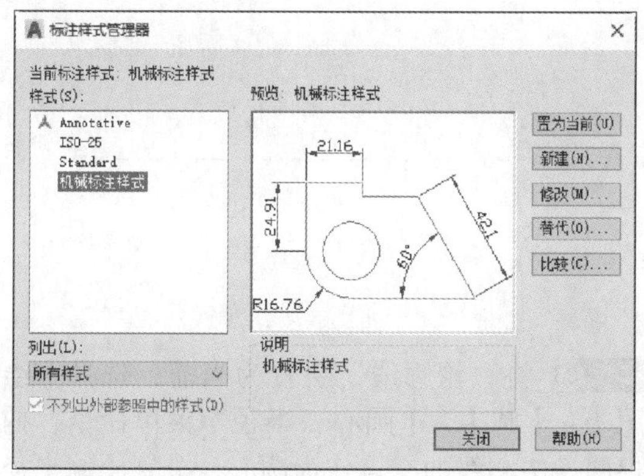

4. 设置多重引线样式

步骤01 选择【格式】➤【多重引线样式】菜单命令，弹出【多重引线样式管理器】对话框，新建一个名称为"机械样式"的多重引线样式，如下图所示。

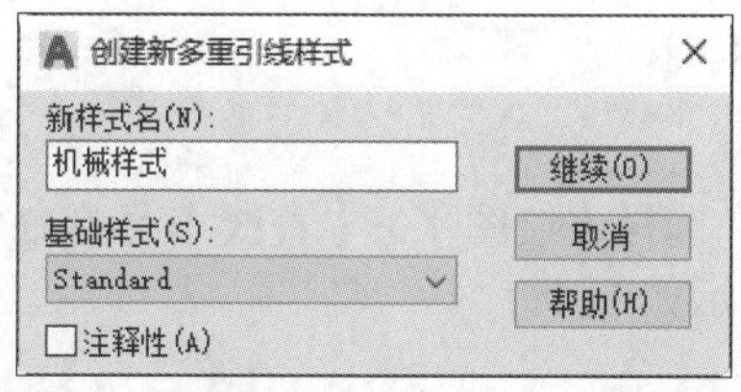

步骤02 单击【继续】按钮，弹出【修改多重引线样式：机械样式】对话框，选择【引线格式】选项卡，进行如下图所示的参数设置。

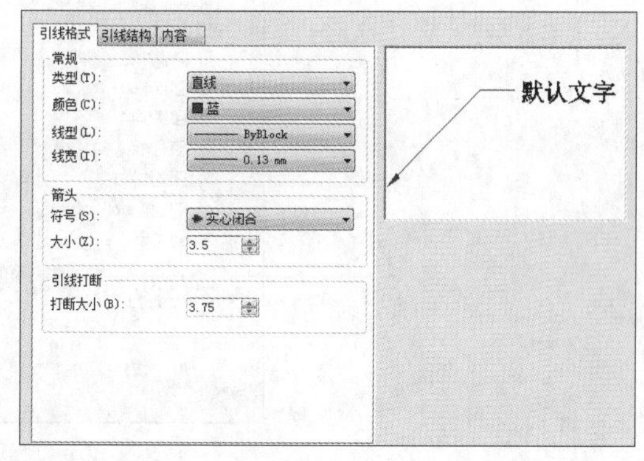

步骤03 选择【内容】选项卡，进行如下图所示的参数设置。

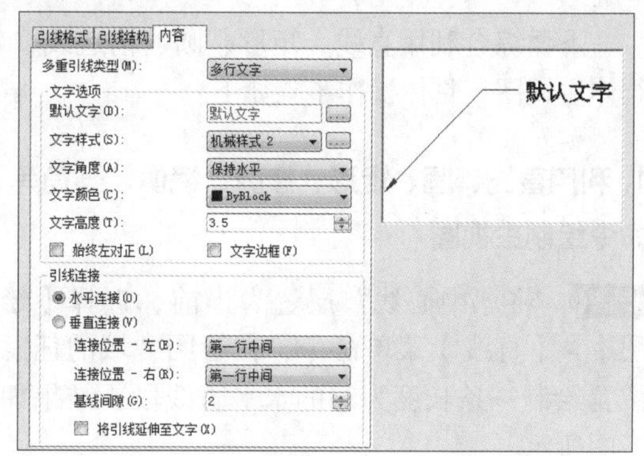

步骤04 单击【确定】按钮，返回【多重引线样式管理器】对话框，将"机械样式"置为当前，如下图所示。

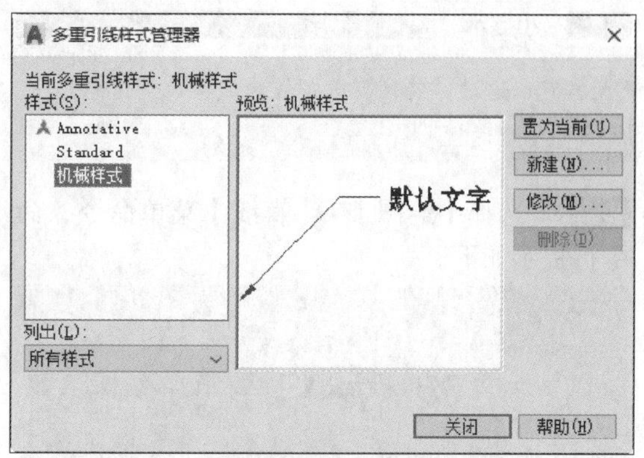

5. 草图设置

选择【工具】➤【绘图设置】菜单命令，

弹出【草图设置】对话框，选择【对象捕捉】选项卡，进行相关参数设置，如下图所示。

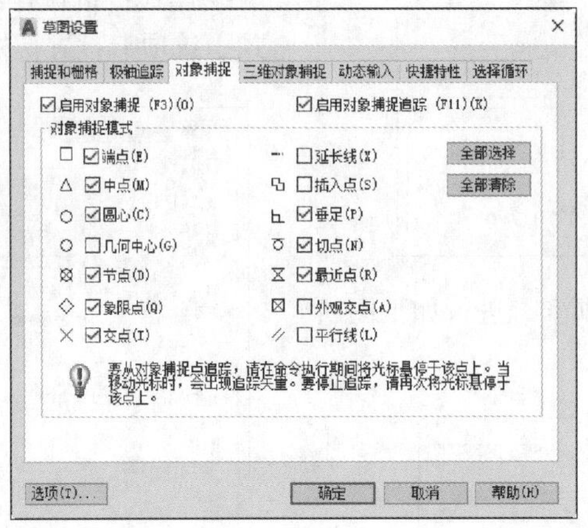

21.1.3 绘制主视图

下面综合利用直线、矩形、圆、构造线、延伸、镜像、修剪、圆角、倒角、偏移等命令绘制阀体主视图，具体操作步骤如下。

1. 利用直线、圆、矩形、修剪、镜像、圆角等命令绘制主视图

步骤01 将“中心线”层置为当前，选择【绘图】➤【直线】菜单命令，在绘图区域的任意位置绘制一条长度为83的水平直线段，结果如下图所示。

小提示

可以通过“特性”选项板对线型比例进行适当调整。

步骤02 选择【绘图】➤【直线】菜单命令，命令行提示如下。

```
命令：_line
指定第一个点：fro
基点：  // 捕捉步骤01绘制的直线段的左侧端点
<偏移>: @25,-31.5
指定下一点或[放弃(U)]: @0,65
指定下一点或[退出(E)/放弃(U)]:  // 按【Enter】键结束直线命令
```

结果如下图所示。

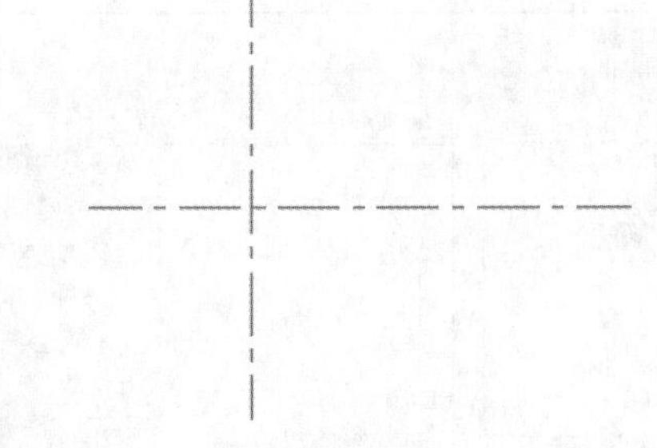

步骤03 将“轮廓线”层置为当前，选择【绘图】➤【圆】➤【圆心、半径】菜单命令，捕捉两条中心线的交点作为圆心，分别绘制半径为9、11、13、18的同心圆，结果如下图所示。

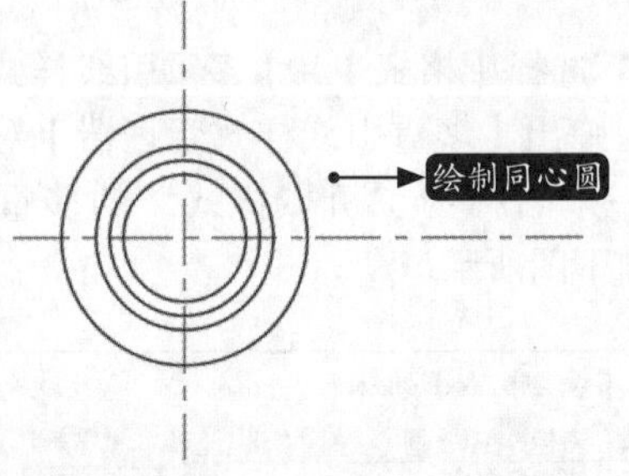

步骤04 选择【绘图】➤【直线】菜单命令，命令行提示如下。

命令：_line
指定第一个点：fro
基点： // 捕捉步骤03绘制的圆形的圆心点
< 偏移 >: @-13<-45
指定下一点或 [放弃 (U)]: @-5<-45
指定下一点或 [退出 (E)/ 放弃 (U)]: // 按【Enter】键结束直线命令

结果如下图所示。

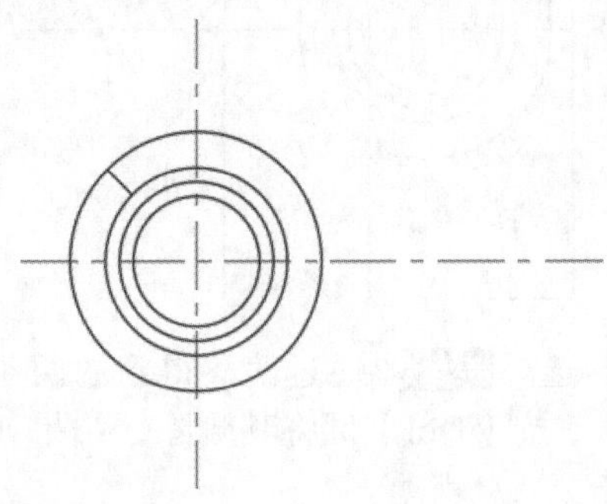

步骤05 选择【修改】➤【镜像】菜单命令，命令行提示如下。

命令：_mirror
选择对象： // 选择步骤04绘制的直线段
选择对象： // 按【Enter】键确认
指定镜像线的第一点： // 捕捉水平中心线的左侧端点
指定镜像线的第二点： // 捕捉水平中心线的右侧端点
要删除源对象吗？ [是 (Y)/ 否 (N)] < 否 >: // 按【Enter】键确认

结果如下图所示。

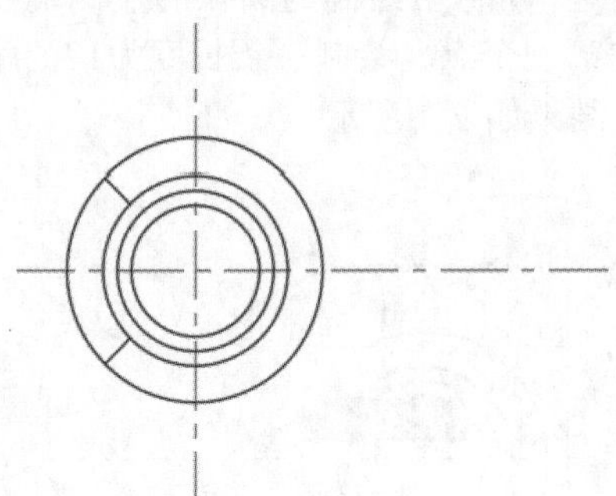

步骤06 选择【绘图】➤【矩形】菜单命令，命令行提示如下。

命令：_rectang
指定第一个角点或 [倒角 (C)/ 标高 (E)/ 圆角 (F)/ 厚度 (T)/ 宽度 (W)]: fro
基点： // 捕捉步骤03绘制的圆形的圆心点
< 偏移 >: @-21,-37.5
指定另一个角点或 [面积 (A)/ 尺寸 (D)/ 旋转 (R)]: @12,75

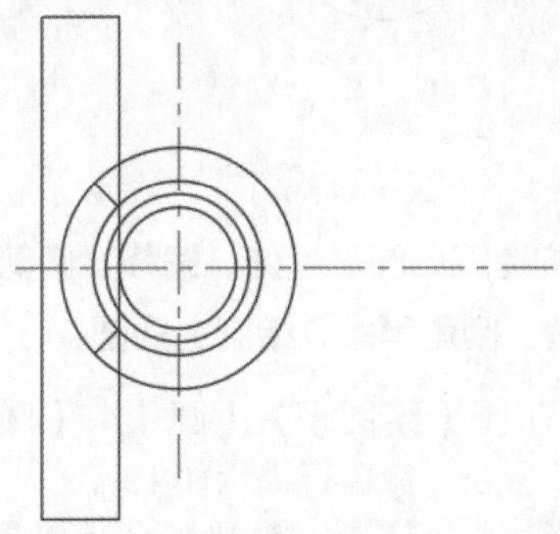

步骤07 选择【修改】➤【修剪】菜单命令，选择R18的圆形作为修剪的边界，对刚绘制的矩形进行修剪，结果如下图所示。

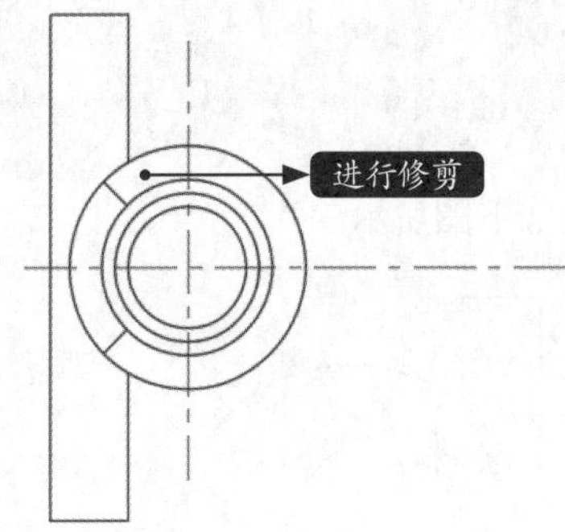

步骤08 选择【修改】➤【分解】菜单命令，将步骤06绘制的矩形分解，结果如下图所示。

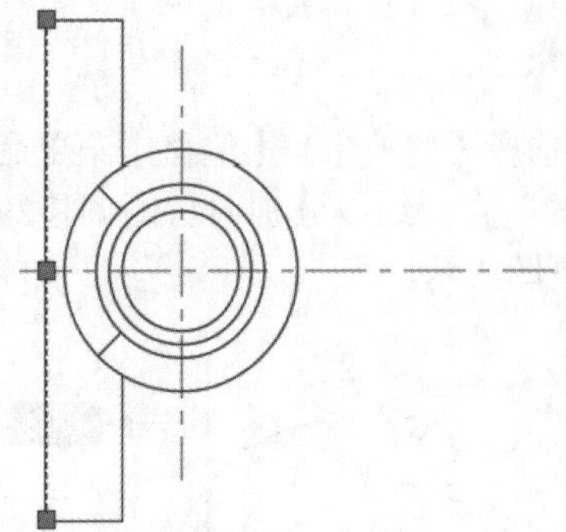

步骤09 选择【修改】➤【圆角】菜单命令，将圆角半径设置为“2”，对下页图所示的两个位置进行圆角。

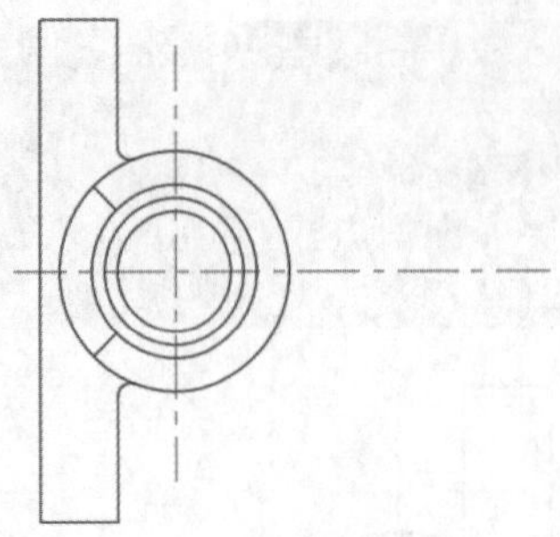

2. 利用构造线、圆、延伸、偏移、修剪、镜像、圆角、倒角等命令绘制主视图

步骤01 选择【绘图】➤【圆】➤【圆心、半径】菜单命令，命令行提示如下。

命令：_circle
指定圆的圆心或 [三点 (3P)/ 两点 (2P)/ 切点、切点、半径 (T)]: fro
基点： // 捕捉前面步骤03绘制的圆形的圆心点
< 偏移 >: @8,0
指定圆的半径或 [直径 (D)] <18.0000>: 27.5

结果如下图所示。

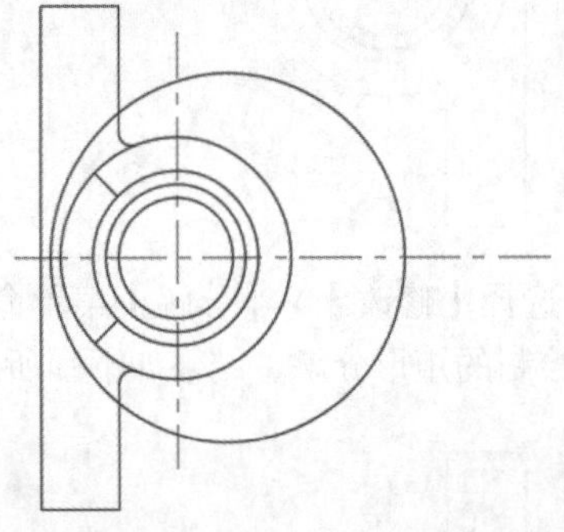

步骤02 选择【修改】➤【偏移】菜单命令，将最左侧的竖直直线段分别向右侧偏移29和50，结果如下图所示。

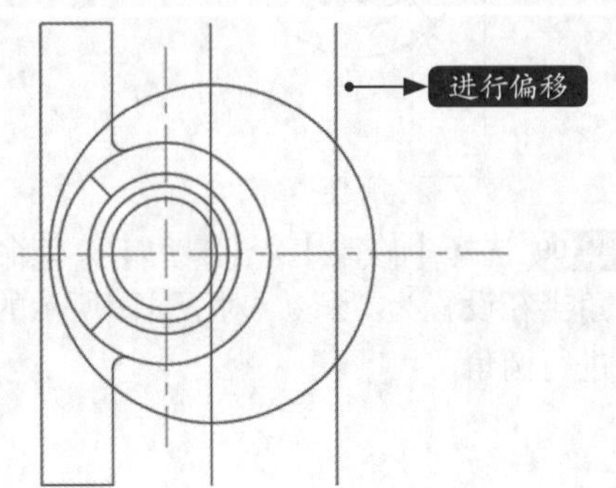

步骤03 选择【修改】➤【修剪】菜单命令，将步骤02通过偏移得到的两条竖直直线段作为修剪的边界，对步骤01绘制的圆形进行修剪，结果如下图所示。

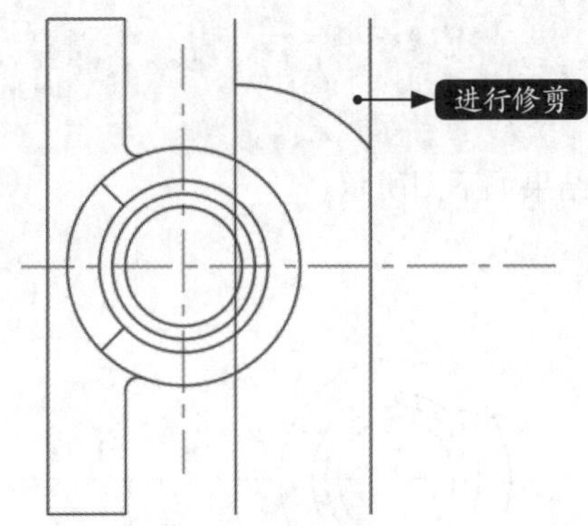

步骤04 选择步骤02通过偏移得到的两条竖直直线段，按【Del】键将其删除，结果如下图所示。

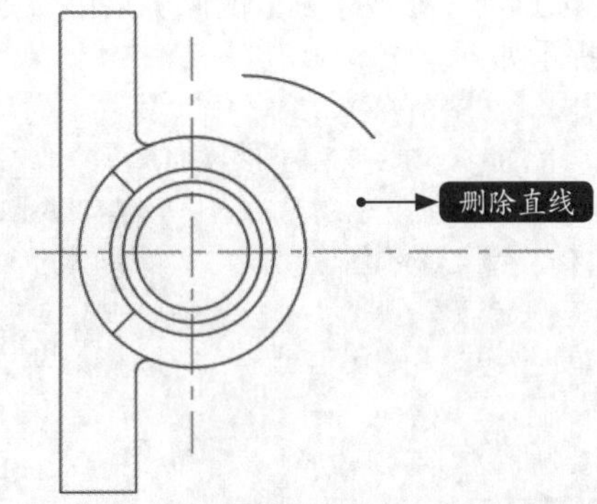

步骤05 选择【绘图】➤【直线】菜单命令，捕捉步骤03~步骤04绘制的圆弧的左侧端点作为直线的第一个点，绘制一条长度为17的水平直线段，结果如下图所示。

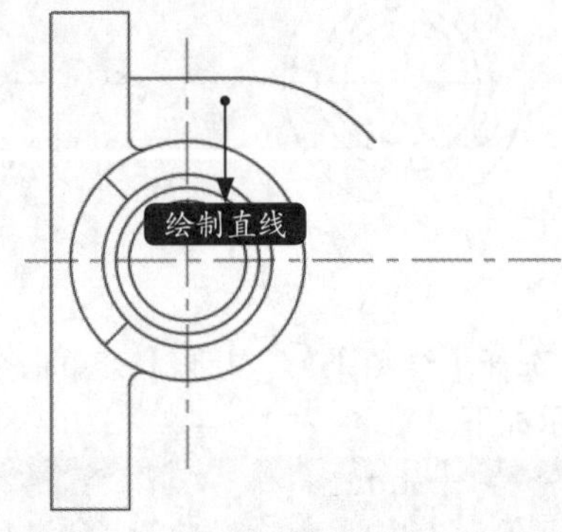

步骤06 选择【修改】➤【圆角】菜单命令，将圆角半径设置为“2”，对下页图所示的位置进行圆角。

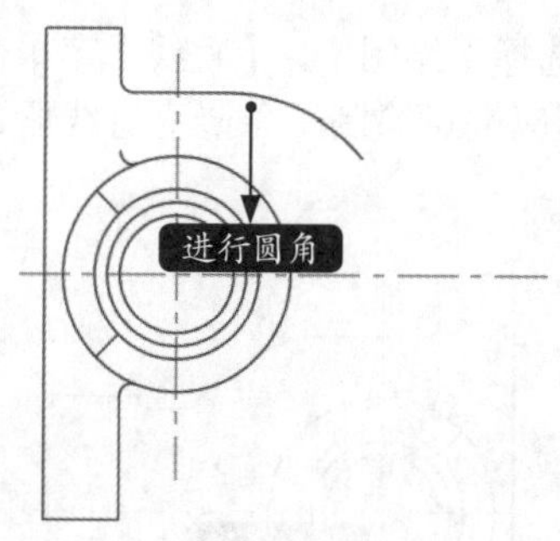

步骤07 选择【修改】➢【延伸】菜单命令，选择如下图所示圆弧作为延伸边界的边，按【Enter】键确认。

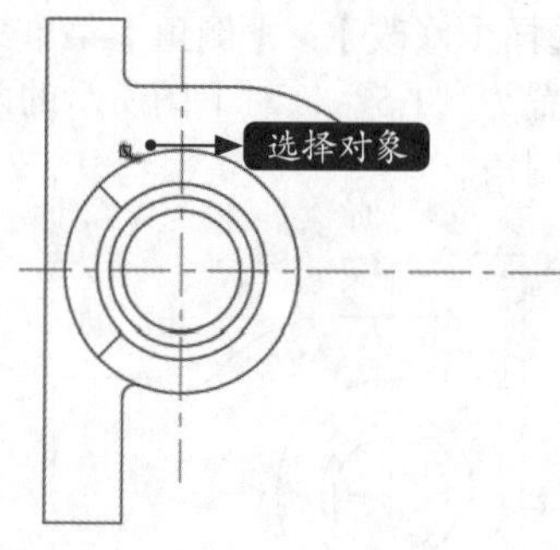

步骤08 选择如下图所示的直线段作为需要延伸的对象，按【Enter】键确认。

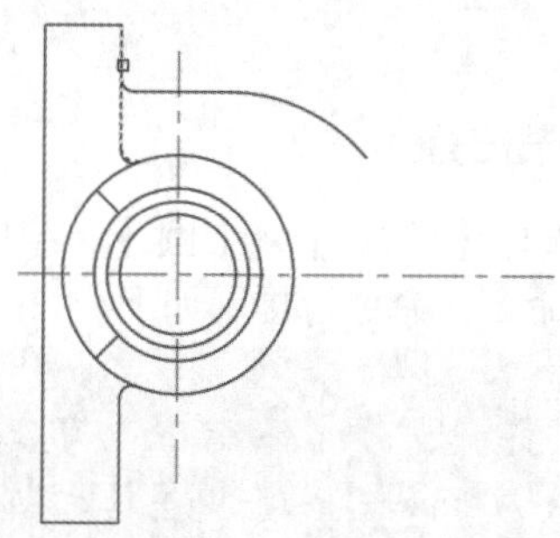

结果如下图所示。

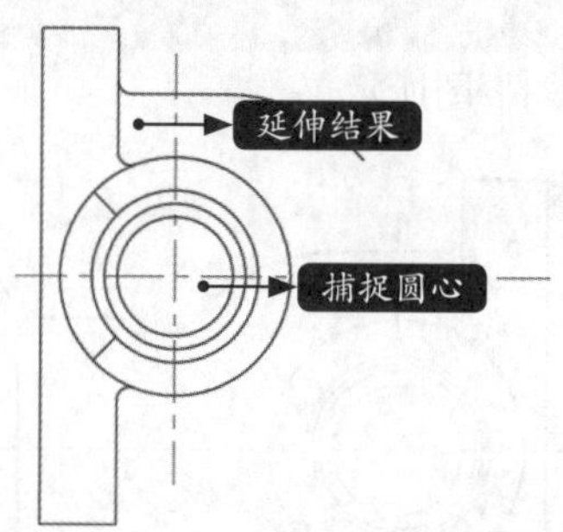

步骤09 选择【绘图】➢【直线】菜单命令，命令行提示如下。

```
命令：_line
指定第一个点：fro
基点：// 捕捉步骤08所示的圆心点
<偏移>: @29,16
指定下一点或[放弃(U)]: @10,0
指定下一点或[退出(E)/放弃(U)]: @0,2
指定下一点或[关闭(C)/退出(X)/放弃(U)]: @15,0
指定下一点或[关闭(C)/退出(X)/放弃(U)]: // 按【Enter】键结束
```

结果如下图所示。

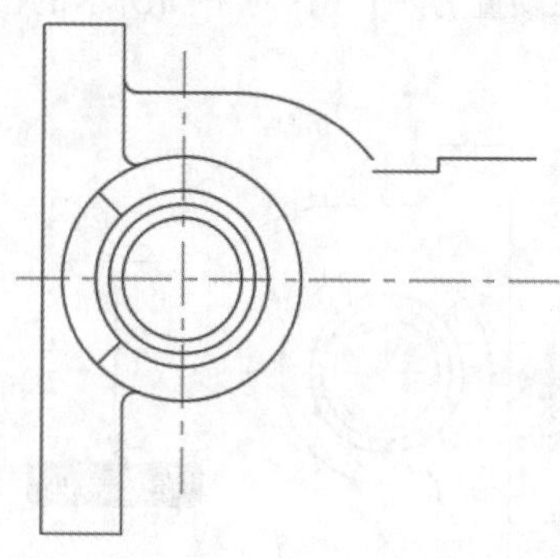

步骤10 选择【修改】➢【圆角】菜单命令，圆角半径设置为“5”，选择如下图所示圆弧作为圆角的第一个对象。

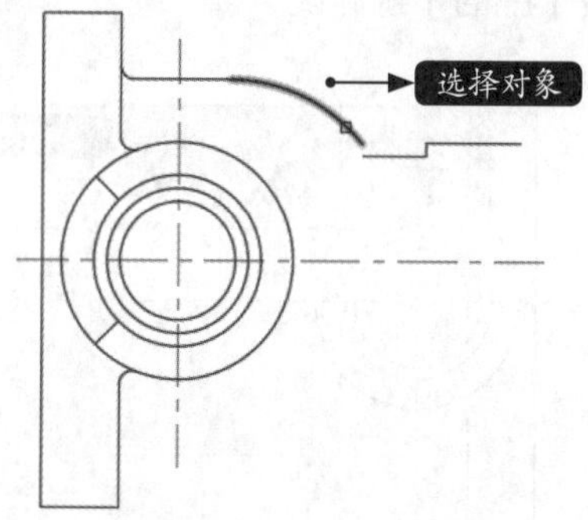

步骤11 选择如下图所示直线段作为圆角的第二个对象。

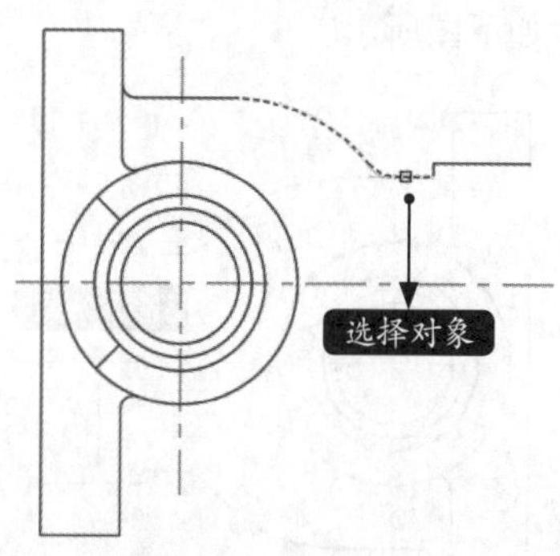

结果如下页图所示。

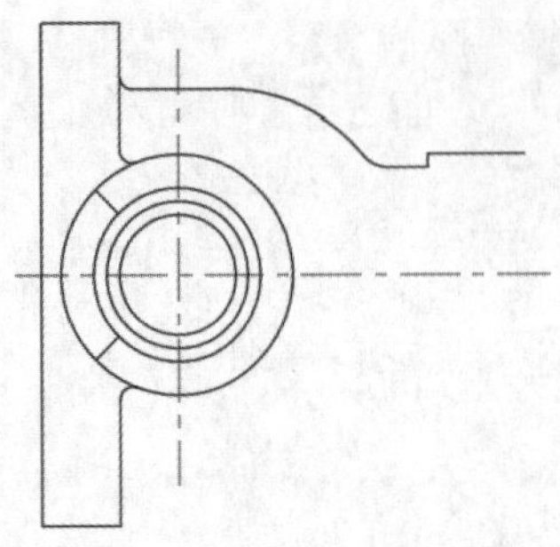

步骤 12 选择【修改】➤【圆角】菜单命令，将圆角半径设置为“1”，对下图所示的位置进行圆角。

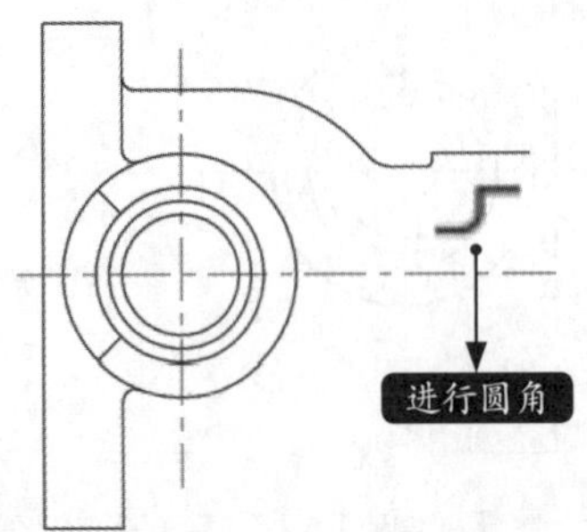

步骤 13 选择【修改】➤【镜像】菜单命令，选择如下图所示的部分图形作为需要镜像的对象，按【Enter】键确认。

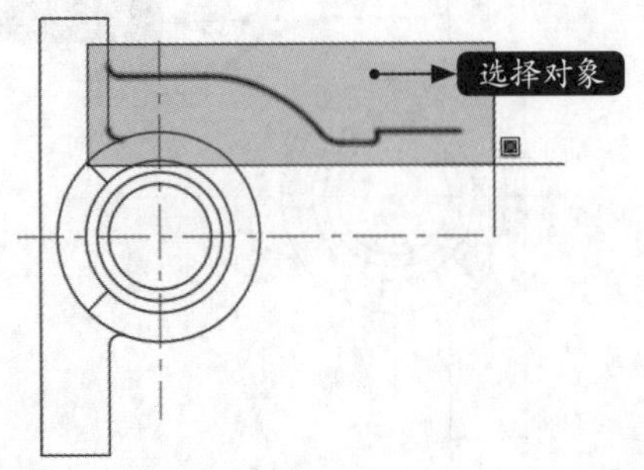

步骤 14 捕捉水平中心线的两个端点分别作为镜像线的第一个点和第二个点，并且保留源对象，结果如下图所示。

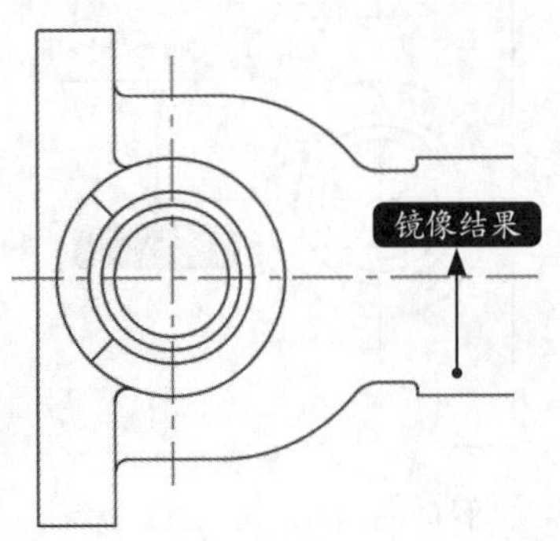

步骤 15 选择【绘图】➤【直线】菜单命令，分别捕捉相应端点绘制一条竖直直线段，结果如下图所示。

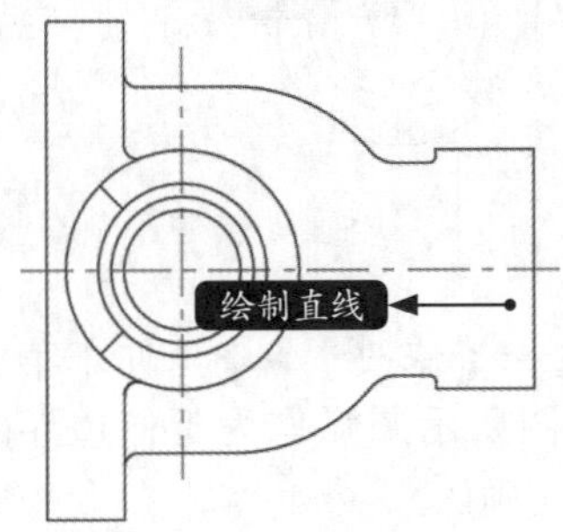

步骤 16 选择【修改】➤【倒角】菜单命令，倒角距离设置为“1.5”，对下图所示的两个位置分别进行倒角。

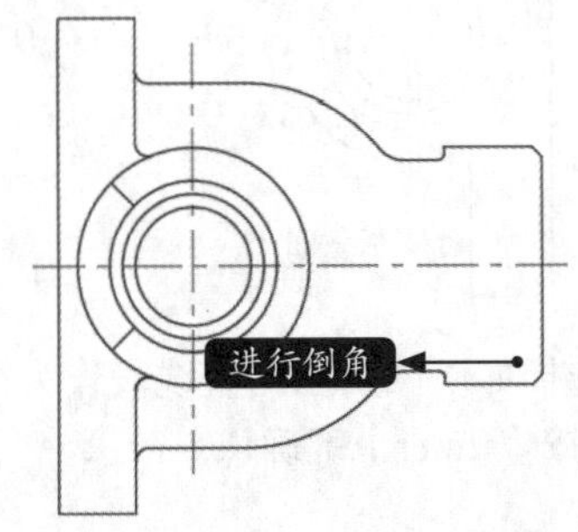

3. 完善细节部分

步骤 01 选择【绘图】➤【圆】➤【圆心、半径】菜单命令，命令行提示如下。

命令：_circle

指定圆的圆心或 [三点 (3P)/ 两点 (2P)/ 切点、切点、半径 (T)]：// 捕捉 R18 圆形的圆心点

指定圆的半径或 [直径 (D)] <27.5000>：12

结果如下图所示。

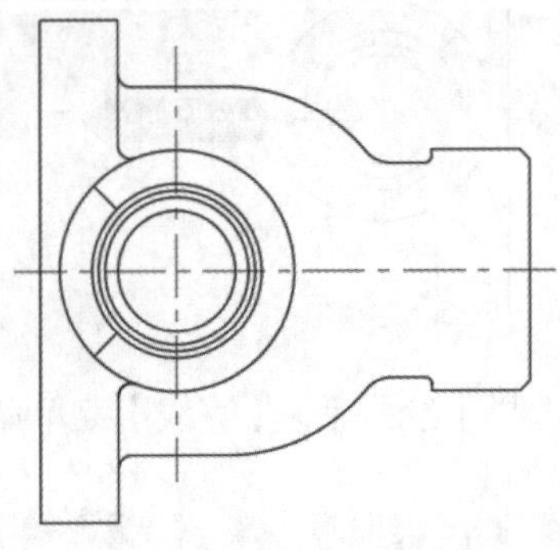

步骤02 选择【修改】➢【打断】菜单命令，对刚绘制的R12圆形进行适当的打断操作，结果如下图所示。

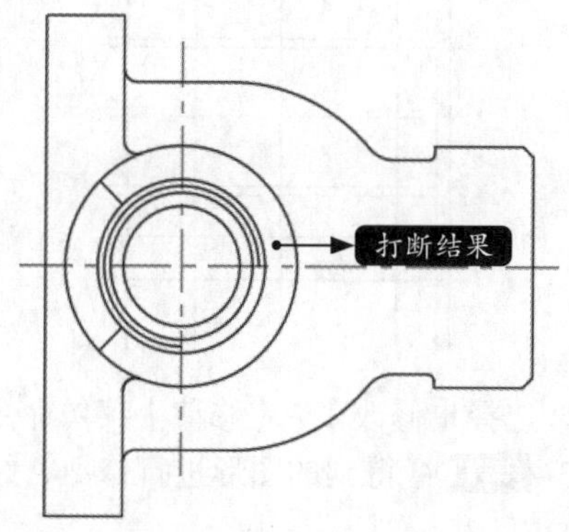

步骤03 选择【修改】➢【偏移】菜单命令，将最左侧的竖直直线段分别向右侧偏移53、59、74，结果如下图所示。

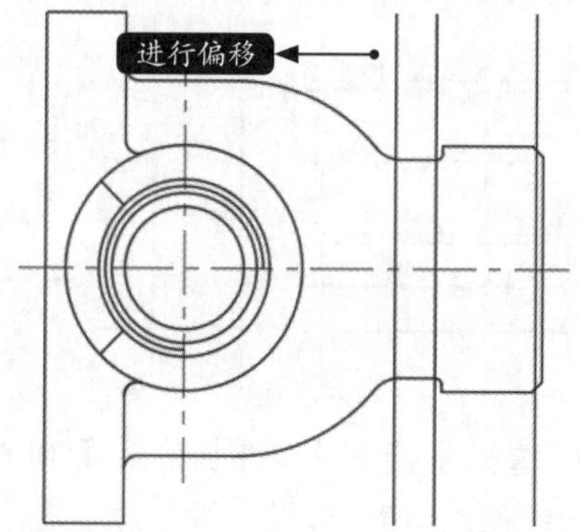

步骤04 选择【修改】➢【修剪】菜单命令，对刚偏移得到的三条直线段进行修剪操作，结果如右上图所示。

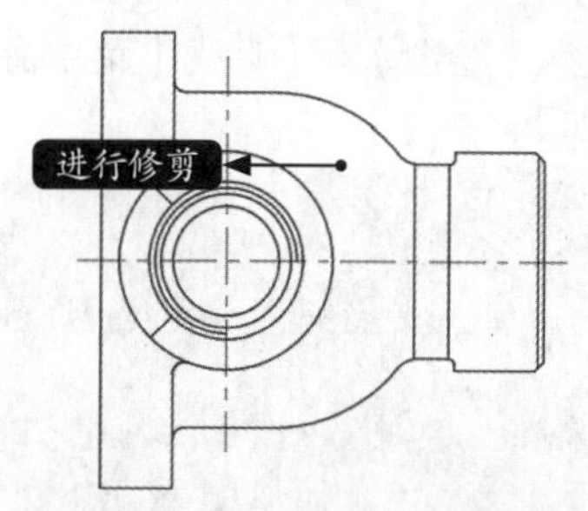

步骤05 选择【修改】➢【偏移】菜单命令，将水平中心线分别向两侧偏移17，并将偏移得到的对象放置到“轮廓线”图层，结果如下图所示。

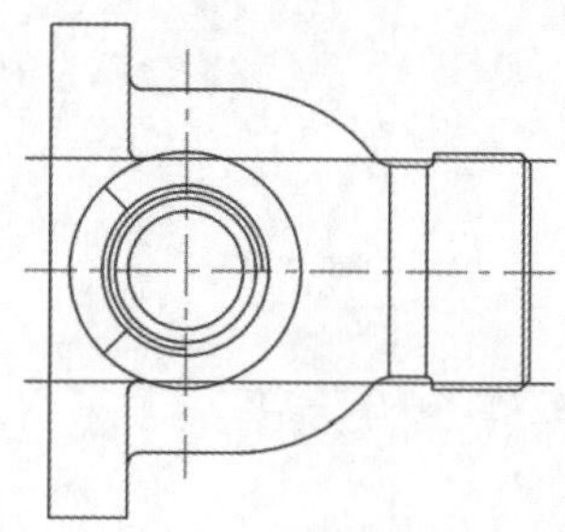

步骤06 选择【修改】➢【修剪】菜单命令，对刚偏移得到的两条直线段进行修剪操作，结果如下图所示。

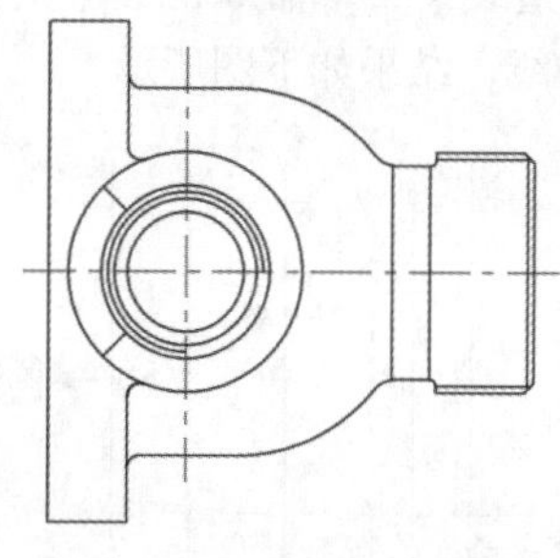

21.1.4 绘制全剖视图

下面综合利用直线、矩形、构造线、圆、圆弧、修剪、圆角、倒角、图案填充等命令绘制阀体全剖视图，具体操作步骤如下。

步骤01 将“中心线”层置为当前，选择【绘图】➢【直线】菜单命令，在绘图区域绘制一条长度为102的竖直直线段，并与主视图中的竖直中心线对齐，结果如右图所示。

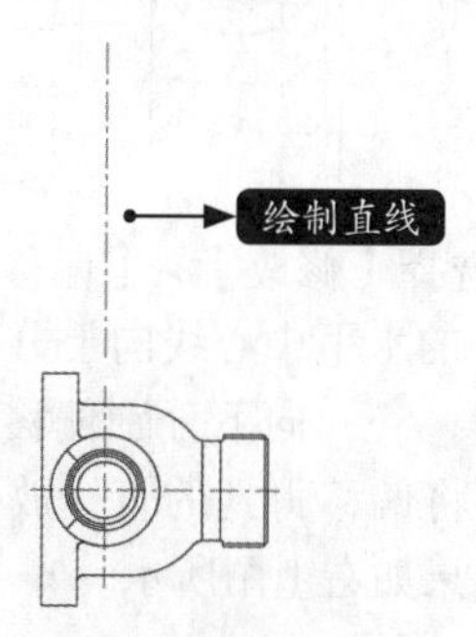

步骤02 选择【绘图】➢【直线】菜单命令，命令行提示如下。

命令：_line
指定第一个点：fro
基点： // 捕捉步骤01绘制的直线段的下侧端点
<偏移>: @-25,41.75
指定下一点或[放弃(U)]: @83,0
指定下一点或[退出(E)/放弃(U)]: // 按【Enter】键结束直线命令

结果如下图所示。

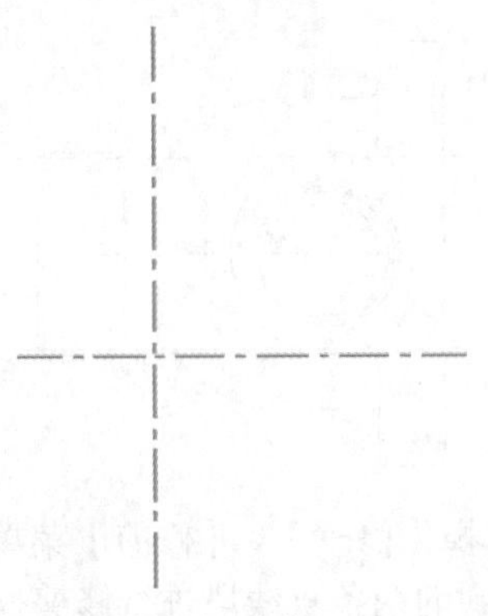

步骤03 将“轮廓线”层置为当前，选择【绘图】➢【构造线】菜单命令，参考主视图绘制6条竖直构造线，结果如下图所示。

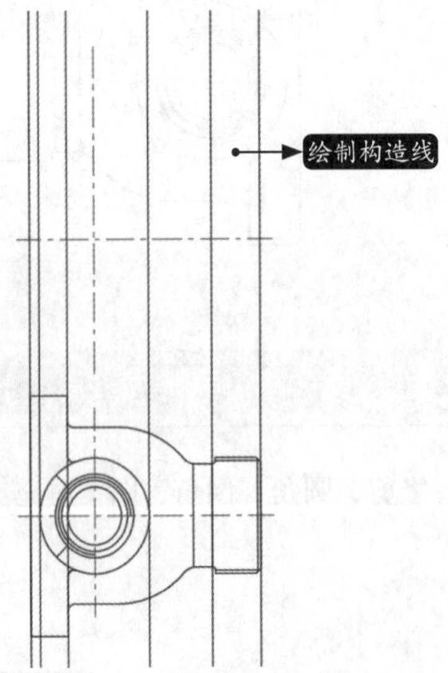

步骤04 选择【修改】➢【偏移】菜单命令，将全剖视图的水平中心线向上分别偏移16、18、37.5、54、56，向下分别偏移16、18、27.5、37.5，并将偏移得到的直线放置到【轮廓线】图层，结果如右上图所示。

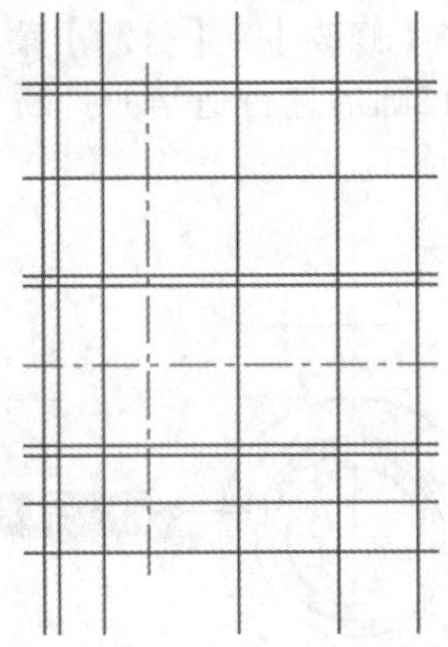

步骤05 选择【修改】➢【修剪】菜单命令，对步骤03~步骤04得到的图形进行修剪，结果如下图所示。

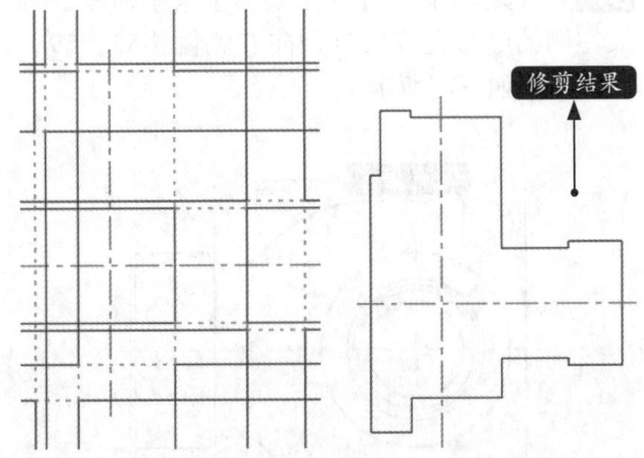

步骤06 选择【绘图】➢【圆】➢【圆心、半径】菜单命令，命令行提示如下。

命令：_circle
指定圆的圆心或[三点(3P)/两点(2P)/切点、切点、半径(T)]: fro
基点： // 捕捉两条中心线的交点
<偏移>: @8,0
指定圆的半径或[直径(D)] <12.0000>: 27.5

结果如下图所示。

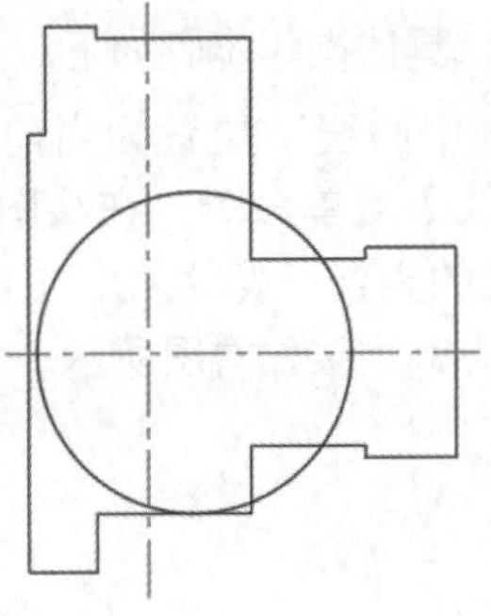

步骤 07 选择【修改】➤【修剪】菜单命令，修剪出需要的圆弧部分，结果如下图所示。

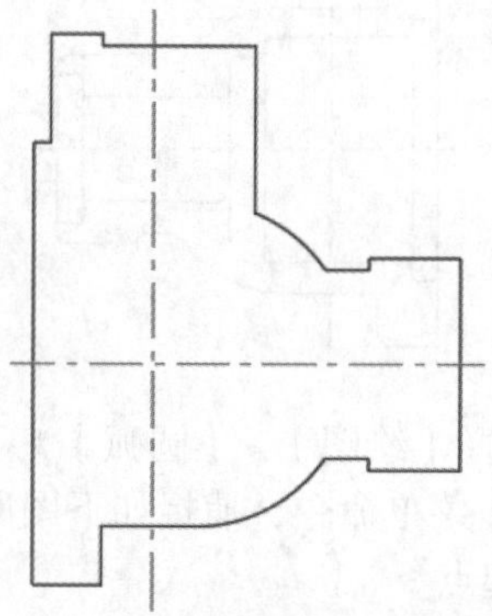

步骤 08 选择【修改】➤【圆角】菜单命令，对下图所示的部分图形进行圆角。

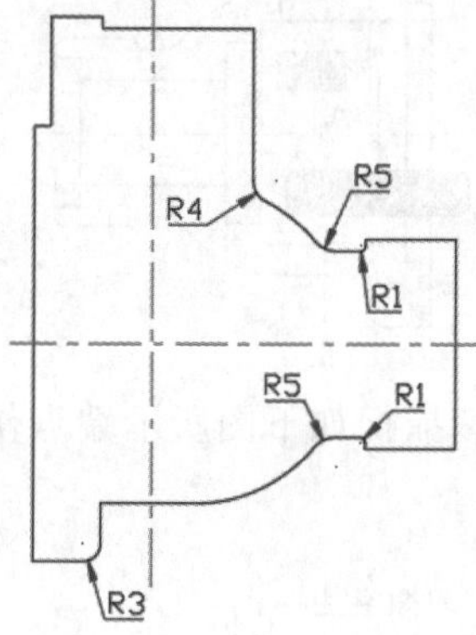

步骤 09 选择【修改】➤【倒角】菜单命令，将倒角距离设置为“1.5”，对下图所示的部分图形进行倒角。

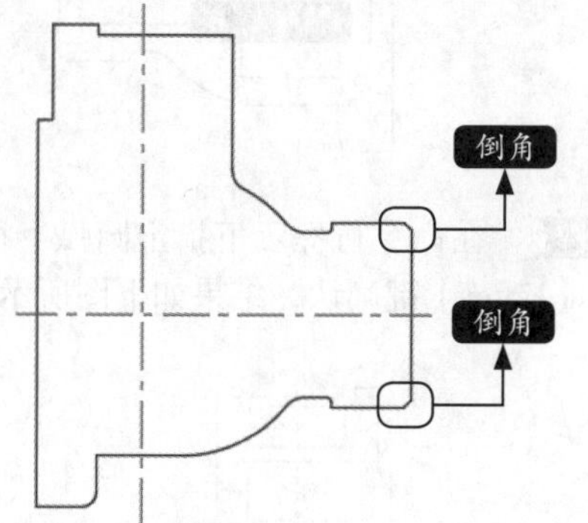

步骤 10 选择【修改】➤【偏移】菜单命令，将水平中心线分别向两侧偏移10、14.25、17.5、21.5、25，并将偏移得到的直线放置到【轮廓线】图层，结果如右上图所示。

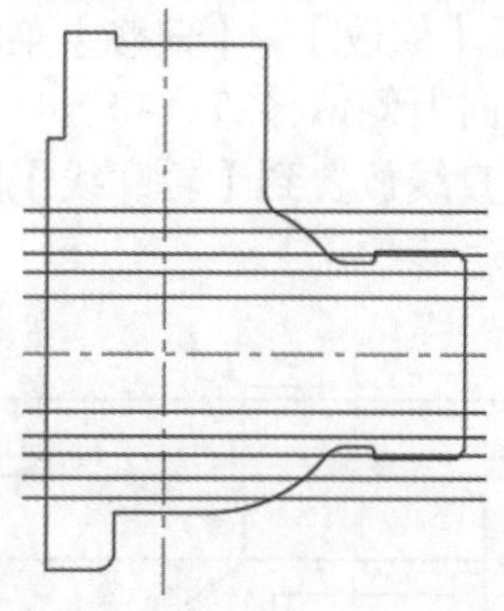

步骤 11 重复调用【偏移】命令，将竖直中心线向左侧偏移16，向右侧分别偏移13、20、49，并将偏移得到的直线放置到【轮廓线】图层，结果如下图所示。

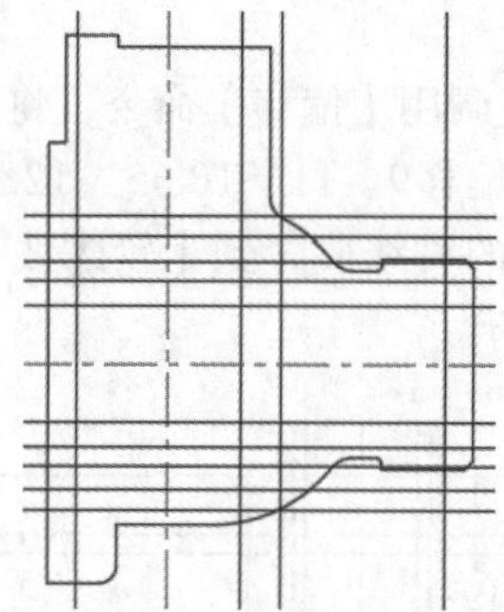

步骤 12 选择【修改】➤【修剪】菜单命令，对步骤 10 ~步骤 11 得到的图形进行修剪，结果如下图所示。

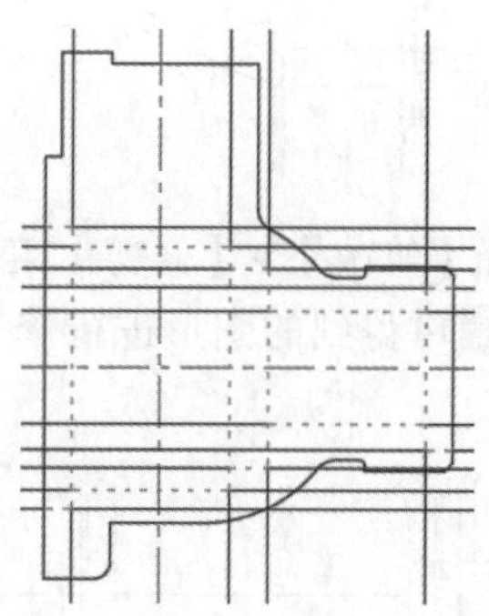

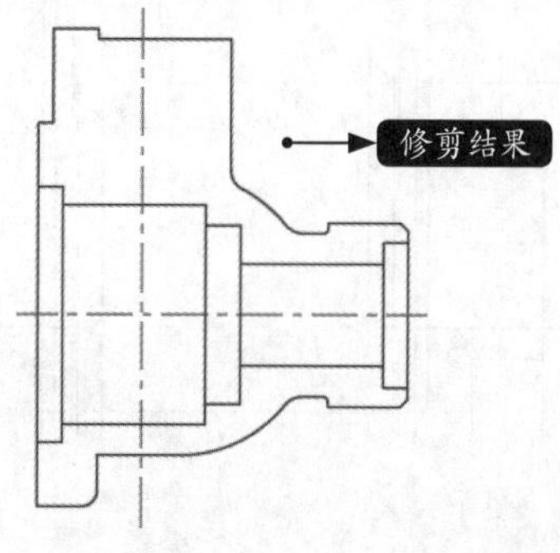

步骤 13 选择【修改】➤【偏移】菜单命令，将水平中心线向上侧偏移27、40、43、52，并将偏移得到的直线放置到【轮廓线】图层，结果如下图所示。

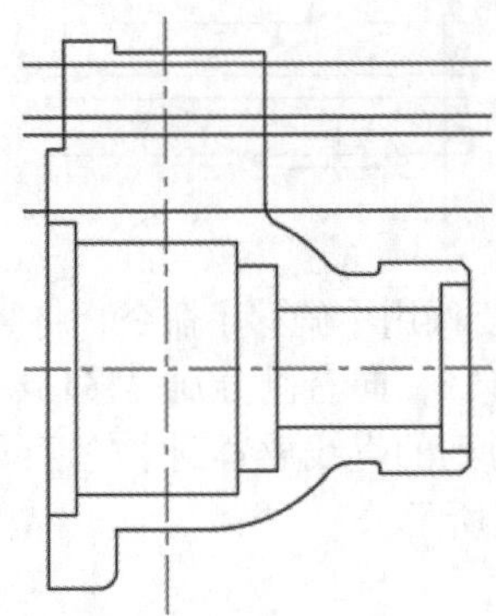

步骤 14 重复调用【偏移】命令，将竖直中心线分别向两侧偏移9、11、10.65、12.15、13，并将偏移得到的直线放置到【轮廓线】图层，结果如下图所示。

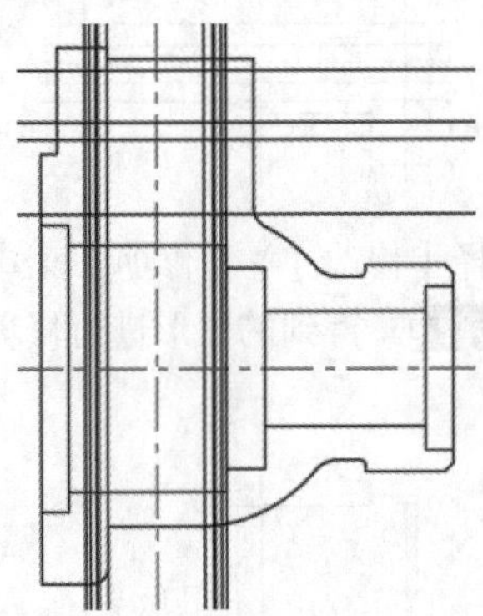

步骤 15 选择【修改】➤【修剪】菜单命令，对步骤 13~步骤 14得到的图形进行修剪，结果如下图所示。

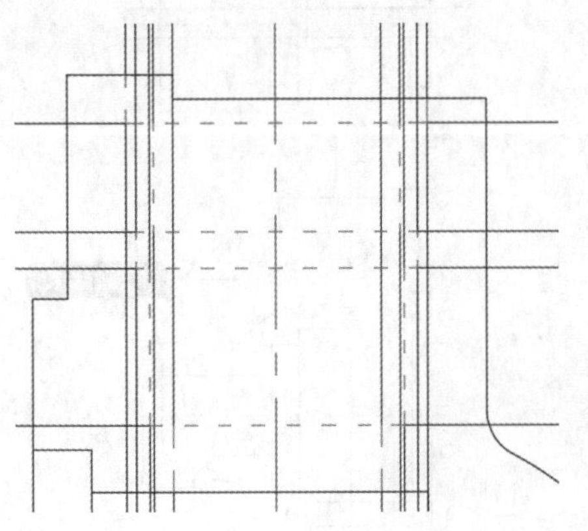

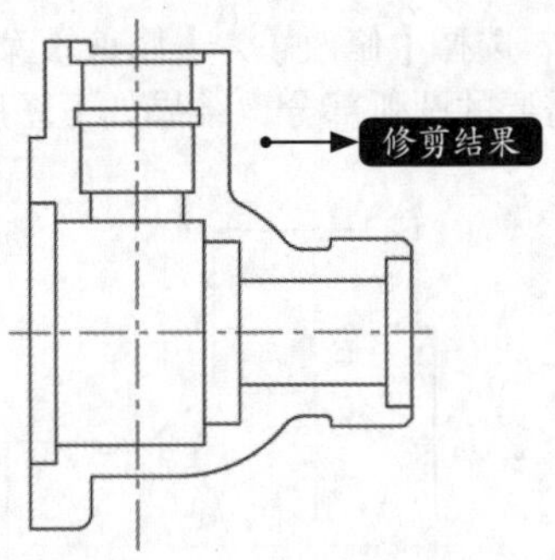

步骤 16 选择【绘图】➤【圆弧】➤【起点、端点、半径】菜单命令，捕捉如下图所示端点作为圆弧的起点。

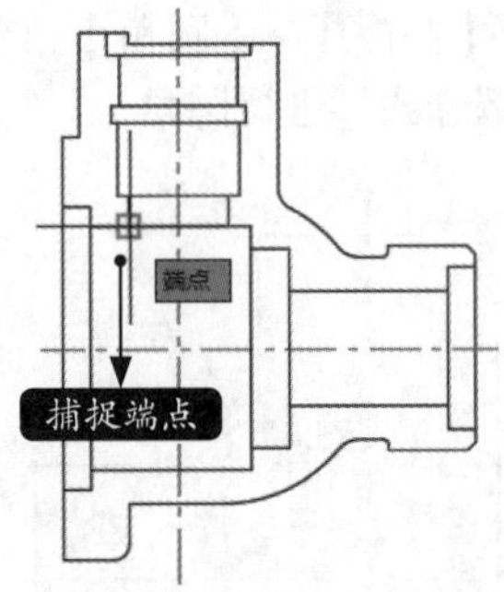

步骤 17 继续捕捉如下图所示端点作为圆弧的端点。

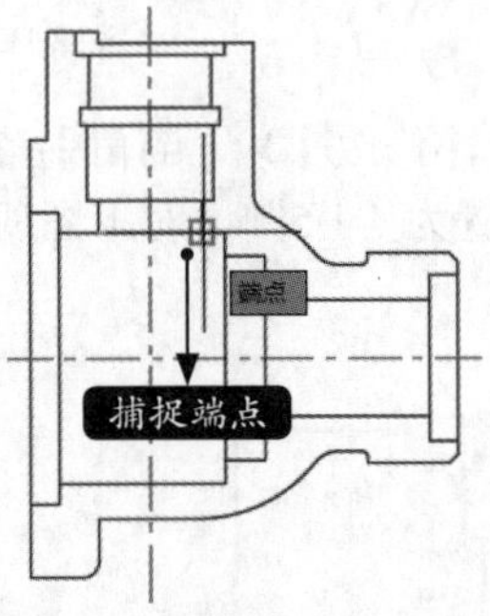

步骤 18 在命令行提示下指定圆弧半径为21.5，按【Enter】键确认，结果如下图所示。

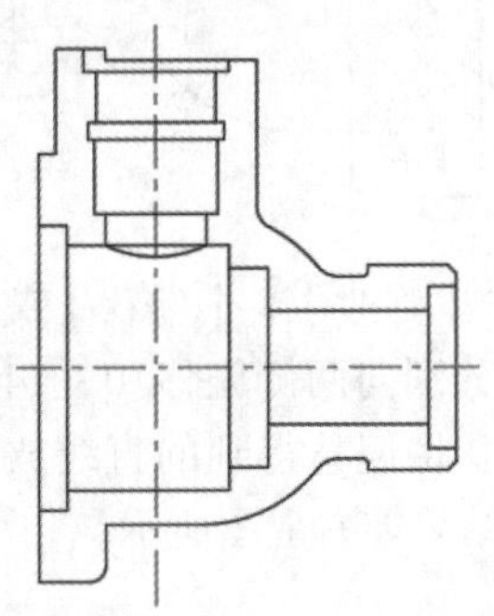

步骤⑲ 选择【修改】➤【修剪】菜单命令，选择步骤⑯~步骤⑱绘制的圆弧作为修剪的边界，按【Enter】键确认，如下图所示。

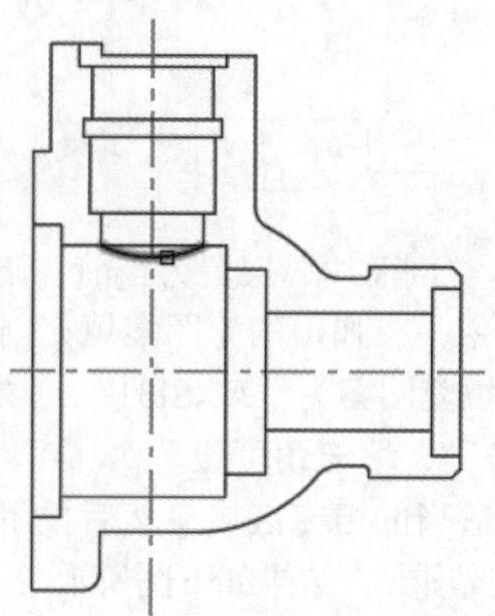

步骤⑳ 选择如下图所示的直线段作为需要修剪的对象，按【Enter】键确认，如下图所示。

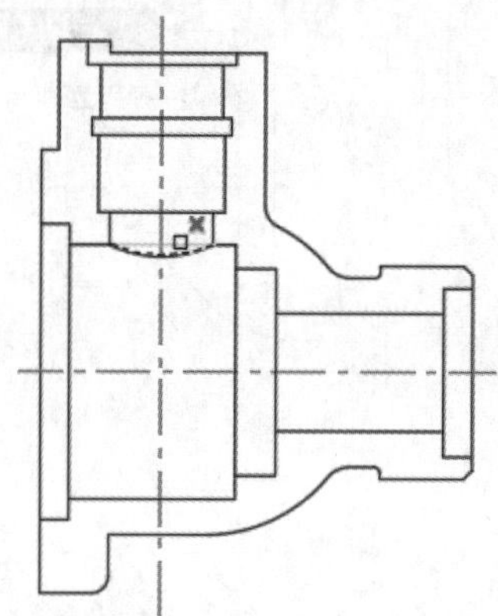

结果如下图所示。

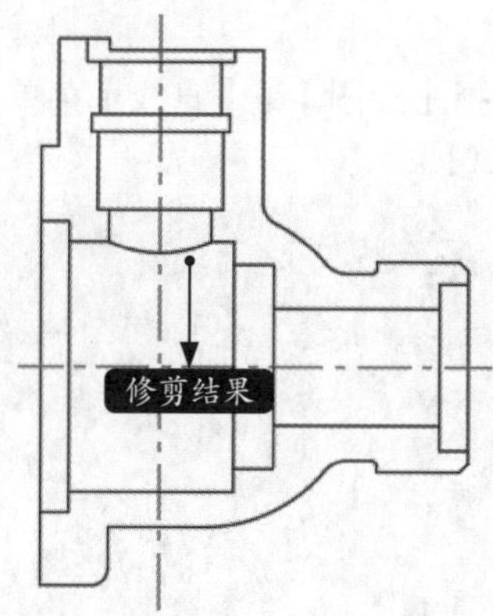

步骤㉑ 选择【修改】➤【圆角】菜单命令，将圆角半径设置为“1”，模式设置为“不修剪”，对右上图所示的部分图形进行圆角。

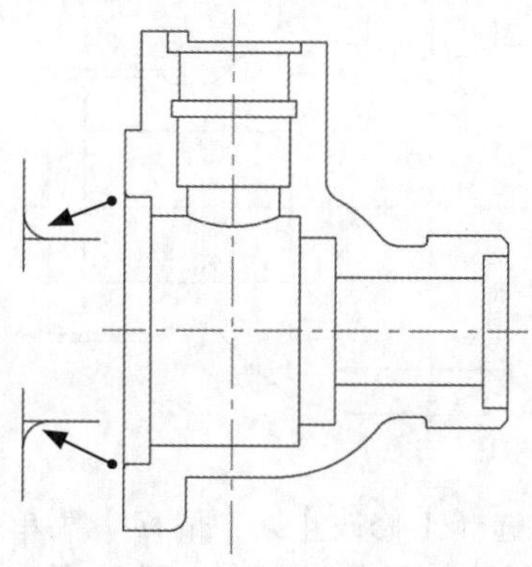

步骤㉒ 选择【修改】➤【修剪】菜单命令，对如下图所示的部分对象进行修剪，结果如下图所示。

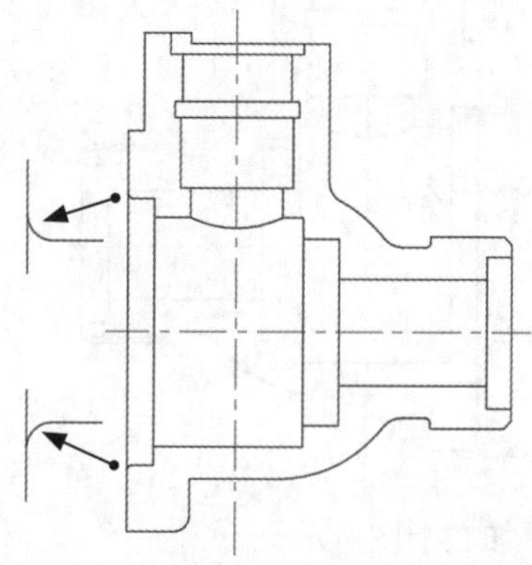

步骤㉓ 选择【修改】➤【偏移】菜单命令，将水平中心线分别向两侧偏移17，并将偏移得到的直线放置到【轮廓线】图层，结果如下图所示。

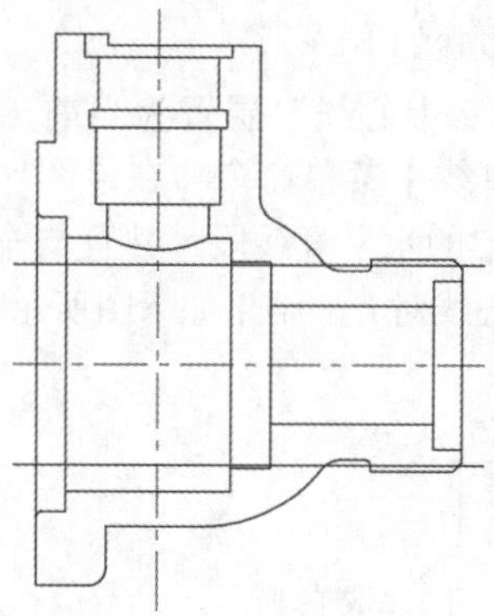

步骤㉔ 选择【修改】➤【修剪】菜单命令，对步骤㉓得到的图形进行修剪，结果如下页图所示。

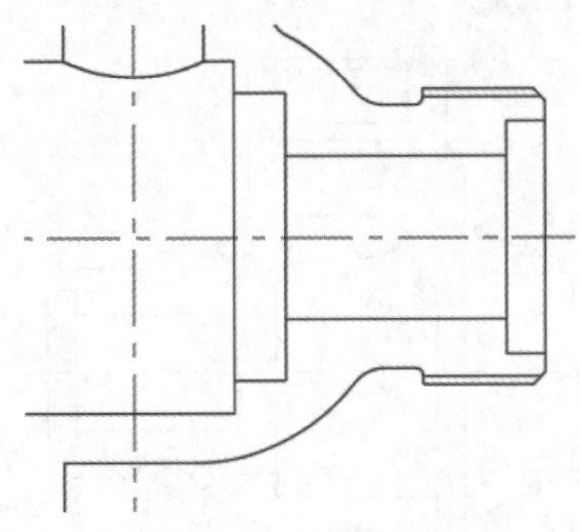

步骤25 选择【修改】➤【偏移】菜单命令，将下图所示的两条竖直直线段分别向外侧偏移1。

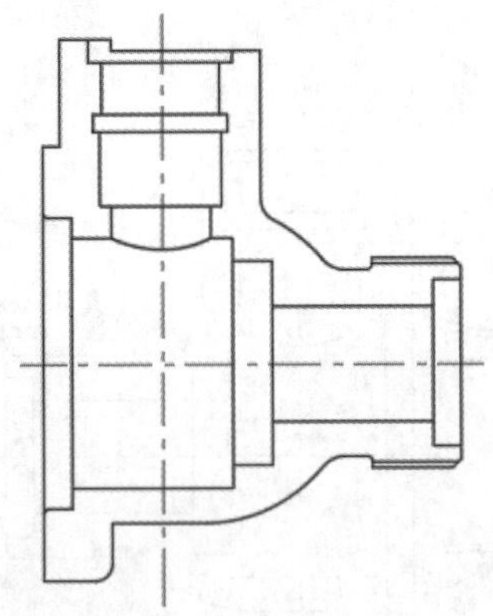

结果如右上图所示。

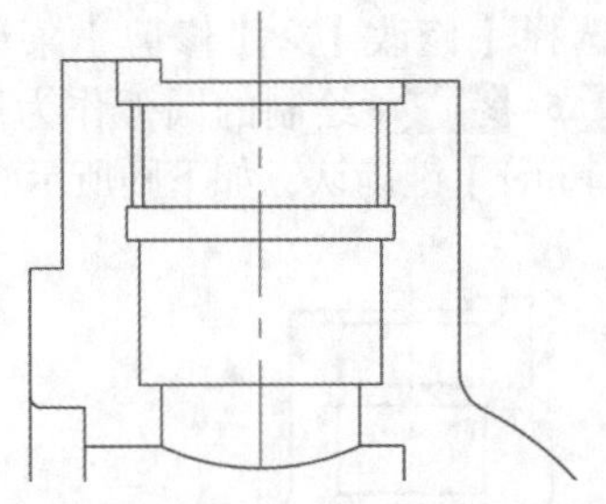

步骤26 将“剖面线”层置为当前，调用【图案填充】命令，在弹出的【图案填充创建】选项卡中选择填充图案为“ANSI31”，填充比例设置为“0.7”，填充角度设置为“0”，在绘图区域选择适当的填充区域，然后关闭【图案填充创建】选项卡，结果如下图所示。

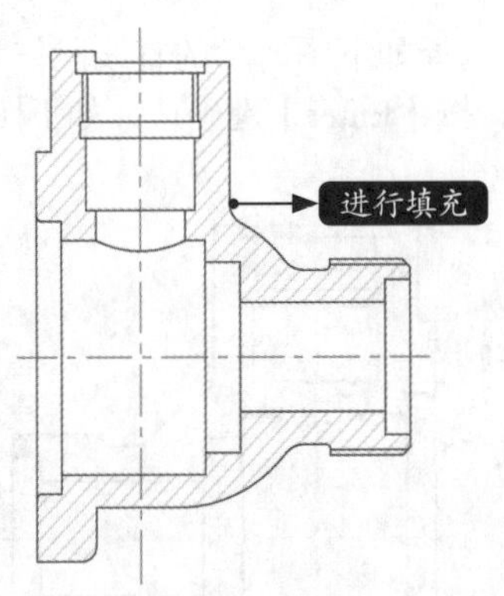

21.1.5 绘制半剖视图

下面综合利用直线、构造线、圆、偏移、修剪、圆角、图案填充等命令绘制阀体半剖视图，具体操作步骤如下。

步骤01 将“中心线”层置为当前，选择【绘图】➤【直线】菜单命令，在绘图区域绘制一条长度为73的水平直线段，并且与全剖视图中的水平中心线对齐，结果如下图所示。

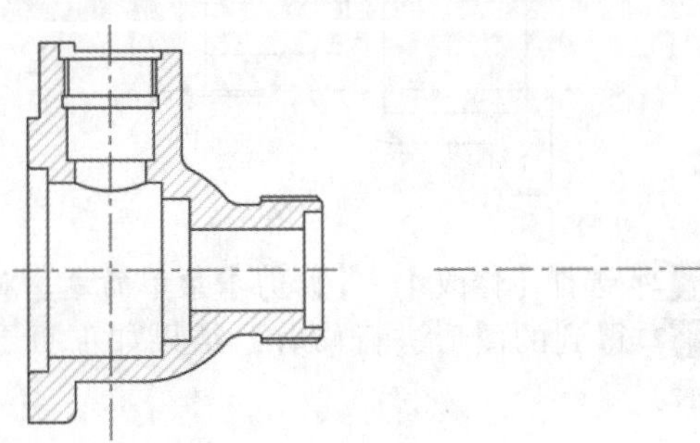

步骤02 选择【绘图】➤【直线】菜单命令，命令行提示如下。

```
命令：_line
指定第一个点：fro
基点：  // 捕捉步骤01绘制的直线段的左侧端点
<偏移>: @41.5,-41.5
指定下一点或 [放弃(U)]: @0,101
指定下一点或 [退出(E)/放弃(U)]: // 按【Enter】键结束
```

结果如下页图所示。

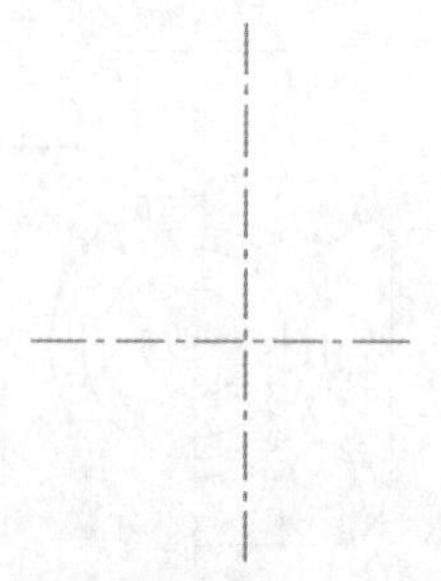

步骤03 将“轮廓线”层置为当前，选择【绘图】➢【构造线】菜单命令，参考全剖视图绘制4条水平构造线，结果如下图所示。

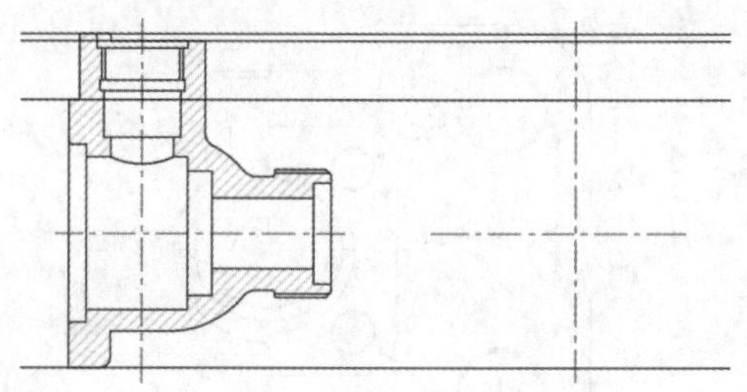

步骤04 选择【修改】➢【偏移】菜单命令，将半剖视图的竖直中心线向左偏移11、18、37.5，并将偏移得到的直线放置到【轮廓线】图层，结果如下图所示。

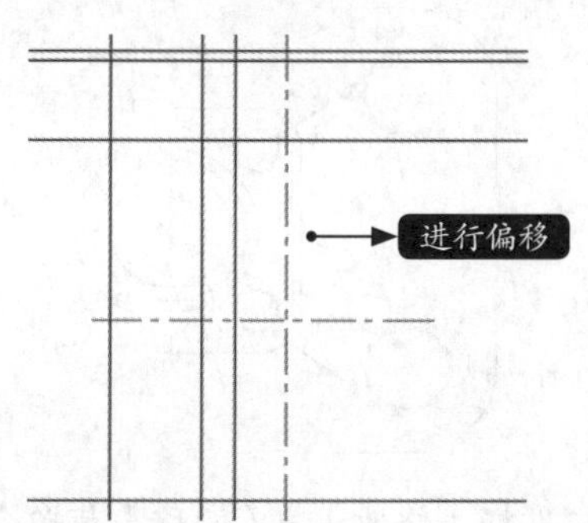

步骤05 选择【修改】➢【修剪】菜单命令，对步骤03~步骤04得到的图形进行修剪，结果如下图所示。

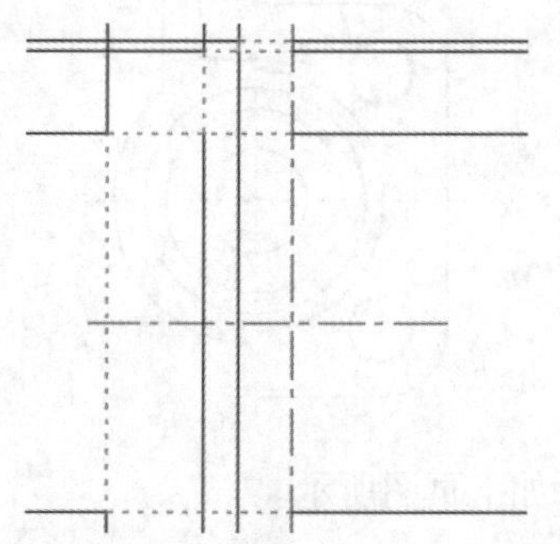

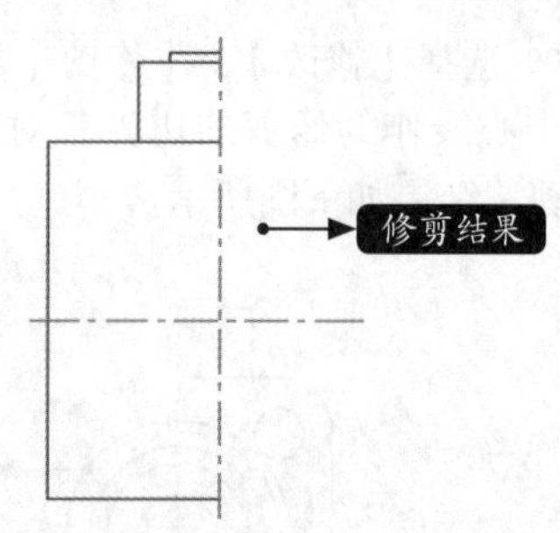

步骤06 选择【修改】➢【圆角】菜单命令，将圆角半径设置为“13”，模式设置为“修剪”，对下图所示的部分图形进行圆角。

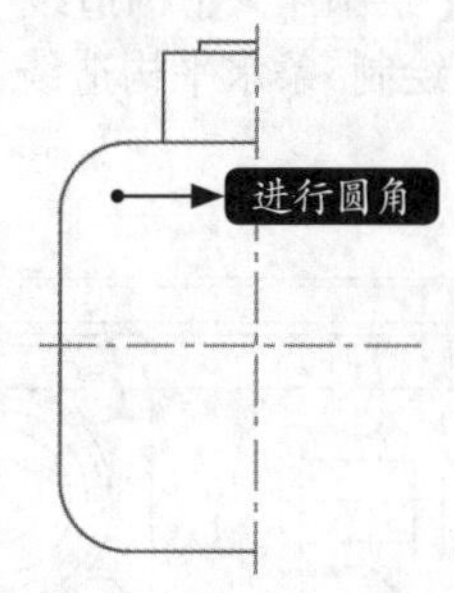

步骤07 选择【绘图】➢【圆】➢【圆心、半径】菜单命令，分别捕捉步骤06中得到的两个圆弧的圆心点作为圆的圆心，圆的半径指定为6，结果如下图所示。

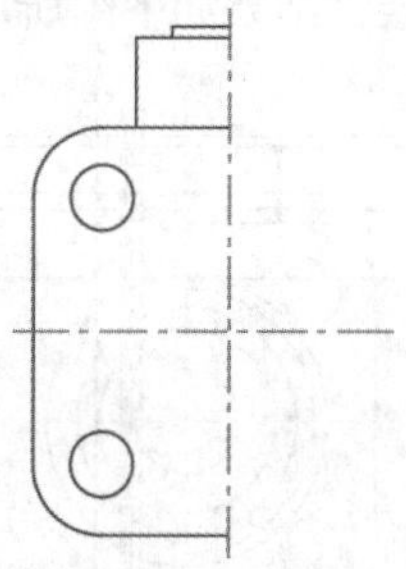

步骤08 选择【绘图】➢【圆】➢【圆心、半径】菜单命令，捕捉两条中心线的交点作为圆的圆心，圆的半径分别指定为10、17.5、21.5、25、27.5，结果如下图所示。

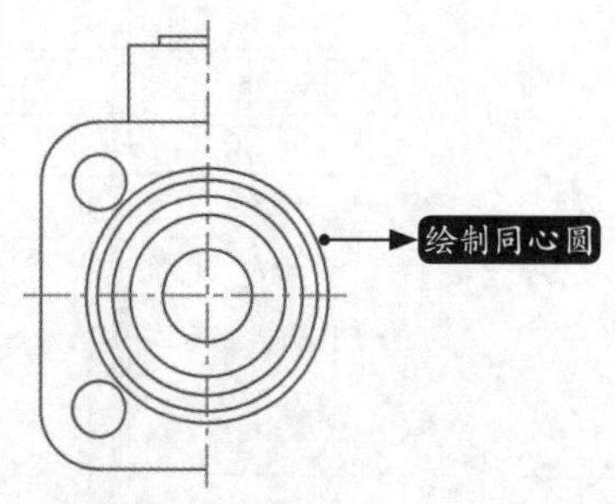

步骤09 选择【修改】➢【修剪】菜单命令，将竖直中心线作为修剪的边界，对R25的圆形进行修剪，结果如下图所示。

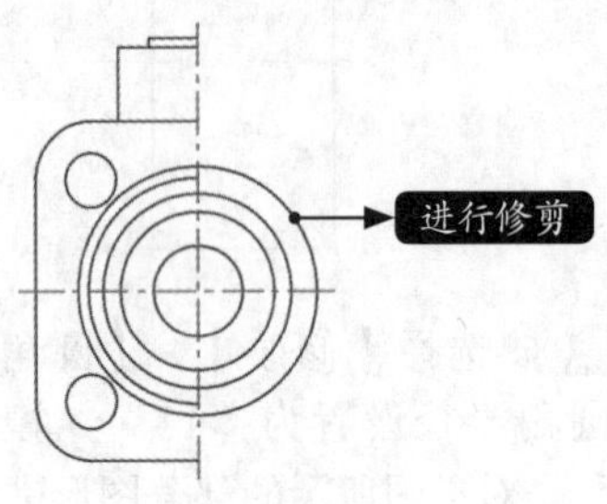

步骤10 选择【绘图】➢【构造线】菜单命令，参考全剖视图绘制5条水平构造线，结果如下图所示。

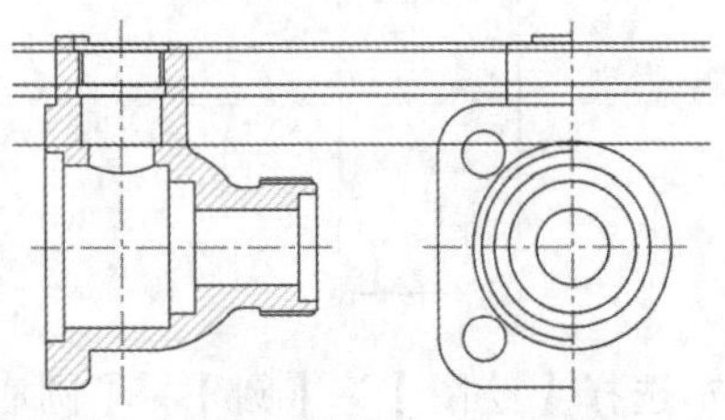

步骤11 选择【修改】➢【偏移】菜单命令，将半剖视图的竖直中心线向右偏移9、11、12.15、13、18，并将偏移得到的直线放置到【轮廓线】图层，结果如下图所示。

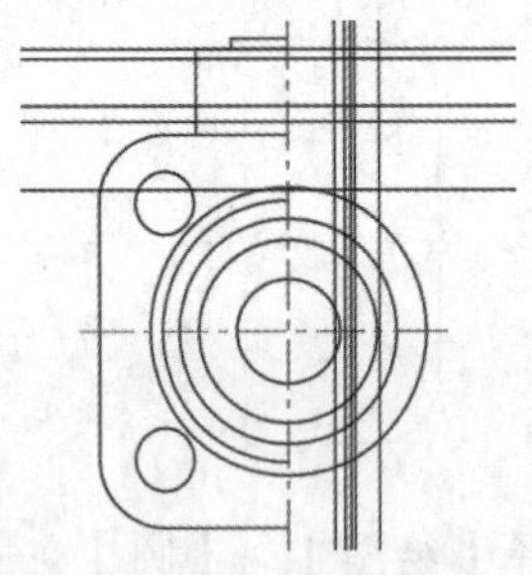

步骤12 选择【修改】➢【修剪】菜单命令，对步骤08~步骤11得到的图形进行修剪，结果如下图所示。

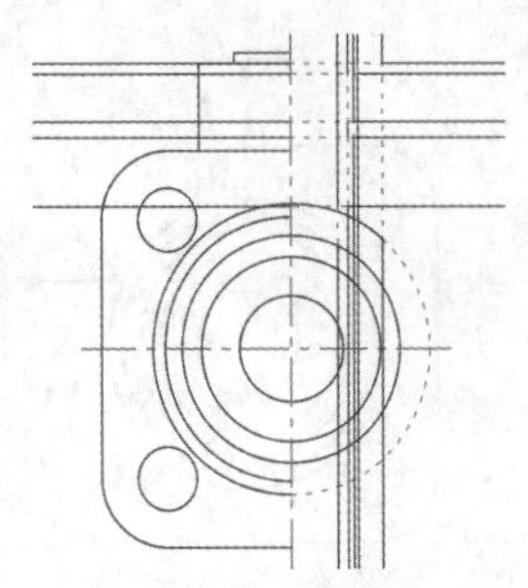

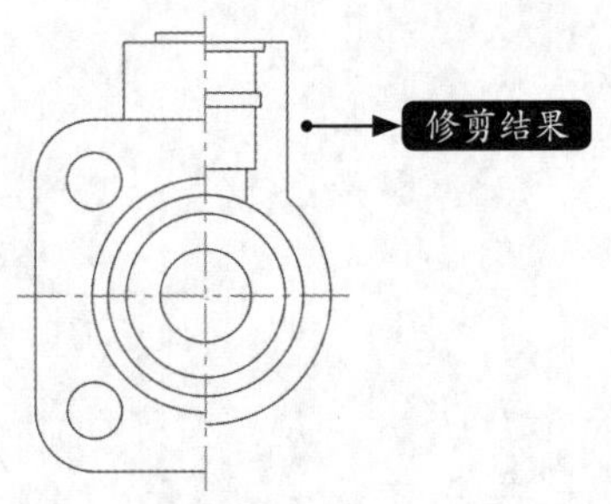

步骤13 选择【绘图】➢【圆】➢【圆心、半径】菜单命令，分别捕捉R6的圆形的圆心点作为圆心，圆的半径指定为6.5。

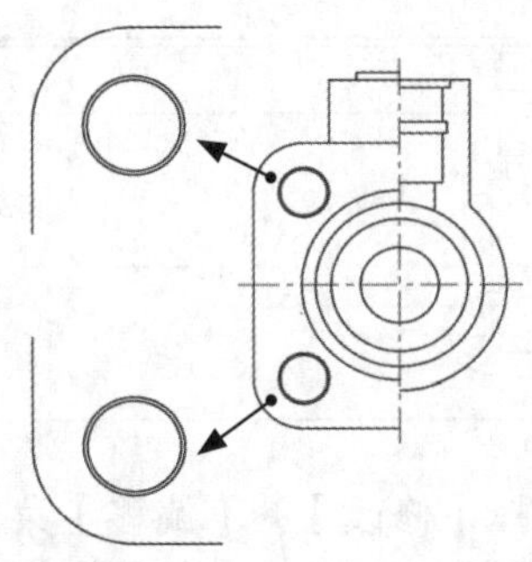

步骤14 选择【修改】➢【打断】菜单命令，对刚绘制的R6.5的圆形进行适当的打断操作。

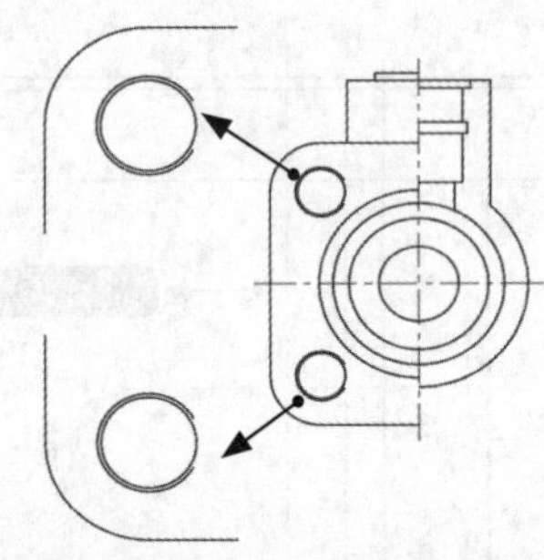

步骤15 选择【修改】➢【偏移】菜单命令，将如下图所示的竖直直线段向右侧偏移1。

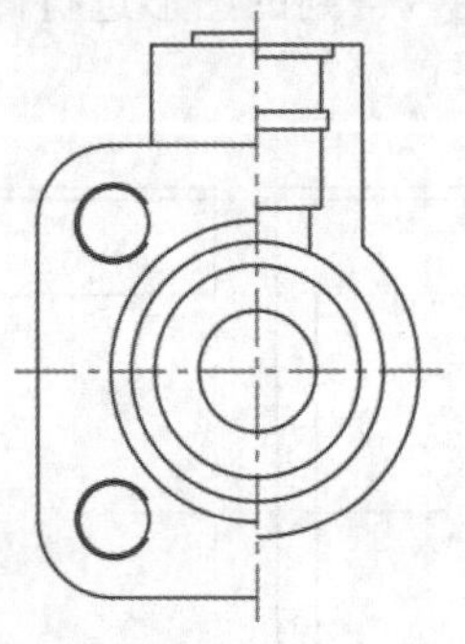

结果如下页图所示。

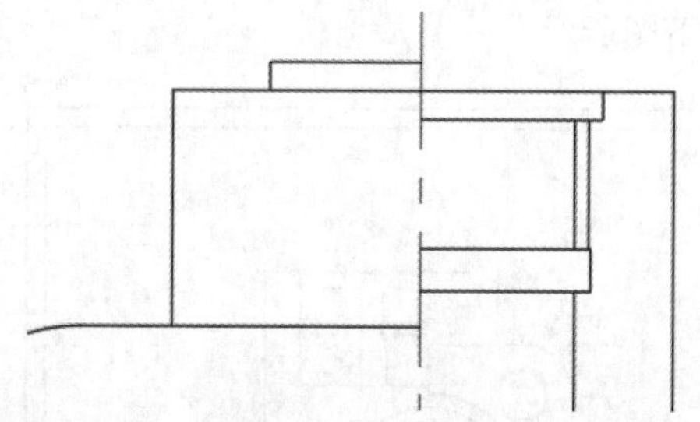

步骤 16 将“剖面线”层置为当前，选择【绘图】➤【图案填充】菜单命令，在弹出的【图案填充创建】选项卡中选择填充图案为“ANSI31”，填充比例设置为“0.7”，填充角度设置为“0”，在绘图区域选择适当的填充区域，然后关闭【图案填充创建】选项卡，结果如下图所示。

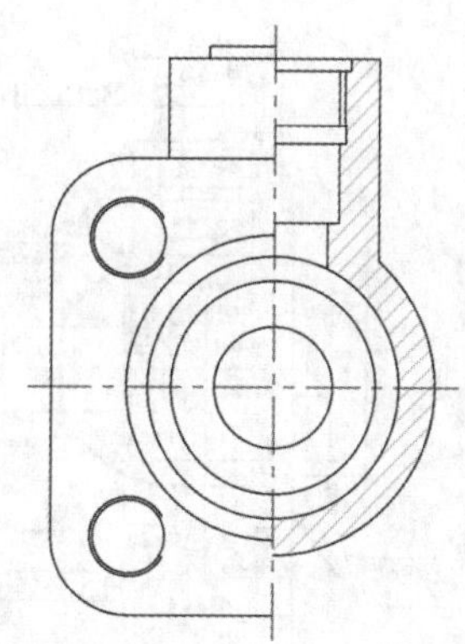

21.1.6 添加注释

下面综合利用标注、插入图块以及文字等命令为阀体零件图添加注释，具体操作步骤如下。

步骤 01 将“标注”层置为当前，选择标注命令，为阀体零件图添加相应尺寸标注，结果如下图所示。

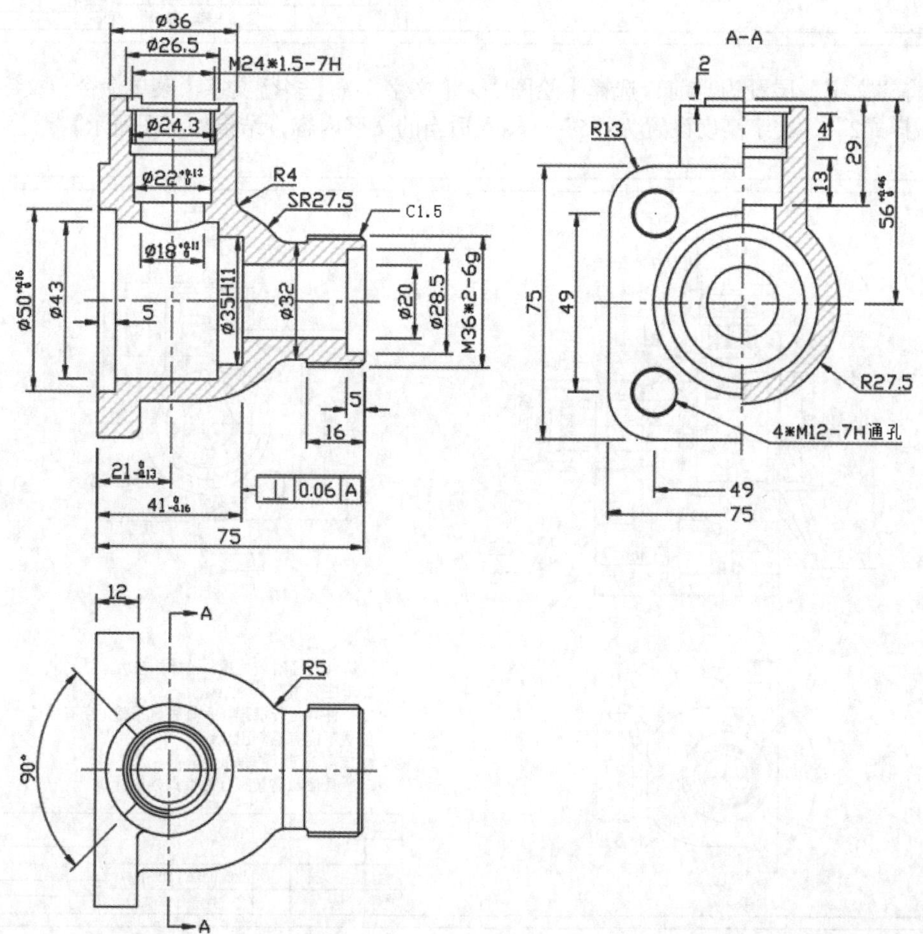

步骤 02 利用插入图块的方式插入粗糙度和图框，结果如下图所示。

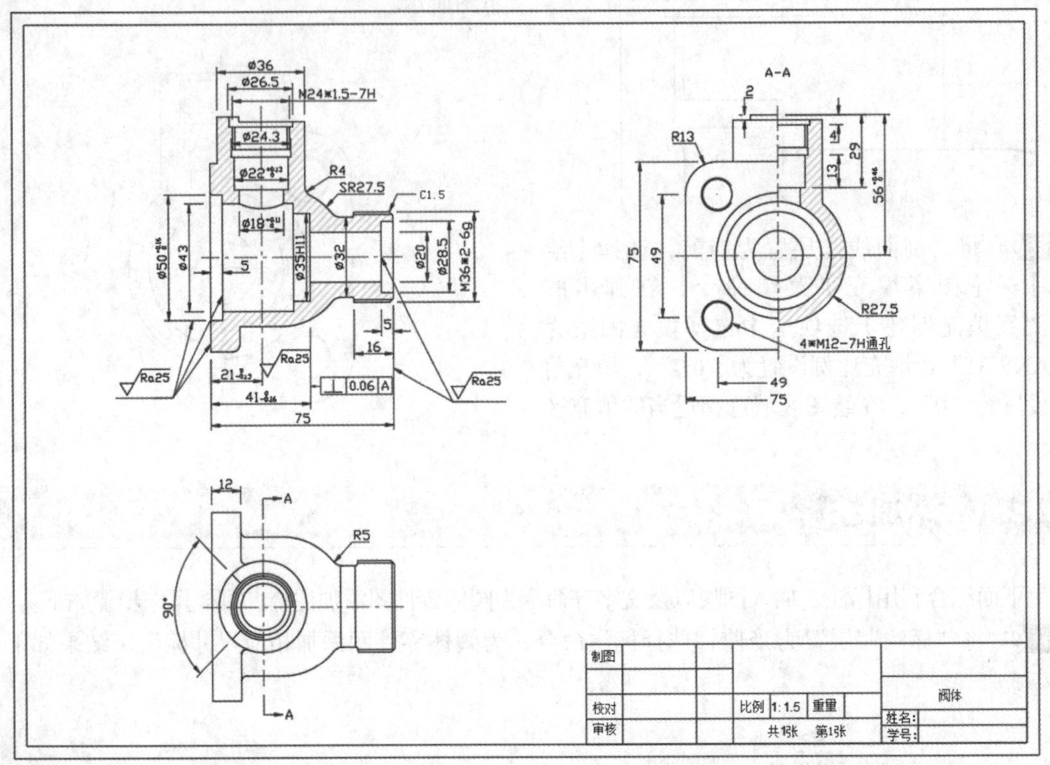

步骤 03 将“文字”层置为当前，选择【绘图】➤【文字】➤【多行文字】菜单命令，文字样式选择“机械样式2”，文字高度设置为“5”，输入适当的文字内容，结果如下图所示。

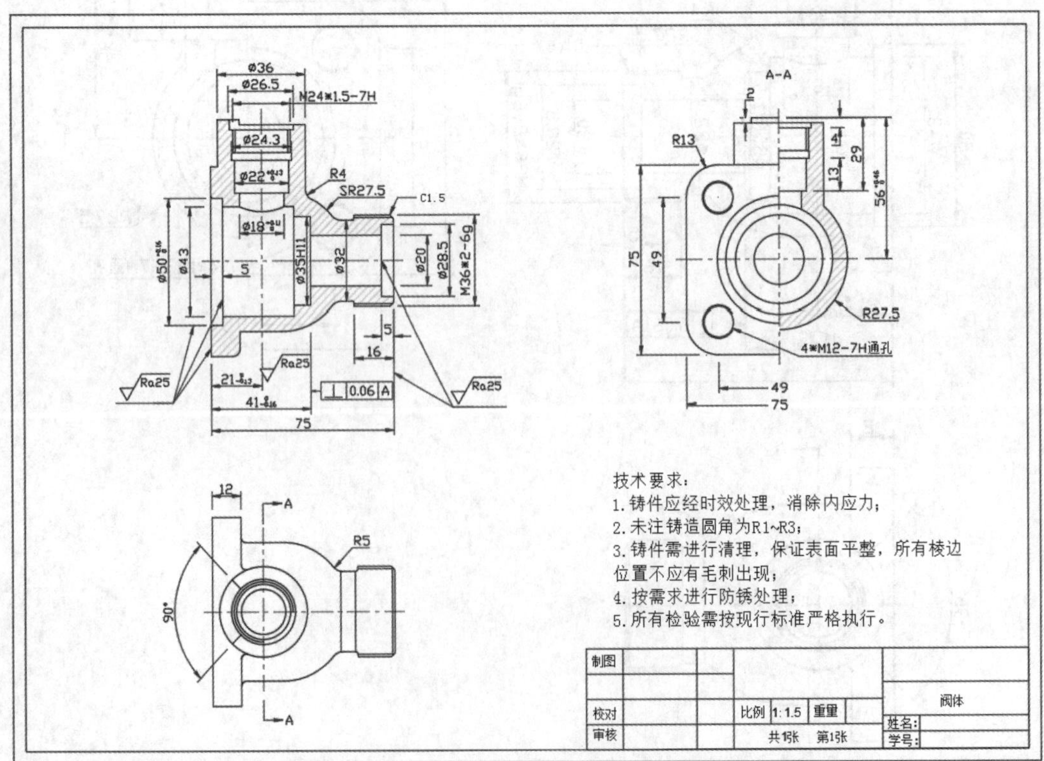

21.2 齿轮泵装配图绘制

在手工绘图中，绘制装配图是一项复杂麻烦的工作，而用CAD绘制装配图就容易得多，因为没有必要重画零件的各个视图，用户只要将先前画好的零件图做成块，在画装配图时插入这些图块，再进行适当修改即可。

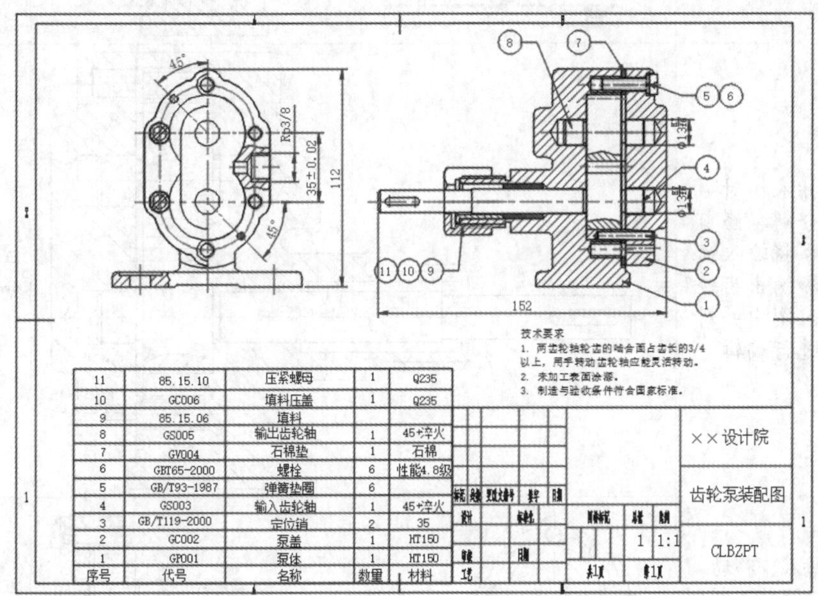

21.2.1 齿轮泵装配图的绘制思路

齿轮泵装配图主要使用主视图和左视图来表达组成齿轮泵的各个零件，CAD绘制装配图与手工绘制有很大不同，CAD绘制装配图，可以先将已有的零件图做成图块，然后根据装配关系调用相应的图块进行装配，最后再通过编辑命令对装配图进行修改完善。装配图的具体绘制思路如下表所示。

序号	绘图方法	结果	备注
1	通过建立图层、创建写块创建零件库		创建零件图库的目的是为了后面的调用和管理

续表

序号	绘图方法	结果	备注
2	利用插入、移动、分解、修剪等命令将装配图的主要部件泵体、泵盖等插入图形中并进行修改	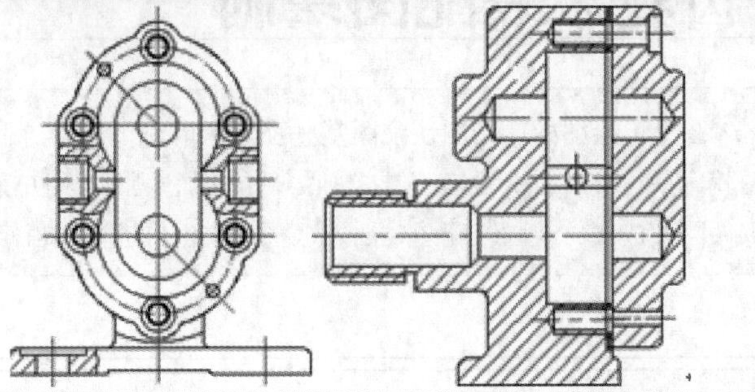	选取图形的特征点进行移动
3	利用插入、对齐、分解、修剪等命令将输入齿轮轴和输出齿轮轴插入图中并对图形进行编辑	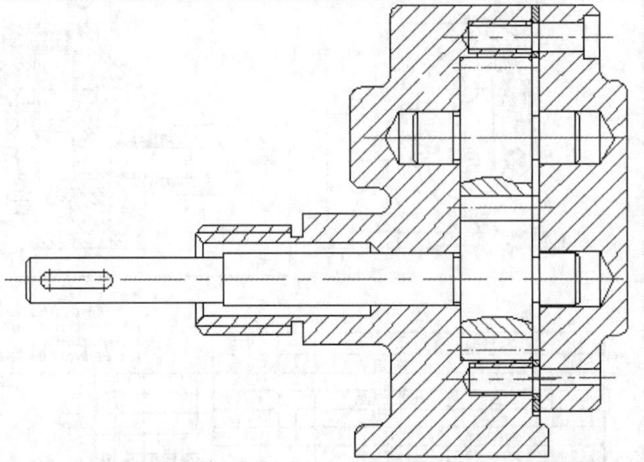	注意对齐命令的应用
4	利用插入、移动、分解、修剪等命令将其他定位销、螺母、螺钉等紧固件插入图形中并进行编辑	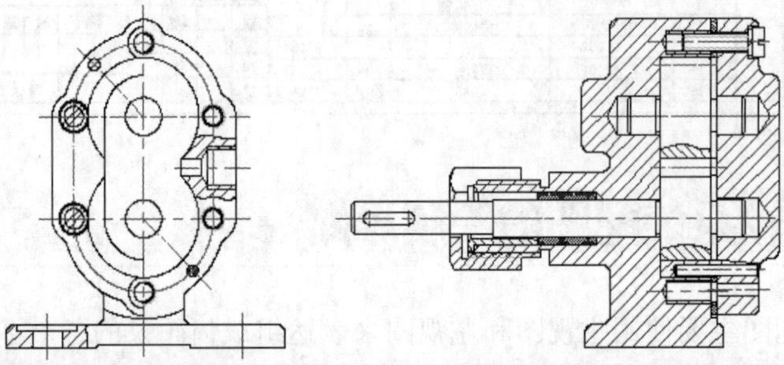	注意利用对象捕捉追踪来精确定位图形的插入位置
5	利用标注、多重引线、文字和表格等命令给装配图添加标注、零件编号、明细栏和技术要求	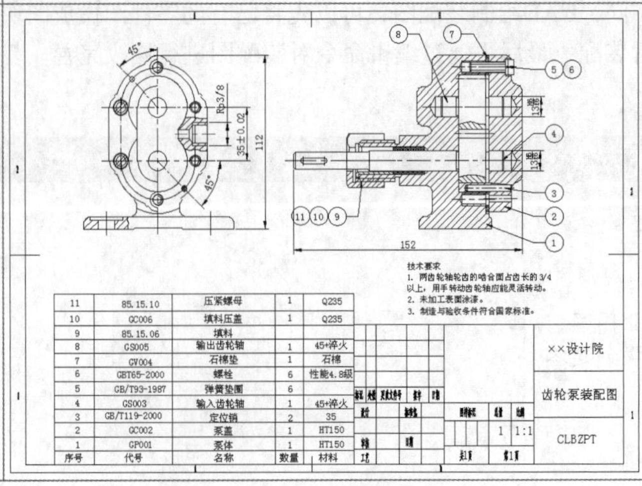	注意多重引线和插入表格时的设置

21.2.2 建立零件图图库

在装配之前，先建立相应的零件图库，然后根据装配关系，直接调用这些零件图库里的零件进行装配即可。具体操作步骤如下。

步骤01 新建一个文件夹，命名为“齿轮泵零件图及装配图”，然后打开随书附带的“齿轮泵零件图”文件夹中的“泵体”图形文件，如下图所示。

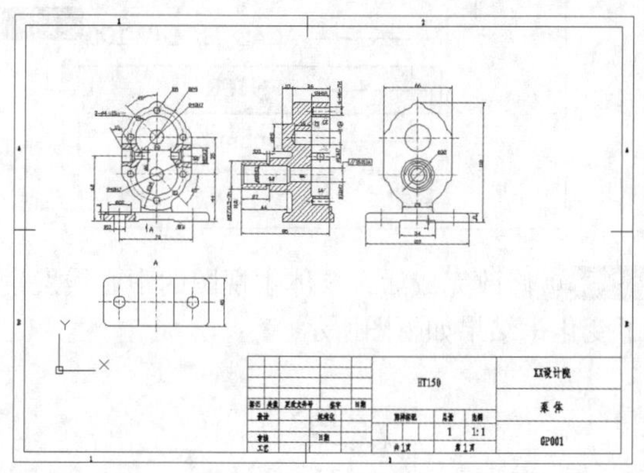

步骤02 选择【格式】➤【图层】菜单命令，弹出【图层特性管理器】对话框，单击按钮，创建两个新图层，分别命名为“泵体主视图”和“泵体左视图”，如下图所示。

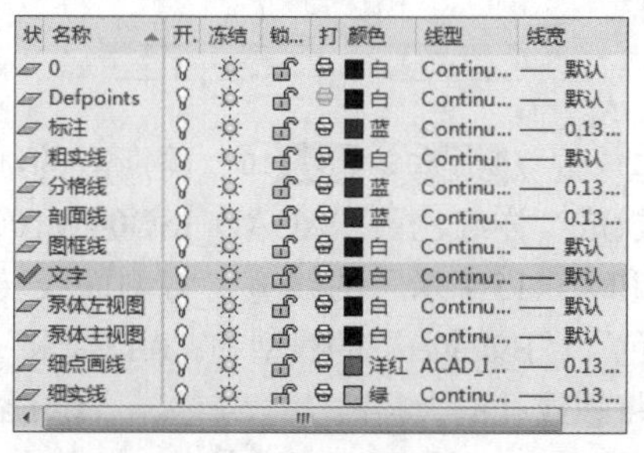

名称	颜色	线型	线宽
0	白	Continu...	默认
Defpoints	白	Continu...	默认
标注	蓝	Continu...	0.13...
粗实线	白	Continu...	默认
分格线	蓝	Continu...	0.13...
剖面线	蓝	Continu...	0.13...
图框线	白	Continu...	默认
文字	白	Continu...	默认
泵体左视图	白	Continu...	默认
泵体主视图	白	Continu...	默认
细点画线	洋红	ACAD_I...	0.13...
细实线	绿	Continu...	0.13...

步骤03 关闭【图层特性管理器】，返回绘图窗口，将标注内容删除。选中整个主视图，如下图所示。

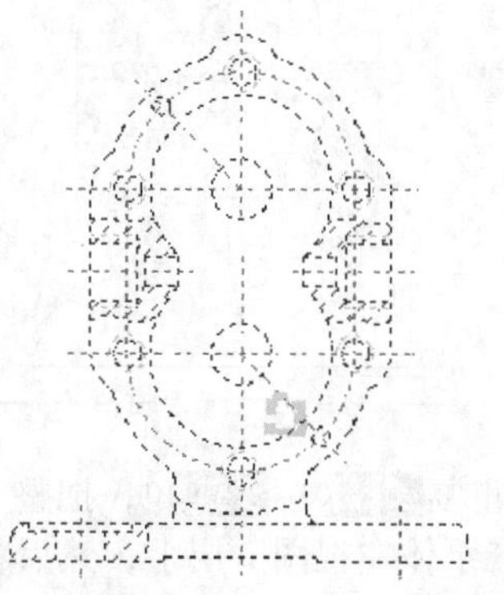

步骤04 单击【默认】选项卡➤【图层】面板中的图层下拉列表，选择“泵体主视图”，如下图所示。

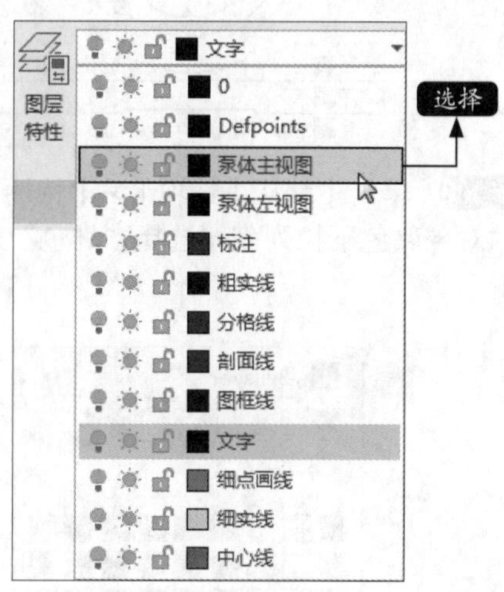

> **小提示**
>
> 将每个视图都放在单一的图层下，便于后面装配时对图形进行修改。装配后对图形进行修改时只需将不修改的零件的相应视图层关闭，将要修改的零件的视图分解后进行修改即可。

步骤05 将整个主视图都放置到“泵体主视图”图层后，结果如下图所示。

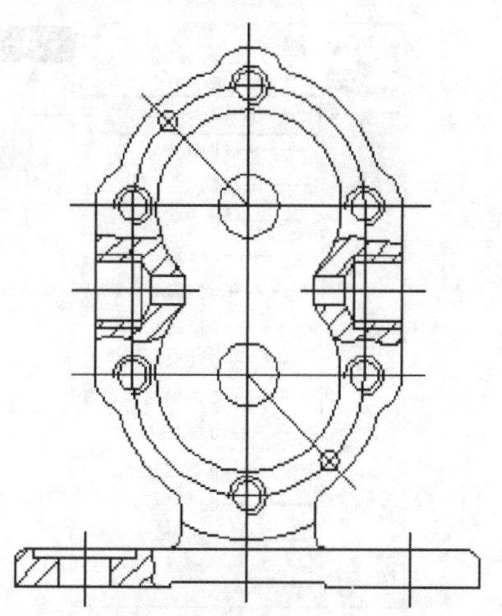

步骤06 选择主视图中的中心线，如下页图所示。

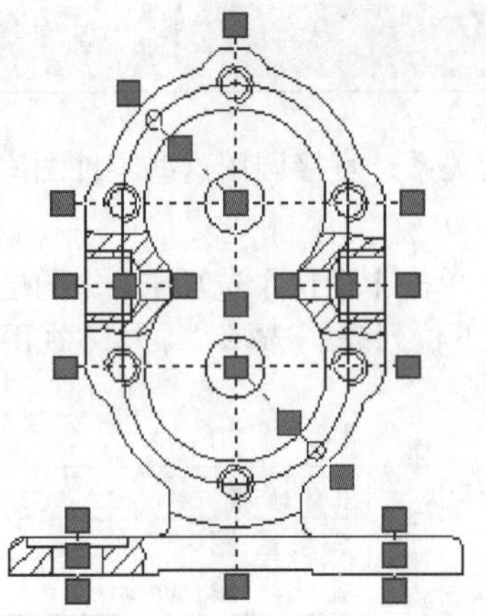

步骤07 单击【默认】选项卡➤【特性】面板中的对象颜色下拉列表，选择“红色”，如下图所示。

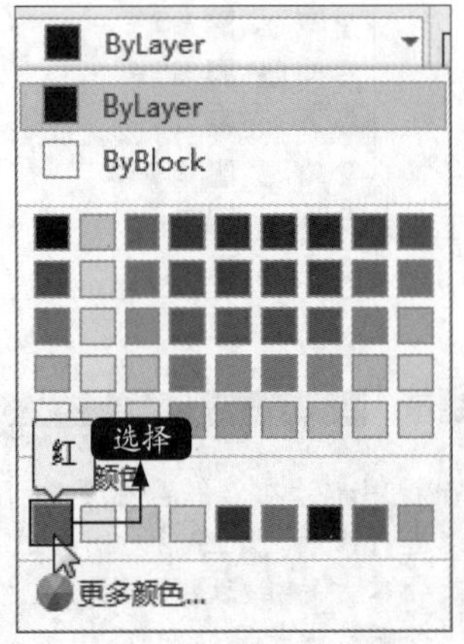

步骤08 单击【默认】选项卡➤【特性】面板中的对象线宽下拉列表，选择“0.15毫米”，如下图所示。

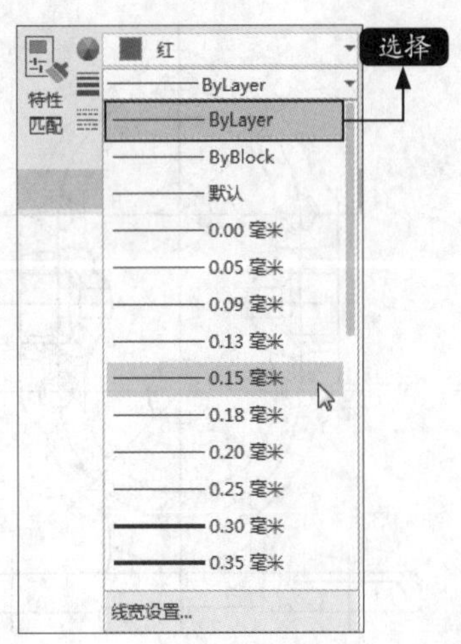

步骤09 单击【默认】选项卡➤【特性】面板中的对象线型下拉列表，选择“CENTER”，如下图所示。

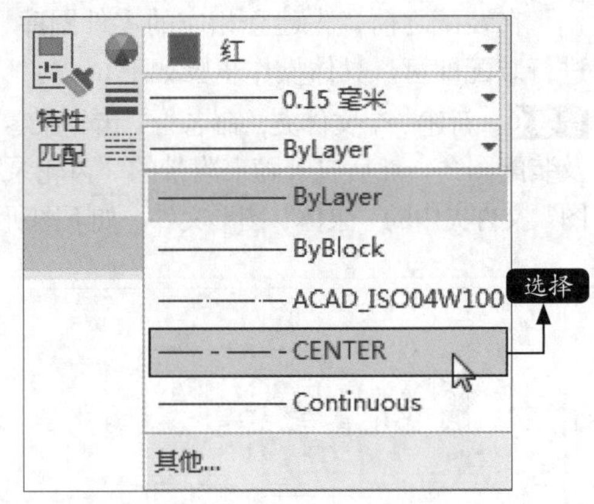

步骤10 修改完成后，泵体主视图的中心线发生了变化，结果如下图所示。

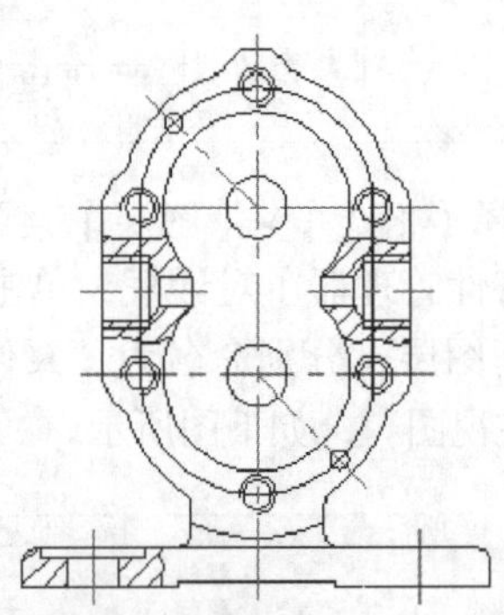

步骤11 重复步骤06~步骤10，将所有的细点画线转换成“洋红色”“ACAD_ISO04W100”的线型和“0.15毫米”的线宽，将剖面线转换成“蓝色”“ByLayer”的线型和“0.15毫米”的线宽，将螺纹孔的大径改为“绿色”“ByLayer”的线型和“0.15毫米”的线宽。

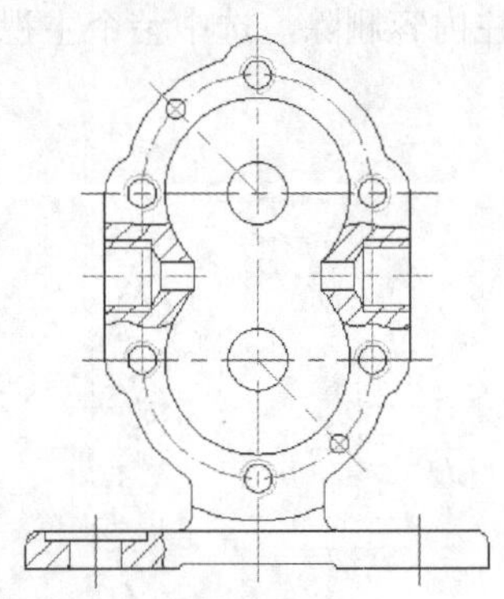

步骤12 重复步骤03~步骤10，把整个左视图都放置到“泵体左视图”层上，然后将中心线、

剖面线等进行相应的修改。

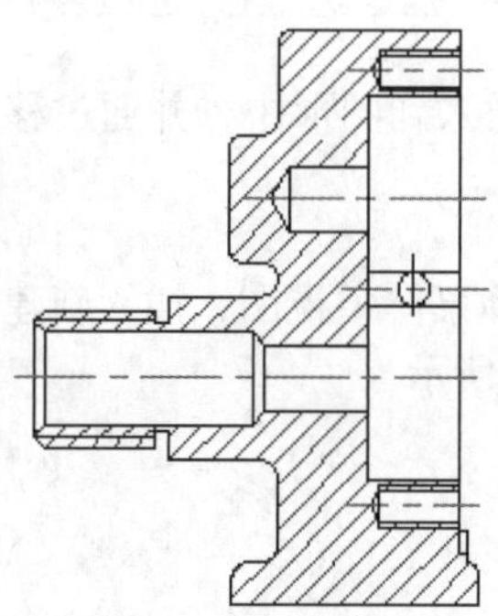

小提示

将图层的特性进行相应的修改，是为了便于观察图形。这种修改对象特性的方法，既改变对象的特性又不改变对象的图层，便于后面装配时操作。

步骤13 在命令行输入“WBLOCK（或W）”，弹出【写块】对话框，如下图所示。

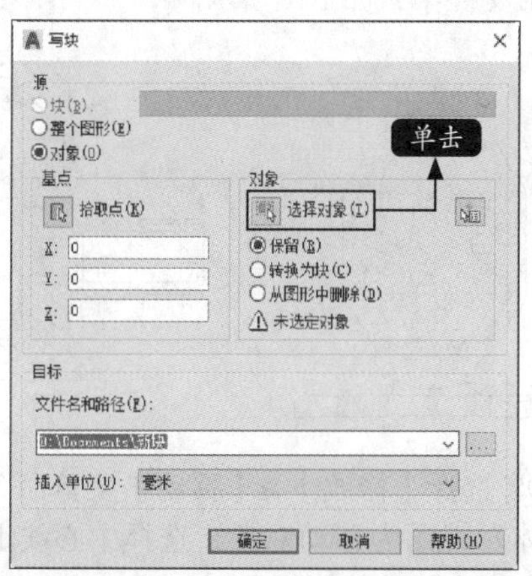

步骤14 单击“选择对象”按钮，然后选择主视图，再单击拾取点，然后选择主视图底边中点，如下图所示。

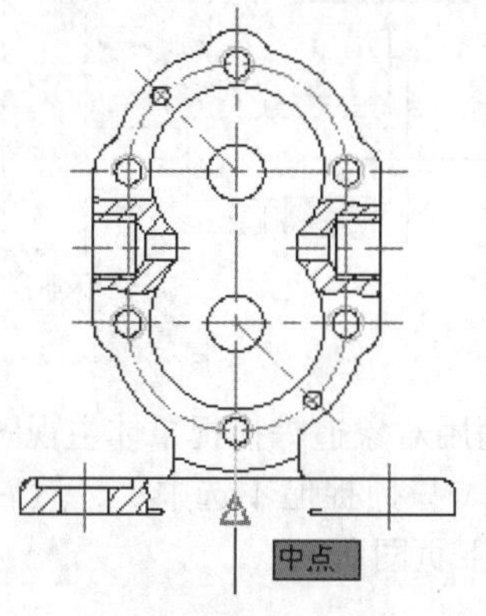

步骤15 单击“文件名和路径”后面的按钮，选择图块的保存路径，将创建的图块保存到步骤01新建的“齿轮泵零件图及装配图”文件夹中，并命名为“泵体主视图”。

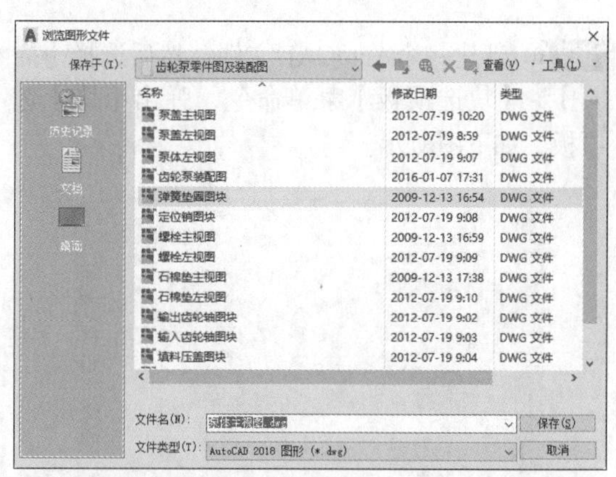

步骤16 单击保存即可将创建的图块保存到相应的文件夹中，然后再单击关闭【写块】对话框。重复步骤13~步骤15把左视图也创建成块，并命名为“泵体左视图”。

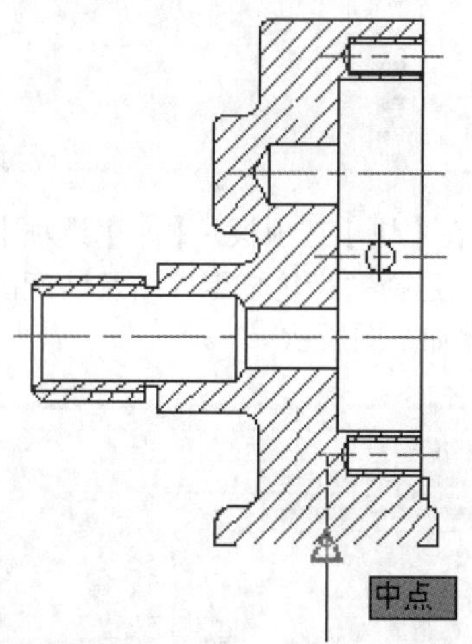

小提示

参照泵体图块的创建方法，继续创建其他零件图的图块，并将创建的图块保存到新建的文件夹中。图块创建完毕后，将“泵体”图形文件关闭，并且不保存对象。

21.2.3 插入装配零件图块

零件图库创建完成后，即可通过插入命令，将零件图块插入到图形中，并通过移动等命令对图形进行组合。

步骤01 新建一个AutoCAD文件，然后选择【插入】➤【块选项板】菜单命令，弹出【块】选项板，如下图所示。

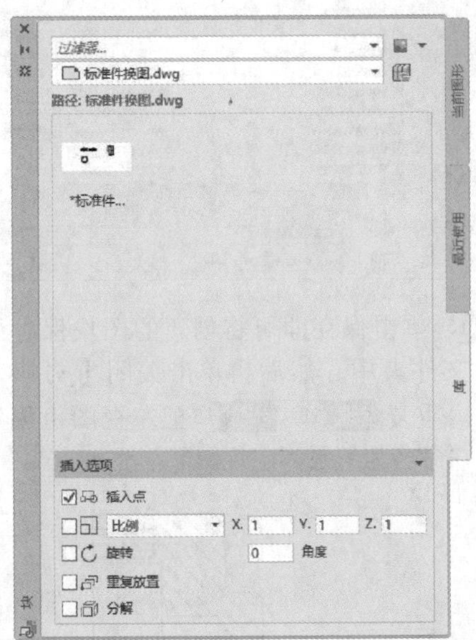

步骤02 在【块】选项板➤【库】选项卡中单击按钮，选择“齿轮泵零件图及装配图”文件夹，结果如下图所示。

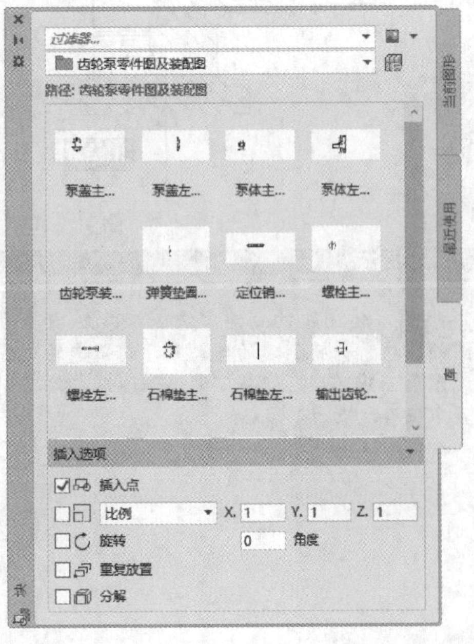

步骤03 选择泵体主视图，插入新建的图形文件中，如下图所示。

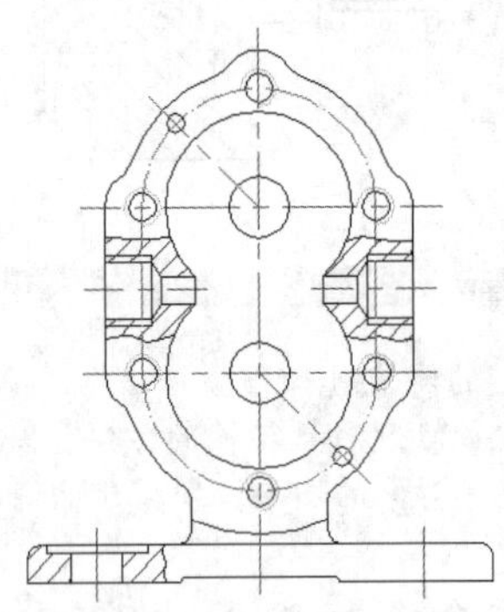

步骤04 重复步骤03，将泵体左视图也插入新建的图形文件中，如下图所示。

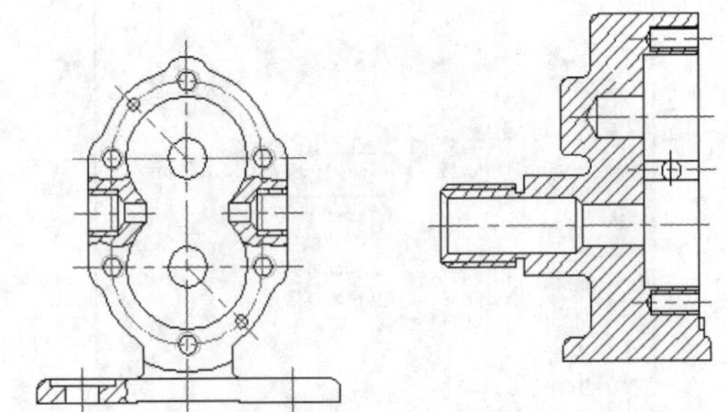

步骤05 选择【修改】➤【移动】菜单命令，选择泵体左视图为移动对象，选择中心线上的一个端点作为移动的第一点。

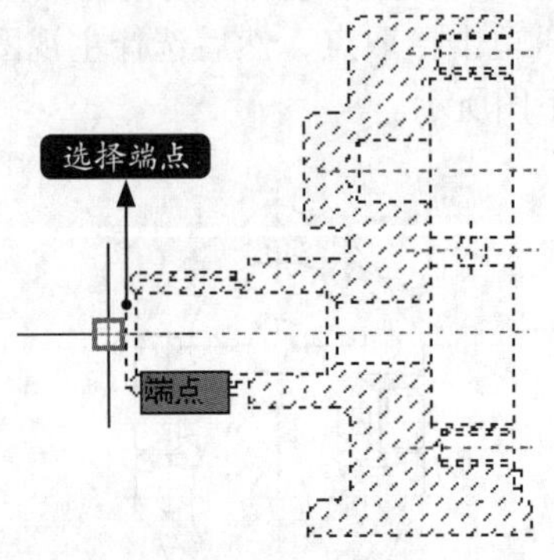

步骤06 利用对象追踪捕捉泵体主视图中心线的一个端点（只捕捉但不选中），然后水平拖动鼠标，如下页图所示。

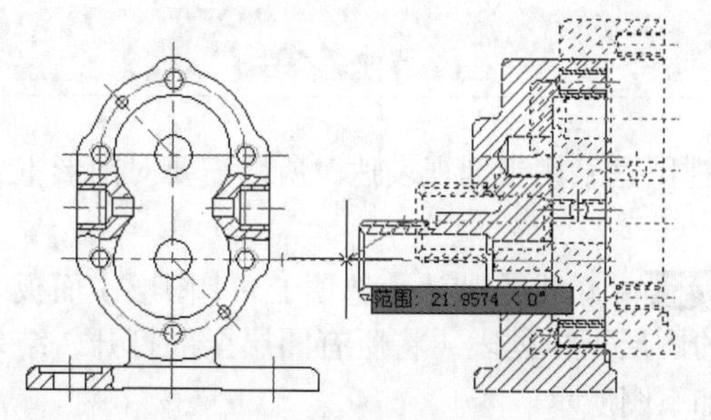

步骤07 在合适的位置单击鼠标，保证左视图与主视图等高对照，结果如下图所示。

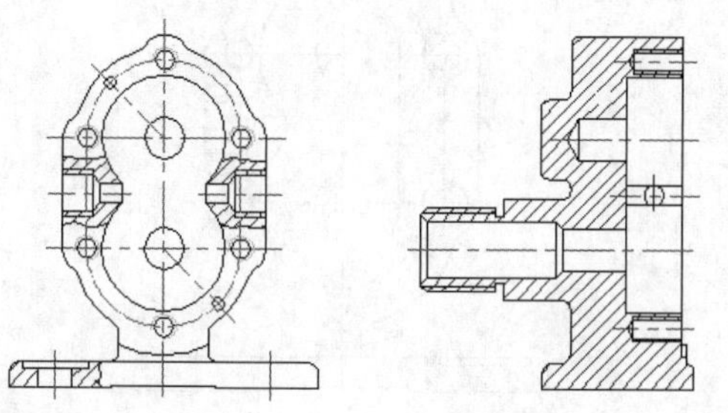

步骤08 重复步骤03，将石棉垫的主视图和左视图也插入图形中，如下图所示。

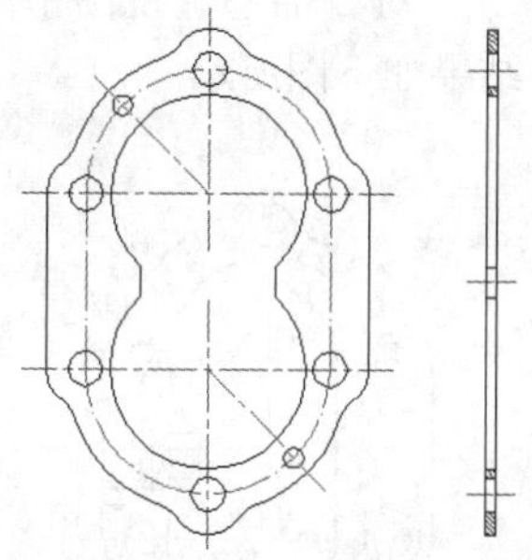

步骤09 选择【修改】➤【移动】菜单命令，选择石棉垫主视图为移动对象，将它移动到泵体主视图上，结果如下图所示。

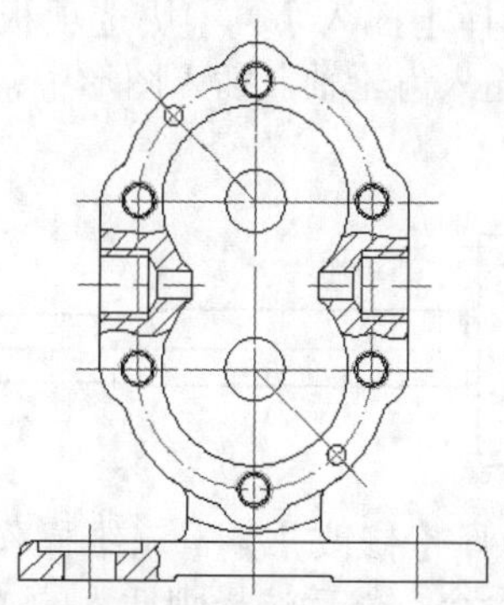

步骤10 重复步骤09，将石棉垫左视图移动到泵体左视图上，结果如右上图所示。

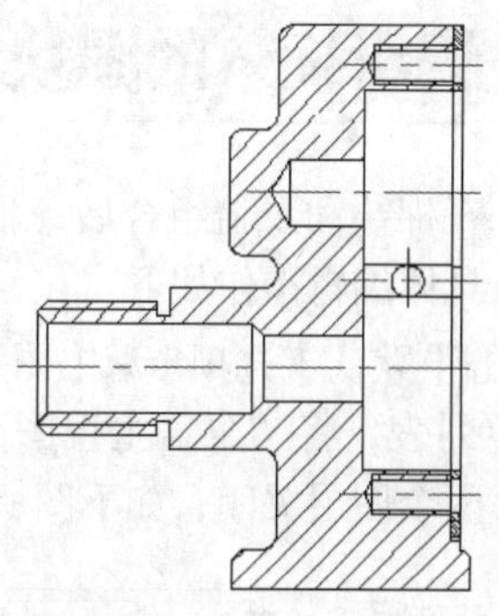

步骤11 重复步骤03，将“泵盖的主视图”和“泵盖左视图”也插入该图形文件中，结果如下图所示。

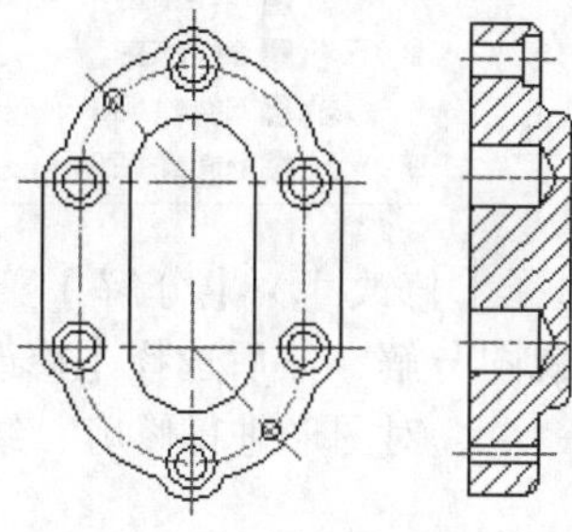

步骤12 选择【修改】➤【移动】菜单命令，将泵盖主视图移动到泵体主视图上，结果如下图所示。

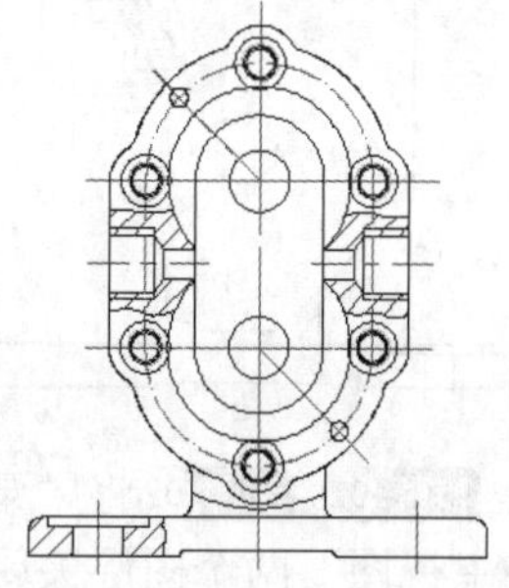

步骤13 选择【修改】➤【移动】菜单命令，将泵盖左视图移动到泵体左视图上，结果如下图所示。

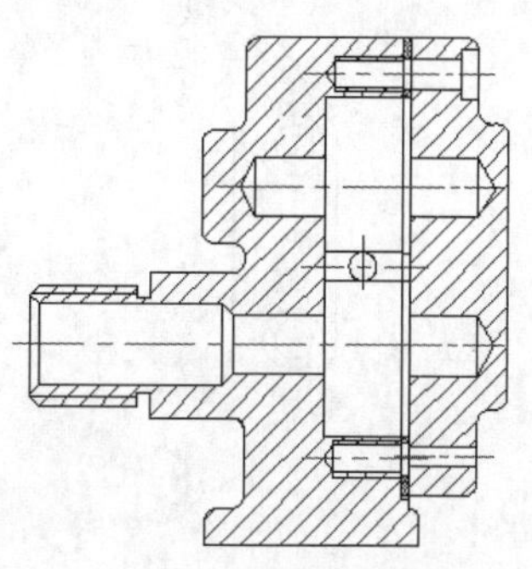

21.2.4 编辑插入的图块

泵体、石棉垫和泵盖组合后，根据图形特点主视图宜采用半剖视表达，所以需要对图形重新进行编辑。具体编辑操作如下。

步骤01 单击【默认】选项卡➤【图层】面板中的图层下拉列表，将“泵盖主视图”和“石棉垫主视图”两个图层关闭，如下图所示。

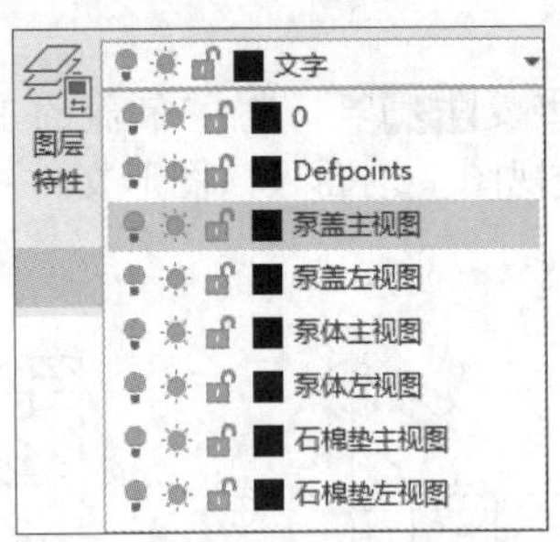

步骤02 选择【修改】➤【分解】菜单命令，将泵体主视图分解，然后选择【修改】➤【修剪】菜单命令，对图形进行修剪，结果如下图所示。

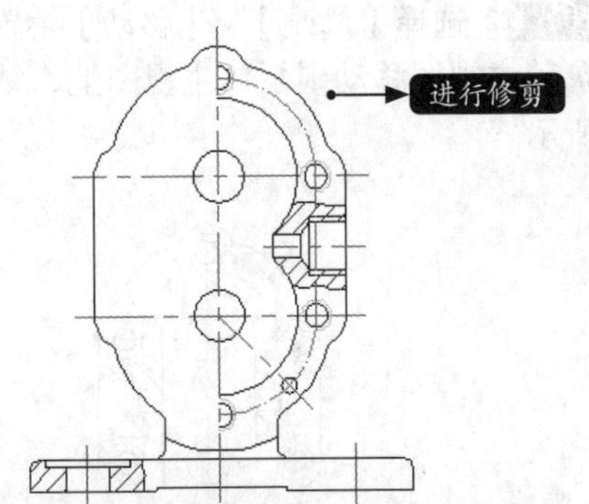

步骤03 重复步骤01~步骤02将“泵体主视图”和“石棉垫主视图”两个图层关闭，将“泵盖主视图”打开。将“泵盖主视图”分解和修剪后，结果如下图所示。

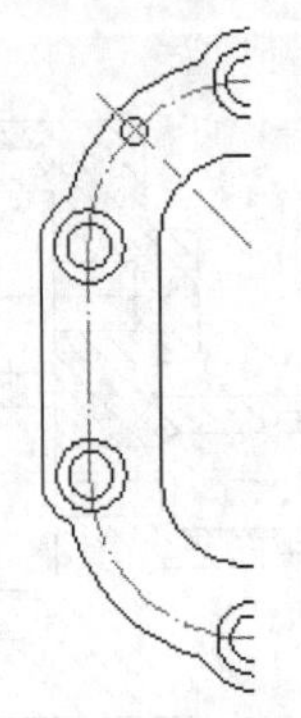

步骤04 单击【默认】选项卡➤【图层】面板中的图层下拉列表，将所有图层全部打开，结果如下图所示。

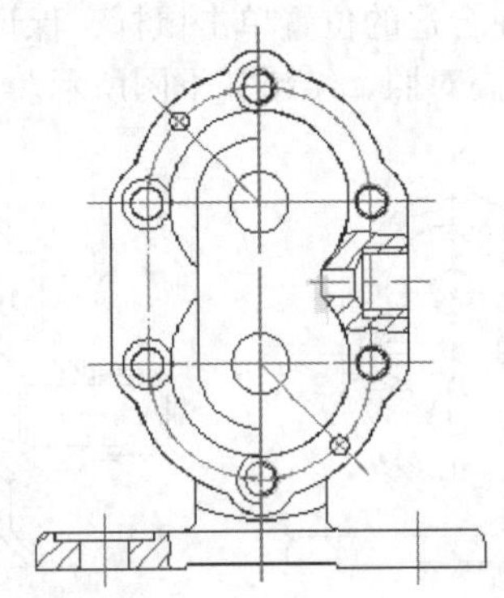

步骤05 选择【修改】➤【分解】菜单命令，将石棉垫主视图分解，然后选择【修改】➤【修剪】菜单命令，对石棉垫主视图中多余的对象进行修剪，结果如下图所示。

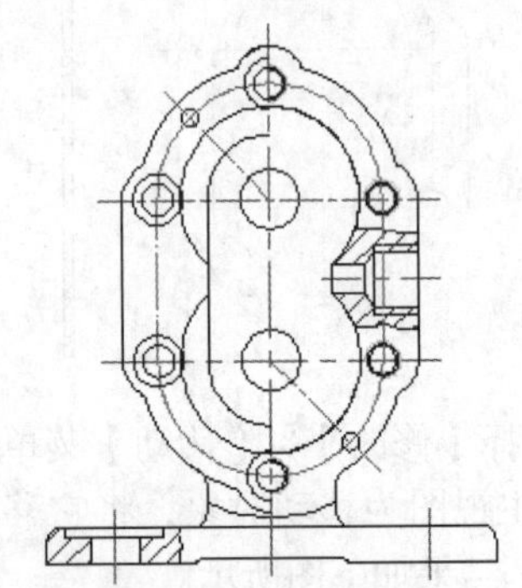

步骤06 选择【插入】➤【块选项板】菜单命令，将“输入齿轮轴”插入图形中，结果如下图所示。

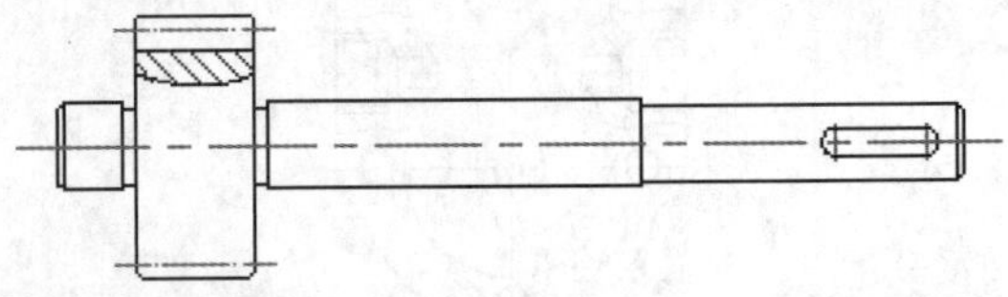

步骤07 选择【修改】➤【三维操作】➤【对齐】菜单命令，然后选择刚插入的“输入齿轮轴”为对齐对象，并捕捉图中中点作为第一个源点，如下页图所示。

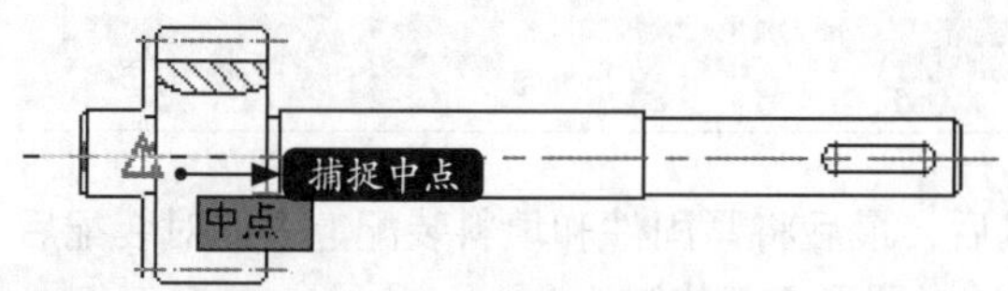

步骤08 捕捉图中的交点作为第一个目标点，如下图所示。

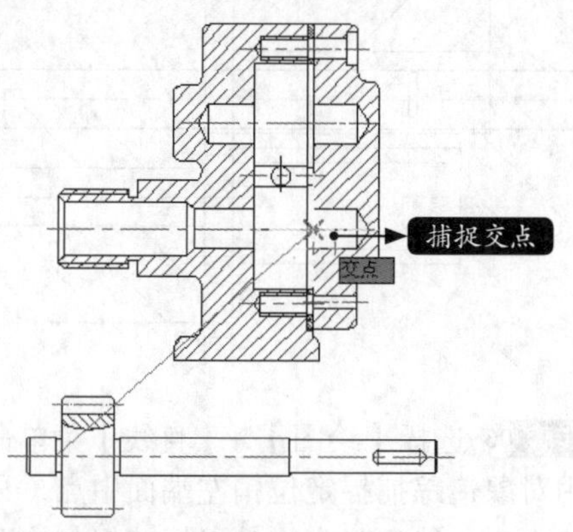

步骤09 重复步骤07~步骤08，继续选择第二个源点和目标点，如下图所示。

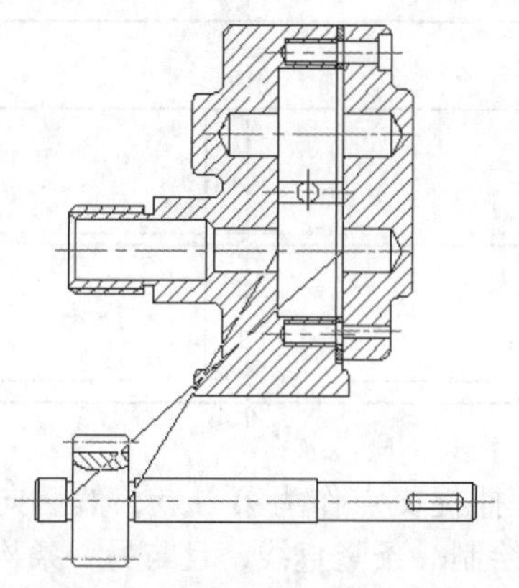

步骤10 当命令行提示指定第三个源点时按【Enter】键结束源点选择，当命令行提示是否缩放对象时选择“N（否）”，结果如下图所示。

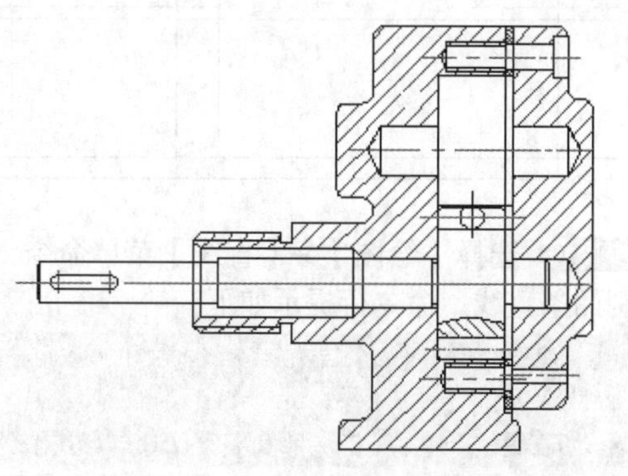

步骤11 选择【修改】➢【分解】菜单命令，将“泵体左视图”分解，然后选择【修改】➢【修剪】菜单命令，将泵体与输入轴相交的部分修剪掉，结果如下图所示。

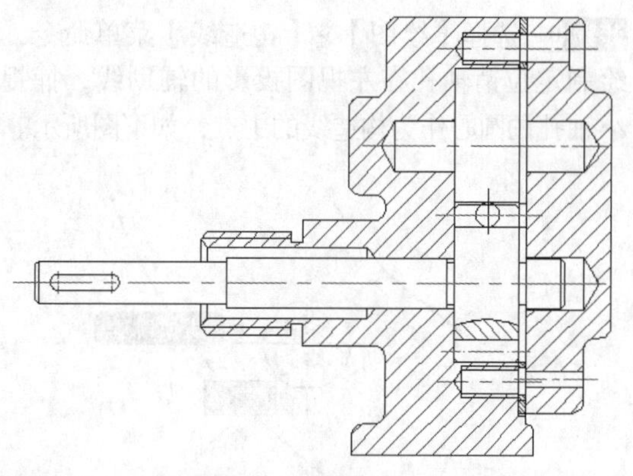

步骤12 重复步骤06~步骤10，将“输出齿轮轴”图块插入图形中，结果如下图所示。

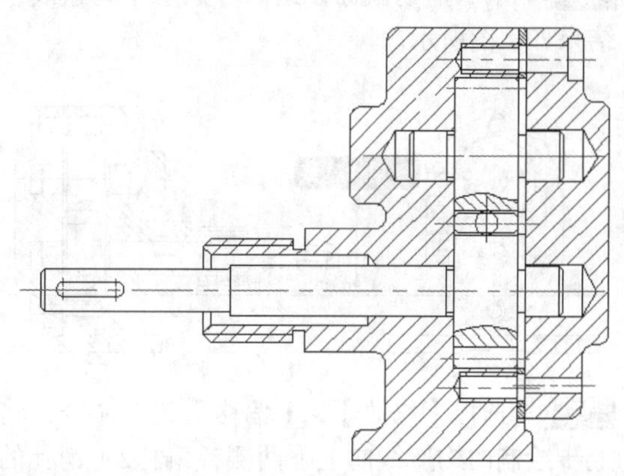

步骤13 选择【修改】➢【分解】菜单命令，将两个齿轮轴分解，然后将两齿轮轴啮合的部分和泵体上被遮挡的部分删除，结果如下图所示。

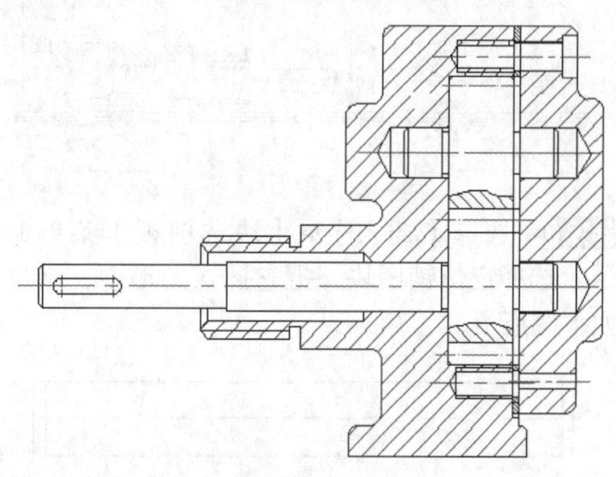

21.2.5 插入定位销

泵体、泵盖、石棉垫、输入和输出轴装配完成后，最后将紧固件和填料装配上去并对装配后的图形进行修整和完善。本节主要介绍插入定位销并对图形重新修整。

步骤 01 选择【绘图】➤【构造线】菜单命令，绘制定位销轴孔在左视图投影的辅助线，捕捉小轴孔的圆心作为构造线的中点，如下图所示。

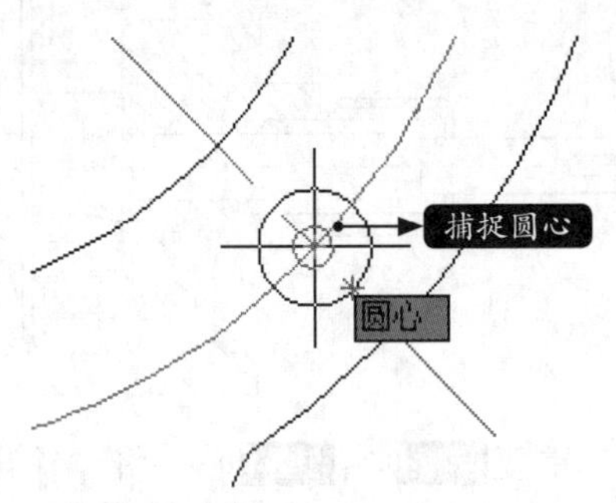

步骤 02 水平拖动鼠标，绘制一条水平构造线，结果如下图所示。

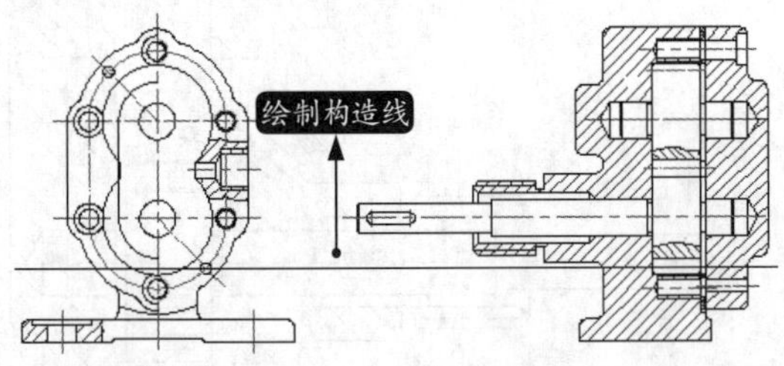

步骤 03 选择【修改】➤【偏移】菜单命令，将上步绘制的构造线向上下两侧各偏移2（销孔的半径），结果如下图所示。

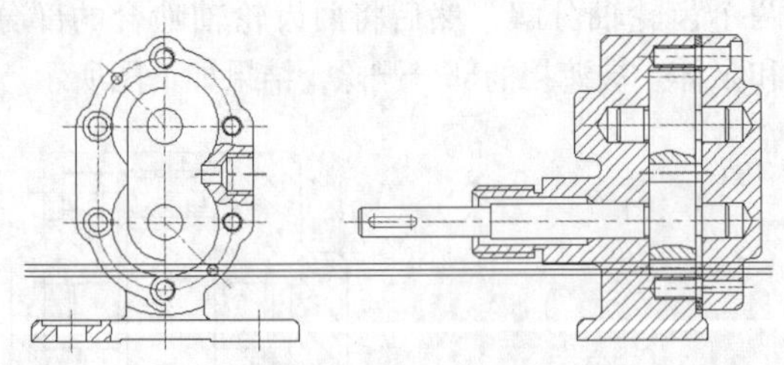

步骤 04 选择【插入】➤【块选项板】菜单命令，选择定位销图块，把它插入图形中，结果如下图所示。

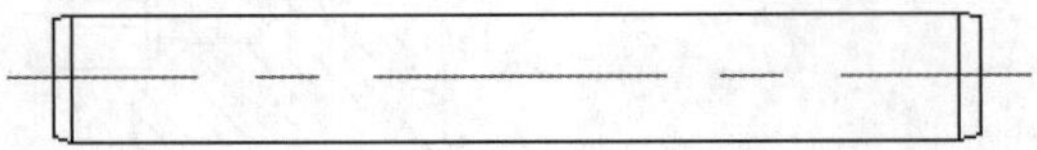

步骤 05 选择【修改】➤【移动】菜单命令，让定位销的中心线与步骤 01绘制的构造线重合，结果如下图所示。

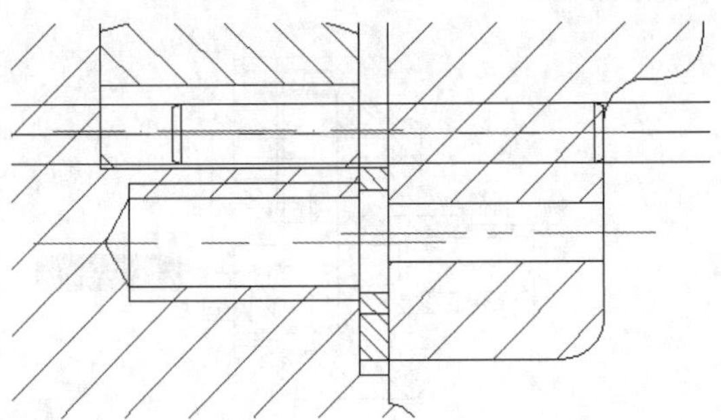

步骤 06 选择【绘图】➤【直线】菜单命令，利用对象追踪捕捉定位销左端面中点（只捕捉不选中），然后竖直拖动鼠标捕捉与构造线的交点，如下图所示。

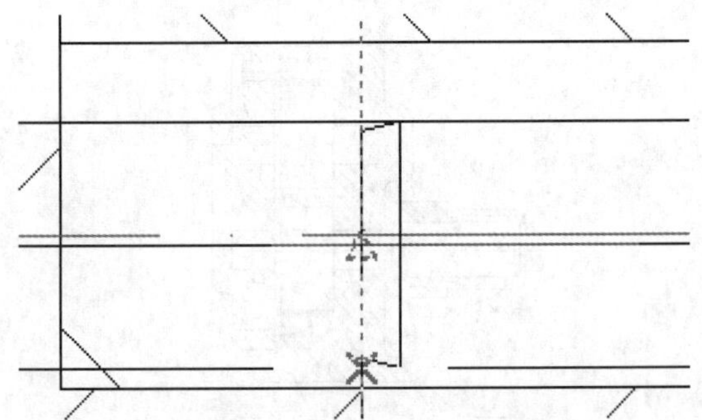

步骤 07 捕捉交点作为第一点，然后向上拖动鼠标，绘制一条竖直线，且与另一条构造线相交，结果如下图所示。

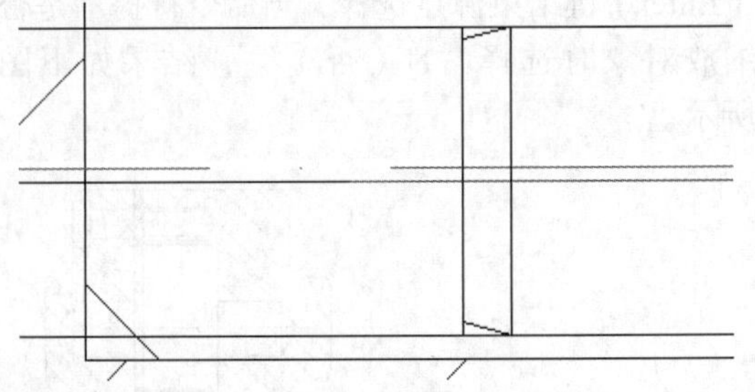

步骤 08 选择【绘图】➤【直线】菜单命令，绘制两条直线，命令行提示如下。

命令：LINE 指定第一个点： // 捕捉下图中 A 点

指定下一点或 [放弃 (U)]: <60 角度替代 :

60
指定下一点或 [放弃 (U)]:
// 拖动鼠标在适当的长度处单击绘制直线 1
指定下一点或 [放弃 (U)]:
// 按【Enter】键结束
命令： LINE　指定第一个点： // 捕捉下图中 B 点
指定下一点或 [放弃 (U)]: <120　角度替代：120
指定下一点或 [放弃 (U)]:
// 拖动鼠标在适当的长度处单击绘制直线 2
指定下一点或 [放弃 (U)]:
// 按【Enter】键结束

两条直线绘制结束后如下图所示。

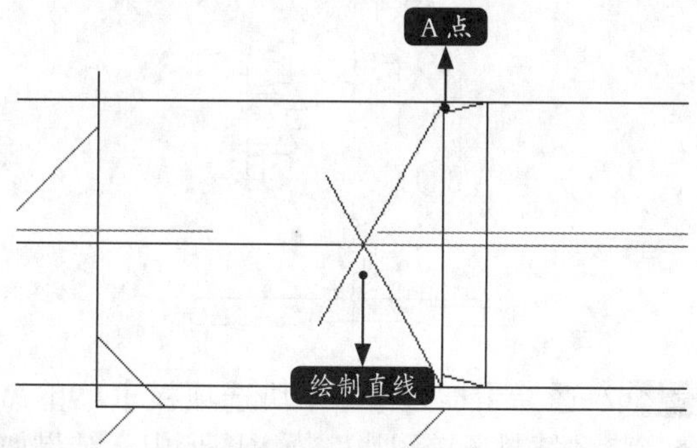

步骤 09 选择【修改】➤【修剪】菜单命令，对绘制的直线和构造线进行修剪，并将多余的线删除，结果如下图所示。

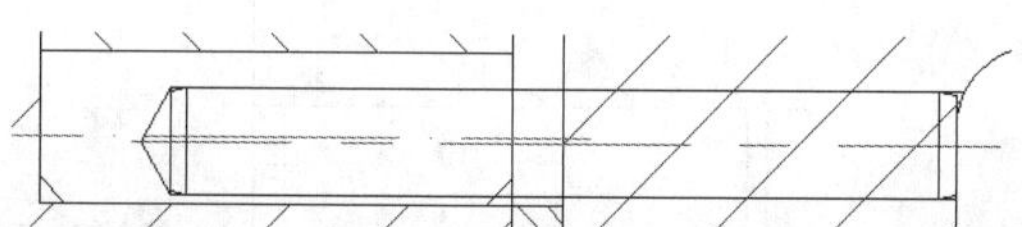

步骤 10 选择【绘图】➤【样条曲线】➤【拟合点】菜单命令，绘制一条样条曲线作为定位销的剖断线，结果如下图所示。

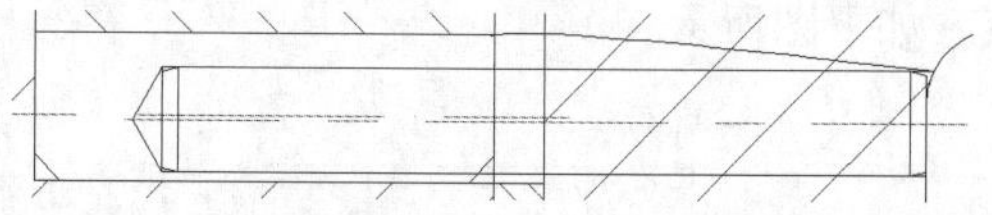

步骤 11 选择【修改】➤【分解】菜单命令，选择泵盖左视图将其分解，然后选择【修改】➤【修剪】菜单命令，把泵盖与定位销重合的地方修剪或删除掉，结果如下图所示。

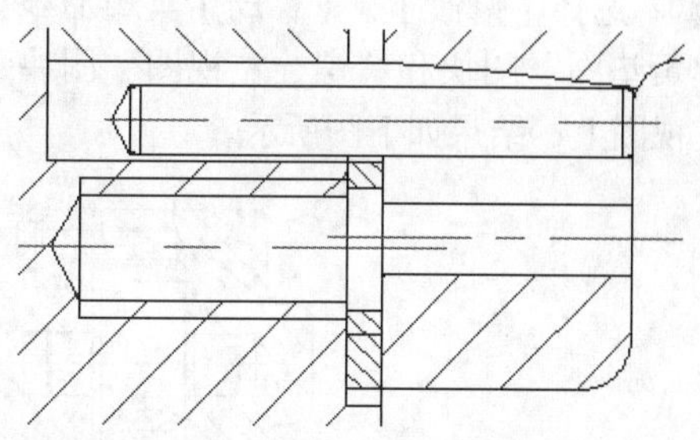

步骤 12 选择【绘图】➤【图案填充】菜单命令，重新对左视图销孔处进行填充，结果如下图所示。

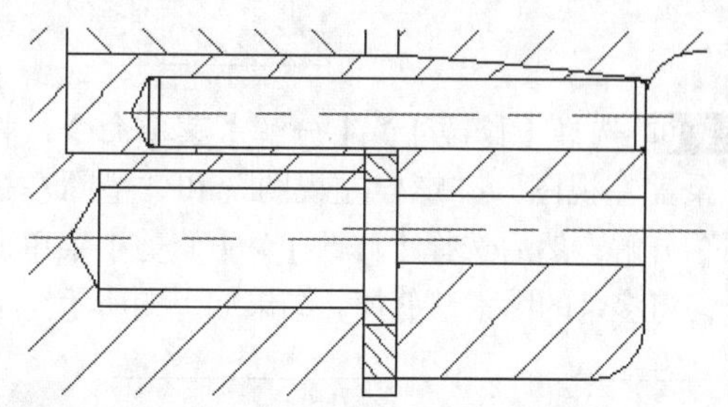

步骤 13 重复步骤 12对销孔主视图的剖切位置进行填充，结果如下图所示。

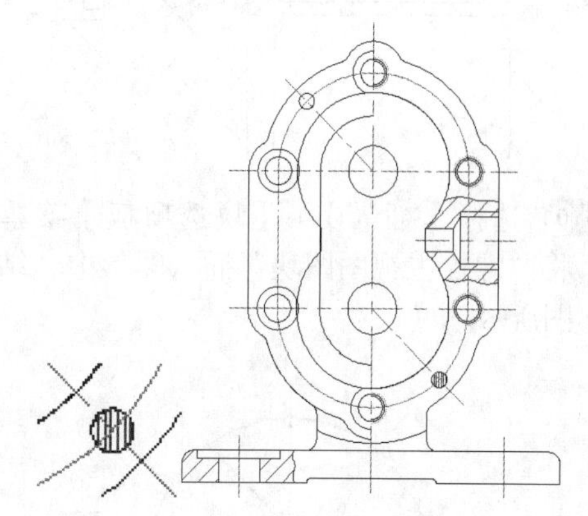

21.2.6 插入紧固件和填料

本节主要是将螺栓、垫片、螺母等紧固件和填料等图块插入装配图中，并对装配后的图形进行修改和完善。

步骤 01 选择【插入】➤【块】选项板菜单命令，将“弹簧垫圈”图块和“螺栓左视图”图块插入图形中，结果如下页图所示。

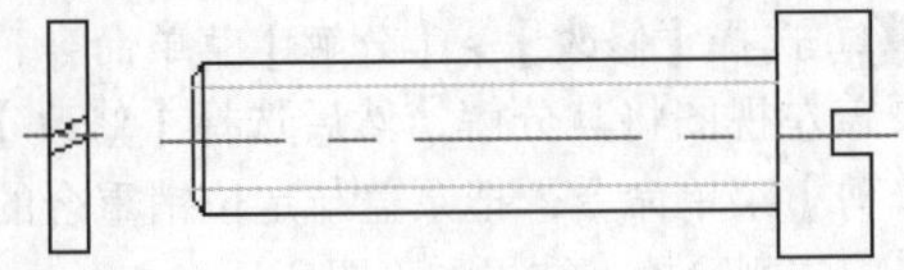

步骤02 选择【修改】➤【移动】菜单命令，将“弹簧垫圈”图块和“螺栓左视图”图块装配到左视图上，结果如下图所示。

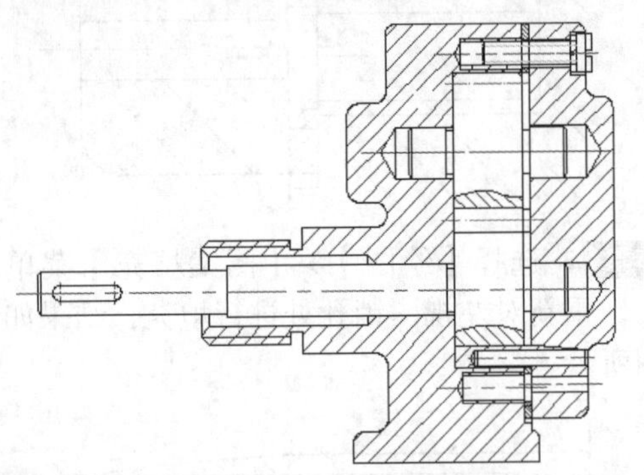

步骤03 选择【修改】➤【分解】菜单命令，将“泵盖左视图”“螺栓左视图”和“垫圈左视图”分解，然后选择【修改】➤【修剪】菜单命令，将多余的图素修剪掉，结果如下图所示。

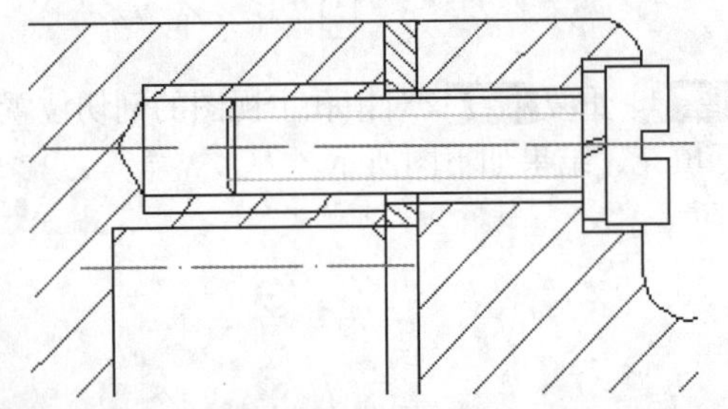

步骤04 选择【插入】➤【块选项板】菜单命令，将“螺栓主视图图块”插入图形中，结果如下图所示。

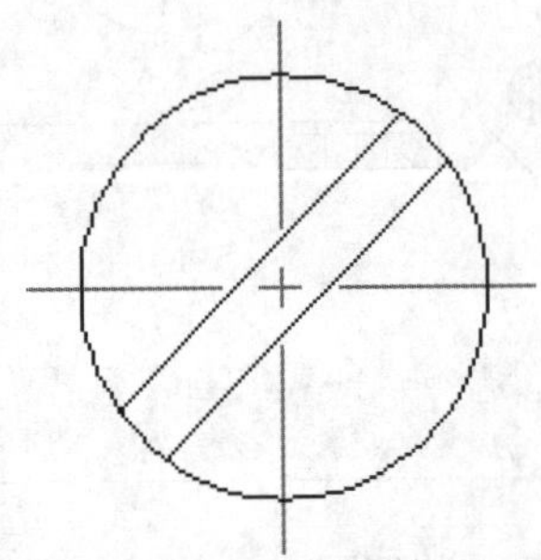

步骤05 选择【修改】➤【移动】菜单命令，将“螺栓主视图图块”移动到装配图的主视图上，结果如右上图所示。

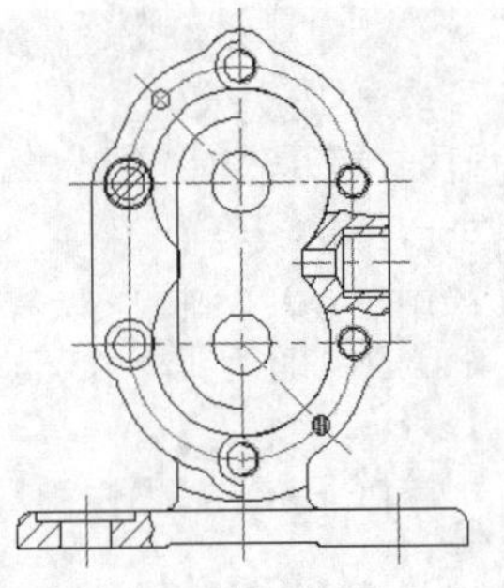

步骤06 选择【修改】➤【复制】菜单命令，把“螺栓主视图图块”复制到装配图的其他位置上，结果如下图所示。

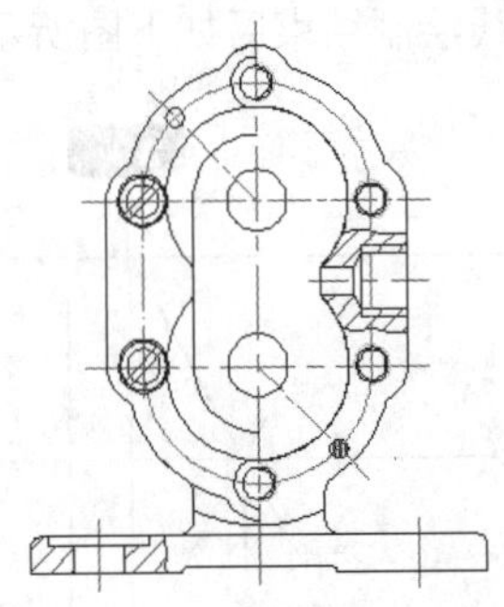

步骤07 选择【插入】➤【块选项板】菜单命令，将“填料压盖图块”插入图形中，结果如下图所示。

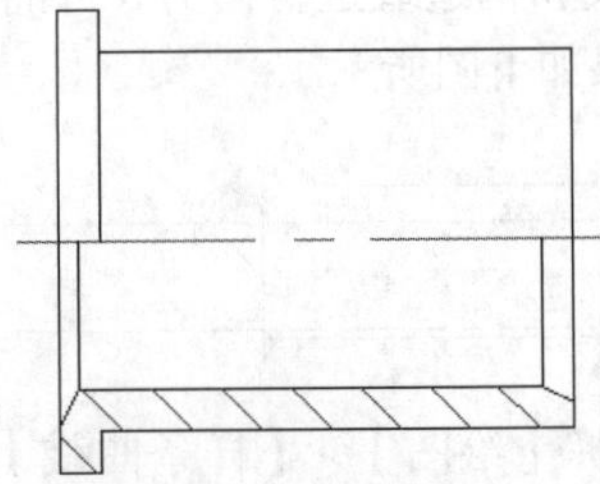

步骤08 选择【修改】➤【移动】菜单命令，选择“填料压盖图块”上的端点作为移动第一点，如下图所示。

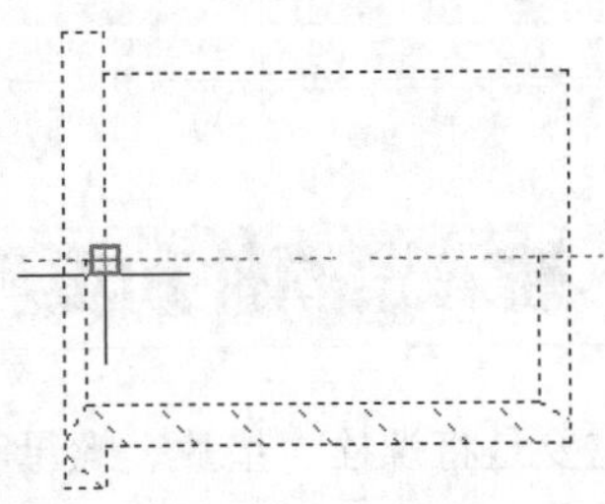

步骤09 通过对象追踪捕捉左视图上泵体左视图最左侧的端点（只捕捉不选中），如下页图所示。

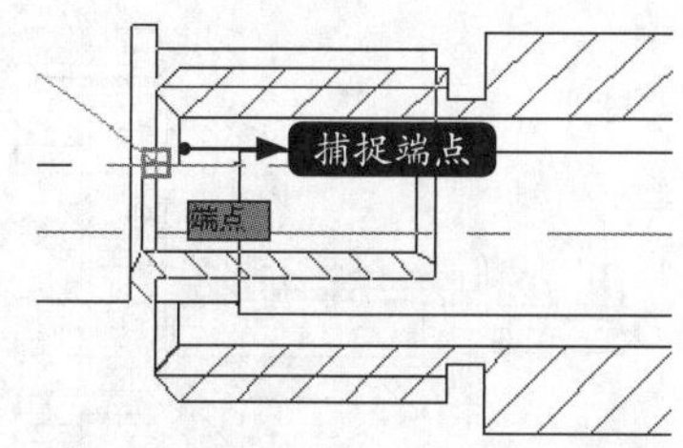

步骤 10 竖直向下拖动鼠标，利用对象追踪捕捉竖直指引线与中心线的交点，如下图所示。

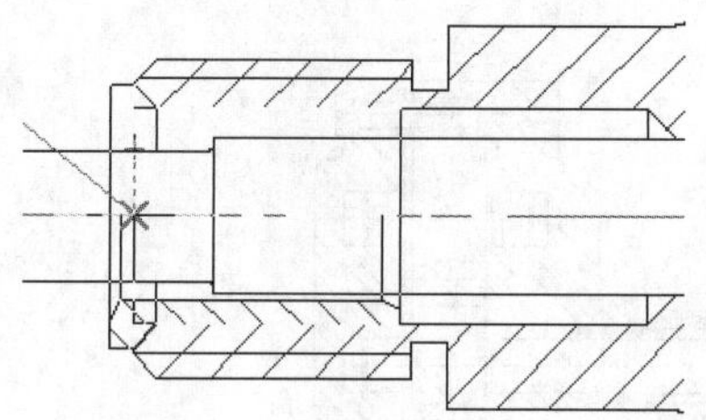

步骤 11 单击鼠标，将“填料压盖图块”插入左视图上，结果如下图所示。

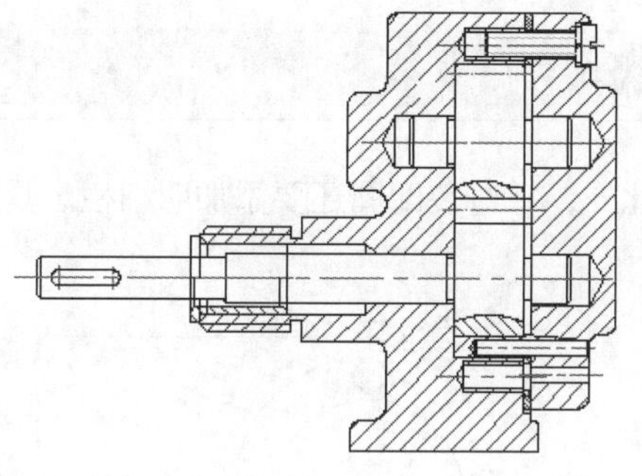

步骤 12 选择【修改】➢【分解】菜单命令，将“填料压盖图块”分解，然后选择【修改】➢【修剪】菜单命令，将遮挡住输入轴的部分修剪掉，结果如下图所示。

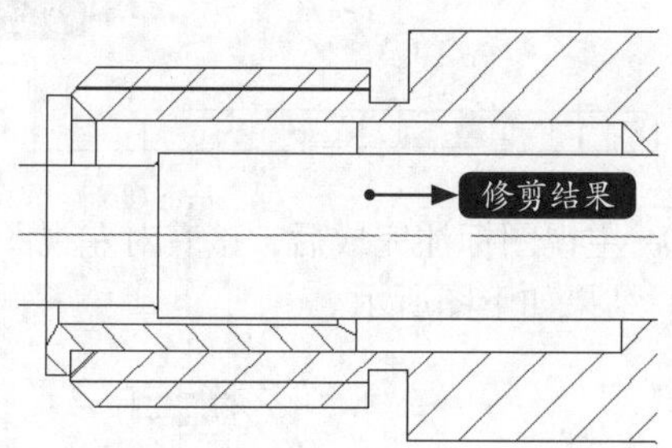

步骤 13 选择【绘图】➢【图案填充】菜单命令，选择“ANSI37”并将比例改为“0.25”，将“泵体”和“输入齿轮轴”之间的间隙填入填料后结果如右上图所示。

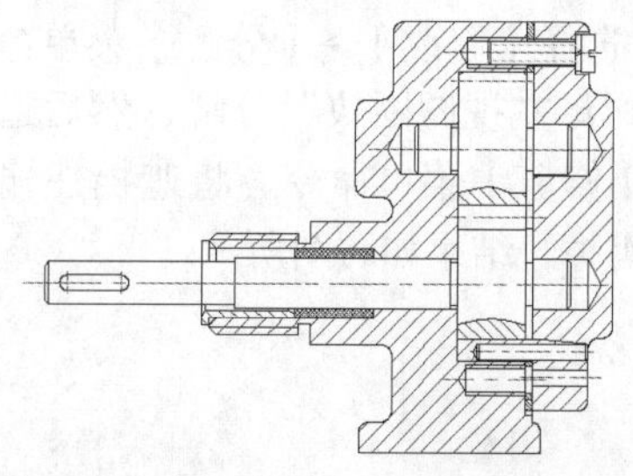

步骤 14 选择【插入】➢【块选项板】菜单命令，将“压紧螺母左视图图块”插入图形中，结果如下图所示。

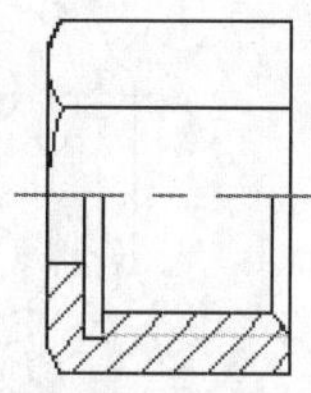

步骤 15 选择【修改】➢【移动】菜单命令，选择“压紧螺母左视图图块”的端点作为移动的第一点，如下图所示。

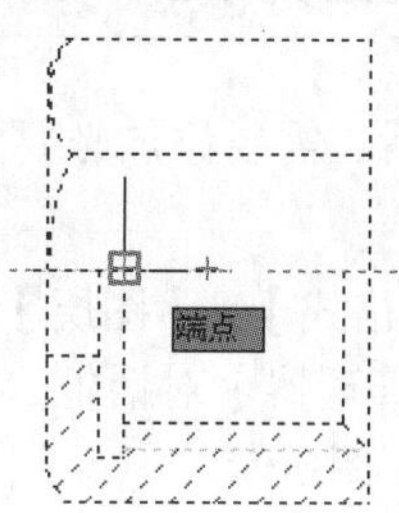

步骤 16 选择装配左视图上的中点作为移动的第二点，如下图所示。

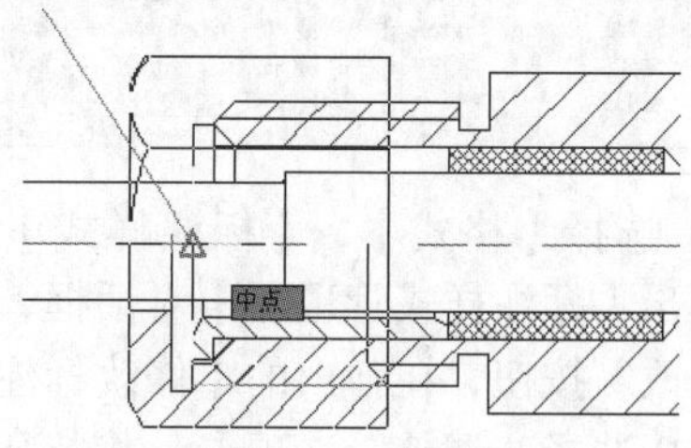

步骤 17 单击鼠标，将“压紧螺母左视图图块”插入装配图的左视图上，结果如下图所示。

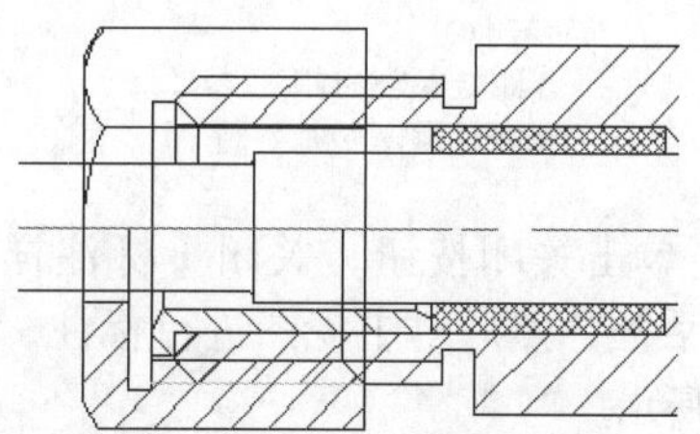

步骤18 选择【修改】➤【分解】菜单命令，将“压紧螺母左视图图块”分解，然后选择【修改】➤【修剪】菜单命令，将遮挡住输入轴的部分修剪掉，结果如右图所示。

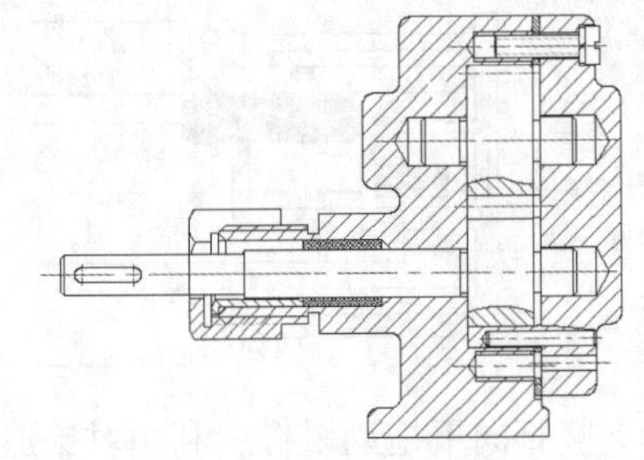

完成后的装配图如下图所示。

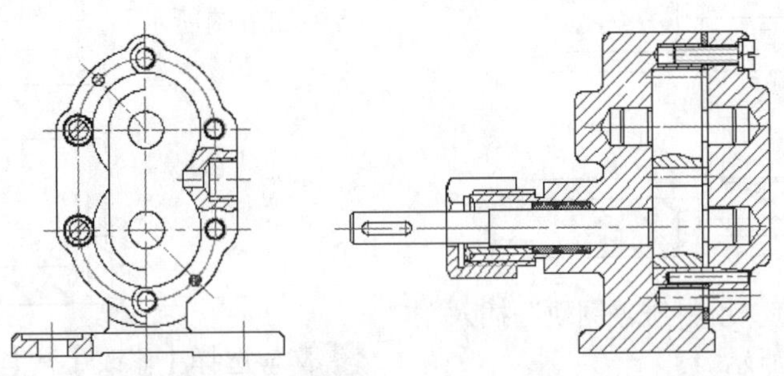

21.2.7 添加标注、明细栏和插入图块

装配完成后，需要添加必要的标注和技术要求。此外，针对装配图还要添加明细栏。具体操作步骤如下。

步骤01 选择【格式】➤【图层】菜单命令，弹出【图层特性管理器】对话框，将“标注”层置为当前，如下图所示。

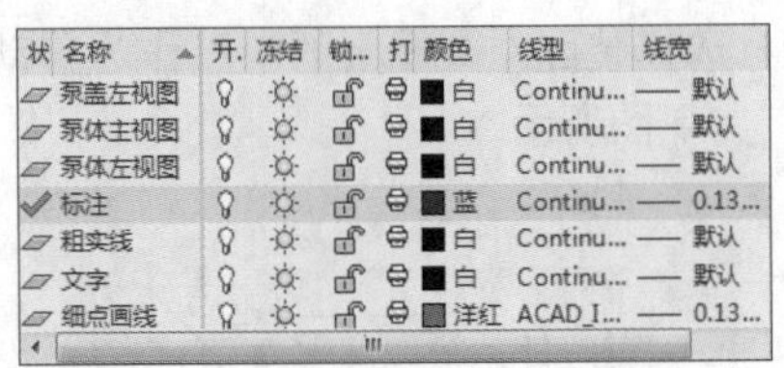

状	名称	开.	冻结	锁...	打	颜色	线型	线宽
	泵盖左视图					白	Continu...	—— 默认
	泵体主视图					白	Continu...	—— 默认
	泵体左视图					白	Continu...	—— 默认
✓	标注					蓝	Continu...	—— 0.13...
	粗实线					白	Continu...	—— 默认
	文字					白	Continu...	—— 默认
	细点画线					洋红	ACAD_I...	—— 0.13...

步骤02 选择【格式】➤【标注样式】菜单命令，弹出【标注样式管理器】对话框，然后单击“修改”按钮，在弹出的【修改标注样式】对话框中选择“调整”选项卡，将特征比例改为2，如下图所示。

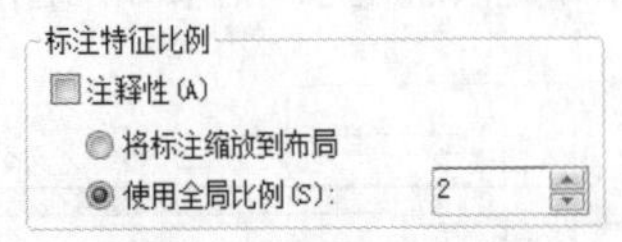

步骤03 单击关闭按钮，关闭【标注样式管理器】对话框，然后对主视图进行标注，结果如右上图所示。

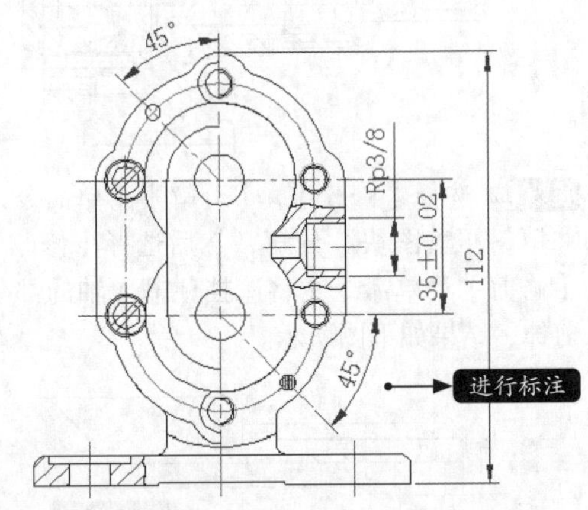

步骤04 主视图标注完成后，接着对左视图进行标注，结果如下图所示。

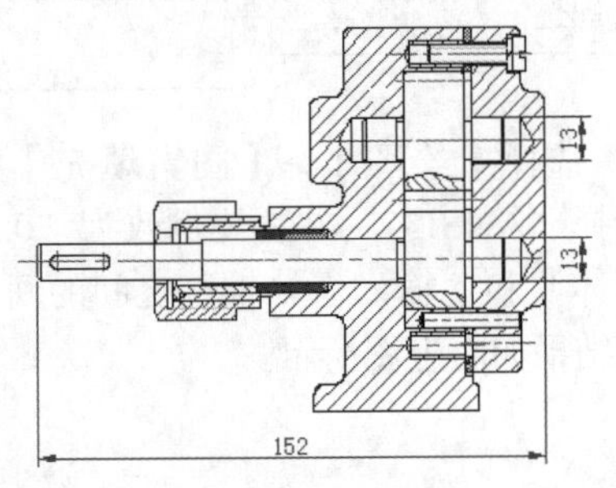

步骤05 选择【修改】➤【对象】➤【文字】➤【编辑】菜单命令，选择上图中标注为13的尺寸，将它修改为“Φ13H7/f6”，如下图所示。

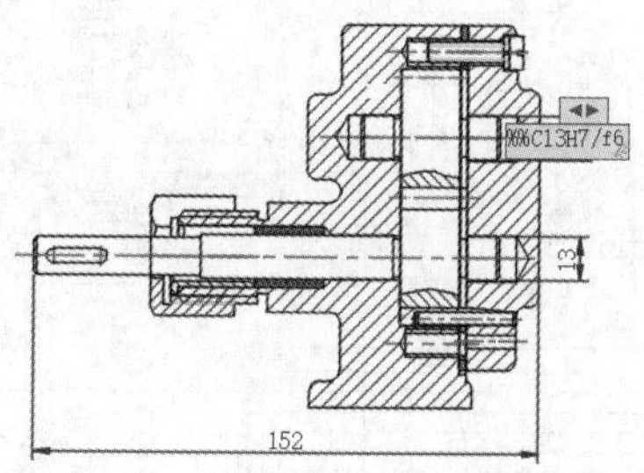

步骤06 选中H7/f6，然后单击右键选择堆叠选项，如下图所示。

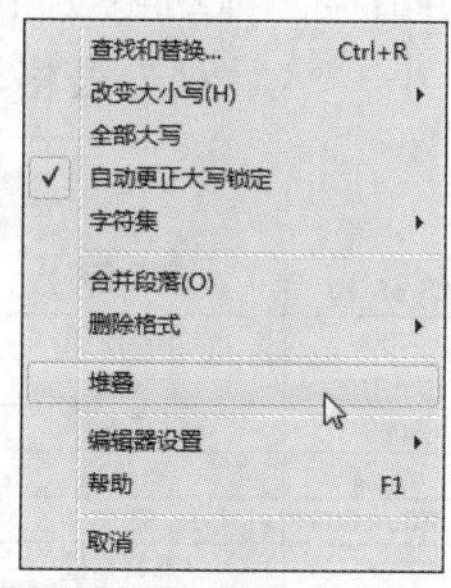

步骤07 重复**步骤04**~**步骤05**，将另一处标注为13的尺寸也修改成公差配合的形式，结果如下图所示。

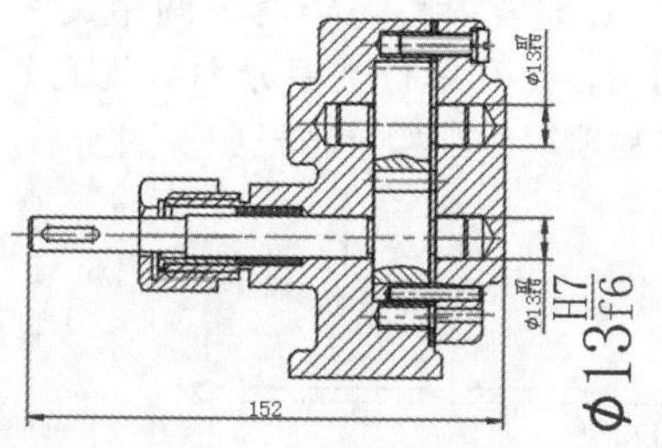

步骤08 选择【格式】➤【多重引线样式】菜单命令，弹出 【多重引线样式管理器】对话框，如下图所示。

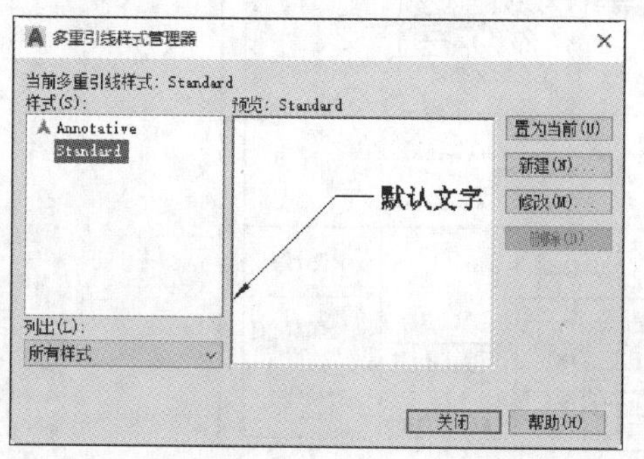

步骤09 单击“修改”按钮，在弹出【修改多重引线样式管理器】对话框中选择“内容”选项卡，对内容选项卡进行如下图所示的修改。

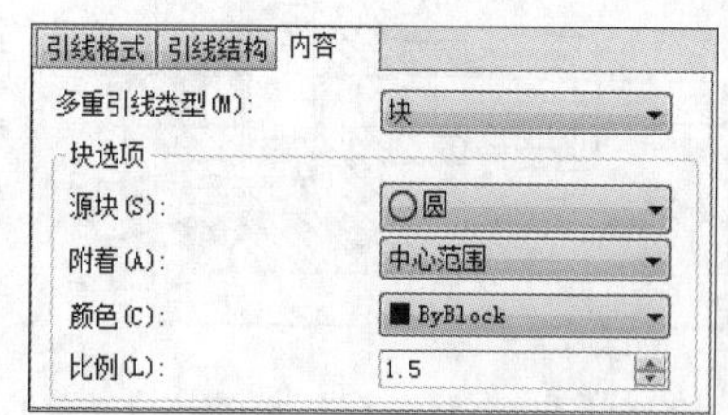

小提示

只有选择“块”时，才可以对多重引线进行合并和对齐操作。

步骤10 单击确定按钮，返回【多重引线样式管理器】对话框后单击“置为当前”按钮，然后关闭对话框。选择【标注】➤【多重引线】菜单命令，添加零件编号，如下图所示。

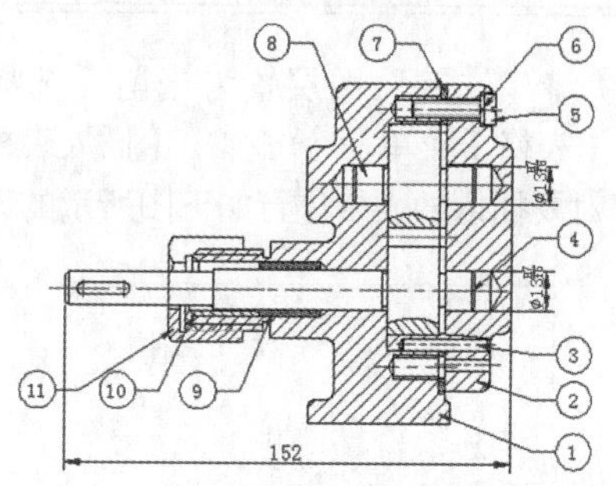

步骤11 选择【修改】➤【对象】➤【多重引线】➤【合并】菜单命令，然后选择编号5和6并将它们合并在一起，结果如下图所示。

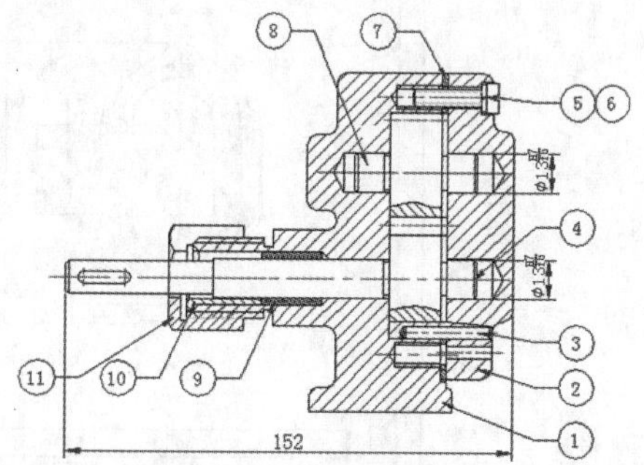

步骤12 重复**步骤11**，将编号为9、10和11的三个零件也合并成一体，结果如下页图所示。

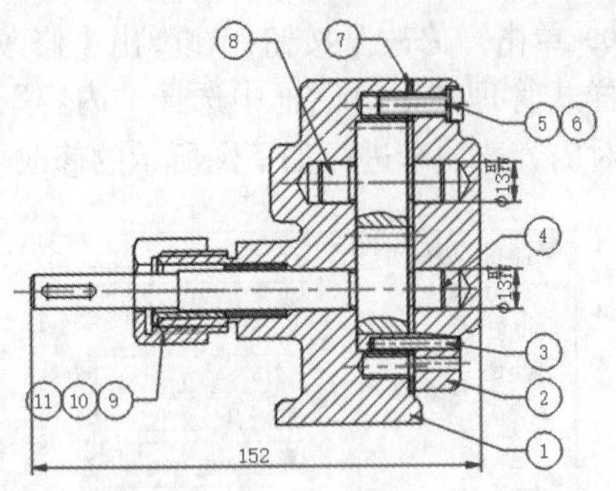

步骤 13 选择【插入】➤【块选项板】菜单命令，将“图框”插入图形中，结果如下图所示。

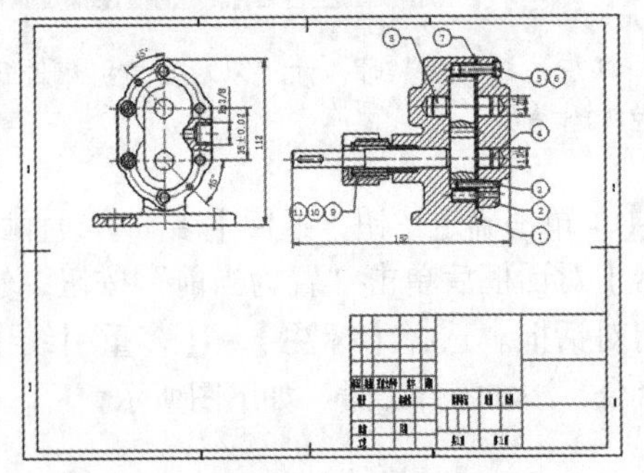

步骤 14 将“文字”图层置为当前，选择【绘图】➤【表格】菜单命令，弹出【插入表格】对话框，对要插入的表格进行如下图所示的设置。

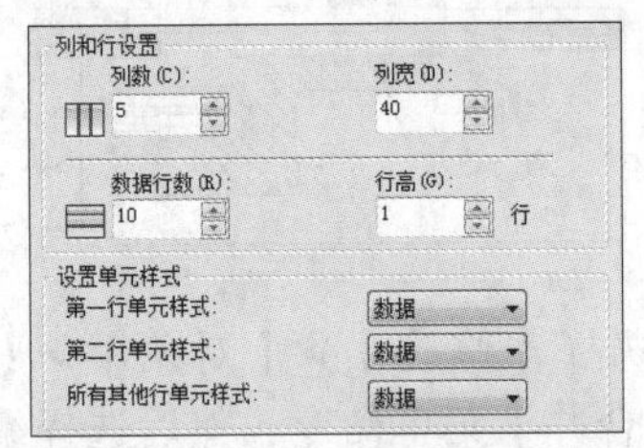

步骤 15 指定合适的位置，将创建的表格插入图框中，结果如下图所示。

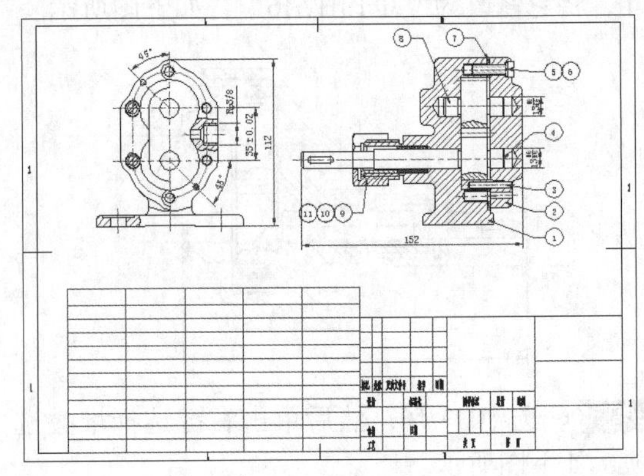

步骤 16 选中明细栏，拖动夹点将各列的宽度调整到合适的大小，然后双击表格填写明细栏，如下图所示。

11	85.15.10	压紧螺母	1	Q235
10	GC006	填料压盖	1	Q235
9	85.15.06	填料		
8	GS005	输出齿轮轴	1	45+淬火
7	GV004	石棉垫	1	石棉
6	GBT65-2000	螺栓	6	性能4.8级
5	GB/T93-1987	弹簧垫圈	6	
4	GS003	输入齿轮轴	1	45+淬火
3	GB/T119-2000	定位销	2	35
2	GC002	泵盖	1	HT150
1	GP001	泵体	1	HT150
序号	代号	名称	数量	材料

步骤 17 明细表填写完毕后，调用文字菜单命令，利用多行和单行文字分别给装配图添加技术要求和填写明细栏，结果如下图所示。

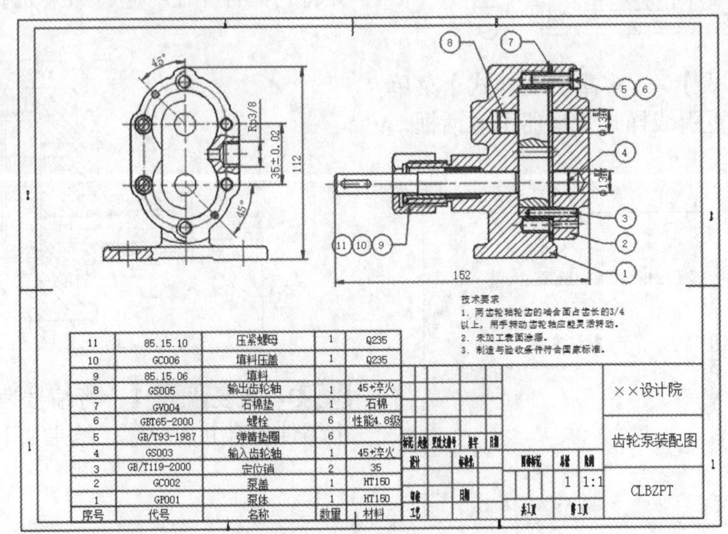

第22章

家具设计案例

学习目标

家具是维持人类正常生活、从事生产实践和开展社会活动必不可少的器具，随着现代化社会的快速发展，家具也在不断地发展和创新。

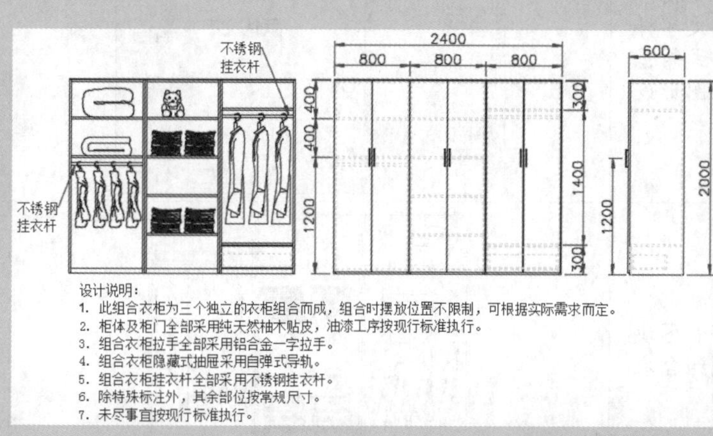

22.1 绘制组合衣柜

组合衣柜储物功能强大，无论是在家庭还是在办公区域都比较常见。根据实际需求的不同，组合衣柜材质和结构都存在着一定的差异，类别繁多。

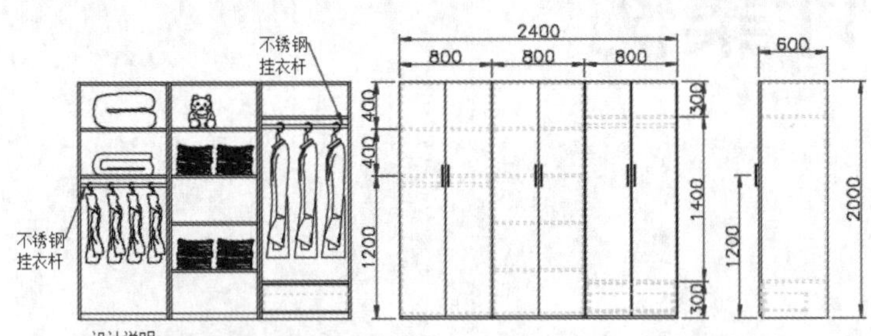

22.1.1 组合衣柜的绘制思路

本例所述的组合衣柜为适用于办公场所的定制型衣柜，绘制思路是先设置绘图环境，然后绘制组合衣柜的正立面以及侧立图，最后通过标注和文字说明来完成整个图形的绘制。具体绘制思路如下表所示。

序号	绘图方法	结果	备注
1	通过设置对象捕捉、图层、文字样式、标注样式等，为组合衣柜图形设置绘图环境	多重引线样式管理器 当前多重引线样式：样式1 样式(S)：Annotative Standard 样式1 预览：样式1 默认文字 置为当前(U) 新建(N)... 修改(M)... 删除(D) 列出(L)：所有样式 关闭 帮助(H)	注意各种设置
2	利用直线、矩形、修剪、偏移和图块等命令绘制组合衣柜的正立面		注意图形与图层的合理搭配

续表

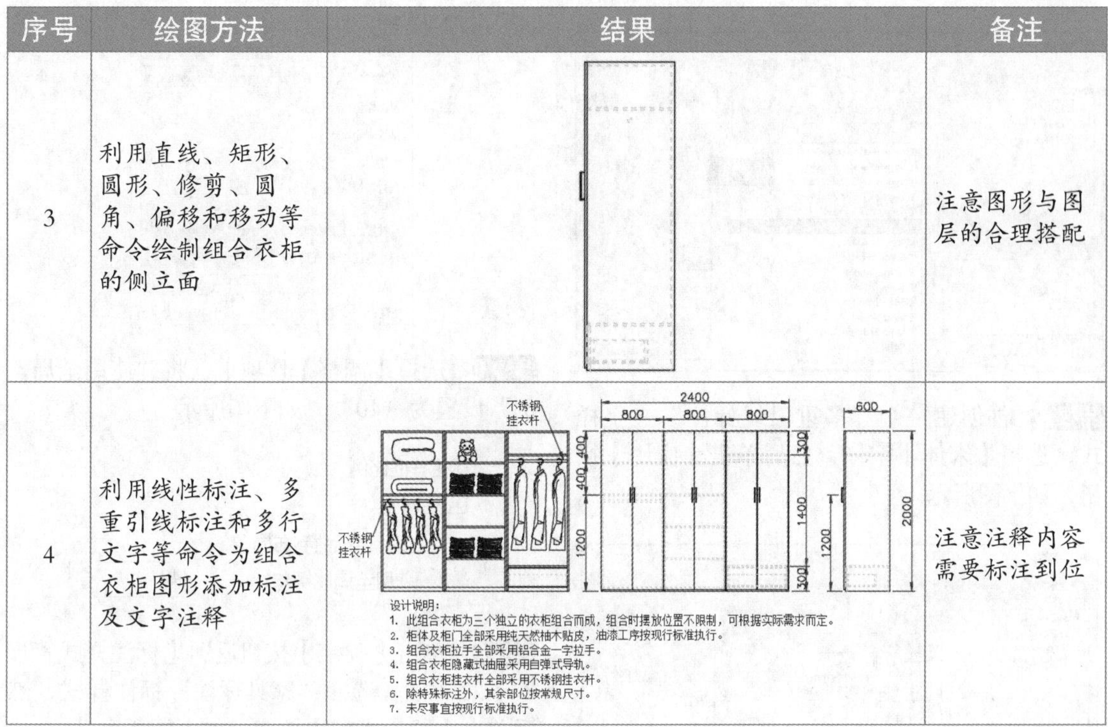

序号	绘图方法	结果	备注
3	利用直线、矩形、圆形、修剪、圆角、偏移和移动等命令绘制组合衣柜的侧立面		注意图形与图层的合理搭配
4	利用线性标注、多重引线标注和多行文字等命令为组合衣柜图形添加标注及文字注释	不锈钢挂衣杆 不锈钢挂衣杆 2400 800 800 800 600 300 400 400 1200 300 1400 300 1200 2000 设计说明： 1. 此组合衣柜为三个独立的衣柜组合而成，组合时摆放位置不限制，可根据实际需求而定。 2. 柜体及柜门全部采用纯天然柚木贴皮，油漆工序按现行标准执行。 3. 组合衣柜拉手全部采用铝合金一字拉手。 4. 组合衣柜隐藏式抽屉采用自弹式导轨。 5. 组合衣柜挂衣杆全部采用不锈钢挂衣杆。 6. 除特殊标注外，其余部位按常规尺寸。 7. 未尽事宜按现行标准执行。	注意注释内容需要标注到位

22.1.2 设置绘图环境

绘制组合衣柜图形之前，先需要设置对象捕捉、图层、文字样式及标注样式等，下面对具体的设置过程进行详细介绍。

1. 设置对象捕捉

新建一个“.dwg”文件，调用【草图设置】对话框，选择【对象捕捉】选项卡，勾选【启用对象捕捉】和【启用对象捕捉追踪】两个复选框，并勾选常用的对象捕捉模式，然后单击【确定】按钮完成设置。

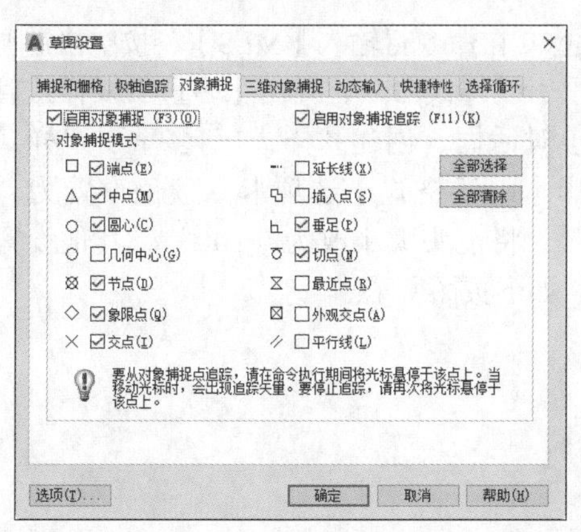

2. 设置图层

在命令行输入【LA】，按空格键调用图层命令，在弹出的【图层特性管理器】对话框中设置如下图层。

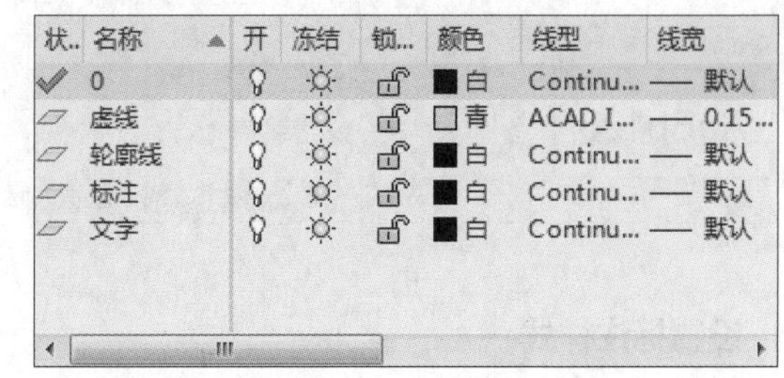

3. 设置文字样式

步骤 01 在命令行输入【ST】，按空格键调用文字样式命令，弹出【文字样式】对话框，创建“尺寸标注”文字样式，选择“Simplex.shx”

字体，然后单击【应用】按钮，如下图所示。

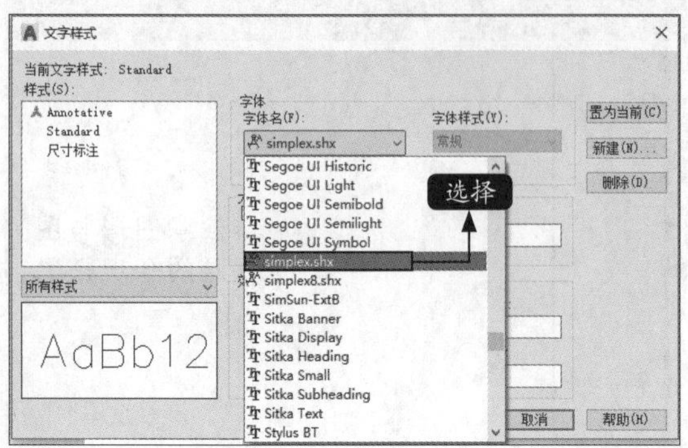

步骤 02 再创建一个“多重引线标注”文字样式，选择【宋体】字体，然后单击【应用】按钮，如下图所示。

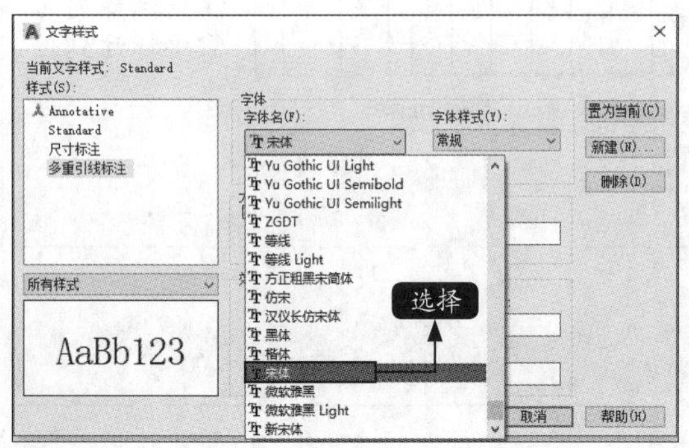

步骤 03 选择“Standard”文字样式，然后单击【置为当前】按钮，如下图所示。

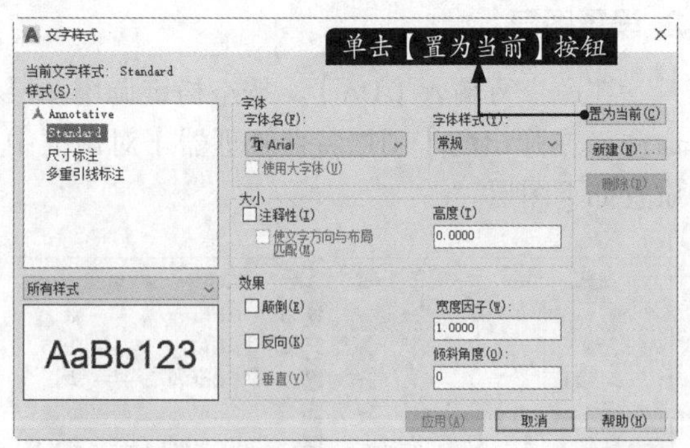

4. 设置标注样式

步骤 01 在命令行输入【D】，按空格键调用标注样式命令，新建一个“家具标注”，选择【线】选项卡，进行如右上图所示的设置。

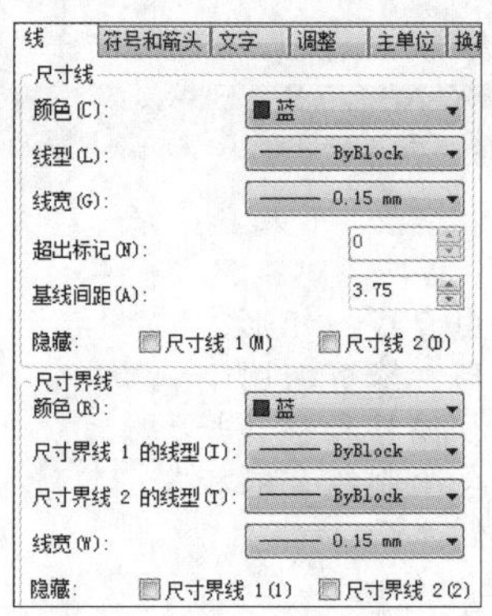

步骤 02 选择【调整】选项卡，将“使用全局比例”设置为“40”，如下图所示。

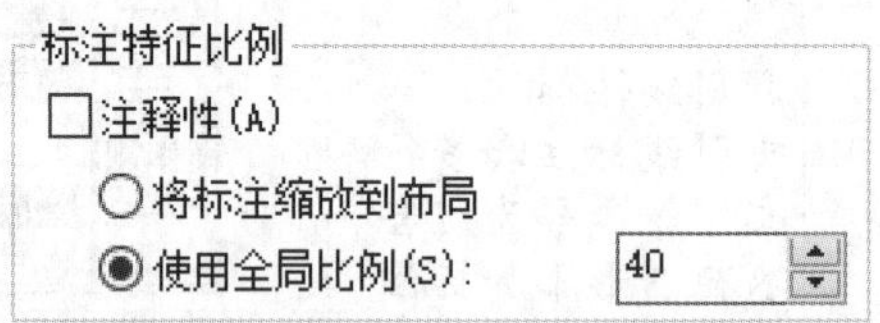

步骤 03 单击【确定】按钮返回【标注样式管理器】对话框，选择“家具标注”标注样式，然后单击【置为当前】按钮，如下图所示。

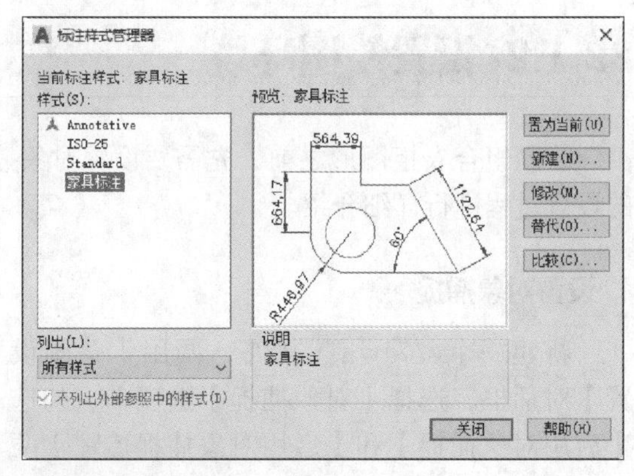

5. 设置多重引线样式

步骤 01 在命令行输入【MLS】，按空格键调用多重引线样式命令，弹出【多重引线样式管理器】对话框，创建“样式1”多重引线样式，选择【引线格式】选项卡，颜色设置为“蓝色”，将箭头大小改为“100”，其他设置不变，如下页图所示。

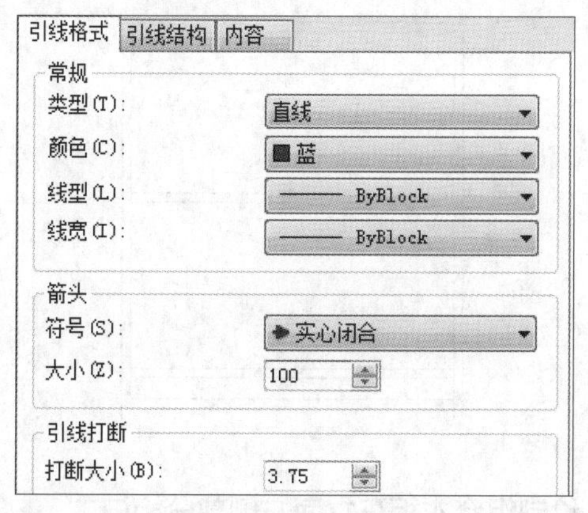

步骤02 选择【内容】选项卡，单击【文字样式】下拉列表，选择“多重引线标注”，并将【文字高度】设置为“100”，如下图所示。

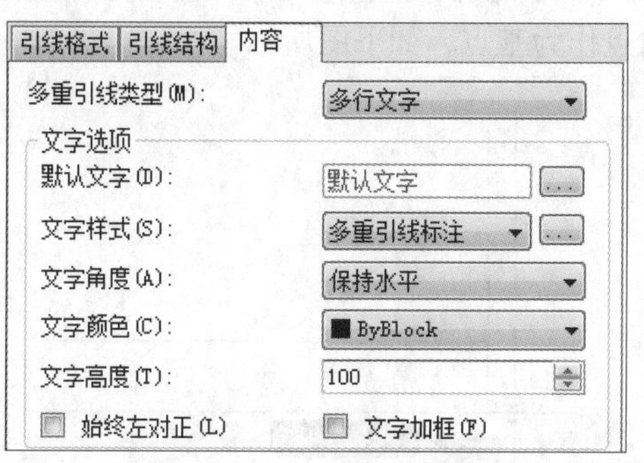

步骤03 单击【确定】按钮，返回【多重引线样式管理器】对话框，选中左侧样式列表中的“样式1”样式，单击【置为当前】按钮，然后单击【关闭】按钮，如下图所示。

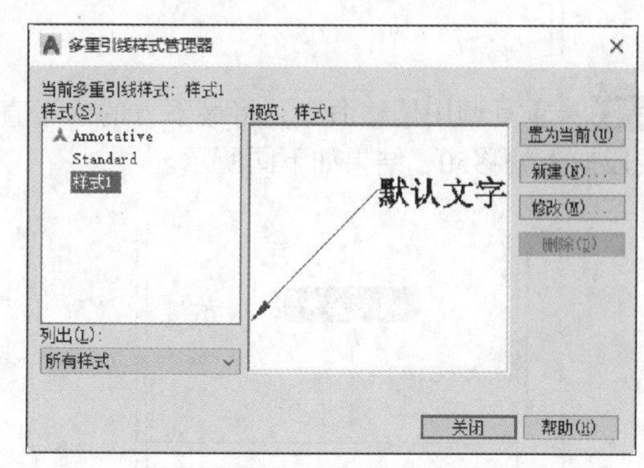

22.1.3 绘制组合衣柜正立面

下面对组合衣柜正立面进行绘制，绘制过程中先将各个柜体正立面单独绘制，然后进行组合，具体操作步骤如下。

1. 绘制组合衣柜正立面左侧部分柜体框架

步骤01 将“轮廓线”层置为当前，在命令行输入【REC】，按空格键调用矩形命令，绘制一个2000×800的矩形，结果如下图所示。

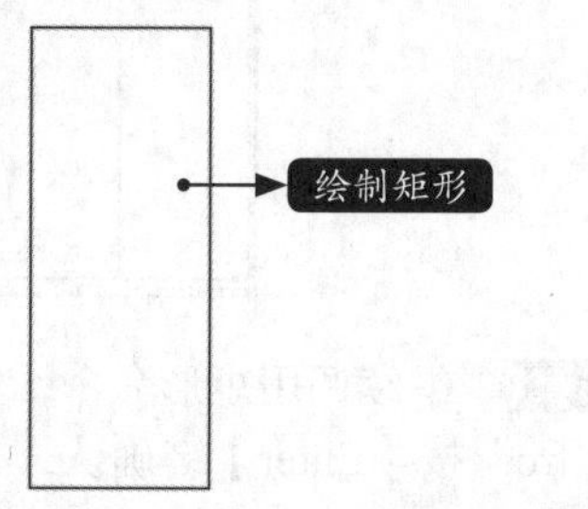

步骤02 在命令行输入【O】，按空格键调用“分解”命令，将上步绘制的矩形分解。然后在命令行输入【O】，按空格键调用偏移命令，将两条竖直直线段分别向内侧偏移20，上方水平直线向下偏移20，结果如下图所示。

步骤03 在命令行输入【TR】，按空格键调用修剪命令，对多余对象进行修剪，结果如下页图所示。

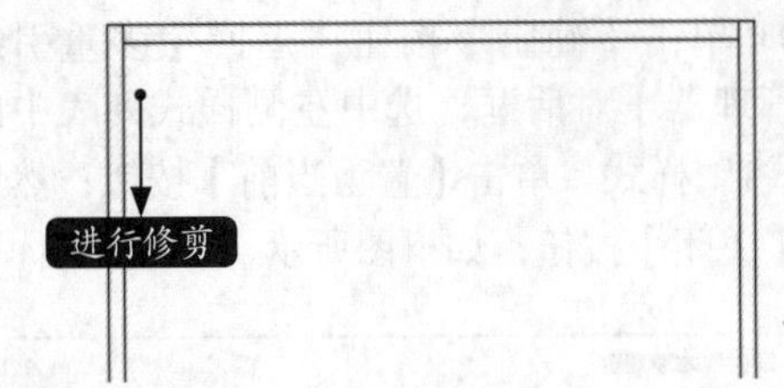

步骤04 重复调用偏移命令，将最下方的水平直线段向上偏移50，结果如下图所示。

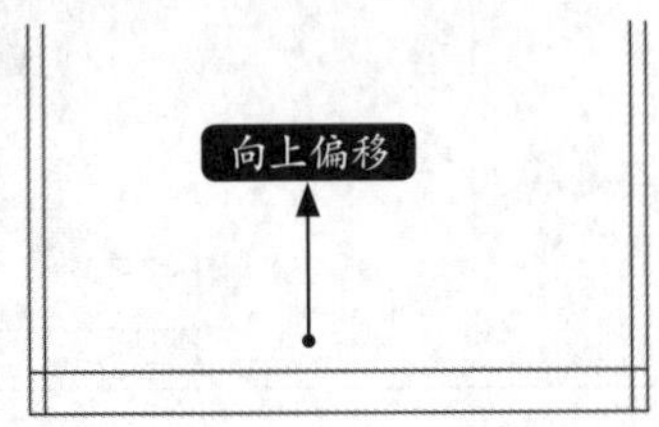

步骤05 重复调用修剪命令，对多余对象进行修剪，结果如下图所示。

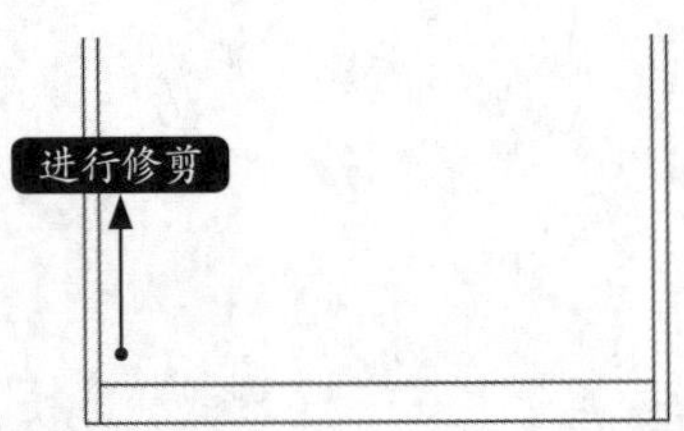

2. 绘制组合衣柜正立面左侧部分柜体层板及挂衣杆

步骤01 在命令行输入【O】，按空格键调用偏移命令，将最上方的水平直线段分别向下偏移390、410、790、810、860、885.4，结果如下图所示。

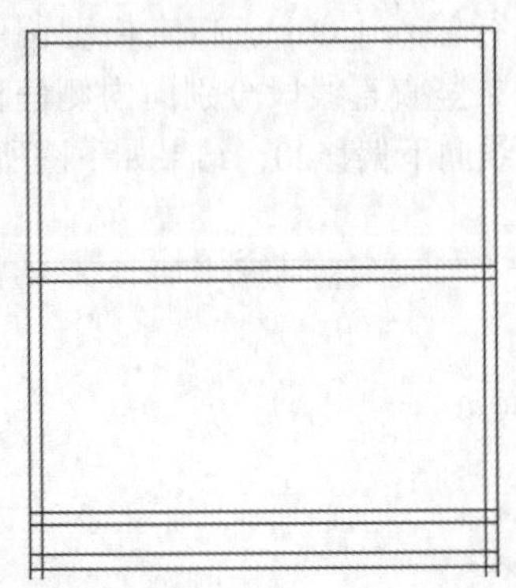

步骤02 在命令行输入【TR】，按空格键调用修剪命令，对多余对象进行修剪，结果如右上图所示。

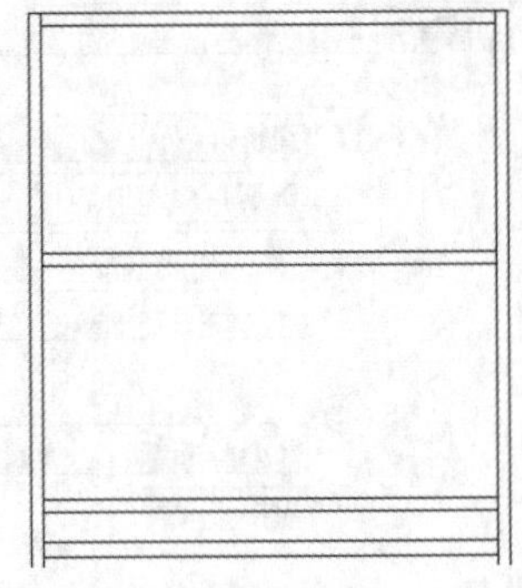

3. 绘制组合衣柜正立面左侧部分柜门

步骤01 在命令行输入【REC】，按空格键调用矩形命令，然后在命令行输入“fro”按【Enter】键确认，并在绘图区域捕捉柜体左下角点作为基点，如下图所示。

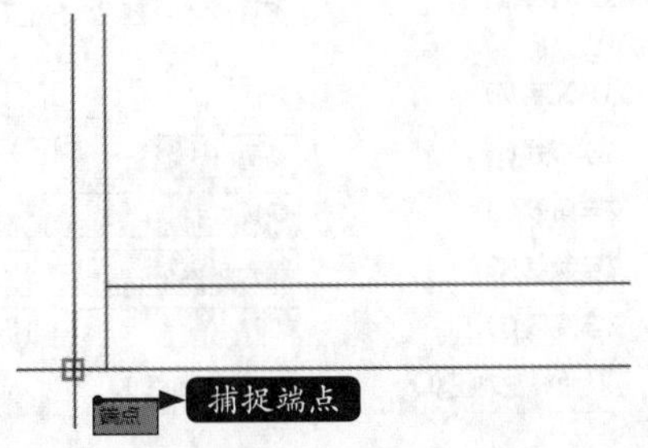

命令行提示如下。

基点：< 偏移 >：@2,20
指定另一个角点或 [面积 (A)/ 尺寸 (D)/ 旋转 (R)]：@397,1976

结果如下图所示。

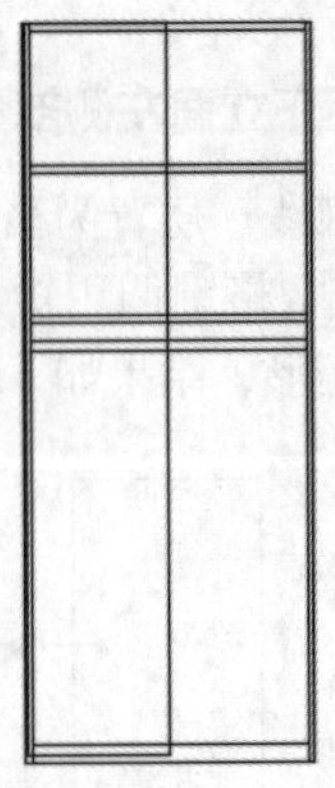

步骤02 继续调用矩形命令，然后在命令行输入“fro”按【Enter】键确认，并在绘图区域捕捉柜体右下角点作为基点，如下页图所示。

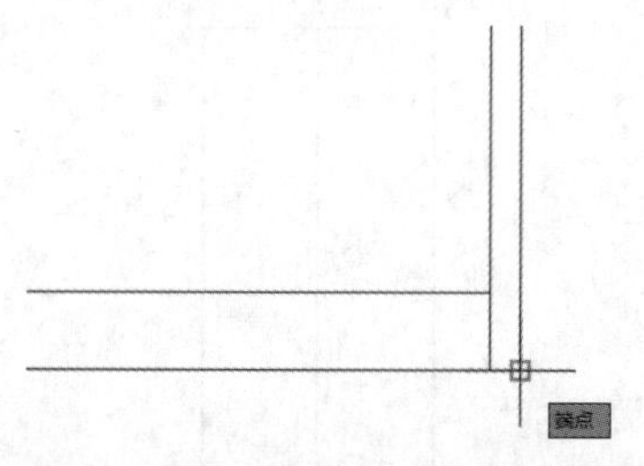

命令行提示如下。

基点：< 偏移 >: @-2,20
指定另一个角点或 [面积 (A)/ 尺寸 (D)/ 旋转 (R)]: @-397,1976

结果如下图所示。

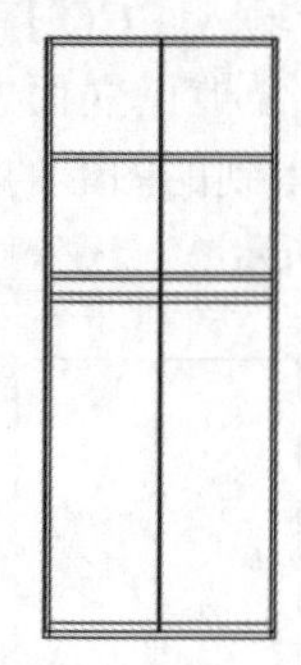

步骤 03 配合【打断于点】命令，将被柜门掩盖的所有对象放置到虚线层，结果如下图所示。

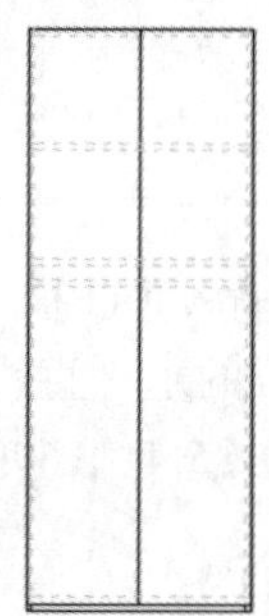

4. 绘制组合衣柜正立面左侧部分拉手

步骤 01 在命令行输入【REC】，按空格键调用矩形命令，然后在命令行输入“fro”按【Enter】键确认，并在绘图区域捕捉柜体左下角点作为基点，如下图所示。

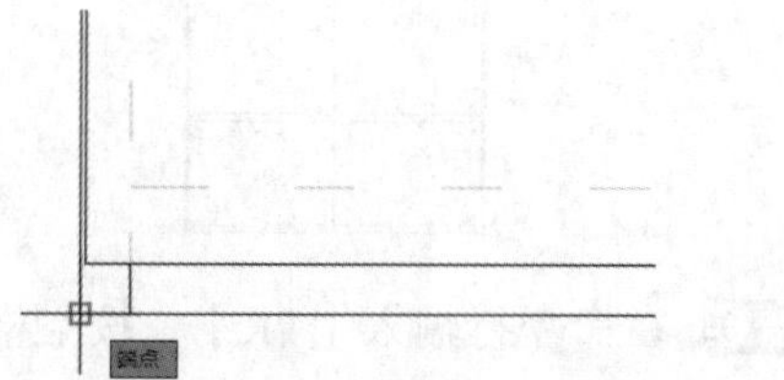

命令行提示如下。

基点：< 偏移 >: @369,1110
指定另一个角点或 [面积 (A)/ 尺寸 (D)/ 旋转 (R)]: @10,180

结果如下图所示。

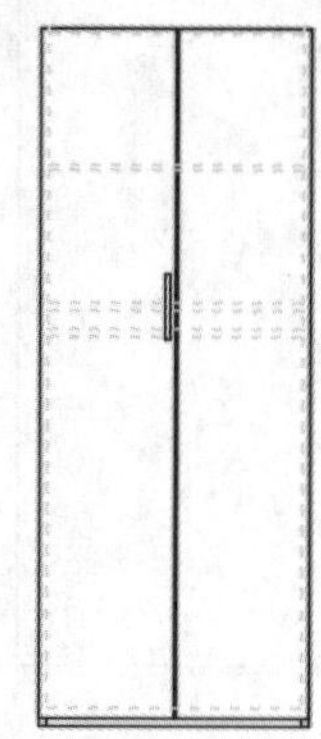

步骤 02 继续调用矩形命令，然后在命令行输入“fro”按【Enter】键确认，并在绘图区域捕捉柜体右下角点作为基点，如下图所示。

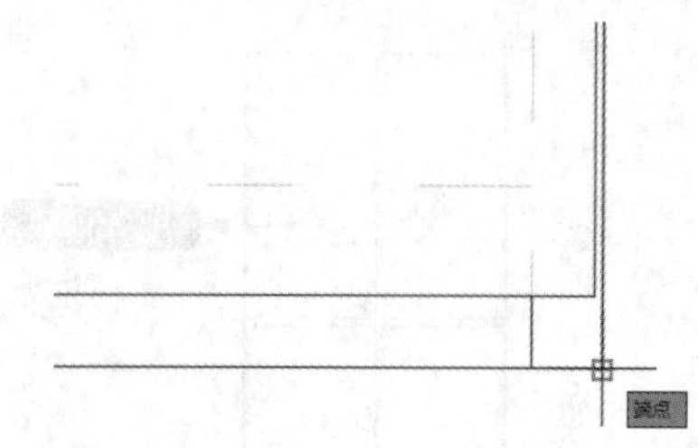

命令行提示如下。

基点：< 偏移 >: @-369,1110
指定另一个角点或 [面积 (A)/ 尺寸 (D)/ 旋转 (R)]: @-10,180

结果如下图所示。

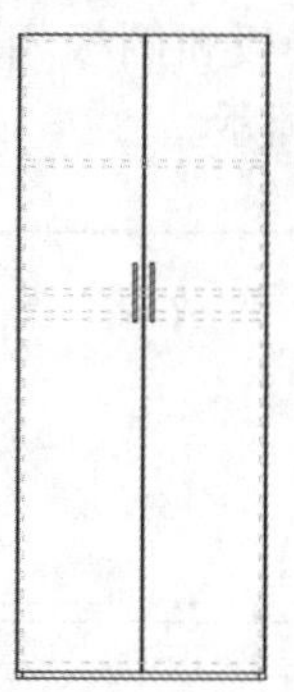

5. 绘制组合衣柜正立面中间部分

步骤 01 在命令行输入【CO】，按空格键调用复制命令，将组合柜正立面左侧部分进行复制，然后将复制得到的图形的层板及挂衣杆删除，结果如下图所示。

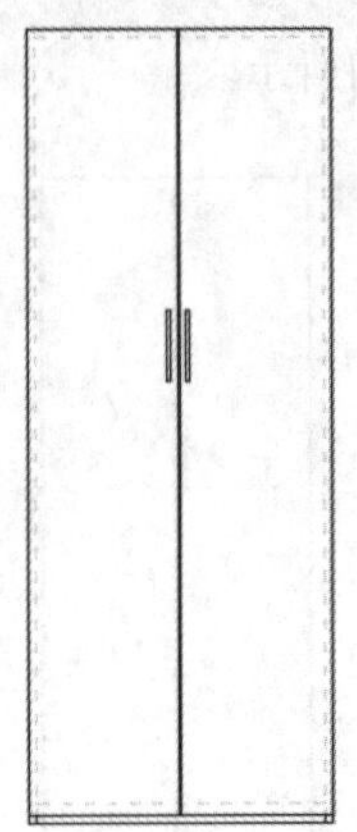

步骤 02 在命令行输入【O】，按空格键调用偏移命令，将最上方的水平直线段分别向下偏移390、410、790、810、1190、1210、1590、1610，结果如下图所示。

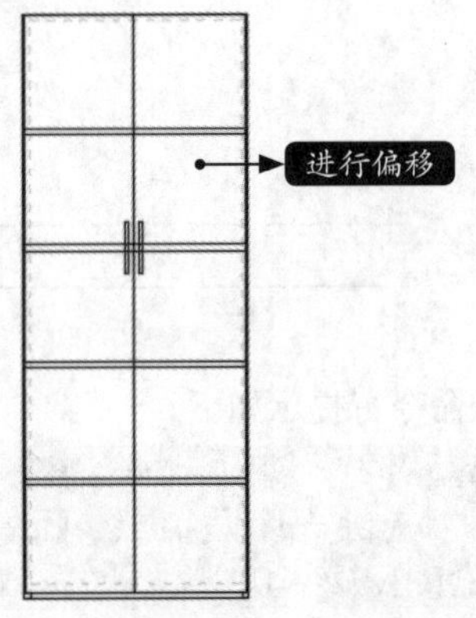

步骤 03 在命令行输入【TR】，按空格键调用修剪命令，将层板和侧板相交的部分进行修剪，结果如下图所示。

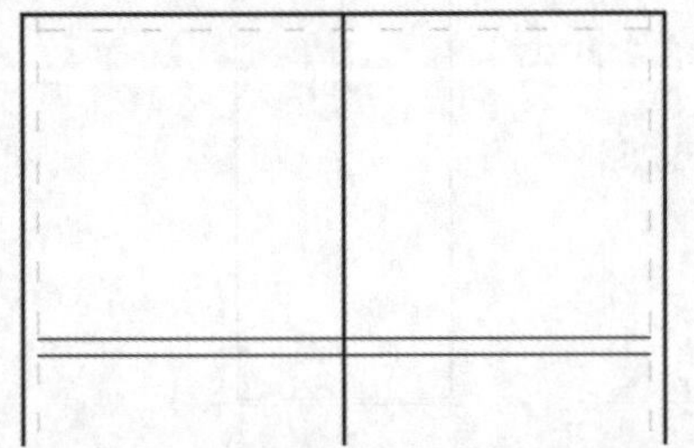

步骤 04 选择所有的层板对象，将其放置到虚线图层，结果如右上图所示。

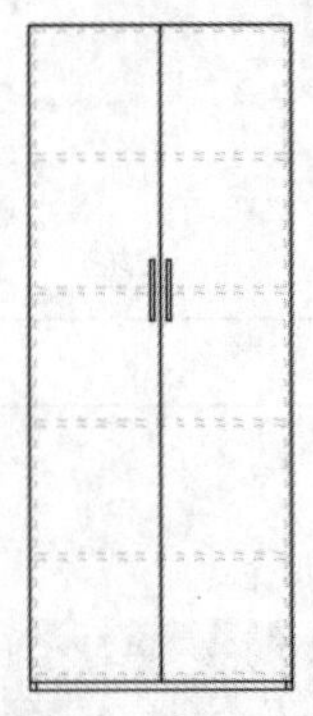

6. 绘制组合衣柜正立面右侧部分（除抽屉以外）

步骤 01 在命令行输入【CO】，按空格键调用复制命令，将组合柜正立面左侧部分进行复制，然后将复制得到的图形的层板及挂衣杆删除，结果如下图所示。

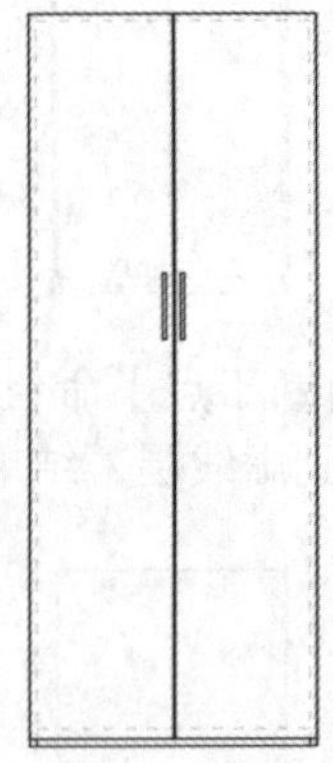

步骤 02 在命令行输入【O】，按空格键调用偏移命令，将最上方的水平直线段分别向下偏移290、310、360、385.4、1690、1710，结果如下图所示。

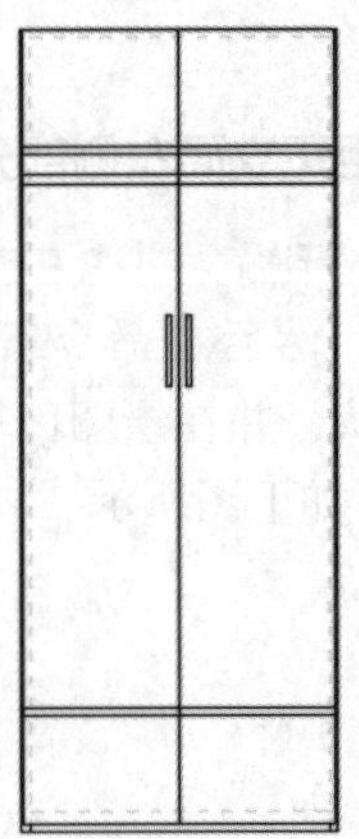

步骤 03 在命令行输入【TR】，按空格键调用

修剪命令，将层板和侧板相交的部分进行修剪，结果如下图所示。

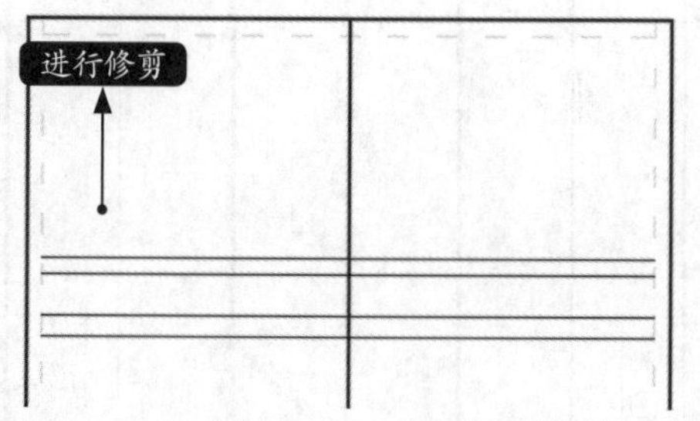

步骤 04 选择所有的层板及挂衣杆对象，将其放置到虚线图层，结果如下图所示。

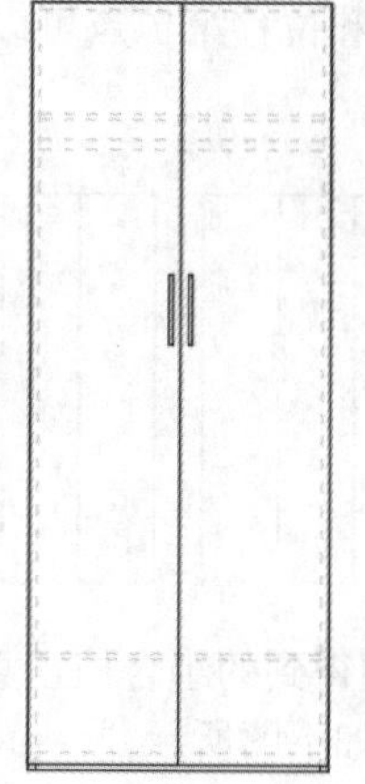

7. 绘制组合衣柜正立面右侧部分抽屉正立面图

步骤 01 在命令行输入【L】，按空格键调用直线命令，绘制两条长度为236的竖直直线段和长度为756的水平直线段，结果如下图所示。

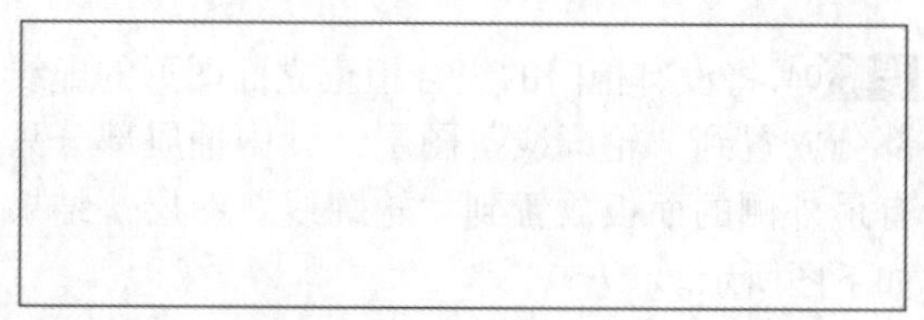

步骤 02 在命令行输入【O】，按空格键调用偏移命令，将两条竖直直线段分别向内侧偏移20，结果如下图所示。

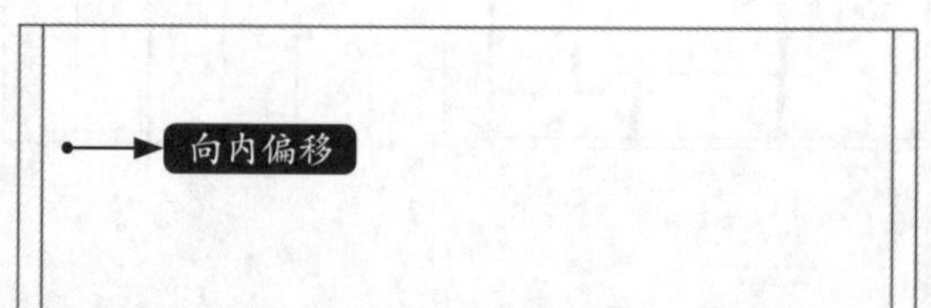

步骤 03 继续调用偏移命令，将上方水平直线段向下偏移86，结果如下图所示。

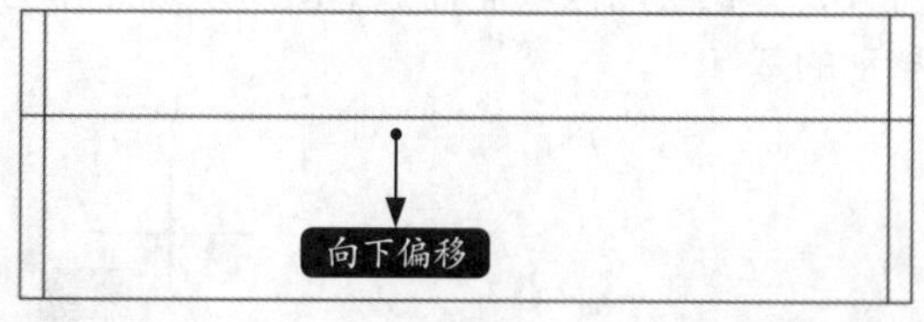

步骤 04 在命令行输入【TR】，按空格键调用修剪命令，对多余对象进行修剪，结果如下图所示。

步骤 05 在命令行输入【REC】，按空格键调用矩形命令，然后在命令行输入“fro”按【Enter】键确认，并在绘图区域捕捉如下图所示端点作为基点。

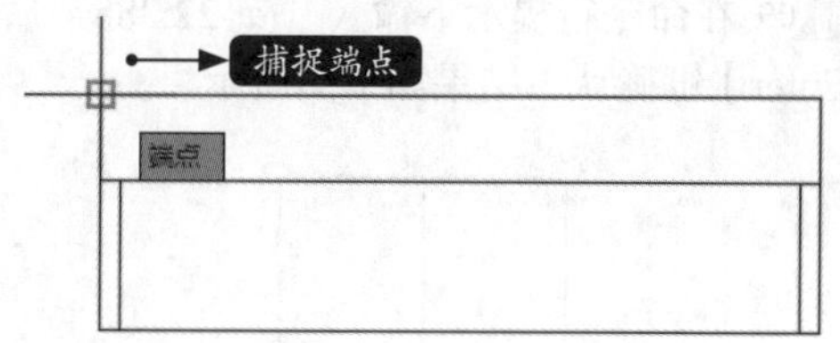

命令行提示如下。

基点：< 偏移 >: @14,-226
指定另一个角点或 [面积 (A)/ 尺寸 (D)/ 旋转 (R)]: @728,6

结果如下图所示。

步骤 06 选择抽屉正立面图，将其放置虚线层，结果如下图所示。

步骤07 在命令行输入【M】，按空格键调用移动命令，选择抽屉正立面图形作为需要移动的对象，并在绘图区域捕捉如下图所示端点作为移动的基点。

步骤08 在命令行提示下输入“fro”后按【Enter】键确认，并在绘图区域捕捉组合柜右侧柜体右下角端点作为参考点，如下图所示。

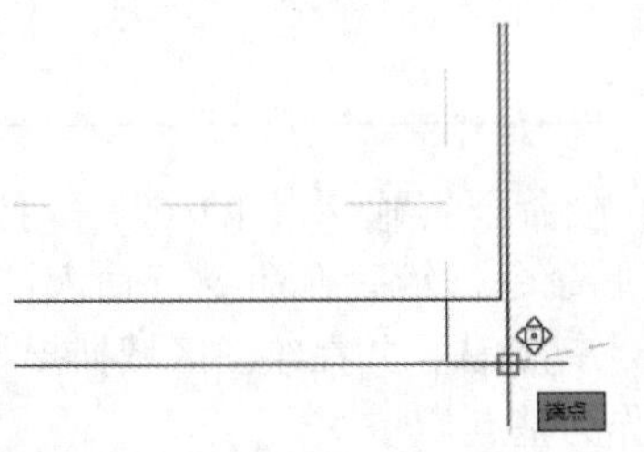

步骤09 在命令行提示下输入“@-22,288”后按【Enter】键确认，结果如下图所示。

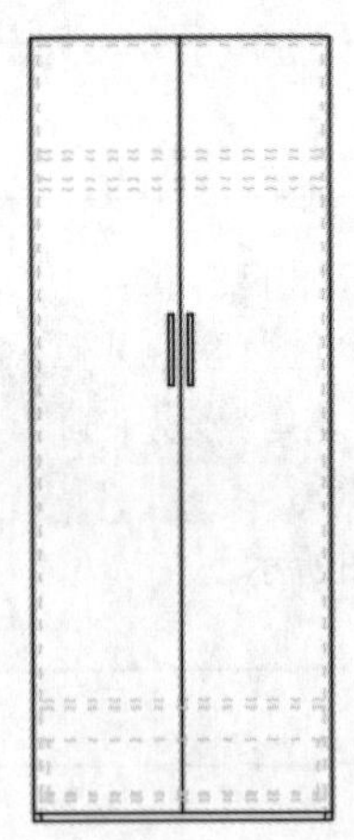

8. 将组合衣柜左侧部分、中间部分、右侧部分组合在一起

步骤01 在命令行输入【M】，按空格键调用移动命令，将组合柜的左侧部分、中间部分、右侧部分组合在一起，结果如右上图所示。

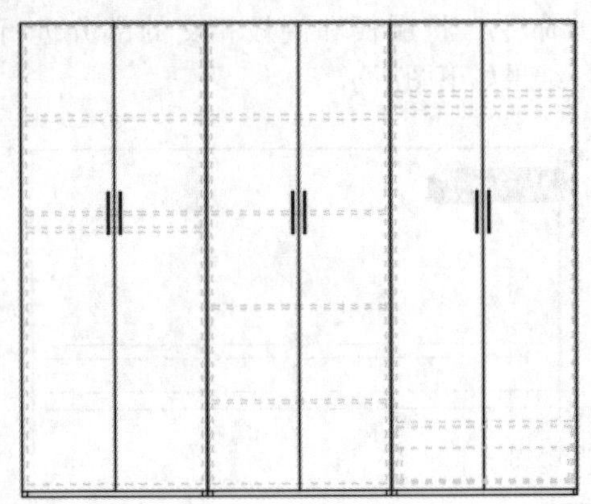

步骤02 在命令行输入【CO】，按空格键调用复制命令，将组合后的组合柜正立面进行复制，复制基点和位移第二点可以任意设置，结果如下图所示。

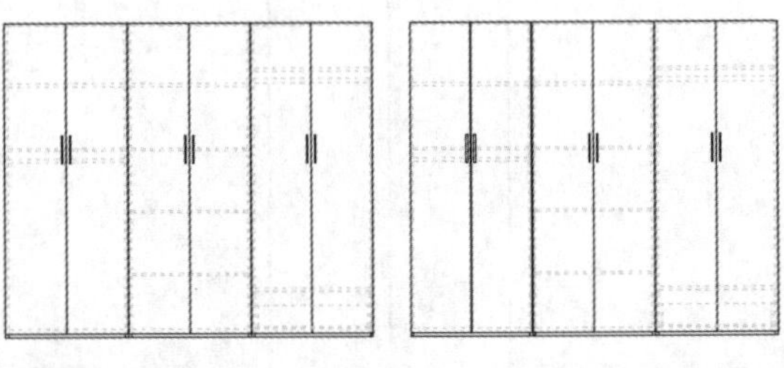

步骤03 将复制得到的组合柜正立面的柜门及拉手删除，结果如下图所示。

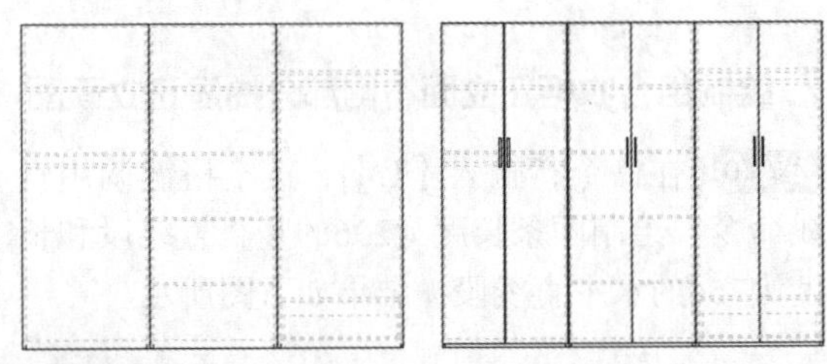

步骤04 将没有柜门的组合柜正立面图形的虚线部分放置到“轮廓线”图层，其中抽屉部分只有最外侧的面板放置到“轮廓线”图层，结果如下图所示。

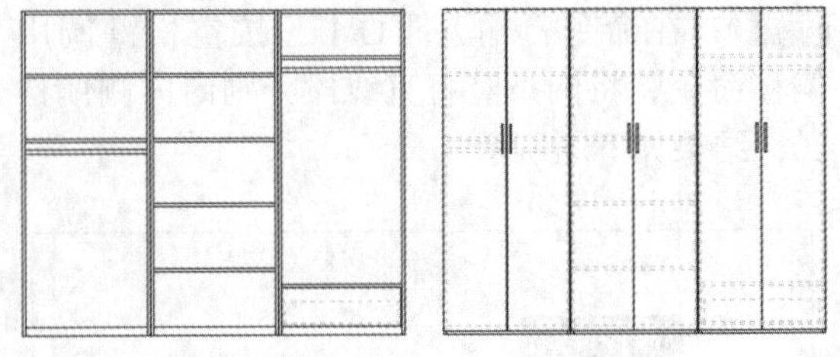

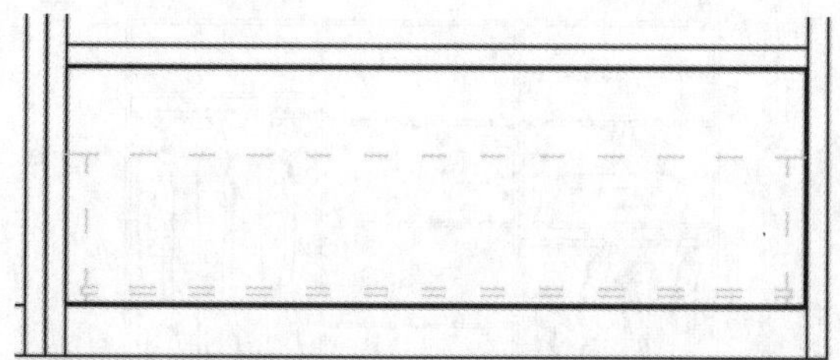

步骤05 在命令行输入【I】，按空格键调用插入命令，在弹出的【块】选项板➢【库】选项卡中单击按钮，选择“素材\CH22”文件，如下图所示。

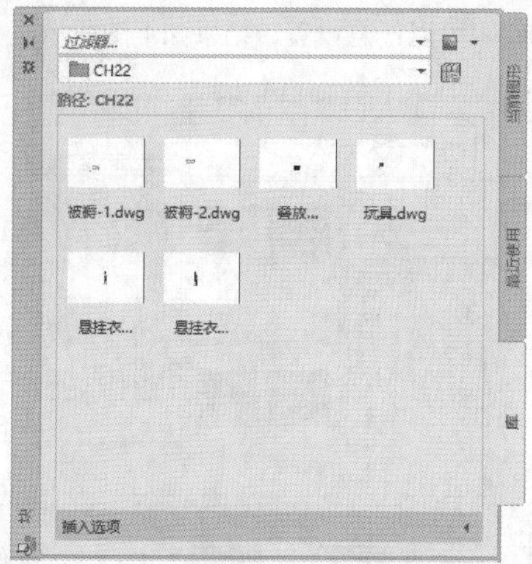

步骤06 选择“悬挂衣物-1”，参数设置不变，在绘图区域的适当位置处单击指定图块的插入点。

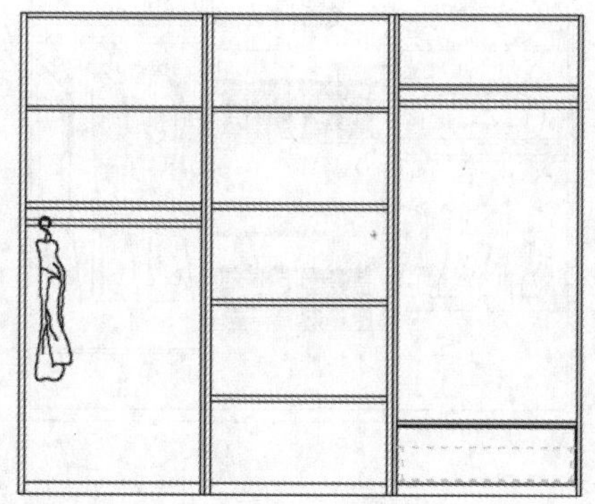

步骤07 在命令行输入【CO】，按空格键调用复制命令，将图块“悬挂衣物-1”进行水平复制，复制基点及间距可以任意设置，结果如右上图所示。

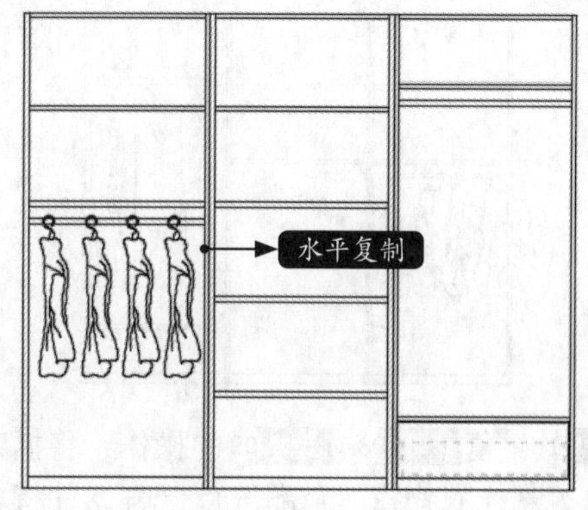

步骤08 在命令行输入【X】，按空格键调用分解命令，将图块“悬挂衣物-1”全部进行分解，结果如下图所示。

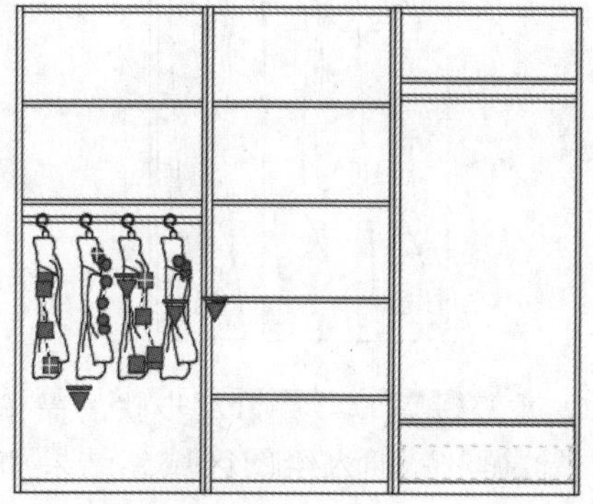

步骤09 在命令行输入【TR】，按空格键调用修剪命令，将多余对象进行修剪，结果如下图所示。

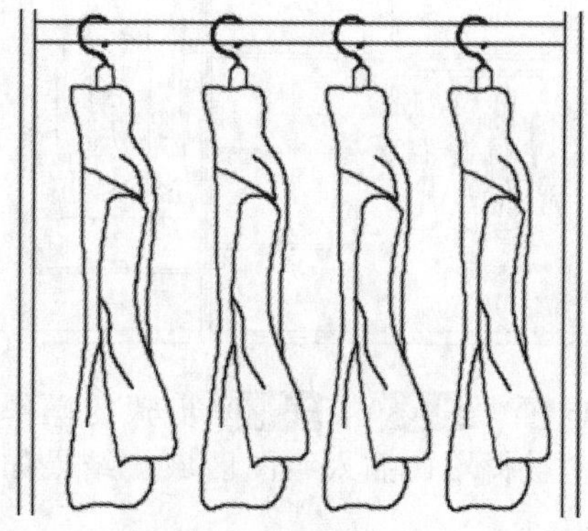

步骤10 重复步骤05~步骤07步骤的操作，将图块“悬挂衣物-2”插入绘图区域并进行水平复制，结果如下页图所示。

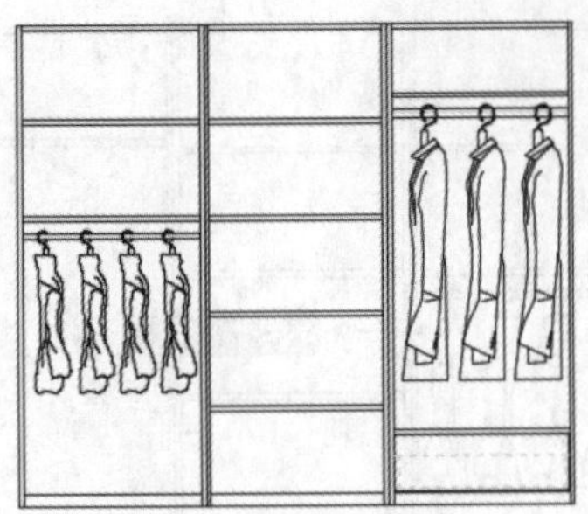

步骤 11 重复步骤 08~步骤 09的操作，将插入的图块“悬挂衣物-2”全部进行分解，并将多余对象进行修剪，结果如下图所示。

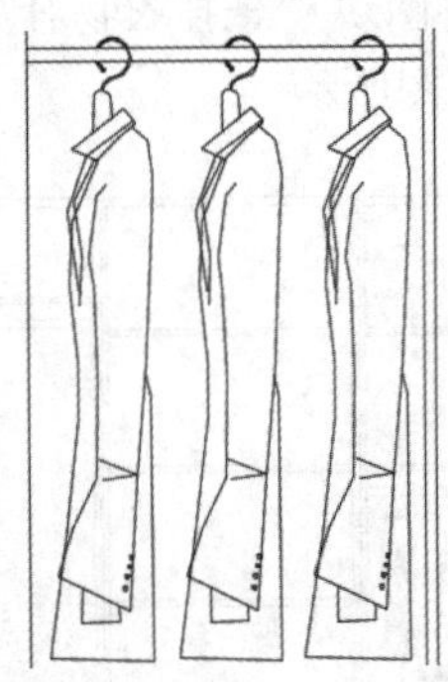

步骤 12 重复步骤 05~步骤 07 步骤的操作，将图块“被褥-1”插入绘图区域，结果如下图所示。

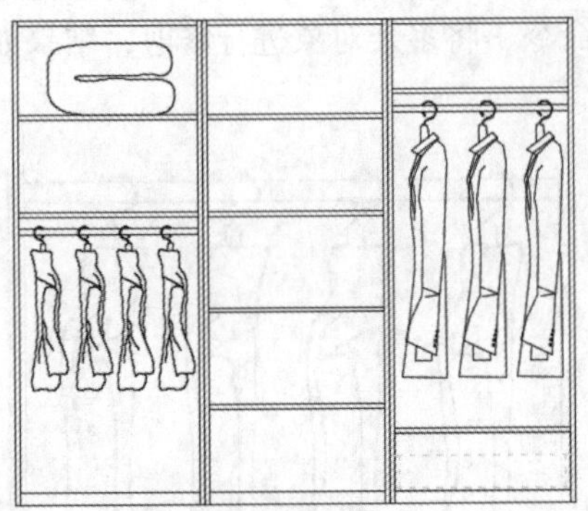

步骤 13 重复步骤 05~步骤 07步骤的操作，将图块“被褥-2”插入绘图区域，结果如右上图所示。

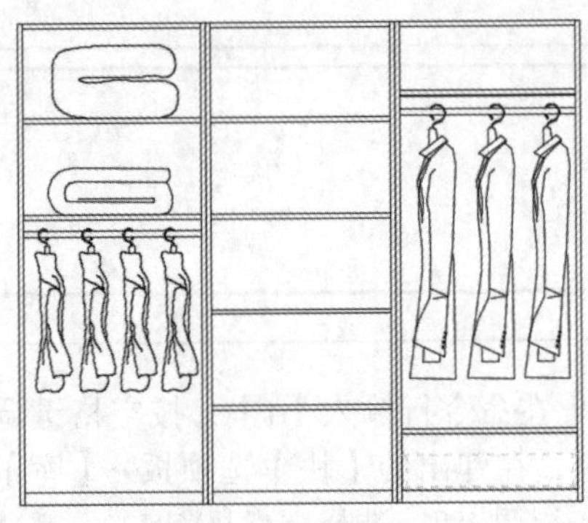

步骤 14 重复步骤 05~步骤 07的操作，将图块“叠放衣物”插入绘图区域并进行复制，复制基点和间距可以任意设置，结果如下图所示。

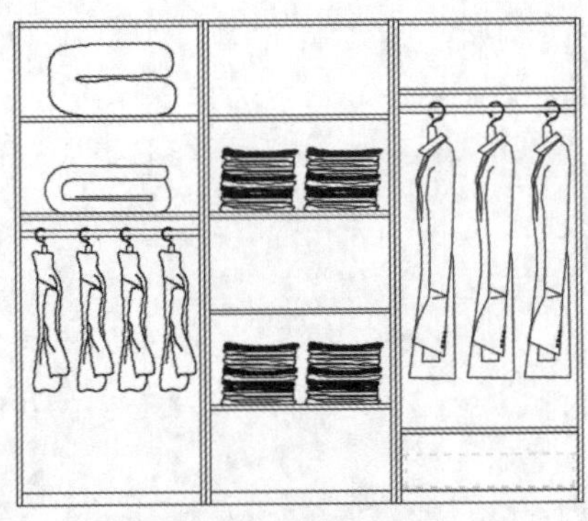

步骤 15 重复步骤 05~步骤 07步骤的操作，将图块“玩具”插入绘图区域，结果如下图所示。

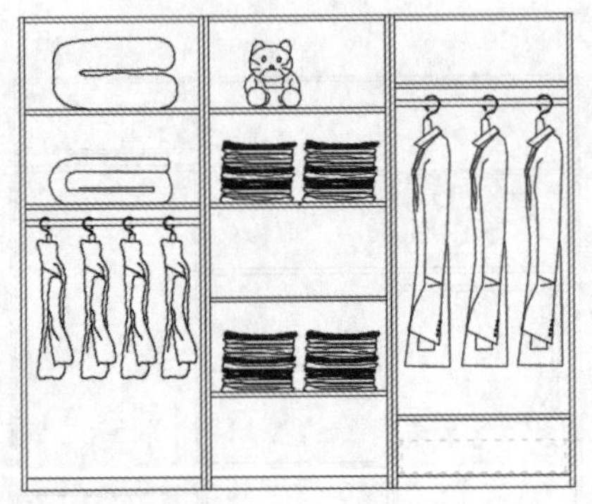

22.1.4 绘制组合衣柜侧立面

下面以有柜门的组合衣柜正立面图形作为参考，绘制组合衣柜侧立面图形，具体操作步骤如下。

1. 绘制组合衣柜侧立面柜体及柜门

步骤01 在命令行输入【REC】，按空格键调用矩形命令，在有柜门的组合柜正立面图形最上端位置的同一水平线上单击确定矩形的角点，如下图所示。

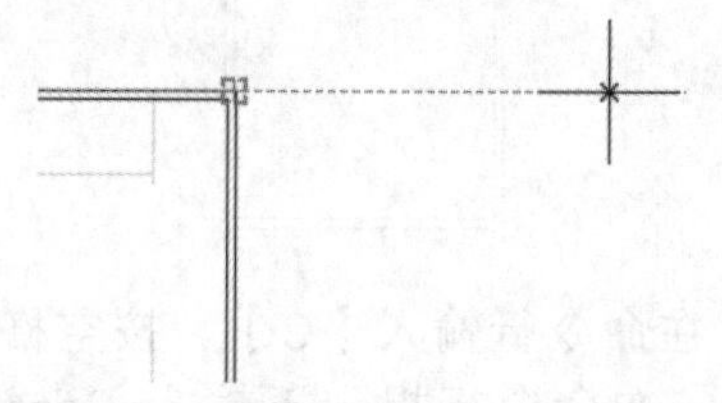

步骤02 在命令行提示下输入“@600,-2000”并按【Enter】键结束命令，结果如下图所示。

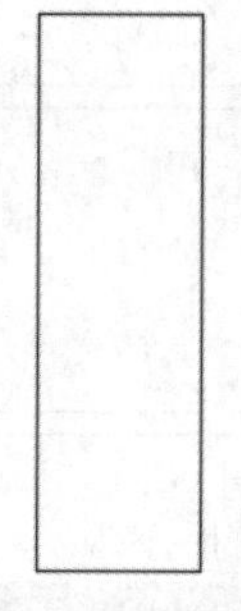

步骤03 在命令行输入【X】，按空格键调用分解命令，然后在命令行输入【O】，按空格键调用偏移命令，在绘图区域将两条竖直直线段分别向内侧偏移20，将最上方的水平直线段向下偏移20，结果如下图所示。

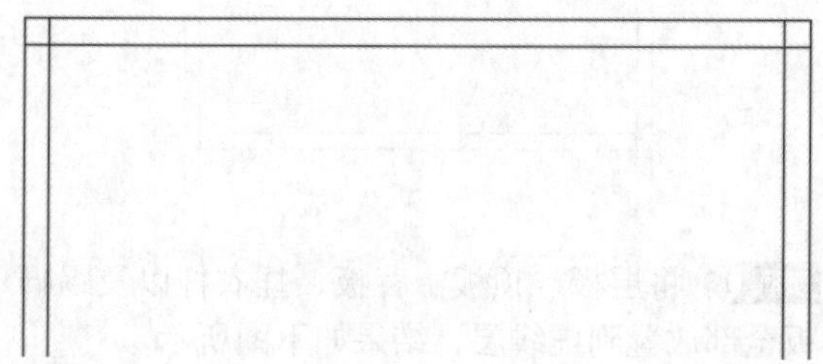

步骤04 在命令行输入【TR】，按空格键调用修剪命令，在绘图区域将多余对象进行修剪操作，结果如下图所示。

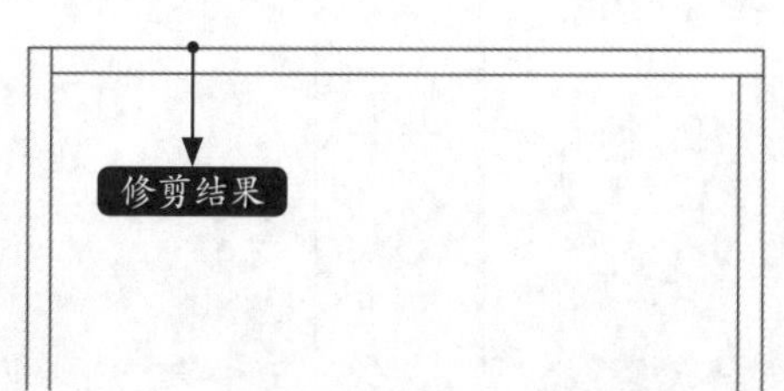

步骤05 在命令行输入【O】，按空格键调用偏移命令，在绘图区域将最底部水平直线段向上偏移50，结果如下图所示。

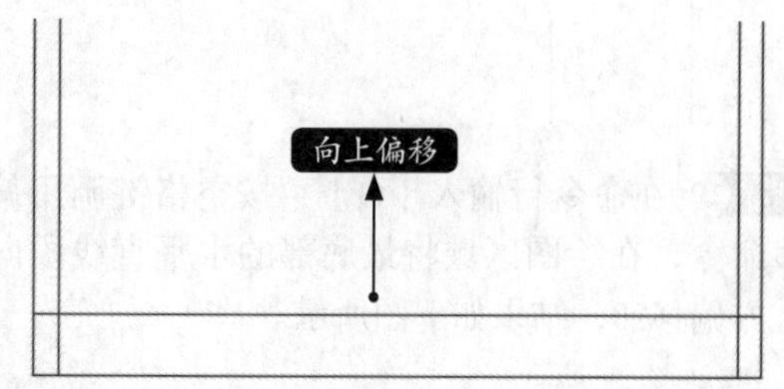

步骤06 继续调用偏移命令，在绘图区域将最右侧竖直直线段向左侧偏移40，结果如下图所示。

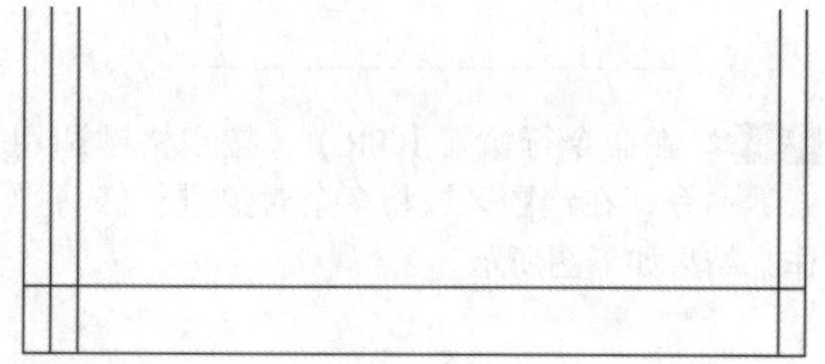

步骤07 在命令行输入【TR】，按空格键调用修剪命令，在绘图区域将多余对象进行修剪操作，结果如下图所示。

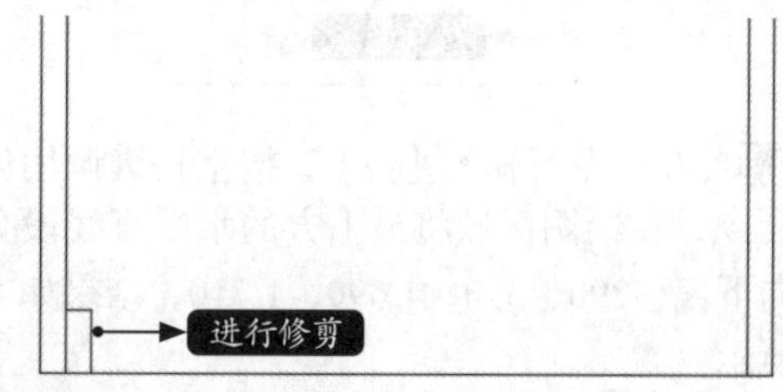

步骤08 在命令行输入【O】，按空格键调用偏移命令，在绘图区域将最上方的水平直线段向下偏移2，结果如下图所示。

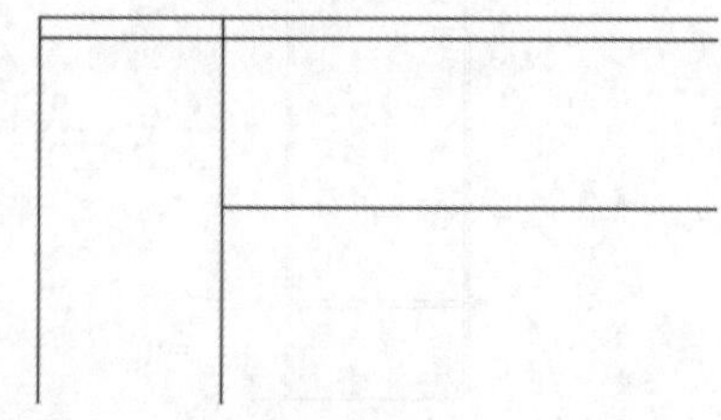

步骤09 在命令行输入【TR】，按空格键调用修剪命令，在绘图区域将多余对象进行修剪操作，结果如下页图所示。

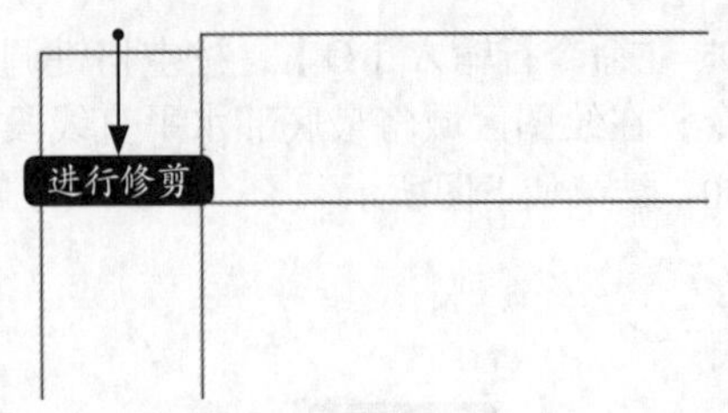

步骤10 在命令行输入【O】，按空格键调用偏移命令，在绘图区域将最底部的水平直线段向上方偏移20，结果如下图所示。

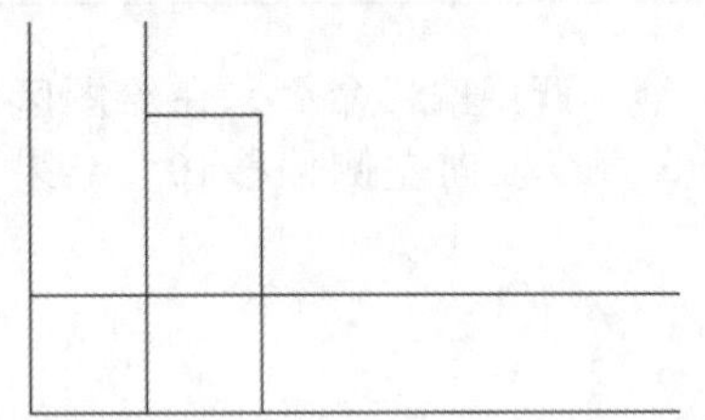

步骤11 在命令行输入【TR】，按空格键调用修剪命令，在绘图区域将多余对象进行修剪操作，结果如下图所示。

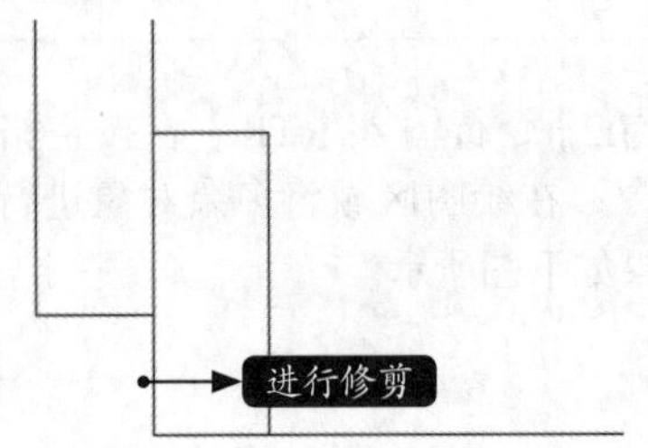

步骤12 在命令行输入【O】，按空格键调用偏移命令，在绘图区域将最上方的水平直线段分别向下偏移290、310、1 690、1 710，结果如下图所示。

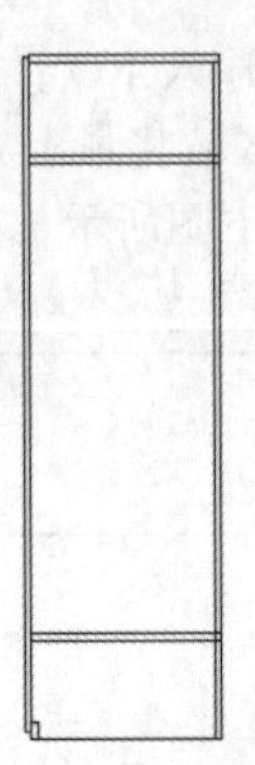

步骤13 在命令行输入【TR】，按空格键调用修剪命令，在绘图区域将多余对象进行修剪操作，结果如右上图所示。

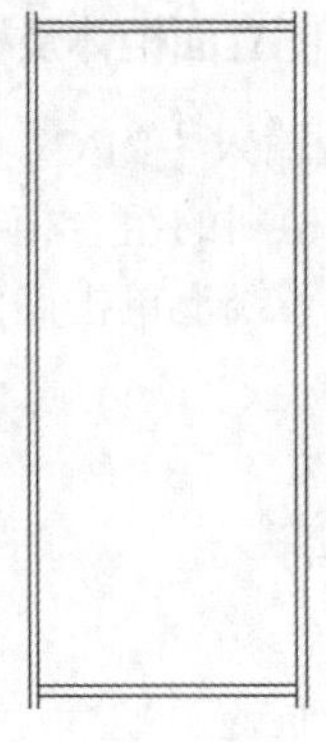

步骤14 在命令行输入【C】，按空格键调用圆命令，在命令行提示下输入“fro”后按【Enter】键确认，并在绘图区域捕捉如下图所示端点作为基点。

命令行提示如下。

```
< 偏移 >: @-300,-372.7
指定圆的半径或 [ 直径 (D)]: d
指定圆的直径 : 25.4
```

结果如下图所示。

步骤15 将层板、顶板、背板、挂衣杆以及踢脚板全部放置到虚线层，结果如下图所示。

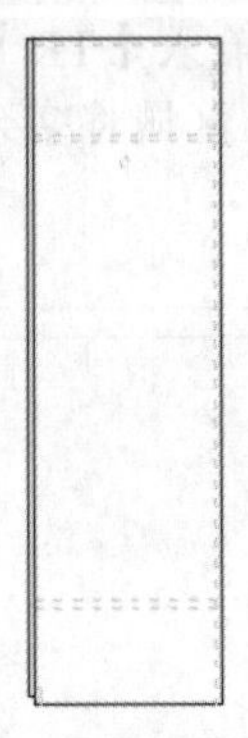

2. 绘制组合衣柜侧立面柜门拉手

步骤01 在命令行输入【L】，按空格键调用直线命令，在命令行提示下输入“fro”后按【Enter】键确认，然后在绘图区域捕捉如下图所示端点作为基点。

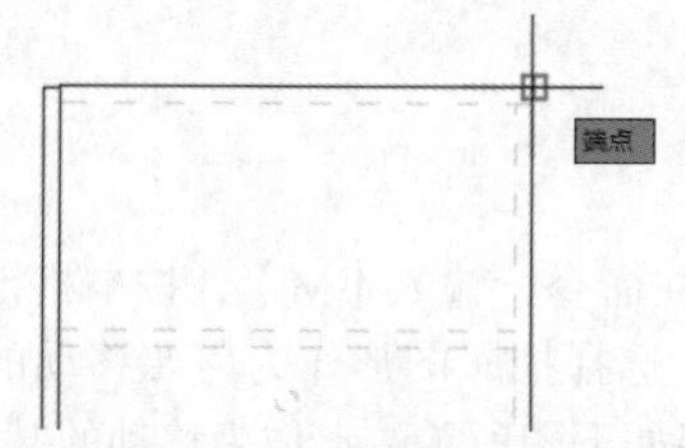

命令行提示如下。

基点：< 偏移 >: @-600,-710
指定下一点或 [放弃 (U)]: @-25,0
指定下一点或 [放弃 (U)]: @0,-180
指定下一点或 [闭合 (C)/ 放弃 (U)]: @25,0
指定下一点或 [闭合 (C)/ 放弃 (U)]: @0,5
指定下一点或 [闭合 (C)/ 放弃 (U)]: @-20,0
指定下一点或 [闭合 (C)/ 放弃 (U)]: @0,170
指定下一点或 [闭合 (C)/ 放弃 (U)]: @20,0
指定下一点或 [闭合 (C)/ 放弃 (U)]: c

结果如下图所示。

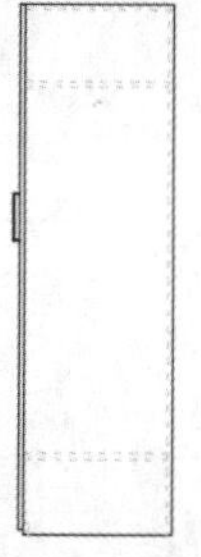

步骤02 在命令行输入【F】，按空格键调用圆角命令，将圆角半径设置为“2”，对柜门拉手进行四处圆角操作，结果如下图所示。

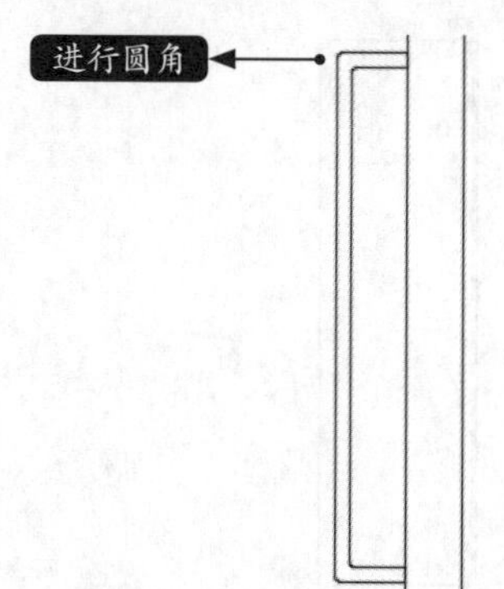

3. 绘制组合衣柜侧立面抽屉

步骤01 在命令行输入【REC】，按空格键调用矩形命令，在绘图区域的任意位置处绘制20×236和20×150的两个矩形，结果如下图所示。

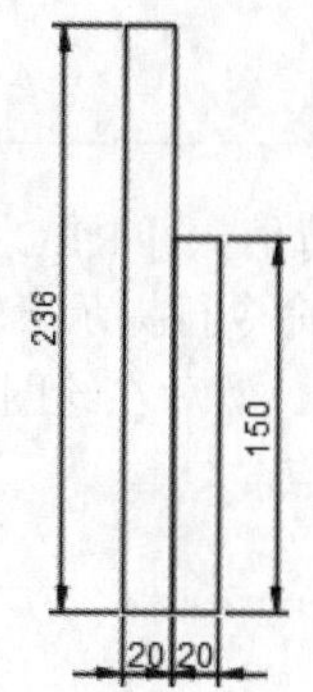

步骤02 继续调用矩形命令，在命令行提示下输入“fro”后按【Enter】键确认，然后在绘图区域捕捉如下图所示端点作为基点。

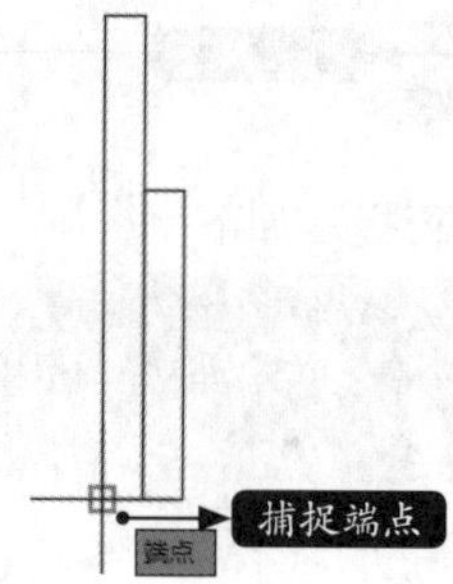

命令行提示如下。

基点：< 偏移 >: @380,0
指定另一个角点或 [面积 (A)/ 尺寸 (D)/ 旋转 (R)]: @20,150

结果如下图所示。

步骤03 在命令行输入【L】，按空格键调用直线命令，将矩形用水平直线段连接起来，结果如下页图所示。

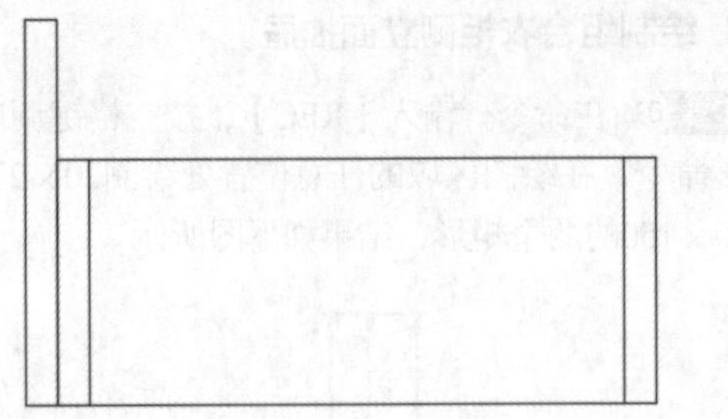

步骤04 在命令行输入【REC】，按空格键调用矩形命令，在命令行提示下输入“fro”后按【Enter】键确认，然后在绘图区域捕捉如下图所示端点作为基点。

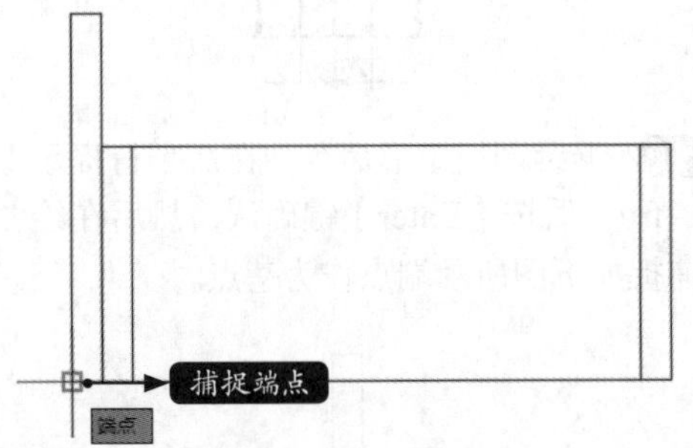

命令行提示如下。

基点：< 偏移 >：@34,10
指定另一个角点或 [面积 (A)/ 尺寸 (D)/ 旋转 (R)]：@352,6

结果如下图所示。

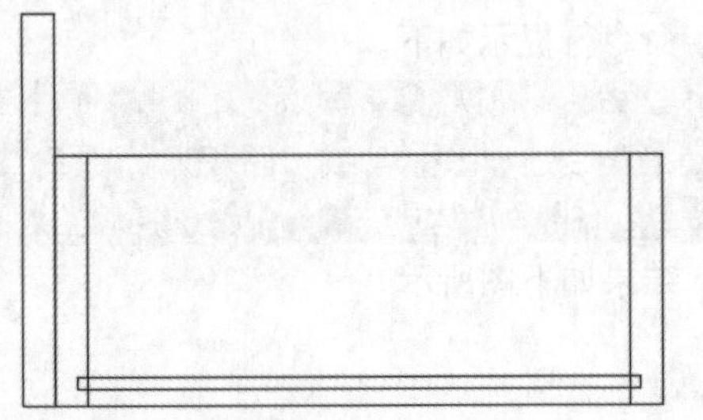

步骤05 在命令行输入【TR】，按空格键调用修剪命令，将多余对象修剪掉，结果如下图所示。

步骤06 将抽屉图形放置到虚线图层，结果如下图所示。

步骤07 在命令行输入【M】，按空格键调用移动命令，选择抽屉图形作为需要移动的对象，然后捕捉如下图所示端点作为移动的基点。

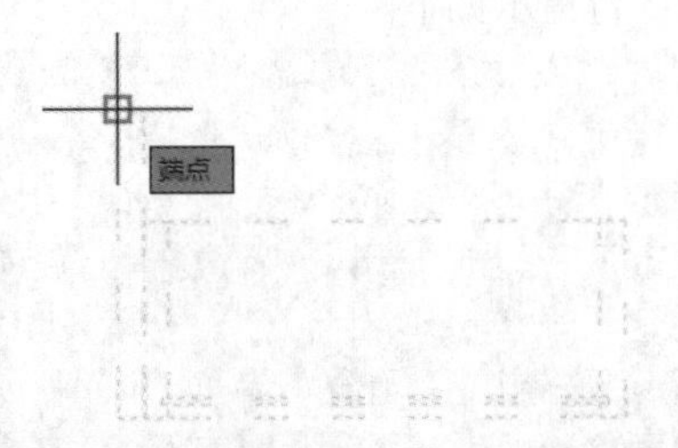

步骤08 在命令行提示下输入“fro”后按【Enter】键确认，然后在绘图区域捕捉组合柜侧立面图形的左下角点作为参考点，如下图所示。

步骤09 在命令行提示下输入“@-578,288”后按【Enter】键确认，以指定位移的目标点，结果如下图所示。

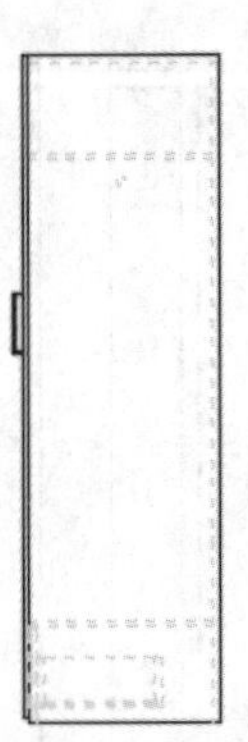

22.1.5 添加尺寸标注及文字注释

下面为组合衣柜图形添加尺寸标注及文字注释，具体操作步骤如下。

步骤 01 将“标注”层置为当前，在命令行输入【DIM】，按空格键调用智能标注命令，为组合衣柜图形添加线性标注对象，结果如下图所示。

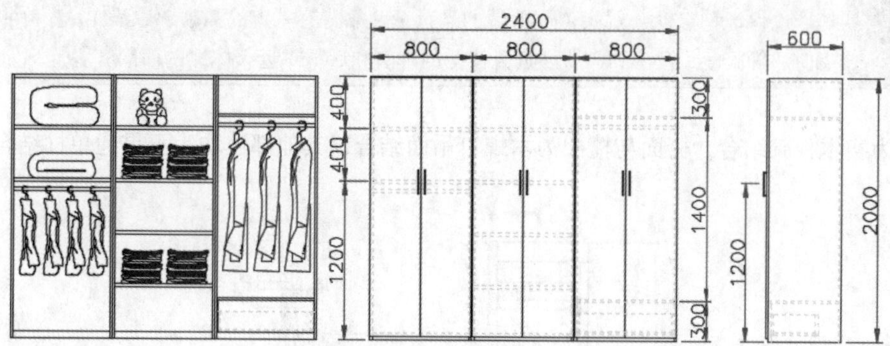

步骤 02 在命令行输入【MLE】，按空格键调用多重引线标注命令，为组合衣柜图形添加多重引线标注，结果如下图所示。

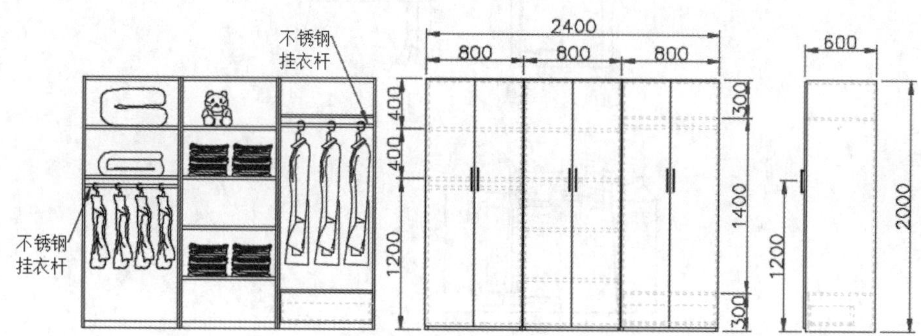

步骤 03 将“文字”层置为当前，在命令行输入【MT】，按空格键调用多行文字命令，文字高度设置“100”，为组合衣柜图形添加文字注释，结果如下图所示。

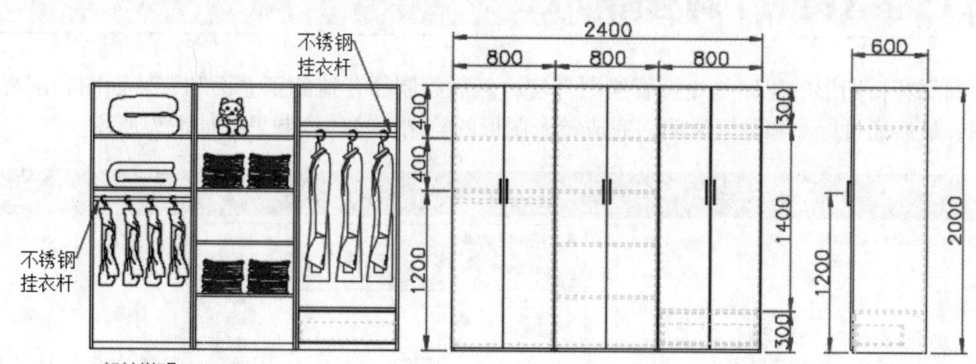

设计说明：
1. 此组合衣柜为三个独立的衣柜组合而成，组合时摆放位置不限制，可根据实际需求而定。
2. 柜体及柜门全部采用纯天然柚木贴皮，油漆工序按现行标准执行。
3. 组合衣柜拉手全部采用铝合金一字拉手。
4. 组合衣柜隐藏式抽屉采用自弹式导轨。
5. 组合衣柜挂衣杆全部采用不锈钢挂衣杆。
6. 除特殊标注外，其余部位按常规尺寸。
7. 未尽事宜按现行标准执行。

22.2 绘制靠背椅

本靠背椅为实木拼板，前边比后边宽50mm，腿椅和撑档的榫肩应略有斜度，三根撑档不在一个平面，前撑档高，侧撑档低。后腿上下端弯曲度相等，以保证稳定性，冒头（最上端的靠背）和靠背有一定的弧度，以满足人靠时的舒服度，冒头和靠背贴近人体侧的榫肩和后腿靠近人体侧的面平齐。

椅面为实木板胶结合，椅面与椅架为木螺钉吊面结合，其他部位均为不贯通单榫结合。

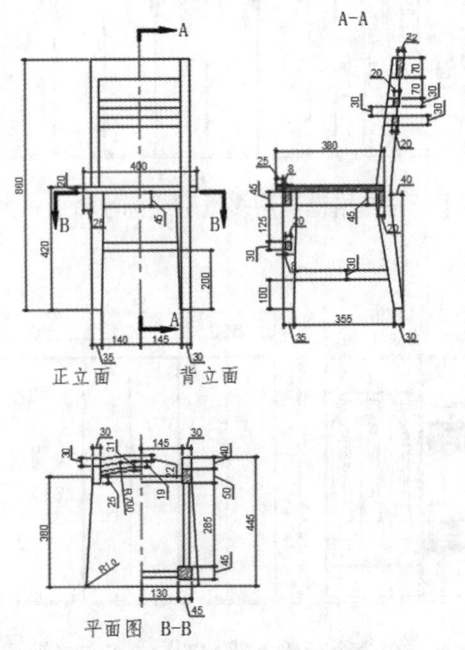

22.2.1 靠背椅的绘制思路

绘制靠背椅图形的思路是先设置绘图环境，然后绘制靠背椅的正立面和背立面图、剖视图、平面图，最后通过标注和文字说明来完成整个图形的绘制。具体绘制思路如下表所示。

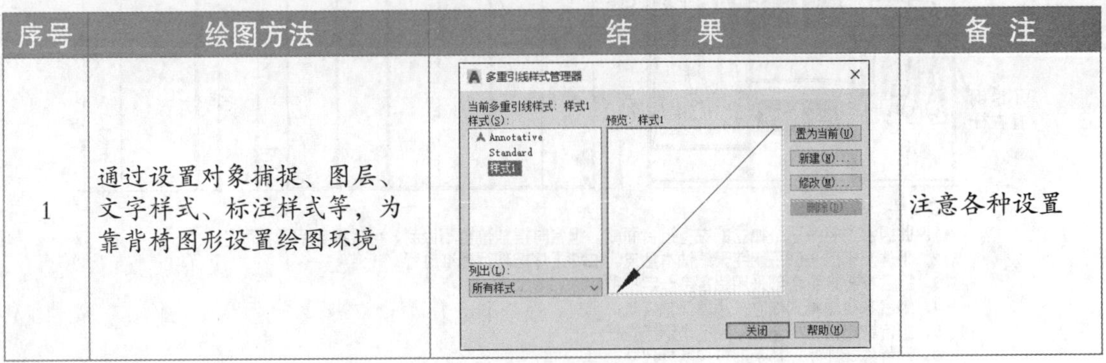

序号	绘图方法	结　　果	备 注
1	通过设置对象捕捉、图层、文字样式、标注样式等，为靠背椅图形设置绘图环境		注意各种设置

续表

序号	绘图方法	结　　果	备注
2	利用矩形、分解、移动、修剪和偏移等命令绘制靠背椅的正立面和背立面图		注意图形与图层的合理搭配
3	利用直线、修剪、偏移、延伸和图案填充等命令绘制剖视图		注意视图的对齐关系
4	利用矩形、分解、偏移、圆角和修剪等命令绘制靠背椅平面图		注意视图的对齐关系
5	利用文字、标注等命令为靠背椅图形添加注释		注意注释内容需要标注到位

22.2.2 设置绘图环境

绘制靠背椅图形之前，需要设置对象捕捉、图层、文字样式及标注样式等，下面对具体的设置过程进行详细介绍。

1. 设置对象捕捉

新建一个“.dwg”文件，调用【草图设置】对话框，勾选“启用对象捕捉”和“启用对象捕捉追踪”两个复选框，并勾选常用的对象捕捉模式，然后单击“确定”按钮完成设置。

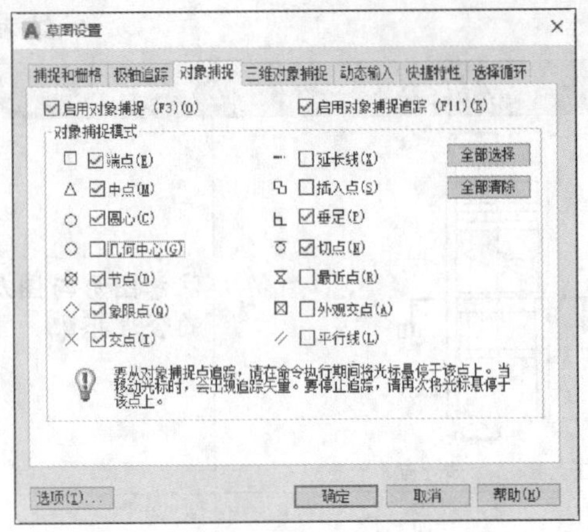

2. 设置图层

在命令行输入【LA】，按空格键调用图层命令，弹出“图层特性管理器”对话框，创建以下图层。

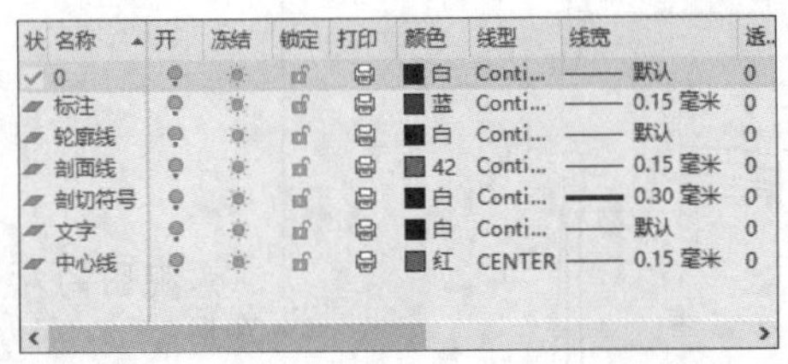

状	名称	开	冻结	锁定	打印	颜色	线型	线宽	透...
✓	0					白	Conti...	默认	0
	标注					蓝	Conti...	0.15 毫米	0
	轮廓线					白	Conti...	默认	0
	剖面线					42	Conti...	0.15 毫米	0
	剖切符号					白	Conti...	0.30 毫米	0
	文字					白	Conti...	默认	0
	中心线					红	CENTER	0.15 毫米	0

3. 设置文字样式

在命令行输入【ST】，按空格键调用文字样式命令，创建“家具设计”文字样式，字体设置为“仿宋”，其他设置不变，选择“家具设计”文字样式，单击【置为当前】按钮，如下图所示。

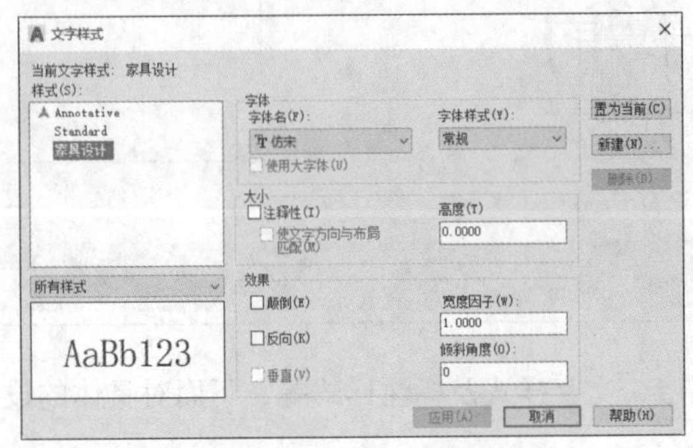

4. 设置标注样式

步骤01 在命令行输入【D】，按空格键调用标注样式命令，弹出“标注样式管理器”对话框，创建“家具标注”样式，选择“符号和箭头”选项卡，单击“箭头”选项的下拉列表，选择“小点”选项，如下图所示。

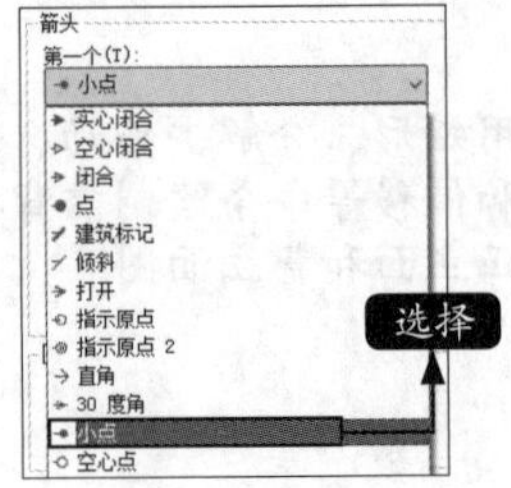

步骤02 选择“调整”选项卡，选择“标注特征比例”选项框中的“使用全局比例”，并将全局比例值改为10，当文字不在默认位置时，将其放置在“尺寸线上方，带引线”，如下图所示。

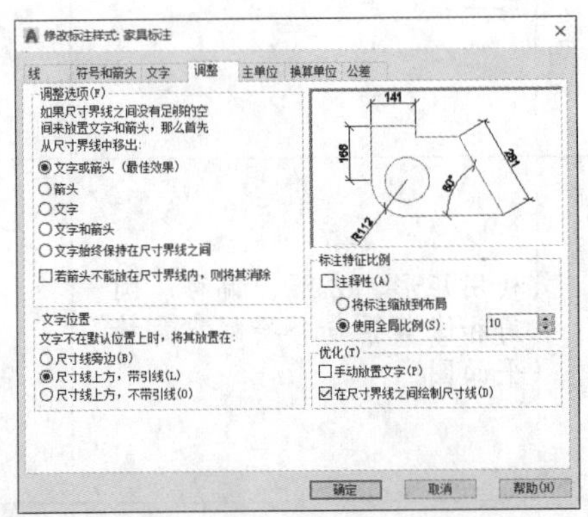

步骤03 单击“确定”按钮返回“标注样式管理器”对话框，选择“家具标注”标注样式，然后单击“置为当前”按钮，如下图所示。

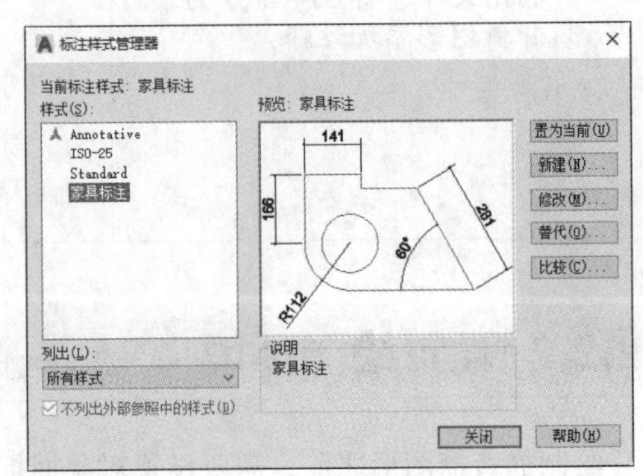

5. 设置多重引线样式

步骤01 在命令行输入【MLS】，按空格键调用多重引线样式命令，弹出“多重引线样式管理器”对话框，创建“样式1”，选择“引线格式”选项卡，将箭头大小改为“60”，其他设置不变，如下图所示。

步骤02 选择“引线结构”选项卡，将“最大引线点数”改为“3”，然后取消“自动包含基线”选项，其他设置不变，如下图所示。

步骤03 选择“内容”选项卡，单击“多重引线类型”下拉列表，选择“无”，如下图所示。

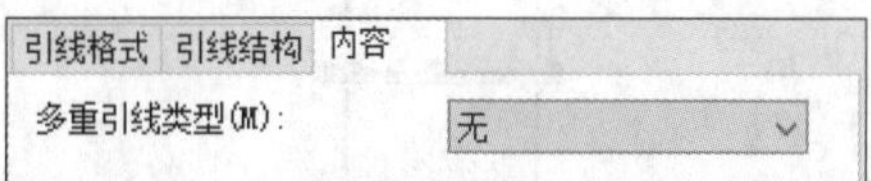

步骤04 单击“确定”按钮，返回到“多重引线样式管理器”对话框，选中左侧样式列表中的“样式1”样式，单击“置为当前”按钮，然后单击“关闭”按钮，如下图所示。

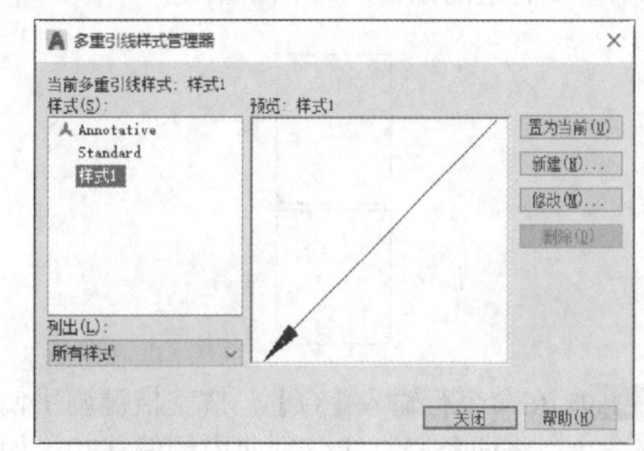

22.2.3 绘制靠背椅的正立面和背立面图

靠背椅结构比较复杂，座面前后宽度不同，而且前后腿的形状完全不同，因此，为了能更准确清晰地表达靠背椅的立面情况，这里采用半正立面半背立面来表达靠背椅的立面图。

1. 绘制冒头、靠背、后腿和座面的投影

步骤01 将“轮廓线”层置为当前层，然后选择【默认】选项卡➤【绘图】面板➤【矩形】按钮□，以坐标原点为第一个角点，绘制一个400×20的矩形，如下图所示。

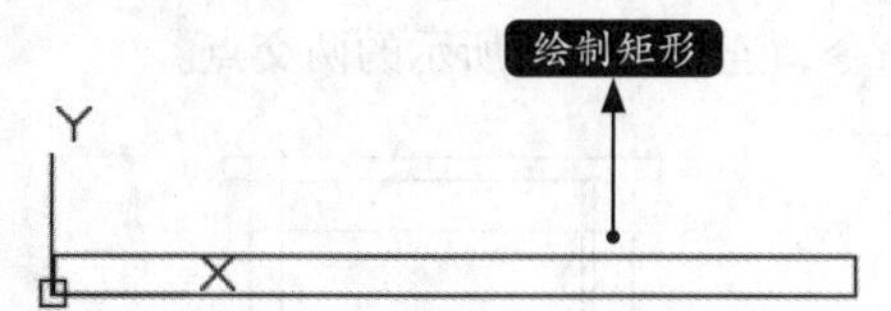

步骤02 继续调用矩形命令，以（25，-400）和（375,460）为矩形的两个角点绘制矩形。

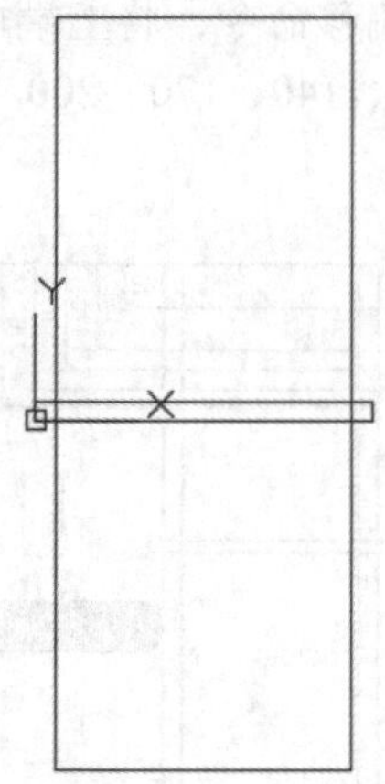

步骤03 在命令行输入【X】，按空格键调用分解命令，将绘制的矩形分解。

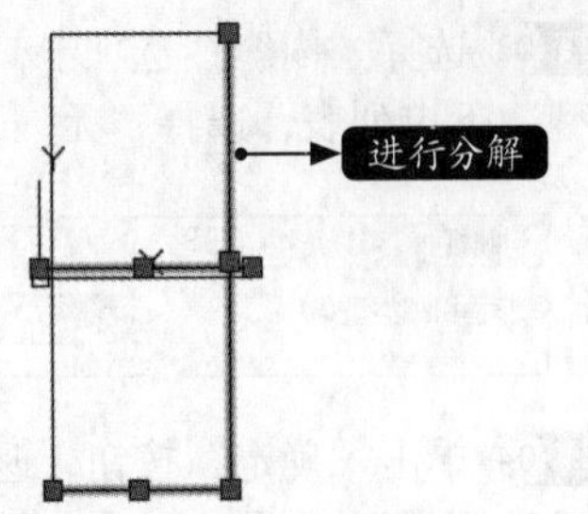

步骤04 为了不影响后面的绘制和标注，在命令行输入【M】，按空格键调用移动命令，将图形移动到合适的位置，如下图所示。

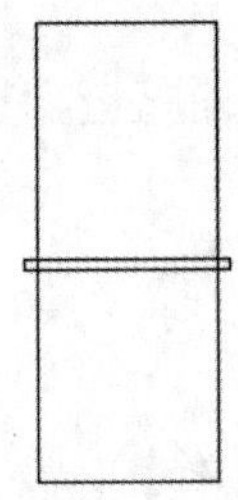

步骤05 在命令行输入【O】，按空格键调用偏移命令，将两条竖直线分别向内侧偏移30，如下图所示。

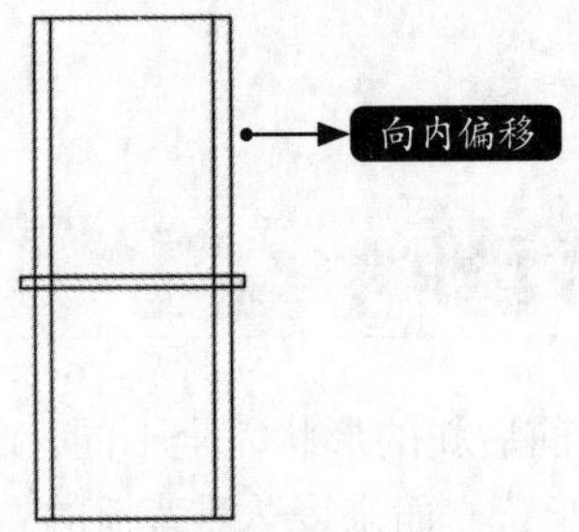

步骤06 重复偏移命令，将上端的水平直线分别向下偏移70、140、170、200、230，如下图所示。

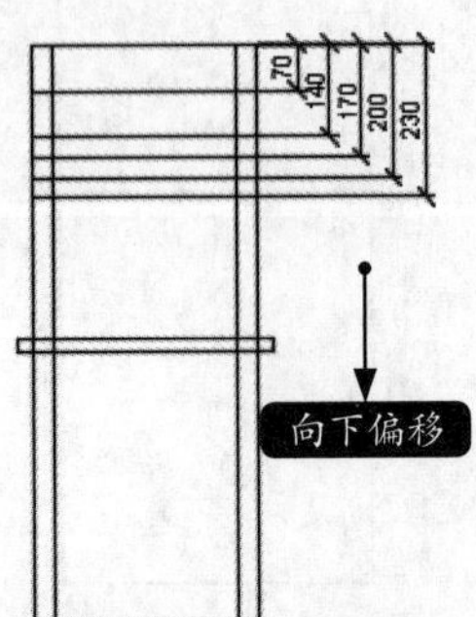

步骤07 在命令行输入【TR】，按空格键调用修剪命令，对偏移的直线进行修剪得到冒头、靠背、座面、后腿的投影，如右上图所示。

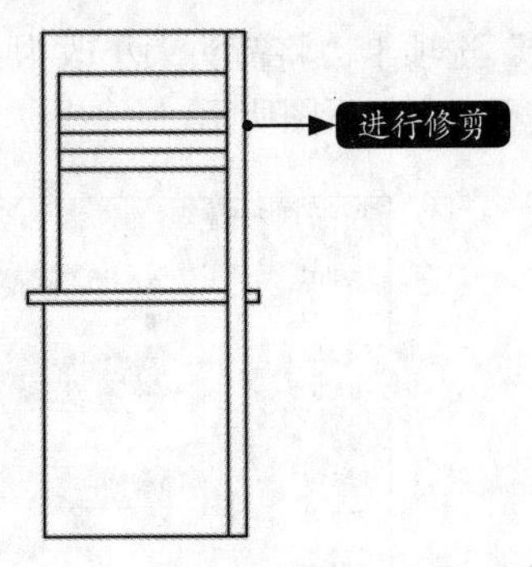

2. 绘制前腿、望板和撑档的投影

步骤01 在命令行输入【O】，按空格键调用偏移命令，将最底端的直线向上分别偏移200、230和355，结果如下图所示。

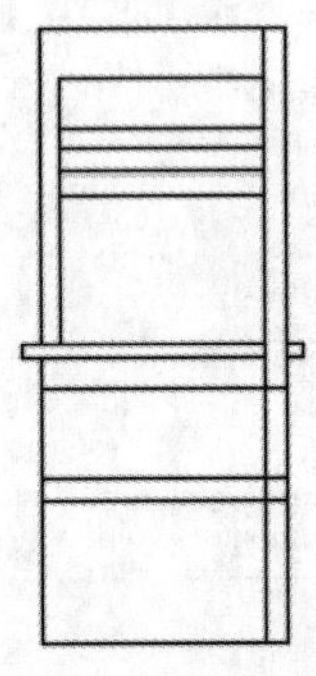

步骤02 重复偏移命令，将最左侧的直线向右偏移35和45，如下图所示。

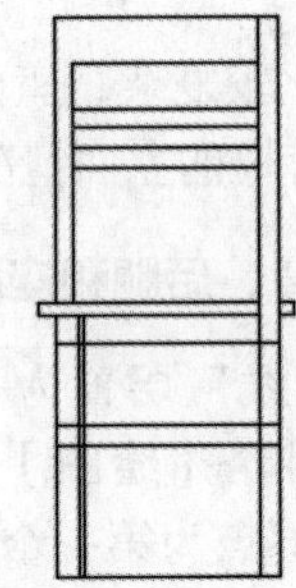

步骤03 在命令行输入【L】，按空格键调用直线命令，连接如下图所示的两交点。

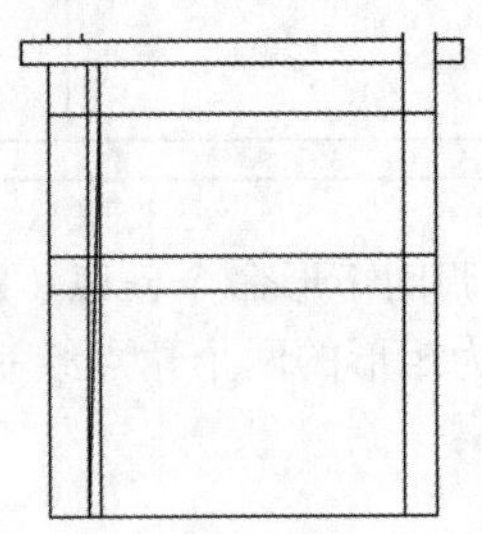

步骤04 在命令行输入【MI】，按空格键调用镜像命令，将上步绘制的直线以靠背水平线中点连线为镜像线进行镜像，结果如下图所示。

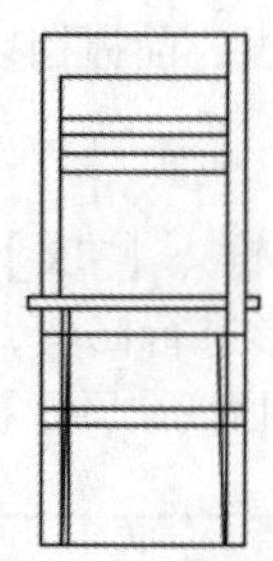

步骤05 在命令行输入【TR】，按空格键调用修剪命令，对前腿、望板和撑档进行修剪，并将多余的辅助线删除，结果如下图所示。

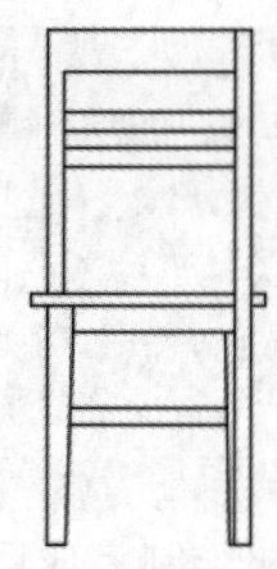

步骤06 在命令行输入【L】，按空格键调用直线命令，给视图添加中心线，如下图所示。

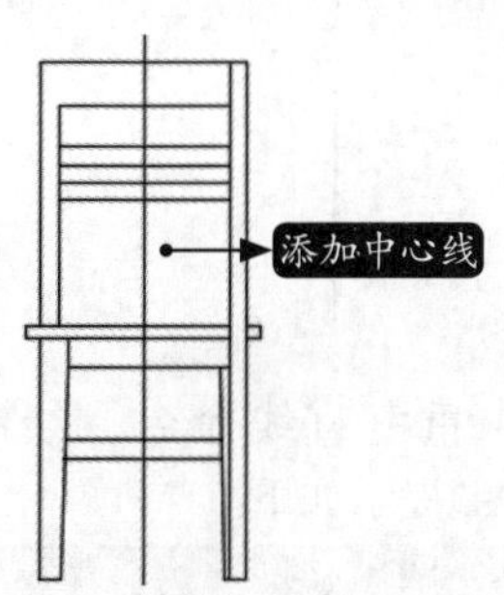

步骤07 选择【默认】选项卡➢【注释】面板➢【引线】按钮，给视图添加剖切符号，如下图所示。

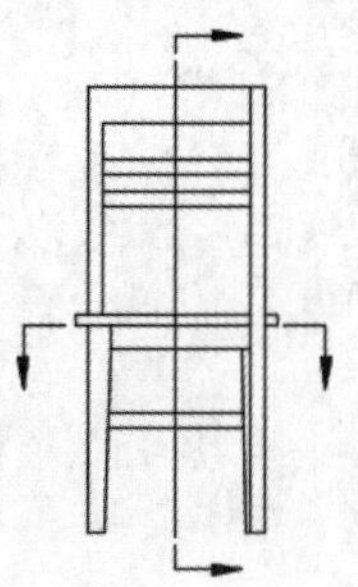

步骤08 在命令行输入【DT】，按空格键调用单行文字命令，将文字高度设置为“50”，角度设置为“0”。给视图添加剖切标记和注释，如下图所示。

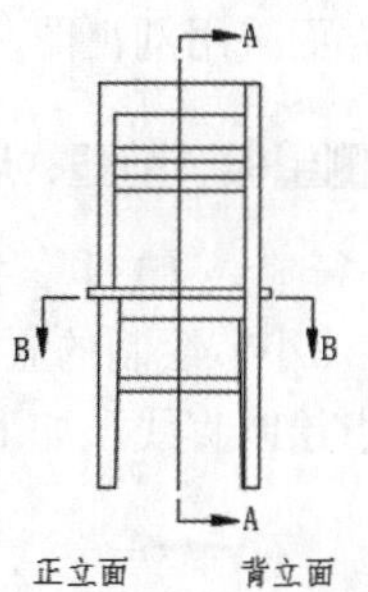

步骤09 选中中心线，选择【默认】选项卡➢【图层】面板➢图层下拉列表，单击“中心线”层，如下图所示。

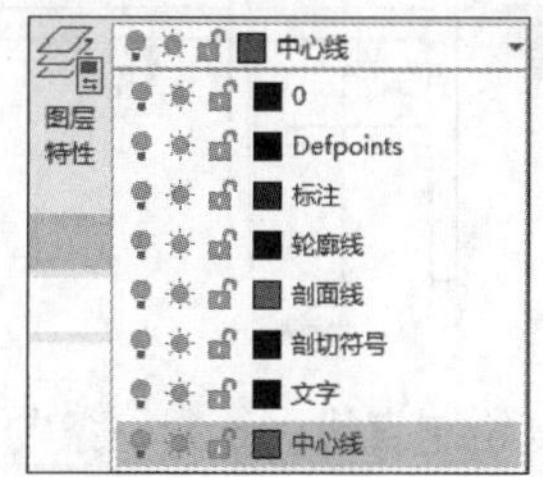

步骤10 将中心线放在到“中心线”层上后，中心线发生变化，如下图所示。

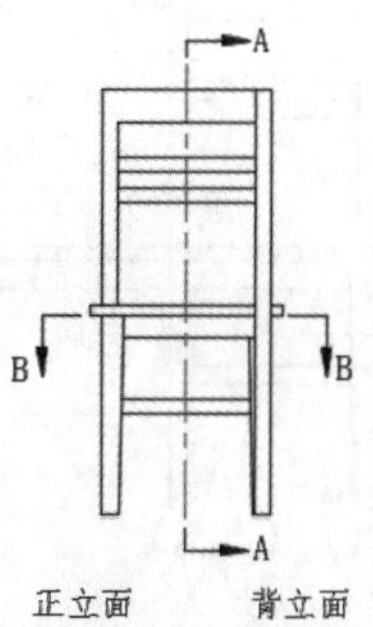

步骤11 将剖切符号放置到“剖切符号”层，将文字放置到“文字”层，结果如下图所示。

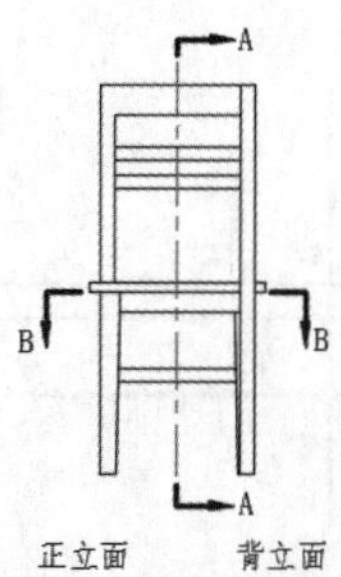

22.2.4 绘制A-A剖视图

侧立面图中能清晰地观察椅子前后腿、侧望板以及侧撑档的投影情况，但是不能看到前后望板、前撑档以及冒头、靠背的投影情况，为了能清楚地观察前后望板、前撑档以及冒头、靠背的投影情况，侧立面采用剖视图。

1. 绘制座面、侧望板、前腿、后腿和侧撑档

步骤01 在命令行输入【L】，按空格键调用直线命令，以22.2.3小节绘制的立面图的座面和望板的端点为起点绘制直线，如下图所示。

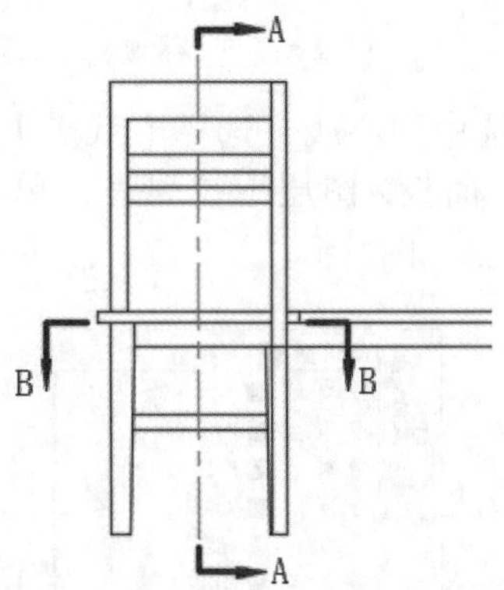

步骤02 重复绘制直线，绘制一条与上步绘制的直线相垂直的直线，如下图所示。

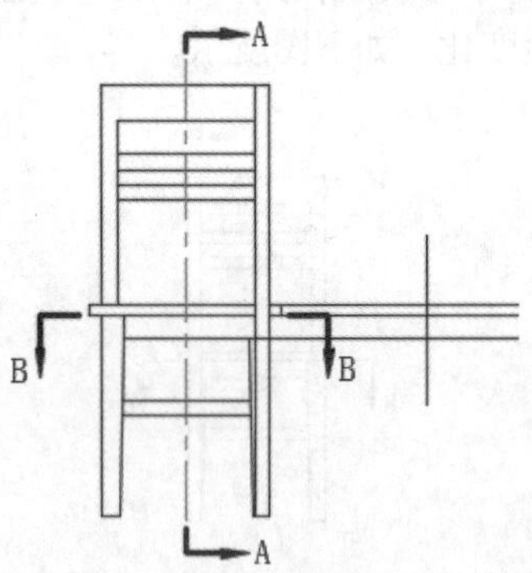

步骤03 在命令行输入【O】，按空格键调用偏移命令，将上步绘制的直线向右侧分别偏移70、355和380，如下图所示。

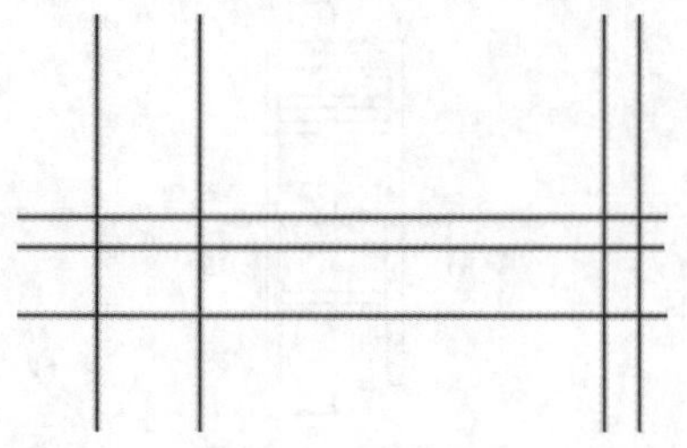

步骤04 在命令行输入【TR】，按空格键调用修剪命令，对图形进行修剪，得到座面和侧望板的投影，如下图所示。

步骤05 在命令行输入【L（直线）】，绘制椅子的前腿，AutoCAD命令行提示如下。

```
命令：LINE
指定第一个点：        // 捕捉上图中的 A 点
指定下一点或 [ 放弃 (U)]: @-10,-355
指定下一点或 [ 放弃 (U)]: @-35,0
指定下一点或 [ 闭合 (C)/ 放弃 (U)]: @0,400
指定下一点或 [ 闭合 (C)/ 放弃 (U)]:
// 按空格键结束命令
```

步骤06 椅子的前腿绘制完成后，如下图所示。

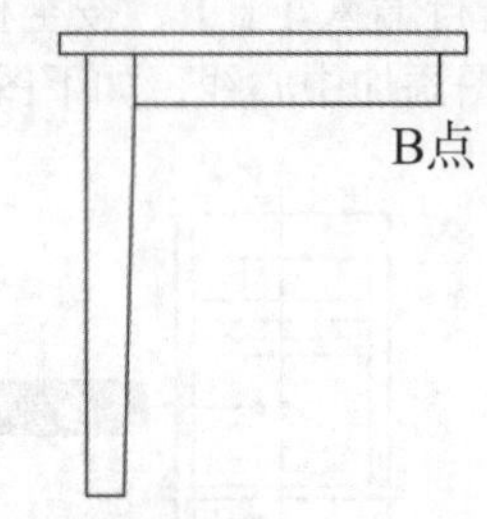

步骤07 重复直线命令，绘制椅子的后腿，AutoCAD提示如下。

```
命令：LINE
指定第一个点：    // 捕捉上图中的 B 点
指定下一点或 [ 放弃 (U)]: @60,-355
指定下一点或 [ 放弃 (U)]: @30,0
指定下一点或 [ 闭合 (C)/ 放弃 (U)]: @-40,
355
指定下一点或 [ 闭合 (C)/ 放弃 (U)]: @0,65
指定下一点或 [ 闭合 (C)/ 放弃 (U)]: @40,440
指定下一点或 [ 闭合 (C)/ 放弃 (U)]: @-30,0
指定下一点或 [ 闭合 (C)/ 放弃 (U)]: @-60,
-440
指定下一点或 [ 闭合 (C)/ 放弃 (U)]:
// 按空格键结束命令
```

步骤08 椅子的后腿绘制完成后，如下图所示。

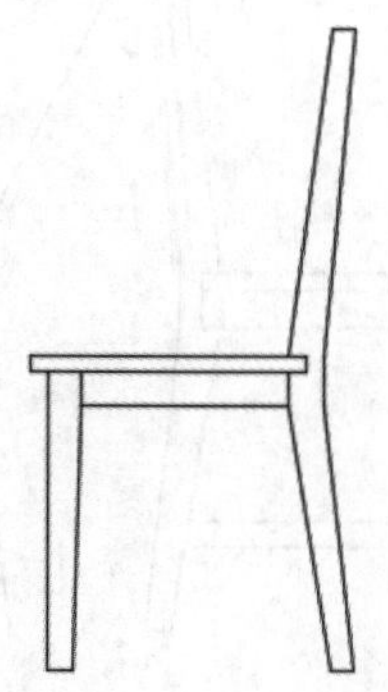

步骤09 在命令行输入【O】，按空格键调用偏移命令，将侧望板的投影线向下偏移225和255，如下图所示。

步骤10 在命令行输入【EX】，按空格键调用延伸命令，将上步偏移后的两条直线延伸到与椅子的前后腿相交，如下图所示。

2. 绘制侧望板、前后望板、前撑档和冒头

步骤01 继续上一案例。在命令行输入【L】，按空格键调用直线命令，以立面图前后望板和前腿撑档投影的端点为起点绘制三条直线，如右上图所示。

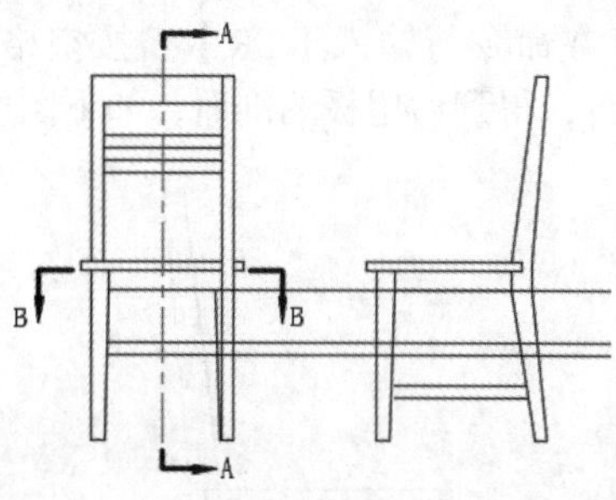

步骤02 在命令行输入【O】，按空格键调用偏移命令，将前腿投影的最外侧竖直线向右分别偏移8和28，如下图所示。

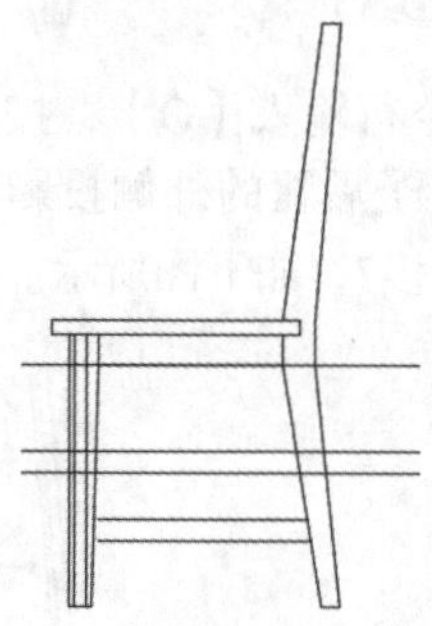

步骤03 在命令行输入【TR】，按空格键调用修剪命令，得到前望板和前撑档的剖面。

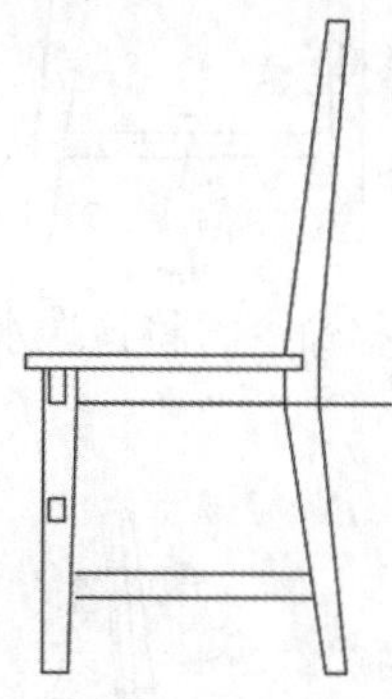

步骤04 在命令行输入【O】，按空格键调用偏移命令，将前腿投影的最外侧竖直线向右分别偏移335和355，如下图所示。

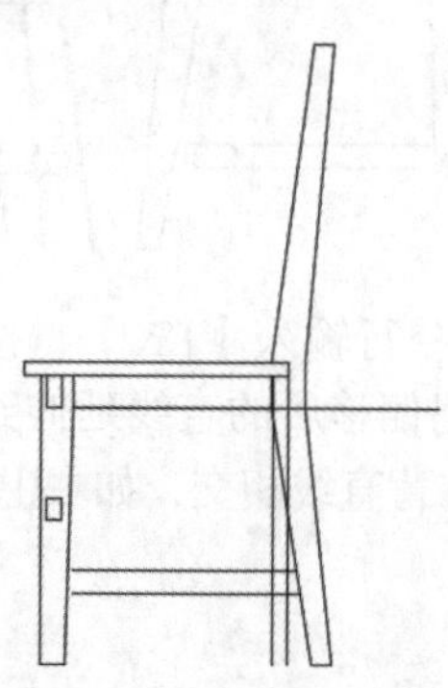

步骤05 在命令行输入【TR】，按空格键调用修剪命令，得到后望板的剖面，如下图所示。

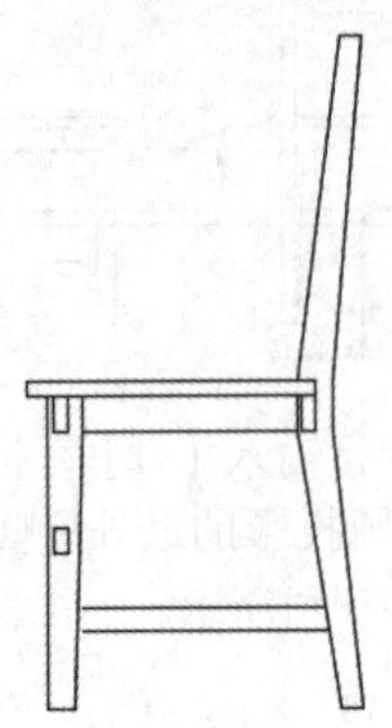

步骤06 在命令行输入【O】，按空格键调用偏移命令，将椅子后腿的外侧投影线向内侧偏移15，向外侧偏移7，如下图所示。

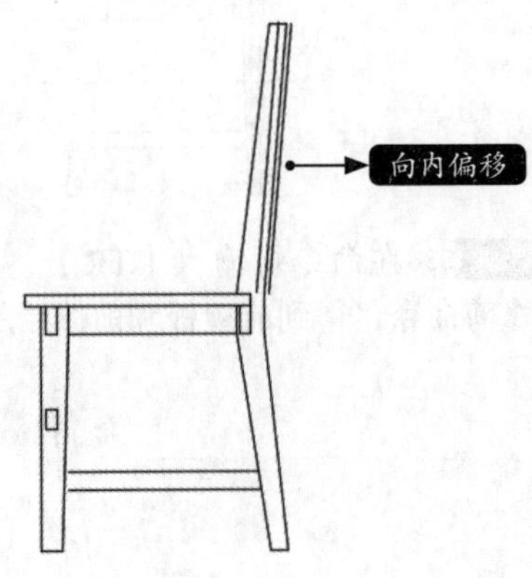

步骤07 重复偏移命令，将顶端水平线向下偏移70，如下图所示。

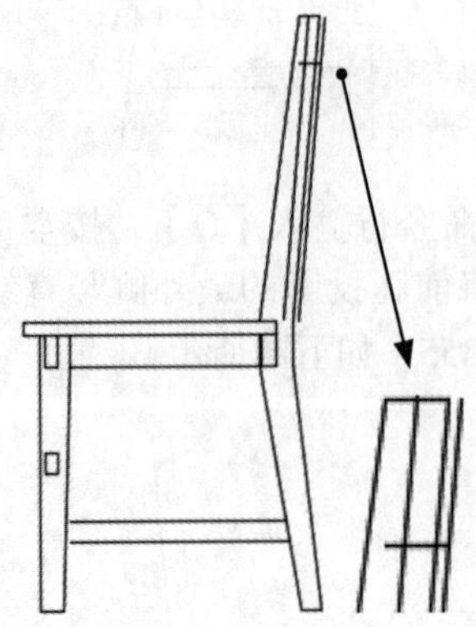

步骤08 在命令行输入【EX】，按空格键调用延伸命令，把偏移后的直线延伸到与椅子后腿顶端直线和靠背直线相交，如右上图所示。

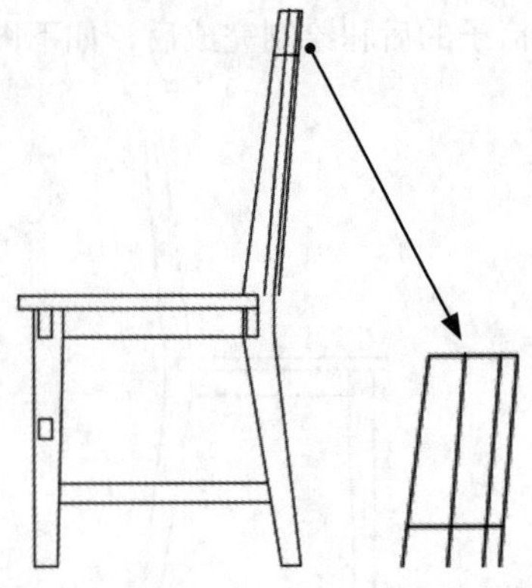

步骤09 在命令行输入【TR】，按空格键调用修剪命令，把上步相交的直线进行修剪并删除多余的直线，得到冒头的剖面，如下图所示。

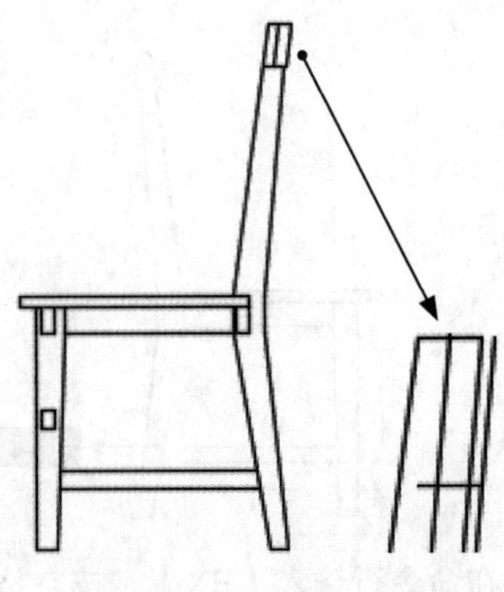

3. 绘制靠背剖面并对所有剖面进行填充

步骤01 在命令行输入【O】，按空格键调用偏移命令，将椅子后腿的外侧投影线向内侧偏移15，向外侧偏移5，如下图所示。

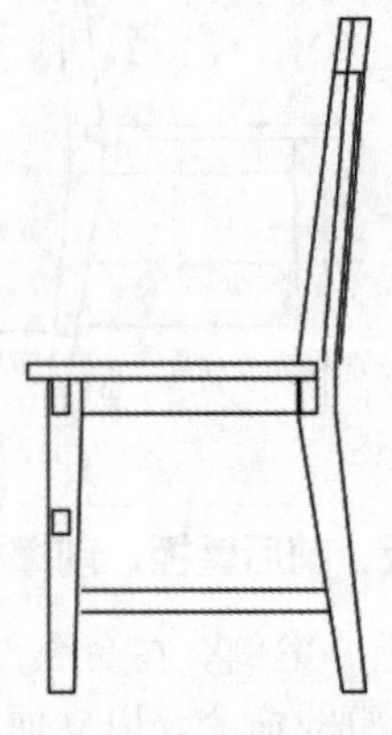

步骤02 重复偏移命令，将顶端水平线向下分别偏移140、170、200、230，如下页图所示。

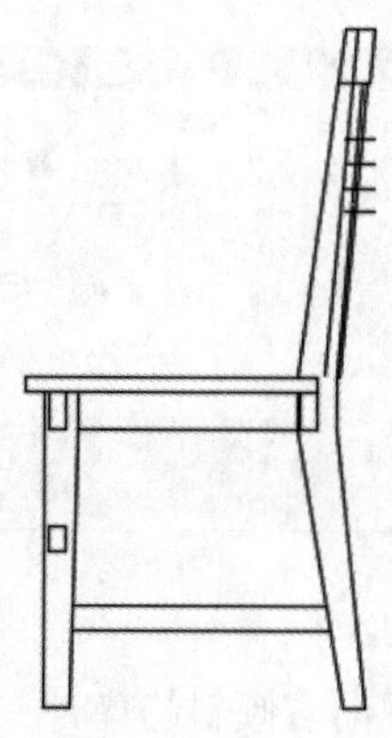

步骤03 在命令行输入【EX】，按空格键调用延伸命令，将偏移后的水平直线延伸到椅子后腿的投影线，延伸后如下图所示。

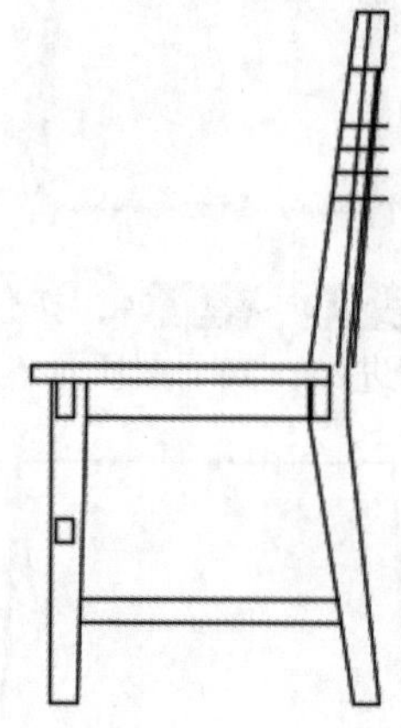

步骤04 在命令行输入【TR】，按空格键调用修剪命令，对偏移延伸后的直线进行修剪，结果得到靠背的剖面，如下图所示。

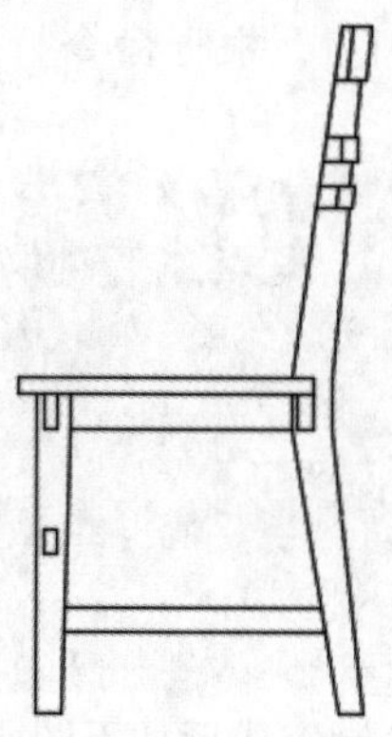

步骤05 将“剖面线”层置为当前层，在命令行输入【H】，按空格键调用填充命令，在弹出【图案填充创建】选项板中选择“木纹面5”为填充图案，如右上图所示。

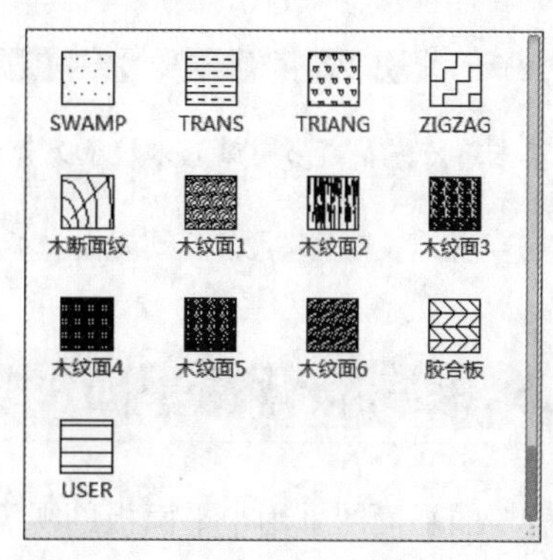

步骤06 在【特性】面板上将填充比例设置为“50”，如下图所示。

步骤07 选择座面为填充对象进行填充，结果如下图所示。

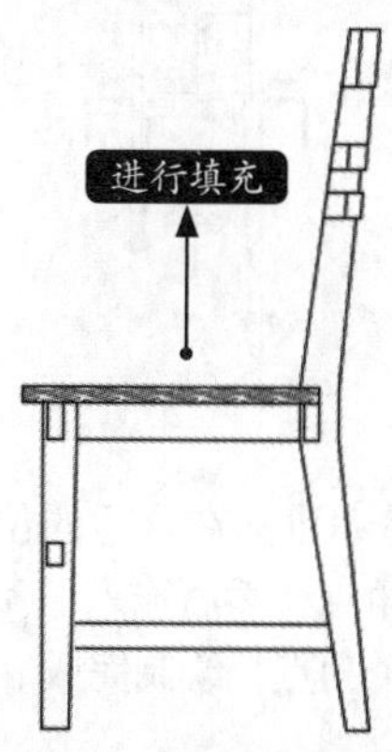

步骤08 重复**步骤05**~**步骤07**给前后望板、前腿撑档、冒头及靠背的剖面进行填充，填充图案选择“木纹面1”，填充比例为“10”，结果如下图所示。

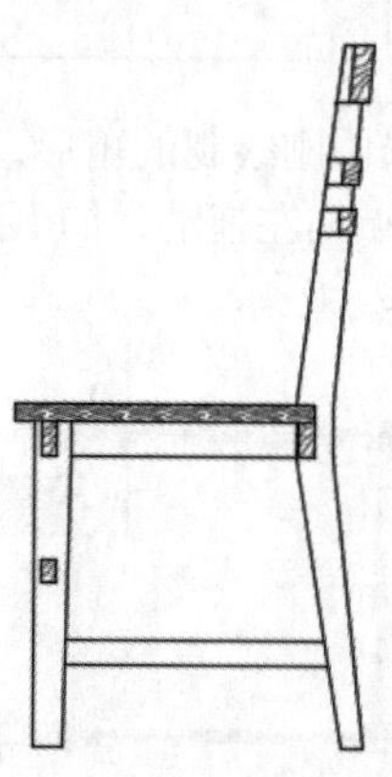

小提示

在填充前应先把随书附带的木纹面复制到CAD安装目录下的“Support”文件夹下，才可以调用这些填充图案进行填充。

22.2.5 绘制靠背椅平面图

靠背椅的平面图采用半平面板剖视（B-B剖）结合的方法表达。

1. 绘制座面和前椅腿

步骤01 将“轮廓线”层置为当前，然后选择【默认】选项卡➢【绘图】面板➢【矩形】按钮▭，当命令行提示指定第一角点时，捕捉（仅捕捉不选中）立面图中椅子的边缘端点，然后向下拖动鼠标，如下图所示。

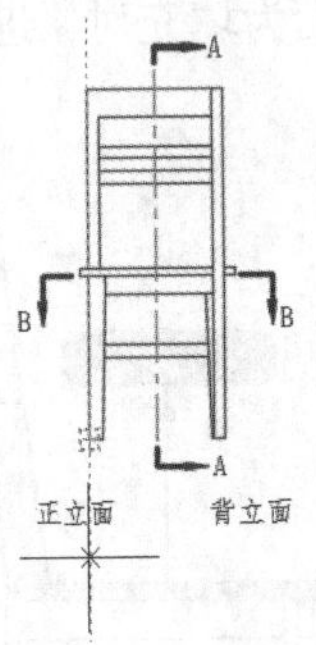

步骤02 向下拖动鼠标在合适的位置单击，作为矩形的第一个角点，然后输入“@400，-380”作为矩形的另一个角点，绘制完成后如下图所示。

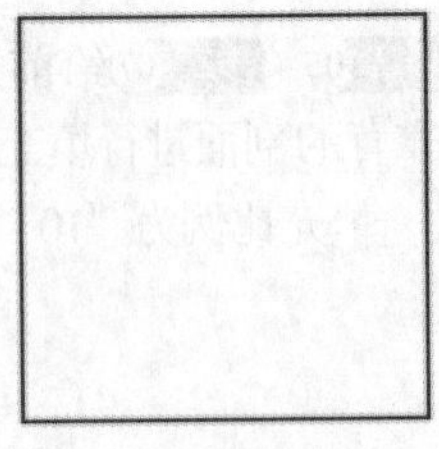

步骤03 单击选中刚绘制的矩形，然后鼠标按住矩形的右上端点向左拖动，如下图所示。

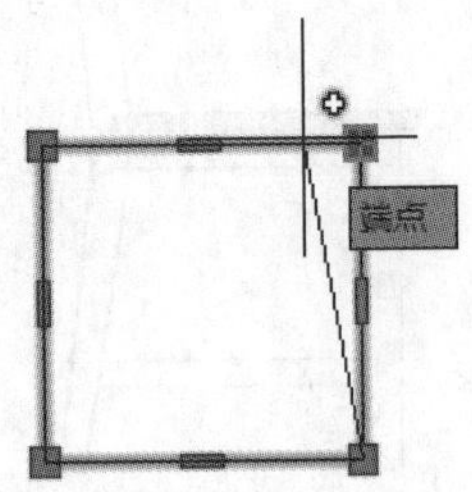

步骤04 在呈现向右倾斜趋势时（如上图），在命令行输入移动距离25，结果如下图所示。

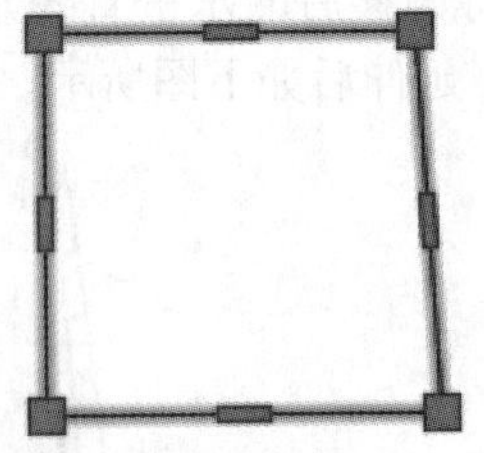

步骤05 重复步骤03~步骤04，按住矩形的左上端点，向右缩进25，如下图所示。

步骤06 选择【默认】选项卡➢【绘图】面板➢【矩形】按钮▭，根据命令行提示进行如下操作。

```
命令：RECTANG
指定第一个角点或 [ 倒角 (C)/ 标高 (E)/ 圆角 (F)/ 厚度 (T)/ 宽度 (W)]: fro
基点：    // 捕捉上图的右下端点
<偏移>: @-25,25
指定另一个角点或 [ 面积 (A)/ 尺寸 (D)/ 旋转 (R)]:
@-45,45
```

步骤07 矩形绘制完成后如下图所示。矩形绘制完成后在命令行输入【X】，按空格键调用分解命令，将外侧的梯形（即座面投影）分解。

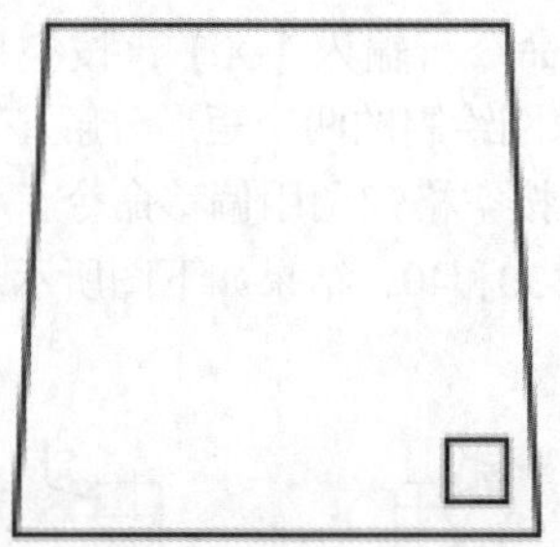

步骤08 在命令行输入【F】，按空格键调用圆角命令，AutoCAD命令行提示如下。

```
命令：FILLET
当前设置：模式 = 修剪，半径 = 0.0000
选择第一个对象或 [ 放弃 (U)/ 多段线 (P)/ 半径 (R)/ 修剪 (T)/ 多个 (M)]: m
选择第一个对象或 [ 放弃 (U)/ 多段线 (P)/ 半径 (R)/ 修剪 (T)/ 多个 (M)]: r
指定圆角半径 <0.0000>: 10
```

步骤09 根据提示选择需要倒圆角的相交直线，圆角后如下图所示。

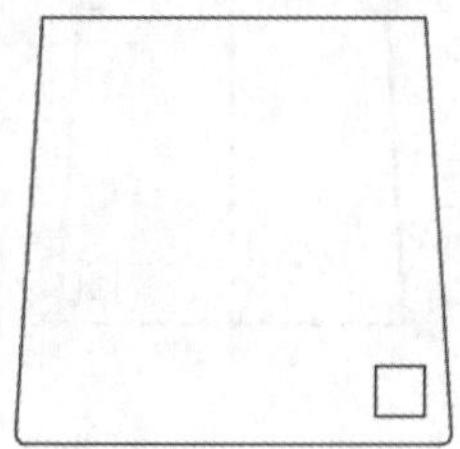

步骤10 将“剖面线”层设置为当前层，然后在命令行输入【H】，按空格键调用填充命令，选择“木纹面1”为填充图案，填充比例为“10”，对前腿端面的剖面进行填充，结果如下图所示。

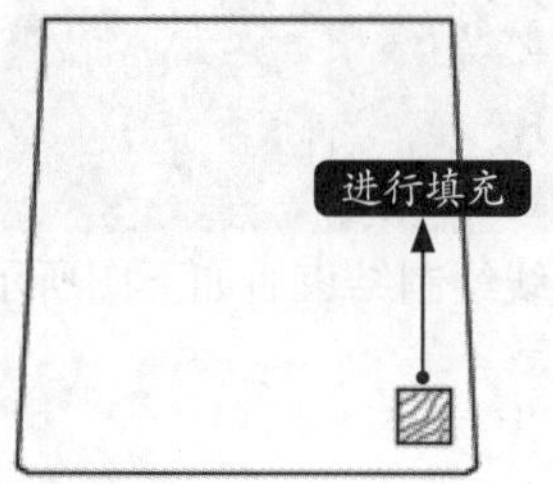

2. 添加关联中心线

步骤01 将“中心线”层置为当前，然后选择【注释】选项卡➤【中心线】面板➤【中心线】按钮，然后选择右上图所示的直线为第一条直线。

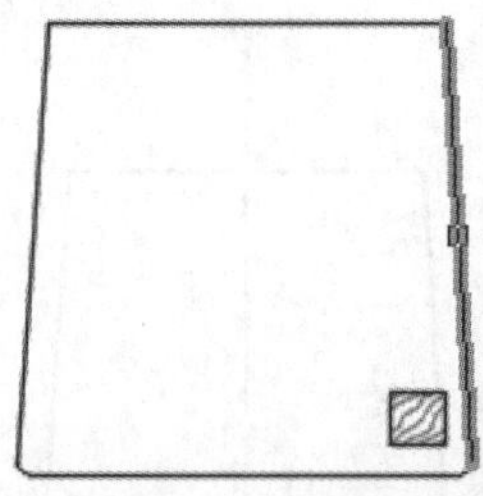

步骤02 根据命令行提示选择如下左图所示的直线为第二条直线，结果如下右图所示。

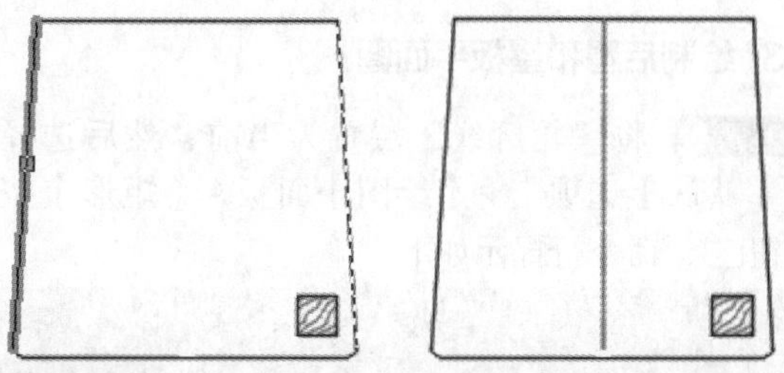

步骤03 选中刚创建的中心线，通过夹点编辑将它拉伸到合适的长度，如下图所示。

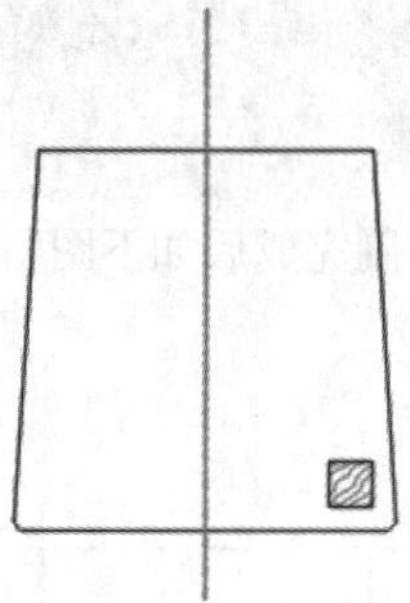

步骤04 按【Ctrl+1】快捷键，弹出【特性】面板后选择刚创建的中心线，并将中心线的线型比例改为“200”，如下图所示。

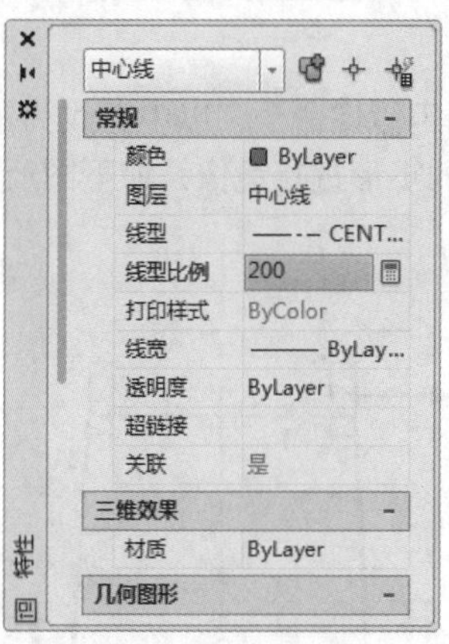

步骤05 线型比例修改完成后结果如下页图所示。

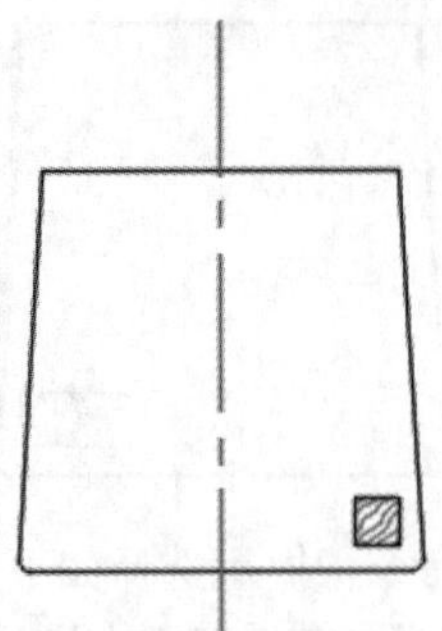

3. 绘制后腿和望板平面图

步骤01 将“轮廓线”层置为当前，然后选择【默认】选项卡➢【绘图】面板➢【矩形】按钮□，命令行提示如下。

```
命令：RECTANG
指定第一个角点或 [ 倒角 (C)/ 标高 (E)/ 圆角 (F)/ 厚度 (T)/ 宽度 (W)]: fro
基点：      // 捕捉梯形的右上端点
<偏移>: @0,65
指定另一个角点或 [ 面积 (A)/ 尺寸 (D)/ 旋转 (R)]:
@-30,-90
```

步骤02 矩形绘制完成后如下图所示。

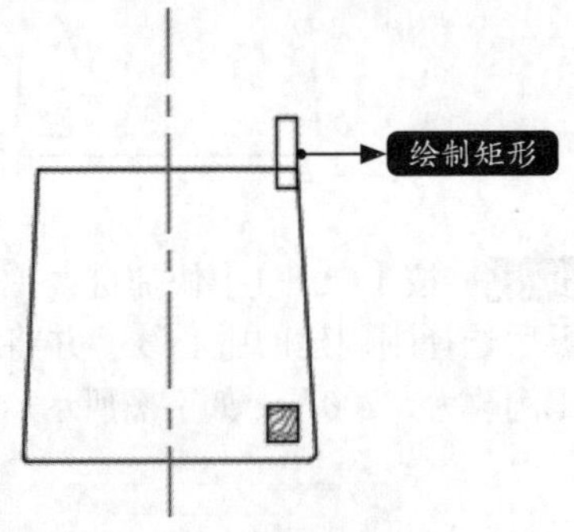

步骤03 调用镜像命令，以中心线为镜像线，对上步绘制的矩形进行镜像，如下图所示。

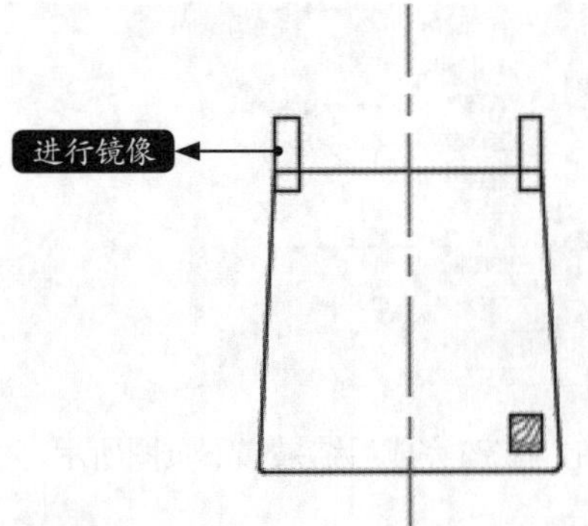

步骤04 在命令行输入【X】，按空格键调用分解命令，将刚绘制的两个矩形分解。在命令行输入【O】，按空格键调用偏移命令，将分解后的边向下偏移30和40，结果如下图所示。

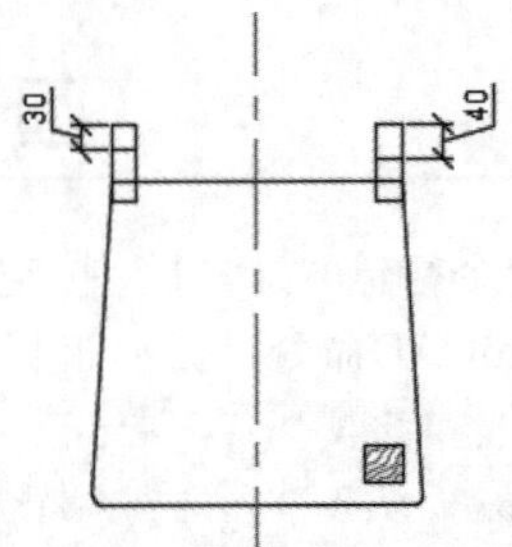

步骤05 在命令行输入【TR】，按空格键调用修剪命令，对椅子后腿投影进行修剪，如下图所示。

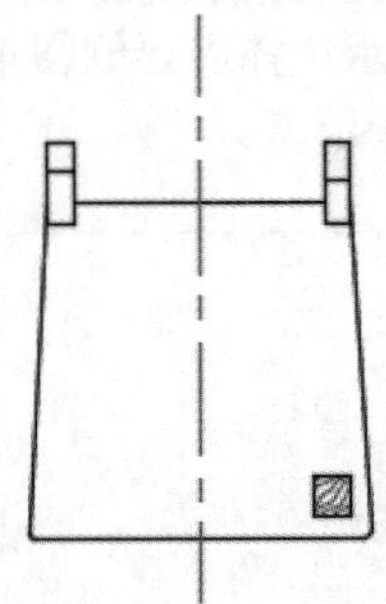

步骤06 在命令行输入【L】，按空格键调用直线命令，绘制侧望板的投影，根据AutoCAD提示进行如下操作。

```
命令：LINE
指定第一个点：fro
基点：      // 捕捉前腿投影的右上端点
<偏移>: @-5,0
指定下一点或 [ 放弃 (U)]:@0,285
指定下一点或 [ 放弃 (U)]：// 按空格键结束命令
```

步骤07 直线绘制结束后如下图所示。

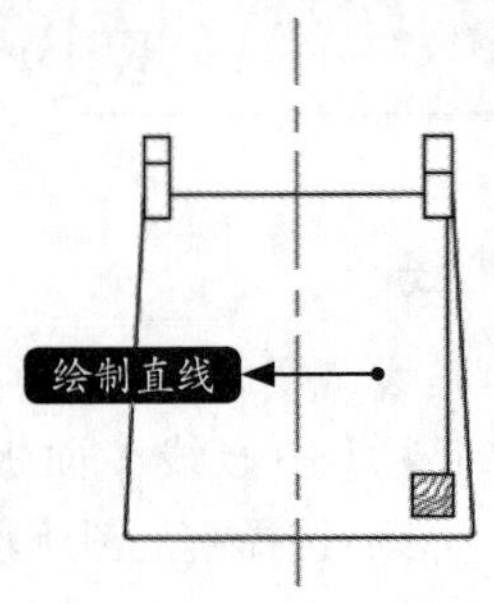

步骤08 在命令行输入【O】，按空格键调用偏移命令，将座面上侧直线向下偏移20，下侧直线向上偏移33和53，上步绘制的直线向左侧偏移20，如下图所示。

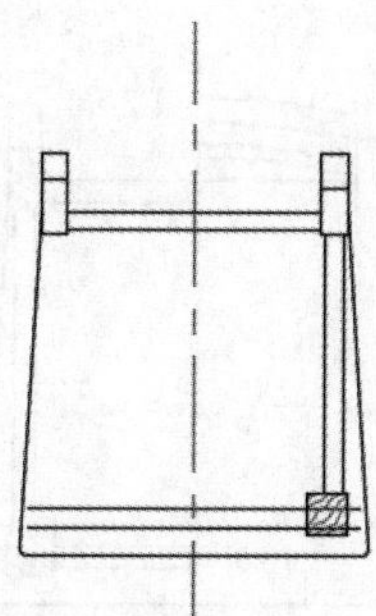

步骤09 在命令行输入【TR】，按空格键调用修剪命令，对望板进行修剪，结果如下图所示。

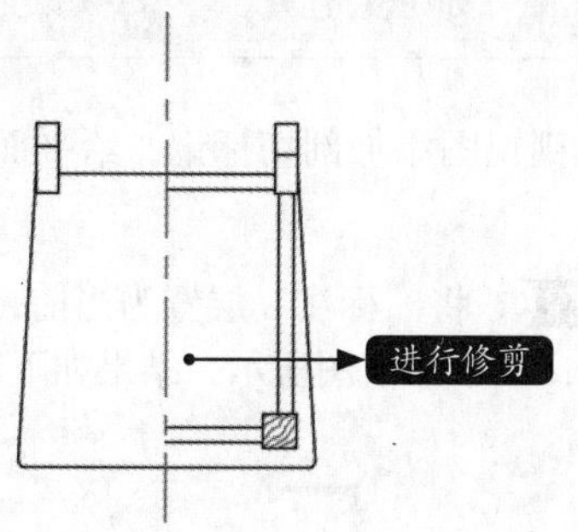

步骤10 将“剖面线”层设置为当前层，然后在命令行输入【H】，按空格键调用填充命令，对后腿剖切部分进行填充，填充图案为“木纹面1”，填充比例为“10”，结果如下图所示。

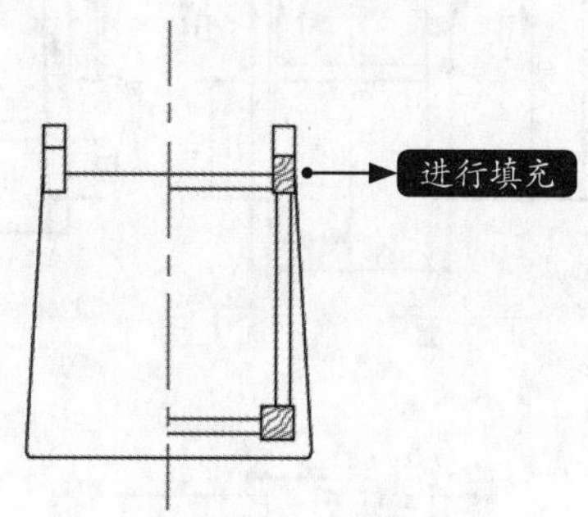

4. 绘制冒头和靠背平面图

步骤01 将“轮廓线”层置为当前，选择【默认】选项卡➤【绘图】面板➤【起点、端点、半径】绘制圆弧按钮，当命令行提示指定圆弧起点时，捕捉图中*A*点，然后拖动鼠标，当指引线与右侧后腿投影相交时单击，如下图所示。

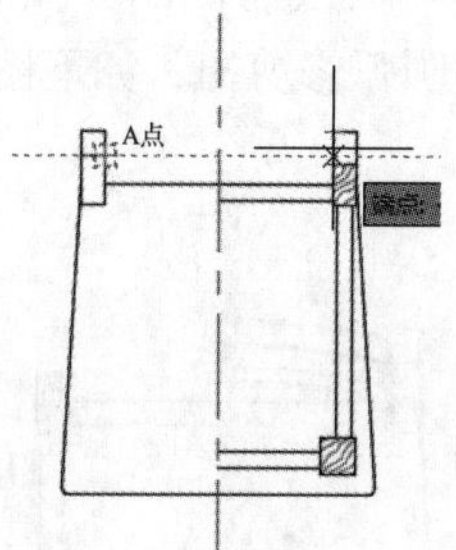

步骤02 确定圆弧第一点后，当命令行提示制定圆弧端点时，单击*A*点，如下图所示。

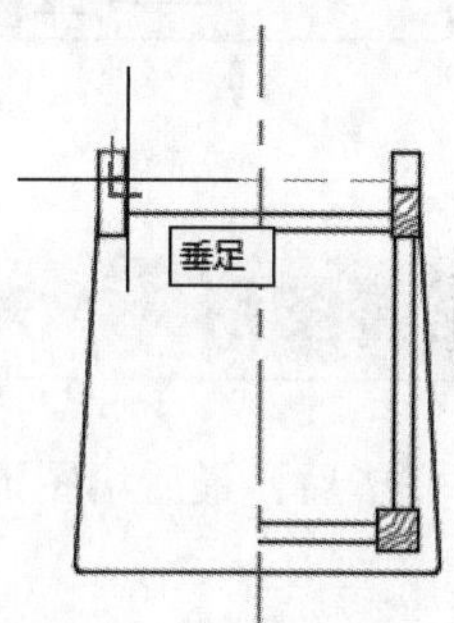

步骤03 当命令行提示输入圆弧半径时，输入半径值700，圆弧绘制完成后如下图所示。

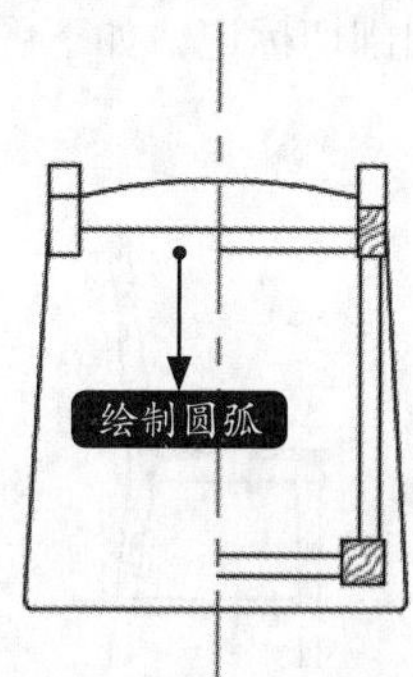

步骤04 在命令行输入【O】，按空格键调用偏移命令，将上步绘制的圆弧向外侧偏移22，向内侧偏移19和31，结果如下图所示。

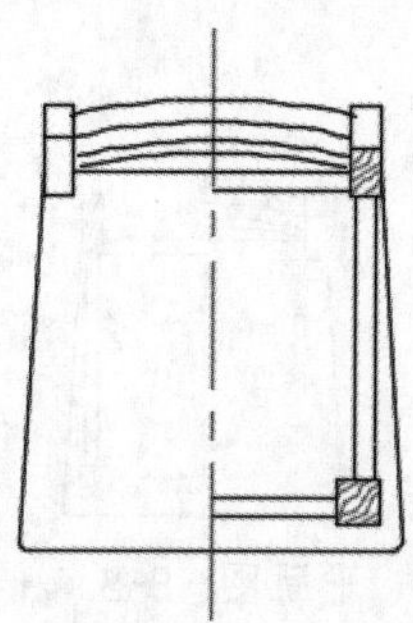

步骤05 在命令行输入【TR】，按空格键调用修剪命令，将中心线右侧的圆弧和超出椅腿上端面投影线的圆弧修剪掉，如下图所示。

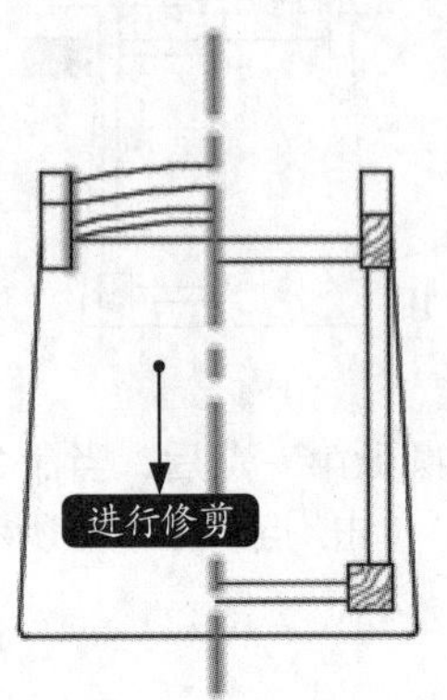

步骤06 在不退出修剪命令的前提下，按住【Shift】键，将下方两条圆弧延伸到修剪边（椅腿上端面右侧投影线），然后按空格键结束修剪命令，结果如下图所示。

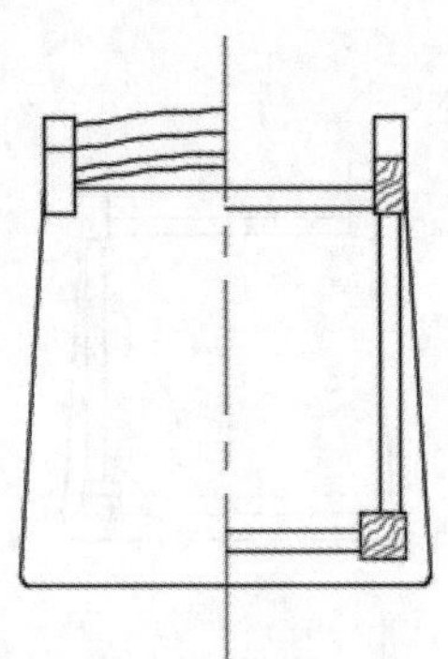

22.2.6 完善图形

图形绘制完毕后，最后给图形添加标注、给A-A剖视图添加剖切标记，给平面图添加文字注释等。

步骤01 将“文字”层置为当前，然后在命令行输入【DT】，按空格键调用单行文字命令，将文字高度设置为“50”，角度设置为“0”，给A-A剖视图添加剖切标记，如下图所示。

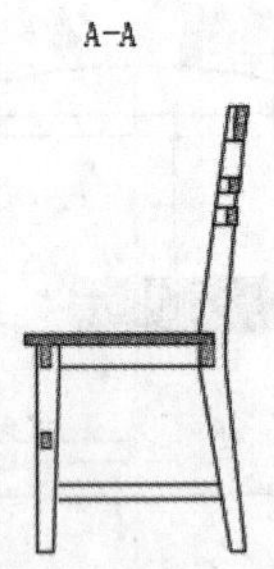

步骤02 因平面图一半是平面图，一半是B-B剖视图，因此要给视图添加文字注释。重复步骤01，给平面图添加文字注释，结果如下图所示。

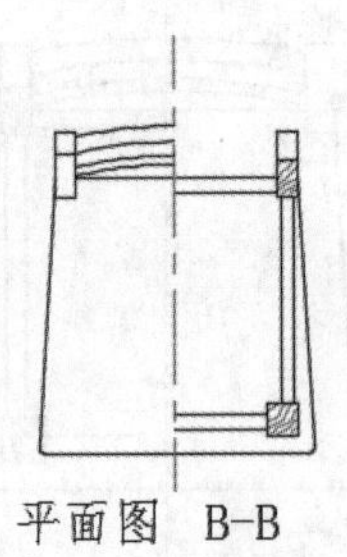

步骤03 将“标注”层置为当前，给视图添加标注，结果如下图所示，结果如下图所示。

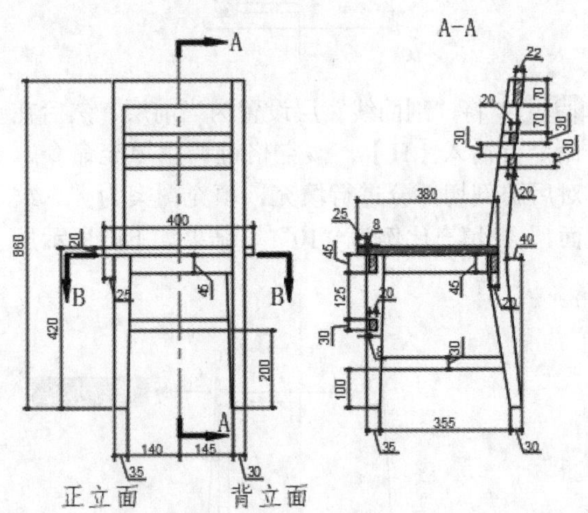

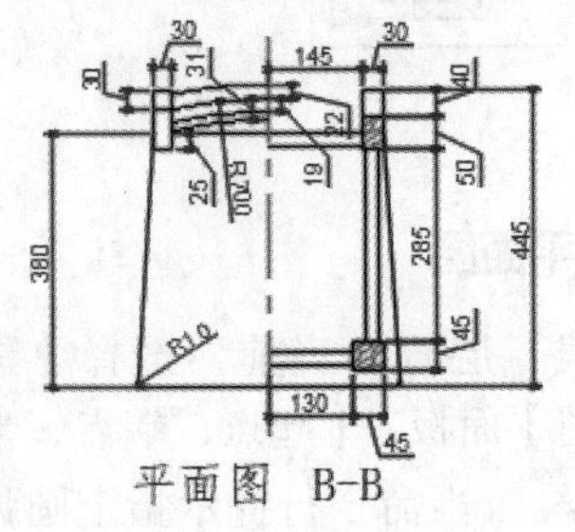